UTB

Eine Arbeitsgemeinschaft der Verlage

Böhlau Verlag · Wien · Köln · Weimar
Verlag Barbara Budrich · Opladen · Toronto
facultas.wuv · Wien
Wilhelm Fink · München
A. Francke Verlag · Tübingen und Basel
Haupt Verlag · Bern · Stuttgart · Wien
Julius Klinkhardt Verlagsbuchhandlung · Bad Heilbrunn
Mohr Siebeck · Tübingen
Nomos Verlagsgesellschaft · Baden-Baden
Ernst Reinhardt Verlag · München · Basel
Ferdinand Schöningh · Paderborn · München · Wien · Zürich
Eugen Ulmer Verlag · Stuttgart
UVK Verlagsgesellschaft · Konstanz, mit UVK/Lucius · München
Vandenhoeck & Ruprecht · Göttingen · Bristol
vdf Hochschulverlag AG an der ETH Zürich

Harald Bathelt
Johannes Glückler

Wirtschaftsgeographie

Ökonomische Beziehungen in räumlicher Perspektive

3., vollständig überarbeitete und erweiterte Auflage

118 Abbildungen
22 Tabellen

Verlag Eugen Ulmer Stuttgart

Prof. Dr. Harald Bathelt ist Professor am Department of Political Science der University of Toronto, Kanada, wo er den Canada Research Chair für Innovation & Governance innehält. Er ist zudem Professor am Department of Geography and Planning der University of Toronto und Research Associate am Viessmann Research Centre der Wilfrid Laurier University in Waterloo, Kanada. Zuvor war er als Professor an der Universität Frankfurt/Main und an der Universität Marburg sowie als Gastprofessor an den Geographischen Instituten der Wilfrid Laurier University, Kanada und der East China Normal University in Shanghai, China tätig. Seine Forschungsinteressen liegen im Bereich Wirtschafts- und Industriegeographie, Politische Ökonomie und Methodik. Seine Forschungstätigkeit beschäftigt sich mit einem relationalen Forschungsansatz in der Wirtschaftsgeographie, wissensbasierten Clusterkonzeptionen, „local buzz“ und „global pipelines“, temporären Clustern, Innovationssystemen und sozioökonomischen Konsequenzen des regionalen und industriellen Wandels. Weitere Informationen über seine gegenwärtigen Forschungsaktivitäten und Publikationen finden sich unter http://www.harald-bathelt.com.

Prof. Dr. Johannes Glückler ist Inhaber des Lehrstuhls für Wirtschafts- und Sozialgeographie und Direktor am Geographischen Institut der Universität Heidelberg. Er ist ferner Research Fellow am Marsilius Centre for Advanced Study in Heidelberg und Gastprofessor am Geographischen Institut der Universität Salamanca. Zuvor war er Professor für Wirtschaftsgeographie an der Katholischen Universität Eichstätt-Ingolstadt. Seine Forschungsinteressen liegen in der Wirtschaftsgeographie, der Organisationsforschung, Theorien und Methoden sozialer Netzwerke sowie der Geographie der Dienstleistungsökonomie. Seine Forschung folgt einer relationalen Perspektive und widmet sich insbesondere der Analyse intra- und interorganisatorischer Wissens- und Kooperationsnetzwerke, kreativer und wissensintensiver Dienstleistungsmärkte sowie den institutionellen und organisatorischen Grundlagen wirtschaftlicher Beziehungen in regionaler und globaler Perspektive. Weitere Informationen über seine Forschungsinteressen und Publikationen finden sie unter www.wirtschaftsgeographie.uni-hd.de.

Die Zeichnungen dieses Buches fertigte Alexandra Kaiser nach Vorlagen der Literatur und der Autoren an.

Bibliografische Information der Deutschen Nationalbibliothek
Die Deutsche Nationalbibliothek verzeichnet diese Publikation in der Deutschen Nationalbibliografie; detaillierte bibliografische Daten sind im Internet über http://dnb.d-nb.de abrufbar.

ISBN 978-3-8252-8492-3 (UTB)
ISBN 978-3-8001-2857-0 (Ulmer)

Wollgrasweg 41, 70599 Stuttgart (Hohenheim)
E-Mail: info@ulmer.de
Internet: www.ulmer.de
Umschlagentwurf: Atelier Reichert, Stuttgart
Lektorat: Sabine Drobik, Helen Haas, Alessandra Kreibaum
Herstellung: Jürgen Sprenzel
Druck und Bindung: Neografia, Martin, Slowakei
Printed in Slovakia

ISBN 978-3-8252-8492-3 (UTB-Bestellnummer)

Inhaltsverzeichnis

Teil II: Ansätze und Grenzen der Raumwirtschaftslehre

Teil III: Interaktion und Institution

Teil IV: Organisation

Teil V: Evolution

Teil VI: Innovation

Vorwort zur ersten Auflage

Wirtschaftliche Prozesse sind stets an bestimmte Akteure wie z. B. Arbeitskräfte und Unternehmer oder an Akteurskollektive wie Unternehmen und formelle Institutionen geknüpft. All diese Akteure haben einen physischen Ort, sodass die von ihnen ausgehenden Prozesse des Handels, der arbeitsteiligen Produktion oder des kollektiven Lernens und Transfers von Wissen lokalisierbar sind. Häufig sind wirtschaftliche Aktivitäten in bestimmten Lokalitäten, Regionen oder Nationen stark konzentriert und wechselseitig mit anderen Aktivitäten in derselben Raumkategorie verknüpft. Sie werden dabei durch spezifische soziale, kulturelle, politische, technologische und wirtschaftliche Strukturen dieses Umfelds mit beeinflusst und wirken umgekehrt an der Gestaltung dieser Strukturen mit. Aus dieser Erkenntnis heraus haben sich in vielen Wissenschaften Strömungen wie die neue Institutionenökonomie, die geographical economics, der neue soziologische Institutionalismus oder die new economic sociology entwickelt, in denen Raumbezüge und regionale Zusammenhänge eine Renaissance erfahren.

Ein wichtiges Ziel der Wirtschaftsgeographie ist es zu verstehen, warum ökonomische Prozesse in verschiedenen sozio-institutionellen Kontexten unterschiedlich organisiert sind, wieso es folglich zu beobachtbaren und messbaren sozioökonomischen Differenzierungen in räumlicher Perspektive kommt. Damit zusammen hängend stellt sich die Frage, wie Unternehmen auf unterschiedliche Weise in die lokalen, regionalen, nationalen oder supranationalen Entwicklungszusammenhänge eingebunden sind. Aufgabe der Wirtschaftsgeographie ist es insbesondere zu erklären, warum lokalisierte Ballungs- und Spezialisierungsprozesse bestimmter Wirtschaftssektoren einsetzen und wie sie ablaufen.

Angesichts der öffentlichen Debatte über Globalisierungsprozesse entsteht manchmal der Eindruck, das Lokale, Regionale und Nationale seien in der Auflösung begriffen und würden im Globalen untergehen. Aus diesem Grund sind territoriale Institutionen unterschiedlicher Maßstabsebenen und ihre Repräsentanten auf der Suche nach neuen Gestaltungsspielräumen, um nicht den globalen Umstrukturierungsprozessen ausgeliefert zu sein. Wir werden der schon von Marx & Engels (1848) geäußerten Einschätzung, nationale Produktionszusammenhänge würden im Zeitablauf vernichtet, entgegen treten und aufzeigen, dass Globalisierung nicht zu einer Entterritorialisierung führt. Die mit der Internationalisierung und Globalisierung verbundenen substanziellen Re-Skalierungen und Neuordnungen ökonomischer Strukturen und Beziehungen können sogar zu einer Stärkung lokal-regionaler Produktionszusammenhänge führen und neue Chancen für subnationale Entwicklungspfade eröffnen. Aus der Analyse der wirtschaftlichen und sozialen Prozesse heraus versuchen wir Ansatzpunkte dafür zu finden, wie regionale Wirtschaftsballungen und -spezialisierungen gefördert und deren sozio-institutionelle Einbettung in lokale Zusammenhänge gestärkt werden können.

Ein wichtiger Anlass für uns, dieses Buch zu schreiben, war die Unzufriedenheit mit vorhandenen Lehrbüchern, die nur einen Ausschnitt der von uns als wichtig erachteten wirtschaftsgeographischen Konzeptionen behandeln und die neueren Strömungen und Perspektiven der Wirtschaftsgeographie zumeist eher randlich oder gar nicht aufgreifen. Somit stellte sich für uns die Frage, wie sich die Wirtschaftsgeographie in ihrem Problem- und Lösungsverständnis anders ausrichten kann. Die Frage der zukünftigen Orientierung der Wirtschaftsgeographie stellt sich gegenwärtig auch international. Dabei illustriert die Debatte, die von Amin & Thrift (2000) angestoßen und in einem Themenheft der Zeitschrift Antipode in 2001 von renommierten Fachvertretern fortgeführt wurde, dass neben der neoklassischen Wirtschaftstheorie, die in der geographical economics aufgegriffen wird, auch organisa-

tionstheoretische, wirtschaftssoziologische, kulturwissenschaftliche, politisch-ökonomische und andere interdisziplinäre Ansätze das Verständnis ökonomischer Beziehungen und deren evolutionären Wandel nachhaltig bereichert haben.
Gegenwärtig steht die Wirtschaftsgeographie vor der Frage, welche Rolle sie als wissenschaftliche (Teil-)Disziplin zukünftig bei der Lösung gesellschaftlicher Probleme spielen kann und möchte. Dies gilt erst recht, als sie unseres Erachtens nach dringend einer Rekonzeptionalisierung und damit verbunden einer veränderten Perspektive und Methodik bedarf. Mit dem Argument der zweiten Transition plädieren wir in diesem Buch für eine stärker als bisher sozialwissenschaftlich orientierte Wirtschaftsgeographie, in der wir das Ökonomische und Soziale als gleichwertige, eng aufeinander bezogene Dimensionen zum Verständnis und zur Erklärung wirtschaftsgeographischer Phänomene ansehen. Ökonomische Prozesse sind stets auch soziale Prozesse. Wir weisen an vielen Stellen auf die Ko-Präsenz ökonomischer und sozialer Routinen hin, um das Ineinandergreifen des Ökonomischen und Sozialen zu verdeutlichen. In diesem Buch streben wir an, wichtige Leitlinien noch relativ junger wirtschafts- und sozialwissenschaftlicher Ansätze auszuformulieren und zu der Rahmenkonzeption einer relationalen Wirtschaftsgeographie zusammenzufügen. Ihr vorrangiges Ziel soll es sein, wirtschaftliche und soziale Prozesse aus einer spezifisch räumlichen Perspektive zu beschreiben, zu erklären und daraus Schlussfolgerungen für strategische, planerische und politische Aktivitäten von Akteuren in Unternehmen, Städten, Gemeinden und Regionen abzuleiten.
Das Buch ist als Lehrbuch konzipiert. Allerdings unterscheidet es sich von klassischen Lehrbüchern dadurch, dass es über die scheinbar neutrale Darstellung etablierter Theorien und anerkannten Wissens hinausgeht. Es dient nicht als Enzyklopädie, die ein statisches Gesamtbild der Disziplin zeichnet. Im Gegenteil: Wir führen einen konzeptionellen Diskurs wirtschaftsgeographischen Denkens mit dem Ziel, Studierende und Fachinteressierte aufgrund der Darlegung von Begriffen, Konzepten und deren Implikationen zu einem kritischen und grundlegenden Verständnis von Wirtschaftsgeographie anzuregen. Wir möchten den Übergang von einem raumwirtschaftlichen zu einem relationalen Denken kritisch und konzeptionell erarbeiten, indem wir nicht nur einfach verschiedene Konzepte einander gegenüber stellen oder einen abrupten Bruch mit etablierten Ansätzen herbei führen. Vielmehr stellen wir im zweiten Teil des Buchs zunächst ausführlich die traditionellen Ansätze dar, um durch kritische Diskussion ihrer Perspektiven und Begrenzungen die Ziele und Arbeitsmethoden der Wirtschaftsgeographie in ein weiter entwickeltes Arbeitsprogramm zu integrieren. Diesen Übergang werden wir als zweite Transition der Wirtschaftsgeographie formulieren und in einer neuen Perspektive im dritten Teil des Buchs entwickeln. Unser Vorgehen beruht auf der Überzeugung, Denkfiguren so zu dekonstruieren, dass der interessierte junge Leser ebenso wie der etablierte Akademiker ein Angebot erfährt, Kritik und neue Konzepte nachzuvollziehen, um möglicherweise mit Toulmin (1972) „aus guten Gründen" zu neuen Perspektiven zu finden. Dieses Lehrbuch betont letztlich weniger das Wissen als vor allem das kritische Denken.
So wenig die Konzeptionen der relationalen Wirtschaftsgeographie bisher ein geschlossenes Theoriegebäude darstellen, so wenig erheben wir in diesem Buch den Anspruch auf Vollständigkeit. Es gibt wichtige Themenbereiche, die wir aus Zeit- oder aus Platzgründen – oder einfach, weil wir meinten, für unser Argument darauf verzichten zu können – nicht mit berücksichtigt haben. Zudem ist dies in erster Linie ein konzeptionelles Buch, das nicht anstrebt, den Stand der empirischen Forschung auf breiter Ebene genau wiederzugeben.
Das Buch ist multiperspektivisch gedacht und führt Disziplin übergreifende Einflüsse zusammen. Es richtet sich deshalb an ein breites wissenschaftliches Publikum, bestehend aus Geographen, Ökonomen sowie Politik- und Sozialwissenschaftlern, deren übergeordnetes Interesse es ist, ökonomische und soziale Prozesse aus räumlicher Perspektive zu untersuchen. Zudem richten wir uns an alle Unternehmer, Planer, Po-

litiker und sonstige Interessenten aus der Praxis, die sich bereits transdisziplinär mit den räumlichen Wirkungen wirtschaftlicher Prozesse beschäftigen und hierfür einen konzeptionellen Rahmen suchen. Hauptzielgruppe unseres Buchs sind aber die Studierenden der verschiedenen Fachrichtungen, die einen breiten und Disziplin übergreifenden Handlungsrahmen suchen, wenn sie eine räumliche Perspektive auf Wirtschaft und Gesellschaft anwenden.

Wir schätzen uns glücklich, in enormer Weise von Anregungen in unzähligen Gesprächen, Diskussionen und Kritikansätzen profitiert zu haben. Besonders wichtig waren in dieser Entwicklung Meric S. Gertler, Ernst Giese, Alfred Hecht, Günter Löffler, Stefanie Lowey, Josef Nipper, Gerald Romsa, Eike W. Schamp, Leslie Sklair und Benno Werlen. Zudem haben wir im Rahmen unserer Tätigkeit an der Justus-Liebig-Universität in Gießen, der Wilfrid Laurier University in Waterloo (Kanada), der Julius-Maximilians-Universität in Würzburg, der London School of Economics and Political Science (Großbritannien) und der Johann Wolfgang Goethe-Universität in Frankfurt am Main seit Ende der 1980er Jahre vielfältige Erfahrungen sammeln können und Anregungen durch Studentinnen und Studenten sowie Kolleginnen und Kollegen an den betreffenden geographischen Instituten erhalten, die in die Konzeption dieses Buchs eingegangen sind. Für wertvolle kritische Hinweise zu einzelnen Kapiteln besonders dankbar sind wir Gerhard Bahrenberg, Ernst Giese, Gernot Grabher, Ilse Helbrecht, Frank Kobiela, Ute Wardenga, Benno Werlen und Guido Zakrzewski. Des weiteren gebührt unser Dank Katrin B. Anacker, Kai Bunke, Heiner Depner, Katrin Griebel, Caroline Jentsch, Elke Lerch und Bernd Rentmeister für ihre unverzichtbare, superbe Mithilfe bei der Erarbeitung und Korrektur des Manuskripts, Ömer Alpaslan und Ulrich Himmelsbach für ihr umfassendes Engagement bei der Erstellung der Grafiken sowie Eckhard Jedicke und Nadja Kneissler für die konstruktive Verlagsbetreuung. Von unschätzbarer Bedeutung war für uns die stets motivierende Unterstützung und offene Kritik durch unsere Partnerinnen Clare L. S. Wiseman und Katrin Ullrich, die für dieses Projekt zudem etliche Entbehrungen auf sich nehmen mussten. Ihnen möchten wir dieses Buch widmen.

Frankfurt am Main, im Herbst 2001
Harald Bathelt und Johannes Glückler

Vorwort zur dritten Auflage

Es ist nun etwa zehn Jahre her, dass wir begannen, ein neues Lehrbuch mit dem Ziel zu konzipieren, eine breite Grundlage für eine ökonomisch und sozialwissenschaftlich fundierte Wirtschaftsgeographie zu entwickeln und gleichzeitig Anschluss an die dynamische angelsächsische Diskussion in unserem Fach herzustellen. Wir haben dies als einen Aufbruch verstanden, bei dem es uns darum ging, vorhandene Fronten und Verschränkungen aufzubrechen. Mit dem Ansatz einer relationalen Wirtschaftsgeographie wollten wir eine offene Forschungskonzeption entwerfen, die multiperspektivisch und transdisziplinär angelegt ist und „das Soziale" und „das Wirtschaftliche" zu einem konsistenten Konzept ökonomisch-sozialen Handelns in räumlicher Perspektive vereint.

Seither hat sich in der Wirtschaftsgeographie viel getan: Es sind neue Perspektiven und Forschungskonzeptionen hinzugekommen, das Fach hat sich weiterentwickelt und neue Erkenntnisse wurden gewonnen. Die relationale Wirtschaftsgeographie als Forschungskonzeption hat inzwischen Konturen angenommen, sodass das, was wir vor zehn Jahren als Aufbruch gesehen haben, inzwischen eine gewisse Reife erlangt hat und wiederum in anderen Ansätzen aufgegangen ist. Aufgrund dieser Entwicklungen ist es an der Zeit, eine grundlegende Neubearbeitung des Lehrbuchs vorzulegen. Wir haben diese Neubearbeitung in den vergangenen Jahren Schritt für Schritt durchgeführt und dabei versucht, sowohl die aktuellen Entwicklungen im Fach zu berücksichtigen als auch auf die vielfältigen Anregungen und Kritikansätze von Kollegen und Kolleginnen sowie vielen interessierten Studierenden einzugehen. So haben wir uns in der Neuauflage ausführlicher als zuvor mit der Rolle von Institutionen, Handlungsebenen und -praktiken, mit makroökonomischen Konzepten sowie neuen Marktperspektiven und Aspekten von Machtbeziehungen beschäftigt. In der Konsequenz haben sich die Kapitel und ihr Aufbau verändert und weiterentwickelt.

Ein Aspekt liegt uns dabei besonders am Herzen, der uns in der Betrachtung der letzten zehn Jahre beunruhigt. Die ursprüngliche und – nach wie vor – zentrale Intention des relationalen Ansatzes war es, ökonomische und sozialwissenschaftliche Sichtweisen zu integrieren und gemeinsam zu betrachten, und nicht eine spezifische disziplinäre Sichtweise zulasten einer anderen hervorzuheben. Unser Argument war – und ist –, dass ökonomisches Handeln nicht rein ökonomischen, d.h. vollständig rationalen, gewinnorientierten und preisbestimmten Prinzipien folgt, sondern durch soziale Strukturen und Beziehungen geprägt ist. Ökonomische Partner sind häufig in dauerhaften Austauschbeziehungen miteinander verbunden, die kein vordefiniertes Ende haben, in denen viele Informationen und Wissen zum beiderseitigen Vorteil ausgetauscht werden (ohne dass hierbei jeweils ein Tauschpreis entrichtet wird), in denen Vertrauen in die Leistungsfähigkeit und Verlässlichkeit der Partner entsteht und vieles mehr. Aus diesem Grund ist es uns ein besonderes Anliegen, ökonomische und sozialwissenschaftliche Theorien und Konzeptionen in eine integrierte, offene Konzeption des Fachs einzubeziehen und gemeinsam unter einer spezifisch räumlichen Perspektive zu diskutieren. Leider, so unser Eindruck, hat eine derartige Entwicklung in der Forschungspraxis nur bedingt stattgefunden. Prägend für die Entwicklung des letzten Jahrzehnts war vielmehr das Auseinanderdriften der Wirtschaftsgeographie – dadurch gekennzeichnet, dass sich ein erstes Lager einer strikt ökonomischen Ausrichtung mit fast ausschließlich quantitativen Forschungsmethoden, ein zweites Lager dagegen einer soziologisch-kulturwissenschaftlichen Ausrichtung mit fast ausschließlich qualitativen Forschungsmethoden verschrieben hat, wobei die zentralen Forschungsgegenstände der Wirtschaftsgeographie, also ökonomische Strukturen und Beziehungen, teilweise in den Hintergrund geraten sind. Besonders problematisch erscheint uns, dass beide Lager nur wenig voneinander Notiz nehmen und kaum mehr übergreifende Diskussionen suchen. Für ein Fach, das es seit den 1980er-Jahren erfolgreich geschafft hat, Studierende und Interessierte für wichtige Fragestellungen auf dem Arbeitsmarkt vorzubereiten, und das sich erfolgreich auf dem Arbeitsmarkt platziert hat, erscheint diese Entwicklung bedenklich. Aus diesem Grund möchten wir mit dem vorliegenden Buch nochmals im Kern die Notwendigkeit einer pluralistischen Forschungskonzeption betonen, welche breitere wirtschafts- und sozialwissenschaftliche Diskussionen würdigt und in eine räumliche Perspektive einbindet.

Dies basiert auf einer sehr umfangreichen Arbeit, die wir nicht ohne vielfältige Hilfen hätten bewältigen können. Bei der Überarbeitung und Neubearbeitung der dritten Auflage des Lehrbuchs haben uns viele Kollegen, Freunde und Studierende tatkräftig unterstützt oder wichtige Anregungen zum Nachdenken gegeben. In diesem Zusammenhang möchten wir uns besonders herzlich bedanken bei Gerhard Bahrenberg, Tatjana Blau, Ovi Colavincenzo, Heiner Depner, Ulrich Dewald, Annett Entzian, Sebastian Henn, Laura Kaeding, Alexandra Kaiser, Katrin Kappes (geb. Griebel), Nina Knippen (geb. Schuldt), Elio Trucchi, Anna Mateja Schmidt, Samuel Schneebeli, Caroline von Bernuth (geb. Jentsch) und Guido Zakrzewski. Auf Verlagsseite möchten wir uns insbesondere bei Helen Haas und Alessandra Kreibaum sowie bei Sabine Drobik für die konstruktive und motivierende Zusammenarbeit bedanken.

Mit dem vorliegenden Buch haben wir versucht, eine umfassende Darstellung der Wirtschaftsgeographie und ihrer aktuellen Entwicklungen aus relationaler Perspektive vorzulegen. Natürlich ist es unmöglich, sämtliche Diskussionsstränge und Themenbereiche gleichermaßen einzubeziehen. Die Auswahl der dargestellten Theorie- und Themenbereiche ist letztlich in besonderem Maße durch unsere eigenen und gemeinsamen Forschungsinteressen geprägt.

Wir richten dieses Buch an Lehrende und Studierende, die an Fragen der Wirtschaftsgeographie Interesse haben und sich damit im Rahmen von Lehrveranstaltungen, wie z. B. Vorlesungen und Seminaren, sowie bei der Vorbereitung von Forschungs- und Qualifikationsarbeiten beschäftigen. Unser Bemühen ist es, die fachlichen und konzeptionellen Zusammenhänge so umfassend und kritisch darzustellen, dass zum Verständnis eines theoretischen Aspekts nicht gleichzeitig noch vielfältige andere Literatur hinzugezogen werden muss. An vielen Stellen ist unser Lehrbuch aber auch für andere Teildisziplinen, wie z. B. die Sozial- oder die neue Kulturgeographie, sowie für Studierende und Forscher in Nachbardisziplinen, wie z. B. den Wirtschafts- und Politikwissenschaften sowie der Soziologie, von Interesse, die sich mit ökonomischen Strukturen, Beziehungen und Problemen in räumlichen Kontexten beschäftigen.

Wie schon in der ersten Auflage hoffen wir auch in der dritten Auflage auf vielfältige Anregungen, Kommentare und Kritik.

Toronto und Heidelberg, im Frühjahr 2012
Harald Bathelt und Johannes Glückler

Teil I:
Einführung

1 Zu einer Geographie der Wirtschaft

1.1 Warum eine Geographie der Wirtschaft?

Seit über 2000 Jahren ist (trotz Schwierigkeiten bei der Messung) eine wachsende weltweite Wirtschaft zu beobachten (→ Abb. 1-1). Die Geschichte dieser Entwicklung lehrt uns, dass sich ökonomisches Wachstum weder kontinuierlich noch an allen Orten gleichförmig vollzieht. Im Wachstumsbericht der Weltbank analysiert eine Forschergruppe, angeführt von dem Wirtschaftsnobelpreisträger Herbert Spence, die Ursachen starken Wachstums (World Bank 2008). Hierbei zeigt sich, dass die Länder Botswana, Brasilien, China, Hong Kong, Indonesien, Japan, Korea, Malaysia, Malta, Oman, Singapur, Taiwan und Thailand über einen Zeitraum von bis zu 25 Jahren durchgängig Wachstumsraten ihres Bruttoinlandsprodukts von jährlich über 7% aufweisen. Können wir durch eine Analyse dieser Beispielländer das Geheimnis allgemeinen wirtschaftlichen Wachstums ergründen? Die kritische Lektüre des Berichts legt eher nahe, dass die Hoffnung auf ein allgemeines Wachstumsrezept unerfüllt bleiben wird (Easterley 2008). Bei vielen Ländern hat der Boom inzwischen nachgelassen und die Rahmenbedingungen des Wachstums sind sehr spezifisch. Die Wirtschaftsgeschichte ist voller Beispiele dafür, dass einige Regionen einen lang anhaltenden (wenngleich nicht endlosen) wirtschaftlichen Aufschwung erfahren, während andere stagnieren oder schrumpfen (Maddison 2007; Landes 2009). Keine Region der Erde hat über die gesamte jüngere Geschichte eine kontinuierliche wirtschaftliche Entwicklung genossen. So sehr uns die Theorien der Wirtschaftswissenschaften die Regelhaftigkeiten des Ökonomischen lehren, so zeitlich unbeständig und geographisch unterschiedlich entfaltet sich die wirtschaftliche Entwicklung in der Realität.

Der spezifische geographische Kontext ist Quelle ökonomischer Bedingungen und Lebenssituationen, die zu regionalen Ungleichheiten führen und unterschiedliche Chancen gesellschaftlicher und wirtschaftlicher Entwicklung zur Folge haben. Ein Mensch, der in den USA geboren wird, wird heute statistisch gesehen im Durchschnitt ein hundertfach größeres Einkommen erzielen und 30 Jahre länger leben als ein Mensch in

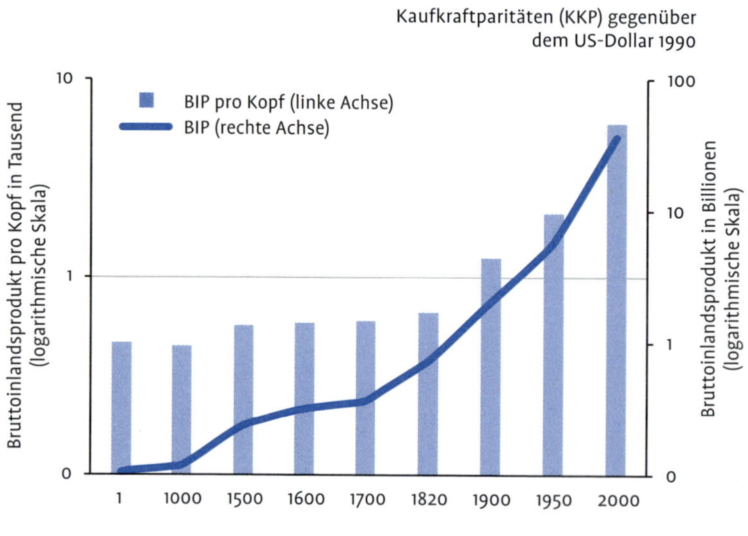

Abb. 1-1: Die Entwicklung des Weltprodukts absolut und pro Kopf in US-Dollar seit Christi Geburt (nach Maddison 2007; World Bank 2008)

Sambia. Ein Berufstätiger wird in Bolivien nur ein Drittel des durchschnittlichen Einkommens erzielen, das ihn in den USA erwarten würde (World Bank 2009). Regionen unterscheiden sich in ihrem Ressourcenreichtum, ihrer Produktivität und ihrem wirtschaftlichen Wohlstand. Standorte und Regionen stehen darüber hinaus in vielfältigen wirtschaftlichen Beziehungen. Natürliche Ressourcen, Arbeitskräfte und Arbeitsplätze, Wissen, Kapital und Konsumenten sind geographisch ungleich verteilt. Für den Wirtschaftsprozess, d. h. die Herstellung und Bereitstellung von Gütern zur Befriedigung menschlicher und gesellschaftlicher Bedürfnisse, müssen einerseits verschiedenste Ressourcen kombiniert werden. Andererseits bedarf es der Verteilung und Bereitstellung der Güter an die Endverbraucher, die diese wiederum an möglicherweise anderen Orten konsumieren als dort, wo sie sie beziehen. Da all diese Faktoren und Güter weder gleichmäßig verteilt, noch gleichermaßen mobil sind, besteht eine Herausforderung darin, die Beschaffung, Kombination und Verteilung sowohl innerhalb als auch zwischen Standorten, Städten und Gemeinden, Regionen und Ländern zu organisieren.

Die Geographie interessiert sich für das Verhältnis zwischen Standort, Territorium und Gesellschaft. Wirtschaftsgeographen im Besonderen fragen nach der spezifischen räumlichen Organisation wirtschaftlichen Austauschs und sozialer Institutionen im Produktionsprozess und interessieren sich für die räumliche Differenzierung der Art und Weise, wie Wirtschaft in lokalisierten Lebensverhältnissen praktiziert wird (vgl. auch Glückler 2011 b). Im Fokus steht hierbei die Frage, wie sich Unterschiede in den wirtschaftlichen Strukturen und Prozessen zwischen Standorten und Territorien erklären lassen. In einer vor-modernen Gesellschaft lässt sich eine Begründung relativ einfach durch die überwiegend lokale Lebens- und Wirtschaftsweise finden. Im Zug der Modernisierung ermöglichen neue Transport- und Kommunikationstechnologien eine zunehmende geographische Entankerung der Lebensverhältnisse (Giddens 1997; Werlen 1999). Menschen tauschen Waren, Informationen und Kapital zu geringeren Kosten über zunehmend große Entfernung aus. Auch die Mobilität des Menschen wird größer, sodass Erfahrungen und Begegnungen an vielen unterschiedlichen Orten leichter und häufiger zu realisieren sind. Diese Entkopplung sozialer Beziehungen von der gemeinsamen physischen Anwesenheit (Ko-Präsenz) verwandelt das Verhältnis von Standort, Territorium und Gesellschaft in einen zunehmend komplexen Zusammenhang. Manche erwarten mit der digitalen Revolution das Ende der „Tyrannei der Distanz“ und eine „flache Welt“, die keine oder kaum noch räumliche Unterschiede oder Begrenzungen wirtschaftlichen Handelns aufweist (Cairncross 1997; Friedman 2005). Jedoch stellen sich in der Praxis Fragen der Lokalität und Mobilität, neuer Formen lokaler Spezialisierung, regionaler Disparitäten und globaler Beziehungen. Eine räumliche Perspektive ist für die Analyse ökonomischer Beziehungen und ökonomischen Handelns weiterhin zentral, denn die Erde ist eben keine gleichförmige Scheibe. Viele Fragen, die unsere gegenwärtige Gesellschaft herausfordern, sind zutiefst geographische Problemstellungen.

Abhängigkeit des Menschen von natürlichen Rohstoffen. Natürliche Rohstoffe, wie z. B. Öl, Kupfer oder Gas, sind an bestimmte Standorte gebunden – sie sind lokalisiert und ihr Vorkommen ist geographisch und mengenmäßig begrenzt. Da wir diese materiellen Ressourcen benötigen, um aus ihnen Güter herzustellen, ergeben sich geographische Probleme der Verfügbarkeit, des Zugangs und der Mobilisierung dieser Rohstoffe. Mit der wirtschaftlichen Nutzung natürlicher Rohstoffe gehen jedoch viele gesellschaftliche und ökologische Herausforderungen einher, die im Zuge der Globalisierung und einer zunehmend globalen Zivil- und Risikogesellschaft (Beck 1997) immer mehr an Brisanz gewinnen (Braun et al. 2003; Oßenbrügge 2007; Soyez und Schulz 2002).

Natürliche regionale Unterschiede. Standorte weisen auf der Erdoberfläche infolge der unterschiedlichen topographischen, klimatischen, vegetativen und anderen naturräumlichen Bedingungen sehr unterschiedliche natürliche Kostenvorteile auf, sofern diese für ökonomisches Handeln relevant werden. Allein auf die Variation dieser natürlichen Bedingungen (und Kostenstrukturen) ist ein Teil der ungleichen Wirtschafts- und Siedlungsverteilung zurückzuführen (Ellison und Glaeser 1999; Roos 2005). Auf globaler Ebene lassen sich erstaunlich prägende Unterschiede der wirtschaftlichen Entwicklung beobachten (Gallup et al. 1999): Erstens haben fast alle Länder in den mittleren Breiten eine höhere wirtschaftliche Produktivität und einen größeren wirtschaftlichen Wohlstand als die Länder der Tropen. Zweitens erzielen küstennahe Regionen weltweit höhere Einkommen als küstenferne Regionen oder Binnenstaaten. Auch auf regionaler und lokaler Ebene lassen sich räumlich differenzierte Nutzungen und Standortstrukturen erkennen, die aus Unterschieden natürlicher Zugangsbedingungen und anderer Kostenvorteile resultieren. In manchen Branchen bestimmen natürliche Kostenvorteile oder Beschränkungen die Standortverteilung von Unternehmen in erheblichem Maß. So ist z. B. die effiziente Stromgewinnung aus Windenergie und Wasserkraft trotz technologischer Fortschritte auf klimatische und topographische Gunstlagen angewiesen. Die räumliche Verteilung von Kraftwerken zur Stromgewinnung aus regenerativen Energien lässt sich in Deutschland geradezu idealtypisch auf natürliche Kostenvorteile zurückführen (Klein 2004; Handke und Glückler 2010). Wichtig bleibt jedoch festzustellen, dass die natürlichen Bedingungen wirtschaftliche Strukturen keineswegs determinieren. So gibt es beispielsweise trotz potenzieller Kostennachteile wichtige Standorte der chemischen Produktion auch weit von den Küsten entfernt (Beispiel: *BASF* in Ludwigshafen) oder wichtige Regionen des Gemüseanbaus trotz ungünstiger klimatischer Bedingungen (Beispiel: Niederlande).

Regionale Disparitäten und regionale Entwicklung. Nicht alle regionalen Unterschiede repräsentieren zugleich bedeutsame regionale Disparitäten im Sinne einer Abweichung gesellschaftlich-ökonomisch relevanter Merkmale, wie z. B. Arbeitslosigkeit, verfügbares Einkommen oder Bildungszugang, von einer als fair oder angemessen erachteten Referenzverteilung (Biehl und Ungar 1995). Der Zusatz der gesellschaftlichen Relevanz ist wichtig, um diejenigen regionalen Unterschiede zu betonen, die sich auf die als notwendig angesehene Lebensqualität und die Lebenschancen der Bevölkerung auswirken. Die Einheitlichkeit der Lebensverhältnisse bzw. die Stärkung des wirtschaftlichen und gesellschaftlichen Zusammenhalts bildet auch im Grundgesetz der Bundesrepublik Deutschland (GG Art. 106, Abs. 3) eine wichtige Norm der Gesellschaftsordnung. In der Praxis sind regionale Disparitäten nicht einfach auszugleichen. Auch 20 Jahre nach der Wiedervereinigung sind die regionalen Unterschiede der wirtschaftlichen Leistungskraft und des Einkommens pro Einwohner zwischen Ost und West erheblich und reichen von einem Minimum von 11 300 Euro pro Einwohner im Zwickauer Land bis zu einem Maximum von über 80 000 Euro pro Einwohner im Landkreis München. Der Landkreis München erwirtschaftet demnach pro Kopf das Siebenfache der Region Zwickau oder der Südwestpfalz (Leßmann 2005). Vor- und Nachteile der natürlichen Bedingungen sagen dabei nicht immer etwas über die wirtschaftlichen Entwicklungschancen einer Region aus. So sind heute viele Länder, die reich an natürlichen Rohstoffvorkommen sind, schlechter entwickelt und leiden unter geringerem Wohlstand als ressourcenärmere Staaten – ein Zusammenhang, der manchmal als Ressourcenfluch bezeichnet wird (Sachs und Warner 1999), der jedoch im Einzelfall einer spezifischen Erklärung bedarf.

Räumliche Agglomeration und Metropolen. Über natürliche Standortvorteile hinaus existieren dynamische geographische Vorteile, die sich unabhängig von physischen Gegebenheiten aus der Dynamik und den Wechselwirkungen des Standortverhaltens von Unternehmen sowie aus den politisch-institutionellen Rahmenbedingungen ergeben, die aus den durch andere Unternehmen und Akteure verursachten Bedingungen an einem Standort als Vorteile (oder auch als Nachteile) erwachsen. Sogenannte Externalitäten begründen Ballungen von Industrien an bestimmten Orten und begünstigen die Spezialisierung der regionalen Wirtschaftsstruktur auf bestimmte Industrien. Die aus geographischer Dichte entstehenden Kontakt- oder Fühlungsvorteile spielen eine wichtige Rolle. Sie umfassen

z. B. die Häufigkeit und Vielfalt persönlicher Begegnungen, den erleichterten Wissensaustausch, Ersparnisse durch gemeinsame Nutzung spezialisierter Infrastrukturen und vieles mehr. In zahlreichen Regionen der Erde haben sich mit großen Metropolen und Megastädten Zentren der sozialen und wirtschaftlichen Entwicklung gebildet. Und auch jenseits der städtischen Agglomerationsräume sind lokale Produktionssysteme und Technologiecluster entstanden, die von weltweiter Bedeutung für Innovationsprozesse und Technologieentwicklung in einer Industrie sind, wie z. B. der Technologiestandort Silicon Valley in Kalifornien, USA.

Von der Lokalisation zur Allokation. Schließlich ergeben sich wichtige Fragen bezüglich der geographischen Beziehungen im Wirtschaftsprozess und bezüglich der Veränderungen der Mobilität von wirtschaftlichen Akteuren, von materiellen Ressourcen, von Kapital und von Gütern in einer zunehmend global integrierten Weltwirtschaft. Aus der Analyse der geographischen Standorte der Wirtschaft ergeben sich Herausforderungen an eine effektive oder angemessene Verteilung wirtschaftlicher Ressourcen, Aktivitäten und Beziehungen. So suchen Wirtschaftsgeographen Antworten auf Fragen der Wahl und Erschließung von Standorten, der Organisation räumlicher Arbeitsteilung, der Mobilität von Menschen, Kapital und Gütern, der flächendeckenden Versorgung der Bevölkerung mit Gütern des täglichen bis langfristigen Bedarfs, der Erklärung regionaler Unterschiede und Besonderheiten der wirtschaftlichen Rahmenbedingungen und Wirtschaftsstrukturen sowie der Erklärung regionalwirtschaftlicher Entwicklung im Zeitablauf. Wirtschaftsgeographie ist eine empirische Wissenschaft, die Organisationsprobleme in räumlichen Kontexten unter spezifischen politisch-institutionellen Rahmenbedingungen beschreibt, analysiert und zur Entwicklung von Lösungen beiträgt. Da wirtschaftliche Beziehungen zumeist geographisch unterschiedlich und zeitlich unbeständig sind, versprechen allgemeine Erklärungs- und Gestaltungsmodelle wirtschaftlicher Entwicklung kaum ein tieferes Verständnis der Vielfältigkeit erfahrungsweltlicher Wirtschafts*geographien*. Daher ist es notwendig – so das Argument dieses Buchs – eine geographische Perspektive des Wirtschaftsgeschehens zu entwickeln, die neben abstrakten Regelhaftigkeiten wirtschaftlichen Austauschs die vielfältigen, kontextspezifischen Mechanismen und Entwicklungen in konkreten wirtschaftlichen Beziehungen zu verstehen sucht. Denn die Folgen einer allzu schematischen Anwendung allgemeiner Prinzipien auf spezifische Entwicklungsbedürfnisse, wie z. B. die rigorose Umsetzung des Washington Konsens der Weltbank gegenüber Entwicklungsländern, tragen nur selten Früchte (Stiglitz 2006), wie auch das folgende an reale Erfahrungen angelehnte hypothetische Beispiel illustriert.

1.2 Illustration: Wie funktioniert regionale Wirtschaftsentwicklung?

Unternehmen sind an verschiedenen Standorten unterschiedlich erfolgreich. Wenn die Unternehmen einer Region *RegioTopia* ein hohes Wachstum erzielen, die Unternehmen in zwei anderen Regionen *RegioCopia* und *RegioNova* hingegen schrumpfen, entstehen räumliche Disparitäten. Um diese räumlichen Entwicklungsunterschiede auszugleichen, können staatliche und private Institutionen eine Förderpolitik verfolgen, die Unternehmensansiedlungen und -neugründungen unterstützt. Aber woran sollen die Regionen *RegioCopia* und *RegioNova* ihre Förderpolitik orientieren?

Vorher. *RegioCopia* mag zunächst eine Expertengruppe in die erfolgreiche Nachbarregion *RegioTopia* entsenden, um die Wirtschaftsstruktur zu untersuchen. Dort gibt es große Universitäten, ein modernes Verkehrsnetz, niedrige Steuern und moderate Lohnkosten, verfügbares Investitionskapital sowie einen hohen Anteil von Managern und hoch qualifiziertem Personal. Auch wird die Lebensqualität der Bewohner als sehr hoch eingeschätzt. Aufgrund dieser Analyse kommt die Expertengruppe zu dem Ergebnis, dass die Unternehmen in *RegioCopia* mit den

gleichen Faktoren versorgt werden müssen wie in *RegioTopia*, um einen ähnlichen Anstieg der Betriebsgründungen und Innovationsaktivitäten der Unternehmen zu erreichen. Nur wenn die Rahmenbedingungen der erfolgreichen Region auch in *RegioCopia* hergestellt sind – so die Expertengruppe –, wird diese Erfolg haben. Aus diesem Grund beschließt *RegioCopia* die Einrichtung eines Gründerzentrums, um neuen Unternehmen genau diese Bedingungen zu bieten [...].
RegioNova hat ebenfalls schlechte Voraussetzungen für wirtschaftliches Wachstum. Sie liegt abseits der großen Ballungsräume in der Peripherie, ist dünn besiedelt, und nur wenige Industrien haben sich hier niedergelassen. Eine kleine Universität hat sich in elektronischer und elektrotechnischer Forschung einen Namen gemacht, sodass der Region zumindest junge Studenten für die Zeit ihrer Ausbildung zuwandern. Darüber hinaus verfügt die Region über keine besonderen Ressourcen. Sie liegt in einer kargen Berglandschaft, die nicht einmal Touristen anzieht. Die lokale Regierung sieht sich machtlos und entwickelt keine konkreten Förderkonzepte. Unternehmen scheinen in *RegioNova* nicht die nötigen Faktoren zu finden, die sie für eine Standortansiedlung benötigen [...].

Nachher. [...] Inzwischen hat *RegioCopia* Millionen von Fördergeldern in die Errichtung eines Gründerzentrums investiert und zahllose Kooperationen mit Investoren begründet, die große Mengen an Risikokapital bereithalten. Das Gründerzentrum besitzt eine gute technische Infrastruktur und hält preiswerte Flächen für Existenzgründer vor. Darüber hinaus hat die Wirtschaftsförderungsgesellschaft eine massive Anwerbungspolitik gegenüber Unternehmen aus anderen Regionen betrieben. Doch die Politik zeigt keine Wirkung. Etwa 70 % der Unternehmen des Gründerzentrums haben schon früher in der Region existiert und weitere 10 % der Betriebe arbeiten in neuen Zweigen bereits bestehender Unternehmen. Außerdem sind noch zahlreiche Flächen des Zentrums ungenutzt. Auch die wenigen neu angesiedelten Unternehmen haben keine lokalen Verflechtungen mit Zulieferern, Dienstleistern oder dem Arbeitsmarkt aufgebaut. Obwohl *RegioCopia* mit Erfolgsfaktoren ausgestattet wurde, hat sich die Gründungsquote kaum verändert.
[...] In *RegioNova* haben sich einige Hochschulabsolventen mit einer wirtschaftlichen Idee selbstständig gemacht. In den Labors der Universität haben sie an Experimenten mit Elektronikkomponenten teilgenommen und entwickeln nun in Zusammenarbeit mit ihrem Institut EDV-Anwendungen. Ein Unternehmen in der Umgebung findet Interesse an der Idee und bietet seine Mitwirkung bei der Weiterentwicklung an. Nach wenigen Monaten gelangt das Produkt auf den Markt und findet reißenden Absatz. Das schnelle Wachstum des jungen Betriebs wird durch junge, flexible Mitarbeiter aus der Region getragen. Ihr Erfolg spricht sich herum und Studenten, die bei ihnen ausgeholfen haben, gründen partnerschaftlich eigene Existenzen. Die Produkte der wachsenden Anzahl von *start-up*-Unternehmen sind miteinander verbunden, sodass die Mitarbeiter der Unternehmen sich in ständigen Austausch- und Lernprozessen befinden. Es herrscht eine hohe Fluktuation der Arbeitsplätze mit kurzen Verweildauern der Mitarbeiter in den einzelnen Betrieben. Die Zahl der Arbeitsplätze steigt kontinuierlich an und es werden ständig neue, innovative Produkte im Bereich der Hard- und Software entwickelt. *RegioNova* wird zu einem Innovationszentrum und zieht Talente aus anderen Regionen an.

Erklärung. Aus der Entwicklung der Region *RegioNova* kann man keineswegs ableiten, dass eine gute Idee allein bereits ausreicht, um Unternehmen einer Region oder gar die ganze Region erfolgreich zu machen. Ferner lässt sich auch nicht schlussfolgern, dass eine regionalpolitische Förderung eigentlich überflüssig sei, weil sich der Erfolg ohnehin von selbst einstellen würde. Nein, aus der Entwicklung von *RegioNova* kann man vor allem lernen, dass sich der Erfolg nicht aus Strukturfaktoren und Rahmenbedingungen erklärt, sondern dass konkrete Ideen, Initiativen und gemeinsame Lern- und Arbeitsprozesse aufeinander aufbauen und so das Wachstum von Grund auf ermöglichen.

Aber warum war die Förderung in *RegioCopia* so erfolglos? Es wurden Faktoren aus einer erfolgreichen Region nachgeahmt und nachgebildet. Die Förderpolitik wurde in einer Analyse begründet, die vermutlich an den eigentlichen Ursachen vorbeizielte und daher keine großen Erfolgsaussichten hatte. Eine derartige Förderpolitik setzt mit ihrem theoretischen Verständnis bei Rahmenbedingungen an und ignoriert die spezifischen ökonomischen und sozialen Motive der wirtschaftlichen Akteure und Prozesse ihres Handelns. Selbst wenn Kapital und Infrastruktur gegeben sind, so hängt der wirtschaftliche Erfolg von Unternehmen und langfristig auch der von Regionen immer davon ab, was Akteure durch ihre Handlungen aus diesen Möglichkeiten machen. Es gibt keinen Automatismus der Wirtschaftsentwicklung und des wirtschaftlichen Erfolgs.

1.3 Aufbau des Buchs

Um politische Blaupausen zu vermeiden und angemessene Strategien zur Entwicklung und Entwicklungsförderung entwerfen zu können, bedarf es eines grundsätzlichen Verständnisses der Kontextualität und der Interdependenzen empirischer Entwicklungszusammenhänge. Dieses Buch ermöglicht eine relationale Perspektive auf die konkreten geographischen Ausprägungen der Wirtschaft, die der Kontextualität von Strukturen und der Evolution spezifischer Entwicklungen Rechnung tragen. Die Grundlagen einer derartigen relationalen Perspektive sowie die Grundbegriffe der ökonomischen und geographischen Analyse werden in **Teil I** des Buchs entwickelt und vorgestellt. **Kapitel 2** entwirft die Rahmenkonzeption für eine relationale Wirtschaftsgeographie. Das Argument der zweiten Transition plädiert dafür, Interaktion, Organisation, Evolution und Innovation als zentrale Konzepte der wirtschaftsgeographischen Analyse zu verstehen, um soziale und ökonomische Prozesse aus einer spezifisch räumlichen Perspektive zu analysieren und zu interpretieren. Darauf aufbauend werden in **Kapitel 3** wichtige ökonomische Grundbegriffe erläutert, die sich auf wirtschaftliche Bedürfnisse, Güter und die Rolle von Produktionsfaktoren bei der Bedürfnisbefriedigung beziehen. **Kapitel 4** stellt geographische Konzepte vor, darunter verschiedene positionale und relationale Raumkonzepte. Außerdem werden grundlegende Herausforderungen wirtschaftlicher Globalisierungsprozesse aus räumlicher Perspektive formuliert.

Teil II des Buchs diskutiert wichtige klassische Konzepte der raumwirtschaftlichen Analyse und arbeitet die Grenzen ihrer Leistungsfähigkeit für heutige Problemstellungen heraus. Ziel der kritischen Würdigung ist es, Anhaltspunkte für Reinterpretationen, Weiterentwicklungen und Neupositionierungen zu entwickeln. Dies dient dazu, im dritten Teil des Buchs veränderte Perspektiven in einer relationalen Wirtschaftsgeographie zu formulieren.

Kapitel 5 befasst sich mit der ungleichen räumlichen Verteilung wirtschaftlicher Aktivitäten. Im Mittelpunkt steht die auf von Thünen basierende landwirtschaftliche Landnutzungslehre und ihre Übertragung auf den städtischen Bodenmarkt durch Alonso. Anschließend wird die Theorie zentraler Orte nach Christaller als Standortstrukturtheorie für Versorgungseinrichtungen des tertiären Sektors behandelt. Den Ansätzen wird basierend auf einer umfassenden Kritik eine verringerte Bedeutung bei der Erklärung gegenwärtiger räumlicher Wirtschaftsstrukturen beigemessen. Unter Bezugnahme auf Städtenetze, Städteverbünde und die Initiative der Nationalen Stadtentwicklungspolitik wird gezeigt, dass in Raumordnung und Regionalpolitik inzwischen neue Ansätze entwickelt werden, um auf Veränderungen der globalen Rahmenbedingungen, wie z. B. Finanzkrise und Klimawandel, zu reagieren. **Kapitel 6** beschäftigt sich mit der auf Weber zurückgehenden industriellen Standortlehre und ihren Erweiterungen durch Hoover, Hotelling, Smith und Pred. Es wird gezeigt, dass mit der Fokussierung auf Standortfaktoren in diesen Ansätzen Räume quasi zu Akteuren hochstilisiert werden. Industrielle Standortentscheidungen werden aus vorhandenen Raumeigenschaften abgeleitet. Die den Gründungs-, Standort- und Investitionsentscheidungen zugrunde liegenden wirtschaftlichen und sozialen Prozesse bleiben dabei zu wenig berücksichtigt. Auch der Versuch, harte, quantifizierbare Standortfaktoren um weiche, intangible Faktoren zu erweitern, ist nicht ausreichend, weil hierbei etwas Unmögliches angestrebt wird, nämlich komplexe Kommunikations- und Interaktionsprozesse als simple Strukturfaktoren abzubilden.

Die nachfolgenden Teile III bis VI weisen Wege zur Rahmenkonzeption einer relationalen Wirtschaftsgeographie in einer spezifisch räumlichen Perspektive. Jeder Teil widmet sich einer der vier grundlegenden Analysedimensionen wirtschaftsgeographischer Forschung:

Teil III beginnt mit der Dimension **Interaktion und Institution**. Hierbei leistet **Kapitel 7** die Aufgabe einer sozialtheoretischen Reformulierung zentraler Annahmen des Menschenbilds in der klassischen Theorie. Das Kapitel diskutiert Motive wirtschaftlichen Handelns, um im Anschluss grundlegende Konzepte ökonomischer Interaktion wie Kooperation und Wettbewerb zu entwickeln. Hierbei werden Ansätze des sozialen Kapitals und anderer institutioneller Einflüsse thematisiert, die aus geographischer Perspektive wirtschaftlichen Austausch prägen. Mit Storpers Konzeption sogenannter *untraded interdependencies* (nicht-handelbarer Interdependenzen in wirtschaftlichen Abläufen) wird darüber hinaus die Einbindung von Konventionen und Beziehungen in die Analyse regionalökonomischer Prozesse vollzogen. Darauf aufbauend widmet sich **Kapitel 8** der Bedeutung von sozialen Institutionen für die Strukturierung wirtschaftlicher Interaktionen. Im Unterschied zu dem abstrakten Marktbegriff der Neoklassik führt das Kapitel ferner einen institutionentheoretisch begründeten Marktbegriff ein, der es erlaubt von spezifischen empirischen Märkten anstelle von einem abstrakten Markt zu sprechen.

Teil IV stellt Konzeptionen der **Organisation** technischer, betrieblicher und geographischer Arbeitsteilung in den Mittelpunkt der Analyse. **Kapitel 9** erarbeitet organisationstheoretische Ansätze aus der neuen Institutionenökonomie und der neuen Wirtschaftssoziologie, um Koordinationsfragen von wirtschaftlichen Beziehungen in und zwischen Unternehmen aus räumlicher Perspektive zu untersuchen. Nach Williamson werden verschiedene institutionelle Formen von Transaktionen zwischen Produktionsstufen untersucht, wobei zwischen Märkten, Hierarchien und Netzwerken unterschieden wird. Scott folgend wird gezeigt, dass durch die Nutzung von Nähevorteilen Transaktionskosten gesenkt werden und regionale Ballungen somit zu einer Stabilisierung von Netzwerkbeziehungen beitragen. Die auf Transaktionskosten zentrierte Sicht wird durch das *embeddedness*-Argument von Granovetter aus der neuen Wirtschaftssoziologie entscheidend erweitert. Demnach ist ökonomisches Verhalten in sozio-institutionelle Beziehungen eingebettet und untrennbar mit diesen verbunden. Eine Erweiterung liegt in der Einbeziehung temporärer Organisationsformen, insbesondere von Projekten, die aufgrund der zeitlichen Befristung und räumlichen Arbeitsteilung besondere Ansprüche an die Koordination der Zusammenarbeit stellen. **Kapitel 10** konkretisiert die organisationstheoretische Behandlung von Koordinationsproblemen auf regionaler Ebene und erörtert Ansätze zur Erklärung geographischer Cluster. Mit Industriedistrikten und innovativen bzw. kreativen Milieus werden zudem zwei Konzeptionen lokalisierter Produktionssysteme dargestellt, in denen die Einbindung regionaler Produktionsnetze in sozio-institutionelle Zusammenhänge zum Ausdruck kommt. Dabei zeigt sich, dass beide Ansätze eine größere konzeptionelle Nähe aufweisen, als man zunächst annehmen würde. Das Kapitel stellt mit Porters Analyse der Bestimmungsfaktoren nationaler Wettbewerbsvorteile einen Ansatz vor, der Wettbewerbsvorteile aus Spezialisierungsprozessen auf nationaler Ebene behauptet und neue Wege in Richtung einer evolutionären Perspektive wirtschaftlicher Entwicklung aufzeigt. **Kapitel 11** erweitert die räumliche Perspektive von lokalen Produktionssystemen hin zu Prozessen der Internationalisierung und zu globalen Formen der Unternehmensorganisation. Hierbei wird der wechselseitige Zusammenhang zwischen Standortstruktur, Organisationsstruktur und Unternehmensstrategien herausgestellt und das Verhältnis von Staaten zu Großunternehmen unter dem Aspekt von Machtprozessen diskutiert.

Teil V befasst sich mit der Dimension der **Evolution**. Zunächst rekapituliert **Kapitel 12** klassische, nicht-evolutionäre regionale Entwicklungstheorien und diskutiert die Aussagen und Ansprüche unterschiedlicher, zum Teil einander entgegengesetzter Modelle. Während die neoklassische Wachstumstheorie interregionale Ausgleichstendenzen zur Herstellung eines stabilen Gleichgewichts postuliert, propagieren die empirisch geleiteten polarisationstheoretischen Ansätze eine dauerhafte Kumulation räumlicher Ungleichgewichte. Mit dem Ansatz der von Krugman entwickelten *geographical economics* wird ferner ein Erklärungsansatz beleuchtet, der die Entstehung regionaler Industrieballungen und kleinräumiger Industriespezialisierungen modelliert und unter bestimmten Bedingungen dauerhafte räumliche Disparitäten erklärt. In der *geographical economics* werden regionalökonomische Entwicklungen als historisch pfadabhängige Prozesse modelliert, gleichzeitig aber wird die Einbindung sozio-institutioneller Kontexte vernachlässigt. **Kapitel 13** führt das Konzept evolutionärer Dynamik ein und stellt organisationsökologische Ansätze der Entwicklung von Unternehmen und Industrien vor. Im Kontext der Unternehmensentwicklung werden Unternehmensgründungen auf die sozioökonomischen Kontexte der Gründer zurückgeführt. Dies führt dazu, dass Gründungsideen dort realisiert werden, wo die Gründer arbeiten und leben. Eine echte Standortentscheidung findet dabei oftmals nicht statt. Durch Rückgriff auf das Modell industrieller Entwicklungspfade von Storper und Walker und andere Konzeptionen evolutionärer Entwicklung wird gezeigt, wie bei der Entwicklung neuer Industrien regionale Clusterprozesse entstehen. Dies wird an den Beispielen der Entwicklung von Hightech-Industrien verdeutlicht. Schließlich werden neuere Ansätze einer evolutionsökonomischen Wirtschaftsgeographie diskutiert.

Teil VI befasst sich mit der vierten Dimension der **Innovation**. **Kapitel 14** verknüpft die evolutionäre Dimension mit Konzepten kollektiven Lernens. Im Unterschied zu traditionellen Ansätzen, die von gegebenen Technologien ausgehen, konzentrieren sich die Ausführungen auf den Prozess der Wissens- und Technologiegenerierung. Hierbei wird die Entstehung neuen Wissens und neuer Technologien dem evolutionsökonomischen Ansatz von Dosi folgend als kumulativer, pfadabhängiger Prozess angesehen, der auf Lernprozessen und Erfahrungswissen basiert. Innovationen sind in dieser Konzeption eine Konsequenz des Voranschreitens bestimmter technologischer Entwicklungspfade. Dabei spielen Interaktionen zwischen den beteiligten Akteuren, reflexive Verhaltensweisen sowie vielfältige Feedback-Schleifen eine zentrale Rolle. Aus diesem Grund wird der von Lundvall beschriebene Prozess des *learning by interacting* hervorgehoben und es wird betont, dass Innovationsprozesse in regionalen Zusammenhängen besonders effizient organisiert werden können, wenn dabei nicht-kodifiziertes, sich schnell veränderndes Wissen bedeutsam ist, das nicht beliebig an andere Akteure und Orte transferiert werden kann. Zudem werden Aspekte des Lernens durch Beobachtung (ohne direkte Interaktion) thematisiert. **Kapitel 15** bindet den technologischen Wandel unter Bezugnahme auf die Theorie der langen Wellen nach Schumpeter in eine gesamtwirtschaftliche Sicht der langfristigen wirtschaftlichen Entwicklung ein. Da diese Konzeption problematische technologische Determinismen enthält, werden mit der neoschumpeterianischen Variante des Paradigmenwechsels nach Freeman und Perez und insbesondere mit der Regulationstheorie in Anlehnung an Boyer und Lipietz zwei Ansätze dargestellt, die die wirtschaftlich-technischen und gesellschaftlich-institutionellen Strukturen in einen Gesamtentwicklungszusammenhang zusammenführen. Davon ausgehend wird der Ansatz der *varieties of capitalism* nach Hall und Soskice diskutiert, der aus institutioneller Perspektive unterschiedliche kapitalistische Systeme begründet. Diese können zu nationalspezifischen Innovationspfaden führen und ermöglichen somit eine Verbindung zum Ansatz der Innovationssysteme. Das Kapitel geht auch der Frage nach, inwiefern sich geographische Innovationssysteme auf unterschiedlichen Maßstabsebenen ausbreiten und wie spezifisch diese im internationalen Vergleich entstehen und funktionieren. Hierbei werden Innovationsprozesse auf regionaler und nationaler Ebene diskutiert und anhand von Beispielen erläutert.

2 Zu einer relationalen Wirtschaftsgeographie

2.1 Geographie im Paradigmenwechsel

In diesem Kapitel legen wir die zentralen Argumente einer relationalen Sichtweise in der Wirtschaftsgeographie dar und unterscheiden ihre Grundperspektive von traditionellen wirtschaftsgeographischen Denkweisen. Hierzu werden neben der Bedeutung von Kontextualität, Pfadabhängigkeit und Kontingenz vier grundlegende Aspekte des Wirtschaftsprozesses in das Zentrum der Theoriebildung gestellt: Interaktion, Organisation, Evolution und Innovation. Damit soll ein fundiertes Verständnis der einzelnen Ansätze in einem größeren theoretischen Rahmen ermöglicht werden. Zunächst wird im Folgenden die Idee von Paradigmenwechseln in Geographie und Wirtschaftsgeographie spezifiziert und auf das Beispiel Deutschland angewendet.

Die Wirtschaftsgeographie steht wie andere Teil-Geographien in der Tradition geographischer Forschung. Die Beobachtungen und Theorien, die Wirtschaftsgeographen formulieren, sind stets geprägt von deren Fach- und Wissenschaftsverständnis. Wenngleich sich die Perspektiven einer Disziplin nicht sprunghaft ändern und sich meist auch nicht exakt datieren lassen, so ist es dennoch möglich, unterschiedliche Auffassungen, Methoden, Interessen und Vorgehensweisen hervorzuheben und von anderen argumentativ abzugrenzen. Auch die Theoriegeschichte der Wirtschaftsgeographie, so ein Argument dieses Buchs, kann einer solchen Unterscheidung unterzogen werden. Sie wird für sinnvoll erachtet, um einen kontextbewussten Zugang zu den Voraussetzungen und Inhalten ihrer Behauptungen zu erlangen und damit gleichsam eine differenzierte Kritik zu ermöglichen. Daher wird zunächst kurz das Konzept des Paradigmas vorgestellt und anschließend eine vereinfachte Unterscheidung der drei großen Paradigmen wissenschaftlicher Geographie skizziert. Um unsere Argumentation in Bezug auf die Paradigmen und Paradigmenwechsel in der Geographie und in der Wirtschaftsgeographie klar herauszuarbeiten, werden wir uns gezielt auf zentrale Aussagen ausgewählter Ansätze konzentrieren und andere nur verkürzt oder gar nicht darstellen. Dies hat vor allem didaktische Gründe.

Richtungweisend für die Konzeption der Wissenschaftspraxis in Form von Paradigmen ist die Arbeit von Kuhn (1962) über die Struktur wissenschaftlicher Revolutionen, die als Kritik an der Idee eines linearen, kumulativen Erkenntnisfortschritts Anerkennung gewonnen hat. Ein **Paradigma** kann danach definiert werden als eine Menge von wissenschaftlichen Leistungen, die ähnlichen Regeln hinsichtlich ihrer theoretischen Perspektiven, Basisbegriffe, Erklärungsansätze und Methoden unterliegen (Harvey 1969, Kap. 2). Ein Paradigma beschreibt eine sozial akzeptierte Forschungstradition, die Wissenschaftlern etabliertes Schulwissen bereitstellt (Kuhn 1962). Dabei strukturiert ein Paradigma nicht etwa nur Lösungsansätze, sondern gibt implizit in seinen Regeln auch die schulmäßigen Forschungsprobleme bzw. „Rätsel" vor. Klassisches Beispiel eines herausragenden Paradigmas in den Naturwissenschaften ist die Newton'sche Physik, in der die kosmischen Kräfte in einem unveränderlichen, absoluten Raum angenommen werden. Im Gegensatz dazu setzte sich Anfang des 20. Jahrhunderts die Relativitätstheorie Einsteins durch, in der Raum und Zeit nicht mehr absolut, sondern als veränderliche, relative Größen angesehen werden.

Die Phasen, in denen sich die praktische Forschung paradigmatisch vollzieht, gelten als Phasen „normaler Wissenschaft". Dem stehen die „wissenschaftlichen Revolutionen" gegenüber, die bestehende Regelzusammenhänge durch neue Regeln, Bezüge und Begriffe ersetzen

(Chalmers 1976). So erschütterte beispielsweise die Formulierung des kopernikanischen Weltbilds das grundlegende Verständnis des Kosmos. Die Erde wird darin nicht mehr als im Mittelpunkt der Welt stehend angesehen, sondern ist nur noch dezentraler Teil eines unendlich großen Universums. Das Selbstverständnis der Menschheit, religiöse Postulate sowie astronomische und physikalische Regeln und Interpretationsschemata wurden dadurch „revolutioniert".

Unterschiedliche Paradigmen können hinsichtlich ihrer Forschungsperspektiven so weit auseinanderliegen, dass keine gemeinsame Kommunikation über den Sachzusammenhang mehr möglich ist. Solche Paradigmen nennt man inkommensurabel. Die Probleme und Lösungen der einen Perspektive sind dann nicht mehr in der Sprache der anderen zu formulieren. Insofern können inkommensurable Paradigmen einander nicht widerlegen und auch nicht zu einem linearen Erkenntnisfortschritt beitragen. Die Idee der Inkommensurabilität ist allerdings nicht unumstritten. So argumentiert Toulmin (1983), dass neue Paradigmen sehr wohl in einen argumentativen Diskurs mit alten Paradigmen treten können und dass Vertreter eines alten Paradigmas nicht zufällig, sondern wohlbegründet einen **Paradigmenwechsel** zu einem neuen Paradigma vollziehen. Die Dynamik wissenschaftlichen Denkens muss daher weder linear-kumulativ noch revolutionsartig geschehen. Vielmehr können wissenschaftliche Programme in Dialog treten, Perspektiven verhandeln und dabei gleichzeitig fortbestehen. Gerade vor diesem Hintergrund sind die nachfolgenden Diskussionen über Paradigmenwechsel in der Geographie und Wirtschaftsgeographie zu verstehen.

Die paradigmatischen Möglichkeiten der Wirtschaftsgeographie kreisen, ebenso wie die der Geographie überhaupt, um das Verhältnis von bestimmten Gegenstandsbereichen zum Raum. In der Wirtschaftsgeographie gilt es, eine spezifische Perspektive auf die Beziehung von ökonomischen Phänomenen zum Raum als Forschungsinteresse einzunehmen. Gerade die Auffassung des Begriffs Raum sowie der Beziehung von Raum und Wirtschaft ist aber unterschiedlich konzipierbar und in der Entwicklung des Fachs verschieden definiert worden. Hier liegt der Ursprung für die Formulierung unterschiedlicher Paradigmen (wirtschafts-)geographischer Forschungsprogramme. Wir unterscheiden im Folgenden die Paradigmen der Länderkunde, der Raumwissenschaft und einer sozialtheoretisch revidierten Geographie, die fachhistorisch aufeinanderfolgen, heute jedoch zum Teil parallel weiterexistieren (Glückler 1999).

Die Details eines wissenschaftshistorischen Diskurses sowie individueller Konzepte werden in einer paradigmatischen Perspektive bewusst vernachlässigt, um stattdessen die Charakteristika einer weitgehend geteilten Grundperspektive oder einer fachspezifischen Weltsicht zu identifizieren. Paradigmen sind nicht unbedingt als solche historisch eindeutig identifizierbar, sondern sie sind ein Produkt des Wissenschaftsdiskurses. Sie werden zumeist erst im Nachhinein konstruiert, um von einer Weltsicht Abstand zu nehmen, die zuvor nicht einmal notwendigerweise bewusst reflektiert wurde (Wardenga 1996). In diesem Sinne ist unsere Unterteilung der Geographie in Paradigmen ebenfalls eine Konstruktion, die wir vornehmen, um den Übergang zu einer neuen Grundperspektive zu konzeptionalisieren. Paradigmen sind keineswegs „wahre Geschichte", sondern in die Vergangenheit gerichtete Konstruktionen grundlegender Anschauungen und Überzeugungen.

Mit dieser Perspektive zielt dieses Buch darauf ab, aus einer umfassenden Kritik des Paradigmas raumwirtschaftlichen Denkens neue Positionen zu diskutieren und Argumente für eine veränderte Grundperspektive zu entwickeln. Die von uns vorgezeichnete Rekonzeptionalisierung der Wirtschaftsgeographie schließt traditionelle Positionen jedoch keineswegs aus. Vielmehr schlagen wir eine Transition des raumwirtschaftlichen Ansatzes in Richtung einer stärker sozialwissenschaftlich informierten Rahmenkonzeption vor, ohne ökonomische Positionen aufzugeben. Es handelt sich hierbei nicht um eine lineare Erweiterung traditioneller Konzepte, sondern um eine Fortentwicklung, die mit einer veränderten Grundperspektive verbunden ist.

2.1.1 Die Ursprünge wissenschaftlicher Geographie: Länder- und Landschaftskunde

Die Geographie hielt als wissenschaftliches Fach erst im letzten Drittel des 19. Jahrhunderts und damit im Vergleich zu anderen Disziplinen relativ spät Einzug in die Hochschule (Wardenga 1989). Den Ausgangspunkt der wissenschaftlichen Geographie markiert die Länder- und Landschaftskunde. Befruchtet durch die Tradition der großen Entdeckungen und der Kolonialisierung der Erdteile seit dem späten 15. Jahrhundert befriedigten Geographen als Erdbeschreiber (griech. *gaia* oder *ge* = Erde und *graphein* = schreiben, malen, einritzen) ein gesellschaftliches Bedürfnis nach Entdeckung und Kenntnis ferner Erdregionen und Kulturen. Aus der Tradition dieses Wissensbedürfnisses und aus dem tief greifenden gesellschaftlichen und politischen Diskurs um den Nationalstaat im 19. Jahrhundert begründete Hettner (1927) in einer Auseinandersetzung mit der Geschichte des Fachs und der Philosophie das Programm der wissenschaftlichen Länderkunde, das später erweitert, systematisiert sowie reinterpretiert und modifiziert wurde. Aufgabe der Geographie ist es demnach, die Welt gemäß ihrer Einteilung in „natürlich" begrenzte Länder zu gliedern (Hettner 1927, IV. Buch; Werlen 1995 b) und in ihrer gesamten Komplexität zu beschreiben. Dabei hat der Landbegriff zunächst noch keine feste räumliche Größenordnung, sondern kann sich auf die ganze Erdoberfläche, Kontinente oder einzelne Orte beziehen. Erst später wird er zusehends auf nationalstaatliche Territorien angewendet.

Das **länderkundliche Schema** verleiht dem Verständnis Ausdruck, dass ein Land als Gesamtheit aller in ihm vorkommenden Phänomene das höchste Erkenntnisziel darstellt (Weigt 1961). Demnach sind Beschreibungskategorien wie Klima, Boden und Vegetation ebenso bedeutsam wie Bevölkerung, Siedlungen, Kultur, Religion und letztlich die Wirtschaft. Sie lassen sich als Schichten im Gesamtaufbau eines Landes denken und zunächst einzeln beschreiben. Die einzelnen Schichten, später als Geofaktoren bezeichnet, bilden in ihrer jeweiligen Einzelbetrachtung die Grundlage der allgemeinen Geographie (Uhlig 1970). Auch die Wirtschaftsgeographie ist in dieser Konzeption nur eine einzelne Disziplin im System der allgemeinen Geographie. Die Untersuchung der Geofaktoren ist der erste, manchmal sogar als propädeutisch bzw. vorwissenschaftlich bezeichnete Schritt, aus dem das komplexe Wirkungsgefüge der Landschaft erschlossen wird (→ Abb. 2-1). Die später formulierte Landschaftskunde verfolgt demgegenüber das Ziel, in der vergleichenden Betrachtung der Erdoberfläche aufgrund des Wirkungsgefüges einander ähnliche Landschaften in Gattungen zu ordnen (Bobek und Schmithüsen 1949).

Höchstes Ziel der Länderkunde ist es, über die landschaftstypischen Wirkungszusammenhänge hinaus alle Schichten der Landschaft so zu integrieren, dass ein ganzheitliches Verständnis des Landes – gleichsam dessen Totalcharakter – erschlossen wird. Diese Zusammenschau aller Schichten gleicht einer Sicht von oben auf übereinandergelegte Folien, die alle Einzelelemente gemeinsam zum Vorschein bringt. Im Gegensatz zur Landschaftskunde gilt die Länderkunde als idiographisch, d.h. sie begreift einen Erdausschnitt nicht als Raumtyp, sondern als einmaliges Raumindividuum mit einem einzigartigen „Schicksal". Die idiographische und synthetische Zusammenschau der Erdoberfläche zu Ländern genießt in der Länder- und Landschaftskunde allerhöchste Priorität und steht an der Spitze einer hierarchisch gedachten Konzeption der Geographie, wie sie noch 1970 von Uhlig (1970) vorgestellt wurde (→ Abb. 2-1).

Wissenschaftshistorisch ist es wichtig hervorzuheben, dass dieser Organisationsplan nicht etwa den systematischen Ursprung, sondern das Ergebnis eines fast hundertjährigen Prozesses fortschreitender Konzeption, Kritik und Rekonzeption des Geographieverständnisses darstellt. Der Organisationsplan von Uhlig (1970) spiegelt daher nicht präzise die Hettner'sche Idee der Länderkunde wider, sondern veranschaulicht die Grundperspektive wissenschaftlicher Geographie, wie sie aus dem länderkundlichen Diskurs zahlreicher Autoren über mehrere Generationen hervorgegangen ist. Das daraus erwachsene Geographieverständnis erlangte bis zur Mitte

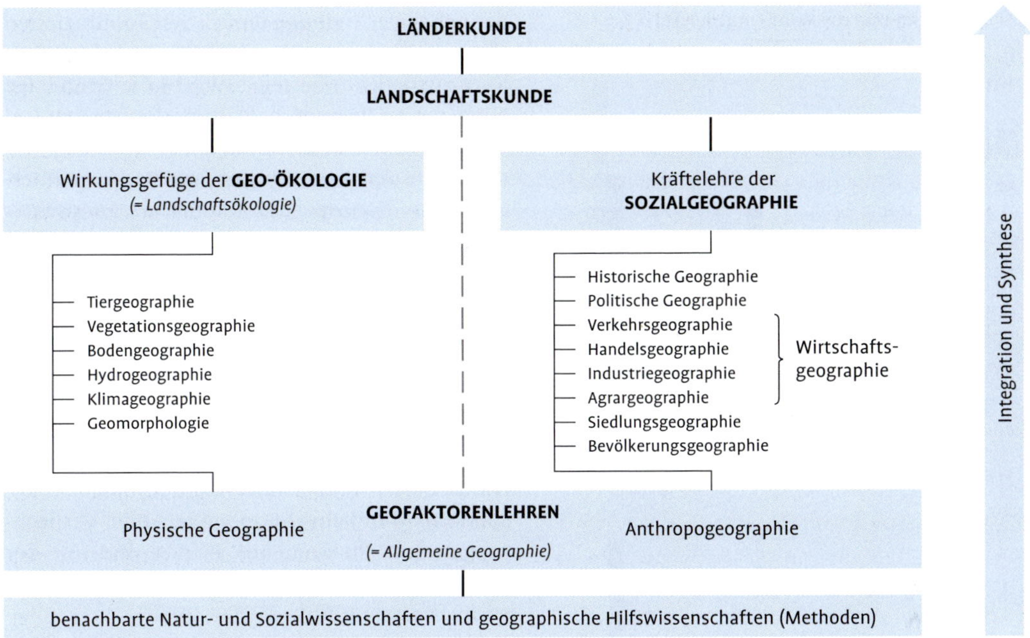

Abb. 2-1: Organisationsplan der länder- und landschaftskundlichen Geographie (nach Uhlig 1970, S. 28)

des 20. Jahrhunderts große Bedeutung. Aus der Betrachtung der Anzahl von Publikationen, die den Begriff „Landschaft" im Titel tragen, wird die sprunghaft zunehmende Verbreitung der Länder- und Landschaftskunde deutlich (→ Abb. 2-2). Die große Verbreitung des Begriffs impliziert dabei auch eine zunehmende Differenzierung und Heterogenisierung der dabei verwendeten Konzepte, so z. B. des Länder- und Landschaftskonzepts (Weigt 1961; Uhlig 1970), wie dies für jede paradigmatische Denkströmung typisch ist. Selbst Hettners gesamtes akademisches Werk steht nicht widerspruchsfrei für eine einzige Fassung der Länderkunde (Wardenga 1996) und ist im Verlauf des Diskurses in mancherlei Hinsicht reduziert und sogar missverstanden worden (Wardenga 1995, Teil I und III). Die Vereinfachung der paradigmatischen Sicht stellt vor allem darauf ab, dass sich länder- und landschaftskundliche Konzepte stets im raumzentrierten, naturalistischen und beschreibenden Denken bewegt haben und nur vereinzelt, nicht jedoch systematisch darüber hinausgingen.

Die Entwicklung der Publikationen mit dem Titelbegriff „Landschaft" macht außerdem deutlich, dass die Entwicklung eines Paradigmas wie der Länder- und Landschaftskunde nicht nur innerhalb eines Fachs begründet liegt, sondern oft durch allgemeine gesellschaftliche Denkströmungen mit bedingt wird. So lässt sich eine Zunahme des Landschaftsbewusstseins nicht nur in der wissenschaftlichen Geographie (→ Abb. 2-2 a), sondern auch in anderen Disziplinen für die erste Hälfte des 20. Jahrhunderts nachweisen (→ Abb. 2-2 b). Mit dem Beginn der methodologischen Revolution setzte jedoch seit den 1940er-Jahren eine zunehmende Kritik am länderkundlichen Denken ein (Hard 1973, 2. Teil).

2.1.2 Die methodologische Revolution: Geographie als Raumwissenschaft

Der Deutsche Geographentag in Kiel versammelte 1969 eine größere Gruppe von Studenten, Assistenten und einigen Hochschullehrern, die eine umfassende Kritik des länderkundlichen Programms vornahmen (Meckelein und Borcherdt

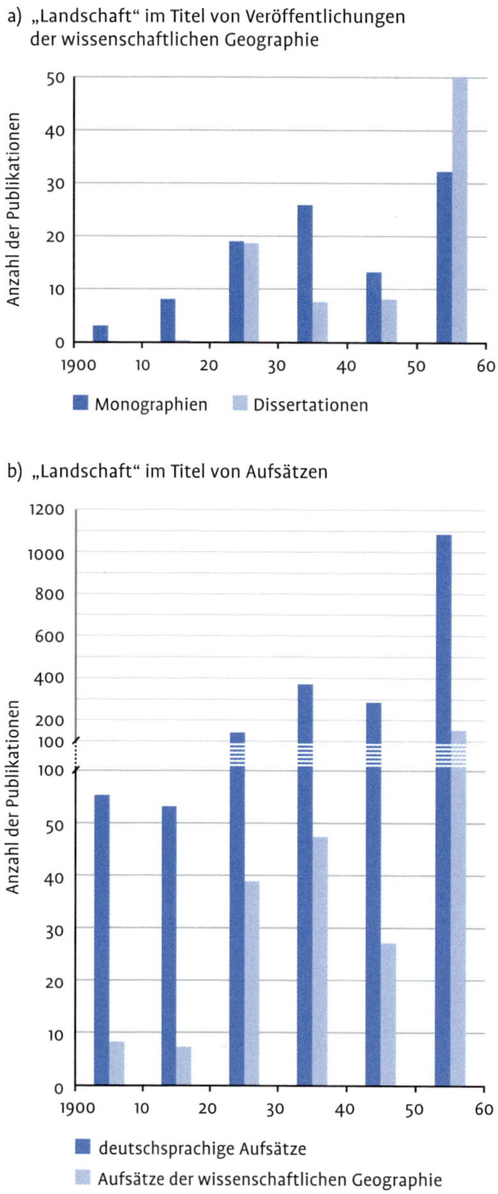

Abb. 2-2: Veröffentlichungen der Jahre 1900 bis 1960 mit dem Begriff „Landschaft“ im Titel (nach Hard 1969, S. 253 ff.)

1970, S. 191–232): Es wurde als wissenschaftstheoretisch unfundiert, beschreibend statt erklärend, holistisch und naturalisierend charakterisiert. Sein Ziel sei nicht die Erklärung von Zusammenhängen, sondern die unkritische, ganzheitliche Beschreibung natürlicher Totalregionen (Bartels 1968 a; Sedlacek 1978; Bartels 1988). Kurz zuvor hatte Bartels (1968 b) die Grundlage einer neuen wissenschaftlichen Geographie formuliert, in der er die analytische Erklärung der reinen Beschreibung entgegensetzte, das naturalisierende Konzept des Raums als Landschaft durch das Konzept des Raums als geometrisches Gebilde ersetzte und es als Ziel erklärte, Geographie als chorologische Wissenschaft, als Wissenschaft des Raums zu begründen (Bartels 1970 a; Bahrenberg 1972). Regionen wurden von nun an nicht mehr als natürlich vorgegeben, sondern als analytisch bestimmbar zur Bearbeitung spezifischer Problemstellungen angesehen. Nicht mehr Landschaften und Länder wurden beschrieben, sondern räumliche Verteilungen und Verflechtungen von Phänomenen erfasst und auf der Grundlage von Raumgesetzen zu erklären versucht (Bartels 1968 a; 1970 c; 1988).

Das hierarchische Gefüge geographischer Teildisziplinen unter einer allgemeinen Länder- und Landschaftskunde wurde zugunsten eines Konzepts vernetzter Problembereiche aufgegeben, die wechselseitig Methoden und Theorien aufeinander und voneinander beziehen (Haggett 1991, Kap. 24). Die in diesem Ansatz durchgeführte Verknüpfung ausgewählter Forschungsfelder ist durch den gezielten Einbezug von Theorien und Methoden benachbarter Forschungsfelder zur Bestimmung und Erklärung spezifischer Probleme gekennzeichnet und somit stets abhängig von der Problemstellung in der Forschung. Denn im Unterschied zur hierarchischen und synthetischen Sicht der Geographie in der Länder- und Landschaftskunde folgt die Beziehung zwischen den Arbeitsbereichen in diesem auf gesetzesartiger Erklärung beruhenden, deduktiv-nomologischen Konzept keiner äußeren, unveränderlichen Logik (→ Box 2-1). Das jeweilige, vom Forscher definierte Problem bildet die Grundlage für die spezifische Verknüpfung der Arbeitsfelder, aus denen Theorien und Methoden entliehen werden.

Die Wirtschaftsgeographie nimmt im **raumwissenschaftlichen Paradigma** die Rolle einer Problemforschung ein, die das Ziel hat, Raumgesetze für ökonomische Strukturen und Prozesse zu formulieren, d. h. Erklärungen von Standortstrukturen, Handelsbewegungen und räumlichen Konzentrationen von Unternehmen auf der Grundlage räumlicher Parameter zu entwickeln. Das Ergebnis dieser paradigmatischen Zielsetzung in der Wirtschaftsgeographie wird im Folgenden als Raumwirtschaftslehre bezeichnet (Schätzl 1981, Kap. 1; 1998, Kap. 1). Insgesamt stellt die raumwissenschaftliche Geographie eine methodologische Revolution dar, in der differenzierte analytische Verfahren, etwa der Regionalisierung (→ Kap. 4.1.4) und deduktiven Erklärung von Zusammenhängen, entwickelt werden (Werlen 1997, Kap. 2).

2.1.3 Die (sozial-)theoretische Revolution: Geographie als Akteurswissenschaft

In den 1980er-Jahren etablierte sich ein stärker sozialtheoretisch orientiertes Bewusstsein, das zuvor zwar in Ansätzen vorhanden (z. B. Hartke 1956), nicht aber dominant war und welches das raumwissenschaftliche Programm einer umfassenden Kritik unterzog. In der wissenschaftstheoretischen Revolution der Raumwissenschaft erkannten viele Kritiker vor allem eine methodisch-instrumentelle Revolution der Verfahren, nicht aber der zentralen Konzepte von Raum und dem Verhältnis von Raum und Gegenstand. Wenngleich Raum nicht mehr als natürliche Landschaft angesehen wurde, so doch als Erklärungsfaktor für soziale und wirtschaftliche Phä-

Box 2-1: Wissensnetz der Geographie an deutschen Hochschulen

Die große Vielfalt möglicher Verknüpfungen von Forschungsfeldern führt zu der Frage, wie sich die Vernetzung der Arbeitsgebiete in der Geographie als wissenschaftlicher Disziplin tatsächlich darstellt. Ziel einer empirischen Studie über die deutsche Geographie war es deshalb, zu untersuchen, in welchen Arbeitsgebieten Wissenschaftler an deutschen Hochschulen ihre Forschungsschwerpunkte haben (Glückler und Goeke 2009). In dem Mitgliederverzeichnis des Verbands der Geographen an deutschen Hochschulen (VGDH) nannten im Jahr 2006 über 750 Wissenschaftler (→ Abb. 2-3, Kreise) ihre persönlichen Schwerpunkte (Quadrate) aus insgesamt 52 Teilgebieten der Geographie. Aus diesen Selbstbeschreibungen wurde ein Netzwerk der Geographie gewonnen, das für jede mögliche Kombination zweier Arbeitsgebiete angibt, wie viele Wissenschaftler in diesem Überschneidungsbereich forschen. Eine weitere Abbildung zeigt das beobachtete Netzwerk der Verbindungen zwischen den 52 thematischen Arbeitsbereichen der wissenschaftlichen Geographie (→ Abb. 2-4). Das Netzwerk zeigt einerseits, wie vielfältig die inhaltlichen Bezüge zwischen den vielen Arbeitsbereichen sind. Gleichzeitig deutet es aber auch die Aufteilung der Geographie in sozial- und naturwissenschaftliche Forschungsrichtungen an. Darüber hinaus treten Arbeitsbereiche, wie z. B. die Stadtgeographie, Wirtschaftsgeographie oder Geographische Informationssysteme, als zentrale Schwerpunkte mit überproportional vielen Verbindungen zu anderen Arbeitsgebieten hervor, während andere Schwerpunkte, wie z. B. die Hochgebirgsforschung oder die Bildungsgeographie, eher als spezialisierte Arbeitsgebiete mit weniger Verbindungen auffallen. Mithilfe der Netzwerkperspektive gelingt es, eine empirische Repräsentation sowohl der Struktur der Geographie als wissenschaftliche Disziplin als auch ihrer Verknüpfungen zu entwickeln, die nicht auf fachpolitischen Forderungen zur Gestalt der Geographie, sondern auf den Selbstbeschreibungen deutscher Geographen beruht. Wenngleich das vorgestellte Modell im Ansatz an die britische Schule der 1970er-Jahre erinnert (Haggett 1991, S. 750), bleibt es im Unterschied zu normativen Modellen eine empirische Repräsentation.

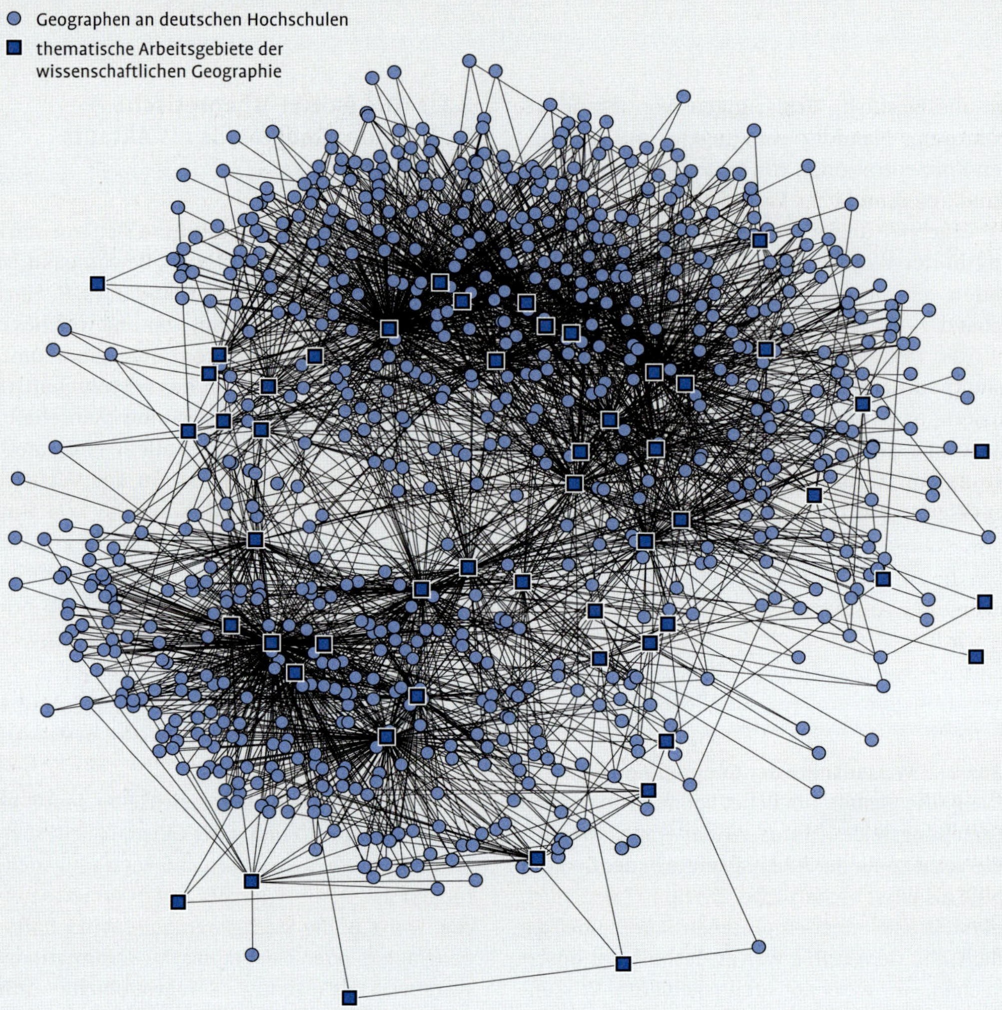
Geographen an deutschen Hochschulen
thematische Arbeitsgebiete der wissenschaftlichen Geographie

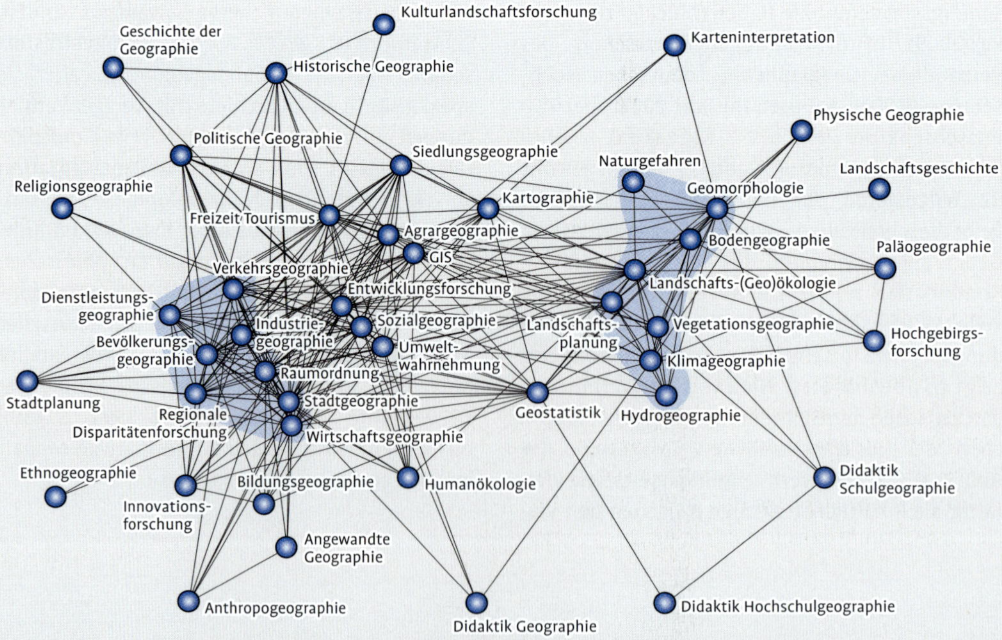
Kulturlandschaftsforschung
Geschichte der Geographie
Historische Geographie
Karteninterpretation
Physische Geographie
Politische Geographie
Siedlungsgeographie
Naturgefahren
Landschaftsgeschichte
Religionsgeographie
Geomorphologie
Kartographie
Freizeit Tourismus
Agrargeographie
Bodengeographie
Paläogeographie
GIS
Verkehrsgeographie
Landschafts-(Geo)ökologie
Dienstleistungs-geographie
Entwicklungsforschung
Industrie-geographie
Sozialgeographie
Landschafts-planung
Vegetationsgeographie
Hochgebirgs-forschung
Bevölkerungs-geographie
Umwelt-wahrnehmung
Klimageographie
Raumordnung
Stadtplanung
Stadtgeographie
Geostatistik
Hydrogeographie
Regionale Disparitätenforschung
Wirtschaftsgeographie
Ethnogeographie
Bildungsgeographie
Humanökologie
Didaktik Schulgeographie
Innovations-forschung
Angewandte Geographie
Anthropogeographie
Didaktik Geographie
Didaktik Hochschulgeographie

◁ **Abb. 2-3:** 748 Wissenschaftler arbeiten in 52 Arbeitsbereichen der Geographie (nach Glückler und Goeke 2009, S. 268)

Abb. 2-4: Netzwerk der thematischen Arbeitsgebiete in der wissenschaftlichen Geographie 2006 (nach Glückler und Goeke 2009, S. 269)

nomene. Räumliche Distanz operiert in diesem Ansatz als Ordnungskraft menschlicher Entscheidungen und determiniert im Rahmen universeller Raumgesetze das Handeln. Dem Ansatz folgend kann jede Wissenschaft zum Gegenstand raumwissenschaftlicher Forschungen werden, wenn die Distanz als Erklärungsgröße für Verteilungen und Austauschbeziehungen herangezogen wird.

Empirisch und theoretisch lassen sich ökonomische und soziale Prozesse und Strukturen hingegen nicht als entfernungsdeterminiert nachweisen. Soziale Tatbestände werden dadurch auf den Raum reduziert und gleichsam theoriefrei behandelt. Stattdessen sind Distanzen das Ergebnis von inhaltlichen Zusammenhängen jeweiliger ökonomischer bzw. sozialer Problembereiche, nicht aber deren Ursache. Aus dieser Inversion der Kausalrichtung lässt sich die Kritik an der Raumwissenschaft zusammenfassen (Glückler 2002): Physisch-geometrische Distanzen sind Randbedingungen und Ergebnisse von sozialen und ökonomischen Prozessen, nicht aber deren Ausgangspunkte. Über die soziale oder ökonomische Bedeutung des Physischen lässt sich allein aus dem Physischen heraus nichts aussagen (Hard 1973, II. Teil; Werlen 1987; Hard 1993; 1995 c; 1997, Kap. 2; 2000, Kap. 9). Die Ursachen räumlicher Verteilungen liegen in den Theorien der Gegenstandsbereiche, sodass über geographische Phänomene geographie-extern nach Lösungen zu suchen ist (Bahrenberg 1987). Während Regionalisierungs-, Begrenzungs- und Definitionsverfahren methodologisch modernisiert worden sind, bleibt das Paradigma einem vor-modernen Verständnis von Raum sowie Raum-Gesellschafts-Beziehungen verhaftet. Werlen (1997, S. 61) beurteilt das raumwissenschaftliche Programm daher als Revolution einer halbierten Modernisierung.

Das Programm der **sozialtheoretisch revidierten Geographie** eröffnet demgegenüber eine neue Perspektive auf den Gegenstandsbereich. Durch die Inversion der Verursachungsrichtung bestimmen nunmehr das Soziale und Ökonomische die räumliche Struktur und nicht umgekehrt. Dadurch rücken die Akteure – die Individuen oder Organisationen – in den Mittelpunkt und ihr Handeln wird als Ursache für Strukturen anerkannt (Werlen 1988; Sedlacek und Werlen 1998). Diese Einsicht öffnet den Rahmen für eine Repositionierung der sozialwissenschaftlichen Geographie hin zum Handeln des Menschen (Weichhart 1986; Werlen 1987; 1995 a).

Neben der Kritik des Raumverständnisses vollzieht sich ferner eine Kritik der wissenschaftstheoretischen Auffassung. Da das Handeln menschlicher Akteure nicht gesetzesartig beschrieben werden kann, wird auch das tatsächlich präsente Ziel deterministischer Theoriebildung aufgegeben. Stattdessen gilt das Prinzip der Kontingenz, durch das der Abhängigkeit von Kontexten stärkeres Gewicht beigemessen wird (Glückler 1999, Kap. 6; Sayer 2000, Kap. 1). In der Wirtschaftsgeographie äußert sich dieser Wandel von Theorie und Methodologie in einer Fokussierung der Analyse auf Unternehmen und deren Entscheidungsträger und nicht auf Regionen und Raumeinheiten als Akteure. Unternehmensziele und Beziehungen zwischen Unternehmen rücken dabei in den Mittelpunkt der Betrachtung und die Forschung bedient sich ökonomischer und sozialer Theorien, um den Gegenstandsbereich des ökonomischen Handelns und ökonomischer Beziehungen aus räumlicher Perspektive zu untersuchen.

2.1.4 Die Evolution der Paradigmen im Zeichen der Moderne

Der im Folgenden dargestellte Modernisierungsdiskurs ermöglicht es, unterschiedliche Sichtweisen des Zusammenhangs von Raum und Gesellschaft historisch nachzuvollziehen. In Anlehnung an den britischen Sozialtheoretiker Giddens (1997) lässt sich zwischen einer traditionellen bzw. vor-modernen und einer modernen Epoche der gesellschaftlichen Entwicklung unterscheiden (Werlen 2000, Kap. 3). Dabei sind drei interdependente, wechselseitig voneinander abhängige Prozesse ausschlaggebend für die Veränderung des Verhältnisses von Raum, Zeit und Gesellschaft:

(1) **Trennung von Raum und Zeit.** Durch die Moderne hat eine Trennung von Raum und Zeit stattgefunden. Im Unterschied zur traditionellen Gesellschaft ist es in der modernen Gesellschaft nicht mehr notwendig, Güter zum Zeitpunkt ihrer Entstehung und am Ort ihrer Erzeugung zu konsumieren. Man kann sie tauschen, über längere Zeiträume aufbewahren oder in andere Räume verkaufen. Personen sind damit zur Befriedigung ihrer Bedürfnisse nicht auf diejenigen Güter angewiesen, die zu einem bestimmten Zeitpunkt an den Orten hergestellt werden, an denen sie sich aufhalten, sondern sie können Produkte von anderen Orten und Produkte, die zu früheren Zeitpunkten hergestellt worden sind, konsumieren. Wichtige Bedingung hierfür sind neu entwickelte Technologien, wie z. B. der Kühlschrank zur Frischhaltung von Agrarprodukten oder der Bau neuer Straßen- und Schienensysteme zum Transport von Gütern.

(2) **Entbettung der sozialen Systeme.** Zugleich hat die Moderne zu einer Entbettung der sozialen Systeme geführt. Darunter versteht Giddens (1997, Kap. 1) das Herauslösen sozialer Aktivitäten aus ihren lokalen Kontexten. In der modernen Gesellschaft ist es normal, Produkte zu konsumieren, die in anderen Teilen der Welt unter nicht nachvollziehbaren Bedingungen produziert werden. Infolge dieses Herauslösens aus dem unmittelbaren Aktivitätsraum übt man, ohne es zu wissen, durch die in Konsumhandlungen zum Ausdruck kommenden Präferenzen Einfluss auf Produktionsweisen und Gesellschaften aus, die sich in entfernten Teilen der Welt befinden (→ Box 2-2). Vertrauen in symbolische Zeichen wie etwa Geld und Uhrzeit sowie in Expertensysteme sind notwendige Voraussetzung für den Prozess der Entbettung sozialer Systeme. Eine zentrale Voraussetzung zum Tausch ist, dass Geld überall als Gegenwert akzeptiert wird. Vertrauen in Expertensysteme bedeutet, dass man sich darauf verlässt, dass Experten existieren, die Technologien wie etwa Autos und Flugzeuge so beherrschen, dass man diese mit begrenztem Risiko für die eigene Gesundheit und ohne spezifische technische Kenntnisse benutzen kann.

(3) **Reflexivität gesellschaftlicher Beziehungen.** Mit der Moderne hat sich eine systematische Reflexivität menschlicher Verhaltensweisen durchgesetzt. Die Aneignung von Wissen erfolgt über Reflexivität. Es findet eine ständige Hinterfragung und Überprüfung aller durchgeführten Aktionen statt, um durch Lernprozesse systematisch neues, verbessertes Wissen zu erzielen. Mit der Moderne wird dieses neue Wissen unmittelbar in zukünftige Aktionen umgesetzt im Unterschied zur traditionellen Gesellschaft.

Aus Sicht der Moderne erscheint es daher korrekt, eine Abhängigkeit von Raum und Gesellschaft in der vor-modernen Gesellschaft zu behaupten. Handeln erscheint sehr stark von räumlichen Bedingungen bestimmt und ermöglicht die Abfassung von Raumtheorien. Durch die Trennung von Raum und Zeit wird jedoch deutlich, dass eine theoretische Abhängigkeit zwischen Mensch und Raum nicht besteht. Während dies in der Vor-Moderne noch zu richtigen Beobachtungen führen kann, lassen sich in der Moderne keine zuverlässigen Aussagen mehr aus dem Raum auf das Gesellschaftliche ableiten (z. B. Hard 1993). Der in der Raumwissenschaft angenommene Zusammenhang zwischen sozio-ökonomischen Strukturen und räumlichen Eigenschaften beschreibt damit nur eine scheinbare sachliche Verknüpfung. Der Prozess der Modernisierung verdeutlicht, dass soziale Entbettung aus räumlichen Kontexten nur aus dem Sozialen, nicht aber aus dem Räumlichen erklärt werden kann (Werlen 1997,

Box 2-2: Produktionsbedingungen in entfernten Kontexten

Für die Entbettung sozialer Systeme lassen sich viele Beispiele aufführen, speziell im Zusammenhang mit der Verlagerung industrieller Produktionen aus westlichen Industrieländern in Entwicklungs- und Schwellenländer. Es sind zahlreiche Fälle schon in den 1980er- und 1990er-Jahren bekannt geworden, die gezeigt haben, wie verlagerte Produktionsarbeit in Asien unter teilweise menschenunwürdigen Bedingungen geschieht. Durch Medienberichte und die Aktivitäten von *non-governmental organizations* (*NGOs*) wie etwa *Greenpeace*, die Konsumenten mobilisieren und zum Nicht-Konsum bewegen konnten, gelang es, solche Phänomene der Entbettung zu begrenzen und zu reduzieren. Viele weltweit bekannte Markenunternehmen wie *Benetton*, *Nike* oder *C&A* verpflichteten sich inzwischen freiwillig, die Produktionsbedingungen an entfernten Standorten durch Mindeststandards sozial- und gesundheitsverträglich zu gestalten und überwachen diese Bedingungen. Dennoch lassen sich auch heute noch Beispiele finden, die zeigen, wie kostengünstiger Konsum in Westeuropa und Nordamerika durch nicht nachhaltige und gesundheitsschädliche Produktionskontexte erkauft wird. Ein Beispiel hierfür ist die Produktion von Jeanshosen. Ein Bericht von Bartsch (2011) dokumentiert in eindrucksvoller Weise, wie ein erheblicher Teil der Weltproduktion von Bluejeans in Xintang in Südchina unter fragwürdigen sozialen und ökologischen Bedingungen stattfindet. Die blaue Farbe vom Färben der Hosen hat sich nicht nur in den Armen der chinesischen Produktionsarbeiter permanent festgesetzt, die über allergische Hautreaktionen klagen, sie findet sich ebenso in dem nahe gelegenen Fluss, in den die Abwässer fließen, in den Müllbergen, und sogar die Ratten vor Ort erscheinen blau. Die Arbeitstage der Produktionsarbeiter dauern 12 Stunden bei einem Monatseinkommen von gerade einmal 200 Euro. Nach Bartsch (2011) werden in Xintang jährlich in 4000 Unternehmen von 700 000 Menschen 260 Millionen Bluejeans (davon die Hälfte für den Export) hergestellt, wobei auch Kinderarbeit verbreitet zu sein scheint. Ganz sicher wäre eine Produktion unter derartigen Bedingungen nicht in direkter Nachbarschaft zu den Konsumzentren der Industrieländer möglich.

Kap. 2; 1998). Somit kann der historische Übergang von der traditionellen zur modernen Gesellschaft als Verständnisgrundlage für die Frage dienen, warum die Raumwissenschaft einer wachsenden Kritik ausgesetzt war und von einer sozialtheoretisch revidierten Geographie abgelöst worden ist.

2.2 Wirtschaftsgeographie im Paradigmenwechsel

Ähnlich wie für die gesamte Disziplin der Geographie kann eine paradigmatische Perspektive auch auf die Wirtschaftsgeographie eröffnet werden, um grundlegende programmatische Denkmuster oder *mind maps* zu unterscheiden. Dabei lassen sich die Grundfiguren der Länder- und Landschaftskunde, der Raumwissenschaft und einer akteursperspektivischen Geographie in den wirtschaftsgeographischen Ansätzen wieder identifizieren.

2.2.1 Wirtschaftsgeographie in der Länderkunde

Gemäß dem Ordnungsplan der länder- und landschaftskundlichen Geographie nach Uhlig (1970) nimmt die Wirtschaftsgeographie den Status einer Geofaktorenlehre ein, deren primäre Aufgabe es ist, regional erworbenes Wissen in der synthetischen Gesamtschau komplexer Landschaften und Länder bereitzustellen. Wirtschaftsgeographische Forschung bezieht sich im Wesentlichen auf die Indexierung von Wirtschaftsaktivitäten in bestimmten, meist als natürlich angenommenen Landschaften oder Ländern und verbleibt dabei empirisch weitgehend deskriptiv. Da die Aufgabe der Wirtschaftsgeographie vorwiegend in der Erfassung der Folgen wirtschaftlicher Tätigkeit für die Raumstruktur gesehen wird (Wagner 1981, S. 183), bleiben die Zusammenhänge und Mechanismen ökonomischer Aktivitäten unterbeleuchtet. Diese Aufgabenteilung zwischen Wirtschaftswissenschaften und Wirtschaftsgeographie illustriert die hierarchische Integration der Teildisziplin unter dem Primat der länder- und landschaftskundlichen Geographie.

Das vergegenständlichte Konzept des Raums im länderkundlichen Paradigma schlägt sich im Forschungsgegenstand der Wirtschaftsgeographie nieder. Zentrales Forschungsobjekt ist – in je unterschiedlichen Stadien des Paradigmas – zuerst die Wirtschaftslandschaft (Lütgens 1921), dann die Wirtschaftsformation (Waibel 1933 a) und schließlich der Wirtschaftsraum (Krauss 1933) mit zahlreichen darauf folgenden Modifikationen (Otremba 1969; Voppel 1970). Die zentrale Gemeinsamkeit dieser Konzepte besteht darin, dass nicht das Handeln ökonomischer Akteure, sondern die lokalisierten Handlungsergebnisse in zusammenhängenden Räumen im Mittelpunkt der Betrachtung stehen (Wagner 1981, S. 19): *„Der Wirtschaftsraum ist […] das zentrale Forschungsobjekt der Wirtschaftsgeographie.“* Es gilt als Leitziel, die räumliche Ordnung der Wirtschaft in Wirtschaftsräumen zu erfassen und abzugrenzen. Dies zeigt sich deutlich im Aufbau älterer Lehrbücher (z. B. Bartling 1926) und findet noch heute Niederschlag in Schulbüchern der Geographie, die allerdings zunehmend problemzentriert aufgebaut sind (z. B. Volkmann 1997; Allkämper et al. 1998).

Da das länder- und landschaftskundliche Denken in verschiedenen Ausprägungen parallel zu den anderen Paradigmen noch fortbesteht, müsste abgesehen von den hier aufgeführten Grundmerkmalen der Wirtschaftsgeographie die spezifische historische Entwicklung der Länderkunde differenzierter gewürdigt werden. So zeigen sich bei Wagner (1998) und Voppel (1999) nach wie vor länderkundliche Ansatzpunkte, die aber von dynamischen und sozialwissenschaftlich beeinflussten Perspektiven überlagert werden. Jedoch ist die Grundkonzeption der Länder- und Landschaftskunde mit ihrer idiographisch-deskriptiven Methode und ihrer Vergegenständlichung von Raum als Forschungsgegenstand unvereinbar mit einer relationalen Wirtschaftsgeographie. Dies soll jedoch nicht darüber hinwegtäuschen, dass detailliertes Wissen über regionales Wirtschaftsgeschehen und lokale ökonomische Rahmenbedingungen ein wertvolles gesellschaftliches Gut ist. Nicht zufällig kommen bei Krisensituationen oder Kriegen immer wieder auch regional spezialisierte Wirtschaftsgeographen und Länderkundler in den Medien zu Wort. Ausdruck dessen sind auch die nach wie vor zahlreichen wirtschaftsgeographischen Länderkunden und Reiseführer (z. B. Lutz 1980; Lenz 1988; Hofmeister 1997; Boal und Royle 1999; Hofmeister und Lutz 1999; Lamping 1999; 2000) sowie ökonomisch fokussierte Länderstudien wie etwa die der Deutschen Bank. Entsprechend beschreibt Bahrenberg (1995) die Bedeutung einer nachfrageorientierten und adressatenspezifischen Funktion der **Länderkunde als Expertensystem**, um territoriumsbezogenes Wissen als gesellschaftliche und politische Dienstleistung in Entscheidungs- und Bildungsprozesse einzubringen. Der Versuch von Wirth (1978) hingegen, ein länderkundliches Forschungsprogramm wissenschaftstheoretisch zu verankern, wird von Bahrenberg (1979) als gescheitert angesehen.

2.2.2 Raumwirtschaftslehre

Nur zögernd hat sich die Wirtschaftsgeographie in der ersten Hälfte dieses Jahrhunderts von der beschreibenden Ebene des länder- und landschaftskundlichen Schemas zu modelltheoretischen und konzeptionellen Fragestellungen hin entwickelt, die das Ziel der Verallgemeinerung haben. Wichtige Anstöße in der Wirtschaftsgeographie stammen hierbei von Theorien, die in den Nachbarwissenschaften, insbesondere in der Ökonomie entwickelt wurden. Erst Mitte der 1980er-Jahre haben auch sozialwissenschaftliche Ansätze verstärkt Einzug in die Wirtschaftsgeographie gehalten. Historisch wichtige Anstöße erhielt die Wirtschaftsgeographie durch die Arbeiten von Weber (1909) zur industriellen Standortlehre und von Thünen (1875) mit der für den Agrarsektor konzipierten Landnutzungstheorie sowie durch Christaller (1933) und Lösch (1944) mit ihren Untersuchungen über hierarchische Systeme zentraler Orte und Marktnetze. Wichtige programmatische Anregungen kamen in den 1950er-Jahren aus den USA von Isard (1956; 1960), der die *regional science* als Wissenschaft der räumlichen Ordnung und Organisation der Wirtschaft begründete. Die *regional science* ist stark an ökonomischen Theorien und Modellen orientiert. Durch die Einbeziehung des Raums – zumeist als Kostenfaktor – wurden ökonomische Theorien in die Geographie integriert. Damit entstand eine neue Basis für wirtschaftsgeographische Arbeiten. Es wurden formale Raummodelle entwickelt und allgemeine raumbezogene Zusammenhänge getestet. Insbesondere Böventer (1962; 1995) übertrug den Ansatz der *regional science* in seine Raumwirtschaftslehre. Aus der *regional science* ist letztlich auch der von Schätzl (1998, S. 17 f) vertretene raumwirtschaftliche Ansatz der Wirtschaftsgeographie hervorgegangen:

„*[...] Wirtschaftsgeographie [lässt sich] definieren als die Wissenschaft von der räumlichen Ordnung und der räumlichen Organisation der Wirtschaft. Sie stellt sich in dem [...] raumwirtschaftlichen Ansatz die Aufgabe, räumliche Strukturen und ihre Veränderungen – aufgrund interner Entwicklungsdeterminanten und räumlicher Interaktionen – zu erklären, zu beschreiben und zu bewerten. Dabei sind die Verteilung ökonomischer Aktivitäten im Raum (Struktur), die räumlichen Bewegungen von Produktionsfaktoren, Gütern und Dienstleistungen (Interaktionen) sowie deren Entwicklungsdynamik (Prozeß) als interdependentes Raumsystem zu verstehen.*“

Ziel der Raumwirtschaftslehre ist es dabei, auf dem Weg der Theorie- und Modellbildung allgemeine Erkenntnisse über die räumliche Ordnung der Wirtschaft zu erhalten. Voppel (1999, S. 27) erläutert dies programmatisch wie folgt: „*Die theoretischen Grundlagen der Wirtschaftsgeographie basieren auf Gesetzmäßigkeiten, die den Raum und mit dem Raum verbundene ökonomische Entscheidungen und Abläufe betreffen.*“ Nach Schätzl (1998, Kap. 1) stehen hierbei drei spezifische Aufgaben der Wirtschaftsgeographie im Vordergrund:

- Untersuchung der Verteilung ökonomischer Aktivitäten im Raum, so etwa die Frage, wie Industriebranchen verteilt sind und welche Faktoren ihre Standortwahl beeinflussen;
- Analyse der Veränderungen der räumlichen Struktur und ihrer Entwicklungsdynamik, z. B. die Untersuchung der Ursachen für Standortverlagerungen sowie für Unternehmensgründungen und -schließungen;
- Analyse der räumlichen Bewegungen von Gütern und Produktionsfaktoren, so z. B. die Entstehung von Kundeneinzugsbereichen und Arbeitsmärkten und die Erfassung von Pendlerverflechtungen und Technologietransfers.

Bartels (1970 a; 1988) geht in seiner Vorstellung von Wirtschaftsgeographie einen Schritt weiter, indem er das räumliche Verhalten von Menschen differenziert nach Tätigkeiten und Sozialgruppen in den Mittelpunkt seiner Untersuchung stellt, anstatt das Verhalten anonymer Wirtschaftseinheiten zu untersuchen. Er erkennt für die Wirtschaftsgeographie vor allem folgende Forschungsschwerpunkte: (1) choristische Methodik bzw. Spatialanalyse (Raumanalyse), (2) Sozialgruppenforschung, (3) Perzeptionsforschung (Wahrnehmungsforschung), (4) Mobilitätsforschung, (5) Umweltpotenzialforschung, (6) Siedlungssystemforschung, (7) Raument-

wicklungsforschung und (8) Disparitätenforschung (Analyse räumlicher Ungleichheiten).
In den 1980er-Jahren hat der raumwirtschaftliche Ansatz der Wirtschaftsgeographie durch Schätzl (1998) eine starke Verbreitung in Deutschland erfahren, wobei zusehends Probleme des Ansatzes bei der Lösung aktueller Forschungsfragen deutlich geworden sind. Dies zeigt sich etwa in der Raumsicht. So werden in Studien räumliche Eigenschaften definiert und identifiziert und als Erklärungsmuster für Standortstrukturen oder Standortmuster verwendet. Sozialwissenschaftliche Erklärungsdimensionen werden dabei hingegen vernachlässigt.

2.2.3 Ansatzpunkte einer *new economic geography*

In der angelsächsischen Literatur haben die Studien von Scott (1988; 1998), Storper (1995; 1997 a; 1997 b), Storper und Scott (1990; 1992), Storper und Walker (1989) sowie die Arbeiten von Amin (1994), Gertler (1993; 1997), Lee und Wills (1997), Maskell und Malmberg (1999 b; 1999 a), Barnes und Gertler (1999), Sheppard und Barnes (2000), Clark et al. (2000), Malmberg und Maskell (2002) und anderen seit Ende der 1980er-Jahre entscheidend dazu beigetragen, dass sich eine *new economic geography* etabliert hat. Sie ist eine Gegenposition zur raumwirtschaftlichen Konzeption, die auch in den USA und in England lange Zeit stark verbreitet war (und teilweise nach wie vor ist). Die Ansätze von Krugman (1998), Fujita et al. (1999) und anderen Ökonomen, die sich primär mit der Konzeptionalisierung räumlicher Strukturen im disziplinären Kontext der Wirtschaftswissenschaften beschäftigen – und sich eben nicht an die Geographie richten (Krugman 2011) –, werden wir demgegenüber als *geographical economics* bezeichnen (Martin und Sunley 1996) (→ Kap. 12.4).
Im Unterschied zum raumwirtschaftlichen Ansatz strebt die *new economic geography* nicht an, ein geschlossenes Theoriegebäude zur Bewältigung aller Alltagsprobleme zu entwerfen. Aufgrund der zunehmenden Komplexität wirtschaftlicher Prozesse, Praktiken und Kontexte sind neue wirtschaftsgeographische Ansätze offen strukturiert, fokussieren sich auf eine Akteurs- bzw. Handlungsperspektive und beziehen unterschiedliche wirtschafts-, sozial-, kultur- oder politikwissenschaftliche Konzeptionen in die Theoriebildung und Analyse mit ein. Hierdurch entsteht ein heterodoxes Geflecht aus Ansätzen, die verschiedene Zugänge zur Lösung komplexer Probleme in räumlicher Perspektive ermöglichen und dabei zugleich nebeneinander als auch zueinander in Beziehung stehen. Dass hierbei unterschiedliche Sichtweisen und Beurteilungen resultieren können und manche Ansätze über das Ziel hinausschießen und das Ökonomische, das eigentlich zentraler Gegenstand der Analyse ist, teilweise ein wenig in den Hintergrund rückt, ist Ausdruck der lebhaften und offenen Debatten und Diskurse, die sich zu neuen Konzeptionen formieren. Um die unterschiedliche Betrachtungsweise in der *new economic geography* gegenüber der Raumwirtschaftslehre pointiert zu verdeutlichen, werden im Folgenden einige vereinfachte Beispiele diskutiert.
Beispiel 1. In der Raumwirtschaftslehre ist die Analyse von Standortverteilungen und Standortentscheidungen klassischer Untersuchungsgegenstand (Isard 1956; Richardson 1978; Bartels 1988; Schätzl 1998). Hierbei wird zunächst definiert, welche Standortanforderungen die Unternehmen einer Branche stellen. Anschließend werden Regionen auf Standorteigenschaften hin untersucht und diese mit den Standortanforderungen verglichen. Die Raumwirtschaftslehre unterstellt dabei, dass Unternehmen sich im Rahmen einer gewinnmaximalen Standortwahl genau in denjenigen Regionen ansiedeln, die ihre Bedürfnisse am besten befriedigen.
Beispiel 2. Eine andere Fragestellung der traditionellen Raumwirtschaftslehre besteht darin, zu untersuchen, warum die Unternehmen einer Branche in einigen Regionen schneller wachsen als in anderen Regionen. Hierzu werden zunächst die Eigenschaften der betreffenden Regionen, wie z. B. die Struktur der Arbeitskräfte, Löhne und andere Kosten sowie der Infrastrukturbestand, ermittelt. Anschließend wird mit statistischen Verfahren bestimmt, welche Eigenschaften wachsende Regionen gemeinsam haben

und welche Eigenschaften schrumpfende Regionen prägen. Hieraus wird vielfach ein direkter kausaler Zusammenhang abgeleitet, z. B. in der Form, dass niedrige Kosten höheres Wachstum bewirken.

Das Problem hierbei ist, dass in beiden Beispielen Räume so behandelt werden, als seien es selbst Akteure (z. B. Hard 1993). Eine politische Schlussfolgerung, die aus solchen Untersuchungen abgeleitet wird, besagt dann beispielsweise, man müsse Kosten in einer Region senken, damit sich ein höheres Wachstum einstellt. Bei einer solchen Argumentation wird allerdings übersehen, dass Regionen eben keine Akteure sind, sondern eine soziale Konstruktion, abhängig von den konkreten sozialen, ökonomischen, kulturellen und politischen Bedingungen, unter denen Menschen in Unternehmen und anderen Organisationen agieren. Manchmal mag es nur ein einziges großes, dominantes Unternehmen sein, das über seine Verflechtungen mit anderen regionalen Akteuren Schrumpfungs- oder auch Wachstumsprozesse auslöst (z. B. Romo und Schwartz 1995). Das hat dann unter Umständen weder mit Kosten, Infrastruktur oder anderen Bedingungen vor Ort zu tun, sondern ist möglicherweise nur eine Folge eines nicht-räumlich motivierten, übergeordneten Strategiewechsels dieses Unternehmens (z. B. Schamp 2000 b, Kap. 3.2). Der ehemalige Chemie-Konzern *Hoechst* mit Stammsitz in Frankfurt-Höchst, der 1998 durch Fusion mit *Rhône-Poulenc* in *Aventis* überführt wurde, ist ein gutes Beispiel hierfür (Bathelt 1997 b). Eine Analyse von Standortfaktoren würde im Fall von *Hoechst* falsche Erklärungen für dessen Umstrukturierung und die Entwicklung der chemischen Industrie in der Rhein-Main-Region liefern, etwa die Konsequenzen für den Zuliefersektor und die Arbeitsplatzentwicklung (Bathelt und Kappes 2009). Eine falsche Einschätzung hätte möglicherweise problematische politisch-planerische Konsequenzen.

In den Arbeiten zur ***new economic geography*** ist die Vorgehensweise demgegenüber eine andere (Storper 1997 b; Scott 1998). Hier werden neben wirtschaftswissenschaftlichen auch sozialwissenschaftliche Ansätze integriert. Genau genommen wird die Fragestellung der Raumwirtschaftslehre in ihr Gegenteil verkehrt. Es wird nicht untersucht, welche Regionen sich aufgrund ihrer bestehenden Standortvorteile für die Ansiedlung von Unternehmen gut eignen. Es wird vielmehr analysiert, wie Unternehmen ihr Umfeld selbst gestalten und verändern, sodass sie unter bestmöglichen Bedingungen produzieren können (Storper und Walker 1989, Kap. 3): Wie schaffen sich Unternehmen ein geeignetes regionales Umfeld durch die Ausbildung von Mitarbeitern, Ansiedlung von Zulieferern, Inanspruchnahme von Dienstleistungen, Beeinflussung von Politikern und Planern sowie durch Lernprozesse mit ihren Kunden? Auf die Unterschiede in der Herangehensweise der *new economic geography* im Vergleich zur Raumwirtschaftslehre deutet auch das illustrative Beispiel in Kapitel 1.2 hin.

In neuen Ansätzen wird der Tatsache Rechnung getragen, dass viele Standortentscheidungen im Sinn von Lipietz (1985) „geschichtliche Fundsachen“ sind, die im Nachhinein kaum mehr exakt ergründet werden können. So zeigen die Untersuchungen der 1980er- und 1990er-Jahre, dass Ansiedlungs- und Verlagerungspotenziale von Unternehmen eher gering sind. Regionale Strukturveränderungen sind vor allem geprägt durch Umstrukturierungen bestehender Unternehmen. Ansätze einer sozialwissenschaftlich informierten Wirtschaftsgeographie haben entsprechend eine dynamisch-evolutionäre Betrachtungsebene (Bathelt 1991 b, Kap. 12). Hierbei werden räumliche Strukturen als soziale Konstrukte betrachtet, die aus vielfältigen Interaktionen von Personen, Unternehmen und politischen Entscheidungsträgern hervorgehen, wobei diese lokalisierten Strukturen zugleich infolge reflexiver Wissensaneignung das Handeln der Akteure beeinflussen (Storper 1997 b, Kap. 2; 1997 a).

Wichtige **Fragen** einer veränderten Perspektive der Wirtschaftsgeographie sind:

- Welche Interaktionen finden zwischen Unternehmen statt und welchen Einfluss üben sie auf lokalisierte Prozesse und Strukturen aus?
- Wie interagieren Unternehmen und welche Konsequenzen ergeben sich daraus für lokalisierte Prozesse und Strukturen?

- Wie werden Unternehmen durch den institutionellen und sozio-kulturellen Kontext in ihrer Stammregion geprägt?
- Wie sind Unternehmen und Produktionssysteme organisiert, wie unterscheidet sich die Organisation von Ort zu Ort und welche territorial abbildbaren Folgen ergeben sich daraus?
- Durch welche Kommunikations- und Abstimmungsprozesse können Unternehmen ihr Umfeld nach ihren Vorstellungen prägen, sodass ihre Wettbewerbsfähigkeit steigt und der technische Fortschritt beschleunigt wird?
- Wie kommt es zur Entstehung neuer Institutionen und wie sind diese verortet?
- Wie wirken sich Veränderungen von Technologien, Nachfragewünschen und Wettbewerbsbedingungen auf die Organisation der Produktion aus und in welcher regionalen Variation äußert sich dies?
- Und schließlich: Wie sind Unternehmen mit Akteuren an anderen Standorten national und global vernetzt, welche Probleme ergeben sich bei der Integration unterschiedlicher institutioneller, kultureller und politischer Handlungspraktiken und wie wird die Organisation an verschiedenen Standorten durch derartige Beziehungen beeinflusst?

Mit diesen und anderen Fragestellungen greift die Wirtschaftsgeographie die Kritik von Massey (1985, S. 11) an der Geographie als der Wissenschaft des Räumlichen auf:
„Geography set itself up as 'the science of the spatial'. There were spatial laws, spatial relationships, spatial processes. There was a notion that there were certain principles of spatial interaction which could be studied devoid of their social content. [...] There was an obsession with the identification of spatial regularities and an urge to explain them by spatial factors. The explanation of geographical patterns, it was argued, lay within the spatial. There was no need to look further. [...] This is an untenable position. [...] There are no such things as purely spatial processes; there are only particular social processes operating over space."
Ansatzpunkt einer relationalen Wirtschaftsgeographie sind weder Regionen noch Branchen wie die Automobil- oder die chemische Industrie, sondern Unternehmen, die innerhalb einer **Produktions- bzw. Wertschöpfungskette** in einem räumlichen Kontext arbeitsteilig miteinander verflochten sind und soziale Interaktionen aufweisen (Dicken 1998, Kap. 1).
Häufig wird hierbei auch von ***filière*** gesprochen (z. B. Nuhn 1993; Lenz 1997), wobei sich die Konzepte in ihrer empirischen Umsetzung meist nicht wesentlich voneinander unterscheiden (Schamp 2000 b, Kap. 2.1). Eine Produktionskette ist eine Abfolge von Funktionen, die dem Produkt auf jeder Stufe einen Wert zufügt (Dicken und Thrift 1992), wobei dies nicht als linearer Prozess verstanden werden darf.
Ein Beispiel, wie man die Produktionskette als Ausgangspunkt wirtschaftsgeographischer Studien verwendet, liefert die Untersuchung von Bertram (1992) über die Automobilindustrie (→ Abb. 2-5). Hier zeigen sich sehr deutlich die Schnittstellen zwischen Unterlieferanten, Hauptzulieferern, den eigentlichen Automobilproduzenten, der Absatzorganisation und den Konsumenten. Die einzelnen Glieder der Produktionskette überschneiden sich, sind eng miteinander durch Kommunikations- und Abstimmungsprozesse verbunden, werden aber dennoch von unterschiedlichen Prozessen beeinflusst. Zunehmende Preiskonkurrenz bei Unterlieferanten führt z. B. zu Verlagerungsprozessen der Produktion ins Ausland. Zunehmende Qualitätskonkurrenz der Hauptzulieferer hat etwa zur Folge, dass diese sich zu strategischen Allianzen zusammenschließen. Neue Konkurrenz der Automobilproduzenten kann schließlich dazu führen, dass neue Produktionskonzepte eingeführt werden. Der Produktionsablauf ist in dieser Konzeption nicht mehr rein linear, sondern unterliegt Einflüssen, die auf mehrere Abschnitte der Produktionskette zugleich rückwirken.

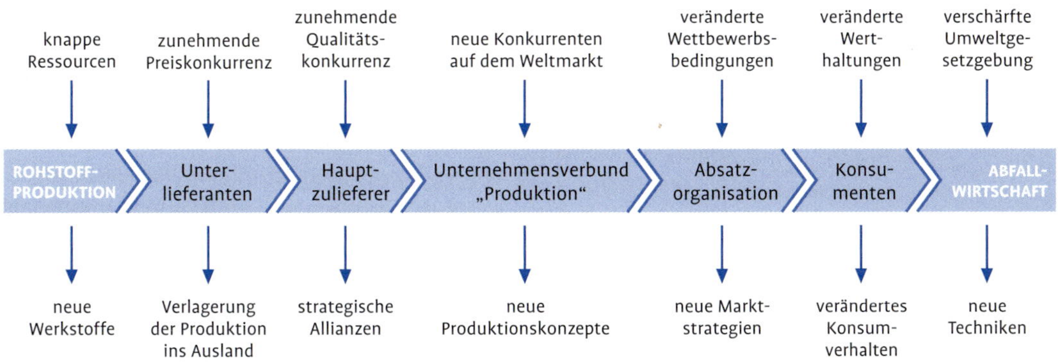

Abb. 2-5: Produktionskette als Ausgangspunkt wirtschaftsgeographischer Untersuchungen (nach Bertram 1992, S. 218)

2.3 Das Argument der zweiten Transition in der Wirtschaftsgeographie

Die in diesem Band entwickelten Argumente plädieren nicht für eine additive Erweiterung des bestehenden raumwirtschaftlichen Paradigmas, sondern für eine Transition zu veränderten Grundkonzepten und -perspektiven des Fachs. Wir plädieren für einen Übergang zu einer neuen Grundperspektive, deren mögliche Konturen wir vorzeichnen wollen. Dieses Buch formuliert die strukturellen Probleme des raumwirtschaftlichen Ansatzes und versucht veränderte und alternative Konzeptionen anzubieten, die Wege zu einer Reorientierung sein können. Nachdem die methodologische Revolution die erste Transition von einer länderkundlichen Wirtschaftsgeographie zur Raumwirtschaftslehre bereitete, unternehmen wir den Versuch, den konzeptionellen Rahmen einer zweiten Transition hin zu einer relationalen Wirtschaftsgeographie zu formulieren. Unsere Argumentation stützt sich auf zahlreiche jüngere Arbeiten und Konzeptionen vor allem aus dem angelsächsischen Diskurs. Ausgangspunkt unserer Überlegungen stellt die Konzeption der *holy trinity* von Storper (1997 b, Kap. 2; 1997 a) dar.

2.3.1 Storpers Konzeption der *holy trinity*

Den am weitesten entwickelten Versuch einer Neuformulierung der Ansatzpunkte und Ziele der Wirtschaftsgeographie unternimmt Storper (1997 b, Kap. 2; 1997 a), mit seiner Konzeption der *holy trinity*. In der von ihm vorgeschlagenen *holy trinity* basiert die Wirtschaftsgeographie auf den drei Säulen Technologie, Organisation und Territorium, die in enger wechselseitiger Verflechtung stehen. Storper (1997 c) argumentiert, dass lokalisierte Produktionssysteme trotz revolutionärer Verbesserungen in der Kommunikationstechnik und im Verkehrswesen, die zu einer drastischen Raum-Zeit-Verkürzung (Harvey 1990) geführt haben, eine ungebrochen große Bedeutung besitzen. Er führt dies im Wesentlichen auf zwei Ursachen zurück:

- Zum einen erhöhen sich durch Respezialisierungs- und Destandardisierungsprozesse die Transaktionskosten in der industriellen Produktion (→ Kap. 9.1). Diesem Kostenanstieg wird durch die Nutzung von Nähevorteilen in regionalen Ballungen begegnet.
- Zum anderen bieten spezialisierte Industrieagglomerationen die Möglichkeit zu spezifischen organisatorischen und technologischen Lernprozessen, die Wettbewerbsvorteile bewirken und den Ballungsprozess fördern.

In beiden Fällen spielen sogenannte ***untraded interdependencies*** für die Abstimmungs-, Kom-

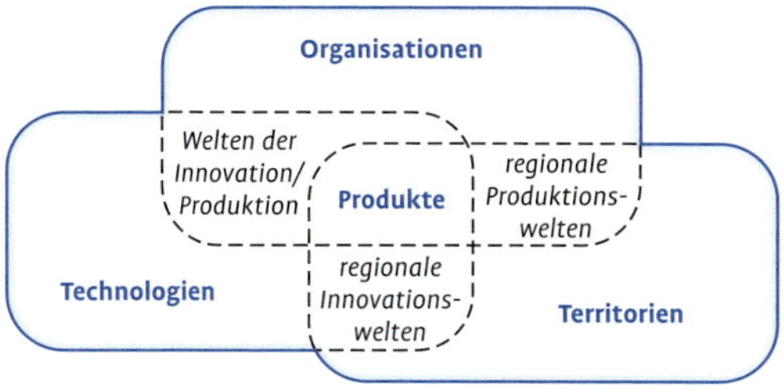

Abb. 2-6: Produktions- und Innovationswelten in der Storper'schen Konzeption der *holy trinity* (nach Storper 1997b, S. 42 und 49)

munikations- und Lernprozesse zwischen den ökonomischen Akteuren eine zentrale Rolle. Diese haben die Form von Konventionen, informellen Regeln und Gewohnheiten. Sie sind lokalisiert, d.h. an bestimmte Personen und Orte gebunden und können dort, wo sie auftreten, regionsspezifische Vorteile konstituieren. Storper (1992; 1997b, Kap. 3) argumentiert deshalb, dass Nähevorteile trotz mächtiger Globalisierungskräfte nationale und regionale Industrieballungen sowie -spezialisierungen begünstigen. Die dabei zugrunde liegenden sozialen und ökonomischen Prozesse erfasst Storper (1997b, Kap. 2; 1997a) durch die Überlagerung der drei Säulen seiner ***holy trinity*** der Wirtschaftsgeographie (→ Abb. 2-6):

(1) **Technologien.** Technologien werden als Motor des Wandels territorialer Wirtschaftsstrukturen angesehen. Technologischer Wandel führt zum Aufstieg neuer und Niedergang alter Produkte und Prozesse, was sich unmittelbar auf die Struktur und Arbeitsteilung der industriellen Produktion und ihre räumliche Organisation auswirkt.

(2) **Organisationen.** Die Organisation von Unternehmen und Unternehmensnetzwerken in einem Produktionssystem wird unter anderem von der Art des eingeschlagenen technologischen Entwicklungspfads und von den territorialen Kontexten geprägt. Hierbei spielen lokalisierte Fertigkeiten und daraus nutzbare Nähevorteile durch spezialisierte Ressourcen, Qualifikationen sowie gleiche Normen, Regeln und Traditionen eine zentrale Rolle. Durch die Organisationsform werden Informations- und Kommunikationsprozesse ermöglicht und damit Voraussetzungen zum technologischen Wandel geschaffen.

(3) **Territorien.** Auf der Ebene der Territorien (→ Kap. 4.1) lassen sich die Ko-Entwicklungspfade von Organisationen und Technologien erfassen. Über regionale Materialverflechtungen, Wissenstransfers und Anpassungen zwischen Unternehmen kommt es zu *spillover*-Effekten und Lernprozessen, die die Wettbewerbsfähigkeit der in einer Region miteinander verbundenen Unternehmen kollektiv steigert. *Untraded interdependencies* haben eine zentrale Rolle bei der Transformation technologischer und organisatorischer Welten in **regionale Welten** (→ Abb. 2-6).

Storper (1995; 1997b) leistet einen zentralen Beitrag für eine Neuorientierung der Wirtschaftsgeographie. Seine Argumentation betont die Rolle kontextspezifischer sozialer Institutionen, wie Konventionen, Normen und Regeln, und stellt die soziale Interaktion als Prozess des Organisierens, Lernens und Innovierens in das Zentrum wirtschaftsgeographischer Forschung. Er identifiziert Mechanismen, in denen sozio-institutionelle Kontexte die geographische Konzentration ökonomischen Handelns erst ermöglichen, und konstruiert eine Erklärungsperspektive, die bei den Akteuren und Akteursgruppen und nicht bei deren Rahmenbedingungen ansetzt. Allerdings kann das implizite Raumverständnis in Storpers (1997b, Kap. 2; 1997a) Konzeption der *holy trinity* unter Umständen Probleme aufwerfen:

(1) **Aufwertung der Raumdimension.** Das Territorium bildet neben den konzeptionellen Säulen Organisation und Technologie eine eigenständige Säule und hat somit eine scheinbar gleichberechtigte Stellung innerhalb der *holy trinity*. Wir halten es für gefährlich, räumliche Prozesse (als seien Räume handlungsfähige Subjekte) auf dieselbe Ebene wie soziale und ökonomische Prozesse zu stellen. Letztere haben eine konstituierende Funktion für räumlich abbildbare Prozesse und Strukturen. Während es über Organisation und Technologie konzeptionell einiges zu sagen gibt, könnte die konzeptionelle Säule des Territoriums raumwirtschaftliche Interpretationen dazu verleiten, Theorien über

Raum und Territorium zu formulieren. Zuvor wurde bereits argumentiert, dass es in dem hier dargestellten Kontext außerhalb des Sozialen und Ökonomischen nichts Konzeptionelles über den Raum zu beschreiben gibt (Saunders 1989). Dies ist allerdings auch nicht die Absicht von Storper (1993; 1997a; 1997b). Der Konzeption von Territorium als konstituierender Säule möchten wir ein Verständnis von Raum als Perspektive gegenüberstellen, mit der soziale und ökonomische Prozesse in der Wirtschaftsgeographie analysiert werden. Raum wird somit nicht auf der Ebene der Konzepte und Phänomene, sondern als Zugangsperspektive zu diesen konstruiert.

(2) **Isolation der räumlichen Perspektive vom Ökonomischen und Sozialen.** Durch die Konzeption einer Territorialdimension wird die Analyse räumlicher Prozesse und Strukturen auf eine einzige Säule der *holy trinity* und deren Überlappungsbereiche beschränkt. Organisationen und Technologien werden hingegen zunächst als abstrakte, unverortete Dimensionen charakterisiert. Dies entspricht nicht unserer Intention, die darauf abzielt, eine räumliche Perspektive als spezifisch geographische Sichtweise auf alle Analysedimensionen anzuwenden und ökonomische und soziale Prozesse aus dieser Perspektive zusammenzubinden.

2.3.2 Neue relationale Positionen

Seit den 1990er-Jahren sind zahlreiche neue Positionen in der Wirtschaftsgeographie formuliert worden, die relationale Perspektiven als Gegenpositionen zu konventionellen raumwirtschaftlichen Erklärungsansätzen und Theorien entwickeln und auf ein grundlegendes Verständnis der interdependenten ökonomischen und sozialen Prozesse innerhalb und zwischen räumlichen Kontexten abzielen (Berndt und Glückler 2006; Bathelt und Glückler 2011, Kap. 1 und 12). Drei derartige Positionen werden nachfolgend mit der Milieuschule, dem Ansatz globaler Produktionszusammenhänge und dem Ansatz einer Praxisgeographie kurz diskutiert.

(1) **Regionale Innovation in spezifischen Milieus.** Die Milieuschule um die *Groupe de Recherche Européen sur les Milieux Innovateurs* (*GREMI*) entwickelte in den 1990er-Jahren eine sozialwissenschaftliche Perspektive, um zu erklären, wieso bestimmte Regionen überdurchschnittlich viele Innovationen hervorbringen (Crevoisier 2004). Ihre Erklärung konzentriert sich vor allem auf die Netzwerke kleiner und mittlerer Unternehmen, die unter spezifischen sozio-institutionellen Bedingungen in Form eines spezifischen Milieus über Arbeitsmärkte, Materialverflechtungen und Technologie- und Wissensflüsse miteinander verknüpft sind. Räumliche Nähe und das Teilen von Handlungspraktiken basieren auf gleichen Normen, Routinen und einer gemeinsamen Technikkultur und fördern das Entstehen sozialer Beziehungen zwischen Personen und Unternehmen (Camagni 1991b; Maillat 1998). In einer der konventionellen kostenbasierten Erklärung entgegengerichteten Argumentation führen erhöhte Lern- und Anpassungsfähigkeit und Offenheit für neue Entwicklungen zu einer hohen regionalen Innovationskraft. Obwohl neuere Arbeiten auch milieuexterne Beziehungen zu anderen Regionen untersuchen (Ratti et al. 1997), betont die Milieuschule jedoch in erster Linie milieuinterne Prozesse (→ Kap. 10.2).

(2) **Globale Wertschöpfungsketten und Produktionsnetzwerke.** Im Unterschied zur Milieuschule thematisieren Ansätze über globale Warenketten und Produktionsnetzwerke die territoriumsübergreifenden, zum Teil weltweiten Verflechtungen innerhalb von Wertschöpfungsketten, die dazu führen, dass Entscheidungen über Standorte, Technologien und Innovationsprozesse nicht individuell, sondern im Kontext größerer Beziehungsnetzwerke von Unternehmen gefällt werden. Die Technologie-, Markt- und Produktionsbedingungen sind raum- und häufig nationenübergreifend verflochten. In der Praxis lassen sich unterschiedliche Steuerungsformen unterscheiden, die mehr oder weniger marktorientiert, hierarchisch organisiert oder relational auf interdependente Weise integriert sind (Humphrey und Schmitz 2002; Gereffi et al. 2005). Ansätze globaler Produktionsnetzwerke betonen dabei als Einflussfaktoren die Rolle von Machtbeziehungen, die Bedingungen der Wertschöp-

fung und die Einbettung in sozio-kulturelle Strukturen in verschiedenen Teilen der Welt. Aus Akteursnetzwerkperspektive spielen die zentralen Akteure (dominante Unternehmen und Staaten) eine entscheidende Rolle für die Organisation der Netzwerke (Dicken et al. 2001; Henderson et al. 2002). Traditionelle Erklärungsansätze sind demgegenüber kaum in der Lage, derartig komplexe Netzwerkstrukturen und globale Zusammenhänge adäquat zu erklären. Dabei werden globale gegenüber lokalen Einflüssen besonders hervorgehoben (→ Kap. 11.3).

(3) **Praxisgeographie.** Die Praxisperspektive entwickelt einen relationalen Ansatz, um die binären Kategorien lokaler versus globaler Handlungsbedingungen zu überwinden. Dies geschieht, indem die Handlungspraktiken von Unternehmen und nicht vordefinierte Raumkategorien in den Fokus der Untersuchung gestellt werden (Faulconbridge 2006; Ibert 2007; Faulconbridge 2008; Jones 2008). Aufgrund mikroökonomischer Untersuchungen gelangt die Praxisgeographie zu der Erkenntnis, dass Internationalisierungsprozesse von Unternehmen in Netzwerke von Beziehungen eingebettet sind, die sich nicht einer spezifischen Raumebene zuordnen lassen und die nicht einer funktionalen Logik folgen. Demzufolge ist beispielsweise Wissen durch Personen, Maschinen und andere Artefakte zwar lokal verankert, aber es lässt sich nicht als fester Wissensbestand einer Person, eines Unternehmens oder eines Territoriums begreifen. Wissen wird in Kommunikationsprozessen zirkuliert und dabei fortlaufend angepasst (Ibert 2007). Es wird durch soziale Praktiken der Interaktion ständig verändert und ist deshalb nur zwischen räumlichen, sozialen und kulturellen Ebenen als relationales Konstrukt zu verstehen. Ähnlich der *Proximity School* (→ Kap. 4.2) könnte man sagen, dass hierbei unterschiedliche Nähekonzepte ineinandergreifen (Rallet und Torre 1999; Torre und Rallet 2005).

Neben diesen Positionen gibt es noch weitere Ansätze, wie etwa den der **kulturellen Geographien der Ökonomie** (Berndt und Boeckler 2007; 2009), die eine Verknüpfung zu einer relationalen Perspektive herstellen. Obwohl die dargestellten Positionen kein vollständig konsistentes Theoriegebäude bilden, handelt es sich dabei um Sichtweisen, die durch wichtige Gemeinsamkeiten geprägt sind (Boggs und Rantisi 2003; Amin 2004; Yeung 2005; Bathelt 2006):

- eine Fokussierung auf wirtschaftliches Handeln und ökonomische Praktiken statt der Analyse von Räumen;
- eine Argumentation, die auf der Mikroebene ansetzt und die ökonomisches Handeln als soziales Handeln begreift;
- die Konzentration auf die Analyse der institutionellen Bedingungen von ökonomischen Beziehungen und Strukturen;
- das Ziel, über räumliche Beschreibungen hinaus ein tieferes Verständnis ökonomisch-sozialer Prozesse zu erreichen;
- die Analyse der Auswirkungen von Globalisierungsprozessen und global-lokaler Spannungsfelder und Interdependenzen;
- die Entwicklung einer Perspektive pro-aktiver Regionalpolitik.

Diese Grundpositionen werden nachfolgend zu einer relationalen Perspektive wirtschaftsgeographischen Arbeitens verknüpft.

2.3.3 Umrisse der relationalen Wirtschaftsgeographie

Wir begreifen Wirtschaftsgeographie als ein Forschungsfeld, das nicht durch den Forschungsgegenstand, sondern durch die Forschungsperspektive spezifisch ist. Nicht die räumliche Wirtschaft (oder Raumwirtschaft), sondern die in räumlicher Perspektive beobachtbare Struktur und Dynamik ökonomischer Beziehungen bilden den Gegenstand der relationalen Konzeption. Wirtschaftsgeographische Forschung zielt auf die Beobachtung und Erklärung zeitlich und räumlich situierten ökonomischen Handelns, um kontextabhängig institutionalisierte und somit in räumlicher Perspektive lokalisierbare, ungleich verteilte ökonomische Beziehungen zu erfassen. Die zweite Transition führt zu einer Rekonzeptualisierung der Wirtschaftsgeographie in allen Dimensionen einer forschungsprogrammatischen Grundkonzeption. Nachfolgend werden zunächst die Diskontinuitäten im Vergleich zum

Tab. 2-1: Forschungsdesign von Raumwirtschaftslehre und relationaler Wirtschaftsgeographie

Programmatische Dimensionen	Raumwirtschaftslehre	Relationale Wirtschaftsgeographie
Raumkonzept	Raum als Objekt und Kausalfaktor	räumliche Perspektive
Forschungsgegenstand	raummanifestierte Handlungsfolgen (Struktur)	ökonomische Beziehungen im Kontext (Praxis, Prozess)
Handlungskonzept	atomistisch: methodologischer Individualismus	relational: Netzwerktheorie, *embeddedness*-Perspektive
Wissenschaftstheoretische Grundperspektive	Neo-Positivismus, kritischer Rationalismus	kritischer Realismus, Evolutionsperspektive
Forschungsziel	Raumgesetze ökonomischen Verhaltens	Prinzipien sozio-ökonomischen Austauschs in räumlicher Perspektive

raumwirtschaftlichen und die Brücke zu einem sozialtheoretisch informierten Programm dargestellt, bevor wir im nächsten Abschnitt die Grunddimensionen der relationalen Wirtschaftsgeographie umreißen. Die Diskontinuitäten zum raumwirtschaftlichen Ansatz lassen sich auf fünf Ebenen formulieren (➔ Tab. 2-1):

(1) **Raumkonzept.** Die zweite Transition findet ihren Ausgangspunkt in der sozialtheoretischen Kritik des gegenständlichen Raumkonzepts und der Inversion des Verursachungsverhältnisses von Raum und Gesellschaft (Werlen 1995c; 1997; 2000, Kap. 12). Nicht der Raum bedingt das Handeln, sondern durch soziales Handeln verändern sich dessen materielle und institutionelle Rahmenbedingungen. Nicht die Region bestimmt die Entwicklung der Unternehmen, sondern die Unternehmen gestalten die Entwicklung der Regionen (Storper und Walker 1989). Das Verständnis von Raum wird in dieser Sichtweise als sozial unterdeterminiert erachtet und kann daher weder als Explanans noch als Forschungsobjekt in Erscheinung treten. Dem Raum als Gegenstand und Ursache stellen wir ein Verständnis von **Raum als Perspektive** (➔ Box 2-3) entgegen (Glückler 1999, Kap. 7). Da Raum (wie auch Zeit) kein wirkungsfähiger Gegenstand ist, tritt er auch im Rahmen von Theorien nicht in Erscheinung (Sayer 1985; Saunders 1989; Hard 1993). Konsequenterweise können Raum oder Territorium im Unterschied zu Storper (1997b, Kap. 2; 1997a) nur schwerlich die Grunddimension einer relationalen Wirtschaftsgeographie bilden. Sehr wohl aber erlaubt eine räumliche Perspektive den Zugang zu empirischen Problemen. Der beobachtete Gegenstand – ökonomisches Handeln und ökonomische Beziehungen – bleibt unabhängig von der Wahl der Perspektive bestehen. Es ergeben sich jedoch im Hinblick auf den Gegenstand unterschiedliche Probleme in Abhängigkeit von der Perspektive. Wirtschaftsgeographie ist in diesem Sinn eine Problemforschung aus räumlicher Perspektive. Nicht Raumtheorien, sondern Sachtheorien werden hinsichtlich ihrer lokalisierten Wirkungen, die sich von Ort zu Ort unterscheiden und somit interregionale Interaktionen hervorrufen, erforscht. Die räumliche Perspektive bezieht sich auf die Fragen, die Geographen an die Erfahrungswelt richten und nicht auf die Antworten. Raum oder Distanz werden in dieser Konzeption nicht mehr als Erklärungsvariable verwendet. Vielmehr werden Problemstellungen erst in räumlicher Perspektive sichtbar (Bathelt und Glückler 2003a): regionale Disparitäten, lokale Konzentrationen gleicher (Cluster) oder unterschiedlicher wirtschaftlicher Aktivitäten (Metropolen), divergierende regionale Entwicklungen, interregionale Verflechtungen und Austauschprozesse (Globalisierung) etc. All diese Phänomene werden durch die Sicht auf ihre geographische Verortung beobachtbar. Sie lassen sich aber nicht aus räumlichen Kategorien heraus erklären. Die räumliche Perspektive berücksichtigt, dass ökonomisches Handeln stets verortet ist. Dadurch kommt es automatisch zu Interaktionen zwischen unterschiedlichen ökonomischen und sozialen Prozessen, die an denselben Orten stattfinden. Das

hängt damit zusammen, dass dieselben Akteure zeitgleich in verschiedenen Prozessen mitwirken. Dadurch werden nicht nur Personen und Unternehmen an einigen Orten eingeschlossen und an anderen Orten ausgeschlossen. Dies bedeutet zugleich, dass es nicht möglich ist, einen einzelnen Prozess isoliert zu betrachten und andere zu vernachlässigen. Prozesse sind notwendigerweise interdependent, weil sie an denselben Orten stattfinden oder genau deshalb, weil sie verschiedene Orte betreffen (→ Box 2-3).

(2) **Forschungsgegenstand.** Während sowohl in dem länder- und landschaftskundlichen als auch in dem raumwirtschaftlichen Ansatz der Wirtschaftsgeographie räumliche Konzepte den Gegenstand des wissenschaftlichen Programms bestimmen, bildet ökonomisches Handeln als situierter Prozess in Strukturen von Beziehungen (d. h. als soziales Handeln) den Gegenstand der Betrachtung der relationalen Wirtschaftsgeographie. Es werden nicht mehr primär räumliche Strukturen, wie z. B. Wirtschaftsräume oder Funktionalregionen, als aufzuklärende Phänomene fokussiert, sondern stattdessen Prozesse des institutionellen Lernens, der ökonomischen Innovation und der unternehmensübergreifenden Organisation in räumlicher Perspektive. Ökonomische Beziehungen rücken somit zurück in den Mittelpunkt der Wirtschaftsgeographie und bilden das Zentrum eines sozial- und wirtschaftstheoretischen Programms.

(3) **Handlungskonzept.** Das Konzept des ökonomisch Handelnden entspricht nicht mehr dem der neoklassischen Theorie. Statt eines abstrakten methodologischen Individualismus, in dem der Einzelne als atomisierter Akteur (Granovetter 1985) scheinbar unbeeinflusst von seiner Umwelt und aus abstrakten Handlungsmotiven heraus nach den Prinzipien des *homo oeconomicus* agiert, thematisieren wir eine **relationale Konzeption des Handelns**. Ökonomisches Handeln ist nicht abstraktes Handeln, sondern vollzieht sich als soziales Handeln in konkreten Strukturen zeitlich fortdauernder Beziehungen (Granovetter 1985). Das Handeln eines Akteurs wird folglich nicht mehr isoliert von anderen Akteuren betrachtet, sondern ist aus dem konkreten Kontext seiner Beziehungen zu verstehen und dadurch bedingt. Ökonomisches Handeln ist somit ein Ausschnitt des Sozialen und nicht vom Sozialen trennbar. Es ist einerseits relational und andererseits kontextuell. Die Relationalität des

Box 2-3: Räumliche Perspektive

In dieser Konzeption würde die Veränderung der Arbeitsteilung eines Unternehmens im Zuge einer Strukturkrise je nach fachlicher Perspektive unterschiedliche Fragestellungen aufwerfen: Während eine sozialwissenschaftliche Studie beispielsweise die Konsequenzen für die Verteilung von Zuständigkeiten und Kompetenzen in der Arbeitsorganisation oder den Grad der Hierarchisierung thematisieren würde, wäre eine ökonomische Studie eher auf die Folgen für die strategische Ausrichtung, das Produktionsprogramm oder neue Wettbewerbschancen fokussiert. Demgegenüber würde eine wirtschaftsgeographische Untersuchung etwa die lokalisierten Folgen für den Arbeitsmarkt, die Zulieferbeziehungen oder die Arbeitsorganisation zwischen einzelnen Standorten in den Mittelpunkt stellen. Jedes Beispiel dieser Art ist letztlich aber eine Vereinfachung. Offensichtlich kann jede Perspektive nur einen spezifischen und partiellen Aspekt eines Forschungsgegenstands thematisieren. Und jedes Phänomen, das aus einer konkreten Perspektive heraus gewonnen wird, kann selbst wieder Ausgangspunkt einer neuen Fragestellung unter einer anderen fachlichen Perspektive werden. So könnte eine andere Fachperspektive die lokalisierten Folgen für den Arbeitsmarkt oder Zulieferbeziehungen selbst wieder als Ausgangspunkt zur Formulierung einer sozial- oder wirtschaftswissenschaftlichen Problemstellung verwenden. Nicht also der Raum wird zum Forschungsobjekt, sondern die Problematisierung eines ökonomischen Phänomens aus einer räumlichen Perspektive ist charakteristisch für wirtschaftsgeographisches Forschen.

Handelns lenkt die Aufmerksamkeit auf soziale Beziehungen, den Prozess des Handelns und die Bildung formeller und informeller Institutionen. Die Kontextualität des Handelns leitet sich aus seiner Relationalität ab und gewinnt Bedeutung in Form spezifischer sozio-institutioneller Handlungsbedingungen, die konkretes ökonomisches Handeln an gegebenem Ort und zu gegebener Zeit situieren (Philo 1989; Martin 1994; Giddens 1995; Sunley 1996).

(4) **Wissenschaftstheoretische Grundperspektive.** Wenn Handeln als kontextspezifisch anerkannt wird, kann es nicht universell auf der Grundlage gesetzesartiger Erklärungen beschrieben werden. Handeln in offenen Systemen ist nicht vorhersagbar, sodass das Ziel deterministischer Theoriebildung aufgegeben werden muss. Während die Raumwirtschaftslehre im Einfluss gesetzesartiger Erklärungen durch das Überprüfen von Hypothesen die Rolle des Universellen hervorhebt, wertet der **kritische Realismus** (Bhaskar 1975; Sayer 1991; 1992, Kap. 1 und 4; Archer et al. 1998; 2000, Teil 1) die Bedeutung des Kontexts durch das Prinzip der Kontingenz auf. Der kritische Realismus begreift sich als erkenntnistheoretische Alternative zu dem Gegensatz zwischen logischem Empirismus einerseits, der in der Annahme einer objektiven Realität universelle Erklärungen anstrebt, und Relativismus andererseits, der unter Ablehnung einer objektiven Realität das Verstehen subjektiver Einzelgeschehnisse verfolgt (Lovering 1989; Thrift 1990). Dabei sind eher verschiedene Varianten als eine einheitliche realistische Position identifizierbar (Häkli 1994). Zwar halten kritische Realisten an der Annahme einer unabhängig vom Individuum existierenden Wirklichkeit sowie an dem Ziel der Erklärung von allgemeinen Mechanismen fest. Aber sie verbinden den Nachweis dieser Wirklichkeit nicht mehr mit der Universalität der Phänomene.

Das konventionelle Kausalitätsverständnis der Raumwirtschaftslehre gründet auf dem **Regularitätsprinzip**, das auf Hume (1758) zurückgeht. Demnach gilt als Ursache dasjenige Ereignis, dessen Eintreten immer bzw. ausnahmslos mit dem Eintreten eines anderen Ereignisses zusammenhängt. Die Regelmäßigkeit wird zum assoziativen Prinzip des kausalen Wirkungszusammenhangs. Diese Erklärung ist eine Universalerklärung, da an jedem Ort zu jeder Zeit eine Ursache ihre Wirkung erzeugt.

Demgegenüber begründet der kritische Realismus durch das **Prinzip der Kontingenz** eine kontextuelle Kausalerklärung. Hierbei treten zwei Arten von Relationen in das Zentrum der wissenschaftlichen Erklärung (Sayer 1985): *Notwendige Beziehungen* treten auf, wenn zwei Ereignisse unabhängig von spezifischen Bedingungen stets verknüpft sind. Allerdings sind allgemeine, kontextinvariante Beziehungen von Ereignissen, also allgemeingültige Gesetze, im Bereich gesellschaftlicher Phänomene kaum zu identifizieren. Demgegenüber liegen *kontingente Beziehungen* vor, wenn sie zwei Ereignisse nur unter spezifischen Bedingungen verknüpfen. Das Prinzip der Kontingenz bedeutet, dass das Eintreten eines Ereignisses nicht immer das Eintreten eines anderen Ereignisses impliziert, sodass identische Ausgangsbedingungen nicht zwangsläufig zu demselben Ergebnis führen und Entwicklungen nicht unbedingt bekannten Mustern folgen müssen. Damit besteht die erkenntnistheoretische Möglichkeit, Handlungsziele und Handlungsfolgen als kontextuell zu erklären und zugleich zukünftige Ereignisse als offen zu betrachten. Dies bedeutet aber nicht, dass sich die in einer Fallstudie gewonnene kontextuelle Erkenntnis in ihrem konkreten Zusammenhang erschöpft. Vielmehr ist es möglich, auf dem Weg der **Dekontextualisierung** verallgemeinerbare Bedingungen und Prinzipien eines Kontexts zu identifizieren und diese gegebenenfalls auf andere Kontexte anzuwenden. Die wissenschaftlich interessante Erkenntnis besteht dabei in der Aufdeckung transkontextueller, mehr oder minder notwendiger Relationen.

(5) **Forschungsziel.** In der Rekonzeptionalisierung des Raums als räumliche Perspektive und des Handelns als relationales Agieren in konkreten, kontextspezifischen Strukturen sozialer Beziehungen sowie der erkenntnistheoretischen Aufwertung von Kontext durch das Prinzip der Kontingenz findet eine relationale Wirtschaftsgeographie ihr programmatisches, methodologisches Design zur Reformulierung ihrer Fragestel-

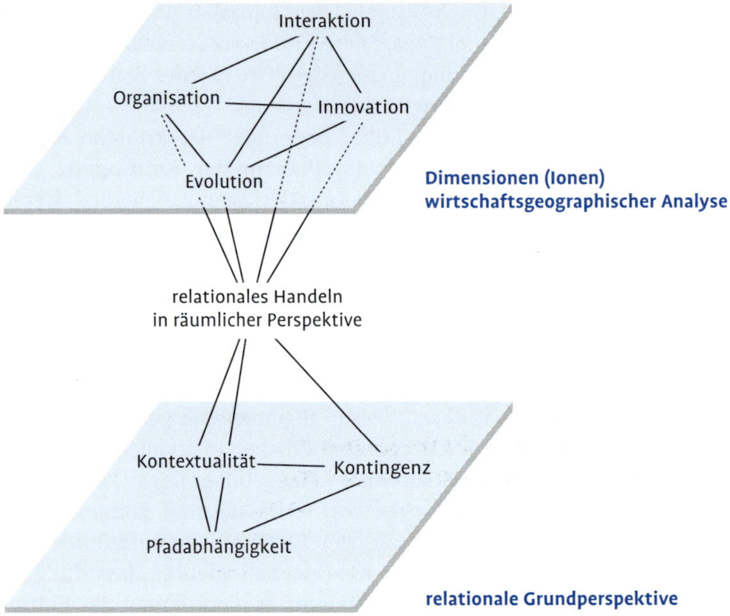

Abb. 2-7: Relationale Perspektive und Analysedimensionen (Ionen) der Wirtschaftsgeographie

lungen und Konzepte. Letztlich geht es dabei nicht um die Formulierung von Raumgesetzen, sondern um die sachtheoretische Aufklärung sozio-ökonomischen Handelns sowie seiner Beziehungen in räumlicher Perspektive.

2.3.4 Grundkonzepte einer relationalen Wirtschaftsgeographie

Nur wenige der Fragen, die in der Wirtschaftsgeographie formuliert werden, unterschreiten das Aggregationsniveau des Unternehmens oder Betriebs. Daher liegt der Fokus der Analyse selten auf der mikrosozialen Handlungsebene, d. h. der einzelnen Person. Nichtsdestotrotz gründen erklärungsfähige Untersuchungen des organisatorischen Wandels innerhalb und zwischen Unternehmen in einem grundlegenden Verständnis von ökonomischem Handeln, dem wir in der Darlegung unserer Argumente Rechnung zu tragen versuchen. Der Perspektivenwechsel von der Raumwirtschaftslehre zu einer relationalen Wirtschaftsgeographie findet seinen Ausgangspunkt in dem bereits dargelegten relationalen Verständnis des Handelns.

Das relationale Grundverständnis bringt drei grundlegende Konsequenzen mit sich (→ Abb. 2-7):

(1) **Kontextualität.** In struktureller Perspektive entsteht systematisch die Möglichkeit von Kontext und situationsspezifischem Handeln aufgrund des Einflusses konkreter Strukturen von Beziehungen. Situiertes Handeln ist spezifisch und folglich nicht mehr durch universelle Kategorien oder Gesetze zu erklären.

(2) **Pfadabhängigkeit.** Die Kontextspezifität ökonomischen Handelns überträgt sich in historischer Perspektive in eine Dynamik pfadabhängiger Entwicklung, da jeweils spezifische Handlungszusammenhänge auch spezifische Entwicklungen nach sich ziehen. Situierte Entscheidungen und Interaktionen in der Vergangenheit bedingen spezifische Handlungskontexte in der Gegenwart und richten somit Handlungsziele und -möglichkeiten entlang eines historischen Entwicklungspfads aus.

(3) **Kontingenz.** Aufgrund seiner Kontextabhängigkeit unterliegt ökonomisches Handeln nicht allgemeinen Gesetzen. Daher kann die spezifische Geschichte eines Entwicklungspfads nicht determinierend für die Zukunft sein. Vielmehr

ermöglichen konkrete Handlungskontexte stets Abweichungen von bestehenden und den Wandel hin zu neuen Entwicklungspfaden (Bathelt und Glückler 2000).

Dabei rücken Unternehmensziele und Beziehungen zwischen Unternehmen in den Mittelpunkt der Betrachtung und die Forschung bedient sich ökonomischer und sozialer Theorien, um den Gegenstandsbereich ökonomischen Handelns und ökonomischer Beziehungen aus räumlicher Perspektive zu untersuchen. Eine kontextuelle, pfadabhängige und kontingente Grundperspektive steht im Gegensatz zu theoretischen Programmen, deren Konzepte auf universellen Gesetzen, linearen Entwicklungen und geschlossenen Systemen basieren. Der Perspektivenwandel von der Raumwirtschaftslehre zur relationalen Wirtschaftsgeographie erfordert deshalb eine Neuformulierung der Konzepte, die zur Erklärung ökonomischer Strukturen und Prozesse verwendet werden.

Ausgehend von dieser Repositionierung schlagen wir einen alternativen Bezugsrahmen für die Wirtschaftsgeographie vor, der konzeptionell auf einer Grundperspektive relationalen Handelns gründet und unter Berücksichtigung der Konsequenzen von Kontextualität, Pfadabhängigkeit und Kontingenz entwickelt wird. Vier zentrale Analysedimensionen, nämlich Interaktion und Institution, Organisation, Evolution und Innovation strukturieren hierbei die Konzeption. Der entscheidende Zugang der Rahmenkonzeption besteht darin, dass die hinter den vier Dimensionen stehenden wirtschaftlichen und sozialen Prozesse aus einer spezifisch räumlichen Perspektive analysiert und bewertet werden. Dies ermöglicht es, in einem disziplinübergreifenden Forschungsansatz ökonomische und sozialwissenschaftliche Ansätze zu integrieren und eigenständige, aus räumlicher Perspektive formulierte Probleme und Implikationen zu bestimmen.

Im Folgenden werden für die einzelnen Analysedimensionen (Ionen) wichtige Ansatzpunkte wirtschaftsgeographischen Arbeitens aufgezeigt und die wechselseitigen Bezüge der verschiedenen Dimensionen durch die Anwendung der räumlichen Perspektive verdeutlicht (→ Abb. 2-7). Das abgebildete Schema dient als Heuristik zur Systematisierung der relationalen Perspektive im Hinblick auf wichtige Theoriegegenstände der Wirtschaftsgeographie.

(1) **Interaktion.** Interaktionen und Lernprozesse bilden den Kern der reflexiven Ökonomie, in der getätigte Aktionen systematisch überprüft werden, um daraus Möglichkeiten zur Verbesserung für neue Aktionen abzuleiten. Lundvall und Johnson (1994) sprechen in diesem Zusammenhang von einer *learning economy*, die als organisierte Form des Markts durch umfassende Netzwerkbeziehungen geprägt ist. Mit der Erkenntnis, dass Produktions- und Innovationsprozesse arbeitsteilig organisiert sind und dass arbeitsteilige Organisationsformen mit wachsender technologischer Komplexität und zunehmender Differenzierung der Gesellschaft an Bedeutung gewinnen, ist der Prozess des *learning by interacting* (Lundvall 1988; Gertler 1992; 1993) zunehmend in den Mittelpunkt des wirtschafts- und sozialwissenschaftlichen Interesses gerückt. *Learning by interacting* bezeichnet einen Lernprozess, bei dem systematische Kommunikations- und Anpassungsprozesse zwischen den in einer Wertschöpfungskette verbundenen Unternehmen zu einer schrittweisen Verbesserung von Produkt- und Prozesstechnologien sowie von Organisationsformen führen. Die Analyse von Lernprozessen und reflexiven Verhaltensweisen ist dabei an eine evolutionäre Perspektive gekoppelt. Voraussetzung für Interaktionsprozesse ist die Existenz und Akzeptanz informeller Institutionen. Institutionelle und soziale Arrangements in Bezug auf die verwendeten Technologien und Ressourcen bzw. Produktionsfaktoren ermöglichen es den beteiligten Unternehmen und Akteuren überhaupt erst, in bestimmten Projekten zusammenzuarbeiten. Ein entsprechender institutioneller Kontext basiert auf spezifischen Normen, Konventionen und anderen institutionellen Strukturen. Diese Arrangements sind aufgrund ihrer Einbettung in Beziehungen, die auf ko-präsenter Kommunikation basieren, räumlich lokalisiert und können nur schwer in andere Kontexte übertragen werden (Storper 1997b). Infolge der Möglichkeiten zu regelmäßigen Kontakten durch Nähe lassen sich Informations- und Wissenstransfers innerhalb spezialisierter Agglome-

rationen besonders effizient durchführen. Wichtige Interaktionsprozesse sind deshalb trotz neuer globaler Organisationsformen der Produktion nach wie vor auch in nationale und regionale Entwicklungszusammenhänge eingebettet.

(2) **Organisation.** Die Organisationsdimension lenkt das Forschungsinteresse auf Gestaltungsformen betrieblicher Arbeitsteilung in und zwischen Unternehmen sowie mit formellen Institutionen, wie etwa Gewerkschaften, Arbeitgeberverbänden sowie staatlichen Regierungsstellen und Behörden. Ein grundsätzliches Problem der Organisation industrieller Arbeits- und Produktionsprozesse besteht darin, Arbeitskräfte, Rohstoffe, Zwischenprodukte, Maschinen und Anlagen auf betriebsinterner und -externer Ebene so zusammenzuführen, dass unter einer räumlichen Perspektive eine möglichst effiziente Teilung und Integration der Arbeit erfolgt (Sayer und Walker 1992, Kap. 3). Dabei muss eine hinreichende Koordination und Kontrolle des Produktionsablaufs sichergestellt sein, um qualitativ hochwertige Produkte zuverlässig nach Kundenbedürfnissen anfertigen zu können. So stellt sich die Frage, welche Vor- und Zwischenprodukte von einem Unternehmen selbst hergestellt und welche von Fremdfertigern zugekauft werden sollen, welche Prozesstechnologien einzusetzen sind und wie die verschiedenen Arbeits- und Produktionsschritte verknüpft werden sollen. Ferner ist zu entscheiden, wo welche Zulieferer in Anspruch genommen werden, wie diese in den Produktionsprozess integriert werden und an welchen Standorten regional, national und international welche Produktionsabschnitte angesiedelt werden sollen (Bathelt 2000). Diese und ähnliche Fragen lassen sich unter Einbeziehung der ökonomischen Transaktionskostentheorie (Coase 1937; Williamson 1975; 1985) und des *embeddedness*-Ansatzes untersuchen, der in der *new economic sociology* entwickelt wurde (Granovetter 1990; Smelser und Swedberg 1994).

Die Organisationsstruktur beeinflusst auch die Standortstruktur eines Unternehmens und die räumliche Organisation der Produktion. Die Art der Arbeitsteilung hängt insbesondere vom Stand der eingesetzten Produkt- und Prozesstechnologien, der Stabilität und Vorhersehbarkeit der Konsummuster und der Entwicklung der Märkte ab. Hierbei spielen die Standortverteilung von Zulieferern und Abnehmern sowie die Aktionen und räumliche Organisation der Konkurrenten eine wichtige Rolle. Das Organisationsproblem ist so komplex, dass es nicht möglich ist, räumliche Strukturen allein durch Standortfaktoren zu erklären. Räumliche und kulturelle bzw. institutionelle Nähe können in bestimmten Kontexten zu einer Stabilisierung von Netzwerkbeziehungen zwischen spezialisierten kleinen und mittleren Herstellern führen, weil dadurch Kosten der Informationssuche reduziert, Unsicherheiten abgebaut und Kommunikationsvorteile genutzt werden können.

Letztlich kann die Organisationsstruktur von Unternehmen und Wertschöpfungsketten als Ausdruck sozio-institutioneller Beziehungsstrukturen nur aus einer evolutionären Perspektive verstanden werden (Nelson und Winter 1982; Swedberg und Granovetter 1992). Ob ein Unternehmen eine eigene integrierte Produktionsstruktur aufbaut oder Produktionsabschnitte an andere Unternehmen auslagert und welche Märkte und Standorte dabei erschlossen werden, hängt von bisher gesammelten Erfahrungen und vergangenen Organisationsentscheidungen ab. Folge der dabei vollzogenen Lernprozesse ist eine erhöhte organisatorische Reflexivität. Zugleich sind Organisationsstrukturen eingebettet in soziale, kulturelle und institutionelle Strukturen und Beziehungen, die untrennbar mit den ökonomischen Entscheidungsprozessen verknüpft sind. So wird die Unternehmensorganisation in ihrer Entwicklung von gesellschaftlich legitimierten Institutionen im Kontext staatlicher Behörden mit beeinflusst (z. B. Baum und Oliver 1992). Die räumliche Organisation der Produktion ist deshalb auch das Ergebnis komplexer Aushandlungsprozesse zwischen den Unternehmen und verschiedenen staatlichen Stellen und findet im Kontext spezifischer Machtkonstellationen statt.

(3) **Evolution.** Die Evolutionsdimension eröffnet eine Perspektive, die eng mit den anderen Dimensionen der Wirtschaftsgeographie verknüpft ist und die den Einfluss historischer Prozesse und Strukturen auf aktuelle Entscheidun-

gen mit einbezieht. Die Konzeption eines evolutionären Zusammenhangs geht davon aus, dass soziale und ökonomische Prozesse pfadabhängig verlaufen und deshalb erfahrungsgebunden, kumulativ und durch Reflexivität geprägt sind. Diesem Ansatz folgend lässt sich seit den 1980er-Jahren eine erstaunliche Konvergenz evolutionärer Perspektiven in der Ökonomie, den Sozialwissenschaften und der Wirtschaftsgeographie feststellen. In evolutionsökonomischen Konzeptionen (Nelson und Winter 1982; Dosi 1988) wird beispielsweise angenommen, dass die technisch-ökonomische Entwicklung einem abgesteckten Entwicklungspfad folgt und hierbei durch Routinen und Heuristiken geleitet wird. Bestehende Technologien beeinflussen die Möglichkeiten für Innovationsprozesse, sodass Vergangenheitsentscheidungen unabhängig davon, wie gut oder wie schlecht sie waren, auf die Gegenwart nachwirken. Aus der Beurteilung des bisherigen Entwicklungsverlaufs werden dabei Mutations- und Selektionsprozesse ausgelöst, die technologische Innovationen zur Folge haben mit dem Ziel, die ökonomische Effizienz zu verbessern.

Diese technisch-ökonomische Perspektive wird im neuen Institutionalismus der Soziologie (Powell und DiMaggio 1991) durch den Aspekt der sozio-institutionellen *embeddedness* erweitert. Es wird davon ausgegangen, dass ökonomisches Handeln in soziale Beziehungen und Strukturen eingebettet und untrennbar mit diesen Kontexten verbunden ist. Einzelne Unternehmen werden hierbei nicht als isolierte Technologieproduzenten verstanden, sondern in ihrer Gesamtstruktur von Netzwerkbeziehungen mit Zulieferern, Abnehmern, Dienstleistern und staatlichen Organisationen untersucht (Grabher 1993b). Neben formellen Institutionen kommt informellen institutionellen Arrangements basierend auf gemeinsamen Regeln, Konventionen und Traditionen eine besondere Bedeutung zu, da sie auf verschiedenen räumlichen und nicht-räumlichen Ebenen Produktionszusammenhänge stärken. *Embeddedness* ist das Ergebnis eines Evolutionsprozesses und impliziert, dass ökonomische Beziehungen kontextspezifisch und erfahrungsabhängig sind. In evolutionärer Perspektive können informelle Institutionen materialisiert und in formelle Institutionen basierend z. B. auf Regelungen staatlicher Behörden überführt werden. Sie werden somit in einen Organisationszusammenhang eingebunden. Die Begriffe Institution und Organisation hängen somit eng miteinander zusammen und sind nicht immer leicht unterscheidbar.

In der wirtschaftsgeographischen Konzeption industrieller Entwicklungspfade und der Entstehung neuer Industrieräume lassen sich Erkenntnisse der Evolutionsökonomie und des *embeddedness*-Ansatzes wiederfinden und in eine spezifisch räumliche Perspektive integrieren (Scott 1988; Storper und Walker 1989). Allerdings ist der sozio-institutionelle Kontext in diesem Ansatz nicht sehr stark ausgeprägt, was Storper (1995; 1997b) zu einer Rekonzeptionalisierung veranlasst hat. Im Modell industrieller Entwicklungspfade gehen Storper und Walker (1989, Kap. 3) davon aus, dass neu entstehende Industriesektoren in der Anfangsphase ihrer Entwicklung aufgrund des neuen Charakters der eingesetzten Technologien nirgendwo optimale Standortbedingungen vorfinden und damit relativ frei in ihrer Standortwahl sind. Wenn später an einigen Standorten der Industrien hohes Wachstum entsteht, gelingt es den Unternehmen zunehmend, das Unternehmensumfeld ihren Bedürfnissen entsprechend anzupassen. Es bildet sich ein lokaler Zulieferersektor, Infrastruktur wird an die neuen Bedürfnisse angepasst und der Arbeitsmarkt stellt sich auf die erforderlichen Qualifikationen ein. Die betreffenden Regionen erlangen Wettbewerbsvorteile gegenüber anderen Regionen und es kommt zu selbstverstärkenden Ballungs- und Spezialisierungsprozessen.

(4) **Innovation.** Die Dimension der Innovation ist eng mit dem Prozess der Entstehung neuer Technologien und den Auswirkungen des technischen Fortschritts verknüpft. In traditionellen ökonomischen und geographischen Konzeptionen wird der Aspekt der Generierung neuer Technologien und der Durchsetzung von Innovationen vernachlässigt. Technologischer Wandel wird entweder als modellextern angenommen oder als Ergebnis eines linearen, zielgerichteten

Forschungsprozesses angesehen, der aus einer Abfolge kontrollierter Forschungs- und Entwicklungsschritte resultiert. Ergebnis dieses Ablaufs sind standardisierte Produkt- und Prozessinnovationen. In der Geographie wird traditionell vor allem der Prozess der räumlichen Ausbreitung von Innovationen untersucht. In der Produktzyklustheorie (Vernon 1966) wird beispielsweise angenommen, dass die Produktionsschwerpunkte parallel zum Lebenszyklus der Produkte aus den Agglomerationen in Richtung der Peripherien wandern.

In jüngeren evolutionsökonomischen Interpretationen (Dosi 1982; 1988; Storper 1997b, Kap. 3) wird der Prozess der Generierung neuer Technologien nicht mehr als modellextern angesehen, sondern genau untersucht und konzeptionalisiert. Die Herstellung neuer Technologien wird dabei als arbeitsteiliger Prozess zwischen verschiedenen Unternehmen sowie zwischen Unternehmen und Universitäten und Forschungseinrichtungen angesehen. Dieser Prozess ist durch reflexive Verhaltensweisen, Rückkopplungsprozesse (Feedback-Schleifen) zwischen verschiedenen Entwicklungsstufen und vielfältige Lernprozesse der beteiligten ökonomischen Akteure gekennzeichnet. Innovationen sind hierbei eng mit der Entstehung neuen Wissens und der Modifikation vorhandenen Wissens verbunden. Dahinter steht die Idee, dass der Prozess der Technologie- und Wissensgenerierung erfahrungsabhängig ist und sich auf einen begrenzten Bereich technisch-ökonomischer Problemlösungsmuster konzentriert. Unternehmen folgen in ihren Innovationsprozessen bestimmten technologischen Entwicklungspfaden, wobei Routinen und Heuristiken den Ausgangspunkt für Suchprozesse bilden.

Wie die räumliche Organisationsstruktur von Innovationsprozessen aussieht, hängt unter anderem davon ab, wie arbeitsteilig die Produktion in dem betreffenden Technologiefeld organisiert ist, ob es potenzielle Partnerunternehmen im regionalen Umfeld gibt, welche Arten von Wissen für den Innovationsprozess von Bedeutung sind und welche Erfahrungen in der Vergangenheit gemacht wurden. Empirische Untersuchungen belegen, dass neue Technologien keineswegs immer in integrierten Forschungsprozessen innerhalb weltweit organisierter Großunternehmen entwickelt werden, sondern dass gerade spezialisierte Industrieballungen gute Voraussetzungen für die Etablierung arbeitsteiliger Innovationsprozesse haben. Räumliche Nähe ermöglicht regelmäßige Interaktionen und Abstimmungen zwischen den Akteuren und erleichtert dadurch den Prozess der Wissensgenerierung. Dies ist umso ausgeprägter, je stärker die unternehmensübergreifende Arbeitsteilung in einer Region ist und je stärker die Unternehmen in den lokalen sozio-institutionellen Kontext integriert sind. Gerade auch die nationalstaatliche Ebene hat großen Einfluss auf den Prozess der Wissens- und Technologieerzeugung und führt zur Herausbildung nationaler Innovations- und Produktionssysteme (Lundvall 1992b; Nelson 1993; Hall und Soskice 2001), die durch unterschiedliche räumliche Organisationsmuster und regionsspezifische Anpassungen gekennzeichnet sind.

Die vier Grunddimensionen wirtschaftsgeographischer Analyse (Ionen) sind für den Aufbau und die Argumentation im weiteren Buchverlauf prägend. Hierbei ist jedoch festzuhalten, dass es sich bei den Grunddimensionen selbst um eine kontextspezifische Konstruktion handelt, die vor allem auf die Geographie des Unternehmens (Dicken 1990) ausgerichtet ist, und deshalb bei einer anderen Fokussierung, z. B. auf umweltökonomische, politisch-ökonomische und konsumorientierte Fragestellungen, eine Anpassung und Modifikation erfordert.

3 Grundlagen ökonomischer Beziehungen

3.1 Bedürfnisse

Dieses Kapitel diskutiert grundlegende Begriffe und Mechanismen des Wirtschaftsprozesses aus konventioneller ökonomischer, meist neoklassischer Perspektive. Es erfolgt eine systematische Betrachtung der Anreize und Motive des Menschen im ökonomischen Prozess. Anschließend werden die produzierten und gehandelten Güter sowie die Ressourcen und Faktoren, die zu deren Produktion erforderlich sind, dargestellt. Schließlich wird das Konzept des Markts diskutiert, über den ein Ausgleich von Angebot und Nachfrage erwartet wird. Das Kapitel legt wichtige Grundlagen, die es in späteren Kapiteln ermöglichen, kritische und stärker differenzierte Debatten über Motive wirtschaftlichen Handelns (→ Kap. 7), die Organisation von Produktionsbeziehungen (→ Kap. 9) sowie Institutionen und Märkte (→ Kap. 8) aufzunehmen.

Aus klassischer Sicht sind menschliche Bedürfnisse der Ausgangspunkt der Güterproduktion. In der Theorie menschlicher Motivation entwickelte Maslow (1954) basierend auf psychologischen Forschungen früh ein hierarchisches System von Bedürfnissen, das nach Dringlichkeit bzw. Bedürftigkeit differenziert und geordnet war. Dieses System umfasste physiologische Grundbedürfnisse (*basic needs*), wie z. B. Essen, Trinken und Schlafen; Sicherheitsbedürfnisse (*safety needs*) die physische, materielle und berufliche Sicherheit betreffend; Liebesbedürfnisse (*love needs*); soziale Anerkennungsbedürfnisse (*esteem needs*), wie z. B. einen guten Ruf, Wertschätzung und Popularität; sowie schließlich das Bedürfnis zur Selbstverwirklichung (*need for self-actualization*), das jeden Menschen innerlich antreibt. Mit anderen Worten: „*what a man can be, he must be*“ (Maslow 1943, S. 382). Wenngleich diese Bedürfnisse in einer hierarchischen Beziehung konzipiert sind, wird betont, dass keine strenge hierarchische Folge empirisch haltbar ist. So hänge es von jedem Menschen selbst ab, ob er z. B. soziale Anerkennung über Liebesbedürfnisse stelle (Maslow 1943). Dabei können in verschiedenen Gesellschaften unterschiedliche Bedürfnisstrukturen bestehen. So sind Kulturbedürfnisse abhängig vom Entwicklungsstand und der Technologie in einem Land. Insgesamt sind Bedürfnisstrukturen räumlich unterschiedlich ausgeprägt.

Eine alternative Differenzierung menschlicher Bedürfnisse liegt den Arbeiten der sogenannten Münchener Schule der Sozialgeographie zugrunde (für eine kritische Würdigung vgl. Werlen 2000, Kap. 8). Im Kontext einer an die Erfordernisse der Bevölkerung angepassten Stadt- und Regionalplanung werden von der Münchener Schule sieben **Daseinsgrundfunktionen** unterschieden (z. B. Ruppert und Schaffer 1969; Partzsch 1970; Schaffer 1970): Jeder Bewohner verfolgt demnach die Grundfunktionen zu arbeiten, zu wohnen, sich zu versorgen, zu verkehren (im Sinne von mobil sein), sich zu bilden, sich zu erholen und schließlich in Gemeinschaft zu sein. Die Konsequenzen einer funktionalen Orientierung der Siedlungsstruktur lassen sich beispielhaft verdeutlichen (→ Abb. 3-1). So kann sich die planerische Fokussierung auf die grundlegenden Bedürfnisstrukturen unmittelbar auf die langfristige Entwicklung der Stadtstrukturen niederschlagen. Wenn Kaufkraft vorhanden ist, werden Bedürfnisse zu konkreter Nachfrage. Nachfrager sind hierbei private Haushalte, Unternehmen und staatliche Organisationen. Die Nachfrager entwickeln diesem Verständnis folgend Präferenzen für bestimmte Güter, die Ausdruck der subjektiven Bewertung dieser Güter im Hinblick auf die erwartete Bedürfnisbefriedigung sind. In der klassischen Nutzentheorie werden diese Präferenzen als gegeben und stabil angenommen (→ Kap. 8).

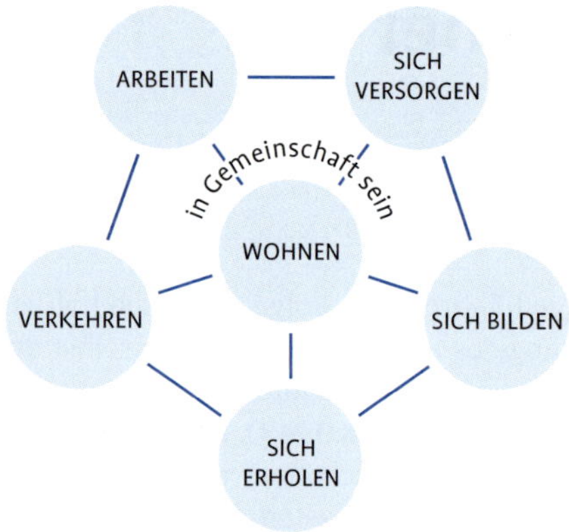

Abb. 3-1: Daseinsgrundfunktionen (nach Partzsch 1964, S. 10)

3.2 Güter

Gemäß der konventionellen ökonomischen Sichtweise schaffen Güter dadurch einen Nutzen, dass sie Bedürfnisse befriedigen. Unabhängig von der Art des Wirtschaftssystems lassen sich dabei verschiedene **Arten von Gütern** unterscheiden. Je nach Perspektive und Erkenntnisinteresse werden unterschiedliche Kriterien zur Unterscheidung von Gütern herangezogen. Zunächst lassen sich freie und knappe Güter unterscheiden. Freie Güter sind unbegrenzt verfügbar, während knappe Güter begrenzt sind. Da nur für letztere ein Preis gebildet werden kann, gelten sie als Wirtschaftsgüter. Diese wiederum können in materielle Sachgüter und immaterielle Güter wie z. B. Dienstleistungen unterteilt werden. Des Weiteren können Konsumgüter von Produktionsgütern unterschieden werden und schließlich lassen sich Investitionsgüter im Produktionsbereich (z. B. Maschinen und Anlagen) von Gebrauchsgütern im Konsumentenbereich (z. B. Möbel) und Verbrauchsgütern unterscheiden (→ Abb. 3-2). Aus sozio-ökonomischer Perspektive lassen sich bei allen Ressourcen und Gütern drei grundlegende Fragen formulieren, die aufgrund unterschiedlicher technischer und sozialer Bedingungen bei der Nutzung zu einer Differenzierung zwischen Gütern mit unterschiedlichen Eigenschaften führen (Esser 2000 a): Wie erfolgt die Produktion der Güter? Wie werden sie an die Konsumenten verteilt (Allokation)? Welche Folgen entstehen aus Produktion und Konsum für dritte Akteure (externe Effekte)?

Güter lassen sich nach zwei grundlegenden Eigenschaften charakterisieren: Rivalität (Samuelson 1954) und Ausschließbarkeit (Musgrave und Peacock 1958). Güter sind durch eine **rivalisierende Nutzung** gekennzeichnet, wenn sie durch den Konsum eines Akteurs für alle anderen Akteure nicht mehr zur Verfügung stehen. Dies lässt sich am Beispiel einer Zwischenmahlzeit verdeutlichen. So kann eine Zwischenmahlzeit nur von einer Person verspeist werden und entzieht sich daher der Konsummöglichkeit durch andere Personen. Nicht-rivalisierend sind Güter hingegen dann, wenn ihr Konsum durch mehrere Konsumenten in gleicher Form möglich ist bzw. niemand in seinem Konsum eines Guts durch den Konsum anderer beeinträchtigt wird (z. B. Besuch einer Theatervorführung durch viele Zuschauer). Das **Ausschlussprinzip** eines Guts bezeichnet die Möglichkeit, den Konsum eines Gutes auf einen oder wenige Konsumenten zu beschränken. So kann der Konsum der Zwischenmahlzeit durch den Kauf (Eigentumserwerb) gesichert werden. Auch der Theaterbesuch wird durch den Erwerb von Eintrittskarten und die Beschränkung der Besucherplätze gesichert, d. h. im Konsum beschränkt. Nicht alle Güter lassen sich jedoch auf diese Weise kontrollieren. So steht die Nutzung eines Leuchtturms allen in Sichtweite verkehrenden Schiffen zur Verfügung, ohne dass sie sich an den Kosten des Leuchtturms beteiligen müssen. Während die Rivalität eines Gutes von den technischen und güterspezifischen Bedingungen abhängt, ist der Aspekt des Nutzungsausschlusses grundsätzlich steuerbar und letztlich eine Frage der Kosten, die aufgebracht werden müssen, andere vom Konsum eines Guts auszuschließen. Im digitalen Zeitalter sind die Kosten des Nutzungsausschlusses für Musik z. B. so hoch, dass die Musikindustrie das teilweise freie – wenngleich illegale – Abrufen und Hören von Musik nur schwer, wenn überhaupt, verhindern kann. Anhand dieser beiden Rahmenbedingungen lassen sich zwei Arten

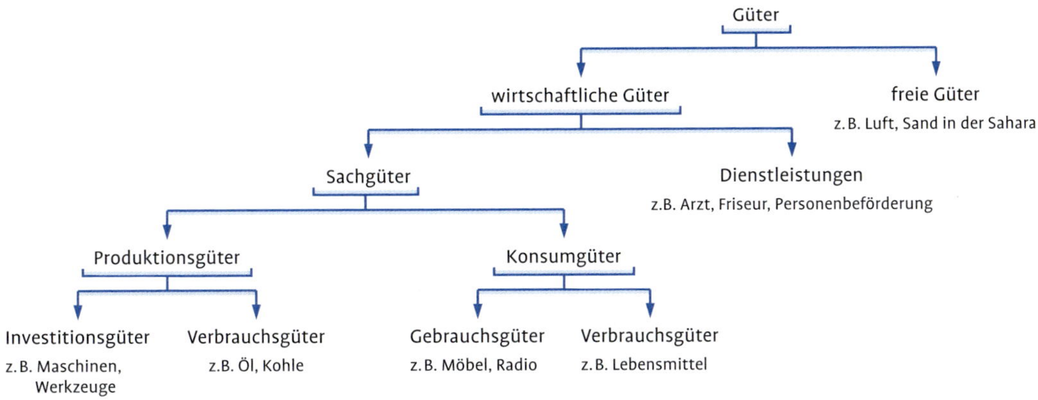

Abb. 3-2: Arten von Gütern im Produktionssystem (nach Mühlbradt 2001)

von Gütern unterscheiden: private und öffentliche Güter.

Private Güter sind perfekt rivalisierend und weitgehend ausschließbar, d. h. die Nutzung durch eine Person reduziert den Nutzen für einen anderen potenziellen Nutzer. Aufgrund der Exklusivität, mit der ein Nutzer über ein privates Gut verfügen kann, werden private Güter in Abhängigkeit von den Produktionsbedingungen und den Präferenzen der Konsumenten über Marktmechanismen gehandelt und verteilt. **Kollektive Güter** hingegen sind kaum oder nicht ausschließbar und in ihrer Nutzung nicht-rivalisierend. Sie zeichnen sich dadurch aus, dass der Konsum eines Guts nicht zu einer Nutzenminderung für andere Akteure führt (Samuelson 1955, S. 350). Aus ökonomischer Sicht sind Kollektivgüter problematisch, da grundsätzlich jeder den uneingeschränkten Nutzen des Guts erfahren kann, ohne sich selbst an den Kosten der Produktion dieses Guts zu beteiligen. Kollektivgüter sind somit Ausgangspunkt von **externen Effekten**. Wenn Dritte sich ohne eigene Kosten gleichermaßen am Konsum eines Guts beteiligen können, sinken die Anreize, dieses Gut überhaupt zu produzieren. Umgekehrt steigen die Anreize dafür, sich gerade nicht an der Produktion zu beteiligen. Im Ergebnis steht ein strategisches Dilemma in der Bereitstellung von Kollektivgütern (Esser 2000 a). **Öffentliche Güter** sind reine Kollektivgüter. Die innere Sicherheit oder eine saubere Umwelt sind Güter, die allen Bürgern eines Landes zugutekommen und von denen ein Einzelner nicht ausgeschlossen werden kann. Darüber hinaus wird der Nutzen eines reinen Kollektivguts mit zunehmender Zahl der Konsumenten nicht automatisch geringer, sondern kann sogar wie beim Wissen größer werden. Dies trifft jedoch nicht für alle Kollektivgüter zu. So sind **Clubgüter** dadurch gekennzeichnet, dass mit zunehmender Zahl der Konsumenten eine Nutzungskonkurrenz entsteht und der individuelle Nutzen abnimmt. So bedarf es zum Bau und Betrieb eines Golfplatzes zahlreicher Interessenten, die einen Verein gründen und sich als Mitglieder an den Investitionen und Betriebskosten beteiligen. Bei einer zu großen Zahl an Mitgliedern wird es jedoch immer schwerer für jeden Einzelnen, auf der begrenzten Kapazität zur gewünschten Zeit spielen zu können. Es entsteht somit eine Nutzungskonkurrenz um Spielzeiten. Aus ökonomischer Sicht ist es das Ziel, den Nutzen eines Clubguts auf eine optimale Zahl von Mitgliedern zu beschränken (Buchanan 1965). Ausgehend von dieser Größe würde sich mit jedem weiteren Nutzer die individuelle Nutzenfunktion im Durchschnitt verschlechtern. Kollektivgüter sind nur schwer durch Marktmechanismen zu steuern, da externe Effekte Nutzungsoptionen für Dritte schaffen, ohne dass diese an den Kosten beteiligt sind (→ Abb. 3-3).

Das Problem des Marktversagens wird üblicherweise auf externe Effekte, wie z. B. die Existenz von Kollektivgütern, zurückgeführt. Allerdings kann der Marktmechanismus auch bei Privatgütern durch unsichere Rahmenbedingungen in Koordinationsprobleme geraten (Glückler 2004 a). Aus einer marktorientierten Perspektive ist der Nutzen bzw. der Wert von Gütern unterschiedlich leicht zu bewerten, sodass die Kosten der Suche, Beschaffung und vergleichenden Beurteilung von entsprechenden Informationen unterschiedlich hoch ausfallen. Dies wird in der Informationsökonomie thematisiert, wo davon ausgegangen wird, dass Güter durch Such-, Erfahrungs- und Vertrauenseigenschaften gekennzeichnet sind (Ford et al. 1988; Meffert 2005, Kap. 1) (→ Abb. 3-4). So lassen sich nach Nelson (1974) Such- von Erfahrungsgütern unterscheiden. **Suchgüter** (*search goods*) sind Güter, bei denen alle kaufentscheidenden Informationen vor dem Kauf gesammelt werden können. So ist es z. B. möglich, konkurrierende Modelle von Fernsehgeräten oder Computern durch Produktinformationen, Testberichte, Gütesiegel etc. zu vergleichen und in ihrer Qualität vor dem eigentlichen Kauf zu bewerten. Demgegenüber zeichnen sich **Erfahrungsgüter** (*experience goods*) dadurch aus, dass die Produktmerkmale erst nach dem Kauf durch Nutzung des Guts erfahren werden können. Erst der Besuch einer Theatervorführung, eines Kinofilms oder der Bericht eines Beratungsunternehmens ermöglicht es, den Nutzen bzw. den Wert dieser Dienste zu beurteilen. Das Dilemma, zuerst eine Kaufentscheidung treffen zu müssen und erst im Nachhinein einen Gegenwert zunächst ungewisser Höhe zu empfangen, definiert den Unterschied zwischen Such- und Erfahrungsgütern. Dieses Dilemma hat Konsequenzen für die Beziehungen zwischen Anbietern und Kunden und kann sich daher auf die Organisation und räumliche Struktur von Marktbeziehungen auswirken.

Über das Erfahrungsproblem der Bewertung eines Guts hinaus werden schließlich Vertrauensmerkmale bei Gütern hervorgehoben. So unterscheiden Darby und Karni (1973, S. 69) zusätzlich eine dritte Güterart, die gekennzeichnet ist durch *„credence qualities which are expensive to judge even after purchase"*. **Vertrauensgüter** (*credence goods*) sind demnach Güter, deren Qualität und Nutzen selbst nach dem Kauf oft nur schwierig und aufwendig beurteilt werden

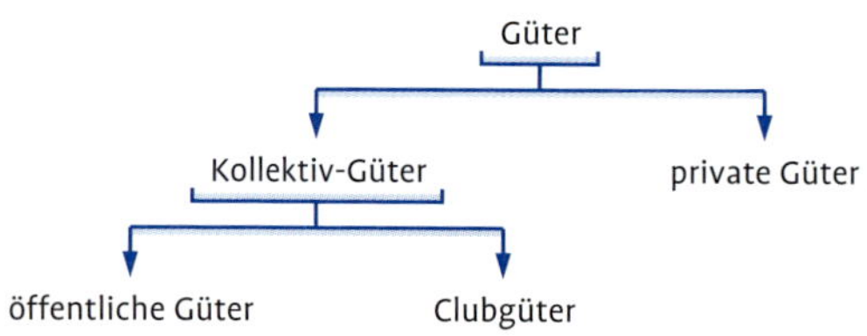

Abb. 3-3: Private Güter, öffentliche Güter und Clubgüter

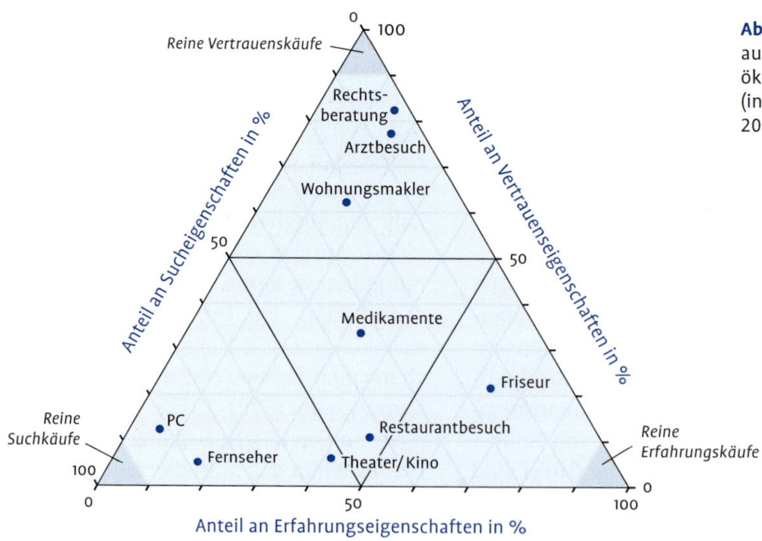

Abb. 3-4: Arten von Gütern aus informationsökonomischer Perspektive (in Anlehnung an Meffert 2005, S. 55)

kann. Wie kann z. B. ein Kunde beurteilen, ob eine Autoreparatur oder ein medizinischer Eingriff in dem konkreten Umfang tatsächlich erforderlich war, um das Auto oder die Gesundheit des Patienten wiederherzustellen? Ein anderes Beispiel betrifft die Unternehmensberatungstätigkeit. Wie kann der Kunde beurteilen, ob die Unternehmensstrategie, die von einem Unternehmensberater erarbeitet wurde, tatsächlich die Entwicklung des Unternehmens beeinflusst? Und selbst im Falle einer positiven Unternehmensentwicklung stellt sich die Frage, wie sehr das Beratungskonzept dazu beigetragen hat und ob nicht ein anderes Konzept eine noch bessere Entwicklung ermöglicht hätte (Glückler 2004 a). Der fundamentale Unterschied zwischen Suchgütern und Vertrauensgütern besteht folglich darin, dass bei Suchgütern der Anbieter die Unsicherheit trägt, da der Kunde das Gut vor dem Kauf sehen, vergleichen, testen und eventuell ablehnen kann. Hingegen trägt beim Vertrauensgut der Kunde einen großen Teil der Unsicherheit, da er erst nach der Kaufentscheidung das Gut erfahren und mitunter nur durch hohen Informationsaufwand in seinem Wert beurteilen kann (Levitt 1981).

Aufgrund dieser unterschiedlichen informatorischen Grundlagen des Gütertauschs ergeben sich je nach Gut verschiedene Tauschmechanismen und Transaktionsbeziehungen zwischen Anbietern und Kunden (→ Kap. 7). So hängt die Beurteilung des Werts eines Vertrauensguts häufig von der Qualität und Dauer der Beziehung zu einem Transaktionspartner ab, was wiederum auf die räumlichen Ansprüche der Interaktion zurückwirkt. Die vorgestellten Güterbegriffe sind jedoch Idealtypen. Letztlich lassen sich alle Güter durch eine Kombinationen von Such-, Erfahrungs- und Vertrauensmerkmalen beschreiben. Die spezifische Kombination dieser Merkmale hat dabei weitreichende Konsequenzen für die Organisation von Transaktionsbeziehungen und somit für die räumliche Dimension und Form von Märkten (→ Kap. 8).

3.3 Wirtschaftliche Produktion und Produktionsfaktoren

Die vielfältigen menschlichen Bedürfnisse und die Nachfrage nach unterschiedlichen Qualitäten von Gütern führt dazu, dass eine Vielfalt von Produktionsprozessen zu organisieren ist, wobei unterschiedliche Produktionsfaktoren zum Einsatz kommen und in die Produktions- und Verteilungskreisläufe eingehen. Dabei ist festzustellen, dass sich unterschiedliche Spezialisierungen und räumliche Disparitäten herausbilden. In der wirtschaftlichen Produktion wird zwischen einem Primär-, einem Sekundär- und einem Tertiärsektor unterschieden (Voppel 1999, Kap. 3). Der Primärsektor setzt sich zusammen aus Bergbau, Landwirtschaft, Forstwirtschaft sowie Jagd und Fischerei. Er liefert Rohstoffe an den Sekundärsektor, wo diese in Industrie und Handwerk weiterverarbeitet werden. Industrie und Handwerk liefern schließlich Fertigprodukte an den Tertiärsektor, den Großhandel und den Einzelhandel, der diese an Konsumenten weiterverkauft. In dieser Unterscheidung sind allerdings produktionsorientierte und wissensintensive Dienstleistungen nur unzureichend berücksichtigt. Im Produktionsprozess werden vereinfacht die Inputs Arbeit und Kapital in Outputs umgewandelt (→ Abb. 3-5 a).

Unter einem **Produktionssystem** wird in diesem Zusammenhang nicht nur der Transformationsprozess von Inputs zu Outputs verstanden, sondern ein interdependentes System (→ Abb. 3-5 b), bestehend aus mehreren miteinander verflochtenen Teilprozessen (Dicken und Lloyd 1990): Der **Produktionsprozess** beinhaltet die Transformation von Rohstoffen und Zwischenprodukten in Endprodukte. Der **Zirkulationsprozess** enthält Bereiche wie das Finanz-, Transport- und Kommunikationssystem sowie das Servicesystem. Im **Verteilungsprozess** erfolgt die Verteilung von Gütern z. B. über Einzelhandelssysteme. Der **Regulierungs- und Kontrollprozess** beinhaltet die zur Koordination notwendigen Gesetze, Regeln, Praktiken und Gewohnheiten. Schließlich stoßen die Güter auf die finale Nachfrage bzw. den Konsum.

Ausgangspunkt der Analyse eines Produktionssystems ist oftmals eine Produktions- bzw. Wertschöpfungskette, in der einem Produkt stufenweise neue Werte hinzugefügt werden. Die Perspektive der Wirtschaftsgeographie bei der Untersuchung der fünf Teilprozesse des Produktionssystems besteht darin, die Organisation der Produktion aus räumlicher Perspektive zu beschreiben, zu erklären und den Einfluss der Produktion auf soziale und ökonomische Prozesse in räumlichen Kontexten zu untersuchen.

In der volkswirtschaftlichen Theorie gehen Boden (natürliche Ressourcen), Arbeit und Kapital (Sach- und Humankapital) als Produktionsfaktoren in den Produktionsprozess ein (z. B. Healey und Ilvery 1990, Kap. 4; Bontrup 1998, Kap. 2.1 bis 2.9). Die neuere soziologische Debatte unterscheidet neben Sach- und Humankapital als weitere Kapitalform das soziale Kapital, das die Gesamtheit der Gelegenheiten aus sozialen Beziehungen widerspiegelt. Das soziale Kapital wird insbesondere in jüngeren, sozialwissenschaftlich fundierten Ansätzen als Form des Kapitals aufgegriffen.

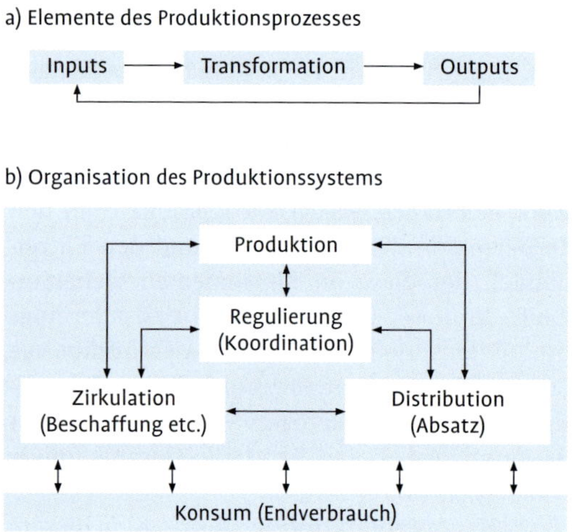

Abb. 3-5: Prozess und System der Produktion (nach Dicken und Lloyd 1990, S. 7)

3.3.1 Produktionsfaktor Boden

Der Boden hat als Produktionsfaktor eine dreifache Stellung: Er ist landwirtschaftliche Nutzfläche, Fundort nicht ersetzbarer Rohstoffe und Energieträger sowie Standort für Wohnungsbau, Industriebetriebe und Verkehrsanlagen. Im Zusammenhang mit dem Produktionsfaktor Boden lassen sich verschiedene Probleme aufzeigen, die in der Wirtschaftsgeographie thematisiert werden. So ist die Nutzung von Boden durch eine zunehmende Flächenbeanspruchung gekennzeichnet, was zu Landnutzungskonflikten zwischen verschiedenen sozialen Gruppen führt und in der Vergangenheit sogar Kriege bewirkt hat. Ein weiteres wichtiges Kennzeichen, das menschliche Verhaltensweisen beeinflusst, ist die Abnahme natürlicher Ressourcen und die damit einhergehende Verknappung. Für den Produktionsfaktor Boden wird oftmals das Gesetz vom

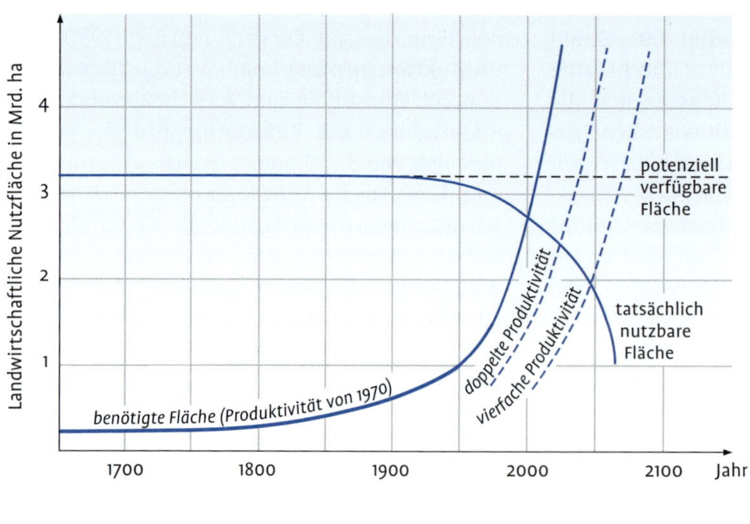

Abb. 3-6: Grenzen des Wachstums (nach Meadows et al. 1973, S. 40)

abnehmenden Ertragszuwachs angenommen. Dieses besagt, dass der durch die zuletzt eingesetzte Faktoreinheit erzielte zusätzliche Ertrag mit zunehmendem Faktoreinsatz (z. B. erhöhtem Einsatz von Düngemitteln) immer geringer wird. Je größer die bereits eingesetzte Menge an Düngemitteln ist, desto mehr Düngemittel müsste man zusätzlich einsetzen, um den Ertrag pro Flächeneinheit weiter zu erhöhen.

In einer Studie über die **Grenzen des Wachstums** untersuchten Meadows et al. (1973) im Auftrag des *Club of Rome* Anfang der 1970er-Jahre, welche zusätzliche landwirtschaftliche Nutzfläche bei steigender Weltbevölkerung benötigt wird (→ Abb. 3-6). In ihrer Studie gingen sie davon aus, dass die zur Ernährung der stetig wachsenden Weltbevölkerung notwendige landwirtschaftliche Produktion im Zeitablauf exponentiell anwachsen müsste. Zugleich erkannten sie, dass die unter realistischen Bedingungen herstellbare landwirtschaftliche Produktionsmenge unter Nutzung der auf der Erde vorhandenen Flächen langfristig maximal linear anwachsen könne. Daraus erkannten Meadows et al. (1973), dass irgendwann ein Zeitpunkt erreicht sein wird, an dem die tatsächlich hergestellte landwirtschaftliche Produktion nicht mehr zur Ernährung der Weltbevölkerung ausreicht. Sie zeigten, dass der zusätzliche Bedarf an Boden auch durch erhebliche Produktivitätssteigerungen nicht kompensiert werden kann. Die Folgen dieser Situation wären dramatisch: Armut, Hunger, Konflikte und sogar Kriege um landwirtschaftliche Nutzfläche in bestimmten Teilen der Welt wären zu erwarten. Es ist klar, dass eine Überwindung dieses Problems in erster Linie eine Verringerung des Bevölkerungswachstums erfordert. Diese Überlegungen bedingen veränderte soziale Verhaltensweisen, welche wiederum von ökonomischen Strukturen und wirtschaftlichen Wachstumschancen beeinflusst werden.

Obwohl das Krisenszenario des *Club of Rome* bisher nicht eingetreten ist, gibt es doch viele Anzeichen dafür, dass Knappheits- und Allokationsprobleme im Zusammenhang mit natürlichen Ressourcen zentrale Beschränkungen und Herausforderungen für ökonomisches Handeln im 21. Jahrhundert sein könnten (→ Box 3-1). Neben der Versorgung der Bevölkerung mit Nahrungsmitteln aus der landwirtschaftlichen Produktion werden Wasserknappheit und damit zusammenhängende Verteilungskonflikte zu einem wachsenden Problem (Oßenbrügge 2007). Dies hängt mit dem globalen Klimawandel, aber auch mit immer intensiveren Landnutzungsformen und dem Anbau von Nahrungsmitteln, Baumwolle und anderen Produkten in Trockengebieten zusammen. Durch künstliche Bewässerung und Staudammprojekte werden Flüsse angezapft, deren Pegelstände sich im Unterlauf drastisch verringern. Folge sind Probleme in der Trinkwasserversorgung angrenzender Städte und Regionen sowie zunehmende Schadstoffkonzentrationen. Ebenso schwerwiegende Auswirkungen zeigen sich im Umfeld abflussloser Seen wie beispielsweise des Aralsees oder des Toten Meeres, da infolge des gestiegenen Wasserverbrauchs im Bereich der Zuflüsse der Wasserspiegel sinkt, was ökologische und ökonomische Probleme nach sich zieht (Giese 1997b; Giese et al. 1997; Giese et al. 2004).

Aus Sicht der Wirtschaftsgeographie erhält die Standortwahl ökonomischer Akteure und die Standortverteilung ökonomischer Aktivitäten eine große Bedeutung. Um Wachstum zu steuern und damit Einfluss auf die räumliche Wohlstandsverteilung nehmen zu können, muss man zunächst einmal verstehen, nach welchen Prinzipien Betriebe und Unternehmen ihre Standorte wählen. Dies ist ein traditioneller Untersuchungsgegenstand der Wirtschaftsgeographie (Mikus 1978; Schätzl 1981; Wagner 1981; Brücher 1982; Berry et al. 1987; Voppel 1999). Raumwirtschaftliche Studien sind exemplarisch zu folgenden Erkenntnissen über die Standortwahl gelangt:

(1) **Industrielle Standorte.** Industriebetriebe wählen ihre Standorte je nach ihren Bedürfnissen mit unterschiedlicher Standortorientierung. Während Sägewerke und Stahlwerke ihre Standorte beispielsweise eher rohstoff- oder materialorientiert wählen, werden Standortentscheidungen von Aluminiumhütten in der Regel energieorientiert z. B. in der Nähe von Wasserkraftwerken getroffen. Demgegenüber sind Standorte

Box 3-1: *Peak oil*

Schon seit den 1970er-Jahren gibt es eine rege Diskussion über die Folgen der Erdölverknappung durch die Ausbeutung der weltweiten Erdölreserven (Steinke 2006). Ende der 1990er-Jahre ist hieraus eine heftige Debatte unter dem Schlagwort *peak oil* entbrannt, die davon ausgeht, dass der Höhepunkt der weltweiten Erdölförderung in wenigen Jahren erreicht sein wird oder sogar schon überschritten ist (z. B. Olive 2009). Die Debatte beruht auf der Erkenntnis, dass die aus einer gegebenen Lagerstätte geförderte Menge Erdöl sich im Zeitablauf gemäß einer Glockenkurve entwickelt (Hubbert 1956). In der Anfangsphase ist die Lagerstätte gefüllt und das Erdöl sprudelt unter hohem Druck aus den Bohrlöchern. Durch zusätzliche Bohrungen lässt sich die geförderte Erdölmenge schnell steigern. Ist jedoch das Fördermaximum erreicht, kommt es zu einer vorübergehenden Stagnationsphase auf hohem Niveau, bevor die Fördermenge immer schneller absinkt, weil die Erdölvorräte abnehmen und schließlich zur Neige gehen. Die Erdölförderung ist in dieser Phase mit einem hohen finanziellen und technischen Aufwand verbunden. So war die Ausbeutung der reichhaltigen Ölsandvorkommen in der kanadischen Provinz Alberta lange Zeit ökonomisch nicht realisierbar und ist erst seit Mitte der 1990er-Jahre aufgrund steigender Erdölpreise zu einem lukrativen Geschäft geworden (Braune 2006). Unter der Annahme eines glockenförmigen Verlaufs der Erdölfördermenge aus bekannten Lagerstätten ist es möglich, im Voraus abzuschätzen, wann die maximale Fördermenge erreicht sein wird. Hubbert (1956) führte dies für die USA bereits in den 1950er-Jahren durch und sagte das *peak* der Erdölförderung für die Mitte der 1970er-Jahre korrekt voraus. Wenn man dieselbe Überlegung auf die weltweite Erdölförderung überträgt, was in der gegenwärtigen *peak-oil*-Diskussion geschieht, so lassen sich alarmierende Anzeichen im Hinblick auf die Entwicklung der Erdölvorräte erkennen (Deffeyes 2005). Obwohl erst in jüngerer Zeit umfangreiche Erdölfunde in Kasachstan gemacht wurden, deutet der Verlauf der Förderkurven weltweit seit einigen Jahren darauf hin, dass das Maximum der globalen Erdölförderung in Kürze erreicht sein könnte oder schon erreicht ist. Dies hätte zur Folge, dass die Erdölfördermenge für wenige Jahre relativ konstant bliebe, dann aber rapide abnehmen würde. Bei weiterhin steigender weltweiter Nachfrage nach Erdöl, insbesondere bedingt durch dynamische Industrialisierungsprozesse in China und Indien, würde dies zu einem schnellen Anstieg der Erdölpreise führen. Da die geringen Erdölkosten eine wesentliche Voraussetzung für den Globalisierungsprozess in der zweiten Hälfte des 20. Jahrhunderts bildeten, insofern als sie einen drastischen Rückgang der Transportkosten bewirkten und weltweite Güter- und Materialflüsse ermöglichten, würde ein Überschreiten des *peak oil* spürbare Konsequenzen für die räumliche Arbeitsteilung in der globalen Ökonomie haben (→ Kap. 4.5). Die direkte Folge wäre, dass Arbeitskosten aus komparativer Sicht in Relation zu den Transportkosten an Bedeutung verlieren würden, sodass Regionen und Länder mit derzeit hohen Arbeitskosten als Standorte für landwirtschaftliche und industrielle Produktion an Bedeutung gewinnen würden, falls sie eine substanzielle Nachfragekonzentration aufweisen. Die Kosten für weltweite Transporte von Materialien und Menschen würden dagegen schnell ansteigen. Unter der Voraussetzung, dass keine neuen Erdölfelder erschlossen werden (wodurch sich andernfalls das *peak-oil*-Szenario einige Jahre nach hinten verschieben würde), wäre auch die Landwirtschaft von einem Anstieg der Erdölpreise betroffen. Moderne Landwirtschaft basiert auf einem hohen Energieeinsatz aufgrund der Bewirtschaftung von Nutzflächen mit modernen Maschinen, des Anbaus in Gewächshäusern und des weltweiten Transports von Nahrungsmitteln aller Art. Hohe Erdölpreise würden schnell zu einem Anstieg der Lebensmittelpreise führen. Tendenziell würden Lokalisierungsprozesse von Industrien in Regionen mit großen Bevölkerungsballungen und hohem Nachfragepotenzial stattfinden. Regionale und nationale Marktbezüge würden aufgrund der gestiegenen Transportkosten einen Bedeutungszuwachs erzielen. Globale Warenflüsse würden im Vergleich zu regionalen und nationalen Handelsverflechtungen an Bedeutung verlieren. Letztlich wäre eine Reorganisation globaler Warenketten und Produktionsnetzwerke die Folge (➔ Kap. 11.3). In einem solchen Szenario wären voll entwickelte Industrieballungen mit gut ausgebauten Clusterdimensionen (➔ Kap. 10) besonders handlungsfähig, weil sie zusätzliche Kostenvorteile erzielen könnten. Insbesondere wenn sie über einen substanziellen regionalen oder nationalen Markt verfügen würden, könnten sie ihre Wettbewerbsfähigkeit steigern.

von Textilfabriken stärker arbeitsorientiert und Standorte von Molkereien absatz- bzw. konsumorientiert. Allerdings zeigt die Diskussion über die soziale Konstruktion von Räumen, dass Industrien oftmals die Qualitäten ihrer Standortregionen selbst erst formen (➔ Kap. 13.3).

(2) **Landwirtschaftliche Standorte.** Im Unterschied zu Industriebetrieben ist bei landwirtschaftlichen Betrieben der Produktionsort oftmals vorgegeben, während das Produktionsziel variabel und zu bestimmen ist. Hier stellt sich die Frage, welche Landnutzung in Abhängigkeit von Klima, Bodenrelief, Verkehrslage und Nachfrage gewählt wird.

(3) **Standorte von Dienstleistungsunternehmen.** Dienstleistungsunternehmen produzieren immaterielle Güter zur Versorgung von Haushalten und Unternehmen. Ihre Standorte sind in Städten konzentriert. Höchstrangige Dienstleistungen finden sich oftmals sogar nur in den größten Metropolen eines Landes. Wichtige Aspekte, die die Standortwahl von Dienstleistungen beeinflussen, sind eine zentrale Lage, die Verkehrsanbindung, Fühlungs- und Nähevorteile sowie ein kreatives Umfeld.

Diese Ergebnisse raumwirtschaftlicher Forschung werden insbesondere in Kapitel 5 und Kapitel 6 an verschiedenen Stellen wieder aufgegriffen, hinterfragt und weiterentwickelt.

3.3.2 Produktionsfaktor Arbeit

Der Produktionsfaktor Boden liefert Rohstoffe, die abgebaut, geerntet oder weiterverarbeitet werden müssen. Die Weiterverarbeitung erfordert den Einsatz des Produktionsfaktors Arbeit, dem somit eine zentrale Bedeutung unter den Produktionsfaktoren zukommt. Ähnlich wie beim Gesetz vom abnehmenden Ertragszuwachs wird für den Produktionsfaktor Arbeit häufig angenommen, dass die Leistung der zuletzt eingesetzten Arbeitseinheit *ceteris paribus*, d. h. unter sonst gleichen Bedingungen, umso geringer ist, je mehr an Arbeit bereits eingesetzt worden ist. Man sagt, mit zunehmendem Arbeitseinsatz sinkt das Grenzprodukt der Arbeit. Die Neoklassik geht davon aus, dass sich damit quasi der „Wert" der Arbeit verringert und das Lohnniveau sinkt (Külp 1988). Ein ähnlicher Zusammenhang lässt sich auch zwischen dem Produktionsfaktor Kapital und dem Kapitalzins herstellen. Allerdings wird der Zusammenhang durch den technologischen Wandel, arbeitsorganisatorische Neuerungen und gesellschaftliche Aushandlungsprozesse vielfach außer Kraft gesetzt.

Aufbau und Entwicklung von Gesellschaften beruhen seit jeher auf dem **Prinzip der Arbeitsteilung**, das vielfache Vorzüge bietet. Durch Arbeitsteilung kann der oder die Einzelne diejenige Tätigkeit erlernen und ausführen, zu der er oder sie am besten befähigt ist bzw. die ihm oder ihr am meisten Freude bereitet. Smith (1776, I. Buch Kap. I bis III) hat am Beispiel der Stecknadelherstellung im 18. Jahrhundert gezeigt, dass dadurch die Produktivität in der industriellen Produktion enorm gesteigert werden kann. Erst durch Arbeitsteilung ist eine rationelle Nutzung von Maschinen überhaupt möglich. Durch den technischen Fortschritt und den vermehrten Maschineneinsatz wurde die Organisation der Arbeitsteilung Ende des 19. Jahrhundert allerdings auch zu einem immer komplexeren Problem. Zudem veränderte sich die Struktur der Arbeitsteilung mit dem Übergang vom Handwerksbetrieb zur Manufaktur, in der die Produktion in isolierte maschinengesteuerte Teilprozesse gegliedert war, und schließlich zum Industrieunternehmen mit integriertem Maschinensystem (Marx 1890, Kap. XIII).

Taylor (1919) untersuchte im Rahmen des von ihm entwickelten ***scientific management*** systematisch Produktions- und Arbeitsprozesse, um optimale Bewegungsabläufe bei der Bedienung von Maschinen abzuleiten, und um Maschinen bestmöglich in den Arbeitsprozess einzubinden. Er plädierte für eine strikte Trennung zwischen konzeptionellen und ausführenden Tätigkeiten und eine extreme Aufspaltung der ausführenden Arbeiten. Ford (1923) übertrug tayloristische Prinzipien Anfang des 20. Jahrhunderts systematisch auf maschinenbestimmte Fließprozesse der industriellen Massenproduktion. Art und Ausmaß der sogenannten **tayloristisch-fordistischen Arbeitsteilung** erlangten in der Folge eine neue Tiefe und Qualität (Kieser 1999, Kap. XIII).

In seiner Analyse der Entwicklung der kapitalistischen Gesellschaft stellte Marx (1890, Kap. XIII) fest, dass der Übergang zu großen, massenproduzierenden Industrieunternehmen zunächst eine strukturelle Verschlechterung der Arbeitsverhältnisse bewirkte. Nicht nur führte der systematische Einsatz von Maschinen zur Freisetzung von Arbeitern. Da Maschinen außerdem Muskelkraft entbehrlich machten, sank der Preis für Muskelkraft und zugleich wurden Frauen und Kinder in der Produktion eingesetzt. Die hohen Kosten für die Anschaffung der Maschinen machten die Unternehmen durch verlängerte Maschinenlaufzeiten und längere Arbeitszeiten wett. Als später die Länge des Arbeitstags gesetzlich begrenzt wurde, beschleunigten die Unternehmen ihre Arbeitsabläufe durch höhere Maschinengeschwindigkeiten und steigerten die Arbeitsintensität. Diese Prozesse bewirkten erhöhte Gesundheitsbelastungen und -probleme der Arbeiter, eine Entfremdung der Arbeit, einen Anstieg der Gefahren am Arbeitsplatz und eine Schwächung der Fähigkeit der Arbeiter zum Widerstand. Nach Marx (1890, Kap. XIII) sind derartige Arbeitspraktiken letztlich Ausdruck des fundamentalen Widerspruchs zwischen Arbeit und Kapital. Die Produktionsverhältnisse änderten sich erst im 20. Jahrhundert mit der Erweiterung und Vertiefung nationalstaatlicher Regulierungen und dem kontinuierlichen Einkommenszuwachs der Beschäftigten, der zumindest in einigen Industrieländern zu einem breiten Wohlstandsanstieg führte.

Anknüpfend an die genannten Arbeiten werden im Folgenden drei Arten der Arbeitsteilung voneinander unterschieden:

(1) **Unternehmensinterne Arbeitsteilung.** Sie bezeichnet die konkrete Art der Arbeitsteilung zwischen Mensch und Maschine am Arbeitsplatz bzw. die Arbeitsteilung zwischen den verschiedenen Produktionsstufen in einer Betriebsstätte, einem Betrieb oder einem Unternehmen.

(2) **Unternehmensübergreifende Arbeitsteilung.** Sie beschreibt die Arbeitsteilung zwischen Unternehmen, insbesondere zwischen Zulieferern, Produzenten und Abnehmern. Hierbei lassen sich verschiedene Erscheinungsformen der Arbeitsteilung unterscheiden, die auf Kooperationsprinzipien oder Marktprinzipien beruhen können. Da in der unternehmensübergreifenden Arbeitsteilung Interaktionen zwischen den betreffenden Akteuren und Akteursgruppen eine zentrale Rolle spielen, wird im Englischen der Begriff der ***social division of labor*** verwendet (Scott 1988; 1998, Kap. 5). Vor allem an den Schnittstellen der Produktion zwischen verschiedenen Produktionsstufen kann sich die Arbeitsteilung verändern, was dann zu Veränderungen in den Kommunikations- und Abstimmungsprozessen zwischen Unternehmen führt. Dies kann durch die Auslagerung einzelner Arbeitsschritte an andere Hersteller und den Übergang zu Fremdfertigung geschehen.

(3) **Räumliche Arbeitsteilung.** Sie ist eine Projektion der unternehmensinternen und unternehmensübergreifenden Arbeitsteilung in räumlicher Perspektive. Hierbei interessiert beispielsweise, welchen Einfluss räumliche Nähe auf Zuliefer- und Absatzbeziehungen hat. Die räumliche Arbeitsteilung ist auch ein Spiegelbild räumlicher Disparitäten. So ballen sich in einigen Regionen besonders viele Zulieferer, während andere Regionen spezialisierte Abnehmer beherbergen. Folge derartiger Strukturen sind Verflechtungs-

beziehungen zwischen den Unternehmen verschiedener Regionen, die sich als räumliche Arbeitsteilung niederschlagen.
Durch die Dynamik der modernen Industriegesellschaft, Reflexivität im Verhalten ökonomischer Akteure sowie durch Lern- und Innovationsprozesse ist die Arbeitsteilung in einer Volkswirtschaft fortlaufenden Umstrukturierungsprozessen unterworfen. Solche Umstrukturierungen haben zur Folge, dass alte Arbeitsplätze wegfallen und neue Arbeitsplätze mit neuen Technologien und neuen Organisationsprinzipien entstehen. Die Arbeitsteilung ist somit einem ständigen Wandel unterworfen.

3.3.3 Produktionsfaktor Kapital

Kapital wird oft als abgeleiteter Produktionsfaktor bezeichnet, der erst vom Menschen geschaffen werden muss. Er entsteht aus der Kombination von natürlichen Ressourcen und Arbeitskraft. Kapital ist ein Produktionsfaktor, der verschiedene Zwecke erfüllt. Er dient der effizienten Allokation (Aufteilung) der ursprünglichen Produktionsmittel Arbeit und Boden, der intertemporalen Allokation (d.h. über einen längeren Zeitraum hinweg) der Ressourcen durch Sparen und dem Durchsetzen von Innovationen durch technischen Fortschritt. Zugleich steuert er als Vermögensfaktor die Einkommensverteilung (Männer 1988). In der Ökonomie wird Kapitalbildung einerseits durch Konsumverzicht und Sparen, andererseits durch Investitionen erklärt. Konzeptionell lässt sich zwischen Sachkapital (Maschinen und Anlagen) und Humankapital (Wissen und technischer Fortschritt) unterscheiden. Angeregt durch die wirtschaftssoziologische Debatte kann ferner soziales Kapital unterschieden werden, das aus Chancen und Gelegenheiten durch soziale Beziehungen entsteht (Bourdieu 1986).
(1) **Sachkapital.** Als Sachkapital gelten die materiellen Ressourcen, die zur Realisierung des Produktionsprozesses notwendig sind. Vor allem die industrielle Produktion von Gütern für Massenmärkte bedarf eines hohen Sachkapitalvolumens. Große und zunehmend automatisierte maschinelle Anlagen ebenso wie industrielle Vorprodukte bilden den zentralen Kapitalbestand zur Transformation von Gütern in Zwischen- und Endprodukte. Auch Dienstleistungsunternehmen haben mitunter einen hohen Aufwand an Sachkapital. So repräsentieren z. B. Transportfahrzeuge den Sachkapitalbestand von Speditions- und Transportunternehmen.
(2) **Humankapital.** Naturwissenschaftlich-technisches Wissen kann einerseits aus der Grundlagenforschung resultieren oder andererseits aus Lernprozessen in der Produktion, wie z. B. durch *trial and error*. Wissen ist ein immaterielles Gut, für das es allerdings keinen echten Markt und damit auch keinen Marktpreis gibt. Die Nachfrage nach und das Angebot an Wissen sind nicht genau spezifizierbar. Um den Wert von neuem Wissen genau taxieren zu können und einen Preis festzulegen, würde ein potenzieller Käufer Informationen darüber benötigen, wie er dieses neue Wissen verwenden kann. Er müsste also Kenntnisse über dieses Wissen haben. Sobald er diese Kenntnisse aber besitzt, müsste er dieses Wissen nicht mehr kaufen. In dieser Überlegung zeigt sich ein fundamentales Problem bei der Bestimmung eines Marktpreises für Informationen bzw. Wissen (Arrow 1962b).
Bezüglich der Arten von Wissen kann zwischen explizitem, kodifiziertem Wissen (*explicit, codified knowledge*) und implizitem, stillem Wissen (*implicit, tacit knowledge*), das nicht-kodifiziert oder gar nicht-kodifizierbar ist, unterschieden werden (Nonaka 1994; Nooteboom 2000b; Gertler 2003). **Kodifiziertes Wissen** ist Wissen, das z. B. in Form von Regeln oder Formeln niedergeschrieben ist. Es kann leicht weitergegeben werden und ist im Prinzip an jedem Ort erhältlich. **Stilles Wissen** ist demgegenüber an Personen gebunden und lässt sich nach (Polanyi 1967, S. 4) daraus erklären, „*that we know more than we can tell*". Polanyi (1967, Kap. 1) führt die Entstehung von *tacit knowledge* darauf zurück, dass Menschen ihre Aufmerksamkeit auf ein Ereignis lenken und dadurch den eigentlichen Ereignisauslöser nicht bewusst erleben. Beispielsweise konzentriert sich ein Anlagenfahrer in einem Industrieunternehmen ganz auf den störungsfreien Prozessverlauf und dessen Prozessparameter und führt die konkreten Steuerungseingriffe wie

beim Autofahren nicht bewusst aus. Die hierzu notwendigen Fähigkeiten können nicht erklärt, sie müssen erlernt werden. Deshalb ist der Erwerb dieses Wissens an zeitaufwendige Lernprozesse geknüpft, die andauernde Praxis vor Ort bzw. ko-präsentes Interagieren von Akteuren erfordern. Das Wissen wird laufend verändert, wenn neue Erkenntnisse vorliegen und Konventionen über neue Produkte verändert werden müssen. Es ist dadurch lokalisiert, dass Akteure als die Träger des Wissens an bestimmte Standorte gebunden sind, und kann nicht ohne Weiteres an andere Orte transferiert werden (Maskell und Malmberg 1999 a; 1999 b). Aber auch kodifiziertes Wissen kann durch Kontextualisierung in eine Form gebracht werden, die nicht leicht in andere räumliche Zusammenhänge übertragen werden kann (Asheim und Dunford 1997; Belussi und Pilotti 2002). Es ist dies der Fall, wenn das Wissen vor der Anwendung an die spezifischen Bedingungen der Produktion vor Ort angepasst werden muss, also um kontextspezifische Komponenten angereichert und somit lokalisiert wird. Die Formen kodifizierten und nicht-kodifizierten Wissens lassen sich auf eine Unterscheidung von menschlichen Bewusstseinsebenen übertragen, wie sie Giddens (1995, Kap. 1 und 2) vorschlägt. Kodifiziertes Wissen ist im diskursiven Bewusstsein verortet. Es befähigt den Akteur, sein Denken und Handeln zu explizieren. Stilles, nicht-kodifiziertes Wissen hingegen, das sich als Erfahrungswissen in Routinen befindet, ist dem praktischen Bewusstsein zuzuordnen. Menschen wenden fortwährend etablierte Routinen an, die sie wie im Beispiel des Anlagen- und des Autofahrers nicht mehr reflektieren und auch nicht mehr explizit erläutern können.

Technischer Fortschritt entsteht, wenn neues Wissen problembezogen angewendet wird und zur Verbesserung bestehender bzw. zur Schaffung neuer Produkte und Prozesse eingesetzt wird. Dies ist besonders dann wichtig, wenn es gelingt, dieses Wissen etwa in Form neuer Maschinen oder Organisationsformen kommerziell umzusetzen, die eine kostengünstigere, effizientere und schnellere Produktion ermöglichen. Die Entstehung technischen Fortschritts kann einerseits entlang eines bekannten technologischen Entwicklungspfads erfolgen, wobei bestimmte Heuristiken und Lösungsprinzipien, die sich in der Vergangenheit bewährt haben, weiter fortgeschrieben werden (Dosi 1982; 1988). Ein Beispiel für eine derartige Entwicklung technischen Fortschritts ist die Miniaturisierung in der Computer- und Halbleiterindustrie. Alternativ kann technischer Fortschritt auch durch einen Wechsel zu einem anderen neuartigen Entwicklungspfad oder durch einen fundamentalen Wechsel des zugrunde liegenden technologischen Paradigmas entstehen (➔ Kap. 14.3) wie etwa beim Übergang von der Transistor- zur Halbleitertechnik (Bathelt 1991 b, Kap. 2). Die Erkenntnis, dass Wissen im Wirtschaftsprozess offensichtlich eine immer zentralere Rolle spielt, kommt darin zum Ausdruck, dass zunehmend von einer *knowledge-based economy* (OECD 1996) und von *knowledge-based industries* gesprochen wird (z. B. Strambach 1995; Park 2000).

(3) **Soziales Kapital.** Das Konzept des sozialen Kapitals thematisiert eine Ressource, die im Gegensatz zu Sach- und Humankapital nicht in der Verfügungsgewalt eines Akteurs oder einer Organisation liegt, sondern in der Beziehung zwischen Akteuren besteht und somit nur in Abhängigkeit von Partnern mobilisiert werden kann (➔ Kap. 7.3). Soziales Kapital beschreibt das Potenzial an Chancen und Gelegenheiten, die ein Akteur oder eine Organisation durch die Beziehungen zu anderen realisieren kann (Burt 1997; Jansen 1999, Kap. 9). So stellen z. B. soziale Netzwerke zwischen Akteuren eine Form sozialen Kapitals dar, da sie die Unsicherheit der Interaktion auf der Grundlage von Vertrauen reduzieren und dadurch die Möglichkeit der Kooperation bei gemeinsamen Zielen eröffnen. Ebenso ist es möglich, durch die Realisierung sozialen Kapitals Humankapital (Coleman 1988) oder Sachkapital zu erwerben. Der Unterschied zu Human- und Sachkapital kann an folgendem Beispiel illustriert werden: Eine Fußballmannschaft mag für ein Spiel favorisiert sein, weil sie die besseren Spieler mit den größeren spielerischen Fähigkeiten, man könnte sagen das qualifiziertere Humankapital besitzt. Dennoch aber kann sie von einer scheinbar schwächeren Mannschaft geschlagen werden, wenn diese durch gu-

tes Zusammenspiel und eine geschlossene Mannschaftsleistung ihr soziales Kapital mobilisiert. Ein anderes Beispiel sind Netzwerke zwischen Händlern derselben ethnischen Gruppe, in denen aufgrund sozialen Kapitals eine hohe Effizienz erreicht wird (Bebbington und Perreault 1999).

Es stellt sich nun die Frage, wie Menschen die Fähigkeit bzw. Kompetenz erwerben können, soziales Kapital aufzubauen, wenn es sich hierbei doch um eine Ressource handelt, die nicht im Besitz einer einzelnen Person liegt. Diese Frage lässt sich wohl nicht allgemeingültig beantworten. Sicherlich ist der Erwerb von sozialem Kapital erfahrungsabhängig und geschieht in verschiedenen Gesellschaften aufgrund unterschiedlicher Prozesse. Für die deutsche Gesellschaft kann man sich vorstellen, wenn man das Beispiel der Fußballmannschaft aufgreift, dass insbesondere Erfahrungen im Mannschaftssport für den Aufbau von sozialer Kompetenz von Bedeutung sein könnten. Bastian (2000, Kap. III.2) argumentiert, dass Musikerziehung in diesem Zusammenhang ebenfalls eine wichtige Rolle spielt und belegt dies anhand von Langzeitstudien an Berliner Schulen. Durch Musizieren im Ensemble lernen Kinder und Jugendliche fast spielerisch, miteinander zu kooperieren, aufeinander zuzugehen und gemeinsam Verantwortung zu tragen. Damit erfahren sie, so Bastian (2000, Kap. III.2), wie bedeutsam es sein kann, eigene Leistungen in das gelingende Gesamtergebnis einzubringen.

3.3.4 Relationale Sichtweise von Ressourcen

Der Einsatz von Produktionsfaktoren allein kann nicht die große Heterogenität von Strategien und technologischen Entwicklungen von Unternehmen in räumlich differenzierten Produktionskontexten erklären. Strategische Differenzierung, Innovativität, Organisation und letztlich der Erfolg von Unternehmen wird weniger von den Produktionsfaktoren per se bestimmt, sondern vielmehr von der kreativen Verwendung und Kombination dieser Faktoren. Daher steht in einer relationalen Perspektive nicht die Ressource als unteilbarer Faktor im Mittelpunkt der Betrachtung, sondern die Möglichkeit, sie unterschiedlichen Verwendungen zuzuführen (Glückler und Bathelt 2003). Eine Ressource ist mit Penrose (1959) definiert als Bündel potenzieller Verwendungen (*services*). Die Unterscheidung zwischen Ressourcen und ihren Verwendungen ist erforderlich, denn Ressourcen können zwar unabhängig von ihrer Verwendung beschrieben und erworben werden, aber es sind erst die spezifischen Verwendungen, die als eigentliche Inputs in den Produktionsprozess eingehen, den Wert der Ressource ausmachen und zur Basis der Wettbewerbsfähigkeit werden.

So ist Erdöl zwar weltweit der wichtigste Rohstoff zur Primärenergiegewinnung, jedoch fließen nur etwa 80 % des Erdöls in die energetische Nutzung für Wärme und Kraftstoff. Der restliche Teil wird zur Herstellung unterschiedlichster Erzeugnisse speziell in der Petrochemie oder der pharmazeutischen Industrie genutzt. Etwa 90 % der Produktion organischer Chemikalien haben als Ausgangsmaterial Kohlenwasserstoffe, die aus Erdöl gewonnen werden. So dient Erdöl zur Herstellung von Kunststoffen, Lösungs-, Schmier- und Waschmitteln, Medikamenten und Farben. Schließlich wird Erdöl auch als Baustoff zur Herstellung von Asphalt, Dachpappen oder Schutzanstrichen benutzt (Amecke 1987; Chapman 1991; MWV 1996). Unternehmen nutzen spezifisches Wissen, Marktgelegenheiten und zusätzliche Ressourcen, um die Ressource Erdöl in eine ertragreiche Verwendung zu übertragen. Ohne diese Verwendung lässt sich wenig über die Wettbewerbsfähigkeit oder den Profit eines Unternehmens aussagen (Glückler und Bathelt 2003). Penrose (1997, S. 31) wählt den Begriff der Ressource vor allem deshalb, weil der klassische Begriff des Produktionsfaktors keine Unterscheidung trifft zwischen der Ressource und dem produktiven Dienst, der durch diese Ressource erzielt wird: „*Strictly speaking, it is never resources themselves that are 'inputs' in the production process, but only the services that the resources can render*“.

In relationaler Perspektive werden neben den klassischen Produktionsfaktoren auch andere Ressourcen betrachtet, die in interaktiven, häufig unternehmensübergreifenden Prozessen erzeugt, bewertet und spezifischen Verwendungen zugeführt werden. Die Ressourcen selbst determinieren somit keine spezifische Verwertung, sondern sie bilden die Grundlage für kontextualisierte und kontingente Entscheidungen ihre Nutzung betreffend. Geht es im Hinblick auf den Ressourceneinsatz eines Unternehmens darum, Wettbewerbsfähigkeit oder strategische Optionen zu bestimmen, so muss der Blick nicht auf die Ressourcen selbst, sondern auf den sozialen und institutionellen Kontext der möglichen Verwendungen gelenkt werden (Penrose 1959). Einige Ressourcen sind dahingehend relational, dass keine individuellen Eigentums- oder Verfügungsrechte für sie bestehen oder erworben werden können. Nicht die Ressourcen selbst, sondern nur ihre potenziellen Erträge können einzelnen Unternehmen oder anderen Akteuren zugerechnet werden, wie die Beispiele von Sozialkapital (→ Kap. 7.3), Wissen und Macht (→ Kap. 8 und 11.3) deutlich machen. Die Erträge sind wiederum abhängig vom Handeln der beteiligten Akteure und dem jeweiligen institutionellen Kontext.

Diese relationale Sichtweise hat Konsequenzen für das Unternehmensverständnis, wie das Beispiel materieller Ressourcen zeigt. So werden Unternehmen traditionell über Outputs, d. h. über ihre Produkte definiert, die sie herstellen. In einer ressourcenorientierten Perspektive (*resource-based view*) werden hingegen gerade die Inputs betrachtet. Unternehmen werden hierbei als Bündel von Ressourcen aufgefasst und über ihr jeweils spezifisches Ressourcenprofil beschrieben (Mahoney und Pandian 1992). Wenn man Unternehmen auf diese Weise betrachtet, stellt sich die Frage, unter welchen Verwendungen bestimmte Ressourcenprofile positiv auf die Gewinnsituation bzw. Wettbewerbsfähigkeit wirken (Wernerfelt 1984). Erst durch die analytische Trennung zwischen einer Ressource und der Vielzahl ihrer möglichen Verwendungen lässt sich die Heterogenität und strategische Einzigartigkeit von Unternehmen erklären.

Ressourcen sind nicht nur Bündel möglicher Verwendungen, sondern zugleich möglicher Gewinne. Unternehmen erzielen nicht notwendigerweise deshalb höhere Gewinne, weil sie bessere Ressourcen haben, sondern auch weil sie bestehende Ressourcen besser oder anders nutzen können als andere (Maskell 2001 a). Unternehmen sind stets auf der Suche nach der Erschließung höherer Gewinne oder Renten, wobei vier Typen von **Renten** unterschieden werden können (Mahoney und Pandian 1992):

(1) Die *Ricardianische Rente* bezieht sich auf Gewinne aus dem Besitz immobiler Ressourcen, wie z. B. dem Boden. Nach Ricardo (1996 [1817], S. 45) handelt es sich dabei um *„that portion of the produce of the earth which is paid to the landlord for the use of the original and indestructible powers of the soil“.*

(2) *Monopolrenten* beziehen sich auf höhere Gewinne, die aufgrund einer Monopolsituation etwa durch staatlichen Schutz (z. B. Patentschutz) oder durch Kollusion in einem oligopolistischen Markt ermöglicht werden.

(3) Die *Unternehmerrente* oder Schumpeter'sche Rente ist eine temporäre Monopolrente, die sich auf Gewinne aus einem kurzfristigen Technologie- oder Wettbewerbsvorsprung bezieht. Durch Nachahmung reduziert sich die Unternehmerrente im Zeitablauf und ist somit nicht dauerhaft gesichert.

(4) Unternehmen können aber auch *Renten aus unternehmensspezifischen Ressourcen* schöpfen. Dabei handelt es sich um Quasi-Renten. Eine Quasi-Rente ist definiert als Differenzbetrag der Gewinne zwischen der erstbesten und der zweitbesten Nutzung einer Ressource (Mahoney und Pandian 1992). Quasi-Renten können aus einmaligen oder spezifischen Ressourcen sowohl materieller als auch immaterieller Art gewonnen werden.

Ein relationaler Ressourcenbegriff bezieht sich auf die Vielfältigkeit möglicher Nutzungen einer Ressource, wobei die spezifische Verwendung nicht nur von der Ressource selbst, sondern gleichzeitig von weiteren Rahmenbedingungen abhängt:

(1) *Unternehmensspezifische Kompetenzen.* Ein Unternehmen hat jeweils einen spezifischen Wissensstand, Fähigkeiten und Erfahrungen, die dazu führen, dass bestimmte Verwendungen einer Ressource identifiziert werden. Erst diese Kom-

petenzen ermöglichen es, Ressourcen auf bestimmte Weise in den Produktionsprozess einzubinden und so zu einer Verwendung zu gelangen. Das Wissen und die Kompetenzen des Unternehmens können dabei wiederum selbst als Ressourcen aufgefasst werden.

(2) *Mentales Modell.* Die Kompetenzen eines Unternehmens sind Ausdruck und Bestandteil eines übergeordneten Interpretationsrahmens bzw. mentalen Modells (*dominant logic*) (Prahalad und Bettis 1986). Dieser Interpretationsrahmen gibt dem Einsatz der vorhandenen Kompetenzen eine Orientierung und ermöglicht ein gemeinsames Verständnis über die Wissensinhalte. Die Interpretationen, die Mitarbeiter den unternehmensinternen und -übergreifenden Informationsflüssen verleihen, haben dabei Einfluss auf die Leistungsfähigkeit eines Unternehmens. Sie sind abhängig von den evolutionär geformten Routinen, mit denen neue Informationen verarbeitet, interpretiert und in Aktionen umgesetzt werden. Nelson und Winter (1982) erkennen in den organisatorischen Routinen die eigentlichen Fähigkeiten eines Unternehmens. Nur in dem Maße, in dem neue Interpretationsschemata entwickelt und verbreitet werden, kann bestehendes Wissen umgewidmet und zur Bildung neuen Wissens sowie zur innovativen Nutzung bestehender Ressourcen genutzt werden.

(3) *Marktgelegenheiten.* Schließlich hängt die Realisierung einer innovativen Verwendung auch von den Marktgelegenheiten ab (*productive opportunity*) (Penrose 1959), unter denen spezifische Kompetenzen kombiniert und abgestimmt werden, um erfolgreich zu sein. Diese Gelegenheiten sind von der Wettbewerbssituation, der Nachfragestruktur und dem Umfeld vor- und nachgelagerter Unternehmen abhängig, die in der Lage sind, innovative Ressourcenverwendungen vorzubereiten und weiterzuverarbeiten.

Diese Sicht verdeutlicht, dass die Ausstattung mit materiellen Ressourcen keineswegs ausreicht, um die Produkte, Strategien, kollektiven Fähigkeiten und den Entwicklungspfad eines Unternehmens zu erklären. Entscheidend ist vielmehr die geeignete Kombination von Ressourcen, Kompetenzen, mentalen Modellen, Marktgelegenheiten sowie sozio-institutionellen Kontexten, um Ressourcen produktiv und innovativ zu verwenden und somit die Wettbewerbsstellung zu stärken.

3.4 Markt

Die Bedürfnisbefriedigung wird durch den Austausch von Gütern (bzw. von Produktionsfaktoren) letztlich über die Beziehungen zwischen Konsumenten und Produzenten geregelt, die ein Angebot und eine Nachfrage definieren (z. B. Demmler 1990, Kap. 2 und 6; Lipsey et al. 1993, Kap. 4). Aufgrund des Interessengegensatzes zwischen den Anbietern, die ihre Güter zu möglichst hohen Preisen verkaufen möchten, und Nachfragern, die Güter umgekehrt möglichst preiswert erwerben möchten, muss für jeden Tausch ein Kompromiss gefunden werden, um eine Gütertransaktion durchzuführen. Das Instrument, das diesen Kompromiss zwischen Angebot und Nachfrage herstellt, ist der Markt. In konventionellen ökonomischen Theorien gilt das Interesse hierbei nicht den einzelnen beobachtbaren und lokalisierten *Märkten* wie z. B. dem Gemüse-, Tulpen- oder Pferdemarkt, sondern dem *Markt* als abstraktem Koordinationsprinzip (Jevons 1871, Buch IV; Marshall 1990 [1920], Buch V).

Der entscheidende Ausgleichsmechanismus des Interessenkonflikts von Angebot und Nachfrage ist der **Preis**. Die Nachfrage ist generell so strukturiert, dass mit sinkendem Preis (p) die nachgefragte Menge (x) zunimmt. Demgegenüber ist die angebotene Menge umso größer, je höher der Preis ist. Dieser strukturelle Interessengegensatz zwischen Angebot und Nachfrage wird auf dem Markt über den Preis zum Ausgleich gebracht. Dies lässt sich in einem Preis-Mengen-Diagramm zeigen, in das eine fallende Nachfrage- (N) und die zugehörige steigende Angebotsfunktion (A) eingezeichnet sind (→ Abb. 3-7). Es zeigt sich, dass nur in einem einzigen Punkt, d. h. bei einer einzigen Preis-Mengen-Konstellation, Angebot und Nachfrage in Einklang gebracht werden können. Diese Konstellation wird als Gleichgewicht bezeichnet. Im **Preis-Mengen-Diagramm** lässt sich anschaulich verdeutlichen,

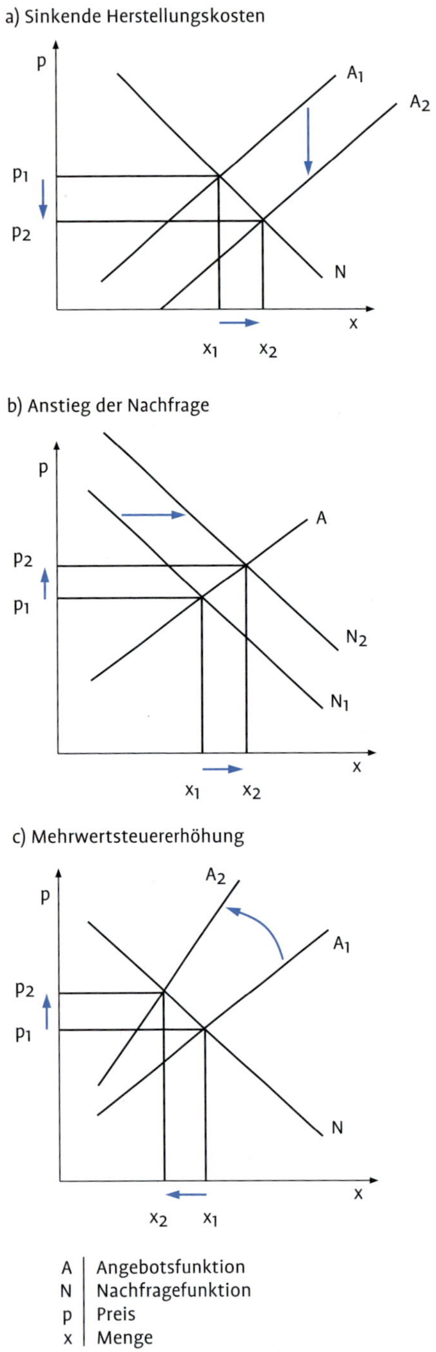

Abb. 3-7: Marktwirtschaftliche Preisbildung

wie sich der Gleichgewichtspreis und die Gleichgewichtsmenge verändern, wenn sich die Angebots- und Nachfragebedingungen verändern:

(1) Sinkende Herstellungskosten bewirken beispielsweise, dass sich die Angebotsfunktion nach unten verschiebt (→ Abb. 3-7 a). Dies führt dazu, dass ein neues Gleichgewicht entsteht. Gegenüber der Ausgangssituation hat sich der Preis verringert, aber die Absatzmenge ist angewachsen. Ob sich dadurch die Umsatzsituation der Hersteller verbessert, hängt von der sogenannten Preiselastizität der Nachfrage ab, d. h. davon, ob die positiven Umsatzeffekte durch den Mengenzuwachs größer sind als die entgegengerichteten Auswirkungen durch den Preisrückgang.

(2) Wenn sich, ausgehend von einem Marktgleichgewicht, die Nachfrage erhöht (→ Abb. 3-7 b), so hat dies ebenfalls Auswirkungen auf Preis und Menge (McGuigan und Moyer 1993, Kap. 11). Ein Anstieg der Nachfrage kann z. B. dadurch ausgelöst werden, dass höhere Einkommen zur Verfügung stehen. In diesem Fall verschiebt sich die Nachfragefunktion nach rechts. Das in dieser Situation resultierende neue Marktgleichgewicht ist durch einen höheren Preis und eine höhere Menge gekennzeichnet.

(3) Eine wiederum andere Art der Marktanpassung findet statt, wenn der Staat eine neue indirekte Steuer einführt oder die bestehende Mehrwertsteuer erhöht (→ Abb. 3-7 c). Dies führt dazu, dass die Angebotskurve nun einen steileren Verlauf hat, sich folglich gegenüber der ursprünglichen Angebotskurve nach links dreht. Die sich einstellende neue Gleichgewichtssituation ist dadurch gekennzeichnet, dass sich der Preis bei einem gleichzeitigen Mengenrückgang erhöht hat.

Trotz der Plausibilität der dargestellten Gleichgewichtspreise unterliegt die Möglichkeit eines stabilen Gleichgewichts einer Reihe sehr restriktiver Annahmen. Entsprechend dem **Jevons Gesetz** von der Unterschiedslosigkeit der Preise, formuliert von dem britischen Nationalökonomen William Stanley Jevons (1871), kann nur in einem vollkommenen Markt wie oben dargestellt ein einziger stabiler Gleichgewichtspreis entstehen. Ein Markt gilt dann als vollkommen, wenn

- die Güter homogen und somit für die Nachfrage völlig gleichwertig sind;
- Anbieter und Nachfrager gewinn- bzw. nutzenmaximierende Motive verfolgen, über vollständige und somit identische Informationen verfügen und völlig rational entscheiden;
- weder zeitlich, räumlich, persönlich oder sachlich variierende Präferenzen bestehen.

Damit ein Verkauf aller angebotenen Güter erfolgt (vollständige Markträumung), wird in der klassischen Markttheorie angenommen, dass Angebot und Nachfrage stets aufeinander abgestimmt sind. So impliziert das **Say'sche Theorem**, dass in einer geschlossenen Volkswirtschaft eine allgemeine Überproduktion über die Nachfrage hinaus unmöglich sei, da jedes Angebot in demselben Umfang kaufkräftige Nachfrage schaffe, die durch Faktoreinkommen und Gewinne dem Wert der Güter entspreche (Demmler 1990). Ohne nach den Ursachen der Nachfrage zu fragen, geht das Theorem davon aus, dass sich jedes Angebot bei variablem Preis seine entsprechende Nachfrage selbst schafft. In einem **marktwirtschaftlichen System** und unter den Bedingungen eines vollkommenen Markts führt der Preis folglich zu einem Interessenausgleich zwischen Angebot und Nachfrage. Über den Preis erhalten die Produzenten Informationen darüber, welche Menge sie auf dem Markt anbieten müssen bzw. können.

Entspräche dieses perfekte Marktmodell der Realität, so würde ein universeller Markt existieren, der in geographischer Perspektive keine Unterschiede erkennen ließe und auch keine besonderen Fragen aufwerfen würde. Wenngleich Ökonomen wie Jevons (1871) davon überzeugt waren, dass alle Marktteilnehmer immerzu auf perfekte Märkte hinarbeiteten, wird selbst in der neoklassischen Lehre auf die Unvollkommenheit realer Märkte hingewiesen. So identifizierte beispielsweise bereits Marshall (1990 [1920], V.I.7) den Transport als eine Quelle der Marktunvollkommenheit: „*the more nearly perfect a market is, the stronger is the tendency for the same price to be paid for the same thing at the same time in all parts of the market: but of course if the market is large, allowance must be made for the expense of delivering the goods to different purchasers; each of whom must be supposed to pay in addition to the market price a special charge on account of delivery*". Traditioneller Ansatzpunkt der Wirtschaftsgeographie sind in den klassischen Standorttheorien eben diese Transportkosten, die zu einer räumlichen Differenzierung der Preise von Gütern führen und somit das Marktgleichgewicht aufheben. Entsprechend lassen sich räumliche Grenzen von Märkten ableiten. Im nächsten Teil des Buchs über raumwirtschaftliche Ansätze werden ausführlich verschiedene Erklärungsansätze dargestellt und diskutiert, die zeigen, dass es aufgrund von Transportkosten zu spezifischen Standortentscheidungen und Raumnutzungsmustern kommt (→ Kap. 5 und 6).

Darüber hinaus gibt es in realen Märkten vielfältige Verletzungen der restriktiven Annahmen des klassischen Marktmodells (→ Kap. 8), wodurch der Preis nicht oder nur bedingt als Koordinations- und Lenkungsinstrument von Angebot und Nachfrage wirkt. Man spricht dann in der Ökonomie von **Marktversagen** (Endres 2000, Kap. 5 und 6). Dies stellt sich beispielsweise ein, wenn sich anstelle einer Wettbewerbssituation bei **vollständiger Konkurrenz**, bei der eine große Anzahl kleiner Anbieter einer Vielzahl kleiner Nachfrager gegenübersteht, eine Konzentration der Angebotsseite auf eine geringe Anzahl großer Unternehmen (Oligopol) oder gar auf nur ein einziges Unternehmen (Monopol) einstellt. Diese wenigen Unternehmen können beispielsweise ihre Marktmacht missbrauchen und überhöhte Preise verlangen. Märkte werden daher nach der Anzahl der Marktteilnehmer und deren relativem Gewicht in verschiedene Marktformen unterteilt (→ Abb. 3-8).

Eine zweite Ursache für Marktversagen ergibt sich infolge der Wirkung externer Effekte (Stigler 1951; Schlieper 1988). In der Wirtschaftstheorie liegen **externe Effekte** vor, wenn die Produktion oder der Konsum von Gütern mit zusätzlichen Kosten (negative externe Effekte z. B. durch Schadstoffemissionen) oder zusätzliche Gewinne (positive externe Effekte z. B. durch

Anbieter \ Nachfrager	einer	wenige	viele
einer	zweiseitiges Monopol	beschränktes Angebotsmonopol	Angebotsmonopol
wenige	beschränktes Nachfragemonopol	zweiseitiges Oligopol	Angebotsoligopol
viele	Nachfragemonopol	Nachfrageoligopol	Polypol

Abb. 3-8: Marktformen (nach Mühlbradt 2001)

Wissenstransfers) für Dritte verbunden ist, die sich nicht in den Preisen der Güter widerspiegeln (OECD 1993). Es handelt sich dabei um „*services (and disservices) rendered free (without compensation) by one producer to another*" (Scitovsky 1954, S. 143). Externe Effekte treten immer dann auf, wenn Eigentumsrechte nicht vollständig zugewiesen werden können. Ein Beispiel hierfür ist etwa die unternehmensinterne Aus- und Weiterbildung von Mitarbeitern, deren Humankapital bei späteren Arbeitsplatzwechseln dem neuen Arbeitgeber zugutekommt.

Eine dritte Ursache für Marktversagen liegt in der Unvollständigkeit bzw. der **asymmetrischen Verteilung von Informationen** über transaktionsrelevante Bedingungen. Wenn Anbieter oder Nachfrager nicht über vollständige Markttransparenz verfügen, so treffen sie Transaktionsentscheidungen aufgrund unterschiedlicher Bedingungen, was nicht zu einem echten Gleichgewichtspreis führt.

Schließlich scheitert der Marktmechanismus viertens bei der Produktion von **Kollektivgütern**, bei denen es aufgrund der Möglichkeit des Trittbrettfahrens zu Anreizen kommen kann, sich nicht an der Produktion dieser Güter zu beteiligen (z. B. bei der Herstellung einer sauberen Umwelt).

In einem **planwirtschaftlichen System** legt der Staat im Unterschied zur Marktwirtschaft fest, welche Bedürfnisstruktur wie befriedigt werden soll. Vereinfacht dargestellt bestimmt er die produzierte Menge und den zu zahlenden Preis (Lipsey et al. 1993, Kap. 6). Dies muss aber nicht mit den tatsächlichen Bedürfnissen korrespondieren, denn die Nachfragekurve, die ja menschliche Bedürfnisse widerspiegelt, existiert nach wie vor. In den osteuropäischen Planwirtschaften zeigten sich die Probleme derartiger Wirtschaftssysteme in der Nachkriegszeit sehr deutlich. So wurden einige Güter wie etwa Grundnahrungsmittel staatlich subventioniert und zu einem geringeren Preis angeboten als der, der sich in einem marktwirtschaftlichen System ergeben hätte. Dies führte zu staatlichen Verlusten. Bei anderen Gütern wie z. B. Luxusgütern, die zu einem staatlichen Gewinn hätten führen können, wurde zwar ein höherer Preis als der Marktpreis verlangt, dafür aber schlug die Mengenplanung fehl. Insgesamt entstanden massenweise unbefriedigte Bedürfnisse. Dies mag auch erklären, warum der Preis für gebrauchte Autos in der ehemaligen DDR über dem für Neuwagen lag, obwohl dieser Preis bereits über demjenigen lag, der sich unter Marktbedingungen in einer offenen Volkswirtschaft gebildet hätte. Es soll hier keineswegs die Überlegenheit des marktwirtschaftlichen gegenüber dem planwirtschaftlichen System dokumentiert, sondern lediglich festgestellt werden, wie bedeutsam Preise als Koordinationsinstrumente sind, da sie die Handlungen einer Vielzahl von Akteuren dezentral beeinflussen und auf einen Interessenausgleich hin orientiert sind. Dieses Koordinationsinstrument kann offensichtlich durch planwirtschaftliche Elemente nicht so leicht ersetzt werden. Umgekehrt zeigen wiederholte Finanz- und Wirtschaftskrisen der letzten Jahrzehnte und insbesondere in den 1990er- und 2000er-Jahren, dass Marktwirtschaften bei einem Mangel an staatlicher Lenkung allein aufgrund des Preismechanismus große Finanz- und Spekulationsblasen produzieren können, die krisenbedingt zu erheblichen Umverteilungen und Wertvernichtungen führen können. Der Ausgleich von Angebot und Nachfrage kann in realen Märkten daher nicht

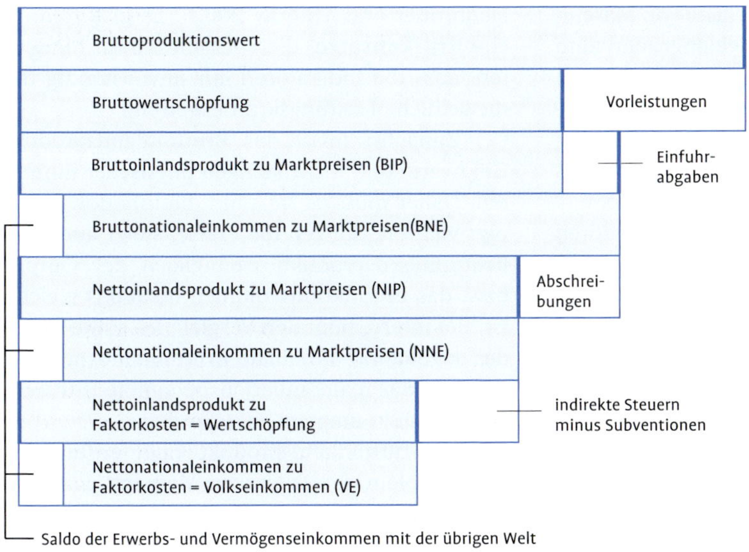

Abb. 3-9: Konzepte der volkswirtschaftlichen Gesamtrechnung (verändert nach Schätzl 1994, S. 14)

ausschließlich dem Preismechanismus überlassen werden, sondern muss durch staatliches Handeln, das den jeweiligen Kontextbedingungen in räumlicher Perspektive angepasst ist, reguliert bzw. koordiniert werden.
Die vielfältigen Abweichungen realer Märkte von der idealtypischen Idee eines vollkommenen Markts verwandeln das Erkenntnisinteresse an der Entstehung und Funktionsweise von Märkten letztlich in eine empirische Frage, die offen für zeitliche und räumliche Vielfalt und Kontextualität ist (Callon 1998 a; Berndt und Boeckler 2009). Die Kernfragen der Wirtschaftsgeographie konzentrieren sich demnach nicht nur auf die Kosten der Überwindung räumlicher Entfernungen, sondern auch auf die spezifische Organisation wirtschaftlichen Austauschs, die Gestaltung ökonomischer Beziehungen und die Entstehung und Veränderung territorial spezifischer Praktiken, Regeln und Institutionen im Wirtschaftsprozess. In den folgenden Teilen des Buchs werden daher weniger Transportkostenprobleme, sondern Fragen der Interaktion, Organisation, Evolution und Innovation in räumlicher Perspektive diskutiert.

3.5 Leistungsmessung in der volkswirtschaftlichen Gesamtrechnung

In der volkswirtschaftlichen Gesamtrechnung wird der Wert des Produktionsergebnisses aller Wirtschaftsbereiche einer Volkswirtschaft erfasst (z. B. Bontrup 1998, Kap. 2.9). Die Konzepte der volkswirtschaftlichen Gesamtrechnung können entsprechend auch auf Regionen übertragen werden. Ausgangsgröße ist der **Bruttoproduktionswert**, d. h. der Wert aller Güter und Dienstleistungen einschließlich der Vorleistungen, die in einer Volkswirtschaft erbracht werden. In dieser Größe sind jedoch erhebliche Doppelzählungen enthalten, weil dieselben Vorleistungen in verschiedenen Verarbeitungsstufen mehrfach mitgezählt werden, sodass der Bruttoproduktionswert insgesamt nur begrenzt aussagekräftig ist. Durch Bereinigung des Bruttoproduktionswerts um die Vorleistungen erfolgt der Übergang zur Bruttowertschöpfung einer Volkswirtschaft, die nun keine Doppelzählungen mehr enthält (→ Abb. 3-9). Nach Hinzurechnung der Einfuhrabgaben gelangt man von der Bruttowertschöpfung zum **Bruttoinlandsprodukt** zu Marktpreisen. Wenn man von dieser Größe weiter die Ab-

schreibungen, d. h. die Wertverluste von Maschinen und Anlagen subtrahiert, gelangt man zum Nettoinlandsprodukt zu Marktpreisen. Durch Bereinigung des Nettoinlandsprodukts zu Marktpreisen um indirekte Steuern und Hinzuzählung von Subventionen erhält man schließlich das Nettoinlandsprodukt zu Faktorkosten.
In der an Schätzl (1994, Kap. 3.1.1) angelehnten Darstellung werden die Zusammenhänge zwischen diesen Konzepten gut veranschaulicht (→ Abb. 3-9). Hierin zeigt sich auch, dass man generell zwischen einem Inlandskonzept und einem Inländerkonzept unterscheiden kann. Während die bisher dargestellten Kenngrößen der volkswirtschaftlichen Gesamtrechnung auf dem **Inlandskonzept** beruhen, also für das Territorium einer Volkswirtschaft konzipiert sind, ist das Inländerkonzept ein personenbezogenes Konstrukt, das alle Inländer berücksichtigt. Man gelangt vom Inlands- zum **Inländerkonzept**, indem man die Einkommen der Auspendler addiert und die der Einpendler subtrahiert. Auf diese Weise erfolgt der Übergang vom Bruttoinlandsprodukt zum Bruttonationaleinkommen und vom Nettoinlandsprodukt zu Faktorkosten zum Nettonationaleinkommen zu Faktorkosten, dem **Volkseinkommen**. Durch Subtraktion der direkten Steuern und Hinzufügung der staatlichen Transferzahlungen ergibt sich daraus das **verfügbare Einkommen** der Inländer.
Auf regionaler Ebene verwendet man als Indikatoren der Leistungskraft entweder die **regionale Bruttowertschöpfung**, d. h. den Wert aller in einer Region hergestellten Güter und Dienstleistungen ohne die Vorleistungen, das **Regionalprodukt** (als regionales Äquivalent zum Bruttoinlandsprodukt) oder die Einkommen der in einer Region wohnenden Bevölkerung. Da es auf regionaler Ebene große Pendlerströme gibt, ist die Unterscheidung von Inlands- und Inländerkonzept hier sehr bedeutend. Als regionaler Wohlstandsindikator wird häufig das Pro-Kopf-Einkommen der in einer Region wohnenden Bevölkerung herangezogen.
Die Verwendung derartiger Kenngrößen als Messgrößen für die Leistungskraft einer Volkswirtschaft oder einer Region ist allerdings nicht unumstritten (z. B. Schätzl 1994, Kap. 3.1.1; Heilbroner und Thurow 2002). Es gibt zahlreiche **Kritikansätze**, die allesamt darauf hindeuten, dass die Indikatoren nur unvollständig die tatsächliche Leistungskraft ermitteln:
(1) Zunächst misst das Bruttoinlandsprodukt Geldwerte und nicht Mengen physischer Einheiten. Daher muss es stets um die Inflation bereinigt werden. Steigen die Preise, steigt auch das Bruttoinlandsprodukt, wenngleich der Output bzw. das Produktionsvolumen noch das gleiche ist. Bei intertemporalen Vergleichen sollte daher das sogenannte nominale Bruttoinlandsprodukt stets auf das reale, inflationsbereinigte Bruttoinlandsprodukt umgerechnet werden.
(2) Das Bruttoinlandsprodukt leidet ferner unter dem Problem der selektiven Messung qualitativer Veränderungen von Gütern. Technologische Neuerungen führen häufig zur Verbesserung von Gütern und Diensten. Während technologische Qualitätsverbesserungen bisher in das Bruttoinlandsprodukt mit eingerechnet werden, bleiben Qualitätssteigerungen bei Dienstleistungen jedoch außer Acht. Da Dienstleistungen jedoch bis zu 70 % des Bruttoinlandsprodukts ausmachen, ist damit ein großes Problem verbunden. Das Bruttoinlandsprodukt kann die reale Qualitätssteigerung von geleisteten Diensten nicht erfassen und führt folglich zu einer Unterbewertung des realen Wirtschaftswachstums.
(3) Die Parameter der volkswirtschaftlichen Gesamtrechnung erfassen nicht alle ökonomisch bedeutsamen Aktivitäten. Es fehlt beispielsweise die Erfassung der Hausarbeit, was dazu führt, dass sich in den Indikatorenwerten die gesellschaftliche Benachteiligung von Frauen niederschlägt. Ferner sind handwerkliche Eigenleistungen nicht erfasst. Dies ist aber in Gemeinden der Mennoniten und Hutterer oder in Ländern wie Italien, wo gemeinschaftliche Aktivitäten einen hohen Stellenwert besitzen, besonders bedeutsam. Derartige Strukturen könnten gerade in der zukünftigen Gesellschaft noch an Bedeutung gewinnen, falls sich eine Arbeitsteilung, wie sie im Konzept der neuen Arbeit (*new work*) von dem amerikanischen Soziologen Bergmann (1997) vertreten wird, dauerhaft durchsetzen sollte. In diesem Konzept wird Vollzeitarbeit nicht mehr als Standard der Erwerbstätigkeit gesehen. Berg-

mann (1997) schlägt angesichts der anhaltenden Rationalisierungs- und Automatisierungstrends vor, Arbeitszeiten in Unternehmen systematisch zu verkürzen, um Entlassungen zu verhindern. Die so geschaffenen Zeitspannen sollen dabei von den Betroffenen als Befreiung erlebt werden, damit sie in dieser Zeit solche Tätigkeiten verrichten, *„die sie wirklich, wirklich tun wollen“*. Schließlich wird auch die Produktivleistung durch Schwarzarbeit nicht erfasst. Die Bedeutung dieser *informal economy* ist jedoch zunehmend und auch in der Entwicklung der Weltstädte industrialisierter Länder nicht zu unterschätzen (Sassen 1996).

(4) Ein weiterer Kritikpunkt der volkswirtschaftlichen Gesamtrechnung bezieht sich darauf, dass Umweltschäden als soziale Kosten nicht aus den Kenngrößen herausgerechnet werden. Sie werden aber in Zukunft beträchtliche einzelwirtschaftliche Kosten nach sich ziehen. Dies bindet Finanzmittel, die dann für andere Zwecke nicht mehr zu Verfügung stehen.

(5) Der Anstieg des Bruttoinlandsprodukts gibt keinen direkten Aufschluss über den Anstieg der Lebensqualität einer Gesellschaft. Der Anstieg kann gleichermaßen aus Erhöhungen der Militärausgaben oder aus einem Anstieg der Bildungsausgaben herrühren. Steigen z. B. die Ausgaben für Schlösser und Alarmanlagen, so trägt dies zum Wachstum des Bruttoinlandsprodukts bei. Jedoch ist diese Entwicklung eher Ausdruck einer verminderten Lebensqualität aufgrund wachsender Unsicherheit. Auch können einander entgegengerichtete Ausgaben das Bruttoinlandsprodukt steigern, ohne die Lebensqualität zu verbessern. So trägt z. B. die Fabrikproduktion ebenso zum Bruttoinlandsprodukt bei wie die Reinigungsleistungen, die erforderlich sind, um die Verschmutzungen und Umweltschäden wieder auszugleichen. Beide Leistungen mehren das Bruttoinlandsprodukt, tatsächlich ist aber die Lebensqualität nicht unbedingt gestiegen. Die Höhe des Bruttoinlandsprodukts allein kann ferner auch über die Ungleichheit der Verteilung des Wohlstands einer Gesellschaft hinwegtäuschen. So haben Spanien und Mexiko mit etwa 1,5 Billionen US-Dollar etwa das gleiche Bruttoinlandsprodukt, jedoch ist das Einkommen in Mexiko sehr viel stärker auf einen kleinen Bevölkerungsteil konzentriert, sodass die Mehrheit der Bevölkerung nicht an dem Niveau der Wirtschaftsleistung partizipieren kann. Aus diesem Grunde sollten zur Bewertung des wirtschaftlichen und gesellschaftlichen Entwicklungsstands einer Gesellschaft neben dem System der volkswirtschaftlichen Gesamtrechnung z. B. auch der Human Development Index (UNDP 2005) oder Statistiken über die Einkommensverteilung und Verteilungsmaße, wie etwa der Gini-Koeffizient, berücksichtigt werden.

(6) Des Weiteren ist ein internationaler Vergleich von Kenngrößen der volkswirtschaftlichen Gesamtrechnung problematisch, weil nationale Buchführungen sehr unterschiedlich und Preise oft nicht vergleichbar sind. Die damit zusammenhängenden Probleme werden deutlich, wenn man das Pro-Kopf-Produkt zu einem interregionalen Vergleich über nationalstaatliche Grenzen hinweg verwendet, wie McCarthy (2000) dies beispielsweise für die metropolitanen Regionen in der Europäischen Union durchgeführt hat. Sie kommt zu dem Ergebnis, dass sich unter den 35 reichsten metropolitanen Regionen 25 deutsche Regionen befinden. Das Problem dieser Vorgehensweise besteht darin, dass hierbei unterschiedliche Lebenshaltungskosten, soziale Kosten und institutionelle Strukturen auf nationalstaatlicher Ebene unberücksichtigt bleiben, die bei der Beurteilung von Leistungskraft und Wohlstandsniveau aber eine große Rolle spielen.

Da wirtschaftsgeographische Untersuchungen häufig auf speziellen Erhebungen von ökonomischen Akteuren basieren und es dabei nicht immer gelingt, Indikatoren der Leistungskraft wie z. B. Gewinne zu erfragen, begnügt man sich in der Praxis oft mit Ersatzindikatoren wie etwa den Beschäftigtenzahlen, die wesentlich leichter erfassbar sind. Beschäftigtenzahlen sind von zentraler Bedeutung, wenn man wie in diesem Buch Menschen in den Mittelpunkt der Betrachtung und Analyse stellt. Sie bieten allerdings keinen vollwertigen Ersatz für Indikatoren der Leistungskraft. Unternehmen schaffen Beschäftigungsmöglichkeiten und erzeugen Wohlstand. Ihre Untersuchung muss unter diesen beiden

Aspekten gesehen werden und darf keineswegs Selbstzweck in der Wirtschaftsgeographie sein. Durch die Erfassung von Beschäftigtenzahlen lassen sich aus räumlicher Perspektive zumindest erste Anhaltspunkte über die Verteilung von Wohlstand gewinnen.

4 Geographische Grundbegriffe

4.1 Positionale Raumkonzepte: Raum, Region, Territorium und Standort

Das allgemeine Anliegen der Wirtschaftsgeographie ist es, die Beziehungen und Prozesse zwischen ökonomischen Akteuren und die Organisation von Wirtschaftsprozessen im Kontext ihrer räumlichen Ausprägungen und Auswirkungen zu beschreiben und zu erklären. Im Mittelpunkt stehen daher räumliche Strukturen, die nicht als unabhängige Entitäten, sondern als Ergebnis sozialer und ökonomischer Prozesse verstanden werden. Diese Perspektive hat die Konsequenz, dass Raum und wirtschaftsgeographische Raumbegriffe nicht außerhalb des Sozialen als etwas Neutrales definiert werden können. Zugleich eröffnen sich vielfältige Möglichkeiten, Raum je nach sozialer Perspektive zu konzipieren. Raum ist also keineswegs ein neutraler Gegenstand, sondern muss hinsichtlich seiner sozialen, ökonomischen oder politischen Verwendungsweise untersucht werden (Hard 1973, 2. Teil).

Wie wichtig Raumbegriffe etwa zur Durchsetzung politischer Ziele sind und dabei gebraucht und missbraucht werden können, zeigt das Beispiel der Blut- und Bodenideologie der Nationalsozialisten im Dritten Reich. Diese definierten Raum als Heimat, als Besitzstand der arischen Rasse, der gegen andere Rassen zu erobern und zu verteidigen sei. Hierbei spielten auch Teile der Länderkunde mit ihrem Landschaftsbegriff eine leidvolle Rolle, denn sie leisteten den Zielen der Nationalsozialisten Vorschub. Das haben insbesondere die Studien seit den 1980er-Jahren über die Rolle der Geographie in der Zeit des Nationalsozialismus verdeutlicht (Schultz 1987; Sandner 1988; Heinrich 1991).

Voneinander abweichende Raumverständnisse sind stets Ausgangspunkte für unterschiedliche Forschungsprogramme und Perspektiven in der Wirtschaftsgeographie (Glückler 1999; 2002). Dennoch gibt es eine Reihe von Begriffen, die verschiedene Aspekte des physischen Raums beschreiben und weitgehend gleich verstanden werden. Unabhängig von den unterschiedlichen paradigmatischen Raumkonzeptionen in der Geographie werden deshalb im Folgenden Begriffe und Basiskonzepte eingeführt (Blotevogel 1995 a), um ein Minimalverständnis zu erreichen und daraus an späterer Stelle Konzepte zu entwickeln. Dies sind zunächst die Begriffe physikalischer Raum, Region, Territorium und Standort sowie im folgenden Unterkapitel die Begriffe Distanz und Nähe.

4.1.1 Physikalischer Begriff des Raums

Der physikalische Raum kann übergeordnet als ein unbestimmter, nicht notwendigerweise abgegrenzter Ausschnitt der Erdoberfläche mit den darin befindlichen dreidimensionalen Gegebenheiten angesehen werden. In dieser Begrifflichkeit ist Raum ein relativ neutraler, wertfreier Begriff, deshalb aber auch wenig brauchbar. Räume werden erst dann zu einem interessanten Forschungsobjekt, wenn sie aufgrund bestimmter Kriterien in Wert gesetzt und abgegrenzt werden.

4.1.2 Region

Region ist eine zentrale Bezugsgröße der Wirtschaftsgeographie, um soziale Interaktionen oder Organisationsformen der Produktion zuzuordnen und zu lokalisieren. Es handelt sich hierbei um einen konkreten Ausschnitt der Erdoberfläche, der aufgrund bestimmter Prinzipien oder Strukturen abgrenzbar ist und dadurch von anderen Regionen unterschieden werden kann (Blotevogel 1999). Eine Region ist ein zusammenhängender Raumausschnitt und Regionalisierungen werden meist flächendeckend z. B. für ein ganzes Staatsgebiet durchgeführt (Sinz 1995). Es gibt viele Beispiele für Regionstypen, die in der Wirtschaftsgeographie von Interesse sind:

(1) **Industrieregionen.** Sie werden z. B. nach dem Industriebesatz abgegrenzt und sind von Bedeutung, weil sie Arbeitsplätze, aber auch Umweltprobleme schaffen.

(2) **Arbeitsmarktregionen.** Sie werden nach Pendlerverflechtungen abgegrenzt und sind von Bedeutung, weil sich in diesen räumlichen Einheiten Einkommen verbreiten und weil hier entsprechende Verkehrsinfrastruktur vorhanden sein muss.

(3) **Wachsende und schrumpfende Regionen.** Diese werden z. B. anhand des Wachstums der Arbeitsplätze oder der Einkommen abgegrenzt. Ein generelles Verständnis des Wachstumsprozesses wachsender Regionen hilft dabei, Förderprogramme zu entwickeln, die in schrumpfenden Regionen angewendet werden können, um dort möglichst ebenfalls Wachstum zu erzeugen.

4.1.3 Territorium

Territorium ist ein Raumausschnitt, in dem in Bezug auf einen bestimmten Untersuchungsgegenstand spezifische Besitzverhältnisse, Eigentumsstrukturen und Eigentumsrechte gelten. Innerhalb eines Territoriums gibt es Machtverhältnisse, konkrete Regeln und Befugnisse, die durch die Besitzer erlassen werden und durch die andere Personen teilweise oder ganz ausgeschlossen werden. Beispiel für ein Territorium ist der Nationalstaat, der die äußere Grenze einer Volkswirtschaft bildet. Er wird notfalls durch Gewalt, Konflikt oder sogar Krieg gegen andere Nationalstaaten verteidigt. Eine andere Art von Territorium mit unterschiedlichen Rechten und Befugnissen ist das Territorium eines Unternehmens. Welches Ausmaß ein solches Territorium annehmen kann, zeigt etwa der Verbundstandort des Chemie-Konzerns *BASF* in Ludwigshafen. Der nach Angaben der *BASF* weltweit größte Chemie-Verbundstandort hat eine Fläche von 10 km^2, auf denen sich 2000 Gebäude und 160 Produktionsbetriebe befinden, die durch über 2000 km an Rohrleitungen miteinander verbunden sind. Hier waren im Jahr 1998 rund 45 000, im Jahr 2010 immerhin noch 33 000 Mitarbeiter tätig (BASF 1999; 2011). Innerhalb dieses Territoriums gibt es spezifische Regelungen für den Zutritt, Verhaltensregeln zur Vermeidung von Unfällen und spezifische Verkehrsregeln. Durch die Reichweite der Machtbefugnisse sind Territorien nach außen abgegrenzt. Im Unterschied dazu sind Regionen ein künstliches Konstrukt. Sie dienen vor allen Dingen analytischen und planerischen Zwecken und sind nicht in erster Linie durch Machtbefugnisse begrenzt.

4.1.4 Abgrenzung von Regionen

Eine wichtige Aufgabe der Wirtschaftsgeographie ist es, für eine konkrete Aufgabenstellung adäquate Regionen abzugrenzen oder einen bestimmten Raumausschnitt in Teilregionen zu untergliedern (Sedlacek 1998). Hierzu kann man drei Abgrenzungsprinzipien unterscheiden (z. B. Lauschmann 1976, I. Teil):

(1) **Verwaltungsprinzip.** Beim Verwaltungsprinzip sind Regionen administrative Einheiten, wie z. B. Länder, Kreise und Gemeinden, die aus dem Zeitablauf heraus gewachsen sind. Sie sind durch spezifische sozio-institutionelle Strukturen geprägt, die im Entwicklungsverlauf entstanden sind. Die Grenzen solcher Regionen sind oft das Ergebnis vielfältiger Machtkämpfe, Aushandlungsprozesse und Kriege in der Vergangenheit. Eine andere Motivation zur Neuabgrenzung von territorialen Verwaltungsgebieten liegt in dem Bemühen, effektive Verwaltungseinheiten zu schaffen, die veränderten gesellschaftli-

chen und wirtschaftlichen Bedürfnissen entsprechen sollen. So wurden in der Bundesrepublik in den 1960er- und 1970er-Jahren umfassende kommunale Gebietsreformen durchgeführt, durch die sich die Zahl der Landkreise um 45 % und die der Gemeinden um 65 % verringerte (Franzke 2005). Die Wirkungen dieser auf Verwaltungseinheiten mit höherer Leistungsfähigkeit abzielenden Reform sind jedoch bis heute umstritten (Reuber 1999). In den Grenzen von Verwaltungseinheiten spiegeln sich oft territoriale Prinzipien wider. Fast immer werden administrative Einheiten bei weiterführenden Regionsabgrenzungen als Kleinsteinheiten zugrunde gelegt. Das hängt damit zusammen, dass es praktisch immer nur auf der Ebene administrativer Raumeinheiten offizielle statistische Daten gibt, die bei einer anderen Regionalisierung zugrunde gelegt werden können. Deshalb sind viele Regionen nach dem Homogenitäts- oder Funktionalprinzip gemeinde- und kreisscharf abgegrenzt.

(2) **Homogenitätsprinzip.** Beim Homogenitätsprinzip werden Raumeinheiten mit weitgehend ähnlicher Struktur zu Regionen zusammengefasst (Bartels 1970 b). Hierzu gibt es verschiedene Methoden. Die Kennziffernmethode beruht auf Merkmalen wie dem Pro-Kopf-Einkommen und der Arbeitslosigkeit. Dabei werden Klassen gebildet und Schwellenwerte definiert, um Raumeinheiten einem Gebietstyp (z. B. einem Typ mit hohem oder geringem Pro-Kopf-Einkommen) zuzuordnen. Ein multivariates statistisches Analyseverfahren zur Abgrenzung von homogenen Regionen ist die Clusteranalyse (Fahrmeier und Hamerle 1984, Kap. 9; Bahrenberg et al. 1992, Kap. 7; Backhaus et al. 1996, Kap. 6). Ausgangspunkt bei diesem Verfahren ist eine Klasseneinteilung, bei der jede kleinste Raumeinheit einen eigenen Regionstyp bildet. In jedem Schritt dieses iterativen Verfahrens werden nun diejenigen beiden Regionen, die sich am ähnlichsten sind, zu einem neuen Regionstyp (Cluster) zusammengelegt. Die Anzahl der Regionen verringert sich hierbei mit jedem Schritt um Eins, weil zwei Regionen jeweils zu einer neuen Region zusammengefügt werden. Im Verlauf des Verfahrens wird die Heterogenität innerhalb der Regionscluster tendenziell immer größer. Das Verfahren kommt zum Abbruch, wenn die zusammengefassten Regionen nach einem vorgegebenen Kriterium zu heterogen werden.

Beispiel für eine Regionalisierung nach dem Homogenitätsprinzip ist die Gliederung Deutschlands nach dem Pro-Kopf-Einkommen auf Ebene der Bundesländer (→ Abb. 4-1 a). Das Pro-Kopf-Einkommen errechnet sich hier aus dem Bruttoinlandsprodukt je Einwohner. Für das Jahr 2008 fällt auf, dass die ostdeutschen Bundesländer ein deutlich geringeres Pro-Kopf-Einkommen aufweisen als die westdeutschen Bundesländer. Die höchsten Pro-Kopf-Einkommen finden sich in den Stadtstaaten, insbesondere in Hamburg, aber auch im mittleren und südwestlichen Teil Deutschlands in Nordrhein-Westfalen, Hessen, Rheinland-Pfalz und Baden-Württemberg. Eine Regionalisierung der deutschen Länder nach Arbeitslosenquoten liefert ein etwas anderes Bild (→ Abb. 4-1 b). Im Dezember 2008 zeigt sich einerseits ein Nord-Süd-Unterschied, wonach Bundesländer im Süden die geringsten Arbeitslosenquoten aufweisen, sowie andererseits ein Ost-West-Unterschied, wonach die Arbeitslosenquoten in Ostdeutschland deutlich höher als in Westdeutschland sind. Bei der Interpretation dieser Daten ist allerdings Vorsicht geboten. Es ist fraglich, ob die Ebene der Bundesländer überhaupt geeignet ist, um die räumliche Verteilung von Pro-Kopf-Einkommen und Arbeitslosigkeit zu untersuchen. Tatsächlich werden dadurch die enormen kleinräumigen Unterschiede in der Wirtschaftsstruktur zwischen Städten, Gemeinden sowie Ortsteilen desselben Bundeslands ignoriert.

(3) **Funktionalprinzip.** Beim Funktionalprinzip werden Regionen aufgrund interner Interaktionen und Verflechtungsbeziehungen abgegrenzt. Meist wird hierbei von einem Gravitationskern ausgegangen, zu dem Interaktionen aus dem Umland stattfinden. In der raumwissenschaftlichen Terminologie spricht man auch von einem Zentralfeld (Bartels 1970 a). Gravitationskern ist beispielsweise ein Einkaufszentrum, das von Kunden aus der Umgebung aufgesucht wird, oder ein Industriegebiet, in das Arbeitnehmer täglich von ihrem Wohnort aus einpendeln. Beim

Funktionalprinzip wird ein Verflechtungsbereich so festgelegt, dass die Verflechtungen aus dem Umland zum Kern erfasst werden. Resultat ist z. B. ein Kundeneinzugsbereich (Heinritz 1979), eine Arbeitsmarktregion (Eckey 1995; Fassmann und Meusburger 1997; Höher 1997) oder ein regionaler Wohnungsmarkt (Rusche 2009). Methodisch können Funktionalregionen mithilfe von **Gravitationsmodellen** abgegrenzt werden (Lauschmann 1976, III. Teil). Hierbei wird angenommen, dass die Interaktion zwischen einem Kern i und seiner Umlandgemeinde j (I_{ij}) umso stärker ausgeprägt ist, je größer die Population des Kerns (P_i) und des Orts im Umland (P_j) ist und je geringer die Distanz zwischen beiden ist (d_{ij}). Der Parameter k stellt hierbei einen Proportionalitätsfaktor dar, der empirisch zu bestimmen ist:

$$I_{ij} = k \cdot \frac{P_i \, P_j}{dij} \text{ bzw. } k \cdot \frac{P_i \, P_j}{d_{ij}{}^2}$$

Das Prinzip einer Regionalisierung nach dem Funktionalprinzip wird am Beispiel der Aufteilung Mittelhessens in Arbeitsmarktregionen deutlich (Höher 1993). Diese basiert auf Daten der Berufs- und Arbeitsstättenzählung aus dem Jahr 1987. Bei dieser Regionalisierung wird davon ausgegangen, dass es bestimmte Arbeitsmarktzentren gibt, in denen sich die überwiegende Anzahl von Arbeitsplätzen befindet, und dass Bewohner aus dem Umland in diese Arbeitsmarktzentren einpendeln, um dort ihrer Arbeit nachzugehen. Man kann sich unschwer vorstellen, dass diese Annahme nur bedingt die Realität beschreibt. So haben selbstverständlich alle Gemeinden in Mittelhessen eigene Arbeitsplätze und weisen Ein- wie auch Auspendler auf. Deshalb ist die dargestellte Abgrenzung von Arbeitsmarktregionen keineswegs eindeutig (→ Abb. 4-2). Die Arbeitsmarktregionen sind letztlich so abgegrenzt, dass Pendlerverflechtungen innerhalb dieser Regionen stärker sind als solche hin zu anderen Regionen. Nichtsdestotrotz gibt es aber aus dem Bereich Limburg und dem südlichen Kreis Gießen große Pendlerströme in das Rhein-Main-Gebiet, also in andere Arbeitsmärkte.

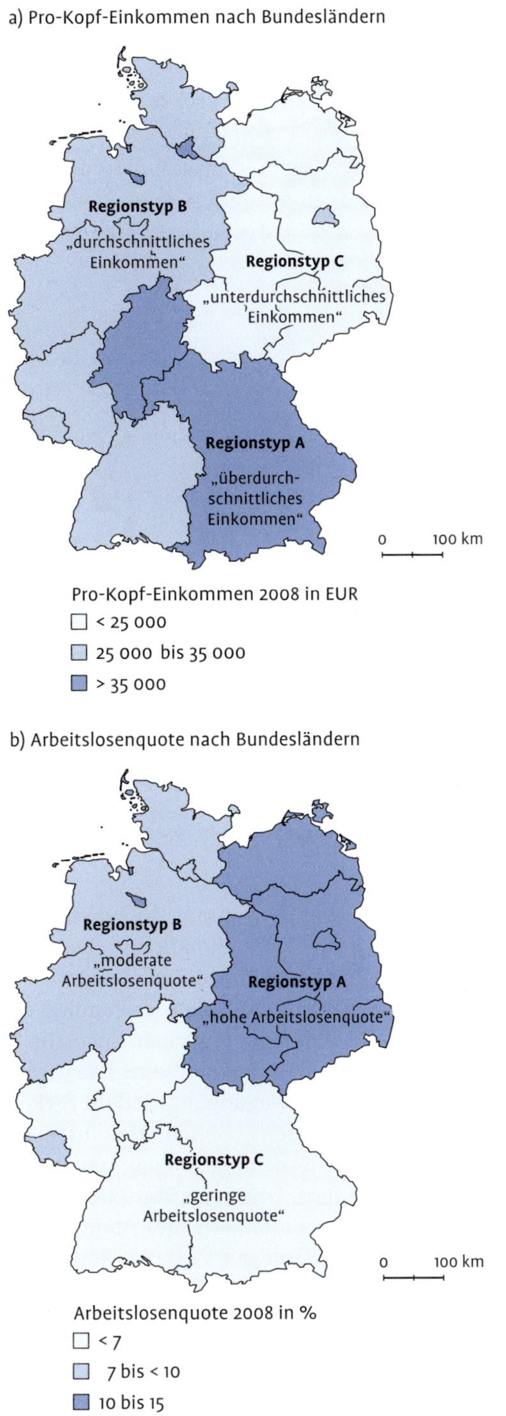

Abb. 4-1: Regionalisierung nach dem Homogenitätsprinzip

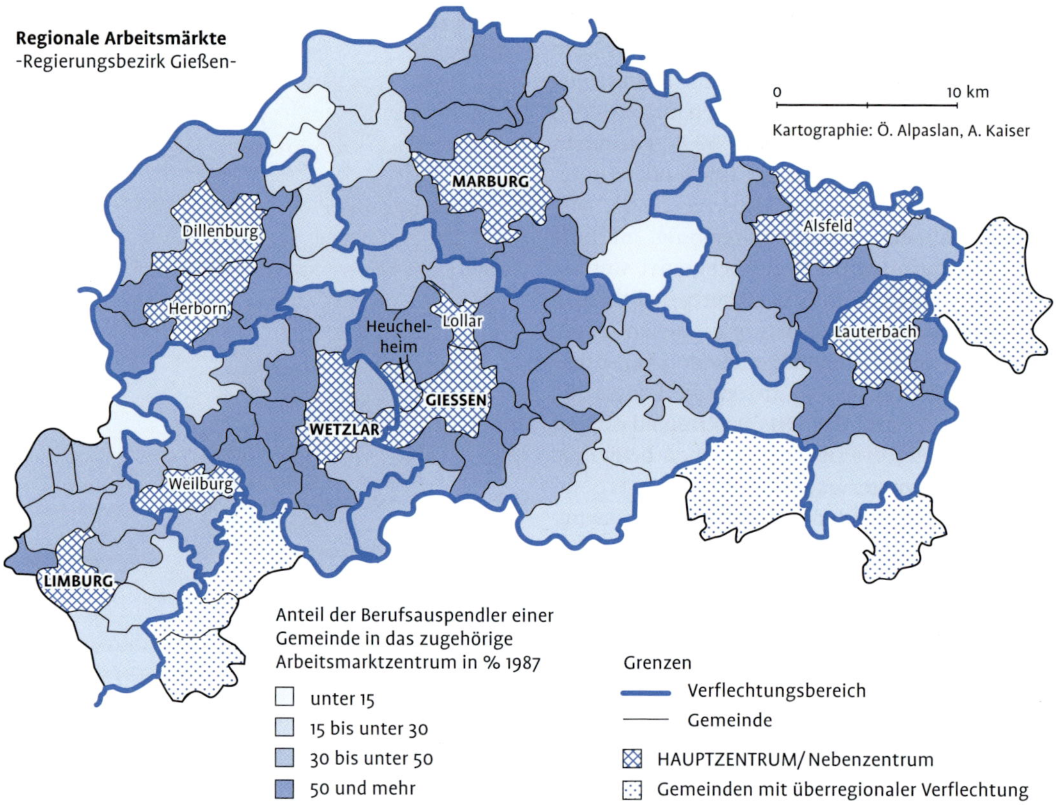

Abb. 4-2: Regionalisierung nach dem Funktionalprinzip: Arbeitsmarktregionen (nach Höher 1993, S. 87)

Im Unterschied zum Verwaltungsprinzip müssen die Abgrenzungen einer Funktionalregion im Zeitverlauf stets überprüft werden (Eckey et al. 2006). Denn einerseits kann sich das Pendlerverhalten bzw. die Pendlerbereitschaft der Arbeitnehmer aufgrund geänderter Arbeitsplatzattraktivitäten oder Lohnbewegungen wandeln (Eckey et al. 2007), andererseits können Standortverlagerungen von Unternehmen sowie regionaler Strukturwandel dazu beitragen, dass sich regionale Arbeitsmärkte verändern und Änderungen in den Pendlerbeziehungen zwischen Regionen nach sich ziehen. Zudem variieren Arbeitsmarktregionen als Funktionalregionen nicht nur über die Zeit. Ihre Bestimmung ist maßgeblich von den zugrunde gelegten Abgrenzungsmethoden abhängig, wie alternative Ansätze der multivariaten Statistik und der Graphentheorie zeigen (Eckey et al. 2006; Kropp und Schwengler 2011).

4.1.5 Standort

Im Unterschied zu Regionen weisen Standorte keine flächenhafte Ausdehnung auf, sondern sind punktuell angelegt. Sie stehen in der traditionellen Raumwirtschaftslehre im Zentrum des Interesses. Es interessiert, warum welche Orte z. B. als Industriestandorte zu Zentren wirtschaftlicher Aktivität werden und welche Güterflüsse zwischen diesen Standorten stattfinden. Aber Standorte sind nicht wirklich Raumpunkte. Dies zeigt sich beispielsweise, wenn man das Hauptwerk der *BASF* oder ein Stadtzentrum als Standort betrachtet. Häufig werden sogar Großstädte wie Frankfurt am Main und New York oder riesige Länder als Standorte behandelt, wie die Debatte um den „Standort Deutschland" zeigt. In dieser unpräzisen Verwendung des Begriffs Standort zeigt sich, dass es verschiedene räumli-

che Maßstabsebenen in der Geographie gibt, die zu unterscheiden sind: die lokale, die regionale, die nationale, die supra-nationale und die globale Ebene. Der Standortbegriff ist ein relativer und damit abhängig von der gewählten räumliche Maßstabsebene. So ist es aus globaler Sicht denkbar, einzelne Staaten als Standorte zu betrachten, nicht aber aus regionaler Perspektive.
Ein besonderes Problem besteht darin, dass in Untersuchungen über die Ursachen und Gründe für Standortentscheidungen die verschiedenen Maßstabsebenen oft nicht sauber voneinander getrennt werden. Bei Befragungen, warum Industrieunternehmen einen konkreten Standort für ihr Unternehmen gewählt haben, denken einige Gesprächspartner möglicherweise eher daran, warum der gewählte Stadtteil einem anderen vorgezogen wurde, während andere Gesprächspartner vor allen Dingen daran denken, welche Vorzüge die Standortregion gegenüber anderen Regionen hat. So mag der Gründer eines Unternehmens vor allem an die räumliche Dimension des Grundstücks oder Stadtteils denken, während beim Leiter eines ausländischen Tochterunternehmens die regionale oder nationale Sicht stärker ausgeprägt sein mag. Hiermit ist ein Problem traditioneller Untersuchungen angesprochen, in denen sehr häufig Makro- und Mikro-Standortbedingungen und unterschiedliche Raumdimensionen (Klüter 1987; 1994) miteinander vermischt werden.

4.2 Relationale Raumkonzepte: Distanz und Nähe

Distanz und Nähe sind jeweils zentrale Konzepte in der Wirtschaftsgeographie. Im Gegensatz zu positionalen Raumkonzepten stellen Distanz- und Nähebegriffe eine räumliche Beziehung zwischen lokalisierten Phänomenen her. Man könnte zwar argumentieren, dass Distanz und Nähe zwei einander völlig komplementäre Konzepte seien und es deshalb ausreiche, nur eines der beiden zu behandeln. Jedoch möchten wir mit unserer getrennten Darstellung betonen, dass Distanz und Nähe Ausdruck zweier verschiedener, kontroverser Perspektiven sind. Während das Distanzkonzept auf räumliche Diversität und Heterogenität fixiert ist, zielt das Konzept der Nähe auf räumliche Homogenität und Gemeinsamkeiten im sozio-ökonomischen Kontext ab. Aus diesem Grund wird im Folgenden auf beide Konzepte mit unterschiedlicher Schwerpunktsetzung eingegangen.

4.2.1 Messung von Distanz

In der Wirtschaftsgeographie kommt dem Distanzbegriff eine herausragende Rolle zu, denn hierin drückt sich das fundamentale Problem der Distanzüberwindung beim Wirtschaften aus. Rohstoffe, Produktionsstätten, Beschäftigte und Märkte befinden sich nur in Ausnahmefällen am gleichen Ort und müssen gemäß den Zielsetzungen des Wirtschaftsprozesses erst einander zugeführt werden. Distanzen erschweren und behindern Interaktionen. Häufig nehmen Interaktionen in ihrer Häufigkeit und Intensität mit zunehmender Distanz ab. Das Überwinden von Distanzen verursacht Kosten, die wiederum Entscheidungen z. B. im Rahmen der Standortwahl beeinflussen. Dass Distanzen Kosten verursachen, ist zentraler Anknüpfungspunkt der Raumwirtschaftslehre (Böventer 1962; 1995) und unterscheidet diese von der klassischen Ökonomie, in der das Raumüberwindungsproblem oftmals nicht thematisiert wird. Es gibt unterschiedliche Kriterien der Messung von Distanz, wobei es stets vom sozio-ökonomischen Kontext abhängt, welche Dimension der Distanz heranzuziehen ist (Blotevogel 1995 a).

(1) **Physische Distanz.** Die physische Distanz kann z. B. als reale straßenkilometrische Entfernung zwischen zwei Orten in Kilometern gemessen und erfasst werden. Algebraisch lässt sich die Distanz zwischen einem Ort 1 und einem Ort 2 als Luftlinienentfernung bzw. euklidische Distanz (d_E) oder als Manhattan-Distanz bzw. City-Block-Distanz (d_M) berechnen (z. B. Vogel 1975). Dies setzt voraus, dass die x- und y-Koordinaten der betreffenden Orte bekannt sind.

$$d_E = \sqrt{(x_1 - x_2)^2 + (y_1 - y_2)^2}$$

$$d_M = |x_1 - x_2| + |y_1 - y_2|$$

(2) **Ökonomische Distanz.** Unter ökonomischer Distanz werden die kostenwirksamen Aspekte der Distanzüberwindung verstanden. Sie werden zumeist als Transportkosten oder als Transportzeit gemessen. Wie hoch die Transportkosten bzw. die Transportzeit in einem konkreten Fall sind, hängt dabei nicht nur von der Entfernung ab, sondern auch von der Morphologie (z. B. der Frage, ob Wüsten oder Berge zu überqueren sind), von der Verkehrsinfrastruktur, der Transportierbarkeit der Güter und der Verkehrstechnologie. Inwieweit diese Kosten entscheidungsrelevant sind, ergibt sich daraus, in welchem Verhältnis sie zu anderen Kosten stehen (z. B. Richardson 1978, Kap. 2).

(3) **Soziale Distanz.** Das Konzept der sozialen Distanz kennzeichnet die soziale Entfernung zwischen Personen oder Gruppen von Personen und ist ein Maß sozialer Ungleichheit (Yeates 1990, Kap. 6). Ähnlich wie etwa die Wirtschaftsgeographie ökonomische Aktivitäten aufgrund ihres räumlichen Zusammenhangs regionalisiert, formulieren die Sozialwissenschaften unterschiedliche Stratifizierungsmodelle zur Abgrenzung sozial entfernter Gruppen. Soziale Distanzen zwischen gesellschaftlichen Schichten drücken sich durch Unterschiede in Bildungshintergründen, in beruflichen Qualifikationen oder in Haushaltseinkommen aus. Im Gegensatz zu diesen vertikalen sozialen Distanzen, die hierarchisch stratifizierte soziale Gelegenheiten beschreiben, treten im Zug einer fortschreitenden Differenzierung der modernen Industriegesellschaft horizontale Ungleichheiten immer stärker in den Vordergrund. Sie werden in unterschiedlichen Werten, Lebenseinstellungen, Gewohnheiten und Geschmäckern offensichtlich (Bourdieu 1987; Berger und Hradil 1990). Diese sozialen Unterschiede drücken sich in Konzepten wie denen der sozialen Milieus oder der Lebensstil-Gruppen aus (Lüdtke 1989; Müller 1992), die sich als Ensembles von Akteuren mit ähnlichen Stellungen, Dispositionen und Praktiken von anderen Milieus unterscheiden (Bourdieu 1995). Soziale Distanz und räumliche Distanz hängen dabei keineswegs systematisch zusammen (Hard 1993). Soziale Distanz begründet jedoch dann besonders interessante Formen raumrelevanten Handelns, wenn beispielsweise eine Person ihre Versorgungseinkäufe lieber an räumlich weiter entfernten Orten ausführt, die eine geringere soziale Distanz zu ihren Lebensgewohnheiten aufweisen, als in räumlich näher gelegenen, jedoch sozial entfernteren Geschäftszentren einzukaufen. An diesem Beispiel wird auch deutlich, dass eine ausschließlich ökonomische bzw. kostenspezifische Interpretation physischer Distanz ein solches Verhalten unerklärt ließe.

Die oben stehenden Erläuterungen zum Distanzbegriff zeigen, dass Distanz keineswegs ein ausschließlich objektives Kriterium ist, sondern dass dabei auch subjektive Einschätzungen eine wichtige Rolle spielen. Harvey (1990) hat eindrucksvoll gezeigt, dass technologische Entwicklungen im Bereich der Informations-, Kommunikations- und Verkehrstechnologien während des 20. Jahrhunderts zu einer *time-space compression*, also zu einer Raum-Zeit-Verkürzung geführt haben. Durch neue Technologien scheint die Welt näher zusammengerückt zu sein (→ Kap. 4.5), was sich in Konzepten der Nähe ausdrücken lässt. Allerdings spielen Konzepte der Distanz und insbesondere Transportkosten aufgrund von überlasteten Verkehrsinfrastrukturen und zukünftig steigenden Mobilitätskosten im Zusammenhang mit dem Überschreiten von *peak oil* (→ Kap. 3.3.1) absehbar wieder eine größere Rolle, was auch Einfluss auf geographische Analysen haben wird.

4.2.2 Konzepte der Nähe

Ein grundsätzliches Problem bei der Organisation industrieller Arbeits- und Produktionsprozesse besteht darin, die Arbeitskräfte, Rohstoffe, Zwischenprodukte, Maschinen und Anlagen auf betriebsinterner, unternehmensinterner und unternehmensübergreifender Ebene in räumlicher Perspektive so zu verknüpfen, dass eine möglichst effiziente Teilung und Integration der Arbeit erfolgt. Nach diesem Verständnis von Sayer und Walker (1992, Kap. 3) muss eine hinreichende Koordination und Kontrolle des Produktionsablaufs auf den verschiedenen Ebenen der Produktion innerhalb und zwischen Betriebsstätten und Betrieben sichergestellt sein, damit qualitativ hochwertige Produkte zuverlässig nach Kundenbedürfnissen angefertigt werden können. So gilt es zu entscheiden, welche Vor- und Zwischenprodukte ein Unternehmen selbst herstellt und welche es von Vorfertigern zukauft, welche Prozesstechnologien eingesetzt werden, wie die verschiedenen Produktionsschritte verknüpft werden, welche Zulieferer ausgewählt werden und an welchen Standorten auf regionaler, nationaler und internationaler Ebene die verschiedenen Produktionsabschnitte angesiedelt werden. Eine wichtige Strategie, um die Koordination und Überwachung der komplexen Produktionsabläufe zu sichern, besteht darin, zwischen den verschiedenen Produktionsstufen Nähe zu erzeugen. Hierbei kann zwischen verschiedenen Konzepten der Nähe unterschieden werden (Lundvall 1988; Gertler 1993; Bathelt 1995; Bathelt 2000).

(1) **Räumliche Nähe.** Das naheliegendste Konzept der Nähe ist das der räumlichen Nähe. Räumliche Nähe im Sinne rein geometrischer Nähe ist eine theoretisch weder hinreichende noch notwendige Bedingung für das Zustandekommen von Interaktionen. Allerdings dient sie oft als wichtige Voraussetzung, um Menschen und Unternehmen zusammenzubringen, um Wissen zu teilen und Probleme zu lösen (Storper und Walker 1989, Kap. 3). Räumliche Nähe verringert nicht nur Transportkosten und vermindert die Kosten bei der Suche nach Informationen über mögliche Zulieferer. Infolge der Möglichkeit häufiger persönlicher Begegnung von Angesicht zu Angesicht erleichtert sie zugleich interaktive Problemlösungen, die unternehmensübergreifende Abstimmung und das Entstehen von Vertrauensbeziehungen (Harrison 1992). Das hängt unter anderem damit zusammen, dass die Akteure durch räumliche Nähe in ein relativ homogenes sozio-institutionelles Gefüge eingebettet sind. Gerade kleine, neu gegründete Unternehmen sind vergleichsweise stark in ihrem lokalen Umfeld tätig, das ihnen vertraut ist und wo sie potenzielle Geschäftspartner bereits kennen (→ Box 4-1).

(2) **Kognitive Nähe.** Räumliche Nähe führt keineswegs dazu, dass Unternehmen automatisch Partnerschaften eingehen oder Netzwerke bilden. Manchmal versprechen sich die Unternehmen keine Vorteile von einer lokalen Partnerschaft, weil sie nicht glauben, daraus neues Wissen generieren zu können. Tatsächlich verläuft der Prozess der Erzeugung von Wissen inkrementell und kumulativ, sodass sich in Unternehmen eine spezialisierte Wissensbasis entwickelt, die den spezifischen Problemen und Ausrichtungen folgt. Um eine Partnerschaft mit einem anderen Unternehmen einzugehen, muss dessen Wissensbasis hinreichend viele Unterschiede zu der eigenen aufweisen, damit etwas Neues dazugelernt werden kann. Zugleich muss es auch hinreichend viele Gemeinsamkeiten geben, damit Wissen effizient getauscht werden kann (Nooteboom 2000b; Boschma und Frenken 2006). So ist es keineswegs eine Selbstverständlichkeit, dass Unternehmen das von ihnen benötigte Wissen korrekt identifizieren, interpretieren und anschließend erfolgreich umsetzen können (Cohen und Levinthal 1990). Akteure benötigen kognitive Nähe im Sinn einer ähnlichen, verwandten Wissensbasis, um miteinander kommunizieren zu können. Zugleich ist aber ein Mindestmaß an kognitiver Distanz notwendig, damit die Unternehmen überhaupt voneinander lernen können (Nooteboom 2000b).

(3) **Kulturelle bzw. institutionelle Nähe.** Eine äußere Grenze der räumlichen Nähe ist durch die für ökonomische Verflechtungsbeziehungen erforderliche kulturelle Nähe gegeben. Kulturelle Nähe bezieht sich nach Gertler (1992; 1997) auf die einheitlichen, insbesondere nationalstaatlich definierten Koordinationsstrukturen und -prinzipien, die die Art und Stabilität der Beschäftigungs- und Produktionsverhältnisse und der Arbeits-Kapital-Beziehungen betreffen (z. B. die Zusammenhänge zwischen Bildungssystem, Industriearbeit und technologischem Wandel). Dieser auf eine einheitliche Wirtschafts- bzw. Industriekultur zielende Begriff wird auch als institutionelle Nähe bezeichnet (Nelson 1988; Berndt 1996). Diese ist umso größer, je geringer die zu überwindenden institutionellen Unterschiede sind. Eine zu geringe kulturelle Nähe kann Probleme bei der Adaption neuer Technologien und Organisationsprinzipien verursachen, die in anderen Ländern entwickelt

Box 4-1: Bedeutung von *face-to-face*-Interaktion

Zwar wird in vielen wirtschaftsgeographischen Studien die große Bedeutung räumlicher Nähe betont, allerdings bleibt der eigentliche Vorteil ökonomischen Handelns von Angesicht zu Angesicht (*face to face*) dabei oft verborgen und unverstanden. Vorteile räumlicher Nähe werden teilweise vorausgesetzt, aber nicht empirisch belegt. Aus diesem Grund ist es hilfreich, die sozialpsychologische Literatur heranzuziehen, die schon seit längerer Zeit nahe und entfernte Kommunikations- und Interaktionsprozesse untersucht und dabei soziale und kognitive Faktoren im Zusammenhang mit dem *face-to-face*-Austausch betont. Diese Studien gestatten einen tieferen Einblick in die Prozesse des *„being there"* (Gertler 1995). In ihrer grundlegenden Analyse von Kommunikationsprozessen durch Telekommunikation haben (Short et al. 1976) insbesondere die Rolle nonverbaler Signale wie dem Gesichtsausdruck, der Blickrichtung, der Körperhaltung und der physischen Distanz betont, die bei *face-to-face*-Kommunikation eine zentrale Rolle spielen und diese einzigartig machen. In der sozialpsychologischen Literatur werden zwei grundlegende Arten von Funktionen der *face-to-face*-Kommunikation unterschieden: Die erste Gruppe von Wirkungen betrifft die Informationsfunktion. Die Informationsfunktion drückt sich zunächst in der illustrierenden Wirkung aus. So werden beispielsweise Gesten verwendet, um ein Gesprächsobjekt zu illustrieren. Die durch diese Gesten eingeführte Redundanz erleichtert das Verstehen durch die Zuhörer. Daneben werden parallel symbolische Gesten eingesetzt, die Sprachbotschaften ersetzen, wie beispielsweise das Kopfschütteln, um ein „Nein" auszudrücken. Letztlich helfen derartige Signale dem Zuhörer, die Position oder Meinung des Sprechers abzuschätzen, etwa wenn die Körperhaltung eine offene oder abwehrende Haltung zum Thema suggeriert. Dies ist beispielsweise für Unternehmen auf Messen eine große Hilfe, um neue Entwicklungen in intensiven Gesprächen zu bewerten (Bathelt und Schuldt 2008). Die zweite Gruppe von Wirkungen betrifft die Integrationsfunktion der *face-to-face*-Kommunikation (Birdwhistell 1970). Nonverbale Signale sind diesbezüglich von Bedeutung, um den Partnern im Gespräch gegenseitige Aufmerksamkeit zuzusichern. Dies geschieht während des Gesprächsverlaufs durch Blickkontakt, Zustimmung durch Kopfnicken usw. Zudem erlauben vielfältige Signale wie etwa ein Fingerzeig oder Blickkontakt den reibungslosen Gesprächsverlauf zwischen den beteiligten Personen. Eine zentrale Funktion der *face-to-face*-Kommunikation besteht darin, dass nicht nur die Weitergabe von Informationen und Wissen illustriert und erleichtert wird, sondern zugleich der Sprecher ständig nonverbale Reaktionen ihrer Zuhörer aufnimmt, die ein Feedback zu dem Gesagten darstellen. Sie erhält somit eine sofortige Rückmeldung darüber, ob komplexe Zusammenhänge verstanden worden sind, ob die Zuhörer folgen können oder ob sie dem Gesagten nicht zustimmen. In jedem Fall erhält die Rednerin die Möglichkeit, ihre Rede unverzüglich zu verändern, indem sie zusätzliche Erläuterungen hinzufügt oder eine Erklärung überspringt, die die Zuhörer langweilt. Dies hilft, selbst komplexe Themen zwischen mehreren Parteien effizient zu kommunizieren und ein Feedback einzuholen (Storper 1997 a). Zusammengenommen reduzieren nonverbale Signale in der *face-to-face*-Kommunikation die Ungewissheit zwischen den Beteiligten und begünstigen eine Atmosphäre, die Vertrauensaufbau ermöglicht (Leamer und Storper 2001), was etwa beim Markteintritt in einen neuen Markt von großer Bedeutung ist. Räumliche Nähe wird somit zu einer Voraussetzung, um anhaltende Kooperation durch ständigen Austausch von gegenseitigen Verpflichtungen und Versicherungen zu unterstützen (Olson und Olson 2003) und Kohärenz zu erreichen. Zudem schafft *face-to-face*-Interaktion die Möglichkeit, die Aktionen von Partnern im engeren Umkreis genau zu überwachen (Crang 1994), und stellt damit eine Möglichkeit dar, Macht über Arbeitskräfte oder Zulieferer auszuüben (Allen 1997).

worden sind und dort erfolgreich angewendet werden (Gertler 1995; 1996). Dies mag auch erklären, warum Zulieferbeziehungen innerhalb nationalstaatlicher Grenzen relativ stark, in industriellen Ballungsräumen – d. h. in räumlicher Nähe – hingegen nur schwach ausgeprägt sind. Anders als in den Studien der 1960er- und 1970er-Jahre, die dies zunächst als scheinbaren Widerspruch bewerteten (Schickhoff 1983, Kap. II und III), zeigt sich hierin gerade die große Bedeutung kultureller und institutioneller Nähe.

(4) **Organisatorische Nähe.** Internationalisierungs- und Globalisierungsprozesse von Produktions- und Marktbeziehungen sind den Konzepten der räumlichen und kulturellen Nähe offensichtlich entgegengerichtet. Fehlende räumliche oder kulturelle Nähe kann jedoch unter Umständen durch organisatorische Nähe ersetzt oder ausgeglichen werden. Dies geschieht, indem Unternehmen im Rahmen von Fusions- und Akquisitionsaktivitäten neue Unternehmen oder Unternehmensteile in anderen Ländern erwerben, um somit Zugang zu deren angestammten Märkten – d. h. durch eine größere Marktnähe – zu erlangen und entsprechendes Marktwissen zu erwerben (Dicken 1994; Schamp 1996; Storper 1997 c). Durch diesen Schritt findet tendenziell innerhalb des Unternehmens eine Substitution von distanzabhängigen gleichberechtigten Verflechtungsbeziehungen durch distanzunempfindliche hierarchische Anweisungsstrukturen statt. Wachsende räumliche Distanzen in den Produktionsbeziehungen sind dabei die Voraussetzung für zunehmende räumliche und institutionelle Nähe in den Interaktionen mit Abnehmern (Malecki 2009).

(5) **Virtuelle Nähe.** Moderne Informations- und Kommunikationstechnologien ermöglichen in Echtzeit, also ohne Zeitverzögerung und über große Entfernungen hinweg, eine effektive Wahrnehmung von Koordinations- und Überwachungsaufgaben in der Produktion. Weltweite Vernetzungen im Internet erzeugen sowohl innerhalb eines Unternehmens als auch zwischen selbstständigen Unternehmenseinheiten eine virtuelle Nähe. Es ist abzusehen, dass diese durch die Ausbreitung von Internet-Dienstleistungen in Zukunft an Bedeutung gewinnen wird und zur Erschließung neuer Potenziale für weltweit integrierte Produktions- und Marktstrukturen führt (Bathelt und Turi 2011).

Diese Darstellung von Nähekonzepten wird durch die Diskussion unterstützt, die seit Ende der 1990er-Jahre von Vertretern der sogenannten ***Proximity School*** (Rallet und Torre 1999; Torre und Rallet 2005) geführt wird. Diese argumentieren, dass sich Probleme des ökonomischen Tauschs analysieren und lösen lassen, indem verschiedene Ebenen der Nähe analysiert werden und zu große Distanz auf einer Ebene durch Nähe auf einer anderen Ebene ersetzt wird (Boschma und Frenken 2005). Trotz ihrer Plausibilität birgt diese Argumentationskette jedoch Probleme in sich. So werden Unterschiede und Gemeinsamkeiten bzw. Affinitäten und Dissonanzen mithilfe einer räumlichen Semantik in der Begrifflichkeit von Nähe und Distanz abgebildet. Dabei wird Nähe implizit mit Erfolgen, Distanzen mit Problemen und Misserfolgen in Verbindung gebracht. Eine solche Interpretation ist aber erstens empirisch vielfach nicht korrekt (denn Unternehmen verzichten oft bewusst auf Interaktionen in ihrem engeren Umfeld und sind stattdessen sehr erfolgreich in ihren weltweiten Transaktionen) und zweitens birgt sie die Gefahr, sich auf eine abstrakte Diskussion von verschiedenen Nähekonzepten einzulassen, ohne die tatsächlichen Probleme und Motivationen der betroffenen Akteure genau zu untersuchen und hier mit einer Lösung anzusetzen (Bathelt 2005 a).

4.2.3 Zur Bedeutung temporärer Nähe in der globalen Ökonomie

Ökonomische Interaktions- und Kommunikationsprozesse werden besonders komplex, wenn Unternehmen über große Distanzen hinweg zwischen verschiedenen kulturellen und institutionellen Kontexten unterschiedlicher Länder Austauschbeziehungen unterhalten. Um die kulturellen und institutionellen Unterschiede zu überbrücken und einen gemeinsamen Interaktionszusammenhang zu schaffen, so könnte man argumentieren, ist es notwendig, Nähe oder Affinität zwischen den Akteuren herzustellen. Dass dies selbst dann nicht gelingt, wenn Unternehmen sich zu einer Fusion oder Akquisition entschließen und damit organisatorische Nähe herstellen, zeigt sich daran, dass viele Unternehmenszusammenschlüsse scheitern (Storper 1997c), weil es nicht gelingt, die unterschiedlichen Unternehmenskulturen zusammenzuführen.

Dabei zeigt die ökonomische Realität, dass Transaktionen über kulturelle und institutionelle Grenzen hinweg keineswegs eine Ausnahme darstellen, sondern mit fortschreitender Globalisierung immer mehr an Bedeutung gewinnen. Prozesse der ökonomischen Interaktion und Wissensgenerierung scheinen immer weniger an spezielle lokale oder regionale Kontexte gebunden zu sein, sondern können zwischen Unternehmen in verschiedenen Teilen der Welt stattfinden, wenn es gelingt **relationale Nähe** zwischen den Akteuren herzustellen. Dies kann aus gemeinsamen Erfahrungen in der Vergangenheit resultieren, wenn die betreffenden Akteure beispielsweise an demselben Standort über einen längeren Zeitraum zusammengearbeitet und sich kennengelernt haben oder daraus, dass die Akteure regelmäßig an einem Unternehmensstandort oder einem anderen Treffpunkt zusammenkommen, um Details und Probleme der Zusammenarbeit abzustimmen bzw. auszuräumen. Hierbei wird regelmäßig **temporäre Nähe** erzeugt, um institutionelle Unterschiede aufgrund großer räumlicher Distanz neu zu verhandeln und damit zu begrenzen (Bathelt 2005b). Nach Thrift (2000b) und Amin und Cohendet (2004) erzeugen globale Wanderungs- und Kommunikationsströme im Geschäftsleben die Chance, neuartige Transaktionsbeziehungen über räumliche Distanzen hinweg in der globalen Ökonomie aufzubauen. Dies wird durch zahlreiche Konstellationen begünstigt.

(1) **Geschäftreisende.** Sie treffen sich wiederholt und regelmäßig an neutralen Plätzen in verschiedenen Teilen der Welt, wie z. B. in Flughafenhotels, um dort intensive Gespräche *face-to-face* zu führen.

(2) **Qualifizierte Ingenieure und Manager.** Sie befinden sich für einen gewissen Zeitraum zu Montage- und Schulungszwecken an einem neuen Unternehmensstandort in einem anderen Land und transferieren die vor Ort gemachten Erfahrungen später in das Unternehmen zurück (Glückler 2008).

(3) **Transnationale epistemische *communities* aus Mitarbeitern und Spezialisten.** Sie sind durch ihre Erfahrungen in unterschiedlichen kulturellen und institutionellen Kontexten in der Lage, *als boundary spanners* zu fungieren (Coe und Bunnell 2003; Bathelt und Depner 2005; Torre und Rallet 2005).

(4) **Spezifische Internet-*interfaces*.** Sie fungieren als Denkstudios und ermöglichen effiziente Problemanalysen in Produktion und Entwicklung über beliebige Entfernungen hinweg.

(5) **Internationale Leitmessen** (→ Box 4-2). An ihnen nehmen weltweit führende Unternehmen einer Branche oder Wertschöpfungskette teil, um Informationen über Marktentwicklungen und Innovationen auszutauschen (Maskell et al. 2006; Schuldt und Bathelt 2011).

4.3 Räumliche Disparitäten: Verdichtungsräume und ländliche Räume

Die räumliche Diversität gesellschaftlicher Wirklichkeit kann als Legitimation und Perspektive für die geographische Analyse ökonomischer und sozialer Phänomene aufgefasst werden (Sayer 1985; Johnston 1991a; 1991b; Massey 1994). Zentraler Ausgangspunkt wirtschaftsgeographischer Studien ist die empirisch gewonnene Erkenntnis, dass unausgeglichene Raumstrukturen und „Raumungleichgewichte" bestehen. Regionale Disparitäten bezeichnen allgemein Abweichungen bestimmter als gesellschaftlich bedeutsam erachteter Merkmale von einer gedachten Referenzverteilung (Biehl und Ungar 1995; Stiens 1997). Der Zusatz der gesellschaftlichen Relevanz ist hierbei wichtig, um diejenigen regionalen Unterschiede anzusprechen, die sich auf die als notwendig geschätzte Lebensqualität und die Lebenschancen der Bevölkerung auswirken. Der wirtschaftliche

Box 4-2: Internationale Leitmessen als globale Knotenpunkte

Messeveranstaltungen werden in der betriebswirtschaftlichen Literatur vorwiegend als Marketinginstrument zum Anwerben neuer Käuferschichten, zur Markenbildung und zum Imageaufbau sowie als Verkaufs- bzw. Vertriebsinstrumente zur direkten oder indirekten Steigerung des Absatzes diskutiert (Meffert 1993; Backhaus und Zydorek 1997; Kirchgeorg 2003). Tatsächlich ist der Abschluss von Verträgen in fast allen Branchen traditionell eine zentrale Funktion von Messeveranstaltungen und auch heute noch auf vielen Veranstaltungen von Bedeutung. Aber kommen Akteure immer nur mit unmittelbaren Kauf- oder Verkaufsabsichten auf Messeveranstaltungen? Dies ist bei Weitem nicht so – weder bei den Besuchern noch bei den Ausstellern. Die Zielsetzungen der teilnehmenden Akteure sind im Gegenteil sehr vielschichtig und heterogen. Viele kleine Unternehmen nutzen Messen beispielsweise als Ideengeber und beabsichtigen, sich einen Marktüberblick zu verschaffen. Sie versuchen Trends aufzuspüren, die sie später in der eigenen Produktion nutzbar machen können. Ausländische Unternehmen sind bestrebt, durch Messepräsenz etwa den Markteinstieg in einem anderen Land vorzubereiten. Unternehmen aus weniger entwickelten Ländern und Schwellenländern (z. B. aus Osteuropa und Südostasien) versuchen, Designideen oder Muster zu erhalten, die sie für ihren Heimatmarkt (sowie im Hinblick auf weitere Märkte) imitieren können. Andere Unternehmen streben während einer Messeveranstaltung vor allem an, ihre Beziehungen zu bestehenden Kunden und Lieferanten zu vertiefen. Wiederum andere Hersteller nehmen teil, um Kooperationspartner für den Einstieg in neue Technologiefelder oder Marktregionen zu finden. Konkrete Ein- oder Verkaufsgespräche finden in diesen Fällen eher selten statt. Eine wesentliche Rolle spielen zudem Intermediäre bzw. Multiplikatoren, die z. B. als Journalisten oder Verbandsvertreter durch das Anbahnen von relevanten Gesprächen und Meinungsbekundungen über die Erfüllung ihrer subjektiven Erwartungen den Erfolgsverlauf von Messen beeinflussen können (Schuldt und Bathelt 2011).

Insbesondere internationale Fachmessen in den Bereichen Investitionsgüter, Dienstleistungen und Konsumgüter mit Leitcharakter haben eine bedeutende Funktion für den Wissensaustausch in einer Branche und dienen als Plattform der globalen Interaktion, Wissensgenerierung und Lernfeld (Bathelt und Zakrzewski 2007; Bathelt und Schuldt 2008). Sie erzeugen einzigartige Bedingungen zur Kommunikation und zum Informations- und Wissensaustausch (sog. *global buzz*) (Bathelt und Schuldt 2010). Die auf diesen Veranstaltungen stattfindenden Events, das innovative Niveau und die Größe der Messen verbunden mit einem hohen Anteil an internationalen Ausstellern und Marktführern machen diese Veranstaltungen zu zeitlich begrenzten, regelmäßig wiederkehrenden Spitzenereignissen der jeweiligen Branchen. Solche weltweit bedeutenden Veranstaltungen sind zugleich Vorreiter für kleinere, national oder regional begrenzte Messeveranstaltungen. Auf internationalen Leitmessen konzentrieren sich nicht nur Außendarstellung und Innovationen einzelner Unternehmen. Ganze Branchen arbeiten auf diesen Höhepunkt hin, auf dem weichenstellende Kontakte generiert, Verträge geschlossen und Trends präsentiert und ausgetauscht werden. Da sich auf diesen Veranstaltungen ein wesentlicher Teil der technischen Spezialisten und der Entscheider der betreffenden Branchen aus aller Welt trifft, findet ein globaler Wissensaustausch statt, der die zukünftige Entwicklung ganzer Branchen beeinflusst. Gerade persönliche Kontakte, die nicht durch technologische Lösungen ersetzbar sind, spielen dabei eine zentrale Rolle. Häufig werden die Gespräche zwischen Herstellern, Zulieferern und Abnehmern nach dem Ende einer Messeveranstaltung weitergeführt, konkretisiert und bilden die Grundlage für globale Vernetzungen (Bathelt und Zakrzewski 2007).

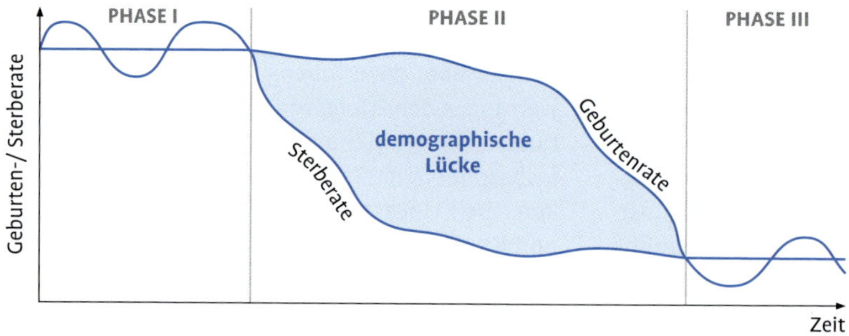

Abb. 4-3: Modell des demographischen Übergangs

Entwicklungsstand einer Region wird mit zentralen Indikatoren, wie z. B. dem Bruttoinlandsprodukt pro Einwohner, der Arbeitslosenquote, dem Einkommensniveau und der Qualität der Infrastruktur, erfasst. Dennoch sind räumliche Disparitäten nicht notwendigerweise räumlich bedingt. Sie resultieren z. B. daraus, dass wirtschaftliche Produktion nicht überall gleichartig organisiert ist, weil institutionelle Regeln wie etwa Normen und Gesetze sowie Erfahrungen in verschiedenen Volkswirtschaften unterschiedlich sind und auch auf regionaler Ebene voneinander abweichen. Industrielle Ballungen sind in ein bestimmtes regionales sozio-institutionelles Umfeld eingebettet und daraus hervorgegangen. Ihr Entstehungsprozess ist ohne dieses Umfeld oft nicht begreifbar.

Die Folge regionaler Disparitäten können regionale Wohlfahrtsunterschiede, regionale Unterschiede in der Erwerbslosigkeit und den Erwerbsmöglichkeiten sowie regionale Unterschiede in der Art und Konzentration wirtschaftlicher Aktivitäten sein. Disparitäten können auf unterschiedlichen räumlichen Maßstabsebenen auftreten. Sie können als weltweite Zentrum-Peripherie-Gegensätze erscheinen, in Deutschland als Nord-Süd- oder Ost-West-Unterschiede, als Stadt-Land-Gegensätze oder als Ballungs- und Entleerungsprozesse in unterschiedlichen räumlichen Dimensionen.

Anhand des **Gegensatzes von Stadt und Land** lässt sich zeigen, dass räumliche Disparitäten das Ergebnis räumlich differenziert wirkender sozialer Prozesse sind. So setzte zur Zeit der Industrialisierung eine starke Landflucht ein, die auch heute noch z. B. in Entwicklungsländern beobachtbar ist. Die Bevölkerungszahl schnellte in die Höhe und die Sterberate sank (→ Abb. 4-3) aufgrund neuer Erkenntnisse bei der Gesundheitsvorsorge und Krankheitsbekämpfung (Berry et al. 1987, Kap. 3; Bähr et al. 1992, Kap. 5.2). In landwirtschaftlich geprägten Regionen fanden die Menschen keine ausreichenden Beschäftigungsmöglichkeiten mehr. Dies galt in Deutschland insbesondere für Regionen mit Anerbenrecht, wie z. B. das Münsterland, während in Regionen mit Realerbteilung, wie z. B. Hessen, zumindest für eine gewisse Übergangszeit die in der Erbfolge verbliebenen Einzelgrundstücke groß genug waren, um eine wachsende Bevölkerung zu ernähren. Im Unterschied dazu gab es in städtischen Gebieten durch die Expansion von Handwerk und Manufakturen eine wachsende Anzahl von Arbeitsplätzen. Hier kam es deshalb zum Zuzug von Menschen aus ländlichen Regionen. Aufgrund der wachsenden Bevölkerung entstanden hier die wichtigsten Märkte.

Aus der Existenz solcher Disparitäten ergeben sich wichtige Untersuchungsfragen für die Wirtschaftsgeographie: Welche räumlichen und regionalen Disparitäten gibt es und durch welche sozialen und ökonomischen Prozesse werden diese ausgelöst? Um Fragen dieser Art zu beantworten, ist aus wirtschaftsgeographischer Sicht eine Analyse der unterschiedlichen räumlichen Ausprägungen von Unternehmensgründungen und -verlagerungen sinnvoll. Weitergehend könnte man fragen, welche sozialen und ökonomischen Prozesse einen Ausgleich oder eine Verstärkung solcher Disparitäten fördern. Wichtig ist hierbei, die richtige räumliche Maßstabsebene zur Betrachtung eines konkreten Prozesses zu wählen, weil ansonsten die interessierenden Disparitäten nicht sichtbar werden. Bei einer Untersuchung sozialer Segregationsprozesse ist beispielsweise die Stadtteilebene als Ausgangspunkt der Untersuchung sinnvoll und nicht das Bundesland.

Resultat räumlich ungleichmäßiger Wirtschaftsprozesse sind räumlich ungleichwertige Lebens- und Arbeitsbedingungen. Diese sind eine Folge von Wechselwirkungen zwischen Kapitalkonzentration, Bevölkerungskonzentration und Lebenschancen. In einer Demokratie wie Deutschland, die zentral auf dem Prinzip der Chancengleichheit beruht, ist es nicht akzeptabel, dass durch räumliche Ungleichheiten unterschiedliche individuelle Entwicklungsmöglichkeiten vordefiniert werden. Deshalb leitet sich in der Bundesrepublik Deutschland aus dem Grundgesetz das Ziel ab, **gleichwertige Lebens- und Arbeitsverhältnisse** zu schaffen (Art. 72 und Art. 106, Abs. 3 GG). Dieses Ziel wird im **Raumordnungsgesetz** (§ 2 ROG) und in weiteren Gesetzen und Bestimmungen erläutert und präzisiert (Stiens 1988; Ernst 1995; 1997). Auch im EG-Vertrag der Europäischen Union (Art. 2 und Art. 158) bildet die Einheitlichkeit der Lebensverhältnisse bzw. die Stärkung des wirtschaftlichen und gesellschaftlichen Zusammenhalts eine wichtige Norm der Gesellschaftsordnung.

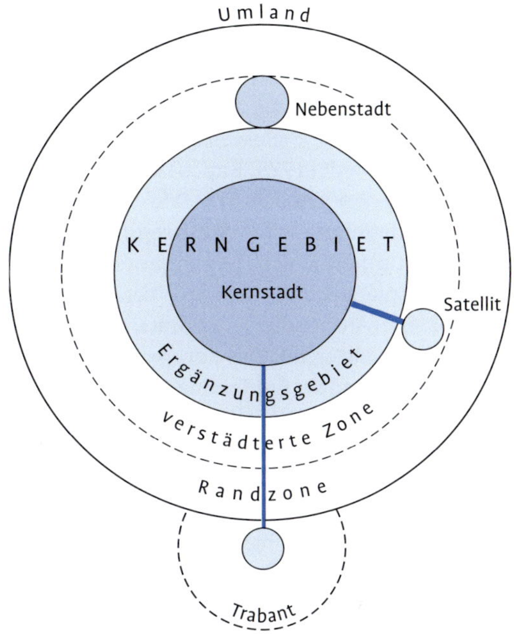

Abb. 4-4: Abgrenzung einer Stadtregion in Deutschland (nach Boustedt 1975, S. 344)

4.3.1 Verdichtungsräume

Die beiden Extreme räumlicher Disparitäten sind Ballungen und Entleerungen. In räumlichen Ballungen kommt es zu einer Konzentration von Menschen und damit zu einer Ballung sozialer und ökonomischer Aktivitäten. Dies trifft insbesondere auf große Metropolen und sogenannte Verdichtungsräume zu. Nach Gaebe (1987, Kap. 7) lassen sich unterschiedliche Merkmale zur Abgrenzung von Verdichtungsräumen verwenden:

- städtebaulich-morphologische Merkmale wie die Wohndichte und Geschosshöhe,
- demographische Merkmale, z. B. Mindestbevölkerung und Bevölkerungsdichte,
- ökonomische Merkmale der Arbeitsplatz-, Einkommens- und Berufsstruktur,
- ökologische Merkmale, wie etwa Immissionen, Frei- und Erholungsflächen,
- Verflechtungsmerkmale mit dem Umland, z. B. in Form von Berufspendlerverflechtungen.

Erste Abgrenzungsversuche von Verdichtungsräumen waren vorwiegend technischer Art. Sie erfolgten anhand weniger, oft subjektiv ausgewählter Merkmale und waren stark simplifiziert. Beispielsweise legte Scott (1912) einen 10-km-Radius um den Verkehrsmittelpunkt einer Großstadt fest und bezeichnete diesen als Agglomeration. Als Großstädte galten dabei solche Städte mit mehr als 100 000 Einwohnern. Es ist klar, dass sich derartige Abgrenzungen nicht beliebig auf andere Länder übertragen lassen und nicht im Zeitablauf unverändert erhalten bleiben. Inhaltlich hatte Scott (1912) eigentlich etwas anderes abbilden wollen: Als Agglomeration wollte er eine Großstadtgemeinde und die durch ihre Sozial- und Bevölkerungsstruktur beeinflusste Umgebung zusammenfassen, die z. B. in ihrer Wohnweise, Verkehrsinfrastruktur und Pendlerstruktur geprägt wird (Gaebe 1987, Kap. 7).

In der Nachkriegszeit erkannte man, dass Verdichtungsräume keineswegs homogene Einheiten sind, sondern dass sie eine innere Gliederung besitzen. Für diese Sichtweise war die Abgrenzung von Boustedt (1975, Kap. 8) besonders charakteristisch (➔ Abb. 4-4). Boustedt (1975, Kap. 8.4) definierte eine **Stadtregion** anhand von Strukturmerkmalen (Agrarquote, Einwohner-Arbeitsplatzdichte) sowie Verflechtungsmerkmalen (Auspendler). Er unterschied vier Zonen der Stadtregion: Das Kerngebiet umfasste die Kernstadt und ihr Ergänzungsgebiet, welches aus angrenzenden Gemeinden mit ähnlicher Struktur besteht. Nach außen folgte darauf eine verstädterte Zone mit stärker aufgelockerter Siedlungsweise und einer hohen Zahl von Auspendlern in das Kerngebiet. Hiervon unterschied Boustedt (1975) noch eine Randzone mit zunehmendem Anteil landwirtschaftlicher Erwerbspersonen (Heineberg 1989, Kap. 2). Auch dieser Gliederung fehlt jedoch letztlich eine theoretische Begründung. Zudem wurde eine kreisförmige Struktur der Städte um ihren Mittelpunkt unterstellt. Die Ministerkonferenz für Raumordnung differenzierte Verdichtungsräume im Jahr 1970 in der Bundesrepublik Deutschland nach nur einem einzigen Merkmal, der Einwohner-Arbeitsplatzdichte (d. h. der Anzahl der Einwohner plus Beschäftigten je km^2).

Daneben gibt es eine Vielzahl alternativer Abgrenzungsversuche von Verdichtungsräumen und Stadtregionen (Lichtenberger 1986, Kap. 2.1; Gaebe 1987, Kap. 7; Tönnis 1995). Außerdem bestehen in verschiedenen Ländern voneinander abweichende Festsetzungen von Verdichtungsräumen, die kaum mehr untereinander vergleichbar sind. In den USA werden beispielsweise sogenannte *metropolitan statistical areas* abgegrenzt. Die Grenzziehung erfolgt auf der Ebene von *counties* und basiert auf den Merkmalen Mindestgröße, Mindestdichte und Mindestpendleranteil in die zentralen *counties* der Agglomeration.

Insgesamt sind Abgrenzungen von Verdichtungs- und Ballungsgebieten problematisch. So ist die Wahl der Abgrenzungsmerkmale und der Abschneidegrenzen selten zwingend. In der Regel wird eine pragmatische Vorgehensweise bevorzugt, weil eine theoretisch begründete Methodik nicht existiert. Vielfach wird die Bedeutung von Verflechtungsmerkmalen für solche Abgrenzungen hervorgehoben, jedoch in der Praxis zu selten tatsächlich verwendet. Ein weiteres Problem besteht darin, dass die Abgrenzungen in der Regel von der Existenz eines Verdichtungskerns ausgehen, zu dem hin Verflechtungen von außen bestehen. Das hierbei unterstellte ringförmige Städtemodell trifft aber auf nordamerikanische Städte nur noch bedingt zu.

Die Raumentwicklung in der Bundesrepublik Deutschland war in der Nachkriegszeit durch drei Prozesse geprägt (Gaebe 1987):

(1) **Urbanisierung.** Verdichtung der Kerngebiete.

(2) **Suburbanisierung.** Städtische Expansion ins Umland.

(3) **Entleerung.** Abwanderungen aus strukturschwachen, dünn besiedelten Regionen, die oft auch als ländliche Räume bezeichnet werden (Maier und Weber 1995).

Das Raumordnungsgesetz aus dem Jahr 1965 bejahte Konzentrationen und strebte explizit sogar eine weitere Verdichtung von Wohn- und Arbeitsstätten an. Die Grenze des Verdichtungsprozesses wurde über gesunde Strukturen und ausgewogene Lebensverhältnisse sehr verschwommen formuliert. Wann und unter welchen Bedingungen Verdichtungen als unausgewogen zu betrachten waren, wurde nicht operationalisiert. Bei der Abgrenzung von Verdichtungsräumen als Regionen mit einer Bevölkerungsdichte von mehr als 1250 Einwohnern pro km^2 – einer Abgrenzung, die häufig Verwendung fand, – entfielen auf diese Raumkategorie im Jahr 1970 etwa 7 % der Fläche der Bundesrepublik Deutschland, 45 % der Wohnbevölkerung und 55 % der Beschäftigten.

In den 1970er-Jahren erkannte man aber auch, dass es Gebiete mit negativen **Verdichtungsfolgen** gab. Ausdruck hiervon waren eine zu starke bauliche Nutzung in Relation zu den bestehenden Freiflächen, ein zu hoher Zeitaufwand beim Zurücklegen der Entfernungen zwischen Wohn- und Arbeitsstätte sowie eine Überlastung der Infrastruktur. Bei der Novellierung des Raumordnungsgesetzes Ende der 1980er-Jahre wurden derartige Verdichtungsnachteile berücksichtigt und der Vorrang der Verdichtung aufgegeben (Tönnis 1995). Ziel der Raumordnung ist danach einerseits die Vermeidung zu starker Verdichtung, andererseits aber auch die Verhinderung von Zersiedlungserscheinungen. Unter dem Prinzip der dezentralen Konzentration wird eine begrenzte Konzentration der Funktionen Wohnen und Arbeiten auf Verdichtungskerne, eine Entlastung dieser Verdichtungen durch kleine Konzentrationen am Verdichtungsrand und außerhalb der Verdichtungen sowie eine Konzentration der Infrastruktur auf bestimmte Achsen angestrebt (Stiens 2004). Grundlage dieser räumlichen Steuerung ist die Klassifikation **siedlungsstruktureller Regionstypen** die zuletzt von der Ministerkonferenz für Raumordnung (MKRO) 1993 beschlossen und auf Ebene der Gemeinden abgegrenzt wurde (BBSR 2009). Die Abgrenzung basiert auf den beiden Kriterien der Siedlungsdichte (Einwohner je km^2 Siedlungsfläche) und des Anteils der Siedlungs- und Verkehrsfläche an der Gesamtfläche. Aus der Kombination dieser Kriterien werden insgesamt sieben Regionstypen differenziert, die von den hoch verdichteten Agglomerationsräumen bis hin zu den ländlichen Räumen geringer Dichte reichen (→ Abb. 4-5). Zu den Verdichtungsräumen gehören Gemeinden, deren Fläche im Vergleich zum Bundesdurchschnitt überdurchschnittlich als Siedlungs- und Verkehrsfläche genutzt wird und die gleichzeitig eine über dem Bundesdurchschnitt liegende Siedlungsdichte aufweisen. Wesentliches Kriterium eines Verdichtungsraumes ist ferner, dass dort mehr als 150 000 Einwohner leben. Insgesamt ist über die Hälfte der bundesdeutschen Bevölkerung in Verdichtungsregionen konzentriert.

4.3.2 Ländliche Räume

Ländlicher Raum ist ein Begriff, der aus dem Dualismus Stadt versus Land hervorgegangen ist. In dualistischer Sichtweise wurden Städte traditionell als Industrie- und Dienstleistungsstandorte mit hoher Verdichtung, als kulturell geprägte Raumeinheiten sowie als Gebiete mit neuen Gesellschaftsstrukturen und sich verändernden Werten angesehen. Demgegenüber galt das Land als gering verdichtet, agrarisch geprägt, durch natürliche Bedingungen bestimmt und mit traditionellen Strukturen und Werten in Form einer spezifischen ländlichen Lebensweise geprägt (Henkel 1993). Als mögliche Nachteile von Verdichtungen in den 1970er- und 1980er-Jahren erkannt wurden, richtete sich das Augenmerk stärker auf Räume außerhalb von Verdichtungen. Hierbei wurde der ländliche Raum als Restkategorie erfasst und entsprechend abgegrenzt: so etwa als strukturschwach ländlich geprägt und mit Ausgleichs- und Erholungsfunktionen besetzt (Herdzona 1995; Maier und Weber 1995).

Die in der Raumordnung verwendete Unterscheidung zwischen Verdichtungsräumen und ländlichen Räumen schafft allerdings einen künstlichen Dualismus und ist höchst problematisch. So ist der ländliche Raum traditioneller Prägung heute kaum noch existent, jedenfalls nicht in flächenhafter Form. Der historische Stadt-Land-Gegensatz ist weitgehend überholt. In heutiger Zeit findet man außerhalb der Städte verbreitet städtische Lebensformen, zugleich aber innerhalb der Städte ländliche Lebensweisen. So haben sich in einzelnen Stadtteilen großer Städte teilweise ländlich-dörfliche sozio-kulturelle Milieus erhalten. In jedem Fall ist es fragwürdig, ländlich mit strukturschwach oder gar zurückgeblieben gleichzusetzen (z. B. Zakrzewski 1998) und städtisch automatisch mit strukturstark. Wenn man schon von derartigen Resträumen spricht, wäre es besser in differenzierter Weise ländliche Räume am Rande von Verdichtungsräumen mit hoher Dynamik, ländliche Räume mit noch ungenutzten Entwicklungspotenzialen und strukturschwache ländliche Räume mit Abwanderungstendenzen von Bevölkerung und Wirtschaftsaktivitäten zu unterscheiden (Maier und Weber 1995).

Die hier dargelegten Argumente zeigen, dass wirtschaftliche Aktivitäten nicht gleichmäßig im Raum verteilt sind, sondern dass Produktionsprozesse unterschiedlich organisiert sind und dass diese Organisationsstruktur räumlich variiert. Aufgrund dessen entstehen räumliche In-

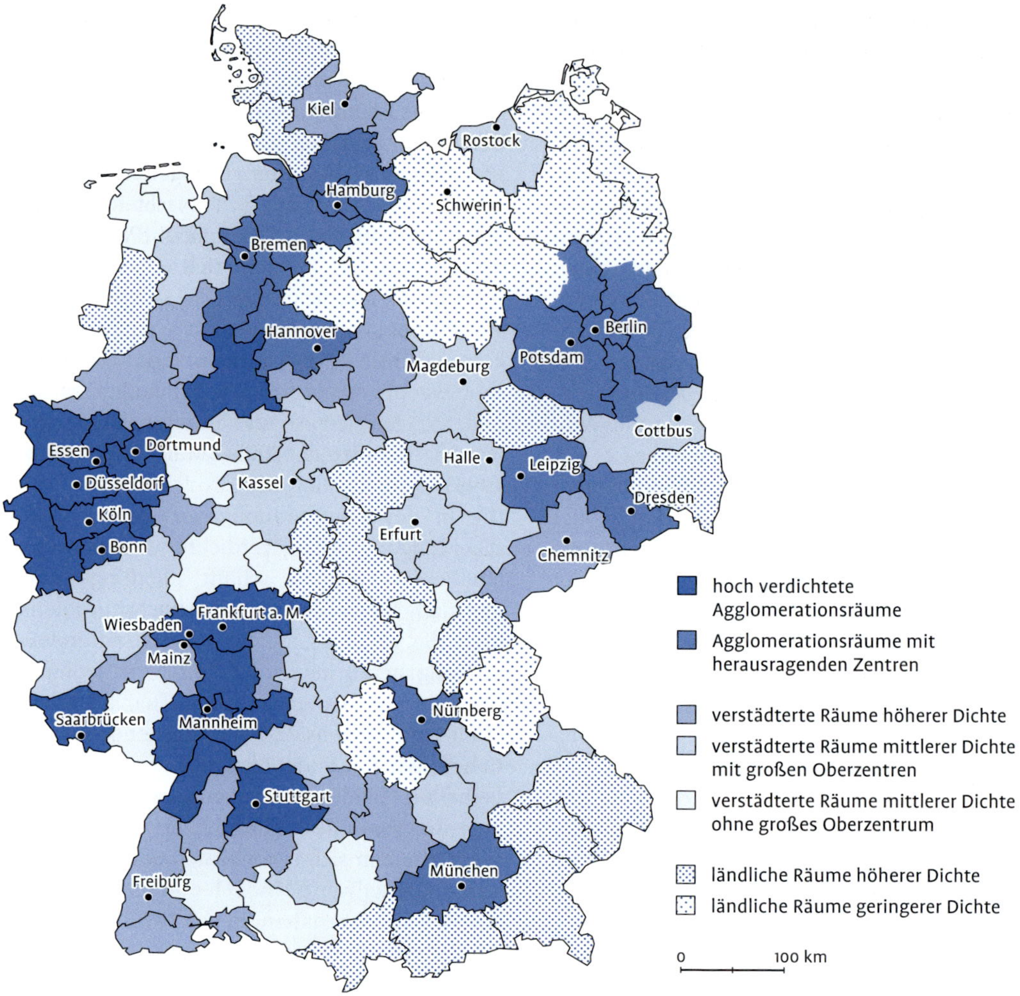

Abb. 4-5: Verdichtungsräume in Deutschland (nach BBSR 2009)

dustrieballungen und Industriespezialisierungen. Aus ökonomischer Sicht würde man von räumlichen Ungleichgewichten sprechen. Dabei stellt sich die Frage, ob räumliche Ungleichgewichte normal sind und langfristig erhalten bleiben, oder ob es Tendenzen gibt, die derartigen Ungleichgewichten entgegenwirken. Hierbei ist es wichtig geeignete Maßzahlen und Methoden zur Messung räumlicher Verteilungen zu verwenden.

4.4 Möglichkeiten und Grenzen der Messung räumlicher Verteilungen

Nachdem die Bedeutung räumlicher Disparitäten diskutiert worden ist, sollen nachfolgend in knapper Form Methoden dargestellt werden, die es ermöglichen, Art und Ausmaß räumlicher Ungleichheiten empirisch zu ermitteln. Hierzu ist es zunächst einmal notwendig, die Struktur räumlicher Verteilungen möglichst exakt zu messen, um Ungleichheiten und damit Disparitäten überhaupt identifizieren zu können. Dies geschieht mithilfe von Parametern der Strukturanalyse. Darauf aufbauend lassen sich Methoden der Wachstumsanalyse einsetzen, um Hinweise über Veränderungen von Standortverteilungen zu erlangen. Ausgangspunkt der folgenden methodischen Diskussionen sind regional und sektoral differenzierte Beschäftigtenzahlen aller Regionen eines Gesamtraums (z. B. einer Volkswirtschaft). Anhand dieser Daten sollen räumliche Verteilungen gemessen und Disparitäten aufgedeckt werden. Es wird ausgegangen von n Regionen (i = 1, ..., n) und m Sektoren (j = 1, ..., m). Hierbei wird folgende Notation verwendet:

Beschäftigte in Region i und Sektor j: b_{ij}

Beschäftigte aller Sektoren in Region i: $B_i = \sum_{j=1}^{m} b_{ij}$

Beschäftigte des Sektors j im Gesamtraum: $B_i = \sum_{i=1}^{m} b_{ij}$

Beschäftigte aller Sektoren im Gesamtraum: $B = \sum_{i=1}^{n} B_i = \sum_{j=1}^{m} B_j$

4.4.1 Parameter der regionalen Strukturanalyse

Um eine räumliche Verteilung zu beschreiben, könnte man zunächst die Beschäftigtenzahlen eines Sektors in allen Teilregionen des Gesamtraums miteinander vergleichen, um festzustellen, wo dieser Sektor die größten räumlichen Konzentrationen aufweist. Diese Vorgehensweise ist aber insofern problematisch, als Absolutzahlen zu dem Ergebnis führen würden, dass große Regionen, wie z. B. städtische Agglomerationen, in praktisch allen Sektoren die größte Konzentration aufweisen und Regionen außerhalb der Metropolen fast überall nur eine untergeordnete Rolle spielen. Das liegt daran, dass Absolutzahlen keinen Rückschluss darauf zulassen, wo relative Ballungen und Spezialisierungen bestehen. Die Größe einer Region bleibt dabei unberücksichtigt.

Um räumliche Disparitäten zu messen, kann man alternativ Maße der deskriptiven Statistik wie etwa absolute und relative Streuungsmaße oder Konzentrationsmaße verwenden (Bahrenberg et al. 1990, Kap. 4.2). Darauf soll im Folgenden aber nicht weiter eingegangen werden. Vielmehr sollen einige andere Parameter vorgestellt werden, die speziell auf räumliche Verteilungen anwendbar sind (Isard 1960, Kap. 5 und 7; Müller 1976, Teil B; Schickhoff 1983, Teil II; Schätzl 1994, Kap. 3.1.2).

Lokalisations- bzw. Standortquotient (LQ_{ij}). Der Standortquotient vergleicht den Anteil eines Sektors j in einer Region i mit dem Anteil, den dieser Sektor im Gesamtraum hat. Sein Zahlenwert ist größer oder gleich Null.

$$LQ_{ij} = \frac{b_{ij} / B_i}{B_j / B} = \frac{b_{ij} / B_j}{B_i / B}$$

Der Standortquotient liefert einen Wert größer Eins, wenn der Beschäftigtenanteil von Sektor j in Region i größer ist als sein Beschäftigtenanteil im Gesamtraum. Entsprechendes gilt für einen Wert kleiner Eins. Je größer ein gemessener Standortquotient ist, desto stärker ist die Konzentration des betreffenden Sektors in der untersuchten Region, gemessen an der Größe der Region. Absolute Größeneffekte werden hierbei also ausgeblendet.

Koeffizient der Lokalisierung (KL_j). Der Koeffizient der Lokalisierung ist ein Maß für die räumliche Konzentrationstendenz eines Sektors j im Gesamtraum.

$$KL_j = \frac{1}{2} \sum_{i=1}^{n} \left| \frac{b_{ij}}{B_j} - \frac{B_i}{B} \right|$$

Der Koeffizient der Lokalisierung misst für jede Region i die Differenz zwischen dem Beschäftigtenanteil der Region in Sektor j und dem Gesamtbeschäftigtenanteil dieser Region und addiert die Differenzen über alle Regionen auf. Der Zahlenwert des Koeffizienten kann zwischen Null und einem Wert nahe Eins liegen. Beträgt der Koeffizient der Lokalisierung Null, so ist Sektor j gleichmäßig über alle Regionen des Gesamtraums verteilt. Liegt der Zahlenwert nahe an Eins, so ist Sektor j fast oder vollständig in nur

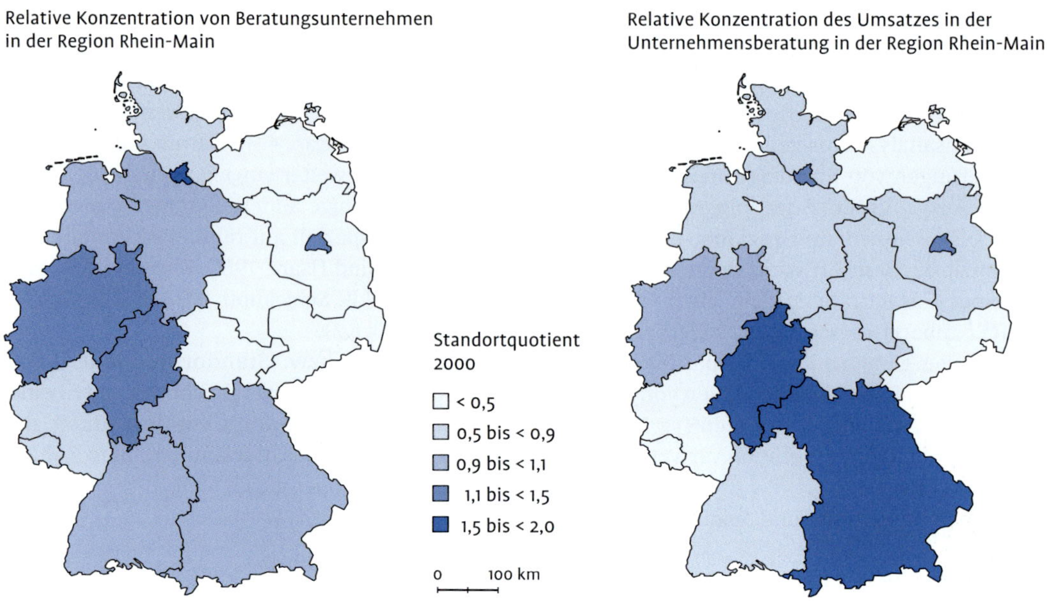

Abb. 4-6: Standortquotient der räumlichen Verteilung von Beratungsunternehmen in Deutschland auf Länderebene, NUTS 1 (nach Glückler 2004 b)

einer einzigen Region des Gesamtraums konzentriert. Der Koeffizient der Lokalisierung wertet die Standortquotienten eines Sektors über alle Teilräume hinweg aus und stellt somit ein zusammenfassendes Maß für die räumliche Verteilungsstruktur eines Sektors dar. In abgewandelter Form kann der Koeffizient der Lokalisierung auch als räumlicher Verknüpfungskoeffizient (Koeffizient der geographischen Assoziation) berechnet werden, um die gemeinsame Konzentration zweier Sektoren in den Regionen des Gesamtraums zu messen.

Koeffizient der Spezialisierung (KS_i). Der Koeffizient der Spezialisierung ist ein Parameter, der Aufschluss darüber gibt, wie stark die sektorale Wirtschaftsstruktur einer Region i im Vergleich zum Gesamtraum spezialisiert ist.

$$KS_i = \frac{1}{2}\sum_{j=1}^{m}\left|\frac{b_{ij}}{B_i} - \frac{B_j}{B}\right|$$

Der Koeffizient der Spezialisierung wertet die Standortquotienten einer Region über alle Sektoren hinweg aus. Er kann zwischen Null und einem Wert nahe Eins liegen. Falls der Koeffizient der Spezialisierung den Wert Null erreicht, ist die sektorale Wirtschaftsstruktur einer Region identisch mit der des Gesamtraums. Liegt er nahe Eins, so ist die Region nahezu oder ganz auf einen einzigen Sektor spezialisiert. Während der Koeffizient der Lokalisierung ein Maß für die räumliche Verteilung eines Sektors im Gesamtraum ist, bezieht sich der Koeffizient der Spezialisierung auf die sektorale Struktur innerhalb einer Region und vergleicht diese mit dem Gesamtraum.

Kritik. Als Kritik an den dargestellten Parametern der Strukturanalyse lässt sich insbesondere anfügen, dass die Ergebniswerte sehr stark vom gewählten räumlichen und sektoralen Aggregationsniveau abhängen. Dadurch können bei der Interpretation und beim Vergleich von Koeffizientenwerten erhebliche Probleme entstehen. So werden bei einer hohen räumlichen oder sektoralen Aggregation Konzentrations- und Spezialisierungstendenzen unterbewertet, weil die den Berechnungen zugrunde liegenden Einheiten bereits in sich sehr heterogen sind. Diese Problematik wird deutlich am Beispiel der Messung des Standortquotienten von Beratungsunternehmen

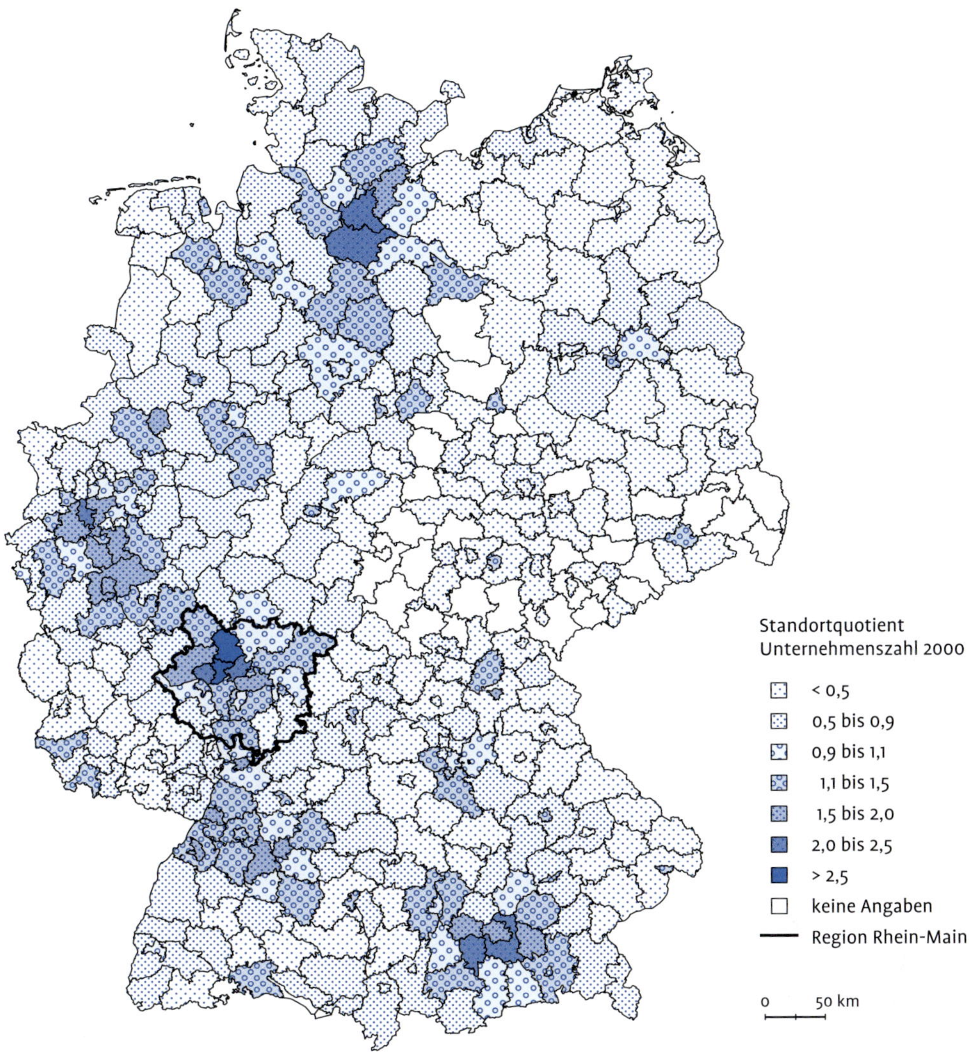

Abb. 4-7: Standortquotient der räumlichen Verteilung von Beratungsunternehmen in Deutschland auf Kreisebene, NUTS 3 (nach Glückler 2004 b)

in Deutschland (→ Abb. 4-6, links). Während die Darstellung auf Ebene der Bundesländer suggeriert, dass vor allem Süddeutschland von einer hohen Konzentration von Beratungsunternehmen geprägt ist, gestattet die Darstellung auf der Ebene der Kreise eine andere Interpretation (→ Abb. 4-7). Hier tritt deutlich ein Konzentrationsmuster der urbanen Ballungsräume hervor, innerhalb derer die Konzentration der Beratungsunternehmen besonders ausgeprägt ist. Eine weitere Detaillierung der räumlichen Betrachtung auf Ebene der Gemeinden (→ Abb. 4-8) zeigt wiederum am Beispiel der Metropolregion Rhein-Main, dass die relative Konzentration der Unternehmensberatung auch interkommunal sehr stark variiert und aufgrund geringer gesamtwirtschaftlicher Aktivitäten in Randgemeinden die größten relativen Konzentrationswerte erreicht (Glückler 2004b). Bei einer geringen räumlichen bzw. sektoralen Aggregation besteht letztlich die Gefahr, räumliche Konzentrations- und Spezialisierungstendenzen überzubewer-

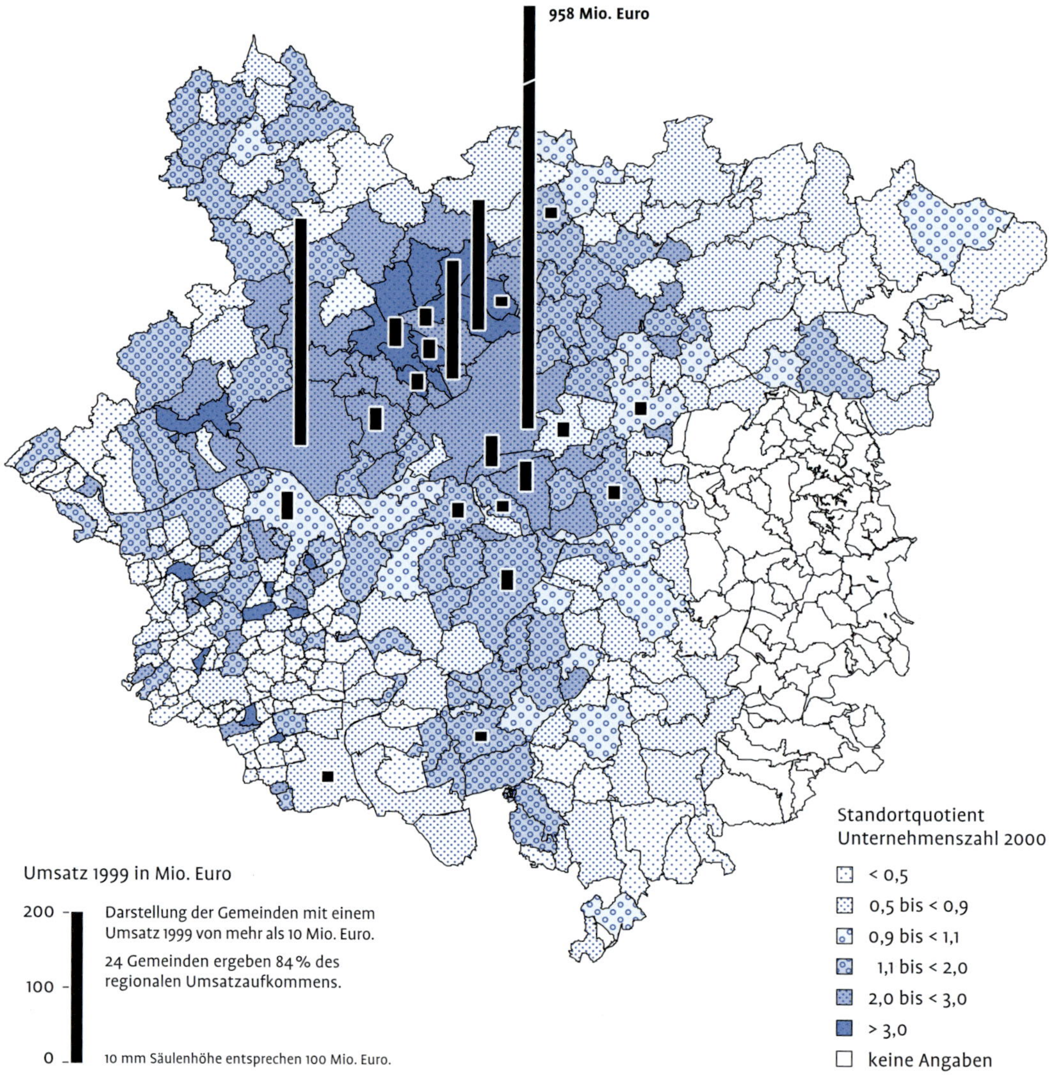

Abb. 4-8: Standortquotient der räumlichen Verteilung von Beratungsunternehmen in der Metropolregion Rhein-Main auf Gemeindeebene, NUTS 4 (nach Glückler 2004 b)

ten. Ein damit zusammenhängendes Problem besteht darin, dass Daten zum Teil nicht in der für eine konkrete Analyse benötigten regionalen und sektoralen Gliederungstiefe vorhanden sind und man deshalb auf ein anderes Aggregationsniveau ausweichen muss. Dieses Problem tritt auch bei den nachfolgend skizzierten Methoden der regionalen Wachstumsanalyse auf. Schließlich demonstriert der Vergleich der Standortquotienten in Abbildung 4-6 (links und rechts), dass auch scheinbar geringe Variationen in der Wahl der Indikatoren (Anzahl der Unternehmen versus Umsatz der Unternehmen) zu deutlichen Variationen in der räumlichen Verteilungsanalyse führen können. Insofern ist die Validität der den Indikatoren zugrunde liegenden Konzepte von besonderer Wichtigkeit für eine aussagekräftige Analyse.

4.4.2 Methoden der regionalen Wachstumsanalyse

Die vorgestellten Parameter der Strukturanalyse sind zwar in der Lage, räumliche Disparitäten zu erfassen und zu beschreiben, sie sagen aber nichts über die Dynamik von räumlichen Konzentrationen und Spezialisierungen aus. Einen ersten Anhaltspunkt über Entwicklungstendenzen von Standortverteilungen erhält man, indem man die Koeffizienten der Lokalisierung und Spezialisierung zu verschiedenen Zeitpunkten berechnet und miteinander vergleicht.

In der traditionellen Raumwirtschaftslehre wird angestrebt, Methoden der Wachstumsanalyse auch für Prognosezwecke einzusetzen. Aufgrund einer unzureichenden Konzeptionierung bleibt das Prognoseziel allerdings unrealistisch. Das ist darauf zurückzuführen, dass sowohl bei den Parametern der Strukturanalyse als auch bei den Methoden der Wachstumsanalyse soziale und ökonomische Prozesse, die die einzigen Ausgangspunkte für Prognosen sein könnten, nicht erfasst werden. Die im Folgenden dargestellte relative Wachstums- und die *shift*-Analyse gehen von einer regional und sektoral disaggregierten Wirtschaftsstruktur aus und vergleichen die Entwicklung von Standortverteilungen zwischen zwei Zeitpunkten 0 und t.

Relative Wachstumsanalyse. In der relativen Wachstumsanalyse wird die Veränderung der Sektorstruktur einer Region zwischen den Zeitpunkten 0 und t den entsprechenden Veränderungen im Gesamtraum gegenübergestellt. Zu diesem Zweck wird ein relatives Wachstumsdiagramm gezeichnet (→ Abb. 4-9), auf dessen Ordinate das Wachstum der Region und auf dessen Abszisse das Wachstum des Gesamtraums dargestellt wird (Isard 1960, Kap. 7; Müller 1976, Teil B). In dem Diagramm wird jeder Sektor j durch einen Punkt repräsentiert, dessen Lage sich aufgrund des Wachstums des Sektors in Region und Gesamtraum ergibt. Als Referenzpunkt ist der Schnittpunkt B aus dem durchschnittlichen Wachstum der Region und dem Durchschnittswachstum des Gesamtraums für die Interpretation des Diagramms von Bedeutung.

Durch den Bezugspunkt B lassen sich vier Quadranten unterscheiden. Jeder Sektor, der im

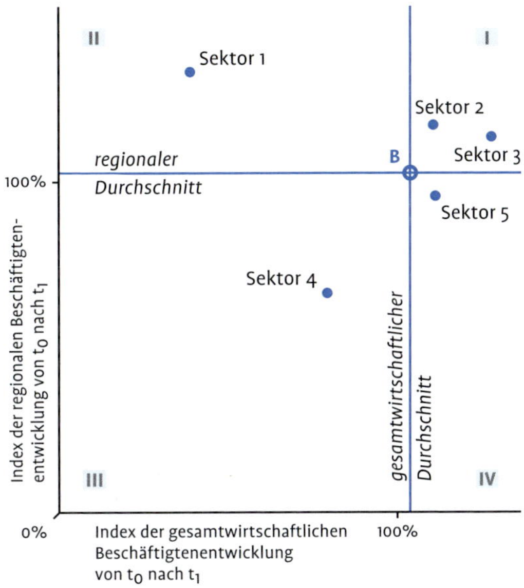

Abb. 4-9: Relatives Wachstum in räumlicher Perspektive (nach Müller 1976, S. 57)

I. Quadranten liegt, ist dadurch gekennzeichnet, dass sein Wachstum sowohl innerhalb der Region als auch im Gesamtraum überdurchschnittlich verläuft. Der III. Quadrant enthält Sektoren, die in der Region wie auch im Gesamtraum unterdurchschnittlich gewachsen sind. Besonders interessant als Ausgangspunkt für wirtschaftsgeographische Fragestellungen sind die Quadranten II und IV, weil hier die Wachstumsdynamiken in Region und Gesamtraum differieren. Ein Sektor im II. Quadranten ist dadurch gekennzeichnet, dass er im Gesamtraum unterdurchschnittlich, in der Region aber überdurchschnittlich wächst. Sektoren in Quadrant IV sind entsprechend durch unterdurchschnittliches Wachstum in der Region und überdurchschnittliches Wachstum im Gesamtraum gekennzeichnet. Eine daraus abgeleitete wirtschaftsgeographische Untersuchung könnte beispielsweise der Frage nachgehen, welche Prozesse dazu führen, dass ein Sektor in einer bestimmten Region schneller oder langsamer wächst als im Gesamtraum, um Schlussfolgerungen für eine verbesserte Förderpolitik zu ziehen.

***Shift*-Analyse.** Die *shift*- bzw. *shift-share*-Analyse geht über die relative Wachstumsanalyse insofern hinaus, als sie versucht, die regional-sektoralen Wachstumsmuster innerhalb des Gesamtraums zu identifizieren und erste Anhaltspunkte zu ihrer Erklärung zu liefern (Lauschmann 1976, III. Teil). Hierbei wird ein systematischer Vergleich der Entwicklung der Produktionsstruktur zwischen den Regionen und dem Gesamtraum durchgeführt. So untersuchte z. B. Zelinsky (1958) in einer Studie über die Regionen der USA, wie sich die regionalen Verteilungen von Bevölkerung, Nettoproduktionswert und Beschäftigung verändert haben. Hierbei unterschied er zwischen tatsächlichen und fiktiven Größen, die sich ergeben hätten, wenn regionale Anteile unverändert geblieben wären. Die Berechnung fiktiver Größen ist allen Methoden der *shift*-Analyse gemeinsam. Dies ist der entscheidende methodische Fortschritt gegenüber anderen Verfahren der Wachstumsanalyse.

Dunn (1960) hat den Ansatz der *shift*-Analyse weiter ausgefeilt und eine sektorale Differenzierung in die Analyse eingeführt. Er berechnete zunächst einen Gesamteffekt TNS (*total net shift*) für eine einzelne Region, der die Differenz angibt zwischen der tatsächlichen und der erwarteten Beschäftigtenzahl, die resultiert hätte, wenn die Zahl der Beschäftigten im nationalen Durchschnitt gestiegen wäre. Davon ausgehend wird der Gesamteffekt in der *shift*-Analyse in zwei Teileffekte aufgesplittet: Der Struktureffekt NPS (*net proportionality shift*) misst den Teil des Gesamteffekts einer Region, der auf deren vom Gesamtraum abweichende Sektorstruktur zurückzuführen ist. Der Standorteffekt NDS (*net differential shift*) ist demgegenüber Ausdruck der regionalen Besonderheiten, die dazu geführt haben, dass die Sektoren einer Region schneller oder langsamer als im Gesamtraum gewachsen sind (Lauschmann 1976, III. Teil; Schätzl 1994, Kap. 3.1.2; Güssefeldt 1999, Kap. I).

(1) **Gesamteffekt einer Region (TNS_i).** Bei der Ermittlung des Gesamteffekts wird zunächst die hypothetische Beschäftigtenzahl der Region i zum Zeitpunkt t ermittelt, die sich ergeben hätte, wenn die Region mit der Wachstumsrate des Gesamtraums gewachsen wäre.

$$TNS_i = B_i^t - \frac{B^t}{B^0} \cdot B_i^0$$

Welches der übergeordnete Gesamtraum ist, hängt von der Fragestellung ab. Häufig ist bei Regionen mittlerer Größe, wie z. B. Kreisen oder Arbeitsmarktregionen, die gesamte Volkswirtschaft der Bezugsraum. Ein Gesamteffekt (in absoluten Beschäftigten) größer Null bedeutet, dass die betreffende Region im Beobachtungszeitraum insgesamt schneller gewachsen ist als der Gesamtraum. Das Umgekehrte gilt bei einem Gesamteffekt kleiner Null.

(2) **Standorteffekt einer Region (NDS_i).** Bei der Ermittlung des Standorteffekts wird zunächst eine hypothetische Beschäftigtenzahl für die Region i ermittelt, die sich zum Zeitpunkt t ergeben hätte, wenn jeder Sektor j mit der betreffenden Wachstumsrate im Gesamtraum gewachsen wäre.

$$\hat{B}_i^t = \sum_{j=1}^{m} \left(b_{ij}^0 \cdot \frac{B_j^t}{B_j^0} \right)$$

Der Standorteffekt ergibt sich dann als Differenz zwischen der tatsächlichen Beschäftigtenzahl zum Zeitpunkt t und der hypothetischen.

$$NDS_i = B_i^t - \hat{B}_i^t$$

Ein Standorteffekt größer (kleiner) Null bedeutet, dass der Beschäftigtenzuwachs in der Region größer (kleiner) war als der, der sich ergeben hätte, wenn alle Sektoren gleich schnell wie im Gesamtraum gewachsen wären. Dies wird auf nicht näher bestimmte Standortvorteile (-nachteile) zurückgeführt.

(3) **Struktureffekt einer Region (NPS_i).** Bei der Berechnung des Struktureffekts einer Region wird zunächst ermittelt, welche Sektoren im Gesamtraum überdurchschnittlich und welche unterdurchschnittlich gewachsen sind. Hierzu werden die sektoralen Wachstumsfaktoren des Bezugsraums mit dem Gesamtwachstumsfaktor des Bezugsraums verglichen:

$$\frac{B_j^t}{B_j^0} - \frac{B^t}{B^0}$$

Anschließend werden die positiven und negativen Wachstumsabweichungen mit der Beschäftigtenanzahl der entsprechenden Sektoren in der Region zum Zeitpunkt 0 multipliziert und zu einem Regionswert über alle Sektoren aufaddiert.

$$NPS_i = \sum_{j=1}^{m} \left[b_{ij}^0 \left(\frac{B_j^t}{B_j^0} - \frac{B^t}{B^0} \right) \right]$$

Falls eine Region dieselbe Sektorstruktur wie der Gesamtraum besitzt, würden sich positive und negative Abweichungen genau zu Null aufaddieren. Wenn hingegen in einer Region wachsende Sektoren überrepräsentiert sind, werden positive Wachstumsdifferenzen höher gewichtet und es resultiert ein Struktureffekt größer Null. Umgekehrtes gilt, wenn schrumpfende Sektoren überrepräsentiert sind.

In dem dargestellten Differenzenverfahren der *shift*-Analyse errechnet sich der regionale Gesamteffekt additiv aus den beiden Einzeleffekten. In einer konkreten Untersuchung genügt es deshalb, den Gesamteffekt und den Standorteffekt direkt zu berechnen und den Struktureffekt als Differenz der beiden zu bestimmen.

$$NPS_i = TNS_i - NDS_i$$

In Deutschland hat sich gegenüber diesem Differenzenverfahren ein durch Gerfin (1964) bei Prognos entwickeltes multiplikatives Verfahren durchgesetzt, das auf einer ähnlichen Aufspaltung und Argumentation basiert. Hierbei wird ein Regionalfaktor TF_i definiert, der sich multiplikativ aus einem Standortfaktor DF_i und einem Strukturfaktor PF_i zusammensetzt (Müller 1976, Teil B). Für eine Region i ergibt sich dabei folgender Zusammenhang:

$$TF_i = DF_i \cdot PF_i$$

Der Regionalfaktor setzt das Beschäftigtenwachstum in Region i über den Beobachtungszeitraum mit dem des übergeordneten Gesamtraums in Beziehung.

$$TF_i = \frac{B_i^t / B_i^0}{B^t / B^0}$$

Der Regionalfaktor liefert einen Wert größer Eins, wenn das Wachstum in der Region größer als das im Gesamtraum war. Im umgekehrten Fall ist er kleiner als Eins. Standort- und Strukturfaktor werden analog zu den entsprechenden Konzepten des Differenzenmodells ermittelt. Allerdings werden statt Differenzen jeweils Quotienten gebildet. Ein Standortfaktor größer (kleiner) Eins deutet dabei auf Standortvorteile (-nachteile) einer Region gegenüber dem Gesamtraum hin, ein Strukturfaktor größer (kleiner) Eins darauf, dass wachsende (schrumpfende) Sektoren in der Region überrepräsentiert sind.

Kritik an der *shift*-Analyse. Wie schon bei den Parametern der Strukturanalyse sind auch die Ergebnisse der *shift*-Analyse extrem abhängig von der gewählten regionalen und sektoralen Untergliederung. Je nach Aggregationsniveau kann die *shift*-Analyse ihr Ziel leicht verfehlen (Lauschmann 1976, III. Teil; Schätzl 1994, Kap. 3.1.2). Bei der *shift*-Analyse ist zudem das Zeitintervall der Untersuchung von großer Bedeutung und muss sorgfältig ausgewählt werden. Ein Vergleich von *shift*-Analysen aus unterschiedlichen Untersuchungen und verschiedenen Zeitintervallen ist äußerst problematisch und kann zu fehlerhaften Schlussfolgerungen führen. Ferner ist die Prognosequalität der *shift*-Analyse grundsätzlich infrage zu stellen. Inzwischen wird die Eignung der *shift*-Analyse als Methode der Regionalanalyse zusehends angezweifelt, zumal sie weitgehend strukturgleiche Ergebnisse hervorbringt: Meist ist nämlich der Standorteffekt erheblich größer als der Struktureffekt. Das ist nicht nur auf das Aggregationsniveau zurückzuführen, sondern auch darauf, dass in dem Standorteffekt alle möglichen Auswirkungen sozialer und ökonomischer Interaktionen und daraus resultierender Entscheidungen in einer Region auf unidentifizierbare Weise vermischt werden. Letztlich ist die *shift*-Analyse deshalb nur eine Methode, um Strukturen und Strukturveränderungen zu beschreiben. Eine wirkliche Erklärung der dahinterstehenden Ursachen muss jedoch durch eine weiterführende Analyse erfolgen.

4.5 Globale Verflechtungen

Wirtschaftsgeographische Analysen sind häufig auf lokale, regionale oder nationale Wirtschaftsabläufe und Beziehungen fokussiert und reichen kaum darüber hinaus. Dies ist auf der einen Seite angemessen, da ökonomische Probleme oft lokalisiert sind und ihren Folgen durch territorial begrenzte Politikansätze (z. B. Regionalpolitik) entgegengewirkt wird. Auf der anderen Seite zeigen sich immer deutlicher auch die Grenzen einer solchen Sichtweise, da ökonomische Prozesse zunehmend international und global organisiert sind und deshalb Bedingungen und Trends in anderen Ländern nicht unbeachtet bleiben können (Haas und Neumair 2006). Durch die zunehmende Integration weltweit ökonomischer Bedingungen und Strukturen sind die Produktionskonstellationen in ausgewählten Untersuchungsregionen und -ländern systematisch abhängig von den Nachfragetrends, den Technologieentwicklungen und den politischen und institutionellen Bedingungen in anderen Ländern rund um den Globus. Wirtschaftliche Krisen wie die globale Finanzkrise ab 2007 und politische Spannungen wie etwa in Nordafrika und im Nahen Osten seit 2010 haben dabei oft unmittelbare Auswirkungen auf eine Untersuchungsregion in weiter Entfernung. Im Folgenden werden vor diesem Hintergrund Konzeptionen der Globalisierung sowie grundlegende Dimensionen globaler Verflechtungen und Beziehungen aufgezeigt.

4.5.1 Grundkonzeption der Globalisierung

Globalisierung ist weder Zustand noch Ursache, sondern ein Prozess der Transformation des Zusammenhangs zwischen Territorium und der Organisation sozio-ökonomischer Beziehungen (Waters 1995, Kap. 1). Dieser Zusammenhang ist das zentrale Element der sozial- und wirtschaftswissenschaftlichen Ansätze, die im Kontext der Globalisierung seit den 1980er-Jahren entstanden sind (McGrew 1992; Waters 1995; Giddens 1997; Held et al. 1999; Sklair 1999). Die zunehmende Entankerung ökonomischen Handelns aus dem physischen Raum (Werlen 1997, Kap. 5) ermöglicht dabei sowohl die globale Verbreitung von Gütern, Leistungen, Wissen, Konsumpräferenzen und kulturellen Einstellungen als auch deren Pluralisierung an einem einzigen Ort. Das Herauslösen von Handlungszusammenhängen aus territorialen Bezügen führt im Sinne von Giddens (1997, S. 85) dazu, dass sich soziale Beziehungen weltweit intensivieren und *„entfernte Orte in solcher Weise miteinander verbunden werden, dass Ereignisse am einen Ort durch Vorgänge geprägt werden, die sich an einem viele Kilometer entfernten Ort abspielen, und umgekehrt."* Dieser Prozess wird von Giddens (1995; 1997) als räumliche Entbettung bzw. Entankerung im Zusammenhang von traditioneller (vormoderner) und moderner Gesellschaft thematisiert.

Neue Informations-, Kommunikations- und logistische Technologien ermöglichen seit dem 20. Jahrhundert die verstärkte Loslösung sozialer und ökonomischer Interaktionen aus Zeit und Raum – ein Phänomen, das als ***time-space compression*** (Harvey 1990) oder **zeitkompakter Globus** (Beck 1997) bezeichnet wird. Im Bereich der Logistik hat die Mobilität von Personen und Gütern durch Innovationen in der modernen Luftfahrt und durch Hochgeschwindigkeitszüge auf modernen Schienennetzen sowie durch die Massenmotorisierung der Gesellschaft erheblich zugenommen. Distanzen werden in viel kürzerer Zeit überwunden, sodass Entfernungen technologiebedingt zu schrumpfen (McHale 1969) (→ Abb. 4-10) bzw. Raum und Zeit zu konvergieren scheinen (Blotevogel 2000).

Innovationen im Bereich der Kommunikationstechnologien wie z. B. Intranet, Internet, E-Mail oder Videokonferenzen erlauben den Austausch von Informationen in Echtzeit und schaffen virtuelle Nähe (→ Kap. 4.2). Wertpapiergeschäfte sind nicht mehr auf die Öffnungszeiten der lokalen Börse beschränkt, sondern können von einem beliebigen Standort aus zu fast jeder Tages- und Nachtzeit an anderen Börsen der Welt getätigt werden. Der räumlich und zeitlich immer weniger limitierte Handel von Kapital in einem weltweit integrierten Finanzsystem wird daher zumeist als ideales Beispiel einer verwirklichten

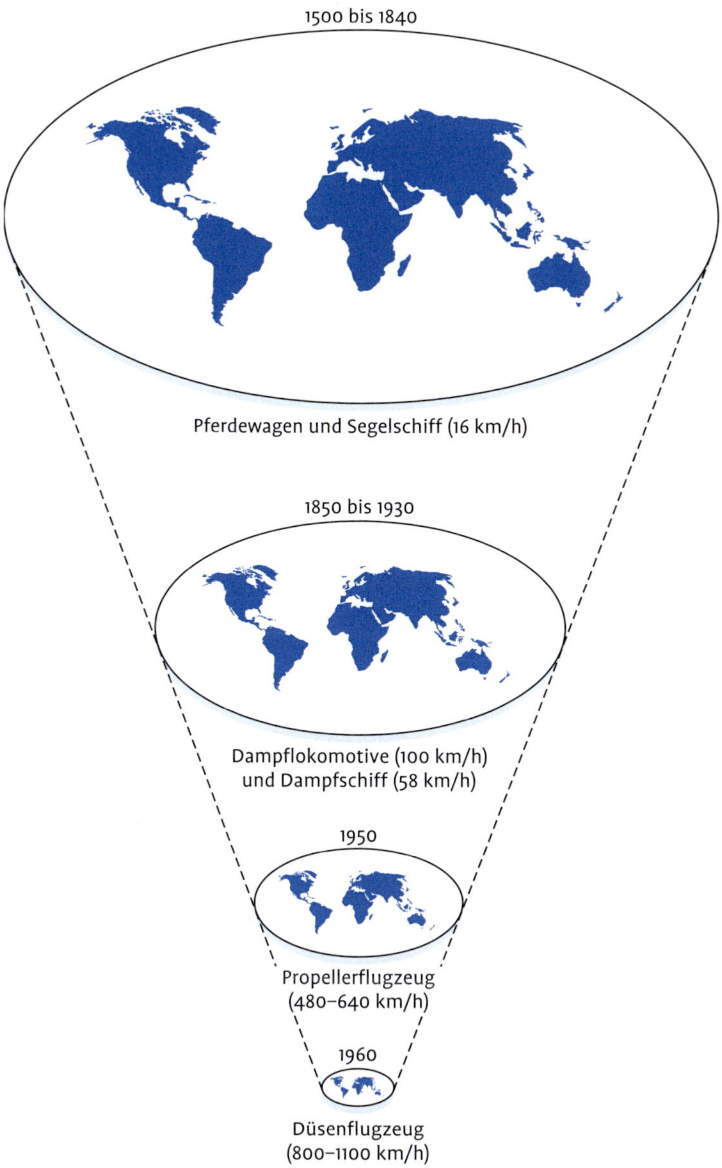

Abb. 4-10: McHale'sche Darstellung des schrumpfenden Planeten Erde (nach Dicken 1998, S. 152)

Globalisierung angesehen (Castells 1999, Kap. 2). Dabei stellen technologische Innovationen im Bereich der Kommunikation und der Logistik die vielleicht grundlegendsten Rahmenbedingungen für Internationalisierungs- und Globalisierungsprozesse dar (Rosenau 1990; Sklair 1999). Zudem gibt es eine Vielzahl institutioneller Veränderungen auf internationaler Ebene (z. B. die Beseitigung von Handelsbarrieren und Deregulierung der Finanzmärkte), die das Fortschreiten von Globalisierungsprozessen erst ermöglicht haben (Schamp 1996; 2000b, Kap. 3.1). Jedoch kann der Prozess der Globalisierung nicht einfach als Folge von Rahmenbedingungen konzipiert werden, sondern ist vielmehr als Ergebnis strategischen Handelns von Akteuren.

Die neuen Informations- und Kommunikationstechnologien, die insbesondere seit den 1980er-Jahren eine neue Dimension (Qualität) des internationalen Austauschs ermöglicht haben, bedeuten aber keineswegs, dass der Prozess der Globalisierung ein gänzlich neues Phänomen ist, wie dies manche Vertreter der Globalisierungshypothese behaupten. Vielmehr setzte der Prozess bereits mit der Industrialisierung ein und wurde schon frühzeitig thematisiert, wie das folgende Zitat von Marx und Engels (1848, S. 23) aus ihrer Analyse der historischen Rolle der kapitalistischen Gesellschaft und ihres Wandels belegt: *„Die uralten nationalen Industrien sind vernichtet worden und werden noch täglich vernichtet. Sie werden verdrängt durch neue Industrien, deren Einführung eine Lebensfrage für alle zivilisierten Nationen wird, durch Industrien, die nicht mehr einheimische Rohstoffe, sondern den entlegensten Zonen angehörige Rohstoffe verarbeiten und deren Fabrikate nicht nur im Lande selbst, sondern in allen Weltteilen zugleich verbraucht werden. An die Stelle der alten, durch Landeserzeugnisse befriedigten Bedürfnisse treten neue, welche die Produkte der entferntesten Länder und Klimate zu ihrer Befriedigung erheischen. An die Stelle der alten lokalen und nationalen Selbstgenügsamkeit und Abgeschlossenheit tritt ein allseitiger Verkehr, eine allseitige Abhängigkeit der Nationen voneinander."* Tatsächlich kann Globalisierung im Sinne von Marx (1890, Kap. 14) aus dem im Kapitalismus verankerten Streben nach der Produktion von Mehrwert abgeleitet oder im Sinne von Giddens (1997) als Konsequenz aus der in der Moderne verankerten Reflexivität gesellschaftlicher Beziehungen verstanden werden.

Doch selbst vor der Industrialisierung bestanden schon einflussreiche internationale Verflechtungen, z. B. im Rahmen der interkontinentalen Kolonialisierung durch die europäischen Königreiche Spaniens, Großbritanniens und Frankreichs (Harvey 1996). Und selbst vor dieser Zeit existierten entfernte Handelsbeziehungen, z. B. über die Seidenstraße zwischen Europa und China. Internationale Beziehungen zwischen territorial definierten Herrschafts- und Wirtschaftsräumen haben somit sehr lange Tradition (Held et al. 1999).

Globalisierung – obwohl ein andersartiges Konzept und eine andere Perspektive – sollte weder im Gegensatz zu dem Begriff der **Internationalisierung**, der die geographische Ausbreitung von Aktivitäten über nationale Grenzen hinweg betrachtet (Dicken 1998, Kap. 1), noch zu dem der **Denationalisierung** gesehen werden, bei dem lokalisierte soziale Handlungszusammenhänge in zunehmendem Maße nationale Grenzen überschreiten (Zürn 1997). Vielmehr sollte **Globalisierung** als ein historischer Prozess verstanden werden (Schamp 1996; Held et al. 1999; Bathelt 2000), dessen fortwährende Veränderung der Organisation sozialer und ökonomischer Beziehungen in räumlicher Perspektive zu einer zunehmenden globalen Vernetzung von Aktivitäten und wechselseitigen Abhängigkeiten führt. Historische Phasen der Globalisierung bzw. Internationalisierung können anhand von vier **Grundcharakteristika** umschrieben und von anderen unterschieden werden. In Anlehnung an Held et al. (1999, Kap. 1) sind dies: (1) geographische Ausbreitung, (2) Intensität, (3) Geschwindigkeit und (4) Wirkung der internationalen Verflechtungen. Die Kombination dieser Charakteristika führte zu einer Reihe unterschiedlicher Typen von Globalisierungs- oder Internationalisierungsphasen. Jede Phase der Globalisierung bzw. Internationalisierung ist dabei abhängig von den jeweiligen historischen Kontexten, wie z. B. den technologischen Bedingungen sowie den gesellschaftlichen, politischen und wirtschaftlichen Institutionen und Interessen (North 1991), sodass diese Typen nicht als Stadien eines linearen Prozesses, sondern als Bestandteile eines pfadabhängigen, evolutionären Prozesses zu verstehen sind.

Daher ist es unter Umständen schwierig, sprunghafte Veränderungen der weltweiten Produktions- und Konsumbeziehungen empirisch nachzuweisen. Wir begreifen den gegenwärtigen Prozess der Globalisierung als eine fortgeschrittene Stufe der Internationalisierung, deren besondere Intensität und Dynamik es aufzudecken gilt (Bathelt 2000). Verschiedene Dimensionen des Globalisierungsprozesses, darunter die informatorische, kulturelle, ökologische, politische, zivilgesellschaftliche und ökonomische Dimension

(Beck 1997, Kap. 3; Werlen 1997, Kap. 5), werden in zahlreichen wissenschaftlichen Disziplinen diskutiert. Die nachfolgende Diskussion konzentriert sich auf die wirtschaftliche Globalisierung in ihrer Bedeutung für die Wirtschaftsgeographie.

4.5.2 Wider die Hyperglobalisierung

Viele Unternehmen sind mit eigenen Betriebsstätten und Tochtergesellschaften im Ausland aktiv. Diese Unternehmen, die in verschiedenen Ländern Tochtergesellschaften kontrollieren, gelten nach Abgrenzung der Vereinten Nationen als transnationale Unternehmen im weiteren Sinne (→ Kap. 11). Transnationale Unternehmen beschäftigen gemeinsam über 80 Millionen Menschen allein in ausländischen Tochtergesellschaften. Dies entspricht etwa 4 % der gesamten weltweiten Beschäftigung (UNCTAD 2010). Vergleicht man ihre Wertschöpfung mit der großer Volkswirtschaften, so entsteht ein Eindruck von der enormen ökonomischen Bedeutung transnational operierender Unternehmen. Im Jahr 2000 rangierte *Exxon Mobilcom* als das Unternehmen mit der weltweit größten Wertschöpfung auf Platz 45 der 100 größten *Ökonomien* (wenn man die größten Unternehmen und Volkswirtschaften zusammen betrachtet). Die Wirtschaftskraft des Konzerns übertraf damit die Produktionstätigkeit ganzer Staaten wie zum Beispiel von Pakistan, Neuseeland oder Tschechien (→ Abb. 4-11). Insgesamt waren demnach 29 der 100 größten Ökonomien der Welt Unternehmen. Obwohl dieser Vergleich problematisch ist (haben doch Volkswirtschaften nicht das Ziel der Gewinnmaximierung und müssen sie doch die sozialen Kosten tragen, die durch Unternehmen mit verursacht werden), zeigt er, welche bedeutende Größe und damit Machtposition einzelne Unternehmen im Vergleich zu Nationalstaaten erlangt haben (→ Kap. 11.3).

In dem enormen Wachstum großer multinationaler Unternehmen drückt sich zugleich ein interessantes Paradoxon aus. Fischermann (2000) wertet dieses Wachstum als Indiz, dass Planungssysteme (Planwirtschaften) global operierender Konzerne inmitten weltweiter Marktwirtschaften zunehmend an Bedeutung gewinnen.

Nicht nur die enorme Größe, sondern auch die Zahl transnationaler Unternehmen hat sich exponentiell entwickelt (→ Abb. 4-12). Sie ist von 7000 im Jahr 1970 über 40 000 im Jahr 1995 (Karliner 1997) und 60 000 im Jahr 1998 (UNCTAD 1999) auf heute 82 000 Unternehmen angewachsen (UNCTAD 2010). Große transnationale Unternehmen erzielen über die Hälfte ihrer Umsätze außerhalb ihres Stammlands in internationalen Märkten (Sklair 1999). Der Umsatz der ausländischen Tochtergesellschaften aller transnationalen Unternehmen repräsentiert mittlerweile 11 % des globalen Wirtschaftsprodukts. Zwar dominieren nach wie vor Unternehmen aus der Triade (d. h. den großen Märkten Nordamerikas, Westeuropas und Ostasiens) die internationale Organisation der Produktion, aber die Zahl der transnationalen Unternehmen in den weniger entwickelten Staaten wächst stetig an. Transnationale Unternehmen aus Entwicklungs- und Schwellenländern erreichen sogar höhere Beschäftigungsanteile in ausländischen Tochtergesellschaften als diejenigen aus der Triade. Neu industrialisierte Staaten, wie z. B. die asiatischen Länder Hongkong (vor dem Anschluss an China), Singapur, Südkorea und Taiwan, haben sich als wettbewerbsstarke Nationen auf den Weltmärkten etabliert (Schamp 1996). Allein in China arbeiten heute etwa 20 % aller im Ausland beschäftigten Arbeitskräfte transnationaler Unternehmen (UNCTAD 2010). Zugleich sind die Zuwächse des Welthandels seit den 1970er-Jahren höher als die der Industrieproduktion, und multinationale Unternehmen treiben als global organisierte Akteure das Wachstum ausländischer Direktinvestitionen an (→ Abb. 4-13).

Hyperglobalisten (Held et al. 1999, Kap. 1) meinen aufgrund dieser Beobachtungen, das Ende des Nationalstaats erkannt zu haben, der durch einen unbegrenzten globalen Markt und weltumspannende Produktions-, Unternehmens- und Finanznetzwerke mächtiger weltweit tätiger Unternehmen zusehends ausgehöhlt werde. Eine grenzenlose Welt (Ohmae 1990) eröffne den Rahmen der ersten globalen Zivilgesellschaft.

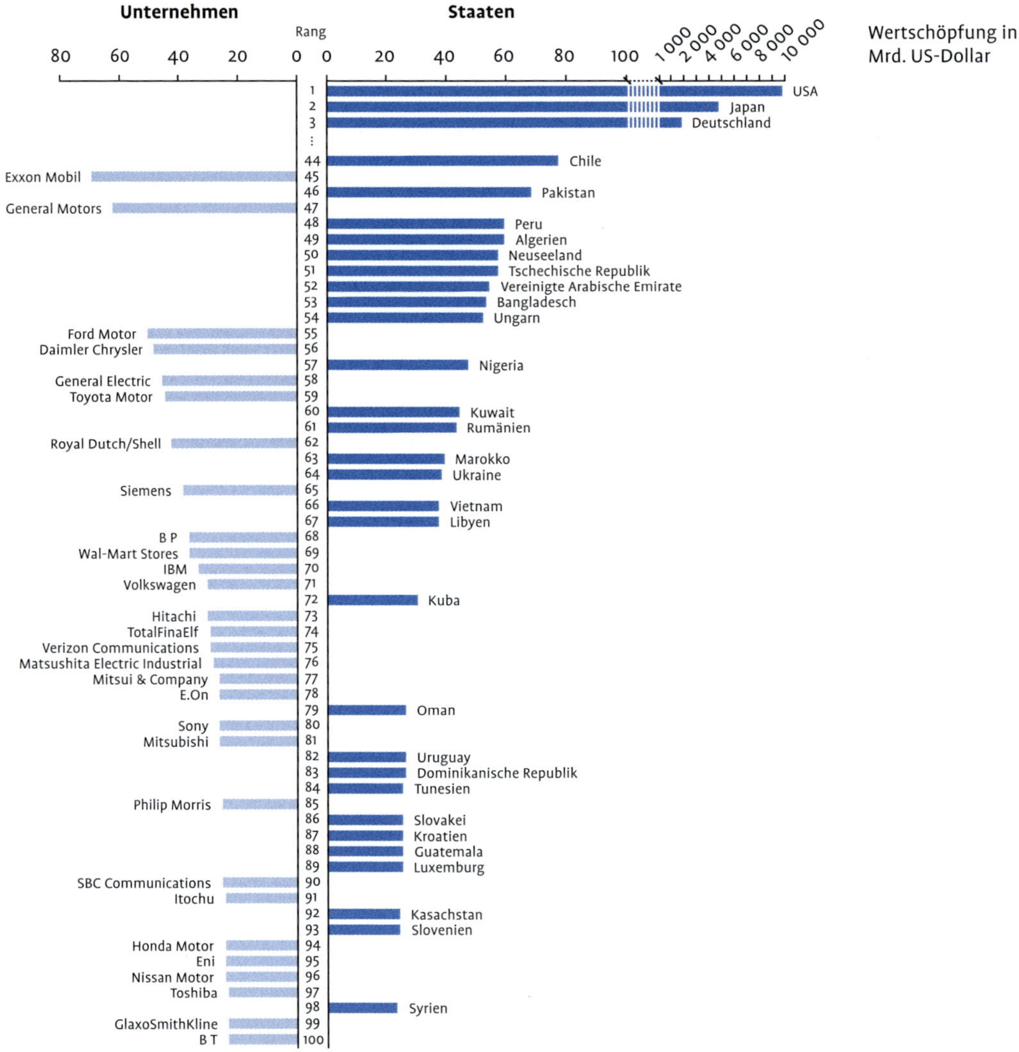

Abb. 4-11: Die 100 größten Ökonomien der Welt, gemessen nach der Wertschöpfung in Milliarden US-Dollar im Jahr 2000 (nach UNCTAD 2002; Glückler 2006 a)

Demgegenüber wehren **Globalisierungsskeptiker** die Globalisierung als Mythos ab und verweisen in historischen Vergleichen auf die begrenzte internationale Ausdehnung ökonomischer Beziehungen in den 1990er-Jahren im Vergleich zum Beginn des 20. Jahrhunderts. So war der durchschnittliche Anteil der Exporte und Importe am Bruttonationaleinkommen 1973 weltweit geringer als noch im Jahr 1913. Eine Reihe von Staaten hat den durch die beiden Weltkriege bedingten Einbruch des globalen Güteraustauschs sogar bis zum Jahr 1994 noch nicht wieder ausgleichen können (Hirst und Thompson 1996; Kleinknecht und Wengel 1998; Hellmer et al. 1999, Kap. 2).

Messbare grenzüberschreitende Austauschbeziehungen können sowohl für den Handel von Vor- und Endprodukten und Diensten als auch für den Austausch von Produktionsfaktoren, wie z. B. Kapital, und Technologien statistisch erfasst

Tab. 4-1: Zentrale Dimensionen internationalen ökonomischen Austauschs

Handel von Gütern und Diensten	inter- versus intrasektoraler Handel
	Handel von Endprodukten versus Zwischenprodukten
	Inter- versus Intra-Unternehmenshandel
Kapitalverflechtungen	ausländische Portfolioinvestitionen
	ausländische Direktinvestitionen (ADI)
	greenfield-ADI
	brownfield-ADI (*mergers & acquisitions*)
Wissens- und Technologieverflechtungen	grenzüberschreitende Forschung und Entwicklung (FuE)
	Transfer von Technologien (Lizenzierung, Patentierung)
	Transfer von Designs und Marken (Verkauf, Lizenzierung, *franchise*)

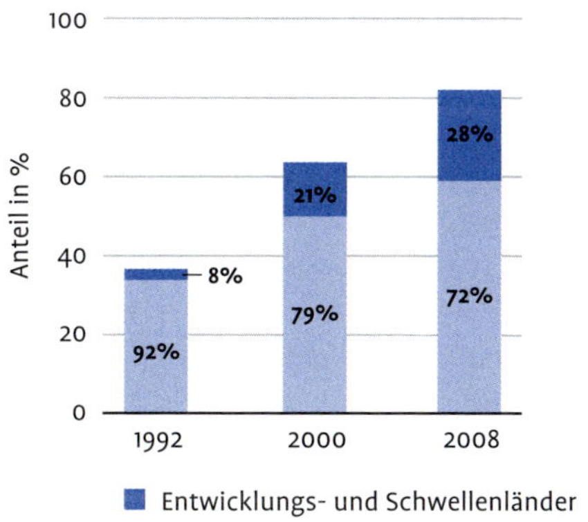

Abb. 4-12: Entwicklung und Verteilung transnationaler Unternehmen nach ihrem Hauptsitz in entwickelten oder sich entwickelnden Volkswirtschaften (nach UNCTAD 2010, S. 17)

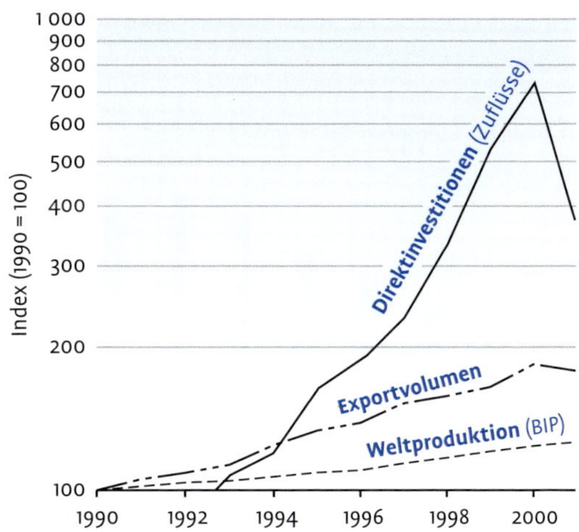

Abb. 4-13: Globalisierung durch Intensivierung des Außenhandels und der Kapitalverflechtungen (nach Stiftung Entwicklung und Frieden 2003, S. 156)

werden (→ Tab. 4-1). Die nachfolgende Diskussion dieser internationalen Ströme soll die gegenwärtige Intensität und in räumlicher Perspektive die Verflechtung der internationalen Wirtschaft veranschaulichen, um das Ausmaß bzw. die quantitative Dimension der Globalisierung zu prüfen, aber auch die Grenzen einer Faktorperspektive aufzuzeigen.

4.5.3 Regionalisiertes Wachstum internationalen Handels

Das durchschnittliche Außenhandelsvolumen der OECD-Staaten (*Organization for Economic Cooperation and Development*) betrug 2007 etwa 70 % ihres Bruttoinlandsprodukts, wobei kleinere Staaten wie Irland, Belgien, die Tschechische Republik und die Niederlande sogar Handelsvolumina erreichten, die über dem eigenen Brutto-

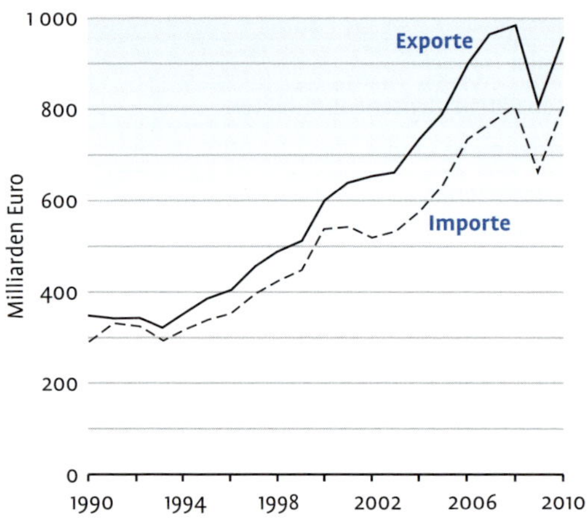

Abb. 4-14: Einfuhr und Ausfuhr in der Bundesrepublik Deutschland 1990 bis 2010 in tatsächlichen Werten (nach Statistisches Bundesamt, Außenhandelsstatistik)

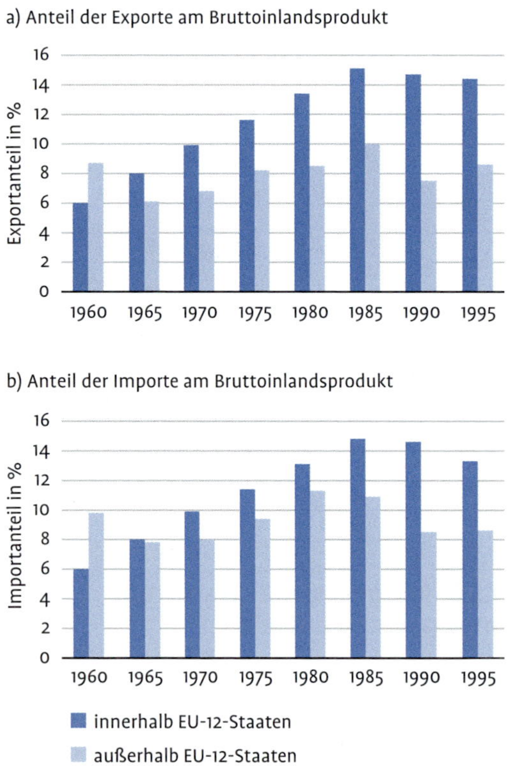

Abb. 4-15: Entwicklung von europäischem Binnen- und Außenhandel der EU-12-Staaten gemessen am Bruttoinlandsprodukt (BIP) 1960 bis 1995 (nach Kleinknecht und Wengel 1998, S. 641)

inlandsprodukt liegen (OECD 2010). Die wachsende Bedeutung des internationalen Handels zeigt sich für die Bundesrepublik Deutschland im enormen Anstieg der Einfuhr- und Ausfuhrwerte zwischen 1990 und 2010 (→ Abb. 4-14). Im Jahr 2010 betrug der Wert der Einfuhr von Gütern und Dienstleistungen 806,2 Milliarden Euro bei einer Ausfuhr von 959,5 Milliarden Euro und einem Ausfuhrüberschuss von 153,3 Milliarden Euro (Statistisches Bundesamt 2011). In den Jahren 2003 bis 2008 war Deutschland innerhalb der OECD noch vor den USA die größte Exportnation für Waren (OECD 2010).

Gemäß der Globalisierungshypothese ist das ungebrochene Wachstum des Handels ein Indiz für zunehmende globale Verflechtungen. Seit 1970 wächst der Export kontinuierlich stärker an als die Produktion von Gütern (Hirst und Thompson 1996, Kap. 3; Schamp 1996), d. h. Produkte werden immer weniger dort konsumiert, wo sie hergestellt werden. Am Beispiel der Staaten der Europäischen Union (EU) demonstrieren Kleinknecht und Wengel (1998) allerdings, dass das Maß an globaler Handelsverflechtung außerhalb Europas seit den 1960er-Jahren eher stagniert, während sich der innereuropäische Binnenhandel intensiviert hat (→ Abb. 4-15). Sowohl der Anteil der Importe als auch der der Exporte am Bruttoinlandsprodukt hat sich zwischen 1960 und 1995 im Binnenhandel der EU verdoppelt, während der Anteil der Importe und Exporte im Außenhandel der EU nahezu unverändert geblieben ist.

Damit ist die quantitative Bedeutung der Globalisierung durchaus kritisch zu beurteilen. Entgegen der Globalisierungshypothese tritt die EU letztlich als ein regionaler Wirtschaftsblock in Erscheinung, der 1995 keineswegs stärker in die globale Weltwirtschaft eingebunden war als noch im Jahr 1960. Internationalisierung vollzieht sich aus europäischer Perspektive somit weniger als Prozess der Globalisierung, sondern vielmehr als wirtschaftliche Integration der EU-Staaten. Zwei Drittel des Außenhandelsvolumens der europäischen Mitgliedsstaaten konzentrierten sich im Jahr 2007 auf die Europäische Region, nur ein Drittel auf den Handel mit anderen Weltregionen (OECD 2010).

Ähnliches lässt sich für die Wirtschaftszentren Nordamerika und Japan feststellen. Im Zeitraum von 1963 bis 1996 hat sich in beiden Fällen das Handelsgewicht auf den eigenen Wirtschaftsblock verstärkt und der Anteil des Gesamthandelsaufkommens mit weniger entwickelten Weltregionen wie Südamerika und Afrika verringert. Nordamerika, Japan und Europa bilden somit zu Recht die drei Zentren oder die **Triade** der internationalen Ökonomie (Ohmae 1985; Hirst und Thompson 1996; Dicken 1998, Kap. 2 und 3). Auch der größte Teil der transnationalen Unternehmen ist nach wie vor in der Triade ansässig: Im Jahr 2008 stammten 72 % aller transnationalen Unternehmen aus entwickelten Industrienationen (UNCTAD 2010).

Die Verflechtung der Handelsbeziehungen entwickelt sich gegenwärtig keineswegs global in dem Sinne, dass alle Regionen der Welt gleichermaßen oder überhaupt stärker mit anderen Teilen der Welt vernetzt werden (z. B. Sternberg 1997). Vielmehr erfolgt die Internationalisierung des Handels als Prozess der Integration der industrialisierten kontinentalen Wirtschaftsblöcke (Nuhn 1997; 1998). Mit der Institutionalisierung der regionalen Wirtschaftsabkommen MERCOSUR (*Mercado Común del Sur*), dem gemeinsamen Markt Südamerikas, und ASEAN (*Association of Southeast Asian Nations*), dem asiatischen Äquivalent, nimmt auch der intrarregionale Handel in Südamerika und Südostasien stetig zu (OECD 2010). Doch das Wachstum des weltweiten Handels ist nicht nur in räumlicher Perspektive stark konzentriert. Auch hat sich die Struktur des Handels verändert. Eine strukturelle Verschiebung zeigt sich in unterschiedlichen Aspekten des Handels, wobei verschiedene Handelstypen jeweils unterschiedliche Aspekte des Welthandels beleuchten.

(1) **Intrasektoraler Außenhandel.** Innerhalb der EU verringert sich der Anteil des intersektoralen Außenhandels immer stärker zugunsten des intrasektoralen Handels. Der intersektorale Handel repräsentiert die traditionelle Form des Außenhandels auf der Grundlage komparativer Kostenvorteile. So besagt das **Theorem der komparativen Kostenvorteile** nach Ricardo, dass es für Länder vorteilhaft ist, sich auf die Produktion derjenigen Produkte zu spezialisieren, die sie im Vergleich mit anderen Ländern am produktivsten herstellen können (Hesse 1988; Schumann 1988). Es müsste sich demnach eine internationale Arbeitsteilung mit entsprechendem intersektoralem Außenhandel entwickeln. Import und Export von Gütern und Dienstleistungen würden dabei wenige Überlappungen aufweisen. Diese klassische Form der internationalen Arbeitsteilung wird jedoch sukzessive durch überlappende Produktionstätigkeiten und entsprechenden intrasektoralen Handel abgelöst, bei dem gleiche oder ähnliche Produkte desselben Sektors gehandelt werden. Zwischen 1980 und 1996 erhöhte sich beispielsweise der Anteil des intrasektoralen Handels innerhalb der EU-12-Staaten um etwa 8 % auf über 60 % (OECD 1999 a), bis 2008 in den meisten OECD-Staaten sogar auf über 70 % (OECD 2010). Der wechselseitige Außenhandel vergleichbarer Güter, wie z. B. der deutsche Import ausländischer Autos bei gleichzeitigem Export deutscher Autos, deutet auf eine zunehmende Produktdifferenzierung und Pluralisierung der Märkte hin. Deutschlands Außenhandel bestand im Jahr 2008 zu 78 % aus dem Tausch brancheninterner Güter (OECD 2010).

(2) **Außenhandel von Zwischenprodukten.** Eine wachsende Bedeutung hat auch der internationale Handel mit Zwischenprodukten. Während in früheren Phasen Handelsbeziehungen mit Rohstoffen und Endprodukten vorherrschten, hat sich inzwischen eine internationale Arbeitsteilung in der Produktion etabliert, bei der immer mehr Zwischenprodukte einzelner Wertschöpfungsstufen in andere Länder exportiert und dort weiterverarbeitet werden. Das Wachstum des Handelsvolumens für Zwischenprodukte ist ein Indiz für die zunehmende internationale Organisation von Wertschöpfungsketten. Zwischen 1995 und 2006 wuchs der Anteil des Handels intermediärer Güter in den OECD-Staaten jährlich um 6 % für Waren und 7 % für Dienstleistungen. Der Handel mit intermediären Gütern macht inzwischen 56 % des gesamten Warenhandels und 73 % des Handels mit Dienstleistungen aus (OECD 2010). Exportierte und importierte Güter sind folglich seltener für den

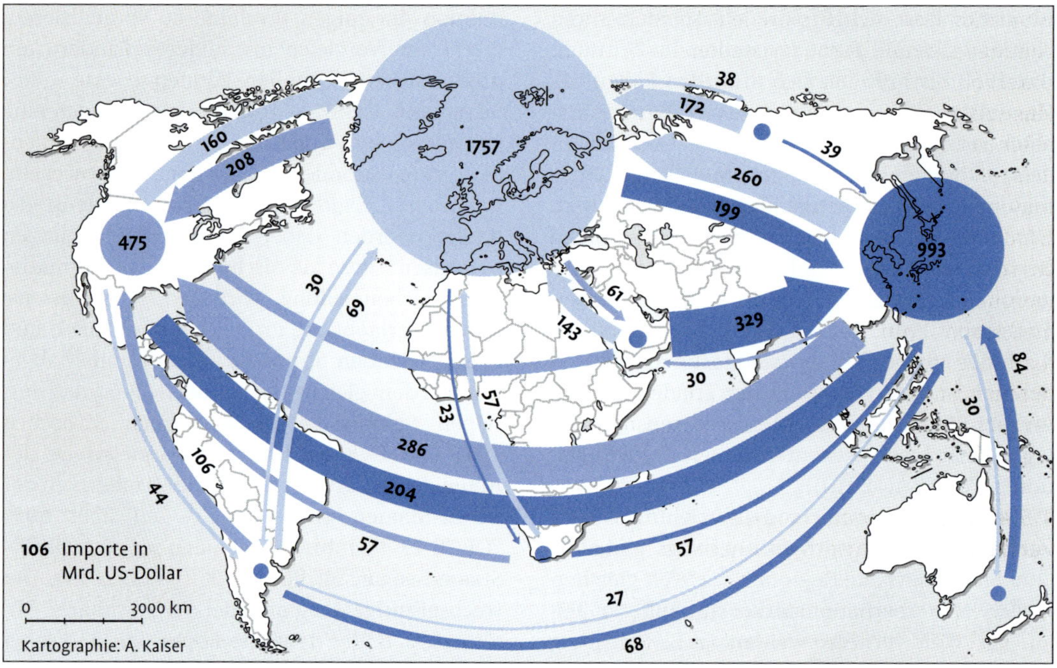

Abb. 4-16: Räumliche Struktur der Importe von Zwischengütern (Waren) nach Weltregionen (nach OECD 2010, S. 215)

Konsum und immer häufiger zur Weiterverarbeitung in einer sich fortwährend vertiefenden internationalen Arbeitsteilung bestimmt. Eine geographische Differenzierung der Handelsströme bestätigt die zuvor beschriebene Struktur des regionalisierten Welthandels. 85 % des gesamten Welthandels von Zwischengütern konzentrieren sich auf Handelsbeziehungen zwischen den 34 OECD-Mitgliedsstaaten sowie den Beitrittskandidaten und den Partnern für verstärkte Zusammenarbeit, darunter Indien, China und Brasilien (OECD 2010). Hierbei sind intrarregionale Ströme der Triade jeweils größer als interregionale (→ Abb. 4-16).

(3) **Unternehmensinterner Außenhandel.** Durch die internationale Organisation der Produktion großer multinationaler Unternehmen gewinnt auch der grenzüberschreitende Handel zwischen Unternehmenseinheiten an Bedeutung. Nach einer Schätzung der Vereinten Nationen beträgt der Anteil des unternehmensinternen Handels weltweit etwa ein Drittel des gesamten Handelsaufkommens (UNCTAD 1995). Aufgrund der schwierigen Erfassbarkeit der tatsächlichen Ströme gibt es bislang allerdings nur wenige Studien hierzu. In einer schwedischen Untersuchung wurde für 300 Industriebetriebe in ausländischem Besitz ermittelt, dass durchschnittlich über 40 % der betrieblichen Exporte an ausländische Einheiten des gleichen Unternehmens gerichtet waren und umgekehrt etwa 30 % der Importe von anderen Unternehmensteilen aus dem Ausland bezogen wurden (Ivarsson und Johnsson 2000). Statistiken der OECD zeigen seit den 1990er-Jahren eine leichte Zunahme des unternehmensinternen Handels für eine Reihe von Ländern, die diesen Handel statistisch erfassen. So nahm der Anteil interner Exporte in den USA, Kanada und den Niederlanden leicht auf 50 % zu, während er in Schweden von 35 auf 75 % anstieg (OECD 2005 a). Insgesamt tauschen ausländische Tochtergesellschaften jeweils mehr Sach- und Dienstleistungen mit unternehmenseigenen Schwesterbetrieben im Ausland als mit anderen Unternehmen. Die Anteile unternehmensinterner Importe und Exporte

schwanken erheblich zwischen Unternehmen, Sektoren und Ländern. So tendieren vor allem Unternehmen in technologie- und forschungsintensiven Sektoren zu einem ausgeprägten unternehmensinternen Außenhandel. In räumlicher Perspektive scheint der unternehmensinterne Außenhandel wiederum auf regionale Wirtschaftsblöcke sowie auf die Triade konzentriert zu sein. Umfang und Struktur des unternehmensinternen Außenhandels hängen letztlich maßgeblich von der gewählten länder- bzw. marktspezifischen Strategie der betreffenden multinationalen Unternehmen und somit von deren spezifischer internationaler Produktionsorganisation ab.

4.5.4 Internationalisierung von Kapitalverflechtungen durch Direktinvestitionen

Ausländische Direktinvestitionen (ADI) haben im Vergleich zu internationalen Handelsverflechtungen ein noch höheres Wachstum erfahren und dokumentieren die zunehmende Bedeutung internationaler Aktivitäten multinationaler Unternehmen (Hirst und Thompson 1996). Als Direktinvestitionen gelten Investitionen zur Gründung von Zweigbetrieben oder zum Erwerb von bzw. zur Beteiligung (mindestens 10 %) an Unternehmen mit dem Ziel, Unternehmensaktivitäten, -strategien und -führung zu kontrollieren. Hiervon sind Portfolioinvestitionen zu unterscheiden, die nicht aus Gründen der Einflussnahme auf die Unternehmenskontrolle erfolgen, sondern mit dem Ziel kurzfristiger Gewinne durch Minderheitsbeteiligungen. ADI werden sowohl in Form der jährlichen Kapitalströme als auch der kumulierten Kapitalbestände in den jeweiligen Ländern erfasst.

Der größte Teil der ADI entfällt auf die Übernahme oder Erweiterung bestehender Unternehmen durch sogenannte ***Brownfield*-Investitionen**. Nur ein relativ geringer Anteil wird für sogenannte ***Greenfield*-Investitionen** aufgewendet, also in den Aufbau neuer Unternehmen oder Zweigwerke in anderen Ländern investiert. Seit den 1990er-Jahren haben sich die Transaktionsvolumina grenzüberschreitender Fusions- und Akquisitionsprozesse (*mergers & acquisitions*) bis 2001 ständig erhöht, um nach dem starken Einbruch infolge der globalen Wirtschaftskrise 2001/2002 seit 2003 wieder bis zur Weltfinanzkrise 2007 anzuwachsen (→ Abb. 4-17).

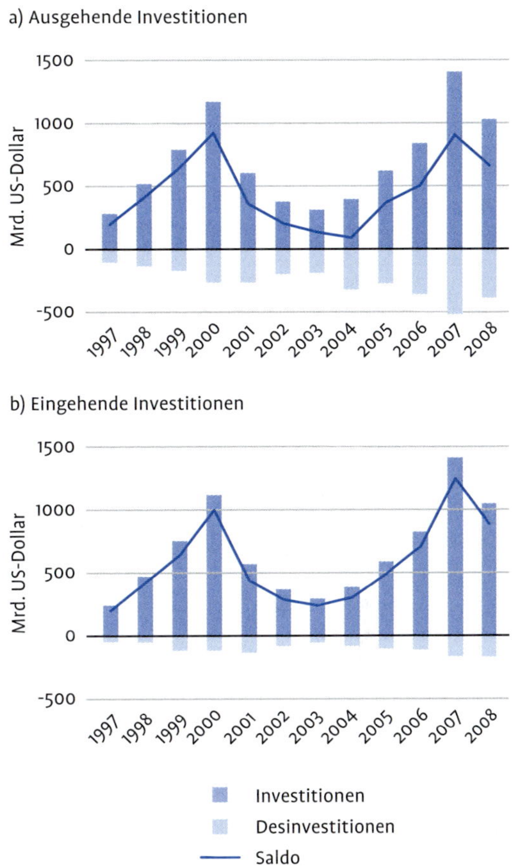

Abb. 4-17: Internationale Fusions- und Akquisitionstransaktionen von Unternehmen in OECD-Staaten: a) ausgehende Investitionen, b) eingehende Investitionen, 1997 bis 2008 (nach OECD 2010)

ADI tendieren in räumlicher Perspektive zur räumlichen Ballung in der Form, dass sie schwerpunktmäßig in bestimmte Zielregionen fließen (Schamp 2000 b, Kap. 3.5). Hirst und Thompson (1996, Kap. 4) untersuchten im Jahr 1987 für 500 und 1992/1993 für über 2000 multinationale Unternehmen aus mehreren Ländern die geographische Verteilung der ADI sowie ihrer Standorte. Trotz geringfügiger Abweichungen zeigte sich ein eindeutiger Trend im Investitionsverhal-

Tab. 4-2: Ausländische Direktinvestitionen (ADI) von deutschen Unternehmen nach Zielregionen 1979 bis 1993 (Kleinknecht und Wengel 1998, S. 643)

Jahr	Ausländische Direktinvestitionen in Mrd. DM	ADI-Anteil in EU-12-Länder	ADI-Anteil in andere Industrieländer	ADI-Anteil in Entwicklungs-/Schwellenländer
1979	69,5	39,6 %	37,3 %	23,2 %
1981	101,2	36,0 %	38,5 %	23,3 %
1987	150,9	40,8 %	46,3 %	12,9 %
1989	205,6	43,7 %	45,2 %	11,1 %
1991	262,7	51,0 %	38,3 %	10,7 %
1993	319,4	48,0 %	39,5 %	12,6 %

ten der Unternehmen der großen Industrienationen USA, Großbritannien, Deutschland und Japan. Umsätze, ADI und Gewinne der Unternehmen waren in allen Ländern stark auf das Herkunftsland (*home base*) konzentriert. Die Konzentration der Geschäftstätigkeit auf die ***home base*** traf gleichermaßen auf Industrie- wie auf Dienstleistungsunternehmen zu. Trotz erschwerter Vergleichbarkeit der Datenbanken decken sich die Ergebnisse von 1987 weitgehend mit denen von 1992/1993. Ruigrok und Tulder (1995, Kap. 7) untersuchten in einer anderen Studie die 100 größten multinationalen Unternehmen und kamen dabei ebenfalls zu dem Ergebnis, dass die Unternehmen trotz zum Teil weltweiter Aktivitäten immer noch stark in Richtung ihres Stammlands orientiert waren. Hirst und Thompson (1996, Kap. 4) folgten aus ihrer Analyse, dass die großen internationalen Konzerne aufgrund der Konzentration ihrer Aktivitäten auf das jeweilige Herkunftsland bzw. auf den kontinentalen Block eher als multinationale und nicht als transnationale Unternehmen verstanden werden müssen (→ Kap. 11.3). Weiter gelangen sie zu der Überzeugung, dass die Idee eines offenen globalen Markts ohne institutionelle und standörtliche Beschränkungen eine Illusion sei (Hirst und Thompson 1996, Kap. 3).

Kleinknecht und Wengel (1998) haben in ihren Studien für niederländische und britische Unternehmen eine Stagnation der getätigten ADI nachgewiesen. Frankreich und Deutschland verzeichnen zwar seit den 1980er-Jahren einen Zuwachs an ADI, dieser geht aber mit einer Verminderung des in die Entwicklungs- und Schwellenländer fließenden Anteils von ADI einher. Der räumliche Konzentrationsprozess von Direktinvestitionen deutscher Unternehmen im Ausland untermauert dieses Ergebnis (→ Tab. 4-2). Zwar wachsen ADI in absoluten Werten auch in nichteuropäischen Staaten, aber der Anteil dieser Länder an den gesamten ADI bleibt nahezu konstant. In den Entwicklungs- und Schwellenländern hat sich der Anteil deutscher ADI seit 1980 sogar halbiert. Im Sinne der eingangs erwähnten Globalisierungshypothese müssten demgegenüber gerade Niedrigkosten-Länder aufgrund von Kostenvorteilen attraktive Magneten für Investitionen zur Standortansiedlung sein. Weder die Entwicklung der Außenhandels- noch der Kapitalverflechtungen entspricht jedoch dieser Globalisierungshypothese.

4.5.5 Internationalisierung des Austauschs von Technologien und Wissen

Neben den Handels- und Kapitalverflechtungen erhält auch der internationale Transfer von Technologien und Wissen ein zunehmendes Interesse in der Globalisierungsdiskussion. Anhand von drei Dimensionen kann die steigende Intensität dieses Austauschs dargestellt werden.

(1) **FuE-Einrichtungen.** In einer Studie von Casson et al. (1992) über die internationale Verteilung von Forschungseinrichtungen von 500 Großunternehmen konnte nachgewiesen werden, dass die Unternehmen der meisten Industrieländer eine relativ starke Konzentration ihrer

FuE-(Forschung-und-Entwicklung-)Aktivitäten im Heimatland aufrechterhalten. Allerdings hatten niederländische, schweizerische, deutsche und britische Unternehmen zwischen 60 und 80 % ihrer FuE-Einrichtungen im Ausland angesiedelt. Unternehmen aus den USA als der Nation mit den meisten FuE-Einrichtungen unterhielten demgegenüber durchschnittlich nur 30 % ihrer Labors im Ausland (Hirst und Thompson 1996, Kap. 4). Insgesamt verändert sich die Qualität der internationalen Arbeitsteilung in Forschung und Entwicklung. Während ausländische FuE-Einrichtungen zunächst vorwiegend dazu dienten, Produkte und Prozesse an ausländische Produktions- und Marktbesonderheiten anzupassen, werden die Einrichtungen inzwischen stärker auch in unternehmensinterne Forschungsnetze einbezogen. Sie erhalten größere Budgets und umfassendere Verantwortung, was neben anderen Gründen dazu führte, dass sich der Anteil ausländischer FuE-Ausgaben US-amerikanischer Unternehmen von 6 auf 11 % im Zeitraum von 1985 bis 1995 nahezu verdoppelte (Blanc und Sierra 1999). Einerseits wird dadurch mehr Nähe zu den lokalen Fähigkeiten in den jeweiligen Standortumgebungen hergestellt (Blanc und Sierra 1999), andererseits können lokale Spezialisierungen als *centers of excellence* für weltweite Operationen ausgebaut werden (Zeller 2000). Dies ist bisher allerdings nur in wenigen Industriebranchen wie der pharmazeutischen Industrie und hier nur in bestimmten Unternehmen erkennbar.

(2) **Grenzüberschreitende Patente.** Patentanalysen sind ein weiteres Instrument der Messung grenzüberschreitender technologischer Verflechtungen. Cantwell (1992) und Patel und Pavitt (1992) berichteten in diesem Zusammenhang beispielsweise, dass nur 10 % aller von internationalen Unternehmen in den USA registrierten Patente von ausländischen Tochterunternehmen und Zweigwerken angemeldet wurden. Die Forschungsaktivitäten und Patentanmeldungen multinationaler Unternehmen aus den USA, Japan, Deutschland, Frankreich und Italien sind zudem fast ausschließlich auf die Triade konzentriert (Patel 1995). Im Jahr 2007 befanden sich durchschnittlich 15 % aller in den OECD-Staaten angemeldeten Patente im Eigentum oder Miteigentum ausländischer Organisationen (OECD 2010). Insgesamt sind die technologischen Aktivitäten großer Unternehmen immer noch verhältnismäßig stark auf ihr Stammland orientiert (Cooke und Morgan 1998, Kap. 1; Zanfei 2000). Hierin drückt sich die besondere Bedeutung der dort vorhandenen technologischen Kompetenz für die internationale Wettbewerbsfähigkeit aus.

(3) **Formen der technologischen Zusammenarbeit.** Es gibt unterschiedliche Möglichkeiten des organisierten Transfers von Technologien über nationale Grenzen hinweg. Die Formen reichen vom gegenseitigen Austausch von Lizenzrechten bis hin zur Einrichtung gemeinsamer FuE-Labors in *joint ventures* oder strategischen Allianzen. Die Anzahl ausländischer Unternehmensbündnisse zum Austausch von Technologien ist in kleinen Volkswirtschaften besonders hoch, da für diese auch der Außenhandel eine größere Rolle spielt. Während bis Ende der 1980er-Jahre die Zahl von technologischen Kooperationen in der Triade nahezu konstant blieb, stieg sie in den Jahren bis 1994/1996 stark an (OECD 1999 a). Die Betrachtung auf der Ebene der Triade verdeutlicht, dass internationale technologische Verflechtungen während der 1990er-Jahren zumindest in Europa und Japan sukzessive an Bedeutung gewannen. Dennoch lässt sich ein zunehmender Trend der internationalen Zusammenarbeit im Bereich wissenschaftlicher Forschung und Entwicklung feststellen. So wächst die Zahl internationaler Ko-Autorenschaften in wissenschaftlichen Publikationen der Natur- und Ingenieurwissenschaften sowie der Medizin stetig an, während die Zahl der Veröffentlichungen von Einzelautoren abnimmt (OECD 2010). Seit Anfang der 1980er-Jahre verdreifachte sich der Anteil internationaler Ko-Autorenschaften (→ Abb. 4-18).

Auch wenn internationale Kapitalverflechtungen und technologische Verflechtungen an Bedeutung gewonnen haben, verbleibt ihr Gesamtvolumen noch relativ niedrig. Zudem zeigt sich, dass einer quantitativ begründeten Euphorie der Globalisierung trotz des Wachstums der absoluten Kennziffern von Welthandel, Kapital- und Tech-

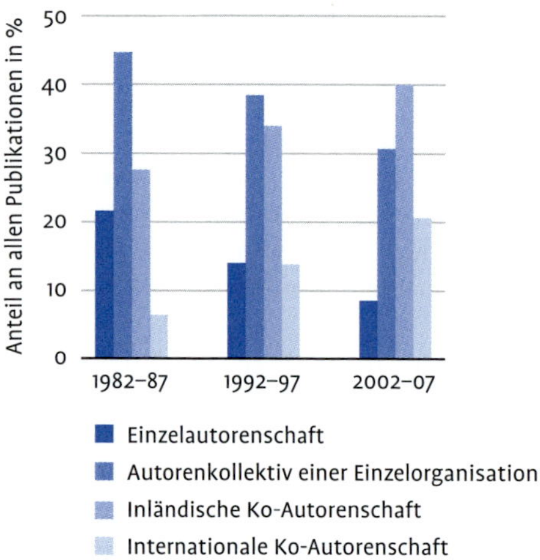

Abb. 4-18: Wachstum der Anzahl internationaler Ko-Autorenschaften bei wissenschaftlichen Publikationen 1992 bis 2007 (nach OECD 2010, S. 127)

nologietransfers letztlich eine noch relativ geringe internationale Verflechtung außerhalb der Triade entgegensteht (Kleinknecht und Wengel 1998). Ferner verleiht die Analyse derartiger Verflechtungsstatistiken für sich genommen noch kein Verständnis über die zugrunde liegenden Prozesse, deren Träger nicht in erster Linie die Nationalstaaten, sondern vor allem mächtige multinationale Unternehmen mit ihren Strategien sind. Das Wachstum von intra- und intersektoralem sowie unternehmensinternem Handel sagt zwar etwas darüber aus, wie sehr der grenzüberschreitende Transfer und die internationale Arbeitsteilung in globalen Wertketten zunimmt. Die Zunahme der ADI und des internationalen Handels allein bedingt jedoch noch keine fortschreitende ökonomische Integration der Weltwirtschaft (Schamp 2000b, Kap. 2.3). Über die qualitativen Hintergründe des Austauschs geben die Statistiken keine eindeutige Auskunft (Storper 1997b, Kap. 7; Storper 1997c). So ist es beispielsweise schwierig, die zunehmenden Kapitalverflechtungen durch ausländische Direktinvestitionen zu interpretieren. Einerseits deuten sie darauf hin, dass Unternehmen eine intensive globale Organisation der Produktion anstreben und somit der unternehmensinterne Handel von Zwischen- und Endprodukten sowie der Transfer von Technologien und Wissen ansteigt. Andererseits können sie ebenso Ausgangspunkt dafür sein, dass der Außenhandel durch eine umfassende Präsenz in den nationalen Märkten reduziert wird. Eine Verdichtung von Standortnetzen, die sich womöglich in der Zunahme der ADI ausdrückt, kann folglich auch eine Verringerung der Handelsverflechtungen bewirken.

Letztlich führen selektive und zugleich intensivierte Verflechtungen und Beziehungen zu neuen sich verstärkenden Disparitäten auf globaler Ebene, die auch auf regionale Ungleichheiten rückwirken und die betreffenden Prozesse entweder überlagern oder beschleunigen. Um die Grundlagen derartiger ungleicher Standortverteilungen zu verstehen, werden in Teil II des Buchs nachfolgend Ansätze der Raumwirtschaftslehre kritisch diskutiert. Kapitel 5 und 6 befassen sich entsprechend mit der Erklärung von Standortstrukturen auf der Ebene der Unternehmen, deren Ansiedlungsentscheidungen letztlich die Ursachen für regionale Ballungs- und Entleerungsprozesse und somit auch für regionale Disparitäten sind.

Teil II: Ansätze und Grenzen der Raumwirtschaftslehre

5 Im Denken räumlicher Ordnung und Hierarchie

5.1 Lagerentenprinzip, Transportkostenprimat und landwirtschaftliche Landnutzung

Um das Nebeneinander von Ballung und Entleerung zu verstehen, ist es notwendig, die Kalküle von Individuen und Unternehmen zu untersuchen, die letztlich Ursachen von Standort- und Landnutzungsentscheidungen sind. Dies steht im Fokus der nächsten beiden Kapitel, wobei in traditioneller Form die Standortwahl zunächst getrennt für den primären, sekundären und tertiären Sektor dargestellt wird. In Kapitel 5 wird die landwirtschaftliche und städtische Landnutzung und daraus das Entstehen räumlicher Ordnung und Hierarchie untersucht, bevor in Kapitel 6 den Regelmäßigkeiten der industriellen Standortwahl nachgegangen wird. Die dargestellten Ansätze der Landnutzungs- und Standorttheorie sind zentrale Bestandteile der Raumwirtschaftslehre. Es handelt sich hierbei um traditionell-statische Theoriegebäude, die räumliche Beziehungen durch ökonomische Distanzvariablen abbilden. Große Bedeutung besitzen in diesen Ansätzen die Transportkosten, deren Einbeziehung den zentralen Unterschied zu konventionellen ökonomischen Modellformulierungen ausmacht.

Die landwirtschaftliche Landnutzungslehre geht auf Untersuchungen des Nationalökonomen von Thünen Anfang des 19. Jahrhunderts zurück (von Thünen 1875, Kap. 1). In seiner Arbeit über den sogenannten isolierten Staat legte er modellhaft dar, wie die räumliche Anordnung der landwirtschaftlichen Produktion und deren Intensität räumlich variieren. Seine Vorgehensweise war induktiv und deduktiv zugleich. Ausgangspunkt seiner Arbeit waren Beobachtungen und das Erkennen empirischer Regelmäßigkeiten auf seinem Gut Tellow in Mecklenburg. Dort nahm von Thünen für die ihm bekannten Agrarerzeugnisse und Bodennutzungssysteme genaue Kosten- und Ertragsberechnungen vor. Die darauf folgende Ableitung allgemeiner Aussagen erfolgte dann ausgehend von bestimmten Grundannahmen deduktiv.

5.1.1 Bodenrente und Lagerente

Bei der Betrachtung des landwirtschaftlichen Sektors ist die Wahl des Standorts eines Betriebs meist vorgegeben. Einerseits gibt es natürliche Bedingungen, wie z. B. klimatische Verhältnisse und Bodenqualität, die eine Standortgunst oder -ungunst implizieren. Andererseits sind die Standorte historisch vorgegeben. Sie resultieren aus gesellschaftlichen Verteilungs- und Inwertsetzungsprozessen und werden von Generation zu Generation vererbt. Interessanter als die Frage nach dem Standort einer vorgegebenen Nutzung ist deshalb die Frage nach der konkreten Landnutzung an einem vorgegebenen Standort und der Organisation der landwirtschaftlichen Produktion an diesem Standort. So ist zu beobachten, dass trotz der durch Klima, Boden und andere Umweltbedingungen bedingten Standortgunst Landwirte eine gewisse Wahlfreiheit haben, welche Produkte sie erzeugen. Beobachtungen zeigen, dass diese Wahl stark von gesellschaftlichen Traditionen und Bedürfnissen und damit auch von der Nachfrage geprägt ist.

In Modellen wird normalerweise davon ausgegangen, dass die Landnutzung unter bestimmten physischen Gegebenheiten so erfolgt, dass ein maximaler Gewinn pro Flächeneinheit erzielt wird. Der Mechanismus, der dabei die konkrete Art der Landnutzung koordiniert, heißt **Bodenrente** (Dicken und Lloyd 1990, Kap. 1; Yeates 1990, Kap. 5). Nach (Chisholm 1970, S. 22 und 24) lässt sich die Bodenrente wie folgt definieren: „*[...] the economic rent of a particular piece* *of land is the return that can be obtained above that which can be got from the land which is at the margin of economic cultivation.*" Die Bodenrente ist also der Mehrgewinn pro Flächeneinheit einer landwirtschaftlich genutzten Fläche gegenüber einer anderen Flächeneinheit auf einem sogenannten Grenzertragsboden, d. h. einem Boden, auf dem die Erträge gerade noch eine kostendeckende Produktion erlauben.

Ricardos Konzept der **Differentialrente** erfasst denjenigen Teil der Bodenrente, der allein auf die höhere Bodenqualität zurückzuführen ist (Marshall 1990 [1920], IV. Buch, Kap. III).

In dem an von Thünen (1875) angelehnten Konzept der **Lagerente** wird berücksichtigt, dass die Bodenrente systematisch nicht nur mit der Bodenqualität, sondern auch mit der Entfernung zum Markt variiert. Unter der Lagerente versteht man *ceteris paribus* (also unter sonst gleichen Bedingungen) den Mehrgewinn einer landwirtschaftlich genutzten Fläche aufgrund der geringeren Entfernung zum Markt im Vergleich zu einer anderen gleich großen Fläche, die so weit vom Markt entfernt ist, dass die höheren Transportkosten den Nettoerlös vollständig aufbrauchen. Die Lagerente ist auf eine Flächeneinheit bezogen. In ihr spiegeln sich vor allem die mit der Lage zum Markt variierenden Transportkosten wider.

5.1.2 Prinzipien des isolierten Staats

Von Thünen (1875) stellte die Lagerente in das Zentrum seiner Überlegungen und analysierte, wie die Art und Intensität der Landnutzung mit der Entfernung vom Markt variiert. In seinen systematischen Überlegungen ging er von einer Vielzahl von Grundannahmen aus, von denen im Folgenden die wichtigsten genannt sind (Waibel 1933b; Schätzl 1998, Kap. 2.1.2):

(1) *Natürliche Gegebenheiten.* Der isolierte Staat wird als kreisrunde und von der Außenwelt abgeschnittene homogene Fläche angenommen. Die Homogenität bezieht sich auf die Gleichheit von Boden, Klima und Relief sowie auf alle weiteren nicht spezifisch berücksichtigten Faktoren. So wird z. B. von der Abwesenheit schiffbarer Gewässer ausgegangen.

(2) *Technische Gegebenheiten.* Neben der Homogenität natürlicher Faktoren wird ferner eine Gleichheit von Bewirtschaftungs- und Verkehrstechnologien angenommen. Da es noch keine Eisenbahn gibt, werden Pferdefuhrwerke eingesetzt. Somit ist die Frachtrate pro Gewichtseinheit und Kilometer überall identisch.

(3) *Ökonomisch-räumliche Abstraktion.* Als Markt fungiert eine große Stadt im Zentrum des isolierten Staats. Hier konzentriert sich auch der Industriesektor (Bergwerke und Salinen) und damit ein Großteil der mit landwirtschaftlichen Produkten zu versorgenden Bevölkerung. Die Landwirte beliefern die Bevölkerung dieser Stadt mit ihren Produkten. Dabei streben sie Gewinnmaximierung an. Ferner wird davon ausgegangen, dass alle landwirtschaftlichen Güter gleich groß sind.

Mittels der durch den Verkauf landwirtschaftlicher Produkte auf dem städtischen Markt erzielten Erlöse müssen die Landwirte aufgrund der getätigten Annahmen neben den Produktionskosten auch die Transportkosten zum Markt abdecken. Da die Transportkosten mit zunehmender Entfernung vom Markt ansteigen, müssen im isolierten Staat nach außen hin Produkte erzeugt werden, die im Verhältnis zu ihrem Wert geringe Transportkosten verursachen. Es sind dies Produkte mit niedrigen Transportkosten pro Flächeneinheit, relativ langer Haltbarkeit und leichter Transportierbarkeit. In der Folge entstehen um die Stadt im Zentrum des isolierten Staats konzentrische Ringe mit unterschiedlicher landwirtschaftlicher Nutzungsart und Nutzungsintensität (Chisholm 1970, Kap. 2; Berry et al. 1987, Kap. 9; Maier und Tödtling 1992, Kap. 6). Von Thünen (1875) identifizierte sechs derartige Landnutzungsringe bzw. Produktionszonen innerhalb des isolierten Staats (Waibel 1933b), die sich in konzentrischen Kreisen um den Mittelpunkt anordneten (→ Abb. 5-1):

(1) **Freie Wirtschaft.** Hier dominiert der Gartenbau mit hohen Nettoerlösen pro Flächeneinheit. Die Verderblichkeit dieser Produkte ist außerdem ein weiterer Erklärungsgrund für die Marktnähe dieser Nutzungsform. Da der Boden hier aufgrund der unmittelbaren Marktnähe sehr wertvoll ist, ist zugleich die Intensität der Land-

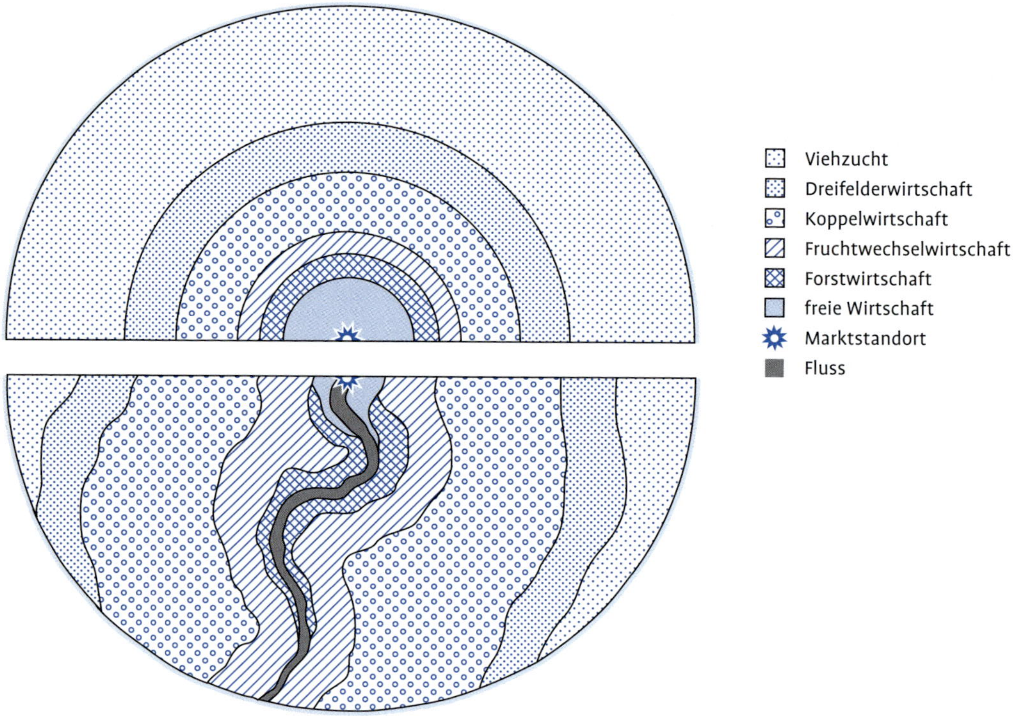

Abb. 5-1: Landnutzungszonen in von Thünens isoliertem Staat und deren Wandel durch Einbeziehung eines schiffbaren Flusses (nach Waibel 1933 b, S. 28 und 50)

nutzung sehr hoch, was sich in einem erhöhten Arbeitseinsatz ausdrückt.

(2) **Forstwirtschaft.** Die forstwirtschaftliche Nutzung ist im isolierten Staat durch relative Marktnähe gekennzeichnet, weil die Transportkosten pro Flächeneinheit unter den Transportbedingungen des 19. Jahrhunderts sehr hoch sind und die Transportierbarkeit erschwert ist.

(3) **Fruchtwechselwirtschaft.** Hierbei findet ein jährlicher Wechsel der angebauten Fruchtart im mehrjährigen Rhythmus ohne Bracheperiode statt. Durch den jährlichen Fruchtwechsel wird dem Boden die Möglichkeit zur Regeneration wichtiger Bestandteile gegeben.

(4) **Koppelwirtschaft.** Hier existiert zusätzlich zur Fruchtwechselwirtschaft noch eine Bracheperiode.

(5) **Dreifelderwirtschaft.** Bei der Dreifelderwirtschaft wird in einem Drei-Jahres-Rhythmus zwischen Getreideanbau, Weidewirtschaft und Brache abgewechselt.

(6) **Viehzucht.** Es ist dies die äußerste Nutzungszone des isolierten Staats, an die sich unkultivierte Wildnis anschließt.

Die Landnutzungsringe (3) bis (5) sind durch Getreideanbau gekennzeichnet. Der Hauptunterschied besteht darin, dass die Anbauintensität nach außen abnimmt.

Das Landnutzungsmuster innerhalb des isolierten Staats ändert sich mit der Variation der zugrunde gelegten Annahmen (Waibel 1933 b; Berry et al. 1987, Kap. 9). So kommt es durch die Einführung eines schiffbaren Flusses dazu, dass sich die Produktionszonen parallel zum Fluss linear anordnen (→ Abb. 5-1). Das liegt daran, dass die Kosten für Transporte auf dem Fluss deutlich geringer sind als für Transporte auf dem Landweg. Durch die Einbeziehung einer zweiten Kleinstadt in das Modell entsteht um den zusätzlichen Standort entsprechend eine eigenständige Landnutzungsstruktur. Wenn man weiterhin den Einfluss von Innovationen im Verkehrswesen, wie z. B. die Einführung der Eisenbahn, untersucht, so kann man eine sukzessive Ausweitung des isolierten Staats feststellen, weil aus größer werdender Entfernung zu relativ geringen Kosten Produkte angeliefert werden können.

In der Arbeit von Thünen's (1875) zeigen sich zwei Prinzipien der Herausbildung von Landnutzungszonen, die im Folgenden näher untersucht werden:

(1) Das Differentialprinzip besagt, dass es aufgrund der Lagerente zu einer räumlichen Differenzierung zwischen verschiedenen Kulturarten kommt.

(2) Nach dem Intensitätsprinzip entwickelt sich eine räumliche Sortierung innerhalb einer Kulturart nach Zonen mit unterschiedlicher Anbauintensität.

Differentialprinzip. In Marktnähe sind die Transportkosten niedrig und die Lagerente ist dementsprechend hoch. Anbauprodukte mit einem hohen Erlös pro Flächeneinheit können einen Standort in Marktnähe mit hoher Lagerente eher verkraften als solche mit geringem Erlös pro Flächeneinheit. Dieser Zusammenhang lässt sich für eine einzelne Anbaufrucht auch formal darstellen (→ Abb. 5-2). Die Lagerente kann anhand folgender **Lagerentenformel** berechnet werden:

$R = (p - a) \cdot E - f \cdot d \cdot E$

wobei gilt:

R = Lagerente (Nettoerlös) pro Flächeneinheit (€/ha)
p = Marktpreis pro Produkteinheit (€/Dz)
a = Produktionskosten pro Produkteinheit (€/Dz)
E = Ertrag pro Flächeneinheit (Dz/ha)
f = Transportkosten pro Produkt- und Entfernungseinheit (€/[Dz · km])
d = Entfernung zum Markt (km)

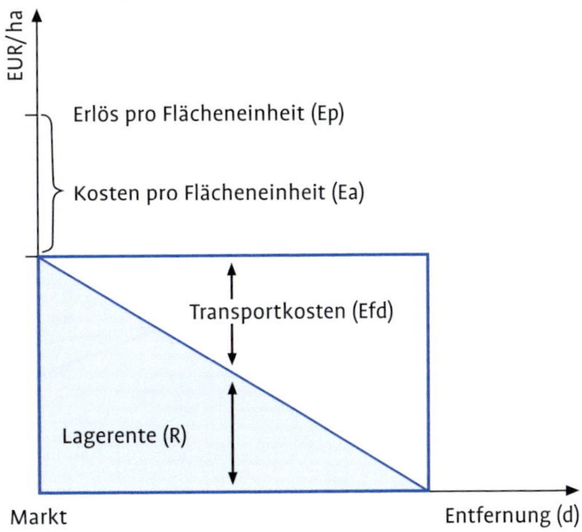

Abb. 5-2: Prinzip der Lagerente bei einem Anbauprodukt (nach Schätzl 1998, S. 62)

Die Lagerente wird demnach als Nettoerlös pro Flächeneinheit ermittelt und sinkt bei einem gegebenen Anbauprodukt mit wachsender Entfernung zum Markt. Bei nur einem Produkt ergibt sich somit ein konzentrisches Anbaugebiet, dessen äußere Grenze sich dort befindet, wo die Transportkosten genauso hoch sind wie der Nettoerlös eines Landwirts, die Lagerente also gleich Null ist (Dicken und Lloyd 1990, Kap. 1). Die Lagerentenkurve sagt zugleich etwas über die Zahlungsbereitschaft für eine Flächeneinheit landwirtschaftlicher Nutzfläche und damit über den Bodenpreis aus. Ihre Steigung gibt an, wie viel ein Landwirt zu zahlen bereit wäre, um 1 km näher am Markt produzieren zu können.

Auch unter Berücksichtigung mehrerer Anbauprodukte ergibt sich eine konzentrische Landnutzung, wie das folgende hypothetische Beispiel mit den Produkten (Frisch-)Gemüse, Kartoffeln und Roggen zeigt (→ Abb. 5-3). Bei Gemüse sind im Vergleich zu Kartoffeln die Nettoerlöse pro Flächeneinheit größer. Zugleich sind auch die Transportkosten pro Flächeneinheit und Kilometer relativ hoch. Aus diesem Grund besitzt die Lagerentenkurve für Gemüse einen steileren Verlauf und einen größeren Achsendurchgang als die Lagerentenkurve für Kartoffeln. Wenn man entsprechend Roggen als drittes Anbauprodukt in die Überlegungen mit einbezieht, so ergibt sich ein Lagerentendiagramm mit drei Lagerentenkurven. Entsprechend der Schnittpunkte der Kurven ergeben sich drei konzentrische Anbauzonen. Der erste Anbauring ist durch Gemüseanbau als alleinige Landnutzungsform gekennzeichnet, weil damit in diesem Bereich die höchste Lagerente erwirtschaftet wird. Ein Landwirt wäre hier durch Gemüseanbau in der Lage, im Vergleich zu alternativen Nutzun-

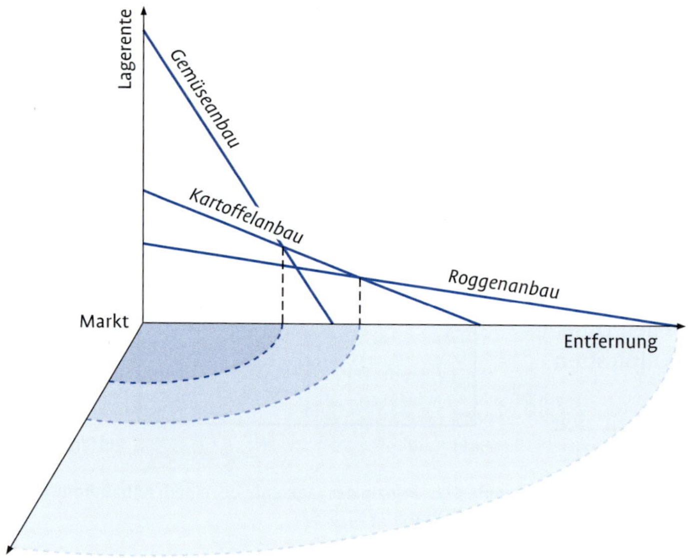

Abb. 5-3: Räumliche Sortierung der Landnutzung aufgrund des Differentialprinzips der Lagerente

gen einen höheren Bodenpreis zu zahlen. Die weiteren Anbauzonen ergeben sich entsprechend.

Dass die Lagerente zugleich ein wichtiger Bestimmungsfaktor des Bodenpreises ist (Alonso 1960), zeigt sich, wenn man von einer Situation ausgeht, in der Landwirte jedes Jahr das bewirtschaftete Land von Landbesitzern pachten müssen. Es ist dies eine Situation, wie man sie z. B. in den USA vorfinden kann. Unter Wettbewerbsbedingungen wäre ein Landwirt in der Lage, einen umso höheren Pachtpreis zu bezahlen, je näher sein Standort am Markt liegt und je höher der Nettoerlös pro Flächeneinheit ist, den er mit einer bestimmten Landnutzung erzielt. Der Pachtpreis wäre also direkt abhängig von der Lagerente. Durch gewinnmaximierendes Verhalten würde unter diesen Bedingungen ein räumliches Gleichgewicht der Landnutzung resultieren, bei dem überall derselbe Gewinn pro Flächeneinheit erzielt würde (Dicken und Lloyd 1990, Kap. 1).

Intensitätsprinzip. Dieses Prinzip besagt, dass es auch innerhalb einer Kulturart zu einer räumlichen Differenzierung kommt. So gibt es im isolierten Staat drei aufeinanderfolgende Getreideringe (→ Abb. 5-1 und 5-4). Innerhalb der Getreideringe variieren die Transportkosten ebenfalls mit der Entfernung vom Markt. Mit abnehmender Entfernung vom Markt steigt die Lagerente *ceteris paribus* an. Um einen Standort näher am Markt zu erhalten, müsste ein Landwirt somit einen höheren Bodenpreis oder eine höhere Pacht bezahlen. Eine Möglichkeit dies zu erreichen, besteht darin, die höheren Bodenpreise bzw. Pachtkosten durch eine größere Arbeitsintensität zu kompensieren und somit den Nettoerlös je Flächeneinheit zu steigern. Dies führt dazu, dass innerhalb eines Anbaurings die Nutzungsintensität in relativer Marktnähe besonders hoch ist. Somit resultiert eine räumliche Sortierung nach Intensitätszonen (Chisholm 1970, Kap. 2; Berry et al. 1987, Kap. 9). Bei den Getreideringen im isolierten Staat nimmt der Bracheanteil mit größerer Entfernung vom Marktzentrum sukzessive zu und damit die Arbeitsintensität ab.

5.1.3 Thünen'sche Ringe verschiedener Maßstabsebenen

Thünen'sche Ringe kleiner bzw. kleinster Ordnung sind solche, die um eine Siedlung oder einen landwirtschaftlichen Betrieb entstehen. So lässt sich bei einem landwirtschaftlichen Betrieb anhand des Arbeits- und Düngemitteleinsatzes zeigen, dass die Arbeitsintensität mit zunehmen-

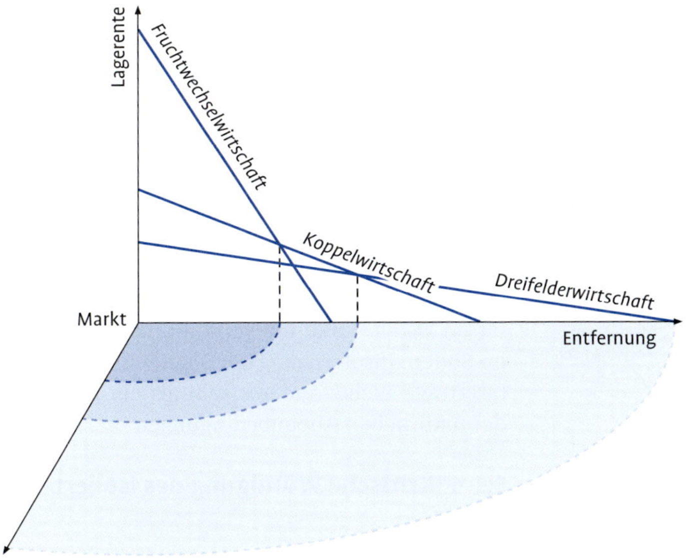

Abb. 5-4: Räumliche Sortierung der Landnutzung aufgrund des Intensitätsprinzips der Lagerente

der Entfernung vom Hof geringer wird. Müller-Wille (1936) wies am Beispiel der Ackerfluren im Birkenfelder Land nach, dass landwirtschaftliche Flächen mit zunehmender Entfernung vom Dorfkern immer extensiver bewirtschaftet werden. In Hofnähe fanden sich eher Garten- und Ackerbau, in größerer Entfernung hingegen Getreideanbau sowie Weidewirtschaft. Chisholm (1970, Kap. 4) konnte am Beispiel der sizilianischen Agrostadt Canicatti und Stamer (1995) für Hamburg Thünen'sche Ringe um eine städtische Siedlung darstellen. Noch in den 1960er-Jahren erkannte Blaikie (1971), wenn auch mit gewissen Abweichungen von Thünens Modell, die Existenz konzentrischer Anbauringe um städtische Zentren in Indien.

Bei **Anbauringen mittlerer Ordnung** handelt es sich um Ringe, die sich um einen regionalen Markt herausbilden. Müller-Wille (1952) belegte die Existenz derartiger Produktionszonen in seiner Arbeit über Westfalen schon für die Periode um 1800 (Giese 1995). Er erkannte zugleich, dass die Bedeutung von Transportkosten im Zeitablauf durch die Einführung neuer Verkehrstechnologien zunehmend geringer wurde und dadurch die ringförmige Struktur der Landnutzung überformt wurde. Die Versorgungsräume weiteten sich aus und Transportkosten verloren zumindest teilweise ihren Einfluss als raumdifferenzierende Größe. Infolge derartiger Veränderungen bildeten sich im 20. Jahrhundert um das Ruhrgebiet als Regionalmarkt drei große Produktionssektoren: Viehsektor, Waldsektor und Anbausektor. Trotz dieser sektoralen Anordnung stellte Müller-Wille (1952) fest, dass die Nutzungsintensität um 1940 mit abnehmender Entfernung vom Ruhrgebiet größer wurde und sich somit eine Ringbildung nach dem Intensitätsprinzip andeutete (→ Abb. 5-5 a).

Thünen'sche **Ringe größter Ordnung** auf nationaler bzw. supranationaler Ebene haben beispielsweise Valkenburg und Held (1952) für Europa ermittelt. Die Autoren betrachteten Südostengland, Nordfrankreich, Benelux und Norddeutschland als großes Verdichtungsgebiet in Europa, das mit Agrarprodukten zu versorgen war und einen riesigen Absatzmarkt darstellte (Chisholm 1970, Kap. 5; Giese 1995). Das Thünen'sche Intensitätsprinzip zeigte sich in ihrer Karte der Bodennutzungsintensitäten um 1950 (→ Abb. 5-5 b). Die Autoren ermittelten dazu die Hektarerträge für die Nutzpflanzen Weizen, Roggen, Gerste, Hafer, Mais, Kartoffeln, Zuckerrüben und Heu. Die durchschnittlichen Erträge wurden indexiert und gleich 100 gesetzt. Die in den verschiedenen Regionen festgestell-

a) Produktionszonen um das Ruhrgebiet 1940 nach Müller-Wille

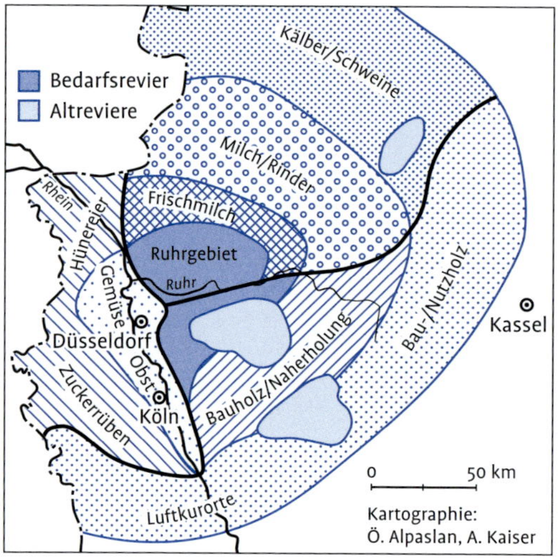

b) Landwirtschaftliche Nutzungsintensitäten in Europa um 1950 nach Valkenberg/Held

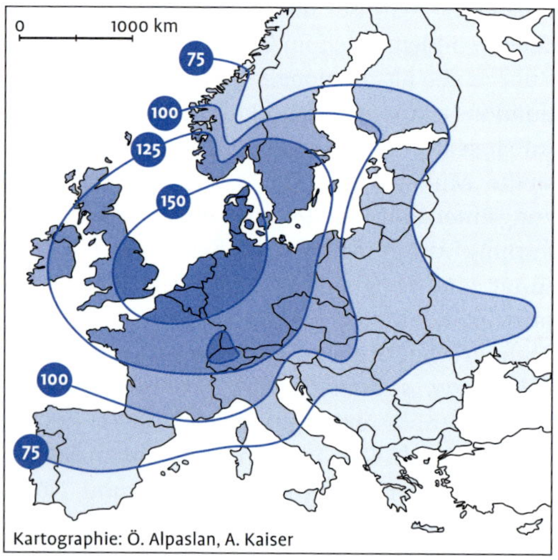

Abb. 5-5: Nachweis Thünen'scher Ringe a) mittlerer und b) größter Ordnung (nach Giese 1995, S. 32 und 35)

ten Abweichungen wurden zu einem Gesamtindex über alle Nutzpflanzen hinweg zusammengefasst. Die sich daraus ergebende Karte der Nutzungsintensität bestätigt das Thünen'sche Prinzip insofern, als die Indexwerte in der Nähe des Verdichtungsraums mit Werten bis 180 am höchsten lagen und nach außen hin in allen Richtungen auf Werte unter 100 abfielen. Die Untersuchung von Valkenburg und Held (1952) weist allerdings zahlreiche methodische Probleme auf und ist deshalb mit Vorsicht zu behandeln. So sagen die verwendeten Hektarerträge nicht unbedingt etwas über Nutzungsintensitäten oder Produktivitäten aus. Von Mitteleuropa beispielsweise verschlechtern sich die landwirtschaftlichen Anbaubedingungen nach außen hin in allen Richtungen: zunehmende Kontinentalität im Osten, Kälte im Norden und Trockenheit im Süden. Insofern mag die Darstellung der Hektarerträge nichts anderes sein als ein Ausdruck der natürlichen Anbaubedingungen.

5.1.4 Kritische Würdigung des isolierten Staats

Die kritische Auseinandersetzung mit dem isolierten Staat lässt schnell erkennen, dass der Erklärungsgehalt des Modells in heutiger Zeit nur noch gering ist. Die häufigste Kritik setzt an den unzureichenden Modellannahmen an (Schätzl 1998, Kap. 2.1.2).

(1) **Unrealistische Homogenitätsannahmen und statische Betrachtung.** Besonders problematisch sind die Annahmen über homogene Produktionstechnologien und die Nichteinbeziehung neuer Verkehrstechnologien. So wird der Einfluss der Lagerente mit neuen Verkehrstechnologien immer geringer. Durch preiswertere und schnellere Transportmöglichkeiten kommt es nicht mehr zu einer Herausbildung konzentrischer Anbauringe.

(2) **Umkehrung der Thünen'schen Ringe.** Sinclair (1967) kritisierte, dass die Analyse Thünens primär auf Transportkostenüberlegungen basiert, und entwickelt ein Alternativmodell, das zu einer Umkehr der Thünen'schen Ringe führt (→ Abb. 5-6). Er geht davon aus, dass die städtische Expansion ins Umland wichtigen Einfluss auf die Bodenrente hat. Da städtische Nutzungen (auch solche in Zentrumsferne) generell eine höhere Bodenrente erzielen als landwirtschaftliche Nutzungen (selbst solche in relativer Marktnähe), kommt es zu einer Umkehr der Thünen'schen Ringe landwirtschaftlicher Nutzungsintensität, wenn sich städtische Nutzungen ins Umland aus-

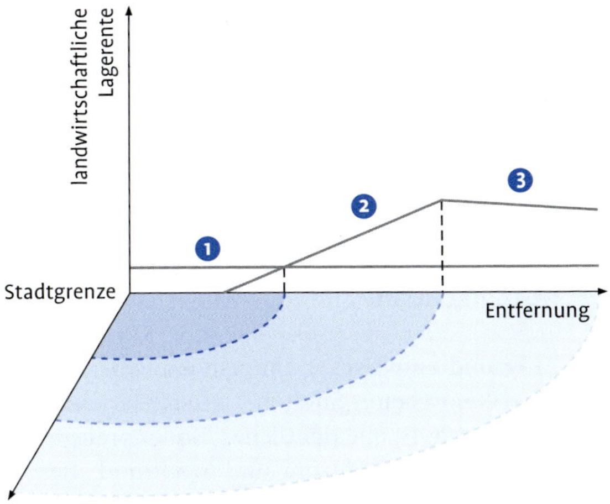

Abb. 5-6: Umkehrung der Thünen'schen Ringe (nach Sinclair 1967, S. 80)

Zone	Landnutzung
1	landwirtschaftliche Flächen, die in Kürze für städtische Nutzungen umgewidmet werden
2	landwirtschaftliche Flächen, die ebenfalls in den Einflussbereich der Stadtexpansionen geraten können
3	landwirtschaftliche Flächen außerhalb des städtischen Einflussbereichs

dehnen (Dicken und Lloyd 1990, Kap. 1; Giese 1995): Da der Boden im städtischen Umland von einer möglichen Umnutzung betroffen ist, wenn die Stadt expandiert, investieren die dort ansässigen Landwirte nicht mehr viel Kapital und Arbeit in ihre Produktion. In Erwartung einer Ausweitung städtischer Nutzungen hat der Boden in Zentrumsnähe für landwirtschaftliche Nutzungen deshalb einen relativ geringen Wert und wird extensiv bewirtschaftet. Hingegen steigt die landwirtschaftliche Bodenrente mit etwas größerer Distanz zum städtischen Einflussbereich wieder an, weil die Überführung in städtische Nutzungen hier nicht absehbar ist.

(3) **Durchbrechung Thünen'scher Ringe durch soziale Prozesse.** Besonders großen Einfluss auf die Art der Landnutzung haben soziale Strukturen, Traditionen und Prozesse. Sie führen dazu, dass Thünen'sche Ringe in der aktuellen Landnutzung kaum mehr sichtbar sind. So gibt es z. B. beim Hopfen- und Weinbau kleinräumige Anbauspezialisierungen, die das sozio-ökonomische Gefüge der betreffenden Regionen stark prägen (Healey und Ilvery 1990, Kap. 11; Klohn 1993). Solche Spezialisierungen sind durch Transportkostenminimierung und klimatische Gunstfaktoren allein nicht zu erklären. Sie sind vielmehr das Ergebnis regionsspezifischer Entwicklungspfade, die ökonomische Prozesse in die regionalen sozio-institutionellen Strukturen einbinden. Ebenso bieten weder die Thünen'schen Ringe noch klimatische Gunstfaktoren und geringe Arbeitskosten eine ausreichende Erklärung dafür, dass in lateinamerikanischen und afrikanischen Regionen Zierpflanzen für den Weltmarkt angebaut werden (Stamm et al. 1995; Schubert 2004).

Hartke (1956) zeigte schon frühzeitig am Beispiel des Phänomens der **Sozialbrache**, wie eine Durchbrechung der Thünen'schen Ringe durch soziale Prozesse möglich ist. Er erkannte das Phänomen der Sozialbrache in Gebieten von Hessen, dem Saarland und Baden-Württemberg. Dies war insofern überraschend, als man in den betreffenden Regionen aufgrund ihrer relativen Marktnähe eine intensive Landnutzung erwartet hätte. Hartke (1956) erklärte das Phänomen der Sozialbrache als eines, das durch das Erbrecht, die Realerbteilung, und die damit verbundenen Sozialstrukturen verursacht wurde. Bei der Realerbteilung wurden landwirtschaftliche Nutzflächen pro Betrieb von Generation zu Generation immer kleiner. Das funktionierte so lange, bis die einzelnen Besitzgrößen so klein waren, dass es nicht mehr produktiv war, landwirtschaftlich zu arbeiten. In der Folge fielen große Gebiete brach. Obwohl das Modell und die konkreten Ergebnisse bereits frühzeitig kritisiert wurden, behielt die durch von Thünen (1875) beschriebene methodische Vorgehensweise der isolierten Abstraktion eine große Bedeutung. Die Vorgehensweise diente als Vorbild für viele Arbeiten der wirtschaftsgeographischen Standortlehre und wurde z. B. auch auf den städtischen Bodenmarkt übertragen. Von Thünens Ansatz, Transportkosten als Indikator ökonomischer Beziehungen im Raum zu verwenden und daraus räumliche Differenzierungen abzuleiten, wurde zu einer konstituierenden Methode der Raumwirtschaftslehre und hat noch heute eine didaktische Bedeutung für das Verständnis des Einflusses wirtschaftlicher Prozesse auf räumliche Strukturen.

5.2 Übertragung des Lagerentenprinzips auf den städtischen Bodenmarkt

Das von J.H. von Thünen entwickelte Modell der Lagerente und seine Wirkung auf die Landnutzung wurde von Alonso (1960; 1964) auf den städtischen Bodenmarkt übertragen. Analog zu von Thünen versuchte Alonso (1960), Unterschiede in der Landnutzung durch das Wechselspiel von Lagerente und Transportkosten zu erklären. Ausgangspunkt war hierbei die Überlegung, dass sich menschliche Bedürfnisse als städtische Nutzungsansprüche ausdrücken lassen und dass diese auf das Stadtzentrum hin ausgerichtet sind. Entsprechend der Nutzungsansprüche entsteht somit ein Flächenbedarf für Büro- und Geschäftsraum, Wohnraum, Bildungs-, Versorgungs- und Erholungseinrichtungen sowie für Verkehrsinfrastruktur (Giese 1978; 1995). Die Orientierung der Nutzungsansprüche auf das Zentrum ließ sich dadurch rechtfertigen, dass durch eine Ballung von Funktionen im Zentrum einer Stadt (dem klassischen Marktplatz) die Minimierung der ökonomischen Distanzen bei der Bedürfnisbefriedigung angenommen wurde.

5.2.1 Prinzipien der städtischen Landnutzungslehre

Aufgrund empirischer Untersuchungen in nordamerikanischen Städten ermittelte Alonso (1960; 1964) ein deutliches Bodenpreisgefälle zwischen Stadtzentrum und Stadtrand. Besonders drastisch war der Preisabfall vom *central business district* (*CBD*), dem innerstädtischen Geschäftszentrum, in die direkt angrenzenden Gebiete. Dies ließ sich damit begründen, dass der *CBD* für alle konkurrierenden Nutzungsformen ein wünschenswerter Standort im Zentrum mit geringstmöglichen Transportkosten war. Durch die Anwendung des Thünen'schen Modells der Lagerente auf den städtischen Bodenmarkt ließen sich deshalb analog zum isolierten Staat konzentrische Landnutzungszonen innerhalb der Städte ableiten (Heineberg 1989, Kap. 3; Krätke 1995 b, Kap. 8). Hierbei können wiederum zwei Prinzipien der Landnutzungsdifferenzierung unterschieden werden: das Differential- und das Intensitätsprinzip.

Differentialprinzip. Beim Differentialprinzip kommt es aufgrund der Lagerente zu einer räumlichen Differenzierung nach verschiedenen städtischen Landnutzungsarten in Form konzentrischer Ringe (Dicken und Lloyd 1990, Kap. 1; Yeates 1990, Kap. 5). Dies lässt sich an einem Beispiel mit vier Landnutzungen demonstrieren, die aufeinanderfolgende Landnutzungsringe bilden: Büro- und Geschäftsraum, Industrie, Wohnraum und Landwirtschaft (→ Abb. 5-7). Je näher ein Standort am Zentrum liegt, desto geringer sind die entstehenden Transportkosten und desto höher ist die Lagerente. Dies gilt für jede Art der Landnutzung – jedoch in unterschiedlichem Ausmaß. So haben die Büro- und Geschäftsraumnutzung die größten Gewinnerwartungen pro Flächeneinheit und können deshalb die höchsten Bodenpreise für ein zentrumsnahes Grundstück

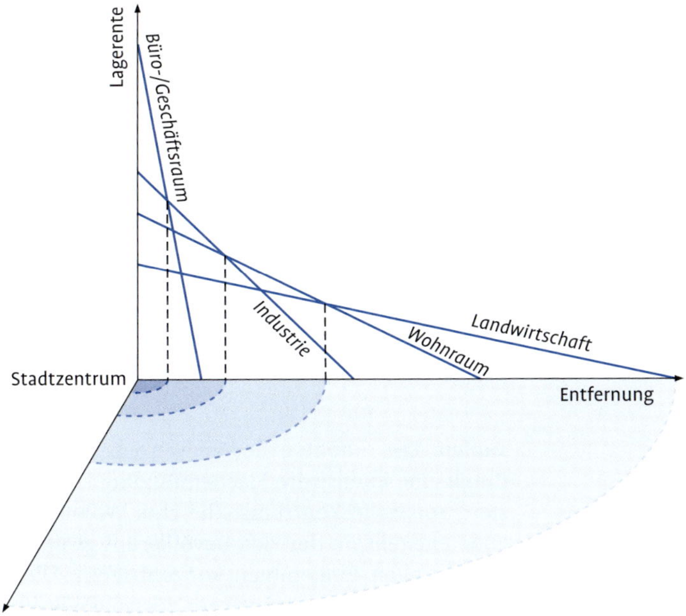

Abb. 5-7: Städtische Landnutzungszonen aufgrund des Differentialprinzips der Lagerente

zahlen. Mit zunehmender Entfernung vom Stadtzentrum erzielen demgegenüber andere Arten der Landnutzung eine höhere Lagerente pro Flächeneinheit und sind entsprechend in der Lage, erfolgreich gegen alternative Nutzungsformen zu konkurrieren. Insgesamt entstehen konzentrische Landnutzungszonen, wobei im Außenbereich Wohnraumnutzung und landwirtschaftliche Nutzungen angesiedelt sind. Hierbei wird unterstellt, dass die Wohnbevölkerung sich im Stadtzentrum versorgt, sodass die Menschen ins Zentrum pendeln und landwirtschaftliche Produkte ebenfalls hierhin geliefert werden.

Intensitätsprinzip. Auch das Thünen'sche Intensitätsprinzip lässt sich auf den städtischen Bodenmarkt übertragen: Einerseits kommt es zu einer Differenzierung der Bebauung nach der Bebauungshöhe und andererseits zu einer räumlichen Sortierung innerhalb einer Nutzungsform nach der Bebauungsdichte. Dieser Zusammenhang wurde schon in der Arbeit von Kohl (1841) angedeutet.

(1) **Nutzungszonen unterschiedlicher Bebauungshöhe.** Da mit zunehmender Nähe zum Zentrum die Transportkosten sinken und die Lagerente sich erhöht, steigen die Bodenpreise in Zentrumsnähe an. Eine Strategie, um höhere Bodenpreise in Zentrumsnähe bezahlen zu können, besteht darin, die Bebauungshöhe zu steigern, um damit eine größere Nutzungsintensität, d. h. höhere Nettoerlöse pro Flächeneinheit, zu ermöglichen (Carter 1972). Dadurch kommt es zu einer gewissen Korrelation zwischen Bodenpreisen und Bebauungshöhe. Dies zeigt sich besonders deutlich am idealisierten Aufriss einer nordamerikanischen Stadt, wenn man die Hochhausbebauung im Stadtzentrum betrachtet (→ Abb. 5-8).

(2) **Nutzungszonen unterschiedlicher Bebauungsdichte.** Am Beispiel der Wohnraumnutzung lässt sich demonstrieren, wie das Intensitätsprinzip zu einer räumlichen Sortierung innerhalb einer Nutzungsart nach der Bebauungsdichte führt (Giese 1978; 1995). Wenn man davon ausgeht, dass Personen mit geringem Einkommen bestrebt sind, in Zentrumsnähe zu wohnen, um Transportkosten beim Weg zur Arbeit und bei Versorgungsgängen zu sparen, ergibt sich folgende Differenzierung nach der Nutzungsintensität (→ Abb. 5-9 a): Um sich gegen andere Nutzungen in Zentrumsnähe durchsetzen zu können, müssen diese Personen höhere Mieten be-

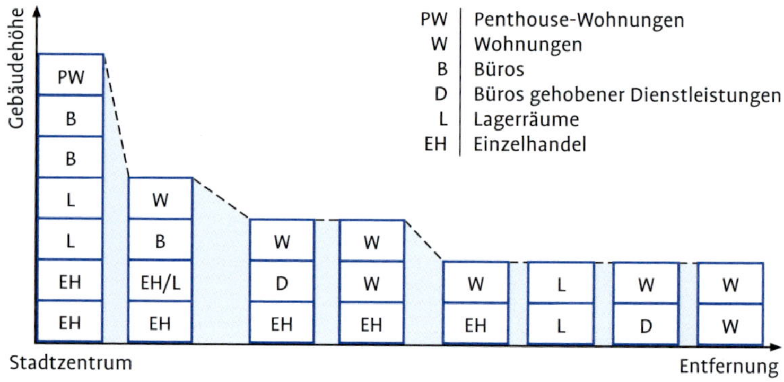

Abb. 5-8: Wirkungsweise des Intensitätsprinzips in Carters Stadtmodell der vertikalen und horizontalen Nutzungsverteilung (nach Heineberg 1989, S. 15)

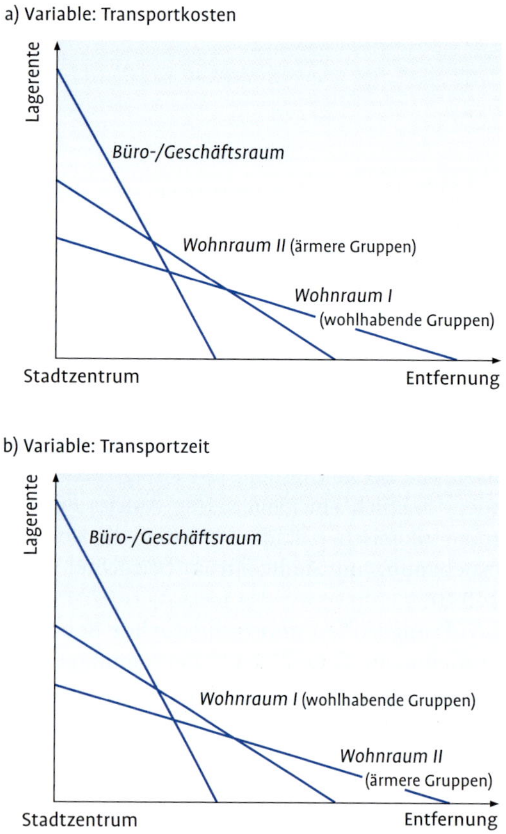

Abb. 5-9: Harveys Anwendung des Intensitätsprinzips der Lagerente unter a) Transportkosten- und b) Transportzeit-Überlegungen auf die städtische Landnutzung

zahlen. Die erhöhten Kosten werden nunmehr durch eine intensivere Flächennutzung kompensiert, sodass in Zentrumsnähe eine Wohnraumzone entsteht, in der sich Bevölkerungsgruppen mit geringen Einkommen konzentrieren. Diese Zone ist durch eine intensivere Nutzung gekennzeichnet, was sich in einer größeren Bevölkerungsdichte, geringeren Wohnungsgrößen und der Dominanz von Mehrfamilienhäusern widerspiegelt. Demgegenüber sind Personen mit hohem Einkommen nicht auf einen Standort mit geringen Transportkosten in Zentrumsnähe angewiesen. Sie siedeln sich in größerer Entfernung zum Zentrum an, sodass ein zweiter Wohnraumring für Personen mit hohem Einkommen entsteht. Aufgrund der geringeren Bodenrente ist hier eine weniger intensive Bodennutzung möglich, sodass eine geringere Bevölkerungsdichte bei größeren Wohnungsgrößen und Eigenheimbebauung resultiert.

5.2.2 Kritische Würdigung der städtischen Landnutzungslehre

Ähnlich wie im Fall des Thünen'schen Modells gibt es auch bei der Übertragung auf den städtischen Bodenmarkt eine Vielzahl von Kritikpunkten, von denen die wichtigsten im Folgenden dargestellt sind.

Annahme eines freien Bodenmarkts. Als analytisches Element für seine Analyse verwendet Alonso (1960) Bodenpreisfunktionen, die auf der Annahme reiner Marktpreise beruhen. Die Annahme eines freien Bodenmarkts ist in der Re-

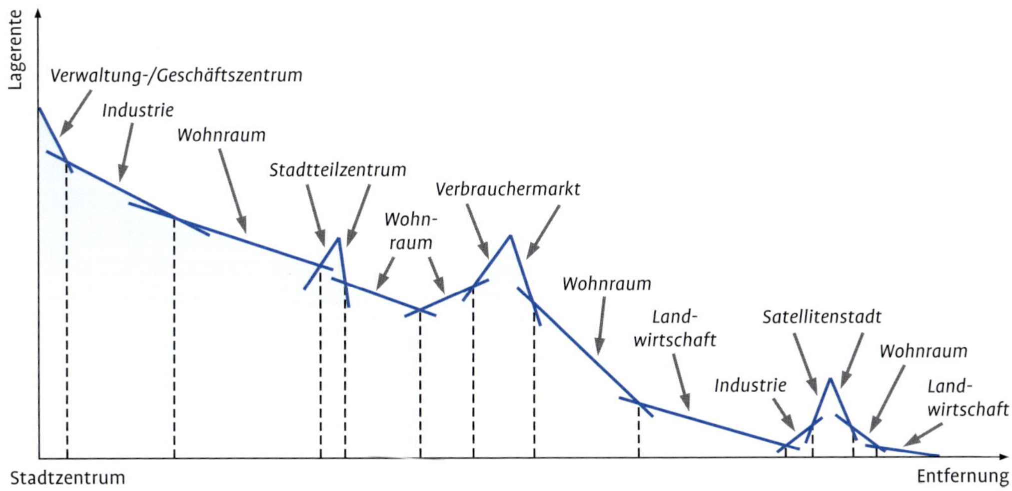

Abb. 5-10: Durchbrechung der konzentrischen städtischen Landnutzung durch Einbeziehung von Subzentren nach Goldner (nach Heineberg 1989, S. 17)

alität aber insofern problematisch, als durch städtische Verordnungen über Landnutzungen, Bebauungsarten und -intensitäten sowie durch Nutzungseinschränkungen Marktprinzipien zumindest teilweise außer Kraft gesetzt sind (Giese 1995). Dennoch mögen die Thünen'schen Prinzipien auf städtische Nutzungen eher anwendbar sein als auf landwirtschaftliche, weil städtische Grundstücke tatsächlich versteigert und verkauft werden, während die Besitzverhältnisse bei landwirtschaftlichen Betrieben zumeist historisch bestimmt sind und sich nur langsam ändern. Durch die Bauleitplanung wird der Bildung von kreisförmigen Nutzungszonen jedoch vielfach entgegengewirkt.

Zentrumsfixierung. Das Landnutzungsmodell nach Alonso geht von einer konzentrisch aufgebauten zentralisierten Stadt aus, in der alle Nutzungen auf das Zentrum hin ausgerichtet sind. Diese Annahme mag im Thünen'schen Modell im Hinblick auf den Marktstandort für landwirtschaftliche Produkte gerechtfertigt sein. Jedoch ist die Annahme einer monozentralen Organisation der Stadt Ausdruck einer statischen und kontextfreien Sicht der urbanen Struktur. Für die Vielzahl der städtischen Nutzungen gilt diese Annahme heute nicht mehr, denn einerseits variiert die Zentrenstruktur einer Stadt je nach kulturellem Kontext und andererseits haben sich im Zuge der starken Urbanisierung während des 20. Jahrhunderts in vielen Städten neue multiple Kerne entwickelt. Die orientalische Stadt mit ihrer Fokussierung auf die *Medina*, die lateinamerikanische Stadt mit ihrer zentralen Orientierung auf die *Plaza* und auch die chinesische und nordamerikanische Stadt haben eine Evolution neuer Zentren erfahren und zeichnen sich heute durch eine polyzentrische Struktur aus (Yeates 1990; Bähr und Mertins 1992; Ehlers 1992; Taubmann 1992).

Durchbrechung der konzentrischen Landnutzungszonen durch mehrkernige Stadtstrukturen. Goldner (1968) hat gezeigt, dass die Bodenrente nicht monoton mit der Entfernung vom Stadtzentrum abnimmt, sondern dass in einer mehrkernigen Struktur auch außerhalb der zentralen Bereiche hohe Lagerenten möglich sind (→ Abb. 5-10). Mit dieser Feststellung wird das Prinzip aufgegeben, dass es mit dem innerstädtischen Zentrum nur einen einzigen Bezugspunkt für Interaktionen in einer Stadt gibt (Heineberg 1989, Kap. 3). Goldner (1968) geht stattdessen davon aus, dass neben dem *central business district* auch Stadtteilzentren und *shopping centers* im Stadtbereich sowie Satellitenstädte mit Zentren im Außenbereich existieren. Da ein Teil der

Einkaufsaktivitäten auf diese Nebenzentren gerichtet ist, werden nun auch die Entfernungen als Transportkosten bedeutsam. Es resultiert eine Lagerentenkurve mit mehreren Gipfeln und einer differenzierten, nicht mehr konzentrischen Anordnung von Landnutzungen.

Umkehrung der Ringbildung durch ein verändertes Distanzmaß. Wenn nicht die Transportkosten die entscheidende Variable sind, die eine räumliche Variation der Bodenrente bedingt, sondern die Transportzeit, so kann es zu einer Umkehrung der Landnutzungszonen kommen (→ Abb. 5-9b). Im Modell der städtischen Wohnraumnutzung durch unterschiedliche Einkommensgruppen wird dies verdeutlicht. Wenn statt der Transportkosten die Transportzeit die entscheidende Variable für die Höhe der Bodenrente ist, so sind Personen mit hohem Einkommen bestrebt, ihren Wohnstandort in Zentrumsnähe zu wählen. Dadurch können sie hohe Einkommensverluste durch lange Transportzeiten vermeiden. Durch eine analoge Überlegung für Personen mit geringem Einkommen ergibt sich insgesamt eine gegenüber dem Intensitätsprinzip umgekehrte Zonierung: In Zentrumsnähe siedeln sich wohlhabendere Bevölkerungsgruppen an, während im Außenbereich Wohngebiete für Personen mit geringerem Einkommen entstehen.

Vernachlässigung sozialer und ökonomischer Prozesse. Ein generelles Problem der Modelle städtischer Landnutzung besteht darin, dass wichtige soziale und ökonomische Prozesse vernachlässigt werden, die großen Einfluss auf städtische Strukturen haben. Beispielsweise ist die Ballung hochwertiger wissensintensiver Dienstleistungen in Stadtzentren keineswegs eine Folge einer Transportkostenminimierung (Illeris 1991; Marshall und Wood 1992; 1996, Kap. 9). Hier werden vielmehr spezifische Agglomerations- und Fühlungsvorteile wirksam, die durch die räumliche Nachbarschaft dieser Einrichtungen genutzt werden können. Durch räumliche Nähe können z. B. spezifische Informations- und Kommunikationsvorteile in Bezug auf Markttrends, das Verhalten von Konkurrenten und die Abstimmung mit Partnern realisiert werden. Für kreative Dienstleister bietet räumliche Nähe die Möglichkeit zu wiederholtem *brainstorming* und zu spontanen Begegnungen, um auf veränderte Konsumgewohnheiten einzugehen oder neue Designs und Trends zu kreieren. In diesem Segment der Dienstleistungen bestehen gehobene

Box 5-1: Soziale Prozesse und Landnutzung

(1) Städtische Brache und Slumbildung. Erfahrungen in US-amerikanischen Städten haben gezeigt, dass traditionelle innenstadtnahe Industriegebiete, die z. B. aufgrund von Umweltproblemen oder aus Platzmangel durch eine Abwanderung von Unternehmen geprägt waren, zunächst keine Folgenutzungen fanden (Chapman und Walker 1987, Kap. 12). Es kam zu flächendeckenden Brachen und in der Folge zu selektiven Verslumungsprozessen. Innenstadtnahe Flächen mögen deshalb entgegen dem auf Transportkostenüberlegungen basierenden Landnutzungsmodell durch geringe Bodenrenten gekennzeichnet sein.

(2) Soziale Distanz. Große soziale Distanzen, z. B. zwischen ethnischen Bevölkerungsschichten (z. B. als Folge von Diskriminierungen), können zu sozialräumlichen Segregationsprozessen führen (Yeates 1990, Kap. 6). Dies kann zur Folge haben, dass z. B. Viertel mit weniger einkommensstarken Bevölkerungsgruppen in Innenstadtnähe und Viertel mit wohlhabenderen Bevölkerungsgruppen am Stadtrand entstehen. Ein potenzieller Nutzungswandel des Viertels durch eine neue Bevölkerungsgruppe hat mit Transportkostenüberlegungen allein jedoch nicht viel zu tun.

(3) *Gentrification*. Auch der Prozess der *gentrification* durch städtebauliche Aufwertung älterer Wohnquartiere kann eine sozialräumliche Segregation auslösen. Dies ist etwa der Fall, wenn die renovierten und modernisierten Wohnviertel für die vorher hier ansässigen Bevölkerungsgruppen zu teuer werden und somit einkommensschwache durch einkommensstarke Bevölkerungsgruppen verdrängt werden (Smith 1979; Zukin 1987; Dangschat 1988; Smith 1993; Friedrichs 1995, Kap. 7).

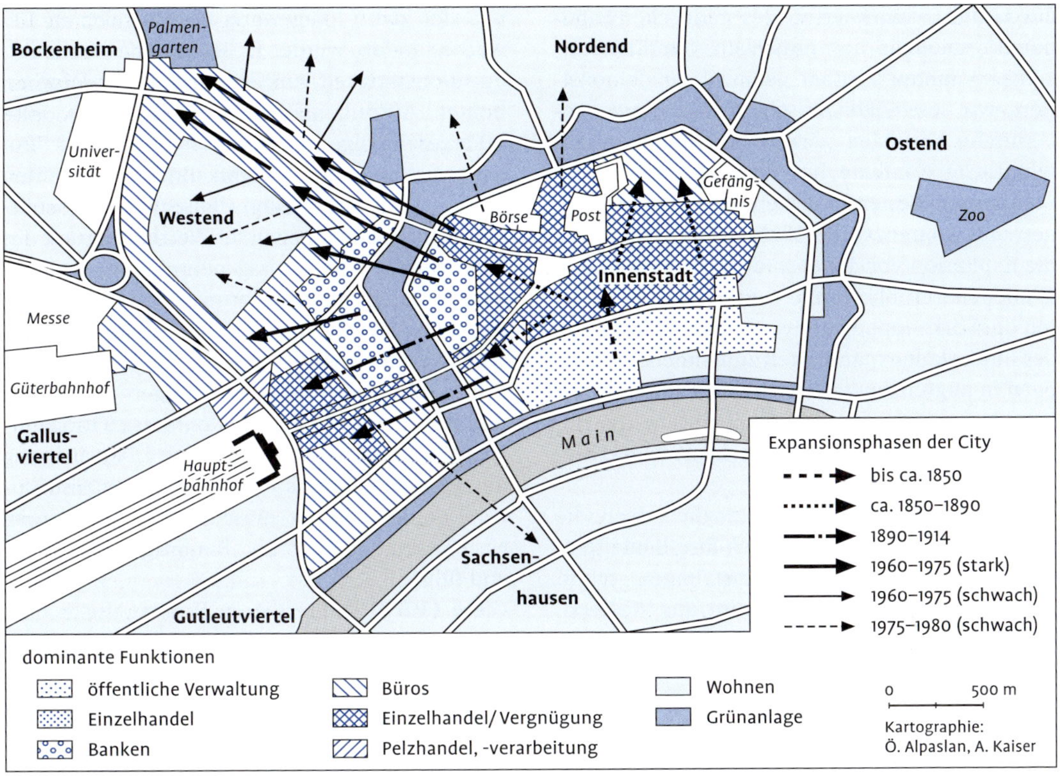

Abb. 5-11: Expansion innerstädtischer Funktionen in angrenzende Wohnbereiche der Frankfurter Innenstadt in den 1960er-Jahren (nach Vorlaufer 1981, S. 117)

Kommunikationsbedürfnisse, die besonders gut im Stadtzentrum befriedigt werden.

Dass Transportkostenminimierung für städtische Nutzungen keineswegs ausschlaggebend ist, zeigt sich in nordamerikanischen Städten immer mehr daran, dass die Versorgungsdienstleistungen, insbesondere der Einzelhandel, aus den Stadtzentren in *shopping centers* im Außenbereich abwandern. Es ist deshalb auch nicht zwingend, dass hochwertige wissensintensive Dienstleistungen sich ausgerechnet im Stadtzentrum ballen. Eine evolutionäre, pfadabhängige Erklärung hilft dabei zu verstehen, warum in der Realität dennoch das Stadtzentrum häufig der bevorzugte Standort derartiger Dienstleistungen ist. So mögen ursprünglich andere Gründe dazu geführt haben, dass hochwertige wissensintensive Dienstleistungen ihren Standort im Zentrum gewählt haben. Später bewirken selbstverstärkende Prozesse eine weitere Ballung an diesen Standorten, sodass Stadtviertel wie etwa im Zentrum von Vancouver und San Francisco existieren, in denen eine überdurchschnittliche Ballung kreativer Dienstleister und bestimmter kultureller Szenen entstanden ist (Helbrecht 1998; Egan und Saxenian 1999). An vielen Beispielen lässt sich zeigen, wie Landnutzungen durch komplexe soziale Prozesse beeinflusst werden, die zu einer veränderten räumlichen Differenzierung und zu Spaltungen führen (Krätke 1995 b, Kap. 6) (→ Box 5-1).

Dynamisierung des städtischen Landnutzungsmodells. Die vorstehenden Bemerkungen über soziale und ökonomische Prozesse zeigen bereits, dass eine evolutionäre, pfadabhängige Sichtweise der städtischen Landnutzung notwendig ist, um heutige Stadtstrukturen zu verstehen. Giese (1979; 1995) hat dies am Beispiel der Stadt Frankfurt am Main verdeutlicht und durch eine Dynamisierung des städtischen Landnutzungsmodells das Entstehen von Landnutzungskonflikten sichtbar gemacht. Er demonstriert, wie sozio-ökonomische Prozesse auf ökonomische Variablen wirken und damit gesellschaftliche Konflikte hervorrufen. So war das Frankfurter Westend ursprünglich ein an die Innenstadt angrenzendes Wohngebiet, das durch die Expansion von Innenstadtfunktionen in den 1960er-Jahren überformt wurde (➔ Abb. 5-11). Mit der Verknappung der verfügbaren Flächen in der Innenstadt expandierten zunehmend Funktionen in angrenzende Bereiche. Vorlaufer (1981) hat gezeigt, dass dies vor allem entlang der Bockenheimer Landstraße und in das Westend hinein geschah.

Diese Ausbreitung war nur möglich, weil die Stadt Frankfurt am Main durch ihre Bauleitplanung entsprechende Voraussetzungen schuf. Zwar gab es Bebauungspläne für das Westend, die die Nutzungsart und -intensität festlegten. Für den expandierenden Dienstleistungssektor wurden aber großzügig sogenannte Befreiungen von diesen Vorgaben ausgesprochen (Giese 1979). Dadurch drängte der Dienstleistungssektor verstärkt in das Frankfurter Westend, das aufgrund seiner Lagegunst, der Fühlungsvorteile und des guten Imagewerts zum attraktiven Gewerbestandort wurde. Es setzte eine starke Akquisitionstätigkeit von Grundstücken infolge erhöhter Ausnutzungserwartungen durch eine mehrgeschossige Bauweise ein, sodass die Bodenpreise schnell anstiegen. Bodenspekulanten kauften Grundstücke und Häuser auf und betrieben zum Teil eine bewusste Wertminderung des Wohnraums, um Abrissgenehmigungen zu erhalten. Der sich daraus formierende Widerstand der Wohnbevölkerung fiel mit den Studentenrevolten Ende der 1960er-Jahre zusammen und führte zu massiven, gewalttätigen Konflikten und Hausbesetzungen. Die Konfliktsituation entspannte sich erst, als später eine Übersättigung des Büroraummarkts eintrat und eine restriktivere Bauleitplanung einsetzte, was zu einem Nachlassen der Kauf- und Bautätigkeit im Westend führte.

Giese (1978) stellte diesen Prozess durch eine Dynamisierung des städtischen Landnutzungsmodells dar (➔ Abb. 5-12). Demnach führten die veränderten Landnutzungsansprüche der 1960er-Jahre dazu, dass sich die Bodenpreisfunktion für Büroraumnutzung nach oben verschob. In einem Bodenpreis-Entfernungs-Diagramm lässt sich durch die Verschiebung des

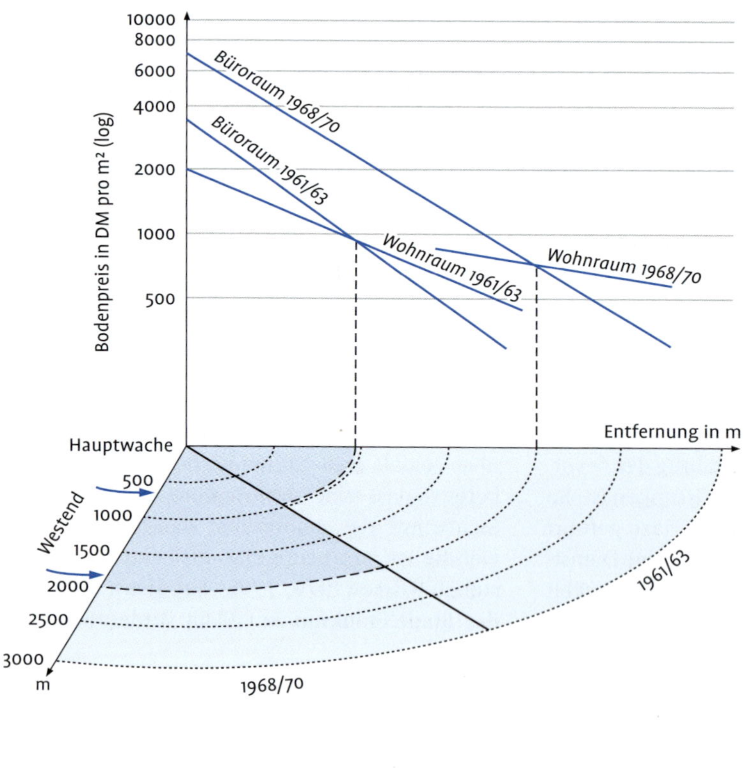

Abb. 5-12: Bodenpreiskurven im Frankfurter Westend 1961/63 und 1968/70 zur Veranschaulichung des Entstehens von Landnutzungskonflikten (nach Giese 1995, S. 45)

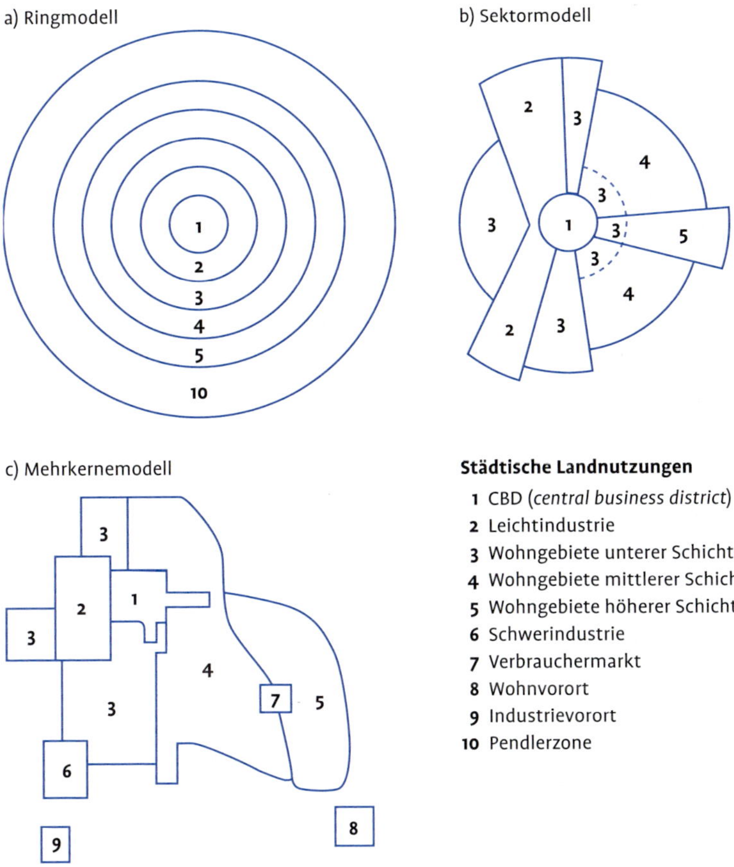

Abb. 5-13: Generalisierte Modelle über interne Stadtstrukturen (nach Chapman und Walker 1987, S. 236)

Schnittpunkts der Kurven für Wohnraum- und Büroraumnutzung der Bereich identifizieren, innerhalb dessen Umnutzungs- und Verdrängungsprozesse stattfanden, die dann Landnutzungskonflikte bewirkten.

5.2.3 Stadtstruktur und Landnutzung

Vorstellungen über die Organisation städtischer Landnutzungen findet man auch in Modellen der Stadtstruktur, die teilweise ohne Kenntnis der Thünen'schen Ringe und lange vor der Arbeit von Alonso (1960) über den städtischen Bodenmarkt entstanden. Es gibt insbesondere drei Stadtmodelle, die als Standard in Lehrbücher eingegangen sind, weil sie unterschiedliche Prinzipien des Stadtaufbaus repräsentieren (→ Abb. 5-13): das Ringmodell von Burgess (1925), das Sektormodell von Hoyt (1939) und das Mehrkernemodell von Harris und Ullman (1945). Alle drei Stadtmodelle entstammen der berühmten Chicagoer Schule der Sozialökologie (McKenzie 1925; Park et al. 1925; McKenzie 1926), die die Theorieentwicklung im Kontext städtischer Strukturen nicht nur in der Geographie, sondern auch in der Soziologie, Ökonomie und Organisationstheorie nachhaltig beeinflusst hat. In Analogie zu ökologischen Prozessen in der Natur werden in dieser Schule menschliche Kollektive als Populationen und ihr Verhalten als Prozess der Umweltanpassung, Nischenbesetzung oder Verdrängung anderer Populationen aufgefasst (Hawley 1968). Im Kontext der Stadtökonomie wurde diese Perspektive auf städtische Nutzungen angewandt, um deren Position innerhalb der urbanen Gesamtstruktur beschreiben zu können. Durch den Einsatz multivariater quantitativer Verfahren bei der historischen Analyse nordamerikanischer Stadtentwicklung gelangte die Chicagoer Schule zu verschiedenen Stadtstrukturmodellen (Boustedt 1975, Kap. 6.4; Lichtenberger 1986, Kap. 2.2; Yeates 1990, Kap. 4; Ritter 1991, Kap. XIII):

(1) **Ringmodell.** Das Ringmodell von Burgess (1925) entstand ohne Kenntnisse der Thünen'schen Arbeiten, gelangte aber zu analogen Schlussfolgerungen über die räumliche Ordnung der städtischen Landnutzung (→ Abb. 5-13 a). Demnach entwickeln sich konzentrische Landnutzungszonen um den *CBD*. Das Modell entstand zu einer Zeit, als amerikanische Städte durch Einwanderungswellen schnell wuchsen. Neuankömmlinge siedelten sich zunächst in preiswerten Wohngebieten in Innenstadtnähe an. Durch sozialen Aufstieg erfolgte dann eine Wanderung in wohlhabendere Eigenheimgebiete am Stadtrand, wobei die Stadt sukzessive nach außen expandierte. Angrenzend an den *CBD* war vor allem Leichtindustrie angesiedelt, wobei diese und die daran anschließende Zone mit Mietshäusern und Wohnfunktionen für Bezieher geringer Einkommen durchmischt war (Berry et al. 1987, Kap. 9). Beide Zonen bildeten eine Übergangszone mit hoher Mobilität und Dynamik. Daran schlossen sich nach außen Wohngebiete für mittlere und hohe Einkommen sowie die Vorstadt- und Pendlerzone an.

(2) **Sektormodell.** In dem Sektormodell von Hoyt (1939), das auf der empirischen Untersuchung sozio-ökonomischer Merkmale, wie etwa Hauspreisen und Einkommen, sowie der ethnischen Struktur in 142 nordamerikanischen Städten beruhte, wurde die Sichtweise einer Landnutzungsstruktur in Form konzentrischer Zonen aufgegeben (→ Abb. 5-13 b). Hoyt (1939) stellte fest, dass sich entlang der Hauptverkehrsstraßen um das Stadtzentrum Wohngebiete zu Sektoren anordneten und sich wie Keile zum Stadtrand hin ausbreiteten. Gewerbegebiete waren tendenziell ebenfalls sektoral entlang bestimmter Straßenzüge und Eisenbahnlinien angeordnet. Wie bei Burgess (1925) waren Bevölkerungsgruppen mit höheren Einkommen eher im Außen- und Personen mit niedrigeren Einkommen im Innenbereich angesiedelt, sodass sich auch in diesem Modell eine gewisse Ringbildung andeutete.

(3) **Mehrkernemodell.** Das Mehrkernemodell von Harris und Ullman (1945) brach vollständig mit der Vorstellung einer konzentrischen Stadtstruktur (→ Abb. 5-13 c). Stattdessen wurde die Entstehung einer mehrkernigen, zellularen Landnutzungsdifferenzierung hervorgehoben, wobei es z. B. durch ethnische Faktoren zu räumlicher Segregation kam.

Ein grundlegendes Problem dieser Stadtmodelle besteht darin, dass es sich hierbei im Wesentlichen um deskriptive Modelle handelt. Sie versuchen, die in der Realität beobachtbaren Stadtstrukturen allgemein zu beschreiben, wobei weniger die zugrunde liegenden ökonomischen und sozialen Prozesse im Vordergrund stehen als die beobachtbaren ökologischen Regelhaftigkeiten, wie z. B. Invasion und Fluktuation.

In der von der Chicagoer Schule ausgehenden stadtökologischen Forschung der 1960er- und 1970er-Jahre wurden umfangreiche statistische, insbesondere faktoranalytische Studien von Stadtstrukturen auf kleinräumiger Basis durchgeführt. Dabei erkannte man, dass sozio-ökonomische Merkmale eine sektorale Ordnung, Merkmale zum Stand im Familienzyklus eine ringförmige Ordnung und Merkmale zum ethnischen Status eine eher zellulare Ordnung aufwiesen (Lichtenberger 1986, Kap. 2.2; Heineberg 1989, Kap. 4; Yeates 1990, Kap. 6). Allerdings gelang es auch diesen Untersuchungen nicht, die zugrunde liegenden Prozesse genau zu erfassen. Die betreffenden Studien waren vielmehr durch eine Methodenüberbewertung gekennzeichnet.

Insgesamt sind induktiv gewonnene Vorstellungen über städtische Zonierungen insofern problematisch, als sie nicht ohne Weiteres auf andere Städte übertragbar sind. Erst recht ist eine Übertragung auf andere Gesellschaften zweifelhaft. So lassen sich auf den Stadtkern gerichtete, zentrierte Stadtbilder absolutistischen Vorstellungen städtischer Strukturen zuordnen, wie sie sich historisch in Europa entwickelten. Entsprechend waren die sozialen Umwälzungen in Südafrika gegen Ende des 20. Jahrhunderts ohne Pendant in europäischen Städten. Bähr und Jürgens (1993) haben demonstriert, dass durch den Übergang Südafrikas zu einem Post-Apartheid-System soziale und ökonomische Prozesse eingetreten sind, die zu einer Durchmischung, Überlagerung und Verwischung der zuvor gesetzlich legitimierten Segregationsstruktur führten. Sektoral-ringartige Landnutzungsstrukturen im Innenbereich wurden dadurch ausdifferenziert und zellulare Muster im Außenbereich verwischt.

5.3 Optimale Versorgung im System zentraler Orte

In der Landnutzungslehre sind die Ballungen wirtschaftlicher Akteure als Standorte von Menschen, Unternehmen und Institutionen vorgegeben. Dabei wird nicht hinterfragt, warum Städte existieren, wo sie ihren Standort haben und wie ein System von Städten konstituiert ist. Wichtiges Kennzeichen von Städten ist beispielsweise, dass sie eine Agglomeration von Einzelhandels- und sonstigen Versorgungseinrichtungen besitzen. Eine wichtige Frage besteht deshalb darin, herauszufinden, warum sich derartige Dienstleistungen in Städten ballen und nur in geringer Dichte oder gar nicht im Umland zu finden sind.
Als einer der Ersten beschäftigte sich Kohl (1841) bereits im 19. Jahrhundert mit Fragen der Siedlungsverteilung und der Verkehrssysteme. Christaller (1933) führte die Untersuchung dieser und ähnlicher Fragen mit der Theorie der zentralen Orte entscheidend weiter, in der er Gesetzmäßigkeiten analysierte, die die Anzahl, Größe und Verteilung der Orte in einem größeren zusammenhängenden Gebiet beschreiben. Diese Arbeit griff Lösch (1944) in seiner Studie über die räumliche Ordnung der Wirtschaft auf und versuchte, eine allgemeine Theorie der Marktnetze abzuleiten. Im Unterschied zu Christaller verwendete er hierbei eine spezifisch ökonomische Modellformulierung und leitete aus Modellannahmen sukzessive ein räumliches Gleichgewicht ab. Lösch (1944) fand durch seine Arbeit über Marktnetze auch in den USA viel Beachtung und machte dadurch auch Christallers Untersuchungen einem viel breiteren Publikum zugänglich.

5.3.1 Städtische Ballungen und zentrale Orte

Bereits in traditionellen Gesellschaften gab es Ballungen menschlicher Siedlungen. Diese erfüllten eine Schutzfunktion gegenüber Feinden, gestatteten eine effizientere Arbeitsteilung und erleichterten soziale und ökonomische Beziehungen (Hofmeister 1997). Im Zeitablauf entwickelte sich in einigen dieser Siedlungen in unterschiedlichem Maß eine Ballung von Versorgungseinrichtungen. Wären diese Einrichtungen nicht räumlich konzentriert, sondern dispers verteilt, so hätten die Bewohner der betreffenden Siedlungen und ihres Umlands zur Befriedigung ihrer Bedürfnisse große Distanzen zurücklegen müssen. Ballungen von Versorgungseinrichtungen in zentraler Lage sind also insofern vorteilhaft, als sie die zurückzulegenden Distanzen und damit die Kosten der Distanzüberwindung verringern.
Siedlungen, Orte und Städte, die sich aufgrund des Prinzips der Distanzminimierung bilden, werden im Folgenden **zentrale Orte** genannt (Christaller 1933, I. Teil Kap. A). Zentrale Orte enthalten zentrale Einrichtungen, die Anbieter zentraler Güter sind. Zentrale Einrichtungen sind Versorgungseinrichtungen wie Einzelhandelsgeschäfte, Arztpraxen, Universitäten, Kinos und viele andere Dienstleistungen und Verwaltungseinrichtungen. Da die Konzentration von Versorgungseinrichtungen in einem zentralen Ort stärker ausgeprägt ist als die Konzentration der Bevölkerung, gibt es einen darüber hinausgehenden Bereich, den der zentrale Ort mitversorgt: sein Umland. Nach Christaller (1933, I. Teil Kap. B) haben zentrale Orte aufgrund ihrer Ausstattung mit zentralen Gütern und Dienstleistungen einen Bedeutungsüberschuss gegenüber anderen Orten und bilden ein Umland aus (Heinritz 1979, Kap. 2; Giese 1996).
In der empirischen Umsetzung verwendete Christaller (1933, II. Teil Kap. A) die Ausstattung mit Telefonanschlüssen als Merkmal, um die Zentralität eines Ortes zu messen. Er ermittelte den Bedeutungsüberschuss eines Ortes, indem er die tatsächliche Anzahl von Telefonanschlüssen mit der hypothetischen Anzahl verglich, die

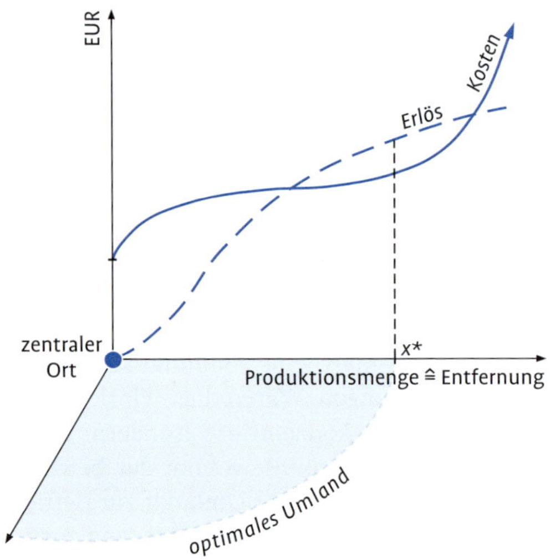

Abb. 5-14: Umlandbildung einer zentralen Einrichtung aus Produzentensicht

sich bei einer Gleichverteilung der Anschlüsse im Gesamtraum ergeben hätte (Klöpper 1953a). Die sogenannte **Telefonmethode** ist heute jedoch wenig hilfreich, da in Industrieländern fast jeder Haushalt über einen eigenen Telefonanschluss verfügt.

In der **Theorie der zentralen Orte** wird der Prozess der Umlandbildung und der Entstehung eines hierarchischen, räumlichen Ordnungssystems erklärt (Richardson 1978, Kap. 3; Heinritz 1985; Dicken und Lloyd 1990, Kap. 1; Ritter 1991, Kap. X; Maier und Tödtling 1992, Kap. 7; Blotevogel 1996a). Sie beruht wie andere Theorien auf einer Vielzahl von **Grundannahmen** (Schätzl 1998, Kap. 2.1.2): So wird eine homogene Raumstruktur ohne natürliche Barrieren und eine gleich verteilte Bevölkerung unterstellt. Bei jeweils gleichen Bedürfnissen und Einkommen folgt daraus, dass die Nachfrage räumlich gleich verteilt ist. Des Weiteren wird davon ausgegangen, dass Produzenten und Kunden vollständige Informationen besitzen und rational handeln. Demnach streben Produzenten Gewinnmaximierung an, indem sie zuerst nahe gelegene Kunden beliefern, und Konsumenten minimieren ihre Kosten dadurch, dass sie ihre Versorgungseinkäufe jeweils in der nächstgelegenen zentralen Einrichtung durchführen.

5.3.2 Umlandbildung aus Produzentenperspektive

Aufgrund der getätigten Annahmen ist das Gewinnmotiv wichtigste Antriebskraft unternehmerischen Handelns, d. h. ein Produzent ist bestrebt, die Differenz zwischen Erlös und Kosten zu maximieren. Unter der Annahme typischer Verläufe der Erlös- und Kostenfunktion in einem Preis-Mengen-Diagramm lässt sich somit für den Produzenten eine gewinnmaximale Produktionsmenge x* bestimmen (→ Abb. 5-14). Unter der Annahme, dass der Produzent seine Kunden selbst beliefert, wird er zuerst die nahe gelegenen Kunden versorgen, um seine Transportkosten möglichst gering zu halten. Bei stetiger Produktionsausdehnung muss der Produzent jedoch Kunden in immer größerer Entfernung beliefern, was dazu führt, dass sich sein Absatzgebiet ausdehnt. Dies geschieht so lange, bis der Produzent sein Gewinnmaximum erreicht hat. Diesem Optimum entspricht eine bestimmte Entfernung, bis zu der er die Kunden beliefert. In dem Diagramm kann man dies vereinfacht durch eine (allerdings nicht lineare) Transformation der Mengen- in eine Entfernungsachse darstellen. Unter der Voraussetzung einer gleich verteilten Bevölkerung ergibt sich für den Produzenten bei einer gewinnmaximalen Produktionsmenge somit ein optimales Umland in Form einer Kreisscheibe. Anhand des Verlaufs der Erlös- und Kostenkurven lässt sich dabei ein minimales Umland bestimmen, das notwendig ist, damit überhaupt ein Gewinn erzielt wird. Analog dazu lässt sich ein maximales Umland definieren.

5.3.3 Umlandbildung aus Kundenperspektive

Unter der Annahme, dass Kunden zur Befriedigung ihrer Bedürfnisse den Weg zu einer zentralen Einrichtung selbst zurücklegen und die dabei anfallenden Transportkosten tragen und dass allen Kunden ein gleich hohes Einkommen für Konsumzwecke zur Verfügung steht, können diejenigen, die weiter von einem zentralen Ort entfernt wohnen, aufgrund der anfallenden höheren Transportkosten weniger kaufen als Kunden in geringerer Entfernung vom Markt. Somit nimmt die Nachfrage mit wachsender Entfernung vom Markt in allen Richtungen gleichmäßig ab und es kommt aus Nachfrageperspektive zu einer Umlandbildung in Form einer Kreisscheibe (Lösch 1944, Kap. 9; Dicken und Lloyd 1990, Kap. 1). Die äußere Grenze des Umlands liegt in einer Entfernung vom Markt, wo die Transportkosten zum Markt genauso groß sind wie das gesamte verfügbare Einkommen (→ Abb. 5-15). Dieser Zusammenhang lässt sich graphisch in Form eines Nachfragekegels (*demand cone*) darstellen und formal verdeutlichen:

$D = E - t \cdot d$

wobei gilt:

D = Nachfrage (Kaufkraft) pro Person (€)
E = Einkommen pro Person (€)
t = Transportkosten pro Person und Entfernungseinheit (€/km)
d = Entfernung vom zentralen Ort (km)

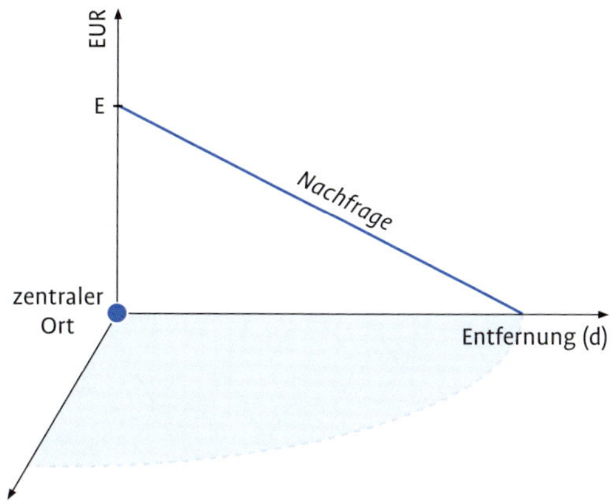

Abb. 5-15: Umlandbildung einer zentralen Einrichtung aus Kundensicht

Durch die Variation der zugrunde gelegten Parameter Einkommen und Transportkosten lässt sich nun feststellen, wie sich der Nachfragekegel und das zugehörige Umland verändern: Im Fall einer Erhöhung des Einkommens verschiebt sich die Nachfragekurve parallel nach oben, sodass sich das Umland *ceteris paribus* vergrößert. Bei einer Reduzierung der Transportkosten dreht sich die Nachfragekurve nach außen, was ebenfalls zu einer Vergrößerung des Umlands führt.

5.3.4 Anordnung der Einzugsbereiche in einem Hexagonalmuster

Simultanes Produzenten- und Kundenverhalten bewirken eine Umlandbildung um eine zentrale Einrichtung in Form einer Kreisscheibe. Die kreisscheibenförmige Aufteilung einer gegebenen Region oder eines Territoriums auf zentrale Einrichtungen hin ist jedoch nicht optimal:
(1) Einerseits kann es sein, dass sich die Einzugsbereiche überschneiden und aus Produzentensicht ein zu kleines Umland resultiert.
(2) Andererseits kann sich eine Situation der Unterversorgung einstellen, wobei nicht alle Kunden von den Umlandbereichen erfasst werden. Dieses liegt nicht vor, wenn ein Gebiet flächendeckend in Form eines Hexagonalsystems in Einzugsbereiche aufgeteilt ist und zentrale Einrichtungen in den Mittelpunkten dieser Einzugsbereiche lokalisiert sind (Lösch 1944, Kap. 10; Schätzl 1998, Kap. 2.1.2).

5.3.5 Hierarchisches System zentraler Güter und zentraler Orte

Auch wenn in der Diskussion um zentrale Güter und Einrichtungen oft die Funktion des Einzelhandels hervorgehoben wird, so gibt es doch eine Menge anderer zentraler Einrichtungen, wie z. B. Freizeit-, Kultur- und Verwaltungseinrichtungen. Am Beispiel des Einzelhandels lässt sich allerdings sehr gut zeigen, wie sich verschieden große Einzugsbereiche herausbilden. Demnach lassen sich zentrale Güter und Einrichtungen unterschiedlicher Ordnung unterscheiden. Dies lässt sich an drei Stufen demonstrieren:

- Güter niedrigster Ordnung bzw. des täglichen Bedarfs sind Güter wie Lebensmittel und Drogerieartikel, die kleine Einzugsbereiche ausbilden.
- Bei Gütern mittlerer Ordnung bzw. des mittelfristigen Bedarfs handelt es sich um Güter wie z. B. Bekleidung und Schuhe.
- Güter höchster Ordnung bzw. Güter des langfristigen Bedarfs, wie Autos oder Schmuck, bilden große Einzugsbereiche aus, weil die individuelle Nachfragemenge pro Kunde und Zeiteineinheit gering ist.

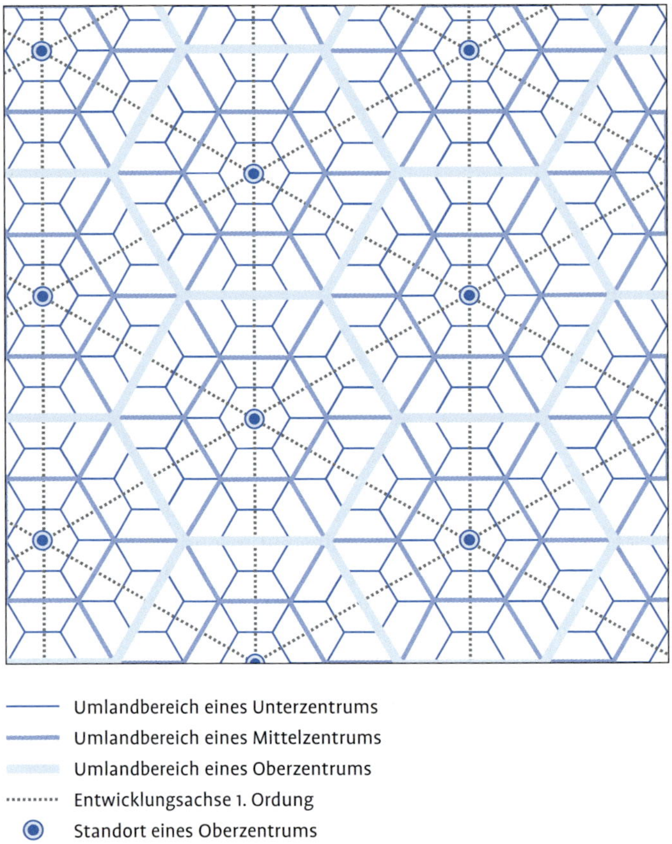

Abb. 5-16: Umlandbildung zentraler Orte nach dem Christaller'schen Verkehrsprinzip (k = 4-Hierarchie)

Die Art der Umlandbildung erfolgt jeweils nach den gleichen zuvor diskutierten Prinzipien. Es entsteht in jeder Stufe ein hexagonales Marktnetz, allerdings in unterschiedlicher Größenordnung. Um den Zentralitätsgrad einer zentralen Einrichtung empirisch zu bestimmen, gibt es eine Reihe verschiedener **Kriterien** (z. B. Heinritz 1979, Kap. 4 und 6): So kann beispielsweise die Größe der Kundenmenge, die Fläche des Kundeneinzugsbereichs, die Entfernung der am weitesten entfernt lebenden Kunden, die Nachfragemenge pro Kunde und Zeiteinheit oder die Anzahl der Orte mit einer entsprechenden Einrichtung als Merkmal herangezogen werden.

In gängiger Definition besitzt ein zentraler Ort die Ordnung desjenigen Guts, welches unter den zentralen Gütern, die dort angeboten werden, die höchste Ordnung besitzt. Analog zur Differenzierung zentraler Güter kann man demzufolge **drei Kategorien zentraler Orte** unterscheiden: Oberzentren, Mittelzentren und Unterzentren. In der Planungspraxis und in vielen Studien werden zum Teil auch mehr Kategorien und Zwischenkategorien zentraler Orte unterschieden (Kistenmacher 1982), in der hessischen Raumordnung z. B. zusätzlich Kleinzentren, Unterzentren mit Teilfunktionen eines Mittelzentrums sowie Mittelzentren mit Teilfunktionen eines Oberzentrums.

Christaller (1933) und Lösch (1944) haben gezeigt, dass aus der Überlagerung zentraler Einrichtungen verschiedener Ordnung unterschiedliche Hierarchiesysteme hervorgehen können. Christaller (1933, I. Teil Kap. B.8) geht von einer strikten hierarchischen Raumstruktur aus, wobei er zahlreiche Homogenitätsannahmen, wie z. B. ein gleichförmiges Verkehrsnetz, zugrunde legt. Gemäß obiger Definition erfasst ein Oberzentrum Einrichtungen höchster Ordnung sowie alle zentralen Einrichtungen der darunterliegenden Stufen, während ein Mittelzentrum analog dazu alle Einrichtungen außer denen der höchsten Ordnung umfasst. Des Weiteren definiert Christaller (1933, I. Teil Kap. B.8) sogenannte **k-Hierarchien**. Er ordnet einem hierarchischen System zentraler Orte den Wert k zu, in dem jeder zentrale Ort höherer Ordnung insgesamt k Orte der nächstniedrigeren Stufe mitversorgt (Heinritz 1979, Kap. 3; Berry et al. 1987, Kap. 15; Dicken und Lloyd 1990, Kap. 1; Schätzl 1998, Kap. 2.1.2).

Als besonders günstig für die Verkehrsplanung erweist sich etwa die k= 4-Hierarchie, da von den Verkehrsachsen zwischen Oberzentren auch Zentren niedrigerer Ordnung erfasst werden (➔ Abb. 5-16). Dieses Verkehrsprinzip bietet den Vorteil, dass die Hierarchie zentraler Orte in das Konzept der Entwicklungsachsen, das die Bündelung der Infrastruktur zu Bändern vorsieht, einbezogen werden kann (Seifert 1986, Kap. 4.3; Kistenmacher 1995). Christaller unterscheidet daneben weitere Hierarchieprinzipien: Bei der k= 3-Hierarchie, dem Versorgungsprinzip, deckt ein zentraler Ort mit seinem Umland zugleich die Umlandbereiche von drei zentralen Orten der nächstniedrigeren Stufe ab. Die k= 7-Hierarchie heißt Verwaltungsprinzip, weil diese Zentrenanordnung aus Verwaltungsgründen vorteilhaft ist. Hier werden die Umlandbereiche von Zentren niedrigerer Ordnung im Prinzip von einem Zentrum der nächsten Hierarchiestufe zugeordnet und nicht unter mehreren Zentren aufgesplittet (allerdings unter Aufgabe des exakten Hexagonalmusters).

5.3.6 Marktnetze nach Lösch

In seiner Arbeit über die räumliche Ordnung der Wirtschaft untersuchte Lösch (1944) die räumliche Verteilung von Industriestandorten mit regionalen Marktnetzen, erweiterte dabei Christallers Studien und modifizierte sie methodisch. Lösch orientierte sich dabei an einem Modellaufbau, wie er in der Ökonomie verbreitet ist. Er definierte ökonomisch-geographische Modellannahmen und leitete daraus deduktiv ein räumliches Gleichgewicht von Produktion und Konsum ab (Berry et al. 1987, Kap. 15; Schätzl 1998, Kap. 2.1.2). Lösch (1944, Kap. 10) ermittelte hexagonale Marktnetze als gleichgewichtige räumliche Organisationsformen, wobei seine Marktnetze je nach Gut eine unterschiedliche Größenordnung hatten (➔ Abb. 5-17). Im Unterschied zu Christaller (1933, I. Teil Kap. B.8) wird in dem Modell der Marktnetze nicht unterstellt, dass jeder Ort einer bestimmten Hierarchiestufe alle Güter der darunterliegenden Hierarchiestufen aufweisen muss. Dementsprechend entsteht keine dominante k-Hierarchie. Dieses Ergebnis ist auch dadurch zu erklären, dass Lösch vor allem das verarbeitende Gewerbe untersuchte, während Christaller Versorgungseinrichtungen im Blick hatte. Entsprechend ging Lösch (1944, Kap. 11) davon aus, dass verschiedene k-Prinzipien gleichzeitig existieren und sich zu einem komplexen Gesamtgefüge ergänzen konnten. Daraus leitete er ab, dass zentrale Orte nicht gleich verteilt sind, sondern dass es zur Entwicklung städtereicher und städtearmer Sektoren kommt.

Ein Vergleich der hierarchischen Systeme zentraler Orte nach Christaller und Lösch zeigt, dass sich die Hierarchiestrukturen trotz ähnlicher Annahmen deutlich unterscheiden (Dicken und Lloyd 1990, Kap. 1). Christallers Hierarchie besteht aus einer festen Zahl von Hierarchiestufen mit eindeutig definierten, hierarchisch aufgebauten Beziehungen (➔ Abb. 5-18 a). Demgegenüber ist das von Lösch definierte System nicht streng hierarchisch, sondern erlaubt Spezialisierungen von zentralen Orten auf bestimmte Funktionen (➔ Abb. 5-18 b). Dementsprechend sind in diesem System die Beziehungen zwischen Orten nicht nur vertikal, sondern auch horizontal ausgerichtet.

5.3.7 Zentrale Orte in der Planungspraxis in Deutschland

Die Theorie der zentralen Orte nach Christaller (1933) hat in Deutschland in der Nachkriegszeit trotz vielfältiger Kritik eine bedeutende Funktion als Grundlage und Konzept für die Raumordnungspolitik erlangt (Heinritz 1979; Blotevogel

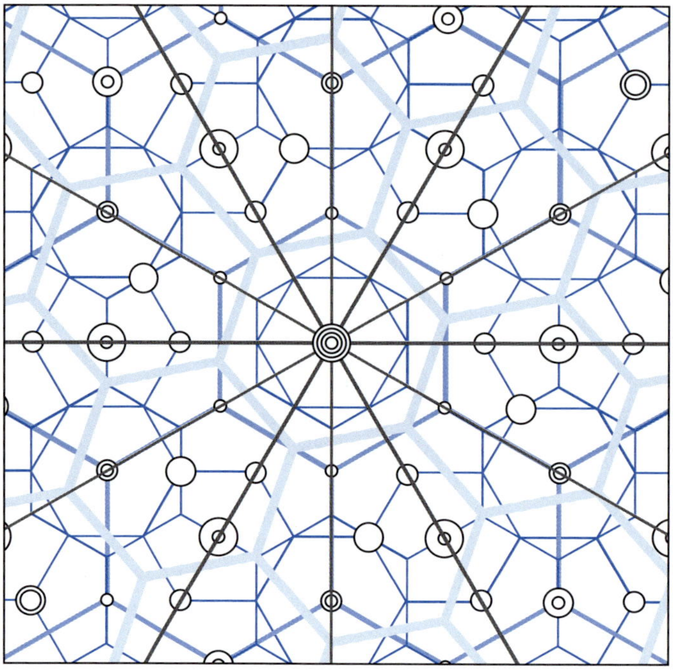

Abb. 5-17: Systemskizze der Marktnetze nach Lösch (nach Schätzl 1998, S. 84)

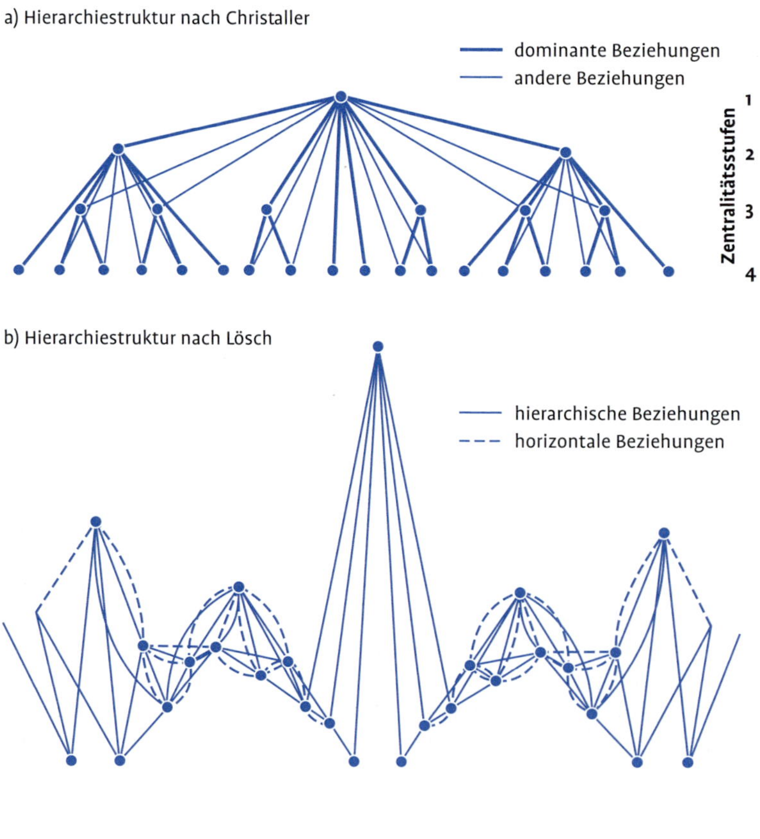

Abb. 5-18: Hierarchiestruktur in den Zentrensystemen nach a) Christaller und b) Lösch (nach Dicken und Lloyd 1990, S. 74)

1995 b; 1996 a). Anfangs wurde das an die Theorie zentraler Orte angelehnte Konzept vor allem im Rahmen des Wiederaufbaus nach dem Zweiten Weltkrieg verwendet, um Versorgungssicherheit herzustellen und unterversorgte Regionen zu identifizierten. Aufgrund der Verankerung des Konzepts im Raumordnungsgesetz wurden auf Länderebene flächendeckend zentrale Orte ausgewiesen. In diesem Rahmen wurden später hierarchische Ausstattungskataloge ermittelt, die vorgaben, welche Arten von zentralen Einrichtungen ein zentraler Ort einer bestimmten Hierarchiestufe haben soll. Derartige Ausstattungskataloge dienten als Ausgangspunkt, um auf Länder- und Regionsebene ein System zentraler Orte festzulegen (Klöpper 1953 b; Kistenmacher 1982). Nicht überall existieren allerdings zentrale Orte. So gibt es Gebiete, in denen ein Überangebot mit hochrangigen zentralen Einrichtungen und Orten besteht, während andere Gebiete ein Unterangebot aufweisen. Aus einem Vergleich der räumlichen Verteilung unterschiedlich ausgestatteter Orte mit den an Christaller angelehnten normativen Idealvorstellungen einer Städtehierarchie werden Rückschlüsse auf planerische Eingriffe gezogen. Solche Rückschlüsse können wie folgt aussehen:

Beispiel 1. Aufgrund des Prinzips der Gleichwertigkeit der Lebensverhältnisse wird gefordert, dass überall in Deutschland in zumutbarer Entfernung ein Oberzentrum mit entsprechenden oberzentralen Funktionen vorhanden sein muss (z. B. Bartels 1970 b). Dort, wo dies nicht der Fall ist, werden Förderprogramme ins Leben gerufen, um beispielsweise ein Mittelzentrum mit öffentlichen Mitteln zu einem Oberzentrum auszubauen.

Beispiel 2. Ein zweites Beispiel bezieht sich auf die Standortverteilung von großflächigen Einzelhandelseinrichtungen wie etwa Verbrauchermärkten, Möbelmärkten sowie Bau- und Heimwerkermärkten (z. B. Giese 1999). So wird in der Raumordnung durch Ausstattungskataloge definiert, welche Funktionen und Einrichtungen ein Oberzentrum, nicht aber ein Mittelzentrum oder Unterzentrum haben soll. Man versucht zu verhindern, dass sich in Zentren niedrigerer Ordnung großflächige Verbraucher- und Fachmärkte niederlassen, denn man befürchtet, dass dadurch das Zentrengefüge unterlaufen und den Oberzentren Kaufkraft entzogen wird. Ziel ist es, voll ausgestattete Oberzentren mit hoher Kaufkraft zu erhalten und deren Attraktivität zu stärken. Dementsprechend werden nicht in allen Orten Baugenehmigungen für derartige Planungen erteilt.

Tatsächlich weichen die Strukturen der zentralen Orte zwischen den Ländern zum Teil deutlich voneinander ab. So ergab eine bundesweite Umfrage Ende der 1990er-Jahre erhebliche Unterschiede hinsichtlich der Stufigkeit, d. h. der Anzahl und Hierarchie von Sonderstufen zentraler Orte und der Mindestbevölkerungszahlen der betroffenen Verflechtungsbereiche (Stiens und Pick 1998). Selbst innerhalb der alten Länder haben die selbstständigen Landesplanungen die Leitbilder und Grundsätze des Raumordnungsgesetzes seit 1965 sehr unterschiedlich umgesetzt. Ursache dafür ist die Orientierung der Landesplanung an einem Kompromiss zwischen ausreichender Tragfähigkeit und Mindesterreichbarkeit der zentralen Orte. Eine der größten aktuellen Herausforderungen des Zentrale-Orte-Systems ist in den territorialen Folgen des demographischen Wandels zu sehen, die den Kompromiss zwischen Tragfähigkeit und Erreichbarkeit auf eine starke Probe stellen. Da sich der Bevölkerungsrückgang durch natürliche Bevölkerungsabnahme und Abwanderung auf einige Regionen Deutschlands sehr stark auswirkt, wird die Sicherung einer flächenhaften Daseinsvorsorge zunehmend gefährdet (Pütz und Spangenberg 2006). Das hängt damit zusammen, dass die Abnahme der Nachfrage durch eine schrumpfende Bevölkerung die wirtschaftliche Tragfähigkeit zum Erhalt zentraler Orten zusehends infrage stellt. Umgekehrt aber gibt es gerade in ländlichen Regionen mit geringer Siedlungsdichte nach wie vor eine unzureichende Erreichbarkeit zentraler Orte. Dabei werden Erreichbarkeitsdefizite bei Wegzeiten von mehr als 30 Minuten angenommen. Angesichts der Bevölkerungsprognose für das Jahr 2050 ist davon auszugehen, dass Regionen mit einem Bevölkerungsrückgang von mehr als 15 % die untere Grenze der Tragfähigkeit ihrer zentralen Orte erreichen. Diese Pro-

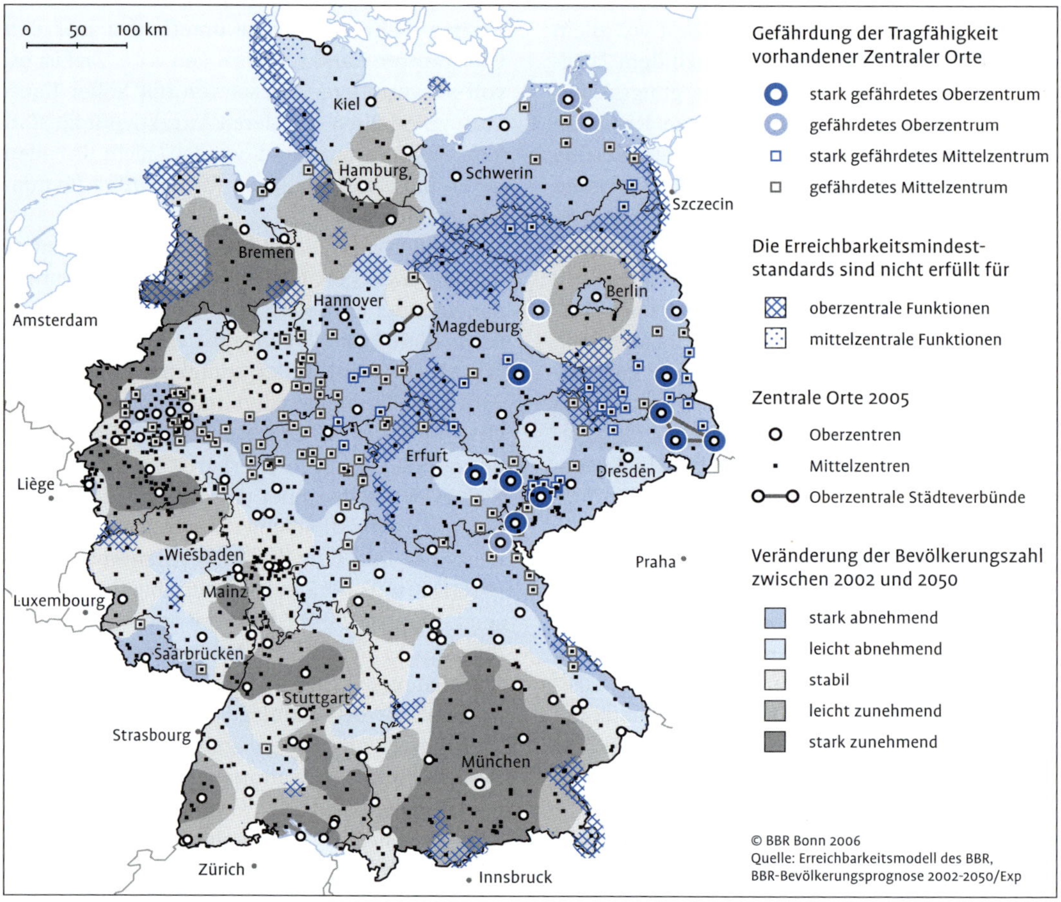

Abb. 5-19: Gegenwärtige Erreichbarkeits- und zukünftige Tragfähigkeitsprobleme im Zentrale-Orte-System Deutschlands (nach Pütz und Spangenberg 2006, S. 339)

blematik wird sich im Zeitablauf verschärfen und absehbar große Teile Deutschlands betreffen (→ Abb. 5-19). Letztlich wird sich die Notwendigkeit zur Überprüfung des zentralörtlichen Systems ergeben, das in den Wachstumsphasen der 1960er- und 1970er-Jahre eine vermutlich zu hohe Zahl zentraler Orte hervorgebracht hat (Pütz und Spangenberg 2006).

Neben dem Ziel der Sicherung gleichwertiger Lebensbedingungen werden mit dem **Konzept der zentralen Orte** eine Reihe weiterer regionalpolitischer Zielvorstellungen verknüpft (Blotevogel 1995 b): So versucht man durch die Ausweisung von zentralen Orten das regionale Arbeitsplatzangebot zu verbessern, ein ausgewogenes regionales Wachstum zu schaffen und zumutbare Entfernungen zwischen Wohn- und Arbeitsplätzen zu erzeugen. Gerade die Sicherung und Entwicklung gewerblicher und infrastruktureller Ausstattung scheinen das Konzept der zentralen Orte in der Raumordnung jedoch zu überfrachten (Winkel 2001).

Der Arbeitskreis Zentralität der deutschen Akademie für Landeskunde hält das an Christallers Arbeiten angelehnte Zentrale-Orte-Konzept trotz substanzieller Kritik auch zukünftig für unverzichtbar. Deiters (1999) unterstreicht, dass es aus der Sicht des Arbeitskreises keine alternativen Konzeptionen gibt. Man befürchtet, dass der Verzicht auf ein hierarchisches Ordnungssystem eine Auflösung von Städten nach sich ziehen könnte. Die Notwendigkeit von Zentrenkonzepten wird gerade für Verdichtungsräume, speziell im Hinblick auf Oberzentren, für unbestritten gehalten. Dabei wird innergemeindlichen Zentrensystemen eine immer größere Bedeutung eingeräumt. Ein Grundproblem sieht der Arbeitskreis darin, dass es die Gebietsreform nicht geschafft hat, konkurrierende Zentren in enger Nachbarschaft, wie etwa im Ruhrgebiet, zu vermeiden. Zugleich wird die Rolle des Zentrale-Orte-Konzepts zur Sicherung der Grundversorgung im ländlichen Raum betont (Blotevogel 1996b; Deiters 1996a). Die Ziele des Arbeitskreises Zentralität klingen zwar überzeugend, sind aber allein aufgrund freiwilliger Einsichten von Unternehmen, Politikern und betroffener Bevölkerung kaum zu erreichen. Vielmehr scheinen gezielte planerische, womöglich undemokratische Eingriffe notwendig zu sein, um derartige Ziele zu erreichen, wie das Experiment der gescheiterten Zusammenlegung von Gießen und Wetzlar zur Stadt Lahn in den 1970er-Jahren gezeigt hat (Hardach 1997). Bei derartigen Forderungen nach einer Realisierung des Zentrale-Orte-Systems zeigt sich deutlich der Wunsch vieler Planer und Politiker nach umfangreicherer Kompetenz. Dies wirft aber zugleich die Frage auf, ob somit nicht die Gefahr zentralistisch verordneter Strukturen entsteht und wie dies in einer demokratischen Gesellschaft zu rechtfertigen ist.

5.3.8 Kritische Würdigung des Zentrale-Orte-Systems

Obwohl das Zentrale-Orte-System breiten Einsatz in der Planungspraxis findet, muss es sich aufgrund konzeptioneller Inkonsistenzen und veränderter Rahmenbedingungen in der gesellschaftlich-wirtschaftlichen Entwicklung grundlegend hinterfragen lassen. Probleme resultieren dabei sowohl aus konzeptionellen Überlegungen als auch aus den praktischen Implikationen der Anwendung des Konzepts als Planungsinstrument (Blotevogel 1996b; Deiters 1996a). Nachfolgend werden einige Kritikansätze zusammengefasst und Anregungen zur Erweiterung des Konzepts gegeben.

Unrealistische Modellannahmen. Die Ableitung des Zentrale-Orte-Systems basiert auf Annahmen, die in der Realität nicht aufrechtzuerhalten sind (Blotevogel 1996a; Schätzl 1998, Kap. 2.1.2). Dies betrifft z. B. die Annahmen über homogene Raumstrukturen und eine flächendeckend gleichartige Verkehrsinfrastruktur. Problematisch ist aber auch die Annahme einer Gleichverteilung der Bevölkerung in den Konzeptionen, denn sowohl Christaller als auch Lösch gelangen zu einer räumlichen Ordnung, die genau diese Annahme ausschließt. So ermittelt Lösch (1944, Kap. 11) in seinem komplexen System von Marktgebieten die Existenz von städtearmen und städtereichen Sektoren. Auch bei Christaller (1933, I. Teil Kap. B) impliziert das diskrete Auftreten von Oberzentren die Herausbildung von Ballungen.

Weitere Probleme ergeben sich aus der Annahme, dass Kunden reine Versorgungsgänge durchführen und dabei stets den nächstgelegenen zentralen Ort aufsuchen. Tatsächlich entspricht diese Verhaltensannahme unter den Bedingungen des Individualverkehrs bei komplexen täglichen Fahrtzwecken nicht der Realität (O'Kelly 1983; Deiters 1996b; Gebhardt 1996; Winkel 2001; Gebhardt 2002). Eine wichtige Versorgungsstrategie besteht stattdessen darin, verschiedene Zwecke auf einer Fahrt miteinander zu kombinieren, um Zeit und Kosten zu sparen (z. B. die Kombination von Freizeitgestaltung mit Versorgungsgängen). Durch die Verkettung von Versorgungsgängen mit anderen Zwecken kommt es im Unterschied zum Zentrale-Orte-System zur Überlappung von Einzugsbereichen zentraler Einrichtungen. Somit besteht auch nicht mehr die Notwendigkeit, Versorgungseinrichtungen in Stadtzentren zu konzentrieren, weil das Prinzip der Distanzminimierung unter diesen Bedingungen nicht unbedingt das Stadtzentrum als optimalen Standort ermittelt.

Auflösung planerischer Konzepte durch gegengerichtetes Versorgungsverhalten. Die Studie von Giese und Seifert (1989) hat am Beispiel Mittelhessens gezeigt, dass aufgrund gesell-

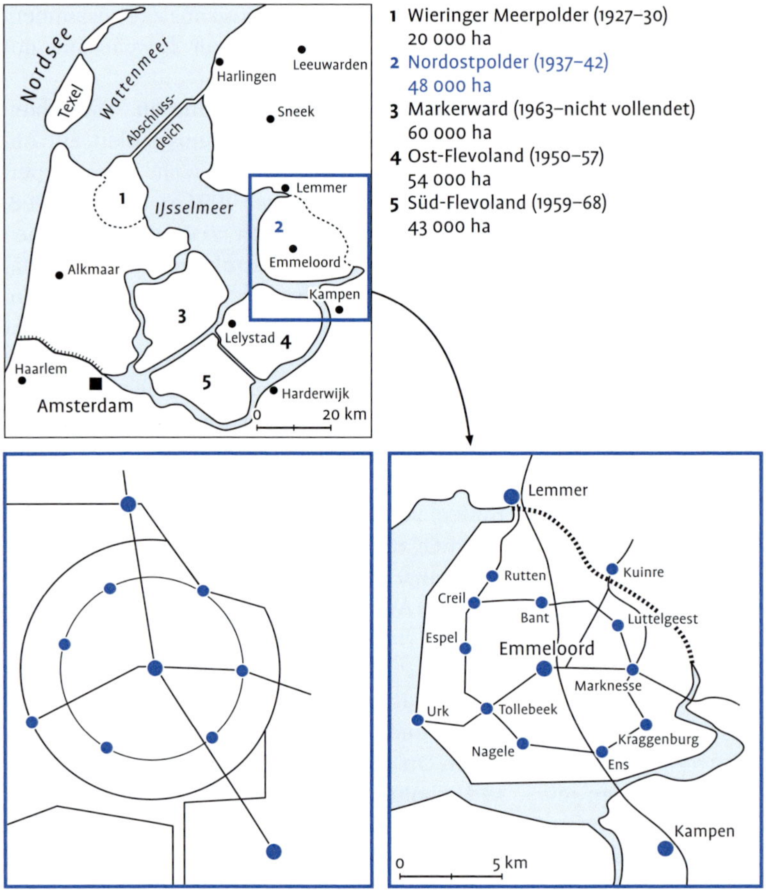

Abb. 5-20: Planung eines zentralörtlichen Siedlungsnetzes im niederländischen Nordostpolder (nach Horstmann und Hambloch 1970, S. 145 und 146)

schaftlicher Veränderungen im Versorgungsverhalten Oberzentren einen Bedeutungsverlust und Mittelzentren im Umland der Oberzentren einen Bedeutungsgewinn verzeichnen. Dies lässt sich anhand von Kaufkraftabflüssen und -zuflüssen nachweisen. Eine Konsequenz ist, dass sich das Zentrengefüge verschiebt und die hierarchische Struktur modifiziert oder sogar aufgelöst wird. Noch Anfang der 1950er-Jahre hatte Klöpper (1953 a) übrigens genau die entgegengesetzte Tendenz festgestellt.

Ein bekanntes Beispiel für fehlerhafte Annahmen und Erwartungen bei der planerischen Umsetzung des zentralörtlichen Konzepts ist der Nordostpolder in den Niederlanden (Horstmann und Hambloch 1970). Im Rahmen der Neulandgewinnung im Ijsselmeer begann man 1937 mit der Trockenlegung des Nordostpolders (→ Abb. 5-20). Dabei sollte das neu gewonnene Land nach dem Konzept der zentralen Orte besiedelt werden. Im Zentrum des Polders entstand der wichtigste zentrale Ort Emmeloord. Um den Ort herum wurden fünf weitere Dörfer gebaut, die zusammen mit dem Ort Kuinre auf dem Festland ein Sechseck kleiner zentraler Orte um Emmeloord bilden sollten. Da man bei einer Bevölkerungsprognose ermittelte, dass die geplanten Orte zu klein waren, wurden in der Umsetzung fünf weitere Orte der untersten Zentralitätsstufe gebaut. In der Realität stellte sich nach 20 Jahren heraus, dass die Bevölkerungsprognose zu hoch gewesen war und dass statt der erwarteten 2200 Einwohner nur 600 Einwohner die Orte bewohnten. Die Folge war, dass sich kein hierarchisches Zentrensystem entwickelte. Viele Versorgungseinrichtungen waren entsprechend untergenutzt. Emmeloord entwickelte sich zwar in etwa wie erwartet, wurde aber von der Bevölkerung nicht als Versorgungskern akzeptiert. Die Bevölkerung orientierte sich vorrangig in Richtung der auf dem Festland gelegenen etablierten Orte Lemmer und Kampen (Horstmann und Hambloch 1970).

Dieses Beispiel belegt, dass es nicht immer gelingt, Versorgungsgewohnheiten und -Traditionen durch Planungen aufzubrechen, sondern dass diese im Sinn von Entwicklungspfaden gesellschaftlichen Verhaltens eine große Persistenz aufweisen. Die Abweichung der realen Versorgungsstrukturen von der Planung im Nordostpolder ist dabei mehr als nur ein Beispiel, denn modellfreundlichere Bedingungen als hier hätte man sich nicht wünschen können. Das Gebiet war als physisch und ökologisch homogene Fläche aus dem Meer durch Trockenlegung gewonnen worden und wies somit keine differenzierte Siedlungsgeschichte auf. Trotz der Annäherung der Realität an die Annahmen des Modells ließ sich ein System zentraler Orte nicht einfach in gewünschter Weise implementieren.

Aushöhlung des Zentrengefüges durch die Entstehung großflächiger Einzelhandelseinrichtungen. Vor allem in Oberzentren ist es seit den 1970er-Jahren verstärkt zu Auslagerungen von Einzelhandelsfunktionen an die Stadtperipherie gekommen. Durch das Wachstum neu geschaffener Verbraucher- und Fachmärkte sowie anderer neuer Handelsformen wie z. B. *factory outlet centers* in den Stadtrandlagen oder „auf der grünen Wiese“ (Glückler und Löffler 1997; Schmude 2000), die dem Individualverkehr durch großflächige Parkplätze entgegenkommen und zudem verkehrsgünstig gelegen sind, wird den Innenstädten massiv Kaufkraft entzogen (Gebhardt 1996; Giese 1997a; 1999). Damit wird das Zentrengefüge an der Spitze der Hierarchie ausgehöhlt, denn durch den Entzug von Kaufkraft ist die Versorgungsvielfalt der betreffenden oberzentralen Stadtzentren langfristig möglicherweise infrage gestellt, wie etwa das Beispiel Marburgs andeuten mag.

Veränderungen, die sich daraus ergeben können, lassen sich exemplarisch an dem folgenden einfachen Modell darstellen, das im Wesentlichen die Grundannahmen von Christaller (1933) und Lösch (1944) übernimmt (→ Abb. 5-21): In dem Modell haben sich durch die räumliche Konzentration wirtschaftlicher Aktivitäten neben den Vorteilen der zentralen Orte auch schwerwiegende Nachteile entwickelt. Die hohe Verkehrsdichte verursacht lange Transportzeiten und die dichte Bebauung mangelnde Freiflächen für Parkplätze. Der Bau von Fußgängerzonen hat bewirkt, dass der Individualverkehr zentrale Einrichtungen nicht mehr direkt erreichen kann und zusätzliche Zeit benötigt wird, um von ausgelagerten Parkplätzen zu den Versorgungseinrichtungen im Stadtzentrum zu gelangen. Diese Aspekte lassen erkennen, dass nicht nur der Faktor Transportkosten, sondern auch die Transportzeit eine große Rolle spielt. Über den Faktor Transportzeit lassen sich Abwanderungstendenzen vom Zentrum nach außen ableiten – in dem Sinn, dass außerhalb der Oberzentren an den Ausfallstraßen neue Verbrauchermärkte in den nahe gelegenen Unterzentren entstehen.

Unter der Voraussetzung, dass Kunden für die langfristige Bedarfsdeckung von vornherein eine lange Zeitspanne einplanen, um sorgfältig auswählen zu können, sind hierbei die Transportkosten und nicht die Transportzeit vom Wohnort zum Versorgungsort entscheidend. Oberzentrale Einzugsbereiche bleiben deshalb von diesen Veränderungen weitgehend unbeeinflusst. Auch für die kurzfristige Bedarfsdeckung wird gegenüber der Ausgangssituation keine Veränderung angenommen. Ein Wandel zeichnet sich vor allem im Bereich der mittelfristigen Bedarfsdeckung ab, wenn das Prinzip der Transportzeitminimierung gegenüber dem der Transportkostenminimierung an Bedeutung gewinnt. In ihrer Funktion für die mittelfristige Bedarfsdeckung bilden Oberzentren nun ein flächenmäßig kleineres Umland als in der Ausgangssituation aus. Da für die Bildung der mittelzentralen Einzugsbereiche das Prinzip der Transportzeitminimierung entscheidend ist und in Oberzentren Verkehr und Flächennutzung immer intensiver geworden sind, übernehmen Oberzentren unter veränder-

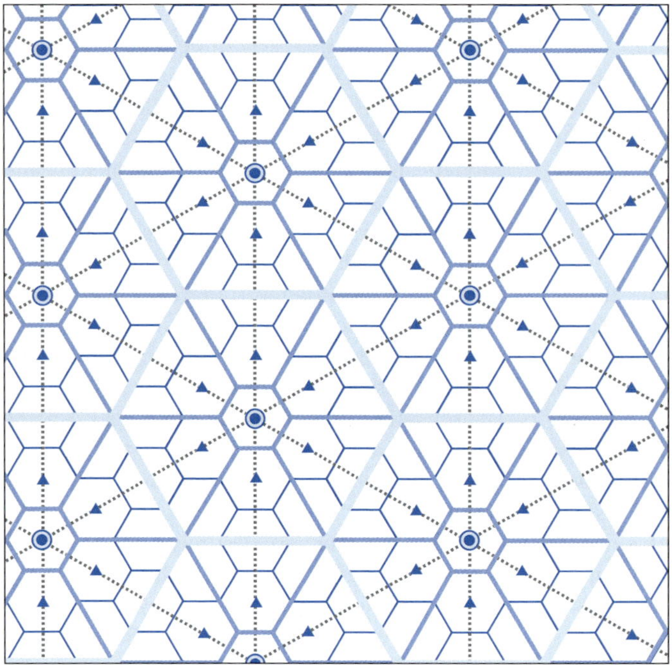

Umlandbereich eines Unterzentrums
Umlandbereich eines Verbrauchermarkts oder Mittelzentrums
Umlandbereich eines Oberzentrums
Entwicklungsachse 1. Ordung
Standort eines Oberzentrums
Standort eines Verbrauchermarkts

Abb. 5-21: Zentralörtliche Umlandbereiche in einem Hexagonal-Trapez-System

ten Bedingungen für kleinere Umlandbereiche als im ursprünglichen Modell die Funktion eines Mittelzentrums.

Parallel dazu siedeln sich im Umland Verbrauchermärkte an, die hauptsächlich Güter des mittel- und kurzfristigen Bedarfs anbieten und weitere Versorgungseinrichtungen gleicher Ordnung an ihren Standort binden. Die Standorte der Verbrauchermärkte liegen in den bisherigen Unterzentren an den Entwicklungsachsen erster Ordnung, weil an diesen gut ausgebauten Verkehrswegen eine schnelle Erreichbarkeit und gute Zugänglichkeit gewährleistet ist. Vereinfacht ergibt sich unter den veränderten Bedingungen folgendes Szenario: Um jedes Oberzentrum entstehen sechs Verbrauchermärkte, die in den entlang der Entwicklungsachsen liegenden, bisherigen Unterzentren angesiedelt sind. Diese bauen nun mittelzentrale Einzugsbereiche auf und konkurrieren gegen die bisherigen Mittelzentren sowie gegen die Oberzentren in ihrer mittelzentralen Funktion. Sie bauen trapezförmige Umlandbereiche auf, weil die mittelzentralen Einzugsbereiche der Oberzentren an Bedeutung verloren haben und flächenmäßig kleiner geworden sind. Als Konsequenz dieses Wandels verlieren die vorherigen Mittelzentren im Umland ihre ursprüngliche Bedeutung und werden zu Unterzentren zurückgestuft. Insgesamt resultiert ein Hexagonal-Trapez-System, in dem die von Christaller (1933, I. Teil Kap. B.8) definierte k-Hierarchie nicht länger aufrechterhalten werden kann. Es ergeben sich Veränderungen im gesamten Zentrengefüge, die auf längere Sicht auch auf die oberzentralen Einzugsbereiche rückwirken können.

5.3.9 Erweiterte Konzepte: Städtenetze versus Städteverbünde

Trotz der Unterschiede in den bestehenden Zentrenstrukturen der Länder und der zahlreichen konzeptionellen Unzulänglichkeiten wollen Politiker, Planer und Praktiker bisher überwiegend an dem bestehenden Zentrensystem festhalten. Allerdings fordern Planer seit Jahren mehr Flexibilität und innovative Konzepte zur Anpassung und Erweiterung des Zentrale-Orte-Konzepts (Stiens und Pick 1998). Der demographische Wandel, neue Technologien und Versorgungsangebote, die Privatisierung öffentlicher Dienstleistungen, ein verändertes Konsum- und Mobilitätsverhalten der Bevölkerung sowie zunehmend knappere öffentliche Haushalte erfordern eine Relativierung des strikten Territorialprinzips und eine stärkere Hinwendung zum Prinzip der Funktionsteilung zwischen zentralen Orten. Seit Anfang der 1990er-Jahre haben sich in diesem Zusammenhang zwei Ansätze entwickelt: Städtenetze und Städteverbünde.

Das Konzept der **Städtenetze** wurde als Element der Regionalpolitik im raumordnungspolitischen Orientierungsrahmen 1992 durch die Initiative von Bund und Ländern zur Sicherung der Wettbewerbsfähigkeit von Regionen in Deutschland geschaffen (Stiens 1995). In dem Konzept der strategischen Städtenetze schließen sich Städte auf freiwilliger Basis zu Netzwerken zusammen, um eine engere Kommunikation, Koordination und Kooperation zu erreichen (Scibbe 2000). Im Gegensatz zu traditionellen Zweckverbänden, die eine vornehmlich eindimensionale interkommunale Zusammenarbeit z. B. in den Bereichen Abwasser oder Verkehr festlegen, zeichnen sich Städtenetze durch eine mehrdimensionale Aufgabenteilung aus (Brake 1996).

Zielsetzung ist es, durch gemeinsame Ressourcennutzung und kollektive Aktionen Netzwerkvorteile innerhalb der Städtenetze zu realisieren und die Außendarstellung zu verbessern (Priebs 1996). So sollen Abstimmungsprozesse zwischen den beteiligten Städten dazu führen, dass kostenintensive Parallelinvestitionen in die Versorgungsinfrastruktur ausbleiben. Freiwerdende Mittel können im Gegenzug dazu eingesetzt werden, Spezialisierungen von Städten mit überdurchschnittlicher Ausstattung in einem Schwerpunktbereich zu fördern (Schön 1993). Eine solche Konzeption ist natürlich nur dann sinnvoll, wenn die verschiedenen Spezialisierungen auch von der Bevölkerung der betreffenden Städte genutzt werden und Synergieeffekte entstehen. Zentrale Voraussetzungen für den Erfolg eines Städtenetzes sind deshalb die Existenz einer leistungsfähigen Verkehrsinfrastruktur zwischen den vernetzten Städten, eine hohe Akzeptanz seitens der Bevölkerung sowie die Kooperationsbereitschaft und Initiative der jeweiligen Akteure in den Kommunen (Brake 1996).

Auch wenn Städtenetze auf verschiedenen räumlichen Ebenen denkbar sind, scheint die intraregionale Ebene im Hinblick auf das Versorgungsziel besonders geeignet zu sein (Danielzyk und Priebs 1996 b). In der Praxis gibt es eine Reihe von Beispielen für derartige Städtenetze (Danielzyk und Priebs 1996 a; Priebs 1996; Goppel et al. 2000): So ist das sächsisch-bayerische Städtenetz mit der Städtekette Bayreuth-Hof-Plauen-Zwickau-Chemnitz ein Beispiel für ein Netzwerk größerer Zentren, das fast schon zu groß angelegt ist. Demgegenüber umfasst das 1994 gegründete norddeutsche Städte-Quartett Damme-Diepholz-Lohne-Vechta vor allem kleinere Mittelzentren (Schneider 1996). Im norddeutschen Städte-Quartett hat sich aus der anfangs eher aus Protestgründen (gegen die Schließung eines Universitätsstandorts) entstandenen Initiative inzwischen eine Kooperation auf verschiedenen Politikfeldern entwickelt, insbesondere im Fremdenverkehr, Umweltschutz und in der Wirtschaftsförderung. Im Unterschied zu vielen anderen Städtenetzen haben sich München, Augsburg und Ingolstadt im Jahr 1993 nicht aus einer konkreten Notsituation heraus, sondern freiwillig zu dem Städtenetz MAI zusammengeschlossen, um sich auf zukünftige Herausforderungen im Zuge der europäischen Integration vorzubereiten (→ Abb. 5-22). Mit dem vorrangigen Ziel der Bildung eines kooperativen Wirtschaftsraums Südbayern haben sich die Städte unter Einbeziehung der zugehörigen Landkreise mit fast 400 Gemeinden auf zentrale Handlungsfelder verpflichtet (Hachmann und Mensing 1996).

Abb. 5-22: Kommunale Kooperationen im „FORUM Städtenetze" (nach BBSR 2011)

Diese umfassen ein gemeinsames Marketing der Region, Wirtschaftsförderung, Verkehrsinfrastruktur, Technologietransfer und Fremdenverkehr.

Die Umsetzung von Städtenetzen könnte zur Entstehung einer Siedlungsstruktur beitragen, in der ähnlich wie im System der Marktnetze von Lösch (1944) Spezialisierungen von Städten hervortreten und hierarchische Strukturen und Beziehungen aufgeweicht werden. Hierbei würde kommunale Selbststeuerung toleriert und damit der Ordnungsanspruch des Staats zurückgeschraubt. Insofern bietet das Konzept der Städtenetze möglicherweise Chancen zur Überwindung hierarchisch-zentralisierten Planungsdenkens. Im Vergleich zu dem vorherrschenden Zentrale-Orte-Konzept ergeben sich insgesamt eine Reihe von Unterschieden (→ Tab. 5-1). Dabei sind Diskussionen und Konzeptionen von Städtenetzen noch relativ neu und nicht voll entwickelt. So sind die Aufgaben und Ziele von Städtenetzen vielfach unklar. In der Realität mö-

Tab. 5-1: Zentrale-Orte-System versus strategische Städtenetze in der Raumordnung (in Anlehnung an Priebs 1996)

Zentrale-Orte-System	Strategische Städtenetze
formeller Planungsansatz der Raumordnung	informeller, handlungsbezogener Ansatz der Raumordnung
langfristiges Instrument zur Ordnung des Raums und Sicherstellung flächendeckender Infrastruktur	strategisches Städtenetz als dauerhafte oder auch temporäre, interessengeleitete Allianz
bundesweit festgeschriebener Ausstattungskatalog	keine Mindest- oder Maximalausstattungskataloge
Planung „von oben“ als Ergebnis einer vorgegebenen Planungslogik	Planung „von unten“ als Ergebnis der Initiative kommunaler Akteure
eindeutige Zuordnung von Versorgungsbereichen zu einem Oberzentrum	gegenseitiger Austausch und Ergänzung von Funktionen zwischen den Städten
Hierarchie	Partnerschaft

gen Städtenetze vor allem ein Instrument sein, um eigene Interessen gegenüber übergeordneten Verwaltungsebenen zu artikulieren und Druck auf diese auszuüben. Kritiker sind zudem besorgt, dass die zwischen den Knoten des Städtenetzes liegenden Orte möglicherweise in ihrer Entwicklung behindert werden und das Netzwerk als Machtinstrument gegen andere Zentren benutzt wird. Ein Problem der raumordnungspolitischen Diskussion über Städtenetze ist auch, dass hierbei Städte quasi als Akteure aufgefasst werden, die unter zunehmendem Konkurrenzdruck stehen. Dabei wird außer Acht gelassen, dass sich in erster Linie Unternehmen und nicht Städte im Wettbewerb miteinander befinden (→ Box 5-2).

Städteverbünde haben sich aufgrund der besonderen Herausforderungen als Organisations- und Handlungsform zuerst in den neuen Ländern vor allem in polyzentrischen Regionen etabliert (Greiving 2006). Sie bezeichnen Verbünde von zentralen Orten gleicher Hierarchiestufe (typischerweise Ober- oder Mittelzentren), die aufgrund ihrer Lage, ihrer vergleichbaren Einwohnerzahl, ihrer zentralörtlichen Ausstattung und Leistungskraft sowie einer eigenständigen Ausprägung eines Verflechtungsbereichs gemeinsam die Funktion eines bedeutenderen Zentrums ausüben können (Weigel 1999; Sächsisches Staatsministerium des Inneren 2003). Im Unterschied zu Städtenetzen folgen Verbünde normativen planerischen Vorgaben der Landesplanung und fungieren somit als direkte Ergänzung der Instrumente des Zentrensystems. Durch Kooperationen sollen Städteverbünde gemeinsam die Tragfähigkeit hochwertiger Versorgungsfunktionen sichern und die notwendige Erreichbarkeit im Verflechtungsbereich gewährleisten. In Sachsen wurden mit dem Landesentwicklungsprogramm 1994 erstmals landesplanerische Zielaussagen getroffen. Dort erfolgte Ende der 1990er-Jahre auch eine erste wissenschaftliche Auswertung bestehender Städteverbünde. Das Ziel bestand darin, *„die zentralörtlichen Funktionen für ihren Verflechtungsbereich gemeinsam wahr[zu]nehmen, wenn der baulich-räumliche Zusammenhang oder eine bestehende oder anzustrebende funktionale Begrenzung der zentralörtlichen Funktion dies ermöglichen bzw. erfordern und dadurch eine leistungsfähigere und wirtschaftlichere zentralörtliche Versorgung der Bevölkerung erreicht wird.“* (Sächsisches Staatsministerium des Inneren 1994, Kap. 1.4.6, Ziel 15). Einer ersten Evaluation zufolge haben sich Städteverbünde durchaus bewährt, wobei stärkere Anreize zur tatsächlichen Umsetzung der Kooperation zwischen den Zentren gesetzt werden sollten, wie z. B. ein Kooperationsbonus durch Anpassungen im kommunalen Finanzausgleich (Greiving 2006). Nach Anfangserfolgen hat sich das Konzept auch in anderen Ländern, wie z. B. Thüringen und Bayern, etabliert. Die Besonderheit der Städteverbünde besteht darin, dass die Kooperation der zentralen Orte nicht allein auf Freiwilligkeit beruht, sondern raumordnerisch über die Landesplanung verordnet wird.

Box 5-2: Regionaler Wettbewerb

Im Kontext einer Regional- und Stadtentwicklung bei knappen Investitionsmitteln und Budgets der öffentlichen Träger wird seit den 1990er-Jahren immer stärker auf die Rolle des nationalen und internationalen Wettbewerbs zwischen Städten bzw. Regionen hingewiesen. Die dabei verbreitete Argumentation besagt, dass Städte und Regionen geeignete Bedingungen schaffen müssen, damit sich Unternehmen dort ansiedeln und die betreffenden Regionen sich erfolgreich im Wettbewerb behaupten können (Boschma 2004; Kitson et al. 2004). Allerdings ist bei einer solchen Argumentationskette große Vorsicht geboten. Eine genauere Betrachtung des Konzepts des Wettbewerbs zeigt, dass Städte keineswegs auf gleiche Art wie etwa Unternehmen im gegenseitigen Wettbewerb auf einem Markt stehen, um ihre Kunden mit Produkten zu versorgen (Lawson 1999). Da Städte weder ein Gewinnmotiv haben noch Waren für den Markt produzieren, konkurrieren sie auch nicht mit anderen Territorien um Kunden. Zudem besteht anders als bei Unternehmen nicht die Gefahr, dass Städte „bankrott" gehen und sich auflösen, wenn sie keinen Erfolg haben. In der Alltagspraxis sind es vielmehr die Unternehmen einer Stadt, die mit anderen Unternehmen derselben und anderer Städte im Wettbewerb stehen. Der Gedanke eines Wettbewerbs von Städten ist unter diesem Aspekt irreführend und greift raumwirtschaftliche Argumentationen auf, die Regionen als Akteure hypostasieren. Unternehmen sind in nationale und globale Wertschöpfungskontexte eingebunden (→ Kap. 4.5 und 11.3) und hängen in ihren Entscheidungen von diesen Kontexten und den Entscheidungen ihrer Konkurrenten ab, aber nicht unbedingt von den räumlichen Strukturmerkmalen ihrer Standortregionen. Eine derartige Argumentation führt zu denselben Problemen wie in der traditionellen Standortlehre, die Räume durch Standortfaktoren charakterisiert und das Gestaltungspotenzial der Unternehmen zu wenig beachtet (→ Kap. 6).

Heißt dies nun, dass Städte sich keine Sorgen um die lokalen Wirtschaftsbedingungen mehr zu machen brauchen? Natürlich nicht: Regionen verfolgen unter anderem das Ziel, die Wohlfahrt ihrer Bevölkerung zu erhöhen, und sind deshalb daran interessiert, das Wachstum von Arbeitsplätzen oder die Reduzierung der Arbeitslosigkeit zu unterstützen. Eine Rivalität mit anderen Städten kommt dann zustande, wenn ein Unternehmen überlegt, seinen Standort zu verlagern, oder wenn eine unternehmerische Investitionsentscheidung zwischen verschiedenen Städten getroffen wird. Aus Sicht der Städte ist es deshalb sinnvoll, ein geeignetes Unternehmensumfeld zu gestalten, das es den Unternehmen gestattet, vor Ort ihre Aktivitäten zu entfalten und auszubauen. Regionen sollten zur positiven Beeinflussung von Standortentscheidungen nicht die simple Steuerung von Standortfaktoren verfolgen, sondern verschiedene Formen von Kapital entwickeln, das den Unternehmen ermöglicht, geeignete Anknüpfungspunkte zu entwickeln (z. B. Kitson et al. 2004):

- Humankapital (Schaffung eines qualifizierten Arbeitsmarkts mit vielfältigen Qualifikationsniveaus);
- soziales und institutionelles Kapital (z. B. Förderung und Öffnung von Netzwerken, die Anknüpfungsmöglichkeiten bieten);
- Wissens- und Kreativkapital (Förderung wissensintensiver Tätigkeiten mit hohem Innovationspotenzial – möglicherweise Fokussierung auf die *creative class* im Sinn von Florida (2002);
- kulturelles Kapital (Schaffung einer hohen Lebensqualität durch ein ansprechendes Kulturangebot, wiederum im Hinblick auf hoch qualifizierte Arbeitskräfte);
- Infrastrukturkapital (Aufbau einer leistungsfähigen generischen öffentlichen Infrastruktur).

Es ist jedoch kaum möglich, Bedingungen zu erzeugen, die für alle Unternehmen gleichermaßen attraktiv sind. Im engeren Sinn des Konzepts handelt es sich nicht um eine echte „Wettbewerbssituation" zwischen Städten oder Regionen.

Tab. 5-2: Ausgewählte Unterschiede zwischen Städtenetz und Städteverbund (in Anlehnung an Greiving 2006)

Städteverbund	Städtenetz
Kooperation von oben: normatives planerisches Konzept der Landes- oder Regionalplanung	Kooperation von unten: Eigeninitiative zu freiwilliger interkommunaler Kooperation
Kooperation vor allem von benachbarten Gemeinden (enge Maschenweite, außer bei Oberzentren)	Kooperation über Gemeinden hinweg (hohe Maschenweite)
ursprüngliche Zwecksetzung auf die gemeinsame Wahrnehmung zentralörtlicher Funktionen	Kooperationen ausschließlich zu Themen der kommunalen Selbstverwaltungshoheit
Beteiligung der Landes- oder Regionalplanung mit eigenen Zielvorstellungen	keine Beteiligung der Landesplanung erforderlich
zwingende Formalisierung der Kooperation zur Sicherstellung der Konformität zwischen kommunalen und raumordnerischen Zielen	keine zwingende Formalisierung und keine dauerhafte Verstetigung erforderlich; Städtenetze können sich zu Verbünden weiterentwickeln

Landesplanerische Verträge leisten hierbei einen Beitrag dafür, dass Interessenskonflikte und konkurrierende Ansprüche der beteiligten Zentren moderiert werden und eine tatsächliche Funktionsteilung im zentralörtlichen System gewährleistet wird (Greiving 2003). Voraussetzung für eine funktionierende Arbeitsteilung und Kooperation ist eine hinreichende räumliche Nähe, um den Versorgungsauftrag durch Funktionsteilung gewährleisten zu können. Aus diesem Grund wird etwa dem bayerischen Städteverbund Nürnberg-Erlangen-Fürth mehr Potenzial bestätigt als dem sächsischen Verbund Bautzen-Görlitz-Hoyerswerda (Greiving 2006).
Im Vergleich beider Kooperationsformen wird deutlich, dass Städteverbünde deutlich enger in die hierarchische Raumordnungspolitik integriert sind und ihre Funktionsteilung durch die Landesplanung vorgegeben wird, während Städtenetze auf erkennbar freiwilliger Basis die Erschließung von Kooperationsvorteilen ermöglichen (→ Tab. 5.2).

5.3.10 Zentrale Orte und Stadtentwicklung

Blotevogel (1996 a) konstatierte Mitte der 1990er-Jahre, dass die Theorie der zentralen Orte für die Grundlagenforschung keine große Bedeutung mehr besitze (Deiters 1996 a; Gebhardt 1996). Er hielt sie für weitgehend obsolet und meinte, dass es inzwischen in der Einzelhandels- und Städtesystemforschung leistungsfähigere und realitätsnähere Konzepte als das auf der Theorie der zentralen Orte basierende gebe. In der Diskussion um die Bedeutung zentraler Orte kann man immer wiederkehrende Argumentationsketten beobachten, die durch eine beachtliche Inkonsistenz gekennzeichnet sind. So wird das Zentrale-Orte-Konzept zwar heftig kritisiert, aber seine Grundberechtigung nicht wirklich hinterfragt. Noch im Jahr 2005 bestätigte die Ministerkonferenz für Raumordnung das System der zentralen Orte als Grundkonzept zur Bewältigung regionaler Anpassungsprozesse (Pütz und Spangenberg 2006). Wenn man von Beiträgen wie z. B. von Sieverts (1997) über die sogenannte **Zwischenstadt** absieht, gibt es kaum eine ernsthafte Diskussion darüber, ob man Innenstädte nicht auch anders gesellschaftlich in Wert setzen und damit Stadtstrukturen anders organisieren kann, wenn Handelsfunktionen in den Stadtzentren in Zukunft möglicherweise eine geringere Rolle spielen. Können Innenstädte nicht auch durch andere Nutzungen als Zentren gesellschaftlicher Kommunikation erhalten bleiben und ist deshalb die Wanderung von Handelsfunktionen aus den Innenstädten nicht möglicherweise gerade eine Chance für eine Neuentwicklung dieser Zentren? Über diese Frage sollte auch insofern ernsthaft nachgedacht werden, als noch nicht endgültig abzusehen ist, welche Auswirkungen neue Internet-Dienstleistungen wie etwa *electronic commerce*, *online shopping* (z. B.

Becker 2000) oder *online banking* auf das Einkaufsverhalten und die Struktur der innerstädtischen Geschäftszentren haben werden.

Letztlich spiegelt das System zentraler Orte ein hierarchisch gedachtes, zentralistisches Raumbild wider. Dies zeigt sich zunehmend darin, dass bestimmte Orte bei öffentlichen Investitionen zulasten anderer Zentren und Umlandbereiche bevorzugt werden. Damit werden letztendlich Arbeitsplätze zugunsten einiger und zulasten anderer Orte geschaffen. Ist die hierarchische Raumstruktur des Zentrale-Orte-Prinzips, mit deren Hilfe in der Nachkriegszeit gleichwertige Lebensbedingungen in Deutschland geschaffen werden sollten, auch noch im 21. Jahrhundert nach erfolgtem Wiederaufbau und nach der Wiedervereinigung mit demokratischen Strukturen vereinbar, wenn dadurch an manchen Orten Entwicklungschancen unterbunden werden? Man kann noch weiter fragen: Was ist von einem Prinzip zu halten, das Zersiedlungsprozesse verhindern möchte, sich aber dem Druck der Städte und Gemeinden um die Ansiedlung großflächiger Verbraucher- und Fachmärkte letztlich doch fortlaufend beugt? Warum soll das Zentrale-Orte-Konzept in zukünftigen Planungen eine tragende Rolle spielen, wenn es schon in der Vergangenheit nur eine begrenzte Wirksamkeit hatte (Blotevogel 1996 b)?

Die heutigen und zukünftigen Problemlagen in Wirtschaft, Gesellschaft und Umwelt sind anders gelagert als in der Zeit des Wiederaufbaus nach dem Zweiten Weltkrieg. Zu den großen Herausforderungen des 21. Jahrhunderts, die substanzielle Strukturveränderungen insbesondere in Metropolen und städtischen Verdichtungsräumen nach sich ziehen, gehören folgende Prozesse:

- **Bevölkerungsrückgang.** Aufgrund des demographischen Wandels, insbesondere durch niedrige Geburtenraten und fehlende Einwanderung, wird es absehbar in vielen Regionen Deutschlands zu Abwanderungstendenzen und einem deutlichen Bevölkerungsrückgang kommen (→ Abb. 5-19). Dies wird nicht ganz Deutschland in gleichem Maß betreffen. So wird in den Regionen Berlin und München beispielsweise aufgrund von Binnenwanderungen ein Bevölkerungsanstieg erwartet, jedoch werden die meisten Stadtregionen mit substanziellen Schrumpfungsprozessen und entsprechenden Konsequenzen rechnen müssen. Diese reichen von leerstehenden Gebäuden über eine Unternutzung der städtischen Infrastruktur bis hin zu damit zusammenhängenden Finanzierungsproblemen. Obwohl ostdeutsche Städte seit der Wiedervereinigung bereits mit ähnlichen Problemen kämpfen, gibt es zur Bewältigung dieser Herausforderung noch keine schlüssigen Politikkonzepte.
- **Klimawandel.** Durch den absehbaren globalen Klimawandel und die Notwendigkeit, vermehrt Maßnahmen zum Schutz der Umwelt und zur Reduzierung der Emissionen zu ergreifen, werden Städte in Zukunft in starkem Maß gefordert sein, neue Umweltschutzprogramme umzusetzen und Konzepte für eine nachhaltige Wirtschaftsstruktur und Stadtentwicklung zu erstellen. Hierauf sind die meisten Städte und Gemeinden jedoch nur wenig vorbereitet. Die große Unsicherheit und Ratlosigkeit, die bei der Umsetzung der Feinstaubverordnung ab 2006 in Deutschland zunächst herrschte, mag ein Indikator dafür sein, welche Probleme diesbezüglich in Zukunft zu erwarten sind. Klar ist, dass derartige Veränderungen sämtliche städtischen Kreisläufe und insbesondere die Verkehrs- und Güterflüsse betreffen.
- ***Peak oil* und erneuerbare Energien.** Durch die drohende Verknappung der weltweiten Erdölvorräte (→ Kap. 3.2) sowie den anstehenden Wandel in der Energiepolitik hin zu erneuerbaren Energieträgern werden städtische Organisationsmuster vor große Herausforderungen gestellt. Die Folge dieses Wandels wird eine starke Erhöhung der Mobilitätskosten, insbesondere für den bisher dominanten Individualverkehr, sein. Dies wirft vielfältige Fragen in Bezug auf die Sicherung der zukünftigen Versorgung der Stadtbevölkerung mit Lebensmitteln oder die Umstrukturierung der Infrastruktur der Städte auf (z. B. flächendeckender Einsatz von Sonnenkollektoren oder maximale Nutzung der Windkraft). Da große Metropolen im Hinblick auf die Versorgung

mit Lebensmitteln praktisch vollständig außenabhängig sind und deshalb zukünftig strukturelle Nachteile haben, gibt es viele Aspekte, die neu zu überdenken sind – so etwa die Konzeption neuartiger Verknüpfungen von Städten mit ihrem Umland oder altersgerechter städtischer Infrastrukturen vor dem Hintergrund der Alterung der Bevölkerung.

Alle diese Prozesse haben gemeinsam, dass es noch unklar ist, welche genauen Herausforderungen auf die Städte und Gemeinden zukommen und wie sie diesen begegnen können. Gerade kleine und mittlere Städte sind aufgrund begrenzter Sachkompetenz und eines kleinen Personalbestands selbst kaum in der Lage, angemessene Antworten auf Zukunftsfragen zu liefern. Vor diesem Hintergrund ist mit der Initiative der **Nationalen Stadtentwicklungspolitik** im Jahr 2007 ein flexibles Planungs- und Politikinstrument geschaffen worden, das das Potenzial besitzt, entsprechend der zukünftigen Problemlagen unterschiedliche Leit-, Beratungs- und Anreizfunktionen für die Stadtentwicklung im deutschen Städtesystem zu übernehmen (→ Box 5-3). Während Stadtentwicklungspolitik an sich eine auf städtische Milieus und Stadtteile ausgerichtete kommunale Aufgabe ist, zielt die Nationale Stadtentwicklungspolitik auf das gesamte Städtesystem und dessen Funktionsfähigkeit ab und sieht sich als Ideengeber, Initiator und Förderer von *bottom-up*-Initiativen die Stadtstruktur und -entwicklung betreffend.

Box 5-3: Nationale Stadtentwicklungspolitik

Die Initiative „Nationale Stadtentwicklungspolitik" wurde im Jahr 2007 vom Bundesministerium für Verkehr, Bau und Stadtentwicklung unter Leitung des Ministers Tiefensee, geprägt durch Erfahrungen in der Leipziger Stadtentwicklung nach der Wiedervereinigung, als Bundesinitiative in einem primär kommunalen und städtischen Politikfeld ins Leben gerufen (BMVBS 2008; Hatzfeld 2008). Ausgangspunkt der Initiative war die Leipzig-Charta zur nachhaltigen europäischen Stadt, die Anfang 2007 von den europäischen Mitgliedsstaaten beschlossen wurde. Darin verpflichten sich die Länder zu einer integrierten Stadtentwicklung, die benachteiligte Stadtteile fördert, ökologische und soziale Aspekte besonders berücksichtigt und *„eine ausgeglichene räumliche Entwicklung auf Basis eines polyzentrischen Städtesystems"* (Hatzfeld 2008, S. 6) anstrebt. Hierbei spielt der Erhalt des zentralörtlichen Systems keine herausragende Rolle, da andere Ziele und Handlungsfelder Vorrang haben. Die Nationale Stadtentwicklungspolitik ist zukunftsgerichtet und zielt darauf ab, den Herausforderungen der zukünftigen Stadtentwicklung unter veränderten Rahmenbedingungen durch Projekte, Fördermaßnahmen sowie die Initiierung von lokalen Planungen zu begegnen (BMVBS 2008; Zlonicky 2008). Dadurch ist es gelungen, Städte, Kommunen sowie Länder- und Industrievertreter in die Initiative einzubinden (Scharbach 2008). Die Nationale Stadtentwicklungspolitik ist ein pragmatischer und flexibler Politikansatz, der auf sechs Handlungsfelder fokussiert ist (BMVBS 2008; 2009):

(1) Zivilgesellschaft. Hier geht es darum, die Mitwirkung und Beteiligung von Bevölkerung und Wirtschaft in lokalen Planungs- und Umbauprojekten zu erreichen (auch in finanzieller Form).

(2) Soziale Stadt. Ziele sind Integration und sozialer Zusammenhalt in benachteiligten oder Problemgebieten, um Polarisierungen in Städten entgegenzuwirken.

(3) Innovative Stadt. Dieses Feld zielt darauf ab, Städte als wirtschaftliche Motoren für Innovation und Kreativität zu stärken.

(4) Klimaschutz und globale Verantwortung. Ziel ist hier die Förderung einer nachhaltigen Stadtentwicklung, insbesondere durch den Einsatz erneuerbarer Energien.

(5) Baukultur. Ansatzpunkt ist der Schutz und die Verbesserung der historischen Bausubstanz und historischer Ensembles.
(6) Regionalisierung. Hier geht es darum, eine engere Verzahnung von und Kooperation zwischen Städten und ihren unmittelbaren Umlandbereichen zu erreichen und das Umland in städtische Planungen mit einzubinden.
Trotz ihrer wichtigen Aufgaben spielt die Nationale Stadtentwicklungspolitik bisher noch keine große Rolle im Kreis der verschiedenen Sektorpolitiken, was sich auch in einem vergleichsweise geringen Finanzetat ausdrückt, mit dem Einzel- und Verbundprojekte in verschiedenen Handlungsfeldern bundesweit initiiert und gefördert wurden. Das Politikfeld, unterstützt durch ein Kuratorium von Mitgliedern aus Politik, Wirtschaft, Gesellschaft und Wissenschaft, ist aus der Verknüpfung verschiedener Politik- und Förderfelder hervorgegangen. Da wenige zusätzliche Mittel für ein neues Politikfeld zur Verfügung standen, vereinte die Nationale Stadtentwicklungspolitik bestehende Politikfelder wie etwa Programme der Städtebauförderung und des Denkmalschutzes und deren Etats, ohne diese Programme zu beenden. Zugleich konnte man durch das Kuratorium eine breite Unterstützung sichern. Für das Jahr 2011 stehen 455 Millionen Euro an Mitteln zur Städtebauförderung für städtebauliche Sanierungs- und Entwicklungsmaßnahmen, das Programm soziale Stadt, Stadtumbau (mit Schwerpunkt Ostdeutschland), aktive Stadt- und Ortsteilzentren, städtebaulichen Denkmalschutz sowie für kleinere Städte und Gemeinden zur Verfügung. Im Unterschied zum Zentrale-Orte-Konzept verfügt die Nationale Stadtentwicklungspolitik damit über einen eigenen Etat und aktive Gestaltungsmöglichkeiten (BMVBS 2009). Obwohl die verfügbaren Finanzmittel angesichts der ambitionierten Ziele und Handlungsfelder sehr begrenzt sind, bietet der Aufbau dieses Politikfelds die Möglichkeit, zukünftig je nach Problemlage andere Schwerpunkte zu setzen. Die Diskussionen um die Städtebauförderung im Jahr 2010, als die Mittel durch Budgetkürzungen infolge der weltweiten Finanzkrise zunächst von einer drastischen Streichung bedroht waren, zeigt jedoch, wie labil die Nationale Stadtentwicklungspolitik nach wie vor noch ist.
Bisher ist das Politikfeld auf etablierte Handlungsfelder fokussiert (im Jahr 2011 beispielsweise auf Baukultur und Denkmalschutz) und noch nicht schwerpunktmäßig auf zukünftige Herausforderungen ausgerichtet. Zudem spielen ökonomische Aspekte wie etwa die integrierte Förderung von Innovationsprozessen und der sogenannten Kreativwirtschaft in Verbindung mit einer Neugestaltung städtischer Milieus und Stadtzentren nur eine untergeordnete Rolle. Unter diesem Aspekt wäre es auch denkbar, städtische Zentren in ihrer Funktion als Orte der Wissensproduktion sowie als Knotenpunkte der globalen Ökonomie zukünftig stärker zu fördern und auszubauen (Bathelt 2009). Ob und wie die Nationale Stadtentwicklungspolitik in Zukunft flexibel auf die vorhersehbaren Problemlagen reagieren kann, wird in hohem Maße von der Ausgestaltung durch politische Entscheidungsträger auf Bundesebene sowie von einer breiten gesellschaftlichen Unterstützung und der flexiblen Anpassungsfähigkeit ihrer Handlungsfelder abhängen.

6 Industrielle Standortwahl

6.1 Raumabhängigkeit und Faktordominanz der industriellen Standortlehre

Nachdem in Kapitel 5 Aspekte landwirtschaftlicher und städtischer Landnutzungsentscheidungen behandelt worden sind, soll in diesem Kapitel die Wahl eines geeigneten industriellen Standorts vor dem Hintergrund heterogener räumlicher Standortbedingungen diskutiert werden. Die im Folgenden behandelte industrielle Standortlehre zielt darauf ab, Gesetzmäßigkeiten und allgemeine Einflussfaktoren zu finden, nach denen industrielle Standortentscheidungen getroffen werden (Riley 1973, Kap. 1; Dicken und Lloyd 1990, Kap. 2 bis 5; Bathelt 1991 b, Kap. 10; Fritsch et al. 1998, Kap. 2.1.1; Gaebe 1998). Die traditionelle Standortlehre konzentriert sich dabei auf die Ermittlung räumlicher oder raumbezogener Eigenschaften, die die Standortwahl eines Industrieunternehmens beeinflussen. Es geht um die optimale Standortwahl eines Ein-Betriebs-Unternehmens in Abhängigkeit von bestimmten Standortfaktoren.
Weber (1909, S. 16) versteht unter einem **Standort(s)faktor** *„einen seiner Art nach scharf abgegrenzten Vorteil, der für eine wirtschaftliche Tätigkeit dann eintritt, wenn sie sich an einem bestimmten Ort, oder auch generell an Plätzen bestimmter Art vollzieht. Einen Vorteil, d. h. eine Ersparnis an Kosten und also für die Standortslehre der Industrie eine Möglichkeit, dort ein bestimmtes Produkt mit weniger Kostenaufwand als an anderen Plätzen herzustellen; noch genauer gesagt: den als Ganzes betrachteten Produktions- und Absatzprozess eines bestimmten industriellen Produkts nach irgend einer Richtung billiger durchzuführen als anderswo.“* In dieser Definition wird der quantitative Aspekt von Standortfaktoren betont, insbesondere ihr Einfluss auf die Produktionskosten.

Während Weber (1909, Kap. 1) Standortfaktoren auf Standorte im engeren Sinne, d. h. auf Raumpunkte bezieht, wird der Begriff in der Raumwirtschaftslehre auch flächenbezogen auf verschiedene Raumdimensionen (z. B. auf Städte, Regionen oder Länder) und auf unterschiedliche Raumkategorien (wie Grundstück, Ergänzungsraum und anonymen Adressenraum) angewendet (Klüter 1987; 1994) (→ Kap. 4.1). Da je nach betrachteter Raumdimension oder -kategorie verschiedene raumbezogene Merkmale eine Rolle spielen, kommt es in empirischen Untersuchungen über Standortfaktoren aufgrund mangelnder Präzision leicht zu Konfusion. Eine Vermischung unterschiedlicher Erklärungsdimensionen kann unter Umständen dadurch umgangen werden, dass man die industrielle Standortwahl als Ergebnis eines mehrstufigen Entscheidungsprozesses ansieht (Townroe 1976; Maier und Tödtling 1992, Kap. 2), wie dies am Ende dieses Kapitels demonstriert wird. In vereinfachter Form lässt sich dabei zwischen der Bestimmung eines Makrostandorts und der nachfolgenden Bestimmung eines Mikrostandorts differenzieren. Die Ebene der Mikrostandortwahl, d. h. die Auswahl eines geeigneten Grundstücks, soll in der vorliegenden Arbeit nur am Rande behandelt werden, da sie ein betriebswirtschaftliches Entscheidungsproblem darstellt, dessen Lösung in Abhängigkeit vom verwendeten Bewertungsverfahren und den Unternehmensansprüchen auf formalem Weg erfolgt (z. B. Stafford 1979; Hayter 1997, Kap. 6). Diese Entscheidung wird häufig durch Gelegenheiten, wie z. B. ein gerade renoviertes oder erstelltes Gebäude, ein erschlossenes Industriegebiet oder ein zur Akquisition bereitstehendes Unternehmen, geprägt.
Aufbauend auf der landwirtschaftlichen Landnutzungslehre von Thünen (1875) entstanden Ende des 19. Jahrhunderts die ersten wissenschaftlichen Studien, die eine modellhafte Erklärung industrieller Standortverteilungen unter

Verwendung ökonomischer Variablen anstrebten (z. B. Launhardt 1882). Initiator einer systematischen industriellen Standortlehre wurde Weber (1909) mit seiner Studie über den Standort der Industrien. Obwohl diese Arbeit von den industriellen Strukturen und ökonomischen Rahmenbedingungen des beginnenden 20. Jahrhunderts geprägt war, wird sie noch heute als wichtige theoretische Grundlage für Untersuchungen über industrielle Standortverteilungen verwendet. Dabei schien sich Weber einiger Grenzen seiner Diskussion durchaus bewusst zu sein, denn dem ersten Teil einer reinen Theorie des Standorts (Weber 1909) folgte nie ein zweiter weiterführender oder empirischer Teil. In späteren Arbeiten wendete er sich zusehends von einer durch ökonomische Abstraktion geprägten Sichtweise ab und entwickelte eine breitere politisch-ökonomische Perspektive, die insbesondere die Politikwissenschaften mit einbezog (Weber 1925).

6.1.1 Kostenminimale Standortwahl

Weber (1909) stellt die optimale Standortwahl eines industriellen Einzelbetriebs als einen Entscheidungsprozess in drei Stufen dar. Zuerst wird auf der Grundlage der verwendeten Materialien im Produktionsprozess ein transportkostenminimaler Standort ermittelt. Anschließend werden Arbeitskosten und zum Schluss Agglomerationswirkungen mit berücksichtigt, die gegebenenfalls zu einer Verlagerung des optimalen Standorts führen. Dabei fungieren Transportkosten als die zentrale Größe der Standortbestimmung, während Arbeitskosten und Agglomerationswirkungen eher die Rolle nachgeordneter Korrektivgrößen haben (Behrens 1971, I. Teil; Riley 1973, Kap. 1; Richardson 1978, Kap. 3; Berry et al. 1987, Kap. 10; Chapman und Walker 1987, Kap. 3; Schickhoff 1988; Bathelt 1991 b, Kap. 10). Analog zu Thünen (1875) legt Weber (1909) seinen Überlegungen eine Vielzahl homogenisierender Annahmen zugrunde (Dicken und Lloyd 1990, Kap. 2; Schätzl 1998, Kap. 2.1.1): So betrachtet er ein Ein-Betriebs-Unternehmen, das nur ein einziges homogenes Gut unter Verwendung zweier Rohstoffmaterialien produziert. Sowohl die Rohstofffundorte als auch der Standort des einzigen Absatzmarkts werden als vorgegeben angenommen. Ferner wird davon ausgegangen, dass Nachfrage und Erlöse unabhängig von der Standortwahl konstant sind und dass neben den Transport- und Arbeitskosten sowie Agglomerationswirkungen keine weiteren lageabhängigen Kostengrößen existieren. Die Transportkosten werden als direkt proportional zur zurückgelegten Entfernung angenommen, d. h. die Frachtrate pro Tonnenkilometer ist konstant. Unter Berücksichtigung dieser Annahmen hängt die Gewinnsituation eines Unternehmens ausschließlich von den standortabhängigen Kosten ab. Es sind dies in erster Linie die Transportkosten, die beim Transport der Rohstoffe und der Vor- und Zwischenprodukte zum Unternehmensstandort sowie auch beim Transport von Endprodukten zum Markt anfallen.

Transportkostenminimierung. In der ersten Stufe der Standortbestimmung geht Weber (1909, Kap. 3) davon aus, dass Arbeitskosten räumlich konstant sind und keine Agglomerationsvorteile entstehen. Die Bestimmung des gewinnmaximalen Unternehmensstandorts beschränkt sich deshalb auf die rechnerische Ermittlung des sogenannten **tonnenkilometrischen Minimalpunkts**, dessen räumliche Lage ausschließlich von der Art der im Produktionsprozess eingesetzten Materialien und von deren Standortverteilung abhängt. Zur Ermittlung dieses Standorts trifft Weber (1909, Kap. 3) folgende Unterscheidung von Materialien: (1) **Ubiquitäten** sind nicht an bestimmte Fundorte gebunden, sondern an jedem Standort frei verfügbar (z. B. Luft und Sauerstoff), wohingegen (2) **lokalisierte Materialien** nur an bestimmten Fundorten auftreten. Anhand des Verarbeitungsprozesses lassen sich zwei Arten lokalisierter Materialien unterscheiden: (2 a) **Reingewichtsmaterialien**, z. B. Edelmetalle wie Gold und Silber, gehen mit vollem Gewicht in das Endprodukt ein. Für sie sind Transportkosten im Urzustand genauso groß wie im verarbeiteten Zustand. (2 b) **Gewichtsverlustmaterialien**, z. B. Rohstoffe wie Kohle oder Erze, gehen infolge eines Gewichtsverlusts während des Produktionsprozesses nur zum Teil in das Endprodukt ein. Aufgrund dieses Gewichtsverlusts sind die Transportkosten im unverarbeiteten Zustand größer als im verarbeiteten Zustand.

Aufgrund der getätigten Annahmen lassen sich zwei Materialfundorte M_1 und M_2 sowie ein Konsumort K unterscheiden, die geometrisch ein Standortdreieck im Raum aufspannen (→ Abb. 6-1). In Abhängigkeit der Art der benötigten Materialien errechnet sich innerhalb dieses Standortdreiecks ein unterschiedlicher tonnenkilometrischer Minimalpunkt P (Schickhoff 1988; Schätzl 1998, Kap. 2.1.1). Gehen auf der Input-Seite ausschließlich Ubiquitäten in den Produktionsprozess ein, so ist der optimale Unternehmensstandort mit dem Konsumort identisch, da nur dort keine Transportkosten anfallen. Werden ausschließlich Reingewichtsmaterialien eingesetzt, so ist wiederum der Konsumort der optimale Produktionsstandort, weil dort die Summe aller Transportwege am kürzesten ist. Je größer der Anteil von Gewichtsverlustmaterialien ist, die in den Produktionsprozess eingehen, umso mehr verlagert sich der optimale Produktionsstandort vom Konsumort in Richtung der betreffenden Materialfundorte. Insgesamt resultiert aufgrund dieser Betrachtung ein eher rohstoff- oder marktorientierter Standort. Aus mathematischer Sicht entspricht die Bestimmung des tonnenkilometrischen Minimalpunkts der Lösung eines nicht-linearen Optimierungsproblems, wie es von Kuhn und Kuenne (1962), Scott (1970) und Wesolowsky (1973) dargestellt wird.

Einbezug von Arbeitskosten. In der zweiten Stufe der Standortbestimmung werden neben den Transportkosten auch Arbeitskosten mit berücksichtigt (→ Abb. 6-2). Zu den Materialfundorten M_1 und M_2, dem Konsumort K und dem tonnenkilometrischen Minimalpunkt P kommen nun zwei neue Standorte L_1 und L_2 hinzu, die gegenüber P durch geringere Arbeitskosten gekennzeichnet sind. Eine Verlagerung des optimalen Standorts vom tonnenkilometrischen Minimalpunkt P zu einem der Standorte mit geringeren Arbeitskosten kommt dabei nur dann infrage, wenn die zusätzlichen Transportkosten durch Einsparungen von Arbeitskosten überkompensiert werden. Weber (1909, Kap. 4) löst dieses Problem, indem er um jeden Materialfundort

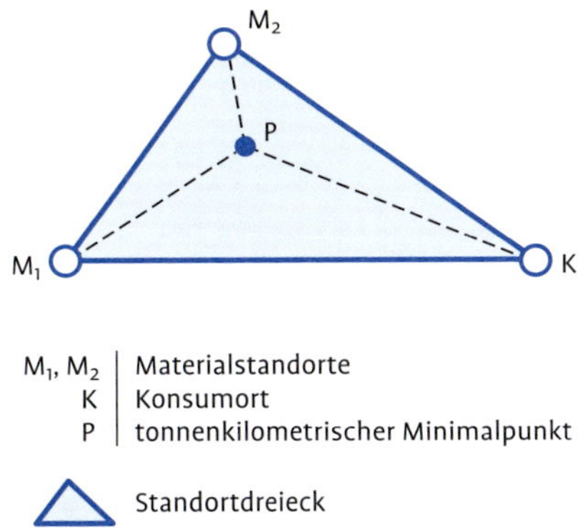

Abb. 6-1: Standortdreieck und Transportkostenminimalpunkt

und den Konsumort sogenannte **Isotimen** als Linien gleicher Transportkosten konstruiert und diese räumlich aufaddiert. Die resultierenden Linien gleicher Transportkosten um P werden als **Isodapanen** bezeichnet. Wenn nun bekannt ist, in welcher Höhe Arbeitskosteneinsparungen an den Standorten L_1 und L_2 wirksam werden, lässt sich eine **kritische Isodapane** bestimmen. Diese markiert genau jenen Bereich um den Transportkostenminimalpunkt, innerhalb dessen zusätzliche Transportkosten durch die potenziellen Arbeitskosteneinsparungen überkompensiert werden. Ein Standort außerhalb der kritischen Isodapane, wie z. B. L_2, scheidet demnach als potenzieller Unternehmensstandort aus, weil er höhere Kosten verursacht als P. Demgegenüber verursacht ein Standort innerhalb der kritischen Isodapane, wie etwa L_1, geringere Kosten als P und würde deshalb zu einer arbeitskostenorientierten Standortverlagerung führen (Schätzl 1998, Kap. 2.1.1).

Einbezug von Agglomerationswirkungen. In der dritten Stufe können Agglomerationswirkungen zu einer weiteren Verschiebung des Standorts führen (Weber 1909, Kap. 5). Agglomerationsfaktoren werden von Weber (1909, S. 123) als **Lokalisationsvorteile** einer Industriebranche definiert: *„Ein Agglomerationsfaktor [...] ist ein Vorteil, also eine Verbilligung der Produktion oder des Absatzes, die sich daraus ergibt, dass die Produktion in einer bestimmten Masse an einem Platz vereinigt vorgenommen wird [...].“* Es

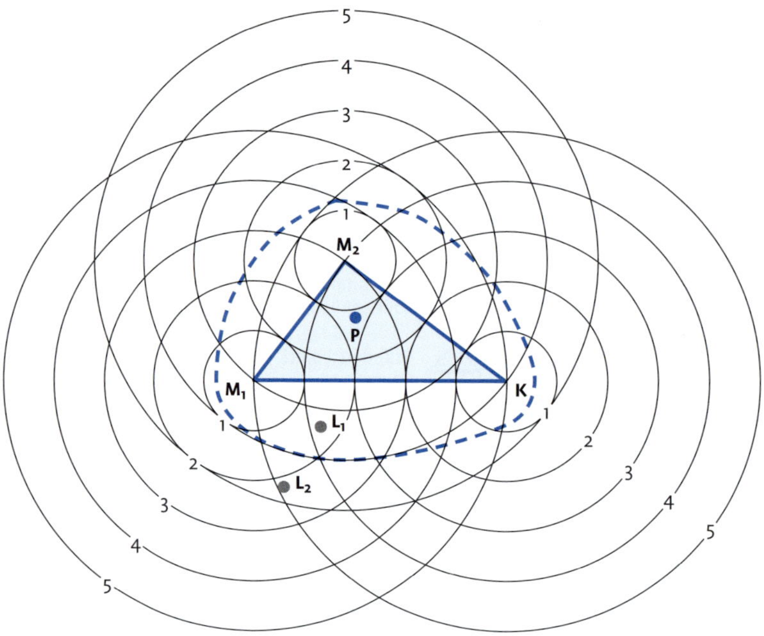

M_1, M_2	Materialstandorte
K	Konsumort
P	tonnenkilometrischer Minimalpunkt
L_1, L_2	Standorte mit niedrigeren Arbeitskosten

——— Isotime
– – – kritische Isodapane
△ Standortdreieck

Abb. 6-2: Methode der kritischen Isodapane unter Einbeziehung von Arbeitskosteneinsparungen (nach Schätzl 1998, S. 41)

handelt sich um eine Ersparnis, die vor allem daraus resultiert, dass mehrere benachbarte Unternehmen gemeinsame Transporte für dieselben Materialien und Endprodukte organisieren. Wenn man davon ausgeht, dass durch die Standortballung mehrerer Unternehmen Kosteneinsparungen in einer bestimmen Größenordnung eintreten, lässt sich für jedes infrage kommende Unternehmen eine entsprechende kritische Isodapane ermitteln (→ Abb. 6-3). Innerhalb des durch die kritische Isodapane abgegrenzten Gebiets ist eine Standortverlagerung, die zu Agglomerationsvorteilen führt, für das betreffende Unternehmen vorteilhaft. Wenn die kritischen Isodapanen mehrerer Unternehmen einen gemeinsamen Überlappungsbereich aufweisen, kommt es demzufolge zu einer Standortverlagerung der Unternehmen in den Agglomerationsraum (Chapman und Walker 1987, Kap. 4; Schickhoff 1988). Der optimale Produktionsstandort wird nun durch Agglomerationsorientierung bestimmt.

6.1.2 Konzept der Agglomerationsvorteile

In der Studie von Hoover (1937) über die Standortverteilung der amerikanischen Schuh- und Lederindustrie erfolgt eine Reinterpretation und Erweiterung der Weber'schen Standortlehre. Trotz Kritik an dem Ansatz von Weber (1909) stehen auch bei Hoover (1937, Kap. II) Transportkosten im Mittelpunkt der Analyse. Er unterstellt allerdings keine konstanten Frachtraten pro Tonnenkilometer, sondern differenziert in seiner Untersuchung zwischen verschiedenen Kostenverläufen, Transportmitteln und Kostenarten. Eine zentrale Erweiterung durch Hoover (1937, Kap. VI) besteht in einer umfassenden Konzeption von Agglomerationsfaktoren als *economies of concentration*. Er unterscheidet folgende räumliche Konzentrationswirkungen: *large scale economies, localization economies* sowie *urbanization economies*. Böventer (1962; 1995) hat das Konzept der Agglomerationswirkungen in Anlehnung an Hoover (1937, Kap. VI) in seine

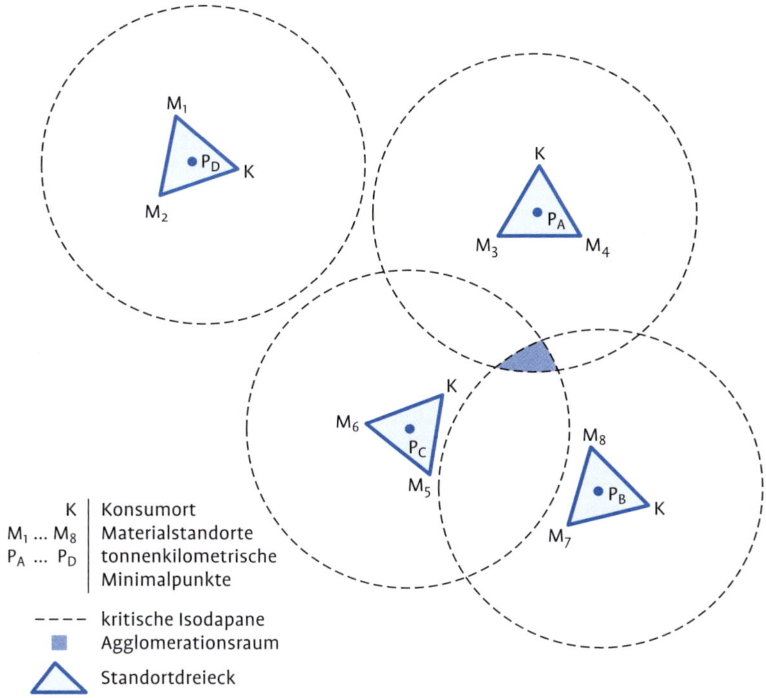

Abb. 6-3: Methode der kritischen Isodapane unter Einbeziehung von Agglomerationsvorteilen (nach Schätzl 1998, S. 43)

Raumwirtschaftstheorie übertragen und ausgebaut. Vereinfacht lassen sich danach interne und externe Effekte differenzieren, wobei unterschiedliche Arten von Effekten existieren, die jeweils sowohl positive Wirkungen (*economies*) als auch negative Wirkungen (*diseconomies*) haben können. Nachfolgend sollen lediglich die positiven Ersparnisse in ihrer Wirkungsweise betrachtet werden (Berry et al. 1987, Kap. 7; Chapman und Walker 1987, Kap. 4; Bathelt 1991 b, Kap. 10; Maier und Tödtling 1992, Kap. 5; Schätzl 1998, Kap. 2.1.1):

(1) ***Economies of scale* (interne Ersparnisse).** Sie entstehen, wenn die Stückkosten bei der Herstellung eines Produkts mit steigendem Produktionsumfang sinken. Im Fall von *economies of scale* sind Unternehmen bestrebt, möglichst große Produktionskapazitäten aufzubauen. Dadurch konzentriert sich die Gesamtproduktion für einen gegebenen Markt tendenziell auf wenige Produktionsstandorte, die Agglomerationen bilden (z. B. Dicken und Lloyd 1990, Kap. 5). Durch die Größe der dortigen Produktionskapazitäten entsteht für potenzielle Zulieferer ein Anreiz zur Ansiedlung, sodass interne Ersparnisse im Zeitablauf externe Ersparnisse hervorrufen können (→ Box 6-1).

(2) ***Agglomeration economies* (externe Ersparnisse).** Diese können in *localization* und *urbanization economies* unterteilt werden. (2 a) **Lokalisationsvorteile** lassen sich aus der räumlichen Ballung von Unternehmen derselben Industriebranchen ableiten. Sie resultieren in Analogie zu Marshall (1990 [1920], IV. Buch Kap. X) aus der Herausbildung eines großen Potenzials spezialisierter Arbeitskräfte und Zulieferunternehmen in einer Region sowie aus den dadurch bedingten regionsinternen Informations- und Wissensflüssen. Lokalisationsvorteile wirken insofern ballungsverstärkend, als sie einen Anreiz für weitere Unternehmensansiedlungen und Neugründungen in denselben Branchen darstellen (→ Kap. 10). (2 b) **Urbanisationsvorteile** sind Vorteile, die mit der räumlichen Ballung von Unternehmen verschiedener Branchen und Sektoren zusammenhängen und deshalb in metropolitanen Regionen am stärksten ausgeprägt sind. Durch sie gibt es vielfältige intersektorale

Box 6-1: *Economies of scope*

In jüngerer Zeit wird in Verbindung mit neuen computergestützten Technologien und veränderten Nachfragebedürfnissen die Bedeutung einer weiteren Art von Ersparnissen, sogenannter *economies of scope*, herausgestellt (z. B. Coriat 1991). So lässt sich in Märkten für hochwertige Konsumgüter seit Ende der 1970er-Jahre eine zunehmende Differenzierung und Segmentierung der Kundenbedürfnisse feststellen, was mit der Pluralisierung von Lebensstilen und Individualisierungstendenzen in der Gesellschaft infolge steigenden Realeinkommens der Bevölkerung zusammenhängt (Müller 1992, Teil I, Kap. 2). Somit stellt sich die Frage, ob derartige Marktsegmentierungen bewirken werden, dass Massenproduktion nicht mehr absetzbar ist und *economies of scale* an Bedeutung verlieren (Piore und Sabel 1989, Kap. 7; Bathelt 1995). Eine weitere Frage ist, ob Ballungsprozesse in der Folge rückläufig sein werden. Als ein wesentliches Ergebnis seiner Arbeit betont Krugman (1991, Kap. I), dass *economies of scale* nach wie vor eine mächtige Kraft in ökonomischen Prozessen darstellen, die zu großräumigen Konzentrationsprozessen führt. Um mögliche Veränderungen in der Organisationsstruktur zu beurteilen, ist es notwendig zu untersuchen, ob es effizient ist, neue differenzierte Nachfragebedürfnisse durch einen Produktionsaufbau abzudecken, bei der die verschiedenen Produktvarianten in voneinander getrennten Betrieben auf jeweils spezialisierten Ein-Zweck-Anlagen hergestellt werden, also in einer Konstellation, in der mehrere Betriebe jeweils versuchen, so weit wie möglich *economies of scale* abzuschöpfen. Oder ist es alternativ dazu kostengünstiger, die verschiedenen Produktvarianten durch den Einsatz von Viel-Zweck-Anlagen in einem einzigen integrierten Betrieb herzustellen? Letzteres ist dann der Fall, wenn *economies of scope* wirken (Scott 1983; 1988, Kap. 3).

Economies of scope entstehen, wenn es billiger ist, verschiedene Produkte mit denselben Ressourcen, wie z. B. einer spezifischen Produktionsanlage oder denselben Arbeitskräften, herzustellen, als mit unterschiedlichen Ressourcen (Panzar und Willig 1981). Gerade dies wird durch den Einsatz moderner computergesteuerter Anlagen ermöglicht (Gertler 1988; Coriat 1991; Bathelt 1997 a, Kap. 2). Sie bieten die Voraussetzung für häufige Produkt- und Variantenwechsel, die softwaregesteuert ohne Umrüstzeiten oder Umstellungen an den Maschinen erfolgen können, sofern auch die Arbeitskräfte entsprechend flexibel geschult und einsetzbar sind. *Economies of scope* wirken tendenziell ebenfalls ballungsverstärkend. Sie verhindern, dass Produktionsprozesse organisatorisch und räumlich getrennt werden, wodurch letztlich auch ein Abbau von Industrieagglomerationen verhindert wird (Bathelt 1995). Wenn Ein-Zweck-Produktionen durch Viel-Zweck-Produktionen ersetzt werden, führt dies zudem zu einer Ausweitung des Bedarfs an Zulieferprodukten und hat Differenzierungs- und Diversifizierungsprozesse im Zulieferbereich zur Folge. Dies wirkt sich positiv auf die betreffenden Standortschwerpunkte aus und wirkt dem Entstehen lokaler Monostrukturen entgegen.

Verflechtungsmöglichkeiten und es entwickeln sich quantitativ bedeutsame, diversifizierte Arbeitsmärkte. Durch die Ballung von Unternehmen verschiedener Branchen kann sich zudem ein breit gefächertes Angebot an Zulieferprodukten und Dienstleistungen etablieren und eine hochwertige Infrastruktur entwickeln. Derartige Vorteile lösen allgemeine branchen- und sektorübergreifende Ansiedlungs- und Gründungsimpulse aus und wirken ebenfalls ballungsverstärkend.

Obwohl es methodisch unklar ist, wie man Agglomerationsvorteile feststellen und quantifizieren kann, gehören sie zu den zentralen Forschungsobjekten der industriellen Standortlehre. Allerdings hat sich die Art der Analyse von Agglomerationsvorteilen im Zeitablauf stark verändert. Während bei Weber (1909, Kap. 5) Agglomerationsfaktoren z. B. durch gemeinsam organisierte Transporte in erster Linie auf die Kostenstrukturen der beteiligten Unternehmen wirken, stehen bei Hoover (1937, Kap. VI) und Böventer (1995) die materiellen Verflechtungsmöglichkeiten von Industrieunternehmen im Sinn von Zuliefer-Absatz-Beziehungen im Vordergrund. Dies gilt in ähnlicher Weise auch für polarisationstheoretische Ansätze und die Exportbasis-Theorie (→ Kap. 12.3). Demgegenüber werden in jüngeren wirtschaftsgeographischen Studien vor allem informelle Verflechtungsmöglichkeiten, die Art und Intensität von Kommunikations- und Abstimmungsprozessen und die Informations- und Wissensflüsse innerhalb industrieller Ballungen hervorgehoben. Hierbei werden Agglomerationswirkungen mit interaktiven Lernprozessen und der Erzeugung technologischer Innovationen bei zunehmender Komplexität des technologischen Fortschritts in Verbindung gebracht (Scott 1988, Kap. 4; Storper und Walker 1989, Kap. 3). Durch die Ballung von Unternehmen einer Wertschöpfungskette können sich spezifische Verflechtungsnetzwerke mit intensiven lokalen Arbeitsmarkt-, Kommunikations-, Zuliefer-, Absatz- und Informationsbeziehungen entwickeln (Bathelt 1991 b, Kap. 10; Bathelt 1997 a, Kap. 8). Die Prozesse, die dazu führen, dass Unternehmen aus derartigen Verflechtungsbeziehungen Wettbewerbsvorteile ableiten, um langfristig konkurrenzfähig zu bleiben und flexibel auf veränderte Rahmenbedingungen zu reagieren, werden im Zusammenhang mit regionalen Industrieballungen und der sozialen Konstruktion von Standorten an späterer Stelle genauer untersucht (→ Kap. 10 und 13).

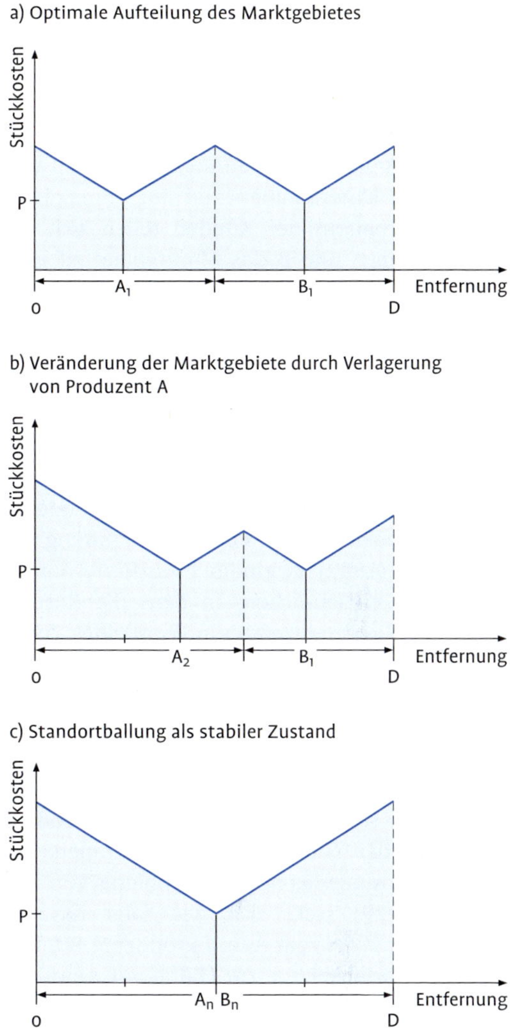

Abb. 6-4: Konzept der interdependenten Standortwahl

6.1.3 Interdependente Standortwahl

Während Weber (1909) die industrielle Standortwahl als isoliertes Entscheidungsproblem eines Einzelbetriebs behandelt, betont Hotelling (1929) in einem einfachen Modell die Interdependenz von Standortentscheidungen durch die Einbeziehung marktstrategischen Verhaltens in einer Wettbewerbssituation (Richardson 1978, Kap. 3; Chapman und Walker 1987, Kap. 4; Bathelt 1991 b, Kap. 10; Hayter 1997, Kap. 5). Er zeigt, wie die Standortentscheidung eines Unternehmens von der seiner Konkurrenten abhängt (→ Abb. 6-4). Hierzu betrachtet er den Fall zweier Produzenten A und B, die ein homogenes Produkt mit gleichen Produktionskosten P pro Mengeneinheit herstellen. Es wird von einem linearen Markt ausgegangen, z. B. einer Situation, in der die Nachfrager nach einem Produkt entlang einer Straße angesiedelt sind. In dem Marktgebiet wird die Nachfrage als gleich verteilt angenommen und die Transportkosten sind direkt proportional zur Entfernung und zur transportierten Menge. Wenn nun beide Produzenten einen Standort innerhalb des Marktgebiets suchen, lässt sich zeigen, dass die Standortwahl des einen Einfluss auf die Standortwahl des anderen Produzenten hat.

Unter der Annahme gewinnmaximierenden Verhaltens der Unternehmen und nutzenmaximierenden Verhaltens der Kunden teilen sich die Produzenten A und B das Marktgebiet zu gleichen Teilen auf und wählen ihren Standort jeweils im Zentrum des eigenen Marktgebiets. Es resultieren monopolistische Marktgebiete unabhängig davon, ob die Produzenten ihre Produkte selbst an die Kunden ausliefern oder ob die Kunden die Produkte am Standort der Hersteller erwerben müssen.

Diese Standortstruktur und interdependente Veränderungen lassen sich in Anlehnung an Launhardt (1882) in einem Preis-Entfernungs-Diagramm verdeutlichen, in dem die Kostenstruktur jedes Produzenten in Form eines Trichters dargestellt ist. Der **Launhardt'sche Trichter** gibt an, wie die Stückkosten und damit der Preis einer Produkteinheit – ausgehend vom Produktionsstandort – aufgrund von Transportkosten mit zunehmender Entfernung ansteigen. Die Gesamtkosten setzen sich dabei aus den Produktions- und den Transportkosten zusammen. Die optimale Lösung des Standortproblems von Hotelling (1929) stellt sich wie folgt dar (→ Abb. 6-4 a): Produzent A und Produzent B teilen sich das Marktgebiet je zur Hälfte auf. Dort, wo sich die Kostenkurven beider Hersteller schneiden, befindet sich die Grenze der Marktgebiete. Kunden links von dieser Grenze werden von Produzent A, Kunden rechts von der Grenze von Produzent B versorgt, weil dies *ceteris paribus* die geringsten Kosten verursacht. Wenn Produzent A sich jedoch davon ausgehend entschließt, seinen Standort etwas in Richtung B zu verlagern, verschiebt sich auch der Schnittpunkt der Kostenkurven (→ Abb. 6-4 b). Somit verschiebt sich der Einzugsbereich von Produzent A in Richtung B und er kann seinen Erlös zulasten von B ausweiten. In der Folge wird nun Produzent B seinerseits seinen Standort in Richtung A verlagern, was weitere Standortverlagerungen nach sich zieht. Ein stabiler Zustand ist erst erreicht, wenn beide Hersteller ihren Betrieb an ein und demselben Standort angesiedelt haben, und zwar genau in der Mitte des gesamten Marktgebiets (→ Abb. 6-4 c). Von hier aus kann keiner der Hersteller sein Marktgebiet zulasten des anderen ausweiten. Diese Situation ist aber nicht optimal. Da die Kunden nun größere Entfernungen zurücklegen müssen, entstehen an den Rändern des Marktgebiets höhere Kosten als in der Ausgangssituation. Während unter dem Ziel der Transportkostenminimierung eine Dispersion der Standorte erfolgen würde, führt das Modell von Hotelling (1929) zu einer Agglomeration von Unternehmensstandorten aufgrund strategischer Überlegungen und von Interdependenzen in der Standortwahl.

6.1.4 Das Marginalprinzip

Die auf Smith (1971) zurückgehende Marginalschule der industriellen Standortlehre geht davon aus, dass Industrieunternehmen zwar nach Gewinn, aber nicht zwangsläufig nach einer Gewinnmaximierung streben. Durch diese Modifikation löst sich Smith (1971) von einer punktbezogenen Standortbewertung, wie sie von Weber (1909) und Hotelling (1929) durchgeführt wird, und gelangt zu einer flächenbezogenen Standortbewertung. Außerdem berücksichtigt er in Anlehnung an Arbeiten von Greenhut (1956) und anderen auch den Einfluss räumlich variierender Erlösstrukturen auf die industrielle Standortwahl. Er unterscheidet zwischen erlösmaximalen, kostenminimalen und gewinnmaximalen Produktionsstandorten, die durchaus räumlich auseinanderfallen können. Allerdings steht auch bei Smith (1971) die Kostenseite im Zentrum der Untersuchung. Der Tradition der industriellen Standortlehre folgend betont er die Transportkosten. Als Analyseinstrument dient eine räumliche Kostenfunktion, die *space cost curve*, während Erlöse in den Ausgangsüberlegungen als weitgehend räumlich konstant angesehen werden (→ Abb. 6-5). Die räumliche Kostenfunktion addiert sich aus den standortunabhängigen Basiskosten sowie den lageabhängigen Kosten, die im Wesentlichen den Transportkosten entsprechen. Vereinfacht ist im Folgenden

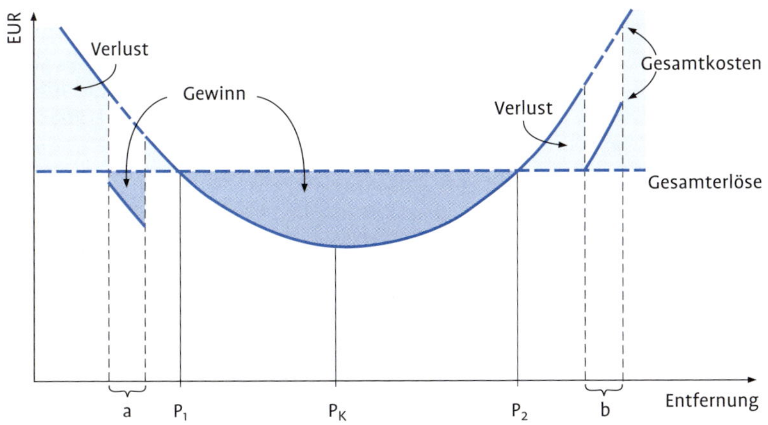

Abb. 6-5: Räumliche Kostenfunktion und *margins* der Standortwahl (nach Schätzl 1998, S. 56)

P_K	gesamtkostenminimaler Produktionsstandort
P_1, P_2	Standorte der Grenzproduzenten (Erlöse = Kosten)
a, b	periphere Standortregionen mit Subventionsunterstützung

eine konstante Produktionsmenge angenommen. Durch die Projektion der Kosten- und Erlösfunktion auf eine räumliche Ebene erhält Smith (1971) räumliche Gewinnzonen (*margins*), innerhalb derer eine gewisse räumliche Wahlfreiheit von Standortentscheidungen besteht.

Mittels des Instrumentariums räumlicher Kosten- und Erlösfunktionen lässt sich nun der Einfluss verschiedener Variablen auf die Standortwahl untersuchen (Riley 1973, Kap. 1; Schickhoff 1988; Hayter 1997, Kap. 5; Schätzl 1998, Kap. 2.1.1): So verschiebt sich die Erlösfunktion durch einen Anstieg der Produktpreise bei unveränderter Nachfrage und gleichbleibenden Kosten parallel nach oben, womit sich die räumlichen Grenzen der Standortwahl ausweiten. Vorher Verlust bringende Standorte können dadurch in die Gewinnzone rücken. Im Fall einer Erhöhung der Transportkosten erhält die Kostenfunktion einen steileren Verlauf. Dies führt zu einer Verengung der räumlichen Grenzen der Standortwahl. Die Wahlfreiheit von Standortentscheidungen kann aber auch dadurch eingeengt werden, dass infolge geringer Managementfähigkeiten ein Kostenanstieg stattfindet und sich die Kostenfunktion nach oben verschiebt. Umgekehrt verlagert sich die Kostenfunktion durch staatliche Subventionen in bestimmten Regionen partiell nach unten. Auf diese Weise können unter Umständen neue Regionen für Industrieansiedlungen zugänglich gemacht werden. Dies ist der Fall, wenn eine Region durch Subventionierung in die Gewinnzone rückt.

6.1.5 Behavioristische Standortwahl

Aus der Erkenntnis, dass viele empirische Standortuntersuchungen bei dem Versuch scheitern, industrielle Standortentscheidungen durch rationales Handeln zu erklären, hat sich eine behavioristische Standortlehre entwickelt, die suboptimales Standortverhalten innerhalb gewisser Gewinnspannen nicht nur zulässt, sondern auch erklärt (Riley 1973, Kap. 1; Chapman und Walker 1987, Kap. 2; Schickhoff 1988; Bathelt 1991 b, Kap. 10). So geht Pred (1967) davon aus, dass Entscheidungsträger nicht in der Lage sind, sämtliche standortrelevanten Faktoren wahrzunehmen und in das Standortkalkül optimal einzubinden. Er stellt dies in Form einer behavioristischen Matrix zusammen, in der Standortentscheidungen auf zwei Ursachen zurückgeführt werden (→ Abb. 6-6): (1) die Menge der verfügbaren standortrelevanten Informationen sowie (2) die Fähigkeit der Entscheidungsträger, diese Informationen zu nutzen. Die Umsetzungsfähigkeit eines Entscheidungsträgers hängt dabei von

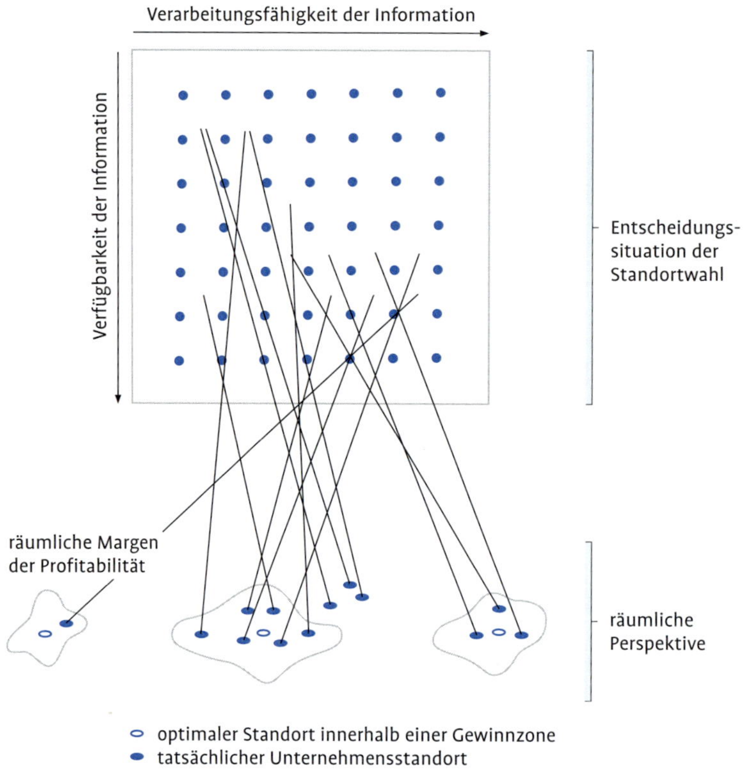

Abb. 6-6: Behavioristische Matrix und industrielle Standortentscheidungen (nach Chapman und Walker 1987, S. 20; Hayter 1997, S. 142)

dessen Erfahrungsstand, den zuvor erzielten Erfolgen, dem Ausbildungsstand, dem Alter, dem sozialen Umfeld und der emotionalen Stabilität ab.
Mithilfe der behavioristischen Matrix stellt Pred (1967) historische Standortentscheidungen im Nachhinein dem Verhalten eines gewinnmaximierenden Entscheidungsträgers gegenüber. Dieser hypothetische Vergleich führt zu einer Differenzierung in drei Standorttypen:

- gewinnmaximale Standorte,
- Standorte innerhalb der Gewinnzone,
- Standorte außerhalb der Gewinnzone.

Pred (1967) geht davon aus, dass ein tatsächlich gewählter Standort umso näher am Gewinnmaximum liegt, je umfangreicher der Informationsstand des Entscheidungsträgers und je größer dessen Fähigkeit ist, diese Informationen in das Standortkalkül zu integrieren. Eine solche Situation wird in der behavioristischen Matrix im unteren rechten Viertel eingetragen. Ein nicht-optimaler Standort innerhalb der Gewinnzone resultiert daraus, dass der Entscheidungsträger die ihm verfügbaren Informationen auf nicht geeignete Weise bei seiner Entscheidung umsetzen kann. Dieser Fall ist im unteren linken Viertel der behavioristischen Matrix dargestellt. Je weiter ein realer Standort außerhalb der Gewinnzone liegt, desto geringer ist der dieser Entscheidung zugrunde liegende Informationsstand und desto geringer die Umsetzungsfähigkeit des Entscheidungsträgers. In der behavioristischen Matrix lässt sich ein solcher Fall in der oberen linken Ecke lokalisieren.
In einer Studie über industrielle Strukturveränderungen verwenden Kok und Pellenbarg (1987) ein verhaltensorientiertes Modell zur Erklärung von Innovationsentscheidungen, das auch auf industrielle Standortentscheidungen anwendbar ist. Hierin findet eine Selektion der Informationen in Abhängigkeit von der Quantität und Qua-

lität der zur Informationsbeschaffung nutzbaren Infrastruktur sowie den Informationsbedürfnissen der Entscheidungsträger statt. Je weniger Entscheidungsträger an einer Entscheidung beteiligt sind (wie z. B. im Fall eines kleinen Unternehmens), desto größer ist die Gefahr, infolge selektiver Wahrnehmung und unvollständiger Information Fehlentscheidungen herbeizuführen. Aus dieser Sicht unterliegen Entscheidungen großer Gremien, z. B. bei der Standortwahl großer Unternehmen, einem entsprechend geringeren Fehlentscheidungsrisiko.

6.2 Kritische Würdigung der traditionellen Standortlehre

Die in den vorangegangenen Abschnitten behandelten standorttheoretischen Ansätze liefern zwar kein vollständiges Bild der traditionellen Standortlehre, zeigen aber, dass viele Konzeptionen implizit oder explizit auf der Weber'schen Standortlehre basieren und in ihrer Konzeption durch die neoklassische Wachstumstheorie geprägt sind. Obwohl die Arbeit von Weber (1909) vielfach kritisiert worden ist, haben darauf aufbauende, spätere Studien die traditionelle Standortlehre oft nur modifiziert, aber nicht grundlegend hinterfragt. Aus diesem Grund sind zahlreiche Schwachstellen des Weber'schen Modells, die auf den Grundannahmen der neoklassischen Wachstumstheorie basieren, wie z. B. der Annahme einer weitgehenden Faktormobilität und der Ausklammerung räumlicher Heterogenitäten, nicht ausgeräumt worden (Brede 1971, Teil II; Schätzl 1998, Kap. 2.1.1). Im Folgenden werden zentrale Kritikpunkte an der traditionellen Standortlehre zusammenfassend dargestellt (Bathelt 1991 b, Kap. 10; 1992), die in den folgenden Teilen des Buchs Ausgangspunkt für die Entwicklung weiterführender Konzeptionen sind.

6.2.1 Gewinnmaximierung

Ein wichtiger Kritikpunkt bezieht sich auf die Annahme gewinnmaximierenden Verhaltens in der traditionellen Standortlehre. Die Kritik an der Verhaltensannahme des *homo oeconomicus* (→ Kap. 7) lässt sich dabei in drei Argumenten formulieren:

(1) *Erkenntnistheoretisch.* Diesbezüglich greift die behavioristische Annahme, gewinnmaximierendes Verhalten hänge ausschließlich von der Verfügung und Verwertung relevanter Information ab, zu kurz. Denn abgesehen davon, dass Akteure meist nicht über alle notwendigen Informationen verfügen, ist das Konzept der vollständigen Rationalität an sich irreführend. Es ist erkenntnistheoretisch unklar, wie aus einer gegebenen Handlungssituation zukünftiges Geschehen erkannt werden soll. Unter der grundlegenden Bedingung von Unsicherheit ist es nicht möglich, eine Alternative im Vorhinein als rational oder irrational zu bewerten. Daher kann das Handeln immer nur einer intentionalen Rationalität folgen (Beckert 1996).

(2) *Kontextspezifisch.* Zudem ist intentionale Gewinnmaximierung nicht die einzig mögliche unternehmerische Zielsetzung. Alternativ sind z. B. am Anspruchsniveau orientierte Ziele oder an Macht und Prestige orientierte Zielsetzungen vorstellbar. Zudem hängen die Ziele eines Unternehmens mit dessen Marktstrategie, Größe und der Art und Funktion der zu errichtenden Unternehmenseinheiten zusammen. Im Fall eines Mehr-Betriebs-Unternehmens muss zwischen kurz- und langfristigen Zielen unterschieden werden. So ist es beispielsweise möglich, dass kurzfristig ein Standort mit geringem Gewinnpotenzial z. B. in einer Marktregion akzeptiert wird, in der bereits eine große Ballung von Konkurrenten existiert. Das kann mit dem Ziel verbunden sein, langfristig eine Gewinnmaximierung zu erreichen, wenn die Konkurrenten vom Markt gedrängt worden sind. Außerdem ist zu berücksichtigen, dass bei Neugründungen Einflussfaktoren auf die Standortwahl wirken, die nicht ohne Weiteres in ein auf Standortfaktoren basierendes Standortkalkül einbezogen werden können (Bathelt 1991 b, Kap. 12; Hayter 1997, Kap. 9). Dies ist z. B. der Fall, wenn Unternehmen Standorte nahe dem bisherigen Wohn-, Arbeits- oder Ausbildungsort des Gründers präferieren (→ Kap. 13).

(3) *Empirisch.* Wolpert (1964) und Pred (1967) haben demonstriert, dass die Annahme der Gewinnmaximierung nicht realistisch ist, weil sie vollständige Information und eine perfekte Informationsverarbeitung voraussetzt. Beide Prämissen sind jedoch in konkreten Entscheidungssituationen nicht gegeben, was im Gegenkonzept der beschränkten Rationalität (*bounded rationality*) entsprechend berücksichtigt wird (Simon 1997). Darüber hinaus ist ökonomisches Handeln in institutionelle Zusammenhänge eingebunden und nicht von diesen trennbar. Es unterliegt sozialen Regeln und Konventionen sowie gesellschaftlichen Werten. In der empirischen Wirtschaftsforschung lässt sich anhand von Spielexperimenten nachweisen, dass Akteure oft auf eine Maximierung ihres Nutzens verzichten und stattdessen ihre Entscheidungen reziprok so auf Austauschpartner abstimmen, dass sich auch der Nutzen der anderen erhöht (→ Kap. 7).

6.2.2 Kausalität

Die Modellbildung der traditionellen Standorttheorie ist insofern problematisch, als sie das wirtschaftliche Handeln der Akteure nicht ursächlich erklärt, sondern in den Modellannahmen normative Handlungsvorschriften voraussetzt, denen Akteure angeblich folgen (Bhaskar 1998). Die Ursache wirtschaftlichen Handelns wird dabei nicht empirisch ermittelt, sondern bereits als rationales Handeln vorausgesetzt (Hodgson 1993). Derartige Standortmodelle können allerdings den Akteuren als Handlungsanleitungen dienen und somit quasi zu selbst erfüllenden Prophezeiungen strategischen unternehmerischen Handelns werden. Allerdings zielen sie oft an den tatsächlichen Ursachen von Entscheidungsprozessen vorbei. Das Soziale wird als Ausgangspunkt wirtschaftlicher Entscheidungen überhaupt nicht thematisiert. So bleiben neoklassische Standortmodelle letztendlich abstrakte Projektionen von Variablenbeziehungen, die in der Realität nur teilweise und unter Umständen eher zufällig mit dem Handeln von Akteuren übereinstimmen.

6.2.3 Unternehmenskonzept

Unter Rückgriff auf den dominierenden Unternehmenstyp des 19. Jahrhunderts stellt die industrielle Standortlehre Standortentscheidungen von Ein-Betriebs-Unternehmen in den Mittelpunkt ihrer Studien. Dieses Unternehmenskonzept ist unzureichend, da sich im 20. Jahrhundert komplexe Unternehmens- und Organisationsstrukturen entwickelt haben (Taylor und Thrift 1982; 1983; Hayter 1997, Kap. 7; Dicken 1998, Kap. 6). Standortentscheidungen von multinationalen Unternehmen und Unternehmenskonglomeraten finden aber nicht unter demselben Kalkül statt wie im Fall von Ein-Betriebs-Unternehmen (z. B. Mikus 1978; Brücher 1982, Kap. 6; Sedlacek 1988, Kap. 2). In der traditionellen Standortlehre wird dies kaum berücksichtigt. Hier ist vor allem die Sektorzugehörigkeit ein differenzierendes Merkmal der Standortwahl.

6.2.4 Kostenorientierung

Insgesamt leidet die traditionelle Standortlehre trotz der nachfrage- und marktorientierten Ansätze von Hotelling (1929), Lösch (1944) und Greenhut (1956) unter einer einseitigen Betonung der Kostenseite und insbesondere der Transportkosten. Obwohl die große Bedeutung von Transportkosten in der Arbeit von Weber (1909) angesichts der Dominanz der Schwerindustrie zu Beginn des 20. Jahrhunderts einleuchtet, kann die Hervorhebung eines einzelnen Standortfaktors heute nicht mehr akzeptiert werden (Lösch 1944, Kap. 4). So betont Lauschmann (1976, II. Teil Kap. A), dass rund drei Viertel aller Industriezweige einen Transportkostenanteil am Umsatz von weniger als 5 % haben und dementsprechend als transportkostenunempfindlich gelten (Schickhoff 1988). Schamp (2000 b, S. 22) weist deshalb zu Recht darauf hin, *„dass traditionelle ökonomische Ansätze, die überwiegend auf dem Faktor Transportkosten beruhen, nicht mehr ausreichen"*. Auch Porter (2000, S. 276) kritisiert eine rein kostenorientierte Ausrichtung von Standortentscheidungen: *„Locations with low wages and low taxes, however,* *often lack efficient infrastructure, available suppliers, timely maintenance, and other conditions that clusters offer.*" Hierbei ist allerdings zu berücksichtigen, dass gerade im Bergbau und in bergbaunahen Verarbeitungsstufen die Bindung an Ressourcenfundorte und die Minimierung von Transportkosten nach wie vor zentrale Aspekte bei der Standortwahl darstellen. Zudem zeichnet sich ab, dass mit einer zukünftigen Verknappung von Erdöl als Energieträger die Transportkosten stark ansteigen und eine erheblich stärkere Rolle in Standortentscheidungen und der Organisation von Produktionsprozessen spielen werden (→ Kap. 3.3).

6.2.5 *Footloose*-Industrien und *ubiquitification*

In den 1970er- und 1980er-Jahren wurde argumentiert, dass durch die abnehmende Bedeutung von Transportkosten und die geringe Bindung der Wachstumssektoren an Materialfundorte eine Entwicklung hin zu sogenannten *footloose*-Industrien und -Unternehmen zu beobachten sei, die keinerlei Bindung zu traditionellen Standortfaktoren mehr aufweisen (z. B. Brücher 1982, Kap. 5). Aus Verlagerungsprozessen etwa in der Textil- und der Computerindustrie nach Asien schloss man, dass ***footloose*-Industrien** ihre Standorte weltweit beliebig wählen könnten und dies auf einen Abbau traditioneller Industrieballungen hinwirken würde (Fröbel et al. 1977; Saxenian 1987). Dass diese Argumentation jedoch keine allgemeine Gültigkeit besitzt, zeigt das Beispiel der Computerindustrie. Zwar haben in den 1970er-Jahren viele Massenhersteller ihre Montage aus den USA nach Asien verlagert, aber die weltweit bedeutendste Ballung von Computer- und Halbleiterunternehmen befindet sich nach wie vor in den USA im Silicon Valley (Angel 1990; Saxenian 1994). Schon Krugman (1991, Kap. I) hat darauf hingewiesen, dass geringe Transportkosten Ballungsprozesse keineswegs abschwächen, sondern im Gegenteil sogar verstärken, weil Unternehmen dadurch eher in der Lage sind, ihre Produktion in den wichtigsten Marktregionen zu konzentrieren, um dort *economies of scale* abzuschöpfen. Bei hohen Transportkosten würden Unternehmen ihre Produktion demgegenüber eher auf mehrere Regionen verteilen (→ Kap. 12). Dies könnte bewirken, dass bei geringen Transportkosten vor allem die größten Industrieballungen Bestand haben und dass Unternehmen aus kleineren Ballungen tendenziell in diese Hauptagglomerationen abwandern.

Maskell und Malmberg (1999 b; 1999 a) haben eine potenziell abnehmende Bedeutung von Standortballungen mit dem Prozess der ***ubiquitification*** in Verbindung gebracht. Sie gehen davon aus, dass der Wettbewerbsvorteil industrieller Ballungen zumindest teilweise auf lokalisierten Fertigkeiten bzw. Strukturen, sogenannten ***localized capabilities,*** basiert. Beispiele dafür sind spezialisierte Ressourcen und Arbeitskräfte in einer Region, spezifische Normen, Routinen und Traditionen sowie andere lokale institutionelle Bedingungen. *Localized capabilities* begünstigen die Entstehung einzigartiger Technologien und spezifischer Organisationsformen der Produktion.

Ubiquitification bezeichnet den Prozess, durch den *localized capabilities* aus dem lokalen Umfeld entbettet werden. Dadurch kann die Wettbewerbsfähigkeit der betreffenden Unternehmen bedroht werden. Hierbei greifen zwei Teilprozesse ineinander:

(1) Einerseits bewirken Globalisierungsprozesse eine Ausbreitung von Technologien, Organisationsformen und Lösungsprinzipien in viele Teile der Welt. Dadurch sind diese an vielen Orten zu praktisch gleichen Kosten verfügbar.

(2) Andererseits wirkt der Prozess der Kodifizierung von stillem Wissen (*tacit knowledge*) in derselben Richtung. *Tacit knowledge* entsteht durch Lern- und Innovationsprozesse und ist an die beteiligten Personen und Unternehmen gebunden (Polanyi 1967, Kap. 1). Sind Innovationsprozesse wie im Fall von Silicon Valley regional organisiert, so handelt es sich bei dem betreffenden *tacit knowledge* um eine *localized capability*. Durch Kodifizierung und Standardisierung besteht die Gefahr, dass dieses Wissen auch in andere Regionen übertragen wird. Um zu vermeiden, dass *tacit knowledge* hierbei als *black box* für alle nicht anderweitig erklärbaren Einflüsse

dient, ist allerdings eine exakte Operationalisierung notwendig, die jedoch häufig fehlt (Gertler 2003).
Um die Wettbewerbsfähigkeit einer Industrieballung zu erhalten, muss die Wissensbasis durch Lernprozesse ständig erneuert und somit der Wettbewerbsvorteil reproduziert werden (Maskell et al. 1998; Maskell und Malmberg 1999 b; 1999 a). Derartige Entwicklungen werden in der traditionellen Standortlehre nicht adäquat erfasst, da diese auf die Ergebnisse ökonomischer Prozesse fixiert ist, nicht aber die Prozesse selbst untersucht (→ Kap. 13).

6.2.6 Standortfaktorensicht

Unter dem Kalkül der traditionellen Standortlehre wird ein Industrieunternehmen je nachdem, ob es rohstoff-, energie-, transport-, arbeits-, markt- oder ballungsorientiert ist, denjenigen Standort wählen, der diese Anforderungen bestmöglich erfüllt. Aktive Gestaltungsmöglichkeiten sowie kontextprägende und faktorschaffende Einflüsse industrieller Aktivitäten bleiben dabei weitgehend ausgeschlossen. In industriellen Standortuntersuchungen werden unter dem Sammelbegriff der Standortvorteile alle Ursachen zusammengefasst, die den regionalen Wachstumsprozess einer Industrie beeinflussen. Diese Vorgehensweise ist problematisch, weil hierdurch verschiedenartige Prozesse zusammengefasst werden: regionsinterne Unternehmensgründungen, Ansiedlungen von Unternehmen aus anderen Regionen sowie Expansionsaktivitäten bestehender Unternehmen (Schickhoff 1988; Bathelt 1991 b, Kap. 12). Es handelt sich hierbei um Entscheidungen, deren Abläufe grundsätzlich verschieden sind und denen unterschiedliche ökonomische und soziale Prozesse zugrunde liegen.

6.2.7 Statik

Einer der Hauptkritikpunkte an traditionellen Erklärungsansätzen bezieht sich auf den weitgehend statischen Charakter dieser Modelle. Die industrielle Standortwahl wird dabei als Ergebnis eines einmaligen Entscheidungsprozesses bei gegebenen technologischen, wirtschaftlichen und gesellschaftlichen Rahmenbedingungen angesehen. Wiederholte Standortverlagerungen und Expansionsaktivitäten ein und desselben Unternehmens zu einem Mehr-Betriebs-Unternehmen sind hierbei nicht vorgesehen. Veränderungen der Standortanforderungen als Folge des technologischen Wandels, neuer Wettbewerbs- und Nachfragebedingungen bleiben im Kalkül der traditionellen Standortlehre ausgeschlossen. Gerade Unternehmen mit hohem Innovationspotenzial und geringer Standortbindung passen ihre räumliche Organisationsstruktur diesen veränderten Bedingungen sukzessive an (Schamp 1996; Hayter 1997, Kap. 8), sodass insgesamt eine dynamische, sich fortlaufend verändernde Standortstruktur entsteht.

6.3 Vom Transportkostenprimat zu Standortfaktorenkatalogen

Trotz der Kritik an der industriellen Standortlehre gab es noch in den 1970er- und 1980er-Jahren eine Vielzahl wissenschaftlicher Untersuchungen, die weitgehend an die Schemata der traditionellen industriellen Standortlehre angepasst waren, weil kein ähnlich universell einsetzbares alternatives Paradigma existierte. Ein Beispiel für eine an der Standortlehre ausgerichtete Untersuchung ist die Arbeit von Brede (1971), in der basierend auf einer vom Ifo-Institut für Wirtschaftsforschung durchgeführten Umfrage in der verarbeitenden Industrie die Regelmäßigkeiten der Standortwahl in der (alten) Bundesrepublik Deutschland während der Nachkriegszeit festgestellt wurden. Im Vergleich zur Weber'schen Standortlehre spielten Transportkosten dieser Studie folgend zwar nur eine untergeordnete Rolle, aber immerhin jedes sechste Unternehmen ordnete diese Komponente unter den drei wichtigsten Ursachen der getroffenen Standortentscheidung ein. Nach wie vor gibt es Studien beispielsweise von Forschungsinstituten und Beratungsunternehmen, die in ähnlicher Weise unter Rückgriff auf die traditionelle Methodik Standortfaktoren identifizieren, auch wenn sie einen anderen Ansatz verfolgen. Derartige Studien belegen, welche große Persistenz die traditionelle Standortlehre und ihre Methodik besitzen. Auch im Bereich von Hightech-Industrien hat es seit den 1970er-Jahren eine Vielzahl von Untersuchungen zum Standortverhalten gegeben, die auf dem traditionellen Paradigma aufbauend versucht haben, Standortfaktoren zu ermitteln, die den Standortentscheidungen zugrunde liegen. Obwohl diese empirischen Studien angesichts der Unterschiedlichkeit der Stichprobenauswahl, der Art der Fragestellung, der Zusammensetzung der einbezogenen Industriegruppen, des Umfangs der vorgegebenen Standortkataloge und der unterschiedlichen regionalen Auswahl nur eingeschränkt miteinander vergleichbar sind, lassen sich Parallelen bezüglich der identifizierten Faktoren erkennen. Die Ergebnisse deuten darauf hin, dass Arbeitsmärkte, Universitätsnähe, Transportnetze, Marktnähe sowie Lebensqualitätsfaktoren großen Einfluss auf das Standortverhalten von Hightech-Unternehmen ausüben (Markusen et al. 1986, Kap. 8 und 9; Hayter 1997, Kap. 4). Wenn man auf diese Weise Standortfaktoren auflistet, scheinen sich die Standortanforderungen von Hightech-Unternehmen allerdings nicht grundlegend von den Anforderungen anderer Industriebranchen zu unterscheiden. Dies zeigt beispielsweise die Untersuchung von Rees und Stafford (1986) über das Standortverhalten von Unternehmen unterschiedlicher Industriezweige. Auch für Standortentscheidungen in traditionellen Industriesektoren spielen Arbeitsmärkte, Marktzugang und Transportnetze eine wichtige Rolle (Brede 1971, Teil IV; Schickhoff 1988; Sedlacek 1988, Kap. 2; Healey und Ilvery 1990).

Dieses Ergebnis ist nicht einmal überraschend, wenn man berücksichtigt, dass traditionell angelegte Studien unabhängig vom sektoralen Schwerpunkt lediglich Ergebnisse ökonomischer Prozesse miteinander vergleichen, nicht aber die Ursachen analysieren, die durch ihr komplexes Zusammenwirken und ihre Dynamik die Prozessabläufe beeinflussen. Nachfolgend werden die verschiedenen in der traditionellen Standortlehre hervorgehobenen Standortfaktoren am Beispiel einer Untersuchung über nordamerikanische Hightech-Industrien getrennt voneinander diskutiert und in ihrer Bedeutung und Problematik kritisch eingeordnet. Die dargestellten Ergebnisse beziehen sich auf eine Befragung von 160 Hightech-Unternehmen aus dem Jahr 1988 (Bathelt 1991 a; 1991 b; 1992). Hierbei wurden Unternehmen aus insgesamt fünf Regionen der USA und Kanadas befragt (➔ Abb. 6-7): Boston, Ottawa, *Canada's Technology Triangle* (*CTT*), Atlanta, *Research Triangle* (*RT*).

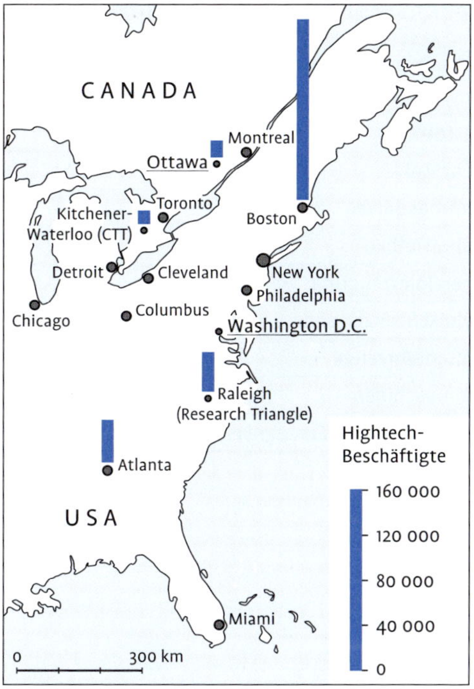

Abb. 6-7: Nordamerikanische Hightech-Untersuchungsregionen (nach Bathelt 1991 a, S. 32)

6.3.1 Abnehmende Bedeutung von Transportkosten

In der Weber'schen Standortlehre ergibt sich in Abhängigkeit von der Zusammensetzung der verarbeiteten Rohstoffe eine unterschiedliche Transportkostenstruktur und eine davon abhängige, variierende Standortorientierung. Da Hightech-Produkte im Unterschied zu den Produkten traditioneller Industriebranchen durch ein geringes Gewicht bei gleichzeitig hohem Wert pro Volumeneinheit gekennzeichnet sind, haben Trans-

Tab. 6-1: Transportkostenanteile am Produktionswert nach Wirtschaftszweigen (Deutscher Bundestag 2002, S. 139)

Güter	Anteil der Transportkosten am Produktionswert
Erze	6,0–7,0 %
Baustoffe	6,5–7,2 %
Eisen/Stahl	4,5–5,0 %
Nahrungsmittel	3,6–3,9 %
Hoch-/Tiefbau	3,1–3,4 %
Mineralölerzeugung	3,3–3,6 %
Chemische Erzeugung	2,1–2,5 %
Straßenfahrzeuge	ca. 1,5 %
Büromaschinen	ca. 1,3 %
Elektrotechnische Erzeugnisse	ca. 1,3 %
Einzelhandel	ca. 0,7 %
Versicherung	ca. 0,5 %

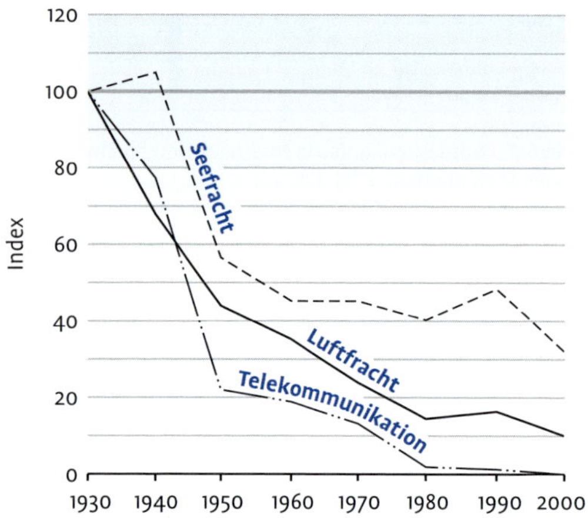

Abb. 6-8: Historische Entwicklung der Transport- und Kommunikationskosten seit 1930 (nach World Bank 2005, S. 133)

portkosten nur einen geringen Anteil am Umsatz (Bathelt 1991b, Kap. 10). Dadurch wirkt sich selbst eine ineffiziente Organisation der Produkt- und Materialtransporte kaum nachteilig auf die Kostenstruktur eines Hightech-Unternehmens aus. Dementsprechend spielten Transportkosten nur für einen geringen Anteil der befragten Unternehmen eine wichtige Rolle als Standortfaktor. Weniger als 15% der Unternehmen gaben an, dass Transportkosten in ihren Standortentscheidungen von Bedeutung waren. Über alle Wirtschaftszweige hinweg liegt heute der Anteil der Transportkosten am Produktionswert der jeweiligen Güter selbst bei schweren Materialien wie Erzen oder Baustoffe nur bei durchschnittlich 7% (➔ Tab. 6-1). Bei vielen anderen Branchen wie z. B. bei elektrotechnischen Erzeugnissen oder Büromaschinen machen Transportkosten gerade einmal 1,5 % des Produktionswertes aus (Deutscher Bundestag 2002). Im historischen Vergleich lässt sich seit den 1930er-Jahren eine exponentielle Kostendegression der Transport- und Telekommunikationskosten konstatieren (➔ Abb. 6-8).

Dennoch spielen Transportgesichtspunkte auch im Hightech-Bereich vor allem im Hinblick auf eine gute Erreichbarkeit und eine hohe Transportgeschwindigkeit eine wichtige Rolle (Dicken und Lloyd 1990, Kap. 3). Mehr als ein Drittel der befragten Unternehmen in den drei Regionen *Canada's Technology Triangle* (*CTT*), Atlanta und *Research Triangle* (*RT*) bezeichneten den Zugang zu Transportnetzen als wichtigen Grund ihrer Standortentscheidung (➔ Tab. 6-2). Insbesondere die Anbindung an interregionale Autobahnnetze und leistungsfähige internationale Flughäfen ist für Hightech-Unternehmen von Bedeutung, um schnellen Zugang zu den Märkten zu erhalten und um flexibel auf spezifische Wün-

Tab. 6-2: Bedeutung von Transportgesichtspunkten für Hightech-Unternehmen (Bathelt 1991, S. 270)

Faktoren der Standortentscheidung	Anteil der Betriebe je Region 1988				
	Boston n = 40	Ottawa n = 33	*CTT* n = 33	Atlanta n = 25	*RT* n = 29
Transportkosten	3 %	3 %	13 %	12 %	14 %
Zugang zu Transportnetzen	18 %	15 %	34 %	44 %	35 %

Anmerkung: CTT = *Canada's Technology Triangle*, RT = *Research Triangle*, FuE = Forschung und Entwicklung

sche und Probleme bei wichtigen Kunden oder Zulieferern eingehen zu können. Fehlende räumliche Nähe zwischen den Unternehmen und ihren Kunden bzw. Zulieferern wurde vielfach durch intensiven Geschäftsreiseverkehr und regelmäßige Flugreisen von Management und technischem Personal kompensiert, um persönliche Geschäftskontakte aufrechtzuerhalten. Dies sind jedoch Aspekte, die bei einer faktorzentrierten Betrachtung unbeachtet bleiben.

6.3.2 Agglomerationsvorteile im Wandel

In der traditionellen Standortlehre werden positive Agglomerationswirkungen meist als direkte Kostenvorteile aus einer räumlichen Ballung von Konkurrenzunternehmen, Zulieferern und/oder Kunden definiert. In empirischen Standortuntersuchungen wird Agglomerationsvorteilen regelmäßig eine überragende Bedeutung bei der Standortwahl zugesprochen (z. B. Brede 1971, Teil IV), wobei es diesen Studien meist nicht gelingt, die Bedeutung von Agglomerationswirkungen genau aufzuschlüsseln (Schickhoff 1988; Healey und Ilvery 1990, Kap. 5). Sie sind zudem vor allem auf quantitative Verflechtungsbeziehungen ausgerichtet. In der hier zugrunde gelegten Untersuchung wurden verschiedene Arten der Nähe – z. B. die Nähe zu anderen Unternehmen, Zulieferern, Kunden und Universitäten – unterschieden, um in einem ersten Schritt festzustellen, welche Art von Agglomeration für Hightech-Industrien besonders vorteilhaft ist. Die Unternehmensbefragungen deuten darauf hin, dass nur ein kleiner Teil der Hightech-Unternehmen seine Standortentscheidungen unter Berücksichtigung der lokalen Nachfrage trifft (→ Tab. 6-3). In Ottawa und dem *Research Triangle* lag der Anteil von Unternehmen, die der lokalen Nachfrage eine hohe Bedeutung zumaßen, mit rund 20 % noch am höchsten. Diese hohe Bewertung ist aber überwiegend auf regionale Besonderheiten zurückzuführen. In Ottawa z. B. geht dies auf die Rolle der kanadischen Regierung bei der Vergabe von Rüstungsaufträgen zurück. Im *Research Triangle* ist diese Einschätzung nicht leicht nachvollziehbar bzw. bezieht sich auf die zentrale Marktlage zu den Nachfragern an der Ostküste der USA. In keiner der Untersuchungsregionen gehörte die lokale Nachfrage jedoch zu den bedeutendsten Standortfaktoren.

Demgegenüber besaß die Nähe zu anderen Hightech-Unternehmen und die Nähe zu Kunden einen signifikant größeren Einfluss auf Standortentscheidungen. Außer in Atlanta bezeichneten 20–25 % der Hightech-Unternehmen die Nähe zu anderen Herstellern und sogar 30–55 % die Nähe zu Kunden als wesentlichen Entscheidungsfaktor ihrer Standortwahl. Die Nähe zu Kunden gehörte durchweg zu den besonders wichtigen Standortfaktoren und hatte in allen Regionen eine deutlich größere Bedeutung als die Nähe zu Zulieferern. Die Tatsache, dass die lokale Nachfrage durchweg einen wesentlich geringeren Einfluss auf Standortentscheidungen ausübte als die Nähe zu Kunden, stellt unter dem Kalkül der traditionellen Standortlehre einen scheinbaren Widerspruch dar und zeigt, dass die Ausrichtung der traditionellen Ansätze den realen Entscheidungsprozessen nicht gerecht wird. Offensichtlich existierte in keiner der Untersuchungsregionen eine so bedeutende Nachfrage nach Hightech-Produkten, dass die aus dieser Ballung resultierenden Kostenvorteile einen Ansiedlungsanreiz dargestellt hätten. Das hängt auch damit zusammen, dass Hightech-Produkte

Tab. 6-3: Bedeutung von Agglomerationsvorteilen und räumlicher Nähe für Hightech-Unternehmen (Bathelt 1991, S. 272)

Faktoren der Standortentscheidung	**Anteil der Betriebe je Region 1988**				
	Boston n = 40	**Ottawa n = 33**	***CTT* n = 33**	**Atlanta n = 25**	***RT* n = 29**
Lokal-regionale Nachfrage	10 %	21 %	6 %	16 %	21 %
Nähe zu anderen Betrieben/Unternehmen	25 %	27 %	22 %	4 %	21 %
Nähe von Zulieferern	13 %	18 %	25 %	8 %	17 %
Kundennähe	30 %	55 %	38 %	44 %	41 %
Universitätsnähe	35 %	9 %	47 %	32 %	72 %
Nähe zu FuE-Einrichtungen	13 %	21 %	13 %	16 %	59 %

Anmerkung: *CTT = Canada's Technology Triangle, RT = Research Triangle*

oftmals so stark spezialisiert sind, dass es keine herausragenden kleinräumigen Marktballungen gibt. Dennoch sind enge Verflechtungen mit Kunden, gerade auch mit Kunden in räumlicher Nähe, von zentraler Bedeutung für die Wettbewerbs- und Innovationsfähigkeit von Unternehmen. Dies trifft zu, da die Lebensdauer vieler Hightech-Produkte relativ kurz ist, Absatzmärkte sich schnell verändern können und Produktneuentwicklungen häufig aus der Kommunikation mit Kunden entstehen. Insofern kann die Nähe zu wenigen Stammkunden mit hoher Innovationskraft oder eine großräumig marktstrategische Lagegunst von zentraler Bedeutung für die Standortwahl sein, selbst wenn die Nachfrage innerhalb der Standortregion lediglich einen Bruchteil der gesamten Nachfrage eines Unternehmens ausmacht.

Diese Ergebnisse zeigen wiederum, dass die quantitative Sicht der traditionellen Standortlehre zur Erklärung realer Entscheidungsprozesse problematisch ist. So scheinen die direkten Kostenersparnisse aus einer Agglomeration von Kunden und Zulieferern wesentlich geringer zu sein, als in der traditionellen Standortlehre angenommen (Karaska 1969; Schickhoff 1983, Kap. II; Bathelt 1991 a). Stattdessen wirkt räumliche Nähe eher als vorteilhafte Rahmenbedingung zur Etablierung intensiver Technologie- und Marktverflechtungen. Neben Kunden, Zulieferern und Konkurrenten spielen in diesem Zusammenhang auch Universitäten und andere Forschungseinrichtungen eine wichtige Rolle. Rund ein Drittel der befragten Hightech-Unternehmen aus Boston und Atlanta, 50 % der Unternehmen aus *Canada's Technology Triangle* und sogar 70 % der Unternehmen aus dem *Research Triangle* trafen ihre Standortentscheidungen unter Einbeziehung der Zugangsmöglichkeiten zu Hochschulen. Lokale Universitäten zählten außer in der Region Ottawa überall zu den bedeutendsten Standortfaktoren der befragten Unternehmen. Zusätzlich beeinflussten auch nichtuniversitäre Forschungseinrichtungen die Standortwahl. Insbesondere im *Research Triangle* war dies für fast 60 % der Unternehmen der Fall, weil dort bereits in der Anfangsphase der Hightech-Entwicklung wichtige Forschungseinrichtungen angesiedelt wurden und später weitere hinzukamen.

Lokale Universitäten mit natur- und ingenieurwissenschaftlichen Ausbildungs- und Forschungsschwerpunkten sind dabei auf vielfältige Weise mit Hightech-Unternehmen verflochten (Bathelt 1991 b, Kap. 4 und 10). So erhalten die Unternehmen infolge räumlicher Nähe einen direkten Zugang zu hoch qualifizierten Hochschulabgängern. Durch intensive Kontakte zu Hochschullehrern, Graduierten und Studierenden, die während ihres Studiums Praktika ableisten, kommt es zu einem ständigen Transfer wissenschaftlicher Forschungsergebnisse in die Industrie. Räumliche Nähe gestattet den Unternehmen zudem eine flexible Nutzung universitärer Einrichtungen wie etwa von Fachbibliotheken, Rechenzentren und speziellen Forschungslabors.

Tab. 6-4: Bedeutung von Arbeitsmarktaspekten für Hightech-Unternehmen (Bathelt 1991, S. 272)

Faktoren der Standort-entscheidung	Anteil der Betriebe je Region 1988				
	Boston n = 40	Ottawa n = 33	*CTT* n = 33	Atlanta n = 25	*RT* n = 29
Lohnniveau	5 %	6 %	28 %	28 %	28 %
Verfügbarkeit ungelernter/ angelernter Arbeitskräfte	20 %	-	9 %	8 %	28 %
Verfügbarkeit qualifizierter Arbeitskräfte	50 %	46 %	63 %	20 %	62 %

Anmerkung: *CTT = Canada's Technology Triangle, RT = Research Triangle*

Des Weiteren nutzen Unternehmen den Zugang zu Universitäten zur Schulung und Weiterbildung eigener Mitarbeiter. Zugleich werden Spezialisten der lokalen Hochschulen bei der Lösung spezieller Probleme in den Unternehmen zurate gezogen. Vielfach kommt es dazu, dass Hochschullehrer durch *consulting*-Verträge im Hightech-Bereich unternehmerisch tätig werden und dass Fachkräfte aus dem Hightech-Sektor umgekehrt die Chance erhalten, Lehrveranstaltungen an den Universitäten anzubieten. Dies führt zur Vermischung und Überschneidung unterschiedlicher Wissenskreisläufe (Nooteboom 2000b). Daneben werden Forschungsprojekte an den Hochschulen in Auftrag gegeben oder gemeinsam mit diesen durchgeführt.

Trotz dieser Kontaktvielfalt liegt die Hauptaufgabe lokaler Hochschulen aus der Sicht der meisten Hightech-Unternehmen vor allem im Ausbildungs- und nicht im Forschungsbereich. Qualifizierte Forschungsprogramme an den Hochschulen waren für die befragten Hightech-Unternehmen meist von sekundärer Bedeutung. Universitäten wurden in erster Linie als Quelle zur Rekrutierung hoch qualifizierter Arbeitskräfte angesehen. So zeigt eine jüngere Studie von IT-bezognenen *spin-off*-Gründungen (→ Kap. 13.2) in *Canada's Technology Triangle*, dass Gründungen seltener als erwartet aus den Technologien und Forschungsschwerpunkten der Universitäten entstanden und der Gründungsschritt zumeist ohne spezifische universitäre Unterstützung (und oft ohne spezifisches Wissen) erfolgte (Bathelt et al. 2010). Bei der *spin-off*-Gründung spielte breites generisches Fachwissen eine größere Rolle als spezifisches technologisches Wissen. Die ursprüngliche Funktion der Hochschulen als Träger des technologischen Fortschritts und Impulsgeber für Basisinnovationen in den Bereichen Elektronik, Mikroelektronik und Telekommunikation scheint im Verlauf der Technologieentwicklung weitgehend verloren gegangen zu sein. Das Beispiel Ottawa zeigt zudem, dass Universitäten ohne ausgeprägte technisch-naturwissenschaftliche Schwerpunktsetzung und ohne spezifische Reputation für herausragende Forschungen in diesen Bereichen nur geringen Einfluss auf die Entwicklung des lokalen Hightech-Sektors ausüben.

6.3.3 Arbeitsmarktaspekte

In der auf Weber (1909, Kap. 4) zurückgehenden Standortlehre findet eine Arbeitsorientierung industrieller Unternehmen nur dann statt, wenn Lohnkosteneinsparungen nicht durch zusätzliche Transportkosten überkompensiert werden (Brücher 1982, Kap. 5). Empirische Untersuchungen zeigen, dass Lohnkosten je nach Art des Sektors und der betrachteten räumlichen Maßstabsebene entweder einen sehr geringen oder einen relativ großen Einfluss auf Standortentscheidungen haben. In Hightech-Industrien wird meist davon ausgegangen, dass Arbeitskosten in den innovativen Unternehmenssegmenten nur eine geringe Rolle spielen. Dies bestätigen auch die Ergebnisse der Unternehmensbefragungen in Boston und Ottawa, wo das Lohnniveau nur selten Einfluss auf Standortentscheidungen hatte (→ Tab. 6-4). Demgegenüber bezeichneten in

Box 6-2: Arbeitskosten und Standort Deutschland

Obwohl empirische Studien gezeigt haben, dass Arbeitskosten bei der Standortwahl längst nicht immer entscheidungsrelevant sind, und obwohl Lohnkosten in kapitalintensiven Industriezweigen nur einen relativ geringen Anteil an den Gesamtkosten haben, werden hohe Arbeitskosten wie im Fall der deutschen Industrie immer wieder als Ursache einer abnehmenden internationalen Wettbewerbsfähigkeit aufgeführt. Hohe Arbeitskosten werden als Ausgangspunkt für Unternehmensverlagerungen in andere Länder angesehen (z. B. Hayter 1997, Kap. 4; Gaebe 1998). Als empirische Basis für derartige Aussagen wird häufig ein internationaler Vergleich der Industriearbeiterkosten durchgeführt. So zeigten Lindlar und Scheremet (1999) in einer Studie, dass die Industriearbeiterkosten im Jahr 1998 in Industrieländern, wie z. B. den USA, Japan und Kanada, etwa 35 % unter dem (west-)deutschen Niveau lagen. Allerdings halten sie derartige Vergleiche für problematisch und irreführend, weil hierbei nicht alle tatsächlichen Kosten berücksichtigt sind. So werden durch die Beschränkung auf Produktionsarbeiter nur etwa 15 % aller Arbeitskräfte in Deutschland berücksichtigt. Zudem weisen die Qualifikationsprofile der Arbeiter große Unterschiede zwischen verschiedenen Ländern auf. Beispielsweise sind Arbeitskräfte in Deutschland länger und gründlicher ausgebildet als in den USA und für höherwertige Tätigkeiten geschult. Ferner werden bei einer Fokussierung auf das verarbeitende Gewerbe die Arbeitskosten vieler Zuliefersektoren nicht berücksichtigt. Aus diesem Grund plädieren Lindlar und Scheremet (1999) dafür, die Arbeitskosten der Gesamtwirtschaft und nicht die der Industriearbeiter für einen internationalen Vergleich zugrunde zu legen. Die von ihnen durchgeführten Vergleichsrechnungen führen zu dem Ergebnis, dass (West-)Deutschland zwar nach wie vor als Hochlohn-Region einzustufen ist, aber mit anderen Industriestaaten wie den USA und Belgien in einer Gruppe liegt.

Dies bestätigen auch andere Untersuchungen wie etwa eine Studie des Instituts für Makroöko-

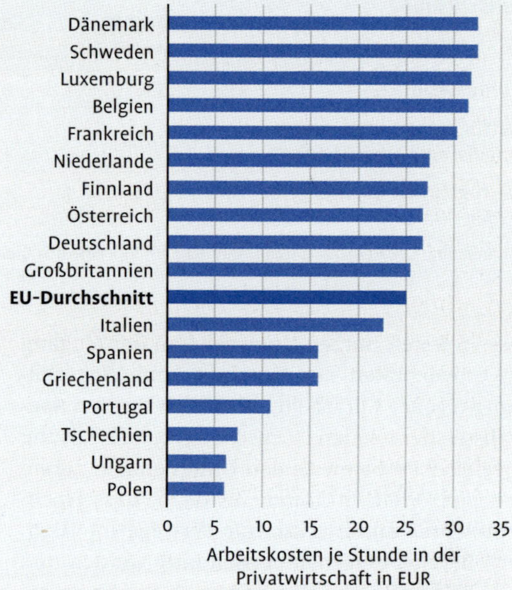

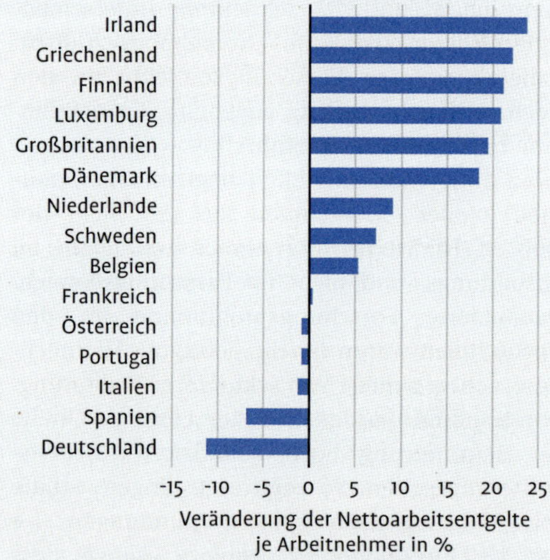

Abb. 6-9: a) Europäischer Vergleich der Arbeitskosten 2006 (nach Horn et al. 2007, S. 2) und b) Veränderung der Nettoarbeitsentgelte 2000 bis 2008 (nach Brenke 2009, S. 199)

nomie und Konjunkturforschung (Horn et al. 2007). Anhand der effektiven Lohnkosten pro Stunde unter Einbeziehung der Sozialversicherungsbeiträge der Arbeitgeber zeigte sich demnach für das Jahr 2006, dass Deutschland tatsächlich relativ hohe Arbeitskosten aufwies, dass aber andere Industriestaaten ähnlich hohe Arbeitskosten verzeichneten. Die niedrigsten Kosten verzeichneten Polen, Ungarn, Tschechien, Portugal, Griechenland und Spanien mit Arbeitskosten von 16 Euro pro Stunde oder darunter. Demgegenüber lag das Kostenniveau in Großbritannien, Deutschland und Österreich bei 25 bis 27 Euro, während Dänemark, Schweden, Belgien und Frankreich mit Kosten von über 30 Euro an der Spitze standen (→ Abb. 6-9 a). Wenn man zusätzlich noch Produktivitäten sowie die Entwicklung der Lohnkosten in die Überlegungen einbezieht, so kann die These des einseitigen Wettbewerbsnachteils Deutschlands aufgrund hoher Arbeitskosten im Vergleich zu anderen Industriestaaten nicht aufrechterhalten werden. Eine Studie des Deutschen Instituts für Wirtschaftsforschung (Brenke 2009) zeigte, dass Lohnsteigerungen in Deutschland in den 2000er-Jahren im europäischen Vergleich relativ gering ausgefallen sind und die allgemeinen Preissteigerungen nicht kompensieren konnten. Die Nettoarbeitsentgelte deutscher Arbeitnehmer gingen in der Periode von 2000 bis 2008 entsprechend um 11,3 % zurück (im Vergleich hatten Österreich, Portugal, Italien und Spanien geringere Rückgänge bis maximal 7 %), während andere europäische Staaten wie etwa Irland, Griechenland, Finnland, Luxemburg und Großbritannien Anstiege der Nettoentgelte von mindestens 19 % verzeichneten (→ Abb. 6-9 b).

Bei derartigen internationalen Vergleichen ist jedoch stets Vorsicht geboten, denn es gibt viele Veröffentlichungen mit zum Teil völlig unterschiedlichen Ergebnissen. Das hängt damit zusammen, dass hinter den meisten Studien bestimmte Partikularinteressen stehen, die ein bestimmtes Bild des deutschen Arbeitsmarkts zeichnen wollen. So sind Ergebnisse von Vergleichsstudien davon abhängig, ob sie von Gewerkschafts- oder Arbeitgeberseite in Auftrag gegeben werden, denn sie dienen als Argumentationsgrundlage in den Aushandlungsprozessen über die Lohn- und Arbeitsbedingungen. Dabei sind keineswegs die Studien der einen Seite richtig und die der anderen falsch, sondern es kommt darauf an, genau zu verstehen, auf welcher Grundlage Vergleichsdaten ermittelt wurden, welche Aussagen sich damit treffen lassen und welche Grenzen ihre Aussagefähigkeit hat.

den anderen Hightech-Regionen immerhin etwa 30 % der Unternehmen die lokalen Arbeitskosten als wichtigen Grund ihrer Standortentscheidung. Hierbei ist allerdings zu berücksichtigen, dass in diesen vergleichsweise spät entwickelten Hightech-Regionen die Lohnkosten zum Zeitpunkt der Ansiedlung vieler Unternehmen geringer waren als in den Hauptballungen dieser Industrien. Dies deutet auf ein Problem bei der Vergleichbarkeit der Untersuchungsergebnisse hin, denn die befragten Unternehmensrepräsentanten beurteilen und kennen in erster Linie ihren eigenen Standort. Dass in dieser wie auch in anderen Befragungen Unternehmen häufig zu hohe Löhne und Arbeitskosten als Standortnachteil hervorheben (Bathelt 1991 a), deutet zugleich ein politisches Problem an. So werden im Rahmen von Unternehmensbefragungen auch politische Aussagen getätigt, die Partikularinteressen widerspiegeln und deshalb in ihrem besonderen Kontext, wie am Beispiel der Arbeitskosten erläutert, zu interpretieren sind (→ Box 6-2). Ein derartig differenziertes Verständnis des Arbeitsmarkts lässt sich aus einer faktororientierten Untersuchung nicht ohne Weiteres gewinnen.

Im Vergleich zu den Lohnkosten spielten qualitative Arbeitsmarktaspekte im Hinblick auf Humankapital eine eindeutig größere Rolle für die Standortentscheidungen von Hightech-Unternehmen und für deren nachfolgendes Wachstum (Malecki 1985; Rees und Stafford 1986). Abgesehen von Atlanta bezeichneten 50–60 % der befragten Unternehmen die Verfügbarkeit qualifizierter Arbeitskräfte als eine zentrale Ursache ihrer Standortentscheidung. Die Verfügbarkeit qualifizierter Arbeitskräfte rangierte damit unter den bedeutendsten Standortfaktoren dieser Regionen. Daneben wurde auch die Verfügbarkeit ungelernter Arbeitskräfte mit geringerem Qualifikationsniveau als Standortfaktor genannt. Dieser Aspekt gewann vor allem dann an Bedeutung, wenn Massenproduktionstendenzen einsetzten und im Rahmen einer großräumigen funktionalen Arbeitsteilung spezialisierte Produktions- und Montagezweigwerke geplant wurden (z. B. Rogers und Larsen 1983; Saxenian 1985; 1987). Die Verfügbarkeit ungelernter Arbeitskräfte hatte allerdings einen deutlich geringeren Einfluss auf Standortentscheidungen als die Verfügbarkeit qualifizierter Arbeitskräfte.

Die Unterscheidung zwischen qualifizierten und ungelernten Arbeitskräften reicht nicht aus, um die eigentliche Wirkungsweise des Faktors Humankapital aufdecken zu können (Dicken und Lloyd 1990, Kap. 4). Hightech-Unternehmen haben keinen allgemeinen Bedarf an qualifizierten Arbeitskräften, sondern stellen äußerst spezialisierte Anforderungen an die Art der Qualifikation und die Erfahrungen in spezifischen Technologiebereichen und Arbeitsprozessen. Aus diesem Grund kann ein Ingenieur aus der Computerindustrie nicht ohne Weiteres durch einen gleich gut qualifizierten Ingenieur aus der Flugzeugindustrie ersetzt werden und innerhalb der Computerindustrie ein Halbleiterspezialist nicht durch einen Spezialisten für Betriebssysteme. In den Untersuchungsregionen führte der Entwicklungsprozess von Hightech-Industrien zu ausgeprägten sektoralen Spezialisierungstendenzen. Dementsprechend entstanden unterschiedliche regionsspezifische Ansprüche an die Qualifikationsstruktur der Arbeitskräfte. Die Evolution spezialisierter Arbeitsmärkte war dabei eng mit der Ausrichtung lokaler Universitäten verzahnt und mit den regionalen Spezialisierungsprozessen in der Industriestruktur verbunden.

6.3.4 Öffentlich-staatliche Einflüsse und Kapitalmarkt

In traditionellen Erklärungsansätzen konzentriert sich die Analyse staatlicher Einflüsse im Rahmen von Standortentscheidungen auf quantitative Effekte (z. B. Brede 1971, Teil IV; Smith 1971). Es wird angenommen, dass lageabhängige Steuervorteile und Subventionen zu einer größeren Wahlfreiheit von Standortentscheidungen führen und dass somit eine Standortlenkung möglich ist. Unter dieser Annahme wurden in der Vergangenheit regionale Wirtschaftsförderungsprogramme entwickelt, in denen die Ansiedlung von Industrieunternehmen in wirtschaftsschwachen Regionen durch finanzielle Anreize unterstützt wird. Ein Beispiel hierfür ist in Deutschland die Gemeinschaftsaufgabe zur Verbesserung der regionalen Wirtschaftsstruktur (→ Kap. 12.3). Allerdings wurden mit dieser Förderpraxis zumeist nur begrenzte Erfolge erzielt. Die Ergebnisse der durchgeführten Unternehmensbefragungen in nordamerikanischen Regionen bestätigen die Hypothese, dass Steuern im Standortkalkül von Hightech-Unternehmen offenbar keine ausgeprägte Rolle spielen (→ Tab. 6-5). Allerdings zeigt sich auch, dass die Unternehmen in bestimmten Regionen, wie z. B. in Atlanta und dem *Research Triangle*, Steuervorteile bewusst in Anspruch nahmen. Im *Research Triangle* bezeichneten immerhin 40 % der Unternehmen das Steuerniveau als eine der Ursachen ihrer Standortwahl. Eine größere Bedeutung mögen Steuerunterschiede demgegenüber bei der Bewertung von Standortqualitäten im internationalen Vergleich haben. Bei der Wahl eines neuen Fertigungsstandorts von Volkswagen in Mittel-/Osteuropa nach der Öffnung der osteuropäischen Märkte fiel die Entscheidung dennoch trotz höherer Lohnkosten und Steuern auf die Region Leipzig, was damit zusammenhing, dass die betreffende Standortentscheidung das Ergebnis eines komplexen, auch politischen Prozesses war.

Neben steuerlichen Regelungen gibt es eine Vielzahl weiterer Möglichkeiten der öffentlich-staatlichen Einflussnahme auf Standortentscheidungen. Seit Anfang der 1970er-Jahre werden bei-

Tab. 6-5: Bedeutung öffentlich-staatlicher Einflüsse für Hightech-Unternehmen (Bathelt 1991, S. 280)

Faktoren der Standortentscheidung	**Anteil der Betriebe je Region 1988**				
	Boston n = 40	**Ottawa n = 33**	***CTT* n = 33**	**Atlanta n = 25**	***RT* n = 29**
Steuerniveau	3 %	3 %	3 %	12 %	41 %
Öffentlich-staatliche Unterstützung	3 %	55 %	9 %	16 %	52 %
Verfügbarkeit von Rüstungsaufträgen	8 %	21 %	9 %	-	3 %
Verfügbarkeit von Investitionskapital	8 %	3 %	3 %	4 %	14 %
Gründung mithilfe von Risikokapital	17 %	36 %	16 %	8 %	11 %

Anmerkung: *CTT = Canada's Technology Triangle, RT = Research Triangle*

spielsweise in vielen Regionen Technologieparks und Gründerzentren eingerichtet, in denen sich technologieorientierte Unternehmen ansiedeln sollen. Diese sollen lokale Gründungsprozesse stärken und langfristige regionale Wachstumsimpulse in Gang setzen. Wie erfolgreich solche Projekte sind, muss sich in vielen Fällen erst noch herausstellen. Die Untersuchungen von Sternberg (1988b), Luger und Goldstein (1991) und Massey et al. (1992) zeigen, dass Technologieparks und Gründerzentren vor allem dort mittelfristig die erwünschten Wirkungen entfalten, wo bereits gute Standortvoraussetzungen für technologieorientierte Gründungen existieren. In den hier betrachteten nordamerikanischen Untersuchungsregionen gab es in den verschiedenen Phasen der Hightech-Entwicklung unterschiedliche Formen öffentlich-staatlicher Unterstützung, die Einfluss auf den späteren Entwicklungsverlauf hatten: So erfolgten in den Regionen Boston, Atlanta und Ottawa vor und nach dem Zweiten Weltkrieg entscheidende Impulse durch die Vergabe von Rüstungsaufträgen. Im *Research Triangle* nahmen wichtige Regierungsvertreter direkten Einfluss auf industrielle Standortentscheidungen. Diese Einflüsse wurden in den Unternehmensbefragungen aber regional unterschiedlich bewertet. Lediglich in Ottawa wurde die Verfügbarkeit von Rüstungsaufträgen von 20 % der befragten Unternehmen als wichtiger Standortfaktor genannt. Hier und im *Research Triangle* wurde die öffentlich-staatliche Unterstützung von mehr als 50 % der befragten Unternehmen als zentral für ihre Standortwahl bezeichnet.

Die Entwicklung von Hightech-Industrien in den untersuchten Regionen zeigt, dass öffentlich-staatliche Einflüsse auf industrielle Standortentscheidungen sehr vielschichtig sein können. Schwer messbare Faktoren wie die Einflussnahme durch führende Politiker mögen in der Summe sogar eine größere Bedeutung haben als direkt kostenwirksame steuerliche Maßnahmen. Darüber hinaus wirken sich öffentlich-staatliche Aktivitäten auch positiv auf die Gründungsbereitschaft und die Kapitalverfügbarkeit in einer Region aus. Ein derart vielschichtiges Bild öffentlich-staatlicher Einflüsse lässt sich durch eine Standortfaktorenstudie nicht zeichnen.

In empirischen Untersuchungen wird der Kapitalmarkt, vor allem die Verfügbarkeit von Risikokapital, immer wieder als ein zentraler Standortfaktor für Hightech-Unternehmen herausgestellt (z. B. Malecki 1986; Florida und Kenney 1988). Obwohl in allen Untersuchungsregionen mindestens 10–20 %, in Ottawa sogar rund 35 % der befragten Hightech-Unternehmen durch die Inanspruchnahme von Risikokapital gegründet worden waren, spielte die Verfügbarkeit von Investitionskapital offensichtlich nur eine untergeordnete Rolle für die Standortwahl. Zusammen mit den Transportkosten zählten Steuern und Investitionskapital zu den am niedrigsten eingestuften Standortfaktoren für Ansiedlungsentscheidungen. Offensichtlich hängt die Verfügbarkeit von Risikokapital stärker von den Unternehmenskonzepten als von der Lage der Unternehmensstandorte ab, obwohl Risikokapitalunternehmen dazu tendieren, das lokale Umfeld besonders sorgfältig zu bewerten und herauszustellen. Deshalb sind durchaus regionale Unterschiede in der Verteilung der Unternehmen und der Verfügbarkeit von Risikokapital erkennbar (Powell et al. 2002). Die Bedeutung von Risikokapital ist jedoch vor allem im internationalen Vergleich und in spezifischen Sektoren wie der Biotechnologie bedeutend (Martin et al. 2005). Insgesamt scheint Kapitalverfügbarkeit für vielversprechende Unternehmensgründungen im Hightech-Bereich weder ein grundsätzlich limitierender Faktor noch ein regionales Problem zu sein. Trotzdem darf die Bedeutung von Risikokapital (z. B. Kenney und Burg 1999) nicht unterschätzt werden. Ebenso gilt dies für die Bedeutung der zuvor thematisierten Rüstungsaufträge. Die Tatsache, dass diese Faktoren in den durchgeführten Unternehmensbefragungen als Standortfaktoren nur gering eingestuft wurden, lässt nicht die Schlussfolgerung zu, dass von ihnen keine wichtigen Impulse auf die Entwicklung von Hightech-Industrien ausgehen. Vielmehr zeigt sich hier ein generelles Problem der traditionellen industriellen Standortlehre: Diese konzentriert sich vor allem auf die Analyse von Ansiedlungsentscheidungen, während Rüstungsaufträge vor allem auf das Wachstum bestehender Hightech-Unternehmen einen positiven Einfluss ausüben und die Verfügbarkeit von Risikokapital in erster Linie eine wichtige Entscheidungskomponente für regionsinterne Unternehmensgründungen bildet (Bathelt 1991 b, Kap. 12).

6.3.5 Scheinbare Bedeutung von Umwelt- und Lebensbedingungen

Die Wirkung räumlicher Umwelt- und Lebensbedingungen auf industrielle Standortentscheidungen findet in der traditionellen Standortlehre kaum Beachtung. So zieht Brücher (1982, Kap. 5) das Fazit, dass physische Faktoren vor allem in limitierender Weise auf Standortentscheidungen wirken und dass von ihnen somit nicht in positiver Form Anreize für Standortansiedlungen ausgehen. Obwohl diese Schlussfolgerung in vielen Bereichen zutrifft, scheint sie doch empirischen Studien über das Standortverhalten von Hightech-Industrien zu widersprechen, die gerade auf die zunehmende Bedeutung von Aspekten der Lebensqualität hinweisen (z. B. Rees und Stafford 1986). Demnach mögen unter dem Kalkül einer humankapitalorientierten Standortwahl Wohnstandortpräferenzen hoch qualifizierter Arbeitskräfte und Aspekte der Lebensqualität eine zunehmende Rolle für industrielle Standortentscheidungen spielen. Ein Unternehmen in einer Region mit vorteilhafter Lebensqualität könnte aus der Sicht hochspezialisierter Arbeitskräfte eher als Arbeitgeber infrage kommen als ein Unternehmen in einer Region mit geringerer Lebensqualität. Florida (2002) hat diesen Aspekt in seinen Arbeiten über die *creative class* ebenfalls betont und hieraus eine neue Debatte über die Bedeutung und Generierung attraktiver Wohn- und Lebensbedingungen für hoch qualifizierte Arbeitskräfte entfacht (vgl. zur Kritik Peck 2005). Aus diesem Grund mögen Aspekte wie Klimagunst, Umweltqualität und sozio-kulturelle Attraktivität durchaus auch Einfluss auf Standortentscheidungen im Hightech-Bereich ausüben. Dies scheint sich anhand der Ergebnisse der durchgeführten Unternehmensbefragungen zu bestätigen (➔ Tab. 6-6). Besonders deutlich zeigt sich dies am Beispiel der wenig industrialisierten, im Süden der USA gelegenen Region *Research Triangle*. Jeweils 45–70 % der befragten Unternehmen in dieser Region bezeichneten die Klimagunst, Umweltqualität, sozio-kulturelle Qualität und Wohnkosten als eine der Ursachen ihrer Standortwahl. Aber auch in den Regionen Ottawa, *Canada's Technology Triangle* und Atlanta wurden spezielle Faktoren der Umwelt- und Lebensbedingungen von mehr als 20 % der Unternehmen als Standortfaktoren herausgestellt. Aspekte der Umwelt- und Lebensqualität scheinen vor allem in jüngeren Hightech-Regionen und an Standorten mit größerem Planungseinfluss eine Rolle zu spielen. Demgegenüber war die Entwicklung in der Region Boston offensichtlich vor allem von anderen Einflüssen geprägt.

Insgesamt sollte man derartige Aussagen über die Bedeutung von Lebensqualitätsaspekten im Rahmen industrieller Standortentscheidungen mit Vorsicht behandeln und keinesfalls verallge-

Tab. 6-6: Bedeutung von Lebens- und Umweltbedingungen für Hightech-Unternehmen (Bathelt 1991, S. 283)

Faktoren der Standortentscheidung	Anteil der Betriebe je Region 1988				
	Boston n = 40	Ottawa n = 33	*CTT* n = 33	Atlanta n = 25	*RT* n = 29
Klimagunst	-	9 %	9 %	28 %	69 %
Umweltqualität	3 %	12 %	22 %	16 %	62 %
Sozio-kulturelle Qualität	5 %	27 %	25 %	16 %	45 %
Wohnkosten	3 %	6 %	16 %	12 %	48 %

Anmerkung: *CTT = Canada's Technology Triangle, RT = Research Triangle*

meinern. Das zeigen z. B. Untersuchungen von Scott (2006), die belegen, dass die Kausalitätsrichtung zwischen attraktiven Umfeldbedingungen und wirtschaftlichem Wachstum keinesfalls eindeutig ist. Aus den dargestellten Unternehmensbefragungen lässt sich keineswegs die Schlussfolgerung ziehen, dass die Umweltqualität im *Research Triangle* eindeutig besser ist als in Boston und Ottawa. Entsprechend wäre die Schlussfolgerung irreführend, die sozio-kulturelle Qualität in Boston bliebe hinter der anderer Hightech-Regionen zurück. In den betrachteten Untersuchungsregionen gibt es ganz unterschiedliche Lebensbedingungen, die heterogenen klimatischen und kulturellen Einflüssen unterliegen und dabei von den lokalen Unternehmen unterschiedlich bewertet werden. Ein Vergleich derartiger Bewertungen zwischen verschiedenen Regionen ist höchst problematisch. Immerhin aber scheint es Regionen wie das *Research Triangle* zu geben, wo die Lebensqualität besonders positiv bewertet wird und offensichtlich Einfluss auf Standortentscheidungen ausübt. Obwohl die im Unterschied dazu bemängelte Lebensqualität in traditionellen Industrieregionen der USA nicht zu signifikanten Abwanderungstendenzen geführt hat, nehmen viele Untersuchungen an, dass günstige Umwelt- und Lebensbedingungen positiven Einfluss auf das Hightech-Wachstum in den südlichen Regionen der USA, den sogenannten *sunbelt*-Staaten, gehabt haben.

6.3.6 Harte versus weiche Standortfaktoren

Auch wenn die traditionelle Standortlehre schon frühzeitig wegen ihrer restriktiven Annahmen, des statischen Charakters und der Überbetonung der Kostenseite (speziell der Transportkosten) in Kritik geraten ist, wurde in empirischen Studien am Instrumentarium dieses Forschungsparadigmas festgehalten. So wurde zwar bemängelt, dass Arbeitsmärkte und Agglomerationsfaktoren in traditionellen Ansätzen unterbewertet waren, trotzdem gelang es regelmäßig, die herkömmlichen Standortfaktorkategorien auf empirischem Weg zu identifizieren (z. B. Brede 1971, Teil IV). Für das Standortverhalten der schnell wachsenden Hightech-Industrien lieferten die traditionellen Ansätze allerdings keine adäquate Erklärung. Traditionelle Standortfaktoren schienen hier nur noch eine geringe Bedeutung zu besitzen, zumal sich der Anteil der Transportkosten an den Gesamtkosten in diesen Industrien sukzessive verringerte und die Standortbindung an Rohstofflagerstätten anders als etwa im Bergbau nicht mehr gegeben war. Qualitativ hochwertige Verkehrsinfrastrukturnetze zum Aufbau effektiver Verflechtungsbeziehungen wurden für die Standortwahl wichtiger als Transportkosten. Gegenüber bloßen Kostenaspekten standen zunehmend qualitative Anforderungen an den Arbeitsmarkt im Blickpunkt industrieller Standortentscheidungen. Die Standortwahl in räumlicher Nähe von Kunden, Zulieferern und Universitäten basierte nicht auf Kostenüberlegungen, sondern erfolgte vor allem aufgrund der Vorteile der da-

bei möglichen intensiven Kommunikations- und Informationsverflechtungen.
Raumwirtschaftliche Standortuntersuchungen sind somit in ein zunehmend schwerer zu lösendes Dilemma geraten: Einerseits leiten sie ihre Methodik aus der industriellen Standortlehre ab. Andererseits aber hat sich gezeigt, dass die in dem traditionellen Paradigma betonten Standortfaktoren kaum noch einen Erklärungswert besitzen. Dieses Dilemma versuchen Standortuntersuchungen zum Teil schon seit den 1970er-Jahren zu umgehen, indem sie die quantitativ messbaren Kostenfaktoren der Standortlehre als **harte Faktoren** kennzeichnen und ihnen eine zweite Gruppe weicher Standortfaktoren mit zusätzlichem Erklärungsgehalt gegenüberstellen (Grabow et al. 1995). Als **weiche Faktoren** werden dabei solche Einflüsse auf Standortentscheidungen bezeichnet, die schwer messbar sind und subjektiv wahrgenommen werden, wie z. B. Lebens- und Umweltbedingungen, *business climate*, Standortimage, regionales Milieu und politisches Klima. Auch die Diskussion über die Standortwahl der *creative class* hoch qualifizierter Mitarbeiter und Entscheider (Florida 2002) ist vor diesem Hintergrund zu sehen. Hier kehrt sich im Übrigen die Sichtweise der Standortlehre um: Nicht Mitarbeiter folgen der Standortwahl von Unternehmen, sondern in Zukunft bei neuen Knappheitssituationen möglicherweise Unternehmen der Standortwahl der *creative class* (vgl. zur Kritik Peck 2005; Scott 2006).
Obwohl die Wirkungsweise der weichen Faktoren ungeklärt ist, wird in Studien behauptet, dass Standortentscheidungen von Unternehmen zunehmend nicht mehr allein als objektiv nachvollziehbare Entscheidungen auf der Basis harter Faktoren getroffen werden, sondern dass subjektive Einflüsse in Form der weichen Standortfaktoren zusehends an Bedeutung gewinnen. So wird z. B. argumentiert, dass ein Betrieb bei hochwertigem Wohnwert und Kulturangebot eines Standorts leichter qualifiziertes Personal gewinnen kann. Die Bewertung dieser indirekten Vorteile ist jedoch abhängig von subjektiven Einschätzungen, da diese nur mittelbar auf die Kostenstruktur von Betrieben wirken und sich überdies oft schwer quantifizieren lassen. Harte und weiche Standortfaktoren lassen sich nicht grundsätzlich und allgemeingültig unterscheiden, sodass sie höchstens heuristischen Charakter haben. Denn während sich das Kulturangebot z. B. für einen Automobilhersteller oder ein Unternehmen der chemischen Industrie als weicher Standortfaktor darstellt, fungiert es für einen Schauspielbetrieb, eine Eventagentur oder einen Bühnen bildenden Handwerksbetrieb mitunter als harter Standortfaktor des lokalen Absatzmarkts (Glückler 2011 b).
Ein interessantes Beispiel liefert in diesem Zusammenhang die Untersuchung von Helbrecht (1998) über das Standortverhalten kreativer Dienstleistungsunternehmen in Vancouver. Helbrecht (1998) erkennt zu Recht, dass die traditionelle Standorttheorie und ihre harten Standortfaktoren nicht ausreichen, um zu erklären, warum kreative Dienstleister in bestimmten Stadtteilen Vancouvers stark konzentriert sind. Sie glaubt, mit der neu definierten, weichen Standortkategorie *„look and feel"*, einem für Werbezwecke verwendeten Slogan, eine bessere Erklärung für die Ballungsprozesse geben zu können. Demnach siedeln sich Unternehmen in bestimmten Quartieren an, weil diese das richtige Gefühl bzw. Ambiente vermitteln. Obwohl viele Schlussfolgerungen von Helbrecht (1998) berechtigt sind, ist die Untersuchung im Sinne einer Erklärung ökonomischen Verhaltens nur ein erster Schritt. *„Look and feel"* ist vor allem ein beschreibender Struktureffekt, der erst aus spezifischen sozialen und ökonomischen Prozessen resultiert. Weiche Standortkategorien mögen Strukturen zwar besser beschreiben als die harten Standortfaktoren, eine Erklärung der dahinterstehenden Prozesse liefern sie aber nicht.
Ein Kernproblem der weichen Faktoren ist, dass sie rein empirische Konstrukte darstellen, für die eine theoretische Basis fehlt. In der Erweiterung der Standortfaktorenkataloge um weiche Faktoren offenbaren sich letztlich die Grenzen einer Sichtweise, die Strukturen erfasst, aber nicht die dahinterstehenden sozialen und ökonomischen Prozesse untersucht. Mit weichen Standortfaktoren wird versucht, das Ergebnis von Kommunikations- und Interaktionsprozessen zwischen den Produzenten und ihren regio-

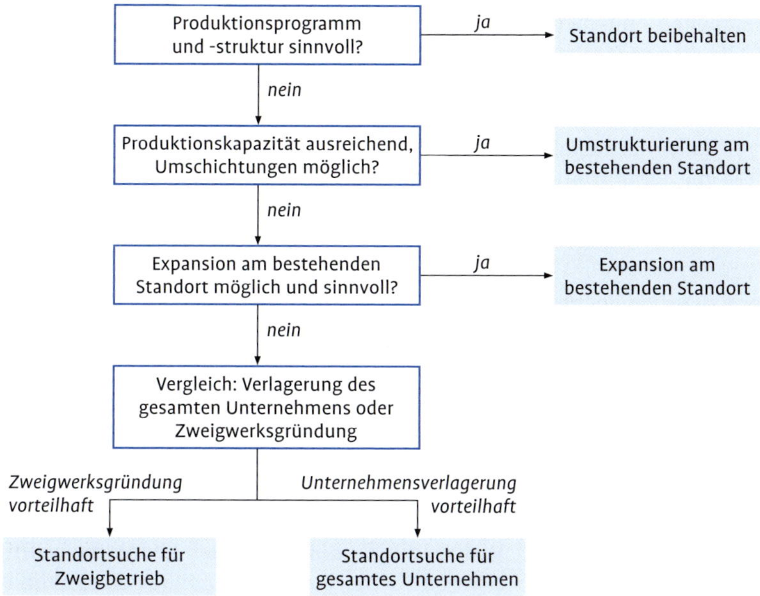

Abb. 6-10: Stufen des Standortentscheidungsprozesses (nach Maier und Tödtling 1992, S. 33)

nalen Zulieferern und Abnehmern sowie den lokalen institutionellen Gegebenheiten, Konsumenten und Arbeitskräften in einem Schlagwort beispielsweise als *business climate* oder als regionales Milieu zusammenzufassen. Dieser Versuch muss jedoch als Erklärungsansatz scheitern, weil soziale und ökonomische Prozesse in spezifische sozio-institutionelle Zusammenhänge eingebettet sind, die von Ort zu Ort unterschiedlich organisiert sein können und sich im Zeitablauf evolutionär weiterentwickeln. Genau hier stoßen herkömmliche Standortanalysen, die Räume mit Eigenschaften versehen und dabei die eigentlichen ökonomischen Akteure übersehen, an ihre Grenzen.

6.3.7 Standortwahl als Suchprozess

Wenn man der traditionellen Standortlehre folgt und berücksichtigt, dass Standortentscheidungen nicht wie ein Optimierungsproblem gelöst werden, sondern aus einem **mehrstufigen Entscheidungsprozess** resultieren, der sich über einen längeren Zeitraum erstreckt, so lässt sich unter der Annahme rationalen Verhaltens ein idealtypischer Suchprozess in Form eines Entscheidungsbaums entwickeln. Die Frage der Standortwahl wird hierbei als integraler Bestandteil einer komplexen betriebswirtschaftlichen Investitionsentscheidung angesehen (z. B. Stafford 1979; Maier und Tödtling 1992, Kap. 2; Harrington und Warf 1995, Kap. 8; Hayter 1997, Kap. 6). Andere Bestandteile dieser Entscheidung betreffen die Wahl der Technologie, den Produktionsumfang und die Ausgestaltung des Produktionsprogramms. Ausgangspunkt des Entscheidungsprozesses sind beispielsweise neue Informationen über das Unternehmensumfeld oder wachsende Probleme aufgrund der vorhandenen Produktionsstruktur. Hierbei können interne Auslöser (z. B. durch die Wahl einer neuen Unternehmensphilosophie) und externe Auslöser (wie eine neue Marktsituation durch Aktionen von Konkurrenten und Kunden) unterschieden werden.

Der **Suchprozess** beginnt mit einer Evaluierung des Produktionsprogramms (→ Abb. 6-10). Dabei geht es um die Frage, ob Produktionssparten expandieren oder schrumpfen sollen, oder ob eine Diversifizierung in neue Produktionsbereiche sinnvoll ist. Der nächste Schritt der Entscheidung besteht darin, festzustellen, ob die Produktionskapazitäten für die geplanten Veränderungen ausreichen und Umschichtungen innerhalb

der vorhandenen Betriebseinheiten möglich sind. Nach Townroe (1969; 1976) gibt es hierbei verschiedene Optionen (Sedlacek 1988, Kap. 2; Maier und Tödtling 1992, Kap. 2):
(1) Eine kurzfristige Lösung vorhandener Kapazitätsprobleme mag z. B. durch die Einführung von Überstunden oder die Auslagerung bestimmter Produktionsschritte in andere Unternehmen möglich sein.
(2) Alternativ kann es zu einer Expansion am bestehenden Standort kommen. Dies kann sinnvoll sein, um das Management an einem Ort zu konzentrieren und um *economies of scale* abzuschöpfen und *overhead*-Kosten einzusparen. Ein Nachteil der Expansion vor Ort kann sein, dass bestehende Probleme, wie z. B. Engpässe bei den Materialflüssen, verstärkt werden.
(3) Wenn die Nachteile der beiden ersten Handlungsalternativen zu groß sind, beginnen Überlegungen, ob ein neues Zweigwerk eröffnet oder gar das gesamte Unternehmen verlagert werden soll. In beiden Fällen ist eine Reorganisation von Arbeitsprozessen und die Einführung neuer Technologien leichter möglich als bei einer *in-situ*-Lösung. Es erfolgt nun eine Standortsuche für einen neuen Zweigbetrieb oder das gesamte Unternehmen. Tendenziell scheinen Komplettverlagerungen dabei eher über geringe Distanzen zu gehen, weil hierbei vorhandene Zuliefer- und Absatzbeziehungen sowie Bindungen an den Arbeitsmarkt erhalten bleiben. Allerdings ist es im Zuge der Globalisierung durchaus möglich, zumindest die Produktion an neue Standorte zu verlagern. Ein empirisches Beispiel ist der Niedergang der Pirmasenser Schuhindustrie, auf den viele dortige Unternehmen entweder durch räumliche Verlagerung der Produktion oder durch einen Wechsel in andere technologienahe Industrien innerhalb der Region reagierten (Schamp 2005).

Die Suche nach potenziell in Betracht zu ziehenden Standorten kann ein sehr langwieriger und kostspieliger Prozess sein. In diesen Entscheidungsprozess ist die Unternehmensspitze zumeist direkt eingebunden. Sie trifft z. B. eine Vorauswahl und lenkt den Prozess. Der Entscheidungsprozess kann verschiedene räumliche Ebenen erfassen und dadurch eine hierarchische Struktur annehmen. Dabei werden etwa verschiedene Länder, Regionen, Städte und Grundstücke als Alternativen bewertet. Um die Kosten des Suchprozesses zu begrenzen, wird meist in einer relativ frühen Stufe versucht, die regionale Ebene für die Standortwahl festzulegen oder zumindest die Anzahl möglicher Alternativen stark zu begrenzen. Die Kriterien der Standortbewertung variieren dabei mit der räumlichen Ebene der Standortwahl (Chapman und Walker 1987, Kap. 3; Maier und Tödtling 1992, Kap. 2).

Ein Problem vieler empirischer Studien besteht darin, dass bei Befragungen von Unternehmen nicht zwischen Standortfaktoren für Länder, Regionen, Städte und Grundstücke unterschieden wird. Derartige Studien vermischen oft unterschiedliche ökonomische Prozesse miteinander. Während z. B. auf nationaler Ebene die politische und wirtschaftliche Stabilität eines Standorts als Entscheidungsfaktor von Bedeutung ist, spielen auf regionaler Ebene Löhne und Branchenstruktur und auf lokaler Ebene die Verfügbarkeit von Arbeitskräften und der Preis der Infrastruktur eine wichtige Rolle bei der Standortentscheidung. Befragt man ausländische Manager und lokale Unternehmensgründer in ein und derselben Studie, so legen diese ihren Antworten vermutlich unterschiedliche Bewertungsmaßstäbe zugrunde.

Zur **Kritik** an einer derartigen Sichtweise ist anzufügen, dass raumwirtschaftliche Studien, die die Standortwahl als Suchprozess betrachten, sich vielfach damit erschöpfen, Standortentscheidungen und ihre Einflussfaktoren zu beschreiben. Diese Sichtweise wird dem evolutionären Charakter ökonomischer Entscheidungen aber nicht gerecht. Diese sind abhängig von Erfahrungen und Lernprozessen aus früheren Standortentscheidungen, der angewendeten Methodik, den eingesetzten Kriterien und dem erzielten Ergebnis. Das größte Problem der Konzeption von Standortentscheidungen als Suchprozess besteht darin, dass vollständige Rationalität und Gewinnmaximierung als zugrunde liegende Kalküle nicht hinterfragt werden. Der Einfluss von Strategien, oligopolistischen Machtstrukturen und gesellschaftlichen Aushandlungsprozessen auf die Entscheidungsfindung bleibt nicht ausreichend berücksichtigt. So zeigen empirische Analysen internationaler Standortansiedlungsprojekte, wie wichtig das Verhandlungsgeschick regionaler Standortagenturen und Wirtschaftsförderungen ist bzw. wie stark finanzielle Anreize von regionaler und staatlicher Seite gesetzt werden müssen, um im Standortwettbewerb Unternehmen erfolgreich anzusiedeln (Wins 1995).

Teil III:
Interaktion und Institution

7 Interaktion: Wirtschaftliches Handeln in sozialen Beziehungen

7.1 Wandel des Menschenbilds

In diesem Kapitel wird ausgehend von einer relationalen Perspektive gezeigt, dass wirtschaftliches Handeln grundsätzlich soziales Handeln ist. Nach der Einführung des Grundproblems der Unsicherheit in sozialen Situationen diskutiert das Kapitel die Koordinationsprobleme der Interaktion in interdependenten Beziehungen und erweitert das klassische Konzept wirtschaftlicher Interaktion. Im letzten Teil des Kapitels werden soziale Mechanismen zur Reduktion von Unsicherheit und zur Bildung und Pflege wirtschaftlicher Interaktion in sozialen Beziehungen vorgestellt. Unterschiedliche Möglichkeiten kopräsenter und virtueller Interaktion werden in räumlicher Perspektive für Fragen der Kooperation und Wissensgenerierung diskutiert. Aufbauend auf den Standort- und Standortstrukturmodellen der Raumwirtschaftslehre in Teil II wird im Folgenden das in diesen Ansätzen prägende Menschenbild des *homo oeconomicus* und die Annahme des Handelns auf perfekten Märkten kritisch hinterfragt. Hierauf wird eine relationale Perspektive ökonomischen Handelns begründet.

Konzepte des menschlichen Handelns können in einem Kontinuum zwischen zwei extremen Polen gedacht werden. Wird menschliches Handeln als notwendige Reaktion auf externe Anreize betrachtet, gilt der Mensch in seinen Aktionen als von außen determiniert. Da seinem Handeln keine Wahlfreiheit zugrunde liegt, spricht man hierbei von einem **deterministischen Menschenbild**. Umgekehrt besteht das andere Extrem darin, Handeln als vollkommen unbestimmt und frei zu betrachten. Ein Akteur besitzt dann zu jeder Zeit vollständige Handlungsfreiheit unabhängig von etwaigen Rahmenbedingungen des Handelns. Da den Menschen in dieser Sichtweise keine Schranken im Handeln begrenzen, spricht man von dieser Position als **Voluntarismus**. Beide Extreme scheinen in der Realität unangemessen, jedoch erleichtern sie die Einordnung und das Verständnis von Menschenbildern, die wissenschaftliche Theorien implizit oder explizit zugrunde legen. In der Tat eignet sich dieses Schema dazu, das sich wandelnde Verständnis menschlichen Handelns in der Entwicklung der Wirtschaftsgeographie nachzuzeichnen (Berry et al. 1987, Kap. 2).

In der länderkundlichen Geographie wurde menschliches Handeln im 19. Jahrhundert zunächst als maßgeblich durch die Umwelt bedingt angesehen. Natürliche Bedingungen wie Bodenschätze, physische Barrieren und klimatische Beschränkungen wurden in ihrer Wirkung auf den Menschen in den Mittelpunkt gestellt. Diesem **Determinismus** stellte Vidal de la Blache später den **Possibilismus** gegenüber, in dem die Wirkungen der Natur auf den Menschen als wahrscheinlich, nicht aber als selbstverständlich begriffen werden und somit die Umweltabhängigkeit menschlichen Handelns abgeschwächt wird (Werlen 2000, Kap. 4).

In der ökonomischen Theorie dominiert das Bild des ***homo oeconomicus***, der nicht von seiner Umwelt bestimmt wird. Der *homo oeconomicus* bindet die Umwelt in Form von Randbedingungen in ein Entscheidungsmodell ein, das auf vollständiger Rationalität im Verhalten und vollständigen Informationen über alle Umweltzustände basiert. Zu den Prinzipien des Wirtschaftens des *homo oeconomicus* gehört es, mit gegebenen Mitteln den größtmöglichen Erfolg zu erzielen oder einen vorgegebenen Erfolg mit möglichst geringen Mitteln zu erwirtschaften. Dabei wird Nutzen- bzw. Gewinnmaximierung oder Kostenminimierung angestrebt. Der *homo oeconomicus* ist das vorherrschende Bild des ökonomisch Handelnden in der Raumwirtschaftslehre (Richardson 1978, Kap. 3; Berry et al. 1987, Kap. 8). Er ist sowohl in der allgemeinen Wirtschaftslehre als auch und besonders in der industriellen Standortlehre präsent (→ Kap. 6.1), die versucht Standortentscheidungen durch rationales Verhalten zu erklären (Isard 1956).

Die idealtypische Verhaltensannahme des *homo oeconomicus* wird von verschiedenen Seiten kritisiert. Die Kritik bewegt sich dabei auf zwei Ebenen. Erstens werden die Annahmen als empirisch unzutreffend kritisiert. Hierbei gestehen auch Vertreter des *homo-oeconomicus*-Modells ein, dass die Annahmen durchaus nicht der Realität menschlichen Handelns entsprechen. Enders (2000, Kap. 1) argumentiert beispielsweise, das Bild des *homo oeconomicus* sei nicht darauf angelegt, individuelles Verhalten vorherzusagen, sondern spiegle lediglich durchschnittliches Verhalten wider. Außerdem ermöglichten die idealisierten Annahmen eine Vereinfachung von ökonomischen Modellen, die damit tatsächliche wirtschaftliche Phänomene näherungsweise gut repräsentierten. Kritiker stellen aber zweitens eben diesen Vorteil infrage, da die unrealistischen Annahmen nicht etwa zu grundsätzlich korrekten, sondern zu unangemessenen oder falschen Aussagen über empirische Wirtschaftsprozesse führen. Kritiker argumentieren, dass bereits leichte Verletzungen der Grundannahmen zu Modellen führen, die der Realität nicht entsprechen (z. B. Stiglitz 2002). Denn es bleibt offen, wie ein extremer Verhaltenstyp, der einseitig auf Gewinn- bzw. Nutzenmaximierung ausgerichtet ist, durchschnittliche Verhaltensweisen abbilden soll. Die Kritik an den Grundannahmen vollständiger Information, vollständiger Rationalität und einseitiger Gewinnorientierung wird nachfolgend dargestellt.

7.1.1 Unvollständige Informationen

In der **Informationsökonomie** wird die Annahme vollständiger Informationen der Entscheidungsträger kritisiert. Ein großer Teil der wirtschaftlichen Aktivitäten ist durch den Mangel an Informationen begründet und widmet sich der Besorgung und dem Austausch eben dieser Informationen. Viele Aktivitäten wären unter der Bedingung vollständiger Information schlichtweg überflüssig, wie z. B. das Betreiben von Warenlagern oder die Marktforschung. Diese Aktivitäten werden notwendig, wenn gerade vollständige Informationen nicht verfügbar oder in ihrer Besorgung mit erheblichen Kosten verbunden sind (Glückler 2005 a). Die Informationsökonomie stellt die Information in den Mittelpunkt der ökonomischen Analyse und untersucht die Organisation wirtschaftlicher Transaktionen in Abhängigkeit ihrer informatorischen Grundlagen (Stigler 1961; Stiglitz 2002). Ausgangspunkt für die Formulierung von Problemstellungen sind Situationen asymmetrischer Informationsverteilung (Enders 2000, Kap. 1 und 7): (1) Eine Situation mit *unvollständiger Information* liegt vor, wenn ein Entscheidungsträger nur unzureichend über die Eigenschaften eines Vertragspartners oder seiner Produkte informiert ist. (2) Eine Situation *unvollkommener Information* herrscht dann, wenn ein Akteur nach Abschluss eines Vertrags bei dessen Ausführung noch über Handlungsspielräume verfügt, in die sein Gegenüber keinen Einblick hat oder die er nicht beurteilen kann. Derartige Informationsasymmetrien setzen den besser informierten Partner der Versuchung aus, sich mit List und zum Nachteil des Anderen, d. h. opportunistisch zu verhalten, wie dies beispielsweise in der neuen **Institutionenökonomik** berücksichtigt wird (Williamson 1985, Kap. 2).

7.1.2 Grenzen der Rationalität

Da das empirisch beobachtete Handeln wirtschaftlicher Akteure zumeist von der rationalen Norm des *homo oeconomicus* abweicht, wird das Prinzip formaler Rationalität in vielen Ansätzen inzwischen aufgegeben. Handlungssituationen sind stets insofern kontingent, als es für jede Handlungsalternative mehrere mögliche Handlungsergebnisse gibt (Sayer 2000, Kap. 1), sodass die Wahl der richtigen Alternative nicht rational durchführbar ist (Dosi et al. 1999). Da aus der Handlungssituation somit keine Sicherheit über die Wahl des besten Mittels zum Erreichen eines vorgegebenen Zwecks gewonnen werden kann, besteht ein alternativer Ansatz darin, ein dichtes Geflecht sozialer Strukturen in Form von

Regeln, Konventionen und Institutionen zu schaffen, die die Wahl der Alternativen so begrenzen, dass das Handeln anderer Akteure vorhersehbarer wird (→ Kap. 8). Handeln unterliegt nun nicht mehr einer formalen, sondern einer **intentionalen Rationalität**: „*Actors are considered intentionally rational when they want to achieve a goal that optimizes their utility, but do not know the means to apply for realizing this goal*“ (Beckert 1996, S. 819).

In der Wirtschaftstheorie hat Simon (1978) das Konzept der **prozeduralen Rationalität** eingeführt, in der analog argumentiert wird, dass soziale Muster von Interaktionen in der Form von Institutionen als rationale Verfahren entwickelt werden, um sinnvolles Entscheiden und Handeln unter Unsicherheit zu ermöglichen. Das Modell des rationalen Akteurs wird daher durch das Modell des **praktischen Akteurs** ersetzt: „*the practical-actor approach views rationality as only one, and rarely the principal, orientation to action, and takes much behavior to be highly conventional*“ (DiMaggio 1992, S. 122).

In verhaltenswissenschaftlichen Ansätzen wird das Bild des *homo oeconomicus* ebenfalls als unrealistisch dargestellt. Konzepte der **beschränkten Rationalität** (*bounded rationality*) nehmen deshalb eine begrenzte Informiertheit sowie beschränkte Kapazität der Informationsverarbeitung der Entscheidungsträger an. Das ***satisficer*-Konzept** geht beispielsweise davon aus, dass Personen nicht unbedingt ihre Gewinne zu maximieren suchen (Schamp 1983). Sie mögen aus einer Menge von Alternativen diejenige wählen, die ein zufriedenstellendes Ergebnis erbringt, das mit anderen nicht-ökonomischen Zielen möglichst kompatibel ist. Sie stellen bewusst Gewinnmaximierung hinter andere Ziele zurück und präferieren eine anspruchsniveauorientierte Zielsetzung. Wolpert (1964) hat in einer Studie über die landwirtschaftliche Produktion in Schweden schon frühzeitig festgestellt, dass die tatsächlich vorgefundenen Landnutzungsformen nicht mit dem Ziel der Gewinnmaximierung in Einklang stehen. Die derartige Verfolgung einer anspruchsniveauorientierten Zielsetzung wird im Folgenden als **intendiertes *satisficer*-Verhalten** bezeichnet. Davon zu unterscheiden ist **nicht-intendiertes *satisficer*-Verhalten**, wie es etwa in der *hazard*-Forschung beschrieben wird. In der ***hazard*-Forschung** wird untersucht, wie Risiken und Chancen von Menschen wahrgenommen werden und wie diese Wahrnehmungen Entscheidungen beeinflussen (z. B. Mitchell et al. 1989; Bohle 1994). Hieraus haben sich die Forschungsfelder *risk perception*, *risk analysis* und *risk management* entwickelt (z. B. Slovic 1987; Otway 1992). In der *satisficer*-Sicht sind Informationsflüsse und die Fähigkeit Informationen zu nutzen wichtige Aspekte, um raumbezogene Entscheidungen zu verstehen. Dementsprechend werden nicht-intendierte *satisficer* als Akteure verstanden, die zwar Gewinnmaximierung anstreben, diese aber wegen unvollständiger Informationen nicht erreichen können.

7.1.3 Grenzen des Opportunismus: *homo reciprocans*

Die experimentelle Wirtschaftsforschung hat gezeigt, dass das Bild des *homo oeconomicus* die Praxis ökonomischen Handelns auch hinsichtlich der Annahme opportunistischen Verhaltens nur unzureichend beschreibt. Dies lässt sich in experimentellen Studien überzeugend darstellen. Dabei werden Handlungssituationen so in Spielen nachgestellt, dass die *homo-oeconomicus*-These empirisch überprüft werden kann. Im sogenannten ***ultimatum-bargaining*-Spiel** z. B. erhält eine Person A ein Geschenk von 100 Schweizer Franken unter der Bedingung, dieses Geld mit einer Person B nach Gutdünken aufzuteilen (Fehr und Gächter 1998). Die 100 Franken werden allerdings wieder eingezogen, wenn entweder A das Geld nicht teilt oder B, der die Spielregeln kennt, den angebotenen Anteil von A ablehnt. Die zentralen Fragen dieses Spiels sind folglich, welche Aufteilung Person A vornimmt und wann Person B den zugestandenen Anteil akzeptiert (Uchatius 2000). Unter der Verhaltensannahme des *homo oeconomicus* würde Person A 99 Franken behalten und Person B würde den 1 Franken akzeptieren. Person A würde dadurch ihren Nutzen maximieren, weil sie den kleinstmöglichen Betrag abtreten muss, um in den Genuss des Geldes zu kommen und Person B

würde ihren Nutzen steigern, weil sie ansonsten gar kein Geld erhalten würde.
Unter realitätsnahen Bedingungen zeigt sich, dass Person B das Spiel häufig platzen lässt, wenn der zugestandene Betrag von Person A unter 30 Franken liegt. So zeigt sich in den Spielen die Tendenz, dass die Mehrheit der Personen A den erhaltenen Betrag „fair" mit B teilen und dass in nachfolgenden Spielsituationen auch die Personen B angebotenes Geld mit A fair teilen. Sie erwidern das positive Verhalten der Personen A aus der Vorrunde, d. h. sie handeln positiv reziprok. Fehr und Gächter (1998) bezeichnen dieses Verhalten als ***homo-reciprocans*-Typ**. Nichtsdestotrotz handelt stets auch ein Teil der Spieler opportunistisch im Sinne des *homo-oeconomicus*-Verhaltens. Über eine Serie von Spielexperimenten reicht der Anteil der *homo-oeconomicus*-Akteure jedoch nie über 30 % hinweg, wohingegen der Anteil der *homo-reciprocans*-Akteure nie unter 40 % und oft über 60 % liegt. Allerdings ist damit nicht automatisch gesagt, dass die betreffenden Akteure auch genauso handeln würden, wenn sie in einen Unternehmenskontext eingebunden sind.
Das empirische Gewicht dieser Experimente ist dennoch aus zwei Gründen bedeutend: (1) Auch unter Bedingungen völliger Anonymität der Spieler bestätigen sich die Effekte positiv reziproken Verhaltens. Trotz Unkenntnis der Mitspieler und vermeintlicher Leichtigkeit opportunistischen Handelns tendieren die Probanden zu fair erwiderndem Verhalten. (2) Der *homo-reciprocans*-Effekt hat sich auch interkulturell bestätigt. Sowohl in Indonesien (Cameron 1995) als auch in Russland (Fehr und Tougareva 1996) lassen sich die Ergebnisse replizieren. Die Stärke der Experimente drückt sich in der besonderen Spielmotivation aus. Bei einem niedrigen Einsatz von 100 Franken mag es noch leichtfallen fair zu handeln. Doch wie verändert sich das Verhalten bei hohen Einsätzen? Im russischen Experiment verdienten die Probanden durchschnittlich drei Monatseinkommen während eines Spiels, sodass sich der Drang, opportunistisch zu handeln, spätestens hier hätte durchsetzen können. Die Spieler verhalten sich in dem Experiment hingegen unabhängig von der Höhe der Spielbeträge. Die Tendenz zu fair erwiderndem Handeln, d. h. zu positiver Reziprozität bleibt genauso hoch wie zuvor.
Fehr und Gächter (1998) erkennen im Konzept des *homo reciprocans* einen Schlüsselmechanismus zur Bildung und Reproduktion sozialer Normen und Verhaltensregeln. Nur wenn die Möglichkeit informeller sozialer Sanktionen, wie z. B. von Missachtung, Ausschluss oder Bestrafung, besteht, scheinen Personen ausreichend motiviert zu sein, fair zu handeln und faires Handeln zu erwidern. In weiteren experimentellen Spielen haben sich signifikante Unterschiede ergeben: Wenn keine Sanktionen möglich sind, bleibt faires Handeln aus und Spieler tendieren dazu, sich opportunistisch zu verhalten. Dieses Ergebnis der experimentellen Wirtschaftsforschung demonstriert, dass ökonomisches Handeln keineswegs in einem norm- und wertefreien Umfeld stattfindet. Der *homo oeconomicus* tritt zwar empirisch als Verhaltenstyp auf, allerdings repräsentiert er eher einen Grenzfall als einen Standard. Wirtschaftsabläufe finden in konkreten Strukturen sozialer und institutioneller Beziehungen statt, die das ökonomische Handeln stärker beeinflussen, als ein rein gewinnmaximierendes Handlungsmotiv erwarten lässt (→ Kap. 8).

7.1.4 Relationale Perspektive des Handelns

Sowohl die neoklassische Wirtschaftstheorie als auch Teile der Soziologie verwenden ein **atomistisches Konzept des Handelns**, in dem Akteure sozial isoliert erscheinen und deren Handlungsmotive durch normative Verhaltensannahmen exogen vorgegeben sind. Dieses ist je nach theoretischer Perspektive unter- oder übersozialisiert.
(1) **Untersozialisierte Konzeption.** In der untersozialisierten Fassung der ökonomischen Theorie gibt es nur minimale Annahmen über die Handlungsmotive und das Menschenbild. Handlungsmotive sind durch das Prinzip des *homo oeconomicus* a priori als rational und gewinnmaximierend festgelegt (Granovetter 1985; 1990; Grabher 1993 b). Dem Prinzip des vollständigen

Wettbewerbs liegt dabei die Annahme zugrunde, dass Akteure in vollständig rationalen Entscheidungsprozessen ihren Nutzen maximieren. Dem Markt kommt folglich eine selbstregulierende Funktion von Transaktionen über den Preis zu. Da Akteure nur über den Markt interagieren, spielen soziale Beziehungen keine Rolle. Granovetter (1985; 1990) qualifiziert dieses ökonomische Handeln als untersozialisiert, weil ökonomisches Handeln allein durch das Prinzip der formalen Rationalität getrieben wird.

(2) **Übersozialisierte Konzeption.** In der übersozialisierten Fassung hingegen verinnerlichen Akteure gesellschaftliche Werte und Normen im Zug der Sozialisation, die dann ihr Verhalten intrinsisch an den gesellschaftlichen Regeln orientieren, ohne dass der implizite Gehorsam gegenüber diesen Normen individuell wahrgenommen wird (Parsons 1937; Wrong 1961). Diese Konzeption sozialen Handelns ist übersozialisiert, weil sie dazu tendiert, das Handeln des Einzelnen als durch gesellschaftliche Normensysteme vorgegeben zu betrachten (Granovetter 1985; 1990).

Beiden Positionen liegt jedoch eine atomistische Sichtweise der Akteure zugrunde, deren konkrete Kontexte sozialer Beziehungen ignoriert werden. Im Fall untersozialisierter Akteure bestehen die Handlungsmotive in der rationalen Nutzenmaximierung, im Fall übersozialisierter Akteure in den verinnerlichten Normen, die das Handeln steuern. Dies wird auch von Wirtschaftssoziologen und Vertretern der Institutionenökonomie kritisiert (Hodgson 1994). Insgesamt wird durch derartige Konzeptionen Handeln (1) normiert, d. h. durch gegebene Annahmen bestimmt, (2) standardisiert, d. h. allen Akteuren werden gleiche Motive unterstellt, und (3) isoliert, d. h. unabhängig vom spezifischen Kontext eines Akteurs betrachtet (Glückler 2001; 2004 a, Kap. 4).

Eine **relationale Konzeption** von Handeln geht davon aus, dass Motive, Interessen, Werte und Normen für jeden Akteur aus den Interaktionen und Beziehungen mit anderen Akteuren entstehen und fortwährend transformiert werden. Relationalität ist somit eine Quelle von Motiven, Interpretationen und Handlungszielen. Während persönliche Präferenzen als Grundmotiv wirtschaftlichen Handelns in der Wirtschaftstheorie nicht hinterfragt, sondern schlicht als exogene Variable angesehen werden, argumentiert eine relationale Perspektive, dass individuelle Präferenzen aus Interaktionen in sozialen Situationen und über historische Entwicklungspfade gebildet und verändert werden. Auch kritische ökonomische Studien zeigen, dass Präferenzen kontextspezifisch und eben nicht stabil und allgemeingültig sind (Tversky und Simonson 1993). Ebenso verändert sich die Einstellung zu eigennützigem und opportunistischem Verhalten mit persönlichen Erfahrungen. So zeigen Studien der Verhaltensökonomie, dass das egoistische Verhalten in Kooperationsspielen von Wirtschaftsstudenten umso stärker ausgeprägt ist, je länger diese bereits Ökonomie studieren (Frank et al. 1993). Kooperatives und egoistisches Verhalten sind daher keineswegs exogene oder unerklärbare Gegebenheiten des Menschlichen, sondern relationale Phänomene, die aus sozialer Interaktion hervorgehen. **Evolutionsökonomischen Überlegungen** folgend argumentiert die relationale Perspektive, dass Motive, Handlungsziele und Entscheidungen, die heute verfolgt und getroffen werden, immer auch von früheren Erfahrungen und Entscheidungen abhängen und von diesen geprägt werden. Im Zeitablauf definieren aufeinanderfolgende Entscheidungen sogenannte Entwicklungspfade oder Trajektorien (Dosi 1982; 1988). Diese bieten immer wieder neue Entscheidungsmöglichkeiten, sind aber dadurch gekennzeichnet, dass vergangene Entscheidungen nicht ohne Weiteres umkehrbar sind. Die Vorstellung von Entwicklungspfaden impliziert, dass zu einem bestimmten Zeitpunkt nur innerhalb der bestehenden Möglichkeiten ein bestmögliches Ergebnis, aber nicht notwendigerweise ein absolutes Gewinnmaximum erzielt werden kann. Dies ist darauf zurückzuführen, dass in der Vergangenheit Entscheidungen suboptimal verlaufen sind und nicht mehr rückgängig gemacht werden können. Die Prinzipien der Kontextualität, Kontingenz und Pfadabhängigkeit und der Wechsel von einer atomistischen zu einer relationalen Perspektive ermöglichen die Endogenisierung von Motiven, Präferenzen und Handlungsorientierungen. Sie werden nicht angenommen und vorausgesetzt, sondern selbst als Ergebnis relationalen Handelns zum Gegenstand der Forschung (➔ Kap. 2). Ausgehend von diesem Grundverständnis werden im nächsten Abschnitt wichtige Konzepte der Interaktion in wirtschaftlichen Beziehungen diskutiert.

7.2 Soziale Situationen der Interdependenz

7.2.1 Soziale Situationen

Menschen handeln grundsätzlich in zwei Typen von Situationen. In der sogenannten **parametrischen Situation** richtet sich das Handeln des Menschen auf einen Gegenstand, ohne dass weitere Akteure dessen Handeln wahrnehmen oder dafür relevant werden. Wenn ein Landwirt einen Fluss zur Bewässerung seines Feldes erschließen möchte, so hängen sein Handeln und die Folgen seines Handelns zunächst allein von der Umwelt ab. Parametrische Situationen beschreiben das Spiel des Menschen mit der Natur (Esser 2000 a). Demgegenüber sind **soziale Situationen** dadurch gekennzeichnet, dass mehrere Akteure einander wahrnehmen und ihr Handeln jeweils an dem Handeln des anderen orientieren. Handeln in sozialen Situationen ist soziales Handeln. Es beschreibt in den Worten Max Webers (1980 [1921], S. 1) jenes Handeln, *„welches seinem von dem oder den Handelnden gemeinten Sinn nach auf das Verhalten anderer bezogen wird und daran in seinem Ablauf orientiert ist.“* So kann das oben beschriebene Bewässerungsprojekt zu einer sozialen Situation werden, wenn z. B. flussabwärts angesiedelte Landwirte Nachteile durch einen verminderten Wasserstrom im Fluss befürchten müssen und beide Parteien die Erwartungen an das Handeln der anderen in ihr eigenes Handeln einbeziehen (z. B. potenzielle Konflikte und nachfolgende Auseinandersetzungen).
Soziale Situationen sind aufgrund des wechselseitigen aufeinander Abstimmens von Erwartungen über Aktionen und Reaktionen der jeweils anderen Akteure von einer doppelten Kontingenz gekennzeichnet, die für den Einzelnen eine gewisse Unsicherheit über die Handlungsfolgen begründet. Hierbei ist der Begriff der Unsicherheit von dem des Risikos zu unterscheiden. Während **Risiken** mit objektiven Eintrittswahrscheinlichkeiten belegt werden können, gelten ungewisse Ereignisse als unabschätzbar bzw. nur subjektiv abschätzbar (Schneeweiß 1991; Beck 1997). Die Ursache dafür ist in der Quelle der Unsicherheit zu suchen. **Statische Unsicherheit** bezieht sich auf Situationen, in denen die objektiven Bedingungen der Umwelt nicht bekannt sind. Durch empirische Untersuchungen kann aber das Wissen über die Bedingungen vermehrt und die Unsicherheit reduziert werden.
Im Gegensatz dazu ist **strategische Unsicherheit** abhängig von dem absichtsvollen Handeln anderer. In dem Maß, in dem eigene Ziele von dem Handeln Dritter abhängen, ist die Unsicherheit der Erwartungen kaum mehr mit Wahrscheinlichkeiten zu beziffern. Während folglich Mensch-Umwelt-Interaktionen Risiken bergen, unterliegen Mensch-Mensch-Interaktionen dem Problem strategischer Unsicherheit (Glückler 2004 a, Kap. 2). Wenngleich die Möglichkeit der objektiven Messung des Grads der Unsicherheit im Unterschied zum Risiko fehlt, so wird angenommen, dass die Reduktion von Unsicherheit durch die Schaffung von Institutionen möglich ist (➔ Kap. 8).

7.2.2 Interdependenz und Koordinationsproblem

Soziale Situationen entstehen aus dem Interesse der Akteure an Ressourcen und an dem Handeln anderer – oder genauer: aus der strukturellen Verbundenheit zwischen mehreren Handelnden und den Ressourcen, über die sie verfügen oder verfügen möchten. Soziale Situationen beschreiben den Kontext, in dem Akteure aus ihrem Ressourceninteresse heraus interagieren und dabei ihr Handeln an jenem der anderen orientieren. Drei Ausprägungen sozialer Situationen sind zum Verständnis relationalen Handelns von Bedeutung: Autonomie, Dependenz und Interdependenz (➔ Abb. 7-1): Die Situation der Autonomie ist dadurch gekennzeichnet, dass jeder Akteur bereits über die Ressourcen verfügt, die er benötigt. Im Gegensatz dazu ist eine Situation

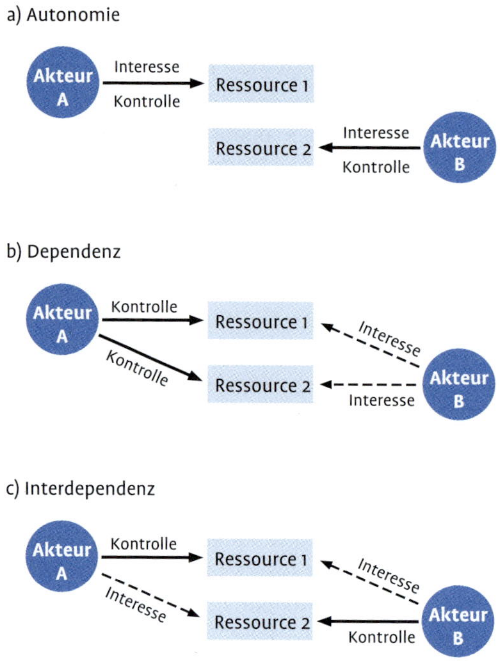

Abb. 7-1: Soziale Situationen: Autonomie, Dependenz und Interdependenz (nach Esser 2000 a, S. 10)

der Dependenz dadurch charakterisiert, dass ein Akteur über alle Ressourcen verfügt, während andere keinen Ressourcenzugriff haben (Esser 2000 a, Kap. 1).

Situationen der **Interdependenz** stellen die eigentlichen Herausforderungen in wirtschaftlichen Beziehungen dar. Hier verfügt jeder über Ressourcen, an denen auch die anderen Interesse haben, sodass ein echter Interaktionszusammenhang entsteht. Der Begriff der Ressource bezieht sich dabei keineswegs nur auf materielle Gegenstände, sondern bezeichnet alle denkbaren materiellen und immateriellen Mittel, die aus der Sicht des Akteurs einen Nutzen darstellen (➔ Kap. 3). Empirisch sind die meisten Handlungssituationen durch ein Mindestmaß an Interdependenz gekennzeichnet. Die Herausforderung interdependenter Situationen besteht in ihrer Komplexität, da jeder Akteur grundsätzlich eigene Wahrnehmungen und Interpretationen des Handelns hat bzw. entwickelt und zugleich aufgrund eigener Überlegungen und Strategien unterschiedliche Handlungsalternativen wählen kann. Die Interdependenz des Handelns und die Spezifität der Akteure, der betreffenden Ressourcen und der institutionellen Verfassung der Handlungsregeln (➔ Kap. 8) begründen zugleich die grundlegende Kontingenz sozialer Situationen (➔ Kap. 2). Strategische Unsicherheit und strukturelle Verbundenheit über unterschiedliche Verteilungen von Interessen und Verfügungsrechten an Ressourcen definieren grundlegende Koordinationsherausforderungen in sozialen Situationen.

7.2.3 Interaktion und Transaktion

Der Begriff der **Interaktion** beschreibt den Umstand, dass Akteure ihr Handeln wechselseitig am Handeln anderer Akteure orientieren und somit soziale Situationen durch ihre „gedankliche Verschränkung" (Esser 2000 a, Kap. 1) definieren. Jede soziale Situation beruht zudem auf institutionellen Handlungsorientierungen, auf die die Akteure zurückgreifen und durch die sie zu Einschätzungen der Folgen von Handlungsalternativen gelangen (➔ Kap. 8). Aus wirtschaftlicher Sicht sind vor allem **strategische Situationen** der Interdependenz interessant. Strategisches Handeln bezieht sich auf ein explizit teleologisches bzw. zweckorientiertes Handeln, wobei jeder Akteur seine Erwartungen hinsichtlich des möglichen Verhaltens der anderen in sein eigenes Handeln einbezieht. Aus dem wechselseitigen Interesse an der Nutzung von Ressourcen und Gütern begründet sich eine wirtschaftliche Dimension sozialer Interaktionen. Wenn Interaktionen zwischen Akteuren den Transfer von Ressourcen oder Gütern zum Gegenstand haben, sprechen wir von **Transaktionen**. Da in einer wissensbasierten Wirtschaft Informationen zunehmend den Charakter wirtschaftlicher Ressourcen und Güter gewinnen, ist der Begriff der Transaktion von dem der Kommunikation kaum scharf zu trennen. Denn **Kommunikation** bezeichnet den wechselseitigen Austausch von Zeichen und Informationen zur gemeinsamen Orientierung von Handeln. Zwei grundsätzliche Formen wirtschaftlicher Transaktionen lassen sich unterscheiden:

Box 7-1: Kula-Ring und generalisierter Tausch

Ein berühmtes Beispiel des generalisierten Tauschs ist der von Malinowski (1932) ethnographisch untersuchte Kula-Ring. Diese Studie zeigt, wie die Bewohner der westmelanesischen Inseln ein traditionelles System nahezu ringförmig übermittelter Gaben in strenger Regelmäßigkeit über eine weiträumige Region mit zahlreichen kleinen Inseln hinweg unterhielten: Im Uhrzeigersinn Reisende brachten den Gastgebern Armreife als Gabe und erhielten Halsketten als Gegengabe; wer gegen den Uhrzeigersinn liegende Inseln besuchte, gab Halsketten und erhielt Armreife (→ Abb. 7-2). Durch diese Regelmäßigkeit von Gaben und Gegengaben zirkulierten Armreife und Halsketten entlang einer Inselkette über Hunderte von Seemeilen (Malinowski 1932; Landa 1983). Die Gaben und Gegengaben des Kula-Rings hatten zwar nicht die wirtschaftliche Transaktionen zum Gegenstand, aber dieser generalisierte Tausch schuf die Grundlage für den unmittelbaren und direkten Handel von Gütern, den Besucher mit den Inselbewohnern während der Begegnungen betrieben (Grofman und Landa 1983).

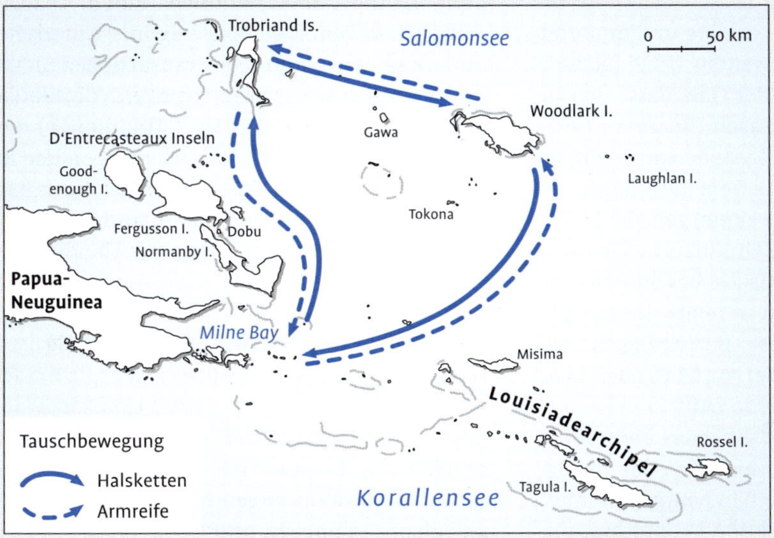

Abb. 7-2: Generalisierter Tausch des Kula-Rings (verändert nach Landa 1983, S. 140)

Tausch. Der **einfache Tausch** ist bilateral und bezeichnet die wechselseitige Übergabe der Kontrolle über Ressourcen zwischen zwei Akteuren (Esser 2000 a, Kap. 10 und 11). Die Besonderheit besteht darin, dass Leistungen hierbei unmittelbar oder mittelbar zu festgelegten Bedingungen getauscht werden. Kein Transaktionspartner muss den anderen kennen oder bestimmte Beziehungen mit ihm pflegen und keiner steht dem anderen nach dem Tausch in weiteren Verpflichtungen gegenüber (Landa 1983). Der einfache Tausch ist die charakteristische ökonomische Transaktion. In konventionellen ökonomischen Theorien werden gemäß dem einfachen Tausch anonyme Marktbeziehungen modelliert, in der Angebot und Nachfrage atomistisch zusammentreffen und über den Preis ausgeglichen werden (→ Kap 3.4). Diese Abstraktion wirtschaftlicher Interaktionen vereinfacht zwar die Modellierung von Marktprozessen, allerdings wird sie der empirischen Qualität und Vielfalt wirtschaftlicher Interaktionen nicht gerecht, zumal nicht alle Transfers von Ressourcen und Gütern über derartige Märkte koordiniert werden (→ Kap. 8.2).

Gabe. Vor allem in ethnologischen und anthropologischen Studien sozialer Systeme wird die

Gabe als alternative Form der Transaktion untersucht. Im Unterschied zur alltagssprachlichen Bedeutung der Gabe als interessenfreies Geschenk, das ohne Erwartung einer Gegenleistung gegeben wird, stellen diese Studien gerade den verpflichtenden Charakter der Gabe und die Erwartung an deren Erwiderung heraus (Mauss 1924; Gregory 1987). Gaben (wie auch Geschenke) sind nur vordergründig als einseitige Transfers von Ressourcen oder Gütern zu verstehen. Sie sind meist an die Norm der **Reziprozität** gebunden (Gouldner 1960), d.h. an die Erwartung, mittelfristig mit einer Gegengabe oder zumindest mit einem kooperativen Verhalten der zuerst Beschenkten rechnen zu können. Im Unterschied zum einfachen Tausch erfordert die Gabe jedoch erstens keine direkte und unmittelbare Gegenleistung und zweitens keine bilaterale Gegenleistung. Mittels der Gabe lässt sich somit ein **generalisierter Tausch** (Bearman 1997) definieren, der über ein System von mehr als zwei Akteuren stattfindet. Gegenleistungen erfolgen nur mittelbar und ohne genaue Festlegung des Werts oder des Zeitpunkts der Leistungen. Diese Form des Tauschs beschreibt typischerweise die Interaktion in relativ geschlossenen Strukturen sozialer Beziehungen wie beispielsweise einem isolierten Dorf oder Land (→ Box 7-1).

Die Erkenntnis des generalisierten Tauschs ist keineswegs ein ethnographisches oder historisches Artefakt, sondern auch in heutigen Kontexten wirtschaftlicher Interaktion bedeutsam. Viele wirtschaftliche Transaktionen finden außerhalb von Märkten, d. h. ohne direkte Kompensation statt. Hierzu gehören sowohl einseitige Gaben wie philanthropische Spenden, Stiftungen oder Schenkungen (Glückler und Ries 2012) als auch reziproke Transaktionen, wie z. B. mittelbare gegenseitige Unterstützung am Arbeitsplatz oder im Haushalt (Offer 1997) (→ Box 7-2). Ratschläge für einen Kollegen, gemeinsames Brainstorming oder das Engagement im persönlichen Erfahrungs- und Wissensaustausch in Unternehmen beruhen auf freiwilliger Kooperation und führen nicht unbedingt zu direkten Gegenleistungen. Da diese kooperativen Leistungen weder bezahlt (Markt) noch angeordnet (Hierarchie) werden, sind sie durchaus als Gaben und Gegengaben eines generalisierten auf Reziprozität beruhenden Tauschs zu interpretieren. Sie begründen Phänomene, wie z. B. Kollegialität oder Teamgeist. Gerade in Netzwerken ist die Gabe ein zentrales Moment, um Zutritt zu den Ressourcen anderer Netzwerkmitglieder zu bekommen und sich als verlässlicher Kooperationspartner zu empfehlen, wie dies am Beispiel des Netzwerks von Risikokapitalgebern im Silicon Valley illustriert wird (Ferrary 2003).

Die Unterscheidung von einfachem und generalisiertem Tausch verweist erstens darauf, dass nicht alle ökonomischen Transaktionen über Märkte und unmittelbare Gegenleistungen, sondern häufig außermarktlich durch sozialen Tausch erfolgen. Zweitens zeigt die Unterscheidung, dass wirtschaftliche Transaktionen an kollektiv verstandene Orientierungen (Sitten, Gebräuche, Gewohnheiten und Traditionen) und institutionelle Regeln, wie z. B. Normen der Reziprozität, gebunden sind (→ Kap. 8). Wirtschaftliche Transaktionen sind somit stets Interaktionen in sozialen Beziehungen.

7.3 Interaktionen in sozialen Beziehungen

Kooperationen bzw. der generalisierte Tausch bringen die Unsicherheit von ***free-riding*** mit sich, d. h. des einseitigen Nehmens, ohne selbst zu geben (Yamagishi und Cook 1993). Derartiges Ausnutzen kann unter Umständen erheblichen wirtschaftlichen Schaden bewirken (z. B. Ideendiebstahl). **Opportunistisches Verhalten** begründet somit Erwartungsunsicherheit in Interaktionen. Der folgende Abschnitt diskutiert wichtige Mechanismen, die dennoch dazu führen, dass soziale Interaktionen zustande kommen und sowohl erstmalige als auch wiederholte Transaktionen trotz hoher Unsicherheit in sozialen und strategischen Situationen möglich sind. Dabei wird insbesondere die Bedeutung von Vertrauen und Reputation als soziale Mechanismen zur Reduktion von Unsicherheit in räumlicher Perspektive betont.

Box 7-2: *Guanxi*-Netzwerke und reziproke Verpflichtungen

Auch in chinesischen und anderen ostasiatischen Gesellschaften spielen Geschenke und Gegengeschenke bzw. Gaben und Gegengaben eine wichtige Rolle. In sogenannten *guanxi*-Beziehungen wird auf diese Weise gegenseitig die Verpflichtung zur Aufrechterhaltung persönlicher Beziehungen signalisiert (Depner und Bathelt 2005). Im ökonomischen Kontext haben derartige Beziehungen eine wichtige Funktion, da formale Mechanismen zur Absicherung von Transaktionen traditionell entweder fehlen oder nicht vertrauenswürdig sind (Wang 2001). Persönliche Beziehungen ersetzen somit auf Gesetzen und Regeln basierende Handlungsstabilisierungen. Hwang (1987, S. 952) definiert *guanxi* als *„relationship in which an individual seeks to influence other people by means of renqing and mianzi"*. *Guanxi* sind als reziproke dauerhafte Beziehungen angelegt, die auf einer gemeinsamen Basis beruhend (z. B. gleiche Herkunft) sowohl instrumentellen als auch emotionalen Charakter haben. Um *guanxi* zu entwickeln und aufrechtzuerhalten ist es wichtig, einer betreffenden Person gegenüber Respekt in angemessenen Situationen (*renqing*) entgegenzubringen. Wird dieser Respekt nicht entgegengebracht, leidet die Reputation des potenziellen Empfängers von *renqing*.

Das Konzept von *guanxi* ist eng mit dem Phänomen des „Gesichtswahrens" (*mianzi*) verbunden. Dieses bezeichnet *„an individual's social position or prestige, gained by successfully performing one or more specific social roles that are well recognized by others ... The goal is to shape and install in the minds of others a particular favorable image"* (Hwang 1987, S. 960). *Mianzi* kann als Investition in ein Netzwerk verstanden werden, in das ein Akteur eingebettet ist. Je mehr „Gesicht" ein Akteur hat, desto mehr Respekt erhält der Akteur und desto mehr andere Personen sind bestrebt, mit ihm bzw. ihr zu kooperieren (Park und Luo 2001). Bei einem „Gesichtsverlust" verspüren Akteure ein großes Maß von Scham seitens des anderen, weil ihre spezifische Rolle innerhalb des sozialen Netzwerks beschädigt ist oder zumindest als solches empfunden wird. „Respektlosigkeit" kann Sender und Empfänger gleichermaßen schädigen, wobei die „Wahrheit" dabei unter Umständen eher eine Nebenrolle spielt. Aus ökonomischer Sicht ist bedeutsam, dass *guanxi*-Beziehungen nicht nur zum Aufbau von Reputation führen, sondern direkt (einschließlich entsprechender Vorteile und Verpflichtungen) durch Empfehlungen in der Form *guanxiwang* weitergegeben werden können (Park und Luo 2001; Wang 2001).

Obwohl derartige Beziehungen im ökonomischen Kontext hinderlich oder störend sein können, weil Verkrustungen, *lock-ins* und ein Ausschluss von Außenstehenden und deren Wissen stattfinden (→ Kap. 8 und 14), zeigen Hsu und Saxenian (2000) am Beispiel taiwanesischer Unternehmensgründer und Spezialisten in der US-amerikanischen Hightech-Industrie, dass die Kombination von traditionellen *guanxi*-Netzwerken mit modernen Managementprinzipien erfolgreich zum Wachstum von Industrieclustern beitragen kann (→ Kap. 10) – in diesem Fall zum entstehen erfolgreicher Netzwerke zwischen Silicon Valley und Taiwan. Obgleich vormoderne *guanxi*-Netzwerke sich im Zeitablauf vielfach verändert haben und beispielsweise unter kommunistischer Herrschaft durch hierarchische Anweisungsstrukturen überformt wurden, lässt sich ihre Bedeutung in chinesischen Beziehungsnetzwerken nach wie vor feststellen (Depner 2006).

7.3.1 Vertrauen

Vertrauen ermöglicht selbst unter der Bedingung hoher Unsicherheit das Handeln zwischen Akteuren und festigt sich durch positive Erfahrungen und zunehmende Erwartungssicherheit. Vertrauen ist somit die Grundlage für die Entstehung komplexer Interaktionsmuster, wie z. B. einer sozialen Arbeitsteilung oder der zeitlichen Trennung von Leistung und Entlohnung. Dies gilt sowohl für individuelle wie auch für kollektive Akteure, wie etwa Wirtschaftsunternehmen.

Vertrauen kann daher allgemein als eine Beziehung mit der gegenseitigen Erwartung verstanden werden, dass trotz bestehender Gelegenheiten und gegebener Anreize kein schädigendes Handeln absichtsvoll verfolgt wird (Nooteboom 2000a; 2002), selbst wenn der kurzfristige Gewinn opportunistischen Handelns den der Kooperation übertrifft (Glückler 2004a, Kap. 4). Aus geographischer Perspektive ist die Unterscheidung von zwei Ebenen des Vertrauens relevant:

Unpersönliches Vertrauen. System- und strukturationstheoretische Argumentationen betonen die herausragende Bedeutung von unpersönlichem (Shapiro 1987) bzw. institutionellem (Zucker 1986) oder systemischem Vertrauen (Luhmann 1989; Giddens 1997) für die zunehmende Differenzierung und arbeitsteilige Organisation moderner Gesellschaften (Bachmann 2001). Expertensysteme wie die des Gesundheits-, Rechts- oder Finanzwesens basieren auf dem Vertrauen der Gesellschaft in Experten. Diese Systeme werden zumeist territorial in Nationalstaaten oder föderalen Gebietseinheiten institutionalisiert. Sie schaffen Erwartungssicherheit und ermöglichen beispielsweise, dass Sparer gegenüber einer unbekannten Bank Einzahlungen vornehmen oder Eltern ihre Kinder einer Schule zur Ausbildung anvertrauen. **Systemvertrauen** drückt sich in dem Maß aus, in dem einander unbekannte Akteure auch unter prinzipieller Unsicherheit miteinander agieren. Da Akteure nicht mit allen anderen Akteuren durch persönliche Vertrauensbeziehungen verbunden sind, ist es häufig unerlässlich, mit unbekannten Akteuren in Interaktion zu treten (Shapiro 1987). Die besondere Charakteristik von Systemvertrauen besteht darin, dass es für einen spezifischen Gegenstand, z. B. den Tausch von Werten durch Geldzahlungen, Sicherheit zwischen einer großen Zahl von Personen schafft, und zwar unabhängig von den Sympathien oder Einstellungen der Personen zueinander (Bachmann 2001). Diese Diskussion von Giddens (1997) zeigt, dass Systemvertrauen das Ergebnis einer hohen Konformität der Gesellschaft gegenüber effektiven Institutionen ist, die eine Reklamierung der eigenen Interessen oder eine Sanktionierung der Interaktionspartner bei Vertrauensverletzung ermöglichen (→ Kap. 8). Beispiele für Vertrauen schaffende Maßnahmen sind Verträge, Verfahrensnormen (z. B. der Berufskodex, auf den sich Unternehmen in einem Verband oder einer Kammer verpflichten), versicherungsähnliche Vereinbarungen zwischen den Parteien (z. B. Garantien) oder Kontrollverfahren, wie z. B. eine Zertifizierung (Glückler 2004a). Institutionelle Arrangements können Transaktionszusammenhänge jedoch nicht hinreichend regulieren. Sie sind mit ***sophistication costs*** (Shapiro 1987) bzw. Kosten der Spezifizierung verbunden. So ist es trotz eines Vertrages und entsprechender Rechtslage noch keineswegs sicher, dass die eigenen Interessen auch juristisch durchgesetzt werden können. Shapiro (1987, S. 652) erkennt daher ein grundlegendes Paradoxon darin, dass *„the more we control the institution of trust, the more dissatisfied we will be with its offerings"*. Je mehr Instrumente und institutionelle Arrangements entstehen, um unpersönliches Vertrauen zwischen unbekannten Parteien zu generieren, desto mehr nehmen auch die Möglichkeiten zu, dieses Vertrauen auszunutzen, wodurch der Bedarf für weitere Kontrollen und Instrumente immer weiter ansteigt. Die zunehmende Vertiefung der sozialen Arbeitsteilung sowie die Bildung von immer höher spezialisierten Expertensystemen ist ein Unterschied zwischen der traditionellen, vormodernen und der modernen Gesellschaft (Giddens 1997). Trotz landesweit gleicher Institutionen kann unpersönliches Vertrauen von Unternehmen z. B. in die Zahlungsmoral von Kunden durchaus regional variieren. Die tatsächlich empfundene Erwartungssicherheit über das Handeln anderer Akteure wird auch durch lokale Kontexte geprägt.

Persönliches Vertrauen. Expertensysteme und gesellschaftliche Institutionen können die Unsicherheit von Interaktionen nicht vollständig auflösen. Dies gelingt erst durch persönliches Vertrauen, das durch konkrete Interaktionen entsteht. Es ist umso wichtiger, je geringer systemisches Vertrauen ausgeprägt ist (Bachmann 2001). Empirisch tendieren Versuchspersonen als Käufer dazu, ihre Transaktionsbeziehungen mit Verkäufern dann zu vertiefen, wenn sie in vorangegangenen Transaktionen nicht enttäuscht wurden. Menschen vertrauen am ehesten, wenn sie eine Erwartung der Fairness haben (Falk und Fischbacher 2006). Erfolgreiches Interagieren führt somit zu hoher Reziprozität und wird mit Vertrauen assoziiert. Reziprozität und das Festhalten an vertrauten Tauschpartnern ist umso ausgeprägter, je unsicherer die Tauschbedingungen sind (Kollock 1994). Entgegen der Annahme des ***engineering trust*** (Buckley und Casson 1998b) kann persönliches Vertrauen nicht einseitig hergestellt werden, sondern entsteht aus wechselseitigen Interaktionen. Aufgrund der Erfahrungsgebundenheit entsteht Vertrauen als allmählicher Prozess Schritt für Schritt (Lane und Bachmann 1996; Lorenz 1999). Durch wechselseitige Verbindlichkeit erhalten die Partner häufig gegenseitig Zugang zu den kritischen Ressourcen der jeweils anderen, was ohne Vertrauen der Partner nicht gewährt würde. Damit begleitet den Aufbau persönlichen Vertrauens zugleich immer die Gefahr, dass anvertraute Informationen oder Ressourcen missbraucht werden (Granovetter 1985). Allerdings stellt der wechselseitige Zugang zu den Ressourcen der anderen Partner zugleich ein Kontroll- sowie Sanktionspotenzial dar. Folglich schützen Vertrauensbeziehungen dann vor Missbrauch, wenn zwei Partner wechselseitige Verbindlichkeiten eingegangen sind. Vertrauen ist daher keineswegs eine statische Größe, sondern bedarf der fortwährenden Erneuerung und Pflege (Lowey 1999, Kap. 2). Die Entstehung von persönlichem Vertrauen ist gebunden an Interdependenz (Loose und Sydow 1994; Lowey 1999) und setzt ein hohes Maß freiwilliger Kommunikation voraus (Luhmann 1989).

Vertrauen ist kein Selbstzweck. Unternehmen sind nicht wegen des Vertrauens per se an stabilen und dauerhaften Beziehungen interessiert, sondern verfolgen durch vertrauensvolle Zusammenarbeit die Realisierung gemeinsamer Interessen. Daher wäre es reduktionistisch anzunehmen, dass kooperative Unternehmensbeziehungen immer auf der Basis von Vertrauen existierten (Sayer 2001). Persönliches Vertrauen ist gemäß empirischer Studien jeweils mit vielfältigen Vorteilen verbunden (Gulati 1995; Uzzi 1996; 1997): Es überbrückt die Erwartungsunsicherheit der Interaktionspartner und ermöglicht es, implizite und reichhaltige Informationen und Wissen zu transferieren, schnelle kooperative Problemlösungen und Lernprozesse zu entwickeln und zeitraubende Regelabstimmungen zu verkürzen. Dadurch entstehen den Partnern ***economies of time*** (Uzzi 1997), die sich z. B. in schnellerem Marktzugang oder rascherer Reaktion auf Umweltveränderungen ausdrücken. Darüber hinaus stellen Romo und Schwartz (1995) eine ausgeprägte Robustheit kooperativen Verhaltens fest, selbst wenn eine *end-game*-Situation in der Schlussphase eines Spiels erreicht ist, in der opportunistisches Verhalten von anderen Parteien nicht mehr sanktionierbar ist. Unternehmensbeziehungen, die aufgrund gemeinsamer Erfahrungen in gegenseitigem Vertrauen begründet sind, bestehen häufig ohne vertraglich festgeschriebene Transaktionsbedingungen. Gerade im Bereich kooperativer Innovations- und Lernprozesse zwischen Unternehmen können sich Versuche, alle Unwägbarkeiten zukünftiger Zusammenarbeit mit rechtlichen Instrumenten zu regulieren, hemmend auf Innovationsprozesse auswirken, da sie eher Skepsis und Übervorsicht als kooperatives Engagement signalisieren (Macaulay 1963). Da Vertrauen vor allem in persönlicher, ko-präsenter Interaktion gebildet wird und häufige, wiederholte Interaktionen voraussetzt, ist oft ein Mindestmaß an räumlicher Nähe zumindest zeitweise von Vorteil, weil räumliche Nähe Interaktionsgelegenheiten schafft bzw. erleichtert.

Empirisch kann sich das Vertrauen von Unternehmen bzw. von Personen in Unternehmen auf unterschiedliche Aspekte beziehen. In Anlehnung an Barber (1983) lassen sich zwei grundlegende Typen persönlichen Vertrauens unterscheiden (Glückler 2004a):

(1) **Kompetenzvertrauen.** Vertrauen in einen Partner kann auf der Erwartung beruhen, dass der Partner über die geeigneten Qualifikationen, Kompetenzen und Techniken verfügt, um seine Rolle zu erfüllen (Barber 1983, Kap. 1). Kompetenzvertrauen reduziert damit das *performance risk* (Das und Teng 2001) aufgrund man-

Tab. 7-1: Unterscheidung von Kompetenzvertrauen und ***goodwill***-Vertrauen (Glückler 2004, S. 247)

	Kompetenzvertrauen	***goodwill*-Vertrauen**
Vertrauensobjekt	Qualifikation, Kompetenz, d. h. Leistungs*fähigkeit*	moralische Verpflichtung, d. h. Leistungs*bereitschaft*
Modalität	einseitig, d. h. Kunde vertraut der Leistungsfähigkeit des Beraters	reziprok, d. h. Berater und Kunde vertrauen der gemeinsamen Beziehung
Entstehung	Produktion (*engineering*), d. h. Berater signalisiert eigene Kompetenzen	Emergenz, d. h. Vertrauen entsteht als Nebenprodukt erfolgreicher Zusammenarbeit
Stabilität	zerbrechlich, d. h. Zerfall bei einmaliger Verletzung der Leistungsfähigkeit	robust, d. h. Fortbestand auch bei eventuellen Leistungsenttäuschungen

gelnder Eignung eines Transaktionspartners (→ Tab. 7-1).

(2) ***Goodwill*-Vertrauen.** Das Vertrauen auf der Grundlage von *goodwill* beruht auf der Erwartung, dass Partner eine moralische Verpflichtung und Verantwortung empfinden, sich kooperativ zu verhalten (Barber 1983, Kap. 1). *Goodwill*-Vertrauen reduziert damit das *relational risk* (Das und Teng 2001) aufgrund opportunistischen Handelns eines Transaktionspartners durch Missbrauch von Informationen oder fehlendes Engagement. *Goodwill*-Vertrauen schließt aufgrund des Bezugs zur Interaktionsbereitschaft Aspekte der Leistungsbereitschaft sowie der Verschwiegenheit ein. Durch die Unterscheidung dieser beiden Vertrauensdimensionen wird deutlich, dass die Bereitschaft sich zu engagieren und opportunistisches Verhalten zu unterlassen bei *goodwill*-Vertrauen im Gegensatz zum Kompetenzvertrauen eher strategischer Natur ist. Aufgrund seines strategischen und somit variablen Charakters entsteht *goodwill*-Vertrauen vermutlich schwieriger, ist vergänglicher und bedarf intensiverer Interaktionen in räumlicher Ko-Präsenz als das Kompetenzvertrauen (Glückler 2004a). Persönliches Vertrauen ist beziehungsspezifisch und kann nicht einfach transferiert oder gehandelt werden. Deshalb kann bestehendes Vertrauen nicht die Bildung neuer Beziehungen erklären (Glückler 2005b). Es bedarf des Mechanismus der Reputation, um zu verstehen, wie einander unbekannte Transaktionspartner bei Unsicherheit in eine Transaktion einwilligen.

7.3.2 Reputation

Reputation ist die auf eigene oder fremde Erfahrungen gestützte Erwartung über das zukünftige Verhalten anderer Akteure. Damit Reputation entstehen kann, müssen drei Bedingungen erfüllt sein (Glückler 2004a; 2005b):

(1) *Unvollständige Informationen.* Reputation spielt nur unter der Bedingung unvollständiger Informationen eine Rolle. Denn wenn Produkteigenschaften vor dem Kauf vollständig beobachtbar wären, würde die Qualität früherer Produkte nicht in die Bewertung des Kunden eingehen (Shapiro 1983; Weigelt und Camerer 1988; Glückler 2004a). Unvollständige Informationen sind insbesondere mit Erfahrungsgütern oder Vertrauensgütern verbunden (→ Kap. 3). Da die Eigenschaften von Gütern oder Dienstleistungen erst nach dem Kauf durch die jeweilige Nutzung endgültig bestimmt werden können (Nelson 1974), sind Anbieter daran interessiert eine Reputation aufzubauen, aus der hervorgeht, dass sie stets gute Qualität bieten.

(2) *Mehrfache Transaktionen.* Die Reputation eines Produkts gewinnt erst dann an Wert, wenn es wiederholte Transaktionen gibt, in denen eine hohe Produktqualität bestätigt werden kann. Nur bei wiederholten Transaktionen wird die Wahrnehmung des früheren Verhaltens eines Akteurs zur Beurteilung jetzigen und zukünftigen Verhaltens benötigt (Kreps und Wilson 1982).

(3) *Konsistentes Verhalten.* Die Reputation einer Person für ein bestimmtes Verhalten kann nur

entstehen, wenn in wiederholten Situationen immer das gleiche Verhalten gezeigt wird (Weizsäcker 1984). Nur durch konsistentes Erbringen von Leistungen hoher Qualität kann dauerhaft eine Reputation für gute Qualität entstehen.

Produzenten oder Händler schöpfen aus einer positiven Reputation Wettbewerbsvorteile. Wenn sich Kunden beispielsweise beim Kauf auf die Reputation von Produzenten verlassen, so muss ein Produzent, der hohe Qualität anbieten möchte, zunächst in seine Reputation investieren. Da er zu Beginn seiner Aktivitäten (in der Regel) noch keine Reputation besitzt, kann er z. B. zunächst hohe Qualität zu niedrigen Preisen anbieten. Die Kosten, die ihm dadurch entstehen, gelten als Investition in seine Reputation. Sobald ein Unternehmen eine gewisse Reputation besitzt, kann es entsprechend höhere Preise für die gleichbleibende Qualität verlangen. Es entsteht ein Hoch- oder Prämienpreis, der über den Produktionskosten des Produkts liegt und als Reputationsprämie oder Reputationsrente bezeichnet werden kann. Sie drückt sich als *return on past performance* aus (Burt 1992). Die langfristige Reputationsrente muss in jedem Falle höher sein als der kurzfristige Nutzen, der durch eine *fly-by-night*-Strategie, d. h. durch opportunistisches Handeln, erzielt werden kann (Shapiro 1983). Hierbei würde durch den Verkauf schlechter Qualität zu hohen Preisen kurzfristig ein Gewinn erzielt werden, durch den die Reputation jedoch verloren ginge. Der Anreiz eines Produzenten oder Händlers, auch weiterhin hohe Qualität zu verkaufen, besteht darin, dass die positive Reputation ein Preisniveau sichert, das andauernd hohe Gewinne impliziert. Eine positive Reputation sichert Wettbewerbsvorteile und erleichtert z. B. den Eintritt in neue Märkte (Glückler 2006 d; 2006 c). Reputationsprämien können durchaus auch territorial konstruiert werden, wie das Beispiel der regionalen Herkunftsbezeichnungen illustriert (➔ Box 7-3).

Allerdings setzen die bisherigen Überlegungen voraus, dass eine automatische Verbreitung der Reputation erfolgt. Die meisten Ansätze der Spieltheorie und Managementlehre diskutieren das Konzept der Reputation unter drei Annahmen (Glückler 2004 a):

(1) Es wird erstens vorausgesetzt, dass das Verhalten eines Akteurs eindeutig beobachtet und beurteilt werden kann, sodass es immer möglich ist, die Qualität einer erbrachten Leistung exakt zu bestimmen.

(2) Es wird zweitens angenommen, dass die Reputation, die ein Akteur durch Interaktion mit anderen aufbaut, allen anderen Akteuren unmittelbar bekannt wird.

(3) Drittens wird damit die Existenz von einer einzigen Reputation eines Akteurs angenommen.

Diese Annahmen sind jedoch problematisch. Denn erstens macht die Qualität einer Quelle einen Unterschied für die Glaubwürdigkeit der Information, die über eine Reputation verbreitet wird, und zweitens hat nicht jeder Marktteilnehmer Zugang zu Informationen über die Reputation potenzieller Interaktionspartner. Schließlich können in der Realität auch verschiedene bzw. sogar widersprüchliche Reputationen über einen Akteur existieren, aus denen dann eine verlässliche identifiziert werden muss. Zudem sind Informationen über eine Reputation selbst wiederum unvollständig und somit mit Unsicherheiten verbunden. Wichtig zur Beurteilung ihrer Qualität ist daher die Quelle dieser Informationen. Damit zusammenhängend lassen sich mit der öffentlichen und der Netzwerkreputation zwei Reputationstypen unterscheiden (Glückler und Armbrüster 2003; Glückler 2004 a).

Öffentliche Reputation. Reputation ist dann öffentlich, wenn die Bewertung zukünftigen Verhaltens auf allgemein zugänglichen, veröffentlichten Informationen beruht, die frei im Markt zirkulieren. Die Reputation von Unternehmen in Bezug auf ihre Produktqualität oder spezifische Qualitätsmerkmale wird dabei häufig an intermediäre Organisationen geknüpft (Fombrun 1996). Zeitungen, Verbände, *rating*-Agenturen, Umfrageforschung (z. B. Ranglisten der besten Universitäten für ein Studienfach) oder öffentliche Wettbewerbe sind Instrumente zum Vergleich und zur Messung des Ansehens oder der Qualität von Produkten, Marken und Unternehmen. Diese Organisationen bilden gewissermaßen eine *reputation-building industry* (Fombrun 1996), d. h. eine Branche zur Herstellung von

Box 7-3: Territoriale Reputationsprämien durch regionale Herkunftsbezeichnungen

Konsumenten sind an verlässlichen Kaufentscheidungen interessiert und vermeiden es, Qualität von Produkten jedes Mal neu bewerten zu müssen. Unternehmen verfolgen daher Strategien zur Bildung von Produktreputation. Gelingt es einem Unternehmen, eine positive Reputation für seine Produkte zu erwerben und die Loyalität des Kunden zu gewinnen, so fragen Konsumenten Güter dieses Unternehmens immer wieder nach, ohne bei jedem Kauf die Angebote der Wettbewerber ernsthaft zu prüfen. Diese Kauferleichterung bezahlen Kunden übrigens mit einer Reputationsprämie, d. h. einer Quasi-Monopolrente für das Unternehmen, das einen von Konsumenten konstruierten strategischen Wettbewerbsvorteil gegenüber seinen Konkurrenten genießt. Der Mechanismus der Reputation reduziert Erwartungsunsicherheit und wird zum Instrument der Grenzziehung in unvollkommenen Märkten. In dem System der regionalen Herkunftsbezeichnungen wird eine territoriale Differenzierungsstrategie zur strategischen Verteidigung von Reputationsprämien genutzt (Glückler und Berndt 2005). 1992 bildete die Europäische Union den rechtlichen Rahmen zum Schutz von Produkten nach ihrem geographischen Ursprung. Heute gibt es in der EU etwa 400 regionale Herkunftsbezeichnungen für Lebensmittel, davon allein 60 aus Deutschland. Interessanterweise gibt es verschiedene Schutzsysteme: Im Gegensatz zur geschützten **Ursprungsbezeichnung**, die die gesamte Erzeugung, Herstellung und Verarbeitung eines Erzeugnisses in einem bestimmten geographischen Gebiet erfordert (z. B. Parma-Schinken), verlangt eine **geschützte geographische Angabe** lediglich eine Stufe der Gesamtherstellung in dem Herkunftsgebiet. „Schwarzwälder Schinken", „Nürnberger Lebkuchen" oder seit 2001 auch „Bayerisches Bier" können somit Zutaten aus allen Regionen der Welt enthalten, solange nur ein einziger Produktionsschritt in der Herkunftsregion erfolgt. Regionale Marken erlauben Reputationsprämien, auch wenn sie weder von regionalen Unternehmen noch vollständig in der betreffenden Region hergestellt werden. Hier spielt der Staat eine wichtige Rolle. Denn erst durch die rechtliche Regelung regionaler Herkunftsbezeichnungen wird die Marke als Marktunvollkommenheit geschützt. Erst durch das Ausgrenzen von Anbietern entsteht die Möglichkeit, private Prämien aus der Marke zu erzielen.

Reputation. Gerade aus dem Mangel an persönlicher Erfahrung und dem erforderlichen Systemvertrauen auf die Legitimität und Kompetenz dieser Reputationsindustrie resultieren jedoch auch die Schwächen öffentlicher Reputation. Aus ethnographischen Arbeiten über die New Yorker Textilindustrie geht beispielsweise hervor, dass öffentliche Reputation im Vergleich zu informellen Reputationsmechanismen teilweise nicht als verlässlich eingeschätzt wird. Ein Textilunternehmer stellte fest: *„manufacturers can play hit-and-run for years before their reputation catches up with them"* (Uzzi 1996, S. 680).

Netzwerkreputation. Demgegenüber liegt Netzwerkreputation dann vor, wenn die Beurteilung der Leistung eines Akteurs auf Informationen beruht, die aufgrund der Erfahrung von bekannten oder vertrauten Dritten innerhalb eines Netzwerks weitergegeben werden. Die erwartete Leistung eines Unternehmens ist dann gut, wenn andere sie bereits als gut befunden haben (Willke 1998). Netzwerkreputation ist somit eine Form des *spillovers* von Informationen zwischen den Akteuren eines sozialen Netzwerks, zumal die betreffenden Informationsflüsse quasi ein Nebenprodukt der Netzwerkbeziehungen sind. Im Gegensatz zu öffentlicher ist Netzwerkreputation erstens kein öffentliches Gut, d. h. keine frei zirkulierende Information, sondern beschränkt sich auf Mitglieder eines sozialen Netzwerks. Zweitens werden aufgrund der bestehenden Bekanntschafts- oder Vertrauensbeziehungen zwischen den Netzwerkteilnehmern dichte, reichhaltige Informationen bereitgestellt, die verlässlicher und glaubwürdiger sind als Marktinformationen. Netzwerkreputation bezeichnet

Tab. 7-2: Unterscheidung von öffentlicher Reputation versus Netzwerkreputation (Glückler 2004, S. 252)

	Öffentliche Reputation	Netzwerkreputation
Verbreitung	Öffentlichkeit, d. h. Ausstrahlung über Medien, z. B. Fachpresse (*broadcasting*)	Netzwerk, d. h. Kommunikation über Vertrauensbeziehungen (Mundpropaganda)
Reichweite	unbegrenzt, d. h. (fach)-öffentlich	begrenzt, durch Mitgliedschaft in einem persönlichen Netzwerk
Reichhaltigkeit	dünne Information, d. h. geringe Verlässlichkeit aufgrund unbekannter Herkunft der Erfahrung	dichte Information, d. h. hohe Verlässlichkeit durch vertraute Beziehung zur Quelle der persönlichen Erfahrung

folglich einen Mechanismus netzwerkgebundener Kommunikation von Urteilen über Dritte (Glückler 2004a). Es sind gerade die Reichhaltigkeit und Verlässlichkeit der Informationen, die das Konzept der Netzwerkreputation von dem der öffentlichen Reputation unterscheiden (➔ Tab. 7-2). Empirische Studien zeigen, dass neue Kunden z. B. bei der Auswahl eines Unternehmensberaters besonders häufig auf die persönlichen Empfehlungen von Partnern vertrauen, die bereits positive Erfahrungen mit dem jeweiligen Berater gesammelt haben. Demgegenüber spielt das öffentliche Image eines Beraters für diese Entscheidung meist nur eine nachgeordnete Rolle (Clark 1995; Glückler und Armbrüster 2003).

In geographischer Hinsicht ist Reputation eine wichtige Voraussetzung für die Entstehung neuer Interaktionsbeziehungen und für den Fortbestand von Interaktionen über große Distanzen mit seltenen persönlichen Treffen (Meusburger 2008; 2009). So zeigt die historische Studie maghrebinischer Händler im Mittelalter, wie einander unbekannte Händler auf ihren Handelsreisen über das Mittelmeer vor allem auf der Basis von Reputationsurteilen miteinander in Handelsbeziehungen treten konnten (Greif 1989). Die Reputation über Händler wurde innerhalb der Händlernetzwerke kommuniziert und diente als verlässliche Bewertung des Kooperationsverhaltens persönlich unbekannter Händler. Reputationsnetze sind besonders effektiv in urbanen Kontexten. In einer Untersuchung der Metropolregion Rhein-Main zeigte sich, dass Beratungsunternehmen mit einem Sitz in der Kernstadt Frankfurt viel mehr Kundenunternehmen außerhalb der Region in großer Entfernung gewinnen konnten und dass entfernte Kunden häufiger über persönliche Empfehlungen erschlossen wurden (Glückler 2007b).

7.3.3 Soziales Kapital

Seit Ende der 1980er-Jahre ist die große Bedeutung sozialer Beziehungen für das Handeln von Menschen in den Politikwissenschaften, der Entwicklungsforschung, den Planungswissenschaften und zahlreichen weiteren Disziplinen erkannt und durch das Konzept des sozialen Kapitals hervorgehoben worden. Das Konzept greift den aus der Systemtheorie bekannten Zusammenhang auf, wonach die Wirkung eines Ganzen größer sein kann als die Summe seiner Einzelbestandteile – und zwar infolge der Beziehungen zwischen den Einzelbestandteilen. Der Aufstieg des Konzepts erfolgt parallel zu einer stärkeren Hinwendung der Wirtschaftsgeographie zu sozialwissenschaftlichen Konzepten und Methoden. Dabei steht das Unternehmen nicht mehr als isolierter Akteur, sondern in seinem Beziehungsgeflecht mit Zulieferern, Abnehmern, staatlichen Behörden und anderen Institutionen im Mittelpunkt der Analyse (Grabher 1993b; Podolny und Page 1998). Die Untersuchungsinhalte richten sich zusehends auf die Kommunikations-, Abstimmungs- und Lernprozesse zwischen Unternehmen statt auf die Eigenschaften isolierter Unternehmen (Bathelt 1997a; 2000). Die Anwendung des Konzepts auf geographische Fragestellungen darf allerdings nicht dazu ver-

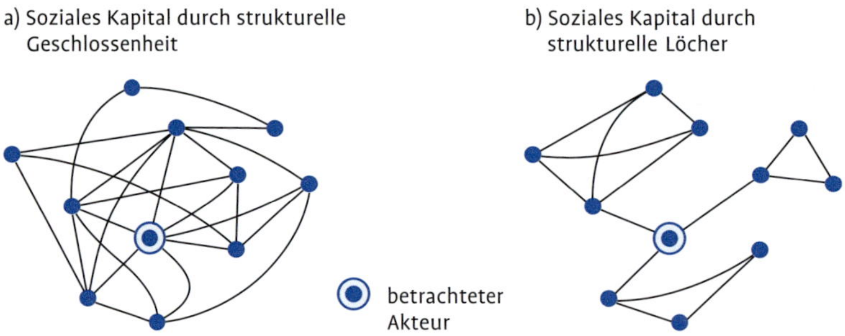

Abb. 7-3: Gegensätzliche Quellen sozialen Kapitals aufgrund der Struktur sozialer Beziehungen

leiten, sozialem Kapital a priori einen konkreten regionalen Wirkungsbezug zuzuweisen, wie dies z. B. in der Arbeit von Putnam (1993) für Italien erfolgt.

Das **Konzept des sozialen Kapitals** thematisiert eine Ressource (→ Kap. 3.3), die sich im Unterschied zu Sach- und Humankapital nicht in der Verfügungsgewalt eines einzelnen Akteurs oder einer einzelnen Organisation befindet, sondern in der Beziehung zwischen Akteuren besteht und somit nur in Abhängigkeit von Partnern mobilisiert werden kann. Coleman (1988), der neben Bourdieu (1986) einer der Begründer des Konzepts ist, fasst soziales Kapital als kumulierte Geschichte in Gestalt sozialer Struktur auf, die für persönliche Ziele in Wert gesetzt werden kann. Das Konzept des sozialen Kapitals bezeichnet zwar kein neues soziales Phänomen, aber es eröffnet die Möglichkeit, nicht-monetäre Ressourcen als wichtige Quellen von Macht und Einfluss zu erfassen und diese anderen Formen von Kapital gegenüberzustellen (Portes 1998).

In Netzwerken zwischen Händlern derselben ethnischen Gruppe bewirkt soziales Kapital eine Erhöhung der Wettbewerbsfähigkeit (Bebbington und Perreault 1999) und ist dadurch ein Vehikel zur Schaffung von Human- und Sachkapital (Coleman 1988). Soziales Kapital verschafft den Besitzern bzw. Begünstigten eine Reihe von Vorteilen. So ermöglicht es erstens die Bildung von Verpflichtungen und Erwartungen zwischen Akteuren, die als Formen eines Kredits aufgefasst werden können. Zweitens genießen Akteure Informationsvorteile, wenn sie über ihre sozialen Beziehungen zusätzliche Information erlangen. Und drittens können Akteure durch eine gemeinsame Identität und wiederholte Interaktionen gemeinsame Normen und Werte bilden. Diese ermöglichen das Entstehen von Handlungsorientierungen und Sicherheiten in den Beziehungen innerhalb sozialer Systeme, sodass die Effizienz von Transaktionen steigt und opportunistisches Verhalten verhindert wird (Coleman 1988).

Für Coleman (1988) resultiert soziales Kapital vor allem aus der relativen **Geschlossenheit von sozialen Systemen** oder Netzwerken (→ Abb. 7-3 a). Aus historischen und ethnologischen Studien gibt es zahlreiche Beispiele, die die Vorteile dichter Netzwerke belegen, wie etwa die rotierenden Kreditassoziationen in Südasien (Geertz 1962) oder den Diamantenhandel in New York (Ben-Porath 1980). In allen Fällen haben die Mitglieder der Netze die Gewissheit, aufgrund der Geschlossenheit des örtlichen Netzwerks nicht betrogen zu werden und gehen deshalb Kooperationen ein. Denn ein Verletzen des Vertrauens gegenüber einem Mitglied des Netzwerks würde sich schnell herumsprechen und durch Ausschluss aus der Gruppe sanktioniert werden. Dass Geschlossenheit bzw. soziale Kohäsion (sozialer Zusammenhalt) aber keineswegs nur Vorteile mit sich bringt, demonstriert z. B. Portes (1998). Nach außen erzeugt soziale Kohäsion negative externe Effekte, da Nicht-Mitglieder ausgeschlossen bleiben. Ferner kann die Kohäsion einer Gruppe auch negative Wirkungen auf die Gruppe selbst haben. So bietet sich unter Umständen die Möglichkeit des *free-riding* einzelner Mitglieder, wobei alleine aus der Zugehörigkeit zu einer Gruppe Ansprüche auf deren Ressourcen erhoben werden können ohne eigene Ressourcen einzubringen (Portes 1998; Sandefur und Laumann 1998). Ferner können einer Gruppe hohe Opportunitätskosten entstehen, wenn wichtige Informationen aufgrund der Geschlossenheit nicht in die Gruppe eindringen. Kern (1996) verdeutlicht die daraus erwachsende Gefahr der Ideenverkrustung und letztlich des kollektiven Scheiterns geschlossener Netzwerke (➔ Kap. 10 und 14).

Aufgrund der mit der Geschlossenheit sozialer Systeme verbundenen Probleme schlägt Burt (1992) eine entgegengesetzte Perspektive sozialen Kapitals vor. Nicht etwa die Kohäsion einer Gruppe, sondern die **Fragmentierung sozialer Strukturen** bildet hierbei das Potenzial für soziales Kapital (➔ Abb. 7-3 b). Das zentrale Argument der ***structural-hole*-Theorie** von Burt (1992) besteht darin, dass unverwirklichte Beziehungen zwischen Akteuren eines Netzwerks Informations- und Kontrollvorteile für diejenigen schaffen, die die untereinander unverbundenen Akteure mit eigenen Beziehungen erreichen. Solche nicht-redundanten Beziehungen konstituieren in diesem Verständnis das soziale Kapital eines Akteurs, das diesem die Gelegenheit des Aushandelns und Vermittelns zwischen unverbundenen Akteuren bietet. Burt (1997) gelangt anders als Coleman (1988) zu dem Ergebnis, dass soziales Kapital nicht eine kollektive Ressource, sondern eine individuelle Gelegenheit ist, Informations- und Kontrollvorteile zu erlangen, die sich aus einer offenen Netzwerkstruktur und weitreichender Unverbundenheit (*structural holes*) anderer Akteure ergibt (Glückler 2004 a; Bathelt und Zeng 2012).

Die gegensätzlichen Darstellungen von Coleman (1988) und Burt (1992; 1997) verweisen auf einen ähnlichen Antagonismus wie das Paradoxon der *embeddedness* (Uzzi 1996; 1997). Die Geschlossenheit der Beziehungen einer Gruppe ermöglicht einerseits die Bildung von gemeinsamen Normen und Sanktionen, zu viel Abschottung jedoch isoliert von der Möglichkeit, Informations- und Kontrollgelegenheiten wahrzunehmen. Sandefur und Laumann (1998) streben an, aus der gegensätzlichen Argumentation ein allgemeines Verständnis sozialen Kapitals zu formulieren, und plädieren für eine Konzeption, die die Überlegungen von Coleman (1988) und Burt (1992) integriert. Soziales Kapital hat eine Wertigkeit, die abhängig ist von den Zielen, die ein Akteur verfolgt. Darauf aufbauend definieren Sandefur und Laumann (1998, S. 484) den individuellen Wert sozialen Kapitals wie folgt: „*An individual's potential stock of social capital consists of the collection and pattern of relationships in which she is involved and to which she has access, and further to the location and patterning of her associations in larger social space. That is, her potential social capital is both the contact she herself holds and the way in which those contacts link her to other patterns of relations.*"

Über die Angemessenheit der Bezeichnung „soziales Kapital" als *Kapital* herrscht eine kontroverse Diskussion (Glückler 2004 a, Kap. 4). Kritisiert wird erstens, dass die Flüsse im Verhältnis zu den Beständen sehr gering sind (Paldam und Svendsen 2000). Da soziales Kapital nur langsam aufgebaut wird (Putnam 1993), könne es keine Akkumulations- und Investitionsfunktion wahrnehmen. Zweitens wird der Bestand sozialen Kapitals im Gegensatz zu Sachkapital (aber ebenso wie bei Humankapital) durch Nutzung vermehrt und nicht verringert. Drittens wird soziales Kapital im Unterschied zu Sachkapital nicht unbedingt absichtsvoll produziert, sondern fällt (wiederum wie bei Humankapital) als Nebenprodukt anderer Aktivitäten an (Paldam und Svendsen 2000). Viertens wird argumentiert, dass soziales Kapital im Gegensatz zu physischem Kapital negativ sein kann, wenn z. B. Verbrechersyndikate oder Mafiastrukturen mehr Nachteile als Vorteile bewirken. Befürworter des Konzepts lehnen ein Verständnis negativen Sozialkapitals aber als ebenso unsinnig ab wie die Definition einer „*illegalen Waffenfabrik als negatives Sachkapital*" (Grootaert und Bastelaer 2001, S. 7), denn soziales Kapital dient jeweils dazu, Interessen einer Gruppe durchzusetzen. Wir verwenden den Begriff des sozialen Kapitals in diesem Buch, da es akkumuliert (Bestand) und investiert (Ströme) werden kann, um Gewinne zu erzielen (Collier 1998; Knack 1999), und da aus der Nutzung sozialen Kapitals somit andere Kapitale (z. B. Sachkapital) erwachsen können.

7.3.4 Einfluss neuer Informations- und Kommunikationstechnologien

Die Betrachtung wirtschaftlicher Interaktion ging bislang implizit von der Ko-Präsenz der Akteure aus. Soziale Situationen von Angesicht zu Angesicht (*face-to-face*) bieten die reichhaltigste Form der Interaktion. **Geographische Ko-Präsenz** ermöglicht dabei sowohl körperliche, materielle Interaktionen ebenso wie symbolische Interaktionen durch Kommunikation (Storper und Venables 2004). So entsteht z. B. persönliches Vertrauen durch häufige Interaktionen und langfristige persönliche Beziehungen. Sind Akteure jedoch räumlich getrennt voneinander, ermöglichen **Informations- und Kommunikationstechnologien** vielfältige Formen der audiovisuellen Kommunikation. Mit den Technologien des Internet, der mobilen Kommunikationstechnik und einer nahezu flächendeckenden Versorgung mit entsprechender Infrastruktur sind die Kosten der Interaktion über große Distanzen gesunken, während gleichzeitig die Reichhaltigkeit von Interaktionsformen fortwährend zunimmt (z. B. über Videokonferenzen). Elektronische Kommunikation erhält dabei zunehmende Bedeutung in wirtschaftlichen Interaktionen. Internet-basierte Nutzerforen gewinnen Einfluss nicht nur auf die Bewertung von Produkten und Technologien, sondern auch auf damit zusammenhängende Problemlösungen, kollektive Ideenentwicklung oder die Aktivierung kollektiven Handelns (Hippel 2001; Jeppesen und Molin 2003; Grabher et al. 2008). Der virtuelle Raum elektronischer Kommunikation eröffnet neue Möglichkeiten zur Überwindung physischer Barrieren wirtschaftlicher Interaktionen (Bathelt 2011 a).

Studien der *social-presence*-Theorie argumentieren, dass elektronische Kommunikation durch den Mangel an nonverbalen Elementen wie Gestik und Mimik die Kommunikation von Emotionen und Stimmungen der Sprecher sowie die Interpretation der ausgetauschten Informationen beschränkt. Daher sei diese Form der Kommunikation schwerer verständlich und weniger effektiv als *face-to-face*-Kommunikation (Walther et al. 2005). Demgegenüber argumentieren neuere Konzepte, dass elektronische Medien sehr wohl die Kontexte und Konnotationen ihrer Nutzer transportieren und dass sie somit durchaus eingesetzt werden können, um Beziehungen zu pflegen oder neu aufzubauen. Und umgekehrt zeigt sich, dass nonverbale Signale und Kontextinformationen nicht nur förderliche Wirkungen auf Kommunikation haben. So ist schon lange bekannt, dass Sitzordnung, Kleidung, Büroausstattung und Geschäftslage das Verhalten von Gesprächspartnern in Dienstbesprechungen beeinflussen (Dubrovsky et al. 1991). In der elektronischen Kommunikation fühlen sich die Teilnehmer weniger dem „sozialen Ballast" konventioneller Normen unterworfen (Sproull und Kiesler 1991).

Durch die Fortentwicklung der Technologien und zunehmende Kompetenzen der Nutzer im Einsatz der Technologie ermöglicht der systematische Gebrauch elektronischer Kommunikation heute durchaus eine persönliche, reichhaltige Kommunikation, über die soziale Beziehungen und Netzwerke gebildet und auch über große geographische Entfernung über lokale Kontexte hinweg gepflegt werden können (Wainfan und Davis 2004; Bathelt und Glückler 2011, Kap. 9). Vor allem die Kombination von elektronischer Kommunikation und gelegentlichen persönlichen Treffen eröffnet in vielen intra- und interorganisatorischen Beziehungen Möglichkeiten, um verbindliche und effektive Strukturen der Zusammenarbeit zu pflegen (Bathelt und Turi 2011).

Je nach Aufgabenstellung können synchrone, textbasierte Konferenzen mehr Zeit oder weniger Zeit zur Erfüllung der Aufgaben beanspruchen als persönliche Konferenzgespräche (McGuire et al. 1987; Reid et al. 1997). Ferner erzielen persönliche Konferenzen in Abstimmungsfragen durch die Impulse von Meinungsführern eher Konsens als die häufig egalitärer strukturierten textbasierten Kommunikationsformen. Dafür lassen sich mehr Akteure in Abstimmungs- und Problemlösungsprozesse einbinden. Weitere Studien zeigen, dass Teilnehmer in elektronischer Kommunikation explizitere Vorschläge entwickeln, sich weniger stark Hierarchien beugen und generell geringere Hemmungen in den eigenen Kommunikationsbeiträgen zeigen (Dubrovsky et al. 1991; Hollingshead und McGrath 1995). Die latente Anonymität vermindert zudem den Anpassungsdruck in textbasierter elektronischer Kommunikation (Baltes et al. 2002), sodass dieses Medium im Vergleich zum persönlichen Gespräch den kommunizierten Inhalten tendenziell mehr Gewicht einräumt als dem Status der Sprecher.

Aufgrund der Vorteile ko-präsenter Interaktion einerseits und der Notwendigkeit medial gestützter Kommunikation zwischen geographisch verteilten Akteuren andererseits entwickeln multinationale Unternehmen zunehmend Ansätze der gezielten Kombination ko-präsenter und virtueller Kommunikation (Song et al. 2007). Die permanente Ko-Präsenz am gleichen Standort kann gegenüber kombinierten Kommunikationsformen sogar nachteilig sein, wenn der Wissenstransfer zwischen den Standorten vernachlässigt wird (Glückler 2008; Bathelt und Glückler 2011, Kap. 9 und 10). Durch die Etablierung eines sogenannten **Wissensmanagements** wählen Unternehmen zwischen den beiden Strategien der Kodifizierung und der Personalisierung aus oder kombinieren diese (Hansen 1999).

Die Strategie der **Personalisierung** folgt einem Mensch-zu-Mensch-Ansatz und unterstützt die Bildung von Netzwerken interpersonaler Beziehungen, in denen Erfahrungen und Wissen ausgetauscht werden. Das Ziel dieses Ansatzes ist die Förderung der persönlichen Kommunikation zwischen Mitarbeitern, z. B. durch die Schaffung physischer und virtueller Räume und Treffpunkte. Diese Strategie fördert die Entstehung sogenannter ***communities of practice*** (Lave und Wenger 1991; Wenger 1998). In einer *community of practice* sind die Personen *„informally bound together by shared expertise and passion for a joint enterprise“* (Wenger und Snyder 2000, S. 139). Mitglieder einer Gemeinschaft partizipieren aufgrund ihrer Begeisterung und persönlichen Verpflichtung für bestimmte Themen und des starken Interesses, bestehende Expertise zu teilen und neues Wissen kollektiv zu entwickeln. Aufgrund der Freiwilligkeit und Eigeninitiative hängen Zugang und Zusammensetzung einer *community of practice* nicht von traditionellen organisatorischen Grenzen der hierarchischen, divisionalen, funktionalen oder regionalen Arbeitseilung ab.

Im Unterschied zur Strategie der Personalisierung folgt die Strategie der **Kodifizierung** einem Mensch-zu-Dokument-Ansatz, der vor allem die Wiederverwendung bestehenden Wissens zu maximieren sucht. Dieses Ziel wird unterstützt durch die Kodifizierung von Wissen in Form von Dokumenten, die in computerbasierten Informationssystemen archiviert und zur Recherche und Abfrage über ein Computernetzwerk vorgehalten werden. Während die Kodifizierung ein effizientes Auffinden und Wiederverwenden bestehenden Wissens in definierten Routinen unterstützt, fördert die Personalisierung den persönlichen Kontakt zur Reinterpretation und Rekombination neuen Wissens (Hansen 1999). Wenngleich Unternehmen hohe Beiträge in den Aufbau von elektronischen Wissensmanagementsystemen investieren (Ofek und Sarvary 2001), verweisen empirische Studien auf die begrenzte Leistungsfähigkeit dieser Technologien im Wissenstransfer (McDermott 1999; Roberts 2000; Hislop 2002). Individuelle Expertise, Erfahrungen, die Kompetenzen zur sachgemäßen Einschätzung kritischer Entscheidungssituationen, Ratschläge und Problemlösungswissen können nur schwerlich kodifiziert, d. h. dekontextualisiert werden, da sie gerade in spezifischen Kontexten ihre Geltung haben (Reihlen und Ringberg 2006; Bathelt und Glückler 2011, Kap. 10).

In einer Untersuchung wendeten sich Mitarbeiter bei einer Suchanfrage fünfmal häufiger an einen Kollegen als an den Bildschirm und die dahinterliegenden Datenbankangebote (Cross und Baird 2000). In einer anderen empirischen Studie beurteilten die Mitarbeiter eines multinationalen Technologieberatungsunternehmens persönliche Kontakte zu Kollegen, Kunden und anderen externen Experten als die wichtigsten Quellen für neue Informationen und neues Fachwissen. Das unternehmenseigene Intranet erhielt in dieser Studie die schlechteste Beurteilung und schnitt noch schlechter ab als das unspezifische öffentliche Internet (Bathelt und Glückler 2011, Kap. 10). Obwohl elektronische Informationssysteme den Zugang zu nahezu unbeschränkten Mengen an Informationen ermöglichen, hängt die Fähigkeit, aus diesen Informationen über Interpretation einen Nutzen zu ziehen, entscheidend von dem Kontext organisatorischer und sozialer Beziehungen ab (Weick 1985). Der persönliche Kontakt, ob durch unmittelbare permanente oder temporäre Ko-Präsenz oder mittelbar durch Kommunikationstechnologien, bleibt somit von zentraler Bedeutung für den Austausch und die Weiterentwicklung von spezifischem Wissen.

Die **Möglichkeiten sozialer Interaktion** erweitern sich sowohl über neue Technologien der *Tele*-Kommunikation als auch über Verbilligungen und höhere Reichweiten der Mobilität durch neue Transporttechnologien. Räumlich getrennte Akteure können heute immer häufiger entscheiden, ob sie durch mehr Mobilität temporär Ko-Präsenz zur persönlichen Interaktion herstellen oder ob sie Telekommunikationstechnologien einsetzen (→ Kap. 4.2). Insofern überwindet die *face-to-face*-Interaktion zunehmend die engen Grenzen der physischen Nähe. Auch anhand dieser Entwicklung lässt sich verdeutlichen, dass räumliche Nähe allein keine Ursache oder Folge sozialer Interaktion und wirtschaftlicher Transaktionen ist. Die Bedeutung räumlicher Nähe für soziale Interaktionen ist letztlich kontingent gegenüber der Wahl der Kommunikations- und Mobilitätstechnologien sowie der Nutzungsansprüche und -präferenzen der Akteure (Glückler 2007 a).

8 Institutionen

8.1 Institutionen und ökonomisches Handeln

Nachdem in Kapitel 7 ökonomisches Handeln als soziales Handeln identifiziert und in verschiedenen Formen von Interaktionen diskutiert worden ist, wird im Folgenden die enge Verbindung und Interdependenz von Institutionen und Handeln thematisiert. Hier zeigt sich, dass Handeln einerseits Praxis bzw. Prozess, andererseits durch Stabilisierungen und Regelmäßigkeiten zugleich Struktur ist. Stabilisierungen von Handeln werden dabei zu Rahmenbedingungen, die spätere ökonomische Entscheidungen beeinflussen und leiten, wobei die beabsichtigten und unbeabsichtigten Auswirkungen von Handeln auf zukünftige Interaktionen rückwirken. Vor diesem Hintergrund wird die Bildung von Märkten als Institutionalisierungsprozess dargestellt und es wird gezeigt, dass Institutionen sich zwar fortlaufend inkrementell verändern, dass institutioneller Wandel gleichwohl kein Routineprozess ist, da damit neue Unsicherheiten entstehen und vorhandene Machtstrukturen infrage gestellt werden.

8.1.1 Zur Regelmäßigkeit sozialen Handelns

Eine zentrale Voraussetzung arbeitsteiliger Produktion im Wirtschaftsprozess ist die Interaktion zwischen Akteuren innerhalb und zwischen Organisationen, wie z. B. Unternehmen. Dies erfordert nicht nur, dass die betreffenden Akteure dieselbe Sprache sprechen, ihr Vokabular wechselseitig austauschen können und eine gemeinsame Wissensbasis haben, um sich über Aspekte der Arbeitsteilung und Probleme der Zusammenarbeit austauschen zu können. Darüber hinaus setzen effektive soziale *und* ökonomische Interaktionen ein breites Geflecht von Institutionen voraus, die als zentrale Handlungsgrundlagen die Interaktionen überhaupt erst ermöglichen. Der Begriff der Institution beschreibt dabei eines der grundlegendsten Konzepte der Sozialwissenschaften und ist in seiner Entstehung zurückzuführen auf den zunehmenden Bedeutungszuwachs sozialer Regeln auf einer Ebene zwischen der Mikroperspektive individuellen Handelns und gesellschaftlichen Makrostrukturen, wie z. B. den historischen Vorschriften der Stände oder Ordnungen der Zünfte (Esser 2000b, Kap. 1). Aufgrund der fundamentalen Bedeutung des Konzepts für das Verständnis sozialer Interaktion haben sich unterschiedliche Verständnisse von Institutionen etabliert. So gelten Institutionen z. B. je nach Autor als Verhaltensstandards, Verhaltensregelmäßigkeiten, Spielregeln, Organisationen oder gar politische Strukturen bzw. Eigenschaften eines gesellschaftlichen Systems (Ostrom 1986; Jepperson 1991). Im Folgenden soll die Bedeutung von Institutionen für wirtschaftliche Interaktionen und für die Organisation wirtschaftlicher Beziehungen in institutionellen Arrangements genauer untersucht werden. Bevor eine präzisere Definition verfolgt wird, sind Institutionen zunächst von einfachen Regelmäßigkeiten einerseits und Organisationen andererseits zu unterscheiden:

Regelmäßigkeit. Sowohl im individuellen Handeln als auch im sozialen Handeln können sich Regelmäßigkeiten einstellen, wie z. B. ein bestimmtes Aufwärmprogramm eines Freizeitsportlers, ein Stammplatz in einem Lokal oder eine eingespielte Arbeitsteilung einer Wandergruppe beim abendlichen Aufbau des Zeltlagers. Diese Regelmäßigkeiten erscheinen zwar als wiederkehrende Handlungsmuster, allerdings geht nicht notwendigerweise eine strukturierende, erwartungsleitende und sanktionierbare Geltung von ihnen aus. Einfache soziale Regelmäßigkeiten können ohne besondere Absicht und ohne normatives Moment entstehen und haben keine nennenswerte Konsequenz für weiteres Handeln. Mit anderen Worten: Regelmäßigkeiten haben erst institutionellen Charakter, wenn sie Erwartungen generieren, Handeln strukturieren und sanktionierbar sind (Esser 2000b).

Organisation. Eine Organisation ist ein System bewusst geplanter und arbeitsteilig koordinierter Handlungen einer begrenzten Anzahl von Mitgliedern mit einer klaren Grenze gegenüber der Umwelt bzw. dem Umfeld (Hartfiel und Hillmann 1982). Jedes Unternehmen ist eine wirtschaftliche Organisation, die bei der geplanten Verfolgung eines Unternehmensziels, wie z. B. Marktführerschaft, Gewinnsteigerung, Beschäftigungssicherung oder Produktverbesserung, eine spezifische Arbeitseilung für die Mitglieder der Organisation über Positionen, Rollen und Aufgabenbeschreibungen vorgibt. Unternehmen müssen z. B. Forschungs-, Entwicklungs-, Produktions-, Vermarktungs-, Vertriebs- und Verwaltungstätigkeiten durchführen und diese auf eine Menge von Standorten, Betriebsstätten und Arbeitsplätzen verteilen, um das Organisationsziel, d. h. die Produktion einer Sach- oder Dienstleistung, zu erreichen. Die organisatorische Grenze des Unternehmens ist juristisch über die Gesellschaftsform definiert. In rechtlicher Sicht gelten Kapitalgesellschaften als eine sogenannte juristische Person, die als zentraler Knoten unzähliger Einzelverträge fungiert. Hierzu zählen z. B. Arbeitsverträge mit Mitarbeitern, Leasingverträge für Maschinen, Mietverträge mit Immobilieneigentümern, Versicherungs- und Kreditverträge mit Finanzinstituten, Kooperationsverträge mit Geschäftspartnern oder Kauf- und Wartungsverträge mit Lieferanten und Kunden. Eine Organisation ist mehr als eine Institution. Sie ist eine soziale Form, deren Interaktionen zwar auf Institutionen beruhen, darüber hinaus ist die Organisation über einen Zweck, über Mitglieder und über tangible ebenso wie intangible Ressourcen definiert.

Organisationen werden in der Literatur häufig explizit oder implizit zu den formellen Institutionen gezählt (z. B. Amin und Thrift 1994a), weil es sprachlich kaum möglich ist zwischen einer Organisation und ihrer Funktionsweise zu unterscheiden. So ist die Wirtschaftsförderung als Organisation kaum von ihrer Funktion zu unterscheiden. Sie ist einerseits Abteilung der städtischen Verwaltung, fördert aber andererseits durch ihre spezifische Förderpolitik von Unternehmensneugründungen regionales Wachstum entlang definierter Grenzen und schafft Grundlagen für eine kohärente regionale Wirtschaftsstruktur. Als formelle Institutionen werden deshalb oft auch Organisationen, wie z. B. wirtschaftliche Unternehmen als Regelsysteme, staatliche und private Ausbildungs-, Weiterbil-

dungs- und Forschungseinrichtungen sowie Regierungsstellen, die eine bestimmte Politik oder ein Programm verfolgen, und Behörden, wie etwa Arbeitsamt oder Wirtschaftsförderung, bezeichnet, die Förderpolitiken organisieren und ausführen. Der Prozess der Formalisierung von Institutionen ist vielfach an das Bestehen derartiger Organisationen gekoppelt, die Regeln festlegen und deren Einhaltung überwachen.
Sprachlich sind derartige Unterscheidungen von Regelmäßigkeiten, Organisationen und institutionellen Arrangements zwar nicht immer einzuhalten, dennoch sollte man sich der Unterschiede bewusst sein.

8.1.2 Begriff und Arten von Institutionen

Eine **Institution** bezeichnet Formen sowohl bewusst gestalteter als auch ungeplant entstandener stabiler und dauerhafter Muster oder Stabilisierungen sozialer bzw. ökonomischer Interaktion (Hartfiel und Hillmann 1982; Setterfield 1993). Im Unterschied zu sozialen Regelmäßigkeiten besitzen Institutionen normativen Charakter und genießen eine auf gemeinsamen Erwartungen basierende Geltung. Die **Geltung** einer Institution ist wiederum daran geknüpft, welche Folgen bei einer Verletzung der Regelungen und Erwartungen möglich sind und durchgesetzt werden. Die Geltung einer Institution kann grundsätzlich auf zwei Wege garantiert werden. Sie wird extern über die Durchsetzung von **Sanktionen** garantiert, wie z. B. der Verhängung eines Bußgelds oder einer Strafe bei Verletzung einer Ordnung oder eines Gesetzes. Die Institution kann aber ebenso durch persönliche Akzeptanz und Überzeugung die notwendige **Legitimität** erfahren, um im konkreten Handeln aus einer inneren Orientierung befolgt zu werden. Damit bilden Legitimität und Sanktion die grundlegenden Mechanismen zur Absicherung der gegenseitigen Handlungserwartungen der Akteure im Rahmen institutioneller Arrangements (Esser 2000 b, Kap. 1).
Durch die Stabilisierung von Verfahrensweisen wird die Unsicherheit des wirtschaftlichen Austauschs reduziert (Davis und North 1970) und für die beteiligten Austauschpartner Erwartungssicherheit über das Verhalten der anderen erhöht. Institutionen sind Voraussetzung dafür, dass wirtschaftliche Handlungen über unterschiedliche Spannen von Raum und Zeit reproduziert werden (Bathelt und Depner 2003). Die Bedeutung von Institutionen für individuelles Handeln wird hierbei unterschiedlich bewertet. Im Verständnis von North (1991, S. 97) sind Institutionen vor allem **Handlungsbeschränkungen**, die politische, ökonomische und soziale Interaktionen strukturieren. Institutionen umfassen demnach Regulierungen, die Handlungsalternativen einschränken und andere Handlungen sanktionieren bzw. als illegitim betrachten. Im Unterschied dazu betont Hodgson (1988, S. 132), dass institutionelle Strukturen soziale Interaktionen überhaupt erst ermöglichen, insofern als diese *„other than acting simply as rigidities and constraints, play an enabling role, by providing more-or-less reliable information regarding the likely actions of others."* Nelson und Nelson (2002, S. 269) verdeutlichen die Funktion von Institutionen zur Strukturierung von Handeln, indem sie sie in Analogie zu physischen Technologien als soziale Technologien beschreiben, die es „wie eine geteerte Straße durch einen Sumpf" ermöglichen, die andere Seite sicher und trockenen Fußes zu erreichen. In der empirischen Forschung wird aus pragmatischen Gründen häufig zwischen formellen und informellen Institutionen unterschieden (North 1990; 1992):
Formelle Institutionen umfassen Handlungsmuster basierend auf festgeschriebenen Formen expliziter und dauerhaft geregelter Handlungsvorschriften und Regeln, wie z. B. der Verfassung der Bundesrepublik Deutschland, dem Bürgerlichen Gesetzbuch (BGB), Arbeitsverträgen oder Regeln des Börsenhandels. Formelle Institutionen entstehen beispielsweise auf der Grundlage von Gesetzen, die allgemeingültige Handlungsvorschriften festlegen, die Grundlage zur Unterscheidung von zulässigen und sanktionierbaren Handlungen bilden und somit Erwartungssicherheit von Akteuren in vielen Bereichen des gesellschaftlichen Lebens schaffen. Darüber hinaus regeln formelle Institutionen auch die Verfahrensweisen der Reproduktion oder Veränderung von Institutionen.

Hierbei ist festzuhalten, dass Handeln durch Gesetze nie genau festgelegt ist, und dass Institutionen Ausdruck abweichender Handlungsstabilisierungen sein können (Thelen 2003). So hat sich beispielsweise in Deutschland eingespielt, dass schnelles Autofahren erst dann bestraft wird, wenn die Höchstgeschwindigkeit um etwa 15 % überschritten wird, was sich auf das Fahrverhalten auswirkt. Oder die deutsche Öffentlichkeit und Politiker haben seit den 1970er-Jahren regelmäßig eine höhere jährliche Neuverschuldung akzeptiert als grundgesetzlich geregelt. Oder die Praxis der Steuerbehörden toleriert zu einem gewissen Grad großzügige Auslegungen der Werbungskosten- und Fahrtkostenregelungen. In all diesen Fällen entstehen eindeutige Folgen für Handeln und Handlungsziele und es bilden sich entsprechende institutionelle Arrangements. Es zeigt sich also, dass Regeln und Gesetze keineswegs automatisch zu Institutionen werden, obwohl im Sprachgebrauch eine Unterscheidung nicht immer einfach zu treffen ist.

Informelle Institutionen umfassen Handlungsstabilisierungen basierend auf nicht-formalisierten, häufig impliziten Normen oder Konventionen, die in der konkreten Handlungspraxis entstehen und von den Akteuren wechselseitig anerkannt und reproduziert werden. Bedeutende informelle Institutionen des ökonomischen Handelns sind z. B. eine vertrauensbasierte Kooperation ohne vertragliche Regelung, gemeinsam geteilte Routinen des Lernens und der Wissensweitergabe, die Verbindlichkeit des Handschlags für eine Kauftransaktion sowie die solidarische gegenseitige Unterstützung von Betrieben in Zeiten schlechter Konjunktur (Uzzi 1997; Glückler 2004 a).

Formelle und informelle Institutionen unterscheiden sich meist in der Form der Sicherstellung ihrer Geltung. Während der Verstoß gegen Gesetze oder die Verletzung von Verträgen durch eine Gerichtsbarkeit und die Durchsetzungsmacht des staatlichen Gewaltmonopols sanktioniert werden kann, sind implizite Normen in ihrer Geltung mitunter auf engere soziale und geographische Kontexte begrenzt und weitaus weniger scharf durchsetzbar. Dieser Unterschied lässt sich am Beispiel der sozialen Konvention illustrieren. Bei Max Weber (1980 [1921], S. 17) ist die soziale Konvention eine Ordnung, deren *„Geltung äußerlich garantiert ist durch die Chance, bei Abweichung innerhalb eines angebbaren Menschenkreises auf eine (relativ) allgemeine und praktisch fühlbare Missbilligung zu stoßen“.* Im Weber'schen Sinne zeichnet sich die Konvention z. B. gegenüber Brauch und Sitte dadurch aus, dass ihre Einhaltung nicht nur auf Übung beruht, sondern auch durch Missbilligung geschützt wird. Missbilligung kann z. B. durch sozialen Boykott bzw. Ausschluss aus der Bezugsgruppe erfolgen und somit ebenso wirksam und hart sein wie das zwanghafte Durchsetzen einer Rechtsordnung. Informelle Institutionen wie z. B. soziale Konventionen können sich durch fortwährende Reproduktion auf Dauer festigen und zur formalen Grundlage von Interaktionen gemacht werden (Hodgson 1994). Sie können Ausgangspunkt zur Festlegung von Standards oder neuen Regeln und Gesetzen werden und damit entsprechend in formelle Institutionen übergehen.

Institutionen entspringen verschiedenen gesellschaftlichen Teilsystemen und weisen Akteuren eine Rolle zu, die mit bestimmten Aufgaben verbunden ist und Verknüpfungen mit anderen Akteuren ermöglicht (Willke 2000). Sie haben vielfältige Funktionen für Kommunikations- und Interaktionsprozesse. Sie geben Akteuren Handlungsregeln und -anweisungen vor und eröffnen ihnen damit die Möglichkeit, das Verhalten Dritter besser abschätzen zu können. Institutionen sind eine Voraussetzung dafür, um Wissen zu akquirieren und an kommende Generationen weiterzugeben. Sie können als Teil des impliziten Wissensbestands eines gesellschaftlichen Teilsystems angesehen werden. Akteure wissen, wie man sich zu verhalten hat und welche Rolle andere Akteure haben. Ohne Institutionen wäre eine Gesellschaft nicht fähig, sich zu erinnern und würde „vergessen“, was sie gelernt hat (Johnson 1992; McKelvey 1997). In Unternehmen bilden **Routinen** im Sinn von Nelson und Winter (1982) ein organisatorisches Gedächtnis. Sie werden ständig reproduziert und bewirken, dass bestimmte Aktionen aufgrund von Erfahrungen nicht jedes Mal aufs Neue einem komple-

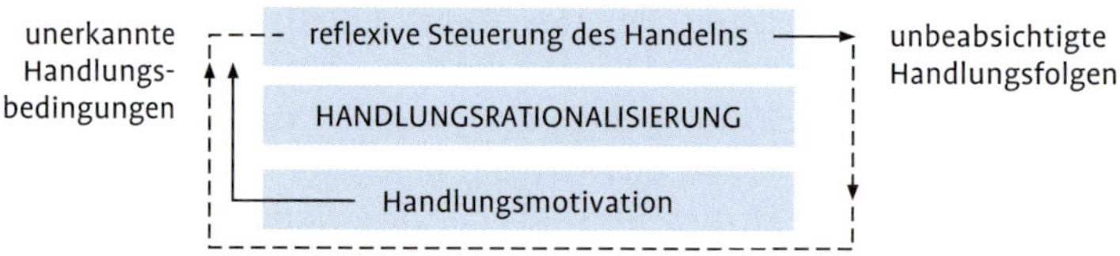

Abb. 8-1: Stratifikationsmodell des Handelns (nach Giddens 1995, S. 56)

xen Bewertungsprozess unterzogen werden müssen (Nelson und Nelson 2002). Sie bestehen weiter und regeln Handlungen, auch wenn diejenigen, die sie etabliert haben, schon lange aus dem Unternehmen ausgeschieden sind.

8.1.3 Institutionen zwischen Handeln und Struktur

Eine relationale Perspektive stellt das Handeln und die Kontextualität des Handelns in Strukturen sozio-institutioneller Beziehungen in den Vordergrund. Dies impliziert jedoch keineswegs eine einseitige mikrotheoretische Sicht. Das Ziel der relationalen Perspektive ist es vielmehr, analog zu strukturationstheoretischen Ansätzen eine konzeptionelle Verbindung von mikro- und makrosozialer Ebene zu entwerfen (Thompson 1989; Giddens 1995). So konzipiert Giddens (1995) in einem **Stratifikationsmodell** soziales Handeln als kontinuierlichen Fluss absichtsvoller Eingriffe in die Alltagswelt (→ Abb. 8-1): Akteure sind demnach in der Lage, ihr Handeln zu überwachen und zu kommentieren. Die Rationalität des Handelns bezieht sich darüber hinaus auf die Fähigkeit der Akteure, Gründe für ihr Handeln anführen zu können. Gleichzeitig besitzt Handeln eine rekursive Qualität. In ihren Handlungen reproduzieren und gestalten die Akteure die Bedingungen, die ihr Handeln ermöglichen, immer wieder aufs Neue. Hieraus entsteht eine reflexive Dynamik des Stratifikationsmodells. Ausgehend von diesem Modell werden die immanenten Schwächen reiner Mikro- und Makroperspektiven deutlich, wenn sie in gegenseitigem Ausschluss diskutiert werden (Glückler 1999).

(1) **Grenze der Mikroperspektive.** Handeln kann nicht allein aus der Sicht der handelnden Individuen analysiert werden, denn unintendierte Handlungsfolgen sowie unerkannte Handlungsbedingungen, die eine notwendige Konsequenz unvollständiger Informationen der Akteure über den Handlungskontext sind, begrenzen die Möglichkeiten, makrosoziale Phänomene allein aus der Sicht handlungskompetenter Individuen zu erklären (Thompson 1989).

(2) **Grenze der Makroperspektive.** Ferner sind rein makrosoziale Ansätze wie etwa der Strukturalismus oder Funktionalismus problematisch, da sie im Prinzip a priori Funktionszusammenhänge von Individuen als Elemente eines übergreifenden Mechanismus begreifen (Murdoch 1995). Dadurch tendieren diese Ansätze zu einer Perspektive deterministischer Fremdsteuerung der Handelnden, in der Handeln vor allem aus Struktur- oder Funktionsaspekten heraus begründet wird (Archer 2002). Dies wiederum führt zu einer Hypostasierung der Konzepte von Struktur und System und klammert kontextuelle Unterschiede aus.

Giddens (1995) sieht demgegenüber die Mittlerrolle einer nicht-dualistischen Sozialtheorie darin, weder die Erfahrungen individueller Akteure noch gesellschaftliche Totalitäten in den Mittelpunkt der Forschung zu stellen, sondern die über Raum und Zeit geregelten sozialen Praktiken zu untersuchen. Interaktionen und Strukturen sind demnach als komplementäre Teile einer Dualität der Struktur zu begreifen. Während Interaktionen durch die Aktivitäten von Individuen konstituiert werden, besitzt Struktur nur eine virtuelle Existenz. Sie besteht aus Regeln, Ressourcen und Institutionen, auf die in Interaktionen Bezug genommen wird, sodass Interaktionen strukturiert und Strukturen zugleich reproduziert werden (Thompson 1989). Struktur ist folglich eine virtuelle Ordnung transformatorischer Relationen und wird als Gesamtheit regelhaft reproduzierter sozialer Praktiken verstanden.

Analog zu dieser Konzeption werden makrosoziale Strukturen in der relationalen Wirtschaftsgeographie durch Einbeziehung von Institutionen berücksichtigt. Der Ansatz der relationalen Wirtschaftsgeographie greift dabei strukturationstheoretische Argumente auf und erkennt an, dass Institutionen nur im Handeln der Akteure zum Ausdruck kommen und folglich auch nur dort untersucht und verstanden werden können (Bathelt und Glückler 2003 a). Die Situiertheit wirtschaftlichen Austauschs umfasst den Kontext sowohl der sozio-ökonomischen Beziehungen als auch der institutionellen Bedingungen. Dieser Kontext bildet Handlungsorientierungen, die ökonomische Beziehungen motivieren und durch diese rekursiv reproduziert werden.

Die Argumentation zeigt, dass Mikro- und Makroebene keine getrennten, einander ausschließenden Betrachtungsebenen sind, sondern dass sie reflexiv aufeinander wirken. Auch wenn der Ansatz der relationalen Wirtschaftsgeographie der Mikroebene in Form des Handelns und der Beziehungen zwischen individuellen und kollektiven Akteuren eine zentrale Bedeutung beimisst, werden damit makrotheoretische Überlegungen und Bezüge keineswegs ausgeschaltet. Im Gegenteil legt doch der strukturationstheoretische Ansatz von Giddens (1995) nahe, dass Mikro- und Makroebene über Institutionen und Prozesse der *upwards und downwards causation* eng miteinander verknüpft sind (Hodgson 2003). Der Prozess, wie sich veränderte Institutionen infolge makrostruktureller Veränderungen auf die Mikroebene auswirken und Veränderungen in ökonomischem Handeln bewirken, wird nachfolgend dargestellt.

8.1.4 Institutionen aus räumlicher Perspektive

Institutionen sind zwar kein räumliches Konstrukt, das automatisch auf bestimmte geographische Grenzen beschränkt ist. Sie haben jedoch dann eine territoriale Basis, wenn sie basierend auf Gesetzen und anderen formellen Richtlinien von einer staatlichen Instanz vordefiniert werden und damit für ein bestimmtes Territorium wie etwa den Nationalstaat oder ein Bundesland Gültigkeit besitzen. So werden auf nationalstaatlicher Ebene wesentliche Aspekte der Arbeits- und Kompetenzverteilung in Unternehmen, der Beschäftigungsverhältnisse, des Ausbildungssystems sowie der Arbeits-Kapital-Beziehungen festgelegt, die sich auf Arbeitsroutinen und Lernprozesse in Unternehmen auswirken (Gertler 1993; 1997). Aus räumlicher Perspektive haben jedoch nicht nur formelle Institutionen eine territoriale Verankerung. Nach Lundvall und Maskell (2000) haben auch informelle Institutionen wesentlichen Einfluss etwa auf das soziale Kapital einer Nation. Sie verstehen soziales Kapital dabei auf Mikroebene als die Summe und Struktur der ökonomischen Beziehungen in einem Land (➔ Kap. 7.3). Dieses Beziehungskapital wird in einem Nationalstaat zu einer lokalisierten Ressource und trägt zur Wettbewerbsfähigkeit bei, da durch soziales Kapital ein systematischer Austausch von Wissen in dem betreffenden Land ermöglicht wird, wodurch neues Wissen entstehen kann. Gesellschaften mit „geringem sozialem Kapital", in denen kein derartiger Wissensaustausch zwischen den Akteuren stattfindet, können das intellektuelle Potenzial ihrer Bevölkerung demgegenüber nicht vollständig ausschöpfen. Auch auf Werten basierende Handlungen zählen zu den informellen Institutionen, wenn ihre Einhaltung durch soziale Geltung abgesichert wird. Sie werden auf nationaler Ebene durch geschichtliche Erfahrungen, politische Steuerung und vorherrschende Ideologien sowie gesellschaftliche Entwicklungen konstituiert (Johnson 1992). Hofstede (2001, S. 15) weist dem Nationalstaat dabei eine bedeutende Rolle bei der „mentalen Programmierung" seiner Einwohner zu.

Der räumliche Wirkungsbereich von Institutionen ist aber keineswegs auf die nationale Ebene fixiert. So können sich auch in einem regionalen Produktionskontext Institutionen wie etwa Konventionen und spezifische Vertrauensbeziehungen entwickeln, die in erheblicher Weise ökonomische Interaktionen erleichtern (Storper 1997 b). Da ein bedeutender Teil des Wissens in lokalisierten Produktionszusammenhängen implizit ist (Maskell und Malmberg 1999 b), können Akteure durch Ko-Präsenz die Weitergabe dieses Wissens erleichtern. Durch institutionelle Nähe (Berndt 1999) erhalten die Akteure Anhaltspunkte darüber, was sie von Anderen erwarten können. Insofern gibt es institutionelle Gunstlagen, die die Entstehung und das Wachstum kohärenter Wirtschaftszusammenhänge beispielsweise in Form von Clustern fördern (→ Kap. 10). Die Unsicherheit, die der Wissensaustausch im Innovationsprozess mit sich bringt, erfordert dabei Institutionen, die eine vertrauensvolle Zusammenarbeit mit anderen Akteuren ermöglichen (Lundvall 1999). Cluster bieten durch die kontinuierliche Möglichkeit fortlaufender Interaktion zwischen den Unternehmen einer Wertschöpfungskette sowie durch sukzessive Erfahrungen und Problemlösungen eine ausgezeichnete Basis zur Entwicklung spezifischer institutioneller Arrangements (Bathelt 2001; 2002; Mossig 2002; Bathelt 2005 b), die allerdings von institutionellen Arrangements auf anderen Ebenen im Sinne einer *multilevel governance* überlagert werden (Benz 2004).

8.2 Entstehung und Gestaltung von Märkten

Während in konventionellen Darstellungen Märkte als gegeben vorausgesetzt werden und der Markttausch als institutionelle Form von hierarchischen Koordinationsstrukturen in Unternehmen unterschieden wird (Williamson 1975), bietet der eben eingeführte Institutionenbegriff die Möglichkeit zu untersuchen, wie verschiedene Märkte kreiert, konstituiert und gestaltet werden und wie sie ökonomisches Handeln in unterschiedlicher Weise beeinflussen können. Hierdurch wird auch ein Paradoxon der klassischen Ökonomie aufgelöst, die „den Markt" zwar als allgegenwärtigen, quasi natürlichen Organisationsrahmen für den ökonomischen Tausch von Produkten betrachtet, aber nicht erklären kann, wie eine derartige Marktstruktur ohne Eingriffe des Staats oder die Mitwirkung altruistisch handelnder Einzelpersonen entstehen kann (Hodgson 1988).

8.2.1 Vom Markt zu Märkten

Während der Begriff „Markt" in der Tradition der klassischen und neoklassischen Ökonomie die abstrakten Mechanismen des Aushandelns von Interessen zwischen Angebot und Nachfrage bezeichnet (→ Kap. 3.4), bezieht sich der Begriff „Markt*platz*" auf den – nicht notwendigerweise physischen – Ort des wirtschaftlichen Austauschs (Callon 1998 a). In seiner Anthropologie des Markts wirft Callon (1998 a) den konventionellen Wirtschaftstheorien vor, den Bezug zu realen Märkten verloren zu haben. Das zeigt sich beispielsweise darin, dass Ökonomen überraschend wenig über die Organisation „Markt" und deren Entstehen diskutieren, die der neoklassischen Wirtschaftslehre zugrunde liegt (North 1977; Lie 1997; Callon 1998 a; Fligstein und Dauter 2007). Dies hat vor allem damit zu tun, dass in konventionellen Studien das Konstrukt des Markts verwendet wird, um Tauschprozesse zu begründen und zu erklären, der Markt als Organisation aber vorausgesetzt wird. Demgegenüber haben sich Sozialwissenschaftler in den letzten Jahrzehnten verstärkt der Frage der Konstitution von Märkten zugewandt (Swedberg 1994; Lie 1997; Boeckler und Berndt 2005; Fligstein und Dauter 2007; Fourcade 2007).

Ausgangspunkt einer kritischen Auseinandersetzung mit dem klassischen Marktmodell ist die implizite Annahme einer natürlichen Ordnung von Produktion und Konsum durch die sogenannte **unsichtbare Hand** des Markts. Wenngleich Adam Smith (1776), der Begründer der klassischen Lehre, in seinem Hauptwerk *The Wealth of Nations* die Metapher der unsichtbaren Hand nur ein einziges Mal verwendete, ist dieser Ausdruck zum Inbegriff eines Utilitarismus geworden, wonach jeder Marktteilnehmer durch das Verfolgen seines Eigennutzens zur Steigerung des Gesamtwohls beiträgt. Nach Smith (1776, Kap. II) ist jeder Marktteilnehmer „*led by an invisible hand to promote an end which was no part of his intention. Nor is it always the worse for the society that it was not part of it. By pursuing his own interest he frequently promotes that of the society more effectually than when he really intends to promote it*". Die Idee der unsichtbaren

Hand, die quasi automatisch eine Ordnung herstellt, kann jedoch die unterschiedlichen Regeln, Praktiken und Folgen realer Märkte nicht erklären.
Inzwischen setzen sich viele Ökonomen mit den restriktiven Rahmenbedingungen und Annahmen des klassischen Marktmodells kritisch auseinander. Die Annahmen des *homo oeconomicus* als egoistischem Nutzenmaximierer, der unter vollständigen Informationen anhand fester Präferenzen rationale Entscheidungen trifft, wurde bereits im Kapitel 7.1 kritisch diskutiert. Ein weiterer Grund, warum reale Märkte keinen Gleichgewichtspreis erzielen, liegt in der Unvollkommenheit der Märkte. Da sich fast kein realer Markt tatsächlich in **vollständigem Wettbewerb** befindet (Chamberlin 1951), entstehen in der Realität verschiedene Marktsegmente für unterschiedliche Angebotsnischen (Peli und Nooteboom 1999; Dobrev et al. 2001), und es bilden sich je nach Marktform (➔ Kap. 3.4) unterschiedliche (z. B. monopolistische oder oligopolistische) Preise. Selbst Märkte, die der Idee vollkommener Konkurrenz nahekommen, wie z. B. der Parketthandel mit Wertpapieren, entwickeln entgegen der neoklassischen Konzeption mit zunehmender Anzahl von Wettbewerbern keinen einheitlichen Gleichgewichtspreis. Im Gegenteil, die Volatilität und Vielzahl der real existierenden Preise steigt eher an. Dies beruht darauf, dass der Vollständigkeitsgrad an Informationen über alle Transaktionen mit wachsender Teilnehmerzahl abnimmt, sodass Spielräume zur Ausnutzung von Informationsdefiziten der Käufer die Bildung unterschiedlicher Preise durch die Anbieter ermöglichen (Baker 1984). Auch in anderen empirischen Kontexten zeigt sich ein klarer Einfluss sozialer Beziehungen auf die Preisbildung (Uzzi und Lancaster 2004).
Ein weiteres Problem des vollkommenen Markts besteht in der Annahme **vollständiger Informationen** (➔ Kap. 7.1.). So geht Jevons (1871, Kap. IV.17) davon aus, dass die Marktteilnehmer darauf hinwirken, perfekte Märkte zu schaffen: *„It is the work of brokers in any extensive market to organise exchange, so that every purchase shall be made with the most thorough acquaintance with the conditions of the trade. Each broker strives to gain the best knowledge of the conditions of supply and demand, and the earliest intimation of any change. He is in communication with as many other traders as possible, in order to have the widest range of information, and the greatest chance of making suitable exchanges"*. Jedoch zeigt dieses Zitat bereits, dass Informationen (und auch Wissen) kostbare Güter darstellen, die den Marktteilnehmern durch Makler zur Verfügung gestellt werden müssen, sodass es letztlich auch einen Markt für Informationen und Wissen gibt. Wie folgenreich eine Verletzung der Annahme vollständiger Informationen für das Funktionieren eines Markts ist, zeigt das berühmte Beispiel des Gebrauchtwagenhandels (➔ Box 8-1). Die Ergebnisse informationsökonomischer Studien legen nahe, dass *„even small departures from the standard model ... could dramatically change the nature of the market equilibrium"* (Stiglitz 2000, S. 1455).
Da die Realität in fast allen Aspekten die restriktiven Annahmen des neoklassischen Marktmodells verletzt, lässt sich in der empirischen Forschung nicht mehr von „dem (einen) Markt" sprechen (Callon 1998 b; Schamp 2000 b, S. 101). Stattdessen richtet sich das Forschungsinteresse auf die Vielfalt spezifisch konstituierter Märkte, die sich nach Gütern, Marktformen, Risiken und Unsicherheiten, dem gesellschaftlichen und politischen Kontext und weiteren kontextspezifischen Merkmalen unterscheiden. Ein Markt entsteht also nicht einfach im Sinn des einfachen Marktmodells in einer vordefinierten Form; Märkte sind vielmehr spezifische institutionelle Arrangements, die von verschiedenen Akteuren konstituiert („gemacht") werden.

8.2.2 Konstitution von Märkten

Die Regelhaftigkeiten der Organisation von Märkten sind zeitlich und räumlich beschränkt, sodass kaum von dem einen Markt oder universellen Marktgesetzen, sondern vielmehr von befristeten Regelmäßigkeiten und zeitlich und örtlich spezifischen Märkten auszugehen ist (Callon 1998 a, S. 47). Dabei stellt sich die Frage, wie diese Regelmäßigkeiten entstehen bzw. gemacht werden. Aus evolutions- und institutionenöko-

Box 8-1: Unvollständige Informationen und Gebrauchtwagenhandel

In seiner mit dem Nobelpreis prämierten Arbeit hat sich Akerlof (1970) mit Problemen unvollständiger Informationen auseinandergesetzt und dies zu einer Theorie des Marktversagens ausgebaut, die sich gut auf die Situation des Gebrauchtwagenhandels anwenden lässt. In dieser Situation bieten die Eigentümer von Autos ihre gebrauchten Wagen zum Verkauf an. Als erfahrene Nutzer kennen sie die Qualität und eventuelle Mängel ihrer Fahrzeuge genau. Auch die Käufer wissen als rationale Individuen, dass es Autos unterschiedlicher Qualität gibt. Allerdings wissen sie im Einzelfall nicht, ob es sich um einen guten oder einen schlechten Wagen handelt, da die technischen Mängel nicht unbedingt sichtbar sind. Deshalb stellt sich die Frage, wie sich in diesem Markt ein Preis bildet. Ein risikoneutraler Käufer ist nur bereit, einen Durchschnittspreis zu zahlen, der zwischen dem Preis eines guten und dem eines schlechten Wagens liegt. Damit haben Verkäufer guter Autos nur einen geringen Anreiz, ihr Auto zu verkaufen, während die Anbieter schlechter Autos sogar einen besseren Preis erzielen können als es der tatsächlichen Qualität der Autos angemessen ist. Mit der Zeit werden in dieser Situation immer weniger gute Autos angeboten, sodass der Durchschnittspreis immer weiter sinkt, bis schließlich nur noch schlechte Autos zu geringen Preisen angeboten werden. Schlechte Autos verdrängen somit gute Autos aus dem Markt. Mit anderen Worten: der Markt versagt in der Logik des Modells (Akerlof 1970).

Eine empirische Prüfung am Beispiel des Markts für gebrauchte Kleintransporter in den USA zeichnet jedoch ein anderes Bild (Bond 1982). Der amerikanische Markt eignet sich für einen empirischen Test aufgrund des vergleichsweise hohen Anteils an Gebrauchtwagenkäufen, die in den 1970er-Jahren jährlich etwa 60 % aller Transaktionen ausmachten, sehr gut. Das Modell von Akerlof (1970) ließe vermuten, dass aufgrund des Informationsvorteils der Verkäufer langfristig vor allem minderwertige Fahrzeuge auf dem Gebrauchtmarkt angeboten würden. Konsequenterweise müssten Gebrauchtwagen im Durchschnitt häufiger zur Reparatur gebracht werden als Fahrzeuge in erster Hand. Im Zeitraum von 1970 bis 1976 zeigt sich jedoch für jedes Jahr, dass die Anteile der Reparaturen von Kleintransportern in Erstbesitz und von gebrauchten Fahrzeugen etwa gleich waren.

Hieraus stellt sich die Frage, ob dieser Befund die These des Marktversagens aufgrund von Informationsunvollständigkeit widerlegt? Dies ist nicht der Fall, da Akerlof (1970) mit seinem Modell darauf hinweist, dass Informationsunvollständigkeit Koordinationsprobleme verursacht, die der Preismechanismus allein nicht mehr lösen kann. Stattdessen bedarf es institutioneller Regeln und zusätzlicher Koordination, um Erwartungssicherheit zwischen den Marktteilnehmern herstellen zu können. Der amerikanische Kleintransportermarkt leidet zwar unter den Risiken des Marktversagens, jedoch schützen gesetzliche Regeln (z. B. das Recht des Käufers, ein Geschäft bei Mängeln rückgängig zu machen), öffentliche Preisorientierungen (in Deutschland z. B. die Schwackeliste), die Reputation von Gebrauchtwagenhändlern oder die Zwischenschaltung einer Vertragswerkstatt, die systemisches Vertrauen herstellt (→ Kap. 7.3), vor Marktversagen. Interessanterweise lässt sich zeigen, dass die Entwicklung von Gebrauchtwagenpreisen in Vergleichslisten im Zeitablauf sehr gut durch eine stochastische Funktion wie etwa die sogenannte Weibull-Verteilung abgebildet und damit modelliert werden kann (Rinne 1985).

nomischer Perspektive ist ein konkreter Markt ein institutionelles Arrangement, dessen Regelungen und Konventionen eine hohe Zahl ökonomischer Transaktionen zwischen einander unbekannten Akteuren ermöglichen, und zwar zu niedrigeren Kosten als ohne den Markt (Ménard 1995). **Reale Märkte** sind deshalb sowohl das Ergebnis des Preismechanismus, der Angebot und Nachfrage aufeinander abstimmt, als auch Resultat spezifischer institutioneller Strukturen

(Granovetter 1993; Hodgson 1999). Märkte werden von Anbietern konstituiert, die für ihre Produkte Kunden gewinnen möchten (Loasby 2000), und von institutionellen Akteuren oder Organisationen (z. B. Verbänden, Kammern, Aufsichtsbehörden usw.), die die Einhaltung von Regeln und Konventionen durchzusetzen suchen, um opportunistisches Handeln und somit das Versagen von Märkten zu verhindern (Boyer 1997).

Der Vorteil von Märkten als institutionelle Arrangements besteht darin, dass Anbieter nicht für jede Transaktion aufs Neue die Austauschregeln mit einem Kunden verhandeln müssen, sondern durch die Bildung von Konventionen und Normen Muster des Tauschs entstehen. Ist das institutionelle Arrangement für Kunden akzeptabel, so steigt die Erwartungssicherheit auf beiden Seiten und es werden Skaleneffekte wirksam. Je mehr Kunden ein Gut nachfragen, desto geringer ist der relative Aufwand pro Teilnehmer bei der Konstitution des betreffenden Markts (Loasby 2000, S. 302). Transaktionen in organisierten Märkten sind deshalb effizienter als *ad-hoc*-Transaktionen (Hodgson 1988; Sayer 1995).

Die Aufgabe der Marktanbieter und der unterstützenden Akteure besteht somit darin, rahmengebende Regelungen und Formen des Austauschs zu entwickeln, die die Kunden akzeptieren und durch die sie zum Kauf angebotener Produkte einwilligen. Auch die Kunden schöpfen Vorteile aus der Institutionalisierung von Tauschpraktiken, da ihre Unsicherheit gegenüber den Anbietern gesenkt wird. Grundsätzlich existieren zahlreiche institutionelle Arrangements oder Instrumente, durch die Anbieter die Unsicherheit ihrer Kunden senken können. Diese umfassen z. B. Garantien (Rücknahme- oder Erfolgsgarantien), kostenfreie Produktproben oder Testanwendungen, Versicherungen, Regelungen zur Nachbesserung, versprochene Ersatzleistungen oder erfolgsabhängige Bezahlungen (Glückler 2004 a). Viele dieser Mechanismen kommen in Güter- und Dienstleistungsmärkten zum Einsatz und senken die Transaktionskosten zwischen Anbietern und Kunden (→ Kap. 9.1).

Jeder Markt ist als institutionelles Arrangement wiederum eingebettet in übergreifende Institutionen, aus deren Durchsetzung und Sanktionierung sich die Regelmäßigkeiten des Markts erst anwenden lassen. Die wichtigsten Institutionen betreffen hierbei die Regulation des Währungs- und Zahlungssystems sowie der Rechtsstaatlichkeit und Gerichtsbarkeit (Boyer 1997).

8.2.3 Performativität von Märkten

Märkte werden nicht nur von Praktikern wie Politik- und Unternehmensberatern, Professoren an *Business Schools*, Lobbyisten, Regierungen, Banken und vielen anderen Akteuren hergestellt, die Regelungen aushandeln und an der Durchsetzung und Etablierung von Standards mitwirken. Eine der entscheidenden Erkenntnisinteressen einer Anthropologie des Markts (Callon 1998 b), eines kulturökonomischen Ansatzes (Boeckler und Berndt 2005; Berndt und Boeckler 2009) oder akteursnetzwerkzentrierter Ansätze (Lagendijk und Cornford 2000) besteht darin, dass auch bestimmte einflussreiche Wissenschaftler („Gurus") und ihre Modelle und Theorien an der Formatierung und Herstellung von Märkten selbst beteiligt sind. Unter dem Schlagwort der **Performativität** der Wirtschaftslehre wird in der Literatur aufgezeigt, dass Arbeiten der Wirtschaftssoziologie vielfach zu sehr mit der Kritik der neoklassischen Theorie beschäftigt sind und dabei übersehen, dass es die Theoretiker und ihre Theorien selbst sind, die die Märkte oftmals so prägen, wie sie später empirisch beobachtet werden (Callon 1998 b; Fligstein und Dauter 2007; Berndt und Boeckler 2009). Als Hauptvertreter des Arguments der Performativität argumentiert Callon (1998 b), dass Märkte weder unabänderlicher Ausdruck der menschlichen Natur, noch das Ergebnis von institutionellen Prozessen seien, die man neu entdecken müsse. Märkte würden vielmehr durch wirtschaftswissenschaftliche Theorien sowie durch Technologien und Methoden geprägt (Callon 1998 a).

So werden in vielen wissenschaftlichen Disziplinen Konzepte erarbeitet, die zu Normen politischen Handelns werden. Zwei Beispiele illustrieren dies auch für die Geographie: Ebenso wie sich die konzeptionelle Trennung der **Daseins-**

grundfunktionen in Deutschland über die sogenannte **Charta von Athen** und die **Bauhaus-Architektur** auf die Praxis innerstädtischer Flächennutzung übertragen hat (→ Kap. 3.1), wurde die **Theorie der zentralen Orte** zu einem siedlungspolitischen Leitmotiv, das eine „Ordnung des Raums" anhand idealtypischer räumlicher Muster verfolgt (→ Kap. 5.3). Ähnliches ist auch für den Clusteransatz oder den Ansatz der lernenden Region nachvollziehbar (Lagendijk und Cornford 2000). Planerische Gestaltungsempfehlungen dieser Art tragen dazu bei, dass Geographien nicht nur aus dem Alltagshandeln entstehen, sondern auch politisch geschaffen werden.

Diese Beispiele entsprechen jedoch noch nicht dem **Paradoxon der Performativität**. Dieses bezieht sich auf Situationen, in denen wissenschaftliche Theorien in dem Glauben formuliert werden, dass sie die unabhängigen empirischen Verhältnisse nur beschreiben oder gar in ihrer Natürlichkeit erklären, obwohl sie reale Strukturen und Verhältnisse längst beeinflussen oder mitgestalten. In derartigen Fällen sind empirische Verhältnisse Ausdruck und Ergebnis von praktizierten Theorien, die oft nur zu beobachten glauben.

Es wäre unfair, die Erkenntnisse von Ökonomen bei der kritischen Analyse der Konstitution von Märkten zu übersehen. Derartige Studien reflektieren ihre Rolle als Teilnehmer an der realen Wirtschaft, die sie durch Modelle und Theorien mit beeinflussen, durchaus kritisch. Faulhaber und Baumol (1988) diskutieren beispielsweise eine ganze Reihe wirtschaftswissenschaftlicher Neuerungen, die ihren Weg in die Praxis gefunden haben, wie z. B. die Marginalanalyse, die Spitzenlasttarifierung (*peak-load pricing*), ökonometrische Prognosemethoden, die Kapitalwertmethode oder die Optionspreistheorie, wie unten erläutert. Dabei stellen Faulhaber und Baumol (1988, S. 578) folgendes fest: „*This achievement of the economic theorists may, paradoxically, constitute evidence against the fundamental optimization tenet of microeconomic theory. At least some of the ideas we discuss emerged from analyses based on the premise of optimizing behavior in what was intended as descriptive theory*". Wie sich am Fallbeispiel des Optionshandels in Chicago zeigt (→ Box 8-2), hat William Baumol als angesehener Wirtschaftstheoretiker durch seine scheinbar analytischen Arbeiten selbst zu einem gewissen Grad Einfluss auf den Markt für Finanzderivate genommen.

Das Fallbeispiel des Chicagoer Optionsscheinhandels bestätigt, dass es kein bestimmtes allgemeingültiges Gesetz des Markts, sondern verschiedene kontextbezogene Gesetzmäßigkeiten von Märkten geben kann (Callon 1998 a). Der Chicagoer Optionsscheinhandel für die Zeit zwischen 1976 und 1987 entstand nicht von selbst, sondern wurde von einer Optionspreistheorie konstituiert. Märkte sind damit nicht nur ortsspezifisch, sondern auch historisch spezifisch.

8.2.4 Märkte in räumlicher Perspektive

Das abstrakte Modell des neoklassischen Markts ist frei von einer geographischen oder historischen Dimension. Ohne Transportkosten (→ Kap. 5 und 6), Transaktionskosten (Kap. 9.1) und vor allem ohne soziale und institutionelle Prozesse der Stabilisierung von Handlungserwartungen unter Bedingungen von Unsicherheit (→ Kap. 7.3) ist eine Geographie der Wirtschaft jedoch nicht denkbar. Da reale Märkte räumlich und zeitlich spezifisch und vielfältig sind, eröffnen sich für die geographische Analyse von Märkten vielfältige Möglichkeiten. Obwohl in der Wirtschaftsgeographie lange Zeit nur sporadisch über die Konstitution und Funktion von Märkten gearbeitet wurde (Grabher 2004; Berndt und Boeckler 2009), formiert sich in Anlehnung an Callons (1998 a) Anthropologie des Markts und die neue Wirtschaftssoziologie ein neues Forschungssegment in der Geographie (Berndt und Boeckler 2007).

Dabei geht es weniger um traditionelle Fragen der Wirtschaftsgeographie nach der geometrischen Dimension von Märkten, wie z. B. der Form, Ausdehnung und der Einzugsbereiche von Märkten (→ Kap. 5 und 6). Stattdessen rücken die Ansätze Kontextualität und spezifische Prozesse der Konstituierung von Märkten in den Mittelpunkt der Analyse. So rekonstruiert Hall (2008) beispielsweise die Bedeutung von *Busi-*

Box 8-2: Performativität und Optionshandel in Chicago

Ende der 1960er-Jahre wurde in den USA ein Markt für den Handel mit Optionsscheinen geschaffen. Unter einer Option wird dabei ein bedingtes Termingeschäft verstanden, in dem das Recht verbrieft ist, einen bestimmten Basiswert (z. B. Güter, Aktien oder Anleihen) nach einem bestimmten Bezugsverhältnis und zu einem vorher festgelegten Basispreis zum Ende des Termingeschäfts oder innerhalb einer festgelegten Bezugsfrist zu kaufen (*call*) oder zu verkaufen (*put*). Optionsscheine gehören zu den Finanzderivaten, weil sich ihr Wert aus dem Wert eines zugrunde liegenden Basiswerts (*underlying*) ableitet.

Der Handel mit Finanzderivaten in Chicago geht zurück auf den Handel von sogenannten *Futures* auf landwirtschaftliche Güter, der im 1848 gegründeten *Chicago Board of Trade* (*CBT*) seinen Marktplatz fand. Aufgrund der immer restriktiveren Regulierung dieses Markts verloren Spekulanten das Interesse an landwirtschaftlichen *Futures* und suchten neue Anlagemöglichkeiten in Optionen, deren Basiswert nicht mehr materielle Güter, sondern selbst Finanzprodukte waren. Allerdings galten derartige Finanzderivate aufgrund ihres verheerenden Beitrags zur Weltwirtschaftskrise der 1920er-Jahre als hyperspekulativ, manipulationsanfällig und unmoralisch. Darüber hinaus waren sie durch ein Gesetz aus dem Jahr 1905 illegal, wenn der Basiswert keine physische Ware war (MacKenzie und Millo 2003). Durch die Einbindung angesehener Finanzmarktexperten, durch den von reputierten Ökonomen verfassten wissenschaftlichen *Nathan Report* und durch einen Führungswechsel bei der *Security Exchange Commission* (*SEC*) zu Beginn der Nixon-Präsidentschaft 1971 gelang es den Initiatoren der *CBT* schließlich, die Freigabe des Optionshandels von der Börsenaufsicht zu erhalten. Die Betreiber dieses Markts nutzten gezielt soziale Netzwerke, um Legitimität herzustellen und die Börsenaufsicht über gemeinsame Kontakte in ihrer Entscheidung zu beeinflussen. Der *Chicago Board Options Exchange* (*CBOE*) eröffnete schließlich im April 1973 als erste Terminbörse, an der Optionen öffentlich gehandelt wurden und war auch Ende der 1990er-Jahre mit über 1 Million Kontrakten pro Jahr die handelsstärkste Terminbörse weltweit.

Im gleichen Jahr des Börsenstarts veröffentlichten die Ökonomen Fischer Black und Myron Scholes (Black und Scholes 1973) eine theoretische Formel, mit der sie den Preis eines Optionsscheins in Abhängigkeit zahlreicher Parameter ermittelten und zu erklären versuchten.

In ihrer kritischen Studie stellen MacKenzie und Millo (2003) die Frage, warum die an der Terminbörse erzielten Optionspreise durch keine Preisformel besser abgebildet wurden als durch die sogenannte Black-Scholes-Formel. Lag es daran, dass die Formel die Realität des Optionshandels am besten erklärte? Oder lag es vielmehr daran, dass sich die Marktteilnehmer im Optionshandel zur Preisbildung an der Formel orientierten?

Vor der Veröffentlichung testeten Black und Scholes (1973) ihre Formel anhand von früheren Preisverläufen auf dem *ad-hoc*-Optionsmarkt und fanden nur eine schwache, tendenzielle Korrelation mit den realen Preisen. Einige Jahre später testeten Kollegen die Formel anhand der Optionspreise der ersten Jahre auf dem organisierten Optionshandel der *CBOE* und fanden eine noch geringere Übereinstimmung. Während die Optionspreistheorie nach Black und Scholes (1973) keine außergewöhnlichen Gewinne zulässt, zeigten die Marktdaten der *CBOE* zum Teil exzessive Spekulationsgewinne (MacKenzie und Millo 2003). Gegen Ende der 1970er-Jahre nahm das Maß der Übereinstimmung zwischen realen Optionspreisen und der Optionspreistheorie stetig zu, bis im Jahr 1986 die Abweichungen zwischen theoretischen und realen Preisen nur noch 1 % betrugen. MacKenzie und Millo (2003) stellten fest, dass diese Übereinstimmung nicht in der Erklärung der Empirie durch die Theorie, sondern durch das Handeln der Akteure selbst beeinflusst und nachhaltig geprägt war.

Zwei Prozesse sind hierbei entscheidend. Erstens wurde der Markt für den Optionshandel nach seiner Gründung immer stärker auf die Bedingungen der Optionspreistheorie hin organisiert (z. B. fortwährende Verringerung von Transaktionskosten und Handelshemmnissen). Zweitens verließen sich die meisten Händler ähnlich wie früher im *ad-hoc*-Markt anfangs auf ihre Faustformeln und viele sahen zunächst keine Notwendigkeit eines expliziten Preisbildungsmodells. Auch war die Formel kompliziert und aufgrund ihrer mathematischen Parameter schwer anzuwenden. Die ersten Händler, die theoretische Preisblätter nach der Black-Scholes-Formel in Papierform mit auf das Handelsparkett brachten, wurden von anderen Händlern ausgelacht oder beschimpft ob ihrer „unmännlichen Spickzettel". Es war interessanterweise Fischer Black, der Ko-Erfinder der Formel, der ein Abonnement mit Preislisten vermarktete und so zur Anwendung und Verbreitung von Handlungspraktiken, die seiner Theorie folgten, beitrug.

Erst nach einer größeren Krise am Optionsmarkt 1978 setzte sich die Erkenntnis durch, dass Händler sorgsamere Preise erzielen sollten, um Spekulationsverluste einzuschränken und Risiken besser abzusichern. Ende der 1970er-Jahre orientierten sich die meisten Händler an der Black-Scholes-Formel (Faulhaber und Baumol 1988) und in den 1980er-Jahren übernahm die *CBOE* die Preisinformationen in ihre Informationsberichte.

Aufgrund ihrer historischen Rekonstruktion kommen MacKenzie und Millo (2003) zu der Schlussfolgerung, dass es zunächst Ökonomen und das Prestige der Wirtschaftswissenschaften waren, die maßgeblich die Legitimität erhöhten, damit sich ein börsenöffentlicher Markt für Optionsscheine gegen das Misstrauen der Börsenaufsicht konstituieren konnte. Dabei war es eine ökonomische Theorie, die reale Preise erklären wollte, letztlich aber die realen Preise selbst herstellte, weil alle Marktteilnehmer das Preismodell zum Maßstab ihrer Transaktionsentscheidungen erhoben hatten. Das Modell formte somit den Markt, nicht der Markt das Modell (Callon 1998 a). Schließlich beendete ein krisenhaftes Ereignis den engen Zusammenhang zwischen Modell und realen Preisen. Der Börsen-Crash am 19. Oktober 1987 brachte den größten Tagesverlust, den die amerikanische Börse bis dahin erfahren hatte, als der *Standard and Poor 500 Index* 20 % seines Werts verlor. In der Zeit danach stellten sich die Händler aufgrund der ungeahnten Volatilitätsrisiken der Optionspreise wieder auf eine Preisbildung ein, die zunehmend von der Black-Scholes-Formel abwich.

ness Schools und entsprechenden Studiengängen als Übertragungsweg für ökonomisches Kalkül in die Praxis von Managern in der Finanzwirtschaft. Aus einer stärker politisch-ökonomischen Perspektive wird eine kritische Analyse der Ausbreitung neoliberaler Marktordnungen im Rahmen des Washington-Konsenses durchgeführt. Durch die enge Kopplung von Krediten an rigide Auflagen der Deregulierung, Privatisierung und Liberalisierung von Marktordnungen haben der Internationale Währungsfonds und die Weltbank in diesem Prozess hohen Druck auf Nehmerländer aufgebaut, ihre Märkte zu öffnen und den Regeln westlicher Industriestaaten anzupassen (Stiglitz 2006). Swain (2006) rekonstruiert die Mechanismen der Neoliberalisierungsversuche am Beispiel der Kohleindustrie in der Ukraine. Er zeigt, wie sich aus der Gruppe internationaler Finanzinstitute und wissenschaftlicher und außerwissenschaftlicher Forschungseinrichtungen eine Transformationsindustrie (*transition industry*) zur Durchsetzung des Washington-Konsenses entwickelt hat (Swain 2006). Dabei zeigen sich neben der Performativität einer westlichen Marktordnungsidee auch die Reibungen und spezifischen Reaktionen auf eine informelle Vermarktlichung des Transformationslandes.

Märkte sind geographisch und historisch spezifische institutionelle Arrangements (→ Box 8-3). Die Regeln und Prinzipien, nach denen sie funktionieren, sind nur begrenzt gültig (Callon 1998 b). Die spezifische Konstitution eines Markts als institutionelles Arrangement im Wirtschaftsprozess ist damit zu einer neuen Aufgabe der Wirtschaftsgeographie geworden. Auf einer Makroebene führt dies z. B. zu vergleichenden Analysen der *varieties of capitalism* (→ Kap. 15).

Box 8-3: Wandel von Messen unter veränderten Handelsbedingungen

Messen als eine temporäre, sich oft periodisch wiederholende Form des Austauschs von Waren und Gütern haben sich schon vor Jahrtausenden aufgrund der ungleichen Verteilung von natürlichen Ressourcen entwickelt. Sie waren oft an gut zugänglichen Orten, an den Grenzräumen zwischen traditionellen Marktregionen oder an bedeutenden Handels- und Pilgerwegen lokalisiert, um leichte Erreichbarkeit zu sichern (Bathelt 2011b).

Im Mittelalter gab es in Deutschland aufgrund restriktiver Gesetze und Richtlinien für den Handel keinen freien Austausch von Gütern, die in verschiedenen Regionen hergestellt wurden (Allix 1922). Dabei bildeten Messen, die als **temporäre Märkte** (Rinallo und Golfetto 2011) organisiert waren, eine Ausnahme. An bestimmten christlichen Feiertagen (bzw. kurz davor oder danach) gab es in Städten – jeweils lokal reguliert – eine Ausnahme der Handelsbeschränkung. So durften Stadtbewohner etwa nach dem kirchlichen Gottesdienst die Produkte auswärtiger, oftmals internationaler Händler auf dem Platz vor der Kirche kaufen. Damit erhielt dieser Platz als **Marktplatz** eine herausragende Bedeutung. Obwohl der Kauf und Verkauf von Produkten im Mittelpunkt stand, waren Messen stets mehr als nur Orte des Tauschs. So sammelten zum Beispiel die italienischen ***impannatori*** vielfältige Informationen über die Nachfragebedürfnisse in europäischen Städten und gaben ihr Wissen an die Produzenten in ihren italienischen Herkunftsregionen in Form von Produktionsaufträgen zur Vorbereitung zukünftiger Messereisen weiter (Piore und Sabel 1984). Die Prozesse der Wissensweitergabe, Arbeitsteilung und Netzwerkbildung bildeten eine Grundlagen für die spätere Entwicklung der italienischen Industriedistrikte (→ Kap. 10.2).

Um ihr Geschäft am Laufen zu halten, mussten die Messeaussteller von Stadt zu Stadt und von Messe zu Messe ziehen. Da Messen in verschiedenen Städten gleichzeitig oder zeitlich sehr nahe zueinander angesetzt waren und Händler sich entscheiden mussten, auf welchen Messen sie teilnehmen wollten, kam es zu einer **Rivalität zwischen Städten** um Messen, die sich bis heute fortsetzt und teilweise sehr stark ausgeprägt ist (Fischer 1992; Rinallo und Golfetto 2011). Ein Beispiel ist die Rivalität der Städte Frankfurt/Main und Leipzig um den Ausrichtungsort der Buchmesse.

Neben dem religiösen Bezug und verkehrstechnischen Aspekten spielte teilweise auch das Vorhandensein spezialisierter Produktionskerne im Umland eine Rolle bei der Festlegung von Messeorten (Allix 1922). Es bildeten sich dadurch regionale Märkte, die zunehmend später auch für überregionale und internationale Nachfrager interessant wurden und sich zu sogenannten **Exportmessen** im Unterschied zu den oben beschriebenen **Importmessen** entwickelten.

Als die traditionellen temporären Märkte immer mehr durch permanente Märkte ersetzt wurden und die Gewerbefreiheit im 19. Jahrhundert im Zusammenhang mit der Gründung des Nationalstaats frühere Handelsrestriktionen ersetzte, war die klassische Funktion der Messe innerhalb kurzer Zeit obsolet. Erst durch die Einführung der sogenannten **Mustermesse** in Leipzig um 1890 als neuen Messetyp florierte das Messewesen weiter (Backhaus und Zydorek 1997; Rodekamp 2003). Im Unterschied zu den zuvor dominierenden **Handelsmessen** stellten nun überregionale Händler und später auch Produzenten nur noch **Muster** ihrer Produkte aus, die dann von lokalen Händlern begutachtet wurden und zu einer Produktorder führten. Es fand also kein direkter Tausch mehr statt, sondern es wurden Verträge über Produktionsaufträge mit späterer Auslieferung geschlossen. Durch diese veränderte Marktform entstanden vielfältige neue Unsicherheiten. Für die Käufer bestand das Risiko darin vorab Geld zu bezahlen für Produkte, deren Qualität sie nicht genau abschätzen konnten, speziell wenn wenig Wissen über die Zuverlässigkeit und Leistungsfähigkeit der Tauschpartner und Produzenten vorhanden war (→ Kap. 7.2.1). Für die Produzenten bestand das Risiko darin, Produkte herzustellen, ohne dass die Bezahlung gesichert war. Zudem bestand ein erhebliches Währungsrisiko. Diese Unsicherheiten

wurden dadurch reduziert, dass eine Vielzahl neuer institutioneller Arrangements etwa durch die Einrichtung von Banken, Tausch- und Handlungsregulierungen geschaffen wurden (Maskell et al. 2006), die später Grundlage des europäischen Handelsrechts wurden.
Im Zeitablauf kam es somit immer wieder zu Verschiebungen der bedeutenden Messestandorte sowie zu Veränderungen in der Struktur der Austauschprozesse (Allix 1922). Seit Ende des 20. Jahrhunderts traten Tauschprozesse auf **Leitmessen** zusehends gegenüber Prozessen der Wissensgenerierung, des Netzwerkaufbaus und der Netzwerkpflege zurück (Maskell et al. 2006; Rinallo und Golfetto 2006). Dies hing mit politischen Hegemonien, Innovationszyklen, räumlichen Disparitäten in Produktion und Nachfrage und Veränderungen der Nachfrageverhältnisse zusammen und führte dazu, dass jeweils neue Marktstrukturen verbunden mit und basierend auf spezifischen institutionellen Arrangements entstanden (Bathelt 2011 b).

8.3 Institutioneller Wandel

Obwohl sich Institutionen aufgrund der Handlungsfolgen ökonomischer Interaktionen ständig anpassen, zeichnen sie sich durch eine gewisse Persistenz aus. Sie bestehen oft auch dann noch weiter, wenn der ursprüngliche Anlass ihres Entstehens nicht mehr gegeben ist oder die ursprünglichen Akteure nicht mehr beteiligt sind. Um Hintergründe aufzudecken, wird nachfolgend diskutiert, aus welchen Gründen Institutionen persistent sind, welche Probleme dadurch entstehen (können) und wie diese Persistenz überwunden werden kann. Andauernde Machtbeziehungen unterstützen dabei die Institutionalisierung von Handlungsregelmäßigkeiten und ihre Persistenz. Sofern die dadurch bedingten Machtungleichgewichte jedoch nicht von allen Akteuren akzeptiert werden, entsteht eine Dynamik, die tendenziell auf einen Wandel von Institutionen hin ausgerichtet ist. Generell treten in Innovationsprozessen Konflikte auf, die dadurch bedingt sind, dass Unternehmen einerseits die Potenziale neuer Produkte und Technologien darstellen möchten, diese aber zugleich an bestehenden Handlungsmustern und Institutionen orientieren müssen, um Marktlegitimität zu erreichen.

8.3.1 Inkrementelle Anpassung von Institutionen

Eine wichtige Erkenntnis der Strukturationstheorie besteht darin, dass Institutionen eine Mittlerrolle zwischen der Mikro- und Makroebene der Ökonomie übernehmen. Sie verbinden gesellschaftliche Strukturen mit ökonomischem Handeln. Dadurch lassen sich Wechselwirkungen von lokalen und globalen Einflüssen (z. B. Hudson 2004) und eine reflexive Beziehung zwischen ökonomischem Handeln und dem Aufbau von Institutionen erklären (Bathelt 2006). So werden etwa Veränderungen innerhalb des kapitalistischen Systems durch institutionelle Strukturen in einem Prozess der *downwards causation* auf die individuelle Handlungsebene übertragen und manifestieren sich hier in individuellen und kollektiven Gewohnheiten.
In umgekehrter Richtung existiert ein Prozess der *upwards causation* (Hodgson 2003), in dessen Verlauf Mikropraktiken durch Adaptionsprozesse in breitere institutionelle Arrangements münden, die letztlich auf die Makroebene wirken und die dortigen Strukturen beeinflussen. Dabei entstehen in einem sozialen Kontext aus wiederholtem Denken und Handeln zunächst individuelle Gewohnheiten (Depner 2006). Sie legen eine Verhaltensneigung nahe und bilden die Grundlage von intendierten und nicht-intendierten Handlungen. Durch Erfahrungen und Instinkte entstehen mentale Schemata bzw. kognitive Modelle, die Gewohnheiten und Routinen

prägen (Zukin und DiMaggio 1990; Denzau und North 1994; DiMaggio 1997). Zu unterscheiden ist hierbei zwischen Denk- und Verhaltensgewohnheiten. Während Denkgewohnheiten den Akteuren helfen, Informationen aus ihrer Umwelt zu ordnen, haben Verhaltensgewohnheiten, die wiederum auf Denkgewohnheiten basieren, eine zusätzliche Qualität. Sie können von anderen Akteuren beobachtet, interpretiert und imitiert werden. Dadurch dass sie von diesen geteilt oder nachgeahmt werden, kommt es zu einer Verbreitung von Sinnzusammenhängen innerhalb eines sozialen Kontexts und zu einer reflexiven Anpassung des institutionellen Rahmens (Hodgson 2003). Durch Lernprozesse aus eigener Erfahrung, Lernen von Anderen (z. B. *learning by observation* oder *learning by interacting*) sowie durch Anpassung des Präferenzsystems kann es letztlich zu einem Wandel bzw. einer Anpassung der Institutionen kommen (Depner 2006). Infolge von Lernprozessen können die Akteure ihr Handeln sogar an die Anforderungen verschiedener gesellschaftlicher Umfelder anpassen, was im Fall einer Unternehmensorganisation, die sich über verschiedene institutionelle Kontexte erstreckt, von großer Bedeutung ist.

Durch die Wechselwirkungen zwischen Mikro- und Makroebene sind Institutionen einem steten Veränderungsdruck unterworfen. Dies ist insbesondere dadurch bedingt, dass sich innerhalb der gesellschaftlichen Teilsysteme sowie zwischen den Teilsystemen durch fortgesetzte Interaktionen der Akteure Konventionen und Regeln der Zusammenarbeit verändern und sich dies immer wieder in neuen institutionellen Arrangements niederschlägt. Die Entwicklung modifizierter Institutionen ist dabei ein evolutionärer Prozess, der auf vergangenen Erfahrungen aufbaut (McKelvey 1997).

8.3.2 Persistenz von Institutionen und institutionelle Hysterese

Wenn Institutionen allerdings im Vergleich zu Produkten und Technologien eine zu große **Persistenz** aufweisen, können sie Innovationsprozesse behindern (Johnson 1992). Aufgrund von Problemen, die auf eine beschränkte Wahrnehmung des Umfelds oder eine starke Pfadabhängigkeit der institutionellen Entwicklung zurückzuführen sind, können Persistenzeffekte resultieren, die eine notwendige individuelle und kollektive Anpassung von ökonomischen Praktiken und Prozessen verhindern. Dies ist besonders problematisch, wenn Institutionen ineffiziente oder schädliche ökonomische und technologische Entwicklungen unterstützen, und wenn sie dazu führen, dass ökonomische Netzwerke auf interne Problemlösungen und bestehende Machtbeziehungen fokussiert sind, statt nach besseren Lösungen im nationalen oder internationalen Rahmen außerhalb der Netzwerke zu suchen (→ Kap. 10 und 14). Derartige Institutionen werden im Folgenden als **ineffiziente Institutionen** bezeichnet. Obwohl Institutionen fortlaufenden inkrementellen Veränderungen unterliegen, können *lock-in*-Prozesse dazu führen, dass sich Handlungskontexte entwickeln, die das Entstehen ineffizienter Institutionen begünstigen und den Wechsel zu anderen, potenziell besseren Institutionen verhindern (Hassink und Shin 2005). Diese Situation bezeichnet Setterfield (1993) als institutionelle Hysterese:

Herausbildung ineffizienter Institutionen. Eine zentrale Frage, die sich diesbezüglich stellt, ist, wie es überhaupt zur Entstehung ineffizienter Institutionen kommen kann. Setterfield (1993) bietet hierzu drei mögliche Erklärungen an: Erstens können derartige kontraproduktive Institutionen aus einer feindlichen Selektionsumgebung resultieren. Wenn man die Herausbildung neuer Institutionen als Selektionsprozess begreift, so kann eine problematische oder ungünstige Selektionsumgebung dazu führen, dass eine ineffiziente Institution „gewählt" wird. Dies kann zum Beispiel wie in dem Modell von Arthur (1988) dazu führen, dass in einer Zufallsfolge von Entscheidungen Akteure dazu neigen diejenige Lösung zu wählen, die bereits viele andere zuvor gewählt haben, selbst wenn ihre ursprüngliche Präferenz davon abweicht. Zweitens können ineffiziente Institutionen generiert werden, wenn Akteure im Entstehungsprozess leichte Lösungen suchen und einem **Pareto-Prozess** folgend Entscheidungen vermeiden, die zu Konflikten führen oder eine Redistribution zur Folge haben könnten. Drittens mag es sein, dass anfangs noch nicht klar ist, welche Institutionen sich als effizient und welche sich als ineffizient erweisen. Eine getroffene Entscheidung kann sich aufgrund unvollständiger Informationen später als suboptimal oder kontraproduktiv erweisen.

Persistenz von ineffizienten Institutionen. Daran anschließend stellt sich die Frage, warum Institutionen Bestand haben können und einem Wandel widerstehen, obwohl sie ineffizient sind. Setterfields (1993) Analyse folgend gibt es wiederum eine Reihe von Gründen, die zu einer solchen Situation führen können. Erstens kann es sein, dass ineffiziente Institutionen Bestand haben, weil Akteure versuchen, Konflikte um die Verteilung von Ressourcen zu vermeiden. Dies ist ein typisches Problem, dem politische Entscheidungsträger ausgesetzt sind, die ihre Wiederwahl riskieren, wenn sie bisher akzeptierte Ressourcenverteilungen infrage stellen. Zweitens ist es möglich, dass an ineffizienten Institutionen festgehalten wird, um wirtschaftliche Sanktionen zu vermeiden. So mag ein industrieller Zulieferer darauf verzichten, eine verbesserte Distributionstechnologie einzuführen, um Beziehungen zu zentralen Kunden nicht zu gefährden (z. B. Uzzi 1996). Drittens kann es sein, dass hohe Kosten den Wechsel zu besseren Institutionen verhindern. Da Institutionen oft mit anderen Institutionen verflochten sind (Thelen 2003), können Veränderungen einer Institution dazu führen, dass andere Institutionen ebenfalls verändert werden müssen, wodurch hohe Kosten entstehen (Frankel 1955). Viertens kann aufgrund von Marktversagen die Akzeptanz einer Institution aus individueller Sicht rational begründet sein, wenn Individuen von den weitreichenden sozialen Kosten dieser Entscheidung nicht betroffen sind. Dies ist eine Situation negativer externer Effekte oder *spillovers*, die sich als solche nicht bei Entscheidungsträgern niederschlagen.

Der Wandel von Institutionen ist insgesamt kein Automatismus oder Routineprozess, da Institutionen einen sich selbst erhaltenden Charakter haben. Dies lässt sich gut am Beispiel von Konventionen erkennen: Je mehr Akteure eine **Konvention** teilen, desto größer ist der Druck zu konformem Verhalten und desto schwerer ist eine Veränderung einer Konvention durchzuführen (Boyer und Orléan 1992). In Analogie zu dem sogenannten **Gefangenenmodell** in der Ökonomie mag es zwar für die Gesamtheit der Akteure positiv sein, wenn alle zu einer neuen Konvention wechseln. Allerdings ist es aus der Sicht eines einzelnen Akteurs dennoch risikoreich, diesen Wechsel zu vollziehen. Falls nämlich andere nicht dieselbe Entscheidung treffen, kann der einseitige Wechsel für den betreffenden Akteur ökonomische Verluste zur Folge haben. Dies führt unter bestimmten Umständen dazu, dass institutionelle Arrangements einer Veränderung widerstehen. Deshalb stellt sich die Frage, wie sicher erreicht werden kann, dass eine bestehende Konvention durch eine neue, letztlich bessere ersetzt wird. Ein Konventionenwechsel erfordert die Lösung eines Koordinationsproblems und ist deshalb in einer Situation mit atomistischen Akteuren kaum möglich (Boyer und Orléan 1992). Die bei einem Konventionenwechsel notwendigen Anpassungen sind ohne Kenntnis der anderen Akteure und ohne Erfahrungen bei der Lösung vergleichbarer Probleme in der Vergangenheit kaum vorstellbar. Sie erfordern die Existenz einer konkreten Struktur und Geschichte sozialer Beziehungen (Granovetter 1985).

8.3.3 *Institutional entrepreneurship*

Die Möglichkeiten der direkten individuellen Beeinflussung des institutionellen Rahmens sind infolge der Persistenz und relativen Trägheit von Institutionen begrenzt (Depner 2006). Theoretisch stellt sich dabei das **Paradoxon eingebetteten Handelns** (Powell und DiMaggio 1991): Wie kann soziales Handeln Institutionen verändern, die dieses überhaupt erst ermöglichen und zugleich strukturierend beschränken (Leca und Naccache 2006)? Dieses Paradoxon wird durch die Reflexivität und Kontextualität von Handeln aufgelöst. Soziales Handeln kann nicht nur als programmatische Ausführung institutioneller Skripte betrachtet werden, sondern entfaltet sich als reflexive Interaktion in spezifischen räumlichen und zeitlichen Kontexten (Emirbayer und Mische 1998). Wenn Akteure mit neuen Institutionen bestimmte Interessen bzw. Vorteile verbinden, können sie durchaus versuchen, institutionellen Wandel zu beschleunigen und je nach Einfluss und Wirkung durchsetzen. **Institutionelles Unternehmertum** (*institutional entrepreneurship*) beschreibt das Handeln organisierter Akteure zur Veränderung bestehender und zur Schaffung neuer institutioneller Arrangements (Maguire et al. 2004; Garud et al. 2007). Institutionelle Unternehmer haben ein Interesse daran, bestehende Arrangements zu verändern. Da normalerweise viele Akteure von bestehenden Institutionen profitieren, müssen institutionelle Unternehmer Ressourcen mobilisieren (DiMaggio 1988) und spezielle Fähigkeiten entwickeln (Perkmann und Spicer 2007), um ihre Interessen

Box 8-4: Vom Walfang zur Walbeobachtung

Wale wurden über Jahrhunderte gejagt, um Walfleisch, Öl, Knochen und Zähne für Nahrung, Energie und andere Güter zu verarbeiten. Da mit der Intensivierung des Walfangs weltweit die Walbestände seit Ende der 1940er-Jahre schrumpfen, wird **Walfang** von der Internationalen Walfangkommission (IWC) reguliert. Sie regelt die Fangquoten und Schutzgebiete und erließ 1986 ein Moratorium, das die Fangquoten für alle Walarten und Jagdgebiete auf Null setzte.

Walbeobachtung bezeichnet die Beobachtung von freilebenden Walen in ihrem natürlichen Lebensraum. Sie begann in den 1950er-Jahren mit wenigen tausend Interessierten weltweit, die das Angebot wahrnahmen. Vor allem ab Ende der 1980er-Jahre stieg die Nachfrage nach Walbeobachtungsfahrten jedoch massiv an (→ Abb. 8-2) und wurde zu einem Zweig der Tourismuswirtschaft in nahezu allen Küstenregionen der Erde. Sie ist mit rund 13 000 Arbeitsplätzen allerdings nach wie vor eine Nischenbranche (→ Abb. 8-3). Umfragestudien zeigen, dass Waltouristen über die bestehenden Preise hinaus eine größere Zahlungsbereitschaft signalisieren, was die schnell wachsende Nachfrage mit Wachstumsraten von bis zu 20 % pro Jahr erklärt (Hoyt und Iñíguez 2008).

Beispiel Island. Trotz des generellen Fangmoratoriums besitzt Island als eines von wenigen Ländern spezifische Fangrechte, von denen das Land Gebrauch macht. Seit Beginn des gewerblichen Waltourismus im Jahr 1991 stieg die Zahl der Walbeobachter von 100 im Jahr 1991 auf über 62 000 im Jahr 2002 an (WWF 2004). Heute wächst die Nachfrage in Island schneller als in anderen europäischen Staaten. Mit fast 9 Millionen US-Dollar ist sie so bedeutsam geworden, dass die Regierung hinsichtlich ihrer Haltung zum Walfang zunehmend in Bedrängnis gerät. Aufgrund der direkten und indirekten Ausgaben der Waltouristen von etwa 14 Millionen US-Dollar ist die Walbeobachtung inzwischen immerhin wirtschaftlich erfolgreicher als der Walfang.

Institutioneller Wandel. Wie entstand der neue Markt der Walbeobachtung? Am Beispiel der Entstehung eines regionalen Markts für Walbeobachtung in Victoria, Kanada, zeigen Lawrence und Phillips (2004), dass sich die Entstehung des Markts nur im Wechselverhältnis von makrostrukturellen Veränderungen und spezifischen institutionellen Kontexten erklären lässt. Der Markt der Walbeobachtung ist dabei nur durch die veränderte gesellschaftliche Konzeption und Bewertung von Walen zu verstehen. Der gesellschaftliche Diskurs entwickelte sich ausgehend von einem Verständnis von Walen als Naturressource (Jagdgut) über ein Verständnis im Umweltdiskurs als zu schützende Tierart hin zu einer Betrachtung als liebenswerte Besonderheit der ökologischen Artenvielfalt. Im Diskurs der populären Kultur wandelte sich die Rolle des Wals von der menschenbedrohenden Bestie „Moby Dick" zum bedrohten und Mitgefühl verdienenden „Free Willy" (Lawrence und Phillips 2004). In Victoria erkannte 1987 ein Unternehmer, dass der lokale Tourismus der Hafenstadt keine Angebote im Küsten- und Meeresbereich hatte. Hieraus entstand das erste kommerzielle Unternehmen in dem Bereich der Walbeobachtung. Da das Hauptproblem der Walbeobachtung im Auffinden der Wale liegt, kooperierte der Unternehmer mit wissenschaftlichen und anderen Organisationen, die ebenfalls Walbeobachtung betrieben. So entstand ein Netzwerk des *whale spottings*, das es dem Gründer und seinen rasch folgenden Nachahmern immer besser ermöglichte, mit kleinen schnellen Booten in kurzer Zeit die von den Spähern gesichteten Wale zu erreichen (Lawrence und Phillips 2004).

Mit dem schnellen Wachstum der Walbeobachtung am Hafen von Victoria entzündete sich jedoch zugleich eine umweltpolitische Debatte über die Belästigung (*harrassment*) der Walschwärme durch zu viele Boote und Touristen, sodass die lokalen Unternehmen eigene Verbände mit Verhaltenskodizes und Selbstverpflichtungen gründeten, um einer möglichen staatlichen Regulierung vorzubeugen. Die Rekonstruktion dieser Entwicklung illustriert das Zusammenspiel gesellschaftlichen Wandels auf der Makroebene und der lokalen Praktiken von Organisationen in der Entwicklung neuer Geschäftsmodelle und Institutionen der Walbeobachtung. So zeigt sich, dass der globale Aufschwung der Walbeobachtung stets auch zu lokalen, spezifisch institutionalisierten Märkten der Walbeobachtung führt.

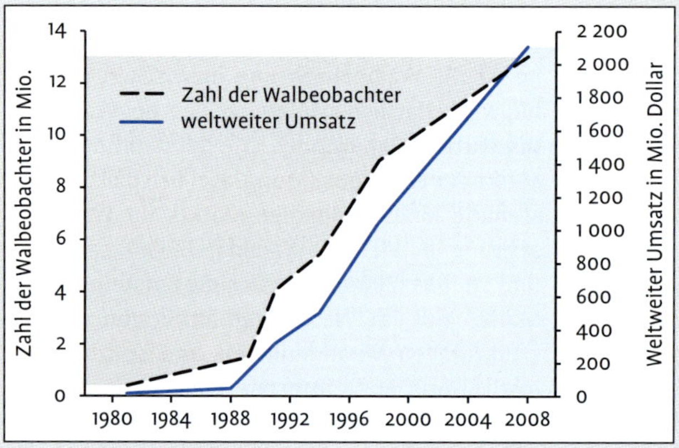

Abb. 8-2: Entwicklung des Markts für Walbeobachtung (*whale watching*) (Daten aus Hoyt 2001, S. 12; O'Connor et al. 2009)

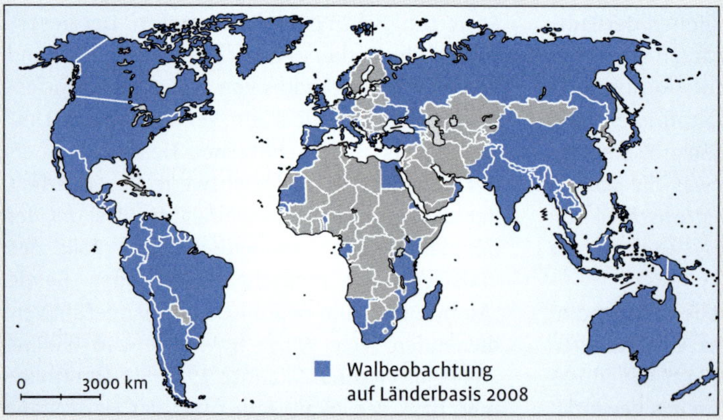

Abb. 8-3: Länder mit kommerziellen Angeboten der Walbeobachtung 2008 (nach O'Connor et al. 2009)

zu kommunizieren und andere Akteure zur Kooperation zu bewegen und von der Übernahme neuer Arrangements zu überzeugen. So ist es durchaus möglich, dass aus fortlaufender Interaktionspraxis, wie z. B. der unternehmensübergreifenden Zusammenarbeit von Unternehmen, neue Kooperationsmodelle als Prototypen neuer Institutionen bzw. sogenannte **Proto-Institutionen** hervorgehen (Lawrence et al. 2002), die sich bei weiterer Akzeptanz als neue Institutionen verfestigen und verbreiten können. Der wirtschaftliche Übergang vom industriellen Walfang zur touristischen Walbeobachtung (*whale watching*) ist ein illustratives Beispiel dafür, wie ein neues institutionelles Feld – die Walbeobachtung – aus dem Zusammenspiel von makrogesellschaftlichen Strukturen und lokalen kontextspezifischen Interaktionen hervorgeht (→ Box 8-4). Das Beispiel zeigt ferner, wie institutionelle Unternehmer einen neuen Markt bzw. ein neues institutionellen Feld strukturieren und die Geltung der Institutionen durchsetzen (Lawrence und Phillips 2004).

8.3.4 Institutionen und Macht

Der Spannungsbogen zwischen der Notwendigkeit, auf der einen Seite Institutionen an neue Rahmenbedingungen anzupassen und auf der anderen Seite die Vorteile der Erwartungssicherheit durch bestehende Institutionen abzuschöpfen, lässt sich sehr gut auf der Ebene von Machtbeziehungen darstellen. Hierzu ist es allerdings notwendig, den klassischen Machtbegriff abzulegen, wonach Macht aufgrund von Ressourcenkontrolle und -besitz quasi einem Akteur fest zugeschrieben wird. Macht ist keineswegs eine *inscribed capacity* eines Akteurs und determiniert nicht das Handeln (Allen 2003). Ungleichverteilungen von Ressourcen können entsprechend unterschiedliche Handlungskonsequenzen haben. Ein relationales Machtverständnis greift demgegenüber die Auffassung der **Akteursnetzwerktheorie** auf (Latour 1986; Thrift 1996), dass Macht insofern einen rekursiven Charakter besitzt als sie sowohl Ursache als auch Konsequenz von Handeln ist (Jöns 2003). Macht ist nicht durch Ressourcenbesitz determiniert, sondern ihr Einfluss auf räumliche Strukturen und Prozesse ist kontingent (→ Kap. 11.3.3). Die Akeursnetzwerktheorie begreift **Macht als soziale Praxis** – als *powers of association* (Latour 1986) oder *power as relationships* (Allen 1997). Macht befindet sich demzufolge nicht im Besitz bestimmter Akteure, sondern wird diesen Akteuren erst durch die Aktionen Dritter zugeschrieben (Latour 2005). In der Perspektive der Akteursnetzwerktheorie erhalten diejenigen Akteure Macht, die in der Lage sind, andere Akteure zu gemeinsamem Handeln oder zur Teilnahme an Projekten zu bewegen und sie in Netzwerke einzubinden. Wie im Beispiel des Übergangs vom Walfang zur Walbeobachtung spielt dies auf die Chance einzelner angesehener oder überzeugender Akteure oder herausragender Organisationen und Interessensverbände an, andere Akteursgruppen in gemeinsame neue Projekte, wie etwa die Forcierung des Waltourismus, einzubinden.

Wie aus derartigen Initiativen neue Handlungsmuster entstehen und sich durch reflexive Beziehungen mit übergeordneten Makrostrukturen neue Institutionalisierungen entwickeln, lässt sich besonders anschaulich anhand der Konzeption von Clegg (1989) durch interdependente Machtkreisläufe darstellen, in denen sich das Spannungsfeld der sich in täglichen Praktiken von Dominanz und Unterordnung bildenden Machtasymmetrien widerspiegelt. Durch diese Kreisläufe wird Wandel stimuliert, Machtausübung und Widerstand prallen aufeinander, Regeln werden neu ausgehandelt und neue institutionelle Arrangements verfestigen sich (Taylor 1995; Bathelt und Taylor 2002).

Kausaler Machtkreislauf. Dieser Machtkreislauf beschreibt, wie durch tägliche Interaktionen auf der Mikroebene Kontrolle über Ressourcen ausgeübt wird und Strukturen sozialer Beziehungen entstehen. Aus der Art der Ressourcenkontrolle resultieren *standing conditions*, die ausdrücken, welches Maß an Ungleichheit von den Akteuren akzeptiert wird. Diese Bedingungen erzeugen ein Mehr oder Weniger an Stabilität und sorgen dafür, dass Macht nicht ständig neu ausgehandelt werden muss.

Dispositionaler Machtkreislauf. Soziale Beziehungen werden innerhalb des dispositionalen

Machtkreislaufs quasi auf einer Mesoebene reguliert und aufrechterhalten. In dessen Kern werden Regeln der Interaktion fixiert, die Mitgliedschaft definieren, Legitimität begründen, Handlungsstabilisierungen bewirken und Voraussetzungen für Territorialität schaffen. Innerhalb dieses Kreislaufs entwickeln sich akzeptierte Normen und Strukturen sozialer Verpflichtungen, die als *compulsary passage points* die Beziehungen der Akteure regulieren und konsistentes Handeln ermöglichen. Diese institutionellen Arrangements stehen allerdings aufgrund von Informationen aus der Umwelt und der Praktiken des kausalen Machtkreislaufs unter ständigem Anpassungsdruck.

Ermöglichender und disziplinierender Machtkreislauf. Eine dauerhaftere Stabilisierung der Beziehungen erfolgt auf der Makroebene durch den ermöglichenden bzw. disziplinierenden Kreislauf der Macht (*facilitative circuit*), durch den bestimmte Arbeitsregimes, technologische Paradigmen usw. definiert und durchgesetzt werden, die ein einzelner Akteur nicht unmittelbar beeinflussen kann. Unternehmen werden hierdurch insofern diszipliniert, als sie keine volle Kontrolle über ihre eigenen Strukturen und Aktionen ausüben (Taylor 1995).

Die Machtkreisläufe nach Clegg (1989) zeigen, dass Aspekte der Persistenz und Wandlungsfähigkeit von Institutionen nicht von einzelnen Faktoren abhängen, sondern in komplexen Prozessen ausgehandelt werden. Zwar sind Institutionen prinzipiell veränderbar, aber Widerstände gegen derartige Veränderungen sind teilweise stark, wie die nachfolgende Betrachtung der Rolle von Institutionen in Innovationsprozessen zeigt.

8.3.5 Zur Rolle von Institutionen in Innovationsprozessen

In Innovationsprozessen kann es sich unter Umständen als ernstes Hindernis erweisen, dass notwendige Veränderungen bzw. Anpassungen von Institutionen unterbleiben. Wenn nämlich fundamental neue Produkte und Technologien auf eine Nachfragestruktur treffen, die durch institutionelle Arrangements aus vergangenen Innovationswellen geprägt ist, so kann dies bremsend auf die Adaption und Verbreitung der Neuerungen wirken. Wenn Neuheiten bei der Markteinführung auf bestehende Institutionen treffen, stoßen zwei soziale Kräftefelder aufeinander, von denen das eine Wandel und das andere Stabilität impliziert. Ob eine Innovation in einem etablierten Marktumfeld erfolgreich sein kann, so die Argumentation von Hargadon und Douglas (2001), hängt dabei in starkem Maße davon ab, ob es durch das Design der Produkt- oder Technologieneuheit gelingt, zwischen dem Neuen und den etablierten Institutionen zu vermitteln.

Um zu verstehen, wie Akteure auf Innovationen reagieren und ob sie diese annehmen, ist es wichtig zu wissen, wie Institutionen den Innovationsprozess beeinflussen. So sind etablierte Produkte in ein dichtes Netz von Institutionen eingebettet, die sich aus der Erfahrung der Nutzer in Kombination mit formellen Vorgaben und Regelungen im Zeitablauf herausgebildet haben. Die Institutionen konstituieren in ihrer Gesamtheit eine Menge akzeptierter Handlungsmuster und Verständnisse und sind für den Umgang mit den Produkten von großer Bedeutung. Hargadon und Douglas (2001) heben hervor, dass es bestimmte Merkmale im Design eines Produkts oder einer Technologie sein können, die solche Interpretationen beeinflussen. Vermittelt das Design den potenziellen Nutzern Vertrautheit und ermöglicht es ihnen, die Vorteile und Potenziale der Neuheit im Licht der etablierten Institutionen zu erkennen, so hat die betreffende Innovation große Durchsetzungspotenziale am Markt. Gelingt dies nicht, sind die Marktchancen möglicherweise selbst dann begrenzt, wenn das neu eingeführte Produkt den etablierten Produkten technisch überlegen ist. Das bedeutet, dass eine revolutionäre Innovation den potenziellen Nutzern in der Anfangsphase einerseits etwas Bekanntes vermitteln muss, damit sie die Neuheit in gewohnten Schemata interpretieren und ihr einen Sinn geben können. Andererseits muss die Innovation im Vergleich zu etablierten Technologien genügend andersartig sein, damit Nachfrager einen Erwerb des neuen Produkts als sinnvoll erachten. Hargadon und Douglas (2001) bezeichnen ein Design dann als **robustes Design**, wenn es so gestaltet ist, dass in ungewissen, wechselhaften Umfeldern die Anpassungsfähigkeit an zukünftige Nutzungsänderungen erkennbar und sicherzustellen ist.

Insgesamt zeigt sich, dass der Erfolg oder Misserfolg einer Innovation nicht ausschließlich von Effizienzkriterien auf der Basis ökonomischer Vorteile oder technischer Merkmale abhängt, sondern in erheblichem Maß durch den sozio-institutionellen Kontext – hier in Bezug auf vorherige Technologien und deren Nutzungsmuster – beeinflusst wird (➔ Kap. 14.3). Legitimität hängt von gesellschaftlichen Stabilisierungen und den durch sie beförderten Interpretationen ab und lässt sich nicht aus der Lösung eines Optimierungsproblems ableiten (➔ Kap. 7.1). Das Verständnis der Prozesse, die sich beim Auftreffen von Innovationen auf etablierte Institutionen abspielen, erfordert dabei eine räumliche Perspektive, da bestimmte Territorien die Arena für das Zusammentreffen und Austragen der Konflikte zwischen neuen Nutzungspotenzialen und länger bestehenden Institutionen bilden. Dies zeigt auf prägnante Weise das Beispiel der Einführung des elektrischen Lichts in New York Ende des 19. Jahrhunderts (➔ Box 8-5). Diese Innovation war vor allem deshalb so erfolgreich, weil es Thomas Alfa Edison gelang, die neue Technologie im Mantel alter Institutionen in einer Kernregion der früher dominanten Technologie zu etablieren.

Box 8-5: Einführung des elektrischen Lichts durch Edison

Als Edison 1882 das elektrische Licht mit großem Aufsehen in New York der Öffentlichkeit vorstellte, war Gasbeleuchtung die dominante Technologie, die durch ein Industrieoligopol kontrolliert wurde. Entgegen dem weitverbreiteten Verständnis war Edison dabei nicht der Erfinder des elektrischen Lichts, sondern derjenige, dem es gelang, die Technologie erfolgreich auf dem Markt einzuführen und durchzusetzen. Das größte Verdienst von Edison bestand in der Art und Weise, wie er den Innovationsprozess in Reaktion auf seine Widersacher aus der Gasindustrie durchsetzte und welches Design er für die neue Technologie entwarf. Im Sinn von Schumpeter (1911) lässt sich Edison als der zentrale Unternehmer (bzw. Innovator) der neuen Technologie ansehen (➔ Kap. 14).

Bereits zu Beginn des 20. Jahrhunderts war das elektrische Licht weit verbreitet und ersetzte die herkömmliche Gastechnologie später fast vollständig. Dies war zu Beginn der Entwicklung trotz gewichtiger Nachteile der Gasbeleuchtung (z. B. Verrußung der Wände und Feuergefahr) keineswegs gesichert. So hatte das elektrische Licht als neue Technologie ebenfalls erhebliche Nachteile – wie Blackouts, Feuergefahr durch Kurzschlüsse und die Notwendigkeit der Nähe zu den Energieerzeugern – und wurde deshalb mit großer Skepsis aufgenommen. Zudem waren die Vorteile nicht immer leicht ersichtlich und geeignete institutionelle und infrastrukturelle Rahmenbedingungen im Hinblick auf die Leitungsinfrastruktur, fachkundige Handwerker und spezielle Schulungseinrichtungen nicht vorhanden. Auch bezüglich der anfallenden Kosten gab es viele Ungewissheiten. Beispielsweise setzte mit der Einführung des elektrischen Lichts ein harter Preiskampf ein und die Preise für Gaslicht sanken rapide. Deshalb schien die Substitution von herkömmlichem Gaslicht durch elektrisches Licht zunächst wenig attraktiv.

Dennoch setzte sich das elektrische Licht als neue Technologie durch. Das hing vor allem damit zusammen, dass Edison ein **robustes Design** für seine neue Technologie wählte, das den institutionellen Arrangements der zuvor vorherr-

schenden Gaslichttechnologie angepasst war und den Nutzern auf breiter Ebene Möglichkeiten der Bewertung und des Vergleichs eröffnete (Hargadon und Douglas 2001). So wurde die neue Infrastruktur in Analogie zu den bestehenden Strukturen aufgebaut. Elektrizität wurde wie Gas zentral erzeugt, obwohl es kostengünstigere Organisationsmöglichkeiten gegeben hätte; und jeder Haushalt erhielt wie bei Gas einen eigenen Zähler. Bei der Einführung des elektrischen Lichts wurden analog zum Gaslicht 12-Watt-Glühbirnen eingesetzt, obwohl die neue Technologie eine wesentlich hellere Beleuchtung ermöglichte. Zudem wurden elektrische Leitungen wie bei Gas zunächst unterirdisch verlegt, was teurer und mit größeren technischen Problemen verbunden war. Eine zusätzliche Hürde war, dass nur Gasunternehmen die Genehmigung erhielten, diese Leitungen kostenlos zu verlegen. Edison umging dieses Problem, indem er ein Gasunternehmen anmeldete und erfolgreich versuchte, die Gasindustrie als Investor zu gewinnen.
Hargadon und Douglas (2001) ziehen aus ihrer Analyse die Schlussfolgerung, dass die Akzeptanz des elektrischen Lichts in erheblichem Maß durch das von Edison gewählte Design gesteigert wurde. Er setzte Designbestandteile ein, die keinen praktischen Zweck für die neue Technologie hatten (z. B. 12-Watt-Glühbirnen), die aber an bestehende Designelemente anknüpften und sinnhafte Interpretationen seitens der Nutzer ermöglichten (sog. *skeumorphs*). Interessanterweise war der von Edison auf dem Markt eingeführte Phonograph im Unterschied zum elektrischen Licht zunächst kein großer Erfolg. Eine wichtige Ursache hierfür war, dass die Designelemente des Phonographen für potenzielle Käufer keine sinnvollen Anknüpfungspunkte zu etablierten Nutzungen boten. Das hing unter anderem damit zusammen, dass Edison den Phonographen zuerst als elektrischen Stenographen vorstellte. Er scheiterte damit, weil für eine derartige Nutzung Interesse und Vorstellungskraft fehlten. Erst wesentlich später setzte sich der Phonograph in ganz anderer Anwendungsform durch die Möglichkeit des Abspielens von Musik auf dem Markt durch.

Teil IV: Organisation

9 Organisation wirtschaftlichen Austauschs

9.1 Transaktionskosten und räumliche Produktionsorganisation in der neuen Institutionenökonomie

Ein entscheidender Nachteil der in Teil II des Buchs behandelten traditionellen Erklärungsansätze liegt in ihrem unzureichenden Unternehmenskonzept. So beschränkt sich die Standortlehre zumeist auf Ein-Betriebs-Unternehmen und vernachlässigt die Vielfalt und Komplexität möglicher Organisationsformen sowie deren Auswirkungen auf Standortentscheidungen. Während die Raumwirtschaftslehre die industrielle Standortwahl als eine Reaktion auf vorhandene Raumeigenschaften interpretiert, betont der relationale Ansatz die kreativen Kräfte und Gestaltungsspielräume für Unternehmensentscheidungen. Diese Perspektive stellt die Akteure, wie z. B. Unternehmen, in den Mittelpunkt der Analyse. Ziel des vierten Teils ist es, neue Zusammenhänge der Organisationsweise von Wirtschaftsbeziehungen in größeren Unternehmenskontexten (➔ Kap. 11) sowie lokalen Ballungen kleiner und mittlerer (und teilweise größerer) Unternehmen aufzudecken (➔ Kap. 10) und adäquate Erklärungsansätze für Strukturen der Organisation in räumlicher Perspektive zu erschließen. Hierbei wird unternehmerisches Handeln im Kontext konkreter Strukturen sozio-institutioneller und evolutionär-pfadabhängiger Entwicklungen untersucht.

Das Ziel neuerer Konzeptionen in der Wirtschaftsgeographie besteht darin, Standortstrukturen und Standortverhalten von Unternehmen nicht mehr als Lösung geometrischer Allokationsprobleme zu sehen, sondern als Folge organisatorischer Bedingungen und unternehmerischer Entscheidungen. Kapitel 7 hat diesbezüglich ein Grundlagenverständnis über Strukturen und Prozesse sozialer Interaktionen und wirtschaftlicher Transaktionen für die wirtschaftgeographische Analyse geschaffen. Der in diesem Kapitel dargestellte Transaktionskostenansatz der neuen Institutionenökonomie leistet einen wichtigen Beitrag dazu, verschiedene Alternativen der Organisation wirtschaftlicher Transaktionsbeziehungen zu untersuchen und jeweils angemessene institutionelle Arrangements zu ermitteln. Ansatzpunkt ist es dabei, Transaktionen als Austauschbeziehungen und Interaktionen in den Mittelpunkt der Analyse zu stellen, um zu einem dynamischen Verständnis von Unternehmen und Unternehmensgrenzen zu gelangen (Dicken und Thrift 1992; Cowling und Sugden 1998; Bathelt und Glückler 2000). Der Ansatz geht grundsätzlich davon aus, dass die Kosten von Transaktionen entscheidenden Einfluss auf die Organisation der Arbeitsteilung und wirtschaftlicher Beziehungen haben. In konventionellen Ansätzen wird wirtschaftlicher Austausch implizit so konzipiert, als würde er stets über den Preismechanismus auf einem Markt koordiniert. Tatsächlich aber gibt es sehr verschiedene institutionelle Arrangements (➔ Kap. 8), in denen wirtschaftlicher Austausch stattfinden kann. Der Transaktionskostenansatz versteht sich als analytisches Instrumentarium zur Ermittlung der bestmöglichen bzw. angemessenen Organisations- und Steuerungsformen wirtschaftlicher Transaktionen gemessen an dem Gesamtaufwand, der an Produktions- und Transaktionskosten für spezifische wirtschaftliche Austauschbeziehungen entsteht (Ebers und Gotsch 1999).

9.1.1 Unternehmensorganisation als Transaktionsproblem

Während in vielen Studien Unternehmen so behandelt werden, als seien sie durch Besitzverhältnisse fest nach außen abgegrenzt, betrachte-

te Coase (1937) Unternehmen als institutionelle Arrangements, deren äußere Grenze variabel ist. In diesem Verständnis lässt sich ein Unternehmen dadurch abgrenzen, dass geklärt wird, welche Produktionsschritte integriert und welche an andere Unternehmen ausgelagert werden. Von zentraler Bedeutung sind bei einem solchen Verständnis die technisch trennbaren Schnittstellen der Produktion. Aus der Sicht von Coase (1937) stellt sich diesbezüglich die Frage, ob es besser ist, zwei aufeinanderfolgende Produktionsschritte in einem einzigen Unternehmen zu integrieren und damit die Schnittstelle in eine unternehmensinterne Transaktion zu überführen, oder ob es besser ist, eine Transaktion zu externalisieren und mit einem anderen Unternehmen abzuwickeln. Diese Entscheidung hat direkten Einfluss auf die Art der Steuerung und Überwachung von Transaktionen, d. h. auf deren *governance*-Struktur. Coase (1937) unterscheidet zwei Steuerungs- und Koordinationssysteme:
(1) Auf der einen Seite betrachtet er das Unternehmen, das auf hierarchischen Anweisungsstrukturen basiert.
(2) Auf der anderen Seite steht das Marktsystem, in dem Transaktionen preisgesteuert sind.
Die Entscheidung darüber, welche Austauschprozesse über den Markt und welche unternehmensintern abgewickelt werden, hängt dabei von den entstehenden Gesamtkosten ab, die Coase (1937) in Organisationskosten und Tauschkosten unterteilt. **Organisationskosten** sind die unternehmensintern anfallenden Kosten integrierter Produktion, die mit wachsender Größe und Komplexität eines Unternehmens ansteigen. **Tauschkosten** sind demgegenüber die Verhandlungs- und Vertragsvereinbarungskosten, die bei einer Markttransaktion anfallen. Demnach ist der Grad der Integration eines Unternehmens umso größer, je höher die Tausch- und je geringer die Organisationskosten sind. Je geringer im umgekehrten Fall die Tausch- und je höher die Organisationskosten sind, desto mehr Transaktionen werden entsprechend über Märkte abgewickelt. Der Ansatz von Coase (1937) wurde anfangs als rein hypothetisches Konstrukt kritisiert und als empirisch unbrauchbar abgelehnt mit der Begründung, dass sich die entstehenden Kosten an den Schnittstellen der Produktion nicht spezifizieren ließen. Erst den Arbeiten von Williamson (1975; 1985) ist es zu verdanken, dass der Ansatz in den 1970er- und 1980er-Jahren wiederentdeckt und erheblich erweitert wurde.

9.1.2 Transaktionskostenansatz

Williamsons Arbeiten (1975; 1985; 1990; 1991; 1994) haben seit den 1970er-Jahren die neue Institutionenökonomik begründet, die seither großen Einfluss auf die ökonomische Theoriebildung ausübt und schon frühzeitig vor allem durch Arbeiten von Scott (1983; 1986; 1988) in die Wirtschaftsgeographie übertragen worden ist. Nach Williamson (1985, Kap. 1) entstehen im Leistungstausch vielfältige Kosten für Informationssuche und -beschaffung, Vertragsvereinbarung und -abschluss, Kontrolle und Sicherung der Qualität sowie für Koordination und Steuerung von Transaktionen. Williamson (1985, Kap. 1; 1994) definiert diese Kosten umfassend als Transaktionskosten. Es sind dies sogenannte „Beherrschungs- und Überwachungskosten" einer Transaktion, deren Höhe von der Art des Austauschs (z. B. dem Grad der Standardisierung) und der gewählten Organisationsform abhängt. Demnach ist es das Ziel ökonomischer Akteure, Transaktionen zwischen den technisch trennbaren Schnittstellen im Produktionsprozess so zu organisieren, dass die Transaktionskosten möglichst gering sind. Das Programm des Transaktionskostenansatzes besteht konsequenterweise darin, ein analytisches Schema zur Klärung des *make-or-buy*-Problems zu entwickeln und die Grenzen zu identifizieren, bis zu denen Transaktionen unternehmensintern effizienter als unternehmensextern erbracht werden können (z. B. Bertram 1992; Strambach 1995, Kap. 6; Hess 1998; Hösl 1998, Kap. 3.1; Bathelt und Glückler 2000).
Der Transaktionskostenansatz verwirft das Bild des rational handelnden *homo oeconomicus* und unterstellt davon abweichende Verhaltensmuster der Akteure:
(1) Zum einen wird begrenzte Rationalität der Akteure angenommen (Sydow 1992, Teil II,

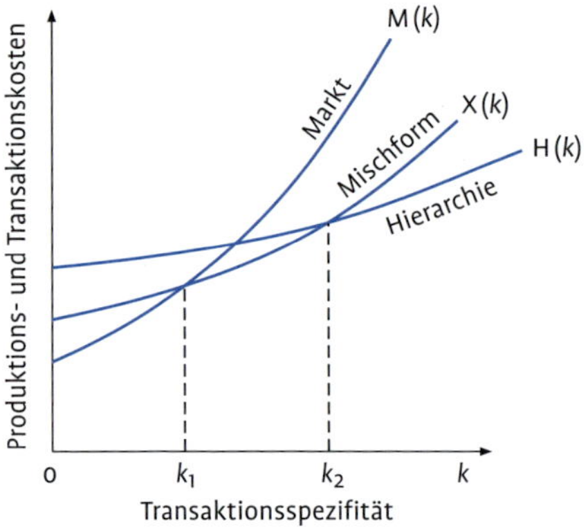

Abb. 9-1: Durchschnittskosten der *governance*-Modelle in Abhängigkeit von der Transaktionsspezifität (nach Williamson 1991, S. 284)

Kap. 2; Ebers und Gotsch 1999). Demzufolge verfügen Akteure nicht über vollständige Informationen, und ihre Fähigkeit, vorhandene Informationen zu verarbeiten, ist begrenzt. Unter der Annahme der ***bounded rationality*** ist die generelle Fähigkeit, optimale Entscheidungen zu treffen, infrage gestellt.

(2) Zum anderen geht Williamson (1985, Kap. 2) von opportunistischen Verhaltensweisen aus. Er unterstellt den Akteuren die Verfolgung von Eigeninteresse, wobei auch Täuschung und List eingesetzt werden. Somit kann durch bewusstes Verhalten der Akteure eine Informationsverzerrung und -asymmetrie entstehen. **Opportunismus** ist damit Ursache von Verhaltensunsicherheit, wobei zwischen einer parametrischen Unsicherheit über äußere Bedingungen und einer strategischen Unsicherheit über die Handlungsabsichten der Transaktionspartner unterschieden wird (→ Kap. 7).

Welche Organisationsform einer Transaktion gewählt wird, hängt von den speziellen Eigenschaften der Transaktion ab. Williamson (1979; 1985, Kap. 2) unterscheidet diesbezüglich die Kriterien Spezifität, Häufigkeit und Unsicherheit von Transaktionen:

(1) **Spezifität.** Der Handel von unspezifischen Produkten ist unproblematisch, denn ihre Eigenschaften sind standardisiert und genaue Abstimmungen zwischen Produzent und Käufer entfallen. Es ist daher möglich, Produkte unter reinen Preisgesichtspunkten über den Markt zu erwerben, zumal es viele gleichwertige Produzenten gibt, die untereinander im Wettbewerb stehen. Ein einfaches Modell stellt diesen Zusammenhang dar (→ Abb. 9-1). Wenn die Spezifität k kleiner als k_1 ist, so sind in dem Modell die Koordinationskosten des Markts geringer als die des Unternehmens. Anders ist die Situation, wenn eine Transaktion zwischen zwei Unternehmen genau aufeinander abgestimmt sein muss und es zu transaktionsspezifischen Investitionen kommt. Dies ist der Fall, wenn ein Produkt genau an die Bedürfnisse eines Kunden angepasst werden muss. Dies kann sowohl für den Produzenten als auch für den Kunden mit spezifischen Investitionen z. B. in maschinelle Anlagen oder das Produkt-Design verbunden sein. Wenn der Leistungstausch sehr hohe Investitionen erfordert, kommt es zu einem sogenannten *lock-in*, insofern als eine feste Bindung zwischen den Transaktionspartnern entsteht, die nicht ohne Weiteres etwa durch einen anderen Partner ersetzt werden kann (→ Abb. 9-1, $k_1 < k < k_2$). Williamson (1979; 1981) erkennt hier einen eher instabilen Bereich, geprägt durch hybride Koordinationsformen, wie z. B. strategische Allianzen oder Netzwerke. Demgegenüber werden hoch spezifische Transaktionen in dem Ansatz tendenziell in ein Unternehmen integriert, da hierbei die Kontroll- und Überwachungskosten am geringsten sind (→ Abb. 9-1, $k > k_2$). In diesem Zusammenhang lassen sich verschiedene Formen der Spezifität unterscheiden: Sachkapital- und Humankapital-Spezifität führen zur Anpassung von Produktspezifikationen, Maschineneinstellungen und Mitarbeiterkenntnissen. Standortspezifität erfordert, wie etwa bei der Etablierung von *just-in-time*-Belieferungssystemen, den Aufbau neuer Einrichtungen in räumlicher Nähe.

(2) **Unsicherheit.** Transaktionsspezifische Investitionen werden vor allem dann getätigt, wenn ein Unternehmen von der Leistungsfähigkeit und -bereitschaft eines Partnerunternehmens und der Dauerhaftigkeit der Beziehung überzeugt ist. Durch opportunistisches Verhalten der Akteure wird dies aber verhindert. Opportunismus bewirkt, dass Vertragslücken an Bedeutung gewinnen und die Kosten zur Schließung

<table>
<tr><th>Faktorspezifität / Häufigkeit</th><th>gering</th><th>mittel</th><th>hoch</th></tr>
<tr><td>gering</td><td rowspan="2">Markttransaktion (klassischer Vertrag)</td><td colspan="2">dreiseitige Kontrolle (neoklassischer Vertrag)</td></tr>
<tr><td>groß</td><td>Kooperation (zweiseitige Kontrolle)</td><td>Unternehmensinterne Transaktion (vereinheitlichte Kontrolle)</td></tr>
</table>

Abb. 9-2: Beherrschungs- und Überwachungssysteme von Transaktionen (nach Williamson 1990, S. 89)

dieser Lücken – z. B. durch die Einführung zusätzlicher Kontrollmechanismen – steigen. Je höher somit die strategische Unsicherheit ist, desto eher erfolgt eine unternehmensinterne Abwicklung einer Transaktion.

(3) **Häufigkeit.** Spezifische Investitionen und laufende Anpassungskosten können bei häufigen Transaktionen besonders hoch sein. Zwar tragen sich hohe Kosten eher, wenn Transaktionen zwischen Unternehmen über eine längere Zeitspanne hinweg regelmäßig stattfinden. Bestehende Grundabstimmungen können dabei erhalten bleiben und anfallende Kontrollkosten leichter aufgeteilt werden. Die Vertragspartner sprechen die gleiche Sprache im Sinn von *tacit knowing* (Polanyi 1967, Kap. 1), teilen Kenntnisse über Tauschspezifika und entwickeln Vertrauen in die Zuverlässigkeit und Kompetenz ihrer jeweiligen Partner. Bei großer Häufigkeit von Transaktionen steigt aber auch die Abhängigkeit von einem Transaktionspartner, der nicht beliebig von heute auf morgen ersetzt werden kann. Da das Ausfallrisiko aufgrund der notwendigen Häufigkeit hoch ist, sind zusätzliche Sicherungs- und Überwachungskosten notwendig. Damit steigt der möglicherweise entstehende Schaden im Fall eines Missbrauchs von Informationen. Aufgrund hoher Transaktionskosten besteht bei großer Häufigkeit ein Anreiz zur Integration der Transaktion in das Unternehmen.

Entsprechend der obigen Darstellung sind Transaktionskosten als umfassende Kosten zur Koordination, Überwachung und Vertragsgestaltung von Transaktionen umso größer, je größer die damit verbundene Spezifität, Unsicherheit und Häufigkeit ist (Bertram 1992; Brösse und Spielberg 1992, Kap. 4; Bathelt 1997 a, Kap. 4; Hess 1998, Kap. 3.1; Hösl 1998). Tendenziell werden Austauschbeziehungen bei geringen Transaktionskosten über den Markt abgewickelt und bei hohen Transaktionskosten in die Unternehmenshierarchie integriert. Zwischen den beiden Extremen Markt und Hierarchie gibt es je nach Konstellation aber auch andere institutionelle Arrangements, wie z. B. dreiseitige Verträge und Kooperationen (→ Abb. 9-2). Insgesamt lassen sich nach Williamson (1985, Kap. 3) folgende Konstellationen der Gestaltung von Transaktionen unterscheiden:

(1) **Markttransaktionen.** Bei Transaktionen mit geringer Spezifität (ohne transaktionsspezifische Investitionen) ist der Markt unabhängig von der Häufigkeit der Tauschbeziehungen die wichtigste Organisationsform. Der Wechsel eines Tauschpartners ist aufgrund der weitgehenden Standardisierung relativ leicht durchführbar und die Existenz alternativer Tauschpartner schützt beide Seiten vor opportunistischem Verhalten.

(2) **Dreiseitige Kontrolle.** Bei gelegentlichen oder einmaligen Transaktionen mit mittlerer bis hoher Spezifität werden Dritte als Vermittler und Überwacher von Austauschbeziehungen eingeschaltet. Dies geschieht, weil transaktionsspezifische Investitionen notwendig sind und somit opportunistisches Verhalten ausgeschlossen werden kann. Es handelt sich dabei letztlich um einen überwachten, geregelten Markttausch.

(3) **Unternehmensinterne Transaktionen.** Je höher die Spezifität und je größer die Häufigkeit von Transaktionen ist, umso größer ist der Anreiz zur Integration einer Schnittstelle in die Unternehmenshierarchie. Aufgrund des hohen Investitionsbedarfs ist es von zentraler Bedeutung, opportunistisches Verhalten auszuschließen. Zudem erleichtert eine internalisierte Struktur die Anpassungsfähigkeit, weil Anpassungen zentral steuerbar sind und nicht in aufwendigen Kommunikationsprozessen vermittelt werden müssen.

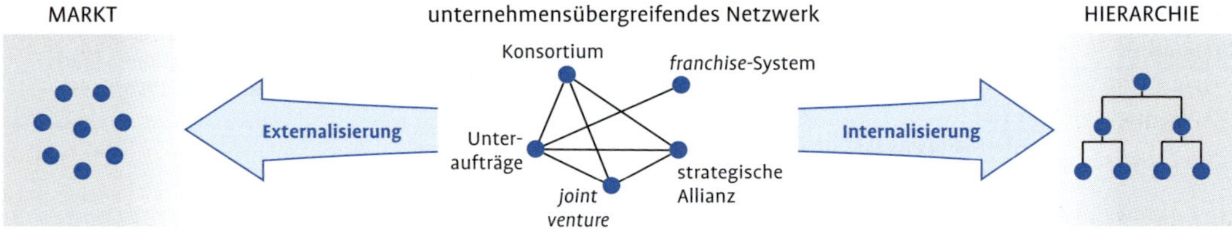

Abb. 9-3: Netzwerke zwischen Markt und Hierarchie (nach Strambach 1995, S. 85)

(4) **Kooperationen.** Die Organisation von Transaktionen kann aber nicht nur in Märkten oder Hierarchien, sondern darüber hinaus in einem Kontinuum von anderen Organisationsformen zwischen diesen beiden Extremen erfolgen (z. B. Strambach 1995, Kap. 6; Sydow 1996). Während Williamson (1975; 1979) in seinen frühen Arbeiten Zwischenformen der Organisation von Transaktionen weitgehend ausschließt, hält er in späteren Publikationen bei häufigen Transaktionen mit mittlerer Spezifität auch Kooperationsformen und Netzwerkstrukturen des Tauschs für möglich (Williamson 1985; 1990). Williamson (1985, Kap. 6) argumentiert in diesem Fall, dass Integrationsvorteile unternehmensinterner Transaktionen hohe Kosten verursachen. So können Bürokratiekosten und Anreizmängel auftreten und dadurch Skalenvorteile verloren gehen. In bestimmen Konstellationen können deshalb Netzwerkbeziehungen entstehen, insbesondere wenn glaubhafte Zusicherungen und Vertrauen das Tauschrisiko vermindern (→ Abb. 9-3). In seiner Konzeptionalisierung schränkt Williamson (1985; 1990) die Bedeutung von Netzwerkbeziehungen allerdings ein und bewertet sie letztlich als temporäre, labile Organisationsform von Transaktionen. Er bescheinigt den Partnern in einer Netzwerkbeziehung zwar ein Interesse am Erhalt dieser Beziehung, aber bei Anpassungsprozessen, wie z. B. der Anpassung an veränderte Marktbedürfnisse, sieht er bei den betreffenden Unternehmen grundsätzlich eigene Ziele im Vordergrund stehen. Da über kurz oder lang opportunistisches Verhalten möglich ist, besteht die Gefahr, dass wichtige Anpassungen unterbleiben und die Gewinnsituation der Unternehmen leidet. Mit zunehmender Unsicherheit besteht nach Williamson (1985, Kap. 3) ohnehin die Tendenz, sich in die Extreme, also entweder den Markttausch oder die Unternehmenshierarchie, zu verflüchtigen. Somit bilden Kooperationsformen und Netzwerkbeziehungen in der Konzeption nur eine Nischenform der Organisation von Tauschprozessen (Williamson 1991).

9.1.3 Transaktionskosten in räumlicher Perspektive

Mit seiner Einschätzung von Netzwerkbeziehungen als temporären, labilen Organisationsformen steht Williamson (1985; 1990) im Widerspruch zu vielen empirischen Studien, die in den 1980er-Jahren gerade die Bedeutung solcher Beziehungen hervorgehoben haben (z. B. Goodman et al. 1989; Camagni 1991 a; Krumbein 1994). Hierfür ist Williamson von Vertretern des neuen soziologischen Institutionalismus (Powell 1991) und insbesondere von Granovetter (1985) stark kritisiert worden. Scott (1983; 1986; 1988, Kap. 3 und 4) ist es gelungen, den Transaktionskostenansatz in seiner Arbeit über *new industrial spaces* durch die Wahl einer spezifisch räumlichen Perspektive zu erweitern und die Bedeutung von Netzwerkbeziehungen zu begründen (Bathelt und Glückler 2000).

In seiner Analyse regionaler Wachstumszentren in den USA und Europa stellt Scott (1986) eine kausale Beziehung zwischen der Vertiefung der sozialen Arbeitsteilung einerseits und der räumlichen Ballung von Unternehmen in industriellen und technologischen Wachstumszentren andererseits her. Während Unternehmen durch die Spezialisierung auf Kernaktivitäten Größenersparnisse in der Produktion und somit Produktivitätsvorteile erzielen, erhöhen sich mit der gleichzeitigen Externalisierung der übrigen Aktivitäten die Transaktionskosten zur Abstimmung mit Lieferanten, Kunden und Kooperationspartnern (Picot et al. 2005, Kap. 1). Damit die Spezialisierung der Unternehmen und die zwischenbetriebliche Arbeitsteilung tatsächliche Ersparnisse bringen, dürfen die Transaktionskosten die Produktivitätsgewinne nicht übersteigen. Scott demonstriert, dass die Höhe der Transaktionskosten durch räumliche Nähe zwischen Unternehmen begrenzt werden kann, da somit Unsicherheit und Anreize zu opportunistischem Verhalten weitgehend gemindert werden. Die Erzeugung räumlicher Nähe kann deshalb eine Strategie sein, um Kooperationsbeziehungen zu stabilisieren und auf eine längerfristige Basis zu stellen (Porter 2000).

Die Möglichkeit der Organisation der Produktion in räumlicher Nähe wirkt dabei in mehrfacher Weise auf Transaktionskosten und führt zu einer Kostenreduktion (Scott 1988, Kap. 4; Storper und Walker 1989, Kap. 3; 1998, Kap. 5):

(1) **Verringerung der Informationskosten.** In einer spezialisierten Industrieballung verringern sich die Kosten der Informationssuche und -beschaffung, die einer Transaktion vorausgehen. Räumliche Nähe kann den Informationstransfer beschleunigen, der die lokalen Aktivitäten und Akteure betrifft. So sind im Fall räumlicher Nähe keine aufwendigen Suchprozesse notwendig, um Zulieferer aufzufinden und technische Probleme zu lösen. Ebenso wird die Auswahl geeigneter Arbeitskräfte erleichtert.

(2) **Verringerung der Anpassungskosten.** Räumliche Nähe vereinfacht die Anpassungsprozesse zwischen Unternehmen, die in einer Wertschöpfungskette miteinander verflochten sind. Regelmäßige Treffen zur Lösung technischer Probleme und zur Abstimmung der Produktion werden erheblich erleichtert und Anpassungskosten verringert.

(3) **Verringerung der Kommunikationskosten.** Weiterhin können durch räumliche Nähe Kommunikationsvorteile entstehen, wenn die Unternehmen stilles, nicht-kodifiziertes Wissen sowie Konventionen teilen und daraus Vertrauen entsteht. Vertrauen in die Fähigkeit und Zuverlässigkeit anderer Unternehmen ist erfahrungsgebunden. Der Prozess der Vertrauensbildung wird durch räumliche Nähe erheblich vereinfacht (Harrison 1992), weil dadurch soziale Kontrolle des Verhaltens und der Aktionen von Unternehmen erleichtert und somit Unsicherheiten reduziert werden. Kooperations- und Netzwerkbeziehungen werden letztlich gestärkt, weil Anbahnungs- und Vereinbarungskosten verringert und Anpassungen leichter vorgenommen werden können.

Der Zusammenhang zwischen betrieblicher Spezialisierung, zwischenbetrieblicher Arbeitsteilung und räumlicher Konzentration ist jedoch nicht linear. Scott (1986) argumentiert, dass die räumliche Konzentration arbeitsteiliger Unternehmen durch die Verringerung von Transaktionskosten zugleich die Rahmenbedingungen für weitere arbeitsteilige Spezialisierung verbessert und somit einen fortwährenden Prozess zunehmender Spezialisierung und Arbeitsteilung unterstützt.

9.2 *Embeddedness* und Netzwerkbildung in der *new economic sociology*

Der Transaktionskostenansatz von Williamson (1975; 1985) entwickelt eine plausible Entscheidungsregel: Transaktionen werden bei hohen Transaktionskosten in ein Unternehmen integriert und unternehmensintern abgewickelt, während bei geringen Kosten Marktbeziehungen als Organisationsform dominieren. In bestimmten Fällen hält Williamson (1985, Kap. 3) auch Netzwerkbeziehungen für möglich, die er zwischen Markt und Hierarchie ansiedelt. Scott (1988, Kap. 4) hat in seiner Erweiterung gezeigt, dass sich durch räumliche Nähe die Transaktionskosten reduzieren lassen, sodass Netzwerke eine größere Stabilität erlangen als von Williamson angenommen. Im Ansatz der *new economic sociology* wird der Transaktionskostenansatz allerdings als Beitrag zu einer institutionellen Perspektive stark kritisiert. Dabei konzentriert sich die Kritik auf die atomistische Konzeption des ökonomisch Handelnden, nach der jeder Akteur scheinbar kontextfrei und unbeeinflusst von seiner konkreten Umwelt agiert (Granovetter 1985; 1992; 1992). Seine Kritik entfaltet Granovetter (1985) ausgehend vom traditionellen Hobbes'schen Problem, wie angesichts der individuellen Freiheit des Einzelnen gesellschaftliche Ordnung möglich sei. Er argumentiert, dass die Lösung der Ökonomie eine untersozialisierte und die herkömmliche sozialwissenschaftliche Lösung eine übersozialisierte Variante des gleichen Handlungsatomismus seien.

Beiden Positionen gemeinsam ist eine atomistische Perspektive der Akteure, deren konkrete Kontexte sozialer Beziehungen ignoriert werden (→ Kap. 7.1). Im Fall eines untersozialisierten Akteurs besteht das Handlungsmotiv in der Nutzenmaximierung, im Fall eines übersozialisierten Akteurs in der verinnerlichten Norm, die sein Handeln steuert. Genau diese beiden Varianten des atomisierten Akteurs gehen in die Konzeption des Transaktionskostenansatzes ein (Grabher 1993b), denn Märkte stellen eine untersozialisierte und Hierarchien eine übersozialisierte *governance*-Form von Transaktionen dar. Eine Hierarchie ist gegenüber dem Preismechanismus des Markts vor allem bei unsicheren, häufigen und spezifischen Transaktionen die effizientere Organisationsform, weil vertikale Integration durch klare Normen und Machtverhältnisse opportunistisches Verhalten verhindert und damit Unwägbarkeiten langfristig angelegter Transaktionsbeziehungen nicht vorab geregelt werden müssen. Aufgrund der isolierten Sicht der Akteure gelangt der Transaktionskostenansatz allerdings sowohl auf der Seite des Markts als auch auf der Seite der Hierarchie unter Umständen zu problematischen Aussagen, weil die Organisationsformen nicht als Ergebnis konkreter Strukturen sozialer Beziehungen betrachtet werden.

9.2.1 Der *embeddedness*-Ansatz

Das Konzept der *embeddedness* setzt dort an, wo eine atomistische Grundperspektive des ökonomischen Akteurs den konzeptionellen Rahmen zur Erklärung von Organisationsformen bildet. Eine grundsätzliche Fehlannahme liegt darin, davon auszugehen, dass ökonomisches Handeln als soziales Handeln kontextfrei geschehen kann. Granovetter (1985, S. 487) stellt zu Recht fest: *„Actors do not behave or decide as atoms outside a social context, nor do they adhere slavishly to a script written for them by the particular intersection of social categories that they happen to occupy."* Ökonomisches Handeln ereignet sich nicht zwischen isolierten Akteuren, sondern ist eingebettet in fortdauernde Systeme sozialer Beziehungen (Granovetter 1985). Die Feststellung, dass Handeln nicht einem inhärenten Motiv folgt, sondern der Interdependenz einer Struktur sozialer Beziehungen, bezeichnet nach Granovetter (1990, S. 98) den Wechsel zu einer relationalen Perspektive des Handelns: *„By 'embeddedness' I mean that economic action, outcomes, and institutions are affected by actors' personal [dyadic] relations, and by the structure of the overall network of relations. I refer to these respectively as the relational and the structural aspects of embeddedness."* Die Idee der *embeddedness* beschreibt in dieser Terminologie zweierlei Phänomene:

(1) **Relationale *embeddedness*.** Sie kennzeichnet die Qualität der Beziehung zwischen zwei Akteuren. Ökonomische Beziehungen sind keineswegs ausschließlich durch opportunistisches Verhalten gekennzeichnet. Sie tendieren vielmehr dazu, sich zu festigen, und sind die Grundlage zur Bildung von Vertrauen (→ Kap. 7.3.1). Gegenseitiges Vertrauen in die Leistungsfähigkeit und Zuverlässigkeit der Akteure wird durch Erfahrung aufgebaut (Harrison 1992) und erhöht die Erwartungssicherheit (Granovetter 1985; Kollock 1994). Vertrauen stellt eine informelle Institution zur Reduktion von Unsicherheit dar und ist Ausdruck der relationalen Einbettung einer ökonomischen Austauschbeziehung in einen übergreifenden sozialen Kontext (Glückler 2004a). Empirische Studien zur Vertragsgestaltung zwischen Unternehmen bestätigen, dass Unternehmen Austauschbedingungen tatsächlich zum Teil informell regeln und eine Vertrauensbasis aufbauen (z. B. Macaulay 1963; Bathelt 1997a). Lorenz (1999) demonstriert am Beispiel des Maschinenbausektors in Lyon (Frankreich), dass es zwischen Produzenten und Zulieferern zu Langzeitverträgen kommen kann, deren vertragliche Regelungen den Orientierungsrahmen

zum Entstehen von Vertrauen bilden, nicht aber den Austausch selbst betreffen. In einem schrittweisen Prozess nähern sich die Parteien einander durch Vertrauensbildung bewusst an und erlernen auf diesem Weg die informelle Koordination durch Vertrauen. Nicht allein das ökonomische Motiv eines Unternehmens bestimmt folglich die Beziehung zu einem Partner, sondern auch die Geschichte dieser Beziehung und die daraus resultierende Erwartungssicherheit.

(2) **Strukturelle *embeddedness*.** Sie kennzeichnet die Qualität der Struktur von Beziehungen zwischen einer größeren Anzahl von (mehr als zwei) Akteuren. Dies impliziert eine strukturelle Perspektive des Handelns, der die Annahme zugrunde liegt, dass das Handeln zweier Akteure auch vom Kontext der Beziehungen zu anderen Akteuren abhängt. Strukturelle *embeddedness* ist also darauf bezogen, dass ökonomisches Handeln situiert, d. h. in Strukturen sozialer Beziehungen eingebettet ist. Für den Missbrauch von Vertrauen können die Konsequenzen aus struktureller Perspektive gravierender sein als in einer bilateralen Beziehung. Wenn z. B. gemeinsam befreundete Dritte vom opportunistischen Verhalten eines Unternehmens zulasten anderer Unternehmen erfahren, so wirkt sich der Vertrauensverlust nicht nur auf das geschädigte Unternehmen, sondern auch auf weitere verbundene Unternehmen aus (Coleman 1984; Granovetter 1992 b; Burt 1995). In gleicher Weise kann der umgekehrte Mechanismus zum Aufbau von Reputation gegenüber Dritten dienen (Uzzi 1996; 1997; Glückler 2001; 2005 b) (→ Kap. 7.3). Dieser Handlungsrahmen lässt sich weder durch Marktmechanismen noch durch Hierarchien angemessen abbilden. Aus Unternehmenssicht heißt dies, dass ökonomisches Handeln in eine Gesamtstruktur von Netzwerkbeziehungen eingebettet ist (Grabher 1993 b). Hierbei steht nicht mehr das Unternehmen als isolierter Akteur, sondern in seinem Beziehungsgeflecht mit Zulieferern und Abnehmern sowie z. B. staatlichen Behörden im Mittelpunkt der Analyse.

Das Konzept der *embeddedness* ist kontingent, d. h. trotz gleicher technologischer und ökonomischer Probleme können sich aufgrund unterschiedlicher sozialer Strukturen in Raum und Zeit verschiedene Ergebnisse einstellen (Granovetter 1992 a; Rowley et al. 2000). Seit der Formulierung durch Granovetter (1985) hat sich das Argument der *embeddedness* in zahlreichen disziplinären Debatten etabliert. So wird die *embeddedness*-Perspektive inzwischen in vielfältigen Fragestellungen angewendet und erweitert. Studien untersuchen z. B. die Strategieentwicklung von Unternehmen (Eisenhardt und Brown 1996; Ginsberg et al. 1996), die Legitimation von Organisationen durch ihre institutionelle Umwelt (Baum und Oliver 1992; Caeldries 1996), die Innovations- und Lernprozesse von Unternehmen (Keil et al. 1997; Larsson und Malmberg 1999; Uzzi und Gillespie 2002; Uzzi und Lancaster 2003) oder die Bedeutung von Branchenverflechtungen (Talmud und Mesch 1997). Der Ansatz der *embeddedness* hat inzwischen neben Unternehmensnetzwerken auch Anwendung auf temporäre Formen der Organisation, wie z. B. Projekte (Sydow und Staber 2002) oder *development coalitions* in der Forschungs- und Entwicklungszusammenarbeit (Asheim 2002), erfahren (→ Kap. 9.3). Allerdings bemängeln Kritiker, dass er nur wenig zum Verständnis von Märkten als Koordinationsformen wirtschaftlicher Beziehungen beigetragen habe und kaum explizite Aussagen über das Konzept, die Konstitution und Funktion von Märkten treffe (Krippner 2001).

9.2.2 *Embeddedness* in räumlicher Perspektive

Das Konzept der sozio-institutionellen *embeddedness* als eingebettete Struktur sozialer Beziehungen von Unternehmen hat in der Wirtschaftsgeographie Eingang als räumliche bzw. lokale *embeddedness* gefunden (z. B. Dicken et al. 1994; Asheim 2002; Hess 2004). Dahinter verbirgt sich die Annahme, dass die Beziehungen zwischen Akteuren dem Prinzip einer lokalen Einbettung unterliegen. Auch empirischen Studien aus der Wirtschaftssoziologie liegt zum Teil das Konzept von *embeddedness* als lokalisiertes Phänomen zugrunde, was sich darin ausdrückt, dass der soziale Kontext von Unternehmen als lokaler Kontext untersucht wird (Portes und Sensenbrenner

1993; Romo und Schwartz 1995; Uzzi 1996; 1997). Wenngleich diese Sicht zum Verständnis lokaler Institutionen und ökonomischer Prozesse einen wichtigen Beitrag liefert, kann sie in zwei Aspekten Probleme verursachen:

(1) *Theoretisch.* Theoretisch eröffnet diese Perspektive die Möglichkeit, Raum als Bedingung des Sozialen überzubewerten. Wenn *embeddedness* stets ein lokales Phänomen ist, so ließe sich folgern, dass vom physischen Raum eine Wirkung auf das Soziale ausginge. Allerdings gibt es keine zwangsläufig gemeinsame Variation von Raum und Sozialem (Hard 1993), sodass soziale *embeddedness* nicht identisch mit geographischer Einbettung ist (Oinas 1997).

(2) *Methodisch.* Viele Studien würden einen deterministischen Raumbezug zwar wahrscheinlich ablehnen, jedoch führt ihre methodische Vorgehensweise unter Umständen aber genau zu einer derartigen Interpretation. Wenn eine Gruppe von Akteuren a priori regional ausgewählt wird und anschließend deren Verflechtungsstrukturen untersucht werden, so ist der Nachweis von *embeddedness* als regionales Phänomen durch die Anlage des Untersuchungsdesigns quasi voreingestellt. Sofern die Beziehungen außerregionaler Akteure ausgeblendet bleiben, gelangen Studien zwangsläufig zu dem Ergebnis, dass *embeddedness* ein lokales Phänomen ist.

Anstelle einer geographischen *embeddedness* schlagen wir das Konzept der ***embeddedness* in räumlicher Perspektive** vor. Die Struktur sozioinstitutioneller Beziehungen ist nicht in erster Linie durch räumliche Kriterien begrenzt und nicht notwendigerweise durch räumliche Nähe gekennzeichnet. Allerdings gibt es sehr wohl wichtige Komponenten der *embeddedness*, die lokalisierbar sind und in räumlicher Perspektive verschiedenen Maßstabsebenen zugeordnet werden können (Bathelt und Glückler 2000; Glückler 2001):

(1) Unternehmen sind eingebettet in institutionelle Zusammenhänge, die auf nationalstaatlicher Ebene definiert sind. Das zeigt sich beispielsweise darin, dass ihre Organisationsstruktur auf die spezifischen nationalen Beschäftigungs- und Produktionsverhältnisse ausgerichtet ist, die durch Gesetze, Regeln und Gewohnheiten definiert sind (Gertler 1992; Berndt 1996). Dadurch werden Kommunikationsprozesse innerhalb desselben nationalstaatlichen Zusammenhangs erheblich erleichtert.

(2) Unternehmen können aber auch in lokale oder regionale institutionelle Zusammenhänge eingebettet sein. Dies ist der Fall, wenn sie spezifische lokale Ressourcen, Arbeitsmarktstrukturen oder Zulieferpotenziale nutzen, um ihre Wettbewerbsfähigkeit zu steigern (Maskell und Malmberg 1999 b; 1999 a). Zudem können die Unternehmen einer Region über enge Verflechtungsbeziehungen von lokalen Konventionen profitieren (Storper 1997 b, Kap. 2; 1997 a), die Ausdruck gemeinsamer Normen, Routinen, Einstellungen und Ziele der regionalen Akteure sind.

(3) Das Konzept der *embeddedness* impliziert, dass ökonomische Beziehungen kontextspezifisch und somit auch erfahrungsabhängig sind. Bei Ungewissheit durch mögliches opportunistisches Verhalten schaffen soziale Routinen Vertrauen, wodurch Entscheidungen erleichtert werden und längerfristige Netzwerkbeziehungen resultieren können. Harrison (1992) hat darauf hingewiesen, dass die Bildung von Vertrauen eine spezifische räumliche Komponente haben kann. Vertrauen zwischen Unternehmen im Sinn eines Vertrauens in gegenseitige Zuverlässigkeit, Leistungsfähigkeit und Loyalität entsteht nicht von heute auf morgen. Vertrauen ist erfahrungsabhängig und erfordert deshalb über einen längeren Zeitraum hinweg wiederkehrende Interaktionen (→ Kap. 7.3). Räumliche Nähe kann die Vertrauensbildung erheblich erleichtern und beschleunigen, weil gleiche Traditionen und ein gemeinsames Verständnis zugrunde liegen und sich private und geschäftliche Aktionskreise der Akteure überlappen (Storper und Scott 1990; Becattini 1991).

9.2.3 Unternehmensnetzwerke

Die Kritik des *embeddedness*-Ansatzes an der atomistischen Akteurskonzeption des Transaktionskostenansatzes stellt auch das Effizienzkriterium für die Wahl der Organisationsform von Transaktionen infrage. Aus ökonomischen, wirtschaftssoziologischen und wirtschaftsgeographischen Arbeiten lassen sich zahlreiche Argumente ableiten, die darauf hindeuten, dass tatsächlich beobachtete Organisationsformen keineswegs immer effizienter sein müssen als ihre Alternativen, und dass sowohl Hierarchien als auch Märkte Schwachstellen aufweisen.

Kritik an der Hierarchie als effizienter Organisationsform. Hierbei lassen sich zwei Argumentationen unterscheiden:

(1) Williamson (1981; 1994) erklärt die Existenz von Unternehmen dadurch, dass sie bestimmte Transaktionen intern effizienter organisieren als über den Markt. Dass Unternehmen effizientere Organisationsformen als der Markt seien, stellen allerdings die Ergebnisse empirischer Studien in vielen Fällen infrage. So zeigt sich, dass Unternehmen oft über den Bedarf hinaus Personal einstellen und damit *overhead*-Kosten erhöhen (Hannan und Freeman 1984), dass die Kontrolle von Arbeitsprozessen und Produkten häufig nicht effizient ist (Dalton 1992), und dass Organisationen oftmals nicht die kostengünstigste Form der Koordination von Austauschbeziehungen sind, sondern lediglich die am meisten legitimierte bzw. akzeptierte (Hannan und Freeman 1993). Auch Williamson (1985, Kap. 4) räumt ein, dass es nur selten technologische Unteilbarkeiten gebe, die eine unternehmensinterne Organisation erzwingen und dass bei genauer Untersuchung Markttransaktionen oft effizienter seien.

(2) Diese Kritik stellt nicht infrage, dass aufgrund der konkreten Transaktionsbedingungen, wie von Williamson (1979; 1994) dargestellt, eine unternehmensinterne Organisation zustande kommen und sinnvoll sein kann. Die Möglichkeit zu gesteigerter Effizienz ist allerdings keine hinreichende Bedingung zur Integration einer Transaktion in die Unternehmensorganisation. Selbst in Situationen mit größerer Effizienz der Hierarchie gegenüber dem Markt müssen nicht notwendigerweise Unternehmen entstehen (Granovetter 1995). Eine Reihe ethnographischer Studien demonstriert dies. So schildert Geertz (1963) im Fall der javanesischen Stadt Modjokuto, dass Austauschbeziehungen zwischen Händlern nicht zu dauerhaften Kooperationsformen oder Unternehmensbildungen führen, obwohl dadurch auf Kosteneinsparungen und Skalenerträge verzichtet wird. Da sich die Händler durch nutzenmaximierendes Verhalten auszeichnen, fehlt es ihnen weniger an Antrieb oder an Kapital zur Integration der Transaktionen, sondern der Mangel an Kooperationsbereitschaft der Akteure verhindert die Institutionalisierung von Unternehmen. Diese Kritik bedeutet nicht, dass Unternehmen keine effizienten Organisationsformen sein können. Sie macht jedoch deutlich, dass die ökonomische Effizienz einer Organisation nicht a priori das Entstehen von Organisationen determiniert, sondern einer sozialen Kontingenz unterliegt.

Kritik am Markt als effizienter Organisationsform. Die Kritik lässt sich in zwei Argumentationslinien zusammenfassen:

(1) Märkte im Sinn der neoklassischen Theorie existieren fast nie, da es nicht zu einer einheitlichen Preisbildung kommt. Dies demonstrieren zwei Beispiele:

(a) Preise bilden sich unter anderem in Abhängigkeit vom Inhalt und von der Struktur der Beziehungen, in die ökonomische Transaktionen eingebettet sind. So argumentiert Baker (1983), dass sich der Preis entgegen der neoklassischen Gleichgewichtstheorie mit zunehmender Anzahl von Wettbewerbern nicht stabilisiert, sondern dass mehrere unterschiedliche Preise entstehen. Die fragmentierte Struktur der Beziehungen bewirkt somit eine zunehmende Heterogenität des Verhaltens (→ Kap. 8.2).

(b) In der neoklassischen Theorie erfolgt die Preisbildung durch einen Ausgleich zwischen der Nachfrage bei gegebener Zahlungsbereitschaft und dem Angebot bei gegebenen Herstellungskosten (z. B. Demmler 1990, Kap. 2 und 6; Lipsey et al. 1993, Kap. 4). White (1981; 2002) hält dem entgegen, dass es bei der Preisbildung eines Produkts oft nur wenig Informationen über die Zahlungsbereitschaft der Nachfrager gibt. Deshalb legen Hersteller die Preise in Anlehnung an ihre Wettbewerber fest, deren Herstellungskosten und Produktionsbedingungen transparenter sind (Uzzi 1997).

(2) Unternehmen tätigen nur einen Teil ihrer Transaktionen in marktartiger Weise. Stattdes-

sen tendieren sie zu alternativen Formen unternehmensübergreifender Austauschbeziehungen. Sie sind oft in längerfristige Transaktionsbeziehungen, wie etwa in *joint ventures*, Lizenzverträge (z. B. *franchise*-Systeme) oder strategische Allianzen, eingebunden, die angesichts ihrer Preisbildungsmechanismen gegenüber dem Markt nicht unbedingt als effizienter einzuschätzen sind.

Während basierend auf dem Transaktionskostenansatz von einem Kontinuum an Transaktionsformen ausgegangen werden kann (Sydow 1996), in dem sich einerseits Markt und Hierarchie ausschließen und sich andererseits Organisationsformen zwischen den Extremen Markt und Hierarchie durch einen unterschiedlichen Grad an Integration auszeichnen (→ Abb. 9-3), lehnt die *embeddedness*-Kritik diese abstrakte Unterscheidung hinsichtlich tatsächlicher Organisationsformen als zu stark vereinfacht ab.

Demnach können in jeder Organisationsform sowohl marktliche als auch hierarchische Strukturen aufeinandertreffen und spezifisch rekombiniert werden (Eccles und White 1988; Bradach und Eccles 1991; Grabher 1993 b). So gibt es innerhalb von Hierarchien unter Umständen sowohl verschiedene Formen des Wettbewerbs bzw. der Rivalität als auch opportunistische Verhaltensweisen. Dies zeigt sich einerseits im direkten Wettbewerb verschiedener Forschungsabteilungen eines Unternehmens um knappe Ressourcen und an der Praxis interner Verrechnungspreise für Güter- und Leistungstransfers zwischen verschiedenen Einheiten eines Unternehmens sowie andererseits in der Konkurrenz zwischen Abteilungsleitern eines Unternehmens um beruflichen Aufstieg. Demgegenüber existieren in Märkten auch hierarchische Organisationsformen, wie sie sich etwa in Form der Zuliefererpyramiden in der Automobilindustrie darstellen (z. B. Hudson und Schamp 1995; Dicken 1998, Kap. 10).

Ebenso wenig schließen sich Markt und Staat gänzlich aus. Märkte sind durchsetzt mit staatlich festgelegten Regelungen und institutionellen Bedingungen, die einen gemeinsamen Handlungsrahmen für ökonomische Akteure schaffen und Interaktionsprozesse zwischen Unternehmen überhaupt erst ermöglichen. Priddat (2001) fordert deshalb, dass es statt der Durchsetzung reiner Marktregimes darum gehen sollte, kontextuell und evolutionär angepasste Wettbewerb-Kooperations-Lösungen (*co-opetition*) an den Schnittstellen von Markt und Staat sowie innerhalb der Märkte politisch zu unterstützen.

Powell (1991), Bradach und Eccles (1991) und Grabher (1993 a) verstehen **Unternehmensnetzwerke** als Mischungen von Markt- und Hierarchieformen, die auf unterschiedliche Weise organisatorisch zusammengebunden sind. Anhand der Art und Weise wie dies erfolgt, können verschiedene Arten von Netzwerken unterschieden werden (z. B. Powell 1991; Grabher 1993 b; Pfützer 1995; Hess 1998, Kap. 3.1; Hellmer et al. 1999, Kap. 3.1). Hierzu lassen sich die vier Kriterien Reziprozität, Interdependenz, Macht und lose Kopplung heranziehen, anhand derer Netzwerke als eigenständige Organisationsformen von konventionellen Markt- und Hierarchieverständnissen abgegrenzt werden können:

(1) **Reziprozität.** Bei Netzwerkbeziehungen handelt es sich um freiwillige Sequenzen von Transaktionen, die über einen längeren Zeitraum hinweg erfolgen und durch Gegenseitigkeit gekennzeichnet sind. Reziprozität bedeutet, dass nicht jede einzelne Transaktion genau aufgerechnet wird, sondern dass zwei Tauschpartner darauf vertrauen, dass keiner von beiden langfristig zulasten des anderen profitiert (Gambetta 1988; Lowey 1997, Teil B, Kap. 2). Diese Gegenseitigkeit ist oft eher implizit als explizit. Die Unternehmen erwarten durch die Austauschbeziehung einen gegenseitigen Vorteil und sind deshalb an einer längerfristigen Zusammenarbeit interessiert. Vertrauen und Reziprozität sind wesentliche Eigenschaften, die Netzwerkbeziehungen von Marktbeziehungen unterscheiden (Strambach 1995, Kap. 6).

(2) **Interdependenz.** Durch die Dauerhaftigkeit von Verflechtungsbeziehungen entsteht Interdependenz in Netzwerken (→ Kap. 7.2). Im Unterschied dazu sind Märkte konzeptionell durch relative Unabhängigkeit (Independenz) und Hierarchien durch relative Abhängigkeit (Dependenz) gegenüber den betroffenen Akteuren (Unternehmen bzw. Mitarbeiter) gekennzeich-

net. Im Zeitablauf können im Netzwerk Reputation, Loyalität und Vertrauen aufgebaut werden. Dies geschieht erfahrungsabhängig, stärkt die Dauerhaftigkeit einer Austauschbeziehung und schränkt opportunistisches Verhalten ein (z.B. Harrison 1992). Durch wiederholte Interaktionen wächst das gegenseitige Verständnis über technologische Entwicklungsmöglichkeiten und -grenzen, woraus gemeinschaftliche Lernprozesse und „blindes Verstehen“ resultieren.

(3) **Macht.** Die zuvor genannten Eigenschaften bedeuten nicht, dass die Partnerunternehmen in einem Netzwerk absolut gleichberechtigt sind. Auch in Netzwerken gibt es Machtasymmetrien, sodass einige Unternehmen mehr Macht als andere haben (Tödtling 1994b; Lowey 1997, Teil B, Kap. 2). Entscheidend ist, dass die Unternehmen durch Machtbeziehungen so miteinander verbunden sind, dass sie zu kollektiven Reaktionen auf veränderte Markt- und Technologiebedingungen in der Lage sind und innerhalb des Netzwerks konsistente Anpassungsprozesse realisieren können (→ Kap. 8.3 und 10.3). Je nach der Machtstruktur lassen sich verschiedene Arten der Netzwerkorganisation unterscheiden. In jedem Fall sind die Machtverhältnisse innerhalb eines Netzwerks komplexer als die in Märkten und Hierarchien, wobei asymmetrische Abhängigkeiten nicht immer mit nachteiligen Effekten verbunden sein müssen, sondern durchaus Vorteile bedingen können (Lowey 1997).

(4) **Lose Kopplung.** Im Unterschied zu der festen Verknüpfung von Akteuren in hierarchischen Systemen sind die Transaktionspartner in Netzwerken nur lose aneinandergekoppelt. Sie behalten ihre Autonomie und sind im Prinzip frei zu entscheiden, ob sie eine Verflechtungsbeziehung fortsetzen oder beenden wollen. Durch die freiwillige Mitwirkung im Netzwerk entsteht ein stabiler Kontext für die Interaktionen und Kommunikation der Akteure, woraus interaktive Lern- und Innovationsprozesse resultieren. Grabher (1994, Kap. II) verweist darauf, dass in Netzwerken eine größere Ideenvielfalt zusammenkommt und damit mehr Problemlösungsoptionen bestehen als in einem hierarchischen System. Durch lose Kopplung werden Redundanzen geschaffen, die verhindern, dass ein Netzwerkverbund auseinanderbricht, wenn ein Partnerunternehmen ausscheidet.

9.2.4 Paradoxon der *embeddedness* und *lock-in*

Aus der Konzeptionalisierung von Unternehmensnetzwerken lassen sich Netzwerkbeziehungen als spezifische empirische Beziehungen mit marktlichen und hierarchischen Elementen abbilden. Netzwerkbeziehungen haben gegenüber Unternehmenshierarchien den Vorteil, dass sie sich durch dezentrale Produktionsumstellungen unter Umständen flexibler an veränderte Rahmenbedingungen anpassen können. Zudem ist aufgrund der in ihnen vorhandenen Ideen- und Meinungsvielfalt das *lock-in*-Risiko geringer, das bei einer Fixierung aller Akteure auf ineffiziente Technologien besteht (→ Kap. 14.3). Wenn aber die Vorteile von netzwerkartigen Beziehungen so zahlreich sind, lässt sich mit Podolny und Page (1998) fragen, warum dann überhaupt noch Märkte und Hierarchien existieren? Zur Beantwortung dieser Frage könnte man wiederum den Transaktionskostenansatz von Williamson (1975; 1985) heranziehen. Demnach gibt es Konstellationen von Transaktionen, in denen Märkte und Hierarchien aufgrund geringerer Gesamtkosten, d.h. der Summe aus Produktions- und Transaktionskosten, gegenüber Netzwerken die überlegenen Koordinationsformen des Austauschs darstellen.

Abgesehen davon haben Netzwerkbeziehungen keine uneingeschränkten Vorteile (Hellmer et al. 1999, Kap. 3.2): Bei wachsender Anzahl von Akteuren entstehen auch in Netzwerken Koordinationsprobleme und es kommt zu Blockadepotenzialen (z.B. bei der Festlegung technischer Standards). Daneben besteht, wie im Folgenden gezeigt wird, die Gefahr, dass sich lose Kopplungen zu stark verfestigen und einen *lock-in* bewirken. Zugleich können sich Konsensstrukturen und ein Übermaß an Vertrauen hemmend auf Innovationsprozesse auswirken.

Die Gefahr des ***lock-in*** in einen ungünstigen technologischen Entwicklungspfad (→ Kap. 14.3) besteht nicht nur in Unternehmenshierarchien, sondern ist, wie Grabher (1989; 1993c) am Bei-

mensnetzwerk aufweist, umso stärker ist es vom Rest der Welt isoliert. Demgegenüber sind enge Verbindungen insofern weniger bedeutsam, als sie leichter ersetzt werden können. Mit Granovetter (1973) lässt sich argumentieren, dass sich dies auch auf die Ausbreitung von Innovationen niederschlägt. So werden unumstrittene, inkrementale Innovationen über enge Verbindungen schnell innerhalb eines Netzwerks verbreitet. Kontrovers diskutierte, radikale Innovationen werden dagegen durch enge Verbindungen eher gebremst. Sie breiten sich vor allem am Rand eines Netzwerks über schwache Verbindungen aus.

Kern (1996) weist darauf hin, dass Vertrauen in Netzwerken auch negative Auswirkungen haben kann. Dies ist der Fall, wenn es durch Vertrauensseligkeit und „blindes Vertrauen“ zu einer Ideenverkrustung innerhalb eines Netzwerks kommt. Ein Übermaß an Vertrauen kann Innovationen entgegenwirken, wenn dies zu einem Festhalten an bewährten Problemlösungsstrategien führt. Dies geschieht in Konstellationen, in denen man sich vertrauensselig auf netzwerkinterne Partner verlässt und netzwerkexternes Wissen vernachlässigt. Nur durch die bewusste Offenhaltung von Netzwerken lassen sich die Gefahren eines derartigen technologischen *lock-in* vermeiden. Deshalb ist gesundes Misstrauen unter Umständen notwendig, um auf Distanz zu bewährten Problemlösungsstrategien zu gehen und um Innovationen besser vorantreiben zu können (Kern 1996). Das Beispiel einer Studie der lokalen Beziehungen zwischen Textilunternehmen in einem New Yorker Textildistrikt demonstriert, welchen Einfluss die spezifische Struktur von Beziehungen auf *lock-in*-Effekte haben kann (Uzzi 1996; 1997). Es wird deutlich, dass die *embeddedness* von Unternehmen in Strukturen sozio-institutioneller Beziehungen nur bis zu einem gewissen Maß vorteilhaft ist, und dass darüber hinaus negative Effekte entstehen können (→ Box 9-1).

9.3 Temporäre Kooperation in Projekten

Die bisher dargestellten Organisationsformen ökonomischer Prozesse haben gemeinsam, dass es sich im Unterschied zu Markttransaktionen nicht um einen einmaligen Gütertausch zwischen anonymen Akteuren handelt, sondern dass die Transaktionen auf sich wiederholenden Tauschvorgängen beruhen, die im Prinzip auf längere Sicht angelegt sind. Zumindest haben sie kein a priori festgelegtes Ende. Die vorstehende Analyse zeigt, dass Netzwerke neben Unternehmenshierarchien und Märkten eine eigenständige Koordinationsform wirtschaftlicher Beziehungen darstellen. Demgegenüber ist in jüngerer Vergangenheit mit der Projektorganisation eine weitere Organisationsform ökonomischer Prozesse in wissenschaftlichen Studien diskutiert worden (DeFillippi und Arthur 1998; Grabher 2001; 2002b; 2002a; Ibert 2003; Bathelt und Jentsch 2004; Maskell und Lorenzen 2004). Im Unterschied zu Netzwerken und Unternehmenshierarchien sind Projekte eine temporär begrenzte Organisationsform, die durch ein institutionalisiertes, vorab definiertes Ende und eine starke Zielorientierung gekennzeichnet sind (Lundin und Söderholm 1995). Das verstärkte Interesse an Projekten ist vor allem darauf zurückzuführen, dass sie in Bereichen der Wirtschaft verbreitetet sind und zum Teil andere Organisationsformen abzulösen scheinen, wie beispielsweise der Wandel der Filmproduktion in Hollywood nahelegt (Storper und Christopherson 1987; Scott 2002). Da Projekte vielfach Unternehmensgrenzen überschreitend auf interpersoneller Ebene organisiert sind, stellen sie aus analytischer Sicht das Unternehmen als Ausgangspunkt der Analyse ökonomischer Prozesse infrage (DeFillippi und Arthur 1998; Lundin und Midler 1998; Grabher 2002b).

Je nach Perspektive könnte man allerdings fast jede ökonomische (und teilweise auch nichtökonomische) Aktivität als Projekt betrachten – und zwar bereits seit längerer Zeit. Immerhin basieren praktisch alle Abläufe in Unternehmen auf zeitlich begrenzten Zielen, wobei von Zeit zu Zeit aufgrund der Erreichung dieser Ziele eine

Box 9-1: Lokalisierte Textilproduktion in New York

Am Beispiel der New Yorker Bekleidungsindustrie untersuchte Uzzi (1996; 1997) empirisch, wie sich der Grad der Einbettung von Unternehmen in unternehmensübergreifende Beziehungen auf die Überlebens- bzw. Sterbewahrscheinlichkeit der beteiligten Unternehmen auswirkt. Dabei unterschied er reine Marktbeziehungen (*arms-length ties*) von dauerhaften, eingebetteten Netzwerkbeziehungen. Der ausgewählte Industriezweig eignet sich besonders für einen Test der Bedeutung von Marktbeziehungen, da er aufgrund geringer Eintrittsbarrieren sowie geringer Such- und *start-up*-Kosten für Marktbeziehungen gute Voraussetzungen bietet. Das methodische Design der Untersuchung demonstriert die Vorzüge einer Kombination qualitativer und quantitativer Methoden.

(1) In einer qualitativen (ethnographischen) Feldstudie des lokalen Produktionskontexts wurden zunächst die Mechanismen und Vorteile netzwerkartiger Zusammenarbeit zwischen den Unternehmen aufgeklärt. Aus intensiven Gesprächen mit 43 Geschäftsführern und aus Betriebsaufenthalten ergab sich, dass Unternehmen durch relationale *embeddedness* sogenannte *economies of time* erzielten (Uzzi 1997). Dabei zeigte sich, dass in Vertrauensbeziehungen im Vergleich implizitere Informationen transferiert, schnellere Problemlösungen erreicht und kooperativere Lernprozesse entfaltet wurden als in nicht-vertrauensbasierten Beziehungen. Zudem wurden zeitraubende Aushandlungen von Verträgen vermieden (Uzzi 1996). Die Folgen für die Partnerunternehmen waren ein schnellerer Marktzugang und eine raschere Reaktionsfähigkeit auf Umweltveränderungen. Damit bestätigte Uzzi (1996; 1997) die Argumentation des *embeddedness*-Ansatzes, dass netzwerkartige Beziehungen spezifische Vorteile für die Akteure bewirken.

(2) In einem zweiten Schritt untersuchte Uzzi (1996) die Struktur sozio-institutioneller Beziehungen. Für die Jahre 1991 und 1992 analysierte er die Transaktionsverflechtungen zwischen 91 Produzenten und 504 Zulieferern. Die Auswertung konzentrierte sich dabei auf die Verteilung der Transaktionen eines jeden Unternehmens auf dessen Transaktionspartner. Hierbei zeigte sich, dass die Hälfte der Produzenten mindestens 25 % ihrer Beschaffung auf einen einzigen Zulieferer konzentrierten. Umgekehrt konzentrierten 45 % aller Zulieferer die Hälfte ihrer Lieferungen und 15 % der Zulieferer sogar ihren gesamten Lieferumfang auf einen einzigen Abnehmer (Uzzi 1996). Etwa ein Viertel der Produzenten besaßen eng verknüpfte Netzwerke mit fünf oder weniger Partnern, 30 % hatten Netzwerke mit sechs bis zwölf Partnerunternehmen und 40 % der Produzenten verfügten über keine integrierten Netzwerke, sondern über Beziehungen zu einer diffusen Menge von atomisierten Partnern. Ähnliches konnte für die Zulieferer festgestellt werden. Die statistische Analyse belegt, dass der Grad der Vernetzung erster und zweiter Ordnung Einfluss auf die Sterbewahrscheinlichkeit der Zulieferer hatte:

(2 a) Die Vernetzung ersten Grades misst das Ausmaß, in dem sich das Gesamtvolumen der Transaktionen eines Zulieferers auf wenige Produzenten konzentriert, ein Unternehmen also in dauerhaften Beziehungen eingebettet ist. Mit steigendem Index nahm die Wahrscheinlichkeit des Scheiterns eines Unternehmens in der Studie ab (→ Abb. 9-5 a).

(2 b) Demgegenüber kennzeichnet die Vernetzung zweiten Grades das gesamte Beziehungsverhalten der Produzenten, mit denen ein betrachteter Zulieferer in Beziehung steht, zu den jeweils anderen Zulieferern. Uzzi (1996) stellt fest, dass die Wahrscheinlichkeit für das Scheitern eines Unternehmens (Sterbewahrscheinlichkeit) auf dieser Ebene bis zu einem bestimmten Schwellenwert der Einbettung sinkt, darüber hinaus aber wieder ansteigt (→ Abb. 9-5 b). Dies zeigt, dass sich der Unternehmenserfolg gemessen an der Überlebenswahrscheinlichkeit einerseits durch die soziale Einbettung in Netzwerke verbessern lässt, er andererseits aber wieder abnimmt, wenn Netzwerke ein gewisses Maß an *embeddedness* überschreiten und zu stark eingebettet (*over-embedded*) sind (→ Abb. 9-6). Es ist diese zunächst positive und später negative Wirkung auf die Überlebenswahrscheinlichkeit, die das Paradoxon der *embeddedness* beschreibt (Uzzi 1997).

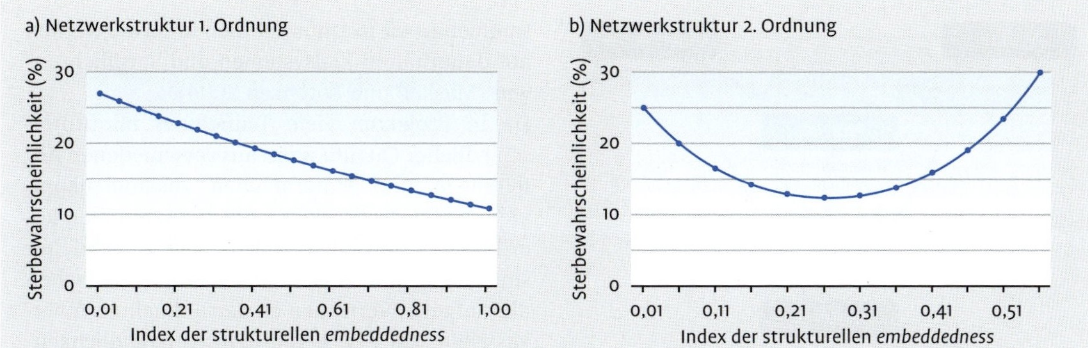

Abb. 9-5: Wirkung struktureller *embeddedness* auf das Scheitern von Unternehmen (nach Uzzi 1996, S. 692)

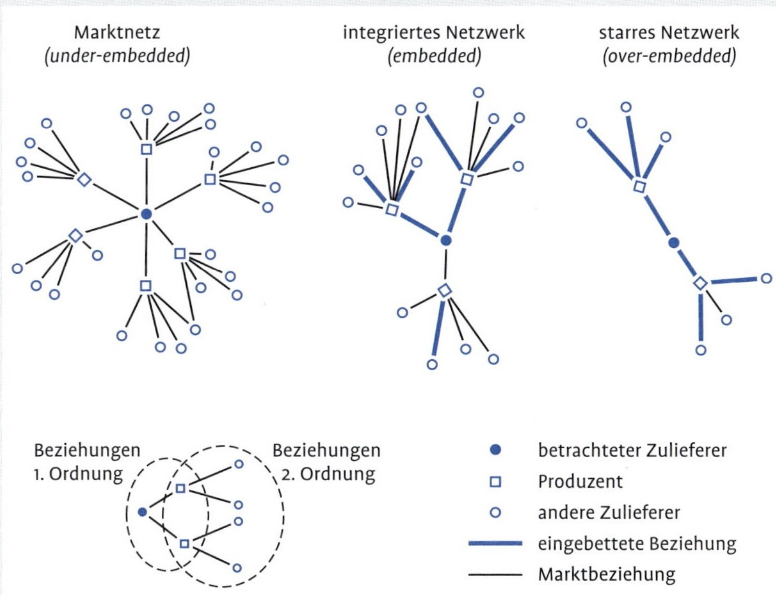

Abb. 9-6: Strukturelle *embeddedness* aus der Sicht eines Unternehmens (nach Uzzi 1997, S. 60)

Entscheidung über die Verteilung weiterer Ressourcen erfolgt. In der Literatur werden drei Arten von Projekten unterschieden: (1) unternehmensübergreifende Projekte, (2) unternehmensinterne Projekte, (3) Projekte als temporäre Unternehmen (Ekinsmyth 2002). Bei einer derart breiten Definition ist es jedoch schwer, den besonderen Charakter der Projektorganisation zu untersuchen. Deshalb stehen im Folgenden unternehmensübergreifende Projekte im Mittelpunkt und werden mit anderen Organisationsformen verglichen, wenngleich einige der diskutierten Aspekte auch auf andere Projektformen übertragen werden können. Projekte sind straff in reflexiven Lernprozessen organisiert und können durch die Zusammensetzung der Teammitglieder flexibel an unterschiedliche Problemstellungen angepasst werden.

9.3.1 Projektorganisation

Projekte werden häufig als ideale Organisationsform angesehen, um mit der steigenden Komplexität von Produkten und Dienstleistungen, der rapiden Veränderung von Märkten und der zunehmenden Unsicherheit umzugehen (Hobday

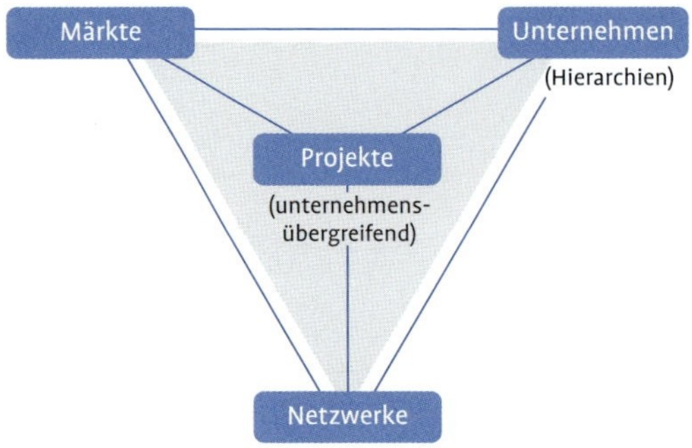

Abb. 9-7: Organisationsformen ökonomischer Prozesse

2000). Die nachfolgenden Ausführungen zeigen, dass unternehmensübergreifende, interpersonelle Projekte eine eigenständige Form der Organisation wirtschaftlicher Zusammenarbeit darstellen, die unter bestimmten Bedingungen Vorteile gegenüber Märkten, Unternehmenshierarchien oder dauerhaften Netzwerken aufweist (→ Abb. 9-7). Dies ist vor allem in Marktsegmenten der Fall, die durch eine hohe Komplexität von Gütern und Dienstleistungen und ausgeprägte soziale Arbeitsteilung, einen hohen Anteil kreativer Inputs sowie ein sich rapide veränderndes Umfeld und hohe Risiken gekennzeichnet sind (DeFillippi und Arthur 1998; Grabher 2001; Ekinsmyth 2002). Unternehmensübergreifende Projekte unterscheiden sich von anderen Organisationsformen hinsichtlich ihres temporären Charakters, des institutionalisierten Endes, des Grades der Abhängigkeit bzw. Unabhängigkeit und der Kopplung der Akteure aneinander sowie der Art der sozialen Interaktionen und Machtbeziehungen (Bernuth und Bathelt 2007).

Im Unterschied zu Unternehmen, Netzwerken oder Clustern (→ Kap. 10) haben Projekte einen begrenzten, vorgegebenen Zeithorizont. Sie sind die bevorzugte Organisationsform für Filmprojekte, Werbekampagnen, Musikaufnahmen, in der Unternehmensberatung und in der Immobilienentwicklung bzw. Errichtung von Infrastrukturen, wie z. B. im Hochhaus- oder Autobahnbau. All diese Projekte enden, wenn eine spezifische Aufgabe abgeschlossen oder ein Ziel erreicht ist (Lundin und Söderholm 1995; Grabher 2002 a; Lo 2003). Demgegenüber beruht die Zusammenarbeit in Unternehmen und Netzwerken auf dauerhaften Zielsystemen und Verpflichtungen (Maskell und Lorenzen 2004).

Da in Projekten viele Teilnehmer mit unterschiedlicher Qualifikation aus verschiedenen Abteilungen und Unternehmen zusammenkommen, gibt es Projektleiter, die die Aktivitäten koordinieren und überwachen. Die Projektleiter sind Bezugspunkte für alle Akteure und haben die Aufgabe, Vertrauen zu den Teilnehmern herzustellen. Dies ist keine Selbstverständlichkeit, da Projekte wie Unternehmen eine asymmetrische Machtverteilung aufweisen. Die Projektleiter legen Arbeitsstandards, Arbeitsaufträge, die Art der Arbeitsteilung und häufig auch die Verteilung der Gewinne verbindlich fest. Sie stellen zudem ein wichtiges Bindeglied zu den Kunden dar, die ihrerseits die Fristen der Projekte vorgeben und in vielen Fällen die Entscheider sind. Die Festlegungen der Kunden bzw. gemeinsame Entscheidungen mit der Projektleitung strukturieren Projekte in aufeinanderfolgende Teilschritte und verschaffen den Projektteilnehmern Erwartungssicherheit über die Leistungen der anderen (Grabher 2002 a).

Neben der Frage des internen Managements von Projekten haben sich Forscher der Untersuchung von **Projektökologien** (Grabher 2002 b), d. h. der Beziehung und Konstitution von Projekten in ihrem sozialen und organisatorischen Kontext, zugewandt. Projekte unterscheiden sich von Unternehmen darin, dass sie befristete Organisationen mit einem linearen Verlaufskonzept sind, während sich Unternehmen als permanente Organisationen durch ein zyklisches und repetitives Verlaufskonzept auszeichnen. Ibert (2003) zeigt anhand empirischer Studien in der Softwareindustrie, dass Projekte und Unternehmen komplementäre Funktionen im Lernprozess ausüben. Projekte eröffnen Gelegenheiten zum reflexiven Lernen, wohingegen Unternehmen eher zu kumulativen Formen des Lernens tendieren.

Ziel der Projektorganisation ist es, im Vergleich zu einer in einem Unternehmen integrierten Produktion Kosten zu sparen, insbesondere wenn mit der Produktion die Bereithaltung aufwendiger Infrastruktur verbunden ist. In der Filmproduktion ist es preiswerter, diese Infrastruktur sowie die damit verbundenen Wartungsleistungen für die Dauer von Projekten anzumieten, als sie permanent vorrätig zu halten. Durch die wechselnde Zusammensetzung von Projektteams wird zudem eine hohe Flexibilität sowie Spezifität erreicht. Zugleich fördert die wechselnde Zusammensetzung der Teams Kreativität und verhindert *lock-in*-Effekte.

9.3.2 Projekte in räumlicher Perspektive

Wie Netzwerke umfassen Projekte eine ausgeprägte unternehmens- und personenübergreifende Arbeitsteilung und basieren auf interdependenten Beziehungen zwischen den Projektteilnehmern. Projekte treten nur selten in Reinform auf und stellen bei genauerer Betrachtung andere, im Vergleich dauerhaftere Organisationsformen nicht grundsätzlich infrage, sondern sind vielmehr untrennbar mit Unternehmen und Netzwerken verwoben und werden durch diese oftmals erst ermöglicht. Zudem sind Projekte in persönliche Beziehungen und spezifische Lokalitäten eingebettet (Grabher 2002b).

Im Unterschied zu Unternehmen und Netzwerken ist die räumliche Struktur von Projekten insofern flexibler, als diese in verschiedenen Kontexten und Orten stattfinden können und damit temporäre Orte von Wissensaustausch und Wissensgenerierung darstellen (Amin und Cohendet 2004). Teilweise finden sich die Teilnehmer über den gesamten Zeitraum eines Projekts an einem Ort zusammen und befinden sich in ständiger *face-to-face*-Interaktion. In anderen Fällen sind die Projektteilnehmer räumlich voneinander getrennt, kommen aber regelmäßig in persönlichen Treffen und/oder über virtuelle *interfaces* zusammen, um Zwischenergebnisse auszutauschen. Dabei werden den Teilnehmern verschiedene Wissens-Pools wechselseitig zugänglich gemacht und diese neu miteinander kombiniert, wobei immer wieder Wissen expliziert und internalisiert wird (Nonaka et al. 2000), bis ein Projektergebnis erreicht ist, das verschiedene Wissensarten verbindet – oder aber das Projekt als undurchführbar abgebrochen wird. Im Verlauf eines Projekts werden die Teilnehmer immer vertrauter mit den Vorstellungen und Visionen ihrer Partner und können diese in ihrer Projektarbeit zum Nutzen des Gesamtziels umsetzen.

Aus erfolgreichen Projekten können letztlich längerfristige unternehmensübergreifende Beziehungen oder Netzwerke entstehen. In der Projektorganisation ist somit im Kern ein Mechanismus angelegt, der der ständig wechselnden Zusammensetzung von Projektteams entgegen und in Richtung stabiler sozialer Beziehungen wirkt. Allerdings ist es je nach Branche schwierig, eine solche Struktur zu erreichen, wenn sich z. B. wie in der Filmindustrie die Teilnehmer eines abgeschlossenen Projekts eine neue Beschäftigung suchen, bevor Genaueres über den kommerziellen Erfolg des letzten Films und damit die Chancen für ein weiterführendes Projekt bekannt sind (DeFillippi und Arthur 1998).

Räumliche Nähe kann das Entstehen von Projektökologien unterstützen. Cluster sind insofern für Projektkontexte von Bedeutung (→ Kap. 10), als sie vielfältige geplante und ungeplante Möglichkeiten zum Informationsaustausch und zu Lernprozessen bieten und die Entstehung einer gemeinsamen institutionellen Basis ermöglichen (Bathelt und Jentsch 2004). Das automatische und beständige Rauschen (→ Kap. 10.3.2) von Informationen erleichtert in hohem Maß die Zusammenstellung geeigneter Projektteams, die Bewertung neuer Trends und ermöglicht den Erfahrungsaustausch und die Bildung von *communities* (Grabher 2002b; Bathelt et al. 2004). Diese spielen eine wichtige Rolle für Lernprozesse in Projekten, da sie eine vertrauensvolle Umgebung und einen gemeinsamen interpretativen Rahmen für die Akteure sowie eine wichtige Basis für Lernprozesse wie *learning by doing, learning by watching (observing)* sowie *learning by interacting* schaffen (→ Kap. 14.3). Diese Lernprozesse werden in Projekten der Filmindustrie durch den ständigen Wechsel von Phasen des Abwartens und Phasen der betriebsamen Hektik mit *face-to-face*-Kontakten an einem spezifischen Drehort ermöglicht (DeFillippi und Arthur 1998).

9.3.3 Kritische Würdigung der Projektorganisation

Trotz der vielfältigen Lernprozesse können unternehmensübergreifende Projekte jedoch auch Probleme aufwerfen, die die Nachhaltigkeit von Lernen, den Vertrauensaufbau und die Effektivität von Machtbeziehungen betreffen. Aufgrund derartiger Prozesse wird deutlich, dass Projekte keineswegs prinzipiell effizienter als andere Organisationsformern sind. Ihre Organisation ist selbst wiederum kontextuell geprägt und kann sich unter veränderten Rahmenbedingungen, wie z. B. Unsicherheiten und Krisen, hin zu vergleichsweise dauerhafteren Organisationsformen verschieben (Bernuth und Bathelt 2007).

(1) **Barrieren kumulativen Lernens.** Die temporäre Begrenztheit sowie die von Projekt zu Projekt wechselnde Zusammensetzung der Teilnehmer erschwert die Entwicklung von Routinen, die Wissensaustausch und Lernprozesse über die Dauer von Projekten hinaus ermöglichen (Hobday 2000). Wissen, das während eines Projekts generiert wird, ist zunächst personengebunden und wird nach Projektende in andere Projekte eingebracht. Die Erfahrungen, die die Projektteilnehmer während vorhergehender Projekte gesammelt haben, sind daher wichtig für den Erfolg aktueller Projekte (DeFillippi und Arthur 1998). In Werbeprojekten können die Teilnehmer neuer Projekte von den Erfahrungen ihrer Kollegen in vorherigen Projekten zwar theoretisch profitieren (Husman 2002), allerdings erfolgt keineswegs automatisch eine wechselseitige Vermittlung von Projekterfahrungen, da es sich um implizites Erfahrungswissen aus komplexen Zusammenhängen handelt oder Projektteilnehmer einen Teil des Wissens als eigene Kompetenz betrachten und lieber für sich behalten. So ist es möglich, dass Projektkompetenzen auf personeller Ebene verbleiben und nicht in ein Unternehmen einfließen. Dies kann kumulative Lernprozesse behindern und zusätzliche Kosten verursachen.

Projekte sind besonders vorteilhaft, wenn *economies of scale* begrenzt sind und ein hohes Maß an Kreativität, Experimentierfreudigkeit und Flexibilität gefordert ist. Demgegenüber mag es schwierig sein, eine Projektorganisation durchzusetzen, wenn *economies of scale* an Bedeutung gewinnen. In diesem Fall ermöglichen permanente Organisationskontexte in Unternehmen eine effektivere Umsetzung von Lerneffekten (Bathelt und Jentsch 2004).

(2) **Probleme des Vertrauensaufbaus.** Projektorganisation steht vor dem Dilemma, dass einerseits eine intensive, vertrauensvolle Kommunikation und Interaktion zwischen den Projektteilnehmern stattfinden muss, um die kreativen, technischen und finanziellen Erfordernisse zu erfüllen, andererseits aber konventionelles Vertrauen, das auf kumulativen Lernprozessen basiert, aufgrund der temporären Begrenztheit und wechselnden Zusammensetzung der Projektteilnehmer nicht aufgebaut werden kann. Darüber hinaus wird der Aufbau von Vertrauen dadurch erschwert, dass die Teilnehmer eines Projekts unter Umständen verschiedenen Loyalitäten verhaftet sind (Grabher 2002 a). Eine zentrale Herausforderung von Projekten besteht damit in der Herstellung einer ausreichenden Vertrauensbasis, auf deren Grundlage die Akteure offen miteinander kommunizieren können, ohne befürchten zu müssen, dass andere Projektmitglieder spezifisches Wissen sowie besondere Kniffe und Tricks aufgreifen und für ihre eigenen Zwecke nutzen. Deshalb scheinen Projekte vor allem in solchen Kontexten möglich zu sein, in denen eine klare Aufgabentrennung mit geringer Überlappung der einzelnen Kompetenzfelder besteht und wo unerwünschte Wissenstransfers damit eher unwahrscheinlich sind.

(3) **Schaffung ausgewogener Machtbeziehungen.** Eine Herausforderung in der Gestaltung unternehmensübergreifender Projekte besteht in der Schaffung ausgewogener, akzeptierter Machtstrukturen (Taylor 1995) (→ Kap. 8.3). Die Machtbeziehungen in Projekten sind prinzipiell asymmetrisch. Dies schafft eine Hierarchie von Zuständigkeiten, die, wenn sie von allen Teilnehmern akzeptiert wird, Entscheidungsfindungsprozesse beschleunigt und dem Ausräumen von Konflikten dienen kann. Entscheidungsfindungen werden durch die Rolle des Projektleiters sowie durch klar definierte Fristen (*deadlines*) und geforderte Zwischenergebnisse (*milestones*)

unterstützt. Allerdings können Machtasymmetrien auch negative Auswirkungen auf den Projekterfolg haben, wenn Meinungsverschiedenheiten substanzieller Art (z. B. über die grundsätzliche Herangehensweise) bestehen. Hierbei können insbesondere kulturelle und institutionelle Aspekte von Bedeutung sein. Zum einen treffen in unternehmensübergreifenden Projekten verschiedene Arbeits- oder Unternehmenskulturen aufeinander, was zu Verständigungsproblemen und Instabilitäten führen kann, weil die notwendige kognitive Nähe im Sinne eines Überlappungsbereichs der Wissens-Pools der Akteure nicht gegeben ist (Nooteboom 2000 b). Zum anderen kann es sein, dass große räumliche Distanzen zwischen den Projektteilnehmern existieren und dies zum Problem wird, weil dabei unterschiedliche institutionelle Zusammenhänge aufeinandertreffen (➔ Kap. 4.2 und 8.3). Dies kann Verständigungsprobleme aufwerfen. Es stellt sich daher die Frage, wie stabile Machtbeziehungen aufgebaut werden können, die im Sinne von Latours (1986) Übersetzungsproblem eine effiziente Kommunikation zwischen den Teilnehmern und reibungslose Wissenstransfers ermöglichen.

Letztlich stellen unternehmensübergreifende Projekte aufgrund derartiger Probleme keine prinzipiell überlegene Organisationsform dar. Im Unterschied zu Unternehmen sind Routinen aus früheren Projekterfahrungen, die es ermöglichen würden, die Kooperation der Projektteilnehmer in Krisensituationen in gewohnte, berechenbare Bahnen zu lenken, weniger gefestigt. Zwar sind Projekte flexible Organisationsformen, die an unterschiedliche Marktbedingungen angepasst werden können und kreative Problemlösungen generieren; falls sich jedoch substanzielle ökonomische oder politische Krisen einstellen, können vorhandene Barrieren, erhöhter Kostendruck und Loyalität gegenüber unternehmensinternen Ressourcen dazu führen, dass unternehmensübergreifende Projekte in andere, dauerhaftere Organisationsformen wie Netzwerke oder unternehmensinterne Hierarchien umgewandelt werden, die später wiederum Veränderungen erliegen können. Dies wird nachfolgend am Beispiel der Krise der Frankfurter Werbeindustrie am Anfang der 2000er-Jahre gezeigt (➔ Box 9-2).

Box 9-2: Wandel der Projektorganisation in der Frankfurter Werbeindustrie

Frankfurt am Main entwickelte sich in der Nachkriegszeit zu einem Zentrum der deutschen Werbewirtschaft mit rund 315 Werbeagenturen im Jahr 2002 und einem substanziellen Anteil der Werbeumsätze (Jentsch 2004). Entscheidend für diese Entwicklung war die Ansiedlung großer Netzwerkagenturen aus den USA in der Nachkriegszeit. Neben einer überschaubaren Anzahl derartiger internationaler Netzwerkagenturen ist die Werbeagenturlandschaft durch viele kleine inhabergeführte Agenturen geprägt. Zudem hat sich in Frankfurt eine breit gefächerte Infrastruktur an Zulieferern, Dienstleistern und Kreativen der Werbeindustrie angesiedelt.

Hieraus entwickelte sich eine Struktur, in der Projekte unterschiedlicher Größenordnung und Komplexität durchgeführt werden, die sowohl auf internationaler als auch auf lokaler Ebene externe Projektpartner involvieren. Einer qualitativen Studie von Jentsch (2004) folgend basiert die Zusammenarbeit zwischen Agenturen und Projektpartnern in Frankfurt auf latenten Netzwerken und dem Prinzip der Reputation. Kleine Agenturen, die häufig nicht über eigene Spezialabteilungen wie strategische Planung oder *art buying* bzw. *photo editing* verfügen, sind in stärkerem Maß auf externe Dienstleister angewiesen als große Agenturen. Zudem sind Agenturen, die nicht durch ehemalige Mitarbeiter mit Netzwerkagenturen in Verbindung stehen, hinsichtlich ihrer Projektpartner stärker lokal orientiert und greifen teilweise auf dieselben Projektpartner zurück. Oft haben gerade kleine Agenturen ein festes Netz von Partnern um sich herum aufgebaut, das sie aktiv pflegen und auf das sie im Bedarfsfall zurückgreifen. Dagegen erschließt sich Netzwerkagenturen und solchen Agenturen, in denen ehemalige Mitarbeiter aus Netzwerkagenturen beschäftigt sind, durch das sogenannte *agency hopping* von Mitarbeitern ein größerer Pool an potenziellen Partnern. Die Tendenz der Frankfurter Agenturen, auf Partner aus früheren Projekten und damit auf netzwerkartige Strukturen zurückzugreifen, erklärt sich nicht ausschließlich aus bestehenden Vertrauensverhältnissen. Vielmehr hat das wiederholte Zurückgreifen auf dieselben Partner eine selbst verstärkende Komponente durch die spezifischen Kompetenzen, die die Partner in der Zusammenarbeit entwickeln. So sind den Projektpartnern, mit denen schon vorher zusammengearbeitet wurde, Standards und Vorgehensweisen einer Agentur bereits vertraut. Zudem ist es leichter möglich, personengebundenes Wissen aus früheren Projekten voll zu nutzen (Jentsch 2004).

Mit dem Beginn der Wirtschaftskrise im Jahr 2001 geriet auch die Frankfurter Werbeindustrie in eine Krise. Die allgemein schwache konjunkturelle Lage der deutschen Wirtschaft veranlasste viele Unternehmen zu Einsparungen im Bereich der Werbung (Riering 2002). So reduzierte die Werbung betreibende Wirtschaft von 2000 bis 2002 ihre Werbeausgaben um rund 10 %. Die Krise der Werbeindustrie machte sich für die Werbeagenturen in Frankfurt durch einen erhöhten Preisdruck vonseiten der Kunden und eine Verstärkung des Wettbewerbs bemerkbar. In der Folge traten Netzwerkagenturen, die bisher auf große Etats und Projekte fokussiert waren, mit kleineren Agenturen in Wettbewerb um kleine Etats und Projekte. Darüber hinaus vermieden es Kunden, sich durch Verträge langfristig an bestimmte Agenturen zu binden. Aufgrund von Sparmaßnahmen zogen sich viele Agenturen aus der Zusammenarbeit mit externen Projektpartnern zurück oder reduzierten diese (Jentsch 2004). Die Einsparungen führten ferner zu einem **organisatorischen Paradoxon**. Obwohl Kreativität gerade in der Werbeindustrie einen entscheidenden Wettbewerbsfaktor darstellt, begegneten die Agenturen dem wirtschaftlichen Druck durch Einsparungen in eben diesem Kreativbereich (Bernuth und Bathelt 2007). Anstatt das kreative Potenzial zur Überwindung der Krise zu nutzen, schränkten sie die Zusammenarbeit mit externen Kreativen zunehmend ein. Diese Einsparungen der Agenturen im Bereich unternehmensübergreifender Zusammenarbeit erschienen problematisch, da sie Möglichkeiten kreativer Inputs begrenzten. Insgesamt zeigte sich im Kontext der Frankfurter Werbeindustrie, dass Unternehmen kurzfristig wechselnde Formen der unternehmensübergreifenden Zusammenarbeit durch andere, im Vergleich dauerhaftere Organisationsformen wie etwa Netzwerke und Unternehmenshierarchien ersetzten und unternehmensübergreifende Projekte bis Mitte der 2000er-Jahre an Bedeutung verloren.

10 Geographische Cluster

10.1 Nationale Wettbewerbsvorteile und industrielle Cluster

Wissenschaftler und Politiker sind im 21. Jahrhundert Zeugen eines erstaunlichen Phänomens. So ermöglichen es Innovationen im Bereich der Informations- und Kommunikationstechnologien, internationale bzw. globale Produktions- und Marktbeziehungen aufzubauen und entfernte Plätze der Welt miteinander zu verknüpfen. Durch die Öffnung vieler Volkswirtschaften und den Abbau nationaler Handelsbeschränkungen sind zudem die Risiken der internationalen Vernetzung für viele Unternehmen besser kalkulierbar geworden. Dennoch führt dieser Prozess nicht, wie man vielleicht erwarten könnte, dazu, dass regionale Industrieballungen an Bedeutung verlieren oder sich gar auflösen. Im Gegenteil: viele Studien zeigen, dass die Anziehungskräfte regionaler Unternehmensballungen eine ungebrochene Attraktivität auf Unternehmen ausüben.

In diesem Kapitel werden aufbauend auf dem von Porter (1990 a; 1993; 1998) definierten Konzept der nationalen Industriecluster und den in der Literatur diskutierten regionalen Ballungsformen wie etwa Industriedistrikten und kreativen bzw. innovativen Milieus Grundlagen dargestellt, um daraus im Anschluss ein allgemeines Verständnis der Struktur und Entwicklung regionaler Unternehmenscluster zu entwickeln. Das Kapitel fokussiert auf ein wissensbasiertes Clusterverständnis, um räumliche Ballungen und deren Wachstum trotz oftmals begrenzter lokaler Material- und Güterflüsse erklären zu können. Darauf aufbauend erweitert das Kapitel die traditionelle Perspektive lokaler bzw. regionaler Clusterstrukturen um translokale, globale Verflechtungsmuster sowie um ein Verständnis temporärer Cluster. Ziel der Argumentation ist es, einen umfassenden konzeptionellen Rahmen zum Verständnis und zur Analyse lokaler Cluster im Kontext globaler wirtschaftlicher Integration zu entwickeln.

Basierend auf Arbeiten von Porter (1990 a; 1993) entwickelte sich aus der Außenhandelstheorie heraus eine Schule, die Außenhandelsspezialisierungen auf nationale Spezialisierungen industrieller Standortstrukturen in Form von Industrieclustern zurückführt. Die Analyse von Porter (1993) über **nationale Wettbewerbsvorteile** folgt dabei einer Standortfaktorensicht ähnlich der traditionellen Standortlehre (→ Kap. 6), eröffnet aber neue Perspektiven in Richtung einer kontextuellen und evolutionären Sichtweise, die die Organisation von Produktionsprozessen in ihren sozialen und ökonomischen Dimensionen erklärt. Wie bei Krugman (1991) ist auch bei Porter (1993) der Ausgangspunkt der Untersuchung die Frage, warum es in Ländern mit ähnlicher Faktorausstattung zu einer differierenden Außenhandelsspezialisierung kommt. So exportiert Deutschland beispielsweise in starkem Maße Automobile, Maschinen und Anlagen sowie chemische Produkte, während aus Italien traditionelle Produkte der Schuh-, Leder-, Textil-, Bekleidungs- und Möbelindustrie und aus den USA Hightech-Produkte ausgeführt werden. Porter (1993, Kap. 3) argumentiert, dass aufgrund des großen Wettbewerbsdrucks und günstiger Umfeldbedingungen in einem Land bestimmte Branchen Wettbewerbsvorteile erlangen und dadurch in der Lage sind, internationale Märkte zu erschließen. Es entstehen nationale Wettbewerbsvorteile in diesen Bereichen, die dazu führen, dass sich sogenannte Industriecluster als Bündel nationaler Branchen bilden, die über enge Zuliefer-Abnehmer-Beziehungen miteinander verknüpft sind. In dem ursprünglich von Porter (1990 a) formulierten Ansatz haben derartige Cluster somit im Wesentlichen eine nationale Dimension. Später hat Porter (1998; 2000) seinen Ansatz allerdings auch einer regionalen Perspektive geöffnet.

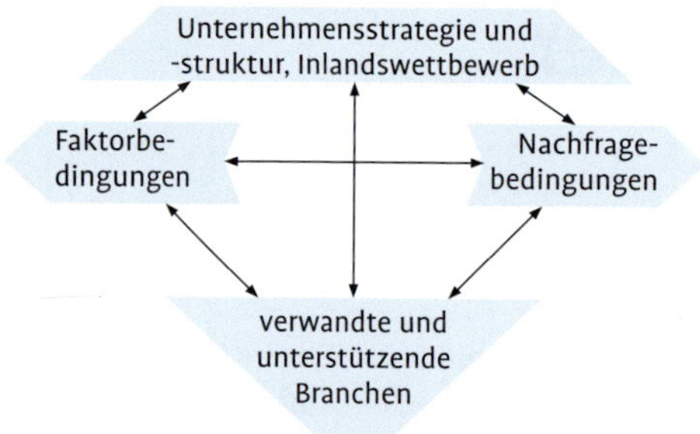

Abb. 10-1: Der Porter'sche Diamant (nach Porter 1993, S. 95)

10.1.1 Faktorbündel zur Erklärung industrieller Cluster

Das Entstehen von Wettbewerbsvorteilen wird durch das wechselseitige Zusammenwirken von vier **Faktorbündeln** erklärt, die wie ein Diamant miteinander zusammenhängen (➔ Abb. 10-1). Zu den Erklärungsfaktoren des **Porter'schen Diamanten** zählen die Faktorbedingungen, Nachfragebedingungen, verwandte und unterstützende Branchen sowie Unternehmensstrategie, -struktur und Inlandswettbewerb. Diese Faktorbündel bilden den Ausgangspunkt für industrielle Clusterungsprozesse (z. B. Hess 1998, Kap. 3.2).

(1) **Faktorbedingungen.** Diese umfassen die Quantität und Qualität der Faktorausstattung sowie die Art der Faktorbildung und die Reproduktivitätsbedingungen. Nach Porter (1993, Kap. 3) reicht die bloße Verfügbarkeit von Faktoren nicht aus, um einen Wettbewerbsvorteil zu erlangen, sondern es kommt auf den produktiven Einsatz der Faktoren an. Besonders wichtig sind dabei fortschrittliche Faktoren (statt Grundfaktoren) sowie spezielle (statt allgemeiner) Faktoren. Den faktorbildenden Prozessen und Institutionen kommt eine wichtigere Bedeutung zu als dem eigentlichen quantitativen Faktorbestand. Im Unterschied zur traditionellen Standortlehre wird betont, dass selektive Faktornachteile auch eine positive Wirkung haben können, da sie Druck erzeugen, zu investieren und Knappheiten zu umgehen.

(2) **Nachfragebedingungen.** Aus Porters (1993, Kap. 3) Sicht sind die Nachfragebedingungen einer Branche von entscheidender Bedeutung, da sie Investitionen und Innovationen lenken. Hierbei spielen vor allem zwei Aspekte eine wichtige Rolle: (2 a) die Zusammensetzung der Inlandsnachfrage, denn dadurch entsteht ein frühes Bild der Käuferbedürfnisse, das Ausgangspunkt für Spezialisierungen sein kann; (2 b) der Umfang und die Dynamik der Inlandsnachfrage. Qualitative Aspekte und Spezialisierungen der Nachfrage werden analog zur Bewertung der Faktorbedingungen als wichtiger angesehen als rein quantitative Aspekte der Verfügbarkeit. Dadurch bildet der Inlandsmarkt eine wichtige Voraussetzung für die Internationalisierung einer Branche und wird nicht durch Globalisierungsprozesse infrage gestellt.

(3) **Verwandte und unterstützende Branchen.** Sie verschaffen Kosten-, Koordinations- und Verflechtungsvorteile und können somit die Generierung eines Wettbewerbsvorteils in einer Branche stützen. So können enge Beziehungen zwischen Produzenten und Zulieferern Innovationsprozesse hervorbringen, die in verwandten Branchen zur Entstehung komplementärer Effekte und Herausbildung breiter industrieller Cluster führen. Ein gutes Beispiel hierfür ist die Verbindung von Hardware- und Softwarekomponenten bei der Entwicklung neuer Multimediaprodukte (z. B. Egan und Saxenian 1999).

(4) **Unternehmensstrategie, -struktur und Inlandswettbewerb.** Das Vorliegen eines starken Inlandswettbewerbs ist im Porter'schen Diamanten eine besonders wichtige Ursache für die Entstehung eines nationalen Wettbewerbsvorteils in einer Industrie. Starker inländischer Wettbewerb übt Druck auf die Unternehmen aus, durch ständige Verbesserungen und Innovationen ihre Marktposition zu behaupten und neue Marktgebiete zu erschließen. Durch die spezifische Form des Wettbewerbs wird auch die Art der Unternehmensführung und -struktur geprägt.

Neben den vier aufgeführten Bestimmungsfaktoren nennt Porter (1993, Kap. 3) zwei weitere Einflussfaktoren, die aber keine gleichwertige Aufnahme in den Diamanten finden. Es ist dies zum einen die Rolle des Staats aufgrund seiner Subventions-, Bildungs-, Forschungs- und Technologiepolitik und zum anderen sind es Zufälle, die durch Kriege, Naturkatastrophen und andere historische Ereignisse bedingt sind. Diese können wie in der Konzeption von Krugman (1991) großen Einfluss auf die Entwicklung bestimmter Branchenstrukturen in einem Land haben. Porter (1993, Kap. 3) argumentiert, dass Länder in denjenigen Branchen den größten Erfolg haben, in denen die Bestimmungsfaktoren des nationalen Diamanten am günstigsten sind. Unter konkreten Strukturbedingungen entwickeln sich deshalb entsprechende nationale Industriecluster. Um Wettbewerbsvorteile zu wahren, sind ständige Anpassungen an neue Bedingungen sowie Investitionen in neue Technologien und verbesserte Qualifikationen notwendig.

10.1.2 Kritische Würdigung des Porter'schen Diamanten

Porters (1990 a; 1993) Leistung mit seiner Hervorhebung von Clusterstrukturen anstelle von individuellen Unternehmen besteht darin, dass er die Entstehung von Wettbewerbsvorteilen in einen territorialen Zusammenhang rückt und aus dem komplexen Zusammenwirken unterschiedlicher Faktorbündel erklärt. Seine Konzeption gestattet eine explizit dynamische Sicht auf die Entstehung von Wettbewerbsvorteilen und betont, dass Güterflüsse aus Disparitäten in den Standort- und Produktionsstrukturen (unterschiedlich spezialisierte Cluster) resultieren. Dabei spielen im Unterschied zur traditionellen Standortlehre Spezialisierungen und Qualitäten von Faktoren sowie deren Anpassungsfähigkeit eine zentrale Rolle. Mit der Konzeption von Clustern hebt Porter (1990 a) hervor, dass Bestandteile und Ursachen der Wettbewerbsfähigkeit von Unternehmen teilweise außerhalb ihres eigenen individuellen Einflussbereichs liegen. Industrielle Clusterprozesse beeinflussen die Wettbewerbssituation auf drei Arten: Sie führen zu einer Erhöhung der Produktivität, der Innovationskapazität und der Gründungstätigkeit.

In späteren Arbeiten nimmt Porter (2000) Erweiterungen und Vertiefungen seiner Konzeption vor und reagiert damit auf Kritik. Während er den Clusterbegriff ursprünglich auf nationale Industrien anwendet, die sich aufgrund von Wettbewerbsvorteilen in einem nationalen Zusammenhang entwickeln (Porter 1990 a; 1993), bezieht er später verschiedene räumliche Bezugsebenen, vor allem den regionalen Kontext, in die Clusterbildung mit ein. Entsprechend beschreibt Porter (2000, S. 254) ein Industriecluster als „*[...] a geographically proximate group of interconnected companies and associated institutions in a particular field, linked by commonalities and complementarities. The geographic scope of a cluster can range from a single city or state to a country or even a group of countries.*" Die von ihm gewählten Beispiele beziehen sich inzwischen vielfach auf die regionale Ebene, ohne dass er diesen Wechsel der Perspektive durch einen veränderten Wirkungszusammenhang erklärt.

Insgesamt gehen die Arbeiten von Porter (1990 a; 2000) zwar klar über die traditionelle Standortlehre hinaus, bleiben ihr aber dennoch teilweise verhaftet. Dies zeigt sich deutlich in den nachfolgenden Kritikpunkten:

(1) **Faktordominanz.** Obwohl Porter (1993, Kap. 3) betont, dass sich Wettbewerbsvorteile in einem evolutionären Prozess entwickeln, ist seine Analyse eher deskriptiv und konzentriert sich auf erkennbare Strukturfaktoren. Das von ihm erzeugte Prozessverständnis bleibt unzureichend.

(2) **Widersprüche im räumlichen Bezugsrahmen.** Mit den angesprochenen Bestimmungsfaktoren wird nicht wie angestrebt eine einheitliche nationale Ebene abgebildet, sondern es findet eine Vermischung unterschiedlicher räumlicher und nicht-räumlicher Perspektiven statt. Die räumliche Bezugsebene ist keineswegs eindeutig und einheitlich. So variieren bestimmte Faktorbedingungen und Spezialisierungen vor allem regional und nicht auf nationaler Ebene: Verwandte und unterstützende Branchen entfalten zwar auch auf nationaler Ebene ihre Wirkung, sie sind aber ebenso regional bedeutsam und haben zudem einen nicht-räumlichen Branchenbezug. Entsprechend werden Unternehmensstrategien und -strukturen in erster Linie auf einer betrieblichen und nicht auf einer räumlichen Ebene festgelegt. Inzwischen wendet sich Porter (2000) auch der regionalen Ebene als Bezugsrahmen für Clusterprozesse zu. Allerdings ist

nicht einsichtig, warum dieselbe Kombination von Faktorbündeln in einem Fall ein nationales und in einem anderen ein regionales Industriecluster begründen soll.

(3) **Vernachlässigung institutioneller Aspekte.** Obwohl Porter (1993, Kap. 3) die Bedeutung der nationalstaatlichen Ebene hervorhebt, sind Institutionen, institutionelle Akteure und ihr Zusammenwirken mit dem Unternehmenssektor nicht ausreichend konzeptionalisiert. Dies zeigt sich deutlich in der Behandlung staatlicher Einflüsse als Restkategorie in der Untersuchung. Folgerichtig wäre es, das Entstehen nationaler Wettbewerbsvorteile vor dem Hintergrund institutioneller Einflüsse durch solche Bedingungen und Strukturen zu verstehen, die auf nationaler Ebene definiert und geregelt sind (Lundvall 1992b; Nelson 1993). Gerade aufgrund der Bedeutung nationaler Institutionen bleibt unklar, warum Porter (2000) keine differenzierte Betrachtung der verschiedenen räumlichen Bezugsebenen anstellt, sondern scheinbar ohne Bedenken von einer Ebene zur anderen wechselt.

(4) **Unterbewertung sozialer Prozesse.** Der Ansatz von Porter (1993) schafft zwar wichtige Voraussetzungen für eine evolutionäre Analyse von Standortballungen und -spezialisierungen, vollzieht den Wandel zu einer evolutionären Betrachtungsebene aber unzureichend. So wird die historische Perspektive mit den Entstehungsursachen für Wettbewerbsvorteile inkonsistent behandelt. Zum Teil werden historische Strukturen als Restkategorie angesehen oder ignoriert, während sie an anderer Stelle gerade unter dynamischen Aspekten betont werden. Des Weiteren findet der Aspekt der Einbindung industrieller Strukturen in sozio-kulturelle Prozesse keine explizite Berücksichtigung. Auch Interaktionen und Lernprozesse zwischen verschiedenen Branchen und verschiedenen Unternehmen sind unzureichend erfasst.

In den aktuellen Arbeiten geht Porter (1998; 2000) zwar stärker auf institutionelle Zusammenhänge, die Art und Bedeutung von Netzwerkbeziehungen sowie die dynamischen Gründungsprozesse in einem Industriecluster ein, insofern weist der Porter'sche Diamant deutlich über traditionelle Analysemuster hinaus und markiert einen Wandel in der Standortanalyse. Er vollzieht aber noch nicht den endgültigen Schritt in Richtung einer kontextbezogenen Analyse sozialer und ökonomischer Strukturen und Prozesse, die in den Konzepten der Industriedistrikte und innovativen Milieus, die nachfolgend diskutiert werden, eine zentrale Rolle spielen. Auch jüngere Arbeiten zeigen, dass Porter (2003) letztlich vor allem die gemeinsame Verstandortung (*co-location*) aufeinander bezogener Industriebranchen in einem nationalen Zusammenhang im Auge hat und nicht die in einer Region vorhandenen spezifischen Verflechtungsmuster und sozialen Beziehungen von Unternehmen einer Wertschöpfungskette.

10.2 Industriedistrikte und innovative Milieus

Die seit den 1970er- und 1980er-Jahren geführten wissenschaftlichen Debatten über die räumliche Organisation von Produktionssystemen, über die Entstehung und Funktionsweise von Unternehmensnetzwerken sowie über deren Einbettung in sozio-institutionelle Zusammenhänge haben konkrete empirische Hintergründe. So gab es in der industriellen Massenproduktion der Nachkriegszeit schwere Konjunktur- und Strukturkrisen, die oft als Ausdruck einer **Krise des fordistischen Entwicklungszusammenhangs** gesehen werden (→ Kap. 15.2). **Zunehmender internationaler Wettbewerb** führte dabei zu einem starken Kosten- und Preisdruck in vielen traditionellen Industriebranchen. Vor allem Großunternehmen begannen deshalb, Produktionsteile in ausländische Regionen zu verlagern, um Kosten zu senken. Sie schienen als Quelle für regionale Wachstumsprozesse in den Industrieländern ihre Kraft zu verlieren (Fröbel et al. 1977; Piore und Sabel 1984; 1989) und waren zusehends Auslöser für regionale Krisen.

Neben den schnell wachsenden neuen Hightech-Industrien entstanden auch in traditionellen Branchen neuartige Organisationsmuster, die sich zu kleinräumigen Produktionszusammenhängen ausweiteten und auf regionaler Ebene

Wachstum und Stabilität sicherten (Scott 1988, Kap. 5 bis 7). Derartige Ballungsprozesse zeigten sich speziell in Italien, wo sich in einigen Regionen Produktionsnetze aus kleinen und mittleren Unternehmen mit hoher Spezialisierung und engen, vorwiegend vertikalen Produktionsverflechtungen entwickelten (Becattini 1966; Goodman et al. 1989; Pyke et al. 1990). Die Unternehmen dieser Regionen setzten sich erfolgreich gegen ausländische Niedrigkosten-Konkurrenz durch und die Regionen wurden unter der Bezeichnung Drittes Italien weltweit bekannt und vielfach als Prototyp einer neuartigen Regionalentwicklung angesehen.

Im Folgenden wird dargestellt, wie sich die Regionen des Dritten Italien entwickelt haben, welche sozialen und wirtschaftlichen Strukturen und Beziehungen hinter den Wachstumserfolgen stehen, und ob das Dritte Italien trotz Krisensymptomen in den 1990er-Jahren als Modell für regionales Wachstum in vernetzten Strukturen auch auf andere Regionen übertragbar ist (Bathelt 1997a, Kap. 2; 1998). Aus dem Bedeutungsgewinn regionaler Produktionsnetzwerke sind Debatten über Industriedistrikte und innovative Milieus hervorgegangen, die in der Literatur oftmals getrennt voneinander behandelt werden (z. B. Hess 1998, Kap. 2.3; Maillat 1998; Schamp 2000b, Kap. 2.3).

10.2.1 Dreigeteilte räumliche Wirtschaftsstruktur in Italien

Nach dem Zweiten Weltkrieg entwickelte sich Italien zu einem Staat mit einem ausgeprägten **Nord-Süd-Dualismus**. Zum einen gab es den industrialisierten Nordwesten mit dem Industriedreieck Genua-Mailand-Turin, das durch industrielle Massenproduktion standardisierter Güter gekennzeichnet war. Dem stand der stärker landwirtschaftlich geprägte, unterentwickelte Mezzogiorno im Süden Italiens gegenüber. Hier siedelten sich in der Nachkriegszeit arbeitsintensive Montagezweigwerke aus dem Nordwesten sowie Staatsbetriebe und ausländische Unternehmenszweige an (Rother und Tichy 2000). Angesichts dieser Zweiteilung blieb zunächst wenig beachtet, dass in den 1970er-Jahren im Zentrum und Nordosten eine andersartige Wirtschaftsstruktur entstanden war (Becattini 1966; Brusco 1982; Amin 1989; Bellandi 1989; Loda 1989; Sforzi 1989). Dieses sogenannte **Dritte Italien** verzeichnete hohe Wachstumsraten, basierend auf traditionellen Handwerksstrukturen und mittelständischen Unternehmen in Branchen wie der Textil-, Bekleidungs-, Schuh-, Leder- und Keramikindustrie (Becattini und Coltorti 2006). Es handelte sich hierbei um Teile der Regionen Emilia-Romagna, Toskana, Umbrien, Marken, Venetien, Trentino-Südtirol und Friaul-Julisch-Venetien (➔ Abb. 10-2).

Abb. 10-2: Verwaltungsregionen des Dritten Italien

Wenn man die Entwicklung der Unternehmen, Beschäftigten und Unternehmensgrößen in den 1970er-Jahren in den italienischen Verwaltungsregionen betrachtet, wird die Besonderheit der im Dritten Italien entstandenen Industriestruktur sichtbar. So verzeichneten lediglich die Regionen des Dritten Italien ein deutliches Wachstum der Unternehmens- wie auch der Beschäftigtenzahlen (➔ Abb. 10-3a). Während in den Regionen des Südens sowohl die Zahl der Industriebeschäftigten als auch die durchschnittliche Unternehmensgröße anstiegen, kam es im Nord-

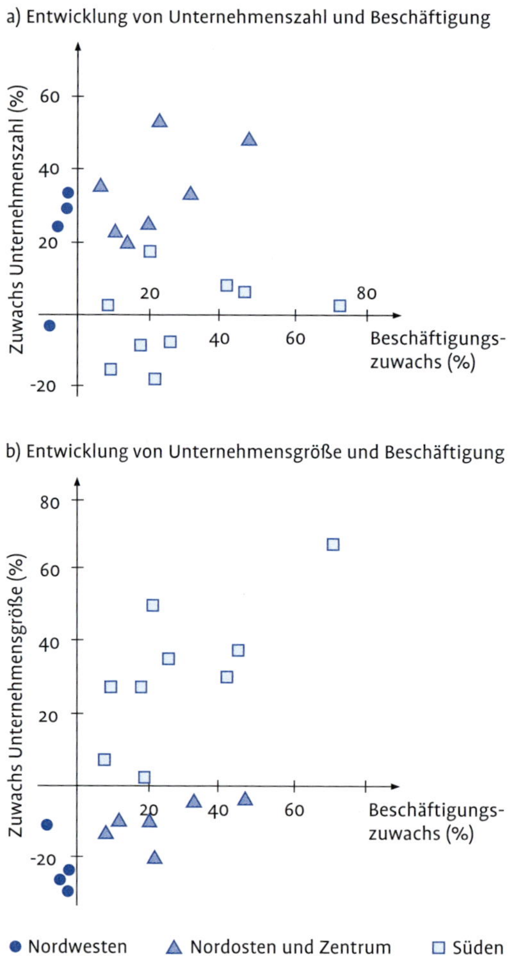

Abb. 10-3: Entwicklung der Unternehmen, Beschäftigten und Unternehmensgrößen im verarbeitenden Gewerbe Italiens nach Verwaltungsregionen 1971 bis 1981 (nach Scott 1988, S. 46)

westen zu einem Rückgang der Unternehmensgröße und der Industriebeschäftigung (Scott 1988, Kap. 5; Bellandi 1989; Brösse und Spielberg 1992, Kap. 4). Hierin drückte sich unter anderem die Verlagerung von Funktionen aus dem industrialisierten Nordwesten in Zweigwerke im Süden Italiens aus. In den Regionen des Dritten Italien hingegen erhöhte sich die Gesamtbeschäftigtenzahl bei sinkender Unternehmensgröße (➔ Abb. 10-3 b). Diese Entwicklung war Ausdruck einer hohen Dynamik von Unternehmensgründungen. Das Ausmaß dieser Gründungsprozesse zeigte sich deutlich in den Städten des Dritten Italien. So existierten Ende der 1980er-Jahre über 40 zumeist mittelgroße Städte in den betreffenden Regionen, in denen jeweils mehr als 750 Unternehmen des verarbeitenden Gewerbes angesiedelt waren: rund 9000 Unternehmen in Prato, jeweils 6000 Unternehmen in Bologna und Florenz sowie mehr als 3000 Unternehmen in Modena und Carpi (Scott 1988, Kap. 5).

Diese Entwicklung ist in zahlreichen regionalen Fallstudien untersucht worden, um die Produktionszusammenhänge und Organisationsstrukturen im Dritten Italien zu rekonstruieren (Harrison 1997, Kap. 4; Bathelt 1998). Beispiele sind die Ledergerbereien in Santa Croce (Amin und Thrift 1992), Textilhersteller in Prato (Piore und Sabel 1984, Kap. 8; Scott 1988, Kap. 5; Harrison 1994) sowie die Schuhhersteller in Riviera del Brenta (Rentmeister 2001), Porto Sant' Elpidio (Scott 1988, Kap. 5) oder Montebelluna (Belussi 2003) (➔ Box 10-1). Diese Distrikte erlangten in den 1970er- und 1980er-Jahren teilweise erhebliche wirtschaftliche Bedeutung (Bathelt und Glückler 2002). So hatten rund ein Viertel der italienischen Schuhproduktion und zwei Drittel der Schuhexporte der Region Marken ihren Ursprung in dem Schuhdistrikt von Porto Sant' Elpidio (Scott 1988, Kap. 5) (➔ Abb. 10-4).

Die komplexen lokalen Produktionsnetze wurden traditionell (teilweise seit dem Mittelalter) durch Händler (in Prato sog. *impannatore*) koordiniert (Sabel 1994). Diese Händler stellten die Beziehungen zu den Märkten her und übernahmen den Absatz der Endprodukte. Durch ihre internationalen Kontakte erlangten die Händler Zugang zu Informationen über den Wandel der Kundenpräferenzen und entwickelten daraus neue Designs, die sie in Form von Aufträgen an die lokalen Produzenten weitergaben. Rehle (1996) hat in einer Untersuchung gezeigt, dass sich in Neugablonz (Kaufbeuren) in der Nachkriegszeit im Bereich der Modeschmuckherstellung in kleinerem Maßstab eine ähnliche Produktionsstruktur entwickelt hat. Ein weiteres Beispiel ist die traditionelle Organisationsstruktur des Verlagswesens im Graphischen Viertel von Leipzig (Denzer und Grundmann 1999).

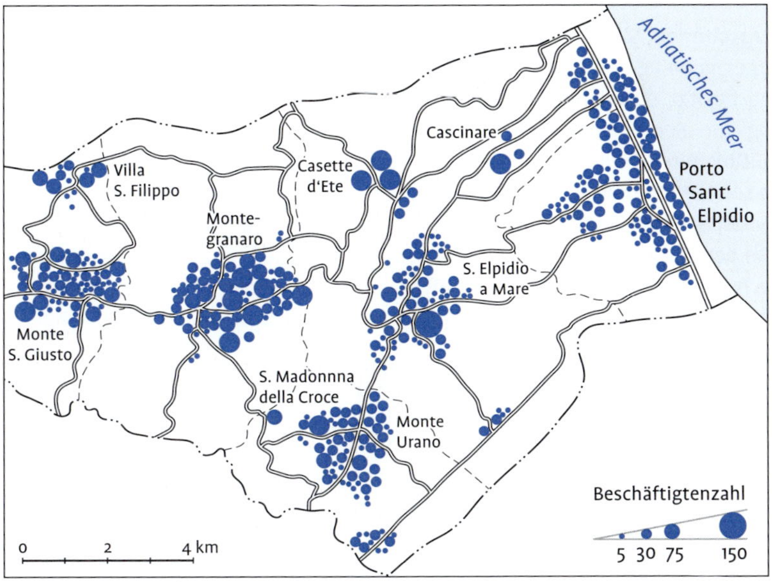

Abb. 10-4: Standortstruktur von Unternehmen der Schuhindustrie in Porto Sant' Elpidio (nach Scott 1988, S. 56)

Derartige Verlagssysteme, bei denen die Verleger die Vorprodukte beschafften, die Endprodukte orderten und den anschließenden Verkauf selbst durchführten, entstanden im 19. Jahrhundert vor allem auf der Grundlage natürlicher Ressourcen, hoher Transportkosten und bedingt durch Distanzüberwindungs- und Erreichbarkeitsprobleme (Schamp 2000 b, Kap. 2). Verlagssysteme kombinierten regionale Produktionskompetenz mit überregionalen Marktbeziehungen. Dennoch handelt es sich hierbei nicht um Reststrukturen früherer Organisationsmuster, sondern um moderne Formen der Produktionsorganisation wie das Beispiel der Herstellung von Bergschuhen, Skischuhen und Freizeitartikeln in Montebelluna zeigt (→ Box 10-1).

In einer Überblicksstudie über die wirtschaftliche Entwicklung Italiens argumentieren Becattini und Coltorti (2006), dass das Wachstum von Industriedistrikten trotz veränderter internationaler Wettbewerbs- und Produktionsbedingungen keineswegs beendet ist. Die Studie zeigt im Gegenteil, dass der massive Anstieg italienischer Exporte in den Bereichen der Konsumgüterindustrie und des Leichtmaschinenbaus in der Nachkriegszeit ganz wesentlich durch die Leistungsfähigkeit der Industriedistrikte vorangetrieben worden ist und dass diese sich im Zeitablauf weiter über Italien ausgebreitet haben.

10.2.2 Konzeption der Industriedistrikte in Italien

Bereits Ende des 19. Jahrhunderts hatte der britische Ökonom Marshall (1990 [1920], IV. Buch, Kap. X) ähnliche regionale Produktionsnetzwerke aus kleinen und mittleren Unternehmen beobachtet und diese als **Industriedistrikte** bezeichnet. Er untersuchte speziell die Messerwarenindustrie in Sheffield und Solingen sowie die Wollwarenherstellung in Lancashire (Marshall 1927, III. Buch, Kap. XII). Sforzi (1989) analysierte in einer Studie anhand von Sekundärstatistiken in den 1980er-Jahren, in welchem Umfang sich derartige regionale Produktionsstrukturen auf Italien erstrecken. Die Untersuchung zeigte, dass Industriedistrikte kleinräumig abgegrenzt sind und sich, allerdings nicht flächendeckend, vor allem über den Nordosten und das Zentrum Italiens ausdehnen. Aufgrund sozioökonomischer Strukturmerkmale grenzte Sforzi (1989) rund 60 potenzielle Industriedistrikte in mehr als 20 zusammenhängenden Teilräumen Italiens ab, die sich schwerpunktmäßig auf die

Box 10-1: Hersteller von Bergschuhen, Skischuhen und Freizeitartikeln in Montebelluna (Venetien)

Die am Fuß der Dolomiten gelegene Region um den Hauptort Montebelluna besitzt eine lange Tradition in der Herstellung von Bergschuhen. Unternehmen wie *Tecnica*, *Dolomite*, *Alpina & Munari*, *Pivetta & Vendramin* sowie *Nordica* waren bereits Ende des 19. Jahrhunderts in der Region angesiedelt und begründeten den Ruf als Industriedistrikt mit einer hochwertigen lokalen Schuhproduktion. Die ursprünglich auf die Herstellung von Lederschuhen ausgerichtete Industrie wurde in den 1970er-Jahren auf die Produktion von Skischuhen aus Kunststoff umgestellt. Ende der 1960er-Jahre wurden in der Region wichtige Voraussetzungen für den nachfolgenden Wachstumsprozess geschaffen, als *Nordica* ein Patent des Amerikaners Bob Lange aufgriff und damit begann, Skischuhe aus Kunststoff herzustellen. Mit einer neuen Spritzgusstechnik gelang es schnell, die Qualität der hergestellten Schuhe zu verbessern. Diese Entwicklung revolutionierte die Skischuhindustrie und führte zu einem rasanten Produktionsanstieg von 180 000 Paar Schuhen im Jahr 1963 auf 4,1 Millionen im Jahr 1979. Zugleich kam es zu vielfältigen Unternehmensgründungen und Beschäftigtenwachstum. Andere lokale Produzenten übernahmen die neue Produktionsweise oder begannen, sich auf Marktsegmente wie die Herstellung von Sport- und Freizeitschuhen zu spezialisieren. Im Lauf der Zeit entstand eine ausgeprägte Arbeitsteilung zwischen Endproduzenten, Technologielieferanten sowie Zulieferern und Dienstleistern mit weniger komplexen Aufgaben. Der neu strukturierte Industriedistrikt entwickelte in den 1980er- und 1990er-Jahren eine hohe internationale Marktkompetenz und große Anpassungsfähigkeit an Strukturveränderungen (Belussi 2003). Im Jahr 2000 waren in der Region 300 Sportschuhhersteller mit 6000 Beschäftigten ansässig. Hinzu kamen noch etwa 100 Unternehmen der Sportbekleidungsbranche mit 2000 Beschäftigten, die eine immer wichtigere Rolle einnahmen. Bei den Unternehmen handelte es sich zumeist um Familienbetriebe bzw. selbstständige Handwerksbetriebe, die eine große Bandbreite an Spezialprodukten herstellen. Der Industriedistrikt wurde zudem durch spezialisierte Forschungs- und Schulungseinrichtungen sowie eine wachsende Anzahl von Designern unterstützt. Absatzprobleme in den 1980er-Jahren wurden durch Produktinnovationen, wie z. B. *fun-sport*-Produkte, *après-ski*-Bekleidung und Trekkingartikel, aufgefangen. So wurden in der Region etwa *rollerblades* entwickelt und in den Markt eingeführt.

Bereits seit Mitte der 1970er-Jahre siedelten sich auch Zweigwerke großer ausländischer Unternehmensgruppen in der Region an und in den 1990er-Jahren exportierten die in Montebelluna ansässigen Unternehmen insgesamt 70–80 % ihrer Produkte ins Ausland. In einigen Marktsegmenten entwickelte sich Montebelluna zum weltweit wichtigsten Produktionsstandort. Lokalen Quellen folgend stammten Ende der 1990er-Jahre etwa 75 % aller weltweit hergestellten Skistiefel, 80 % aller Motorradstiefel und immerhin 50 % aller Berg- und Trekkingschuhe aus der Region (Belussi 2003). Mit der Öffnung Osteuropas wanderten aber seit den 1990er-Jahren zunehmend lokale Produktionsteile ab, um im Bereich standardisierter und arbeitsintensiver Fertigungsschritte (z. B. bei der Lederbearbeitung und Montage) die Herstellungskosten zu senken. Rund ein Fünftel aller Unternehmen des Industriedistrikts verlagerten bis Anfang der 2000er-Jahre einen Teil ihrer Produktion ins Ausland. Insbesondere der starke Niedrigkostenwettbewerb aus China stellte die Unternehmen in Montebelluna vor große Herausforderungen. Gleichzeitig erhöhte sich die Anzahl der Übernahmen lokaler Produzenten durch ausländische Gruppen (z. B. die Akquisition von *Canstar* durch *Nike* im Jahr 1996). Zudem kam es zu Fusionen lokaler Hersteller. Die Anzahl der Schuhproduzenten verringerte sich zwischen 1996 und 2000 von 526 auf 309 und auch die Zahl der Beschäftigten reduzierte sich. Zwar hatte sich die Anzahl der Endproduzenten durch den Strukturwandel der 1990er-Jahre deutlich verringert, aber es gab auch in den 2000er-Jahren noch viele Zulieferer, auf die aufgrund ihrer Kompetenz auch ausländische Hersteller zurückgriffen. Insgesamt führte der Internationalisierungsprozess innerhalb des Industriedistrikts nicht zu Auflösungserscheinungen. Zwar erhöhte sich durch die ausländischen Hersteller der regionale Wettbewerb, aber diese Unternehmen fügten sich mit ihren Zweigwerken gut in die Struktur des Industriedistrikts und brachten neue Impulse. Letztlich hat die Region Montebelluna von Globalisierungsprozessen eher profitiert (Belussi 2003).

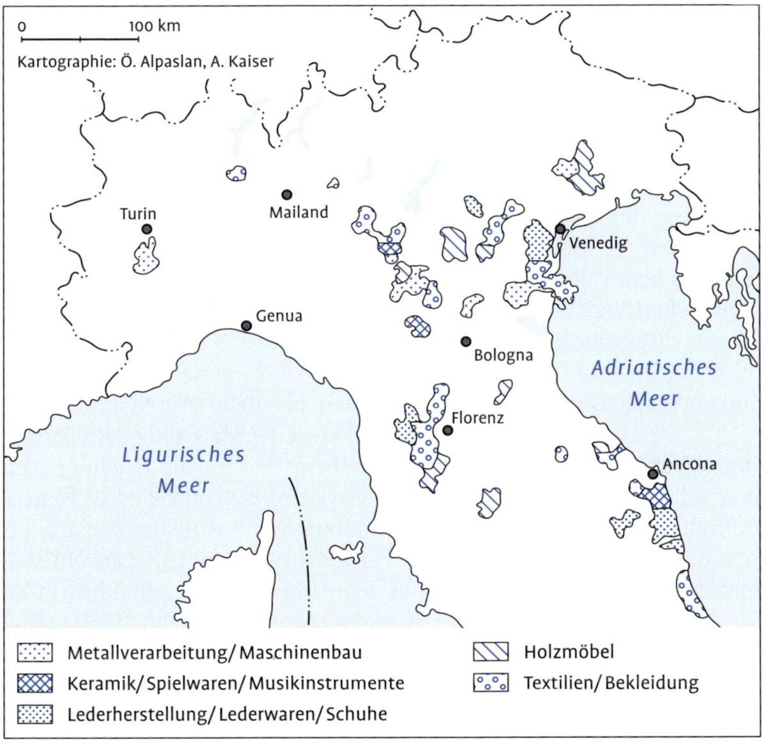

Abb. 10-5: Räumlich-sektorale Struktur der Industriedistrikte des Dritten Italien (nach Sforzi 1989, S. 172 f.)

Regionen Emilia-Romagna, Toskana, Venetien und Marken erstrecken (➔ Abb. 10-5). Industriedistrikten ähnliche Strukturen finden sich vor allem in den Branchen Textilien und Bekleidung, Lederwaren und Schuhe, Holzmöbel, Metallverarbeitung und Maschinenbau sowie Keramik, Spielwaren und Musikinstrumente (Amin und Robins 1990). Eine Studie von Becattini und Coltorti (2006) zeigt, dass das Wachstum der Industriedistrikte auch nach der Jahrtausendwende auf stark differenzierten Produkten und kontinuierlicher Innovation in Industrien mit relativ geringer Kapitalintensität beruht. In der Nachkriegszeit ist die Anzahl der Distrikte stetig angewachsen, sodass man inzwischen kaum mehr von einer dreigeteilten Wirtschaftsstruktur in Italien sprechen kann.

Die ökonomischen und sozialen Prozesse und Strukturen, die hinter der Leistungsfähigkeit der italienischen Industriedistrikte stehen und im Zusammenhang mit der Markenbezeichnung *„made in Italy“* zu ihrer fortgesetzten Ausbreitung beitragen, lassen sich wie folgt konzeptionell zusammenfassen (Bathelt 1998):

(1) **Flexible Spezialisierung und Kooperation.** Der Analyse von Piore und Sabel (1984; 1989)

folgend sind spezialisierte kleine und mittlere Unternehmen in wechselhaften Märkten mit individuellen Bedarfsstrukturen eher in der Lage, sich fortlaufend an die Nachfragebedürfnisse anzupassen als große Unternehmen (Brusco 1982; Scott 1988, Kap. 5; Amin 1989). Die Unternehmen erwerben eine spezifische Kompetenz, wenn sie sich auf einzelne Produktionsschritte spezialisieren, moderne Technologien einsetzen und Produkte in großer Variantenvielfalt herstellen. Die individuell begrenzte Kompetenz wird dadurch zu einer breiteren Kompetenz über Teile der Wertschöpfungskette ausgeweitet, dass Unternehmen sich zur Zusammenarbeit entschließen und Verflechtungsnetzwerke aufbauen.

(2) **Räumliche Nähe.** Räumliche Nähe ermöglicht häufige persönliche Treffen. Dies erleichtert kontinuierliche Abstimmungsprozesse in der Produktion, erhöht die Interaktionsdichte und verringert das Risiko opportunistischen Verhaltens und damit Transaktionskosten (Sternberg 1995 a; Bathelt 1998). Durch hohe Informationsflüsse entstehen neue Ideen und kollektive Lernprozesse werden ermöglicht.

(3) **Vertrauen und *embeddedness*.** Vertrauen ist eine wesentliche Voraussetzung für die Entstehung und Stabilität regionaler Produktionssysteme (Sabel 1994). Der Aufbau von Vertrauen ist erfahrungsgebunden und erfordert wiederholte Interaktionen zwischen den betreffenden Akteuren (Harrison 1992). Räumliche Nähe erleichtert den Prozess der Vertrauensbildung entscheidend, weil die Akteure gemeinsame Normen, Gewohnheiten, Konventionen und Traditionen teilen und deshalb bereit sind, einen Vertrauensvorschuss zu gewähren. Die Unternehmen sind eingebettet in ein spezifisches sozio-kulturelles Umfeld und können nicht losgelöst von diesem betrachtet werden.

(4) ***Institutional thickness*.** Neben einem akzeptierten Regelwerk und gemeinsamen Traditionen gibt es in den Industriedistrikten des Dritten Italien eine hohe Dichte institutioneller Akteure: Technische Weiterbildungs- und Schulungseinrichtungen, spezialisierte Forschungslabors, gemeinsame Einkaufs- und Handelsorganisationen, Banken sowie Industrieverbände stärken den regionalen Produktionszusammenhang und ermöglichen den Aufbau einer kollektiven Ordnung (Piore und Sabel 1989, Kap. 10; Lazerson 1993; Schamp 1995 a). Die Einbindung in ein dichtes Netz sozio-institutioneller Beziehungen und Strukturen erzeugt im Sinne von Amin und Thrift (1994 b) eine wachstumsfördernde *institutional thickness*.

10.2.3 Probleme der Übertragbarkeit des Dritten Italien

Durch die Wachstumserfolge des Dritten Italien setzte in den 1980er-Jahren eine fieberhafte Suche nach weiteren Regionen mit ähnlicher Struktur ein. Durch die Übertragung auf andere Länder und Regionen wollte man zeigen, dass das Dritte Italien modellhaften Charakter für eine neue Form der Regionalentwicklung in vernetzten Strukturen nach der sogenannten **Fordismuskrise** hatte und auch in anderen Regionen planerisch umsetzbar war. Tatsächlich gelang es, Industrieregionen zu identifizieren, die einige Gemeinsamkeiten mit dem Dritten Italien hatten. So wurden etwa der Maschinenbausektor in Baden-Württemberg sowie die Ballung von Hightech-Industrien im Silicon Valley als weitere Beispiele für derartige Industriedistrikte angesehen (z. B. Hayter 1997, Kap. 13). Obwohl Vergleiche mit dem Dritten Italien schon hier problematisch waren (Grotz und Braun 1993; DiGiovanna 1996; Markusen 1996), wurde der Begriff auch auf solche Regionen übertragen, die eine völlig andere Struktur aufwiesen. Vielfach reichten simple Analogievergleiche aus, um eine regionale Industrieballung als Industriedistrikte darzustellen und mit dem Dritten Italien zu vergleichen. Diese Vorgehensweise führt allerdings zu einer konzeptionellen Verwässerung, wie Schamp (2000 b, Kap. 2) zu Recht herausstellt. Vor dem Hintergrund der positiven Wirtschaftsentwicklung wurde oftmals übersehen, dass die regionalen Produktionsnetze des Dritten Italien spezifische Nachteile, Probleme und Beschränkungen haben, die eine Übertragbarkeit erschweren (Bathelt 1998):

(1) **Soziale und wirtschaftliche Missstände.** Amin und Robins (1990) weisen darauf hin, dass das hohe Wirtschaftswachstum der italienischen

Industriedistrikte auch negative Begleiterscheinungen wie Schwarzarbeit, Steuerhinterziehung, geringe soziale Absicherung der Beschäftigten und eine systematische Missachtung von Arbeitsschutzbestimmungen mit sich bringt (Brusco 1982).

(2) **Massenmärkte und technologische Unteilbarkeiten.** Die unternehmensübergreifende Arbeitsteilung in einem Industriedistrikt setzt voraus, dass die einzelnen Produktionsstufen zerlegt und räumlich getrennt werden können und dass Massenmärkte an Bedeutung verlieren. Diese Bedingungen sind aber nicht in jeder Branche erfüllt. So gibt es neben segmentierten Märkten nach wie vor Teilmärkte mit hohen Wachstumsraten, die für Massenproduzenten zugänglich sind und Konzentrationstendenzen der Produktion in Großunternehmen begünstigen (Coriat 1991; 1992). Produktionsstrukturen wie im Dritten Italien scheinen unter diesem Aspekt am ehesten in Industrien mit niedrigem bis mittlerem Technologieniveau möglich zu sein, die ein geringes Wachstum und eine hohe Marktsegmentierung aufweisen und in denen eine soziale Arbeitsteilung technologisch möglich ist (Bathelt 1995). Schamp (2000b, Kap. 2) zweifelt daran, ob es überhaupt genügend derartige Marktnischen gibt, damit sich eine große Anzahl von Industriedistrikten weltweit entwickeln kann.

(3) **Bedrohung durch Großunternehmen.** Mit dem Unternehmenswachstum nimmt häufig die Außenorientierung zu. Dies zeigte sich im Dritten Italien schon früh durch Produktionsverlagerungen in andere Regionen und wachsende Importe (Amin und Thrift 1992). Zudem dringen Großunternehmen in die Industriedistrikte des Dritten Italien ein, um dort neue Innovationspotenziale zu erschließen. Dies geschieht durch die Akquisition kleiner und mittlerer Unternehmen oder den Aufbau von Zulieferbeziehungen vor Ort. Ergebnis kann ein Abzug regionsspezifischer Kompetenzen und ein Aufbrechen regionaler Produktionszusammenhänge sein (Herrigel 1993; Harrison 1997, Kap. 4; Schamp 2000a), was sich im Fall Montebellunas jedoch so nicht einstellte (Belussi 2003).

(4) **Vertrauensseligkeit und *lock-in*.** In einem regional begrenzten Produktionssystem ist die Gefahr des *lock-in* in ineffiziente Entwicklungen besonders groß, weil das Ideenpotenzial begrenzt ist. Durch enge und häufige Interaktionen wird diese Grenze zwar ständig erweitert, aber wohl vor allem in Richtung auf eine Verbesserung bestehenden Wissens. Kern (1996) weist darauf hin, dass durch zu großes Vertrauen und ein Sich-Aufeinander-Verlassen die Gefahr besteht, dass die betreffenden Unternehmen ineffiziente technologische Entwicklungspfade beschreiten und externes Wissen unterschätzen.

(5) **Grenzen der Verallgemeinerbarkeit.** Die Unternehmen des Dritten Italien sind eingebettet in ein sozio-institutionelles Umfeld, das erst die Voraussetzungen für den Aufbau regionaler Produktionssysteme geschaffen hat. Hieraus sind eigenständige lokale Identifikationsmuster entstanden, die zum Teil über Jahrhunderte gewachsene Handwerkstraditionen und Technikeinstellungen widerspiegeln und die planerisch nicht reproduzierbar sind (Amin 1989; Martinelli und Schoenberger 1991; Sternberg 1995a; Grotz und Braun 1997). Amin (1989) betont, dass nicht jede spezialisierte Industrieballung automatisch ein Industriedistrikt ist. In umfangreichen empirischen Untersuchungen in wachstumsstarken Regionen vieler Länder macht Markusen (1996) deutlich, dass Industriedistrikte italienischer Prägung nur eine Ausnahmeerscheinung darstellen. Die von ihr in den USA untersuchten Regionen sind zum größten Teil durch Produktionsstrukturen und -beziehungen gekennzeichnet, die grundlegend von denen des Dritten Italien abweichen. Auch wenn Markusens (1996) Studie in ihrer Übertragung von Konzepten selbst nicht unproblematisch ist, lässt sich doch feststellen, dass die intensive Diskussion von Industriedistrikten durch andere Debatten in der Wirtschaftsgeographie in den 2000er-Jahren ein wenig in den Hintergrund gedrängt worden ist.

10.2.4 Milieuansatz der *GREMI*-Schule

Parallel zu den Diskussionen über die Industriedistrikte Italiens entstand in den 1980er-Jahren der Ansatz des innovativen bzw. kreativen Milieus. Ähnlich wie in den Arbeiten über das Dritte Italien wurden hierbei innovative Unternehmen nicht isoliert betrachtet, sondern mit ihrem lokalen Umfeld und den dortigen sozio-institutionellen Strukturen in Verbindung gebracht (z. B. Becattini 1990; Camagni 1991 b; Maillat 1998). Insofern kennzeichnet beide Ansätze das Bemühen, sich von einer isolierten Unternehmensbetrachtung abzuwenden und Innovationsfähigkeit als Ergebnis kollektiven Handelns aus ökonomischen und sozialen Prozessen zu verstehen. Eine Vorreiterrolle bei der Entwicklung des Milieuansatzes hatte die überwiegend französische Forschergruppe *GREMI* (*Groupe de Recherche Européen sur les Milieux Innovateurs*) mit zahlreichen Studien (z. B. Aydalot und Keeble 1988; Camagni 1991 b; Ratti et al. 1997). Obwohl die Industriedistriktdebatte und Milieuansätze einen ähnlichen Ansatzpunkt haben, wurden sie weitgehend unabhängig voneinander entwickelt. Dies mag auch mit den unterschiedlichen Forschungstraditionen zusammenhängen, die den Schulen zugrunde liegen. So waren die Arbeiten über Industriedistrikte anfangs eher politisch-ökonomisch ausgerichtet, teilweise empirisch angelegt und basierten auf einer marxistischen Kritik. Sie betonten Aspekte der technisch-sozialen Arbeitsteilung und neue Formen der Produktionsorganisation (z. B. Becattini 1966; 1990). Aus der Perspektive von *GREMI* wurden dagegen soziale Prozesse und Beziehungen vernachlässigt (z. B. Bramanti und Ratti 1997; Maillat 1998). Ihre Studien über innovative bzw. kreative Milieus waren eher konzeptionell ausgerichtet und breiter sozialwissenschaftlich eingebunden.

Ausgangspunkt der Arbeiten von *GREMI* waren zunächst Regionen mit großem Innovationspotenzial und einer Ballung von Unternehmen in modernen Hightech-Sektoren. Innovationen werden dabei als Ergebnisse arbeitsteiliger Prozesse verstanden, in denen eine Vielzahl von Akteuren zusammenwirken. Diese sind in komplexe Verflechtungsnetzwerke eingebunden, die eine starke lokale Verankerung aufweisen (z. B. Maier und Tödtling 1992, Kap. 4; Fromhold-Eisebith 1995; Krätke 1995 b, Kap. 3; Schamp 1995 a; Sternberg 1995 b, Kap. 3.4; Blotevogel 1999). In den Netzwerken gibt es Zugangsmöglichkeiten zu industriellen Kooperationspartnern, zu spezifischen Informationen und Wissen und zu Finanzierungsquellen (Klagge und Martin 2005; Klagge und Peter 2009). Obwohl die regionale Begrenztheit ein wichtiges Merkmal dieser Netzwerke ist, wird sie in den Studien von Perrin (1991), Camagni (1991 b) und Crevoisier und Maillat (1991) nicht als konstituierend für innovative Milieus angesehen.

10.2.5 Innovatives Milieu

Ansatzpunkt der Konzeptionalisierung des Milieubegriffs in der Arbeit von Crevoisier und Maillat (1991) ist das lokalisierte Produktionssystem in Form einer gebietsgebundenen Produktionsorganisation (Fromhold-Eisebith 1995; Bramanti und Ratti 1997; Schamp 2000 b). Das innovative bzw. kreative Milieu umfasst folgende Verflechtungsdimensionen (→ Abb. 10-6):

(1) **Lokalisiertes Produktionssystem.** Hierunter wird eine räumliche Ballung von Industrieunternehmen, Zulieferern, Kunden und Dienstleistern verstanden. Diese sind über vielfältige Güter-, Arbeitsmarkt-, Technologie- und Informationsverflechtungen zu einem Beziehungsnetzwerk in räumlicher Nähe zusammengebunden. Es handelt sich hierbei um die lokalisierte Form einer Wertschöpfungskette, wobei durch räumliche Nähe Transaktionskostenvorteile erzielt werden (→ Kap. 9.1). Die Zugehörigkeit zu demselben Produktionssystem fördert Kooperationen zwischen den Akteuren und kollektive Problemlösungen.

(2) **Sozio-institutionelle Einbettung.** Nach Maillat (1998) geht der Begriff des Milieus über den des lokalisierten Produktionssystems insofern hinaus, als er explizit die Einbindung in einen gemeinsam getragenen sozio-institutionellen Zusammenhang beinhaltet. Im Milieu ist das lokalisierte Produktionssystem in sozio-institutionelle Strukturen eingebettet und untrennbar

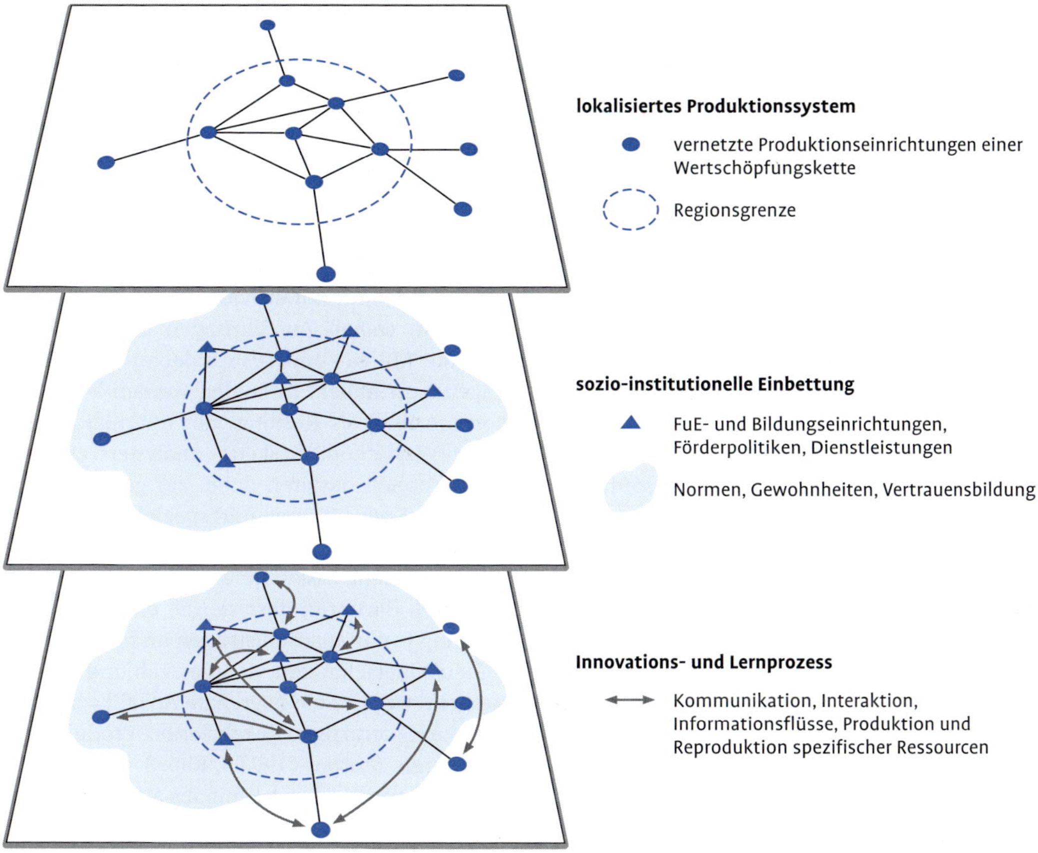

Abb. 10-6: Innovatives Milieu

mit diesen verbunden. Dabei führen informelle und formelle Informations- und Kommunikationsflüsse innerhalb des vernetzten Produktionssystems zu einer gemeinsamen Wissensbasis. So entwickeln sich Routinen, Gewohnheiten, Verhaltensnormen, Technikkulturen, Vertrauensbeziehungen und gemeinsame Perzeptionen, die allgemein akzeptiert werden und eine Ordnung für gemeinsames Handeln schaffen (z. B. Schamp 1995 a). Hinzu kommen formelle Institutionen, gestaltet durch Schulungs- und Forschungseinrichtungen, sowie öffentliche und private Förderprogramme, die die Einbindung der Akteure in das Milieu fördern.

(3) **Innovations- und Lernprozesse.** Damit ein Milieu kreativ wird, sodass neues Wissen und Innovationen entstehen, muss sichergestellt sein, dass Offenheit nach außen gewährleistet ist. Ferner müssen intensive Interaktionen und Lernprozesse dazu beitragen, dass Wissen und Technologien sich schnell verbreiten können und spezialisierte Ressourcen und Qualifikationen entstehen (Camagni 1991 b; Crevoisier und Maillat 1991; Maillat 1998). Die Fähigkeit, Innovationen durchzusetzen, ist nicht automatisch eine Folge der Offenheit nach außen. Entscheidend ist vielmehr, dass die Akteure in der Lage sind, spezifische Informationen und Ressourcen zu akquirieren und zu generieren, die sie zum Erhalt ihrer Wettbewerbsfähigkeit benötigen.

Dem Ansatz folgend spezialisieren sich erfolgreiche Produktionssysteme auf einen Technologiebereich bzw. eine Wertschöpfungskette und richten ihre Aktivitäten, Interaktionen und Ressourcen gezielt darauf aus. Dies führt dazu, dass ein Milieu mit einer lokalisierten Wissensbasis entsteht, die nicht beliebig auf andere Regionen übertragen werden kann. Dadurch ist es möglich, Spezialisierungen weiterzuentwickeln, Kompetenzen zu reproduzieren und die Wettbewerbsfähigkeit auszubauen. Dies setzt voraus, dass es innerhalb des Milieus enge Kommunikationsprozesse und Interaktionen gibt, die die Wissensdiffusion kanalisieren und eine Anpassung von Know-how an die spezifischen Bedürfnisse des Produktionssystems ermöglichen. Durch die Einbettung der Unternehmen und Akteure in allgemein akzeptierte sozio-institutionelle Zusammenhänge werden entsprechende Lernprozesse gefördert. Innovation ist somit das Ergebnis gemeinsamen Handelns von Akteuren, die in ein enges Beziehungsgeflecht – insbesondere mit regionalen Akteuren – eingebunden sind (Maillat et al. 1995). Dieser Zusammenhang der Distrikt- und Milieuansätze geht im nächsten Abschnitt in die Konzeption eines wissensbasierten Clusteransatzes ein. Eines der bekanntesten Beispiele eines innovativen Milieus ist das der Mikrotechnologie im Schweizer Jura, in dem krisengeleitet aus der Uhrenproduktion neue technologische Entwicklungen hervorgegangen sind (→ Box 10-2).

In späteren Studien Ende der 1990er-Jahre nehmen Milieuvertreter eine evolutionäre Perspektive ein und betonen die Fähigkeit der Milieuakteure, Strategien zu entwickeln und externe Kontakte aufzubauen, um die Überlebensfähigkeit des Milieus zu sichern. Dabei betonen sie insbesondere die Vorreiterrolle führender Unternehmen und institutioneller Akteure (Maillat et al. 1997; Ratti et al. 1997).

10.2.6 Konvergenz der Milieu- und Distriktansätze

Obwohl Maillat (1998) bestrebt ist, die Unterschiede zwischen Milieus, Industriedistrikten und anderen Formen lokalisierter Produktionsorganisation herauszustellen (z. B. Bramanti und Ratti 1997; Moulaert und Sekia 2003), ist diese Differenzierung nicht trennscharf (Lagendijk 2006). So deuten empirische Studien auf Gemeinsamkeiten zwischen den Milieu- und Distriktansätzen hin (z. B. Amin 1989; Amin und Robins 1991; Becattini 1991). Die Schwierigkeit der Unterscheidung zwischen beiden zeigt sich beispielsweise daran, dass dieselben italienischen Zentren der Schuhproduktion einmal als Industriedistrikte (Scott 1988, Kap. 5; Rentmeister 2001), in anderen Studien dagegen als innovative bzw. kreative Milieus (Camagni und Rabellotti 1997) diskutiert werden. Lawson (1999) macht in seinen Ausführungen deutlich, dass sich die Milieu- und Distriktdebatten einander angenähert haben. In beiden werden kollektive Lernprozesse als Resultat von Interaktionen in einer Wertschöpfungskette analysiert. Soziale Interaktionen basieren dabei auf gemeinsamen Normen, Konventionen und spezialisierten Qualifikationen.

Raumbezogene Diskussionen in den 1990er-Jahren litten darunter, dass sie die empirische Bedeutung von Industriedistrikten und innovativen Milieus überschätzten, denn es gab und gibt offensichtlich nur eine begrenzte Anzahl von Regionen mit derartigen lokalisierten Produktionsstrukturen. Storper (1997 b, Kap. 3) hat deutlich gemacht, dass es darüber hinaus auch Normalregionen gibt, die keine entsprechenden Strukturen aufweisen, und in denen, wie die Untersuchung von Krumbein et al. (1994) zeigt, keine engen Interaktions- und Netzwerkbeziehungen zustande kommen (Hellmer et al. 1999, Kap. 5). Zudem wird in der Fokussierung auf Milieus und Industriedistrikte leicht übersehen, dass es oft Großunternehmen sind, die internationale Produktions- und Marktbeziehungen dominieren (Martinelli und Schoenberger 1991; Harrison 1997, Kap. 1). Insofern ist es fraglich, inwiefern Ansätze zur Umsetzung von innovativen Milieus in regionalen Entwicklungsstrategien (z. B. Butzin 1996) verallgemeinerbar sind.

Trotz dieser Kritik ist es ein wesentliches Verdienst der Studien über Industriedistrikte und innovative Milieus, dass sich der Fokus von empirischen und konzeptionellen Arbeiten in der Wirtschaftsgeographie und den Sozialwissenschaften von einer isolierten Unternehmensperspektive und der Studie von Großunternehmen hin zu einer kollektiven Perspektive des Produk-

Box 10-2: Uhrenindustrie im Schweizer Jura

Die Uhrenindustrie im Schweizer Jura bewältigte in den 1980er-Jahren nach einer Phase des Niedergangs einen erfolgreichen Übergang zu einer Mikroelektronik-Branche (Glasmeier 1991; Maillat et al. 1995; 1997). Basierend auf der feinmechanischen Tradition war im Schweizer Jura seit dem 17. Jahrhundert ein Zentrum der Uhrenindustrie und des Mikromaschinenbaus von internationaler Bedeutung entstanden. Die Uhrenindustrie war dabei Ausgangspunkt für die Entwicklung einer spezifischen mikrotechnologischen Kompetenz in der Region, die noch heute in den Produkten, in Arbeitsmarktqualifikationen und in der Industriekultur erkennbar ist. In den 1970er-Jahren geriet die Schweizer Uhrenindustrie in eine Krise, die durch den Technologiewechsel von mechanischen Uhren zu Quarz- und Digitaluhren und den zunehmenden internationalen Wettbewerb (insbesondere aus Japan, den USA und später aus Hongkong) ausgelöst wurde. Obwohl die Quarzuhr vom *Centre Electronique Horloger* (*CEH*) in Neuchâtel selbst erfunden wurde und obgleich einige Unternehmen in der Region die Bedeutung der Quarztechnologie frühzeitig erkannten (z. B. im Bereich der Zeitmessung im Sport), unterschätzten viele Unternehmen diesen technologischen Wandel zunächst. Sie reagierten erst, als die Märkte für mechanische Uhren zusammenbrachen (Glasmeier 1991). Dies führte zu einer regionalen Krise, in deren Rahmen sich die Zahl der Beschäftigten zwischen 1970 und 1985 von rund 90 000 auf nur noch 33 000 drastisch reduzierte (Maillat et al. 1995).

Erst später stellten sich erneutes Wachstum und eine erhöhte Exporttätigkeit ein. Der technologische Wandel wurde entscheidend durch die führenden Unternehmen der Region vorangetrieben, insbesondere durch *Ebauches SA*, *ASU AG* (*Allgemeine Schweizerische Uhrengesellschaft AG*) und *SSIH SA* (*Société Suisse pour l'Industrie Horlogère SA*). Die Umstrukturierung führte dazu, dass sich die Uhrenindustrie der Region auf zwei Marktsegmente spezialisierte: (1) teure Qualitätsuhren und (2) preiswerte Modeuhren. Parallel dazu konnten Erfahrungen aus der Kombination von Mikrotechnologie und Elektronik auf immer neue Produktbereiche angewendet werden (z. B. Herzschrittmacher). In der Folge kam es zu vermehrten Gründungsaktivitäten in der Region, die zum Teil von ehemaligen Mitarbeitern ausgingen. Zur Sicherstellung der Wettbewerbsfähigkeit fand in zweifacher Weise eine stärkere Orientierung der Unternehmen nach außen statt: Einerseits erfolgte eine Öffnung in andere Regionen und Länder, um neue Technologien zu akquirieren. Andererseits wurden Kooperationen und Interaktionen zwischen den überwiegend kleinen und mittleren, spezialisierten Unternehmen der Region ausgeweitet und intensiviert. Zugleich entwickelten sich enge Beziehungen zu den regionalen Forschungs- und Ausbildungsinstitutionen wie etwa dem gemeinsam gegründeten Forschungszentrum *CEH* in Neuchâtel, die zu einem erhöhten Wissenstransfer führten (Maillat et al. 1997). Die Unternehmen profitierten von der Einbindung in ein enges Netzwerk an formellen und informellen Institutionen in der Region, wodurch Ungewissheiten reduziert, das regionale Zugehörigkeitsgefühl gestärkt und Innovationsprozesse gefördert wurden.

Nach Maillat et al. (1995) kann der Wandel der Uhrenindustrie im Schweizer Jura erst durch den komplexen Milieuzusammenhang verstanden werden. Dies wird im Vergleich mit der Uhrenindustrie des französischen Jura deutlich, wo ein entsprechendes Milieu trotz ähnlicher Ausgangssituation nicht aufrechterhalten werden konnte und deshalb kein erfolgreicher Transformationsprozess gelang (Maillat et al. 1997). In der Analyse der unterschiedlichen Entwicklungspfade beider Regionen wird der große Einfluss nationalstaatlicher institutioneller Unterschiede allerdings unterbelichtet (→ Kap. 15.3). Zudem ist kritisch anzumerken, dass sich die im Schweizer Jura festgestellten sozio-institutionellen Strukturen und Beziehungen nicht grundlegend von denen eines Industriedistrikts unterscheiden (Amin 1989; Becattini 1990).

tionssystems und seiner regionalen Erscheinungsformen gewandelt hat. Die Ergebnisse dieser Studien fließen nachfolgend in eine umfassende wissensbasierte Konzeption regionaler Unternehmenscluster ein.

10.3 Theorie regionaler Cluster

Regionale Unternehmensballungen haben eine zentrale Bedeutung in der globalen Ökonomie. In ihnen finden bedeutsame Wachstums- und Innovationsprozesse statt und sie haben eine außerordentliche Persistenz. Dabei zeigt die vorstehende Diskussion, dass unterschiedliche Konzepte wie die des Industriedistrikts und des innovativen Milieus keine grundsätzlich verschiedenen Phänomene aufgreifen, sondern im Gegenteil ähnliche Phänomene untersuchen.

Basierend auf den Arbeiten von Porter (1990 a; 1998; 2000) haben sich in den 1990er-Jahren Cluster zu einem zentralen Forschungsgegenstand der Ökonomie, Soziologie, Politikwissenschaft und Wirtschaftsgeographie entwickelt. Zusehends werden Cluster auch als Instrument der Wirtschaftsförderung angesehen, und es wird die Frage diskutiert, welche Schritte einzuleiten und Programme zu implementieren sind, um die Entwicklung wachstumsstarker Cluster zu fördern (Lagendijk 1999; Bathelt und Dewald 2008). Problematisch bei der hieraus entstandenen Diskussion ist allerdings, dass der Clusterbegriff teilweise auf unterschiedliche Industriekonfigurationen übertragen wird und teilweise sogar ohne die Berücksichtigung einer räumlichen Dimension auf Abschnitte von Wertschöpfungsketten angewendet wird (z. B. OECD 1999 b; Preissl und Solimene 2003), wie Martin und Sunley (2003) zu Recht kritisieren.

Im Folgenden wird der Versuch unternommen, eine übergreifende Konzeption regionaler Cluster zu entwickeln, die in allgemeiner Weise regionale Ballungsprozesse von Unternehmen einer Wertschöpfungskette erklärt. **Cluster** werden dabei als **regionale Ballungen von Unternehmen** einer Wertschöpfungskette und deren unterstützender Branchen sowie der dazugehörigen Infrastruktur verstanden, die in vielfacher Weise interdependent miteinander verflochten sind. Hierbei spielen sowohl handelbare Interdependenzen (***traded interdependencies***), z. B. in Form preisbestimmter Lieferbeziehungen und Transaktionen, als auch nicht-handelbare Interdependenzen (***untraded interdependencies***) eine wichtige Rolle, die sich in Form von langfristigen Vertrauensbeziehungen und institutionellen Arrangements ausdrücken und die Kooperation erheblich erleichtern (Bathelt 2002; Bathelt und Taylor 2002; Bathelt 2005 b). Nach einer Diskussion verschiedener Clusterdimensionen, die die vielfältigen Vorteile dynamischer Clusterstrukturen systematisieren können und die zur Strukturierung von Clusterstudien herangezogen werden können, wird ein wissensbasiertes Verständnis von Clustern entwickelt, um zu verstehen, wieso regionale Unternehmensballungen oftmals nicht durch intensive regionale Lieferflüsse gekennzeichnet sind.

10.3.1 Clusterdimensionen und *trade-offs*

Studien über regionale Netzwerke haben oftmals das Problem, dass sie auf der Annahme beruhen, vernetzte Unternehmen hätten automatisch einen positiven Einfluss auf die regionale wirtschaftliche Leistungskraft und Wohlfahrt. Fallstudien, die belegen, dass durchaus nicht alle Industriedistrikte und Milieus Innovationen und Wachstum hervorbringen (➔ Box 10-2), werden dabei außer Acht gelassen. Dabei ist zu betonen, dass eine grundlegende Voraussetzung für das Wachstum eines Clusters darin besteht, dass die Unternehmen in professionelle Netzwerke eingebunden sind, in denen sie nach Gewinnerzielung streben, und versuchen, Wettbewerbsfähigkeit zu erreichen. Zwar haben die über persönliche Beziehungen (sog. *guanxi*) gesteuerten *family business networks* in China (➔ Kap. 7.2) teilweise ähnliche Strukturen wie Cluster, sind aber vielfach nicht in der Lage, Wachstum hervorzubringen. Das hängt unter anderem damit zusammen, dass sie häufig nicht Gewinnerzielung anstreben, sondern auf die Aufrechterhaltung der sozialen und ökonomischen Netzwerkbeziehungen ausgerichtet sind und ständiger gegenseitiger Versicherungen bedürfen (Hsu und Saxenian

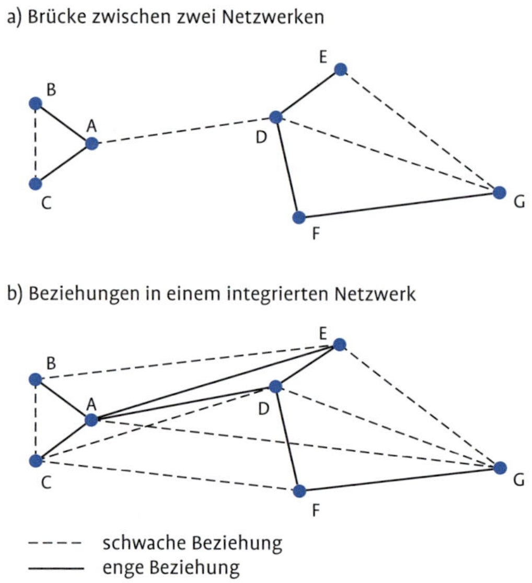

Abb. 9-4: Bedeutung schwacher Beziehungen für den Wissenstransfer zwischen Netzwerken (nach Granovetter 1973, S. 1365)

spiel des Ruhrgebiets demonstriert, auch in Unternehmensnetzwerken gegeben. Dies ist insbesondere dann der Fall, wenn die Offenheit der Netzwerke für neue Ideen begrenzt und die interne Meinungsvielfalt eingeschränkt ist. Besonders schwerwiegend kann ein *lock-in*-Prozess in regionalen Unternehmensnetzwerken sein, weil dadurch ganze Regionen in eine Strukturkrise geraten können. Ein derart nachteiliger Effekt übermäßiger Einbettung wird auch als **Paradoxon der *embeddedness*** bezeichnet (Uzzi 1997). Granovetter (1973) betont die Bedeutung nach außen offener Netzwerke, indem er die Rolle enger Verbindungen (*strong ties*) und schwacher Verbindungen (*weak ties*) für den Informationsfluss untersucht. **Enge Verbindungen** sind dabei durch eine größere Intensität, Häufigkeit, Dauerhaftigkeit und Vertrautheit gekennzeichnet als schwache Verbindungen. Granovetter (1973) zeigt, dass es gerade die **schwachen Verbindungen** sind, die es z. B. einer Person ermöglichen eine neue Arbeitsstelle zu finden (Granovetter 1974), oder einem Unternehmensnetzwerk gestatten, neue Wissensquellen zu erschließen. Schwache Verbindungen sind deshalb für die Offenheit eines Netzwerks von zentraler Bedeutung.

Um dies zu verdeutlichen, werden in Analogie zu Granovetter (1973) zwei spezifische Netzwerke betrachtet werden (→ Abb. 9-4). Das erste Netzwerk besteht aus den Unternehmen A, B und C und das zweite aus den Unternehmen D, E, F und G. Im Wesentlichen konstituieren sich beide Netzwerke durch enge Verbindungen (*strong ties*) und sind dadurch nach außen abgrenzbar. Allerdings gibt es in beiden Netzwerken auch schwache Verbindungen (*weak ties*). Innerhalb jedes der Netzwerke existieren somit unterschiedliche Wege der Wissensübermittlung zwischen Akteuren: z. B. der direkte Weg von F nach G oder der indirekte Weg von F über D und E zu G. Wenn innerhalb eines Netzwerks eine der engen Beziehungen wegfällt, gibt es also noch alternative Wege der Wissensübermittlung, sodass das Netzwerk als Ganzes weiter funktionieren kann. Wie aber wird die Verbindung eines Netzwerks zu anderen Netzwerken und damit zur Außenwelt hergestellt? Die Antwort zu dieser Frage lässt sich anhand der Argumentation von Granovetter (1973) geben:

Fall 1. Hier werden beide Netzwerke durch eine schwache Verbindung zwischen den Unternehmen A und D überbrückt (→ Abb. 9-4 a). Es lässt sich zeigen, dass der Kontakt zwischen verschiedenen Netzwerken fast ausschließlich durch derartige **überbrückende schwache Verbindungen** (*bridging weak ties*) hergestellt wird.

Fall 2. Gibt es hingegen eine enge Verbindung zwischen den beiden Netzwerken, bleibt es nicht bei dieser einen Verbindung (→ Abb. 9-4 b). Es entwickeln sich weitere schwache Verbindungen und im Zeitablauf auch weitere enge Verbindungen (z. B. hier zwischen den Unternehmen A und E). In Fall b verschmelzen deshalb beide Netzwerke letztlich zu einem einzigen integrierten Netzwerk, das in sich geschlossen, also nicht nach außen geöffnet ist.

Dieses vereinfachte Beispiel verdeutlicht, welche zentrale Bedeutung überbrückende schwache Verbindungen haben, um die Offenheit eines Systems zu garantieren (Grabher 1994, Kap. II). Je weniger schwache (insbesondere überbrückende schwache) Verbindungen ein Unterneh-

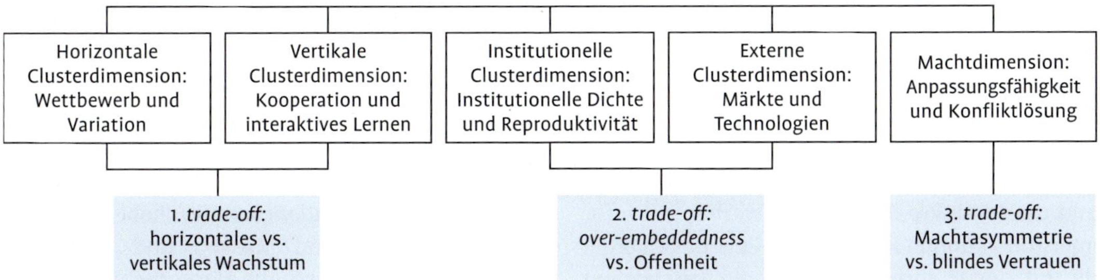

Abb. 10-7: Clusterdimensionen und *trade-offs* (nach Bathelt und Jentsch 2002, S. 69)

2000; Depner 2006). Zudem sind derartige Cluster oft nicht voll entwickelt und weisen auf verschiedenen Dimensionen Defizite auf.

Maskell (2001 b) und Malmberg und Maskell (2002) haben betont, dass eine allgemeine Clustertheorie zunächst eine Reihe von Fragen beantworten muss. So gilt es erstens zu klären, warum industrielle Cluster existieren und wie sie sich entwickeln. Um dies zu beantworten, ist es notwendig, die Ursachen lokaler Spezialisierungsprozesse zu untersuchen. Diese Frage wird hier nur exemplarisch aufgeworfen und an späterer Stelle unter evolutionärer Perspektive weiterdiskutiert (➔ Kap. 13.3 und 13.4). Zweitens ist zu beantworten, wie Unternehmen eines Clusters wettbewerbsfähig werden und welche Strukturen und Beziehungen ein Cluster zu Wachstum befähigen. Es ist deshalb notwendig, die interne Struktur und die Art der sozialen Beziehungen in einem Unternehmenscluster zu analysieren. Zentraler Ansatzpunkt der Argumentation von Porter (1998) ist hierbei, dass die Wettbewerbsfähigkeit von Unternehmen nicht nur von unternehmensinternen Kompetenzen und Fähigkeiten abhängt, sondern darüber hinaus durch die in einem Cluster bestehenden Strukturen und *spillover*-Effekte erheblich gestärkt wird. Drittens stellt sich die Frage nach der institutionellen Basis eines Clusters. Sie stellt diejenigen Kräfte in den Mittelpunkt, die die Reproduktion der lokalisierten Agglomerations- und Spezialisierungsprozesse sichern. Viertens ist zu fragen, wie lokalisierte Industriecluster mit externen Akteuren verbunden sind, die Zugang zu neuen Technologien und Märkten verschaffen, und durch welche Machtstrukturen die Kohärenz und Anpassungsfähigkeit eines Clusters an externe Entwicklungen gesichert wird (Bathelt und Taylor 2002; Bathelt 2004 a; Bathelt 2005 b).

Es ist klar, dass nicht jede regionale Ballung von Unternehmen automatisch wachstumsstark und wettbewerbsfähig ist und dieselben Eigenschaften aufweist. Deshalb werden nachfolgend verschiedene Clusterdimensionen unterschieden: die horizontale, vertikale, institutionelle, externe und Machtdimension. Diese ermöglichen es, Cluster unterschiedlicher Art zu differenzieren und die oben gestellten Fragen zu beantworten (➔ Abb. 10-7). Zugleich ist zu betonen, dass die verschiedenen Dimensionen nicht unabhängig voneinander sind, sondern sich gegenseitig durchdringen und beeinflussen. Insbesondere ist es möglich, dass *trade-offs* zwischen den Dimensionen stattfinden, was etwa im Fall eines Stagnations- bzw. Schrumpfungsprozesses negative Rückkopplungen zur Folge haben kann.

(1) **Horizontale Clusterdimension.** Die horizontale Dimension eines Clusters setzt sich aus denjenigen Unternehmen einer Region zusammen, die ähnliche Güter herstellen und miteinander im Wettbewerb stehen (Porter 1993). Sie ist von ebenso großer Bedeutung wie die vertikale Dimension (Maskell und Lorenzen 2004), die gewöhnlich in Studien über regionale Netzwerke hervorgehoben wird. Der horizontalen Dimension kommt eine entscheidende Rolle in den frühen Stadien der Clusterbildung und im Prozess der Spezialisierung zu, da lokale Rivalität und Wettbewerb wichtige Anreize zur Produktdifferenzierung und Innovation schaffen (Porter

1990 a; 1998). Obwohl zwischen den Unternehmen nicht unbedingt intensive Austauschbeziehungen bestehen, ziehen sie einen wichtigen Nutzen aus der Ko-Präsenz in einer Region, da sie hier unter gleichen Produktionsbedingungen operieren. Sie sind über die Kostenstrukturen und die Produkte ihrer Wettbewerber gut informiert und können ihre eigenen Leistungen effektiv mit denen ihrer Konkurrenten vergleichen. Rivalität leitet Lernprozesse durch Beobachtung sowie Produktvariation und führt zu einem Innovationswettlauf unter der Bedingung, dass eine gewisse Überschneidung der Tätigkeitsbereiche, eine ähnliche Wissensbasis sowie die gegenseitige Kenntnis der Produktionsbedingungen vorhanden sind (Grabher 2001; Maskell 2001 b). Dies ist in besonderem Maß bei räumlicher und kultureller Nähe gegeben (Lundvall 1988; Gertler 1993) und über große Distanzen nur schwer herzustellen (→ Kap. 4.2). Auch wenn keine intensiven Kontakte oder Austauschbeziehungen bestehen, haben die Unternehmen der horizontalen Dimension ein gewisses Wissen über ihre Wettbewerber vor Ort und verstehen deren Aktionen, da sie unter denselben institutionellen Bedingungen operieren.

(2) **Vertikale Clusterdimension.** Die vertikale Clusterdimension setzt sich aus komplementären Unternehmen zusammen, die durch Netzwerke von Zuliefer-, Dienstleister- und Kundenbeziehungen miteinander verflochten sind. Wenn erst einmal ein spezialisiertes Cluster besteht (also beispielsweise eine gewisse Ballung von Unternehmen vorhanden ist, die ähnliche Produkte herstellen), entwickeln die betreffenden Unternehmen eine Nachfrage nach spezialisierten Dienstleistungen und Zulieferprodukten. Krugman (2000) argumentiert, dass dies einen Anreiz für Zulieferer darstellt, sich in der Nähe anzusiedeln, um auf diese Weise *economies of scale* und niedrige Transportkosten abzuschöpfen. Nach Krugman (1991) erhöht zudem ein großer Pool an spezialisierten Arbeitskräften sowie die Nachfrage nach diesen die Attraktivität einer Region für andere Arbeitskräfte und Unternehmen mit ähnlicher Spezialisierung. Der vertikalen Clusterdimension kommt damit eine zentrale Bedeutung für das Verständnis des fortgesetzten Wachstums eines bereits bestehenden Clusters zu.

Im Unterschied zu Krugmans (1991; 2000) Modell beruht industrielle Clusterbildung allerdings nicht ausschließlich auf Kostenüberlegungen, Skalenerträgen und anderen Arten sogenannter ***traded interdependencies***. So haben Storper (1995; 1997 b) und Maskell und Malmberg (1999 b; 1999 a) durch die Hervorhebung lokalisierter Fertigkeiten (***localized capabilities***) und nicht-handelbarer Interdependenzen (***untraded interdependencies***) gezeigt, dass sozio-institutionelle Beziehungen, unternehmensübergreifende Kommunikation sowie interaktives Lernen eine zentrale Bedeutung für regionale Innovations- und Wachstumsprozesse haben. Sowohl hoch komplexe als auch inkrementale Innovationsprozesse hängen substanziell von den Interaktionen zwischen den Produzenten und ihren Zulieferern und Abnehmern ab (Lundvall 1988; Gertler 1993; 1997). Entscheidend für die Wettbewerbsfähigkeit von Unternehmen sind spezifische produkt- bzw. prozessbezogene Kompetenzen und die Fähigkeit, diese Kompetenzen durch Lernprozesse auszubauen (Maskell und Malmberg 1999 b; 1999 a). Dies wird durch das Vorhandensein von *localized capabilities*, die auf spezialisierten lokalen Ressourcen, Qualifikationen, auf geteiltem Vertrauen, Normen, Routinen und anderen lokalen institutionellen Arrangements basieren, gestützt, die das Entstehen regionsspezifischer Kompetenzen (Lawson 1999) bzw. regionaler Wettbewerbsvorteile begünstigen (Porter 2000).

Durch die Ko-Präsenz qualifizierter und erfahrener Spezialisten entsteht zudem ein hohes Problemlösungs- und Innovationspotenzial vor Ort. Der Arbeitsmarkt spielt deshalb eine zentrale Rolle für den fortgesetzten Agglomerationsprozess in vielen Clustern. Insgesamt scheinen Arbeitsmarktbeziehungen in Clustern oft stärker ausgeprägt zu sein als messbare Zuliefer-Abnehmer-Verflechtungen oder Forschungsbeziehungen (Malmberg und Power 2005).

Der Ansiedlungsanreiz in einem Cluster ist *ceteris paribus* (unter sonst gleichen Bedingungen) umso größer, je größer die Arbeitsteilung innerhalb der Wertschöpfungskette ist. Dabei gibt es jedoch einen *trade-off* zwischen der horizontalen und der vertikalen Dimension, denn je tiefer die unternehmensübergreifende Arbeitsteilung (*social division of labor*) ausgeprägt ist, desto geringer sind die Möglichkeiten des Vergleichens mit Wettbewerbern und der Sicherung einer starken horizontalen Clusterdimension. Nur durch fortgesetzte Agglomeration können sowohl die vertikale Arbeitsteilung als auch die horizontale Differenzierung eines Clusters ausgeweitet werden, ohne dass es zu einem *trade-off* zwischen beiden kommt (Malmberg und Maskell 2002).

(3) **Institutionelle Clusterdimension.** In der institutionellen Dimension des Clusters kommt zum Ausdruck, dass regionale Ballungs- und Spezialisierungsprozesse zur Herausbildung eines spezifischen Normen- und Regelsystems führen, das in formellen und informellen Institutionen verankert ist (➔ Kap. 8). Die institutionelle Clusterdimension ist eng mit der Produktion und Reproduktion der Unternehmensbeziehungen und dem langfristigen Bestehen eines Clusters verbunden (Bathelt 2005 a; Bathelt 2005 b). So sorgen spezialisierte Ausbildungseinrichtungen dafür, dass neue Qualifikationsniveaus verfügbar sind und die Unternehmen ständig auf dem neuesten Stand bleiben. Spezialisierte Wirtschaftsförderungsprogramme führen dazu, dass die Unternehmen Zuschüsse in bestimmten Forschungsbereichen in Anspruch nehmen können und sich auf ähnliche Technologiepfade konzentrieren. Gemeinsame Entwicklungen fördern das Technologieverständnis und erleichtern fortlaufende Abstimmungsprozesse.

Institutionen sind sowohl das Ergebnis fortlaufender sozialer Beziehungen als auch Voraussetzung für zukünftige Interaktionen (North 1991). Durch die Akzeptanz eines spezifischen Normen- und Regelsystems werden Unsicherheiten ökonomischer Transaktionen verringert und die Handlungen anderer berechenbar (➔ Kap. 8). Informelle und formelle Institutionen schaffen eine Basis für wechselseitige Kommunikation, kollektives Lernen und gemeinsame Problemlösungen. Ohne sie wären eine unternehmensübergreifende Arbeitsteilung und Interaktion nicht möglich. Sie fördern die Entwicklung gemeinsamer Interessen, Technikeinstellungen und Werte zwischen den lokalen Akteuren, erhöhen die Stabilität von unternehmensübergreifenden Verflechtungen und fördern vertrauensbasierte Bindungen (Granovetter 1985; Crevoisier und Maillat 1991; Ratti et al. 1997; Mossig 2002).

Hierbei ist festzustellen, dass sich Institutionen nicht unabhängig von ökonomischen Strukturen entwickeln, sondern dass es eine interdependente Beziehung zwischen Institutionen und Clusterstrukturen gibt. Konventionen und Beziehungen innerhalb eines Clusters sind deshalb nicht statisch, sondern werden fortwährend in Abhängigkeit von den Ergebnissen früherer Aktionen neu definiert und in enger Kommunikation mit den beteiligten Akteuren restrukturiert. Angleichungen von Konventionen und Beziehungen erfordern die Ko-Präsenz der jeweiligen Akteure, was besonders effizient in einem ko-lokalisierten Kontext zu bewerkstelligen ist (Storper 1997 b) und nicht beliebig über große Distanzen durchgeführt werden kann (Maskell und Malmberg 1999 b; 1999 a). Eine große Bandbreite und hohe Dichte akzeptierter institutioneller Akteure (***institutional thickness***) ermöglichen es den Unternehmen in einem Cluster, die Handlungen anderer abzuschätzen (z. B. Amin und Thrift 1994 b), begründete Erwartungen zu entwickeln und an dem lokalen Rauschen von Informationsflüssen (*local buzz*) teilzunehmen. Dies begünstigt Kontinuität in Interaktionen.

Der Prozess der Entwicklung gemeinsamer Institutionen wird durch die Entstehung sogenannter ***communities of practice*** erheblich gefördert. Diese *communities* sind selbstorganisierte Gruppen von Spezialisten, die durch tägliche Interaktionen und regelmäßige Treffen zusammengehalten werden. Der ständige Austausch und gleiche Erfahrungen mit denselben Technologien erzeugen ein gemeinsames Repertoire an Lösungsoptionen gleiches Grundverständnis bei der Lösung ähnlicher Probleme (Wenger 1998; Brown und Duguid 2000). Dies führt dazu, dass bestehendes Wissen leicht ausgetauscht und neues Wissen erzeugt werden kann. *Communities of practice* entwickeln sich innerhalb von Unternehmen, können durch regelmäßige Austauschprozesse und *face-to-face*-Kontakte aber

möglicherweise auch in einem Cluster entstehen (Gertler 2003). Sie tragen zu einer Stabilisierung der sozialen Beziehungen in einem Cluster bei und erleichtern die Reproduktivität, indem sie es den Unternehmen ermöglichen, lokale Informationsflüsse sinnvoll zu interpretieren und neue Informationsflüsse zu generieren.
Allerdings werden Institutionen nur teilweise auf regionaler Ebene erzeugt und reproduziert. Ein großer Teil des institutionellen Gefüges ist von Bestimmungen und Regelungen auf nationalstaatlicher Ebene oder auf Branchenebene abhängig und lokal kaum beeinflussbar. Insofern kann Lokal- bzw. Regionalpolitik nur einen begrenzten Ausschnitt des institutionellen Umfelds steuern (Bathelt und Dewald 2008). Dieses ist am besten im Sinn eines *multilevel-governance*-Ansatzes zu gestalten (z. B. Benz 2004).
(4) **Externe Clusterdimension.** Cluster existieren nicht in Isolation von der Außenwelt, sondern sind abhängig von externen Märkten und verwenden Technologien, die außerhalb des Clusters entwickelt wurden. Enge, langfristige Netzwerkbeziehungen sind zwar für clusterinterne Lernprozesse wichtig. Sie reichen aber nicht aus und haben nicht nur positive Auswirkungen auf die Wettbewerbs- und Innovationsfähigkeit, sondern können diese im Gegenteil sogar bedrohen, wenn sie zu eng, zu exklusiv und zu starr sind. So kann die zu starke Einbettung lokaler Zulieferer in enge Verflechtungsbeziehungen mit denselben Kunden zu Misserfolgen und Fehlschlägen auf dem Markt führen. Eine zu starke lokale institutionelle Einbettung ökonomischer Beziehungen hat somit unter Umständen negative Auswirkungen, sodass ein zweiter *trade-off*-Prozess zwischen interner sozio-institutioneller Verankerung (mit stabilen, aber starren Clusterbeziehungen) und Offenheit nach außen (verbunden mit dem ständigen Zufluss neuen Wissens) die Folge sein kann. Durch verkrustete Netzwerkbeziehungen kann es zu einer Abschottung nach außen kommen (Granovetter 1973), sodass Strukturen der *over-embeddedness* (Uzzi 1996; 1997) entstehen. Blindes Vertrauen und Vertrauensseligkeit (Kern 1996) können an Bedeutung gewinnen und Stagnation und *lock-in* (Grabher 1993 c; Maillat 1998; Scott 1998) zur Folge haben (→ Kap. 9.2).
Diese Strukturen limitieren nicht nur den regionalen Wachstumsprozess, sondern können sogar die langfristige Überlebensfähigkeit eines Clusters bedrohen (Schamp 2000 b). Die Öffnung und Offenhaltung eines Cluster nach außen ist deshalb von zentraler Bedeutung, um Märkte und deren Wandel zu erfassen und neue Technologien zu akquirieren (Bathelt und Jentsch 2002; Bathelt 2005 b). Hierzu ist es auch notwendig, Partnerschaften und Kooperationen mit Unternehmen und Forschungseinrichtungen außerhalb des Clusters einzugehen. Die systematische Integration externer Impulse bildet eine wichtige Voraussetzung, um Reproduktivität sicherzustellen und über clusterinterne Netzwerke Wachstums- und Innovationsprozesse zu generieren. Es ist dies allerdings keine Routineaufgabe. So müssen zunächst potenzielle Partner gefunden werden, die in anderen Regionen und Ländern ihre Standorte haben und dort unterschiedlichen sozio-institutionellen und kulturellen Einflüssen unterliegen. Beziehungen zu externen Partnern können eine vertikale oder horizontale Dimension haben und unterliegen spezifischen institutionellen Bedingungen. Diese bilden unter Umständen explizit oder implizit Barrieren in den Interaktionsprozessen und stellen Risiken dar, deren Überwindung Kosten verursacht (→ Kap. 4.2). Derartige Probleme entstehen beispielsweise, wenn Unternehmen Produktionsnetzwerke in einem anderen Kulturkreis aufbauen und zwischen verschiedenen nationalen Innovationssystemen (→ Kap. 15.3) interagieren müssen (Bathelt und Depner 2005; Depner 2006).
Insgesamt muss ein Cluster, um erfolgreich bestehen zu können und aus vielfältigen regionalen Verflechtungsbeziehungen Nutzen zu ziehen, zwar eine ausreichende Geschlossenheit aufweisen, gleichzeitig muss der Grad der Offenheit jedoch groß genug sein, um ein Maximum an externen Innovations- und Wachstumsimpulsen zuzulassen und neue Märkte erkennen und erschließen zu können.
(5) **Machtdimension.** Die Machtbeziehungen zwischen den ökonomischen Akteuren eines Clusters sind ebenfalls als wichtige Dimension

zu berücksichtigen (→ Kap. 8.2). So implizieren viele Studien über regionale Produktionsnetzwerke, dass Unternehmen in Netzwerken harmonische Beziehungen zueinander aufbauen, die auf einer Gleichverteilung von Macht beruhen. Tatsächlich ist es jedoch schwierig, Konstellationen von Netzwerkbeziehungen zu identifizieren, die durch eine symmetrische Machtverteilung gekennzeichnet sind. Eine derartige Machtverteilung kann sogar eine Verlangsamung technologischer Lern- und Innovationsprozesse zur Folge haben, weil die Entscheidungsfindung langwierige Diskussionen erfordert. Machtasymmetrien hingegen stellen diesbezüglich ein Potenzial für effektive Problemlösungen in einem Clusterzusammenhang dar und ermöglichen eine schnelle Anpassung der Produktion an externe Marktveränderungen (Clegg 1989; Bathelt und Taylor 2002). Dies setzt jedoch voraus, dass die Machtasymmetrien von den Unternehmen akzeptiert werden, was vor allem in einem Kontext allgemeinen Wachstums zu erwarten ist, wenn alle Unternehmen von einer erhöhten Wettbewerbsfähigkeit profitieren.

Dabei geschieht es keineswegs automatisch, dass die horizontalen und vertikalen Austauschprozesse der Unternehmen zu einem kohärenten Clusterzusammenhang zusammengebunden sind (Bathelt 2005 b). Dies setzt voraus, dass sich die Akteure als Einheit begreifen (Innensicht) und von ihrer Umwelt (Außensicht) ebenfalls als solche wahrgenommen werden (Dicken et al. 2001). Unter Rückgriff auf die Akteursnetzwerktheorie lässt sich argumentieren, dass Clusterunternehmen nicht durch Ressourcenbesitz automatisch Macht erlangen (→ Kap. 8.2), sondern erst dadurch, dass sie in der Lage sind, andere Unternehmen in ihr Handeln einzubinden und sie zu einer Mitwirkung in den Netzwerken zu motivieren (Latour 1986; Thrift 1996; Allen 2003). Die Macht eines Clusters kann also verstanden werden als die Fähigkeit, lokale Unternehmen in gemeinsame Projekte einzubinden und Clusternetzwerke zu bilden. Natürlich reichen soziale Beziehungen alleine nicht aus, um Kohärenz in einem Cluster zu erzeugen. Gemeinsame Prozess- und Kommunikationstechnologien sowie institutionelle Arrangements stabilisieren die Interaktionen zwischen den Unternehmen, weil die Akteure dadurch vor ähnliche Alltagserfahrungen und -probleme gestellt werden. Der direkte Kontakt und die ständige Sichtbarkeit der Clusterakteure sind zur Aufrechterhaltung und Weiterentwicklung der Machtbeziehungen wichtig (Crang 1994), da sie die Etablierung vielfältiger Mikropraktiken ermöglichen und aufgrund vereinfachter Kontrollmöglichkeiten Verbindlichkeit in sozialen Beziehungen schaffen (Bathelt und Glückler 2003 b).

Machtbeziehungen schaffen eine Hierarchie innerhalb eines Clusters, die dazu beiträgt, Konflikte zwischen den Akteuren beizulegen und Entscheidungsprozesse voranzutreiben. Hierbei besteht jedoch die Gefahr, dass Unternehmen zu viel Vertrauen in eine gegebene Hierarchie entwickeln und sich bei strategischen Entscheidungen zu sehr auf dominierende Akteure verlassen (Kern 1996). Innerhalb eines Clusters ist deshalb ein weiterer *trade-off*-Prozess zwischen Machtasymmetrie und blindem Vertrauen zu berücksichtigen. Ein Übermaß an Vertrauen führt zu Leichtgläubigkeit und kann Fehlentscheidungen hervorrufen (Granovetter 1985). Dies ist beispielsweise der Fall, wenn dominante Hierarchien oder einzelne Akteure einen *lock-in* in einen ineffizienten technologischen Entwicklungspfad bewirken (Grabher 1993 c). Aus diesem Grund kann ein gewisses Maß an Misstrauen im Hinblick auf etablierte Technologien und Entscheidungspraktiken dazu beitragen, das Risiko von gemeinsamen Fehlschlägen zu reduzieren.

Zusammenfassend lässt sich feststellen, dass eine relationale Perspektive in der Analyse verschiedener Clusterdimensionen zu einem umfassenden Verständnis der Entstehungs-, Wachstums- und Reproduktionsprozesse regionaler Unternehmensballungen und Produktionssysteme beiträgt. Dabei haben in der Alltagspraxis die wenigsten Cluster tatsächlich ausgefeilte, auf allen Dimensionen voll entwickelte Strukturen wie oben dargestellt. Die multidimensionale Struktur bildet jedoch ein Analyseschema, das es erlaubt, die Stärken und Schwächen vorhandener Cluster zu identifizieren und Aussagen darüber zu treffen, worauf etwaige Wachstumsprobleme zurückzuführen sind. Dies soll am Beispiel des

Box 10-3: Entwicklung des neuen Medienclusters Leipzig

Im 19. und 20. Jahrhundert entwickelte sich Leipzig zu einem bedeutenden Cluster des Buchhandels und des Druck- und Verlagswesens. Ende der 1930er-Jahre waren in der Stadt über 300 Verlags- und Sortimentsbuchhandlungen sowie 500 mit ihnen verflochtene Unternehmen mit insgesamt mehr als 3000 Mitarbeitern angesiedelt (Denzer und Grundmann 1999). Ein großer Teil der Unternehmen befand sich im Graphischen Viertel, einem relativ kleinen Gebiet von 1,2 km^2 Größe östlich des Zentrums (→ Abb. 10-8). Das Buchhandelscluster war durch eine starke horizontale, vertikale, institutionelle und externe Dimension und dynamisches Wachstum gekennzeichnet (Bathelt und Boggs 2003). Der Zweite Weltkrieg durchbrach diese Entwicklung auf drastische Weise und in der Nachkriegszeit, als viele Unternehmen und institutionelle Akteure nach Westdeutschland abwanderten, büßte Leipzig seine Vorrangstellung im Buchhandel ein. Obwohl Leipzig wichtiger Standort des Druck- und Verlagswesens der DDR blieb, war die Stadt nicht in der Lage, ihren Status als bedeutendes Zentrum dieser Branchen mit internationaler Bedeutung beizubehalten. Auch nach der Wiedervereinigung gelang es nicht, den Buchhandel in Leipzig für den nationalen und internationalen Wettbewerb zu stärken und das Graphische Viertel entsprechend wiederzubeleben (Denzer und Grundmann 1999).

Stattdessen entwickelte sich im Bereich der Fernseh- und Filmproduktion und der digitalen Medien in den 1990er-Jahren ein neues Mediencluster in Feldern, in denen die Stadt nicht gut positioniert war. So war die Fernseh- und Filmindustrie der DDR vor allem auf Ost-Berlin und Potsdam konzentriert und unterlag zentralstaatlicher Kontrolle (Krätke 2002). Der Aufschwung nach der Wiedervereinigung war keine Fortsetzung der alten Medientradition, sondern setzte in einem anderen Mediensegment auf der Basis neuer technologischer, marktlicher und institutioneller Strukturen an (Bathelt und Boggs 2003; Bathelt 2004 a). Im Jahr 1991 wurde der *MDR* als öffentlich-rechtliche Fernseh- und Rundfunkanstalt für die neuen Bundesländer Sachsen, Sachsen-Anhalt und Thüringen gegründet. Die Wahl von Leipzig als Hauptsitz hing damit zusammen, dass die Stadt geographisch im Zentrum der drei Länder lag und Sachsen schon zu DDR-Zeiten regionaler Standort des DDR-Fernsehens war. Zwar entwickelte sich der Mediensektor in Leipzig in den Folgejahren auch in anderen Branchen wie beispielsweise den interaktiven Medien und der Werbung und Marktkommunikation (2002; Bathelt und Jentsch 2004). Dennoch war der *MDR* der zentrale Motor für das schnelle Wachstum des Mediensektors in den 1990er-Jahren (Bathelt 2002). Nach einer Studie von Bentele et al. (2003) beschäftigte der Mediensektor in Leipzig im Jahr 2002 rund 23 100 fest angestellte Vollzeit- und Teilzeitmitarbeiter sowie 9700 freie Mitarbeiter. Dies entsprach etwa 15 % aller Beschäftigten und war ein großer Erfolg in einer Situation, in der die vormals bedeutenden Industriebranchen empfindliche Beschäftigteneinbußen hinnehmen mussten. Insgesamt umfasste der Mediensektor zwischen 750 und 1350 Unternehmen (abhängig von der Datenquelle und Definition). Das Mediencluster ist zwar wesentlich kleiner als das in anderen westdeutschen Medienstädten wie München, Köln, Berlin und Hamburg (Bathelt und Gräf 2008), für die Region aber von sehr großer Bedeutung.

Die Standorte der Medienunternehmen in Leipzig konzentrieren sich vor allem auf die Bereiche um den Innenstadtkern und das direkte Umfeld des *MDR* (→ Abb. 10-9). Hier siedelten sich in den 1990er-Jahren viele Unternehmen als Zweigwerke bestehender Unternehmen oder als Neu- oder *spin-off*-Gründungen an und formten eine expandierende vertikale Clusterdimension (van den Berg et al. 2001; Bathelt 2002). (1) Die größte Gruppe der neuen Medienunternehmen lässt sich als euphorische Neugründungen klassifizieren. Die Gründer dieser Unternehmen waren größtenteils jung, stammten aus Leipzig und fühlten sich mit der Stadt eng verbunden. Sie wollten ihre Ideen im wachsenden Mediensektor vor Ort verwirklichen. (2) *Spin-offs* aus den Universitäten und Fachhochschulen in Leipzig und Halle bildeten eine zweite wichtige Gruppe lokaler Neugründungen. Zum Teil handelte es sich dabei auch um Personen aus Westdeutschland, die wegen des Studiums in die Region gekommen waren und hier ein geeignetes Umfeld für eine Gründung fanden. (3) Eine dritte Gruppe von Personen lässt sich als erzwungene Selbstständige charakterisieren, die den Gründungsschritt vor allem wegen eines bereits erfolgten oder drohenden Arbeitsplatzverlusts vollzogen. Neugründungen dieses Typs waren insgesamt wenig innovativ und stellten keine bedeutende Quelle für lokales Wachstum dar. (4) Parallel dazu kam es zu Ansiedlungen von *split-off*-Gründungen, die aus den ehemaligen Kombinaten der DDR-Film- und Fernsehbranche (speziell aus Berlin) hervorgegangen waren. Sie wählten Leipzig als Standort, weil sie sich hier einen leichteren Zugang zu Aufträgen des *MDR* versprachen. (5) Als fünfte Gruppe siedelten sich Zweigwerke von etablierten Medienunternehmen aus den alten Bundesländern an, die ebenfalls bestrebt waren, vor Ort dem *MDR* ihre Dienste anzubieten. In einigen Fällen ging der *MDR* gezielt auf spezialisierte Unternehmen zu und veranlasste diese zur Ansiedlung einer Niederlassung im lokalen Umfeld, indem zukünftige Verträge in Aussicht gestellt wurden. Unternehmen der letzten beiden Gruppen spielten insgesamt eine wichtige Rolle für die Entwicklung des Mediensektors, da sie berufliche Expertise, Know-how und spezialisierte Erfahrungen in die Region mitbrachten, die vorher nicht vorhanden waren. Es entwickelte sich somit sukzessive ein Netzwerk spezialisierter Aktivitäten und Kompetenzen, die Ausgangspunkt für weitere Gründungen wurden. (6) Zudem kam es zu Zweigwerksansiedlungen von Medienunternehmen aus den alten Bundesländern ohne Bezug zum Film- und Fernsehsektor.

Diese Entwicklung wurde zwar nicht durch eine dezidierte Clusterpolitik unterstützt. Aber in den 1990er-Jahren wurde der Aufbau einer institutionellen Infrastruktur forciert, die die Entwicklung des Mediensektors abfederte. So gab es bereits vor der Wiedervereinigung institutionelle Akteure wie die Hochschule für Technik, Wirtschaft und Kultur (HTWK), die Anknüpfungspunkte für eine institutionelle Erneuerung boten (Bathelt und Jentsch 2002; Bathelt 2004 a). Es wurden spezielle Ausbildungsprogramme eingerichtet, die hochwertige berufliche Qualifikationen für den lokalen Arbeitsmarkt hervorbrachten und zu einer Spezialisierung auf Medienberufe führten. Die Absolventen dieser Ausbildungseinrichtungen bildeten ein wichtiges Potenzial für weitere Unternehmensgründungen, die durch gezielte Gründungsberatung (z. B. durch das lokale Unternehmensgründerbüro) und finanzielle Mittel (z. B. im Rahmen des Europäischen Sozialfonds) unterstützt wurden. Hilfen in der Gründungsphase wurden außerdem durch Inkubatoreinrichtungen, wie das Business & Innovation Centre oder die Media City Leipzig, angeboten. Hier wurden Räumlichkeiten, unterstützende Dienstleistungen sowie organisatorische Hilfen für neue Unternehmen des Mediensektors bereitgestellt. Insgesamt entwickelte sich in Leipzig ein dichtes Netzwerk an institutioneller Unterstützung für den wachsenden Mediensektor.

Allerdings zeigt eine Analyse der verschiedenen Clusterdimensionen, dass auch Defizite, Konflikte und Probleme in der Entwicklung des lokalen Produktionssystems entstanden sind. Zwar sind die vertikale und institutionelle Clusterdimension relativ gut entwickelt, aber auf der horizontalen, externen und Machtdimension zeigen sich klare Defizite, die zukünftige Wachstums- und Entwicklungspotenziale einschränken (Bathelt 2004 a; Bathelt 2005 b). So wurden bisher nur in begrenztem Maß regionale Netzwerke aufgebaut und Interaktionsmöglichkeiten ergriffen, die die Basis für kreative Ideen und Innovation sein können. Unternehmen aus dem Medienbereich sind oftmals nicht an einem intensiven Austausch mit Kunden interessiert und versuchen, Kundenkontakte auf ein geringes Maß zu begrenzen. Sie nehmen nicht aktiv an Kommunikationsprozessen teil und unterschätzen die Bedeutung lokaler Informationsflüsse.

Dies ist umso überraschender, als die Unternehmen in erheblichem Maß vom regionalen Markt abhängig sind. So zeigte sich, dass etwa 60 % der mehr als 100 befragten Medienunternehmen in den Jahren 2000/2001 mehr als zwei Drittel ihrer Umsätze mit lokalen Kunden erzielten. Gleichzeitig waren viele Unternehmen sehr klein und hatten so geringe Umsätze, dass sie damit kaum ihre Kosten decken konnten (Bathelt 2002). Dies deutet auf einen scheinbaren Widerspruch hin, das sogenannte ***distanced-neighbour*-Paradoxon** (Bathelt 2005 b). Obwohl die Unternehmen auf den regionalen Markt angewiesen sind, verwenden sie nur wenig Zeit und Mühe, um die ökonomischen und sozialen Beziehungen mit lokalen Kunden auszubauen. Letztlich hängt dies damit zusammen, dass die horizontale und externe Clusterdimension zu wenig entwickelt ist. So ist einerseits das Wachstum des Mediensektors in Leipzig zu stark auf den *MDR* ausgerichtet, der den Sektor dominiert, aber in Zukunft weniger stark wachsen wird als in der Aufbauphase. Andererseits ist es den lokalen Medienunternehmen in den 1990er-Jahren nicht gelungen, westdeutsche und ausländische Märkte zu erschließen. Die zukünftige Entwicklung des Medienclusters Leipzig wird deshalb nicht zuletzt davon abhängen, inwieweit es den Unternehmen gelingt, ihren Kundenkreis auf andere Medienstandorte im In- und Ausland auszuweiten.

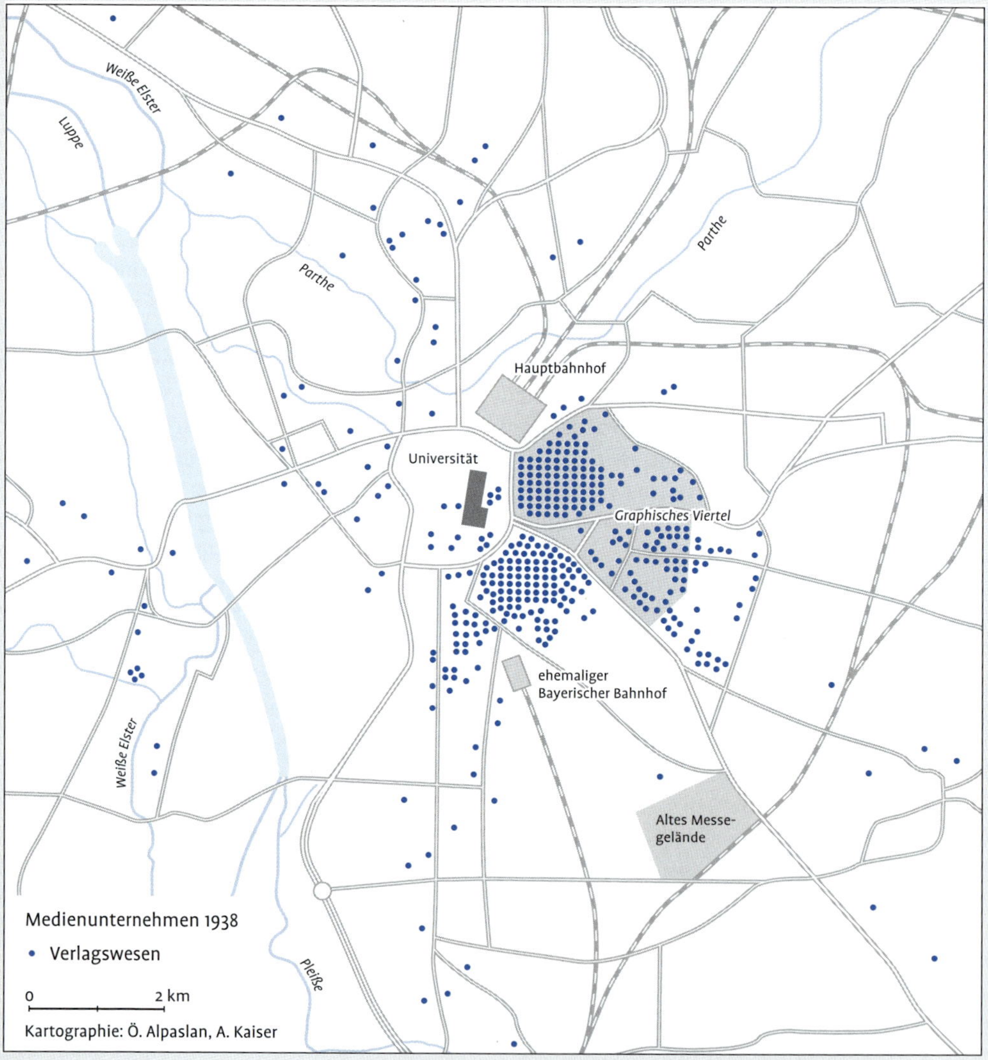

Abb. 10-8: Das traditionelle Buchhandelscluster Leipzigs 1939 (nach Bathelt und Boggs 2003, S. 281)

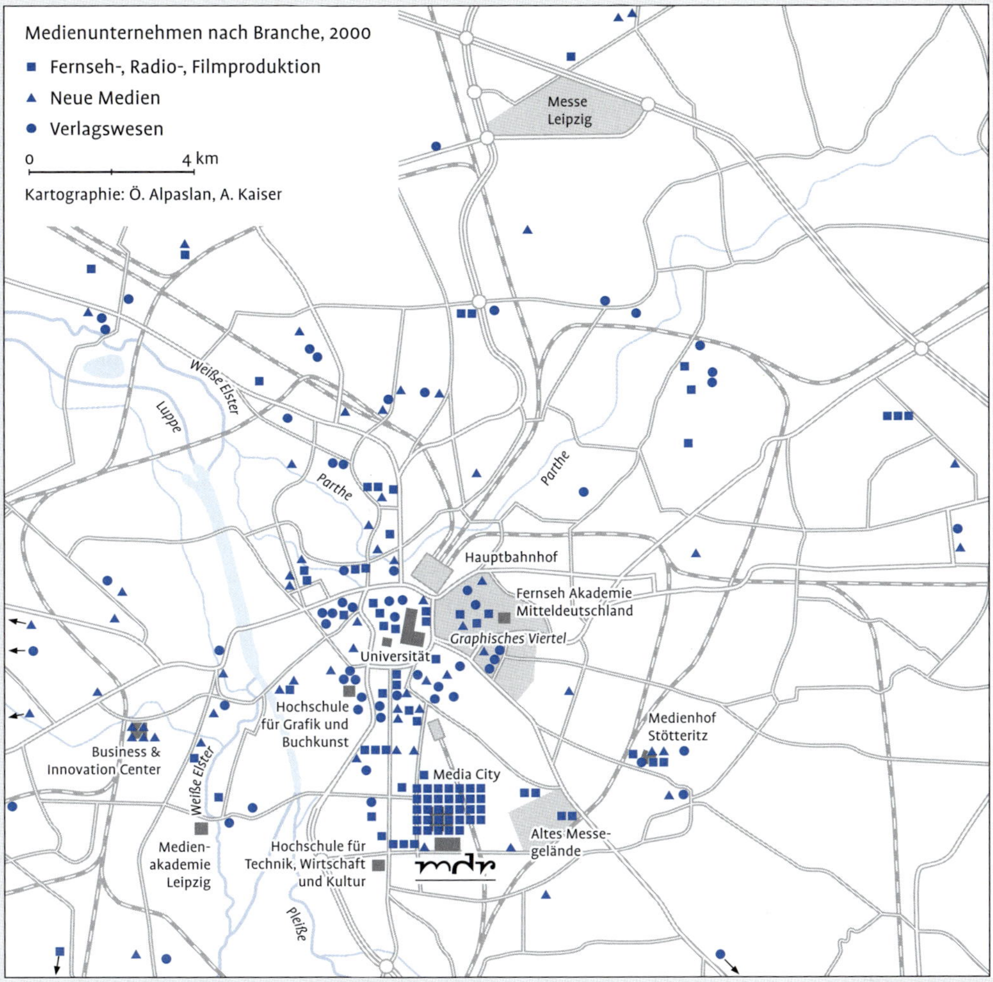

Abb. 10-9: Das neue Mediencluster Leipzigs 2000 (nach Bathelt und Boggs 2003, S. 287)

neuen Medienclusters in Leipzig in den 1990er-Jahren verdeutlicht werden (→ Box 10-3). Insgesamt bildet eine Analyse der Clusterdimensionen eine wichtige Grundlage, um politisch-planerische Maßnahmen zur Verbesserung der Clusterstruktur zu entwickeln (Bathelt und Dewald 2008). Je nach Untersuchungskontext ist dieses Analyseschema dabei den spezifischen Umständen anzupassen.

10.3.2 Lokales Rauschen und globales Pfeifen: Zu einer wissensbasierten Clustertheorie

Viele Clusterkonzeptionen gehen zumindest implizit davon aus, dass innerhalb von Clustern bedeutsame Input-Output-Beziehungen und Transaktionen zwischen den lokalen bzw. regionalen Unternehmen einer Wertschöpfungskette stattfinden. Allerdings gibt es nicht sehr viele Studien, die regionale Materialverflechtungen in substanziellem Umfang nachweisen können. Selbst in bedeutenden industriellen Agglomerationen

wie etwa Silicon Valley und Baden-Württemberg ist festzustellen, dass der größte Teil der ökonomischen Transaktionen mit Akteuren außerhalb des Clusters abgewickelt wird (Oakey et al. 1988; Grotz und Braun 1993). Deshalb stellt Oinas (1999) die scheinbare Dominanz lokaler im Vergleich zu nicht-lokalen Lernprozessen infrage. In jedem Fall ist festzustellen, dass die Existenz und das fortgesetzte Wachstum von Unternehmensclustern nicht allein aus konventionellen Agglomerationsvorteilen und aus Kostenersparnissen durch regionale Materialverflechtungen erklärt werden können. Wenn aber nicht lokale Transaktionen den Kern von Clustern bilden, wie lässt sich dann überzeugend zeigen, warum Cluster eine so ungebrochen große Attraktivität auf Unternehmen ausüben und warum sie ein so beständiges Phänomen darstellen?
Um eine allgemeine Erklärung hierfür zu finden, ist es notwendig, die vorstehende mehrdimensionale Clusterkonzeption um ein wissensbasiertes Clusterverständnis zu ergänzen, das darauf abzielt, die Informations- und Kommunikationsbeziehungen im Prozess der Wissensgenerierung und Innovation zu erfassen (Maskell 2001b; Malmberg und Maskell 2002; Pinch et al. 2003; Bathelt 2004b; Bathelt et al. 2004; Bathelt und Glückler 2011).

Lokales Rauschen. Der britische Ökonom Marshall (1927) brachte mit seinem berühmten Begriff der *industrial atmosphere*, die in Clustern bzw. Industriedistrikten quasi in der Luft liegt, bereits Anfang des 20. Jahrhunderts zum Ausdruck, dass Unternehmen in bestimmten Regionen Standortvorteile erlangen, die Produzenten außerhalb der Cluster weitgehend verschlossen bleiben. Die Bedeutung derartiger, schwer mess- und fassbarer Wirkungen wurde in jüngerer Vergangenheit wiederholt betont und als *buzz* (Storper und Venables 2004) oder *noise* (Grabher 2002a) bezeichnet. Gemeint ist mit dem im Folgenden als **lokalem Rauschen (*local buzz*)** bezeichneten Effekt, dass sich in einem Cluster ein spezifisches Milieu entwickelt, durch das vielfältige Informationen und Inspirationen zwischen lokalen Akteuren zirkulieren. Dieses Rauschen bezieht sich auf die spezifische **Informations- und Kommunikationsökologie**, die durch regelmäßige *face-to-face*-Kontakte und die Ko-Präsenz von Akteuren einer bestimmten Wertschöpfungskette an einem Ort entsteht (Bathelt et al. 2004; Storper und Venables 2004). Hierzu zählen spezifische Informationsflüsse und laufende Updates der Informationen, intendierte und nicht-intendierte Lernprozesse in geplanten und ungeplanten Treffen, die Anwendung einheitlicher Interpretationsschemata und ein automatisches Verständnis neuer Informationen und Technologien sowie gemeinsame Traditionen, Gewohnheiten und Einstellungen in einem bestimmten Technologiefeld.
Um an diesem Rauschen partizipieren zu können, bedarf es keiner spezifischen Investitionen. Die Unternehmen, die Teil der ökonomischen und sozialen Dimensionen eines Clusters sind, erhalten fast automatisch Zugang zu den betreffenden Informationsflüssen (Gertler 1995; 2003). Sie brauchen ihre Umgebung nicht gezielt abzusuchen, sondern sind von einem dichten Geflecht von Gerüchten, Empfehlungen, Einschätzungen und Interpretationen umgeben (Grabher 2002b; Bathelt et al. 2004). Diese Informationen werden auf vielfältige Weise in geplanten und ungeplanten Treffen ausgetauscht, sei es in Verhandlungen mit lokalen Zulieferern, in Telefongesprächen während des täglichen Geschäftsverkehrs, während des Mittagessens mit Kollegen, beim zufälligen Treffen von Kollegen auf dem Golfplatz oder während des Rasenmähens im Gespräch mit dem Nachbarn, der in demselben Technologiebereich arbeitet (Bathelt 2004b). Die vielfältigen Beziehungen in einem Cluster binden die Akteure auf unterschiedliche Art und Weise als Geschäftspartner, Freunde und Mentoren zusammen, wodurch Ressourcen wie z. B. Vertrauen oder kreative Ideen aus einem Beziehungstyp in einen anderen transferiert werden können (Granovetter 1985; Meusburger et al. 2009; Uzzi 1997) oder über Empfehlungen neue Geschäftsgelegenheiten kommuniziert und zirkuliert werden (Glückler 2007b).
Durch ihre gemeinsame Geschichte von Beziehungen werden die Unternehmen in die Lage versetzt, das lokale Rauschen in einen Sinnzusammenhang zu stellen und daraus Nutzen zu ziehen. Dies ist möglich, weil Ko-Präsenz in

einem Cluster die Entstehung einer bestimmten institutionellen Struktur begünstigt. Akteure entwickeln die gleiche Sprache, kompatible Technologieeinstellungen und übereinstimmende Interpretationsschemata (Lawson und Lorenz 1999). Der Prozess des Aufbaus gemeinsamer Regel- und Wertesysteme wird dadurch vorangetrieben, dass sich aus den täglichen Interaktionen zwischen Personen mit gleicher Expertise und ähnlichen Erfahrungen sogenannte *communities of practice* entwickeln (Wenger 1998). Die Erfahrung beim Lösen einer bestimmten Klasse technologischer Probleme auf der Grundlage desselben technologischen Paradigmas führt dazu, dass sich ein ähnliches Grundverständnis einstellt, gemeinsame Unternehmungen durchgeführt und Sinndeutungen vermittelt werden. Innovationsimpulse werden kanalisiert und die Richtung der Innovationsprozesse vorstrukturiert. Im Zeitablauf kann Vertrauen entstehen, das als eine Art Voreinstellung in alle Beziehungen eingebracht wird (Bathelt et al. 2004). Dieses Vertrauen muss nicht jedes Mal neu geschaffen werden, sondern wird quasi automatisch aufgrund von Vergangenheitserfahrungen gewährt (Maskell und Malmberg 1999 b; 1999 a). Die Kohärenz des Clusters wird durch Einbindung der Unternehmen in dieselben Entwicklungspfade sowie durch gemeinsame Lernprozesse, komplementäre Ressourcen und gemeinsame Selektionsumgebungen gefördert.

Globales Pfeifen. Allerdings reicht es nicht aus, lediglich die clusterinternen Strukturen und Beziehungen zu betrachten. Viele Untersuchungen zeigen, dass gerade die trans-lokalen, clusterexternen Beziehungen zentrale Bedeutung für die Steigerung der Wettbewerbsfähigkeit der Clusterunternehmen haben (Maillat 1998; Scott 1998; Bresnahan et al. 2001; Grabher 2002 b; Nachum und Keeble 2002; 2003). So zeigt das Beispiel des Biotechnologie-Sektors in Boston, wie entscheidende Wissenstransfers oft nicht aus dem lokalen Rauschen resultieren, sondern durch strategische Partnerschaften von internationaler Reichweite erzeugt werden (Owen-Smith und Powell 2004). Unternehmen bauen **gezielt trans-lokale oder globale Beziehungen (*global pipelines*)** auf, um Zugang zu neuen Wissens-Pools zu erlangen.

Im Unterschied zum lokalen Rauschen ist der Zugang zu diesem trans-lokalen oder globalen Pfeifen mit erheblichen Unsicherheiten und hohen Investitionen verbunden. Die Art der Interaktionen ist dabei in starkem Maß abhängig vom Grad an Vertrauen, das zwischen den Partnern besteht. Dieses ist nicht automatisch vorhanden, sondern muss erst schrittweise aufgebaut werden, was Zeit erfordert und Kosten verursacht (Harrison 1992; Lorenz 1999). Zudem müssen zunächst übereinstimmende Interpretationsschemata, Erwartungen und eine gemeinsame Sprache entwickelt werden, um komplexe Kommunikation in Innovationsprozessen zu ermöglichen. Dies ist keineswegs eine einfache Aufgabe, da die Unternehmen in verschiedene kulturelle und institutionelle Kontexte an ihren jeweiligen Standorten eingebettet sind (→ Kap. 4.2). Damit eine trans-lokale Beziehung überhaupt zustande kommt, müssen die Partner ein Minimum an komplementärem Wissen aufweisen. Zugleich muss ein hinreichend großer Überlappungsbereich in der Wissensbasis vorhanden sein, damit die Unternehmen zu gemeinsamer Kommunikation in der Lage sind (Nooteboom 2000 b). Deshalb hat die Auswahl externer Partner große strategische Bedeutung. Aufgrund der mit translokalen Beziehungen verbundenen hohen Unsicherheiten sind die Wissenstransfers stärker auf genau definierte Ziele konzentriert und in ihrer Struktur spezifischer aufgebaut als die Kommunikationsflüsse innerhalb eines Clusters (Bathelt 2004 b; Bathelt et al. 2004).

Eine wichtige Voraussetzung dafür, dass Unternehmen globale *pipelines* erfolgreich aufbauen und betreiben können, ist die Fähigkeit, Informationen über potenzielle Partner zu assimilieren, innerhalb der Unternehmen an die geeigneten Stellen weiterzuleiten und dort nutzbringend umzusetzen. Cohen und Levinthal (1990) bezeichnen diese Fähigkeit als ***absorptive capacity*** von Unternehmen. Diese Aufnahmefähigkeit hängt von der Schnittstelle der Unternehmen zu ihrer lokalen Umwelt sowie von der Anzahl und Bedeutung bereits existierender *pipelines* ab. Sie wird zudem davon beeinflusst, wie Informati-

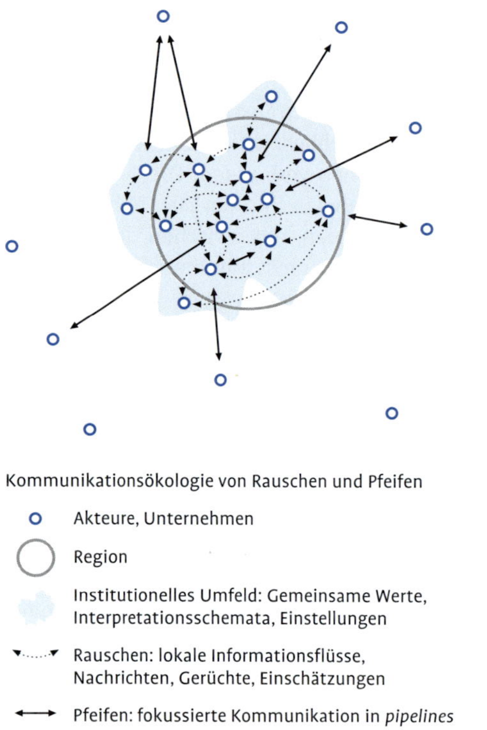

Abb. 10-10: Struktur und Dynamik von lokalem Rauschen und globalem Pfeifen in Clustern (nach Bathelt 2004 b, S. 101)

onsflüsse unternehmensintern zwischen verschiedenen Abteilungen organisiert sind. In diesem Prozess haben einerseits ***gatekeepers*** eine wichtige Funktion, da sie die Umgebung des Unternehmens nach neuen, bisher nicht genutzten Wissens-Pools absuchen und externes Wissen danach bewerten, ob es nützlich sein kann. Zum anderen spielen ***boundary spanners*** eine zentrale Rolle, die die Brücke zwischen den Partnern einer *pipeline* aufbauen und extern produziertes Wissen in eine Form bringen, die innerhalb der Unternehmen verstanden werden kann (Giuliani und Bell 2005).

Zur Reflexivität von lokalem Rauschen und globalem Pfeifen. In einem wissensbasierten Clusteransatz liefert die Kombination von lokalem Rauschen und globalem Pfeifen eine Erklärung dafür, dass in einem Cluster eine hohe Dynamik in Wachstums- oder Innovationsprozessen entstehen kann, die die Wettbewerbsfähigkeit lokaler Unternehmen erhöht und zugleich verhindert, dass durch Globalisierung lokale Kompetenzen verloren gehen. Das hängt damit zusammen, dass das lokale Rauschen in einem Cluster ohne globales oder trans-lokales Pfeifen nur eine geringe Wirkung entfaltet. Je stärker sich Clusterakteure beim Aufbau und Erhalt trans-lokaler Partnerschaften engagieren, umso mehr Neuigkeiten und Informationen über Märkte und Technologien werden in die internen Netzwerke eines Clusters hineingepumpt. Ohne diesen Zufluss an externem Wissen besteht die Gefahr, dass Unternehmen sich auf eine unterlegene Technologie fokussieren und dadurch später ihre Wettbewerbsfähigkeit verlieren. Ohne Rauschen ist aber auch das Pfeifen nicht viel wert. Gemeinsame Interpretationsmuster helfen, aus den lokalen Kommunikationsflüssen die wichtigen Informationen herauszufiltern und diese richtig zu verstehen. Durch *pipelines* wird das interne Rauschen ständig erneuert und um weiteres Wissen bereichert, was zu einer Stimulierung der Innovationsprozesse in einem Cluster beiträgt (Bathelt 2004 b).

Die in diesem Prozess auftretenden Informations- und Kommunikationsflüsse und die hieraus resultierende Dynamik lassen sich schematisch zusammenfassen (→ Abb. 10-10). Innerhalb eines Clusters erzeugen Informationsflüsse, Meinungsaustausch und Nachrichtenübermittlung eine vielschichtige Informations- und Kommunikationsökologie. Durch dieses Rauschen wird die Entwicklung gemeinsamer Werte, Einstellungen und Interpretationsschemata begünstigt und lokale Akteure werden in die Lage versetzt, interaktive Lernprozesse zu vollziehen und komplexe Informationen über Märkte und Technologien in einen gemeinsamen Sinnzusammenhang zu stellen. Durch andauernde Kommunikation wird zudem die Kohärenz eines Clusters sichergestellt. Dabei ist festzuhalten, dass Cluster nicht auf eine diskrete regionale Ebene beschränkt sind und hiermit gleichgesetzt werden können. Sie erwachsen aus der Praxis täglicher Interaktionen und wirken so über administrativ abgegrenzte Regionen hinaus. Für die Überlebensfähigkeit eines Clusters ist es dabei von großer Bedeutung, dass auch externe Wissensquellen erschlossen und clusterintern umgesetzt werden. Zu diesem Zweck bauen Unternehmen gezielt trans-lokale *pipelines* auf. Zwar ist es möglich, dass solche *pipelines* auch innerhalb einer Region entstehen können; allerdings sind es häufig gerade die globalen Wissensflüsse, die bedeutende Innovationen ermöglichen und durch reflexive Praktiken über das lokale Rauschen eine Wachstumsdynamik innerhalb des Clusters entfalten (z. B. Owen-Smith und Powell 2004). In gewisser Weise lässt sich dieser Zusammenhang als relationale, wissensbasierte Weiterentwicklung des klassischen Export-Basis-Ansatzes verstehen (Bathelt und Gräf 2008). Am Beispiel des Münchner Film- und Fernsehclusters zeigt sich, wie Wachstumsprobleme entstehen können, wenn das Zusammenwirken von lokalem Rauschen und globalem Pfeifen gestört ist (➔ Box 10-4).

10.3.3 Temporäre Cluster zur Herstellung globaler Vernetzungen

Der oben beschriebene Clusteransatz lässt die Frage offen, welche institutionellen Arrangements Unternehmen in Clustern nutzen, um globale bzw. trans-lokale *pipelines* aufzubauen. Hierbei gibt es eine Reihe verschiedener Mechanismen: So sind neben eigenen Geschäftserfahrungen auch Empfehlungen von Transaktionspartnern und Reputationsnetze von großer Bedeutung bei der Identifizierung potenzieller *pipeline*-Partner (z. B. Glückler 2004 a) (➔ Kap. 7.3). Im Folgenden wird mit der Rolle internationaler Leitmessen ein bisher in diesem Kontext wenig untersuchter Mechanismus näher betrachtet. Bei diesen Veranstaltungen kommen aus allen Teilen der Welt Unternehmen einer Wertschöpfungskette oder eines Technologiebereichs an einem Ort zusammen, um für drei bis fünf Tage in einen Wissensaustausch zu treten, Informationen zu transferieren, Netzwerke zu knüpfen oder Verträge abzuschließen. Dadurch entwickeln sich Messen zu fokalen Schnittstellen und Kontaktbörsen der globalen Ökonomie. Es entstehen Strukturen, die in Analogie zu permanenten Clustern als temporäre Cluster bezeichnet werden können (Maskell et al. 2006; Bathelt und Schuldt 2008). Dies scheint auf den ersten Blick nicht naheliegend zu sein, da auf Messeveranstaltungen kaum Transaktionen im Sinn eines physischen Tauschs von Gütern stattfinden. Zudem kommunizieren nicht nur diejenigen Unternehmen miteinander, die im Produktionsprozess in einer Tauschbeziehung stehen. Wendet man jedoch ein wissensbasiertes Verständnis von Clustern an, so lassen sich analog zu permanenten Clustern verschiedene Dimensionen von Messeveranstaltungen identifizieren, die bedeutsame Prozesse des Wissensaustauschs und der Wissensgenerierung ermöglichen (Prüser 1997; Borghini et al. 2004; Bathelt und Zakrzewski 2007).

Zunächst einmal lassen sich auf Messeveranstaltungen Interaktionen vertikaler und horizontaler Art unterscheiden. Vertikale Interaktionen finden statt, wenn ausstellende Unternehmen mit ihren Kunden und Zulieferern in Kontakt treten. Dies geschieht meist am Stand der Aussteller und konzentriert sich auf den Informationsaustausch über jüngere Markttrends, Erfahrungen und Anforderungen an zukünftige Produkte. Solche Treffen sind neben routinemäßigen Kontakten im Alltagsgeschäft eine wichtige Informationsquelle über die Qualität der eigenen Produkte und helfen, Ideen für verbesserte Produkte und neue Produktvarianten zu entwickeln. Zudem werden über die Messetreffen bestehende Netzwerke gestärkt und Kontakte mit potenziellen Partnern aus anderen Regionen und Ländern geknüpft, die sich später zu globalen *pipelines* entwickeln können. Derartige Treffen finden nicht nur während der Messeöffnungszeiten statt, sondern auch abends beispielsweise im Restaurant beim gemeinsamen Abendessen. Bei solchen Gelegenheiten werden gegenseitige Kompetenzen und Insiderinformationen abgeprüft, um einen Eindruck darüber zu gewinnen, ob die „Chemie" für eine zukünftige Partnerschaft stimmt (Bathelt und Schuldt 2008; Bathelt und Schuldt 2010).

Daneben kommen auf Messeveranstaltungen Unternehmen zusammen, die im Wettbewerb miteinander stehen und die normalerweise keinen intensiven Austausch pflegen. Diese hori-

Box 10-4: Wachstumsprobleme im Münchner Film- und Fernsehcluster

Neben Berlin ist München einer der traditionsreichsten Standorte der deutschen Filmindustrie (Biehler et al. 2003). Frühe Gründungen spielten in der blühenden deutschen Filmindustrie der 1920er-Jahre eine wichtige Rolle. München entwickelte sich dabei zu einem Drehort für qualitativ hochwertige Filme und wurde nach dem Ende des Zweiten Weltkriegs ein bevorzugter Standort für Filmproduzenten in Deutschland. Dies hing unter anderem zusammen mit der vorhandenen Infrastruktur für die Filmproduktion, der Gründung des *Bayerischen Rundfunks* und der Existenz wichtiger Organisationen, wie z. B. des Instituts für Rundfunktechnik, der Hochschule für Fernsehen und Film München sowie des FilmFernsehFond Bayern. Ein weiterer Wachstumsimpuls resultierte aus der Einführung des Privatfernsehens im Jahr 1984, in dessen Folge sich zahlreiche private Fernsehsender vor Ort ansiedelten (van den Berg et al. 2001; Biehler et al. 2003; Mossig 2004). Hierbei spielte die Kirch-Gruppe mit den Sendern *ProSieben, Sat.1, Kabel1, DSF, N24* und dem Pay-TV-Sender *Premiere* (heute: *Sky*) eine zentrale Rolle. In der Folge entwickelte sich München zum größten deutschen Standort der Film- und Fernsehindustrie mit rund 1200 Betrieben und einem Gesamtumsatz von 6,3 Milliarden Euro (2004). Rund 21 500 Voll- und Teilzeitarbeitskräfte sowie 15 000 freie Mitarbeiter sind im Bereich audiovisueller Medien schwerpunktmäßig an drei Standorten beschäftigt: in Schwabing, der Bavaria Filmstadt in Geiselgasteig sowie im Medienpark Unterföhring (→ Abb. 10-11).

Im Jahr 2001 kam es trotz dieser Entwicklung zu einer schwerwiegenden wirtschaftlichen Krise der Film- und Fernsehindustrie, die zu spürbaren Umsatzrückgängen, Konkursen, *management buy-outs* und Freisetzungen von Arbeitskräften führte. Ursachen hierfür waren die mit der Werbekrise einhergehenden rückläufigen Werbeetats in der Privatwirtschaft (Jentsch 2004) sowie die Finanzkrise der *Kirch*-Gruppe, die letztlich zu deren Auflösung führte. Der Kern der *Kirch*-Gruppe, die *ProSiebenSat.1 Media AG*, wurde daraufhin von dem amerikanischen Medienmilliardär Haim Saban übernommen und umstrukturiert. Am stärksten waren die Auswirkungen der Krise im Bereich der privaten Fernsehsender und ihrer Zulieferer bzw. Dienstleister zu spüren. So wurden risikoreiche Experimente mit neuen Fernsehformaten gestoppt, Neuproduktionen reduziert, die Sendeplätze für kostengünstige TV-Serien und Shows ausgeweitet sowie frühere Eigenproduktionen und Filme aus Filmbibliotheken in kürzeren Zyklen wiederholt. Dies wirkte sich auch auf die betreffenden Produktionsunternehmen und deren Projektpartner aus. Für unabhängige Filmproduzenten und -distributoren wurde es immer schwieriger, Neuproduktionen zu finanzieren, zumal die Banken ihre Kreditbedingungen verschärften (sogenannte Basel II-Abkommen). Allerdings hatte die Krise auch tiefer gehende strukturelle Ursachen, sodass die Kriseneinflüsse bis Ende der 2000er-Jahre andauerten.

Zwar verfügt der Medienstandort München über eine breite diversifizierte Struktur von Unternehmen aus allen Bereichen der Wertschöpfungskette der Film- und Fernsehbranche (Mossig 2004), aber lokale Informations- und Kommunikationsprozesse sind keineswegs so intensiv und breit gestreut wie man erwarten würde. Das lokale Rauschen von Informationen wird dadurch beschränkt, dass die Wertschöpfungskette stark segmentiert ist (Gräf 2005). Diese Segmentierung zeigt sich deutlich entlang von drei Trennlinien: (a) nach Medienbranchen (Werbung, Film und Fernsehen), (b) nach Fernsehformaten (Film, Dokumentation, Serie und Show) und (c) nach Fernsehgruppen (öffentlich-rechtliche Sendergruppe, *Kirch*-Gruppe und *Bertelsmann*-Gruppe). Entsprechend der verschiedenen Segmente haben sich relativ undurchlässige Arbeitsmärkte mit geringen Überlappungen entwickelt, was die Arbeitsschwerpunkte der Produktionsunternehmen und spezialisierten Zulieferer und Dienstleister angeht. Erst durch die Auflösung der *Kirch*-Gruppe und die Entkopplung starrer Pro-

jektnetzwerke ist Bewegung in die Produktionsszene gekommen. Produzenten, die zuvor ausschließlich für die *Kirch*-Gruppe tätig waren, bedienen inzwischen den gesamten Markt.
Des Weiteren ist die Film- und Fernsehindustrie in München durch fragmentierte Kommunikationsmuster an den verschiedenen Standorten gekennzeichnet, was die Geschwindigkeit und Ausbreitung von technologischen und sonstigen Brancheninformationen begrenzt (Bathelt und Gräf 2008). Viele Produktions- und Postproduktionsunternehmen scheinen sich vor allem auf die persönlichen Kontakte ihrer Mitarbeiter zu verlassen und bauen weder gezielt nach außen gerichtete Netzwerke auf, noch tauschen sie sich systematisch mit anderen Medienunternehmen in München aus. Informationsflüsse sind zwar innerhalb bestimmter Kommunikationsinseln wie etwa in Teilen von Schwabing oder dem Gelände von TV Werk München sehr intensiv, schwappen allerdings nur selektiv auf andere Münchener Standorte über. Im Medienpark Unterföhring (→ Abb. 10-11) sind die ansässigen öffentlich-rechtlichten und privaten TV-Sender und Produktionsunternehmen beispielsweise weitgehend gegeneinander abgeschottet. Es gibt keine Plätze oder Cafes, wo sich Mitarbeiter treffen und selbst der Zugang zu den Kantinen ist Mitarbeitern anderer Unternehmen verwehrt. Insgesamt behindert dies den Aufbau von übergreifenden Netzwerken, aus denen kreative Ideen und Wachstumsimpulse hervorgehen könnten.
Gleichzeitig gibt es nur eine begrenzte Anzahl internationaler *pipelines*, sodass der Zugang des Münchener Film- und Fernsehclusters zu Märkten und Finanzierungsquellen begrenzt ist (Bathelt und Gräf 2008). Zwar sind die Projektnetzwerke keineswegs ausschließlich auf München begrenzt, aber es gibt etwa im Bereich der Fernsehproduktion nur wenige internationale Kooperationen und wenn, dann eher zufällige Lizenzierungserfolge, wie z. B. durch die Krimiserie „Derrick". Fernsehmärkte gelten bei den Unternehmen als weitgehend national ausgerichtet. Auch im Bereich des Kinofilms sind die deutschen Hersteller relativ stark von ausländischen Märkten wie dem US-Markt abgeschnitten. Abgesehen von einigen Erfolgen des deutschen Autorenfilms und einzelner Filme wie „Das Boot", „Lola rennt" oder „Das Leben der Anderen" gibt es kaum internationale Marktchancen für deutsche Filme. Gemeinschaftsprojekte mit den *Hollywood Majors*, die die internationale Filmszene beherrschen (Scott 2002), sind selten und Ko-Produktionen mit Unternehmen aus anderen Ländern werden wegen geringer Finanzierungsanreize meist nicht in München gedreht. Davon ist auch die Postproduktion betroffen, deren internationale Netzwerke stagnieren und die durch die Niedrigkostenkonkurrenz aus Osteuropa und China bedroht ist.
Im Bereich Kinofilm ist der begrenzte Zugang zu internationalem Finanzkapital ein großes Problem, weil somit keine aufwendigen Produktionen im Hollywood-Stil in München möglich sind. Zwar gibt es in Deutschland öffentliche und speziell auch private Fonds für Filmproduktionen. Diese fließen jedoch zu einem erheblichen Teil in Hollywood-Produktionen in die USA ab und werden dort teilweise als *„stupid German money"* bezeichnet. Auch die von Scott (2002) für Hollywood konstatierte Entwicklung zu einem umfassenden branchenübergreifenden *entertainment*-Komplex lässt sich in München bestenfalls in Ansätzen erkennen. Weder im Fernseh- noch im Kinobereich existiert ein ausgeprägtes *merchandizing*-Geschäft und Produzenten leiden darunter, dass sie die Vermarktungsrechte an die Sender abtreten müssen, wo sie wenig genutzt werden. Insgesamt sind weder die internen Netzwerke des Münchener Film- und Fernsehclusters noch die trans-lokalen *pipelines* zu anderen Märkten stark genug entwickelt, um überdurchschnittliche Wachstumsimpulse zu generieren, die Ansatzpunkte neuer Formate mit internationalem Marktpotenzial sein können (Gräf 2005; Bathelt und Gräf 2008).

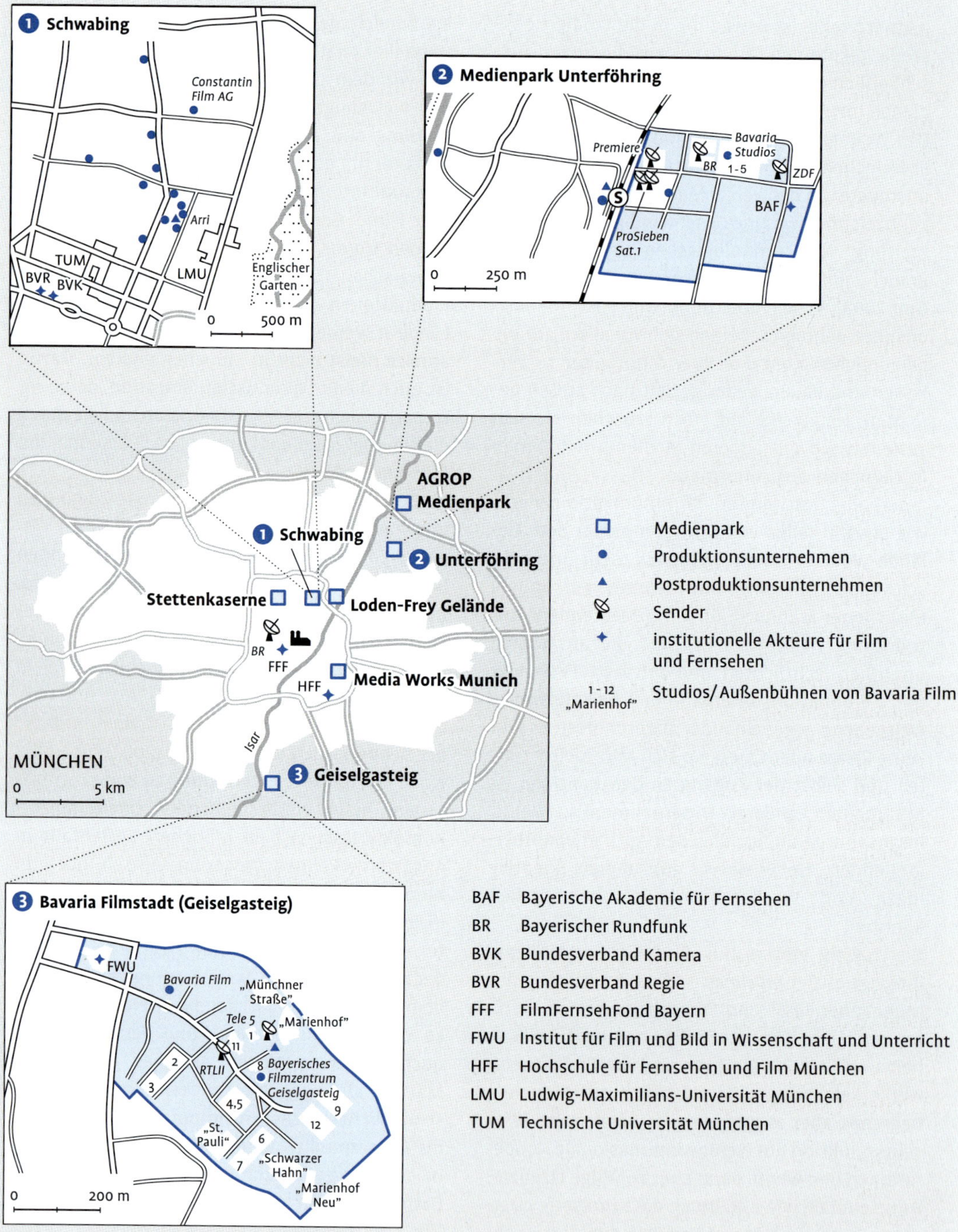

Abb. 10-11: Standorte von Sendern, Produzenten und Organisationen des Film- und Fernsehclusters München 2004 (nach Bathelt und Gräf 2008, S. 1956)

zontale Dimension einer Messeveranstaltung bietet vielfältige Möglichkeiten, Wettbewerber zu beobachten und deren Produkte und Strategien mit den eigenen zu vergleichen. Dies ist von großer Bedeutung, weil es hilft, Entscheidungen über zukünftige Investitionen und die Richtung des Innovationspfads zu treffen und eigene Projekte und Pläne selbstkritisch zu reflektieren. Der Erwerb derartiger Informationen erfolgt über offene und verdeckte Standgespräche beim Messerundgang und durch die Beobachtung der Besucher an den Ständen der Konkurrenz. Ähnliche Informationen wären ansonsten nur durch aufwendige Konkurrenzanalysen erhältlich.

Insgesamt stellen Messeveranstaltungen ein Forum für vielfältige Lernprozesse dar. Neue Ideen und mögliche Projekte werden durch systematische Gespräche und Beobachtung identifiziert (Borghini et al. 2004). Dabei kommt es sowohl zu geplanten wie auch spontanen, eher zufälligen Gesprächen und Kontakten. Konsequenz dieses Austauschs ist, dass wichtige Informationen, Neuigkeiten, Trends, Gerüchte und ständige Updates die Runde machen. Während einer Messeveranstaltung treffen Personen mit gleichem Technologiefokus und vergleichbarer Ausbildung aufeinander, die komplementäre Erfahrungen haben und vor ähnlichen Alltagsproblemen stehen. Sie bilden aufgrund ihrer kognitiven Nähe (→ Kap. 4.2) eine fokussierte *community* mit ähnlichen Zielvorstellungen, deren gemeinsame institutionelle Basis einen effizienten Wissensaustausch ermöglicht und die Selektion wichtiger von unwichtigen Informationen erleichtert (institutionelle Dimension). Die Teilnehmer einer Messeveranstaltung sind von einem dichten Netz spezialisierter Informationsflüsse umgeben, dem sie sich nicht entziehen können. Diese Informationsflüsse lassen sich als **globales Rauschen (*global buzz*)** charakterisieren und sind sowohl auf horizontaler wie auf vertikaler Ebene Ausdruck einer starken externen Dimension einer Messeveranstaltung. Insgesamt werden nicht nur die Vertiefung und der Ausbau von interregionalen und internationalen Netzwerken gefördert (Prüser 1997), sondern darüber hinaus auch die Identifikation und Auswahl geeigneter Partnerunternehmen weltweit ermöglicht. Es entstehen **latente Netzwerke**, die bei Bedarf zu einem späteren Zeitpunkt aktiviert werden können (Maskell et al. 2006; Bathelt und Schuldt 2008). Hiervon profitieren neben Clusterunternehmen auch Unternehmen, die ihren Standort nicht in Clustern, sondern etwa in Normal- oder peripheren Regionen haben.

Jedoch können nicht alle Unternehmen auf gleiche Weise die Informationsflüsse und Kommunikationsprozesse während einer Messeveranstaltung nutzen und nicht alle sind in der Lage, trans-lokale *pipelines* aufzubauen. Es scheint, dass Unternehmen im Zeitablauf auf Messeveranstaltungen einen **Lernzyklus** durchlaufen (Bathelt und Zakrzewski 2007). So ist es für junge Unternehmen anfangs schwer, bei ihren ersten Messeauftritten wertvolle, verarbeitbare Detailinformationen aus der Informationsvielfalt zu extrahieren und daraus zu lernen. Der Einstieg in Messeveranstaltungen ist kosten- und zeitintensiv und der Bekanntheitsgrad der Unternehmen noch gering. Zudem fehlt den Akteuren häufig das Gespür, um wichtige von weniger wichtigen Informationen zu trennen und die Vielfalt der Informationsflüsse zu strukturieren. Erst im Lauf der Zeit wird es leichter, Informationen auf Messeveranstaltungen nutzbringend zu verarbeiten. Die Unternehmensvertreter lernen, wie man an wichtige Informationen gelangt, und das Netzwerk an Kontakten verdichtet sich. Es wird einfacher, geeignete Ansprechpartner zu finden, sodass Unternehmen effektiv an dem globalen Rauschen auf Messeveranstaltungen teilnehmen und dies gezielt nutzen können. Falls Messen in einer späteren Phase dieses Lernzyklus zu einem Routineevent werden, dem weniger Aufmerksamkeit geschenkt wird, weil man sich beispielsweise als Marktführer zu sicher und der Konkurrenz gegenüber überlegen fühlt, steigt das Risiko des *lock-in* und die Gefahr, wichtige Informationen nicht aufzunehmen oder zu übersehen.

10.3.4 Zum Verhältnis temporärer und permanenter Cluster

Internationale Leitmessen bringen die führenden Produzenten, Abnehmer und Zulieferer einer Wertschöpfungskette oder eines technologischen Schwerpunkts sowie wichtige Multiplikatoren temporär zusammen und fungieren als fokale Schnittstellen der globalen Ökonomie (Bathelt und Zakrzewski 2007). Angesichts der großen Bedeutung von internationalen Messeveranstaltungen stellt sich dabei die Frage, warum Unternehmen die Vorteile des temporären Zusammentreffens nicht in einen dauerhaften Vorteil umwandeln, indem sie ihre traditionellen Standorte in etablierten Industrieregionen oder Clustern aufgeben und stattdessen Betriebe und Anlagen an die Standorte der Messeveranstaltungen oder in deren nähere Umgebung verlagern, um dauerhafte Nähe zu schaffen. Damit zusammenhängend stellt sich die Frager, ob Messeveranstaltungen als temporäre Cluster letztlich zu einer Schwächung bestehender permanenter Cluster beitragen können oder ob es Prozesse gibt, die eine Komplementarität beider Phänomene zur Folge haben (Maskell et al. 2004; Bathelt 2011 a).

(1) ***Sunk costs* und räumliche Persistenzeffekte.** Ein zentraler Grund, warum internationale Messeveranstaltungen keine Unternehmensverlagerungen aus traditionellen Industrieregionen und Clustern zur Folge haben, hängt mit der Existenz von *sunk costs* zusammen. Aufgrund der hohen Kosten, die mit einer Verlagerung von Betrieben, Anlagen und Personal verbunden wären, sind Standorte mit hohen *sunk costs* durch eine starke räumliche Persistenz gekennzeichnet. Dies hängt mit dem funktionalen Wert von Kapital zusammen (Clark 1994; Clark und Wrigley 1997). Im Unterschied zu dem Marktwert von Maschinen und Anlagen, der im Zeitablauf sinkt, erhöht sich deren funktionaler Wert, da fortlaufend Erfahrungswissen in den Produktionsablauf und in die Infrastruktur der Produktion integriert wird, sodass die Flexibilität steigt und die Kosten *ceteris paribus* sinken. Diese Wirkungsweise lässt sich auch auf das soziale Kapital in traditionellen Standortregionen übertragen. Langfristige Zulieferbeziehungen und die vielfältigen Informationsflüsse, die zu einem lokalen Rauschen führen, bilden eine wichtige Basis, um tagtäglich anfallende Probleme zu lösen und Anpassungen an Markt- und Technologieänderungen vorzunehmen. Ein Teil des dabei neu geschaffenen Wissens ist impliziter Art und kontextbezogen. Es kann nur schwer über räumliche Distanzen übertragen werden (Maskell und Malmberg 1999 a; Belussi und Pilotti 2002). Das Wissen ist clusterspezifisch und bildet die Basis für lokalisierte Wettbewerbsvorteile. Aufgrund von Änderungen in den Produktions- und Marktbedingungen kann es jedoch im Zeitablauf zu einer graduellen Reorientierung kommen, die trotz der Existenz von *sunk costs* langfristig zu Verlagerungen führen kann.

(2) **Reflexive Spezialisierungsprozesse und lokalisierte Fertigkeiten.** Ebenfalls stabilisierend auf die Standortstruktur traditioneller Standortregionen und Cluster wirken sogenannte *localized capabilities* (Maskell und Malmberg 1999 b; 1999 a) bzw. *untraded interdependencies* (Storper 1997 b), die zu regionalen Spezialisierungsprozessen führen. So nehmen spezifische interaktive Lernprozesse Einfluss auf die Entwicklung des lokalen Arbeitsmarkts, die eingeschlagene Richtung der Innovationsprozesse und die Routinen und Organisationsstrukturen vor Ort. Sie führen zu einer Weiterentwicklung standortspezifischer Fertigkeiten und sind unter Umständen die Basis einer hohen kollektiven Wettbewerbsfähigkeit. Ähnliche Vorteile wären in einer neuen Standortumgebung erst nach langer Anlaufzeit denkbar. Aufgrund der gemeinsamen Erfahrungsbasis sind die sozialen Bindungen innerhalb permanenter Industrieregionen zudem stärker als die auf einer Messeveranstaltung. Außerdem erfordert die Teilhabe an dynamischen Innovationsprozessen fortlaufende Interaktionen und die Ko-Präsenz der beteiligten Akteure, was in einem gewachsenen permanenten Clusterkontext leicht zu bewerkstelligen ist (Storper und Venables 2004).

(3) **Stärke schwacher Beziehungen.** Eine Verlagerung weltweit führender Unternehmen einer Wertschöpfungskette zu einem neuen Standort in der Nachbarschaft der Messe hätte erhebliche

Konsequenzen. Einerseits würde eine Verlagerung die traditionell gewachsenen permanenten Clusterstandorte schwächen. Andererseits würde sich das mit der Messeveranstaltung verbundene temporäre Cluster verfestigen und sich analog zu dem Modell von Weber (1909) zu einem permanenten Agglomerationsraum miteinander verflochtener Unternehmen entwickeln (→ Kap. 6.1). Dies würde allerdings erfordern, dass viele der führenden Unternehmen gleichzeitig eine entsprechende Verlagerung durchführen. In diesem Fall würde das globale Rauschen, das auf einer internationalen Leitmesse entsteht, scheinbar lokalisiert. Im Zeitablauf würde sich jedoch die Qualität der mit diesem Rauschen verbundenen Informationsflüsse verringern, weil sich die Intensität der Beziehungen zu den weltweiten Industrieregionen und Clustern sowie das Wissen über externe Entwicklungen sukzessive verringern würde. Letztlich entstünde eine Konstellation, die sich von der ursprünglichen insofern kaum unterscheidet, als der Bedarf an Kontakten und Verbindungen mit Partnern und Märkten auf internationaler Ebene nicht gedeckt ist. Es ist dies eine Situation, deren Risiken sich in Analogie zu Granovetter's (1973) Studie über die Stärke schwacher Beziehungen verdeutlichen lassen (→ Kap. 9.2). Die Verlagerung von Unternehmen aus verschiedenen Clustern und Industrieregionen in einen gemeinsamen Agglomerationsraum wäre für diese Unternehmen ein Prozess der Transformation schwacher in starke Beziehungen. In dem neuen Agglomerationsraum würden die Unternehmen nach und nach ihr Detailwissen über die Entwicklungen an ihren ursprünglichen Standorten verlieren oder zumindest neue Entwicklungen nicht mitvollziehen. Letztlich bestünde wiederum das Risiko des Entstehens einer *lock-in*-Situation (z. B. Grabher 1994).

Aus den aufgeführten Gründen ist kaum anzunehmen, dass Unternehmen ihre traditionellen Standortschwerpunkte bzw. permanenten Clusterstandorte aufgeben, um in der Nähe der Messestandorte neue Agglomerationsräume zu bilden. Obwohl internationale Leitmessen erhebliche Vorteile haben, treten sie nicht in Konkurrenz mit etablierten permanenten Industriestandorten, sondern stärken diese durch systematische Informationsflüsse und den Aufbau globaler *pipelines*. Messeveranstaltungen sind künstlich geschaffene Gebilde mit ebenso künstlichen Abläufen, die sich vom Alltag der Unternehmen unterscheiden. Dies ist neben den oben genannten standortbezogenen Kompetenzen und Kosten ein wichtiger Grund, der gegen die Überführung in ein permanentes Cluster spricht. Gerade das temporäre Element einer Messeveranstaltung ist Auslöser für intensive Interaktionen und Prozesse des Wissensaustauschs. Temporäre Cluster wirken somit komplementär zu etablierten Clustern, gerade weil sie einen temporären Charakter besitzen.

11 Geographie des Unternehmens

11.1 Strategie und geographische Organisation von Unternehmen

In Kapitel 9 wurden zunächst Grundkonzeptionen der Organisation und *governance*-Mechanismen ökonomischer Interaktionen disziplinübergreifend diskutiert und anhand der idealtypischen Extreme von Markt, Netzwerk, Projekt und Hierarchie (Unternehmen) sozialtheoretisch verankert. Während Kapitel 10 darauf abzielte, Netzwerke von Unternehmen – vor allem kleiner und mittlerer Unternehmen – in lokalen bzw. regionalen Kontexten zu untersuchen, fokussiert Kapitel 11 auf die Struktur und Entwicklung speziell großer Unternehmen und zeigt, dass es sich hierbei um komplexe Organisationen handelt, die nicht als einfache Hierarchien abgebildet werden können. In der von der angelsächsischen Geographie entwickelten *enterprise geography* oder *corporate geography* (McNee 1960; Krumme 1969; Dicken und Lloyd 1990; Dicken und Thrift 1992) stehen große multinationale Unternehmen im Mittelpunkt des Interesses. Diese haben starke Machtpositionen inne und können so das Verhalten anderer Akteure sowie deren Erfolge beeinflussen. Vor diesem Hintergrund wird dargestellt, welche Wechselwirkungen zwischen der Organisationsstruktur und Strategie großer Unternehmen bestehen und welche Organisationsvielfalt sich entwickelt. In räumlicher Perspektive ist es von großer Bedeutung zu verstehen, wie Unternehmen sich internationalisieren und welche Theorien dies erklären. Schließlich werden die Machtbeziehungen und Aushandlungsprozesse globaler Warenketten und Produktionsnetzwerke und das Wechselspiel zwischen Staat und Unternehmen diskutiert.

11.1.1 Wechselwirkung von Strategie und Struktur

Unternehmen wählen Strategien, die vorgeben, wie Ressourcen intern verteilt und wie Investitionen getätigt werden sowie welche Politiken zur Erreichung der Unternehmensziele eingeschlagen werden. Strategien wirken sich insofern auf die Unternehmensstruktur aus, als sie Strukturveränderungen auslösen. Bei der Entwicklung und Ausformulierung einer Strategie werden auch Verhaltensannahmen über andere Akteure in Wirtschaft und Umwelt getroffen. Die heutige Struktur eines Unternehmens ist dabei unter anderem ein Ergebnis von Strategien, die in der Vergangenheit eingeschlagen wurden. Über reflexive Verhaltensweisen beeinflusst die Struktur zugleich die Formulierung aktueller und zukünftiger Strategien. Die strategischen Wahlmöglichkeiten von Unternehmen werden durch ihr akkumuliertes Wissen und durch Wettbewerbsvorteile in bestimmten Technologien und Märkten, d. h. durch die erworbene Kompetenz, zu einem gewissen Grad vorgeprägt.
Prahalad und Hamel (1990) stellen dies im **Konzept der Kernkompetenz** wie folgt dar: Die Kompetenz eines Unternehmens entsteht aus kollektiven Erfahrungen und Lernprozessen in der eigenen Produktion, kann aber auch durch strategische Partnerschaften mit anderen Unternehmen erweitert werden. Der Prozess des Aufbaus von Kompetenz ist langwierig. Dafür verändert sich die Kompetenz nicht so schnell wie ein Produkt und ist durch eine größere Stabilität gekennzeichnet. Analog zu Wissen (→ Kap. 3.3), aber im Unterschied zu anderen Ressourcen, verringert sie sich nicht, sondern wird größer, wenn man sie nutzt. Prahalad und Hamel (1990) sehen in der Kompetenz den zentralen Ausgangspunkt der Wettbewerbsfähigkeit eines Unternehmens (Lawson 1999). Auf der Unternehmensebene kann technologische Kompetenz als Ergebnis eines evolutionären Prozesses angesehen

werden, in dessen Rahmen fortlaufende Problemlösungsaktivitäten zur Verbesserung des Produkt- und Prozessdesigns stattfinden (Cantwell und Fai 1999). Durch Lernprozesse werden diese Fähigkeiten fortlaufend auch dann weiterentwickelt, wenn im Umfeld des Unternehmens kein größerer Technologiewechsel stattfindet.

Durch die Wahl einer Strategie versucht ein Unternehmen, die akkumulierten Vorteile auszuweiten und seine Macht zu vergrößern. Im Hinblick auf das Produktionsspektrum lassen sich folgende Strategietypen unterscheiden (Chapman und Walker 1987, Kap. 6; Dicken und Lloyd 1990, Kap. 8; Porter 1990 b, Teil III; Hayter 1997, Kap. 7):

(1) **Vertikale Integration.** Sie bezeichnet die vorwärts- oder rückwärtsgerichtete Expansion der Produktionsaktivitäten.

(2) **Horizontale Integration.** Sie bezieht sich auf den Eintritt in neue Märkte mit bestehenden Produkten.

(3) **Horizontale Diversifizierung.** Sie umfasst den Eintritt in neue Märkte mit neuen Produkten. Hierbei kann zwischen internem Wachstum durch Investitionen in neue Betriebe und externem Wachstum durch die Akquisition bestehender Betriebe unterschieden werden.

Bereits Chandler (1962) hat darauf hingewiesen, dass Strategien die Unternehmensstruktur beeinflussen und dass die Regel *„structure follows strategy“* gilt. Er hat dies in historischen Beispielen anhand der Evolution von einer zentralisierten, unternehmerbasierten zu einer hierarchisch aufgebauten, managementgesteuerten, multidivisionalen Unternehmensstruktur dargestellt. Aus Chandlers (1962) Sicht ist dieser Strukturwandel die Folge einer Integrationsstrategie. Dabei können Unternehmensstrategien auch die räumliche Organisationsform beeinflussen (Chapman und Walker 1987, Kap. 7; Healey und Ilvery 1990, Kap. 7; Bathelt 1991 a, Kap. 12; Gaebe 1998). In jedem Fall bilden sich die Wirkungen von Strategien in räumlicher Perspektive ab (Sedlacek 1988, Kap. 2). Mit Stahl (1992, Kap. 4.2) werden im Folgenden aktionsfeldorientierte und wettbewerbsorientierte Unternehmensstrategien unterschieden. In den jeweiligen Strategien werden die zentralen Aktionsparameter eines Unternehmens und die dazu erforderlichen Ressourcen festgelegt (Schreyögg 1984, Kap. 3.4; Meffert 1986, Kap. 3.4; Porter 1990 a, Teil III; Dibb 2000; Lambkin 2000; McDonald 2000). Sie dienen dem Aufbau langfristiger Wachstumspotenziale.

(1) **Aktionsfeldorientierte Strategien.** Hier lassen sich mit der Differenzierungs-, Diversifikations- und Konzentrationsstrategie drei Strategietypen unterscheiden.

(1 a) **Differenzierungsstrategie.** Bei dieser Strategie versucht ein Unternehmen, die eigenen Produkte durch besondere Qualitäts- und Leistungsmerkmale von denen der Konkurrenz abzuheben. Ziel ist es, ein einzigartiges Produktimage zu erwerben und eine starke Kundenbindung zu erreichen. Die Differenzierungsstrategie ist kundenorientiert und kann zur Folge haben, dass Standorte in der Nähe wichtiger Stammkunden als besonders bedeutsam eingeordnet werden. Aus räumlicher Sicht kann durch diese Strategie eine Spezialisierung erfolgen, bei der die einzelnen Produktbereiche in räumlich getrennte Unternehmenseinheiten zerlegt und jeweils marktnah lokalisiert werden (→ Abb. 11-1 b).

(1 b) **Diversifikationsstrategie.** Das Ziel dieser Strategie besteht darin, durch Erweiterung des Marktbereichs in Form räumlicher Diversifikation oder des Leistungsprogramms in Form von Produktdiversifikation neue Wachstumspotenziale zu erschließen. Damit soll die Anfälligkeit gegenüber Konjunktur- und Strukturkrisen verringert werden. Die Diversifikation kann entweder auf einer unternehmensinternen oder auf einer unternehmensexternen Erweiterungsstrategie, d. h. der Diversifikation durch Fusions- oder Akquisitionsaktivitäten, beruhen. Daneben lässt sich zwischen einer horizontalen Diversifikation in neue Produktbereiche, einer vertikalen Diversifikation in vorgelagerte bzw. nachgelagerte Produktbereiche sowie einer gemischten Diversifikation unterscheiden. Ziel der räumlichen Diversifikation ist eine schnelle Durchdringung wichtiger Märkte auf nationaler bzw. internationaler Ebene. Bei einer rückwärts- oder vorwärtsgerichteten Produktdiversifikation können wie im Fall einer Differenzierungsstrategie

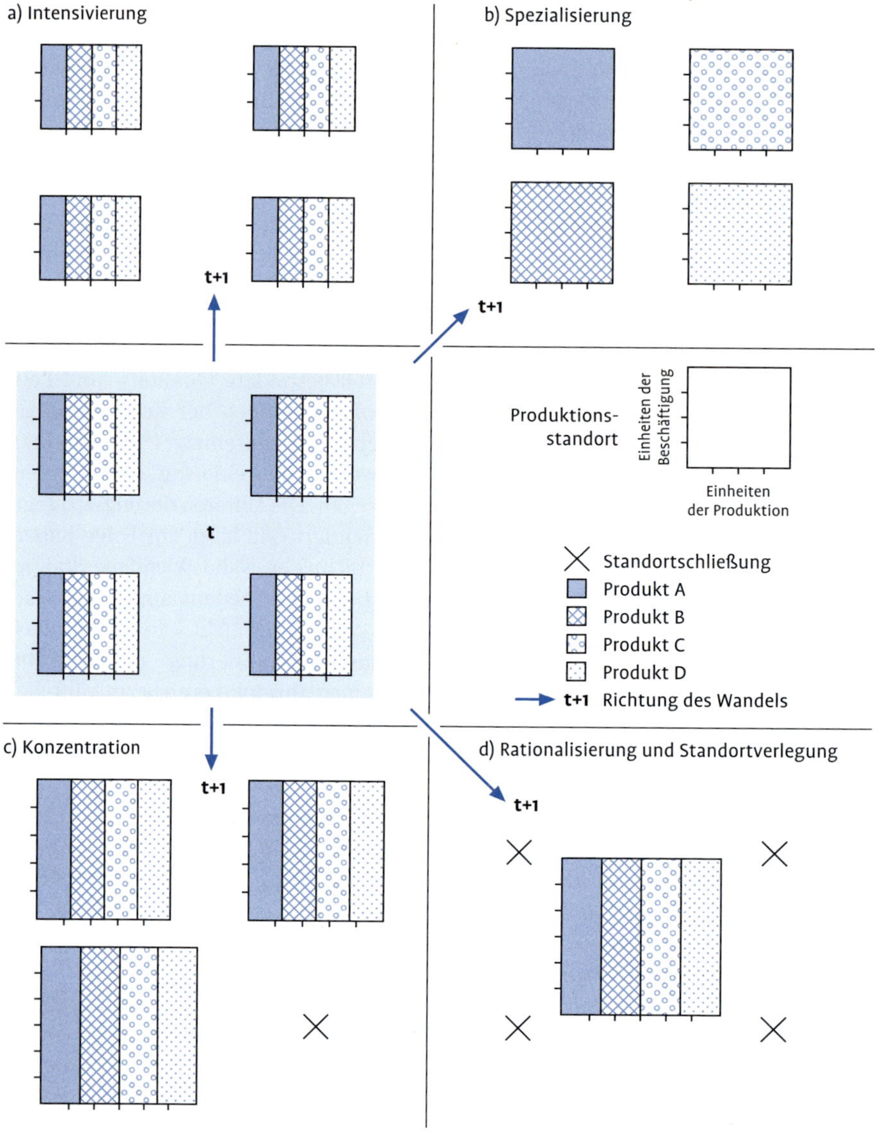

Abb. 11-1: Räumliche Wirkungen von Unternehmensstrategien (nach Chapman und Walker 1987, S. 121)

räumliche Spezialisierungstendenzen die Folge sein. Durch Aufkaufaktivitäten im Zulieferbereich kann beispielsweise ein unternehmensinternes Verflechtungsnetz zwischen verschiedenen Produktionsstufen entstehen. Je höher das technologische Niveau der Leistungserstellung ist, desto größer ist der zu erwartende Abstimmungsbedarf zwischen den Produktionsstufen und desto vorteilhafter ist die Erzeugung von Nähe zwischen den verschiedenen Einheiten. Die Folge kann eine räumliche Diversifikation innerhalb bestimmter Regionen bzw. Nationen sein, die nach außen begrenzt ist.

(1 c) **Konzentrationsstrategie.** Hierbei wird im Unterschied zur Diversifikationsstrategie angestrebt, eine begrenzte Zahl von Märkten und

Produkten mit möglichst hohem Gewinnpotenzial auszuwählen und sich auf diese zu konzentrieren, wie dies z. B. im Konzept der Kernkompetenz vorgeschlagen wird (Prahalad und Hamel 1990). Die Spezialisierung auf wenige Geschäftsfelder ermöglicht es, Märkten mit intensivem Wettbewerb auszuweichen und durch interne Ersparnisse Kostenvorteile gegenüber Konkurrenten zu erzielen. Im Fall einer Konzentrationsstrategie sind verschiedene Formen der räumlichen Anpassung denkbar. So kann es zur Aufgabe einzelner Standorte bei gleichzeitiger Konzentration der Produktionsaktivitäten in den anderen Betriebsstätten eines Unternehmens oder zu einer Rationalisierung und Verlagerung sämtlicher Produktionsaktivitäten zu einem neuen Standort kommen (➔ Abb. 11-1 c und 11-1 d).

(2) **Wettbewerbsorientierte Strategien.** Zu unterscheiden sind hierbei die Kosten- bzw. Preisführerschafts- und die Kooperationsstrategie.

(2a) **Kosten- bzw. Preisführerschaftsstrategie.** Ziel dieser Strategie ist es, die Stückkosten unter das Niveau wichtiger Konkurrenzunternehmen zu senken. Dies geschieht z. B. durch die Nutzung niedriger Lohn- und Steuerniveaus, die Einführung standardisierter Produktionsverfahren zur Massenproduktion sowie die kontinuierliche Verbesserung der unternehmensinternen Arbeitsteilung. Folge dieser Strategie ist ein Verdrängungswettbewerb, bei dem jedes Unternehmen versucht, möglichst große Marktanteile zu erwerben. Niedrige Produktpreise wirken hierbei als Markteintrittsbarriere und verstärken vorhandene Oligopolisierungstendenzen. Preisführerschaft kann je nach Marktlage unterschiedliche Veränderungen der Organisation in räumlicher Perspektive zur Folge haben. Einerseits kann es durch eine Substitution von Arbeit durch Kapital zu einer Intensivierung der Produktion kommen, wobei an den meisten Standorten Arbeitskräfte freigesetzt werden, ohne die Produktionskapazitäten zu verringern (➔ Abb. 11-1 a). Andererseits können Rationalisierungsprozesse einsetzen, die zu einer Konzentration der Produktionsaktivitäten an neuen, kostengünstigeren Standorten führen (➔ Abb. 11-1 d). Auch ist eine räumlich-funktionale Arbeitsteilung möglich, bei der Unternehmensfunktionen wie Forschung, Produktion und Montage jeweils Standorte mit besonders geeigneten Standortvoraussetzungen wählen. Die Strategie der Preisführerschaft hat jedoch nicht in allen Wirtschaftsbereichen gleiche Bedeutung. Während in der Industrieproduktion, in der Landwirtschaft und im Handel die Kostenstrategie wettbewerbsrelevant ist, spielt sie im Bereich produktionsorientierter Dienstleistungen eine wesentlich geringere Rolle (Lindahl und Beyers 1999).

(2b) **Kooperationsstrategie.** Im Gegensatz zur Preisführerschaftsstrategie verfolgt die Kooperationsstrategie das Ziel einer vertikalen oder horizontalen Zusammenarbeit mit Konkurrenzunternehmen. Derartige Kooperationen in Form von *joint ventures* oder strategischen Allianzen sind vorteilhaft, wenn durch die gemeinsamen Aktivitäten Wettbewerbsvorteile entstehen (z. B. Pfützer 1995). Kooperationen in einer spezifisch nationalen Strategie können sinnvoll sein, um Schutz vor ausländischer Konkurrenz aufzubauen. Kleine und mittlere Unternehmen wenden Kooperationsstrategien aus marktlichen oder technologischen Erfordernissen an, um gegen Großunternehmen erfolgreich konkurrieren zu können (Piore und Sabel 1984, Kap. 10). Durch Kooperation innerhalb der Wertschöpfungskette können sie ihre begrenzte individuelle Kompetenz zu einer übergreifenden Kompetenz über größere Abschnitte der Wertschöpfungskette ausweiten (Bathelt 1995) (➔ Kap. 10.2). Dadurch werden Spezialisierungsprozesse kleiner und mittlerer Unternehmen ermöglicht und das Entstehen lokalisierter Produktionskomplexe gefördert, in denen Kommunikations- und Verflechtungsvorteile eine große Bedeutung haben (Pyke et al. 1990; Krumbein 1994; Ratti et al. 1997).

11.1.2 Tripolare Unternehmenstypologie

Eine Unterscheidung zwischen Ein-Betriebs- und Mehr-Betriebs-Unternehmen ist zwar geeignet, um einige durch die Organisationsstruktur bedingte Unterschiede in den Standort- bzw. Gründungsentscheidungen zu erkennen, allerdings hat diese Differenzierung für praktische Anwen-

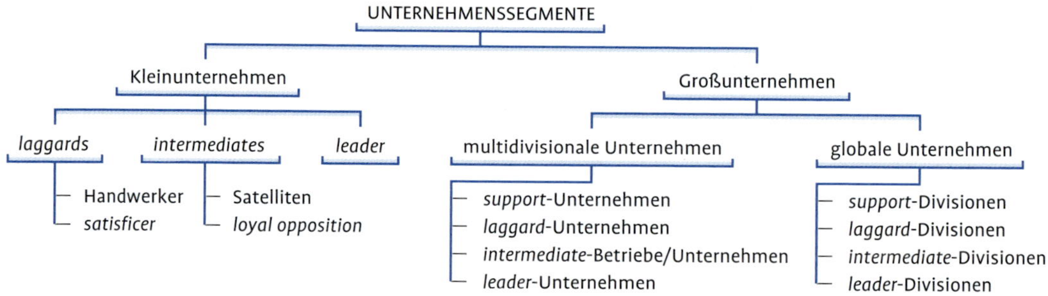

Abb. 11-2: Duales Modell der Segmentierung von Unternehmenstypen (nach Taylor und Thrift 1983, S. 452)

dungen eine zu geringe Komplexität. Eine detaillierte Klassifizierung in homogene Unternehmenssegmente, die auf der Dichotomie zwischen Kleinunternehmen mit nur einem Standort und Großunternehmen mit mehreren Betriebsstätten an verschiedenen Standorten aufbaut, stammt von Taylor und Thrift (1982; 1983). In der Klassifikation gehen Taylor und Thrift (1982; 1983) von einer dualen Wirtschaft aus, in der neben großen Unternehmen, die sie als Planungstyp identifizieren, kleine Unternehmen existieren, die sie als Markttyp kennzeichnen. Innerhalb der beiden Hauptgruppen werden zahlreiche Teilsegmente von Unternehmen differenziert, die durch unterschiedliche Markt-, Organisations- und Standortstrukturen sowie abweichende Zielsysteme geprägt sind (Morphet 1987; Dicken und Lloyd 1990; Healey und Ilvery 1990; Bathelt 1991 a; Hayter 1997).

Die Unternehmensgröße ist in der Klassifikation von Taylor und Thrift (1983) nicht nur eine Eigenschaft, die auf eine Vielzahl technologischer Optionen und die Möglichkeit zur Ausschöpfung von *economies of scale* hindeutet. Größe steht auch für eine starke Machtposition auf den Märkten gegenüber den Beschäftigten und im Verhältnis zu Institutionen und Planungsbehörden. Mit zunehmender Größe üben Unternehmen zugleich eine größere Kontrolle über eigene Zielsysteme und Strategien aus. Dennoch kann nicht davon ausgegangen werden, dass große Unternehmen generell effizienter arbeiten und besser organisiert sind als kleine Unternehmen (DiMaggio und Powell 1983; Hannan und Freeman 1993). Im Einzelnen differenzieren Taylor und Thrift (1983) zahlreiche Unternehmenssegmente und Subsegmente (→ Abb. 11-2):

(1) **Kleinunternehmen.** In der Unterscheidung bestehen Kleinunternehmen aus den drei Segmenten *laggards*, *intermediates* und *leaders* mit Untergruppen.

(1 a) ***Laggards.*** Diese Gruppe setzt sich zusammen aus Handwerksbetrieben und *satisficers*, die durch geringes Wachstum und hohe Konjunkturanfälligkeit gekennzeichnet sind. Die Lebensdauer der Unternehmen ist oft mit der Lebensdauer der jeweiligen Besitzer identisch. *Laggards* (Nachzügler) beliefern in der Regel kleine Märkte und setzen nur in geringem Umfang moderne Technologien ein. Sie werden bewusst klein und überschaubar gehalten.

(1 b) ***Intermediates.*** Dieses Segment setzt sich aus der *loyal opposition* und den *satellites* zusammen. Unternehmen der *loyal opposition* operieren in Marktnischen oder Restmärkten, die von Großunternehmen nicht oder nicht mehr abgedeckt werden. Es handelt sich dabei zumeist um Ein-Produkt- oder Ein-Markt-Unternehmen mit einer gut ausgebauten Marketing- bzw. Managementorganisation. Forschungsaktivitäten spielen nur eine untergeordnete Rolle. Es gibt relativ wenige Marktein- und -austritte, so dass eine stabile Wettbewerbssituation vorliegt. Das *satellite*-Segment ist durch Unterverträge und Konzessionen eng mit Großunternehmen verflochten und von diesen stark abhängig. Es existieren höhere Markteintritts- und -austrittsraten als Ausdruck einer instabilen Wettbewerbssituation. Die Konkurrenzfähigkeit großer *satellite*-Unternehmen beruht auf ihrer Fähigkeit, interne Ersparnisse

zu erzielen. Kleine *satellite*-Unternehmen entstehen durch die Externalisierung bestimmter Produktionsstufen aus dem Großunternehmensbereich.

(1 c) ***Leaders.*** Die Gruppe der führenden Unternehmen ist relativ jung und beruht auf intensiver Innovationstätigkeit. Sofern ausreichend Investitionskapital verfügbar ist, haben diese Unternehmen das größte Wachstumspotenzial unter den Kleinunternehmen. Da sich der Wettbewerbsvorteil der *leader*-Unternehmen durch Imitation und wachsende Konkurrenz im Zeitablauf verringert, existieren sowohl hohe Gründungs- als auch hohe Insolvenzraten. Erfolgreiche *leader* werden häufig durch Großunternehmen aufgekauft, erfolglose *leader* scheiden vom Markt aus oder wechseln in das Segment der *laggards*.

(2) **Großunternehmen.** Unter den Großunternehmen lassen sich multidivisionale und globale Unternehmen als Segmente mit jeweiligen Subsegmenten spezifizieren.

(2 a) **Multidivisionale Unternehmen.** Dies ist der am häufigsten auftretende Typ von Großunternehmen. Durch räumliche Expansion und sektorale Diversifikation sind multidivisionale Unternehmen zu einer Größe gewachsen, die erhebliche Leitungs- und Koordinationsprobleme verursacht. Ihre Wettbewerbsfähigkeit wird durch Oligopolisierungs- und Innovationsprozesse gesichert. Analog zum Segment der Kleinunternehmen lassen sich *leader*, *intermediates* und *laggards* sowie zusätzlich *support*-Unternehmen unterscheiden, die in mehrere Divisionen (Geschäftsfelder) aufgeteilt sind. *Leader*-Großunternehmen besitzen große Innovationskapazitäten und operieren mit hohem Risiko. Sie sind auf technisches Know-how, qualifizierte Arbeitskräfte, Managementerfahrungen und externe Ersparnisse angewiesen und durch die Herstellung etablierter Produkte gekennzeichnet. Sie benötigen in besonderem Maß Marketingfähigkeiten und Kapitalzugang. *Intermediate*-Strukturen treten nicht nur in eigenständigen Unternehmen auf, sondern finden sich in jedem Großunternehmen in Form von Divisionen. *Laggard*-Unternehmen konzentrieren sich auf die Fertigung standardisierter Produkte und profitieren von Kostenvorteilen. *Support*-Unternehmen übernehmen Dienstleistungen für den Großunternehmenssektor.

(2 b) **Globale Unternehmen.** Dieses Segment ist infolge der Internationalisierung von Kapital aus der Gruppe der multidivisionalen Unternehmen hervorgegangen. Die Zahl der Unternehmen dieses Segments ist klein, da nur wenige Großunternehmen in der Lage sind, die finanziellen Mittel zum Aufbau eines weltweiten Standortnetzes aufzubringen. Ein globales Unternehmen setzt sich aus *leader-*, *intermediate-*, *laggard-* und *support*-Divisionen zusammen, die potenzielle Investitionsobjekte für die Unternehmensleitung darstellen. In Abhängigkeit von den weltweiten politischen, gesellschaftlichen und ökonomischen Rahmenbedingungen werden Investitionsalternativen ständig neu bewertet, die aussichtsreichsten Investitionsprojekte ermittelt und Kapitalzuweisungen zwischen den Divisionen verschoben.

Aus den unterschiedlichen Strukturen der verschiedenen Unternehmenssegmente und ihrer spezifischen räumlichen Organisation leiten Taylor und Thrift (1982; 1983) die Notwendigkeit einer segmentierten industriellen Standortlehre ab. Für Großunternehmen schlagen sie den Einsatz der Produktzyklustheorie (➔ Kap. 14.2) und betriebswirtschaftlicher Entscheidungsmodelle als Erklärungsansätze vor, für Kleinunternehmen soziologische Modelle wie etwa evolutionäre Clusterungs- und Agglomerationsansätze (➔ Kap. 10). Obwohl die Klassifikation von Taylor und Thrift (1982; 1983) in den 1980er-Jahren breite Beachtung in industriegeographischen Untersuchungen gefunden hat, darf sie aufgrund ihrer Schwachstellen nicht unkritisch übernommen werden. Diese betreffen die weitgehend deskriptive und statische Zuordnung von Unternehmen zu Segmenten, die für den Großunternehmenssektor starke Anlehnung an produktzyklustheoretische Erklärungen und die unzureichende Berücksichtigung unternehmensinterner Leitungsstrukturen und Entscheidungsprozesse (Bathelt 1991 a, Kap. 12).

Hayter et al. (1999) kritisieren, dass das duale Modell der Unternehmenssegmentierung reale Organisationsformen nicht ausreichend erfasst, da eine wesentliche Gruppe von Unternehmen

Abb. 11-3: Erweitertes tripolares Modell der Unternehmenssegmentierung (nach Hayter et al. 1999, S. 429)

ausgeblendet bleibt und dynamische Veränderungen der Organisationsstruktur nicht berücksichtigt werden. Aus diesem Grund erweitern Hayter et al. (1999) das Modell von Taylor und Thrift (1982; 1983) um ein Segment der kleinen Giganten (***little giants*** bzw. ***hidden champions***) und gelangen somit zu einer **tripolaren Struktur** (→ Abb. 11-3). Die **kleinen Giganten** bilden ein Übergangssegment zwischen den lokal operierenden kleinen und mittleren Unternehmen und den international ausgerichteten Großunternehmen. Im Unterschied zu den Großunternehmen, die auf breiter Ebene mit diversifizierter Produktpalette *economies of scale* abschöpfen, sind kleine Giganten stärker auf Kernarbeitsgebiete fokussiert. Aufgrund dieser Fokussierung erreichen sie eine international bedeutsame Marktposition, verbleiben dabei aber stark mit ihren Heimatmärkten und -standorten verbunden. Auch Zulieferer können in diese Gruppe vordringen und aufgrund ihrer Marktmacht eine starke Verhandlungsposition erlangen.

In der Klassifikation von Taylor und Thrift (1982; 1983) sind die Segmentgrenzen im wesentlichen undurchlässig, da in der Gruppe der Großunternehmen Eintritts- und in der Gruppe der Kleinunternehmen Austrittsbarrieren bestehen. Dies ändert sich durch die Einbeziehung des Segments *der little giants*. Ihr Entstehen wird von Hayter et al. (1999) aus einem Entwicklungsverlauf erklärt: So können kleine und mittlere Unternehmen durch erfolgreiche Innovationen einen Wachstumsprozess in die Gruppe der kleinen Giganten vollziehen. Erfolgreiche Aufsteiger können durch weiteres Wachstum später sogar in das Segment der Großunternehmen übergehen. Voraussetzung hierfür ist die Expansion in internationale Märkte durch Direktinvestitionen und Akquisitionen. Umgekehrt ist durch Schrumpfungsprozesse und Ausgründungen bzw. Abspaltungen der Übergang aus der Gruppe der Großunternehmen in das Segment der kleinen Giganten und weiter in das der kleinen und mittleren Unternehmen möglich.

11.1.3 Entwicklungsstufen der Unternehmensorganisation

Die Entwicklung des Modells der Unternehmenssegmentierung von Taylor and Thrift (1982; 1983) zu einem tripolaren Modell (Hayter et al. 1999) deutet bereits an, dass es wichtig ist, eine dynamische Perspektive auf die Analyse der Unternehmensorganisation zu entwickeln. In einem vereinfachten Modell haben Dicken und Lloyd (1990, Kap. 8) untersucht, wie sich die Unternehmensorganisation mit dem Wachstum eines Unternehmens im Zeitablauf verändert. Sie unterscheiden exemplarisch drei Entwicklungsstufen (→ Abb. 11-4), die durch steigende Komplexität und eine zunehmende Arbeitsteilung zwischen den verschiedenen Entscheidungsebenen gekennzeichnet sind (Chapman und Walker 1987, Kap. 7; Bathelt 1991 a, Kap. 12):

(1) **Ein-Produkt-Ein-Betriebs-Unternehmen.** Es handelt sich hierbei idealtypisch um Neugründungen. In einer einfachen, oftmals personengebundenen Leitungsstruktur besteht keine klare Trennung zwischen der strategischen, administrativen und operativen Entscheidungsebene.

(2) **Ein-Produkt-Mehr-Betriebs-Unternehmen.** Mit zunehmender Unternehmensgröße und räumlicher Expansion erfolgt eine unterneh-

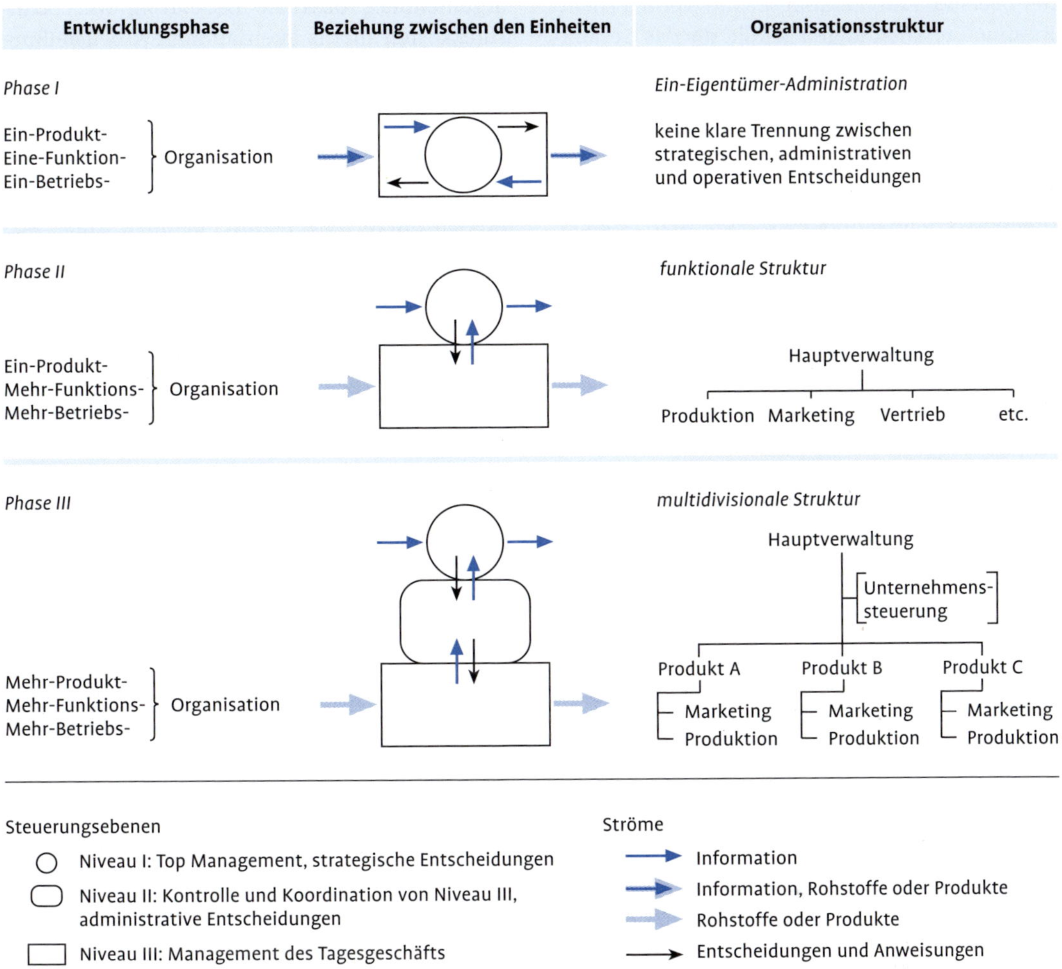

Abb. 11-4: Entwicklung der Unternehmensorganisation (nach Dicken und Lloyd 1999, S. 243)

mensinterne organisatorische Arbeitsteilung. Für spezifische Funktionsbereiche wie z. B. Produktion, Forschung und Marketing entstehen eigenständige Abteilungen, die dezentrale Leitungsfunktionen der operativen Entscheidungsebene übernehmen. Funktionale Spezialisierung und Mehr-Betriebs-Organisation erfordern zugleich ein höheres Maß an zentraler Kontrolle. Als übergeordnete Entscheidungsebene wird ein *headquarter* (Unternehmenszentrale) gebildet, wo die Unternehmensziele festgelegt und die funktionalen Entscheidungsbereiche koordiniert und überwacht werden.

(3) **Mehr-Produkt-Mehr-Betriebs-Unternehmen.** Mit wachsender Diversifikation entsteht eine divisionale Organisationsstruktur. An die Stelle funktionaler Abteilungen treten produktspezifische Divisionen (Geschäftsfelder), die vereinfacht jeweils der Struktur eines Ein-Produkt-Mehr-Betriebs-Unternehmens entsprechen. Bezüglich der Leitungsfunktionen entwickelt sich eine dreistufige Hierarchie. Auf der unteren Ebene werden von den einzelnen Geschäftsfeldern operative Leitungsfunktionen wahrgenommen. Die mittlere Ebene erfüllt koordinierende und administrative Funktionen. Auf

der obersten Entscheidungsebene werden Nicht-Routine-Entscheidungen gefällt, die das Gesamtsystem betreffen, und es werden Unternehmensziele vorgegeben und überwacht.

Aus den verschiedenartigen Bedarfsstrukturen der drei Entscheidungsebenen lässt sich nach Dicken und Lloyd (1990, Kap. 8) ein differenziertes Standortverhalten ableiten. Von den strategischen Leitungsfunktionen wird angenommen, dass sie hohe Anforderungen an flexible und qualitativ hochwertige Kommunikations- und Informationsnetze stellen und sich deshalb vorrangig auf große Metropolen mit Agglomerations- und Fühlungsvorteilen konzentrieren. Operative Leitungsfunktionen verzeichnen demgegenüber möglicherweise eine größere Standortvariabilität, da sie unterschiedliche Standortbedürfnisse haben. In Abhängigkeit von den strategischen Zielen und spezifischen Funktionen siedeln sie sich in Regionen mit entsprechenden Standortvorteilen an (Mikus 1978). Durch den Aufbau einer funktionalen Arbeitsteilung zwischen räumlich getrennten Unternehmenseinheiten besteht die Möglichkeit, bestimmte Unternehmensfunktionen in den Regionen mit den jeweils besten Standorteigenschaften anzusiedeln (→ Kap. 6.3).

Diese Sichtweise findet auch Ausdruck in der **These der neuen internationalen Arbeitsteilung** (Fröbel et al. 1977). Forschungszweigwerke werden dementsprechend z. B. in Regionen mit einem großen Potenzial an hoch qualifizierten Arbeitskräften, Agglomerationsvorteilen, renommierten Forschungsuniversitäten, einer hohen sozio-kulturellen Qualität oder hochwertigen Lebensbedingungen angesiedelt, Montagezweigwerke analog dazu in Regionen mit einem großen Potenzial ungelernter Arbeitskräfte, geringen Lohnniveaus und anderen Kostenvorteilen. Durch eine räumlich-funktionale Arbeitsteilung lässt sich unter Umständen, so das Argument der Vertreter, eine Effizienzsteigerung innerhalb des Produktionsablaufs erzielen. Jedoch ist diese Form der räumlichen Organisation von Mehr-Betriebs-Unternehmen nicht die einzig mögliche und, wie Bade (1979) gezeigt hat, außerdem in ihrer empirischen Bedeutung nicht unbedingt typisch. Schamp (2000b, Kap. 2.2) argumentiert, dass die Bedeutung von Lohnstückkosten auf die internationale Arbeitsteilung weithin überschätzt wird, und kritisiert die These der räumlich-funktionalen Arbeitsteilung als eine zu starke Vereinfachung. Diese Konzeption ist insofern problematisch, als sie auf traditionellen Erklärungsmustern verharrt und mit ihrer Standortfaktorensicht nur bedingt zum Verständnis räumlicher Unternehmensstrukturen und ihrer Dynamik beiträgt. Darüber hinaus ist es notwendig, eine evolutionäre Betrachtung durchzuführen, denn die Struktur multinationaler Mehr-Betriebs-Unternehmen ist nicht die Folge eines einmaligen Optimierungsprozesses, sondern sie ist im Zeitablauf Schritt für Schritt entstanden (Håkanson 1979). Aus evolutionsökonomischer Sicht sind Entscheidungen über die zukünftige Organisations- und Standortstruktur zumindest teilweise abhängig von der bereits vorhandenen Struktur, von Lernprozessen aus den Erfolgen und Misserfolgen früherer Entscheidungen und von Vergangenheitserfahrungen bei der Umsetzung von Unternehmenszielen. Darüber hinaus wird die Organisation eines Unternehmens etwa im neuen soziologischen Institutionalismus als Ergebnis mimetischen (nachahmenden) Verhaltens gegenüber dem eigenen Umfeld interpretiert, welches eher einer Legitimations- denn einer Optimierungslogik folgt (DiMaggio und Powell 1983; Powell und DiMaggio 1991).

11.2 Internationalisierung von Unternehmen

Fortgesetztes Unternehmenswachstum und sukzessive Investitionen führen zu einer Ausbreitung von Unternehmensstrukturen über regionale und nationale Grenzen hinweg, wie schon Marx und Engels (1848, S. 23) in ihrer Analyse der historischen Rolle der kapitalistischen Gesellschaft und ihres Wandels feststellten: „Die uralten nationalen Industrien sind vernichtet worden und werden noch täglich vernichtet. Sie werden verdrängt durch neue Industrien, deren Einführung eine Lebensfrage für alle zivilisierten Nationen wird, durch Industrien, die nicht mehr einheimische Rohstoffe, sondern den entlegensten Zonen angehörige Rohstoffe verarbeiten und deren Fabrikate nicht nur im Lande selbst, sondern in allen Weltteilen zugleich verbraucht werden. An die Stelle der alten, durch Landeserzeugnisse befriedigten Bedürfnisse treten neue, welche die Produkte der entferntesten Länder und Klimate zu ihrer Befriedigung erheischen. An die Stelle der alten lokalen und nationalen Selbstgenügsamkeit und Abgeschlossenheit tritt ein allseitiger Verkehr, eine allseitige Abhängigkeit der Nationen voneinander." Im Folgenden werden hierzu verschiedene Theorien der Internationalisierung von Unternehmen diskutiert, die ihren Ursprung in der Managementliteratur haben.

11.2.1 Strategien der Internationalisierung

Neue Formen der Produktionsorganisation in internationalen Netzwerken gewinnen im Zug der Globalisierung wachsende Bedeutung. Die Organisationsformen können wiederum nur aus den Strategien der Unternehmen abgeleitet und verstanden werden. Ein vertieftes Verständnis des Zusammenhangs von internationalen unternehmensinternen Handelsflüssen und **ausländischen Direktinvestitionen (ADI)** setzt dabei die Kenntnis der spezifischen Vorteile voraus, die Unternehmen durch ihre Auslandsaktivitäten zu erreichen suchen, sowie der Strategien, die zu diesem Zweck eingesetzt werden (Ohmae 1987). Im sogenannten **eklektischen Paradigma** von Dunning (1988; 2000) werden als Ergebnis empirischer Studien vier Strategien unterschieden, die Unternehmen dazu bewegen, internationale Aktivitäten zu entfalten:

(1) ***Market-seeking*-Strategie.** Unternehmen verfolgen Internationalisierungsschritte zur Erschließung und Sicherung ausländischer Märkte. Dabei dominieren in frühen Stadien zunächst Handelsverflechtungen, sodass Produkte über Exportaktivitäten ihre Zielmärkte erreichen. In späteren Stadien folgen oft ADI, die den Aufbau eigener Vertriebs- und Produktionsstätten im jeweiligen Zielmarkt ermöglichen (→ Kap. 6.3).

(2) ***Resource-seeking*-Strategie.** Eine weitere Zielsetzung von ADI besteht darin, lokalisierte Ressourcen zu erschließen, die die Wettbewerbsfähigkeit in der Produktion sichern oder verbessern. Dies können materielle Ressourcen sein – wie die Lagerstätten von Rohstoffen – oder aber immaterielle Ressourcen, wie z. B. spezialisiertes technologisches Wissen zur Steigerung der Innovationsfähigkeit.

(3) ***Efficiency-seeking*-Strategie.** Über die Erschließung von Ressourcen und Absatzmärkten hinaus können ADI auch mit dem Ziel der Effizienzsteigerung der bestehenden Produktionsorganisation getätigt werden. So hat die Senkung von Transportkosten und Handelsbarrieren maßgeblich dazu beigetragen, die bestehende Arbeitsteilung durch Verlagerungen in andere Länder kosteneffizienter zu gestalten und sie dort zu vertiefen.

(4) ***Strategic-asset-seeking*-Strategie.** Schließlich führen multinationale Unternehmen ADI auch zur Verteidigung und Sicherung spezifischer Standort- und Wettbewerbsvorteile oder zum gezielten Abbau der Standortvorteile von Konkurrenten in einem Auslandsmarkt durch. Derartige Investitionen verfolgen vor allem das Ziel der strategischen Wettbewerbssicherung gegenüber Konkurrenten und weniger die direkte Verbesserung bestehender Operationen oder die Erschließung neuer Ressourcen.

Das internationale Engagement von Unternehmen ist jedoch auch mit Problemen, Kosten und Nachteilen verbunden. So leiden ausländische Unternehmen oft unter dem Nachteil der **Marktfremdheit** (***liability of foreignness***), d. h. einem allgemeinen Kostennachteil ausländischer gegenüber heimischen Unternehmen. Diesen Nachteil müssen international agierende Unternehmen durch spezifische Wettbewerbsvorteile kompensieren, um überhaupt in internationalen Märkten bestehen zu können. Porter (1986) argumentiert, dass globale Wettbewerbsvorteile nur in globalen Märkten zu erzielen sind, d. h. in Märkten, in denen der komparative Wettbewerbsvorteil in einem Land abhängig ist von der Stellung des Unternehmens in einem anderen Land. Drei potenzielle Quellen **globaler Wettbewerbsvorteile** sind hierbei hervorzuheben:

(1) **Größenersparnisse.** Die globale Integration von Unternehmensfunktionen eröffnet zahlreiche Chancen, durch Konzentration und kostenoptimale Allokation der Funktionen substanziell Größenersparnisse zu erzielen. So werden bestimmte Funktionen, wie z. B. die Produktion eines spezifischen Guts oder Verwaltungsfunktionen, an einem oder wenigen Standorten in der Welt konzentriert, um von dort alle Märkte bzw. alle Unternehmensteile zu beliefern (Porter 1986).

(2) **Wissen.** Eine globale Präsenz eröffnet ferner den umfassenden Zugang zu spezifischem und lokalisiertem Wissen. Erfahrungen, die in einem Markt gesammelt werden, können in Abhängigkeit von der Aufnahmefähigkeit bzw. der ***absorptive capacity*** (Cohen und Levinthal 1990) des Unternehmens dekontextualisiert, innerhalb des Unternehmens zirkuliert und möglicherweise in anderen Märkten als Wettbewerbsvorsprung gegenüber nationalen Konkurrenten als neues Wissen eingesetzt werden. Die weltweit verteilten Standorte eines Unternehmens fungieren als Lernorte, die durch organisatorische Kohärenz in den unternehmensinternen Austausch treten und neu erworbenes lokales Wissen global nutzen (Glückler 2008; 2011 a).

(3) **Reputation.** Unternehmen können für eine globale Präsenz und hohe Kundenzufriedenheit eine positive Reputation erwerben, die in nationalen Märkten Vorteile verschafft. Je schwerer die Qualität eines Gutes für den Kunden zu bewerten ist (z. B. Erfahrungsgüter oder Vertrauensgüter, → Kap. 3.2), desto wichtiger werden alternative Signale zur Beurteilung eines Produkts, wie etwa Unternehmensgröße (Fombrun und Shanley 1990), Unternehmensalter (Nachum 1999) oder die Internationalität eines Unternehmens (Løwendahl 2000).

Die analytisch unterschiedenen Strategien treten in der Realität in veränderter oder kombinierter Weise auf. Die Wahl einer Unternehmensstrategie ist aber nicht unabhängig von früheren Strukturen und Entscheidungen in den betreffenden Unternehmen. Deshalb kann auch nicht jede Strategie gleich gut ausgeführt werden und ist nicht gleich wahrscheinlich. Zudem sind bei der Wahl einer Strategie neben Vorteilen auch Risiken zu berücksichtigen. Bei der Debatte über Globalisierungsprozesse wird vielfach übersehen, dass es nicht selbstverständlich und unproblematisch ist, effiziente Verflechtungsbeziehungen zwischen räumlich getrennten Produktionsstätten verschiedener Länder aufzubauen (Bathelt 2000). Je anspruchsvoller die Koordination des Produktionsprozesses ist und je komplexer die Produkt- und Prozesstechnologien sind, desto schwieriger gestaltet sich eine grenzüberschreitende Organisation der Produktion. Rechtlich, politisch, kulturell und wirtschaftlich bedingte institutionelle Unterschiede zwischen verschiedenen Nationalstaaten fungieren dabei teilweise als erhebliche Barrieren für den Markteintritt, sodass der Aufwand ihrer Überwindung die aus der Auslandsstrategie entstehenden Vorteile sogar übersteigen kann. Aus diesem Grund dominiert in vielen Fällen die Strategie des *market-seeking* durch internationalen Handel sowie zunehmend durch ADI. Eine multinationale Organisation der Produktion im Sinn des *efficiency-* oder *resource-seeking* beschränkt sich oft auf Lowtech-Branchen, wie z. B. die Textilindustrie (Fröbel et al. 1977). Technologieintensive Industrien müssen unter Umständen erhebliche organisatorische Anpassungen leisten, um fehlende räumliche und institutionelle Nähe durch organisatorische Nähe auszugleichen (Lundvall 1988; Gertler 1992; 1997) (→ Kap. 4.2).

11.2.2 Eklektisches Paradigma und Stufentheorien

Unter den zahlreichen Konzepten zur Internationalisierung von Unternehmen in den Bereichen Wirtschaftswissenschaften und internationales Management haben zwei Ansätze besondere Bedeutung erlangt und werden häufig in der empirischen Forschung angewendet: das eklektische Paradigma als umfassendster Ansatz der Theorie des multinationalen Unternehmens sowie die Stufentheorie als Konzept der Internationalisierung kleinerer und mittlerer Unternehmen. Um zu einem umfassenderen Verständnis der Internationalisierung multinationaler Unternehmen zu gelangen, hat Dunning (1977; 1980; 1988; 1995; 2000) das eklektische Paradigma vorgeschlagen und wiederholt überarbeitet. Eklektisch ist das sogenannte **OLI-Modell** deshalb, weil es Partialerklärungen unterschiedlicher Disziplinen und Theoriefelder zusammenführt. Die konkrete Form der Internationalisierung eines Unternehmens in einem Zielmarkt wird hierin aus der Kombination von drei Vorteilen erklärt:

(1) ***Ownership*-Vorteile.** Diesbezüglich werden unternehmensspezifische O-Vorteile (*ownership advantages*) unterschiedlicher Organisationsformen untersucht, die sowohl die allgemeinen Nachteile der Marktunbekanntheit (*liability of foreignness*) (Zaheer 1995) als auch die Wettbewerbsstellung der Unternehmen des Zielmarkts übertreffen müssen.

(2) ***Location*-Vorteile.** Anschließend müssen die standortspezifischen L-Vorteile (*location advantages*) eines Zielmarkts identifiziert und für die Unternehmensstrategie bewertet werden (Weikl 1998; Kirchner 2000).

(3) ***Internalization*-Vorteile.** Schließlich muss entschieden werden, ob die unternehmensspezifischen I-Vorteile am besten durch Internalisierung (*internalization advantages*) oder aber extern über kooperative bzw. marktartige Transaktionen genutzt werden können. Aufgrund der Marktunvollkommenheiten unvollständiger Güter- und Faktormärkte, anfallender Transportkosten, heterogener Nachfrage und steigender Skalenerträge wird die Internalisierung in Anlehnung an Coase (1937) als alternative Organisationsform zur Senkung von Transaktionskosten konzipiert. Die Internalisierung ist immer dann effizienter als der Austausch mit anderen Unternehmen im Zielmarkt, wenn die Transaktionskosten des Markts größer sind als die Kosten hierarchischer Organisation (Rugman 1980; Bradach und Eccles 1989).

In der sogenannten **Uppsala-Schule** (Johanson und Wiedersheim-Paul 1975; Johanson und Vahlne 1990; 1992) konzipieren Johanson und Vahlne (1977) die Internationalisierung von Unternehmen auf der Basis empirischer Beobachtungen der frühen 1970er-Jahre als stufenartigen Prozess der zunehmenden Intensivierung von Auslandsaktivitäten. Auf der Grundlage inkrementell fortschreitenden Marktwissens durch Erfahrungslernen (*experiential knowledge*) erkennen Johanson und Vahlne (1977) eine **Stufenabfolge der Auslandsorganisation** (*establishment chain*): Sie beschreiben den Prozess der Internationalisierung als Abfolge von Stufen, in denen Unternehmen schrittweise Erfahrungen sammeln, Managementwissen aufbauen und Unsicherheiten reduzieren, um sukzessive Investitionen in den Auslandsmärkten zu tätigen (Johanson und Vahlne 1977; Erramilli 1991). Die einzelnen Internationalisierungsstufen werden in verschiedenen Beiträgen zur Stufentheorie unterschiedlich konzipiert. Im Kern beschreiben sie jedoch eine Intensivierung der Auslandsaktivitäten beginnend mit dem indirekten Export, über direkten Handel und Lizenzverträge bis hin zu eigenen ausländischen Produktionsstätten.

Die Theorie ausländischer Direktinvestitionen adressiert die unternehmensspezifischen Vorteile, die durch Internalisierung ausländischer Operationen gesichert und zur Stärkung der Wettbewerbsfähigkeit im Auslandsmarkt genutzt werden können. Zugleich betont sie die standortspezifischen Vorteile eines Zielmarkts, die in den immobilen Ressourcen eines Landes begründet liegen. Im Vergleich zu der normativen Analytik effizienter Ressourcenallokation in internationalen Märkten schafft die Stufentheorie ein Verständnis für die Entwicklungsdynamik eines Auslandsengagements. Sie stellt die Bedeutung von Lernen und Erfahrung in einem Unternehmen in den Vordergrund und begründet eine langsame Erweiterung der Marktaktivitäten als Folge des Erwerbs marktspezifischen Wissens. Im Kern beider Ansätze stehen jeweils interne Ressourcen, Strategien und Fähigkeiten. Allerdings werden konkrete Prozesse der Internationalisierung nicht im Kontext der spezifischen Bedingungen des Unternehmens thematisiert. Diese einseitige, nach innen gerichtete Perspektive leidet jedoch unter Schwächen im Verständnis der beiden zentralen Unternehmensentscheidungen: Marktauswahl und Form des Markteintritts (Glückler 2004 a, Kap. 3).

(1) **Auswahl des Zielmarkts.** Die Auswahl internationaler Zielmärkte ist in den Ansätzen in zweierlei Hinsicht untersozialisiert. Erstens wird die Auswahl als rationaler Entscheidungsprozess atomistischer Unternehmen konzipiert und

zweitens wird in der Stufentheorie ein Richtungsgradient kultureller Nähe für das Muster der internationalen Expansion unterstellt.

(1a) **Marktauswahl als rationaler Entscheidungsprozess.** Im eklektischen Paradigma wird die Auswahl eines internationalen Zielmarkts normativ als weitgehend rationale bzw. effizienz-orientierte Entscheidung aufgefasst. Unternehmen identifizieren zunächst ihre spezifischen Kompetenzen und Wettbewerbsvorteile und bestimmen anschließend diejenigen standortspezifischen Vorteile eines Markts, die durch Internalisierung der Unternehmensaktivitäten die besten Produktionsbedingungen schaffen. Märkte werden folglich anhand ihrer standortspezifischen Vorteile bewertet und verglichen. Schließlich wird der Zielmarkt ausgewählt, in dem sich die Vorteile des Unternehmens am besten realisieren lassen (z. B. größtes Marktpotenzial, niedrigste Lohnkosten, beste Ansammlung spezifischen technologischen Wissens etc.). Auch in der Stufentheorie erfolgt die Marktauswahl aufgrund unabhängiger und rationaler Entscheidungen. Vor dem Hintergrund der Vermeidung hoher Unsicherheit expandieren Unternehmen zunächst in kulturell ähnliche, zumeist benachbarte Märkte, weil dort der Mangel an spezifischem Marktwissen am ehesten kompensiert werden kann. Hier bildet das Marktrisiko den entscheidenden Parameter der Marktauswahl. Durch zunehmende Erfahrung in dem Markt wird spezifisches Wissen erworben, das sukzessive eine größere Marktbindung erlaubt. Beiden Ansätzen liegen zumindest implizit normative Annahmen über eine optimale Marktauswahl zugrunde. Sie sind dahingehend atomistisch, als die Auswahl weitgehend aufgrund interner Kompetenzen und Strategien sowie allgemeiner Marktbedingungen getroffen und die Bedeutung anderer Unternehmen oder des konkreten Kontexts eines Unternehmens vernachlässigt wird. Daher treffen die Aussagen beider Ansätze nur bedingt auf empirische Prozesse der Internationalisierung zu. Zahlreiche Studien zeigen jedoch sowohl für das produzierende Gewerbe als auch für Dienstleistungen, dass nur ein geringer Teil der Unternehmen aktive Strategien der Länderauswahl oder überhaupt systematische und vergleichende Bewertungs- und Entscheidungsverfahren zur Auswahl der internationalen Zielmärkte einsetzen (O'Farrell et al. 1996; O'Farrell und Wood 1998; Coviello und Martin 1999; Scharrer 2001; Westhead et al. 2001; Glückler 2004a). Stattdessen reagieren Unternehmen in vielen Fällen auf Gelegenheiten, die sich aus bestehenden oder neuen Geschäftsbeziehungen ergeben und die ein Auslandsengagement attraktiv machen. Folgt man diesen Befunden, so wird in den bisherigen Konzepten der Internationalisierung die Bedeutung konkreter Netzwerke von Beziehungen unterschätzt, in denen Unternehmen agieren.

(1b) **Marktauswahl und kulturelle Distanz (*psychic distance*).** Die Stufentheorie der Internationalisierung postuliert, dass kulturelle Nähe bzw. Distanz einen Einfluss auf das geographische Muster der internationalen Expansion hat. Angesichts der Unsicherheiten, die für Unternehmen mit dem Eintritt in einen Zielmarkt verbunden sind, dessen kulturelle Institutionen sich deutlich von denen des Heimatmarkts unterscheiden, wird erwartet, dass der Markteintritt zunächst in benachbarte Märkte erfolgt. Die Stufentheorie konzipiert daher eine Ausbreitung der Markterschließung von Staaten mit großer kultureller und institutioneller Nähe bis zu Staaten mit geringer Nähe und großer kultureller Distanz (Bell 1995; Buckley und Casson 1998a). **Kulturelle Distanz** (→ Kap. 4.2) wird in diesem Ansatz verstanden als die Summe der Faktoren, die den Informationsfluss zwischen Heim- und Zielmarkt behindern (Johanson und Vahlne 1977), so z. B. Unterschiede in der Sprache, Bildung, Geschäftspraktiken, Unternehmenskultur und industriellen Entwicklung (Gertler 1997). In empirischen Studien verschiedener Unternehmensdienstleistungen konnte gezeigt werden, dass tatsächliche geographische Muster der Expansion nicht notwendigerweise einem Gradienten abnehmender kultureller Nähe folgen (Sharma und Johanson 1987; Bell 1995; Coviello und Martin 1999). Indizien sprechen dafür, dass primär Märkte mit großem Wachstum und Wachstumspotenzial anvisiert werden.

(2) **Form des Markteintritts.** Nachdem die Entscheidung über ein internationales Engagement

sowie die Auswahl eines Zielmarkts getroffen ist, widmen sich die Erklärungsansätze der Form des internationalen Markteintritts. Auch hier gehen die Ansätze implizit von atomistischen Entscheidungsprozessen aus.

(2a) **Organisationsform zur Minimierung der Transaktionskosten.** In der Theorie ausländischer Direktinvestitionen wird die Auswahl einer geeigneten Organisationsform als ***make-or-buy*-Problem** im Sinne des Transaktionskostenansatzes interpretiert (→ Kap. 9.1). Handel, strategische Partnerschaften und Direktinvestitionen gelten als alternative Organisationsformen zur Reduktion von Transaktionskosten. Demnach tendieren Unternehmen dann zur Internalisierung, wenn durch die interne Organisation der Auslandstätigkeit die geringsten Transaktionskosten anfallen. Die Entscheidung über die Organisation des Markteintritts wird somit atomistisch getroffen. Dieser normativen Logik ordnen sich empirische Prozesse des Markteintritts allerdings selten unter. So untersuchte in einer Studie von O'Farrell et al. (1996) nur jedes fünfte Unternehmen überhaupt Alternativen hinsichtlich der Eintrittsform in einen Auslandsmarkt. Letztlich scheint die Wahl der Markteintrittsform durch eine hohe Kontingenz, d. h. Spezifität und Variabilität gekennzeichnet zu sein (Erramilli 1991).

(2b) **Organisationsform in regelhafter Stufenabfolge.** In der Stufentheorie wird argumentiert, dass der Markteintritt zunächst durch Exporte erfolgt. Mit anhaltender Markttätigkeit wird das Engagement nach sukzessiv erworbenem Erfahrungswissen durch kooperative Partnerschaften und schließlich durch unternehmensinterne Organisationsformen intensiviert. So unterscheidet Håkanson (1979) eine fünfstufige Abfolge der Internationalisierungsstufen (→ Abb. 11-5): (1) Ausgangspunkt ist hierbei ein regionales Ein-Betriebs-Unternehmen, das sich in Stufe (2) zunächst über Verkaufsniederlassungen auf dem nationalen Markt ausbreitet. (3) In der nächsten Stufe folgen erste Zweigwerksgründungen außerhalb der Standortregion und die Erschließung internationaler Märkte über Verkaufsagenturen. (4) Anschließend werden andere Länder systematisch über eigene Verkaufsniederlassungen erschlossen und in Stufe (5) schließlich sogar internationale Produktionsstätten errichtet (Nuhn 1985; Chapman und Walker 1987, Kap. 6; Hayter 1997, Kap. 8). In ähnlicher Weise vollzieht sich der Prozess der Erschließung internationaler bzw. globaler Märkte im Modell von Ohmae (1987), das ebenfalls fünf Stufen unterscheidet: (1) Exporte aus der nationalen Produktion, (2) Direktverkäufe vor Ort, (3) lokale Produktion in anderen Ländern, (4) Errichtung der gesamten Wertschöpfungskette in anderen Ländern, (5) globale Integration der Produktion. Auch wenn sequenzielle Modelle keineswegs die einzigen möglichen Entwicklungspfade abbilden und in ihrem Ablauf die interne Organisationsstruktur und Arbeitsteilung ausgeklammert bleibt, zeigen sie doch, dass die räumliche Struktur von Unternehmen eine zeitliche Momentaufnahme in einem Entwicklungsprozess ist und die räumliche Ausbreitung zwar ausgehend von einer Region nach außen in andere Regionen und Länder erfolgt, aber keineswegs rein distanzabhängig ist. Allerdings besteht ein Problem derartiger Beschreibungsmodelle darin, dass sie die zugrunde liegenden sozialen und ökonomischen Prozesse nicht erfassen und die Unternehmen losgelöst von ihrer Umwelt betrachten. In empirischen Arbeiten kann die Beziehung zwischen der Auslandserfahrung eines Unternehmens und der Form des Markteintritts nicht immer bestätigt werden. Unternehmen verfolgen nicht stets konsistente organisatorische Formen des Auslandsmarkteintritts (Young 1987; Buckley et al. 1992). Sie können beispielsweise bestimmte Stufen überspringen oder auch wieder zu weniger intensiven Formen des Auslandsengagements in bestimmten Märkten übergehen (Cannon und Willis 1981; Turnbull 1993; McDougall et al. 1994). Letztlich ist die Stufentheorie der Internationalisierung deterministisch, da sie feste Abfolgemuster von Auslandsengagements unabhängig von kontextspezifischen Bedingungen einzelner Unternehmen und Geschäftsfelder annimmt (Reid 1983).

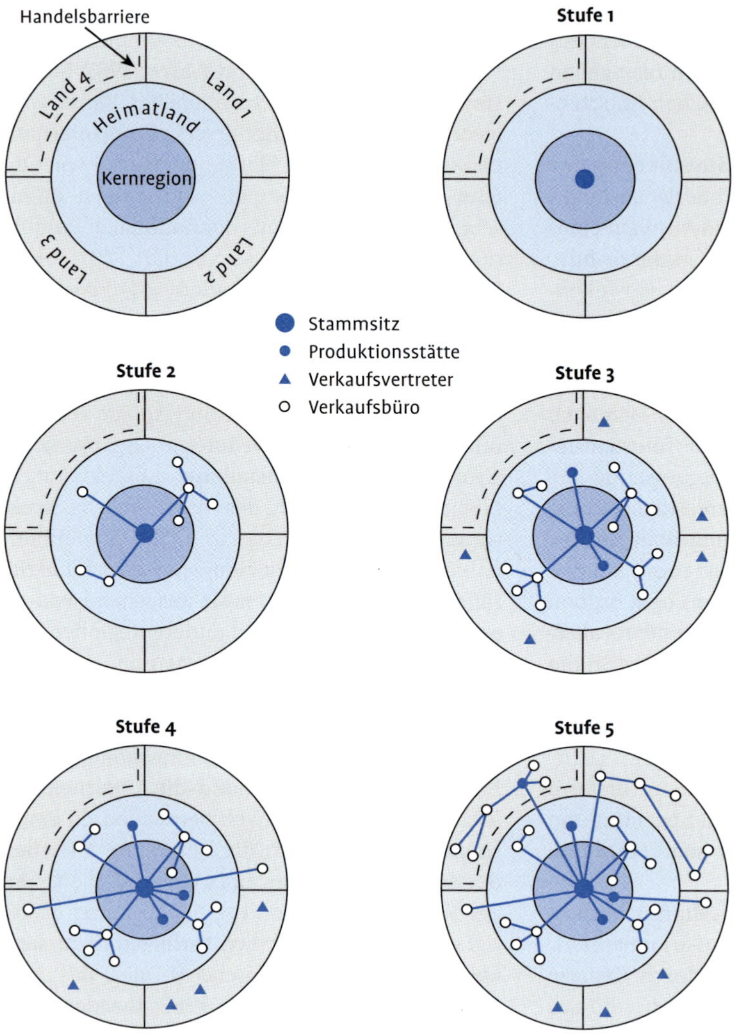

Abb. 11-5: Internationalisierungspfad der Unternehmensstruktur (nach Nuhn 1985, S. 191; Hayter 1997, S. 198)

11.2.3 Netzwerktheorie der Internationalisierung

Eine Konsequenz des Vorwurfs des Atomismus besteht darin, das Internationalisierungsverhalten von Unternehmen stärker in den tatsächlichen Beziehungen zu anderen Unternehmen wie etwa Kunden oder Kooperationspartnern zu begründen. In jüngeren Beiträgen haben auch Vertreter der Uppsala-Schule die Netzwerkperspektive auf innerbetriebliche und zwischenbetriebliche Beziehungen von Unternehmen als besonders bedeutsam aufgegriffen. Johanson und Vahlne (1992) formulieren den Prozess des ausländischen Markteintritts als Problem des Eintritts in Netzwerke von Geschäftsbeziehungen. Der Netzwerkansatz der Internationalisierung wurde vor allem in den Bereichen des Industriemarketing und *international business* entwickelt (Johanson und Mattsson 1987; Sharma und Johanson 1987; Johanson und Mattsson 1993).

In netzwerktheoretischer Perspektive werden Transaktionen konzipiert als ein Netzwerk externer Beziehungen zwischen Herstellern, Zulieferern, Kunden und Wettbewerbern. Die Beziehungen zwischen den Unternehmen können verschiedenen Zwecken dienen (Johanson und Mattsson 1987): Sie können die Kosten des Austauschs oder der Produktion reduzieren, zur Entwicklung neuen Wissens und neuer Kompetenzen beitragen, zur Gewinnung von zumindest partieller Kontrolle eines Akteurs führen, als Brücken zur Erreichung Dritter fungieren oder aber zur Mobilisierung von Partnern gegen Dritte dienen. In dynamischer Perspektive verändern sich Netzwerke fortwährend durch den Abbruch bestehender und Aufbau neuer Beziehungen. Im Gegensatz zur Internalisierungstheorie betont der Netzwerkansatz weniger die internen als vielmehr die externen Ressourcen eines Unternehmens. In Anlehnung an den ***resource-dependence*-Ansatz** (Pfeffer und Salancik 1978) ist folglich neben internen Kompetenzen und Wettbewerbsvorteilen der Zugang zu den Ressourcen der Partner oder sogar indirekter Dritter entscheidend für die Realisierung von Marktgelegenheiten.

Die relative Netzwerkposition eines Unternehmens gewinnt somit strategische Bedeutung und wird als spezifische, immaterielle und daher schwer imitierbare Ressource interpretiert. Der Netzwerkansatz betont den Einfluss der Beziehungen zu Geschäftspartnern auf Strategie, Form und Geschwindigkeit des Internationalisierungsprozesses und argumentiert, dass der internationale Markteintritt unter Umständen stärker von der Netzwerkposition als von institutionellen, wirtschaftlichen oder kulturellen Bedingungen des Markts abhängt. Netzwerkbeziehungen kontextualisieren den Prozess der Internationalisierung. Johanson und Mattsson (1988) gehen in ihrem **Netzwerkmodell** davon aus, dass mit der Internationalisierung eines Unternehmens die Zahl und Stärke der Netzwerkbeziehungen zunimmt. Dabei unterscheiden sie drei Phasen: (1) internationale Expansion als Etablierung von Beziehungen im Ausland, (2) Durchdringung als verstärkte Ressourcenbindung in den ausländischen Netzwerkbeziehungen und (3) internationale Integration des so positionierten Unternehmens in unterschiedliche Netzwerke verschiedener Länder (Johanson und Mattsson 1988; Chetty und Blankenburg Holm 2000). Die Netzwerkbeziehungen verschaffen dem Unternehmen Zugang zu Ressourcen und ermöglichen somit unterschiedlich gute Bedingungen der Internationalisierung. Aus dem Vergleich der Internationalisierungsgrade der Unternehmen einerseits und der Märkte andererseits ergeben sich **vier Typen internationaler Unternehmen** (→ Abb. 11-6):

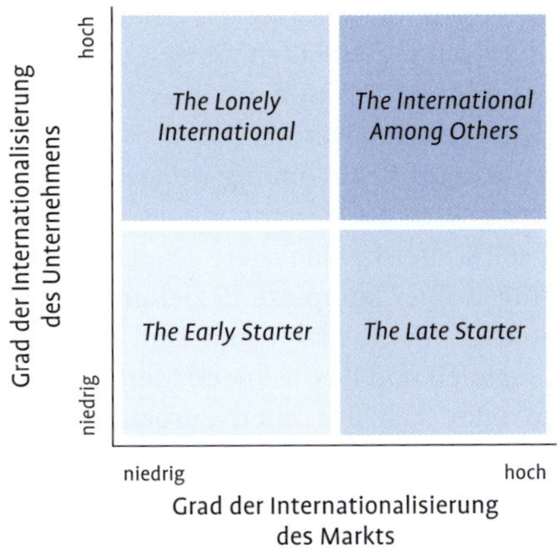

Abb. 11-6: Das Netzwerkmodell der Internationalisierung (nach Johanson und Mattsson 1988, S. 298)

(1) ***Early starters***. Sie verfügen, ähnlich wie ihre Konkurrenten und Partner, über wenige internationale Beziehungen, da auch das Produktionsnetz noch nicht stark international verflochten ist. Internationaler Markteintritt wird in diesem Fall über Agenten und Handelsvertreter bewerkstelligt. *Early starters* können anderen Unternehmen zugleich als *introducer* beim Eintritt in die neuen Märkte dienen.

(2) ***Lonely international firms***. Diese Unternehmen sind in einem weitgehend national organisierten Markt stark international aktiv. Sie verfügen aufgrund ihres entwickelten Netzwerks als einzige über die Möglichkeit, die Internationalisierung des Markts voranzutreiben.

(3) ***Late starters***. Sie sind selbst eher gering international aktiv. Allerdings wird der Internationalisierungsprozess dadurch erleichtert, dass ihre Konkurrenten, Zulieferer und Partner aufgrund der hohen Internationalität innerhalb des Markts bereits über vielfältige Auslandsbezie-

hungen verfügen. Ein Einstieg in Auslandsmärkte kann dennoch schwerfallen, da erst eine neue wettbewerbsfähige Position in internationalen Netzwerken errungen werden muss.

(4) ***International firms among others.*** Sowohl der Markt als auch die Unternehmen sind in diesem Fall stark internationalisiert. Die Unternehmen verfügen über komplexe Beziehungen und umfangreiches Marktwissen und sind somit in der Lage, schnell und flexibel neue Märkte zu erschließen oder sich aus alten zurückzuziehen (Chetty und Blankenburg Holm 2000; Glückler 2004a, Kap. 3).

Das Netzwerkmodell bietet eine alternative Perspektive, die es gestattet, Prozesse der Internationalisierung im Zusammenhang tatsächlicher Unternehmensbeziehungen zu analysieren. Der Netzwerkansatz steht nicht im Gegensatz zu den zuvor behandelten Erklärungsansätzen, sondern bietet eine wichtige Ergänzung, um die Internationalisierungspfade von Unternehmen kontextspezifisch zu untersuchen. Netzwerkbeziehungen sind nicht nur eine Voraussetzung zur Internationalisierung, sondern sie können umgekehrt Internationalisierungsprozesse auch behindern oder die Ausdehnung weiterer internationaler Aktivitäten bremsen (Coviello und Munro 1997). Die Stärke des Ansatzes liegt in der Konzeption von Unternehmensnetzwerken und der Aufwertung des Kontexts durch konkrete Strukturen von Unternehmensbeziehungen. Die Wahl des Zielmarkts und Form des Markteintritts ist dabei weniger als ein rationaler Entscheidungsprozess, sondern als eine Folge gewachsener Geschäftsbeziehungen und Gelegenheiten zu interpretieren (Blankenburg Holm et al. 1996). Der Ansatz akzeptiert damit eine grundsätzliche Kontextualität von Internationalisierungsprozessen. Die Prozesse der Internationalisierung sind empirisch komplex und verlaufen im Vergleich zu den Internationalisierungsthesen einzelner Erklärungsansätze kontingent (Strandskov 1993). Allerdings erlaubt dies noch keine Schlussfolgerungen darüber, welche organisatorischen Formen des Markteintritts durch Netzwerke in welcher Weise begünstigt werden (Glückler 2004a, Kap. 3). Anhand des Beispiels der Internationalisierung von Beratungsunternehmen in Europa lässt sich der Einfluss sozialer Netzwerke und der Internationalisierungserfahrungen auf die Form des Markteintritts konkretisieren (→ Box 11-1) und der Netzwerkansatz davon ausgehend erweitern.

11.3 Globale Organisation der Wertschöpfung

Während in den vorhergehenden Abschnitten die Strategien und Handlungsoptionen von Unternehmen in Wachstums- und Internationalisierungsprozessen aufgezeigt wurden und dabei eine dynamische Betrachtung der Unternehmensentwicklung durchgeführt wurde, zeigt ein Perspektivenwechsel weg von den Unternehmen hin zu den Industrie- bzw. Wertschöpfungskontexten, dass Unternehmen in breiteren Produktions-, Vermarktungs- und Technologiezusammenhängen agieren, die nicht einfach territorial abgrenzbar sind, sondern teilweise transnationalen und globalen Charakter haben.

11.3.1 Typen international agierender Unternehmen

Trotz internationaler Barrieren schaffen veränderte ökonomische, institutionelle und technologische Rahmenbedingungen (Rosenau 1990; Waters 1995; Schamp 1996) neue Möglichkeiten der globalen Koordinations-, Produktions- und Distributionsorganisation von Unternehmen (z. B. Bartlett und Goshal 1987). Hierbei sind drei Typen der internationalen Organisation von Unternehmen mit zunehmender Komplexität zu unterscheiden (→ Abb. 11-7): (1) internationale, (2) multinationale und (3) transnationale Unternehmen.

(1) **Internationale Unternehmen.** Sie besitzen eine regional bzw. national integrierte Produktionsorganisation. Alle Unternehmensbereiche wie Forschung und Entwicklung, Produktion und Koordination sind im Heimatmarkt angesiedelt, von dem aus die fertigen Endprodukte auf internationale Märkte exportiert werden. Im Gegensatz zu nationalen Unternehmen kombiniert dieser Typ folglich eine lokalisierte Produktion

Box 11-1: Internationalisierung von Beratungsunternehmen in Europa

Seit den 1990er-Jahren erfuhr der europäische Markt der Unternehmensberatung ein erhebliches Wachstum mit jährlichen Wachstumsraten von zumeist mehr als 10 %. Die stark wachsende Nachfrage nach Beratungsdienstleistungen vor allem durch international agierende Kundenunternehmen begünstigte auch eine intensive Internationalisierung der Beratungsunternehmen. Im Rahmen einer empirischen Studie des internationalen Markteintritts in den wichtigsten Metropolen von drei der fünf größten europäischen Beratungsmärkte – London, Madrid und Frankfurt – wurden über 100 jeweils ausländische Beratungsunternehmen untersucht (Glückler 2004 a; 2006 b). Dabei zeigte sich, dass soziale Netzwerke bzw. enge persönliche Geschäftsbeziehungen eine besonders wichtige und häufige Rahmenbedingung für die Internationalisierungsentscheidung waren. Persönliches Vertrauen zwischen Kunden und Beratern, ein beidseitiges Interesse an langfristigen Geschäftsbeziehungen sowie die häufige Erschließung von Neukunden über die Reputationsnetzwerke bestehender Kunden kennzeichnen die große Bedeutung sozialer Netzwerke im Beratungsmarkt (Glückler 2005 b). Um die Bedeutung dieser Netzwerke für die Form des Markteintritts zu untersuchen, wurden zwei Kontexte des Markteintritts unterschieden. Ein atomistischer Kontext lag vor, wenn ein Unternehmen den Markteintritt ohne die Hilfe bestehender Geschäftskontakte oder Kunden bewältigte. Ein relationaler Kontext herrschte vor, wenn der Eintritt durch die Existenz oder die Empfehlung über bestehende Geschäftsverbindungen ermöglicht wurde. Im ersten Schritt zeigte sich, dass mit zwei Dritteln eine deutliche Mehrheit der Unternehmen auf bestehende Geschäftsbeziehungen zurückgriff, um sich für den Markteintritt zu entscheiden. Zweitens zeigte sich, dass der Kontext die Form des Eintritts substanziell beeinflusste. Unternehmen, die über soziale Netzwerke in ihren Zielmarkt eintraten, investierten häufiger in den Aufbau eigener Niederlassungen (*Greenfield*-Eintritt) als in die Übernahme bestehender lokaler Gesellschaften (*Brownfield*-Eintritt). Mit zunehmender Erfahrung in internationalen Märkten schwächte sich dieser Effekt jedoch ab, sodass vielfach international agierende Beratungsunternehmen weniger auf konkrete Geschäftskontakte angewiesen waren, um einen *Greenfield*-Eintritt durchzuführen. Dieser Befund stützt die Interpretation, dass soziale Netzwerke die Risiken des Markteintritts und vor allem der anschließenden Marktdurchdringung (Geroski 1995) abfedern und daher den Aufbau eigener *Greenfield*-Standorte erleichtern (Glückler 2006 d). Hiermit zeigt sich eine relationale Perspektive der Internationalisierung, die nicht nur die allgemeine Relevanz sozialer Netzwerke, sondern auch deren Einfluss auf die konkreten Formen der Internationalisierung herausstellt.

mit weltweitem Handel (→ Abb. 11-7 a und 11-7 b). Der internationale Handel unterliegt zumeist dem Unternehmensziel des *market-seeking*, um neue Absatzmärkte zu erschließen und Skaleneffekte in der Produktion auszunutzen.

(2) **Multinationale Unternehmen.** Sie zeichnen sich dadurch aus, dass sie in zahlreichen Ländern eigene Produktionsstätten unterhalten und somit nicht nur internationalen Handel durchführen, sondern auch eine internationale Produktionsorganisation besitzen. Nach Storper (1997 b) haben sich multinationale Unternehmen von ihrem Heimatmarkt und ihrem nationalen Standortnetz ausgehend schrittweise in andere Länder ausgebreitet und dort durch die Akquisition anderer Unternehmen und die Errichtung von Zweigwerken zum Teil umfassende Standortsysteme aufgebaut. So sind z. B. die großen Hersteller der Automobil- und Chemieindustrie darum bemüht, in Westeuropa, Nordamerika und ansatzweise auch in Ost- bzw. Südostasien, d. h. in der gesamten **Triade**, eigenständige Produktionssysteme zu entwickeln. Kern des Aktionsraums dieser Unternehmen ist in der Regel aber nach wie vor ihr **Stammland** (sofern es sich dabei nicht um einen Kleinstaat

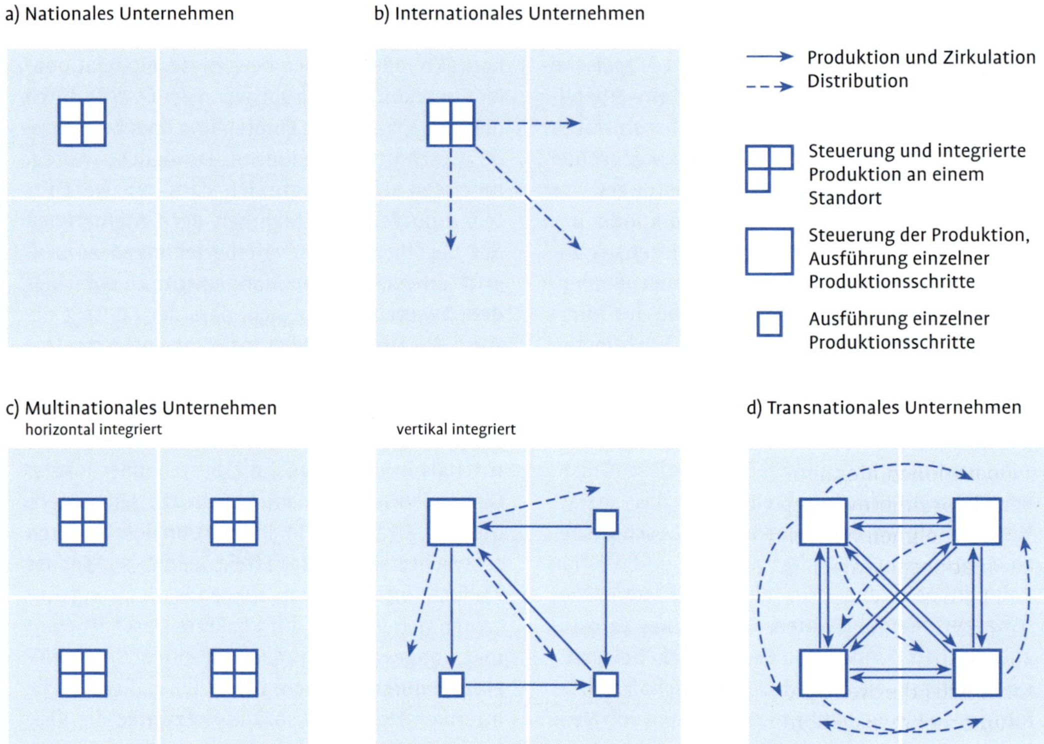

Abb. 11-7: Produktionsorganisation von internationalen, multinationalen und transnationalen Unternehmen in räumlicher Perspektive

handelt), in dessen sozio-institutionelles Umfeld ihre Unternehmenskultur eingebettet ist. Hier haben die Unternehmen über interaktive Lernprozesse die notwendige Produkt- und Prozesskompetenz erworben, um international wettbewerbsfähig zu sein (Porter 1993, Kap. 3). In Anlehnung an Teece (1985) können hierbei mehrere Formen der Produktionsorganisation unterschieden werden:

(2a) **Horizontal integrierte Unternehmen.** Sie produzieren die gleichen Güter und Dienste in jedem nationalen Markt (→ Abb. 11-7c). Diese Organisationsform wird auch als ***host-market*-Produktion** bezeichnet (Dicken 1998, Kap. 7) und eignet sich besonders dann, wenn nationale institutionelle Rahmenbedingungen so stark variieren, dass jeweils spezifische Produktanpassungen erforderlich sind, oder wenn aufgrund von Handelsbarrieren, wie z. B. Zöllen, eine lokale Produktion kostengünstiger ist. Die Größe der nationalen Produktionsstätten ist dabei von der Größe der jeweiligen Märkte abhängig. Eine Erweiterung dieses Organisationstyps besteht darin, nicht nur Länder-, sondern auch Kontinentalverantwortlichkeiten für einzelne Unternehmensteile zu definieren (Dicken 1998, Kap. 7).

(2b) **Vertikal integrierte Unternehmen.** Sie produzieren in einem Land Güter und Dienste, die als Vorprodukte in den Produktionsprozess von Betrieben in anderen Ländern eingehen (→ Abb. 11-7c). Die vertikale Integration des Produktionsprozesses erfolgt als unternehmensinterne internationale Arbeitsteilung, die unterschiedlich organisiert sein kann. So können beispielsweise ausländische Produktionsstätten spezifische Vorprodukte erzeugen und diese parallel an einen zentralen Produktionsstandort liefern. Ebenso ist es aber auch möglich, einen sequenziellen Produktionsprozess zu unterhalten, in dem jeder Standort Vorprodukte aus einem anderen Land erhält, weiterverarbeitet und in ein weiteres Land exportiert, bevor das Endprodukt am zentralen Unternehmensstandort fertiggestellt wird. Die vertikale Integration der Produktion auf internationaler Ebene verfolgt vorwiegend das Ziel, komparative Vorteile in der regionalen Verteilung von Faktorbedingungen (z. B. bezüglich der Lohnkosten oder technologischen *spillover*-Effekte) auszunutzen. Die Organisation der Produktion erfolgt insbesondere im Sinn des *efficiency-seeking* zur Maximierung von Effizienzvorteilen.

(3) **Transnationale Unternehmen.** Während bei multinationalen Unternehmen die weltweiten Operationen hierarchisch vom Heimatstandort aus koordiniert werden, sind in transnationalen Unternehmen wichtige Kompetenzen und Koordinationsaufgaben dezentral gesteuert (→ Abb. 11-7 d). So werden beispielsweise einzelne Standorte des Unternehmens mit spezifischen Aufgaben betraut, die innerhalb dieses Kompetenzbereichs die weltweiten Aktivitäten des Gesamtunternehmens koordinieren (Bartlett und Goshal 1987). Die Unternehmen sind weitgehend länderübergreifend tätig und gegenüber einzelnen Staaten tendenziell unabhängig (Asheim und Dunford 1997; Bathelt 2000). Entscheidend ist hierbei, dass die weltweit gesammelten Erfahrungen in Schaltstellen gebündelt werden und von dort aus in die einzelnen Unternehmensteile zurückfließen, wo sie schließlich an lokale und nationale Bedingungen angepasst werden.

Einer grenzüberschreitenden Koordination und Integration sind durch nationalstaatliche Unterschiede in den institutionellen Kontextbedingungen jedoch oftmals Grenzen gesetzt, die nicht ohne Weiteres überwunden werden können (z. B. Dicken 1998; Bathelt 2000). Eine Ausnahme stellen möglicherweise große pharmazeutische Unternehmen, wie z. B. *Novartis* und *Hoffmann-La Roche*, dar, die sich mittels ***global focussing*** in Richtung einer transnationalen Struktur bewegen (Zeller 2000; 2001). Hierbei werden bestehende Forschungszentren als spezialisierte ***centers of excellence*** oder Kompetenzzentren ausgewiesen, denen Forschungseinrichtungen anderer Regionen und Länder zugeordnet sind. Die *centers of excellence* haben die Aufgabe, in dem ihnen zugewiesenen Kompetenzbereich sämtliche weltweiten Aktivitäten zu koordinieren. Parallel dazu erhalten bestimmte Produktionsstätten ein länderübergreifendes (z. B. kontinentales oder globales) Produktionsmandat in einem Spezialgebiet. Die Dezentralisierung der Kompetenz in räumlicher Perspektive folgt zumeist der Strategie des *resource-* bzw. *strategic-asset-seeking*, indem z. B. FuE-Labors dort angesiedelt werden, wo auch wichtige Wettbewerber ihren Standort haben. Auf diesem Weg können durch lokale Cluster kontextspezifische Innovationszentren mit globaler Reichweite entstehen und in die Unternehmensstruktur der transnationalen Unternehmen eingebunden werden. In dieser Organisationsform reduziert sich die Funktion des Stammlands für das Unternehmen, da weder Distribution noch Produktion und Koordination allein auf Kompetenzen basieren, die dort lokal gebunden sind. Während die Entwicklung globaler Grundsatzstrategien in der Unternehmenszentrale verbleibt, haben die Operationen des Unternehmens transnationalen Charakter gewonnen. Abgesehen von ausgewählten Beispielen ist von einer Ausbreitung transnationaler Unternehmen im engeren Sinn eher zurückhaltend zu sprechen. Obwohl der Begriff des transnationalen Unternehmens in der Literatur breite (fast inflationäre) Verwendung gefunden hat (z. B. UNCTAD 2010), gibt es wohl nur eine begrenzte Anzahl von Unternehmen, die tatsächlich eine derartige Struktur aufgebaut haben. So sind die Veränderungsprozesse, die mit der Entwicklung zu einem transnationalen Unternehmen einhergehen, äußerst vielschichtig und komplex. In Anlehnung an poststrukturalistische Debatten wird im Folgenden die Metapher des **Rhizoms** verwendet, um der Vielschichtigkeit dieses Wandels Rechnung zu tragen (→ Box 11-2).

Box 11-2: Transnationale Unternehmen als Rhizome

Unter einem Rhizom versteht man in der Botanik einen verdickten Wurzelstock von Stauden, aus dessen Knospen jährlich neue Triebe entstehen, sodass der Wurzelstock sukzessive weiterwächst. Man unterscheidet senkrecht in die Erde wachsende von sich waagerecht ausbreitenden Rhizomen. Im Fall der waagerecht wachsenden Rhizome wandert der Wurzelstock quasi im Erdreich und schiebt dabei die Endknospe vorwärts (z. B. beim Maiglöckchen). Ältere Teile sterben dabei im Lauf der Jahre ab und die Pflanze verändert sukzessive ihren oberflächlichen Standort. Eine genauere Betrachtung des Wurzelstocks zeigt jedoch, dass es sich hierbei nicht um eine lineare Standortverlagerung handelt, sondern dass je nach Wachstumsgelegenheiten eine Ausbreitung stattfindet und dass nicht automatisch eine vollständige Aufgabe alter Wurzelteile erfolgt. Aufgrund dieses, sich oberhalb und unterhalb der Erdoberfläche unterschiedlich darstellenden Entwicklungsprozesses lässt sich die Metapher des Rhizoms verwenden, um die Evolution transnationaler Unternehmen, deren *embeddedness* und den raumzeitlichen Wandel zu beschreiben (Thrift 2000 a; Hess 2004). In der Akteursnetzwerktheorie wird mit der Metapher dargestellt, wie sich Netzwerke mit ständig sich verändernden Verbindungen entwickeln, und es werden Prozesse der Territorialisierung, Deterritorialisierung und Reterritorialisierung zum Ausdruck gebracht (Thrift 1996). Aufgrund von Analogien lässt sich die Metapher des Rhizoms auf die Situation transnationaler Unternehmen übertragen:

(1) **Konnektivität und Heterogenität.** Hiermit verbindet sich die Vorstellung, dass transnationale Unternehmen neue Verbindungen zwischen diversen Fragmenten herstellen. Sie verknüpfen nicht nur einen Ursprungsort mit anderen Teilen der Welt, sondern schaffen Verbindungen zwischen Regionen, die zuvor unverknüpft waren.

(2) **Vielfältigkeit.** Vielfältigkeit bezieht sich auf die Beobachtung, dass transnationale Unternehmen in prozessualer Weise ständig neue Verbindungen knüpfen und sich dabei im Zeitablauf in ihrer Struktur wandeln. Neue Verbindungen sind nicht vorhersehbar, sondern werden oft unerwartet hergestellt.

(3) **Brüche.** Brüche und Diskontinuitäten beziehen sich darauf, dass transnationale Unternehmen jederzeit die Möglichkeit haben, bestehende Verbindungen abzubrechen und dies in der Praxis auch unerwartet tun. So werden durch die Mobilisierung von zuvor gebundenen Ressourcen oftmals erst die Möglichkeiten geschaffen, neue Verbindungen einzugehen. Von derartigen Brüchen sind nicht nur die ursprünglichen Standorte betroffen, sondern auch Standorte, die erst später erschlossen worden sind. Letztlich wird mit dem Verweis auf Brüche zum Ausdruck gebracht, dass sich die *embeddedness* von Unternehmen nicht notwendigerweise in linearer Weise von den Ursprungsstandorten in Richtung neuer Standorte entwickelt, sondern dass durch De- und Reterritorialisierung die verschiedenen Standorte eines Unternehmen eine ständig neue Rolle übernehmen können, sich also gewissermaßen in einem Fließprozess befinden.

11.3.2 Marktmacht und oligopolistischer Wettbewerb

Während in neoklassischen Modellen davon ausgegangen wird, dass sich Märkte über Preismechanismen selbst regulieren, argumentieren Hayter (1997, Kap. 7) und Dicken (2007, Kap. 8) dass Großunternehmen Macht ausüben und dadurch Marktdominanz gewinnen. Die multi- oder transnationale Organisation verschafft dabei viele Vorteile: Sie hilft den Unternehmen Marktmacht zu erhöhen, Unterschiede in den nationalen Produkt- und Faktormärkten auszuschöpfen sowie gegengerichtete Aktionen einzelner Länderregierungen auszuschließen. Diese Vorteile sind oftmals größer als die damit verbundenen Risiken durch lokale Krisen oder Strukturbrüche, schwankende Wechselkurse oder staatliche Restriktionen. Letztlich operieren große Unternehmen häufig auf oligopolistischen

Märkten, auf denen sie sich durch ihre Aktionen gegenseitig beeinflussen. Die spieltheoretischen Überlegungen von Hotelling (1929) zeigen exemplarisch, wie aus derartiger wechselseitiger Einflussnahme Standortkonzentrationen resultieren können (→ Kap. 6.1). Die gegenseitige Einflussnahme oligopolistischer Unternehmen erfolgt nicht in erster Linie über den Preis, sondern über Investitionen und Innovationen, wobei die Aktionen eines Unternehmens Reaktionen anderer hervorrufen. Dies kann völlig unterschiedliche Konsequenzen nach sich ziehen (Knickerbocker 1973):

(1) **Konkurrenz.** Unter Wettbewerbsbedingungen kommt es zu sich überlappenden standörtlichen Investitionsentscheidungen, wenn konkurrierende Unternehmen in den selben Regionen investieren, um dort jeweils einen Marktanteil zu erkämpfen. In kleinen Volkswirtschaften können dadurch ineffiziente Strukturen entstehen, weil keine der konkurrierenden Produktionsstätten eine optimale Größe erreicht. Die Folge kann sein, dass die Unternehmen versuchen, über Preise ihre Konkurrenten aus dem Markt zu drängen. Im ***exchange-of-threats*-Modell** nehmen die Marktführer durch den Aufbau von Zweigwerken Investitionen in den Heimatmärkten der Hauptkonkurrenten vor, sobald diese umgekehrt in die eigenen Märkte einzudringen drohen.

(2) **Kollusion.** Handeln durch geheimes, oft illegales Einverständnis (Kollusion) hat demgegenüber andere räumliche Strukturen zur Folge. Kollusion kann dazu führen, dass regionale Märkte aufgeteilt werden und bewusst nur in die eigenen Märkte investiert wird. Es entstehen dann regionale Monopole. Dies kann über *joint ventures* und gemeinsamen Patentbesitz in legaler Form oder illegal über Preisabsprachen erfolgen.

Chesnais (1993 b) sieht in den weltweiten Akquisitions- und Fusionsprozessen Ende des 20. Jahrhunderts Anzeichen für eine fortschreitende Dominanz global agierender Großunternehmen. Es entsteht demnach eine Wirtschaftsstruktur, die durch den Wettbewerb großer Unternehmen in **globalen Oligopolen** geprägt wird. Chesnais (1993 b) setzt die zunehmende Internationalisierung in den Kontext des technologischen und industriellen Wandels, staatlicher Liberalisierungs- und Deregulierungspolitiken sowie der Ausbreitung neuer Kommunikationstechnologien. Daraus resultierende Chancen und Zwänge führen dazu, dass sich vormals national begrenzte industrielle Konzentrationsprozesse auf die globale Ebene ausdehnen. Die Unternehmen produzieren zunehmend für Weltmärkte und weiten ihre Versorgungsbasis für Schlüssel-Inputs auf die internationale Ebene aus.

Durch Übernahmen und Fusionen entsteht nach Chesnais (1993 b) eine Tendenz zur Herausbildung globaler Oligopole. Die verbliebenen Unternehmen nehmen Über-Kreuz-Direktinvestitionen in den jeweiligen Heimatmärkten ihrer Konkurrenten vor und dringen so in deren Territorien ein. Globale Oligopole sind gekennzeichnet durch eine abnehmende Anzahl machtvoller Konzerne, die in scharfem Wettbewerb gegeneinander stehen und durch Abhängigkeitsbeziehungen miteinander verbunden sind. Sie richten ihre Aktionen und Strategien wie *im exchange-of-threats*-Modell nach denen ihrer Konkurrenten aus und nicht mehr nur nach Marktsignalen (Knickerbocker 1973). Das Ziel der Konzerne besteht darin, ihre Marktanteile gegen Konkurrenten zu verteidigen, zumal die Wettbewerbssituation so instabil ist, dass die Gefahr der Übernahme durch andere Konzerne besteht. Maßnahmen zum Schutz vor Übernahmen sind der Ausbau spezifischer Vorteile im Heimatmarkt, der Erwerb strategischer Inputs und eine breite Internationalisierung der Produktion (Zeller 2000, Kap. 2.3). Über ihre Dominanz und Macht innerhalb der Wertschöpfungskette sind die Unternehmen in der Lage, neue Technologien zu entwickeln oder von externen Quellen zu akquirieren sowie neue Märkte zu erschließen (Chesnais 1993 b).

11.3.3 Aushandlungsprozesse zwischen Staat und Unternehmen

Die Macht von Unternehmen drückt sich in Aushandlungsprozessen mit anderen Unternehmen, den Beschäftigten und Regierungsbehörden aus. Standortbedingungen wie Löhne, Steuern und

Tab. 11-1: Divergierende Zielsysteme von multinationalen Unternehmen und Staaten (nach Dicken 2007, Kap. 8)

Kriterium	Ziele von multinationalen Unternehmen	Staaten
Effizienz	- Gewinnmaximierung - *shareholder-value*-Maximierung - Kostenminimierung	- Maximierung der Pro-Kopf-Einkommen - Maximierung der Beschäftigung
Hochwertige technologische Funktionen	- Wahl der besten Standorte für Funktionen (z. B. FuE), um Bedürfnisse optimal zu befriedigen	- Erhaltung lokaler Funktionen
Strukturanpassungen	- Erhaltung der Flexibilität in der räumlichen Organisation - flexible Nutzung von Arbeit	- Machtausübung, um faire *returns* auf lokale Operationen zu sichern - Maximierung lokaler *benefits*

Infrastruktur sind für die Unternehmen keine fest vorgegebenen Größen, sondern werden zum Gegenstand von Verhandlungen gemacht, um sie gemäß den Unternehmenserfordernissen zu verbessern.

Inwiefern sich unternehmerische Macht tatsächlich derart ausbreiten kann, hängt jedoch wesentlich davon ab, welche Strategien und Strukturen Nationalstaaten bzw. deren Regierungen schaffen, um die Macht großer Unternehmen zu begrenzen. In modernen kapitalistischen Wirtschaftssystemen haben Regierungen nicht nur die Aufgabe, Unternehmen durch die Versorgung mit Infrastruktur und geeigneten Rahmenbedingungen zu unterstützen. Sie regulieren darüber hinaus über Gesetze unternehmerisches Handeln und tragen dafür Sorge, dass auch andere Interessengruppen Berücksichtigung finden. Die staatliche Regulierungsfunktion betrifft z. B. Arbeits-, Sicherheits- und Umweltvorschriften und ist in verschiedenen Nationalstaaten oftmals unterschiedlich ausgeprägt (z. B. Gregersen und Johnson 1997). Weitere wichtige Aushandlungspartner neben den Regierungen sind Nicht-Regierungsorganisationen wie Umweltverbände, Konsumentenorganisationen und Gewerkschaften. Standortentscheidungen können in einer Perspektive, die von der Existenz unterschiedlicher mächtiger Organisationen ausgeht, als Ergebnis von Aushandlungsprozessen aufgefasst werden (Dicken 1994; Schamp 1996).

Um Konflikte zwischen Unternehmen und staatlichen Regierungen zu untersuchen, muss man zunächst beachten, dass die **Zielsysteme** beider Akteursgruppen sehr unterschiedlich sind (→ Tab. 11-1). Während Unternehmen ihre Ziele auf die individuelle Gewinn- und Kostenstruktur oder den ***shareholder value*** ausrichten und dem ihre Standortorganisation unterordnen, sind staatliche Zielsysteme auf gesellschaftliche Wohlfahrts- und Beschäftigungsziele fokussiert. Sie versuchen, die Flexibilität von Unternehmensstandorten einzuschränken (Dicken 2007, Kap. 8).

Oft wird davon ausgegangen, dass Globalisierungsprozesse Machtverhältnisse in gesellschaftlichen Aushandlungsprozessen einseitig zugunsten der Unternehmen und zulasten der Nationalstaaten verschieben. Allerdings ist ein weitgehender Machtverlust der Nationalstaaten so nicht zu beobachten (Dicken 1994; Hayter 1997, Kap. 7; Dicken 1998, Kap. 8; Hellmer et al. 1999, Kap. 2). Vielmehr zeigt sich, dass Nationalstaaten nach wie vor Einfluss auf die in ihrem Territorium lokalisierten Unternehmen haben (→ Box 11-3). Sie gestalten die zentralen institutionellen Arrangements und beeinflussen die Reproduktionsbedingungen lokalisierter Fertigkeiten (z. B. die Ausbildung hoch qualifizierter, spezialisierter Arbeitskräfte) sowohl für im globalen, oligopolistischen Wettbewerb stehende Großunternehmen als auch für ihre Zulieferbranchen.

Box 11-3: Oligopolistische Konkurrenz und staatliche Kollusion – Das Beispiel *Airbus*

Unternehmen und Staaten stehen in interdependenten Machtbeziehungen. So spielt der Staat nicht selten eine brisante Rolle in der Steuerung nationaler und internationaler Monopole und Oligopole, um eigene Interessen bzw. Interessen der Bürger zu wahren. Ein interessanter Fall ist der Kampf um die globale Systemführerschaft im Flugzeugbau (Glückler und Berndt 2005). Lange Zeit war das amerikanische Unternehmen *Boeing* weltweiter Marktführer. Um langfristig das eigene Flugzeugmonopol zu sichern, vermied es *Boeing* strategisch bedeutsame Produktionsschritte ins Ausland zu verlagern (Narr und Schubert 1994). Die sich abzeichnende globale Monopolstellung führte dazu, dass der nationale Monopolschutz in Deutschland mit der Hoffnung aufgehoben wurde, auf europäischer Ebene einen wettbewerbsfähigen Anbieter für die globale Konkurrenz mit *Boeing* im zivilen Flugzeugbau zu etablieren. Hatte das Bundeskartellamt Ende der 1980er-Jahre die Fusion der Flugzeughersteller *Daimler Benz* und *MBB* noch abgelehnt, so genehmigte der Bundeswirtschaftsminister die Fusion mit dem Argument, dass nur auf europäischer Ebene ein Wettbewerb mit *Boeing* aufgebaut werden könne. *Daimler* übernahm nach *MTU* und *Dornier* nun auch *MBB* und bündelte gemeinsam mit Spanien, Frankreich und Großbritannien seine Kräfte im europäischen *Airbus*-Projekt. Die wettbewerbstrategische Begründung formulierte die Monopolkommission (1989, § 96 u. 97) so: „Ohne den Willen Europas zur Stützung des *Airbus* hätte das amerikanische Duopol unter der Führung von *Boeing* die Möglichkeit, den Markteintritt eines dritten Anbieters angesichts der langen Vorlaufzeiten im Flugzeugbau durch entsprechende Markt- und Preisstrategien zu verhindern. Die europäischen Volkswirtschaften wären gezwungen, auf Jahrzehnte hinaus Monopolgewinne für Verkehrsflugzeuge in die USA zu transferieren." *Airbus* wuchs in der Folge zu einem ernstzunehmenden Konkurrent heran, sodass sich die USA und die EU 1992 gezwungen sahen, in einem bilateralen Subventionsabkommen den Rahmen zulässiger Subventionierung der heimischen Flugzeugindustrie abzustecken. Nachdem *Airbus* nach der Integration in die neu gegründete *European Aeronautic Defence and Space Company* (*EADS*) im Jahr 2000 den Konkurrenten *Boeing* bei den meisten zivilen Flugzeugmodellen eingeholt bzw. überholt hatte, eskalierte der Wettbewerb dahingehend, dass im Oktober 2004 beide Seiten glaubhaft drohten, sich gegenseitig vor der **World Trade Organization (WTO)** wegen Verletzung des Abkommens zu verklagen.

Dieses Beispiel verdeutlicht, dass der nationale Wettbewerbsschutz, den unter anderem das Bundeskartellamt überwacht, in dem Maß außer Kraft gesetzt wird, wie globale Monopolstellungen eigene nationalstaatliche Interessen bedrohen. Hier sind es nicht mehr nur die Unternehmen, die die Rivalität fortführen, sondern der jeweilige Staat oder die Staatengemeinschaft, die ihre wirtschaftspolitischen Interessen sichern wollen. Das Beispiel *Airbus* illustriert die protektionistische Übertragung nationaler staatlicher Hoheitsaufgaben auf die supranationale, europäische Ebene. Unternehmen und Staat verbünden sich dabei im Rennen um Monopolrenten. Um in diesem Spannungsfeld Risiken einseitiger Abhängigkeit zu reduzieren, bemühen sich deutsche Zulieferer darum, auch *Boeing* zu beliefern und ihr Standortnetz auszuweiten. Große Zulieferunternehmen wie etwa *GKN Aerospace* sind sowohl bei *Airbus* (A380 Superjumbo) als auch bei *Boeing* (Dreamliner-Programm) im Geschäft und verfügen über Produktionsstätten in Europa und den USA (Glückler und Berndt 2005).

Das tatsächliche Machtgeflecht in Aushandlungsprozessen zwischen multinationalen Unternehmen und nationalen Regierungen ist oftmals komplex (➔ Tab. 11-2). So ist die **Machtposition multinationaler Unternehmen** durch technologische Kompetenz, Managementfähigkeiten und Finanzressourcen geprägt. Demgegenüber hängt die **Verhandlungsmacht der Na-**

Tab. 11-2: Quellen und Grenzen der Aushandlungsmacht von multinationalen Unternehmen und Staaten (nach Dicken 2007, Kap. 8)

Kriterium	**Einfluss auf Aushandlungsmacht von**	
	multinationalen Unternehmen	**Staaten**
Quelle der Aushandlungsmacht	- technologische Kompetenz - Managementfähigkeiten - Finanzressourcen - Marktzugang - Beschäftigungsumfang	- Marktgröße - nationale Ressourcen - Arbeitsmärkte - Infrastrukturausstattung - politische Stabilität, politisches Klima
Grenzen der Aushandlungsmacht	- Art bzw. Umfang des Wettbewerbs - Staat als Kunde	- globale Integration der Industrie - Wettbewerb zwischen Staaten - Abhängigkeit von ausländischen Investitionen - politische Instabilität

tionalstaaten von der Größe des Binnenmarkts, den vorhandenen nationalen Ressourcen, dem Arbeitskräftebestand, der Infrastrukturausstattung und der politischen Stabilität ab (Hayter 1997, Kap. 7; Dicken 2007, Kap. 8). Dabei ist zugleich zu berücksichtigen, dass es auch Grenzen der Machtposition beider Akteursgruppen gibt (→ Tab. 11-2). Zwar haben multinationale Unternehmen in Aushandlungsprozessen gegenüber dem Staat Vorteile durch ihre international erworbenen Kenntnisse und Fertigkeiten. Sobald sie aber ihre Investitionsentscheidungen getätigt haben und ihre Struktur lokalisiert ist, gewinnt der Nationalstaat an Aushandlungsmacht (*bargaining power*). Regierungen versuchen, die lokale bzw. nationale Einbettung der Unternehmen zu unterstützen, indem sie Selbstverpflichtungen von Unternehmen fördern oder durch Regulierung obligatorische *embeddedness* zu erzwingen suchen. Letztlich gibt es in vielen Industrieländern aber unterschiedliche Formen der Kollusion zwischen Staaten und multinationalen Unternehmen (→ Box 11-3).

Die in der Diskussion um den **Standort Deutschland** geäußerten Klagen vieler Unternehmen über hohe Steuern, hohe Löhne, lange Genehmigungszeiten und andere Standortnachteile haben zwar eine reale Grundlage, mögen aber in diesem Zusammenhang vor allem ein Argument sein, um Machtpositionen zu festigen (Kitschelt und Streeck 2003; Leibfried und Obinger 2004; Streeck 2009). So zeigen empirische Untersuchungen (z. B. Schickhoff 1988; Horn et al. 2007), dass Steuern in den meisten Standortentscheidungen nur eine begrenzte Bedeutung haben. Auch hinsichtlich der Lohnkosten sind gängige Argumentationsmuster zu hinterfragen (→ Box 6.2). Zudem mag die Drohung von Betriebsschließungen vor allem ein strategischer Schachzug sein, um die Verhandlungsposition gegenüber Regierungen und Gewerkschaften zu verbessern. Unternehmen können versuchen, durch die Ankündigung von Standortentscheidungen und die Androhung von Standortverlagerungen Nationalstaaten, Regionen oder Städte gegeneinander auszuspielen. Dies gelingt vor allem dann, wenn zwischen verschiedenen territorial gebundenen Interessengruppen eine starke Konkurrenz um Arbeitsplätze besteht. So wurde wie im Fall des Chemieunternehmens *Bayer* bereits im 19. Jahrhundert dem Wunsch nach einer Produktionsausdehnung mit dem Hinweis auf wachsende ausländische Konkurrenz und die Androhung von Produktionsverlagerungen Nachdruck verliehen (Henneking 1994, Kap. 6.2). Diese Argumente lassen sich in ähnlicher Form in der Globalisierungsdebatte wiederfinden (Bathelt 2000).

11.3.4 Globale Waren- und Wertschöpfungsketten

Internationale, multinationale und transnationale Unternehmen sind zentrale Akteure des wirtschaftlichen Globalisierungsprozesses. Allerdings sind international organisierte Produktionsprozesse nicht nur auf einzelne Unternehmen beschränkt. Zwischen den Unternehmen entstehen neue Formen der grenzüberschreitenden Vernetzung von Produktion, Handel und Vermarktung, die zunehmend an Bedeutung gewinnen. Die Vielfalt von Organisationsformen innerhalb und zwischen multinationalen Unternehmen verleitet dazu, von ***webs of enterprise*** (Dicken 1998, Kap. 7) bzw. ***network enterprises*** (Castells 1999, Kap. 3) zu sprechen. So ist eine Reorganisation multinationaler Unternehmen von vertikal integrierten Hierarchien zu horizontalen Netzwerkstrukturen zu beobachten. Große multinationale Unternehmen sind einerseits in lokale Zuliefer-, Vertriebs- und Kooperationsbeziehungen eingebettet, die sie den Bedingungen lokaler oder nationaler institutioneller Kontexte aussetzen. Andererseits werden die lokal verankerten Aktivitäten durch globale Strategien koordiniert, in denen sich die verschiedenen lokalen und regionalen Kontexte widerspiegeln. Die Vertiefung der globalen Arbeitsteilung drückt sich sowohl in horizontaler als auch in vertikaler Dimension in der Wertschöpfungskette aus (Dicken 2007, Kap. 5).

Horizontale Dimension. Eine **strategische Allianz** zeichnet sich dadurch aus, dass zwei oder mehrere Unternehmen die Risiken zur Realisation eines Projekts (z. B. der Erforschung und Entwicklung eines neuen Produkts) in gemeinsamer Verantwortung teilen, um später gemeinsam oder getrennt Vorteile daraus zu erzielen (Pfützer 1995). Strategische Allianzen sind ein organisatorisches Instrument zur Reaktion auf veränderten Wettbewerbs- und Innovationsdruck sowie steigende Produktions- und Vermarktungskosten. Die Zusammenarbeit beschränkt sich auf ein klar definiertes Ziel im Rahmen eines abgegrenzten Tätigkeitsbereichs und Zeitraums. Außerhalb dieser Kooperation stehen die Unternehmen weiterhin in mitunter hartem Wettbewerb (Castells 1999 b, Kap. 3). Derartige ***joint ventures*** sind ein wichtiges Instrument zur gemeinsamen Schaffung neuer Märkte, in denen die Partner später einen oligopolistischen Wettbewerb führen. Die meisten strategischen Allianzen auf internationaler Ebene finden zwischen Unternehmen aus der Triade statt. Nachdem in früheren Stadien Allianzen aus zwei Partnern vorherrschten, die zumeist direkte Wettbewerber waren, gewinnen inzwischen sogenannte **Netzwerke von Allianzen** bestehend aus mindestens drei Partnern an Bedeutung. Da allerdings längst nicht alle Allianzen erfolgreich sind, stellt sich die Frage, inwieweit die beteiligten Unternehmen tatsächlich ihre Kernkompetenzen in diese Partnerschaften einbringen (Schamp 2000 b, Kap. 2.3)

Vertikale Dimension. Neben der horizontalen Kooperation nutzen multinationale Unternehmen zunehmend das Instrument des ***subcontracting***, wodurch dauerhafte internationale Transaktionen mit Zulieferern und Abnehmern einen vertraglichen Rahmen erhalten. Daraus schöpfen multinationale Unternehmen den Vorteil, dass sie Investitionen in ausländische Produktions- oder Distributionsstätten einsparen und an Flexibilität gewinnen, denn ein Vertragspartner ist leichter zu wechseln als der Standort einer eigens errichteten Betriebsstätte. Zwar wird durch die Subkontrakte auf ein gewisses Maß an hierarchischer Steuerungskraft verzichtet, zugleich allerdings werden Risiken und Kosten auf die Vertragspartner verteilt. Die Subkontrakt-Partner werden somit nicht rechtlich, aber technisch-organisatorisch quasi in das Unternehmen integriert. Gerade kleinere Unternehmen erzielen teilweise einen großen Teil ihres Umsatzes über derartige Subkontrakte. Damit erhöht sich ihre Abhängigkeit von ausländischen Unternehmen. Zugleich sind die Subkontrakte oft auch an erhebliche technologische, infrastrukturelle und bildungsspezifische Investitionen gebunden, mit denen die Unternehmen technologische Barrieren überwinden und zu marktfähigen Akteuren werden. Im Handel findet ***international subcontracting*** in der Form statt, dass kleine Vertragsunternehmen Lizenzrechte im Vertrieb von Markenprodukten erwerben, um Zugang zu

Märkten zu erhalten, an denen sie sonst nicht partizipieren könnten (Dicken 1998, Kap. 7).

Die verschiedenen Formen der Organisation internationaler Produktion innerhalb und zwischen Unternehmen sind keineswegs hierarchiefrei. Macht spielt eine wichtige Rolle in der Koordination von Produktionsprozessen und Wertschöpfungsketten (Hess 2008). Gereffi (1994a; 1994b; 1996) beschäftigte sich intensiv mit der Analyse derartiger Produktionsorganisationen und entwickelte den Ansatz **globaler Warenketten**. Hierin wurden zunächst in dichotomer Weise produzentengesteuerte (*producer-driven*) und käufergesteuerte (*buyer-driven*) Warenketten unterschieden. In **produzentengesteuerten Warenketten** wird das Produktionssystem von den Herstellern kontrolliert. Unternehmen, die in der Lage sind, technologische Standards international durchzusetzen, erlangen dabei eine bedeutende Machtposition. Insbesondere in kapital- und technologieintensiven Industrien, wie der Automobil-, Pharma- oder Elektronikindustrie, geht die Kontrolle der Produktionsorganisation von den Zentralen der dominierenden multinationalen Unternehmen aus (Gereffi 1994b). In **käufergesteuerten Warenketten** bestimmen vorwiegend die Abnehmer bzw. Käuferunternehmen das Produktionssystem. Charakteristisch für diese Kontrollform sind große, oftmals US-amerikanische Handels- und Markenunternehmen (Gereffi 1996), die ausgehend von ihrem Heimatmarkt Produkte entwickeln, ihre Produktion aber über Lizenzverträge und *franchise*-Systeme im Ausland koordinieren und fortwährend an veränderte Kundenwünsche anpassen. So besitzen multinationale Unternehmen wie *Adidas*, *Reebok* und *Nike* praktisch keine eigenen Produktionsanlagen mehr, sondern beschränken sich unter Zuhilfenahme von Marktforschung und Produktionsdesign auf die Entwicklung und den Vertrieb neuer Produkte (Donaghu und Barff 1990; Gereffi 1994b; Schamp 2000b, Kap. 2.3). Die Unterscheidung dieser beiden Steuerungsformen der globalen Warenkette ist an die regulationstheoretische Debatte angelehnt (→ Kap. 15.2). Produzentengesteuerte Warenketten folgen dem fordistischen Modell der Massenproduktion, während käufergesteuerte Warenketten eher dem postfordistischen Konzept der flexiblen Spezialisierung entsprechen (Gereffi 1994b).

Auf die zunehmende Kritik an dieser dichotomen Unterscheidung reagierten Gary Gereffi, John Humphrey und Timothy Sturgeon, indem sie den differenzierteren Ansatz der **globalen Wertschöpfungskette** entwickelten (Gereffi et al. 2005), der den zunehmend netzwerkartigen Formen der Koordination globaler Leistungsverflechtungen Rechnung trägt. Eine globale Wertschöpfungskette beschreibt dabei den Prozess der arbeitsteiligen Kombination von Ressourcen, Arbeit und Technologien zur Herstellung, Vermarktung und zum Verbrauch von Gütern. Je nach Rahmenbedingungen und strategischen Zielen kann ein Unternehmen nur an einer Stufe dieser Wertschöpfungskette partizipieren oder aber über viele Stufen hinweg eine vertikal integrierte Struktur haben. Die Kombination von drei prägenden Einflussfaktoren bildet den Ausgangspunkt der Unterscheidung globaler Wertschöpfungsketten, mit deren Hilfe die Entstehung und Wahl einer bestimmten *governance*-Form begründet wird (Gereffi et al. 2005):

(1) **Wissenskomplexität.** Die Komplexität des zu transferierenden Wissens beinflusst die Koordination von Prozessen und die Organisation der Produktion.

(2) **Kodifizierbarkeit.** Wenn das transferierte Wissen kodifizierbar ist, sinken die transaktionsspezifischen Investitionen im Sinn der Transaktionskostentheorie, sodass Wissen effizient zirkuliert werden kann.

(3) **Kompetenzen.** Dieser Faktor beschreibt die Fähigkeiten, über welche die Unternehmen in Relation zu den Anforderungen der Transaktionen verfügen.

Da bei den Eigenschaften jedes Einflussfaktors eine binäre Ausprägung (hoch versus niedrig) angenommen wird, ergeben sich insgesamt acht theoretische und fünf empirische Kombinationen (→ Abb. 11-8). Die empirisch ermittelten ***governance*-Modelle globaler Wertschöpfungsketten** beschreiben die prägenden Koordinationsweisen der globalen Wertschöpfungsverflechtungen zwischen Unternehmen aus entwickelten und den sich entwickelnden Ländern und Regionen (➔ Abb. 11-9). Demnach kann die Steuerung (*governance*) folgende Formen annehmen:

(1) **Marktliche *governance*.** Sie entsteht, wenn Käuferunternehmen in den führenden Konsummärkten und Produzenten in sich entwickelnden Ländern ihre Transaktionen vor allem über Preise und flexible Bindungen organisieren. Zwar sind auch länger anhaltende Formen der Zusammenarbeit denkbar, allerdings werden niedrige beziehungsspezifische Kosten bei einem Wechsel der Transaktionspartner angestrebt. Marktliche *governance* entspricht dem klassischen Außenhandel, in dem Importeure der Konsumentenmärkte die Waren von Exporteuren der Produzentenmärkte auf Basis von Preisen handeln.

(2) **Hierarchische *governance*.** Sie liegt vor, wenn einzelne Unternehmen nahezu die gesamte Wertschöpfung durch vertikale Integration abdecken. Die unternehmensinterne aber räumlich verteilte Produktion wird hierbei intern ausgehend von divisional bzw. regional gegliederten Koordinationsstandorten gesteuert. Hierarchische *governance* wird im Außenhandel vor allem darin sichtbar, dass rund ein Drittel des internationalen Handels innerhalb großer Unternehmen stattfindet (➔ Kap. 4.5).

(3) ***Captive governance*.** Hierbei stehen meist kleinere Produzenten in langfristigen abhängigen Lieferbeziehungen mit mächtigen Käuferunternehmen. Diese können aufgrund einseitiger Marktmacht die Bedingungen für die Produktion (z. B. Standards) und Zulieferung (z. B. Menge und Preise) bestimmen. *Captive governance* drückt sich in sehr hohen Kosten beim Wechsel des Transaktionspartners sowie starker Kontrolle und Überwachung durch den mächtigen Käufer (*lead firm*) aus. Sie entspricht dem Modell der käufergetriebenen Warenkette (Schamp 2008).

(4) **Modulare *governance*.** Hierbei stellen Produzenten im Rahmen von Lieferverträgen kundenspezifische Güter her und liefern diese aus. Die *governance* ist modular, weil es den Zulieferern gelingt, sich technologische oder kaufmännische Kompetenzen anzueignen. Dies ermöglicht es ihnen, kundenspezifische und in sich geschlossene, fertige Module innerhalb der Wertschöpfungskette zu erstellen. Aufgrund eigener Fertigungskompetenzen und -technologien sind transaktionsspezifische Investitionen geringer ausgeprägt, sodass modulare *governance* eine gewisse Autonomie gestattet (Humphrey und Schmitz 2002). Beispiele modularer *governance* wurden etwa in der Elektronikindustrie in den USA (Sturgeon 2002; 2003) und in Deutschland (Zademach et al. 2006) untersucht, um die wechselseitige Verstärkung räumlicher Konzentration in lokalen Clustern bei gleichzeitiger räumlicher Dispersion in globalen Produktionsnetzwerken herauszuarbeiten.

(5) **Relationale *governance*.** Eine solche Konfiguration liegt vor, wenn die Verflechtungen zwi-

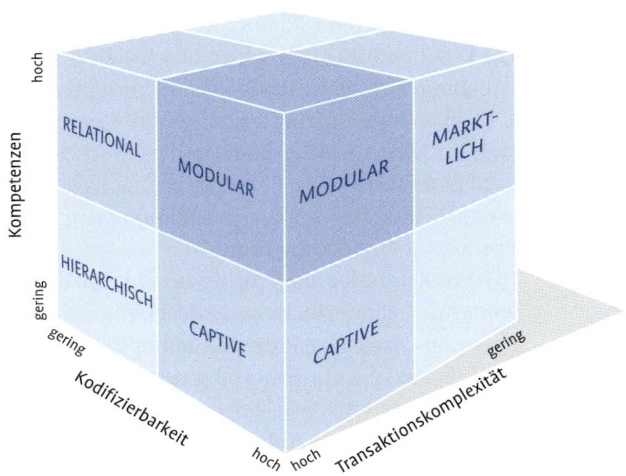

Abb. 11-8: Wahl eines *governance*-Modells in Abhängigkeit von drei Faktoren

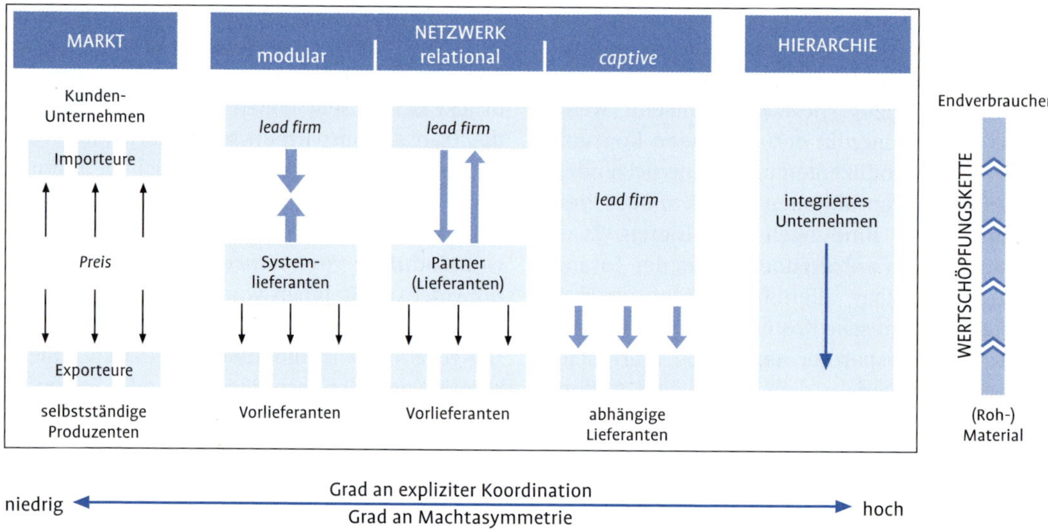

Abb. 11-9: Formen der *governance* globaler Wertschöpfungsketten (nach Gereffi et al. 2005, S. 89)

schen den Partnern entlang der Wertschöpfungskette so vielschichtig sind, dass sich wechselseitige Abhängigkeiten ergeben. Relationale *governance* funktioniert mittels sozialer Netzwerke und spezifischer Institutionen wie Vertrauen und Reputation oder mittels ethnischer Zugehörigkeit und familiärer Verpflichtungen (→ Box 7-2). Es herrschen relativ ausgeglichene Machtverhältnisse, was bei unterschiedlichen Machtansprüchen und potenziellem opportunistischem Handeln zugleich Fragen über die Stabilität und Kontinuität relationaler *governance* aufwirft. Empirisch ist diese Form der *governance* der noch am wenigsten untersuchte Typ von Wertschöpfungskette (Schamp 2008).

Der erweiterte Ansatz der globalen Wertschöpfungsketten und seiner *governance*-Modelle hat breite empirische Anwendung gefunden, so z. B. in den Märkten für Kaffee (Ponte 2002) und Gemüse (Dolan und Humphrey 2004) oder im Tourismusbereich, wo die Anwendung allerdings schwieriger ist (Barham et al. 2007; Schamp 2007; Dörry 2008). Häufig stehen entwicklungsökonomische Interessen hinter den Arbeiten zu globalen Wertschöpfungsketten, um einerseits die Abhängigkeiten der Produzenten im „globalen Süden" von den Käufern im „globalen Norden" zu erfassen und andererseits, um Entwicklungschancen in den Herstellerländern zu identifizieren. Aus den Studien sind vier verschiedene Strategien der Aufwertung von Wertschöpfungspositionen untersucht worden (Humphrey und Schmitz 2002):

(1) Das **Prozess-*upgrading*** bezieht sich auf die Gewinnung von Effizienzvorteilen in der Produktion durch den Einsatz verbesserter Technologien oder durch die Entwicklung leistungsfähiger Organisationsmodelle. Allerdings verfügen Unternehmen in sich entwickelnden Ländern nur selten über selbst entwickelte Technologien, sodass es ihnen schwerfällt, Lizenzabhängigkeiten zu reduzieren (Schamp 2008).

(2) Das **Produkt-*upgrading*** beschreibt die Entwicklung hin zu werthaltigeren Produkten, die z. B. über höhere Durchschnittserlöse gemessen werden können. Allerdings stehen Produzenten häufig unter dem Druck mächtiger *lead firms*, die dieser Strategie des *value enhancement* über Preisdruck entgegenwirken.

(3) **Funktionales *upgrading*** beschreibt die Erweiterung standardisierter Unternehmensfunktionen um wissensbasierte und höher qualifizierte Funktionen, die zur Erhöhung der Kompetenzen und Wissensbasis von Unternehmen beitragen. Da eine funktionale Aufwertung zugleich die Abhängigkeit gegenüber den *lead firms* senkt und

größere Handlungsspielräume eröffnet, müssen sich Produzenten mit erheblichen Anstrengungen gegen die *lead firms* durchsetzen.

(4) **Intersektorales *upgrading*** bezieht sich auf die Möglichkeiten, durch die Übertragung bestehender Technologien, Verfahren oder Produkte auf andere Wirtschaftszweige oder Wertschöpfungsketten zu einer gesteigerten Wertschöpfung zu gelangen. Eine erfolgreiche Diversifizierung in andere Produktmärkte schafft relative Autonomie gegenüber den *lead firms*.

Zwar lassen sich Aufwertungen entlang der Wertschöpfungskette in vielen Branchenbeispielen finden, allerdings zeigen Ponte und Ewert (2009) am Beispiel des südafrikanischen Weinbaus, dass mit Qualitäts- und Prozessverbesserungen in der Produktion gleichzeitig neue Risiken und nicht immer die erhofften Gewinnsteigerungen einhergehen. Ferner werden zunehmend auch die ökologischen Herausforderungen globaler Produktions- und Handelsvernetzung im Kontext globaler Wertschöpfungsketten problematisiert (Braun und Dietsche 2008; Oßenbrügge 2007; Schulz 2005). Der Ansatz der globalen Wertschöpfungskette hat sich insgesamt als Analyserahmen der globalen Produktionsorganisation bewährt, da er in besonderer Weise die Auswirkungen von Machtasymmetrien auf die Organisation der globalen Arbeitsteilung und die Koordination der Transaktionen entlang einer Wertschöpfungskette aufzeigt.

11.3.5 Globale Produktionsnetzwerke

Die Arbeiten zu globalen Waren- und Wertschöpfungsketten wurden insbesondere vonseiten der Wirtschaftsgeographie als zu stark vereinfachend, zu sehr auf Wertschöpfungsbeziehungen fokussiert, als einseitig linear im Wertschöpfungsablauf und als zu wenig raumbezogen kritisiert. Aus der **Manchester Schule** um Peter Dicken wurde diesen Ansätzen das Konzept der **globalen Produktionsnetzwerke (GPN)** gegenübergestellt, das eine erweiterte Perspektive jenseits reiner Wertschöpfungsbeziehungen zwischen Unternehmen anstrebt und der geographischen Dimension globaler Wertketten eine größere Bedeutung einzuräumen sucht (Henderson et al. 2002). Auch weisen empirische Arbeiten auf die Potenziale einer Einbeziehung der politischen Arena und der Interaktion von mächtigen Unternehmen mit staatlichen Autoritäten in die Analyse und Gestaltung von Machtverhältnissen in globalen Warenketten hin (Gellert 2003; Kulke 2007) (→ Box 11-3). Erstens versucht der Ansatz globaler Produktionsnetzwerke stärker auf netzwerkartige Formen der *governance* von globalen Produktions- und Austauschbeziehungen einzugehen und zweitens richtet sich das Analyseinteresse nicht nur auf unternehmensübergreifende Formen der Koordination, sondern bezieht andere relevante Akteure, wie z. B. den Staat, Nichtregierungsorganisationen und andere zivilgesellschaftliche Organisationen, in eine räumliche, multiskalare Analyse der Regulierungs- und Aushandlungsprozesse ein (Coe et al. 2008). Drei Analysekategorien stehen im Mittelpunkt der Untersuchung von globalen und lokalen Wertschöpfungsbeziehungen (Henderson et al. 2002):

(1) **Mehrwert.** Hierbei geht es darum, die Basis der Werterstellung, Werterhöhung und Wertaneignung innerhalb und zwischen den Unternehmen eines Netzwerks zu bestimmen. Die Grundlage der Werterstellung (*value creation*) liegt in technologischen, organisatorischen, politischen oder beziehungsspezifischen Wettbewerbsvorteilen von Unternehmen, aus denen sie Renten (Gewinne) erzielen können. Darüber hinaus stellt sich die Frage, wie Unternehmen bestehende Kompetenzen verbessern und durch eigene Entwicklung oder im Austausch mit anderen Unternehmen im Produktionsnetz eine Erhöhung der Wertbasis erzielen können (*value enhancement*). Dieser Prozess ist analog zu Mechanismen des *upgradings*, wie sie für globale Wertschöpfungsketten formuliert werden. Schließlich richtet sich eine entscheidende Frage darauf, wie die tatsächliche Wertaneignung (*value capture*) aus den globalen Erlösen der produzierten Güter stattfindet und sich auf die verschiedenen Positionen im Produktionsnetz verteilt. Während ein Großteil der Werte an den Produktionsstandorten erstellt wird, konzentriert sich die Wertaneignung häufig auf die Käuferstandorte, an denen machtvolle Marken- und Handelsunterneh-

men einen großen Teil der Gewinne einbehalten. Dem Unternehmen *Apple* ist es z. B. wie kaum einem anderen Elektronikhersteller gelungen, sich einen erheblichen Anteil der Wertschöpfung aus dem Verkauf des iPod anzueignen, ohne wirklich an der Produktion des Geräts beteiligt zu sein (Dedrick et al. 2010).

(2) **Macht.** Neben dem Wettbewerb ist Macht die wichtigste Ressource zur Durchsetzung von Wertaneignungs-Ansprüchen oder zur Erlangung von Kompetenzaufwertungen im Zuge des *upgradings*. *Lead firms* genießen unternehmerische Macht in dem Maß, in dem sie eigene Konditionen und Kontrolle gegen Lieferanten und Händler durchsetzen können. Daneben üben institutionelle Akteure – z. B. nationale Regierungen und Aufsichtsbehörden, supranationale Regierungs- und Nichtregierungsorganisationen oder internationale Ratingagenturen – Macht auf die Allokation von Ressourcen durch Setzung von Standards oder direkte Regulierung aus. Schließlich üben Interessensgruppen, wie z. B. Gewerkschaften, Branchenverbände, Umwelt- und Menschenrechtsorganisationen, kollektive Macht auf Unternehmen an konkreten Standorten aus.

(3) **Einbettung.** In Erweiterung anderer Ansätze richtet das Konzept globaler Produktionsnetzwerke sein analytisches Interesse auf die gesellschaftliche und territoriale Einbettung der beteiligten Akteure. Die Unternehmen sind einerseits in globale Wertschöpfungsabläufe integriert (*network embeddedness*), andererseits ist jeder Einzelbetrieb an konkreten lokalen Standorten verankert und somit in regionalgesellschaftliche und -wirtschaftliche Verhältnisse eingebunden (*territorial embeddedness*). Somit können globale Produktionsnetzwerke auch zum Verständnis lokaler Regionalentwicklung herangezogen werden (Coe et al. 2004).

Mit den drei Analysekategorien versucht der Ansatz globaler Produktionsnetzwerke ein ganzheitliches Verständnis der Multidimensionalität von Machstrukturen in geographischer Sicht zu gewinnen (Coe et al. 2008). Globale Produktionssysteme werden nicht nur als ökonomische Phänomene, sondern zugleich als gesellschaftliche, kulturelle und politische Systeme angesehen. Der Ansatz ist auf unterschiedliche globale Produktionssysteme, wie z. B. die Automobilindustrie (Coe et al. 2004), mobile Telekommunikation (Hess und Coe 2006), die Halbleiterindustrie (Zademach et al. 2006), Pharmaindustrie (Sandmüller 2008) oder Gewürzherstellung (Franz und Hassler 2008), angewendet worden.

Insgesamt kann der Ansatz globaler Produktionsnetzwerke seine Ansprüche bisher noch nicht voll umsetzen. So ist die Konzeption teilweise überkomplex und verbleibt in der Empirie deskriptiv, anstatt Typisierungen oder konkrete Modelle abzuleiten. Zudem ist weder der zugrunde gelegte Ansatz der *embeddedness* klar, der verschiedene Phänomene vermischt, noch sind Machtasymmetrien in ihrer Beziehung zu Koordinations- und *governance*-Strukturen empirisch aufgeklärt oder das institutionelle Konzept des Ansatzes bisher ausformuliert. Trotz des Versuchs der gegenseitigen Abgrenzung sind die verschiedenen Ansätze globaler Warenketten, Wertschöpfungsketten und Produktionsnetzwerke letztlich eher komplementär und haben große Überschneidungen (Levy 2008), zumal in neueren Arbeiten aller Ansätze eine räumliche Perspektive verwendet und das Konzept von Linearität im Wertschöpfungsablauf überwunden wird.

Teil V: Evolution

12 Regionales Wachstum und Entwicklung

12.1 Neoklassische Theorie

Die vierte Analysedimension dieses Buchs – Evolution – verfolgt eine dynamische Perspektive wirtschaftlicher Prozesse. Das vorliegende Kapitel stellt zunächst klassische ökonomische Ansätze zur Diskussion, die sich mit der Dynamik regionaler Entwicklung und der Persistenz regionaler Disparitäten auseinandersetzen. Die dargestellten Ansätze versuchen die Frage zu beantworten, wie Disparitäten entstehen und ob sie sich langfristig ausgleichen oder verstärken. Das Ziel des Kapitels ist es, ein Verständnis für dynamische Problemstellungen zu entwickeln und die Grenzen der raumwirtschaftlichen Analyse nachzuvollziehen. Kapitel 13 befasst sich anschließend mit evolutionären Ansätzen wirtschaftlicher und technologischer Entwicklung und wendet sich speziell der Evolution von Unternehmen auf der betrieblichen Ebene zu.

Die neoklassische Theorie ist ein zentrales Gedankengebäude der Ökonomie und wird in konventionellen Ansätzen auch auf die Entwicklung regionaler Strukturen übertragen. Neoklassische Modellansätze zeigen auf, wie die Knappheit von Produktionsfaktoren zu räumlich ausgeprägten Ungleichgewichten führt, und welche Prozesse dem entgegenwirken. Grundhypothese aus regionaler Perspektive ist dabei, dass interregionale Faktorpreisunterschiede (d. h. Preisunterschiede von Löhnen und Zinsen zwischen Regionen) durch Faktorwanderungen ausgeglichen werden. Dies geschieht wie nachfolgend dargestellt aufgrund von Marktmechanismen. Neoklassische Modelle gehen insbesondere von folgenden Grundannahmen aus (Buttler et al. 1977, Teil B. II; Richardson 1978, Kap. 6):

- gewinnmaximierendes Verhalten der Unternehmen und Nutzenmaximierung der einzelnen Akteure;
- vollständige Konkurrenz auf den Märkten, wodurch ein einzelner Anbieter bzw. Nachfrager die Preise nicht beeinflussen kann;
- vollständige Informationen;
- Entlohnung der Produktionsfaktoren entsprechend ihrem Grenzprodukt.

12.1.1 Grundmodell regionalen Wachstums

Im Grundmodell regionalen Wachstums wird in einem Ein-Regionen-Modell eine Produktionsfunktion unterstellt, die angibt, welche Beziehung zwischen der in einer Region produzierten Gütermenge und der Einsatzmenge der Produktionsfaktoren Arbeit und Kapital besteht. Mit wachsender Einsatzmenge der Produktionsfaktoren steigt *ceteris paribus* die produzierte Gütermenge, wobei vereinfacht ein Zusammenhang wie beim Gesetz vom abnehmenden Ertragszuwachs unterstellt wird (➔ Kap. 3.3). Mit zunehmendem Faktoreinsatz wird die durch die zuletzt eingesetzte Faktoreinheit zusätzlich erzeugte Gütermenge immer geringer. Das heißt im Fall des Produktionsfaktors Arbeit, dass quasi der „Wert" der Arbeit (ihr Grenzprodukt) und damit auch ihr Preis (der Lohnsatz) umso geringer ist, je mehr Arbeitskräfte eingesetzt werden. Analoges gilt für die Beziehung zwischen Kapitaleinsatz, Grenzprodukt des Kapitals und Zinssatz. Demnach hängen Lohnniveau und Kapitalverzinsung vom jeweiligen Faktoreinsatz ab, d. h. der eingesetzten Menge der Produktionsfaktoren Arbeit und Kapital.

Ausgleichstendenzen durch Faktorwanderungen. Um räumliche Ausgleichstendenzen durch Faktorwanderungen darzustellen, wird ein einfaches **Zwei-Regionen-Modell** gewählt, wobei in beiden Regionen dieselben Produkte unter gleichen Rahmenbedingungen, d. h. mit demselben technischen Stand und ausreichender regionaler Nachfrage, hergestellt werden. Ausgangspunkt ist die Existenz räumlicher Disparitäten. Dies drückt sich in diesem Beispiel darin aus, dass in Region R_a arbeitsintensiver und in Region R_k kapitalintensiver produziert wird. In Region R_a ist das Arbeitskräftepotenzial größer, das Grenzprodukt der Arbeit geringer und damit das Lohnniveau niedriger als in Region R_k. Umgekehrt sind in Region R_k die Zinsen niedriger als in Region R_a. Ferner wird von vollkommener Faktormobilität ausgegangen. Da die Löhne in Region R_k höher sind als in Region R_a, besteht *ceteris paribus* ein Anreiz für Arbeitskräfte aus Region R_a nach Region R_k zu wandern. Durch diese Faktorwanderung steigen die Löhne in Region R_a, wo sich der Arbeitskräftebestand verringert, und fallen in Region R_k, wo sich der Arbeitskräftebestand erhöht. Analoges gilt für Kapital, das in umgekehrter Richtung wandert. Faktorpreisunterschiede lösen in diesem Modell also Faktorwanderungen aus, die dazu führen, dass ein Preisausgleich stattfindet und in beiden Regionen die gleiche Kapital- und Arbeitsintensität resultiert (Richardson 1978, Kap. 6; Schätzl 1998, Kap. 2.3.1).

Ausgleichstendenzen durch interregionalen Handel. In einem zweiten Fall wird auf Basis der Überlegungen von Heckscher und Ohlin der Frage nachgegangen werden, wie räumliche Ungleichgewichte sich entwickeln, wenn Immobilitäten der Produktionsfaktoren bestehen (Sauernheimer 1988; Maier und Tödtling 1996, Kap. 4). Diese bewirken, dass Faktorwanderungen nicht stattfinden können. In einem einfachen **Zwei-Regionen-Modell** wird wiederum davon ausgegangen, dass in Region R_a arbeitsintensiver und in Region R_k kapitalintensiver produziert wird. Unter der Annahme, dass interregionaler Handel möglich ist, kommt es in diesem Beispiel dazu, dass beide Regionen sich auf die Herstellung bestimmter Produkte spezialisieren. In der Region R_a mit hoher Arbeitsintensität ist der Produktionsfaktor Arbeit preiswerter, sodass arbeitsintensive Produkte hier *ceteris paribus* zu geringeren Kosten als in Region R_k hergestellt werden können. Es kommt also dazu, dass Region R_a sich auf arbeitsintensive und Region R_k sich auf kapitalintensive Produkte spezialisiert. Räumliche Disparitäten in der Faktorausstattung führen hierbei also zu einem unterschiedlichen regionalen Produktionsmix, nicht zu einer Angleichung der Produktionsstrukturen.

Was geschieht aber mit den Faktorpreisen? Wenn in Region R_a nunmehr aufgrund der geringeren Kosten vermehrt arbeitsintensive Produkte hergestellt werden, um diese auch in Region R_k zu verkaufen, müssten zusätzliche Arbeitskräfte zur Produktion eingesetzt werden. Aufgrund der angenommenen Immobilität von Arbeit ist es aber nicht möglich, den Arbeitskräfteeinsatz durch Anwerbung von Arbeitskräften aus anderen Regionen zu erhöhen. Eine Lösung des Problems ist dennoch wie folgt möglich: In Region R_a, die auf arbeitsintensive Produkte spezialisiert ist, wird der preiswerte Produktionsfaktor Arbeit immer intensiver genutzt. Durch diesen erhöhten Bedarf wird der Produktionsfaktor Arbeit in Region R_a in Relation zu Kapital teurer. In Region R_k wird umgekehrt der preiswerte Faktor Kapital immer intensiver genutzt und dadurch im Vergleich zu Arbeit teurer. Insgesamt bewegen sich die Faktorpreise in beiden Regionen auch ohne Faktorwanderungen aufeinander zu. Langfristig kommt es zu einem Preisgleichgewicht, bei dem eine regionale Spezialisierung – d. h. räumliche Heterogenität – in der Faktorausstattung erhalten bleibt. Ursache für diesen Ausgleichmechanismus ist, dass durch den Handel in jeder Region der jeweils preiswertere Produktionsfaktor intensiver genutzt wird (Maier und Tödtling 1996, Kap. 4). Man kann analog zu Ricardos Theorem der komparativen Kostenvorteile zeigen, dass eine regionale Spezialisierung der Produktion mit entsprechenden Preiseffekten auch dann stattfindet, wenn in einer Region die absoluten Faktorpreise aller Produktionsfaktoren geringer sind als in einer anderen Region (Schumann 1988).

12.1.2 Kritische Würdigung der neoklassischen Theorie

Anhand neoklassischer Modelle müssten sich interregionale Ausgleichstendenzen in der Faktorausstattung durch Faktorwanderungen ergeben, zumindest aber müssten Ausgleichstendenzen in den Faktorpreisen festzustellen sein. Dies scheint in der Realität aber nicht der Fall zu sein. So erweisen sich interregionale Unterschiede in Faktorausstattung und Faktorpreisen zwischen Verdichtungsräumen und nicht-verdichteten Räumen in empirischen Untersuchungen als äußerst persistent und scheinen tendenziell eher zuzunehmen. Offensichtlich gibt es Immobilitäten und natürliche Barrieren, wie z. B. Hochgebirge oder Wüsten, die einen räumlichen Ausgleich behindern (Schätzl 1998, Kap. 2.3.1). Noch wichtiger als natürliche sind institutionelle Barrieren, die sich in Form unterschiedlicher Gesetze, Normen, Verhaltensweisen und Gesellschaftssysteme niederschlagen und einem Ausgleich entgegenstehen.

Zudem sind die in der Neoklassik unterstellten Grundannahmen unrealistisch. Es gibt beispielsweise keine vollständigen Informationen. Spezifische Kenntnisse sind oft an Personen oder Unternehmen an bestimmten Standorten gebunden und deshalb nicht flächendeckend verfügbar (Maskell und Malmberg 1999 b; 1999 a). Dies gilt insbesondere für *tacit knowledge* (→ Kap. 3.3). Zum Teil halten ökonomische Akteure Informationen aber auch bewusst zurück oder täuschen ihre Transaktionspartner. Derartiges opportunistisches Verhalten schafft Unsicherheit (Williamson 1985, Kap. 2). Weiterhin gibt es in der Realität praktisch keine vollständige Konkurrenz, sodass Faktorpreise nicht dem Grenzprodukt der Faktoren entsprechen. Ein weiterer Kritikpunkt an der Neoklassik besteht darin, dass Produktionsfaktoren keineswegs so homogen sind wie angenommen. So gibt es unterschiedliche Qualitäten von Faktoren – besonders deutlich im Falle des Produktionsfaktors Arbeit –, die durch institutionelle Gegebenheiten wie Ausbildungsstrukturen und betriebliche Arbeitsteilung bzw. Arbeitsregeln bedingt sind. Letztlich wird technischer Fortschritt in der Neoklassik weitgehend ausgeklammert oder zumindest nur unzureichend in Modelle einbezogen.

12.2 Polarisationstheorie

Polarisationstheorien setzen direkt an der Kritik an neoklassischen Gleichgewichtstheorien an und argumentieren, dass es dauerhafte oder zumindest längerfristig andauernde räumliche Ungleichgewichte gibt, die sich durch verschiedene soziale und ökonomische Prozesse im Zeitablauf noch verstärken können (Richardson 1978, Kap. 6 und 7; Maier und Tödtling 1996, Kap. 5; Schätzl 1998, Kap. 2.3.5 und 2.3.7). Die Polarisationstheorie, obwohl aus der Auseinandersetzung mit der Kritik an der Neoklassik entstanden, stellt keine ähnlich geschlossene, in sich konsistente und mathematisch ausformulierte Gegenposition dar. Es handelt sich vielmehr um eine Reihe von Ansätzen, die teilweise sogar unabhängig voneinander entstanden sind. Ihnen ist gemeinsam, dass sie divergierende sektorale bzw. regionale Entwicklungen thematisieren.

Polarisationstheoretische Erklärungen basieren auf der Annahme der Existenz regionaler und/oder sektoraler Entwicklungspfade. Dies wird meist zwar nicht explizit konzeptionalisiert, steht aber zumindest implizit hinter der Überlegung, dass Strukturen, Entscheidungen und Erfahrungen aus der Vergangenheit in die Gegenwart und Zukunft nachwirken können. Heutige Entscheidungen in einer Region hängen damit von den Bedingungen und Strukturen ab, die vergangene Entscheidungen hervorgerufen haben. Das implizite **Grundverständnis polarisationstheoretischer Ansätze** ist also eines, das von Entwicklungspfaden ausgeht, die die Bedingungen für gegenwärtiges Handeln mit prägen. Dies wird in den verschiedenen Ansätzen in Form positiv und negativ rückgekoppelter, räumlich begrenzter Prozesse dargestellt, die sich selbst verstärken können. Allerdings ist diese evolutionstheoretische Sichtweise (→ Kap. 13.1 und 14.3) in der Polarisationstheorie stark unterkonzeptionalisiert. In jedem Fall aber werden die Grundannahmen der Neoklassik in der Polarisationstheorie nicht aufrechterhalten, was damit zusammenhängt, dass die meisten Ansätze aus empirischen Untersuchungen induktiv gewonnen wurden und nicht von normativen Annahmen deduktiv abgeleitet sind.

12.2.1 Sektorale Polarisation

Die Grundaussage der sektoralen Polarisation nach Perroux (1955) ist, dass Wachstum sektoral ungleichgewichtig verläuft, dass also bestimmte Sektoren und Wirtschaftsbereiche schneller wachsen als andere. Die Idee knüpft an die Arbeit von Schumpeter (1911, Kap. 6) an, wonach grundlegende Innovationen, insbesondere technische Neuerungen, in einer Branche zum „scharenweisen Auftreten von Unternehmern" führen. Dies geschieht durch Nachahmungen, Folgeinnovationen und Verbesserungen in der gleichen sowie in verbundenen Branchen. Besonders bedeutsam sind hierbei Branchen mit folgenden Kennzeichen: (1) bedeutende Größe, (2) starke Verflechtungen mit anderen Sektoren, (3) Dominanz und Macht im Verhältnis zu anderen Sektoren, (4) hohes Wachstum. Diese Sektoren, darunter z. B. die Automobilindustrie und die Petrochemie, bezeichnet Perroux (1955) als motorische Einheiten (*unités motrices*).

Die Impulse motorischer Einheiten entstehen auf zwei Arten:

(1) Einerseits führt das hohe Wachstum der motorischen Einheiten dazu, dass die Stückkosten in der Produktion sinken (*economies of scale*), wodurch die Marktposition der betreffenden Unternehmen gestärkt wird. Durch enge Zulieferverflechtungen erhalten dabei auch verbundene Sektoren Wachstumsschübe.

(2) Andererseits haben motorische Einheiten durch ihre Größe und Dominanz die Fähigkeit zur Innovation. Wachstumseffekte infolge erfolgreicher Innovationen breiten sich wiederum über Verflechtungsbeziehungen in andere Sektoren aus.

Motorische Einheiten und die mit ihnen verbundenen Sektoren wachsen somit schneller als andere Wirtschaftsbereiche. Sie haben durch ihre Dominanz und durch Verflechtungsbeziehungen Einfluss auf andere Sektoren und üben positive **Anstoßeffekte** und negative **Entzugseffekte** aus (Buttler et al. 1977, Teil B.III; Schilling-Kaletsch 1980, Kap. 1). Bei der Anwendung der Arbeit von Perroux (1955) muss man sich stets vor Augen halten, dass dabei ausschließlich sektorale und nicht räumliche Effekte gemeint sind. Die von ihm behandelten Wachstumspole sind also rein sektoraler Art.

12.2.2 Regionale Polarisation

Ausgehend von Perroux (1955) entwickelte sich in den 1960er-Jahren eine französische Wachstumspolschule, aus der auch Arbeiten von Boudeville (1966) und Lasuén (1969) hervorgegangen sind, in denen der Übergang von sektoraler zu regionaler Polarisation vollzogen wird. Hierbei liegt vereinfacht folgende Argumentation zugrunde: Wenn motorische Einheiten aufgrund von Kostenvorteilen in großen betrieblichen Einheiten organisiert sind und wenn Zulieferer und Kunden zumindest teilweise in derselben Region angesiedelt sind, dann ist sektorale Polarisation gleichbedeutend mit regionaler Polarisation.

In Anlehnung an Paelinck lassen sich verschiedene **geographische Effekte** unterscheiden, die aus regionaler Polarisation resultieren (Schätzl 1998, Kap. 2.3.7):

- technische, d. h. produktionsbedingte regionale Verflechtungen,
- regionale Einkommenseffekte durch Multiplikatorwirkungen,
- Anstöße zu Investitionen und Neugründungen in einer Region durch psychologische Effekte.

Boudeville (1966) versucht, sektorale Polarisationseffekte mithilfe der Standortstrukturtheorien von Christaller (1933) und Lösch (1944) auf die räumliche Siedlungs- und Wirtschaftsstruktur zu übertragen. Demnach gehen von Städten mit motorischen Einheiten Wachstumsimpulse aus und wirken auf Siedlungen geringerer Bedeutung (niedrigerer Ordnung), die in ihrem Umland liegen. Kern einer polarisierten Region ist dabei eine industrielle Agglomeration. Das Argument ist, dass derartige **Entwicklungs- und Wachstumspole** (Boudeville 1966 trifft diese Unterscheidung, die aber in der Literatur nicht einheitlich durchgehalten wird) die Ballungsvorteile einer Stadt und die Vielfalt der dort ansässigen Funktionen benötigen.

Lasuén (1969) hat den Zusammenhang zwischen Wachstum und Urbanisierung weiter untersucht. Er integriert in seine Arbeit verschiedene Standort- und Wachstumstheorien und erläutert das Entstehen eines räumlichen Systems von Wachstumspolen aus dynamischer Sicht. Seine Arbeit führt zu zwei wesentlichen Erkenntnissen:
(1) Die heute beobachtbaren Siedlungs- und Wachstumspolsysteme haben demnach ihren Ursprung in historischen Innovationsprozessen und den daraus folgenden Wachstumsschüben.
(2) Räumliche Auswirkungen von Innovationsschüben treten diskontinuierlich auf, d. h. in Form sektoraler und räumlicher Cluster. Innovationen werden in entwickelten urbanen Zentren am schnellsten aufgenommen und breiten sich von dort aus in andere, weniger urbane Zentren im Umland aus (Schilling-Kaletsch 1980, Kap. 2 und 3; Schätzl 1998, Kap. 2.3.7).

12.2.3 Zirkuläre Verursachung kumulativer Prozesse

Die regionale Polarisationstheorie hat als Kritik an der aus der Neoklassik abgeleiteten These vom räumlichen Gleichgewicht auch Einzug in die Entwicklungsländerdiskussion gehalten. So setzt Myrdal (1957) der neoklassischen Gleichgewichtshypothese die Hypothese von der zirkulären Verursachung kumulativer sozio-ökonomischer Prozesse entgegen. Er geht davon aus, dass die Variablen in einer regionalen Wirtschaft so miteinander verknüpft sind, dass die positive Veränderung einer Variablen auch bei anderen Variablen positive Veränderungen nach sich zieht und dass negative Veränderungen analog dazu weitere negative Veränderungen bedingen (Schilling-Kaletsch 1980, Kap. 1; Chapman und Walker 1987, Kap. 9). Rückkopplungseffekte von Nachfrage, Einkommen, Investitionen und Produktion führen somit zu einem kumulativen Wachstums- oder auch einem kumulativen Schrumpfungsprozess. Insofern unterscheidet sich diese Argumentation deutlich von der neoklassischen Theorie.
An einem einfachen Beispiel verdeutlicht Myrdal (1957) die kumulativen Wirkungen eines Schrumpfungsprozesses: Ausgangspunkt der Überlegung ist ein sogenannter externer Schock – ein unerwartetes, regionsextern verursachtes Ereignis. Eine große Fabrik in einer Gemeinde brennt ab und wird nicht wieder neu aufgebaut. Damit gehen Arbeitsplätze verloren und es kommt zu einem Rückgang der Einkommen. In der Folge sinkt die Nachfrage nach Gütern und Dienstleistungen, die zur lokalen Bedürfnisbefriedigung hergestellt werden. Die Konsequenz sind Entlassungen auch in anderen Branchen der lokalen Wirtschaft und es resultieren Abwanderungen von Arbeitskräften und Unternehmen aus der betroffenen Gemeinde. Dies wiederum führt zu einem Rückgang der Steuereinnahmen, mit denen die Gemeinde dem negativen Schrumpfungsprozess entgegenwirken kann. Letztlich verstärkt die Mobilität von Arbeit und Kapital die Auswirkung des externen Schocks und führt nicht, wie in der neoklassischen Theorie angenommen, zu einer Ausgleichstendenz.
In dieser Argumentation bewirken kumulative sozio-ökonomische Prozesse eine räumliche Differenzierung in wachsende und zurückgebliebene Regionen im interregionalen und internationalen Vergleich. Hierbei lassen sich zwei Effekte unterscheiden:
(1) **Zentripetale Entzugseffekte** (*backwash effects*) sind die negativen Effekte, die das Wachstum einer Region in anderen Regionen z. B. durch den Abzug von Produktionsfaktoren bedingt.
(2) **Zentrifugale Ausbreitungseffekte** (*spread effects*) sind die positiven Effekte des Wachstums, die in anderen Regionen z. B. durch die Ausbreitung technischen Wissens wirksam werden (Schätzl 1998, Kap. 2.3.5).
Myrdal (1957) geht davon aus, dass Entzugseffekte dauerhaft stärker sind als Ausbreitungseffekte und fasst seine Ergebnisse in zwei Schlussfolgerungen zusammen:
(1) Erstens besteht eine immerwährende Tendenz zu räumlichen Ungleichgewichten durch ungleiche räumliche Wachstums- und Entwicklungsprozesse.
(2) Zweitens ist diese Tendenz umso stärker ausgeprägt, je ärmer ein Land ist.
Eine zentrale Kritik an diesem Modell setzt bei der Entstehung kumulativer Prozesse an, die nicht modell- bzw. regionsintern, sondern über externe Ereignisse erklärt werden.

Hirschman (1958) greift in seinem Polarisationsansatz wie Myrdal (1957) die Entwicklungsländerperspektive auf. Er geht von einem Zwei-Regionen-Modell mit einer wachsenden Nordregion und einer zurückgebliebenen Südregion aus und unterscheidet zwei Effekte, die durch das Wachstum der Nordregion ausgelöst werden: (1) positive **Sickereffekte** (*trickling-down effectss*) und (2) negative **Polarisationseffekte** (*polarization effectss*) aus der Nord- in die Südregion. Während Myrdal (1957) zu dem Ergebnis kommt, dass räumliche Ungleichgewichte dauerhaft bestehen bleiben, gelangt Hirschman (1958) zu der Schlussfolgerung, dass auf lange Sicht Gegenkräfte auf einen Abbau räumlicher Disparitäten hinwirken (Krätke 1995 a, Kap. 3).
Ursachen für längerfristige regionale Entwicklungsunterschiede können Immobilitäten der Produktionsfaktoren, unvollständige Informationen, unelastische Faktorpreise – die z. B. nicht auf Faktorwanderungen reagieren – sowie positiv oder negativ rückgekoppelte Prozesse sein. Genau dies sind jedoch die Strukturen, die in vielen neoklassischen Modellformulierungen von vornherein ausgeschlossen werden.

12.2.4 Zentrum-Peripherie-Modelle

Zentrum-Peripherie-Modelle greifen polarisationstheoretische Überlegungen auf, haben aber eine eigenständige konzeptionelle Basis, die aus den auf Entwicklungsländer bezogenen Dependenz- und den Imperialismustheorien hervorgegangen ist. In diesen Erklärungsansätzen wird vereinfacht zwischen einem reichen Zentrum mit industrieller Produktion und Weiterverarbeitung sowie einer verarmten, ausgebeuteten Peripherie mit Rohstoffabbau unterschieden. In Konzeptionen, die dies in Form eines ungleichen Tauschs (Prebisch 1959) oder durch die Einflussnahme sogenannter Brückenköpfe (Galtung 1978) abbilden, wird verdeutlicht, dass das Wachstum des Zentrums zulasten der Peripherie geht und dass dieses Wachstum erst durch die Ausbeutung der Peripherie möglich wird. Infolge des ungleichen Tauschs von veredelten Industriegütern gegen Rohstoffe bleiben nicht nur Entwicklungsunterschiede, wie z. B. beim technischen Fortschritt, erhalten, sondern durch Brückenköpfe in der Peripherie wird die Abhängigkeit der Peripherie vom Zentrum weiter verstärkt. Radikale Dependenztheoretiker fordern zur Überwindung der Abhängigkeit die Unterstützung von Revolutionen in der Peripherie.
Ein vergleichsweise umfassendes, weniger revolutionäres Zentrum-Peripherie-Modell, das viele andere Ansätze und Vorstellungen integriert, stammt von Friedmann (1966). An polarisationstheoretischen Überlegungen anknüpfend wird davon ausgegangen, dass Innovationsprozesse räumliche und sektorale Ungleichgewichte nach sich ziehen. Die daraus entstehenden Zentren üben Macht und Einfluss auf die Peripherie aus (Schilling-Kaletsch 1980, Kap. 3). Hierbei gibt es verschiedene Effekte, die zu rückgekoppelten Prozessen führen. Dazu zählen

- Dominations- und Entzugseffekte,
- psychologische Effekte, z. B. in Form von Nachahmung,
- Informationseffekte durch die hohe Informationsdichte im Zentrum,
- Effekte durch Input-Output-Verflechtungen.

Die Dominanz des Zentrums bewirkt in dem Modell im Zeitablauf zunehmend Widerstände in der Peripherie, weil Vorteile einseitig auf die Eliten der Peripherie konzentriert sind. Daraus erwachsen gesellschaftliche Konflikte, die auf unterschiedliche Weise – z. B. durch gewaltsame Unterdrückung, Ablösung der Eliten oder eine gleichmäßigere Machtverteilung – gelöst werden können.
Die Entwicklung des **Zentrum-Peripherie-Musters** lässt sich nach Friedmann (1966) idealtypisch in vier Stufen darstellen (Richardson 1978, Kap. 6; Dicken und Lloyd 1990, Kap. 6; Schätzl 1998, Kap. 2.3.6):
(1) Die **präindustrielle Stufe** ist durch eine stabile Raumstruktur ohne ausgeprägte Zentrum-Peripherie-Gegensätze gekennzeichnet (→ Abb. 12-1 a). Es existieren vorwiegend kleine Siedlungen mit räumlich begrenzten Austauschprozessen.
(2) Mit der **beginnenden Industrialisierung** entstehen erstmals dominante Zentren, sogenannte Primatstädte, die der Peripherie Produktionsfaktoren entziehen (→ Abb. 12-1 b). Die Folge ist eine instabile Raumstruktur.

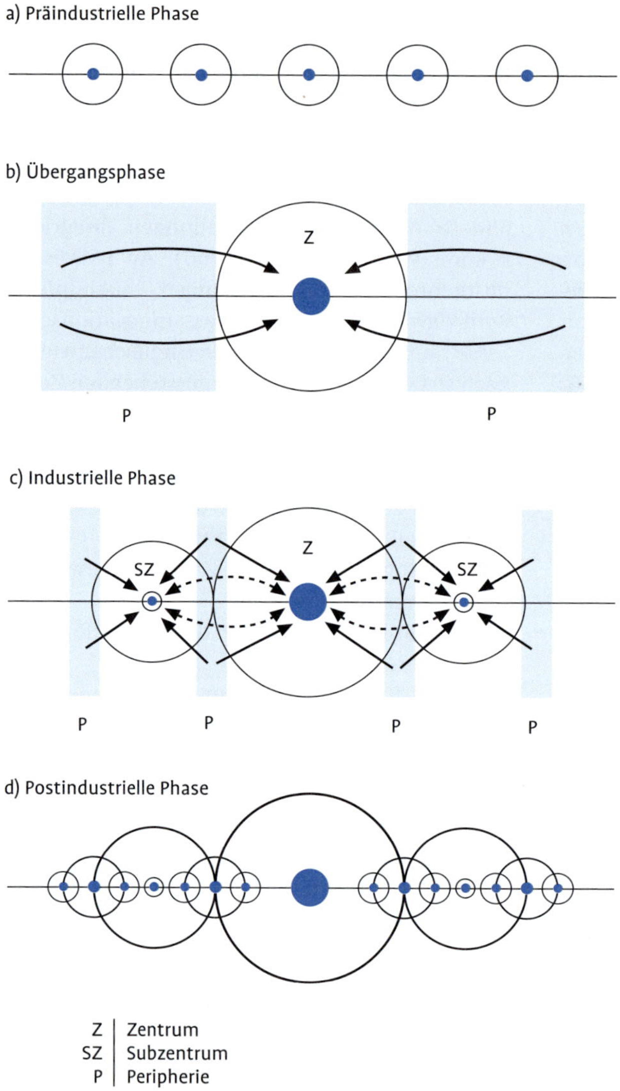

Abb. 12-1: Zentrum-Peripherie-Strukturen in der historischen Entwicklung (nach Schätzl 1998, S. 170)

(3) Mit **fortschreitender Industrialisierung** bewirken politische Gegenkräfte die Bildung von Subzentren (→ Abb. 12-1 c). Es bestehen differenzierte Zentrum-Peripherie-Beziehungen, wobei zunehmend periphere Gebiete in die Wirtschaftsprozesse integriert werden.

(4) Die **postindustrielle Phase** ist schließlich durch ein differenziertes hierarchisches Zentrengefüge und komplexe räumliche Austauschprozesse gekennzeichnet, die nicht mehr einseitig zulasten bestimmter Regionen gehen (→ Abb. 12-1 d). Das Gesamtsystem ist in dieser Phase stabil und regionale Disparitäten sind relativ gering ausgeprägt.

Problematisch an diesem Zentrum-Peripherie-Modell ist, dass – wie in vielen polarisationstheoretischen Ansätzen – der Versuch unternommen wird, deskriptive Aussagen über empirische Einzelbeobachtungen zu verallgemeinern. Derartige Ansätze erfassen jedoch nur unzureichend die dahinterstehenden sozialen und ökonomischen Prozesse, sodass ihre Relevanz letztlich unklar bleibt.

12.2.5 Kritische Würdigung der Polarisationstheorie

Die Polarisationstheorie liefert insgesamt kein geschlossenes Theoriegebäude, sondern besteht aus einer Vielzahl von Einzelansätzen, die nur teilweise miteinander kompatibel sind (Maier und Tödtling 1996, Kap. 5). Sie bildet kein konsistentes Gegenmodell zur neoklassischen Theorie und hat insofern in der Ökonomie auch keine breite Resonanz gefunden. So zeigt die Polarisationstheorie zwar, wie durch Rückkopplungseffekte räumliche Ungleichgewichte entstehen können. Es fehlt aber eine Erklärung, warum Rückkopplungen sich nicht so weit aufschaukeln, dass es zu einem Zusammenbruch der Wirtschaft kommt. Zum Teil bildet die Neoklassik sogar den Ausgangspunkt polarisationstheoretischer Überlegungen, was zu Widersprüchen in den Konzepten führt.

In polarisationstheoretischen Ansätzen sind implizit zahlreiche Ideen enthalten, die in der relationalen Wirtschaftsgeographie eine wichtige Rolle spielen und zum Inhalt von Forschungsprojekten werden. So sind in der Polarisationstheorie Verflechtungen zwischen Unternehmen und institutionellen Akteuren von großer Bedeutung, weil über diese Verflechtungen Ballungs- und Entleerungsprozesse verbreitet oder gebremst werden. Implizit wird in den Ansätzen zudem die Existenz von Entwicklungspfaden unterstellt. Allerdings werden Verflechtungen in der Polarisationstheorie primär als Input-Output-Beziehungen verstanden. Der soziale Hintergrund, die Gestaltung und Intensität von Verflechtungsbeziehungen oder Aspekte der Wissensgenerierung werden nicht beachtet. Die Polarisationstheorie verbleibt insofern auf einer beschreibenden Ebene dieser Verflechtungen. Sie untersucht nicht, wie soziale Interaktionen zu Lernprozessen führen, die Innovationen stimulieren, und wie Polarisation letztlich das Ergebnis sozialer und ökonomischer Selektionsprozesse ist. Es sind dies Aspekte, die in der neuen endogenen Wachstumstheorie von Ökonomen systematisch aufgegriffen wurden (→ Box 12-1).

Box 12-1: Neue endogene Wachstumstheorie

In den 1980er und 1990er-Jahren hat sich in der Ökonomie durch den Einfluss der Arbeiten von Romer (1986; 1990) ein Forschungsfeld entwickelt, das unter dem Oberbegriff der „neuen endogenen Wachstumstheorie“ zusammengefasst wird. Zum Teil werden die Ansätze sogar dem neoklassischen Gedankengebäude zugerechnet, das dadurch fast endlos ausdehnbar erscheint. In den Arbeiten zur neuen endogenen Wachstumstheorie werden interessanterweise polarisationstheoretische Argumente aufgegriffen. Durch die Einbeziehung unvollkommener Märkte (z. B. monopolistischer Wettbewerbsstrukturen), externer Effekte und steigender Skalen- bzw. Durchschnittserträge (*increasing returns* – insbesondere durch Größeneffekte) werden hierbei Entwicklungsprozesse modelliert, die nicht notwendigerweise zu einem Gleichgewicht führen müssen, sondern auch langfristig divergieren können (Maier und Tödtling 1996, Kap. 6; Martin und Sunley 1998).

Im Grundmodell der neoklassischen Theorie wird technischer Fortschritt als exogen vorgegeben angesehen. Tatsächlich aber entsteht technischer Fortschritt vor allem durch den systematischen Einsatz von Ressourcen innerhalb des Wirtschaftsprozesses – z. B. infolge gezielter Forschungs- und Entwicklungsaktivitäten – und ist deshalb als interner Faktor zu betrachten. Er wird allerdings von externen Effekten geprägt und hat in Form von Wissen die Eigenschaft, dass er nicht immer wieder neu produziert werden muss. Einmal hergestellt, kann das mit technischem Fortschritt verbundene Wissen von verschiedenen ökonomischen Akteuren an verschiedenen Orten und zu verschiedenen Zeitpunkten immer wieder aufs Neue eingesetzt werden. Dies wird in der neuen endogenen Wachstumstheorie berücksichtigt. Insofern formuliert sie keine neuen Argumente, sondern passt bekannte Zusammenhänge in den Rahmen ökonomischer Modelle ein (Romer 1986; 1990):

(1) **Externalitätenmodell.** In diesem Modell wird technischer Fortschritt als zusätzlicher Produktionsfaktor eingeführt, der aber nicht nach dem Grenzprodukt entlohnt wird. Romer (1986) definiert technischen Fortschritt als die Vermehrung von Humankapital, technischer Fortschritt resultiert somit als externer Effekt aus der Investitionstätigkeit. Durch zusätzliche Investitionen entsteht quasi automatisch und kostenlos technischer Fortschritt.

(2) **Innovationsmodell.** Hierin hängt der Zuwachs des technologischen Wissens von zwei Faktoren ab: dem bisherigen Bestand an Wissen sowie dem eingesetzten Humankapital. In dieser Modellkonzeption basiert die Erfindung neuer Produkte auch auf den Erfahrungen bei der Entwicklung früherer Produkte. Entgegen einem reinen Marktmodell werden hierbei im Zeitablauf nicht zuerst die produktivsten und nachfolgend immer weniger produktive Erfindungen gemacht. Durch Romers Konzeptionalisierung wird die Akkumulation technologischen Wissens zum eigentlichen Wachstumsmotor einer Volkswirtschaft.

Im Unterschied zur neoklassischen Theorie werden Ungleichgewichte und räumliche Disparitäten in der neuen endogenen Wachstumstheorie nicht automatisch ausgeglichen. Externe Effekte und Monopole stören diesen Prozess. In den eingesetzten Modellen wächst eine Region mit großem Kapitalbestand schneller als eine Region mit geringem Kapitalbestand, wobei sich die Einkommensunterschiede im Zeitablauf fortlaufend vergrößern können. Allerdings gibt es auch Modellansätze mit langfristiger Konvergenz.

Die neue endogene Wachstumstheorie besteht aus unterschiedlichen Modellvarianten, die versuchen, Innovationsprozesse im Rahmen von Gleichgewichtsmodellen zu erfassen (Maier und Tödtling 1996, Kap. 6). Dadurch, dass die neue Wachstumstheorie Externalitäten und Größeneffekte einbezieht, lassen sich spezifische räumliche und historische Gegebenheiten berücksichtigen. Es ist möglich, dass zufällige Ereignisse den Entwicklungspfad einer Region entscheidend prägen können. Daraus lassen sich Rückschlüsse auf die Existenz räumlicher Ballungen und kumulativer Wachstums- und Schrumpfungsprozesse ziehen. In einer umfassenden Bewertung der neuen endogenen Wachstumstheorie kritisieren Martin und Sunley (1998), dass in den betreffenden Studien formale Modelle überbetont werden, die es nicht gestatten, sozio-institutionelle Kontexte zu erfassen. Es besteht die Gefahr, dass vor allem der Grad räumlicher Konvergenz bzw. Divergenz gemessen wird und die zugrunde liegenden sozialen und ökonomischen Prozesse unbeachtet bleiben.

12.3 Exportbasis-Ansatz und regionale Wirtschaftspolitik

Trotz ihrer konzeptionellen Schwächen fand die Polarisationstheorie in Form des Wachstumspolansatzes Eingang in die Praxis der regionalen Wirtschaftsförderung und Regionalplanung. Die aus polarisationstheoretischen Überlegungen abgeleitete Schlussfolgerung war, dass man mit einer flächenhaften Förderpolitik in wirtschaftlich unterentwickelten Regionen angesichts knapper Mittel nicht viel Erfolg haben kann. Deshalb wurde das Ziel definiert, geeignete Ballungen auszuwählen, die Ansätze von Wachstumspolen in sich bergen, um durch räumlich konzentrierte Förderung die gewünschten räumlichen Ausbreitungs- und Multiplikatoreffekte zu erreichen. Derartige Effekte wurden zuerst in der Exportbasis-Theorie thematisiert.

12.3.1 Regionalwirtschaftliche Multiplikatoreffekte im Exportbasis-Ansatz

Exportbasis-Ansätze gehen von der Idee aus, dass das Wirtschaftswachstum einer Region vor allem von ihrem Exportsektor abhängt. Durch Exporte werden Einkommensströme in die Region gelenkt, die zum Teil in der Region verausgabt werden (Lauschmann 1976, III. Teil; Krietemeyer 1983; Krätke 1995 a, Kap. 2; Maier und

Tödtling 1996, Kap. 3; Schätzl 1998, Kap. 2.3.3). Aus diesem Grund wird zwischen Export- bzw. Basissektoren sowie Nicht-Basissektoren, die für die Bedürfnisse des lokalen Markts produzieren, unterschieden. Regionale Multiplikatoreffekte entstehen durch folgenden ökonomischen Prozess (→ Abb. 12-2): Exportaktivitäten der Basissektoren lenken zusätzliche Einkommen in die Region, die teilweise zwar in Form von Gewinntransfers und Ausgaben für Importe abfließen, zum Teil aber auch für lokale Güter und Dienstleistungen ausgegeben werden. Dadurch entsteht in den Nicht-Basissektoren eine erhöhte Nachfrage. Es erfolgt auch hier eine Produktionsausweitung, aus der wiederum zusätzliche Einkommen hervorgehen, die zwar teilweise für Importe von Vor- und Zwischenprodukten in andere Regionen abfließen, zum Teil aber erneut innerhalb der Region verausgabt werden. Durch Exportaktivitäten entsteht somit ein inkrementaler Wachstumsprozess, der am Ende zu einer neuen Gleichgewichtssituation führt. Die regionalen Multiplikatorwirkungen sind umso größer, je größer der Anteil der in der Region verbleibenden Einkommen ist, d. h. je größer die Konsumquote ist und je geringer die Importaktivitäten ausfallen. Diese Zusammenhänge lassen sich in einem einfachen Kreislaufmodell für Region i zusammenfassen (Bathelt 1991 b, Kap. 9):

Angebot: $A_i = N_i = Y_i$

Nachfrage: $N_i = C_i + I_i + X_i - M_i$

mit:

$$C_i = C_i^a + c_i Y_i$$

$$I_i = I_i^a$$

$$X_i = X_i^a$$

$$M_i = m_i Y_i$$

In dem Modell für Region i wird als Gleichgewichtsbedingung vorgegeben, dass sich das regionale Angebot A_i der regionalen Nachfrage N_i stets anpasst. Beide sind definitionsgemäß gleich dem Regionalprodukt Y_i. Es wird davon ausgegangen, dass sich die regionale Nachfrage additiv aus dem regionalen Konsum C_i, den regionalen Investitionen I_i, den regionalen Exporten X_i

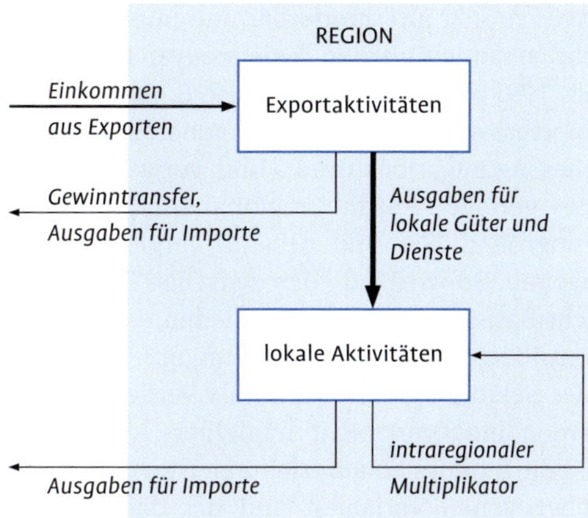

Abb. 12-2: Kapitalströme im Exportbasis-Ansatz (nach Schätzl 1998, S. 144)

abzüglich der regionalen Importe M_i zusammensetzt. Regionale Investitionen und Exporte werden dabei als autonome – d. h. feste, variablenunabhängige – Größen $I^a{}_i$ bzw. $X^a{}_i$ exogen vorgegeben. Diese autonomen Größen werden durch den hochgestellten Index a gekennzeichnet. Von den regionalen Importen M_i wird angenommen, dass sie direkt proportional zum Regionalprodukt sind. Die regionale Importquote m_i gibt an, welcher Anteil des Regionalprodukts für Importe verausgabt werden. Für den regionalen Konsum C_i wird ein linearer Zusammenhang mit dem regionalen Einkommen Y_i unterstellt. Der Konsum besteht aus einer autonomen Komponente $C^a{}_i$ und einer einkommensabhängigen Komponente $c_i Y_i$, wobei die marginale Konsumquote c_i angibt, welcher Anteil des zusätzlichen Einkommens für Konsumzwecke anstatt für Sparzwecke verwendet wird. Durch Auflösung des entstehenden Gleichungssystems ergibt sich folgendes regionales Gleichgewicht:

$$Y_i = \frac{1}{1 - c_i + m_i} \cdot \left(C_i^a + I_i^a + X_i^a\right)$$

Der regionale Multiplikator ist in dieser Gleichung umso größer, je größer die regionale Konsumquote und je geringer die regionale Importquote ist (Isard 1960, Kap. 6). Allerdings ist ein solches regionalwirtschaftliches Modell aufgrund seiner konzeptionellen Schwächen nur eingeschränkt interpretierbar und muss mit Vorsicht behandelt werden (Krietemeyer 1983; Bathelt 1991b, Kap. 9; Schätzl 1998, Kap. 2.3.3). Exportbasis-Modelle besitzen generell ein sehr hohes Aggregationsniveau und verwenden nur eine geringe Anzahl regionalwirtschaftlicher Kenngrößen. Sie sind deshalb vergleichsweise ungenau. So wird lediglich zwischen Basis- und Nicht-Basissektoren unterschieden, unternehmensübergreifende Verflechtungen innerhalb eines Sektors und intersektorale Verflechtungen werden hingegen nicht modelliert. Außerdem sind die funktionalen Beziehungen zwischen den einbezogenen Variablen und die dabei unterstellten wirtschaftlichen Verhaltensweisen stark vereinfacht. Zudem sind die Annahmen über exogene Variablen sehr rigide. Ein weiteres Problem besteht schließlich darin, dass Regionen in Exportbasis-Modellen wie miniaturisierte Volkswirtschaften behandelt werden. Da Regionen aber im Unterschied zu Volkswirtschaften nicht eindeutig begrenzt sind, hängt die Höhe der regionalwirtschaftlichen Multiplikatoreffekte direkt von der zugrunde gelegten Regionsabgrenzung ab und ist von der Abgrenzungsmethode mitbestimmt.

Trotz dieser Kritikpunkte kann das Modell wichtige Aufschlüsse über regionalwirtschaftliche Förderschwerpunkte geben, indem diejenigen Industrien, Sektoren und Cluster gestützt werden, die besonders stark in einer Region vertreten und wettbewerbsfähig sind. Durch Anwendung einer wissensbasierten Perspektive lassen sich zudem Prozesse der Wissensdynamik in regionalem Kontext konzeptionalisieren (Bathelt 2007), wie die Clusterkonzeption des lokalen Rauschens und globalen Pfeifens veranschaulicht (→ Kap. 10.3).

12.3.2 Gemeinschaftsaufgabe zur Verbesserung der regionalen Wirtschaftsstruktur

Die regionale Wirtschaftsförderung in Deutschland wird wesentlich durch das Gesetz über die Gemeinschaftsaufgabe zur Verbesserung der regionalen Wirtschaftsstruktur (GA) geregelt (Buttler et al. 1977, Teil C; Klemmer 1995). Das **Ziel der Gemeinschaftsaufgabe** besteht darin, Investitionsvorhaben zu fördern, die im Sinn des Exportbasis-Ansatzes zusätzliches Einkommen in Regionen lenken. In der Gemeinschaftsaufgabe ist somit der Exportbasis-Ansatz direkt verankert. Dadurch soll strukturschwachen Regionen die Möglichkeit gegeben werden, Anschluss an die allgemeine Wirtschaftsentwicklung zu erhalten, Standortnachteile auszugleichen und regionale Entwicklungsunterschiede abzubauen. Ursprünglich erfolgte die Förderung in den als entwicklungsbedürftig eingestuften Regionen nach dem Wachstumspolkonzept nur in bestimmten, vorher festgelegten Schwerpunktorten (Deutscher Bundestag 1991, Teil I). Dieses Prinzip wurde allerdings in der 1990er-Jahren aufgegeben (Deutscher Bundestag 1998, Teil I). Die im Rahmen der Gemeinschaftsaufgabe geförderten Unternehmen müssen exportorientiert sein, d. h. ihre Produkte vorwiegend überregional (jenseits eines Radius von 50 km um die Betriebsstätte) absetzen (Deutscher Bundestag 2009). Gefördert werden können neben Investitionen der gewerblichen Wirtschaft auch Tourismusvorhaben, Telearbeitsplätze und wirtschaftsnahe kommunale Infrastrukturmaßnahmen. Zusätzlich werden seit Ende der 1990er-Jahre auch nicht-investive Fördertatbestände in den Bereichen Beratung, Schulung, Humankapitalbildung sowie angewandte Forschung und Entwicklung berücksichtigt, die der Sicherung der Wettbewerbsfähigkeit und Innovationskraft von kleinen und mittleren Unternehmen dienen. Seit 1995 sind zudem integrierte regionale Entwicklungskonzepte und Regionalmanagement und seit 2005 Kooperationsnetzwerke und Clustermanagement förderfähig (Deutscher Bundestag 2005, Teil I und II).

Das Gesetz über die Gemeinschaftsaufgabe „Verbesserung der regionalen Wirtschaftsstruktur" aus dem Jahr 1969 definiert die regionale Wirtschaftsförderung als Ländersache, an der der Bund bei der Rahmenplanung mitwirkt und bei der Finanzierung zu 50 % beteiligt ist. Mit der Neustrukturierung der Arbeitsteilung zwischen Bund und Ländern seit Mitte der 2000er-Jahre und der zunehmenden Bedeutung der EU-Förderpolitik ändert sich dies jedoch. Kommunale Wirtschaftsförderung darf die Ziele und Tatbestände der Gemeinschaftsaufgabe nicht ignorieren, sondern muss mit den Planungen der Länder abgestimmt sein. Konkret bedeutet dies, dass Kommunen beispielsweise keine eigenständigen finanziellen Hilfen im Rahmen ihrer Wirtschaftsförderung an Unternehmen vergeben dürfen. Im Zuge der **Föderalismusreform** 2006 wurde die Beibehaltung der Gemeinschaftsaufgabe gesetzlich beschlossen. Seit 2007 ist allerdings die Verpflichtung entfallen, jährlich einen Rahmenplan als rechtsverbindliches Abstimmungsinstrument der Gemeinschaftsaufgabe zu erstellen. Stattdessen gibt es nun einen mehrjährig gültigen Koordinierungsrahmen, der nur bei konkretem Änderungsbedarf angepasst wird. Der **Koordinierungsrahmen** grenzt die Fördergebiete ab und fasst diese in regionale Förderprogramme zusammen, wobei für jedes regionale Förderprogramm Ziele definiert werden. Der Koordinierungsrahmen regelt ferner Voraussetzungen, Art, Intensität und Umfang der Förderung und berichtet über ausgeführte und geplante Maßnahmen (Deutscher Bundestag 2009). **Förderwürdige Maßnahmen** sind (a) die Errichtung oder (b) die Erweiterung einer Betriebsstätte, (c) die Umstellung, Rationalisierung bzw. Modernisierung einer Betriebsstätte oder (d) der Erwerb einer stillgelegten oder von Stilllegung bedrohten Betriebsstätte. Es handelt sich bei der Förderung überwiegend um einmalige nichtrückzahlbare Investitionszuschüsse. Mit der Förderung von Investitionen soll insbesondere der Strukturwandel durch neu anzusiedelnde Branchen unterstützt und die Subventionierung von Problembranchen, wie z. B. dem Bergbau, vermieden werden. Aber auch in anderen Branchen, wie etwa der Kraftfahrzeugindustrie, gibt es Einschränkungen hinsichtlich der Fördermöglichkeiten. Ziel ist es durchweg, neue Arbeitsplätze zu schaffen oder bestehende zu erhalten.

Die Abgrenzung der Fördergebiete basiert seit 2007 erstmals auf einer gesamtdeutschen Bewertung von **Arbeitsmarktregionen** (Deutscher Bundestag 2009), nachdem sie bis 2005 nur für die alten Länder bestimmt wurden (Eckey und Klemmer 1991; Eckey 1995). Die Arbeitsmarktregionen repräsentieren die Zentren der regionalen Arbeitsmärkte einschließlich ihrer jeweiligen Einzugsbereiche, die anhand von Berufspendlerverflechtungen ermittelt werden. Sie dienen als Diagnoseeinheiten zur Bestimmung der Förderbedürftigkeit, die für die Periode 2007 bis 2013 anhand von vier Indikatoren und gegenüber den früheren Förderperioden mit einer stärkeren Gewichtung der Arbeitslosigkeit gemessen wird (Deutscher Bundestag 2009, Teil I):

- durchschnittliche Arbeitslosenquote der Jahre 2002 bis 2005 (Gewichtung: 50 %),
- Bruttojahreslohn je sozialversicherungspflichtig Beschäftigtem in 2003 (Gewichtung: 40 %),
- Erwerbstätigenprognose 2004 bis 2011 (Gewichtung: 5 %),
- Infrastrukturindikator (Gewichtung: 5 %).

Die für die Fördergebiete ermittelten Indikatorwerte werden je Indikator standardisiert und anschließend für jede Arbeitsmarktregion zu einem Gesamtindikator zusammengefasst. Daraus lässt sich schließlich eine Rangfolge der Arbeitsmarktregionen nach ihrer Förderbedürftigkeit erstellen. Auf der Basis der verwendeten Indikatoren und der politischen Zielsetzungen werden für die Periode 2007 bis 2013 drei Arten von Fördergebieten unterschieden (→ Abb. 12-3):

A-Fördergebiete repräsentieren die strukturschwächsten Arbeitsregionen mit Förderhöchstsätzen bei Investitionen kleiner und mittlerer Unternehmen von 50 % und bei großen Unternehmen von 30 %. Sie umfassen flächendeckend alle Regionen der neuen Länder sowie einige Problemregionen in den alten Ländern (z. B. Lüneburg).

C-Fördergebiete umfassen gemäß einer Rangliste der Förderbedürftigkeit die strukturschwachen Regionen in Westdeutschland, darunter strukturschwache ländliche Regionen, altindustrielle Regionen im Strukturwandel und die bayerischen Grenzräume mit Tschechien. Die Förderhöchstsätze liegen hier bei 35 % für kleine und mittlere Unternehmen und bei 15 % für große Unternehmen.

D-Fördergebiete umfassen in den alten Bundesländern insbesondere ländliche Problemregionen. Hier konzentrieren sich staatliche Beihilfen auf kleine und mittlere Unternehmen. Sie betra-

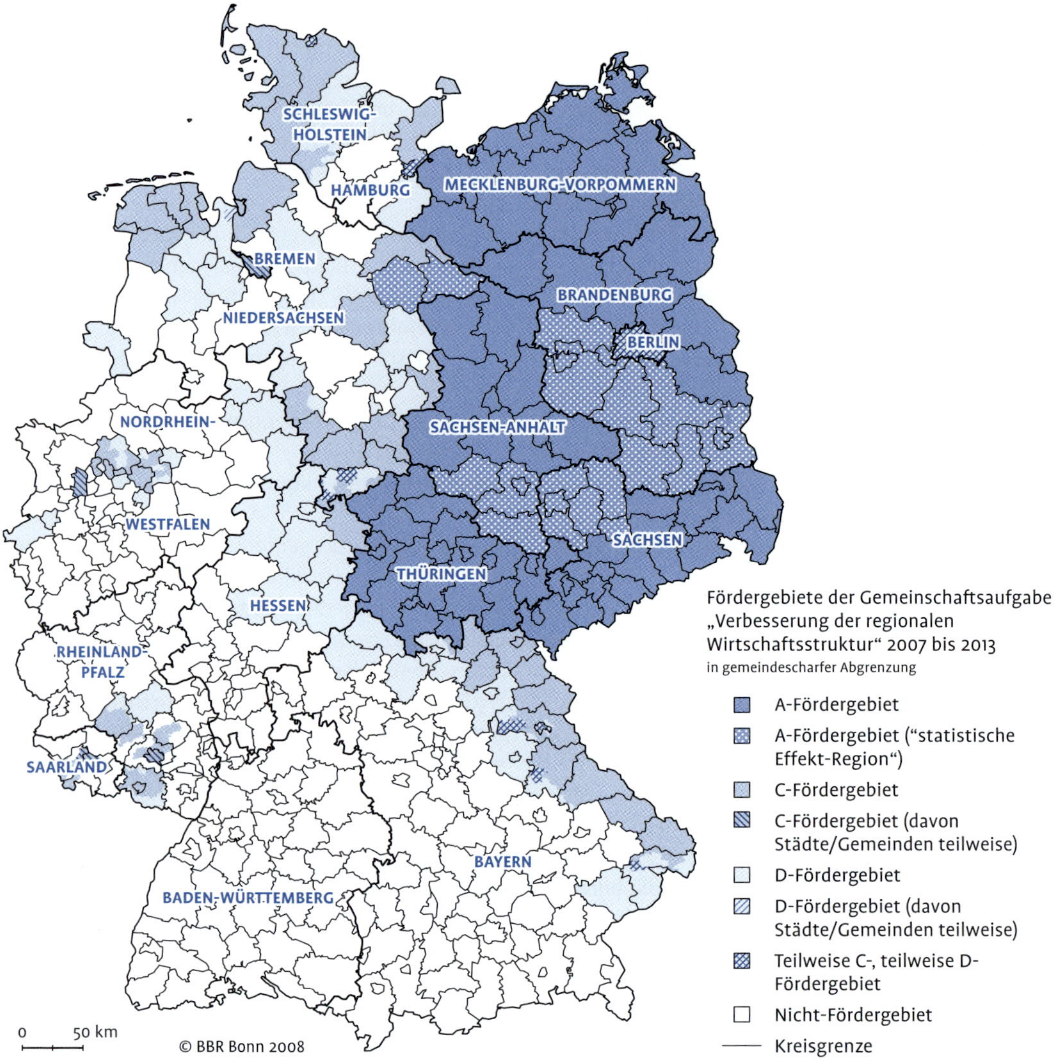

Abb. 12-3: Abgrenzung der GA-Fördergebiete auf Basis von Arbeitsmarktregionen (nach Deutscher Bundestag 2009, S. 173)

gen bei kleinen Unternehmen bis zu 20% der Investitionssumme, bei mittleren Unternehmen bis zu 10% und bei sonstigen Unternehmen maximal 200 000 Euro. Ehemalige Zonenrandgebiete (frühere E-Fördergebiete) werden ab 2007 in die D-Fördergebiete integriert.

Durch den europäischen Einigungsprozess hat die Gemeinschaftsaufgabe zur Verbesserung der regionalen Wirtschaftsstruktur nicht mehr nur deutsche, sondern auch europäische Belange zu berücksichtigen. So hat der Bund den Handlungsrahmen im Einklang mit dem europäischen Beihilferecht zu entwickeln und Fördervorgaben der Europäischen Union zu achten, zumal Mittel aus dem Europäischen Fonds für regionale Entwicklung (EFRE) die Maßnahmen der Regionalförderung in Deutschland flankieren.

Ein Problem der Gemeinschaftsaufgabe besteht darin, dass die zur Verfügung stehenden Mittel begrenzt sind und – wenn man einmal von der

Sondersituation nach der Wiedervereinigung absieht – kaum erhöht wurden (Baumheier et al. 1995; Klemmer 1995). Infolgedessen sank das relative Gewicht der Gemeinschaftsaufgabe im Vergleich zu anderen Politiken wie der Agrar-, Technologie- und Sozialpolitik, deren Etats sich kontinuierlich erhöhten. Aufgrund der erheblichen Strukturprobleme in Ostdeutschland war es im Zug der Wiedervereinigung notwendig, gezielt zusätzliche Mittel zum Aufbau der Wirtschaft einzusetzen (Aufbau Ost). So wurden die Mittel der Gemeinschaftsaufgabe bis zum Jahr 1995 deutlich angehoben, um seither wieder kontinuierlich zu schrumpfen. Bis zum Jahr 2012 haben sich die geplanten Bundesmittel mit jährlich 624 Millionen Euro auf weniger als ein Drittel des Bundesetats von 1995 reduziert (➔ Abb. 12-4). Ein weiteres Problem der Gemeinschaftsaufgabe besteht darin, dass die Koordination mit den Sektorpolitiken nach wie vor gering ausgeprägt ist.

Aufgrund dieser und anderer Hinweise einer begrenzten **Wirksamkeit der regionalen Wirtschaftsförderung** wird die Gemeinschaftsaufgabe schon seit Ende der 1970er-Jahre stark kritisiert (Buttler et al. 1977, Teil C; Höher 1997, Kap. 4). Ihr wird vorgeworfen, dass sie sich zu stark an der Exportorientierung und zu wenig an der Innovationskraft der Unternehmen orientiert (Ewers und Wettmann 1978; Brugger 1984). Ferner besitze sie nur eine geringe Wirksamkeit und erziele nur eine geringe regionale Multiplikatorwirkung, während sie zugleich hohe Mitnahmeeffekte der Unternehmen provoziere (Recker 1978; Asmacher et al. 1986). Auch leide die Effizienz der Gemeinschaftsaufgabe an der Abgrenzungspraxis der Fördergebiete, da die Gewichtung der verwendeten Indikatoren nicht ausreichend begründet erscheint. (Eckey et al. 2009). Schon seit den 1980er-Jahren ist zudem festzustellen, dass das Ansiedlungspotenzial von Unternehmen gesunken ist, sodass eine erfolgversprechende regionale Wirtschaftspolitik vor allem bei dem vorhandenen Bestand von Unternehmen ansetzen und deren Innovationskraft stärken sollte. Eine Förderpolitik, die wie die Gemeinschaftsaufgabe vor allem auf Betriebsansiedlungen abzielt, birgt hingegen die Gefahr in sich, die Entstehung von Zweigwerksökonomien zu fördern, die von regionsexternen Steuerungszentralen der Unternehmen abhängig sind (z. B. Schackmann-Fallis 1987). Letztlich scheint die Gemeinschaftsaufgabe eher strukturerhaltend als modernisierend zu wirken. Eine Studie von Eckey und Kosfeld (2005) bestätigt die Skepsis am Wirkungsgrad der Gemeinschaftsaufgabe. In der Untersuchung wird berücksichtigt, dass den positiven Anstoßeffekten regionaler Förderung auch negative Entzugseffekte in den Nachbarregionen gegenüberstehen, sodass der Saldo der Gesamtwirkung der beiden Effekte mit einem Multiplikator von 1,04 sehr gering ausfällt. Die Ergebnisse der Studie zeigen, dass die Finanzhilfen für strukturschwache Regionen zumindest teilweise zulasten der strukturstarken Regionen gehen.

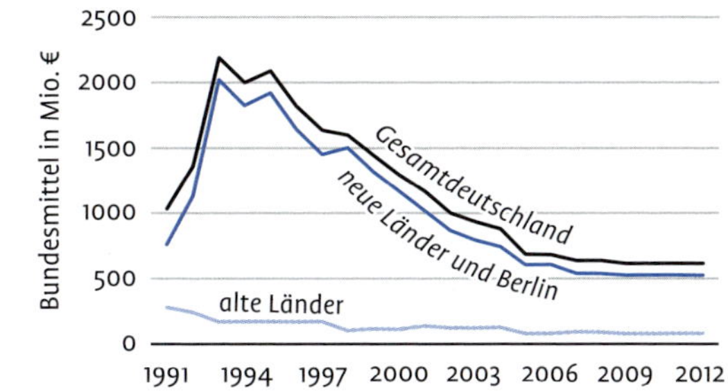

Abb. 12-4: Entwicklung der GA-Bundesmittel im Zeitraum 1991 bis 2012 (auf Basis von Deutscher Bundestag 2009, S. 25)

Auch wenn diese Bewertung der regionalen Wirtschaftsförderung sehr kritisch ausfällt, besteht doch kein Zweifel an der Notwendigkeit einer solchen Politik. Dabei ist es jedoch erforderlich, dass die Regionalförderung wie auf EU-Ebene eine zentralere Rolle im Kanon der Sektorpolitiken erhält.

12.3.3 Europäische Regionalpolitik und Wirtschaftsförderung

Die europäische Regionalpolitik zielt wie die nationale Förderpolitik darauf ab, nicht tolerierbare regionale Strukturunterschiede abzubauen oder zumindest zu begrenzen. Interventionen in ökonomische Strukturen und Prozesse werden dadurch gerechtfertigt, dass auf die begrenzte Mobilität der Produktionsfaktoren hingewiesen wird, die ein Hindernis zur Schaffung von Chancengleichheit und angemessenen Einkommenserzielungsmöglichkeiten darstellt. Die europäische Regionalpolitik hatte ihren Ausgangspunkt in der Gründung der Europäischen Gemeinschaft für Kohle und Stahl (EGKS) im Jahr 1951 und der Europäischen Wirtschaftsgemeinschaft (EWG) im Jahr 1957. Bereits hier wurde der Abbau regionaler Disparitäten als wesentliches **Ziel der europäischen Regionalpolitik** formuliert (Europäische Kommission 1999; 2004; Eser 2005). Entsprechend wurde die Europäische Investitionsbank (EIB) ins Leben gerufen, deren Ziel es war, unterentwickelte Gebiete finanziell zu fördern, in denen Marktkräfte allein nicht für ausreichendes Wachstum sorgten. Weitere Ziele waren die Sicherung einer angemessenen Lebensqualität, die Gewährleistung sozialen Fortschritts sowie Umweltschutz. Diese Ziele sind auch heute noch zentrale Ansatzpunkte der europäischen Regionalpolitik. Allerdings haben sich die Instrumente der Regionalpolitik sowie ihr Verhältnis zu anderen Politiken im Zeitablauf substanziell verändert.

So hatte die europäische Regionalpolitik noch in den 1980er-Jahren vor allem den Charakter einer Sektorpolitik, deren Ziele durch Förderpraktiken anderer Sektorpolitiken abgeschwächt und zum Teil unterlaufen wurden. Für die regionale Wirtschaftsförderung existierte der **Europäische Fonds für regionale Entwicklung (EFRE)**, für die Agrarpolitik der Ausgleichs- und Garantiefonds für die Landwirtschaft (EAGFL), für die Sozialpolitik der Europäische Sozialfonds (ESF) und für die Fischereipolitik das Finanzinstrument für den Fischereisektor (FIAF). Insbesondere die agrarpolitischen Ausgaben, die den mit Abstand größten Teil des Gemeinschaftshaushalts ausmachten, waren trotz teilweise überlappender Ziele nicht mit dem EFRE abgestimmt. Die Konkurrenz der Sektorpolitiken wurde durch die Reform der EU-Politik mit der Jahrtausendwende im Wesentlichen beendet, dadurch dass dem EFRE eine übergeordnete Bedeutung zugewiesen wurde. Die Regionalpolitik wurde damit zur EU-Leitpolitik, die die verschiedenen Sektorpolitiken aufeinander abstimmte.

Damit einhergehend wurden die verschiedenen Fonds unter dem gemeinsamen Dach der **Strukturfonds** zusammengefasst und koordiniert. Im Zeitraum von 2000 bis 2006 umfassten die Strukturfonds Finanzmittel in Höhe von 196 Milliarden Euro für 15 EU-Mitgliedsstaaten (EU-15) sowie zusätzliche 22 Milliarden Euro für die neuen Mitgliedsstaaten (2004 bis 2006). Das neben den Strukturfonds zweite Dach der EU-Politik waren die sogenannten **Kohäsionsfonds**, mit denen von 2000 bis 2006 übergreifende Großprojekte zur Verbesserung des Umweltschutzes und der Schaffung transeuropäischer Verkehrsnetze im Umfang von 18 Milliarden Euro innerhalb des EU-15-Gebiets gefördert wurden (Europäische Kommission 1999; 2004).

Die verschiedenen Strukturfonds haben trotz gemeinsamer Koordinierung unterschiedliche Funktionen. Im Unterschied zu früher werden die Mittel aller Fonds nach einheitlichen Kriterien verausgabt. Dabei steht die EU-Regionalpolitik über den nationalen Politiken und nimmt immer stärkeren Einfluss auf diese. Sie trägt Sorge dafür, dass sich die verschiedenen nationalen Förderinitiativen im Einklang mit der EU-Regionalpolitik befinden und deren Prinzipien nicht verletzen. Für die Förderperiode 2007 bis 2013 wurden die Ziele der europäischen Strukturpolitik neu formuliert. Stärker als bisher werden neben der Konvergenz der wirtschaftlichen Entwicklung der Regionen in der Gemeinschaft dabei auch wachstumsorientierte Ziele verfolgt, um die globale Wettbewerbsfähigkeit des europäischen Wirtschaftsraums (Lissabon-Strategie) zu unterstützen. Die Strukturpolitik verfolgt drei Ziele:

(1) Das Ziel der **Konvergenz** fördert die wirtschaftlich schwächsten Regionen, d. h. Regionen mit einem BIP pro Einwohner unter 75 % des EU-25-Durchschnitts. Dazu zählen auch die Übergangsregionen, deren BIP pro Kopf 75 % unter dem Durchschnitt der alten EU-15 liegt. Das Ziel betrifft 100 Regionen, in denen etwa 35 % der Bevölkerung der europäischen Mitgliedsstaaten leben. Allein 251 der insgesamt 308 Milliarden Euro der Fördermittel der Periode 2007 bis 2013

werden über das Konvergenzziel in europäische Regionen transferiert.
(2) Das Ziel **regionale Wettbewerbsfähigkeit und Beschäftigung** richtet sich grundsätzlich an alle übrigen Gebiete der Europäischen Gemeinschaft und verfolgt die Erhöhung der Wettbewerbsfähigkeit und Attraktivität der Regionen mit einem Gesamtvolumen von 49,1 Milliarden Euro im Zeitraum 2007 bis 2013.
(3) Das Ziel **europäische territoriale Zusammenarbeit** (ETZ) verfolgt mit einem Umfang von 7,8 Milliarden Euro die grenzüberschreitende, transnationale und interregionale Zusammenarbeit.

Die zielgebundenen Mittel der Strukturfonds werden auf der Grundlage regionaler Entwicklungsprogramme gewährt, die von den Mitgliedsländern erstellt und in denen Förderziele konkretisiert werden (in Deutschland etwa angelehnt an die Gemeinschaftsaufgabe zur Verbesserung der regionalen Wirtschaftsstruktur). Die Mittelvergabe verläuft nach den Prinzipien der Zusätzlichkeit und Partnerschaft und ist abgestimmt mit der nationalen und regionalen Ebene. So werden finanzielle Zuschüsse nur zusätzlich zu nationalen Förderungen und zwar im Umfang von 50–75 % der nationalen Fördermittel vergeben. Insgesamt entfallen etwa 80 % der Mittel der Strukturfonds auf die Förderung der wirtschaftlich schwächsten Regionen (Konvergenz). Die deutsche Regionalentwicklung erhält in der Periode 2007 bis 2013 Mittel in Höhe von rund 26,3 Milliarden Euro aus den Strukturfonds (Deutscher Bundestag 2009, Teil I). Die Förderung wird im nationalen strategischen Rahmenplan des Bundes in enger Abstimmung mit der Europäischen Union und den Ländern festgelegt (Bundesministerium für Wirtschaft und Technologie 2007).

Trotz der im Unterschied zu früheren nationalen Förderprogrammen vorbildlichen Einbindung der Regionalpolitik als zentrale EU-Politik gibt es Probleme und Herausforderungen für die zukünftige Politikgestaltung. Hierzu zählen insbesondere Aspekte der Finanzierung des EU-Etats sowie der Ausweitung des Gemeinschaftsgebiets (z. B. die Diskussion über die Mitgliedschaft der Türkei). Eine zentrale Herausforderung der EU-Regionalpolitik besteht zudem darin, sicherzustellen, dass die nationalen Förderinitiativen tatsächlich die EU-Vorgaben einhalten. Gerade in den neuen osteuropäischen Mitgliedsstaaten gibt es offensichtlich erhebliche zusätzliche Förderungen, die aus Sicht der anderen Mitgliedsländer eine Wettbewerbsverzerrung darstellen und Verlagerungen von Unternehmen aus West- und Mittel- nach Osteuropa bewirken. Deshalb wird der Kontrolle der Regionalbeihilfen durch die Europäische Kommission zunehmende Bedeutung beigemessen (Deutscher Bundestag 2005). Ein weiteres Problem stellt die Festlegung der Abschneidegrenzen für die Auswahl der Fördergebiete dar. So sank mit der Osterweiterung der EU-Durchschnitt der Bruttowertschöpfung pro Kopf um mehr als 10 % ab mit der Konsequenz, dass zahlreiche Regionen in den vorherigen EU-15-Staaten *ceteris paribus* über die Grenze von 75 % des durchschnittlichen BIP pro Kopf allein aufgrund eines statistischen Effekts aus der Förderkulisse rutschten (*phasing-out*). Es ist offensichtlich, dass diese Entwicklungen erhebliche Konfliktpotenziale in sich bergen. Sie bedürfen der Findung von Kompromisslösungen, die von allen Mitgliedsstaaten mitgetragen werden. Dies kann unter Umständen sogar Krisen innerhalb der EU hervorrufen und ihr zukünftiges Bestehen gefährden. Ein Indiz hierfür waren die Widerstände in vielen EU-Mitgliedsstaaten gegen die Anerkennung einer gemeinsamen EU-Verfassung im Jahr 2005. Trotz der gegenwärtigen und zukünftigen Konfliktpotenziale lässt sich zumindest ein grundsätzlicher Erfolg der Kohäsionspolitik konstatieren. In der Europäischen Union haben die Ungleichheiten in der regionalen Verteilung der Wirtschaftsleistung seit 1995 kontinuierlich abgenommen (European Commission 2010; Glückler 2011 b).

Allerdings hat sich dies infolge der weltweiten Finanzkrise Ende der 2000er-Jahre wieder umgekehrt. Durch die hohe Staatsverschuldung vieler EU-Mitgliedsstaaten drohen nicht nur den neuen Mitgliedern, sondern auch Ländern wie Griechenland, Portugal, Spanien und selbst Staaten wie Italien, Belgien und Großbritannien Zahlungsprobleme, Zahlungsunfähigkeit oder sogar Staatsbankrott. In jedem Fall wird dies zukünftig erhöhte regionale Disparitäten zur Folge haben und erfordert dringend eine abgestimmte konsistente EU-Politik, die über eine reine Finanzpolitik hinausgeht.

12.4 *Geographical economics*

Einen im Vergleich zu neoklassischen, polarisationstheoretischen und Export-Basis-Ansätzen andersartigen Zugang zur Analyse räumlicher Strukturen und Disparitäten findet sich seit Anfang der 1990er-Jahre in den Arbeiten einiger Ökonomen, die man unter dem Oberbegriff der ***geographical economics*** zusammenfassen kann (Krugman 2010). Die durch die Arbeiten des Wirtschaftsnobelpreisträgers Paul Krugman inspirierten Arbeiten haben zwar keinen evolutionsökonomischen Zugang, jedoch führen die modellierten Prozesse zu einer dynamisch-evolutionären Perspektive auf die Entstehung von Disparitäten. So werden die Agglomerationsprozesse von Unternehmen durch das Zusammenspiel von Transportkosten und steigenden Skalenerträgen (*increasing returns*) begründet und modelltheoretisch dargestellt (Martin und Sunley 1996; Martin 1999 a; Schmutzler 1999). Wie von Krugman (2010) rückblickend ausgeführt, ist der Begriff der *new economic geography*, der Ende der 1990er-Jahre hierfür verwendet wurde (Amiti 1998; Krugman 1998; Fujita et al. 1999), missverständlich. Dies hängt damit zusammen, dass die betreffenden Arbeiten vor allem den Disziplinzusammenhang der Ökonomie ansprechen (Martin 1999 b) und nicht auf eine Neuausrichtung der Wirtschaftsgeographie hinwirken. So fügt Krugman (2010) in seinen Arbeiten bestehende Ideengebäude aus dem Kontext der Regionalökonomie und Wirtschaftsgeographie neu zusammen, wobei er allerdings interessante Strukturen und Prozesse ableitet und ökonomische mit wirtschaftsgeographischen Konzepten verbindet. Den Begriff der *new economic geography* verwenden wir aus diesem Grund in Anlehnung an Martin und Sunley (1996) für eine sozialtheoretisch erweiterte Wirtschaftsgeographie, wie sie speziell in den Arbeiten von Storper (1997 b; 1997 a) konzipiert wird (→ Kap. 2.3 und 13.3).

Ausgangspunkt der Studien von Krugman (1991, Kap. I) ist die Beobachtung, dass Außenhandelstheorie und Standorttheorie im Prinzip ähnliche Fragestellungen untersuchen. Sie gehen der Frage nach, welche Industrien an welchen Standorten welche Güter herstellen und diese dann an andere Standorte verteilen. Im Konzept der *geographical economics* wird angestrebt, beide Ansätze zusammenzuführen. Hierin wird der Analyse von Außenhandelsflüssen zunächst die Untersuchung regionaler Unterschiede in der Verteilung und Spezialisierung von Industrien vorgeschaltet. Krugman (1991, Kap. I) nennt zwei Gründe, warum es sinnvoll ist, Außenhandels- und Standorttheorie zu integrieren:

(1) Zum einen ist der interregionale Handel, der von der Standortverteilung von Industrien innerhalb eines Landes abhängt, für große Länder wie die USA genauso wichtig oder sogar noch bedeutsamer als der Außenhandel.

(2) Zum anderen gehen durch wirtschaftliche und politische Integrationstendenzen, wie etwa in der Europäischen Union, Nationen in Regionen über. Internationaler und interregionaler Handel verschmelzen dabei zusehends.

Bei seinen Überlegungen geht Krugman (1993; 2000) ähnlich wie die neue endogene Wachstumstheorie von unvollkommenen Märkten, externen Effekten und steigenden Skalenerträgen aus. In der nachfolgenden Darstellung sind insbesondere drei **Modellannahmen** von Bedeutung:

(1) Es werden steigende Skalenerträge und somit die Existenz von *economies of scale* unterstellt – d. h. es wird angenommen, dass die Durchschnittskosten der Produktion in einem Betrieb umso geringer sind, je größer die produzierte Menge ist. Um diese Kostenersparnis voll auszuschöpfen, wird ein Unternehmen versuchen, die gesamte Produktion in einem einzigen Betrieb an einem einzigen Standort zu konzentrieren und nicht auf unterschiedliche kleine Betriebe an mehreren Standorten aufzuteilen.

(2) Die Produktionsfaktoren Arbeit und Kapital werden als mobil angenommen.

(3) Im Unterschied zur Außenhandelstheorie werden Transportkosten in das Modell einbezogen.

Tab. 12-1: Prinzip der geographischen Lokalisierung (Krugman 1991, S. 17)

Standortkonfiguration	t = 1			t = 2		
	FK	TK	GK	FK	TK	GK
1 Standort in der Region R_Z (Zentrum)	4	3	7	4	6	10
1 Standort in Region R_P (Peripherie)	4	7	11	4	14	18
Standortsplitting	8	0	8	8	0	8

Anmerkung: t = Transportkosten je transportierter Mengeneinheit, FK = Fixkosten, TK = Transportkosten, GK = Gesamtkosten

12.4.1 Regionale Industrieballungen

Ausgangspunkt der Überlegungen ist die Feststellung, dass ökonomische Aktivitäten eine starke räumliche Konzentrationstendenz aufweisen. Ein gutes Beispiel dafür ist der *manufacturing belt* der USA. Hier befindet sich der überwiegende Teil der nicht-standortgebundenen Industrien der USA. Abgesehen aber von den historischen Anfängen der Industrieentwicklung ist die heutige Standortkonzentration im *manufacturing belt* nicht allein durch die vorhandene Ressourcenbasis zu erklären. Krugman (1991, Kap. I) versucht, hierfür mit seinem Modell geographischer Konzentration eine Erklärung zu liefern. Er geht davon aus, dass jeder Produzent aufgrund der Existenz von *economies of scale* nur einen Standort besitzt. Um Transportkosten zu sparen, wird der Standort so gewählt, dass damit eine besonders große Nachfrage regional abgedeckt werden kann. Die Nachfrage wiederum ist dort am größten, wo die meisten Hersteller ihren Standort haben, denn die dort tätigen Arbeitskräfte sind zugleich Nachfrager. Daraus resultiert eine Zirkularität, die dazu führt, dass eine einmal existierende Industrieballung aufrechterhalten bleibt oder noch weiter verstärkt wird. Agglomerationen schaffen somit dynamische Wettbewerbsvorteile für die dort ansässigen Unternehmen (Krugman 2000; Osmanovic 2000).

In einem einfachen **Zwei-Regionen-Modell** geht Krugman (1991, Kap. I) von folgenden Annahmen aus:

(1) Es gibt zwei Regionen R_Z (Zentrum) und R_P (Peripherie) sowie die zwei Sektoren Landwirtschaft und Industrie.

(2) Die landwirtschaftliche Produktion und die landwirtschaftlich Tätigen sind je zur Hälfte auf beide Regionen aufgeteilt. Die landwirtschaftliche Nachfrage nach Industrieprodukten beträgt sechs Mengeneinheiten, wobei jeweils drei Einheiten auf die Regionen R_Z und R_P entfallen.

(3) Industrieunternehmen können ihren Standort frei wählen, wobei für jeden Betrieb, d. h. jeden Standort fixe Kosten in Höhe von vier Geldeinheiten anfallen. Durch diese Bedingung werden *economies of scale* in das Modell einbezogen.

(4) Transportkosten innerhalb einer Region betragen null Geldeinheiten, zwischen den Regionen hingegen eine Geldeinheit je transportierter Mengeneinheit.

(5) Schließlich wird angenommen, dass die gesamte aus der Industrie wirksame Nachfrage nach Industrieprodukten in Höhe von vier Mengeneinheiten in der bestehenden Industrieregion R_Z konzentriert ist.

Von dieser Konstellation ausgehend stellt sich nun die Frage, wo ein neues Unternehmen, das Industrieprodukte herstellt, seinen Standort wählen wird. Hierzu führt Krugman (1991, Kap. I) eine **Kostenbetrachtung** für drei Fälle durch (→ Tab. 12-1):

Fall 1. Wenn ein neuer Betrieb in der Industrieregion R_Z errichtet wird, so entstehen Fixkosten in Höhe von vier, Transportkosten in Höhe von drei und Gesamtkosten in Höhe von sieben Geldeinheiten.

Fall 2. Die Ansiedlung eines Betriebes in Agrarregion R_P verursacht Fixkosten in Höhe von vier, Transportkosten in Höhe von sieben und somit Gesamtkosten in Höhe von elf Geldeinheiten.

Fall 3. Wenn sich das Unternehmen entscheidet, ein Standortsplitting durchzuführen, d. h. in jeder der beiden Regionen einen neuen Betrieb zu errichten, so entstehen keine Transportkosten. Die Fixkosten und damit die Gesamtkosten betragen jedoch acht Geldeinheiten.

Aufgrund dieser Kostenstrukturen wird sich ein neues Unternehmen entscheiden, nur einen einzigen Betrieb zu errichten und diesen in der bestehenden Industrieregion R_Z anzusiedeln. Somit kommt es zur vollständigen Konzentration der industriellen Produktion in Region R_Z. Welche der beiden Regionen sich dabei zur Industrieballung entwickelt, hängt vom historischen Ausgangszustand ab und wird nicht weiter erklärt (*history matters*). Durch die **Variation der Modellannahmen** lässt sich untersuchen, wann Ballungsprozesse besonders stark und wann sie weniger stark ausgeprägt sind. Dies hängt insbesondere mit der Höhe der *economies of scale* zusammen, der Rohstoffabhängigkeit von Industrien und der Höhe der Transportkosten:

(1) Ballungsprozesse sind *ceteris paribus* dann besonders stark ausgeprägt, wenn *economies of scale* eine große Bedeutung haben. Sind beispielsweise die Fixkosten der Produktionsstätten sehr hoch, so ist ein Unternehmen bestrebt, möglichst die gesamte Produktion an nur einem Standort zu konzentrieren, um Fixkosten zu begrenzen und auf eine möglichst große Produktionsmenge umzulegen.

(2) Ballungsprozesse sind ebenfalls umso stärker ausgeprägt, je weniger *ceteris paribus* Industrien an feste Ressourcenfundorte gebunden sind. Dieses Ergebnis scheint im Widerspruch zur traditionellen Standortlehre zu stehen. In der Standortlehre wird davon ausgegangen, dass Industrien ohne Bindung an Rohstofffundorte – sogenannte *footloose industries* – ihren Standort nahezu frei wählen können (➔ Kap. 5.2). Sie müssten demzufolge durch eine disperse Standortverteilung gekennzeichnet sein. Krugman (1991, Kap. I) hingegen argumentiert, dass ressourcengebundene Wirtschaftszweige wie der Bergbau nicht in der Lage seien, ihren Standort frei in Richtung der Nachfragemärkte zu bewegen. Da sie sich gemäß der Standorte der Rohstoffe verteilen, sind den Ballungsprozessen natürliche Grenzen gesetzt. Erst wenn diese Standortbindung entfällt, kommt es zur vollen Entfaltung der Ballungsprozesse in den Hauptnachfragezentren.

(3) Ferner sind Ballungsprozesse *ceteris paribus* umso stärker ausgeprägt, je geringer die Transportkosten sind. Auch dies scheint gängigen Anschauungen zu widersprechen, die davon ausgehen, dass gerade die Existenz hoher Transportkosten zu räumlichen Standortkonzentrationen führt. Krugman (1991, Kap. I) hingegen argumentiert, dass bei hohen Transportkosten die Tendenz besteht, in jeder Standortregion eine eigene, relativ kleine Produktionsstätte zu errichten, um Transporte zwischen Regionen, die hohe Transportkosten verursachen, zu vermeiden. Demzufolge müssen Transportkosten in Relation zu den Fixkosten hinreichend niedrig sein, um Ballungsprozesse in der Industrieregion R_Z zu ermöglichen. Sind die Transportkosten hingegen Null, so können Unternehmen unabhängig von ihrer Standortwahl *economies of scale* erzielen, wenn sie ihre Produktion in einem einzigen Betrieb konzentrieren. In diesem Fall werden sich aber nicht alle Produktionsstätten in derselben Region ansiedeln, sodass nur eine begrenzte räumliche Konzentration resultiert.

Die Wirkung hoher Transportkosten lässt sich veranschaulichen, wenn man in dem zuvor dargestellten Zwei-Regionen-Modell die Transportkosten von einer auf zwei Geldeinheiten je transportierter Mengeneinheit verdoppelt (➔ Tab. 12-1). Bei einem einzigen Betriebsstandort in Industrieregion R_Z würden dabei Fixkosten in Höhe von vier und Transportkosten in Höhe von sechs Geldeinheiten anfallen, in Region R_P sogar Fixkosten in Höhe von vier und Transportkosten in Höhe von 14 Geldeinheiten. Bei einem Standortsplitting, d. h. je einer Produktionsstätte in jeder Region, verändern sich die Gesamtkosten gegenüber der Ausgangssituation nicht. Sie betragen weiterhin insgesamt acht Geldeinheiten. In der neuen Situation mit erhöhten Transportkosten wird somit in jeder Region ein kleinerer Betrieb ausschließlich zur Deckung der regionalen Nachfrage errichtet. Es kommt nicht zu einer Standortballung in einer einzigen Region.

12.4.2 Kleinräumige Industriespezialisierungen

In einem weiteren Schritt untersucht Krugman (1991, Kap. II), warum viele Industriebranchen kleinräumig hoch konzentriert sind, d. h. warum es an bestimmten Orten zu einer ausgeprägten Spezialisierungstendenz der dortigen Industrien kommt. Beispiele hierfür sind die Computerindustrie im Silicon Valley, der Maschinenbau im Umland von Stuttgart und die kleinräumigen Industrieballungen im sogenannten Dritten Italien (➔ Kap. 10.2). Bei der Analyse der Entstehung lokaler Industriespezialisierungen greift Krugman (1991, Kap. II) auf die Arbeiten des britischen Ökonomen Marshall (1920, IV. Buch Kap. X; 1927, II. Buch Kap. VI) zurück und diskutiert drei Gründe, warum es zu lokalen Industriespezialisierungen kommen kann:

(1) **Arbeitsmarkt-*pooling*.** Dadurch, dass sich ein spezialisierter Pool von Arbeitskräften an einem Standort entwickelt, werden weitere, ähnlich spezialisierte Arbeitskräfte und neue Unternehmen mit entsprechendem Arbeitskräftebedarf angezogen. Ein großer spezialisierter Pool an Arbeitskräften ist aus Unternehmens- und aus Arbeitnehmersicht vorteilhaft, weil hierdurch eine größere Reagibilität bei Konjunkturschwankungen gegeben ist. Aus Unternehmenssicht stellt sich dies wie folgt dar: Wenn die Unternehmen einer Branche sich an verschiedenen Standorten befinden, ist ein Unternehmen in Phasen des Konjunkturaufschwungs nicht in der Lage, den Mehrbedarf an Arbeitskräften durch kurzfristige Einstellungen zu befriedigen. Durch die Konzentration vieler Unternehmen an einem gemeinsamen Standort und einen wenigstens teilweise asynchronen Konjunkturverlauf dieser Unternehmen können hingegen Arbeitskräfte zusätzlich eingestellt werden, da einige Unternehmen früher als andere in den Genuss einer wachsenden Nachfrage kommen. Aus Arbeitnehmersicht ist eine derartige Konzentration auch in Phasen des Konjunkturabschwungs bedeutsam. Bei wiederum unterstelltem asynchronem Konjunkturverlauf können Arbeitskräfte, die aufgrund nachlassender Konjunktur in einem Unternehmen entlassen werden, wenigstens teilweise in anderen Unternehmen Beschäftigung finden, in denen der Konjunkturabschwung erst später einsetzt.

(2) **Vorteile einer Ballung spezialisierter Zulieferer.** Durch die kleinräumige Ballung einer speziellen Branche ist die Nachfrage nach spezialisierten Vor- und Zwischenprodukten entsprechend hoch. Dadurch besteht ein Anreiz für entsprechende Zulieferer, sich hier anzusiedeln. Da auch im Zuliefererbereich *economies of scale* anfallen und da auch Zulieferer dazu tendieren, sich dort niederzulassen, wo die Nachfrage am größten ist, werden die Zulieferer ihre Betriebe innerhalb der spezialisierten Industrieballung errichten und kein Standortsplitting durchführen.

(3) **Technologische *spillover*-Effekte.** Da Informationen auf lokaler Ebene in persönlichen Treffen häufiger ausgetauscht werden können als über große Entfernungen, ist die Wahrscheinlichkeit groß, dass neue Ideen in einer Lokalität von anderen Akteuren aufgegriffen und verbessert werden. Aufgrund derartiger Beobachtungen spricht Marshall (1927, II. Buch, Kap. VI) vom Entstehen einer besonderen **industriellen Atmosphäre (*industrial atmosphere*)** in einer spezialisierten Industrieballung. Krugman (1991, Kap. II) allerdings hält derartige *spillover*-Effekte gegenüber den zuvor genannten Faktoren für weniger bedeutsam. Er argumentiert, dass *spillover*-Effekte weithin überschätzt würden und wohl primär in Hightech-Industrien von Bedeutung seien. Viele lokalisierte Industrien gehörten aber nicht dem Hightech-Bereich an. Zudem seien *spillover*-Effekte nur schwer modellierbar und würden allein deshalb nicht in die Modelle eingebaut.

12.4.3 Dynamik von Konzentrations- und Entleerungsprozessen

Eine wichtige Leistung von Krugman (1991; 1993) besteht darin, dass er regionalökonomische Entwicklungen als einen pfadabhängigen Prozess darstellt. Einmal etablierte Standortmuster erlangen ein *lock-in*, sodass räumliche Persistenz von Standortballungen die Folge ist. Entgegen zahlreichen jüngeren wirtschaftsgeo-

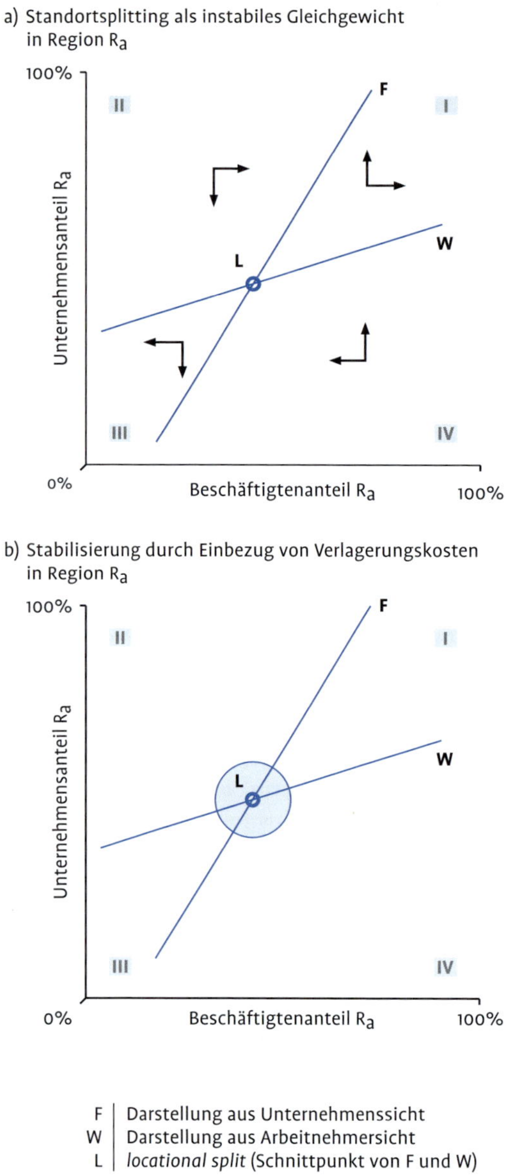

Abb. 12-5: Argument und Gegenargument zum Prozess geographischer Konzentration (nach Storper 1997 b, S. 74 und 75)

graphischen Ansätzen wird dabei weniger die Rolle kleiner und mittlerer Unternehmen betont, sondern vor allem die der großen Hersteller, die im Bestreben um *economies of scale* große Marktgebiete suchen (Martin und Sunley 1996). Demnach haben speziell Konsumgüterindustrien einen Anreiz, sich in den Hauptnachfrageballungen zu konzentrieren, und die Zulieferer haben Vorteile, wenn sie sich nahe zu den Zentren der Konsumgüterproduktion ansiedeln (Krugman 2000). Im Unterschied zu neoklassischen Ansätzen sieht Krugman (1991) eine begrenzte regionale Industrieförderung zur Stärkung der nationalen Wettbewerbsfähigkeit dann als sinnvoll an, wenn sie lokale Spezialisierungen fördert und an bestehenden industriellen Konzentrationen anknüpft.

In einem einfachen Diagramm lässt sich verdeutlichen, warum aus Krugmans (1991, Kap. 2) Sicht Standortverteilungen mit dispersen Standorten als Folge eines **Standortsplitting** instabil sind und warum es deshalb normalerweise zu regionalen Konzentrationsprozessen von Industrien kommt (→ Abb. 12-5 a). In dem Diagramm ist auf der Abszisse der Arbeitnehmeranteil und auf der Ordinate der Unternehmensanteil in einer Region R_a dargestellt. Die beiden Kurven stellen zum einen aus Unternehmenssicht (F) und zum anderen aus Arbeitnehmersicht (W) dar, bei welchem Verhältnis von Unternehmen und Arbeitnehmern in Region R_a ein Unternehmen bzw. ein Arbeitnehmer indifferent in der Entscheidung zwischen einem Standort in dieser Region und einem Standort in der Alternativregion R_b ist. Ein Punkt oberhalb der F-Kurve besagt aus Unternehmenssicht, dass es in Region R_a in Relation zu den hier vorhandenen Arbeitskräften zu viele Unternehmen gibt. Ein Unternehmen würde deshalb von Region R_a in Region R_b abwandern. Ein Punkt oberhalb der W-Kurve besagt aus Arbeitnehmersicht, dass es in Region R_a in Relation zur Anzahl der vorhandenen Unternehmen zu wenige Arbeitskräfte gibt. Demzufolge würden Arbeitnehmer aus Region R_b in Region R_a zuwandern.

Durch den Schnittpunkt der F- mit der W-Kurve lassen sich vier Quadranten und vier verschiedene Fälle unterscheiden: Im I. Quadrant bestehen sowohl für Arbeitskräfte als auch für Unternehmen Anreize, sich in Region R_a niederzulassen. Es kommt damit zu einer zunehmenden Konzentration in dieser Region, was letztlich dazu führt, dass Region R_a zum alleinigen Industriestandort wird. Im III. Quadranten bestehen sowohl für Arbeitskräfte als auch für Unternehmen Anreize, aus Region R_a in Region R_b abzuwandern, sodass langfristig Region R_b zum alleinigen Industriestandort wird. In den Quadranten II und IV kommt es zu einander entgegengerichteten Arbeitskräfte- und Unternehmenswanderungen, sodass eine Tendenz in Richtung des Schnittpunkts beider Kurven L (*locational split*) entsteht. Das Gleichgewicht L im Schnittpunkt beider Kurven ist allerdings sehr labil, da bereits eine einzige davon abweichende Standortentscheidung zu einer Verschiebung in den I. oder III. Quadranten führen kann, die dann wiederum eine vollständige Konzentration der Unternehmen in einer der beiden Regionen nach sich ziehen würde. Dies würde unumkehrbar Konzentration oder Entleerung in Region R_a bedeuten.

Storper (1997 b, Kap. 4) erhebt allerdings einen Einwand gegen diese Argumentationskette von Krugman (1991). Er führt Verlagerungskosten in das Modell ein und kann dadurch eine Stabilisierungstendenz feststellen, bei der sowohl in Region R_a als auch in Region R_b dauerhaft Industriestandorte verbleiben, auch wenn nicht die Optimallösung L im Schnittpunkt der F- mit der W-Kurve erreicht wird (→ Abb. 12-5 b). Wenn man nämlich davon ausgeht, dass Standortverlagerungen von Unternehmen bzw. Arbeitskräften Kosten nach sich ziehen, so müssen die positiven Effekte erst einmal diese Kosten übertreffen, damit es überhaupt zu einer Verlagerung kommt. Die Existenz von Verlagerungskosten lässt sich durch eine flächenhafte Erweiterung um den Punkt L darstellen. Das bedeutet, dass nur dann weitere Verlagerungen von Unternehmen oder Arbeitskräften stattfinden, wenn eine Verteilungskonstellation in beiden Regionen erreicht ist, die außerhalb der betreffenden Fläche liegt. Im Resultat ergibt sich durch die Einbeziehung von Verlagerungskosten eine größere Stabilität des *locational split*.

12.4.4 Kritische Würdigung von Krugmans *geographical economics*

Die Erweiterung des Modells um Verlagerungskosten ist ein erster Hinweis darauf, dass die Argumentation von Krugman (1991; 1993) Schwächen aufweist. Martin und Sunley (1996) kritisieren seine Modelle dahingehend, dass sie auf unrealistischen Annahmen beruhen – eine Kritik, die auch auf neoklassische Modelle zutrifft. Krugman (2000; 2011) räumt selbst ein, dass es nicht möglich sei, reale Standortstrukturen vollständig in seinen Modellen abzubilden. Dies gilt schon deshalb, da er in die Modelle nur die seines Erachtens wichtigsten Faktoren einbezieht und bewusst diejenigen ausschließt, die nicht oder nur schwer modellierbar sind (Krugman 1993). Er begründet diese Vorgehensweise mit dem Argument, dass seine Modelle bereits in der von ihm spezifizierten Art und Weise mit empirischen Befunden vereinbare Ergebnisse zu liefern in der Lage sind. Ein wichtiges Gegenargument und zentraler Kritikpunkt an dieser Vorgehensweise ist, dass die Reproduktion von Ergebnissen eben nicht bedeutet, dass damit die tatsächlich wirkenden ökonomischen und sozialen Prozesse und Beziehungen richtig erkannt sind. Darüber hinaus wird die Methode abstrakter mathematischer Modellbildung der Bedeutung ökonomischer und sozialer Diversität in räumlicher Perspektive nicht gerecht, da nur modellierbare Größen (sog. *stylized facts*) berücksichtigt werden (Clark 1998).

Krugmans Modelle beruhen auf exemplarischen Kenntnissen der traditionellen Standortlehre, insbesondere der Arbeiten von Thünen, Weber und Lösch (→ Kap. 5 und 6). Martin und Sunley (1996), Martin (1999 a) und Storper (1999) heben jedoch hervor, dass sich jüngere, stärker sozialwissenschaftlich orientierte wirtschaftsgeographische Ansätze zunehmend von dieser Sichtweise entfernt haben. Sie betonen die Bedeutung interaktiver Lernprozesse, sozio-institutioneller Netzwerke und der *embeddedness* in sozio-kulturelle Kontexte. Krugman hingegen klammert technologische *spillover*-Prozesse und Wissensflüsse aus. Zwar gibt es Versuche der *geographical economics*, durch Erweiterungen zentripetale und zentrifugale Effekte etwa der Innovativität sowie vor- und nachgelagerte Beziehungen in der Wertschöpfungskette zu modellieren (Ottaviano und Puga 1998). Aber ein Verständnis der ursächlichen Prozesse und Bedingungen für Innovativität bleiben auch diese Modelle schuldig. Jüngere wirtschaftsgeographische Arbeiten hingegen erkennen gerade in den Kommunikations- und Lernprozessen zwischen den Unternehmen sowie zwischen Unternehmen und Institutionen einen zentralen Ausgangspunkt zum Verständnis ökonomischer Prozesse in räumlicher Perspektive.

Noch drastischer fällt die Kritik an dem Versuch von Krugman mit Fujita und Venables aus (Fujita et al. 1999), eine umfassende räumliche Wirtschaftstheorie und allgemeine integrierte Theorie der räumlichen Entwicklung zu erstellen. Fujita et al. (1999) behaupten, sie seien in der Lage, die in eine Sackgasse geratene – konventionelle – *regional science* neu zu beleben. Dies beruhe auf verbesserten mathematischen Modellformulierungen und mächtigen Simulationsmöglichkeiten durch den Einsatz von Computern. Storper (1999) kritisiert daran zu Recht, dass die Autoren diesem Ziel vor allem formalistisch begegnen und deshalb ihren Anspruch nicht einlösen. So werden spezifische Produktionsfunktionen und Zusammenhänge wie die *rank-size rule* (Dicken und Lloyd 1990, Kap. 1), die einen mathematisch abbildbaren Zusammenhang zwischen der Stadtgröße und dem Rang einer Stadt in einem nationalen Städtesystem behauptet, auf unzulässige Weise verallgemeinert. Gleichzeitig werden evolutionsökonomische Erkenntnisse vernachlässigt, wonach ungleichgewichtige Prozesse eine fundamentale Bedeutung haben.

In der *geographical economics* wird der Versuch unternommen, zu erklären, wie es zu Ballungs- und Spezialisierungsprozessen auf regionaler Ebene kommt. Hingegen wird nur wenig darüber ausgesagt, an welchen Orten und in welchen Regionen dies geschieht. Letztlich sind Ballungen und Spezialisierungen bei Krugman (1991) vor allem durch exogene Zufälle bedingt, deren historische Kontexte unberücksichtigt bleiben. Krugman (2000, S. 59) selbst scheint sich inzwischen der Grenzen dieses Ansatzes bewusst zu sein, wenn er bemerkt: „*It has become apparent, however, that while new geography models do make it possible for the first time to put spatial considerations into models rigorous enough to become part of the analytic canon, those models are too simple, too stylized to reproduce the real economic geography of the world very well*" (Krugman 2010). Trotz dieser Kritik ist es ein großes Verdienst von Krugman und der *geographical economics*, dass sie innerhalb der Ökonomie den expliziten Zugang zu einer räumlichen Perspektive formulieren und einfordern. Zudem bringen sie die beiden Disziplinen Ökonomie und Geographie einander näher und machen sie durchlässiger – wenn auch begrenzt.

Die in diesem und den vorhergehenden Abschnitten dieses Kapitels diskutierten Konzeptionen versuchen, durch unterschiedliche Modellformulierungen die Existenz räumlicher Disparitäten bzw. Ungleichgewichte zu erklären. Sowohl neoklassische als auch polarisationstheoretische Ansätze gehen davon aus, dass räumliche Disparitäten vorhanden und zumindest kurzfristig nicht zu beseitigen sind. Bezüglich der langfristigen räumlichen Entwicklungstendenzen gelangen die verschiedenen Konzeptionen allerdings zu unterschiedlichen Beurteilungen. Da die dargestellten Ansätze jeweils mit spezifischen Problemen behaftet sind, ist es schwierig, eine Abwägung gegeneinander vorzunehmen. Am weitreichendsten sind dabei die jüngeren Arbeiten der *geographical economics* (z. B. Duranton und Puga 2001; Duranton 2007). Insgesamt ergänzen sich die verschiedenen Ansätze eher, als dass sie einander ersetzen können. Es sollte deshalb betont werden, dass die Existenz räumlicher Disparitäten einen wichtigen Ausgangspunkt für wirtschaftsgeographisches Arbeiten darstellt und Ansätze für eine evolutionäre Analyse in räumlicher Perspektive bietet.

13 Evolution von Unternehmen und Standorten

13.1 Evolution in der Organisationsökologie

Eine relationale Untersuchung sozialer und wirtschaftlicher Prozesse und Strukturen in räumlicher Perspektive erfordert zugleich eine evolutionäre Analyse der Entwicklung von Austauschbeziehungen (→ Kap. 2.3). Dieses Kapitel führt Grundzüge einer evolutionären Perspektive ein und stellt evolutionäre Gründungs- und Wachstumsprozesse von Unternehmen in räumlicher Perspektive dar. Dabei wird die Betrachtung von Unternehmen auf regionale Produktionszusammenhänge ausgeweitet und am Beispiel der historischen Entwicklung von Hightech-Clustern nachvollzogen. Schließlich werden Grundzüge einer evolutionären wirtschaftsgeographischen Analyse dargestellt, die sich seit den 2000er-Jahren als Gegenkonzeption zu konventionellen Ansätzen positioniert hat. Ziel ist es, dynamische Entwicklungen von Unternehmen und regionalen Produktionszusammenhängen nicht als vorbestimmt, sondern als historisch beeinflusst und zukünftig offen anzusehen. Hierbei wird die Sichtweise der traditionellen Standortlehre umgekehrt (→ Kap. 6). Es interessiert weniger, wie Standortentscheidungen durch räumliche Eigenschaften und Einflüsse geprägt werden, als vielmehr, wie Unternehmen ihr lokales und regionales Umfeld durch ihre Produktionstätigkeit aktiv verändern.

Traditionelle neoklassische und raumwirtschaftliche Modelle verwenden nicht nur ein unzureichendes Konzept der Organisationsstruktur von Unternehmen, sie vermögen auch wenig zu sagen über die Möglichkeiten und Mechanismen von ökonomischem Wandel. Dies hängt mit ihrer Fokussierung auf Gleichgewichtsstrukturen zusammen. Demgegenüber ist es das Ziel evolutionärer Theorien, gerade die Möglichkeiten von Wandel, z. B. durch Prozesse des Lernens und Kreierens, zu erklären (Nelson 1995). In Anlehnung an die biologische Evolutionstheorie von Darwin haben sowohl die Ökonomie als auch die Soziologie evolutionäre Perspektiven entwickelt. So führen Nelson und Winter (1982) in ihrem evolutionsökonomischen Modell einen Vergleich zwischen dem durch Innovationsprozesse vermittelten Unternehmenswettbewerb und dem Konkurrenzbegriff aus der biologischen Evolutionstheorie durch, bei dem Lebewesen um knappe Lebensräume konkurrieren.

13.1.1 Grundzüge evolutionärer Theorien

Evolutionär sind solche Theorien, die versuchen zu erklären, wie sich Wandel vollzieht und warum er sich in einer bestimmten Weise und Richtung vollzogen hat. Eine evolutionäre Perspektive unterscheidet sich dabei grundsätzlich von zwei anderen Sichtweisen des Wandels (Nelson 1995; Glückler 2007 a): **Zufälliger Wandel** zeichnet sich dadurch aus, dass zukünftige Ereignisse völlig unabhängig von früheren Ereignissen eintreten, sodass aus Vergangenheit und Gegenwart keinerlei Rückschlüsse auf zukünftige Entwicklungen möglich sind. **Deterministische Entwicklungen** beschreiben vollständig festgelegte Abfolgen von Ereignissen mit einem in der Gegenwart bereits bekannten Endzustand bzw. stabilen Gleichgewicht wie im Fall neoklassischer Theorien. Im eigentlichen Sinn vollzieht sich hierbei kein Wandel, da jeder Zustand in der Zukunft aus der vollständigen Kenntnis der Gegenwart erklärt werden kann (Martin und Sunley 2006). Eine solche Perspektive ist nicht in der Lage, der Bedeutung von Innovation und Kreativität gerecht zu werden (Hodgson 1997).

Evolutionärer Wandel ist demgegenüber dadurch gekennzeichnet, dass zukünftige Ereignisse nicht unabhängig sind von früheren Ereignissen und dass die Abfolge der Ereignisse einen

Unterschied für die Entwicklung macht. Evolutionärer Wandel findet demnach statt zwischen Pfadabhängigkeit und Kontingenz (Bathelt und Glückler 2003b; Glückler 2007a). Pfadabhängigkeit beschreibt Entwicklungen kumulativer Verursachung, in denen die Abfolge vergangener Ereignisse das Eintreten bestimmter zukünftiger Alternativen wahrscheinlicher oder unwahrscheinlicher werden lässt. Da Entwicklungspfade nicht determinierend wirken, herrscht stets ein gewisses Maß an Kontingenz bzw. Offenheit darüber, welche Ereignisse die zukünftige Entwicklung prägen (→ Kap. 2.3). Aufgrund offensichtlicher Parallelen verwenden Evolutionsökonomen das Konzept der biologischen Evolutionstheorie, um neben systematischen auch nicht-vorhersehbare Größen in ihre Überlegungen einzubeziehen (Nelson 1994). In diesen Grundüberlegungen finden evolutionäre Theorien individueller, organisatorischer und kultureller Anpassung ihre gemeinsame Basis. Dabei werden in der Ökonomie und Organisationstheorie oftmals biologische Analogiekonzepte als analytische Instrumente eingeführt. Die wichtigsten Grundkonzepte der Evolutionstheorie werden nachfolgend in ihrer Anwendung auf Unternehmen bzw. Organisationen kurz dargestellt:

Phänotyp (Organismus). Jeder Organismus ist eine mögliche Erscheinungsform des gemeinsamen Erbguts einer Art und gilt als Phänotyp. Dem einzelnen Organismus entspricht in evolutionsökonomischer Perspektive das Unternehmen oder eine Organisation.

Genotyp (Population). Die gemeinsame Erbinformation kennzeichnet den Genotyp einer Art: seine Population. Eine Art ist biologisch abgegrenzt durch die Fähigkeit der gemeinsamen Reproduktion bzw. Fortpflanzung und lässt sich dementsprechend von anderen Arten unterscheiden. In der Evolutionsökonomie und insbesondere in der Organisationsökologie werden Unternehmen ebenfalls zu Populationen zusammengefasst. Sie werden nach Organisationstypen, Branchen oder Regionen zu analytischen Populationen aggregiert.

Gene. Sie enthalten die spezifische Erbinformation eines Genotyps. Die Gesamtheit der Gene stellt den Genpool dar. Dieser repräsentiert den biologischen Bauplan von Organismen einer Art. In der Evolutionsökonomie hat sich ein analoges Verständnis von Organisationen etabliert. Als „Gene" von Unternehmen werden organisatorische Routinen, wie z. B. spezifische Strukturen, Abläufe und Traditionen in der Produktion, angesehen (Nelson und Winter 1974). Die Gesamtkonstellation der Ziele, Regulations- und Verfahrensweisen kennzeichnet dementsprechend den genetischen Code einer Organisationsform (Hannan und Freeman 1981).

Fitness. Sie beschreibt analog zum biologischen Verständnis die Überlebensfähigkeit von Unternehmen, Technologien sowie sozialen oder kulturellen Praktiken. *Fitness* bezieht sich dabei auf die Fähigkeit von Unternehmen, sich in einer bestimmten Umwelt im Vergleich mit konkurrierenden Unternehmen zu behaupten. Die Güte evolutionärer Theorien hängt davon ab, ob es ihnen gelingt, Kriterien der *fitness* in einer gegebenen Umwelt zu definieren.

Selektion. *Fitness* ist kein Selbstzweck. Sie ist vielmehr ein relationales Konzept der Überlegenheit gegenüber anderen und der Umwelt (Grabher und Stark 1997), das angesichts des Auswahlmechanismus der Selektion ein Überleben ermöglicht. Durch Selektion werden „bessere, stärkere" Eigenschaften eines Organismus weitergegeben, während „schlechtere, schwächere" Eigenschaften sukzessive verdrängt werden. Aufgabe und zugleich Problem der Evolutionsökonomie ist es, Kriterien der Selektion in sozialen, ökonomischen und kulturellen Umwelten zu identifizieren und empirisch zu beschreiben.

Variation. In der Darwin'schen Evolutionstheorie ist die ökologische *fitness* eines Organismus allein durch den Genpool bestimmt. Daher kann eine Umweltanpassung immer erst durch eine Veränderung der genetischen Substanz innerhalb einer Art erfolgen. Genetische Variationen geschehen dabei entweder durch **Rekombination** vorhandener Gene oder durch Mutation von Genen. **Mutationen** sind ungerichtete, zufällige Variationen des Genbestands, die im Prozess der Selektion ihre *fitness* beweisen müssen. Da Umweltveränderungen eintreten können, ist es möglich, dass Mutationen in einer veränderten

Umwelt Überlebensvorteile bieten und somit eine erfolgreiche Anpassung an die betreffende Umwelt darstellen. Ein ähnlicher Zusammenhang zwischen Selektion und Mutation wird auch in der Evolutionsökonomie angenommen. Nelson und Winter (1975) definieren ein **technologisches Mutationskonzept**, indem sie die Bedingungen und Mechanismen von Innovationen in Unternehmen untersuchen. Die Selektionsumwelt wird hierbei als sozio-institutionelle Größe verstanden, die für die Anpassung und Überlebensfähigkeit von Innovationen maßgeblich ist. Innovationen sind zwar oft Ausdruck zielgerichteten Forschens, können aber vereinfacht als Mutationen gedacht werden, da ihre *fitness* auch von den Umweltbedingungen abhängt und somit zu einem bestimmten Anteil quasi zufällig ist. Die Bedeutung von Zufall für die Anpassung an Umweltbedingungen kommt in der sozial- und wirtschaftswissenschaftlichen Evolutionsperspektive in Form unvorhersehbarer Ereignisse als „historischer Zufall" zum Tragen. Dennoch besteht ein grundsätzliches Interesse, soziale und wirtschaftliche Variationen bzw. Dynamiken nicht nur als Ergebnis externer Zufälle zu beschreiben, sondern die Mechanismen von Wandel (Variation) auch innerhalb der Prozesse zu erkennen und somit zu endogenisieren (Glückler 2007a) – ein Verständnis, das der Lamarck'schen Evolutionstheorie näherkommt.

13.1.2 Evolution und Organisationsökologie

Die Organisationsökologie ist ein Ansatz zur Erklärung des Wandels von Organisationen, der mit einer ökologischen und einer evolutionären Perspektive zwei biologische Ansätze verbindet (Hannan und Freeman 1993). Der Ausgangspunkt der Organisationsökologie besteht in der Erkenntnis, dass sich sozialer und organisatorischer Wandel nicht als linearer Fortschritt vollzieht (Granovetter 1979; Carroll 1984). Stattdessen zeichnet sich die Evolution von Unternehmen und Organisationen durch eine Vielzahl möglicher Entwicklungspfade aus, die nicht a priori bestimmt werden können. Während traditionelle Ansätze davon ausgehen, dass sich Unternehmen fortwährend an veränderte Umweltbedingungen anpassen, wird in der Organisationsökologie argumentiert, dass der Wandel weniger in der Anpassung als vielmehr in der Selektion von Organisationen begründet liegt. Unternehmen und Organisationen werden aus mehren Gründen als strukturell nicht-anpassungsfähig an dynamische Veränderungsprozesse angesehen (Hannan und Freeman 1984):

(1) Im Gegensatz zu einem individuellen Akteur unterliegen Organisationen einem kollektiven Meinungsbildungs- und Entscheidungsprozess, bei dem durch die Diversität der Einzelinteressen oftmals konsensuale Anpassungen resultieren, die suboptimal sind.

(2) Unsicherheit über die optimale Zweck-Mittel-Relation impliziert unerwartete und unbeabsichtigte Handlungsfolgen, die im Voraus keine Gewissheit über die bestmögliche Anpassung gestatten. Angesichts des Handelns in Unsicherheit können adaptive Entscheidungen von außen gesehen unter Umständen sogar als willkürlich erscheinen.

(3) Durch die Abstimmungs- und Verhandlungsprozesse innerhalb von Organisationen sowie durch die zeitaufwendige Umsetzung von Anpassungszielen resultiert eine strukturelle Trägheit von Organisationen. Das Timing der Anpassung gegenüber veränderten Rahmenbedingungen wird damit zu einem entscheidenden Faktor. Unter sich schnell wandelnden Umweltbedingungen hinken die Anpassungsschritte der Veränderungen systematisch hinterher, sodass Organisationen zum Zeitpunkt der Umsetzung bereits wieder unangepasst sein können.

In der Organisationsökologie wird davon ausgegangen, dass Organisationen aus diesen Gründen selbst zum Gegenstand der Selektion werden. Somit bedarf es eines konkreten Konzepts einer **Unternehmenspopulation**, deren Mitglieder von denselben Selektionskriterien betroffen sind. Analyseebene ist die Menge derjenigen Unternehmen und Organisationen, die sich hinsichtlich ihrer „Gene", d. h. ihrer organisatorischen Routinen, ähneln (Nelson und Winter 1982). Diese Routinen umfassen das spezifische Wissen, die Konventionen, Regeln und Verfahrensweisen, die sich in einer Organisation angesammelt haben. In Unternehmen finden diese Ausdruck in den angewandten spezifischen Produkt- und Herstellungstechniken, Qualitätsrichtlinien, Qualifikationsprofilen sowie Unternehmensstrategien und -philosophien. McKelvey und Aldrich (1983) sprechen in diesem Zusammenhang auch von *comps* und beziehen sich dabei auf die spezifischen technologischen und organisatorischen Fähigkeiten, die die Kompetenz einer Organisation auszeichnen. Die Gesamtheit der Routinen definiert den genetischen Code einer Organisation und zugleich die Grenzen der Population (Hannan und Freeman 1993).

Eine evolutionäre Perspektive des organisatorischen Wandels entsteht durch das Konzept der Variation. Dieses bezeichnet Veränderungen des Pools von Routinen durch Innovation und Imitation. Auslöser von Variationen können sowohl zielgerichtete Forschung und Entwicklung sein (→ Kap. 14) als auch Anpassungen bei der Adaption bestehender Routinen anderer Unternehmen. Auch „zufällige" Variationen können evolutionäre Prozesse auslösen. Da Hannan und Freeman (1984) Organisationen als strukturell träge ansehen, konzipieren sie die Möglichkeit der Variation nicht für eine bestehende, sondern für die nächste Generation von Organisationen, d. h. für Neugründungen. Die **Auslese von Organisationen** vollzieht sich dabei (1) durch den Wettbewerb um gemeinsame Ressourcen, (2) über die Akzeptanz innerhalb der Gesamtpopulation und (3) durch den Einfluss veränderter Umweltbedingungen (Baum und Oliver 1992).

Die Umwelt einer Population von Unternehmen ist unter anderem charakterisiert durch Konjunktur, Nachfrageentwicklung sowie politische und sozio-institutionelle Rahmenbedingungen. Diejenigen Unternehmen, die aufgrund ihrer Routinen die größte *fitness* haben, setzen sich gegenüber anderen durch. Unternehmen, die weniger angepasst an ihre Umwelt sind, unterliegen in diesem Konzept der Auslese und scheiden aufgrund ihrer Unterlegenheit letztlich aus dem Markt aus. Hierbei folgt die Auslese keineswegs einer ausschließlich effizienzbasierten Rationalität. Da die *fitness* von Organisationen auch von den in der Gesellschaft akzeptierten Normen, Regeln und Konventionen abhängt, werden neben der ökonomischen Effizienz auch kognitive und politische Legitimität in der Selektion wirksam.

In der ***density-dependence*-Theorie** haben Wettbewerb und Legitimität als selektive Mechanismen je nach Entwicklungsstadium einer Population eine unterschiedliche Bedeutung. So genießt eine in einer Umwelt- bzw. Marktnische entstehende Population von Unternehmen anfangs meist nur geringe Akzeptanz (Legitimität) in der Gesamtpopulation. Gründungen von Unternehmen sind daher unwahrscheinlich. Mit zunehmendem Wachstum der Population erhöht sich jedoch die Legitimität im Zeitablauf, sodass die Wahrscheinlichkeit für weitere Unternehmensgründungen ansteigt. Durch die kontinuierliche Zunahme der Anzahl der Unternehmen in der Marktnische werden die verfügbaren Ressourcen und freien Marktanteile später allerdings immer knapper, sodass der Wettbewerb zwischen den Unternehmen ansteigt. Mit zunehmendem Wettbewerb sinkt allerdings die Gründungswahrscheinlichkeit wieder ab und die kognitive, soziale oder politische Legitimität als das Maß der Akzeptanz in einer gegebenen Umwelt wird zu einem wichtigen Überlebensvorteil einer Organisation.

Baum und Oliver (1992) haben versucht, die *density-dependence*-Theorie mit dem *embeddedness*-Ansatz in Verbindung zu bringen. Sie argumentieren, dass die Beziehungen der Organisationen einer Population zu den politischen und anderen institutionellen Akteuren ihrer Umwelt ihre Akzeptanz (Legitimität) und somit ihre Überlebenswahrscheinlichkeit steigern. Diese Beziehungen charakterisieren Baum und Oliver (1992) als ***institutional embeddedness***. Am empirischen Beispiel von Kindertagesstätten in Toronto im Zeitraum von 1971 bis 1989 zeigen sie, dass im reifen Stadium der Population die Überlebenswahrscheinlichkeit derjenigen Kindertagesstätten am größten ist, die über die meisten Beziehungen zu lokalen und überregionalen Behörden und Interessenverbänden verfügen. Institutionelle Einbettung ist somit eine wichtige Quelle der Legitimität von Organisationen.

13.1.3 Organisationsökologie in räumlicher Perspektive

Die Evolutionsperspektive der Organisationsökologie findet auch in wirtschaftsgeographischen Studien Anwendung. Die zentralen Fragestellungen bestehen darin, einerseits die Evolution von lokalisierten Produktionssystemen nachzuvollziehen und andererseits Prozesse und Mechanismen der Variation von Organisationsstrukturen in räumlicher Perspektive aufzuklären. Dabei leistet ein evolutionärer Ansatz in dreifacher Weise Unterstützung:
(1) bei der Untersuchung des Einflusses lokalisierter Lernprozesse auf Variationen der Organisationsstruktur,
(2) bei der Beobachtung der Anpassungsprobleme von Regionen an sich verändernde Umwelten,
(3) und zur Erklärung des Entstehens lokalisierter Produktionssysteme als ein räumlicher *lock-in*-Prozess unter dem Einfluss von Agglomerationseffekten (Boschma und Lambooy 1999).
In diesem Kontext stellt sich bei der Evolution regionaler Produktionssysteme die Frage, ob organisatorische Homogenität oder organisatorische Vielfalt bessere Entwicklungsmöglichkeiten bietet. Bei der Analyse lokalisierter Produktionssysteme werden Unternehmen nicht in Populationen gleicher Organisationsstruktur, sondern nach ihrer Regionszugehörigkeit in Gruppen zusammengefasst. Staber (1997) hat die Ergebnisse der *density-dependence*-Theorie auf die Entwicklung der Textilindustrie Reutlingens in Baden-Württemberg von 1946 bis 1993 übertragen. So verzeichnete die Region anfangs niedrige Gründungsraten, was sich später änderte. Aus einer Netzwerksperspektive können anfangs zögerliche Gründungsprozesse dadurch erklärt werden, dass Informationen in dieser Phase knapp und Netzwerke nicht dicht genug sind, um Gründungen zu ermöglichen. Mit jeder Neugründung vergrößert sich allerdings das Netzwerk von Unternehmern, die über ähnliches Know-how, Erfahrungen und Ressourcen verfügen. In dem entstehenden dichten Netzwerk mit vielen Akteuren entsteht damit eine hohe Interaktivität. Enge Beziehungen (*strong ties*) unterstützen den Erfahrungsaustausch und die Zirkulation von relevantem Wissen. Wenn bei einem weiteren Anstieg der Unternehmensgründungen später die Ressourcen einer Region immer knapper werden, gewinnen schwache Beziehungen (*weak ties*) an Bedeutung. Durch schwache Beziehungen gelingt es den Unternehmen eher, an neue Informationen zu gelangen (Granovetter 1973), um außerhalb des Produktionssystems Potenziale zu entwickeln und neue Ressourcen zu erschließen. Während also zu Beginn der Evolution einer Population dichte Netze entscheidend sind zur Erlangung des notwendigen Wissens über das entstehende Produktionssystem, werden mit zunehmender Reife offene, schwach gekoppelte Netzwerke immer bedeutsamer, um Lernprozesse zu ermöglichen und alternative Ressourcen zu mobilisieren (Rowley et al. 2000), die dann unter Umständen über enge Beziehungen in *global pipelines* gebunden werden (→ Kap. 10.3). In späteren Phasen der Evolution nehmen Unternehmensgründungen ab und Insolvenzen zu, da nicht allen Unternehmen die Anpassung ihrer Organisationsstruktur gelingt. Auch diese letzte Phase lässt sich in der Textilindustrie Reutlingens nachvollziehen (Staber 1997).
Dauerhafte Entwicklungschancen lokalisierter Produktionssysteme können nur dann gewahrt werden, wenn Überspezialisierungen und *lock-in*-Prozesse in der Struktur eines Netzwerks vermieden werden. Grabher und Stark (1997) stellen in diesem Zusammenhang das **Prinzip der Vielfalt** (*compartmentalization*) im Gegensatz zur Homogenität (Spezialisierung) in das Zentrum ihrer Betrachtung. Sie argumentieren, dass die Anpassung vieler Organisationen an eine homogene Struktur nur kurzfristig Vorteile bewirkt, langfristig jedoch die Fähigkeit zu weiteren Anpassungen reduziert (Grabher 1994). Durch die Wahrung organisatorischer Vielfalt hingegen entstehen demgegenüber parallel zueinander angepasste und weniger angepasste Formen der Organisationsstruktur. Dadurch ist jedoch die Anpassungsfähigkeit eines lokalisierten Produktionssystems an zukünftige Umweltveränderungen eher zu wahren als durch Homogenität (Hannan und Freeman 1993, Kap. 1). Je

mehr verschiedene Entwicklungspfade durch organisatorische Vielfalt in einem Produktionssystem erhalten bleiben, desto mehr Umweltänderungen sind bewältigbar und desto mehr Anpassungsmöglichkeiten bleiben offen. Dies bedeutet letztlich zwar eine suboptimale Anpassung des gesamten Produktionssystems in der Gegenwart, bedingt jedoch angesichts der Unbestimmtheit und Ungerichtetheit zukünftiger Umweltveränderungen eine erhöhte Überlebenschance des Produktionssystems durch die potenzielle Vielfalt möglicher Variationen (Mehrpfadigkeit).

Die Ergebnisse der Evolutionstheorie lassen sich direkt mit Schlussfolgerungen der Netzwerkperspektive verknüpfen. Hierdurch zeigt sich, dass offene regionale Netzwerke, die sich durch schwache Beziehungen auszeichnen, gegenüber geschlossenen, dichten Netzwerken evolutionäre Vorteile haben (→ Kap. 9.2):

(1) Offene, schwach gekoppelte Netzwerke sind sensibler gegenüber Umweltänderungen als hoch integrierte, geschlossene Netzwerke, denn sie beziehen aufgrund ihrer Offenheit viele Informationen von außen.

(2) Daneben können derartige Netzwerke aufgrund ihrer Diversität insgesamt mehr Variationen verkraften, ohne dass die Gesamtstruktur zerbricht (Grabher und Stark 1997).

Entgegen der Forderung nach permanenten Optimallösungen und zunehmender Spezialisierung argumentieren evolutionär orientierte organisationsökologische Ansätze umgekehrt für mehr Vielfalt und Diversität. Nur dadurch kann die langfristige Anpassungsfähigkeit lokalisierter Produktionssysteme gesichert werden (Staber 2007).

13.1.4 Kritische Würdigung der Organisationsökologie

Die Organisationsökologie ist ein evolutionärer Ansatz zur Erklärung des Wandels von Organisationsstrukturen auf der Ebene von Unternehmenspopulationen. Neben einem systematischen evolutionären Wirkungsverständnis wird hierbei ein Konzept der „Zufälligkeit" durch die Kombination von Variation und Umweltselektion mit in die Erklärung einbezogen. Aufgrund der Ungewissheit über zukünftige Bedingungen der *fitness*, der Offenheit von Entwicklungspfaden sowie der Möglichkeit von Innovation und Kreativität stellen wirtschaftsgeographische Argumentationen die Bedeutung von Vielfalt in der Organisationsstruktur zur Sicherstellung der Entwicklungschancen heraus. Entgegen deterministischer Fortschrittskonzeptionen demonstriert die Organisationsökologie, wie dynamische Prozesse unter Einbezug von „Zufälligkeit" systematisch verstanden werden können, ohne die Zukunft aus der Gegenwart heraus erklären zu wollen. Dennoch sind mit dem Ansatz eine Reihe von Schwächen verbunden, die nachfolgend diskutiert werden:

(1) **Biologische Semantik.** Die konzeptionellen Analogien aus der evolutionären Biologie tragen dazu bei, die Bedeutung des Handelns von Akteuren zu unterschlagen. So hat z. B. Penrose (1952) schon frühzeitig darauf hingewiesen, dass die Übertragung des Lebenszyklus eines biologischen Organismus zu einem inadäquaten Verständnis von Unternehmen führt. Ein Unternehmen ist keineswegs als Organismus aufzufassen, der einem natürlichen Gesetz von Wachstum und Sterben unterliegt. Unternehmen haben keine vorgegebene Lebensspanne, müssen nicht ultimativ sterben und haben keine natürliche Größe (Nelson 1994). Sie sind zugleich weniger komplex als lebende Organismen. Gleiches gilt auch für die Übertragung von Lebenszyklen auf Industrieregionen (→ Kap. 14), wobei das Verständnis einer Region als lebender Organismus bzw. als Population von Organismen noch missverständlicher erscheint.

(2) **Vernachlässigung von Lernprozessen.** Da Organisationen strukturell träge sind, erweisen sich Gründungen und Marktaustritte als die signifikanten Ereignisse von Variation und Selektion. Diese Perspektive ist jedoch zu stark vereinfacht und vernachlässigt die Fähigkeit von Unternehmen, eigene Anpassungs- oder gar Restrukturierungsleistungen an veränderte Umweltbedingungen zu leisten (Armbrüster und Glückler 2007). Innerhalb und zwischen Unternehmen finden fortlaufend Lernprozesse von Akteuren statt, die Innovationen erzeugen und Ver-

änderungen durchsetzen (→ Kap. 14). Der permanente Wandel durch kreatives Handeln und Innovation wird jedoch aus dem Konzept herausgefiltert und die Bedeutung von Lernprozessen unterschätzt. Dieses Problem wird auch von Vertretern des Ansatzes selbst erkannt (McKelvey und Aldrich 1983; Kieser und Woywode 1999).

(3) **Simplifizierende Operationalisierung.** Das organisationsökologische Programm leidet unter einer starken Vereinfachung zentraler Begriffe in der empirischen Umsetzung. So lassen sich z. B. Populationen von Unternehmen im Unterschied zur Natur nicht eindeutig abgrenzen. In der Biologie sind Populationen durch die Möglichkeit zur Fortpflanzung definiert, sodass die Populationsgrenzen trennscharf sind. Es handelt sich um natürliche Populationen. Da Unternehmen aber nur aufgrund von Ähnlichkeiten zu Populationen zusammengefasst werden, kann ein Unternehmen durchaus unterschiedlichen Populationen angehören. Populationen von Organisationen haben deshalb nur analytischen Charakter. Darüber hinaus gehören komplexe Organisationen wie Konzerne und *holdings* vielen verschiedenen Populationen gleichzeitig an.

(4) **Problematischer Zufallsbegriff.** In der Organisationsökologie und evolutionsökonomischen Ansätzen wird häufig mit dem Begriff „Zufall“ operiert, auch wenn es sich nicht wirklich um zufällige Ereignisse wie das Ziehen einer Stichprobe handelt. So erfolgen Entscheidungen von Unternehmen für eine bestimmte Innovation oder initiale Gründung oder Schließung von Betrieben meist nicht zufällig, sondern sind wohlüberlegt und können in einer qualitativen Analyse der zugrunde liegenden Strukturen und Prozesse oftmals nachvollzogen werden. Im Unterschied zu evolutionären Ansätzen, die Ereignisse durch das Prinzip des Zufalls externalisieren und damit aus der Analyse ausschließen, betont die relationale Wirtschaftsgeographie die Notwendigkeit, Ereignisse und Handeln im Kontext sozio-institutioneller Beziehungen und Strukturen zu untersuchen.

(5) **Unzureichende Akteursperspektive.** Da die Restrukturierungs- und Anpassungsfähigkeit von Organisationen nur für eine Minderheit großer Konzerne als möglich erachtet wird (Staber 1997), behandelt die Organisationsökologie Unternehmen im Prinzip als nicht-adaptive Organisationen. Dadurch wird die Fähigkeit zur Innovation und zur Restrukturierung bestehender Unternehmen programmatisch ausgeschlossen (Young 1988). Im Unterschied dazu sind Unternehmen bewusste und intendierte Gründungen, die nicht an ihre „Gene“ gebunden sind, sondern die die Struktur, Strategie und Größe ihrer Organisation ändern können. In Unternehmen verfolgen Akteure einen gemeinsamen Zweck und sind in der Lage, die Umwelt des Unternehmens mit zu gestalten, anstelle von ihr determiniert zu sein. Gerade die Fähigkeit von Unternehmen, ihre Standortumgebung selbst zu kreieren, ist zentraler Bestandteil neuer, relationaler Ansätze der Wirtschaftsgeographie und unterscheidet diese vom Verständnis der traditionellen Raumwirtschaftslehre. Dies wird z. B. in dem evolutionären Modell industrieller Entwicklungspfade von Storper und Walker (1989) deutlich (→ Kap. 13.3).

Ein Problem der Organisationsökologie besteht darin, dass sie die Aufmerksamkeit auf das Unternehmen als kleinste Untersuchungseinheit lenkt und somit den Wandel *innerhalb* von Organisationen unterschätzt (Armbrüster und Glückler 2007). In einem handlungsorientierten Ansatz hingegen sind die Akteure in Unternehmensleitung und -management durchaus in der Lage, Anpassungen der Organisationsstruktur prospektiv, also vorausschauend, durchzuführen oder gar eine Organisation zu etablieren, die besonders flexibel ist und leicht an eine Vielzahl verschiedener Umweltzustände angepasst werden kann. Zudem besteht die Möglichkeit, zunächst nur die Leitungsebene und das Management eines Unternehmens anstatt des gesamten Unternehmens auszutauschen, um damit Voraussetzungen für eine grundlegende Umstrukturierung innerhalb der bestehenden Organisation zu schaffen (→ Box 13-1).

Insgesamt rückt die organisationstheoretische Forschung zusehends von biologischen Erklärungszusammenhängen ab und bezieht sich vermehrt auf sozialwissenschaftliche Konzepte (Kieser und Woywode 1999). Die Verwendung

Box 13-1: Organisatorischer Wandel in der chemischen Industrie – Von *Hoechst* zu *Sanofi*

Der ehemalige Chemiekonzern *Hoechst* aus Frankfurt ist ein gutes Beispiel für einen Wandel der Organisationsstruktur. Bis in die 1990er-Jahre war das Unternehmen durch eine historisch gewachsene Struktur in praktisch allen Bereichen der chemischen Produktion tätig. Erst der Wechsel des Vorstandsvorsitzes von Hilger zu Dormann schuf die Voraussetzungen für eine grundlegende Reorganisation (Ochs und Sievers 1999; Bathelt und Kappes 2008). Es erfolgte eine Konzentration der Aktivitäten auf die Arbeitsgebiete Gesundheit und Landwirtschaft, die unter dem Dach der *life sciences* mit der Gentechnik als zukünftiger Schlüsseltechnologie integriert werden sollten. Parallel dazu wurden klassische Chemiesparten verkauft oder ausgegliedert. Es entstanden mehrere, zusehends unabhängig voneinander operierende Unternehmenseinheiten, die in verschiedenen Organisationsstrukturen meist im Kontext anderer Unternehmen als Zweige oder Sparten weiterarbeiteten. Durch die Spezialisierung geriet das Kernunternehmen Ende der 1990er-Jahre in den Sog weiterer Fusionen und Akquisitionen auf internationaler Ebene.

Im Jahr 1998 erfolgte die Fusion mit dem französischen Unternehmen *Rhône-Poulenc* zu *Aventis*. Ewen (1999) bemerkte zu Recht, dass das Unternehmen durch die Fokussierung auf den *life-sciences*-Bereich die organisatorische Vielfalt reduzierte und potenzielle zukünftige Entwicklungen somit einschränkte. Ende 2000 setzte sich der Spezialisierungsprozess von *Aventis* fort. Die Unternehmensleitung beschloss die Aufgabe des *life-sciences*-Konzepts, um sich nur noch auf den Pharmabereich zu konzentrieren (Hoffritz 2000). Das hoch spezialisierte deutsch-französische Gemeinschaftsunternehmen geriet in den Innovationsdruck der weltweiten Pharmaindustrie, die durch starke Konzentrationsprozesse gekennzeichnet war, um *economies of scale* in Produktion, Forschung und Entwicklung sowie Vertrieb zu nutzen. Aufgrund einer unzureichenden Produkt-*pipeline* zukünftiger Wirkstoffe und Medikamente kam es zu weiteren Fusions- und Akquisitionstätigkeiten. Mitte der 2000er-Jahre entstand zunächst *Sanofi-Aventis* und später der rein französische Pharmakonzern *Sanofi* (Bathelt und Kappes 2009).

Dieser organisatorische Wandel ging zwar nicht mit Neugründungen einher, war aber durch vielfältige Rekombinationen im Sinn evolutionärer Ansätze gekennzeichnet. Der Wandel von *Hoechst* zu *Sanofi* belegt zugleich, dass große Unternehmen sehr wohl anpassungsfähig an neue Umfeldbedingungen sind.

biologischer Analogiekonzepte und die Makroperspektive erschwert ein Verständnis des Wandels von Organisationen durch soziales Handeln, Kommunikation und Innovation. Der zentrale Beitrag des Ansatzes besteht jedoch in einem evolutionären Verständnis der Dynamik von Organisationsstrukturen durch eine Kombination von Wettbewerb, Innovation und nicht-vorhersehbarer Ereignisse. Aus diesem Grund werden nachfolgend die Handlungsmotive und Strategien sowie die sozio-institutionellen und evolutionär-historischen Rahmenbedingungen in den Mittelpunkt zur Erklärung von Unternehmensgründungen gestellt.

13.2 Unternehmensgründungen aus evolutionärer Sicht

Zwar wird in industriegeographischen Untersuchungen zwischen Betriebsverlagerungen, Unternehmensgründungen und Zweigwerksansiedlungen unterschieden (Schickhoff 1988), oftmals entfällt diese Unterscheidung jedoch, wenn die Bewertung einer Region als Wirtschaftsstandort im Mittelpunkt des Interesses steht. So werden unter dem Sammelbegriff der Standortvorteile zumeist alle Ursachen zusammengefasst, die für den industriellen Entwicklungsprozess einer Region verantwortlich sind (→ Kap. 6.3).

13.2.1 Gründungs-, Standort- und Wachstumsfaktoren

Regionale Analysen von Standorten und einzelnen Branchen erfordern eine differenzierte Betrachtung. Faktoren, die auf regionale Gründungsaktivitäten wirken, können ebenso das Wachstum existierender Unternehmen oder die Ansiedlung neuer Unternehmen beeinflussen. Vielfach unterscheiden sich allerdings die auf diese Entwicklungsprozesse wirkenden Ursachen (Bathelt 1991 b, Kap. 12):

(1) Im Fall einer **Unternehmensgründung** steht der Übergang von einer abhängigen zu einer selbstständigen Beschäftigung im Mittelpunkt der Entscheidungsfindung. Die Gründungsentscheidung basiert z. B. auf persönlichen Wertvorstellungen, dem Verhältnis des bisherigen zum zukünftigen Tätigkeitsbereich sowie dem vorhandenen Marktpotenzial des neu gegründeten Unternehmens. Oftmals entsteht in dieser Entscheidungssituation kein eigentliches Standortproblem, weil die innerhalb des bisherigen Aktivitätsraums vorherrschenden Standortbedingungen und Verflechtungsbeziehungen eine notwendige Voraussetzung für die Gründungsoption darstellen.

(2) Demgegenüber werden im Fall einer **Ansiedlungsentscheidung** die Bedingungen der alten Standortregion denen einer neuen gegenübergestellt. Hierbei mögen Standortfaktoren, wie sie in der traditionellen Standortlehre diskutiert werden, eine wichtige Rolle spielen – so z. B. Kostenstrukturen, Zuliefer- und Absatzpotenziale, Arbeitsmarktstrukturen und Agglomerationsvorteile (→ Kap. 5.3).

(3) Eine wiederum andersartige Entscheidungsstruktur liegt der **Expansionstätigkeit existierender Unternehmen** zugrunde. Die Entscheidung eines Industrieunternehmens, die in einer Region vorhandenen Produktionskapazitäten auszubauen, hängt in erster Linie vom Nachfragepotenzial auf den Absatzmärkten, die überwiegend außerhalb der Region liegen, vom Verhalten der Konkurrenten sowie von der Möglichkeit ab, interne Ersparnisse zu erzielen. Unter den Wachstumsfaktoren spielen räumliche Merkmale nur indirekt eine Rolle, wenn es etwa um die Frage geht, ob zusätzliche Produktionskapazitäten am bisherigen Standort oder in einer neuen Standortregion geschaffen werden sollen (→ Kap. 6.3).

Auf das Problem der Vermischung verschiedenartiger Prozesse in empirischen Standortanalysen weist auch Hayter (1997, Kap. 4) hin. Hierzu vergleicht er Kataloge von Standortfaktoren aus verschiedenen Studien zum Standortverhalten von Hightech-Unternehmen. In diesen Studien werden weiche Faktoren, wie sozio-kulturelle Qualität, Lebensqualität, staatliche Politik und das Geschäftsklima, als wichtige Einflussgrößen von Standortentscheidungen eingeordnet. Durch den Bezug auf weiche Standortfaktoren wird zwar die Bedeutung sozialer Prozesse für Standortentscheidungen akzeptiert, diese werden aber unzureichend konzeptionalisiert. Weiterhin fällt auf, dass in diesen Standortuntersuchungen neben Faktoren der Arbeitsmarktqualität und Infrastrukturausstattung, die eine Bewertung einer Region als Industriestandort ermöglichen, auch Aspekte wie etwa der Wohnort des Unternehmensgründers oder die Nähe zum vorherigen Aktivitätsraum aufgelistet werden, die kaum etwas über eine Standorteignung aussagen.

Hierin zeigt sich die fehlende Differenzierung von Gründungs-, Standort- und Wachstumsentscheidungen. Den betreffenden Prozessen liegen unterschiedliche Entscheidungsstrukturen zugrunde, die wiederum einen dynamischen Bedeutungswandel vollziehen (z. B. Markusen et al. 1986; Sternberg 1995 b). Dies lässt sich am Beispiel der bereits in Kapitel 6.3 herangezogenen Studie über Standortentscheidungen von Hightech-Unternehmen in nordamerikanischen Regionen darstellen (Bathelt 1991 a; 1991 b; 1992).

Gründungsfaktoren. In den meisten Untersuchungsregionen basierten Unternehmensgründungen in der Anfangsphase der Hightech-Entwicklung auf neuen technologischen Optionen, die aus universitären oder militärischen Forschungsprojekten hervorgingen. Erste Unternehmensgründungen, die für die nachfolgende Entwicklung eine Vorreiterfunktion übernahmen, wurden oftmals durch unvorhersehbare, nichtwiederholbare Ereignisse beeinflusst. Nachdem diese Unternehmen etabliert waren, kam es in allen Untersuchungsregionen zu **Nachfolgegründungen** (*follow-the-leader*-Verhalten). Die frühen Hightech-Gründungen hatten großen Einfluss auf die sektorale Ausrichtung der später folgenden Unternehmensgründungen und -ansiedlungen. Sektorale Spezialisierungstendenzen trugen zur Entstehung hoch qualifizierter Arbeitsmärkte und vielfältiger Verflechtungspotenziale bei. Somit entstanden eigendynamische Agglomerationsprozesse, die durch universitäre und private **Ausgründungen** (sog. *spin-offs*) verstärkt wurden. Hierbei spielten lokale Kommunikationsstrukturen, das Vorhandensein von Universitäten, Risikokapital sowie Gründungstraditionen eine unterstützende Rolle.

Standortfaktoren. Zunächst waren bei Unternehmensansiedlungen in den nordamerikanischen Untersuchungsregionen quasi-zufällige Einflussfaktoren sehr wichtig. Individuelle Standortentscheidungen hatten großen Einfluss auf die nachfolgenden Spezialisierungsprozesse. Die Unternehmen erzielten auf dem lokalen Arbeitsmarkt durch ihre Größe einen hohen Grad an Dominanz und waren Auslöser von *spin-off*-Prozessen. Sie zogen ferner spezialisierte Ansiedlungen und Umstrukturierungen im Zulieferbereich nach sich. Zusätzlich stellte die Verfügbarkeit von Rüstungsaufträgen und die Präsenz von Regierungsinstitutionen einen wichtigen Ansiedlungsanreiz dar. Die renommierten Universitäten und Forschungseinrichtungen wurden durch ihre Rolle als Anbieter hoch qualifizierter Arbeitskräfte und durch ihre Bemühungen um eine enge Kooperation mit dem Privatsektor ebenfalls zu bedeutenden Standortfaktoren. Großen Einfluss auf die Ansiedlung von Hightech-Unternehmen hatten zudem in jeder Standortregion diejenigen Spezifika, die sich im Zeitablauf unter den jeweiligen lokalen Bedingungen entwickelt hatten.

Wachstumsfaktoren. In den älteren Hightech-Regionen, die bereits während des Zweiten Weltkriegs wichtige Impulse erhalten hatten, wurde das Wachstum in der Nachkriegszeit zunächst durch militärische Ausgaben entscheidend beeinflusst. Erst später erfolgte die Erschließung privater Märkte. Dies stand insbesondere im Zusammenhang mit der Ausbreitung von Mikroelektronik und Computertechnologie in viele Sektoren und Anwendungsbereiche, wodurch die militärische Nachfrage an Bedeutung verlor. Weitere Wachstumsquellen, insbesondere für kleine und mittlere Unternehmen, bildeten die Zulieferbedürfnisse der großen international tätigen Hightech-Unternehmen. In den Hauptballungen von Hightech-Industrien wirkte sich ferner der schnelle Technologietransfer stimulierend auf die Expansionstätigkeit bestehender Unternehmen aus, bedingt durch eine hohe Arbeitsplatzmobilität, enge Kommunikationsverflechtungen zwischen den Unternehmen sowie durch Interaktionen der Unternehmen mit den lokalen Universitäten.

13.2.2 Schumpeter'scher Unternehmerbegriff

Die Neugründung eines Unternehmens ist ein unternehmerischer Akt einer oder mehrerer Personen, die sich zum Schritt in die Selbstständigkeit entschließen und das betriebswirtschaftliche Risiko des Findens ausreichender Märkte für ihre Produkte und Leistungen auf sich nehmen. Neoklassische Studien charakterisieren Neugründungen wie folgt (Hayter 1997, Kap. 9): Unternehmensgründungen haben in der Startphase nur eine geringe Beschäftigtenzahl, einen kleinen Marktanteil und sind unabhängig von anderen Unternehmen. Dabei sind Besitz und Geschäftsführung zumeist in einer Hand, sodass Unternehmer starke persönliche Anreize besitzen, erfolgreich zu sein. Der Neugründungsschritt zeigt die Bereitschaft, Risiken auf sich zu nehmen.

Häufig wird der **Unternehmerbegriff** in Anlehnung an Joseph Schumpeter mit Innovationen in Verbindung gebracht. Schumpeter (1911, Kap. 2) bezeichnet eine Person als Unternehmer, wenn sie in der Lage ist, neue Kombinationen – insbesondere neue Produkte, Produktionsverfahren und Organisationsstrukturen – gegen alte Kombinationen auf dem Markt durchzusetzen. Es ist dies das nach wie vor gebräuchlichste Begriffsverständnis von Innovationen (→ Kap. 14.1). Mit diesem Unternehmerbegriff fasst Schumpeter also die Innovatoren und nicht die Besitzer von Unternehmen ins Auge (Bathelt 1991 b, Kap. 2). Ein Innovator hat insofern eine Vorbildfunktion, als er als Erster die Bahnen des gewohnten Kreislaufs verlässt und ein Risiko eingeht. Bei erfolgreicher Durchsetzung neuer Kombinationen entsteht ein sogenannter **Unternehmergewinn**, d. h. ein temporärer Monopolgewinn aus der zunächst konkurrenzlosen Vermarktung der neuen Kombination. Aus der Sicht von Schumpeter (1911, Kap. 4) ist der Unternehmergewinn ein Anreizinstrument, da er weitere Innovationen und Unternehmensgründungen motiviert und somit einen Gründungsprozess nach sich zieht. Im Verlauf dieses Prozesses sinkt der Unternehmergewinn im Zeitablauf ab.

Die Argumentation von Schumpeter (1911) macht verständlich, warum Unternehmensgründungen seit den 1980er-Jahren eine große Beachtung in Politik und Wissenschaft erfahren haben. In einer Phase, in der das Potenzial für Unternehmensverlagerungen und -ansiedlungen zunehmend geringer eingeschätzt wird, erhofft man sich durch die Gründung neuer Unternehmen zusätzliche Wachstumsimpulse, Innovationen und letztlich Arbeitsplätze. Das Modell der Unternehmenssegmentierung von Taylor und Thrift (1983) belegt, dass eine Beschreibung und Analyse von Unternehmensneugründungen nicht undifferenziert und kontextlos vorgenommen werden kann. So operieren beispielsweise *loyal-opposition*-Unternehmen unabhängig voneinander in Marktnischen und Restmärkten, während *satellite*-Unternehmen ebenfalls autonom, aber nicht unabhängig sind, und erfolgreiche *leader*-Unternehmen der Gefahr unterliegen, von großen Unternehmen aufgekauft zu werden (→ Kap. 11.2).

Auf volkswirtschaftlicher Ebene wird die Rate von Unternehmensneugründungen oft mit dem Grad der Innovationstätigkeit und Wettbewerbsfähigkeit einer Nation in Verbindung gebracht (→ Box 5-2). Auf individueller Ebene hängt die **Motivation einer Unternehmensgründung** mit verschiedenen Wünschen zusammen und kann unterschiedlich sein (Hayter 1997, Kap. 9; Brixy et al. 2011). Hierbei sind insbesondere folgende Gründe von Bedeutung: (1) der Wunsch, sein eigener Chef zu sein, (2) der Wunsch, ein hohes Einkommen zu erzielen, (3) der Wunsch, z. B. durch eine freie Zeiteinteilung die Lebensqualität zu verbessern, oder (4) der Wunsch, eigene Ideen zu verwirklichen, um Befriedigung bei der Arbeit zu erlangen.

Vor allem in den 1960er- und 1970er-Jahren gab es eine Vielzahl von Untersuchungen, die bestrebt waren, typische Merkmale und Eigenschaften von Unternehmensgründungen und Gründerpersönlichkeiten zu erfassen (z. B. Roberts und Wainer 1971). Daraus sollten Erkenntnisse darüber gewonnen werden, welche Personen zu einem Gründungsschritt besonders prädestiniert sind. Ziel war es, die betreffenden Personengruppen z. B. im Rahmen von Förderprogrammen anzusprechen und zu einer Unternehmensgründung zu motivieren. Derartige Studien konzentrierten sich auf die Erfassung formaler Strukturmerkmale wie etwa Alter, Bildungsstand und frühere Arbeitsverhältnisse. Dabei wurden jedoch die sozialen und ökonomischen Prozesse vernachlässigt, die den Gründungsentscheidungen zugrunde liegen. Auch wenn diese Untersuchungen einem deterministischen Denken Vorschub leisteten, konnten sie doch herausstellen, dass Neugründungen oftmals eine enge Beziehung zu dem früheren Arbeitsplatz der Unternehmensgründer aufweisen. Solche Beziehungen bestehen z. B. in der Vergabe von Unteraufträgen durch die früheren Arbeitgeber oder in Form finanzieller Hilfen. Häufig ist ein neu gegründetes Unternehmen genau in derjenigen Branche und in den Märkten tätig, in denen der Gründer zuvor Erfahrung gesammelt hat (Sedlacek 1988, Kap. 3; Szyperski und Roth 1990; Bathelt 1991 b, Kap. 12; Mossig 2000).

13.2.3 Saatbeet-Hypothese

Viele wirtschaftsgeographische Studien belegen, dass neue Unternehmen primär in denjenigen Orten und Regionen gegründet werden, in denen die Gründer bereits vorher tätig waren und in denen sie ihren Wohnsitz haben. Als Begründung für diese Saatbeet-Hypothese hebt Hayter (1997, Kap. 9) hervor, dass Unternehmensgründer mit dem Ort, an dem sie leben, bestens vertraut sind und sie dort umgekehrt bei anderen gut bekannt sind. Sie kennen den lokalen Arbeitsmarkt, wovon sie bei der Einstellung von Mitarbeitern profitieren. Außerdem besitzen die Unternehmensgründer Kenntnisse über die lokalen Absatzmärkte und Zulieferer und haben Kontakte zu den Behörden und Banken. Das Wissen über den Standort ist Bestandteil der Entscheidung, ein Unternehmen überhaupt zu gründen. An anderen Orten wären die Ungewissheiten bei einer Gründung zu groß, da entsprechende Informationen hier nicht vorliegen. Die Unternehmensgründung ist deshalb zumeist nicht mit einer echten Standortentscheidung verbunden, weil der Unternehmensstandort durch den zuvor erschlossenen Aktivitätsraum weitgehend vorbestimmt ist.

Normalerweise findet eine Unternehmensgründung nicht spontan statt, sondern ist über einen gewissen Zeitraum hinweg geplant. Aufgrund der mit der Gründung verbundenen persönlichen Existenzrisiken erfolgt der Übergang von einer abhängigen zu einer selbstständigen Beschäftigung stufenweise. Die ersten Gründungsschritte werden häufig am Wohnort parallel zur bisherigen Tätigkeit unternommen. Der spätere Gründer ist zunächst noch abhängig beschäftigt und bereitet den Schritt in die Selbstständigkeit vor. Auch nach der Gründung sind die Unternehmen stark in ihr lokales Umfeld und die ihnen bekannten Zuliefer- und Absatznetze eingebettet. Mit dem Unternehmenswachstum wird der Aktionsraum nach dieser idealtypischen Abfolge später sukzessive um neue Bezugsquellen und Märkte erweitert (Schickhoff 1983, Kap. III). Dies geschieht aufbauend auf einem festen, zumindest teilweise regionalen Zulieferer- bzw. Kundenstamm.

13.2.4 Inkubator-Hypothese

Die Inkubator-Hypothese wurde ursprünglich entwickelt, um die Bedeutung etablierter Industrieschwerpunkte in städtischen Ballungsgebieten als Inkubatoren für Unternehmensgründungen hervorzuheben (Hayter 1997, Kap. 9). Darin wurde argumentiert, dass bestehende Industriegebiete für neu gegründete Unternehmen zahlreiche Vorteile bieten. Hierzu zählten vorhandene Freiflächen und leer stehende Gebäude sowie der Zugang zu Zulieferern, Märkten und Unternehmensdienstleistungen. Zugleich wurde davon ausgegangen, dass es möglich sei, Kostenvorteile durch externe Ersparnisse wie etwa den Zugang zu einem vorhandenen Arbeitsmarkt mit entsprechenden Qualifikationen zu erzielen. Mit der abnehmenden Bedeutung alter städtischer Industriegebiete wandelte sich die Inkubator-Hypothese allerdings und andere Gründungsprozesse erfuhren neue Aufmerksamkeit (Malecki 1991, Kap. 8). Im Bereich der Hightech-Industrien zeigte sich, dass führende Unternehmen und Universitäten eine zentrale Rolle als Inkubatoren für Neugründungen spielten (Bathelt 1991 b, Kap. 4 bis 8) (→ Box 13-2).

Bei derartigen Vergleichen ist jedoch Vorsicht geboten. Oftmals ist es kaum möglich, direkte Vergleiche zwischen Regionen durchzuführen, da das *spin-off*-Verständnis sehr unterschiedlich sein kann (Mustar et al. 2006). Quantitative Bewertungen lassen sich meist erst unter den spezifischen Kontextbedingungen verstehen und interpretieren.

13.2.5 Neugründungen als *spin-offs*

In Anlehnung an die Inkubator-Hypothese können folgende Arten der Ausgründung bzw. Neugründung von Unternehmen unterschieden werden (z. B. Garvin 1983; Hunsdiek 1987; Mossig 2000, Kap. 3):

(1) **Universitäre *spin-off*-Gründungen** aus Universitäts- und sonstigen Forschungseinrichtungen.

(2) **Originäre *spin-offs*** aus der Privatwirtschaft. Sie setzen sich aus ***split-offs***, die ohne Einverständnis des Inkubators entstehen, und aus ***sponsored-spin-offs*** zusammen, die mit Unterstützung des Inkubators gegründet werden.

(3) **Derivative *spin-offs*** aus der Privatwirtschaft. Hierzu zählen ***spin-outs***, die durch die Auslagerung von Teileinheiten, z. B. als eigenständige Tochterunternehmen, entstehen. Daneben gibt es ***buy-outs*** bzw. ***buy-ins***, die durch den Verkauf von Unternehmenseinheiten an Außen-

Box 13-2: Beispiele erfolgreicher regionaler Inkubatoren

(1) **Boston.** In der Nachkriegszeit kam es in der Region Boston bis 1965 zu 156 technologieorientierten Unternehmensgründungen aus dem *Massachusetts Institute of Technology* (*MIT*) und seinen Forschungslabors. Daneben standen die größten Technologieunternehmen der Region – der Rüstungskonzern *Raytheon* und der Minicomputerhersteller *Digital Equipment Corporation* (*DEC*) – Pate für rund 50 weitere Unternehmensgründungen (Roberts 1968; De Jong 1987, Kap. 4.2).

(2) **Ottawa.** In Ottawa kam es durch *spin-off*-Prozesse im Bereich der Telekommunikations- und Mikroelektronikindustrie zwischen 1970 und 1985 zu insgesamt 66 Unternehmensgründungen (Steed und DeGenova 1983; Rywak 1987). Wichtiger Ausgangspunkt hierfür war die Schließung des Gemeinschaftsunternehmens *Microsystems International Limited* (*MIL*) von *Bell Northern Research* und der kanadischen Regierung. Die daraus hervorgegangenen Unternehmensgründungen hatten einen bedeutenden Einfluss auf die Entwicklung des Hightech-Sektors in der Region Ottawa.

(3) **Waterloo.** In der Region Waterloo (*Canada's Technology Triangle – CTT*) nahe Toronto kam es seit den 1970er-Jahren zu Unternehmensgründungen im Umfeld der renommierten natur- und ingenieurwissenschaftlich geprägten University of Waterloo (Bathelt 1991 b, Kap. 6). Bis zum Jahr 2007 verzeichnete die University of Waterloo 47 *spin-off*-Gründungen aus universitären Forschungsprojekten. Rund 200 Unternehmen in der Region führten um das Jahr 2000 ihre Präsenz vor Ort auf die lokalen Universitäten zurück (Bathelt et al. 2010). Ende der 2000er-Jahre hatten noch etwa 35 % dieser Unternehmen einen Standort in der Region. Dabei handelte es sich meist um kleinere Unternehmen. Allerdings gab es auch Ausnahmen, wie z. B. *Dalsa*, *OpenText* sowie *RIM* (*Research in Motion*), den inzwischen berühmten *Blackberry*-Hersteller.

(4) **Silicon Valley.** Im Silicon Valley, dem Ursprung der Halbleiterindustrie, gingen *spin-off*-Prozesse in großem Umfang von den etablierten Unternehmen aus (Rogers und Larsen 1983; Saxenian 1985; Harrison 1997, Kap. 5). Sie basierten auf einer hohen Kommunikationsdichte und der kontinuierlichen Entwicklung neuer Ideen für Innovationen. Daneben spielten auch unterstützende institutionelle Akteure für den Gründungsschritt eine wichtige Rolle – insbesondere die große Anzahl von Risikokapital-Unternehmen, die Kapital für Unternehmensgründungen zur Verfügung stellten (Florida und Kenney 1988).

stehende oder als *management-buy-outs* an eigenes Personal Selbstständigkeit erlangen.

Ursachen für *spin-off*-Prozesse beruhen nicht primär auf interregionalen Standortvorteilen, sondern hängen von spezifischen personen- und unternehmensbezogenen Merkmalen und Beziehungen ab, die a priori keine räumliche Dimension aufweisen. Nach de Jong (1987, Kap. 7) gehören hierzu die Gründereigenschaften, die Arbeitsbedingungen innerhalb der Inkubatororganisation, Kapitalverfügbarkeit, das Geschäftsklima, die Förderbedingungen für Neugründungen und das Vorhandensein unternehmerischer Netzwerke. Der eigentliche Gründungsentschluss geht auf positive und negative Deplatzierungswirkungen (Keune und Nathusius 1977) zurück, die mit den Lebens- und Arbeitsbedingungen der potenziellen Gründer zusammenhängen und als ***pull-* bzw. *push*-Faktoren** der Gründungsmotivation dienen (Sternberg 2000, Kap. 5):

(1) **Negative Deplatzierungswirkungen.** Hierzu zählen (1 a) Kündigung oder Bedrohung des bisherigen Arbeitsplatzes, (1 b) Unzufriedenheit mit den vorhandenen Arbeitsbedingungen, (1 c) konzeptionelle Divergenzen mit den Vorgesetzten über zukünftige Produkt- oder Prozessentwicklungen.

(2) **Positive Deplatzierungswirkungen.** Anreize zu Gründungen resultieren aus (2 a) Finanzierungsmöglichkeiten (z. B. durch die Verfügbarkeit von Risikokapital), (2 b) einem vorhande-

nen Marktpotenzial (*market-pull*-Hypothese), (2 c) aus den Erfolgen früherer Gründungen, d. h. ihrer Vorreiterfunktion, (2 d) spezifischen Gründereigenschaften und persönlichen Erfahrungen.

Seit den 1980er-Jahren wurden in den Sozialwissenschaften vor allem zwei Arten von *spin-off*-Gründungen untersucht: einerseits *spin-offs* aus dem Hightech-Bereich sowie andererseits Universitäts-*spin-offs*. Obwohl es zwischen beiden Ähnlichkeiten in Bezug auf die Forschungsorientierung gibt, existieren doch substanzielle Unterschiede (Vohora et al. 2004). So entstammen universitäre *spin-offs* einer nicht-kommerziellen Umgebung und haben es in der Anfangsphase besonders schwer, Marktlegitimität zu erwerben (Pries und Guild 2007). In dieser Phase haben forschungsbezogene Universitäts-*spin-offs* oft keine kommerziellen Netzwerkbeziehungen zu Zulieferern, Kunden und Vermarktungspartnern in außerregionalen Märkten. Sie müssen zunächst ihre Qualität und Zuverlässigkeit beweisen und um Legitimität für ihre Produkte auf den Märkten kämpfen (Hannan und Freeman 1984).

Generell besteht ein Problem in Studien über *spin-off*-Gründungen darin, dass es sehr unterschiedliche Begriffsdefinitionen gibt, was den Vergleich verschiedener Untersuchungen erschwert (Pirnay et al. 2003; Mustar et al. 2006). Zudem wenden die meisten Analysen keine räumliche Perspektive an. Dabei ist es aus regionalpolitischer Sicht bedeutsam, die regionalen Wirkungen einer Universität als Ansatzpunkt der Wirtschaftsförderung zu verfolgen (Bathelt und Schamp 2002). Ein Extrem stellen Studien dar, die nur solche Gründungen als *spin-offs* bezeichnen, die direkt aus der universitären Forschung hervorgehen. Obwohl es für eine derart enge Begrifflichkeit gute Gründe geben mag, kann dadurch nur unzureichend das regionale Wirkungspotenzial von Universitäten erfasst werden, da viele Unternehmen z. B. durch Universitätsabgänger und nicht aus der Forschung heraus entstehen. Wenn man dem ein anderes Extrem an Studien gegenüberstellt, die sämtliche von Hochschulabgängern gegründeten Unternehmen als *spin-offs* betrachten, läuft man umgekehrt Gefahr, eine zu breite *spin-off*-Abgrenzung zu wählen. In diesem Fall würden fast alle Unternehmen als *spin-offs* betrachtet, da sie von Universitätsabgängern gegründet wurden. Dadurch würden Unternehmen wie *Research in Motion* (*RIM*) dennoch nicht als Universitäts-*spin-offs* gelten, weil der zentrale Gründer sein Studium an der University of Waterloo vor dem Abschluss abbrach.

Aus den genannten Gründen ist es sinnvoll, eine **wissensbasierte, regionale Abgrenzung von Universitäts-*spin-offs*** vorzunehmen, die alle Unternehmen umfasst, bei denen sich die Gründer im Umfeld der Universität kennen gelernt und ihre Gründungsidee entwickelt haben und deren Gründung auf Wissen basiert, das an der Universität produziert oder zirkuliert wurde (Bathelt et al. 2010). In zwei Schritten wird nachfolgend eine Typologie von Universitäts-*spin-offs* nach Universitätsinvolvierung, Wissensbasis und Ko-Lokation der Gründer vorgestellt, die Rückschlüsse auf regionale Wachstumspotenziale und regionalpolitischen Aktionsbedarf signalisiert:

(1) Einerseits lassen sich Universitäts-*spin-offs* nach der Art der Unterstützung und Involvierung unterscheiden (→ Tab. 13-1). So kann es sein, dass *spin-off*-Gründungen direkt von einer Universität etwa durch die Bereitstellung von Laborkapazitäten, Computernetzen oder günstigem Büroraum unterstützt werden (DiGregorio und Shane 2003). Vielfach – insbesondere wenn die Gründungen im Verborgenen stattfinden – ist jedoch keine Involvierung vorhanden. Nach dem zweiten Merkmal wird unterschieden zwischen *spin-offs* aus der Universitätsforschung, aus Universitäts-Industrie-*joint-ventures* oder aus dezentraler Ideenentwicklung (Mustar et al. 2006). Anhand dieser Klassifikation kann man versuchen, Rückschlüsse auf Wachstumspotenziale der *spin-off*-Gründungen zu ziehen. So haben einerseits Unternehmen, die aus Universitäts-Industrie-*joint-ventures* und aus dezentraler Ideenfindung hervorgegangen sind, eine größere Überlebenswahrscheinlichkeit (insbesondere Typ III und V), da sie aufgrund eines Marktpotenzials oder durch etablierte Industriepartner Legitimität haben oder schnell erlangen können.

Tab. 13-1: Typologie regionaler Universitäts-*spin-offs* nach Unterstützung und Involvierung der Universität in der Gründungsphase (nach Bathelt et al. 2010, S. 523)

Universitätsunterstützung	**Universitätsinvolvierung im Gründungsprozess**		
	Universitäre *spin-offs*		**Universitätsbezogene Gründungen**
	Universitätsforschung	**Universitäts-Industrie-*joint-venture***	**Dezentrale Ideenentwicklung**
Mit Unterstützung	I. geistiges Eigentum, entwickelt aus staatlich finanzierter Universitätsforschung	III. formales Entwicklungsabkommen zwischen Universität und Industrie; einschließlich Lizenzierungsabkommen für die kommerzielle Anwendung	V. Gründung durch frühere Universitätsabgänger; Gründungsidee stammt z. B. aus Seminarerfahrungen an der Universität
Ohne Unterstützung	II. Universitätsforscher entwickeln Ideen, zahlen für das geistige Eigentum und verlassen die Universität, um dies weiterzuentwickeln	IV. Innovation als Nebenprodukt aus dem *joint venture*; möglicherweise eine nebensächliche Entwicklung, die nicht zentral für das Forschungsprojekt ist	VI. Gründer sind vollständig unabhängig, treffen sich auch außerhalb der Universität, sind aber mit ihr sozial verbunden; Universität ist nicht über die Gründung informiert

Demgegenüber stehen Regionen mit einem großen Anteil von *spin-offs* aus der Universitätsforschung (Typ I und II) vor der Herausforderung, die betreffenden Unternehmen beim Erwerb von Marklegitimität zu unterstützen (Bathelt et al. 2010).

(2) Hierzu lässt sich ergänzend eine Unterscheidung nach Art des transferierten Wissens und der Ko-Lokalisation der Gründer treffen (➔ Tab. 13-2). So lässt sich einerseits zwischen spezifischem Wissen, das aus den Forschungskompetenzen der Universität hervorgegangen und nur an wenigen anderen Orten in ähnlicher Form vorhanden ist, und generischem Wissen unterscheiden, das zwar fortgeschritten ist, aber etwa in Form von Vorlesungen und Seminaren vermittelt wird und auch an anderer Stelle verfügbar ist (Pirnay et al. 2003). *Spin-off*-Gründungen auf der Basis von spezifischen Wissenstransfers mögen zum Teil mit Gründungen aus der Universitätsforschung korrespondieren und haben deshalb trotz möglicher langfristiger Potenziale zunächst hohen Legitimitätsbedarf. Solche Unternehmen mögen vor allem dann regionalpolitischer Förderung bedürfen, wenn die Gründer an einem Ort ko-lokalisiert sind und im Prinzip auf dieselben engen Markt- und Netzwerkbeziehungen zurückgreifen (Typ B). Demgegenüber können Unternehmen, deren Gründer aus verschiedenen Regionen (z. B. verschiedenen Universitäten) stammen, auf einem breiten regionsübergreifenden Beziehungsnetzwerk aufbauen (Typ C und D), wodurch sich ihre Chancen erhöhen, Marktzugang zu finden und sich zu etablieren. Solche regionsübergreifenden Gründungen können z. B. über Freundschafts- und Beziehungs- oder Reputationsnetzwerke entstehen (➔ Kap. 7.3). Regionen mit *spin-off*-Gründungen der Typen C und D haben deshalb gute Chancen zu überleben und können eine positive regionale Ausstrahlung über Anstoßeffekte im Sinn der Polarisationstheorie ausüben (➔ Kap. 12.2).

13.2.6 Gründungsforschung und Förderpolitik

Aus wirtschaftsgeographischer Sicht besonders interessant ist die Frage, warum Unternehmensgründungen sich in bestimmten Regionen ballen, in anderen hingegen weitgehend ausbleiben (Malecki 1991, Kap. 8; Hayter 1997, Kap. 9). Um hierfür Ursachen aufzudecken, haben zahlreiche Untersuchungen, dem Paradigma der traditionellen Raumwirtschaftslehre folgend, Regionen

Tab. 13-2: Typologie regionaler Universitäts-*spin-offs*, differenziert nach Art des transferierten Wissens und Ko-Lokalisation der Gründer (nach Bathelt et al. 2010, S. 524)

Art des transferierten Wissens	Ko-Lokalisation der Gründer	
	Ko-lokalisiert	Nicht ko-lokalisiert
Generisches, breites Wissen	A. breites epistemisches Wissen basierend auf lokalen Universitätsschwerpunkten; begrenztes Innovationspotenzial	C. epistemisches Wissen von verschiedenen Orten; Innovationsprozesse profitieren von breitem Zugang zu generischem Wissen
Spezifisches Wissen	B. spezifisches Wissen basierend auf Universitätskompetenzen, insbesondere stilles Wissen in dynamischen Technologiefeldern	D. Zugang zu verschiedenen spezifischen regionalen bzw. nationalen Wissens-Pools; großes Innovationspotenzial

mit unterschiedlichen Gründungsraten statistisch miteinander verglichen. In derartigen Studien wurde beispielsweise festgestellt, dass die regionale Gründungsrate umso größer ist, je größer der Anteil kleiner Unternehmen, je größer der Anteil von Managern und Personen mit Universitätsabschluss, je größer der Arbeitskräfteanteil in Industrien mit geringen Eintrittsschranken und je höher das Bevölkerungswachstum ist. Es wurde vermutet, dass Regionen mit großbetrieblichen Strukturen und ausländischen Zweigwerken insgesamt eine geringe Gründungsintensität aufweisen (z.B. Cooper 1971; Steed und DeGenova 1983). Hierbei wurde angenommen, dass Großunternehmen über Strukturen verfügen, die Unternehmensgründungen bremsen, und dass ausländische Zweigwerke nicht in erster Linie innovationsorientiert sind. Dem stehen allerdings Studien gegenüber, die gerade die Bedeutung solcher Unternehmen als Inkubatoren herausstellen. In dem international durchgeführten Forschungsprojekt *Global Entrepreneurship Monitor* wird auch der Zusammenhang zwischen Gründungsintensität und der Einschätzung schwer quantifizierbarer und komplexer Größen, wie etwa sozialer und kultureller Normen und Werte, von zehn Industrienationen untersucht und modelliert (Sternberg 2000; Brixy et al. 2011). Obwohl solche Studien unverzichtbar sind, können sie angesichts des hohen Erhebungsumfangs und der quantitativen Methodik oft nicht im Detail die zugrunde liegenden sozialen und ökonomischen Prozesse ergründen. Qualitative Fallstudien sind deshalb nach wie vor eine bedeutende Quelle für das Verständnis von Gründungsprozessen.

Da das Potenzial von Unternehmensansiedlungen seit den 1980er- und 1990er-Jahren in vielen Industrieländern gering eingeschätzt wird und da Modernisierungs- und Rationalisierungsprozesse in der Industrie eine massive Erhöhung der Arbeitslosigkeit bewirken, haben sich Wirtschaftsförderung, Technologiepolitik und Regionalpolitik in vielen Ländern und Regionen zunehmend der Förderung von Unternehmensneugründungen zugewendet. Besonderes Augenmerk kommt hierbei technologisch weit entwickelten, innovativen Branchen zu (Sternberg 1995a, Kap. 2). Dieser Politikorientierung liegt die Erwartung zugrunde, dass hohe Gründungsraten in einer Region zu einem späteren Zeitpunkt eine hohe regionale Wachstumsdynamik nach sich ziehen werden. Weiter wird angenommen, dass hohe Wachstumsraten wiederum neue Unternehmensgründungen auslösen und dass somit positiv rückgekoppelte, sich selbst verstärkende Prozesse in Gang gesetzt werden. Diese Erwartungen sind allerdings häufig unbegründet. Schmude (1994) weist beispielsweise für Baden-Württemberg nach, dass auch hohe Gründungsaktivitäten keineswegs zur positiven Entwicklung des Unternehmensbestands führen müssen. Er konnte keinen statistischen Zusammenhang zwischen Gründungsraten und der Entwicklung des Unternehmensbestandes nachweisen.

In vielen Studien wird betont, dass kleine, neu gegründete Unternehmen für lokale und regionale Entwicklungsprozesse eine zentrale Rolle spielen. Birch (1987) hat in einer empirischen Studie für die USA argumentiert, dass ein großer Teil des Wachstums in der Nachkriegszeit von solchen Unternehmen ausging (Schmude 1994). Auch wenn Harrison (1997, Kap. 1 und 2) die Studie von Birch (1987) angreift und überzeugend darlegt, dass die Bedeutung großer Unternehmen ungebrochen ist bzw. vielfach weiter zugenommen hat, ist die Rolle kleiner und neu gegründeter Unternehmen bei der Schaffung stabiler Arbeitsplätze inzwischen in zahlreichen Studien belegt. Daneben gibt es Untersuchungen, die zeigen, dass neu gegründete Unternehmen auch für die technologische Entwicklung wichtig sind, indem sie bestehende Entwicklungspfade durch inkrementale Innovationen voranbringen (z. B. Britton 1991). Außerdem können Neugründungen durch lokale Verflechtungen im Sinn des Exportbasis-Ansatzes Wachstumseffekte in eine Region übertragen (→ Kap. 12.3). Hingegen wird aus regionalpolitischer Sicht oftmals nicht beachtet, dass gerade bei neu gegründeten Unternehmen auch Misserfolge und Insolvenzraten besonders hoch sind (Schamp 2000 b, Kap. 2.2 und 3.2.).

Seit den 1980er-Jahren hat die regionale Wirtschafts- und Technologiepolitik in vielen Ländern versucht, Unternehmensgründungsprozesse auszulösen oder zu verstärken. Gemäß den Schlussfolgerungen raumwirtschaftlicher Untersuchungen wurden in der Nähe bestehender technologieorientierter Industriestandorte und nahe von Universitäten und Forschungszentren sogenannte **Technologieparks und Gründerzentren** bereitgestellt (Sternberg 1988 a; 1988 b; Kulke 2008). In derartigen Inkubatoreinrichtungen sollten Unternehmen mit den Bedingungen versorgt werden, die sie in der Startphase benötigen: Risikokapital, preiswerte Flächen und geeignete Räumlichkeiten zur Ansiedlung sowie hochwertige technische Infrastruktur zur gemeinsamen Benutzung. In der Realität ist die Konzeption von Technologieparks und Gründerzentren allerdings nur in einer kleinen Zahl von Fällen wirklich erfolgreich gewesen. Als positive Ausnahmen gelten der *Cambridge Science Park* in England oder der *Research Triangle Park* in North Carolina, USA (→ Box 13-3). Nur wenige Einrichtungen sind tatsächlich ausgelastet und wie beabsichtigt überwiegend mit technologiebasierten Unternehmensgründungen belegt. Auch wenn diese Zentren viele Vorteile für neu gegründete Unternehmen bieten und deren Startphase unterstützen, gibt es doch nur wenige Anhaltspunkte dafür, dass durch derartige Inkubatoreinrichtungen tatsächlich die erhofften Gründungsprozesse ausgelöst werden. Symptomatisch dafür ist eine Studie von Massey et al. (1992) aus Großbritannien, die zeigt, dass nur knapp 30 % der Betriebe in *science parks* tatsächlich Neugründungen sind und weitere 10 % neue Zweige bestehender Unternehmen darstellen. Rund 60 % der Betriebe sind hingegen keine Neugründungen. Die Untersuchungen von Luger und Goldstein (1991) und Massey et al. (1992) belegen, dass sich in Technologieparks keineswegs nur innovative, technologisch hoch stehende Unternehmen angesiedelt haben.

Ein zentrales Problem der herkömmlichen Politik zur Förderung von Unternehmensneugründungen besteht darin, dass sie den Gründungsprozessen ein problematisches Verständnis zugrunde legt. Es wird angenommen, man müsse die Standortfaktoren so beeinflussen, dass für Unternehmensgründungen besonders günstige Standortbedingungen geschaffen werden. Unter diesen Bedingungen würden dann über kurz oder lang Gründungen erfolgen. Gründungsaktivitäten lassen sich jedoch nur schwer durch Förderprogramme anstoßen. Empirische Untersuchungen zeigen, dass trotz gleicher Förderbedingungen, wie etwa des Eigenkapitalhilfeprogramms in Deutschland während der 1980er-Jahre, erhebliche regionale Unterschiede in den Gründungsaktivitäten vorherrschen (Schmude 1994). Sternberg (2000, Kap. 6) belegte im Rahmen des *Global Entrepreneurship Monitors* von zehn Industrienationen, dass trotz der in Deutschland am weitaus besten entwickelten Förderkulisse in Quantität und Qualität der Programme in den 1990er-Jahren nur unterdurchschnittliche Gründungsquoten zu messen waren. Die eingeschränkte Gründungsaktivität sowie ein ausgeprägter Pessimismus über zukünftige Gründungschancen schienen für den

Box 13-3: *Research Triangle* – Evolution von Forschungspark und Umland

Durch das Wachstum in der Nachkriegszeit und den Erfolg des *Research Triangle Park* (*RTP*) als Forschungspark wurde das *Research Triangle* weltweit als Hightech-Region bekannt. Dabei darf aber nicht übersehen werden, dass es sich hier nur um eine mittlere Hightech-Ballung handelt (Sternberg 1995 a, Kap. 4.5). Im Jahr 1997 betrug die Zahl der Arbeitsplätze im Hightech-Industriesegment rund 33 000 und im Segment der Computer- und EDV-Dienste weitere 11 000 (U.S. Department of Commerce 1999). Die Region liegt im Zentrum von North Carolina und wird durch die drei Städte Durham, Chapel Hill und Raleigh geprägt (→ Abb. 13-1). Die Universitäten dieser Städte – *Duke University*, *University of North Carolina* und *North Carolina State University* – bilden die Eckpunkte des *Research Triangle*.

Im Mittelpunkt der Hightech-Entwicklung steht der *RTP*, in dem sich seit Mitte der 1960er-Jahre Hightech-Unternehmen ansiedelten (→ Abb. 13-2). In den 1980er-Jahren entstanden in direkter Umgebung des *RTP* zahlreiche Industrie- und Gewerbeparks (Bathelt 1991 b, Kap. 8). Zu den dominierenden Hightech-Unternehmen gehörten Ende der 1990er-Jahre (Research Triangle Foundation 1999; 1999):

(1) *Life-science*-Hersteller (z. B. *Glaxo Wellcome*, *Aventis Crop Science*, *Novartis Agribusiness Biotechnology Research*, *BASF*),

(2) die Elektronik- und Telekommunikations-Konzerne *IBM* und *Nortel Networks*,

(3) öffentlich-staatliche Forschungseinrichtungen (wie das *Microelectronics Center of North Carolina*, das *North Carolina Biotechnology Center* und die *U.S. Environmental Protection Agency*).

Im Jahr 2000 waren etwa 30 der 100 im *RTP* angesiedelten Unternehmen dem Hightech-Bereich zuzuordnen.

Vorkriegsentwicklung. Traditionell war North Carolina innerhalb der USA ein Niedriglohn-Staat ohne bedeutende industrielle Ballungen.

Frühe Nachkriegsentwicklung. In der Nachkriegszeit beklagte man deshalb starke Abwanderungstendenzen von Hochschulabgängern aus North Carolina (Hamley 1982). Durch diesen sogenannten *brain-drain*-Effekt war der regionale Arbeitsmarkt trotz der drei Universitäten durch einen hohen Anteil gering qualifizierter Arbeitskräfte gekennzeichnet. Um diese Situation zu ändern, wurde nach dem Krieg die Idee zur Schaffung eines *Research Triangle* aufgegriffen. Die Universitäten und der Gouverneur von North Carolina, Hodges, entwickelten konkrete Planungen zum Aufbau eines Forschungsparks in der Region, der als Wachstumspol für den gesamten Bundesstaat fungieren sollte.

Im Jahr 1959 wurde der *RTP* eröffnet. Ein Durchbruch in der Entwicklung des *RTP* ereignete sich Mitte der 1960er-Jahre, als *IBM* und die *U.S. Environmental Protection Agency* die Entscheidung trafen, große Forschungs- bzw. Produktionseinrichtungen dort anzusiedeln. Beide Standortentscheidungen geschahen unter direkter Einflussnahme von Gouverneur Hodges (Moriarty 1985; Vogel und Larson 1985).

Entwicklungen der 1970er- und 1980er-Jahre. Die ersten Ansiedlungsentscheidungen wirkten als Initialzündung für die Hightech-Entwicklung in der Region und zogen in den 1970er- und 1980er-Jahren weitere Ansiedlungen nach sich. In der Folge wurden zahlreiche Forschungszweige von multinationalen Unternehmen mit Hauptsitz in Europa oder im *manufacturing belt* der USA in der Region aufgebaut (Hamley 1982). Die Ansiedlungsentscheidungen hingen teilweise damit zusammen, dass die Region eine strategisch günstige Lage an der Ostküste hatte und landschaftlich und klimatisch sehr attraktiv war (Whittington 1985). Lokale Gründungs- und *spin-off*-Prozesse entwickelten sich allerdings in dieser Phase nicht (Malecki 1986; De Jong 1987, Kap. 4.4). Dafür gibt es mehrere Gründe (Vogel und Larson 1985; Bathelt 1991 b, Kap. 8): So war der *RTP* weitgehend ohne Bindung zu anderen Industrien in North Carolina. Außerdem gab es keine erfolgreichen Gründungsvorbilder, denen andere Gründer hätten folgen können. Zudem dominierten im *RTP* Zweigwerke und Töchter von Unternehmen, deren Hauptsitze in anderen Regionen und Ländern lagen.

Entwicklungen der 1990er-Jahre. Bis zum Jahr 2000 hatten die Unternehmen des *RTP* noch keine engen Verflechtungen zu anderen Industrien in der Region und in North Carolina aufgebaut. Allerdings gab es durchaus Ansätze für Ausbreitungs- und Wachstumseffekte, die vom *Research*

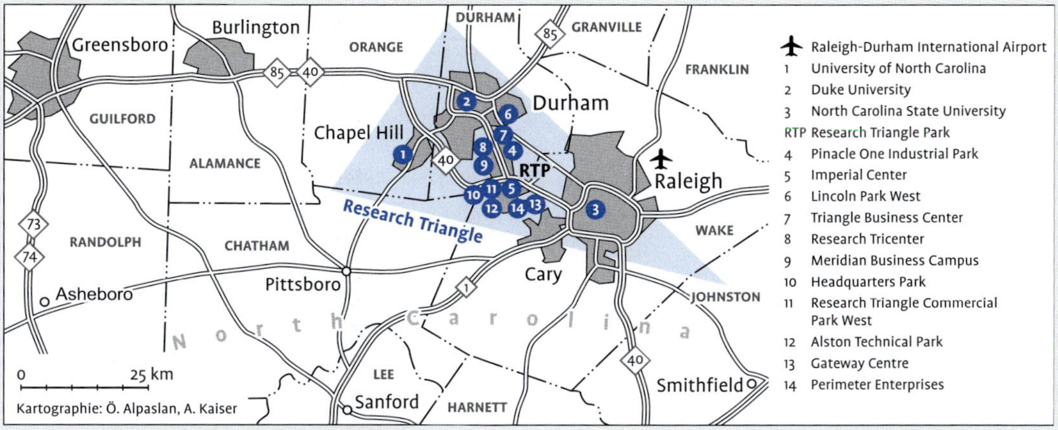

Abb. 13-1: Die Region *Research Triangle*, North Carolina (nach Bathelt 1991 b, S. 195)

Triangle ausgingen (Goldstein und Malizia 1985; Bathelt 1991 b, Kap. 8). Seit den 1980er-Jahren fand eine geringe Zahl überwiegend kleiner Unternehmensgründungen statt. Zudem bauten Unternehmen in den umliegenden Industrie- und Gewerbeparks weitere Produktions-, Verwaltungs- und Marketingeinrichtungen auf und expandierten so in die nähere Umgebung. Daneben errichteten Unternehmen des *RTP* Produktionsbetriebe in anderen Städten North Carolinas, die in enger Beziehung zu den Einrichtungen im *RTP* standen (z. B. *IBM* in Charlotte und *Sumitomo* in Greensboro). Die Gesamtzahl der Hightech-Beschäftigten erhöhte sich zwischen 1993 und 1997 nur moderat von 41 000 auf 44 000, wobei die Beschäftigtenzahl im Industriesegment des Hightech-Sektors mit 33 000 weitgehend konstant blieb (→ Tab. 13-3). Der Anstieg in der Beschäftigten- und Betriebszahl resultierte vor

Tab. 13-3: Hightech-Beschäftigte und -Betriebe in der Region *Research Triangle* 1993 bis 1997 (U.S. Department of Commerce 1995; 1999)

		Anzahl der Beschäftigten		**Anzahl der Betriebe**	
***SIC*-Gruppe**	**Hightech-Industriezweig**	**1993**	**1997**	**1993**	**1997**
283	Arzneimittel	2379	2436	9	15
357	Computer und Büroausstattung	19260	18260	22	23
365	Heimaudio- und -videotechnik	70	36	3	3
366	Kommunikationstechnik	5328	6723	14	18
367	Elektronische Bauteile	2459	3406	32	34
372	Luftfahrzeuge und Bauteile	130	70	4	2
376	Lenkraketen, Raumfahrzeuge und Bauteile	-	-	-	-
38	Präzisionsinstrumente, Feinmechanik	3683	2166	53	54
737	Computer- und EDV-Dienste	7869	11126	422	887
Summe	Hightech-Industrien	41178	44213	559	1036
	ohne Computer- und EDV-Dienste	33309	33097	137	149

Anmerkung: Die Region *Research Triangle* umfasst die Countys Durham, Orange und Wake. Beschäftigtenzahlen sind teilweise geschätzt. *SIC* = *Standard Industrial Classification*.

1 Reichhold Chemicals
2 Aventis
3 Glaxo Wellcome, Inc.
4 The University of N. C. Center for Public Television
5 North Carolina State Education Assistance Authority
6 Bekaert Fibre Technologies
7 Innovative Specialty Films, LCC
8 DuPont Photopolymer & Electronic Materials
9 Sphinx Pharmaceuticals, a Division of Eli Lilly Co.
10 National Humanities Center
11 North Carolina Biotechnology Center
12 National Institute of Statistical Sciences
13 Microelectronics Center of North Carolina
14 International Business Machines Corporation (IBM)
15 U.S. Dept. of Agriculture - Forest Service
16 Troxler Electronic Laboratories, Inc.
17 Data General Corporation
18 UAI Technology, Inc./ Möbius Group, Inc./ United Therapeutics Corporation
19 LITESPEC Optical Fiber LLC/ Sumitomo Electric Lightwave Corporation
20 ISA
21 U.S. Environmental Protection Agency
22 Research Triangle Institute
23 Research Triangle Foundation of NC
24 Chemical Industry Institute of Toxicology
25 National Center for Health Statistics
26 American Association of Textile Chemists and Colorists (AATCC)
27 Novartis Agribusiness Biotechnology Research, Inc.
28 Underwriters Laboratories, Inc.
29 Motor & Equipment Manufacturers Assoc.
30 Nortel Networks (Northern Telecom, Inc.)
31 Becton Dickinson Research Center
32 Bayer Biotechnology
33 ManTech Environmental Technology, Inc.
34 BOC Gases
35 Ticketmaster Online-CitySearch
36 Duke Mass Spectrometry Facility, Sigma Xi, The Scientific Research Society
37 BASF Corporation Agricultural Products
38 National Institute of Environmental Health Sciences/ National Toxicology Program
39 JMC (USA), Inc.
40 Eisai, Inc.
41 Ericsson, Inc.
42 Delta Products Corporation
43 Biogen, Inc.
44 Larscom, Inc.
45 Cisco Systems, Inc.
46 Covance Biotechnology Services, Inc.

A Research Commons
B First Flight Venture Center
C Park Plaza and Offices
D Offices/ Laboratories
E Progress Center

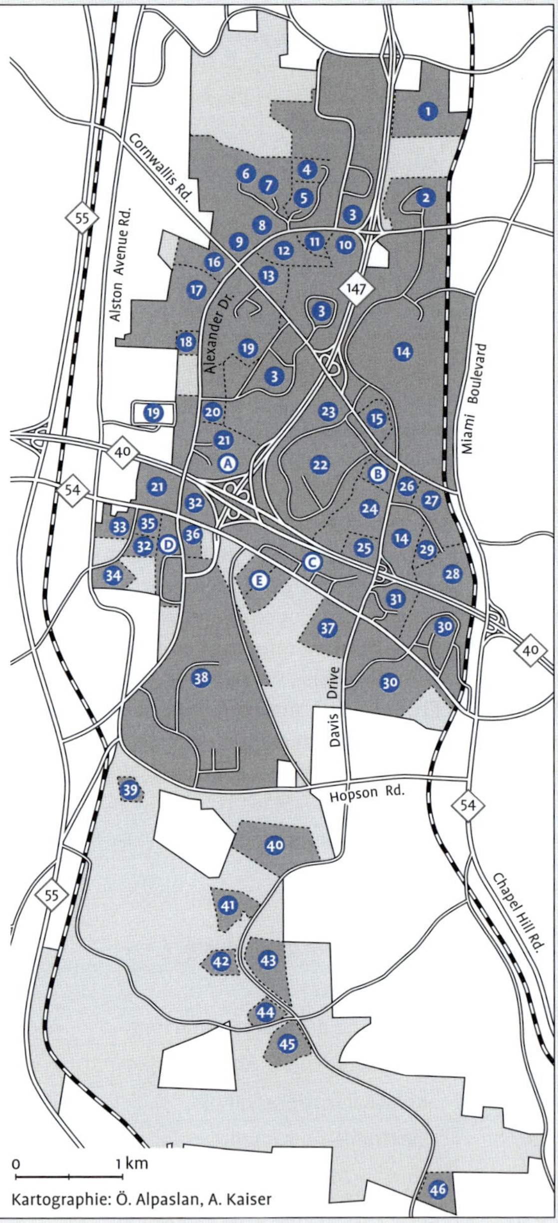

Abb. 13-2: Hightech-Unternehmen im *Research Triangle Park(RTP)*, Stand 1999 (nach Research Triangle Foundation 1999)

allem aus dem überdurchschnittlich hohen Wachstum der Computer- und EDV-Dienste, während das Hightech-Industriesegment stagnierte.

Evolutionäre Sicht des Hightech-Wachstums im *Research Triangle*. Die Entwicklung des Hightech-Sektors im *Research Triangle* wurde wesentlich durch den Aufbau des *RTP* als Forschungspark initiiert. Das Wachstum in der Region begann zu einem relativ späten Zeitpunkt, als die Lokalisationsphase von Hightech-Industrien eigentlich vorüber war und *windows of locational opportunity* sich zugunsten anderer Regionen wie etwa Silicon Valley und Boston zu schließen begannen. Das *Research Triangle* entwickelte sich erst durch Dispersionsprozesse aus anderen Regionen zu einem Hightech-Standort. Die Region kann in diesem Sinn als Wachstumsperipherie angesehen werden, in der sich Hightech-Unternehmen ansiedelten, um neue Märkte zu erschließen. Aufgrund dessen entwickelte sich eine Industriestruktur, die durch eine große Außenabhängigkeit geprägt ist. Diese Struktur erklärt auch, warum das Potenzial für eigenständige Wachstums- und Gründungsprozesse bisher gering war.

Standort Deutschland prägend. Im internationalen Vergleich mit 18 Volkswirtschaften belegte Deutschland bei dem Anteil der neuen und werdenden Gründer jeweils den vorletzten Platz (Brixy et al. 2009). Darüber hinaus ist der Anteil der Existenzsicherer, d. h. der Gründer ohne Erwerbsalternativen, an allen Gründungen in Deutschland deutlich größer als in vielen Vergleichsländern. Ende der 2000er-Jahre sind Deutsche nach wie vor pessimistischer als Personen in anderen Ländern und sehen in der Selbstständigkeit seltener eine Erwerbs- und Karrierealternative. Nicht unerwartet sind die Gründungsraten unter Migranten deshalb höher als unter Einheimischen (Brixy et al. 2011).

Tatsächlich lassen sich Unternehmensgründungen besser aus einer evolutionären Perspektive verstehen. Unternehmensgründungen geschehen nicht aus dem „Nichts" heraus, sondern müssen in ihrem sozio-ökonomischen Kontext gesehen werden (Bathelt 1991 b, Kap. 12). Sie haben eine Vorgeschichte und basieren auf Erfahrungen und Lernprozessen, die die Gründer in der Vergangenheit erlebt haben. Die daraus gewonnenen Erkenntnisse sind eng mit der Technologie verknüpft, mit der sich die Gründer in ihrer Ausbildung und bisherigen Arbeit beschäftigt haben. Die Erkenntnisse sind das Ergebnis von engen Kommunikationsprozessen mit Kollegen vor Ort und mit Personen aus anderen Unternehmen und Organisationen (z. B. Zulieferern, Kunden, Universitäten). Die Gründungsidee basiert auf sozialen und ökonomischen Beziehungen und Prozessen, die dort verankert sind, wo die Unternehmensgründer arbeiten, leben und lernen. Die Standortwahl einer Neugründung ist deshalb zumeist von Anfang an vorgegeben.

13.3 Evolutionäres Modell geographischer Industrialisierung

Die in der traditionellen Raumwirtschaftslehre vorgenommene Fixierung auf Standortfaktoren und die Einbeziehung ökonomischer Distanzen in Form von Transportkosten reicht nicht aus, um die ökonomischen und sozialen Prozesse zu verstehen, die der Entwicklung von Standortstrukturen zugrunde liegen. Um regionale Gründungsprozesse nachzuzeichnen, ist es notwendig, Gründungsentscheidungen aus evolutionärer Perspektive im Kontext spezifischer sozio-institutioneller Strukturen zu analysieren (Schamp 2000 b, Kap. 3.3.). Auch die Entstehung und Entwicklung spezialisierter Industrieballungen steht in engem Zusammenhang mit Unternehmensneugründungen und der Entwicklung neuer Technologien. Sie erfordert deshalb eine dynamisch-evolutionäre Sicht (Bathelt 1991 b, Kap. 12). Insbesondere die Vertreter der kalifornischen Schule industrieller Wachstums- und Standortprozesse haben in ihren Arbeiten seit den 1980er-Jahren eine grundlegende Umorientierung der industriellen Standortlehre gefordert. Sie plädierten dafür, die traditionelle Sichtweise aufzugeben, wonach Regionen aufgrund ihrer vorgegebenen Ausstattung mit Standortfaktoren bestimmte Industriebranchen anziehen. Vielmehr argumentierten sie, dass es umge-

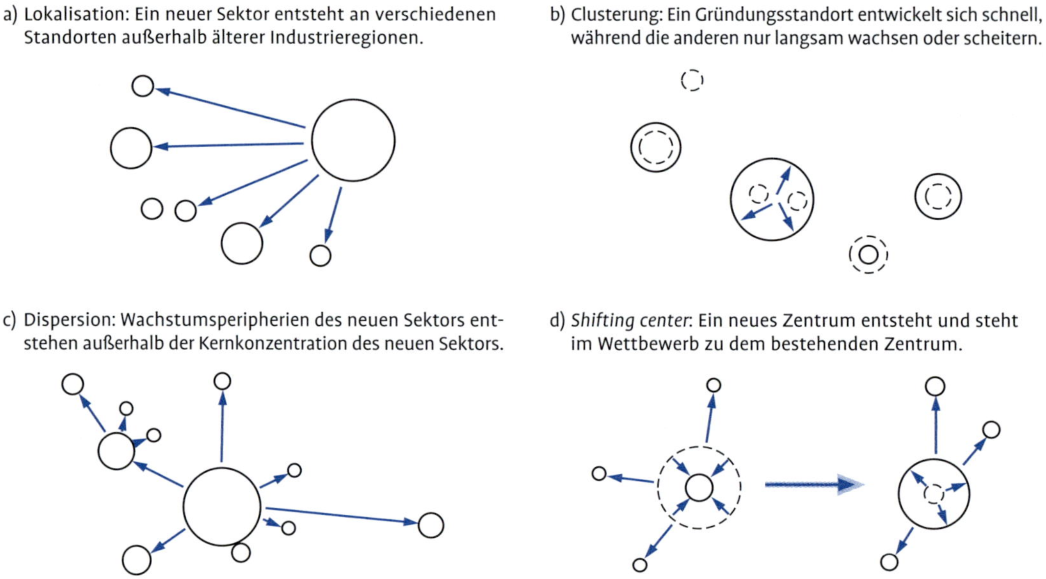

Abb. 13-3: Raumwirksame Effekte industrieller Entwicklungspfade (nach Storper und Walker 1989, S. 71)

kehrt die Unternehmen sind, die ihre Standortumgebung selbst gestalten und formen. Zentrale Autoren der **kalifornischen Schule** sind Allen Scott, Michael Storper und Richard Walker (Walker und Storper 1981; Scott 1988; Scott und Storper 1988; Storper und Walker 1989; Storper 1995; 1996; 1997 a; 1997 b; 1998). Sie legten ihren Studien ein grundlegend anderes evolutionäres Wirkungsgefüge zugrunde und analysierten den Verlauf industrieller Entwicklungspfade anhand der Entwicklung der intrarregionalen und interregionalen Arbeitsteilung (➔ Abb. 13-3). Die Neuorientierung ihres Ansatzes der Wirtschaftsgeographie lässt sich folgendermaßen zusammenfassen (Storper und Walker 1989, S. 96):

„[...] industries create regional resources and not the other way around. The composition of inputs in an industry and the scope of the market are the result of innovations in product, process, and organization that generate competitive advantage, dynamic economies, and high rates of accumulation. [...] Thus firms and sectors generate their own input histories, and those of their chosen regions, at the same time. It follows that the central motor of regional development is not industry location as a response to prior resource endowments, but geographical industrialization as a process of growth and resource creation.“

13.3.1 Lokalisation und *windows of locational opportunity*

Ausgangspunkt der Untersuchung von Storper und Walker (1989, Kap. 3 und 4) war die Beobachtung, dass sich neu entstehende Industrien in der Vergangenheit in bestimmten Regionen konzentrierten, die zuvor nur gering industrialisiert waren und an sich keine auffällige Standorteignung für diese Aktivitäten besaßen. Wie kam es dazu, dass neue Industrien wie die Automobilindustrie in Detroit oder die Halbleiterindustrie im Silicon Valley sich im Widerspruch zur traditionellen Standortlehre in Regionen mit scheinbar ungünstigen Produktionsbedingungen ansiedelten? Storper und Walker (1989, Kap. 3) begründen dies mit der vorhandenen räumlichen Wahlfreiheit schnell wachsender, junger Industriezweige, die in der Anfangsphase ihrer Entwicklung (**Lokalisationsphase**) keine fest vorgegebenen Anforderungen an die Produktions- und Standortstrukturen im Hinblick auf Qualifikationsmuster, Ressourcen, Märkte und Zulieferverflechtungen stellen. Deshalb gibt es a priori nur wenige Regionen, die für diese Unternehmen als potenzielle Standorte ausgeschlossen sind. Ressourcengebundene Wirtschaftszweige wie der Bergbau bleiben in diesen Überlegungen ausgeklammert. Die Unternehmen schnell wachsender, neuer Industriezweige sind in der Lage, ihre Produktionsbedürfnisse relativ standortunabhängig sicherzustellen. Fehlende Materialressourcen und Arbeitskräfte werden in der Lokalisationsphase durch langfristige Lieferverträge bzw. die Rekrutierung qualifizierter Arbeitskräfte aus anderen Regionen ausgeglichen. Die dabei anfallenden zusätzlichen Kosten können infolge überdurchschnittlich hoher Gewinne leicht kompensiert werden. Darüber hinaus werden eigene Verflechtungsnetzwerke innerhalb der Standortregion generiert. Die benötigten Zulieferprodukte sind in dieser Phase so neuartig, dass sie entweder unternehmensintern oder in engem Kontakt mit kundenorientierten Zulieferern aus der Region hergestellt werden. Da in dieser Phase entsprechend qualifizierte Arbeitskräfte praktisch in keiner Region vorhanden sind, spielen anpassungsfähige Arbeitskräfte auf dem lokalen Arbeitsmarkt eine große Rolle.

Im Unterschied zu einer kostenminimalen Standortwahl bei vollständigem Wettbewerb kann eine neue Industrie aufgrund temporärer Monopolmacht ihren Standort relativ frei wählen. Es entstehen sogenannte ***windows of locational opportunity*** (→ Abb. 13-3 a). Dies bedeutet hingegen nicht, dass jede Region dieselben Entwicklungschancen besitzt. Nicht-industrialisierte, periphere Standorte mit geringem Zuliefererpotenzial und einem geringen Angebot qualifizierter Arbeitsplätze scheiden als Industriestandorte aus (Storper 1997b, Kap. 3). Insgesamt aber lässt sich die Frage, warum sich innovative, neue Industrien in bestimmten Regionen niederlassen und dort einen Ballungsprozess einleiten, nicht allgemeingültig beantworten. Um die entstehende Standortverteilung zu erklären, ist es wichtig, die Bedingungen zu analysieren, unter denen die ersten Unternehmensgründungen stattfinden. So scheinen die Standortregionen einer neuen Industrie durch historische Gründungsaktivitäten größtenteils vorbestimmt zu sein und zeichnen sich im Zeitablauf durch starke Persistenzeffekte aus.

13.3.2 Selektive Clusterungsprozesse

Nicht alle Regionen, in denen sich neue Industrien in der Lokalisationsphase ansiedeln, entwickeln sich später zu bedeutenden Standortkonzentrationen. Aufgrund unterschiedlicher regionaler Entwicklungsverläufe kommt es zu **selektiven Clusterungsprozessen** (→ Abb. 13-3 b). Diese werden dadurch ausgelöst, dass die Unternehmen einiger Regionen dauerhafte Wettbewerbsvorteile erlangen, die durch den Ausbau technologischer Kapazitäten und die Zuwanderung von Arbeitskräften und weiteren Unternehmen sukzessive verstärkt werden. Wenn die Wettbewerbsvorteile in diesen Regionen eine kritische Schwelle übersteigen, kommt es zu einer drastischen Einschränkung in der Wahlfreiheit von Standortentscheidungen.

Innerhalb der neu entstehenden Industrieregionen werden Agglomerationsvorteile wirksam, die auf spezifischen Produktivitäts- und Organisationsvorteilen beruhen (Storper und Walker 1989, Kap. 3 und 4). Zunächst wirken durch die Rationalisierung der Arbeitsprozesse vor allem interne Ersparnisse auf den Clusterungsprozess. Gleichzeitig ergeben sich durch die Arbeitsteilung zwischen Unternehmen Möglichkeiten zur Erzielung externer Ersparnisse (→ Kap. 6.2). Daraus kann ein enges Netzwerk von Transaktionsbeziehungen mit regionalem Bezug hervorgehen. Spezialisierungseffekte fördern einen eigendynamischen Agglomerationsprozess, sodass eine spezialisierte Ballung von Arbeitskräften und Unternehmen mit hoher Verflechtungsintensität und sinkenden Produktionskosten entsteht. Andere Regionen fallen demgegenüber hinter die führenden Agglomerationen zurück. Dort bleiben nur vereinzelte, meist große Unternehmen mit hoher vertikaler Integration übrig, während in den schnell wachsenden Agglomerationen auch spezialisierte kleine und mittlere

Zulieferer dauerhafte Absatzmärkte finden. Insgesamt heben Storper und Walker (1989, Kap. 3) zwei Komponenten des selektiven Clusterungsprozesses hervor:

(1) **Vertikal integrierte Unternehmen als geographische Cluster.** Maßnahmen zur Steigerung der Arbeitsproduktivität lassen sich am effektivsten innerhalb großer Unternehmen verwirklichen (➔ Kap. 11). Mit zunehmender Produktivität können immer größere Marktgebiete durch einzelne Unternehmen versorgt werden, sodass die Situation eintreten kann, dass sich eine gesamte Industriebranche auf wenige fokale Unternehmen und wenige Standorte konzentriert. An diesen Standorten entstehen zugleich Anreize für Unternehmensgründungen und -ansiedlungen spezialisierter Zulieferer sowie Anreize zum Zuzug von Arbeitskräften aus anderen Regionen.

(2) **Lokalisierte Produktionskomplexe mit vertikal desintegrierten Unternehmen.** Technologische Unvereinbarkeiten, unterschiedliche optimale Produktionsumfänge, wechselhafte Nachfragemuster und segmentierte Marktstrukturen können dazu führen, dass statt vertikaler Integration eine vertikal desintegrierte Produktionsstruktur entsteht, verbunden mit einer engen Arbeitsteilung zwischen den Unternehmen einer Region. Eine derartige Struktur hat sich beispielsweise in den Industriedistrikten des Dritten Italien entwickelt (Goodman et al. 1989; Pyke et al. 1990). Mit zunehmender Ballung werden Verflechtungsbeziehungen komplexer und es entstehen vertikale Produktionsnetzwerke zwischen den spezialisierten Unternehmen einer Wertschöpfungskette (➔ Kap. 10.2). Daneben entwickeln sich aber auch horizontale Verflechtungsbeziehungen, um z. B. Kapazitätsengpässe auszugleichen. Mit zunehmender Agglomeration erhöhen sich lokale Beschaffungs- und Absatzpotenziale, sodass Anreize für weitere Ansiedlungen, Neugründungen und *spin-off*-Prozesse entstehen. Die erforderlichen Qualifikationen und Spezialisierungen werden innerhalb der Produktionskomplexe in Interaktion mit lokalen Institutionen, wie z. B. Behörden und Bildungseinrichtungen, selbst erzeugt.

13.3.3 Dispersionsprozesse in *growth peripheries*

Im weiteren Verlauf der Entwicklung kann es vorkommen, dass Stagnations- und Schrumpfungsprozesse in den etablierten Industrieballungen eintreten und gleichzeitig neue Wachstumsschwerpunkte entstehen. Storper und Walker (1989, Kap. 3 und 4) sehen derartige industrielle Dispersionstendenzen lediglich als sekundäre Entwicklungsprozesse an, die nicht zu einer Auflösung der vorhandenen Standortschwerpunkte führen (➔ Abb. 13-3 c). Industrielle Dispersion wird vielmehr als ein Prozess der Erschließung neuer **Wachstumsperipherien** (***growth peripheries***) interpretiert, der mit dem sich verstärkenden Wettbewerb in etablierten Märkten zusammenhängt. Durch das Vordringen in andere Regionen versuchen die Unternehmen, neue Märkte mit großem Nachfragepotenzial zu erschließen und Konkurrenten vom Markt zu drängen. Dies erfolgt durch die Errichtung zusätzlicher Produktions- und Vermarktungseinrichtungen oder den Aufkauf von Konkurrenzunternehmen in den betreffenden Regionen. Die räumliche Dispersion hat nicht in erster Linie das Ziel, neue industrielle Gravitationskerne zu entwickeln, sondern die vorhandenen Produktions- und Standortschwerpunkte zu sichern und zu stärken. Es handelt sich also um einen Prozess der Expansion und nicht des Abbaus industrieller Ballungen. Der Technologietransfer zwischen den industriellen Kernregionen und der Wachstumsperipherie vollzieht sich dabei über unternehmensinterne Verflechtungsnetzwerke zwischen räumlich getrennten Unternehmenseinheiten.

Unternehmensverlagerungen zu Niedriglohn-Standorten sind häufig die Folge einer Preisführerschaftsstrategie, die verschiedene Ursachen haben kann (z. B. technologische Alterung, zunehmenden Wettbewerbsdruck oder den Abbau regionaler Kapazitätsüberschüsse). Eine monokausale Erklärung wie in der Produktzyklustheorie (Vernon 1966; Hirsch 1967), die einen systematischen Wandel der Standortanforderungen mit zunehmender technologischer Reife behauptet, vermag die Komplexität der stattfindenden

Prozesse nicht zu erfassen (➔ Kap. 14.2). Zudem ist zu beachten, dass das Verhalten von Unternehmen erfahrungsabhängig ist und deshalb nicht alle Unternehmen einer Industriebranche auf die gleiche Weise reagieren und die gleichen Strategien einsetzen (➔ Kap. 11.1).

13.3.4 *Shifting centers*

Im Unterschied zu Dispersionsprozessen, die im Prinzip vorhandene industrielle Ballungen stärken, können radikale Neuorientierungen einer Industrie zu einer vollständigen **Verlagerung der Wachstumskerne** führen (***shifting centers***). Storper und Walker (1989, Kap. 3) führen radikale Verlagerungen industrieller Schwerpunkte auf grundlegende Umstrukturierungs- und Erneuerungsprozesse zurück (➔ Abb. 13-3 d). Diese können dazu führen, dass ehemalige Standortschwerpunkte innerhalb kurzer Zeit ihre industrielle Basis verlieren, wenn die zuvor wirksamen Spezialisierungsvorteile von Arbeitsmärkten und technologischer Infrastruktur keine wachstumsfördernden Effekte mehr ausüben. Dies geschieht nicht unbedingt parallel zu einem industriellen Niedergang, sondern kann umgekehrt aus wachstumsinduzierenden Erneuerungsprozessen resultieren.

Die Ursachen für die Entstehung neuer Industriezweige können meist auf existierende Branchen zurückgeführt und als **Erneuerungsprozess** dieser Branchen aufgefasst werden. Eine Erneuerung kann durch die Entwicklung neuer Produkte ebenso wie durch radikale Veränderungen vorhandener Produkte, Produktionsprozesse und Organisationsformen hervorgerufen werden. Diese bieten neue Wachstumschancen, sodass der industrielle Entwicklungspfad trotz der Existenz von Industrieballungen und Wachstumsperipherien in das Anfangsstadium der Lokalisierung zurückversetzt wird. In diesem Fall öffnen sich wiederum *windows of locational opportunity* und es entsteht eine erneute größere Wahlfreiheit industrieller Standortentscheidungen.

Unternehmen, die den Erneuerungsprozess tragen, siedeln sich oftmals außerhalb der alten Standortschwerpunkte an, weil die dortigen Strukturen und Verflechtungsbeziehungen einseitig auf traditionelle Industriebranchen ausgerichtet sind. Die etablierten Entwicklungspfade der vorherrschenden Industrien sind nur schwer umzulenken. Daher entstehen in Konkurrenz zu den alten Ballungskernen neue Industrieregionen, in denen später eigendynamische Clusterungsprozesse ablaufen und neue regionale Entwicklungsverläufe begründet werden.

Industrielle Erneuerung muss aber nicht zwangsläufig zur Entstehung neuer Standortschwerpunkte führen, sondern kann auch innerhalb bestehender Industrieregionen stattfinden. Dies ist der Fall, wenn es den Unternehmen gelingt, lokale Ressourcen aus den bisher dominierenden Industriesektoren abzuziehen und in neue technologische Entwicklungspfade einzubinden. Grabher (1989; 1993 c) hat gezeigt, dass dies im Ruhrgebiet in der Nachkriegszeit nicht ohne Weiteres möglich war, weil die Dominanz der etablierten Großunternehmen ein Wachstumshemmnis für andere Unternehmen darstellte und eine Ausdifferenzierung der regionalen Branchenstruktur verhinderte.

Ein weiteres Beispiel industrieller Erneuerung in etablierten Industrieregionen ist die Bostoner Route-128-Region (➔ Box 13-4). Sowohl die Entwicklung in Boston als auch im *Research Triangle* zeigen (➔ Box 13-3), dass eine problemadäquate Analyse ein Verständnis struktureller *embeddedness* und evolutionärer Dynamik voraussetzt. Die Untersuchung der Entwicklungspfade und ihrer Stadien verdeutlicht, dass die Entfaltung beider Regionen insofern einzigartig war, als hier jeweils Bedingungen und Strukturen wirkten, die sich in dieser Ausprägung über lange Zeit vor Ort entwickelt hatten (Saxenian 1987). Diese Bedingungen sind lokalisiert und drücken sich in spezifischen Strukturen konkreter sozialer Beziehungen aus, die nicht auf andere Orte projizierbar sind. Ein evolutionärer Ansatz führt zu einem besseren Verständnis der dem Hightech-Wachstum zugrunde liegenden Prozesse. Dies kann helfen, Ansatzpunkte für eine prozessgeleitete (statt einer strukturorientierten) Wirtschaftspolitik in solchen Regionen zu finden, in denen ebenfalls, aber unter anderen Bedingungen, eigenständige Entwicklungspfade möglich sind.

Box 13-4: Evolution von Bostons Route-128-Region

Boston wurde in den 1950er- und 1960er-Jahren weltweit bekannt als Standort wachsender Elektronikindustrien (Dorfman 1983; Sternberg 1995 a, Kap. 4.4). In der Nachkriegszeit entwickelte sich die Region zur zweitgrößten Ballung von Hightech-Industrien in Nordamerika nach dem Silicon Valley (Saxenian 1987; 1994). Ende der 1980er-Jahre umfasste der Hightech-Sektor Bostons mehr als 135 000 Industriearbeitsplätze sowie weitere 30 000 Arbeitsplätze im Bereich der Computer- und EDV-Dienste. Trotz substanzieller Umstrukturierungen und Entwicklungsbrüche lag die Gesamtzahl der Hightech-Beschäftigten Ende der 1990er-Jahre etwa genauso hoch (U.S. Department of Commerce 1999; Bathelt 2001).

Die Verkehrsinfrastruktur der Region wird durch zwei konzentrische Autobahnringe geprägt (→ Abb. 13-4): Die Route 128 wurde in den 1950er-Jahren als Umgehungsautobahn gebaut und entwickelte sich schon frühzeitig zu einem Schwerpunkt für Hightech-Ansiedlungen. Später orientierten sich Neuansiedlungen auch entlang der Interstate 495, die in den 1960er-Jahren gebaut wurde (Keune und Nathusius 1977). Ein wichtiger Auslöser des Hightech-Wachstums waren die bedeutenden Universitäten, technischen *colleges* und deren Forschungsinstitute in der Region, wie z. B. das *Massachusetts Institute of Technology (MIT)*, die Harvard University und die Northeastern University (Dorfman 1983; Rosegrant und Lampe 1992).

Die große Konzentration von Hightech-Unternehmen entlang der Route 128 wird im nordwestlichen Teilabschnitt zwischen Waltham und Wilmington besonders deutlich (→ Abb. 13-5). Hier hatten Ende der 1980er-Jahre entlang eines Streckenabschnitts von rund 25 km Länge etwa 60 Produktions-, Verwaltungs- und Vertriebseinrichtungen von Hightech-Unternehmen ihren Standort. Die meisten Einrichtungen waren in den Forschungs- und Industrieparks angesiedelt, die sich entlang der Ausfahrten der Route 128 erstrecken. Die *Lincoln Laboratories* des *MIT* waren zwischen Bedford und Lexington in direkter Nachbarschaft zur *Hanscom Field Air Force Base* angesiedelt. Die Nachbarschaft war Ausdruck der engen Verflechtung des *MIT* mit militärischen Einrichtungen. Zu den dominierenden Hightech-Unternehmen im nordwestlichen Abschnitt der Route 128 gehörten um 1990 (Bathelt 1990; 1991 b, Kap. 4): (1) Minicomputer-Produzenten (darunter *Digital Equipment Corporation – DEC, Honeywell, Wang Laboraties, Nixdorf-Siemens*), (2) Militärelektronik-Hersteller (z. B. *Raytheon, Litton*), (3) Hersteller von Präzisionsinstrumenten (insbesondere *Polaroid, Panametrics*), (4) Biotechnologie-Unternehmen (wie z. B. ein Zweig von *Hewlett Packard* und *Nova Biomedical*).

Vorkriegsentwicklung. Schon im 19. Jahrhundert entwickelte sich Boston zu einem Zentrum der Textil- und Lederindustrie der USA, verlor diese Rolle allerdings zusehends, weil massenhafte Abwanderungen der Industrie in die Niedrigkosten-Regionen der Südstaaten stattfanden (Hekman 1980 b; Ferguson und Ladd 1986). Mit *Raytheon* kam es Anfang der 1920er-Jahre zu einer ersten wichtigen *spin-off*-Gründung aus den *MIT*-Labors im Hightech-Bereich.

Frühe Nachkriegsentwicklung. Unter der Leitung von Präsident Compton wurden die Industriekontakte des *MIT* in der Nachkriegszeit intensiviert. Zudem gab es nach der Gründung des Risikokapitalunternehmens *American Research & Development Corporation* erstmals Risikokapitalfonds in der Region. Unternehmen wie *DEC* und *High Voltage Engineering* nahmen diese Fonds in ihrer Gründungsphase in Anspruch. Daneben erhöhten sich in der Zeit des kalten Kriegs die Budgets für Rüstungs- und Weltraumforschung. Aus dieser Entwicklung resultierten umfangreiche Gründungs- und *spin-off*-Prozesse (Rosegrant und Lampe 1992; Sternberg 1995 a, Kap. 4.4). Die frühe Gründung von Unternehmen wie *DEC, Wang Laboratories* und *Microwave Associates* war vielfach eine direkte Folge der Rüstungsforschung und zog später weitere Gründungen nach sich. Bis 1965 kam es allein aus dem *MIT* zu 156 technologieorientierten Unternehmensgründungen, von denen ein Drittel aus den *Lincoln Laboratories* stammten (Roberts 1968; Keune und Nathusius 1977). Außerdem fanden in den 1960er-

Jahren originäre *spin-off*-Gründungen aus etablierten Hightech-Unternehmen der Region statt, darunter mindestens 25 *spin-offs* von *Raytheon* und 20 von *DEC* (Malecki 1986; De Jong 1987, Kap. 4.2). Daneben ereigneten sich zusehends Unternehmensgründungen, die ohne Bezug zu den lokalen Universitäten und unabhängig von Rüstungsprojekten entstanden (Bathelt 1990).

Entwicklungen der 1970er- und 1980er-Jahre. Überraschenderweise erlebte die Region Boston in den 1970er-Jahren eine Wirtschaftskrise (Harrison und Kluver 1989). Dies hing eng mit Rüstungseinschnitten nach dem Vietnamkrieg, den Ölkrisen sowie der Verlagerung traditioneller Industrien aus Massachusetts zusammen (Sternberg 1995 a, Kap. 4.4). Ende der 1970er-Jahre setzte ein erneuter Aufschwung ein, der als „*Massachusetts Miracle*" bekannt wurde und vor allem auf den Hightech-Sektor zurückzuführen war (Massachusetts Division of Employment Security 1985). Dieser Aufschwung hing zwar auch damit zusammen, dass die Rüstungsausgaben unter der Reagan-Administration wieder angehoben wurden. Noch wichtiger aber war, dass Hightech-Unternehmen zusehends ihre militärische Abhängigkeit verringerten und private Märkte erschlossen (Bathelt 1991 b, Kap. 4). Alles entscheidender Auslöser des Booms waren Minicomputer und Elektronikprodukte, die breite Anwendungsmöglichkeiten fanden und immer größere Märkte eroberten (Hekman 1980 a; 1980 b; Saxenian 1994). Später kam zusätzliches Wachstum im Bereich der Gentechnik hinzu.

Entwicklungen der 1990er-Jahre. Ende der 1980er-Jahre erlebte die Region Boston wiederum eine Krise, die diesmal durch Hightech-Industrien ausgelöst wurde (Saxenian 1994, Kap. 3 und 4; Kenney und Burg 1999; Bathelt und Glückler 2000). Die Zahl der Industriearbeitsplätze im Hightech-Bereich verringerte sich von 1987 bis 1995 um mehr als 45 000 (→ Tab. 13-4). Dies war darauf zurückzuführen, dass die Minicomputer-Industrie ihre internationale Wettbewerbsfähigkeit verlor und den größten Teil ihrer Arbeitskräfte freisetzte (Tödtling 1994 a). Minicomputer-Hersteller, die gekennzeichnet waren durch einen hohen Integrationsgrad und eine starke Abschottung nach außen, hatten die Konkurrenz der wesentlich preiswerteren PCs (*personal computers*) unterschätzt und verloren ihre

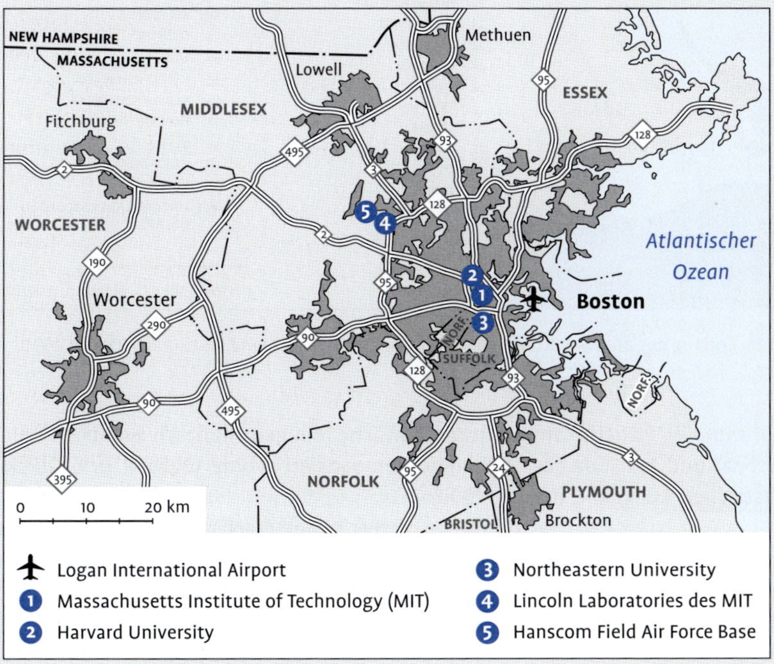

Abb. 13-4: Die Region Boston, Massachusetts (nach Bathelt 1991 b, S. 65)

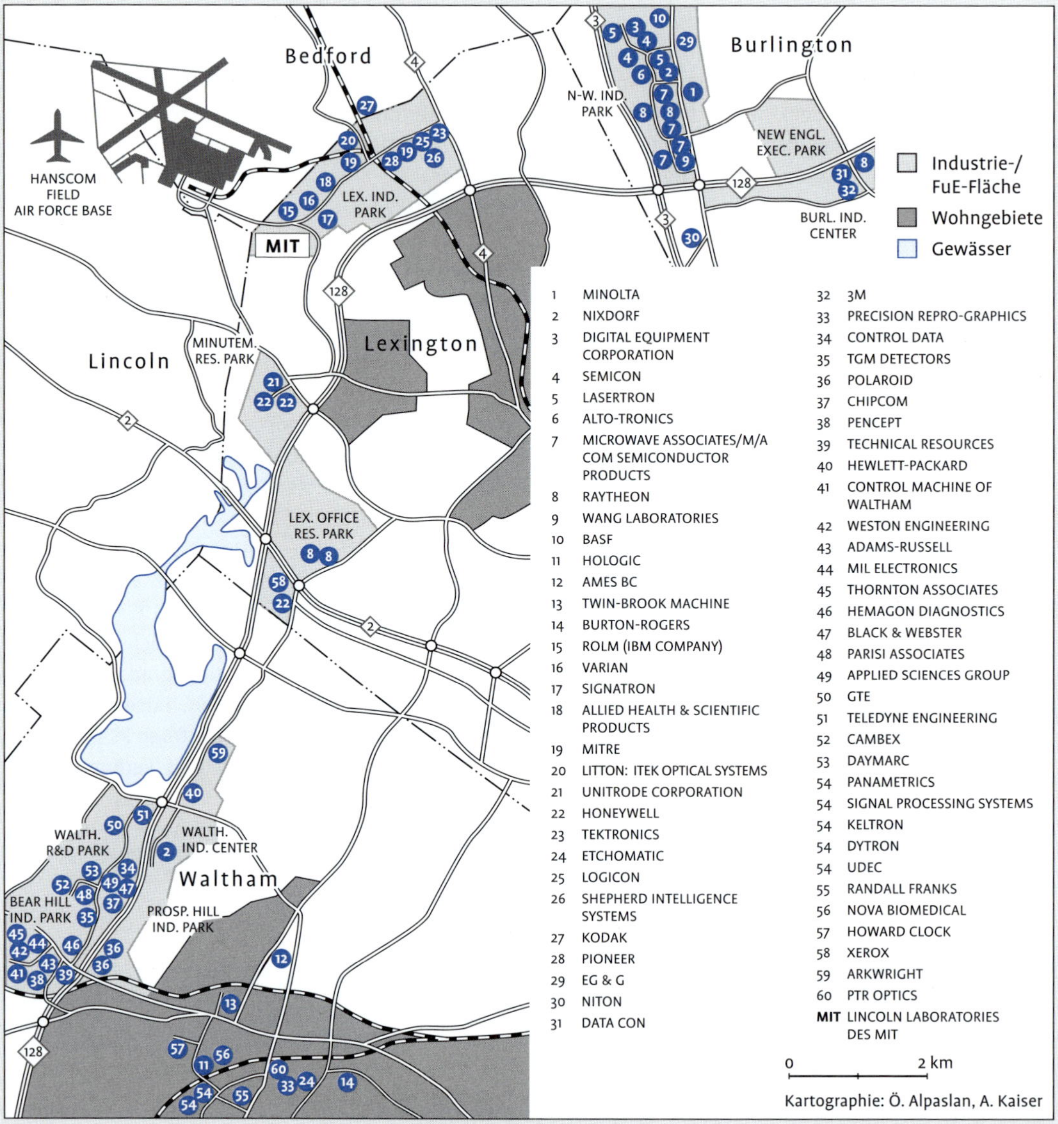

Abb. 13-5: Hightech-Unternehmen entlang des nordwestlichen Abschnitts der Route 128, Stand 1988 (nach Bathelt 1990, S. 158)

Märkte (Saxenian 1994, Kap. 3 und 4). Zudem kam es durch die Öffnung Osteuropas und das Ende des Kalten Kriegs zu einem drastischen Rückgang der Rüstungsausgaben.

Allerdings zeigte sich Mitte der 1990er-Jahre, dass der Hightech-Sektor der Region Boston wieder neues Wachstum entfaltete (Bathelt 2001). Die Regeneration der lokalen Hightech-Industrie war insbesondere darauf zurückzuführen, dass die Wachstumsschwäche einiger Hightech-Branchen durch andere kompensiert wurde (Bathelt und Glückler 2000):

(1) Besonders hohes Wachstum zeigte sich in den Bereichen Software-Erstellung und Datenverarbeitungsdienste.

(2) Produzenten elektronischer Bauteile, die ursprünglich von der Minicomputer-Industrie abhängig waren, erschlossen neue Märkte und ver-

Tab. 13-4: Hightech-Beschäftigte und -Betriebe in der Region Boston 1987 bis 1997 (U.S. Department of Commerce 1989; 1994; 1999)

SIC-Gruppe	Hightech-Industriezweig	Anzahl der Beschäftigten			Anzahl der Betriebe		
		1987	1992	1997	1987	1992	1997
283	Arzneimittel	1599	3429	5456	38	39	48
357	Computer und Büroausstattung	25124	12951	6528	129	121	87
365	Heimaudio- und -videotechnik	2385	1514	236	17	20	11
366	Kommunikations-technik	34224	14720	7241	104	55	55
367	Elektronische Bauteile	26956	21828	24319	308	281	295
372	Luftfahrzeuge und Bauteile	9260	7061	5443	19	17	13
376	Lenkraketen, Raumfahrzeuge und Bauteile	70	3810	-	2	4	-
38	Präzisionsinstrumen-te, Feinmechanik	37301	48928	38788	381	437	417
737	Computer- und EDV-Dienste	32159	38406	77020	1108	1615	3376
Summe	Hightech-Industrien	169078	152647	165031	2106	2589	4302
	ohne Computer- und EDV-Dienste	136919	114241	88011	998	974	926

Anmerkung: Die Region Boston umfasst die Countys Essex, Middlesex, Norfolk und Suffolk. Beschäftigtenzahlen sind teilweise geschätzt. *SIC = Standard Industrial Classification.*

zeichneten ebenfalls Wachstum. Dieser Umstrukturierungsprozess stand zumindest teilweise im Zusammenhang mit engen Verflechtungsbeziehungen zu regionalen Zulieferern (Bathelt 2001).
(3) In der Biotechnologie und insbesondere in der Gentechnik gehörte die Region zu den weltweit führenden Standorten (Tödtling 1994 a).

Evolutionäre Sicht des Hightech-Wachstums in Boston. Die Entwicklung von Hightech-Industrien in der Region Boston lässt sich sehr gut durch das Schema industrieller Entwicklungspfade von Storper und Walker (1989, Kap. 3) verstehen (Bathelt 1990; Bathelt und Glückler 2000):
(1) In der Lokalisationsphase der neuen Industrien profitierte die Region von originären Ansiedlungsentscheidungen und besonderen Entwicklungsbedingungen durch ein enges Geflecht von Beziehungen zwischen Universitäten, Industrie und Militär.
(2) In der Clusterungsphase kam es aufgrund vorhandener Wettbewerbsvorteile aus der bestehenden Ballung von spezialisierten Hightech-Produzenten, Zulieferern und Arbeitskräften zu einem hohen Wachstum und zu umfangreichen Neugründungs- und *spin-off*-Prozessen.
(3) Dispersionsprozesse durch die Verlagerung oder Teilverlagerung von Unternehmensfunktionen in andere Regionen bzw. Länder fanden erst später und nur in begrenztem Umfang statt. Sie dienten dazu, für die betreffenden Unternehmen neue Wachstumsquellen zu erschließen.
(4) Die Phase der *shifting centers* ist in Boston bisher nicht eingetreten. Die beachtliche Regenerationsfähigkeit der Region in den 1990er-Jahren beruhte darauf, leistungsfähige Ressourcen, wie z. B. hoch qualifizierte Arbeitskräfte, in einem anderen, erfolgreicheren Entwicklungspfad neu zusammenzubinden.

13.4 Entstehungsprozess und Evolution von regionalen Unternehmensballungen

Obwohl die Untersuchung von Storper und Walker (1989) zeigt, dass die Entstehung neuer Cluster sowie ihre Entwicklungs- und Ausbreitungsprozesse in einer evolutionären Perspektive als sozial konstruierte, sich durch reflexive Prozesse weiter entwickelnde Standortstrukturen zu betrachten sind, gibt sie keine befriedigende Antwort darauf, wo derartige Strukturen generiert werden. Deshalb soll im Folgenden der Entstehungsprozess von regionalen Unternehmensballungen genauer untersucht werden. Eine Analyse der Literatur über geographische Clusterungsprozesse zeigt dabei jedoch schnell, dass es kaum möglich ist, eine umfassende Theorie der Entstehung regionaler Unternehmensballungen zu entwickeln, denn empirische Untersuchungen belegen, dass Cluster unter historisch und kontextuell sehr unterschiedlichen Bedingungen entstanden sind. Nachfolgend geht es nicht darum, eine möglichst vollständige Auflistung aller möglichen Entstehungsursachen vorzunehmen, sondern wichtige Konstellationen und Pfade herauszustellen, die bei der Generierung und Entwicklung von Clustern eine Rolle spielen.

13.4.1 Ursachen der Entstehung von Clustern

Vielfach wird die Entwicklung von Clustern erst dann untersucht, wenn diese bereits existieren und der Prozess der Entstehung abgeschlossen ist. Das hängt unter anderem damit zusammen, dass implizit oder explizit häufig der Eindruck erweckt wird, als seien diejenigen Orte, an denen sich Cluster entwickeln, rein durch Zufälle bestimmt. Dass Silicon Valley beispielsweise südlich von San Francisco entstand, ist nicht zufällig. Und es reicht auch nicht aus, zu argumentieren, dies gehe auf William Shockley, den Mit-Erfinder des Transistors zurück, der 1956 seinen Wohnort von den Bell Laboratories an der Ostküste der USA hierher in seine Heimatstadt Palo Alto zurückverlagerte. Die Entwicklung von Santa Clara County hin zu der Struktur, die wir heute als Silicon Valley bezeichnen, war sehr stark geprägt von den konkreten sozio-ökonomischen Bedingungen in der Region, dem spezifischen Arbeitsmarkt mit seinen vielfältigen Netzwerken, der generellen Aufbruchstimmung in der Hightech-Industrie sowie der besonderen Industriekultur, die sich im Silicon Valley entwickelt hatte (Saxenian 1994).

In traditionellen Schwerindustrien wie der Kohle-, Eisen- und Stahlindustrie war die Entwicklung regionaler Unternehmensballungen seit dem 19. Jahrhundert sehr stark von der räumlichen Verteilung bedeutender Rohstofflagerstätten abhängig, an denen sich wichtige Industrieunternehmen und in der Folge Zulieferbranchen und spezielle Dienstleistungen ansiedelten (→ Kap. 6.3). So entstanden in Deutschland beispielsweise in der Nähe der Eisenerz- und später der Kohlelagerstätten im Ruhrgebiet, Saarland und in der Region um Salzgitter komplexe Standortschwerpunkte der Montanindustrie. Andere Industrien wie die Farbstoffindustrie und die sich daraus entwickelnde Chemische Industrie sowie Teile der Textilindustrie bildeten Ballungen in Regionen mit großem Nachfrage- und Arbeitskräftepotenzial wie etwa dem Rhein-Neckar-Raum und dem Rhein-Main- und Rhein-Ruhr-Gebiet. Bereits das Beispiel der Textilindustrie, die abweichend davon auch einen Schwerpunkt im zunächst strukturschwachen Württemberg südlich von Stuttgart entwickelte, zeigt aber, dass Standortprozesse nicht eindimensional etwa nur mithilfe des lokalen Nachfragepotenzials zu erklären sind.

In Hightech-Industrien waren andere Prozesse bei der Entstehung von regionalen Unternehmensballungen entscheidend. Wie die Fallbeispiele von Silicon Valley und Bostons Route-128-Region (→ Box 13-4) demonstrieren, waren Clusterungsprozesse in der Anfangsphase dieser Industrien häufig eng an führende Universitäten und Forschungseinrichtungen geknüpft und wurden durch universitäre *spin-off*-Prozesse gestützt. So zeigt die Entstehung von Clustern im noch jungen Biotechnologie-Sektor in den USA, dass an bestimmten Hochschulstandorten aus den Arbeitsgruppen herausragender Wissenschaftler und ihrer Studierenden bedeutende Unternehmensgründungen stattfinden, die in ihrer Anfangsphase miteinander und mit den Hochschulen bzw. Inkubatoreinrichtungen eng vernetzt sind. Dies hat eine große Bedeutung für die spätere erfolgreiche Geschäftsentwicklung der Unternehmen. Sie erlangen eine Vorbildfunktion für weitere Gründungen und können den Ansatzpunkt einer Clusterentwicklung bilden (Beyer 2005; Feldman et al. 2005). Auch in dem sich noch in der Anfangsphase der Entwicklung befindlichen Nanotechnologie-Industriesegment zeichnet sich seit einigen Jahren ein ähnlicher Prozess ab. In der Nähe wichtiger Universitäten mit renommierten Forschern kommt es zu Unternehmensgründungen aus der Hochschule und zu Kooperationen zwischen Hochschule und Industrie in bestimmten Bereichen (etwa im Bereich der Oberflächenveredlung). Ob dieses Technologiefeld allerdings das Potenzial hat, umfassende regionale Unternehmensballungen auszubilden, ist zum gegenwärtigen Zeitpunkt noch unklar, zumal es sich hierbei um eine Querschnittstechnologie handelt, deren Anwender in verschiedenen, zum Teil nicht miteinander vernetzten Industrien zu finden sind (z. B. Henn 2005).

Ein anderer wichtiger Ausgangspunkt einer Clusterentwicklung kann vorliegen, wenn in einer Region eine originäre Ballung von Unternehmen einer Branche entstanden ist, die ähnliche Produkte herstellen, einen gleichen Zulieferbedarf haben und ähnliche Anforderungen an ihre Arbeitskräfte stellen. Ursachen dieser Ballung können neben den oben angesprochenen universitären *spin-off*-Prozessen auch private *spin-off*-Prozesse sein. Ebenso können auch neu entstehende Konsumbedürfnisse und daraus abgeleitete Produktneuheiten, technologischer Wandel in Verbindung mit der Erschließung neuer Produkt- und Prozesstechnologien sowie Umstrukturierungsprozesse in einer vorhandenen Industrieregion, die zu einer Neubündelung der kreativen und produktiven Kräfte führen (z. B. Bathelt und Boggs 2003), Ursachen für den Beginn von Clusterungsprozessen einer Industrie sein (Braunerhjelm und Feldman 2006; Fornahl et al. 2010). Die betreffenden Unternehmen bilden unter Umständen die horizontale Dimension eines späteren Clusters (Porter 1998; Maskell und Lorenzen 2004) und sind Ausgangspunkt für die Ansiedlung spezialisierter Zulieferer und Dienstleister (Bathelt 2004 a). Somit kann es zu einer wechselseitigen Interdependenz des Wachstums der horizontalen und vertikalen Dimension kommen (→ Kap. 10.3). In jedem Fall lässt sich die spezifische Entstehung von Clustern ohne genaue Kenntnis der sozialen und ökonomischen Eigenheiten und Beziehungsstrukturen vor Ort nicht adäquat erklären.

Dabei können auch staatliche Initiativen wesentliche Anknüpfungspunkte für die Entwicklung von Clustern sein. Bezüglich der Planbarkeit von Clustern und ihrer Initiierung durch staatliche Politik gibt es jedoch auch skeptische Stimmen. Bresnahan et al. (2001) haben beispielsweise in einer breit angelegten empirischen Studie, in der sie in verschiedenen Ländern den Entwicklungsprozess regionaler Cluster der Informations- und Kommunikationsindustrie untersucht haben, festgestellt, dass sich die Einflussfaktoren, die die Entstehung eines Clusters begründen, grundsätzlich von denen unterscheiden, die ein späteres Wachstum ermöglichen. Dabei zeigt sich, dass in der Anfangsphase der Entwicklung eines Clusters externe Effekte und Synergien aus der Ballung und Vernetzung von Unternehmen oftmals nicht von Bedeutung sind. Die Untersuchungen belegen vielmehr, dass in dieser Phase unternehmerische Tatkraft bei Unternehmensgründungen eine besondere Rolle spielt, um neue technologische und marktliche Gelegenheiten abseits der etablierten Marktbereiche zu erschließen. Der Erfolg derartiger unternehmerischer Risiken hängt vielfach davon ab, ob es gelingt, schnell Zugang zu großen clusterexternen Märkten zu finden. Ferner wird die Entfaltung eines Clusters dadurch begünstigt, dass es gelingt, qualifiziertes Personal mit spezialisierten Kompetenzen anzuwerben und vor Ort auszubilden. Bresnahan et al. (2001, S. 857 f.) können in keinem der von ihnen untersuchten Cluster feststellen, dass eine aktive Förderpolitik entscheidenden Einfluss auf den Erfolg gehabt hat und

sind deshalb skeptisch, ob Clusterentwicklungen überhaupt durch politische Einflussnahme ausgelöst werden können.
Auch wenn die Belege von Bresnahan et al. (2001) nicht ignoriert werden dürfen und als eine Warnung vor überhöhten politischen Erwartungen gelten sollten, ist die Allgemeingültigkeit ihrer Aussagen keineswegs klar. So zeigen Branchenstudien aus anderen Kontexten, dass politische Steuerung durchaus eine Wirkung entfalten kann (z. B. Lundequist und Power 2002; Altenburg 2003). Zudem sind die Einflüsse staatlicher Politik stark vom Kontext des politischen Systems abhängig. In einem Land wie China, das nach wie vor durch zentralstaatliche Planung und deren Auswirkungen geprägt ist und eine Transformation von einer Plan- zu einer Marktwirtschaft vollzieht, ist zu erwarten, dass staatliche Politiken und Förderprogramme eine wichtige Signalwirkung auf ausländische Investoren ausüben. So zeigt das Beispiel der Automobilindustrie, dass insbesondere staatliche Vorgaben im Hinblick auf *local-content*-Bestimmungen und die allgemeinen institutionellen Rahmenbedingungen mit einem wenig transparenten Zuliefererspektrum und großen Unsicherheiten bezüglich des Markt- und Kundenverhaltens Ende der 1990er-Jahre die Entstehung eines Automobilclusters in Shanghai befördert haben (Depner und Bathelt 2005; Depner 2006).
Staatliche Einflüsse können auf verschiedenen Ebenen im Sinn eines multidimensionalen *multi-level-governance*-Ansatzes wirken und sich ergänzen (Benz 2004; Bathelt und Dewald 2008; Benner 2009). So hat der nationalstaatliche Einfluss unmittelbar über die regionale Wirtschaftsförderung, aber auch über die Forschungspolitik sowie über die Rüstungs- und Militärpolitik Einfluss auf die Technologieentwicklung und Clusterbildung. Ein weiteres wichtiges Wirkungsfeld nationaler Politiken ist die Gestaltung der allgemeinen Bedingungen für Unternehmensgründungen. Gerade in den USA wäre die Entwicklung der Hightech-Regionen Silicon Valley und Boston ohne substanzielle Rüstungsgelder mit spezifischen regionalen Schwerpunkten nicht denkbar gewesen. So war beispielsweise die Entwicklung von Computern ebenso ein Nebenprodukt der Ausgaben des US-Verteidigungsministeriums wie die Entwicklung des Internet. In Japan hatte das *Ministry of International Trade and Industry* (*MITI*) einen ähnlich starken Einfluss auf die Industrieentwicklung und die regionalen Industriestrukturen nach dem Zweiten Weltkrieg (Johnson 1982). Eine regionale Clusterpolitik mag zwar nicht in der Lage sein, neue Cluster aus dem Nichts hervorzubringen. Dennoch kann Clusterpolitik Anreize für private Initiativen geben, wenn sie an bestehenden ökonomischen Strukturen und Potenzialen ansetzt. Regionale oder kommunale Förderprogramme können den Wachstums- und Entwicklungsprozess spezifischer Cluster positiv begleiten, indem sie den Bau von Forschungszentren und Inkubatoreinrichtungen unterstützen, die Einrichtung spezifischer Aus- und Weiterbildungsprogramme anregen oder Kooperationen lokaler Akteure moderieren (Bathelt und Dewald 2008; Fromhold-Eisebith und Eisebith 2005). Dies kann unterschiedliche Formen annehmen. Während bei der Entstehung des neuen Medienclusters in Leipzig nach der Wiedervereinigung beispielsweise keine dezidierte Clusterpolitik eingesetzt (➔ Box 10-3), sondern der Entwicklungsprozess vor allem durch die Gestaltung des institutionellen Rahmens positiv begleitet wurde (Bathelt und Boggs 2003; Bathelt und Bernuth 2008), initiierten die politischen Entscheidungsträger und Wirtschaftsförderer im Bergischen Städtedreieck Wuppertal – Solingen – Remscheid aktiv ein Clusterprogramm unter der Bezeichnung „Kompetenzhochdrei". In dessen Rahmen wurden fünf Kompetenzfelder in den Bereichen Event & Kommunikation, Metallverarbeitung, *Automotive*, *Health & Personal Care* sowie Produktentwicklung & -design ausgewählt, um Clusterentwicklungen durch Maßnahmen zur Verbesserung der Informationsflüsse, Generierung von Unternehmensnetzwerken und zur Verbesserung von Infrastruktur zu fördern (Dewald 2006).
Angesichts der Probleme, Clusterentstehungsprozesse in allgemeiner Form zu konzeptionalisieren, haben sich alternative Ansätze entwickelt, die die Clusterbildung und -entwicklung in quantitativer Form als evolutionären Prozess beschreiben. Ein Beispiel hierfür ist das Simula-

tionsmodell von Brenner (2004; 2005) (→ Box 13-5).
Obwohl derartige Simulationsmodelle den Entstehungs- und Entwicklungsverlauf von Clustern auf interessante Weise über einen Rückkopplungsprozess beschreiben, wird die Frage nach den Ursachen des Clusterungsprozesses nicht allgemein beantwortet. Unbefriedigend bleibt, dass eine Vielzahl regionsinterner und -übergreifender Prozesse in nicht identifizierbarer Weise zu wenigen Modellvariablen zusammengefasst werden, sodass letztlich echte Erklärungen nicht geliefert werden können. Es handelt sich deshalb bei der Arbeit von Brenner (2005) vor allem um ein beschreibendes Modell, das im Nachhinein im Sinn einer *ex-post*-Analyse einsetzbar ist. Die genauen Auslöser einer Clusterentwicklung und die sozio-ökonomischen und institutionellen Bedingungen der Entstehung eines Clusters werden lediglich in einer hoch aggregierten und im Einzelnen wenig aussagekräftigen Supervariable, den exogenen Entwicklungsbedingungen, zusammengefasst. Letztlich liegt aus relationaler Perspektive kein befriedigendes Erklärungsmodell vor, da bei Über- oder Unterschreiten der kritischen Schwellenwerte ein Handlungsautomatismus unterstellt wird, der automatisch zu einem der beiden stabilen Zustände führt. Problematisch ist auch, dass die Entwicklung eines Clusters in einen Industrielebenszyklus eingepasst wird und somit einen deterministischen Charakter erhält (→ Kap. 14.2).
Henn (2006) legt seiner Untersuchung der Entstehung und Entwicklung von Nanotechnologie-Clustern in Deutschland zwei idealtypische Modelle zugrunde, die demgegenüber den erfolgversprechenden Versuch einer Klassifikation von Clusterentstehungsmodellen andeuten. Die Modelle unterscheiden sich hinsichtlich des Zeitpunkts der Clusterbildung sowie der zu erwartenden Wachstumseffekte:
(1) Das Modell des *start-up*-Clusters geht von einem Inkubator (z. B. einem Universitätsinstitut) aus, aus dem heraus Gründungen stattfinden, die zunächst zur Ausbildung einer horizontalen Clusterdimension führen. Die Gründungen haben dabei eine gemeinsame institutionelle Basis und entwickeln im Zeitablauf Netzwerke im Umfeld des Inkubators. Hieraus erwächst sukzessive eine vertikale Dimension.
(2) Das zweite Modell bezieht sich auf Unternehmenskonzentrationen, die erst spät im Verlauf eines technologischen Entwicklungspfads entstehen. Diese Unternehmen haben in geringerem Maß eine gemeinsame institutionelle Basis und einen geringen Zusammenhalt. Dadurch ist der Anreiz zur Ansiedlung weiterer Unternehmen begrenzt.
Insgesamt schätzt Henn (2006) das Wachstumspotenzial des zweiten Modells geringer ein als das des ersten. Auch wenn man noch weitere Modellvarianten aus empirischen Untersuchungen ableitet, zeigt sich, dass derartige Modelle vor allem in einer *ex-post*-Betrachtung zur Analyse historischer Gründungs- und Wachstumsprozesse herangezogen werden können, sich aber aufgrund der Kontextualität, Kontingenz und Vielpfadigkeit möglicher Entwicklungen kaum zu Prognosezwecken einsetzen lassen.

13.4.2 *New industrial spaces* und Super-Cluster

In seiner Arbeit über *new industrial spaces* beschäftigt sich Scott (1988) ebenfalls mit der Frage, welche Bedeutung neue Industrieregionen haben und wie sie sich entwickeln. Er versteht unter *new industrial spaces* entgegen verbreiteter Meinungen nicht nur solche Produktionsstrukturen, die abseits der etablierten Standortschwerpunkte neu entstehen; einbezogen werden auch Produktionsstrukturen, die in bestehenden Industrieballungen, aber sozial getrennt von den etablierten Industrien heranwachsen.
Scott (1998, Kap. 3 und 4) argumentiert, dass unter veränderten Nachfragebedingungen mit schwankender, segmentierter Nachfrage und neuen computergestützten Technologien vertikale Desintegrationstendenzen in der Industrie einsetzen. Es entwickeln sich arbeitsteilige Prozesse zwischen den Unternehmen. Hieraus gehen neue Industrieballungen hervor, die räumlich oder sozial von den bisherigen Ballungen getrennt sind. Desintegrationstendenzen entstehen, um unter den neuen Nachfragebedingungen Überkapazitäten abzubauen, technologische

Box 13-5: Simulationsmodell der Clusterentstehung und -entwicklung

Das Modell von Brenner (2004; 2005) basiert auf der Annahme der Selbstorganisation von Clusterungsprozessen insofern, als Rückkopplungsbeziehungen zwischen der Unternehmenspopulation einer Region und den lokalen Entwicklungsbedingungen angenommen werden. Es werden zwei stabile Zustände unterschieden (➔ Abb. 13-6). Der obere stabile Zustand 2 beschreibt die Situation eines Clusters, in der eine im Verhältnis zur Regionsgröße hohe Unternehmenskonzentration vorhanden ist. Der untere stabile Zustand 1 beschreibt die umgekehrte Situation, in der nur wenige Unternehmen einen regionalen Standort haben. Ob ein positiv oder negativ sich selbst verstärkender Prozess einsetzt, der in einen der beiden stabilen Zustände mündet, hängt dabei von den exogenen Bedingungen e(t) ab. Diese ergeben sich als Aggregat der lokalen Produktionsbedingungen und umfassen Aspekte wie die lokale Kultur, Institutionen sowie externe Märkte. Brenner (2004; 2005) verknüpft sein Modell mit der Entstehung und Entwicklung einer Industriebranche. Die exogenen Bedingungen verändern sich dabei systematisch mit dem Ablauf des Industrielebenszyklus (z. B. Markusen 1985) in drei Phasen: von der embryonalen über die Wachstums- zur Reifephase (➔ Kap. 14.2). Sind die exogenen Bedingungen zu einem Zeitpunkt vorteilhaft und liegen über einem oberen Schwellenwert [$e(t) > e_2$], so kommt es zu einem sich selbst verstärkenden Entwicklungsprozess in Richtung einer Clusterstruktur. Sind die exogenen Bedingungen hingegen nachteilig und liegen unterhalb eines unteren Schwellenwerts [$e(t) < e_1$], so findet ein vollständiger Entleerungsprozess in einer Region statt. Allerdings gibt es auch Konstellationen in einem mittleren Bereich [$e_1 < e(t) < e_2$], in denen die Entwicklung einer Region ungewiss ist und es nicht unbedingt zu einer Konvergenz zu einem stabilen Zustand kommt. Aus der Parallelisierung mit dem Industrielebenszyklus lassen sich mehrere Phasen der Clusterevolution ableiten (➔ Abb. 13-6):

(1) **Embryonale Phase.** Die exogenen Bedingungen e(t) liegen in dieser Phase unter dem Schwellenwert e_2 und sind deshalb so ungünstig, dass nur ein stabiler Zustand mit wenigen Unternehmen möglich ist (Prozess 1).

(2) **Wachstumsphase.** So lange die exogenen Bedingungen in einem mittleren Bereich zwischen e_1 und e_2 liegen, bewirken sie nur einen langsamen Anstieg der Unternehmensanzahl in der Region und es kommt nicht zur Entstehung einer Ballung (Prozess 1). Sobald jedoch die Bedingungen so gut sind, dass die kritische Schwelle e_2 überschritten wird, setzt ein sich selbst verstärkendes Wachstum ein. Dies führt zu einer Entwicklung in Richtung des oberen stabilen Zustands (Prozess 2). Die Anzahl der Unternehmen in der Region steigt in dieser Phase schnell an. Das lokale Produktionssystem konvergiert so lange in Richtung eines Clusters, wie die exogenen Bedingungen hinreichend gut sind [$e(t) > e_2$]. Die exogenen Bedingungen können sich in der Folge jedoch verschlechtern und unter die kritische Schwelle e_2 fallen. Ist die Unternehmenspopulation zu diesem Zeitpunkt noch klein, so kann eine nach unten gerichtete Entwicklungstendenz in Richtung des stabilen Zustands 1 resultieren (Prozess 3 a). Ist der regionale Unternehmensbesatz hingegen hoch, so setzt eine Konvergenz in Richtung des oberen stabilen Zustands 2 ein und es entsteht ein Cluster (Prozess 3 b).

(3) **Reifephase.** Verlieren die Hersteller in dieser Phase Marktanteile und sinken dadurch die exogenen Bedingungen unter den Schwellenwert e_1, so kommt es zu einem drastischen Rückgang der Unternehmenszahl. Dies führt zu einer Auflösung des Clusters und dem Übergang zu dem unteren stabilen Zustand 1 (Prozess 4).

Da diese Entwicklung im Prinzip in ähnlicher Form in praktisch allen Regionen ablaufen könnte, stellt sich die Frage, in welchen Regionen es zu einer Clusterung kommt und weshalb. Brenner (2005) erklärt dies damit, dass sich die exogenen Entwicklungsbedingungen für eine Industrie regional unterscheiden und im Verlauf des Industrielebenszyklus unterschiedliche Tendenzen aufweisen. Dadurch hängen die Entwicklungschancen einer Region letztlich auch von den Bedingungen anderer Regionen ab.

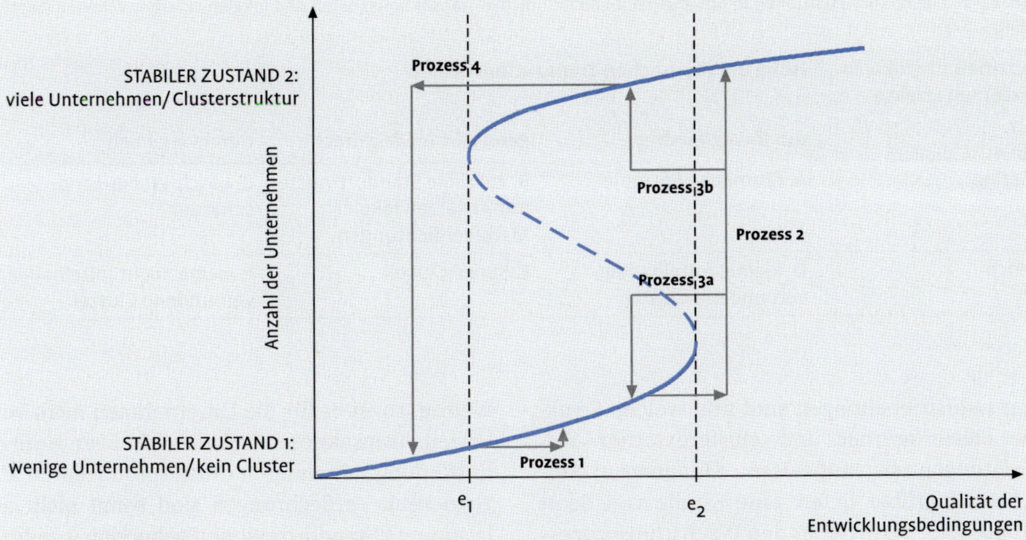

Abb. 13-6: Phasen und Prozesse der Evolution von Clustern (nach Brenner 2005, S. 925)

lock-in-Prozesse zu vermeiden und Spezialisierungsvorteile zu maximieren. Durch den Wechsel von unternehmensinternen zu unternehmensexternen Transaktionen steigen die Kosten für den Übergang von einer Produktionsstufe zur nächsten tendenziell an. Räumliche Ballungsprozesse wirken diesem Anstieg allerdings entgegen, da sie zu einer Reduzierung der Kosten bei der Informationssuche, Vertragsgestaltung und beim Technologietransfer führen (→ Kap. 9.1).

Derartige neue Industrieräume werden von Scott und Storper (1990) vor allem in designintensiven Handwerksbranchen, Hightech-Industrien und hochwertigen unternehmensorientierten Dienstleistungen identifiziert. Räumliche Ballungsprozesse erklärt Scott (1998, Kap. 4) ähnlich wie Krugman (1991, Kap. 2) unter Rückgriff auf die Arbeit von Marshall (1920, IV. Buch, Kap. X). Ballungstendenzen werden demnach durch verschiedene Teilprozesse begünstigt:

Regionale Verflechtungsbeziehungen mit Zulieferern sind vorteilhaft, wenn der Materialkauf, die Vergabe von Unteraufträgen und der Informationsaustausch wenig standardisiert sind. Stabile Zulieferbeziehungen in räumlicher Nähe führen zu einer erhöhten Interaktionshäufigkeit und zu größeren Informationsflüssen.

Durch die Entwicklung eines spezialisierten regionalen Arbeitsmarkts wird für Unternehmen die Suche nach Arbeitskräften und für Beschäftigte die Suche nach neuen Arbeitgebern erleichtert. Mit der Größe des Arbeitsmarkts steigt zugleich seine Flexibilität.

Zudem haben gemeinsame Einstellungen und Gewohnheiten innerhalb derselben *community* und die daraus resultierenden Wissens- und Informationsnetze einen positiven Einfluss auf den Agglomerationsprozess. Diesbezüglich unterscheidet sich die Einschätzung von Scott (1998, Kap. 4) deutlich von Krugmans (1991, Kap. 2) Bewertung, denn dieser ordnet technologischen *spillover*-Effekten eine vergleichsweise geringe Bedeutung zu (→ Kap. 12.4). Demgegenüber betont Scott (1998) gerade die Rolle sozialer und ökonomischer Interaktionsprozesse.

Die Erkenntnis, dass diese Wirkungsprozesse eine wichtige Antriebskraft industrieller Agglomerationen bilden, gestattet allerdings noch keine Aussage darüber, wie groß die entstehen-

Tab. 13-5: Clusterkonfigurationen in Abhängigkeit von räumlichen Transaktionskosten und lokalen externen Effekten (Scott 1998, S. 87)

Ausmaß der lokalen externen Effekte	Höhe der räumlichen Transaktionskosten		
	durchweg niedrig	gemischt niedrig-hoch	durchweg hoch
Gering	A. räumliche Entropie	B. zufällige Standortmuster mit Ansätzen lokaler Marktverdichtungen	C. Lösch-Weber-Landschaften
Hoch	D. kleine, miteinander verbundene Cluster	E. Super-Cluster	F. kleine, nicht miteinander verbundene Cluster

den Industrieballungen sind und welche Struktur clusterinterner und clusterexterner Verflechtungen sie aufweisen. Genaueren Aufschluss hierüber liefert eine Studie von Scott (1998, Kap. 5), in der er den Wachstumsprozess industrieller Cluster in Abhängigkeit vom Ausmaß lokaler externer Effekte und der Höhe räumlicher Transaktionskosten untersucht (→ Tab. 13-5). Ausgangspunkt der Überlegungen von Scott (1998, Kap. 5) ist die Annahme, dass keine bzw. geringe externe Effekte wirksam sind. Wenn Produktions- und Innovationsprozesse dementsprechend nicht von Ballungsvorteilen, wie z. B. *spillover*-Effekten aus lokalen Informationsflüssen, profitieren, gibt es für Unternehmen keinen Anreiz, sich in derselben Standortregion anzusiedeln. Bei geringen räumlichen Transaktionskosten stellt sich somit eine quasi-zufällige Standortverteilung ohne spezifische Ballungen ein (räumliche Entropie), während bei hohen Transaktionskosten kleine, abgegrenzte Cluster mit regionalen Versorgungsbereichen (Lösch-Weber-Landschaften) entstehen, die den Marktnetzen von Lösch (1944, Kap. 10) ähnlich sind (→ Kap. 5.3).

Die Standortstruktur ändert sich, wenn hohe lokalisierte externe Effekte anfallen. In diesem Fall ist es vorteilhaft, dass sich Produzenten nahe zueinander ansiedeln, um an lokalen Wissens- und Informationsflüssen teilzuhaben und davon zu profitieren. Es entwickeln sich **räumliche Industriecluster** (Scott 1998, Kap. 5; Malmberg und Maskell 2002). Die Größe der Cluster hängt dabei von den Transaktionskosten ab. Sind die räumlichen Transaktionskosten durchweg sehr niedrig, so ist es für die Unternehmen nicht von Vorteil, Transaktionen vorwiegend über geringe Entfernung mit anderen Clusterproduzenten abzuwickeln. Verflechtungen sind somit nicht an bestimmte Standortregionen gebunden, sondern können auch über größere Distanzen abgewickelt werden. Die resultierenden Cluster sind über Transaktionen miteinander verflochten, bleiben aber klein (→ Tab. 13-5, D). Im Fall durchweg sehr hoher räumlicher Transaktionskosten sind demgegenüber clusterinterne Verflechtungen besonders vorteilhaft. Die sich entwickelnden Industrieballungen sind kaum noch miteinander verflochten, sondern vor allem durch interne Transaktionsbeziehungen gekennzeichnet. Allerdings bilden sich wie im Fall geringer Transaktionskosten nur kleine Cluster aus (→ Tab. 13-5, F), da die clusterinternen Märkte nicht groß genug sind, um hohes Wachstum auszulösen.

Eine gänzlich andere Konfiguration ergibt sich, wenn die räumlichen Transaktionskosten eine hybride Struktur aufweisen (Scott 1998, Kap. 5). Neben den räumlichen Ballungsanreizen aufgrund externer Effekte kommt es nun zu heterogenen räumlichen Verflechtungs- und Kommunikationsbeziehungen. Bestimmte Transaktionen finden clusterintern, andere clusterextern statt. In dieser Situation entwickeln sich nach Scott (1996; 1998, Kap. 5) sogenannte **Super-Cluster**, die durch eine hohe regionale Konzentration und Wachstum geprägt sind (→ Tab. 13-5, E). Das hängt damit zusammen, dass durch die clusterexternen Transaktionen wachstumsstarke Märkte erschlossen werden. Dieses Wachstum wird in die Cluster hineintransferiert und durch clusterinterne Verflechtungen weiter transportiert und verstärkt. Es resultiert letztlich ein sich verstärkender regionaler Wachstumsprozess, der zur Herausbildung großer Industrieballungen führt. Es handelt sich hierbei allerdings nicht um einen reinen Multiplikatorprozess, wie er im Exportbasis-Ansatz dargestellt ist (➔ Kap. 12.3). Das Wachstum des Clusters resultiert, wie Maillat (1998) mit Blick auf einen gleichartigen Prozess in innovativen Milieus betont (➔ Kap. 10.2), speziell aus den Lern- und Innovationsprozessen, die im Zusammenhang mit neuen Technologien und Marktanforderungen anderer Regionen zur Entwicklung spezifischer, lokal angepasster Produkt- und Technologiestrukturen führen. Das bedeutet, dass das Ausmaß industrieller Ballungsprozesse nicht nur von clusterinternen Verflechtungen, sondern auch von den externen Strukturen abhängt, die über Kommunikations- und Abstimmungsbeziehungen an ein Cluster angebunden sind. Dieser Ansatz weist gute Anknüpfungspunkte zu dem in Kapitel 10.3 vorgestellten wissensbasierten Clusterkonzept auf, das die dynamische Entwicklung eines Clusters auf positive Rückkopplungswirkungen zwischen lokalem Rauschen und globalem Pfeifen zurückführt (Bathelt 2004b; 2007).

13.5 Ansätze einer evolutionsökonomischen Wirtschaftsgeographie

13.5.1 Perspektiven und Grundkonzepte

Das zunehmende Interesse an Fragen der ungleichen wirtschaftlichen Entwicklung hat in Anlehnung an evolutionsökonomische Arbeiten dazu geführt, eine evolutionäre Wirtschaftsgeographie als spezifisches Paradigma der Wirtschaftsgeographie zu begründen (Boschma und Frenken 2006; Essletzbichler und Rigby 2010). So sind seit Ende der 1990er-Jahre zahlreiche programmatische und konzeptionelle Arbeiten erschienen, die zur Entwicklung einer Theorie evolutionärer Wirtschaftsgeographie beitragen (Boschma und Lambooy 1999; Martin und Sunley 2006; Essletzbichler und Rigby 2007) und in einem umfassenden Handbuch vorgestellt worden (Boschma und Martin 2010b).

Der zentrale Erkenntnisgegenstand bezieht sich auf die *„processes by which the economic landscape – the spatial organisation of economic production, circulation, exchange, distribution and consumption – is transformed from within over time“* (Boschma und Martin 2010a, S. 6f.). Damit schließt die Perspektive an die verschiedenen heterodoxen Ansätze der Evolutionsökonomik an. Erstens soll wirtschaftlicher Wandel weder als deterministisch noch als zufällig betrachtet werden (➔ Kap. 13.1.1). Stattdessen rücken irreversible Ereignisse und historische sowie räumlich spezifische Entwicklungen in den Vordergrund, die erst im Nachhinein verstanden werden können. Zweitens soll wirtschaftlicher Wandel nicht als Folge exogener, meist zufälliger Ursachen, sondern vor allem in seiner endogenen Dynamik verstanden werden. Drittens zielt die evolutionäre Wirtschaftsgeographie insbesondere auf die Dynamik räumlich ungleicher Entwicklung und die Bedeutung des räumlichen Kontexts für die Dynamik wirtschaftlicher Beziehungen (Essletzbichler und Rigby 2010) ab.

Ein gemeinsamer Ausgangspunkt der Ansätze besteht darin, die vielfach metaphorische Verwendung evolutionärer Konzepte zur Beschreibung empirischer Fallstudien zu überwinden (Grabher 2009). Das Ziel wird folglich darin gesehen, die Konzepte theoretisch zu präzisieren und stringent in Modellbildung und empirische Regionalanalyse einzusetzen (Boschma und Frenken 2006; Frenken und Boschma 2007; Essletzbichler und Rigby 2010). Allerdings haben sich in der Geographie ebenso wie in der Ökonomie unterschiedliche Strömungen und Ansätze etabliert, die Einfluss auf die konzeptionelle Entwicklung nehmen. Drei Grundperspektiven sind hierbei bedeutsam: der universelle Darwinismus, die Theorie komplexer Systeme und das Konzept der Pfadabhängigkeit (Boschma und Martin 2010a). Von diesen Ansätzen hat die Theorie komplexer Systeme bislang noch am wenigsten Beachtung gefunden, wenngleich Martin und Sunley (2007) in der Perspektive von Selbstorganisation, Autopoiesis und Anpassung wichtige Anhaltspunkte für eine Erklärung endogenen Wandels der ökonomischen Landschaft erkennen.

In den jüngsten Debatten hat der Analyserahmen des **universellen Darwinismus** die größte Bedeutung gewonnen (Hodgson und Knudsen 2006; Hodgson 2009; Essletzbichler und Rigby 2010), er eignet sich nachfolgend zur Strukturierung der konzeptionellen und empirischen Erkenntnisse. Dabei geht es im Gegensatz zum Neo-Darwinismus nicht darum, gesellschaftliche Zusammenhänge über die biologischen Mechanismen der Variation, Selektion und Reproduktion zu naturalisieren, sondern diese Prinzipien angemessen auf die Domäne des Gesellschaftlichen zu übertragen und zur Entwicklung eines theoretischen Analyserahmens heranzuziehen (Essletzbichler und Rigby 2010). Das konzeptionelle und empirische Interesse gilt bislang unterschiedlichen Untersuchungseinheiten, wie z. B. Unternehmen, Organisationsformen (→ Kap. 13.1), Technologien (→ Kap. 14.2), Industrien oder Städten und Regionen. In Abhängigkeit der Wahl der Untersuchungseinheit sind dann die Mechanismen der Variation, Selektion und Reproduktion zu bestimmen.

13.5.2 Variation durch Innovation und verwandte Vielfalt

Ausgangspunkt der evolutionären Analyse wirtschaftlicher Entwicklung ist die Entstehung von Wandel. Der Wandel kann durch externe Schocks und historische Zufälle ebenso ausgelöst werden wie durch Innovationen. Da der Anspruch des Ansatzes darin liegt, die Ursachen wirtschaftlichen Wandels und regionaler Entwicklung endogen zu erfassen, konzentrieren sich viele Arbeiten auf Ursachen und Prozesse der Innovation (Boschma und Martin 2010 b). Auf Basis der Arbeiten von Jane Jacobs (1969) über den Zusammenhang von Diversität, Innovation und wirtschaftlichem Wachstum von Städten hat das Konzept der Vielfalt weitere Differenzierung erfahren. Während Jacobs die Innovativität der Städte mit ihrer größtmöglichen Vielfalt erklärte, unterscheiden Frenken et al. (2007) unverwandte und **verwandte Vielfalt** (*related variety*). In einer empirischen Regionalanalyse in den Niederlanden zeigen sie, dass Regionen mit einem hohen Grad an verwandter Vielfalt der sektoralen Wirtschaftsstruktur ein größeres Beschäftigungswachstum erfuhren als andere Regionen. Im Gegenzug zeichneten sich Regionen mit unverwandter Vielfalt der sektoralen Wirtschaftsstruktur durch unterdurchschnittliche Arbeitslosenquoten aus. Dieser Befund legt die Interpretation nahe, dass verwandte Vielfalt eine höhere kognitive Nähe zwischen den Akteuren verwandter Wirtschaftszweige schafft, *spillover*-Effekte erleichtert und somit regionales Wachstum fördert. Demgegenüber erzielen Regionen mit weniger spezialisierter sektoraler Wirtschaftsstruktur zwar geringere *spillover*, allerdings sind die einzelnen Wirtschaftszweige im Sinne eines diversifizierten sektoralen Portfolios stärker vor negativen Rückkopplungseffekten von Struktur- oder Konjunkturkrisen geschützt. Am Beispiel der historischen Entwicklung der Automobilindustrie in den Regionen Großbritanniens wurde die These der verwandten Vielfalt weiter bestärkt. Regionen, die zu Beginn der Automobilentwicklung auf verwandte Industrien, wie z. B. Pferdekutschen oder Fahrradbau, spezialisiert waren, entpuppten sich später auch als Hauptstandorte der wachsenden Automobilhersteller (Boschma und Wenting 2007).

13.5.3 Räumlich differenzierte Selektion

Der zweite Mechanismus im Konzept des universellen Darwinismus ist die Auswahl einzelner Alternativen aus der Vielfalt neuer Technologien, Organisationsformen, Unternehmenspopulationen, Industrien oder Regionen. Selektionsgegenstand ist hierbei die *fitness* im wirtschaftlichen Wettbewerb. Aus geographischer Sicht ergeben sich zwei Möglichkeiten der Verknüpfung von Region und Selektion (Essletzbichler und Rigby 2010):

(1) *Region als Selektionsumwelt.* Im ersten Fall wird der Wettbewerb zwischen konkurrierenden Technologien, Unternehmen oder Industrien in eine regionale Perspektive projiziert. Die Region bildet ein gemeinsames Selektionsumfeld, in

dem begrenzte Ressourcen und spezifische Bedingungen vorherrschen und den Auswahlprozess z. B. neuer Technologien beeinflussen.
(2) *Selektion zwischen Regionen.* Im zweiten Fall konkurrieren Technologien und Unternehmen im interregionalen Wettbewerb. Regional variierende Bedingungen wirken auf die Wettbewerbsfähigkeit der lokalisierten Unternehmen, sodass regional-spezifische Bedingungen selbst zu einem Teil des Selektionsprozesses werden. Beispiele regionaler Variation sind vor allem Institutionen (➔ Kap. 8 und 15.3).
Beide Varianten der räumlichen Perspektive von Selektionsprozessen haben in empirischen Arbeiten Anwendung gefunden, sowohl auf der interregionalen (Boschma und Wenting 2007) als auch auf der internationalen Ebene (Murmann und Homburg 2001).

13.5.4 Reproduktion in Entwicklungspfaden

Im dritten Prozess des universellen Darwinismus etablieren sich ausgewählte Alternativen, die sich über Vererbung bzw. Reproduktion verfestigen. Eines der wichtigsten evolutionsökonomischen Konzepte, das den Prozess kumulativer Verursachung beschreibt, ist das der **Pfadabhängigkeit** (David 1985; Arthur 1989) (➔ Kap. 14.3). Der Gedanke der Pfadabhängigkeit spielt auf den Zusammenhang an, dass eine Folge von Ereignissen einen selbst verstärkenden Prozess begründet, der dann zu einem von mehreren möglichen Ergebnissen führt. Kleine Unterschiede haben in der historischen Abfolge von Ereignissen große Wirkungen. Eine stetige Folge von kleinen Unterschieden kann dazu führen, dass ein Phänomen oder System in einen bestimmten evolutionären Pfad eingeschlossen wird. Martin und Sunley (2006) unterscheiden drei Mechanismen, die Pfadabhängigkeiten produzieren:
(1) *Technologischer lock-in.* Die Tendenz eines Technologiefelds, einen bestimmten Entwicklungspfad einzuschlagen, wenngleich alternative (und vielleicht bessere oder effizientere) Technologien vorhanden sind.
(2) *Steigende Skalenerträge.* Externalitäten und Lernmechanismen bewirken positive Rückkopplungen, die eine Alternative zunehmend gegenüber anderen begünstigen, bis sie sich schließlich durchsetzt (➔ Kap. 14.3).
(3) *Institutionelle Hysterese.* Die Tendenz formeller und informeller Institutionen, sozialer Arrangements und kultureller Praktiken sich selbst zu reproduzieren und sich durch die Systeme sozioökonomischen Handelns zu verfestigen, die sie selbst mit hervorbringen (➔ Kap. 8.3).
In der evolutionären Wirtschaftsgeographie wird insbesondere der kontext- und ortsspezifische Charakter selbst verstärkender wirtschaftlicher Entwicklung hervorgehoben (➔ Kap. 14.2). So interessieren sich Martin und Sunley (Martin 2006; Martin und Sunley 2006) für die Bedeutung von Ort und Region für die Bildung von Pfadabhängigkeiten. Sie betonen die Ortsabhängigkeit (*place-dependence*) wirtschaftlicher Entwicklung und somit zugleich eine geographische Begründung spezifischer Formen evolutionärer Entwicklung. Auf der Suche nach der Begründung regionaler Pfadabhängigkeiten schlagen Martin und Sunley (2006) eine Reihe von Mechanismen vor: (1) Abhängigkeit von natürlichen Ressourcen, (2) Standortpersistenz durch hohe versunkene Kosten, (3) Lokalisationsvorteile, (4) regionale technologische *lock-ins*, (5) Agglomerationsvorteile, (6) regional spezifische Institutionen und (7) interregionale Verflechtungen und Abhängigkeiten. Diese Faktoren können letztlich über kumulative Verursachung zum ***lock-in*** bzw. zur Verriegelung des Pfads gegenüber anderen Alternativen führen (Grabher 1993 c). Während positive *lock-ins* die Verfestigung eines Wachstumspfads beschreiben, können verriegelte Pfade langfristig zu regionalen Strukturkrisen führen, die nur durch das Aufbrechen bestehender und das Bilden neuer Pfade bewältigt werden können. Die Entriegelung eines Pfads und die Kreation eines neuen Pfads kann z. B. durch externe Einflüsse, historische Zufälle, neue Innovationen oder Aufwertungsprozesse in der Region erfolgen (➔ Tab. 13-6). Auch der Ansatz der lernenden Region wird als Möglichkeit zur Entriegelung von *lock-ins* in regionalen Entwicklungspfaden erkannt (Hassink 2005). Schließlich betonen Sydow et al. (2010) auch die Möglichkeiten individuellen und kol-

lektiven Handelns und des Einflusses aktiver Gestaltung und Planung von Pfadabhängigkeit auf der Ebene geographischer Cluster.

13.5.5 Kritische Würdigung der evolutionsökonomischen Wirtschaftsgeographie

Die Ansätze der evolutionsökonomischen Wirtschaftsgeographie sind noch sehr heterogen und bilden keinen geschlossenen Analyserahmen, was nicht zuletzt dem Pluralismus der heterodoxen Ansätze der Evolutionsökonomik geschuldet ist. Forderungen zur Vereinheitlichung eines evolutionären Paradigmas in der Wirtschaftsgeographie richten sich zum einen auf die konzeptionelle Vertiefung evolutionärer Grundprinzipien jenseits ihrer metaphorischen Verwendung und zum anderen auf eine höhere methodische und empirische Präzison. Während methodisch einige Vertreter für die Notwendigkeit quantitativer Verfahren und formaler Methoden der Modellierung plädieren (Boschma und Frenken 2006; Essletzbichler und Rigby 2010), argumentieren andere Vertreter, dass formale Methoden weder notwendig noch hinreichend seien, um die komplexen Interaktionen in der regionalen Entwicklung verstehen zu können (Martin und Sunley 2007). Diese methodische Abgrenzung scheint allerdings in der Praxis kaum erforderlich. Gerade in einigen empirischen Arbeiten werben Autoren dafür, ihre Erkenntnisse aus konkreten empirischen Fallstudien für die formale Modellbildung weiter zu nutzen (Murmann und Homburg 2001), oder wägen die Schwierigkeiten der Abstimmung von abstrakten Modellen und raumzeitlich spezifischen Entwicklungen sorgfältig ab (Grote 2003).

Trotz der zahlreichen innovativen und vielversprechenden Ansätze zur Analyse der endogenen Wurzeln räumlich differenzierten wirtschaftlichen Wandels sind viele Arbeiten immer noch relativ statisch oder reduzieren Evolution auf zyklische bzw. reguläre Formen typischen Wandels. Auch Arbeiten über Lebenszyklen von Regionen, Industrien (Klepper 1997) und Clustern (Menzel und Fornahl 2010) knüpfen eher an traditionelle Ansätze zyklischen, regelhaften Wandels an, die nur teilweise das evolutionäre Erkenntnisinteresse der Mechanismen endogenen, nicht-deterministischen Wandels unterstützen. Denn die eigentlichen Ursachen des Wandels bleiben außerhalb zyklischer Modelle und müssen als exogene Faktoren der Entwicklung mit einbezogen werden. Deutlich vielversprechender sind theoretische Ansätze der Pfadabhängigkeit und Pfadkreation, dynamische Innovationsansätze oder Konzepte der Ko-Evolution. Mit dem Konzept der Ko-Evolution hat sich in jüngeren Arbeiten eine weitere konzeptionelle Alternative angeboten, um evolutionäre Dynamik über die wechselseitige Kausalität z. B. zwischen Technologien und Institutionen endogen

Tab. 13-6: Möglichkeiten der Entriegelung regionaler Entwicklungspfade (Martin 2006, S. 71)

Quellen eines neuen Pfads	Charakteristika
Endogene Entstehung	Es entstehen innerhalb der Region neue Technologien und Industrien, die keine direkten Vorläufer bzw. Anlagen in der Region haben.
Heterogenität und Diversität	Die Diversität lokaler Industrien, Technologien und Organisationen fördert fortwährende Innovativität und wirtschaftliche Neukombinationen, sodass vollständige Anpassung und somit ein *lock-in* in eine feste Struktur vermieden wird.
Übertragung von anderen Orten	Durch den Import neuer Industrien oder Technologien wird die Grundlage für neue Pfade regionalen Wachstums gebildet.
Diversifizierung in (technologisch) verwandte Industrien	Es erfolgt ein Übergang, bei dem eine bestehende Industrie vom Niedergang betroffen ist, ihre Schlüsseltechnologien aber erweitert und auf verwandte Industrien in der Region überträgt.
Upgrading bestehender Industrien	Eine regionale Industrie wird durch die Einführung neuer Technologien oder neuer Produkte und Dienstleistungen gestärkt und erneuert.

zu erfassen (Murmann und Homburg 2001; Malerba 2006). Eine spezielle Anwendung des Konzepts in der Wirtschaftsgeographie erkennt Schamp (2010) z. B. in der Ko-Evolution zwischen Regionen und Unternehmenspopulationen. Insgesamt ist die evolutionäre Wirtschaftsgeographie weniger als ein eigenständiges Paradigma (MacKinnon et al. 2009), sondern vielmehr als ein pluralistisches Projekt (Grabher 2009) in einer noch embryonalen Phase zu betrachten, das sich den grundlegenden Fragen wirtschaftlicher Entwicklung in räumlicher Perspektive widmet.

Teil VI:
Innovation

14 Innovation und Unternehmen

14.1 Innovation

Im letzten Teil des Lehrbuchs fließen viele Aspekte und Konzeptionen des relationalen Ansatzes unter dem Gesichtspunkt von betrieblicher und gesellschaftlich-wirtschaftlicher Innovation zusammen. Während Kapitel 15 stärker auf ein systemisches Verständnis von Innovationsprozessen in größeren gesellschaftlichen und territorialen Kontexten fokussiert ist, und dabei insbesondere eine Verknüpfung zwischen Mikro- und Makroebene herstellt, konzentriert sich die Diskussion in diesem Kapitel auf die Akteurs-, speziell die Unternehmensebene. So wird Innovation als sozialer und evolutionärer Prozess konzipiert, der auf vielfältigen innerbetrieblichen, betriebs- und unternehmensübergreifenden Interaktionen basiert und dessen Ergebnis zentraler Motor technologischen und organisatorischen Wandels in der Gesellschaft ist. Nach einer kurzen Diskussion der Grundannahmen von Innovationsprozessen wird zunächst das konventionelle lineare Innovationsmodell diskutiert und aus der Kritik anschließend das interaktive Modell aus evolutionärer Perspektive eingeführt.

14.1.1 Innovation als Ergebnis

Wirtschaftliches Wachstum und regionale Entwicklung finden ihre wichtigste Ursache im Aufkommen neuer oder besserer Produkte und Technologien. Im Unterschied zum Prozess der Generierung einer Neuerung – also einer Erfindung (Invention) – bezeichnet Innovation die Einführung dieser Neuerung in den gewerblichen Handel und deren zunehmende Verbreitung auf den Märkten. Akrich et al. (2002, S. 188) definieren eine Innovation als die erste erfolgreiche kommerzielle Transaktion bzw. die erste positive Sanktionierung einer Neuerung durch einen Nutzer. Die OECD (2005 b) versteht analog zu Schumpeter (1911, Kap. 2) unter einer Innovation die Implementierung eines neuen oder erheblich verbesserten Produkts (einer Sach- oder Dienstleistung), eines Prozesses, einer Marketingmethode oder neuer Organisationsmethoden (→ Kap. 13.2). Entsprechend werden in der Richtlinie zur Identifikation und Messung von Innovationen (OSLO Manual) vier Innovationstypen in den Vordergrund gestellt:

(1) **Produktinnovationen** kennzeichnen neue oder verbesserte Produkte bzw. Dienstleistungen. Dies beinhaltet das Erschließen von Märkten durch neuartige Produkte, aber auch den erweiterten Funktionsumfang und den gesteigerten Nutzungsumfang von bestehenden Produkten, eine höhere Effizienz und ein verändertes Design.

(2) **Prozessinnovationen** beschreiben neue oder wesentlich verbesserte Produktionsprozesse oder Vertriebsstrukturen. Dies bedeutet meist Kostensenkungen bei gesteigertem Output. Reduzierte Lohnstückkosten durch höhere Produktivität können auch im Dienstleistungsbereich durch Technikeinsatz erzielt werden.

(3) **Organisatorische Innovationen** bezeichnen neue Wege der innerbetrieblichen Organisation der Arbeit (Edquist et al. 2001) aber auch die neuartige Organisation einer ganzen Branche – etwa durch aufbrechende Wertschöpfungsketten (Fagerberg 2005). Ein Beispiel ist die Einführung von *just-in-case-* und *just-in-time-*Belieferungssystemen in der Automobilproduktion.

(4) **Marketinginnovationen** beinhalten neue Vertriebsmethoden. Dabei erlangen seit Ende der 1990er-Jahre elektronische Märkte eine wachsende Bedeutung (Picot et al. 2003). Auf ihnen werden Marketing und Vertrieb kombiniert. Auktionssysteme, elektronische Ausschreibungen oder elektronische Börsen koordinieren dabei die Phasen der Information, der Vereinbarung und der Abwicklung von Transaktionen. Erstmalig wurden organisatorische Innovationen im Jahr 2004 im Rahmen der Innovationserhebung des Zentrums für Europäische Wirt-

schaftsforschung (ZEW) erhoben (Aschhoff et al. 2007). Es zeigte sich, dass Marketinginnovationen eng mit Produktinnovationen verbunden sind, während organisatorische Innovationen in einem stärkeren Zusammenhang mit Prozessinnovationen stehen.

In der räumlichen Innovationsforschung konzentriert sich die empirische Erfassung von Innovationen häufig auf die Anmeldung von gewerblichen Schutzrechten für Erfindungen technischer und nicht-technischer Art. In Deutschland werden Schutzrechte für intellektuelles Eigentum grundsätzlich in vierfacher Weise gewährt:

(1) **Patente.** Sie verleihen dem Inhaber das Recht, Dritte von der unautorisierten gewerblichen Nutzung seiner Erfindung auszuschließen. Die Erfindung muss einen technischen Charakter haben, neuartig sein und sich grundsätzlich zur gewerblichen Anwendung eignen.

(2) **Gebrauchsmuster.** Sie dienen dem Schutz von technischen Erfindungen.

(3) **Markenrechte.** Sie gewährleisten den Schutz einer proprietären Kennzeichnung von Waren oder auch Dienstleistungen eines Unternehmens.

(4) **Geschmacksmuster.** Sie dienen dem Schutz von zwei- oder dreidimensionalen Designs von Gegenständen oder Logos sowie Gebrauchsmustern.

Unter den Schutzrechten genießen Patente in der Innovationsforschung die größte Aufmerksamkeit. Sie sind Ausdruck des technologischen Fortschritts und bieten den Vorteil, dass sie sich statistisch leicht erfassen und nach zahlreichen Kriterien, wie z. B. Technologiefeld oder Wirtschaftszweig, differenzieren lassen. Allerdings sind damit auch Nachteile verbunden. So sind nicht alle Erfindungen patentierbar und nicht alle Erfindungen sind Patente. Zudem sind die patentierten Erfindungen unterschiedlich innovativ (Griliches 1990). Letztlich werden keineswegs alle Neuerungen überhaupt patentiert, wobei es große Unterschiede zwischen Sektoren gibt. Innovationsstudien richten sich daher häufig auf Technologiefelder, wie z. B. die Biotechnologie oder Pharmakologie, in denen Erfindungen im Regelfall zu Patenten führen (z. B. Baum et al. 2000; Powell et al. 2002; Owen-Smith und Powell 2004; Zeller 2004 a; Breschi und Lissoni 2009).

Dies verweist auf die generelle Problematik, Innovation und Innovativität in der empirischen Forschung zu erfassen und zu untersuchen. Generell kann man Innovationen durch Maßzahlen der Input-Seite (z. B. über Forschungsausgaben oder Forschungspersonal) oder Indikatoren der Output-Seite (z. B. Patente oder Innovationen) messen. Beide Vorgehensweisen sind mit Problemen verbunden. So bestünde der direkteste Weg darin, die Anzahl der Innovationen in einer Befragung von Unternehmen zu erheben. Dies ist jedoch sehr aufwendig und bedarf präziser Definitionen. Demgegenüber sind Maße des Forschungs-Inputs problematisch, da Forschung nicht unbedingt zu einem proportionalen Output an Innovationen führen muss und insbesondere kleine und mittlere Unternehmen teilweise ohne Forschungspersonal Innovationen hervorbringen. Auch Patente oder Patentanmeldungen – ein sehr häufig verwendeter Indikator – sagen nicht viel über die Marktchancen von Produktneuheiten aus. Letztlich bilden viele Indikatoren ein unvollständiges Bild von Innovationsprozessen ab und entsprechen oft eher dem konventionellen linearen Verständnis von Innovation (Bathelt 1991 b).

14.1.2 Innovation als Prozess

Ein weiteres Problem der Innovationstypologie des Oslo Manual (OECD 2005 b) besteht darin, dass Innovationen implizit als Resultat bzw. finales Ergebnis verstanden werden, das stets als proprietäre Leistung einem oder mehreren Innovatoren – meist Unternehmen – zugerechnet wird. Damit vernachlässigt diese Perspektive den historischen und kollektiven Charakter des Innovationsprozesses. Denn neuartige Produkte, Prozesse, Organisations- oder Marketingmodelle stehen am Ende einer oftmals langen, ungerichteten Phase kollektiver Interaktionen zahlreicher Akteure, die für die Entwicklung und Durchsetzung von Innovationen große Bedeutung haben können. Insbesondere Dienstleister in den Bereichen Beratung, Forschung und Entwicklung, deren Aufgabe in der Unterstützung von Innovationsprozessen bei ihren Kunden besteht, treten selbst nur selten als Innovatoren auf. Zudem gibt es gerade im Dienstleistungssektor viele Segmente, die mit dem klassischen Innovationsbegriff der Industrie nicht gut erfasst werden. Beratungsleistungen oder Kinofilme sind beispielsweise individuelle Leistungen, deren Erstellung jedes Mal eine Neuerung darstellt, insofern als keine Replikation stattfindet.

Um den dynamischen und arbeitsteiligen Prozess der Innovation zu verstehen, sind die Funktionen und Rollen von Bedeutung, die Unternehmen in Innovationsprozessen ausüben. Eine Studie der OECD (2007) unterscheidet in diesem Zusammenhang drei idealtypische Rollen (Glückler et al. 2008, Kap. 1 und 6):

(1) **Multiplikatoren.** Unternehmen fungieren als Multiplikatoren bzw. *carriers*, wenn sie an der Verbreitung etablierter Lösungen und vorhandener Innovationen mitwirken. Sie beschleunigen den Innovationsprozess und begünstigen die Anwendung vorhandenen Wissens in neuen Kontexten. Dies schafft Gelegenheiten, durch Rekombination von Wissen in neuen Kontexten weitere Innovationsschritte zu initiieren.

(2) **Innovationspartner.** Unternehmen wirken als Innovationspartner bzw. *facilitators* im Innovationsprozess, wenn sie in enger Zusammenarbeit mit ihren Kunden die erforderliche Expertise einbringen, um gemeinsam neue Lösungen zu entwickeln – seien es Produkte, Technologien, Prozesse oder Konzepte. Die Unternehmen haben in diesem Fall eine katalytische Rolle, da Kundenunternehmen erst durch ihre Mitwirkung neue Innovationen hervorbringen.

(3) **Innovatoren.** Unternehmen sind selbst Innovatoren bzw. *sources* von Innovationen, wenn sie selbstständig neue Produkte, Technologien, Methoden, Designs oder Konzepte entwickeln, die sie in der eigenen Organisation implementieren oder ihren Kunden als neue *market-offerings* anbieten.

In einer empirischen Studie zur Innovationsbeteiligung von Unternehmen in Bayern zeigte sich beispielsweise, dass Dienstleistungsunternehmen im Durchschnitt seltener als Innovatoren auftreten als Unternehmen des verarbeitenden Gewerbes (Glückler et al. 2008, Kap. 6). Allerdings deckte die Studie auf, dass in den wissensintensiven Dienstleistungen Unternehmen ebenso häufig oder gar häufiger als Innovationspartner oder Multiplikatoren für ihre Kunden fungieren. Diese Formen der Innovationsarbeitsteilung werden zunehmend als unterstützender **Faktor internationaler Wettbewerbsfähigkeit** gesehen.

14.1.3 Invention versus Imitation

Das Konzept der Innovation bezeichnet den Prozess der Einführung und Verbreitung von Neuerungen auf den Märkten. Die erfolgreiche Markteinführung kann dabei aus zwei verschiedenen Aktivitäten folgen: Während die **Erfindung (Invention)** den Prozess der Schöpfung bzw. Kreation einer Neuerung beschreibt, kennzeichnet der Prozess der **Imitation** die Nachahmung einer bestehenden Lösung. Erfindungen sind oft das Ergebnis geplanter Forschung und Entwicklung (FuE) und zumeist mit hohen Kosten, Risiken und langen Entwicklungsphasen verbunden. Dennoch sind Unternehmen im Normalfall besonders dann innovativ, wenn sie viele Ressourcen in eigene Forschungs- und Entwicklungsarbeit investieren.

Wenngleich Nachahmung im ersten Schritt eher Ausdruck der Verbreitung einer Innovation ist und nicht unbedingt eine Neuerung darstellt, zeigt die Erfahrung, dass zukünftige Innovativität häufig auf einer umfassenden Imitation guter Praktiken und Technologien basiert. Am Beispiel des berühmten Autobauers *Henry Ford* argumentiert Jacobs (1969, Kap. 2), dass das *economic borrowing* eine vielversprechende und häufig erfolgreiche Praxis der Innovativität ist. Henry Ford war mit zwei früheren Unternehmen im Automobilbau zunächst gescheitert, bevor er 1903 seine dritte Firma gründete. Mit der Gründung dieses dritten Unternehmens versuchte er nicht mehr Automobile selbst zu entwickeln und herzustellen, sondern konzentrierte sich auf die Montage vorproduzierter Komponenten und Teile. Seine Innovation bestand nicht in der Neuentwicklung von Autos, sondern in dem besonderen Angebot, für alle Automobile jedes Einzelteil als Ersatzteil liefern zu können. Nach und nach kon-

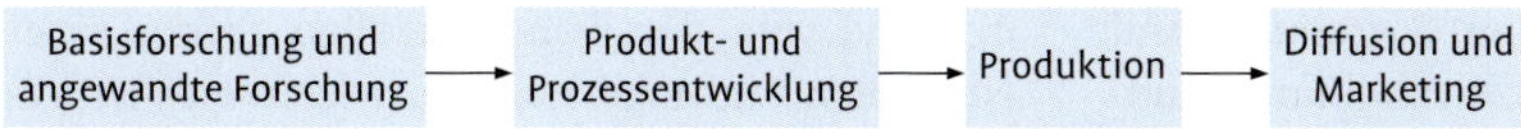

Abb. 14-1: Lineares Modell des technologischen Wandels (nach Malecki 1991, S. 115)

struierte er immer mehr Teile selbst (Imitation), bis er schließlich 1907 für den Bau des *Model T* den größten Teil selbst produzierte. Dies war nötig, da es nur eine begrenzte Anzahl geeigneter Zulieferer gab (Ford 1923). Letztlich basierte auch die erfolgreiche Einführung des *just-in-time*-Systems von *Toyota* auf einer Imitation der Ideen, Erfahrungen und Strukturen bei *Ford*. Auch die Analyse der Schweizer Uhrenindustrie, die in der Wirtschaftsgeographie als kreatives Milieu beforscht wurde (→ Box. 10.2), führt den Erfolg dieser Industrie auf eine intensive Phase der Imitation und des Nachbaus von englischen und französischen Uhren während der Gründungsphase im 17. Jahrhundert zurück (Maillat et al. 1995).

Die Vorteile der Imitation liegen in der kostensparenden Übertragung bereits bekannter und bewährter Praktiken. Imitationen senken die Kosten von Forschungsprozessen, die auf dem *trial-and-error*-Prinzip beruhen (Jacobs 1969, Kap. 2). Während Jacobs (1969) die urbane Vielfältigkeit und Dichte als Motor der Imitation und Rekombination bestehenden Wissens in anderen sektoralen oder funktionalen Feldern ansah und in der Stadt den Motor wirtschaftlicher Innovation erkannte, betonen heutige Clusteransätze (Porter 1998; Malmberg und Maskell 2002), dass Rivalität, Beobachtung und Imitation unter den gleichen lokalen Rahmenbedingungen auch außerhalb der urbanen Ballungsräume Quelle der Innovativität von lokalen Produktionssystemen sein können (→ Kap. 10.3).

14.2 Produktzyklustheorie

Das bis in die 1980er- und 1990er-Jahre in der ökonomischen und geographischen Literatur dominierende und auch in den 2000er-Jahren noch implizit verwendete lineare Modell des technologischen Wandels unterstellt einen deterministischen Verlauf von Innovationsprozessen. Im Mittelpunkt des Interesses steht dabei eine idealtypische Abfolge miteinander verbundener Schritte von Forschung und Entwicklung (FuE). Aufgrund des als typisch angenommenen Forschungs- und Entwicklungsprozesses lassen sich im Zeitablauf verschiedene Stufen der Produktion differenzieren, die in der Produktzyklustheorie mit unterschiedlichen Standortstrukturen in Verbindung gebracht werden.

14.2.1 Forschung und Entwicklung im linearen Modell

Im linearen Modell des technologischen Wandels stehen systematische FuE-Aktivitäten, beginnend mit Basisforschung und angewandter Forschung, im Zentrum von Innovationsprozessen. Über den Schritt der Produkt- und Prozessentwicklung werden anschließend Neuheiten bis zur Marktreife entwickelt und im darauffolgenden Schritt produziert (→ Abb. 14-1). Der letzte Schritt des linearen Modells umfasst die Diffusion von Produkt- und Prozessinnovationen zu den Abnehmern und Anwendern. Produktinnovationen werden dabei aus der Kontinuität von FuE-Aktivitäten abgeleitet. Während noch im 18. und 19. Jahrhundert viele aus den praktischen Erfahrungen von Ingenieuren und Handwerkern resultierende Erfindungen nicht auf wissenschaftliche Forschungen zurückzuführen waren, gewannen systematische FuE-Aktivitäten für die arbeitsteiligen, komplexen Innovationsprozesse im 20. Jahrhundert zunehmend an Bedeutung (Freeman 1982, 1. Teil). Selbst relativ einfache Produkt- und Prozessänderungen konnten ohne ein Mindestmaß an Laborexperimenten und ohne den Einsatz wissenschaftlicher Prinzipien nicht vorangetrieben werden. Die Bedeutung des linearen Modells ist damit zu erklären, dass Innovationsprozesse in den meisten Industriesektoren nicht mehr ohne kontinuierliche FuE-Aktivitäten in speziellen Labors bzw. Unternehmensabteilungen denkbar waren.

Wie von Malecki (1979; 1980) und Freeman (1982, 2. Teil) dargestellt, können sich Aufbau und Organisation industrieller Forschung und Entwicklung im Einzelfall stark voneinander unterscheiden. Die **Organisation der Forschung** hängt von den Unternehmenszielen, von spezifischen Technologien und von der Art der Unternehmensorganisation ab. Kleine Ein-Produkt-Unternehmen besitzen häufig keine eigenständige Forschungsabteilung. Stattdessen werden Entwicklungsaktivitäten unter zentraler Leitung dem Produktionsprozess angegliedert und von Arbeitskräften durchgeführt, die sowohl Poduktions- als auch Forschungsaufgaben übernehmen. Mit steigender unternehmensinterner Arbeitsteilung erhält der Forschungs- und Entwicklungsbereich einen organisatorisch unabhängigen Charakter. Es erfolgt der Aufbau von räumlich separaten FuE-Abteilungen mit spezialisiertem Mitarbeiterstab. Mit zunehmender Diversifizierung der Produktpalette entstehen mehrere FuE-Abteilungen, die unter dezentraler Leitung räumlich und organisatorisch voneinander getrennt die verschiedenen Produktlinien betreuen.

Im linearen Modell des technologischen Wandels lassen sich verschiedene Arten von Forschung und Entwicklung unterscheiden (Freeman 1982, Kap. 1; Bathelt 1991 b, Kap. 2; Malecki 1991, Kap. 4; Maier und Tödtling 1996, Kap. 7):

(1) **Grundlagenforschung und angewandte Forschung.** Grundlagen- bzw. Basisforschung ist langfristig orientiert und versucht, neue wissenschaftlich-technische Erkenntnisse und Prinzipien zu generieren. Sie ist nicht direkt auf Produkt- und Prozessinnovationen ausgerichtet. Basisforschung ist in erster Linie in Universitäten und staatlichen Forschungslabors konzentriert, wobei es eher selten zu regionalen Verflechtungen mit der Industrie kommt. Demgegenüber besteht das Ziel der angewandten Forschung darin, neue wissenschaftlich-technische Erkenntnisse kommerziell zu verwerten und in Produkt- und Prozessinnovationen umzusetzen. Angewandte Forschung ist stärker als Grundlagenforschung auch in industriellen Forschungsabteilungen angesiedelt.

(2) **Produkt- und Prozessentwicklung.** Hierunter versteht man die letzten Schritte, die notwendig sind, um den kommerziellen Erfolg einer Neuheit zu ermöglichen. Entwicklungsaktivitäten konzentrieren sich auf den Bereich der verarbeitenden Industrie und hier vor allem auf große Unternehmen. In der Entwicklungsphase werden Prototypen an Marktbedürfnisse angepasst, neue Produkte perfektioniert und Prozessneuheiten in den Produktionsprozess eingepasst. Die Entwicklungsphase ist eng an die Produktion gekoppelt, sodass es zu Interaktionen mit dem Produktionsbereich kommt.

Langfristige Forschungsaktivitäten sind meist in zentralen Forschungslabors konzentriert, während kurzfristige Produktentwicklungen dezentral an die Produktlinien gekoppelt sind. Malecki (1979; 1980) weist darauf hin, dass eine zentrale FuE-Organisation vor allem unter Kostengesichtspunkten Vorteile bietet und zu internen Ersparnissen führt. Demgegenüber erweisen sich dezentrale Organisationsformen vor allem bei hohen Flexibilitätsanforderungen und intensiven Kommunikationsbedürfnissen zwischen Forschung und Produktion als geeignet. In großen Mehr-Betriebs-Unternehmen sind zentral gesteuerte FuE-Labors meist in der Nähe der Unternehmenszentrale verankert, während produktorientierte Entwicklungsaktivitäten dezentral an die verschiedenen Produktionsstandorte angeschlossen sind.

Gemäß dem linearen Modell des technologischen Wandels wird angenommen, dass Produktinnovationen zuerst an denjenigen Standorten hergestellt werden, an denen eine besonders hohe Konzentration von FuE-Aktivitäten gegeben ist. Dies wird in der Produktzyklustheorie damit begründet, dass in der Anfangsphase die Entwicklungsarbeiten noch unvermindert weiterbetrieben werden. Erst wenn die Produktanpassungen zu einem späteren Zeitpunkt abgeschlossen sind, kommt es nach dem Produktzyklusmodell zu Verlagerungen der Produktion in Richtung peripherer Standorte, die besondere Kostenvorteile für die Produktion aufweisen.

Ein **Problem des linearen Modells** technologischen Wandels besteht darin, dass Lernprozesse keine Berücksichtigung finden. Diese führen aber dazu, dass der lineare Ablauf durch vielfältige Feedbacks zwischen Produktion und For-

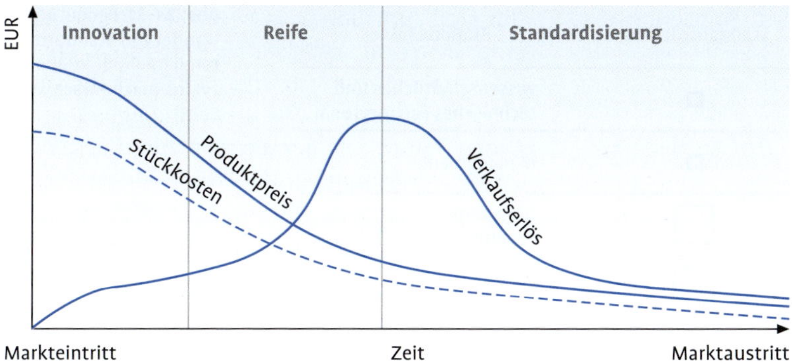

Abb. 14-2: Phasen des Produktlebenszyklus (nach Nuhn 1985, S. 189)

schung durchbrochen wird und sich reflexive Verhaltensweisen etablieren, die eine schrittweise Produkt- und Prozessverbesserung generieren (Bathelt 1991 b, Kap. 2; Malecki 1991, Kap. 4). Derartige Lernprozesse sind keineswegs auf Unternehmen mit eigenständigen Forschungsabteilungen beschränkt, sondern können in jeder Art von Produktionsorganisation verwirklicht werden.

14.2.2 Produktzyklustheorie in räumlicher Perspektive

Die mit dem linearen Modell des technologischen Wandels verknüpfte Produktzyklustheorie wurde Mitte der 1960er-Jahre von Vernon (1966) und Hirsch (1967) an der Harvard Business School begründet. Sie wurde zunächst als dynamischer Ansatz in der Außenhandelstheorie zur Erklärung bestimmter Außenhandelsströme eingesetzt, später aber auch auf interregionale Güterflüsse und die Standortwahl von Produktionsaktivitäten angewendet. Ausgangspunkt der Produktzyklustheorie ist das sogenannte Leontief-Paradoxon (Vernon 1966). Leontief (1956) hatte Anfang der 1950er-Jahre überraschenderweise festgestellt, dass Exporte der USA aus relativ arbeitsintensiven Produkten und Importe aus vergleichsweise kapitalintensiven Produkten bestanden. Nach dem Heckscher-Ohlin-Theorem der Neoklassik wären aufgrund der hohen Kapitalverfügbarkeit und komparativer Kostenvorteile für kapitalintensive Produktion demgegenüber umgekehrte Außenhandelsströme zu erwarten gewesen (→ Kap. 12.1). Vernon (1966) versuchte, das Leontief-Paradoxon unter Rückgriff auf das Konzept des Produktlebenszyklus zu lösen. Seine Arbeit wurde von Hirsch (1967, Kap. II; 1972) und Wells (1972) später von der internationalen auf die interregionale Ebene übertragen. Die Produktzyklustheorie, die auf einer Reihe vereinfachender Annahmen über Produktionsverhältnisse, Konsummuster und Technologiebedingungen beruht (Vernon 1966), unterscheidet drei Phasen im Lebenszyklus eines Produkts (→ Abb. 14-2): Innovations-, Reife- und Standardisierungsphase (Nuhn 1985; Hesse 1988; Bathelt 1991 b, Kap. 11; 1992; Maier und Tödtling 1992, Kap. 4; Schätzl 1998, Kap. 2.3.9).

(1) **Innovationsphase.** In dieser Phase sind die Grenzkosten der Produktion und damit die Produktpreise noch relativ hoch und die Nachfrage ist entsprechend gering. FuE-Aktivitäten werden in der Innovationsphase fortgesetzt, um ein neues Produkt an Marktbedürfnisse anzupassen, kleine Fehler zu korrigieren und den Produktionsprozess zu perfektionieren. Da die endgültige Kombination der Inputs noch nicht feststeht, gibt es keine Möglichkeit, einen kostenminimalen Standort zu ermitteln (Vernon 1966). Zudem besteht kein Zwang zu kostenminimaler Produktion, da die Preisunterschiede zwischen konkurrierenden Unternehmen aufgrund der geringen Preiselastizität der Nachfrage keine größeren Auswirkungen auf die Erlössituation der Unternehmen haben. Aufgrund der bestehenden Ungewissheit auf den potenziellen Märkten besteht allerdings die Notwendigkeit zum Aufbau hoch-

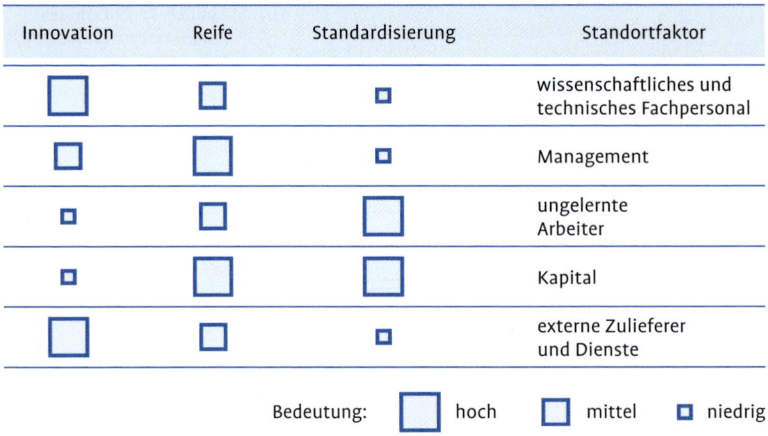

Abb. 14-3: Bedeutungswandel von Standortfaktoren im Produktlebenszyklus (nach Hirsch 1967, S. 35)

wertiger Kommunikationsnetze zu Nachfragern und Konkurrenten, um flexibel und schnell auf sich verändernde Marktbedürfnisse reagieren zu können. In dieser Phase haben somit Kommunikationsmöglichkeiten und Agglomerationsvorteile eine große Bedeutung (Hirsch 1967, Kap. II). Entscheidende Standortfaktoren der Innovationsphase sind die Verfügbarkeit von wissenschaftlich-technischem Fachpersonal, externe Zulieferer und Dienste sowie Managementqualitäten. Kapitalverfügbarkeit zum Aufbau spezialisierter Maschinenparks spielt demgegenüber nur eine geringe Rolle, weil noch keine Massenproduktion aufgebaut wird (➔ Abb. 14-3). Die Produzenten der neuen Produkte sind gemäß der Produktzyklustheorie in der Innovationsphase überwiegend in hoch entwickelten Volkswirtschaften und hier vor allem in den Hauptagglomerationen lokalisiert, weil dort die besten Standortbedingungen vorherrschen.

(2) **Reifephase.** In der Reifephase setzt eine starke Nachfrage ein und die Verkaufserlöse erhöhen sich exponentiell. Zugleich verringert sich die Ungewissheit über die Bedürfnisse der Nachfrage. Es setzt ein Prozess der Standardisierung und Homogenisierung des neuen Produkts ein, wenngleich unter dem erhöhten Preiswettbewerb nach wie vor geringe Produktänderungen vorgenommen werden (Vernon 1966). Bestimmte Standards im Produktionsprozess erfahren eine zunehmende Akzeptanz und es entsteht eine Tendenz zur Massenproduktion mit der Möglichkeit, interne Ersparnisse zu erzielen. In der Folge sinken die durchschnittlichen Produktionskosten und die Produktpreise. Da Käuferpräferenzen in der Reifephase weitgehend bekannt sind, sinkt der Bedarf an Flexibilität in Bezug auf die Standortansprüche. Vor allem Managementqualitäten zur Entwicklung langfristiger Unternehmensstrategien und zur Organisation einer kostengünstigen Produktion sowie ausreichende Kapitalverfügbarkeit zum Aufbau von Maschinenparks für die Massenproduktion besitzen nun großen Einfluss auf die Standortwahl (➔ Abb. 14-3). Produktionsaktivitäten erfordern weniger qualifizierte Arbeitskräfte als in der Innovationsphase und werden zunehmend durch ungelernte Arbeitskräfte durchgeführt (Hirsch 1967, Kap. II). In dieser Phase kommt es dazu, dass Produktionsstandorte außerhalb der Hauptindustrieballungen und in anderen entwickelten Volkswirtschaften aufgebaut werden und somit erste Produktionsverlagerungen stattfinden. Voraussetzung hierfür sind geringere Produktionskosten als an den ursprünglichen Standorten.

(3) **Standardisierungsphase.** Mit zunehmender Standardisierung von Produkten und Prozessen werden internationale Märkte immer leichter zugänglich. Investitionen in anderen Regionen und Volkswirtschaften sind mit abnehmenden Risiken verbunden. Gemäß der Produktzyklustheorie tendieren Unternehmen in der Standardisierungsphase zu einer optimalen Standortwahl basierend auf Kostenvorteilen (Vernon 1966; Hirsch 1967, Kap. II). Wichtige Standortfaktoren sind die Verfügbarkeit und die Kosten von unge-

lernten Arbeitskräften und Kapital (→ Abb. 14-3). Managementfähigkeiten, Agglomerationsvorteile und die Verfügbarkeit wissenschaftlich-technischer Fachkräfte haben nur noch einen geringen Einfluss auf die Standortwahl. Unter Kostenaspekten werden Produktionsbereiche zusehends in weniger entwickelten Volkswirtschaften und Regionen mit geringem Lohnniveau, geringen Steuern, reichhaltigen Rohstoffvorkommen und ausreichender Verkehrsinfrastruktur aufgebaut.

Mittels einer produktzyklustheoretischen Begründung gelang es Vernon (1966), das eingangs skizzierte Leontief-Paradoxon aufzuklären. So exportierten die USA vor allem deshalb relativ arbeitsintensive Produkte, weil sie für Produkte der Innovationsphase, die mit einem hohen Aufwand an Humankapital von wissenschaftlichem und technischem Fachpersonal hergestellt wurden, die besten Standortvoraussetzungen boten. Demgegenüber ließen sich relativ standardisierte Produkte der Reife- und Standardisierungsphase kostengünstiger in anderen Ländern herstellen und wurden als kapitalintensive Güter in die USA importiert. Diese Art des Außenhandels lässt sich auch als *technology-gap trade* charakterisieren (Hesse 1988). Ähnlich schematische Ergebnisse raum-zeitlicher Prozesse finden sich auch in der traditionellen Innovations- und Diffusionsforschung (→ Box 14-1).

Box 14-1: Traditionelle räumliche Innovations- und Diffusionsforschung

Die räumliche Innovations- und Diffusionsforschung, die an einem linearen Prozessverständnis von Innovationen ansetzt, entwickelte sich in den 1960er-Jahren zu einem wichtigen Forschungsgebiet in der raumwirtschaftlichen Geographie (Abler et al. 1971; Windhorst 1983). Sie fokussierte nicht auf den Innovationsprozess, sondern auf die räumliche Ausbreitung von Neuerungen. Eine zentrale Frage der traditionellen Diffusionsforschung war es, durch welche Dynamik Phänomene, die ursprünglich auf einen oder wenige Raumpunkte konzentriert waren, im Zeitablauf zu anderen Raumpunkten transferiert werden. Hägerstrand (1967) erkannte, dass die Adoption einer Innovation aus einem Kommunikationsprozess zwischen verschiedenen Akteuren resultiert und dass das Schema der räumlichen Diffusion deshalb wesentlich von den Faktoren abhängt, die auf die Informationsflüsse zwischen Akteuren wirken (Katz et al. 1963; Rogers 1995). Dabei liegen der Verbreitung konsumorientierter und technologischer Innovationen unterschiedliche Prinzipien zugrunde (Brown 1981):

Technologische Innovationen sind Neuerungen, die von Unternehmen adoptiert und in deren Produktionsprozess integriert werden (z. B. neue Prozesstechnologien und Organisationsformen). Daher stehen hier die Eigenschaften und Fähigkeiten der adoptierenden Unternehmen im Vordergrund des Diffusionsprozesses (Brown 1981; Giese und Nipper 1984). Anreizinstrument zur Annahme einer technologischen Innovation innerhalb eines laufenden Produktionsprozesses ist die sogenannte Adoptionsrente, die im Wesentlichen dem Unternehmergewinn von Schumpeter (1911, Kap. 4; 1961, Kap. III) entspricht (→ Kap. 13.2). Sie ist ein temporärer Monopolgewinn, der durch den frühen Einsatz einer neuen Technologie erzielt werden kann (Brown 1981). In der traditionellen geographischen Innovations- und Diffusionsforschung wurden technologische Innovationen jedoch zumeist nur randlich behandelt (z. B. Abler et al. 1971).

Konsumorientierte Innovationen sind Neuerungen und Neuheiten, die unmittelbar die Endnachfrager und Konsumenten betreffen und beispielsweise in Form von neuen Produkten aufgegriffen werden. Am Prinzip der Nachbarschaftsdiffusion lässt sich der konzeptionelle Ansatz der Diffusionsforschung besonders gut illustrieren (Hägerstrand 1967; Abler et al. 1971; Cliff et al. 1981; Windhorst 1983). **Nachbarschaftsdiffusion** liegt vor, wenn eine Innovation durch den direkten Kontakt eines Innovationsträgers mit einer anderen Person übertragen wird. In der Innovations- und Diffusionsforschung wird dieser Prozess auf räumlichen, zeitlichen und raumzeitlichen Ebenen dargestellt:

(1) **Räumliche Diffusion.** Es wird angenommen, dass Räume und Regionen durch das Prinzip der Entfernung den Diffusionsprozess strukturieren. Die Verbreitung einer Neuerung erfolgt dabei ähnlich der Ausbreitung einer ansteckenden Krankheit (Cliff et al. 1981) durch den persönlichen Kontakt zwischen Personen im Rahmen eines Informations- und Wissenstransfers, wobei die dem Innovationszentrum am nächsten gelegenen Personen zuerst und die am weitesten entfernten zuletzt von der Innovation erreicht werden. Bei der Nachbarschaftsdiffusion breiten sich Innovationen vom Innovationszentrum ausgehend sukzessive nach außen aus (Morrill 1968). Der Anteil der Adoptoren an der Anzahl der potenziellen Adoptoren nimmt dabei mit zunehmender Entfernung vom Ursprungsort durch einen bremsenden Distanzeffekt ab (→ Abb. 14-4 a).

(2) **Zeitliche Diffusion.** Da eine Innovation in einer gegebenen Raumeinheit nicht von allen potenziellen Adoptoren gleichzeitig angenommen wird, besitzt der Diffusionsprozess zudem eine zeitliche Komponente. Abler et al. (1971) gehen davon aus, dass die Zahl der neu hinzukommenden Adoptoren im Zeitablauf eine symmetrische glockenförmige Verteilung aufweist. Anhand dieses Verlaufs lassen sich vier Gruppen von Adoptoren unterscheiden (→ Abb. 14-4 b). Die Innovatoren stellen eine vergleichsweise kleine Gruppe dar, die eine Neuerung sehr schnell annehmen. Ihrem Beispiel folgt bald eine frühe Majorität, deren Verhalten nach einer gewissen Zeit von der späten Majorität nachvollzogen wird. Schließlich folgen noch Nachzügler.

(3) **Raumzeitliche Diffusion.** Insgesamt wird der Prozess der Nachbarschaftsdiffusion durch eine Kombination und Überlagerung von räumlichen und zeitlichen Faktoren geprägt und in der traditionellen Diffusionsforschung als ein wellenartiges Phänomen dargestellt (Morrill 1968; Cliff et al. 1981). Zu jedem Zeitpunkt der Analyse hat die Funktion der neu hinzukommenden Adoptoren in Abhängigkeit von der Distanz die Form einer Welle (→ Abb. 14-4 c).

Nicht jeder Diffusionsprozess ist allerdings an die persönliche Weitergabe von Innovationen und daher räumlich gebunden. Bei **hierarchischen Diffusionsprozessen** verbreiten sich Innovationen von oben nach unten durch ein hierarchisches System von Personengruppen bzw. Raumeinheiten, wobei Einheiten gleicher hierarchischer Stellung etwa zeitgleich einbezogen werden. Diese Art der Diffusion wird nicht von Distanzeffekten geprägt. In der traditionellen Innovations- und Diffusionsforschung werden derartige Diffusionsprozesse häufig mit dem System zentraler Orte von Christaller (1933) oder dem System der Marktnetze von Lösch (1944) in Verbindung gebracht (→ Kap. 5.3). Berry (1972) untersuchte die Bedeutung hierarchischer Diffusionseffekte am Beispiel der Ausbreitung von Fernsehstationen und der Marktdurchdringung der Fernsehindustrie in den USA. Allerdings folgen empirische Verbreitungsprozesse nur selten der modellierten hierarchischen Struktur, sondern sind durch eine Mischung von hierarchischen, nachbarschaftlichen und nicht-erklärten sonstigen Effekte beeinflusst, wobei gerade nicht-erklärte kontextuelle Effekte eine große Rolle spielen (Bahrenberg und Loboda 1973; Pred 1975; Cliff et al. 1981).

Unterschiedliche **Barrieren** (wie z. B. topographisch-physische, psychologische, sozio-kulturelle oder politische) können den Diffusionsprozess verändern oder aufhalten (Morrill 1968; Abler et al. 1971; Hard 1972; Windhorst 1983). Umgekehrt können von Anbieterseite aus sogenannte **Diffusionsagenturen** eingesetzt werden, die den Diffusionsprozess steuern oder beschleunigen (Brown 1981). Durch die Existenz derartiger Verkaufs- oder Vertriebsstellen wird der Erwerb einer Innovation vielfach überhaupt erst möglich. Damit hat auch die Wahl der Standorte, an denen Diffusionsagenturen errichtet werden, wesentlichen Einfluss auf die räumlichen Muster des nachfolgenden Adoptionsprozesses durch die Endverbraucher (Brown 1981).

Obwohl sich die räumliche Innovations- und Diffusionsforschung mit der Ausbreitung neuer Technologien befasste und damit eine neue Perspektive in die Wirtschaftsgeographie einbrachte, war sie in ihrer Methodik der traditionellen Raumwirtschaftslehre verhaftet. Entsprechende **Kritikpunkte** treffen deshalb auch hier zu:

(1) **Quantitativ-deskriptive Sichtweise.** Die Diffusionsforschung ist darauf fixiert, distanzabhängige Beschreibungsmodelle für die Ausbreitung von Innovationen zu konstruieren. Die daraus hervorgegangene Methodendominanz zeigt sich etwa in der Studie von Cliff et al. (1981), in der stochastische Modelle verwendet werden, um die Ausbreitung von Masern auf Island nachzuzeichnen.

(2) **Vernachlässigung sozialer und ökonomischer Prozesse.** Die traditionelle Innovations- und Diffusionsforschung versucht, die den Diffusionsprozessen zugrunde liegenden räumlichen Gesetzmäßigkeiten zu identifizieren. Es wird dabei übersehen, dass der Schritt der Adoption einer Innovation vom sozialen und ökonomischen Kontext abhängig und erfahrungsgebunden ist. Nicht zuletzt deshalb verzeichnet die traditionelle Diffusionsforschung seit den 1980er-Jahren einen Stillstand.

(3) **Überbetonung der Personen- bzw. Konsumentenperspektive.** In den Arbeiten zur Diffusionsforschung wird vor allem untersucht, wie sich Neuerungen unter Personen bzw. Konsumenten ausbreiten. Die Frage, wie sich neue Produkte und Technologien auf den Unternehmenssektor auswirken, bleibt unterbeleuchtet.

(4) **Vernachlässigung der Wissens- und Technologiegenerierung.** Die traditionellen Forschungsansätze versuchen, die Ausbreitung von Innovationen zu erklären, vernachlässigen dabei aber die Entstehungsseite, d. h. den Prozess, wie Wissen und neue Technologien erzeugt werden. Vor allem hier setzen jüngere Forschungen zur Innovation an.

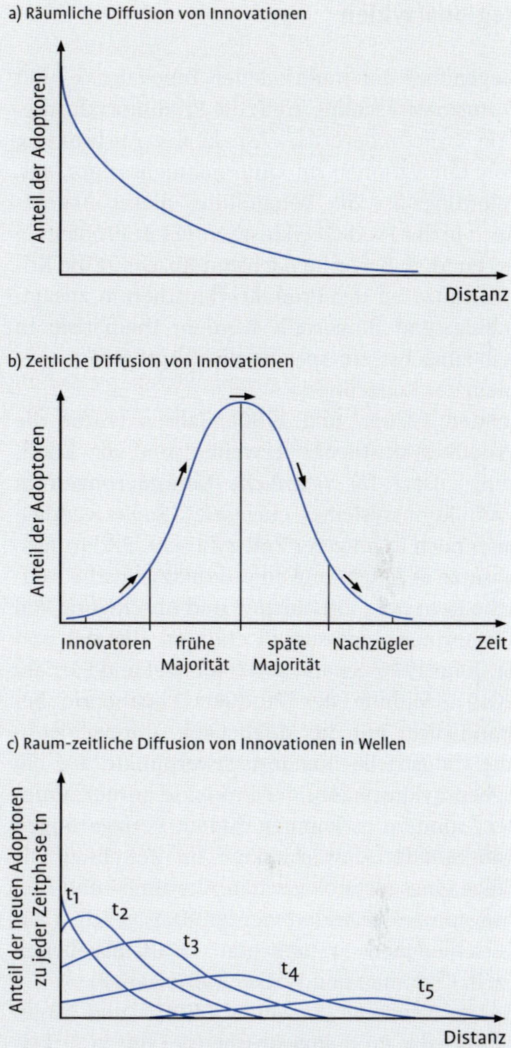

Abb. 14-4: Räumliche, zeitliche und raumzeitliche Form des Diffusionsprozesses (nach Morrill 1968, S. 4 und 7; nach Abler et al. 1971, S. 397 und 405)

14.2.3 Unternehmens-, Industrie- und Regionalzyklen

Gegenüber der traditionellen Innovations- und Diffusionsforschung greift die Produktzyklustheorie insbesondere den Aspekt der Ausbreitung von Innovationen im Unternehmenssektor auf. Allerdings ist die Behandlung dieses Aspekts auch in der Produktzyklustheorie mit Problemen verbunden. Bevor im nächsten Abschnitt die Kritikansätze an der Produktzyklustheorie zusammenfassend dargestellt werden, thematisieren wir zunächst ein spezifisches Aggregationsproblem der Konzeption.

In den 1970er- und 1980er-Jahren wurde die Produktzyklustheorie erweitert und als Erklärungsansatz für räumliche Veränderungen in Produktionssystemen eingesetzt. So verwendete man noch in jüngerer Zeit zyklische Erklärungsansätze in Anlehnung an produktzyklustheoretische Konzepte, um Aufstieg und Abschwung von Clusterungsprozessen zu erklären (Pouder und St. John 1996; Swann 2002; Menzel und Fornahl 2010). Mithilfe der Produktzyklustheorie bestand nicht nur die Möglichkeit, unterschiedliche industrielle Standortschwerpunkte auf die Lebenszyklusphasen der Produkte zurückzuführen, sondern es konnten zudem Verlagerungen von Standortschwerpunkten im Zeitablauf als Folge eines technologischen Alterungs- und Reifungsprozesses erklärt werden. Dies geschah auf verschiedenen räumlichen Maßstabsebenen (z. B. Chapman und Walker 1987, Kap. 7).

So verwendeten Saxenian (1981) und Nuhn (1989) die Produktzyklustheorie, um zu erklären, warum in der Nachkriegszeit Hightech-Unternehmen ihre Standorte im Silicon Valley verließen und Produktionseinrichtungen in ost- und südostasiatischen Niedriglohn-Ländern errichteten. Eine veränderte internationale Arbeitsteilung schien sich speziell in der Computer- und Halbleiterindustrie abzuzeichnen, in der durch Standardisierungstendenzen und Massenproduktion Kostengesichtspunkte in den Mittelpunkt von Standortentscheidungen rückten. Freeman (1982, Kap. 4) und Schoenberger (1988) verwendeten am Beispiel der Elektronikindustrie ebenfalls produktzyklustheoretische Erklärungen, um die scheinbar **neu entstehende internationale Arbeitsteilung** (Fröbel et al. 1977) zu erklären. Eine produktzyklustheoretische Interpretation würde allerdings implizieren, dass die betreffenden Industrien sich in der letzten Phase ihres Lebenszyklus befinden. Derartige Tendenzen konnten im Silicon Valley in den 1980er- und 1990er-Jahren jedoch nicht bestätigt werden. Im Gegenteil: Die Region erzielte in diesem Zeitraum hohe Wachstumsraten infolge der ungebrochenen Wettbewerbsfähigkeit produzierender Hightech-Unternehmen (Angel 1990). Somit schien die Produktzyklustheorie nur bedingt dazu geeignet zu sein, internationale Standortprozesse zu erklären (Bathelt 1991 b, Kap. 11).

Als klassisches Beispiel für interregionale Unternehmensverlagerungen im Rahmen des Produktlebenszyklus gilt die US-amerikanische Textilindustrie (Hekman 1980 b; Hekman und Strong 1981; Ferguson und Ladd 1986). Der überwiegende Teil der Textilindustrie konzentrierte sich im 19. Jahrhundert auf den Nordosten der USA. Neuengland verschaffte den Unternehmen bedeutsame Agglomerationsvorteile und bot in diesem Stadium günstige Standortvoraussetzungen. Mit zunehmender Standardisierung und dem Einstieg in die Massenproduktion setzten aber Verlagerungstendenzen in die Südstaaten der USA ein. Diese besaßen ein großes Angebot ungelernter Arbeitskräfte und ein geringes Lohnniveau und schienen somit ideale Standorte für die lohnkostenempfindliche, arbeitsintensive Textilproduktion zu sein. Bis in die 1970er-Jahre erfolgte ein fast vollständiger Exodus der Textilindustrie aus den ursprünglichen Standortregionen in die Südstaaten.

In den Studien und Ergänzungen zur Produktzyklustheorie lässt sich ein ständiger Wechsel zwischen verschiedenen Analyseebenen feststellen. Während sich das Konzept des Produktlebenszyklus eindeutig auf die Produktebene bezieht und die Veränderung betriebswirtschaftlicher Kennziffern von Angebot und Nachfrage im Zeitablauf beschreibt, steht in den Arbeiten von Vernon (1966) und Hirsch (1967; 1972) bereits nicht mehr das Produkt, sondern das Unternehmen im Mittelpunkt der Analyse. Sie gehen quasi von einem Produktlebenszyklus zu einem **Unternehmenslebenszyklus** über, indem sie eine Dynamik von Standortfaktoren herleiten und daraus Unternehmensverlagerungen erklären. Die **Profitzyklustheorie** nach Markusen (1985, Kap. 3) führt eine Erweiterung des Modells um unterschiedliche Marktformen und Wettbewerbsstrukturen durch und nimmt unter Bezug auf sogenannte Profitzyklen eine Übertragung auf ganze Industriesektoren vor. Ähnlich wie Auty (1984) versucht Markusen (1985) damit, Industrien in unterschiedlichen Lebenszyklusphasen zu unterscheiden.

Noch problematischer ist die Übertragung der Produktzyklustheorie auf eine territoriale Ebene, wie z. B. in den Studien von Norton und Rees (1979), Barkley (1988), Kulke (1992), Pouder und St. John (1996), Reichart (1999, Kap. 9) und Menzel und Fornahl (2010). Rees (1979, S. 51) bezieht sich explizit auf die Existenz **regionaler Lebenszyklen**: *„Over time, the spatial manifestation of product cycles may result in regional cycles of growth and decline."* Der Wechsel von der Produkt- zur Unternehmens-, Industrie-, Regions- oder Clusterebene erfolgt zumeist ohne zwingende Logik und ist mit erheblichen Aggregationsproblemen verbunden. Bestenfalls lassen sich regionale Lebenszyklen als Sonderfälle einstufen, denn ihre Existenz setzt voraus, dass innovative Regionen oder Cluster ausschließlich innovative Industrien beherbergen, die sich ausschließlich aus innovativen Unternehmen zusammensetzen, die ihrerseits nur Produkte der Innovationsphase herstellen. Es ist kaum denkbar, dass sich Produktlebenszyklen auf diese Weise zu Unternehmenszyklen, Industriezyklen, Regionalzyklen oder Clusterzyklen aggregieren (Bathelt 1991 b, Kap. 11; 1992).

14.2.4 Kritische Würdigung der Produktzyklustheorie

Nachdem sich Vernon (1979) in einer späteren Studie zurückhaltend über den Erklärungsgehalt der Produktzyklustheorie für Außenhandelsflüsse und internationale Standortstrukturen äußerte, häuften sich Mitte der 1980er-Jahre kritische Darstellungen. Die Arbeiten von Storper (1985) und Taylor (1986; 1987) dämpften den vorhandenen Optimismus, die Produktzyklustheorie sei ein generelles Modell für dynamische industrielle Standortanalysen. Neben dem Aggregationsproblem, das mit den meisten produktzyklustheoretischen Ansätzen verbunden ist, gibt es noch eine Reihe weiterer Kritikpunkte (z. B. Bathelt 1991 b, Kap. 11; Tichy 1991):

(1) **Unzureichendes Unternehmenskonzept.** In der Produktzyklustheorie wird keine Differenzierung von Unternehmen nach Größe, Aktionsradius, Wachstumsziel und Marktstrategie vorgenommen. Nicht einmal eine Unterscheidung zwischen Ein-Betriebs- und Mehr-Betriebs-Unternehmen findet Berücksichtigung, obwohl sich diese hinsichtlich der Realisierung von Unternehmensstrategien, möglicher Aktionsradien und der Nutzung von Standortfaktoren substanziell voneinander unterscheiden (→ Kap. 6.3 und 11.1).

(2) **Produktbegriff und Phasenabgrenzung.** Ein weiteres Problem der Produktzyklustheorie betrifft den Produktbegriff. Ist es wirklich gerechtfertigt, am Beginn und am Ende eines Produktlebenszyklus von ein und demselben Produkt zu sprechen, obwohl sich im Zeitablauf erhebliche Veränderungen eingestellt haben? Gerade aufgrund dieses Wandels bereitet die empirische Abgrenzung der Phasen des Lebenszyklus große Schwierigkeiten, zumal kein anerkanntes Indikatorensystem zur Ermittlung der verschiedenen Phasen existiert.

(3) **Technologischer Determinismus.** Der in der Produktzyklustheorie unterstellte technologische Determinismus beginnt bereits in der Innovationsphase. Es wird davon ausgegangen, dass neue Produkte in fast vollendeter Form auf dem Markt erscheinen. Dieses Schema widerspricht jedoch empirischen Befunden, wonach Produktentwicklungen auch in späteren Phasen immer wieder zu Produktverbesserungen führen. Die unterstellte Produkthomogenisierung in der Reifephase findet in der Praxis so nicht statt. Die Produktzyklustheorie geht von einem einzigen existierenden Entwicklungspfad aus. Danach unterliegt die Produktion einer zunehmenden Standardisierungstendenz, woraus eine Entwicklung in Richtung Massenproduktion resul-

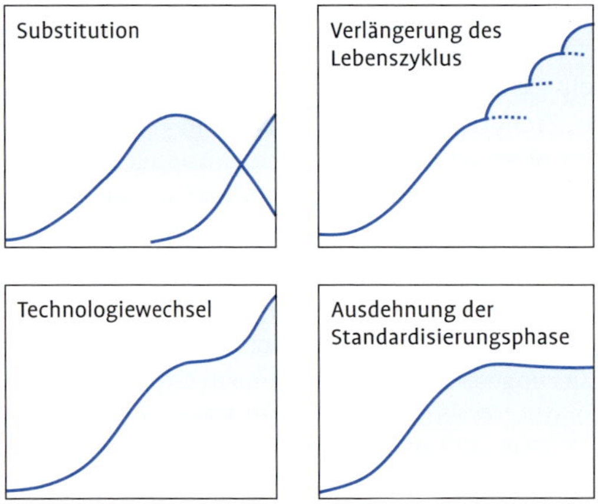

Abb. 14-5: Variationsmöglichkeiten von Produktlebenszyklen (nach van Duijn 1981, S. 266)

tiert. Durch diese Vorgabe werden dauerhafte Strukturen flexibler Produktion, spezialisierter Einzelfertigung und kundenorientierter Nischenproduktion implizit ausgeschlossen.

(4) **Unzulängliche Prozessanalyse.** In der Produktzyklustheorie wird im Zeitablauf eine glockenförmige Entwicklung der Verkäufe eines Produkts unterstellt. Es wird angenommen, dass es sich dabei um einen idealtypischen Verlauf handelt, der auf technologische Alterungsprozesse zurückgeführt werden kann. Wenn für ein bestimmtes Produkt ein derartiger Verlauf tatsächlich vorliegt, ist aber noch längst nicht klar, ob es sich dabei um eine quasi-natürliche Entwicklung handelt oder ob ein solcher Zyklus nicht nur die Folge eines Wechsels der Unternehmensstrategie ist (z. B. einer Produktsubstitution in einem hart umkämpften Marktsegment). In der Praxis lässt sich nur für ausgewählte Produkte ein zyklischer Wandel der Angebots- und Nachfragebedingungen nachweisen. Durch diskontinuierliche Produktverbesserungen und Prozessinnovationen besteht die Möglichkeit, den Produktlebenszyklus zu verlängern oder gar zu überwinden (→ Abb. 14-5). So kann ein radikaler Technologiewechsel gar zu einem erneuten Start des Produktlebenszyklus führen (van Duijn 1981). Zudem gibt es eine Vielzahl von Gütern, wie z. B. Grundnahrungsmittel und Rüstungsprodukte, bei denen spezifische Nachfragebedingungen ohne zyklischen Charakter vorherrschen.

(5) **Vernachlässigung des sozialen und ökonomischen Kontexts.** Obwohl die Produktzyklustheorie in ihrer dynamischen Betrachtungsweise den statischen Charakter der traditionellen Raumwirtschaftslehre überwindet, bleibt sie durch die Überbetonung von Standortfaktoren letztlich einer raumdeterministischen Perspektive verhaftet. Der Erklärungsgehalt der Produktzyklustheorie wird dadurch entscheidend beeinträchtigt, dass sie die zugrunde liegenden ökonomischen und sozialen Kontexte nicht berücksichtigt. Entscheidungen über das Produktionsprogramm, die angewendete Marktstrategie und die realisierte Standortstruktur können sich im Zeitablauf ändern, weil die Unternehmen aufgrund von Kommunikations- und Interaktionsprozessen mit anderen Akteuren unterschiedliche Erfahrungen gesammelt haben und unterschiedliche Entwicklungspfade einschlagen.

14.3 Evolutionäre Perspektive technologischen Wandels

Im Unterschied zu traditionellen Erklärungsansätzen beziehen evolutionsökonomische Konzeptionen die Entstehung von Innovationen in den Untersuchungsrahmen ein und wenden sich der Erklärung des Innovationsprozesses zu. Innovationen werden als Ergebnis menschlicher Kreativität und interaktiver Such- und Experimentierprozesse konzipiert, deren Abläufe a priori nicht bekannt sind und über deren Ausgang im Vorhinein noch kein genaues Wissen vorliegt. Dabei wird der Innovationsprozess als soziales Phänomen in einer arbeitsteilig organisierten Wirtschaft beschrieben. In dieser Konzeption müssen technologische Innovationen nicht unbedingt besser sein als konventionelle Produkte und Prozesse. Zudem kann es Bedingungen geben, unter denen sich schlechtere Lösungen gegenüber einer besseren Technologie durchsetzen. Mit der Akzeptanz von Innovation als einem komplexen sozialen und ökonomischen Prozess ist die Linearitätsannahme im Ablauf technischen Fortschritts nicht mehr aufrechtzuerhalten. Nachfolgend werden in diesem Kontext zunächst grundlegende Mechanismen evolutionä-

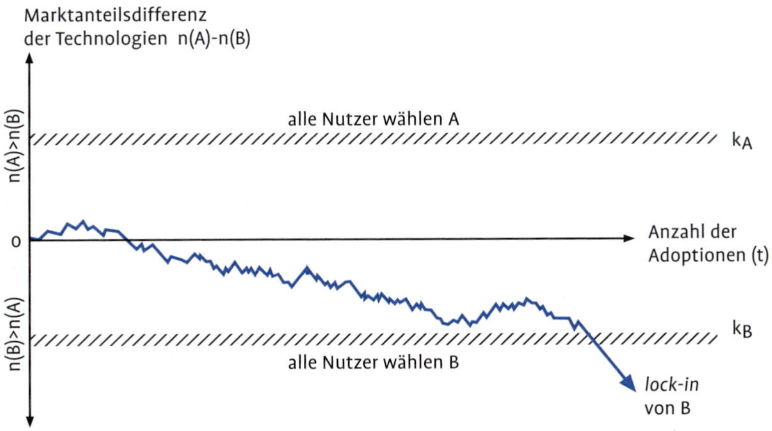

Abb. 14-6: Pfadabhängigkeit und *lock-in* einer Technologie unter steigenden Skalenerträgen (nach Arthur 1989, S. 120)

rer Entwicklung am Beispiel des technologischen Wettbewerbs dargestellt. Anschließend werden soziale Institutionen des Innovationsprozesses und schließlich die Bedeutung von Interaktionen in gemeinsamen Lernprozessen hervorgehoben.

14.3.1 Evolutionäres Modell konkurrierender Technologien

Anknüpfend an die biologische Evolutionstheorie (→ Kap. 13.1) werden nachfolgend evolutionsökonomische Grundkonzepte vorgestellt, die die Mechanismen evolutionärer Entwicklung bestimmen. Hierbei spielen die Pfadabhängigkeit und Pfadeffizienz einer technologischen Entwicklung, der Prozess des ***lock-ins*** sowie die Kontingenz zukünftiger Entwicklungen eine zentrale Rolle. Anhand der Ausgestaltung der Konzepte wird deutlich, dass sich technologischer Wandel nicht linear vollziehen muss und dass sich durchaus auch suboptimale Lösungen sozial durchsetzen können. In frühen Stadien einer technologischen Entwicklung gibt es häufig eine Reihe konkurrierender Varianten einer neuen Technologie. So gab es z. B. nach der Erfindung des Automobils verschiedene Antriebsvarianten: den benzinbetriebenen Verbrennungsmotor, die Dampfmaschine und die elektrische Batterie. Alle Antriebsvarianten wurden anfangs eingesetzt, doch letztlich setzte sich der Benzin-Verbrennungsmotor als technologischer Standard durch (Nelson 1994). Gemäß der herkömmlichen Erklärung für diese Entwicklung hat sich der Verbrennungsmotor als die überlegene Technologie durchgesetzt. Doch ist es wirklich immer so, dass die etablierte Technologie auch die größte *fitness* und Effizienz besitzt?

Die evolutionäre Argumentation bietet eine alternative Erklärung an, in der nicht nur die Überlegenheit (*fitness*) einer Technologie, sondern auch quasi-zufällige historische Ereignisse Einfluss darauf haben, dass sich eine Technologie unabhängig von ihrer Qualität gegenüber anderen Technologien durchsetzt. Als zentrales Konzept zur Erklärung dieses Zusammenhangs dient die Pfadabhängigkeit technologischer Entwicklung unter der Bedingung steigender Skalenerträge. Steigende Skalenerträge (*increasing returns*) beziehen sich auf den Anstieg der durchschnittlichen Gewinne infolge eines Skaleneffekts – etwa durch sinkende Durchschnittskosten bei zunehmender Produktionsmenge und steigender Nutzerzahl. Die meisten evolutionären Modelle gehen davon aus, dass nicht-vorhersehbare Ereignisse in frühen Stadien der Entwicklung über den langfristigen Pfad einer Technologie entscheiden können (Nelson 1994). Ein einfaches Beispiel dafür liefert das bekannte **Modell konkurrierender Technologien** von Arthur (1988; 1989).

In diesem Modell konkurrieren zwei Technologien A und B um den größten Marktanteil. Der Marktanteil wächst dabei in dem Maße, in dem Nutzer sich für eine der beiden Technologien entscheiden. Zwei Typen von Nutzern werden in das Modell einbezogen (→ Abb. 14-6): R-Typen haben eine natürliche Präferenz für die Technologie A, während S-Typen Technologie B bevorzugen. Beide Typen sind gleich häufig in der Gesamtheit vertreten. Die Präferenz jedes Typs gilt, so lange keine andere Technologie einen höheren Nutzen als die ursprünglich präferierte erzielt. Das Modell wird dadurch dynamisiert, dass die Nutzer ihre Entscheidung für eine Technologie nacheinander treffen. Hierbei wird die Möglichkeit historischer Zufälle mit berücksichtigt, indem die Reihenfolge der Entscheidungen als zufällig angenommen wird. Die R- und S-Typen entscheiden somit in einer im Voraus unbestimmbaren Sequenz, wobei jede Entscheidung von den vorher durch andere Nutzer getroffenen Entscheidungen mit beeinflusst wird. Das Modell von Arthur (1989) wird für den Wettbewerb von Technologien unter drei verschiedenen Profitabilitätsannahmen diskutiert:

(1) *Konstante Skalenerträge.* Sind die durchschnittlichen Gewinne beider Technologien unabhängig von der Anzahl der Adoptionen konstant, so wählt jeder Nutzertyp stets entsprechend seiner Präferenz aus. Die Wahrscheinlichkeit für die Wahl einer Technologie A oder B ist in dem Modell zu jedem Zeitpunkt 50 %, sodass es langfristig zu einer gleichförmigen Marktaufteilung beider Technologien kommt.

(2) *Sinkende Skalenerträge.* Da die durchschnittlichen Gewinne beider Technologien hier mit zunehmender Anzahl von Adoptionen sinken, kann sich keine Alternative gegenüber den natürlichen Präferenzen der Nutzertypen durchsetzen. Langfristig teilen sich beide Technologien den Markt wie im Fall konstanter Skalenerträge je zur Hälfte.

(3) *Steigende Skalenerträge.* Falls der Durchschnittsgewinn pro Einheit einer Technologie mit der Zahl der Nutzer zunimmt, so verändert sich die Wahrscheinlichkeit ihrer Wahl unter Umständen im Verlauf des Wettbewerbs. R-Typen, die eine natürliche Präferenz für die Technologie A haben, entscheiden sich dann beispielsweise für Technologie B, wenn diese zuvor bereits so oft gewählt wurde, dass die daraus resultierenden durchschnittlichen Gewinne die von A übersteigen. Umgekehrtes gilt für die Entscheidung von S-Typen, wenn Technologie A bereits durch eine zufällige Sequenz von Adoptionsentscheidungen einen ausreichenden Vorsprung vor B hat.

Der Entscheidungsverlauf bei steigenden Skalenerträgen lässt sich in einer Kurve verdeutlichen, die den Vorsprung von Technologie A gegenüber Technologie B in einer zeitlichen Abfolge, d. h. in Abhängigkeit von den neu hinzukommenden Adoptoren darstellt (→ Abb. 14-6). Der Vorsprung von Technologie A gegenüber Technologie B wird dabei gemessen als Differenz in der Anzahl ihrer Nutzer. Solange diese Marktanteilsdifferenz die Wahl zwischen beiden Technologien gemäß den natürlichen Präferenzen offen lässt, konkurrieren A und B miteinander. Wenn jedoch der Vorsprung einer der beiden Technologien eine kritische Schwelle k_A oder k_B überschreitet, entspricht das weitere Entscheidungsverhalten nicht mehr der ursprünglichen Präferenz. Aufgrund steigender Skalenerträge setzt sich die verbreitetere Technologie dann gegenüber der anderen dauerhaft durch. Bei Überschreitung der Schwelle k_B sind die durch die Wahl von B zu erwartenden Gewinne so groß, dass sie die von Technologie A auch bei entgegengesetzter Präferenz übersteigen. Insgesamt nimmt somit die Wahrscheinlichkeit für die Wahl von B immer weiter zu, bis sie schließlich 100 % erreicht. Es resultiert ein *lock-in* dieser Technologie. Von nun an ist B die bevorzugte Wahl aller Nutzertypen. Der unterschiedliche Ausgang des dynamischen Modells und seine Eigenschaften hängen von den Profitabilitätsbedingungen der betreffenden Technologien ab (Arthur 1989) (→ Tab. 14-1):

(1) **Vorhersehbarkeit.** Vorhersehbarkeit liegt vor, wenn die Marktaufteilung zwischen den beiden Technologien im Voraus bestimmt werden kann. In den Fällen konstanter und sinkender Skalenerträge erfolgt die Marktaufteilung gemäß den Präferenzen der Nutzer je zur Hälfte auf Technologie A und Technologie B. Die Sequenz der Adoptionsentscheidungen ist angesichts der natürlichen Präferenzen der Adoptoren bedeutungslos. Im Fall steigender Durchschnittsgewinne bei wachsender Akzeptanz einer Technologie ist die Marktentwicklung dagegen nicht vorhersehbar. Die Wahrschein-

Tab. 14-1: Eigenschaften der technologischen Entwicklung unter verschiedenen Profitabilitätsbedingungen (Arthur 1989, S. 121)

Arten der Skalenerträge	Vorhersehbarkeit des Pfads	Pfadabhängigkeit	Pfadeffizienz
Konstant	ja	nein	ja
Sinkend	ja	nein	ja
Steigend	nein	ja	nein

lichkeit für die Dominanz von Technologie A ist 50 %, solange keine der kritischen Schwellen k_A oder k_B erreicht wird. Sie ist alternativ 0 oder 100 %, wenn eine der kritischen Schwellen überschritten wird.

(2) **Pfadabhängigkeit.** Pfadabhängigkeit ist gegeben, wenn die Sequenz vorangegangener Ereignisse Einfluss auf zukünftige Ereignisse hat. Unter der Bedingung steigender Skalenerträge ist die spezifische Geschichte der Adoptionsentscheidungen ausschlaggebend dafür, dass entweder Technologie A oder Technologie B Dominanz erlangt. Wenn in einem frühen Stadium viele R-Typen eine Entscheidung treffen, so folgt die Marktentwicklung rasch einem Pfad hin zu Technologie A. Die Wahrscheinlichkeit, dass auch S-Typen A wählen, nimmt hierbei zu. Im Wettbewerb von Technologien mit steigenden Skalenerträgen ist der Verlauf der Marktentwicklung pfadabhängig. Bei konstanten oder sinkenden Durchschnittsgewinnen führt hingegen jede Sequenz historischer Ereignisse zu dem gleichen Marktergebnis. Unabhängig von der Reihenfolge der Entscheidungen im Adoptionsprozess wird immer eine Marktteilung realisiert, sodass keine Pfadabhängigkeit gegeben ist.

(3) **Pfadeffizienz.** Sie liegt vor, wenn bei gleichmäßiger Adoption der R- und S-Typen die unterlegene Technologie zu keinem Zeitpunkt größere Durchschnittsgewinne erbracht hätte als die dominante Technologie. Sowohl für konstante als auch für sinkende Skalenerträge ist dies der Fall. Bei steigenden Skalenerträgen besteht demgegenüber die Möglichkeit, dass sich eine schwächere Technologie langfristig durchsetzen kann, wenn sie durch ihre anfängliche Attraktivität früh auf einen dominanten Pfad geführt wird. Erfolgt durch die anfangs rasche Adoption ein *lock-in*, so wird die eigentlich überlegene Technologie frühzeitig und irreversibel ausgeschlossen (→ Box 14-2).

Das Modell von Arthur (1989) ist allerdings in seinem Erklärungsgehalt begrenzt und kann nur eingeschränkt zum Verständnis realer Entwicklungspfade eingesetzt werden. **Probleme** hängen damit zusammen, dass ein Wechsel von einem zu einem anderen Entwicklungspfad ausgeklammert wird und der Einfluss ökonomischer und sozialer Beziehungen auf Entscheidungen unberücksichtigt bleibt:

(1) **Ausschluss von Paradigmenwechseln.** Das Modell der konkurrierenden Technologien erklärt nicht den möglichen Wechsel von einer etablierten Technologie zu einer anderen. Es wird argumentiert, dass aufgrund steigender Skalenerträge ab einer gewissen Akzeptanzschwelle eine Technologie nicht mehr infrage gestellt wird. Wie aber kann dann eine bestehende Technologie oder ein technologisches Paradigma durch ein neues ersetzt werden? Während das Modell das Entstehen eines *lock-in* zwischen alternativen Technologien diskutiert, bleibt offen, wie der Wandel von einer bereits etablierten Technologie zu einer neuen stattfindet.

(2) **Vernachlässigung sozialer Beziehungen.** Auslöser pfadabhängiger Entwicklungen sind bei Arthur (1989) historische Zufälle, die in dem Modell in Form zufallsgenerierter Sequenzen von Entscheidungen abgebildet werden. Obwohl Zufälle den Ausgang des Wettbewerbs entscheidend beeinflussen, werden sie inhaltlich nicht erklärt oder konzeptionalisiert. Im Vergleich dazu erhält man durch eine relationale Perspektive der Akteure ein besseres Verständnis über den Verlauf von Adoptionsentscheidungen. Das Problem des Zufallsbegriffs von Arthur (1989) besteht darin, dass damit ein atomistisches Verständnis der Nutzer und ihrer Handlungen eingeführt

wird. Dabei sind die Nutzer aber keine isolierten Akteure ohne Beziehungen zu ihrer Umwelt. Akteure sind eingebettet in Strukturen sozialer Beziehungen, in denen sie ihre Entscheidungen kommunizieren und bewerten. Daher kann aus der Kenntnis des Netzwerks eines Nutzers besser als durch eine scheinbar zufällige Entscheidungsfolge geschlossen werden, welche Nutzer sich wahrscheinlich für die gleiche Technologie entscheiden werden (Mizruchi 1994). Nutzer, die über eine große Zahl von *strong ties* verfügen, werden mehr Partner ermuntern können, dieselbe Technologie zu adoptieren als Nutzer mit vorwiegend *weak ties*. Während bei Arthur (1989) die Sequenz der Entscheidungen dem Zufall überlassen bleibt, kann unter Einbeziehung einer *embeddedness*-Perspektive erklärt werden, warum welche Entscheidungen getroffen werden.
Trotz seiner Einfachheit verdeutlicht das Modell von Arthur (1989), wie **steigende Skalenerträge** zu einem *lock-in* einer Technologie und sogar zu pfadineffizienten Entwicklungen führen können. Steigende Skalenerträge entstehen zumindest aus fünf Ursachen (Arthur 1988):
(1) ***Learning by using.*** Je mehr Nutzer eine Technologie hat, desto mehr kann über sie gelernt werden und desto wahrscheinlicher lässt sie sich erfahrungsabhängig verbessern (Rosenberg 1982).
(2) **Netzwerkexternalitäten.** Netzwerkexternalitäten liegen vor, wenn die Wahl eines Nutzers für eine Technologie aufgrund interdependenter Verflechtungen zugleich Vorteile für andere Nutzer dieser Technologie hat (Katz und Shapiro 1985). Ein anschauliches Beispiel hierfür ist die Telefontechnologie. Wenn nur ein Nutzer ein Telefon hat, kann er damit noch niemanden erreichen. Erst mit steigender Anzahl der Telefoninhaber wird das Telefon als Kommunikationstechnologie nützlicher, da die Anzahl der Personen zunimmt, die jeder Nutzer per Telefon ansprechen kann.
(3) ***Economies of scale* in der Produktion.** Je mehr Einheiten einer Technologie genutzt und somit produziert werden, desto geringer sind die Stückkosten der Produktion dieser Technologie. Durch die geringen Herstellungskosten bei großem Produktionsumfang wird zugleich eine Reduzierung des Preises dieser Technologie möglich, sodass sie attraktiver für potenzielle Nutzer wird.
(4) **Steigende Skalenerträge der Information.** Je weiter eine neue Technologie verbreitet ist, desto mehr erhöht sich das Wissen über und das Verständnis für diese Technologie. Somit werden sich im Zeitablauf auch zunächst vorsichtige und risikoscheue Nutzer der Technologie anschließen.
(5) **Technologische Verbundvorteile.** Wenn eine Technologie sich zu verbreiten beginnt, können parallel Sub- oder Komplementärtechnologien entstehen, die die Akzeptanz dieser Technologie erst ermöglichen oder unterstützen (Frankel 1955). So war die Durchsetzung der Benzinverbrennung im Automobilbetrieb nicht möglich ohne eine komplexe Infrastruktur von Ölraffinerien und ein flächendeckendes Versorgungsnetz von Tankstellen. Eine alternative Antriebstechnologie kann sich nur schwer etablieren, da sie durch eigene Sub-Technologien erst eine weit verbreitete Infrastruktur entwickeln muss.

14.3.2 Wissensaustausch und Lernen im Innovationsprozess

Ausgehend von einem evolutionsökonomischen Erklärungszusammenhang folgt die technisch-ökonomische Entwicklung einem abgesteckten Entwicklungspfad und wird von Routinen und Heuristiken geleitet. Der Prozess der Gewinnung neuen Wissens spielt in dieser Konzeption eine zentrale Rolle. Dabei ist zwischen kodifiziertem Wissen und nicht-kodifiziertem Wissen zu unterscheiden (→ Kap. 3.3). Während noch nicht in einen Kontext eingebettetes, kodifiziertes Wissen relativ leicht auf andere ökonomische Akteure und damit auch auf andere Orte und Regionen übertragen werden kann, ist nicht-kodifiziertes, kontextualisiertes Wissen nur schwer auf Akteure an anderen Orten transferierbar (Maskell und Malmberg 1999 b; 1999 a). Es ist an diejenigen Personen und Lokalitäten gebunden, durch die der Prozess der Wissensgenerierung vorangetrieben wird und an denen neues Wissen geschaffen wird. Dieses Wissen spielt im evolutionären Modell des technologischen Wandels eine zentrale

Rolle, weil der Prozess der Wissensgenerierung auf vielfältigen Interaktionen von ökonomischen Akteuren innerhalb und zwischen Unternehmen basiert und sich technologische Spezifikationen in dem Prozess sukzessive verändern (Storper 1997a). Lernen bezeichnet dabei den Prozess, durch den neues Wissen gebildet wird und sich durchsetzt, das dann zentraler Ausgangspunkt von Innovationen wird. Malecki (1991, Kap. 4) hebt in diesem Zusammenhang die Bedeutung unterschiedlicher Lernprozesse hervor (Bathelt und Glückler 2000):

(1) ***Learning by searching.*** In diesem Lernprozess kommt zum Ausdruck, dass ein Unternehmen gezielt nach neuen Informationsquellen sucht, neues Wissen und Informationen über relevante Technologien aufnimmt und die am besten geeigneten Informationen auswählt. Diese Form des Lernens ist eng mit systematischen FuE-Aktivitäten in speziellen Forschungsabteilungen verbunden und bereits im linearen Modell des technologischen Wandels von zentraler Bedeutung.

(2) **Produktionsbezogenes Lernen.** Demgegenüber ist ***learning by doing*** ein mit der Produktion verbundener Lernprozess, der von Arrow (1962a) untersucht wurde und bei dem Lernen als Nebenprodukt aus den alltäglichen Produktionserfahrungen resultiert. Erfahrungsabhängiges ***learning by using*** in der Konzeption von Rosenberg (1982) ist das Ergebnis von Lernprozessen bei der Anwendung von Neuerungen in der Praxis und führt zu inkrementellen Verbesserungen im Produktdesign und in der Prozesseffizienz. Dies wird z. B. in Form von Labortests unter Extrembedingungen umgesetzt. Beide Arten des Lernens sind jedoch oftmals nicht mit extra zu verbuchenden Kosten verbunden und können deshalb bei einer Betrachtung des Forschungsprozesses leicht übersehen werden.

(3) **Qualifikationsbezogenes Lernen.** Bell (1984) hat in seiner Klassifikation von Lernprozessen außer auf produktionsbezogene Formen des Lernens mit dem ***learning through training*** und dem ***learning by hiring*** noch auf zwei weitere Arten des qualifikationsbezogenen Lernens hingewiesen. Hierbei akquiriert ein Unternehmen durch systematische Fortbildungsprogramme und gezielte Anwerbung von Arbeitskräften neues Wissen. Diese Lernprozesse funktionieren allerdings nicht bei Spitzentechnologien, sondern sind im Wesentlichen auf etablierte Technologien beschränkt, um durch nachholendes technologisches Lernen Technologievorsprünge anderer Unternehmen (z. B. in entwickelten Ländern) aufzuholen. Es ist dies auch ein Weg zur Imitation.

(4) **Unternehmensübergreifendes Lernen.** Ein Lernprozess, der seit den 1980er- und 1990er-Jahren im Gefolge der Arbeiten von Lundvall (1988), Storper (1993) und Gertler (1993) intensiv diskutiert wird, ist der des ***learning by interacting***. Dieser Lernprozess stellt vor allem die Kommunikations- und Anpassungsprozesse zwischen Produzenten und ihren Zulieferern bzw. Abnehmern in den Mittelpunkt. Hierbei wird davon ausgegangen, dass durch enge Kontakte und Abstimmungsprozesse innerhalb einer Wertschöpfungskette neues Wissen geschaffen wird, das als Ausgangspunkt für Verbesserungsinnovationen dient. Dies kann z. B. dadurch geschehen, dass ein Produzent systematisch seine Abnehmer über deren Bedürfnisse und Erfahrungen mit einer Technologie befragt, um die Ergebnisse in das eigene Produktdesign eingehen zu lassen (Hippel 1977). Die Konzeption des *learning by interacting* berücksichtigt, dass technologischer Wandel die Folge eines kontextspezifischen sozialen Prozesses zwischen verschiedenen Akteuren ist (Gertler 1995; 1996).

Eine andere Form unternehmensübergreifenden Lernens kommt ohne direkte Interaktion der Akteure aus und basiert auf Prozessen des Beobachtens, Scannens oder Imitierens. So zeigt die Studie von DeFillippi und Arthur (1998), dass ***learning by observation*** eine zentrale Rolle in der Filmindustrie spielt, um sich spezifische Detailkenntnisse und Kniffe im ständigen Wechselspiel von oft langen Pausen und überaus intensiven kurzen Drehs anzueignen (Grabher 2001). Maskell (2001b) und Maskell und Lorenzen (2004) argumentieren, dass derartige Beziehungen auch bei Wachstumsprozessen von Clustern eine wichtige Rolle spielen (→ Kap. 10.3). Sie sind zudem ein wesentliches Element der Lernprozesse zwischen Lehrling und Meister sowie zwischen

Konkurrenten auf internationalen Leitmessen (Bathelt und Schuldt 2008; 2010).

Das interaktive Modell des technologischen Wandels betont, dass neues Wissen und neue Technologien nicht nur das Ergebnis systematischer Forschungsaktivitäten sind, sondern dass sie zum großen Teil aus der Produktion und den damit zusammenhängenden Lernprozessen resultieren (→ Abb. 14-7). Das Potenzial eines Unternehmens, dauerhaft wettbewerbsfähig und innovativ zu bleiben, hängt somit auch von seiner Produktionskompetenz und von seiner Fähigkeit ab, im Produktionsprozess zu lernen (Cantwell und Fai 1999). Die Betrachtung von Lernprozessen verdeutlicht, dass technologischer Wandel kontextspezifisch ist, da er einerseits auf spezifischen institutionellen Arrangements innerhalb eines Unternehmens und eines Kooperationsnetzwerks mit Zulieferern und Abnehmern beruht und andererseits von den institutionellen Bedingungen auf regionaler und nationalstaatlicher Ebene geprägt wird. Hierbei spielen neben Gesetzen und Vorschriften auch Routinen, Konventionen, Gewohnheiten und Verhaltensnormen eine wichtige Rolle für Handlungsstabilisierungen. Diese sind territorial an einen Geltungsbereich gebunden und schaffen dort, wo sie gelten, eine Ordnung für gemeinsames Handeln (Schamp 1995 b; Maillat 1998).

In der Anfangsphase eines spezifischen Innovationsprozesses gibt es unter Umständen größere Wahlmöglichkeiten zwischen verschiedenen technologischen Paradigmen (Dosi 1988). Welches Paradigma sich letztlich durchsetzt, hängt ab von den institutionellen Arrangements, den eingeschlagenen Such- und Lernprozessen sowie den Selektionskriterien der Nachfrage. Hierbei treten zunächst auch Diskontinuitäten auf. Wenn sich jedoch ein technologisches Paradigma etabliert hat, sind vor allem Kontinuitäten prägend und es erfolgt eine Verbreitung durch Zuliefer- und Absatzbeziehungen, speziell über technologische Komplementaritäten innerhalb der Wertschöpfungskette (→ Abb. 14-8). Dadurch bilden sich im Prozess der Technologiegenerierung wichtige und weniger wichtige Wertschöpfungsketten, spezifische intersektorale Unterschiede sowie interregionale und internationale Differenzen heraus. Der Prozess verläuft folglich ungleichgewichtig (→ Box 14-2).

14.3.3 Institutionen des technologischen Wandels

Das Modell von Arthur (1989) demonstriert, dass Skaleneffekte bei der Nutzung einer Technologie zu einer pfadabhängigen Entwicklung führen und ein *lock-in* bewirken können. Diese Konzeption des technologischen Wandels vermag es jedoch nicht, ein vertieftes Verständnis der sozialen Prozesse zu erzeugen, die mit der Möglichkeit zu kreativem Handeln, Lernen und Innovieren verbunden sind (Bathelt und Glückler 2000). Während Arthur (1989) den Wettbewerb von Innovationen unabhängig von ihrer Entstehung untersucht, basiert ein relationaler Ansatz auf einem grundlegenden Verständnis über den Prozess der Generierung von Innovationen.

Technologische Innovationen werden aus evolutionsökonomischer Sicht als das Ergebnis von Such- und Experimentierprozessen angesehen, deren Ablauf a priori nicht bekannt ist und über die im Vorhinein noch kein genaues Wissen vorliegt (→ Abb. 14-7). Innovationsprozesse sind somit durch eine fundamentale Unsicherheit gekennzeichnet (Malecki 1991, Kap. 4). Lernprozesse und positive Feedback-Schleifen können zwar durch systematische FuE-Aktivitäten beschleunigt werden. Häufig gibt es aber Problemlösungen, für die keine exakte wissenschaftliche Erklärung vorliegt oder die nicht aus einem systematischen Forschungsprozess resultieren. Aus evolutionsökonomischer Sicht spielen daher Interaktionen zwischen ökonomischen Akteuren, reflexive Verhaltensweisen sowie Feedbacks zwischen verschiedenen Stufen im Innovationsprozess eine entscheidende Rolle. Hierbei wird ständig neues Wissen über die Eigenschaften und die Wirkungsweise neuer Produkte und Technologien erzeugt, das dann über Forschungsprozesse und deren Ergebnisse wieder in den Entstehungsprozess neuer Produkte bzw. Technologien zurückfließt.

Im **interaktiven Modell des technologischen Wandels** kann man sich den Ablauf des Innovationsprozesses wie folgt vorstellen (→ Abb. 14-7):

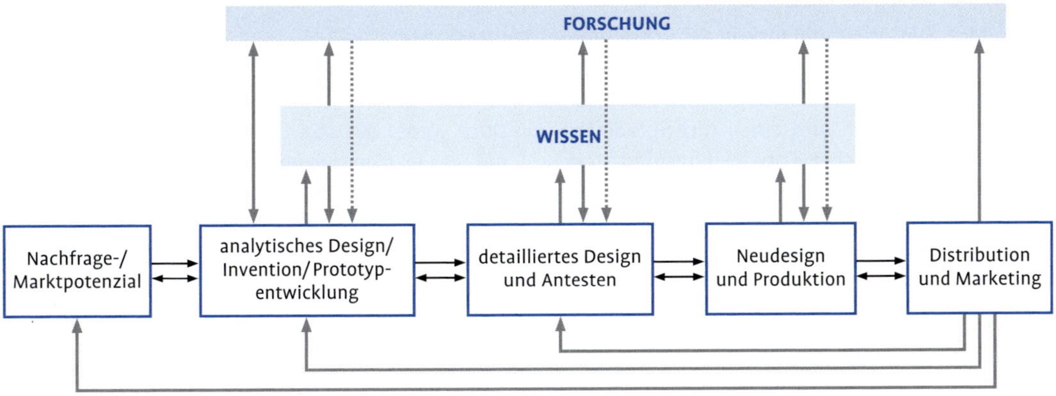

Abb. 14-7: Interaktionen im Innovationsprozess aus evolutionsökonomischer Perspektive (nach Malecki 1991, S. 116)

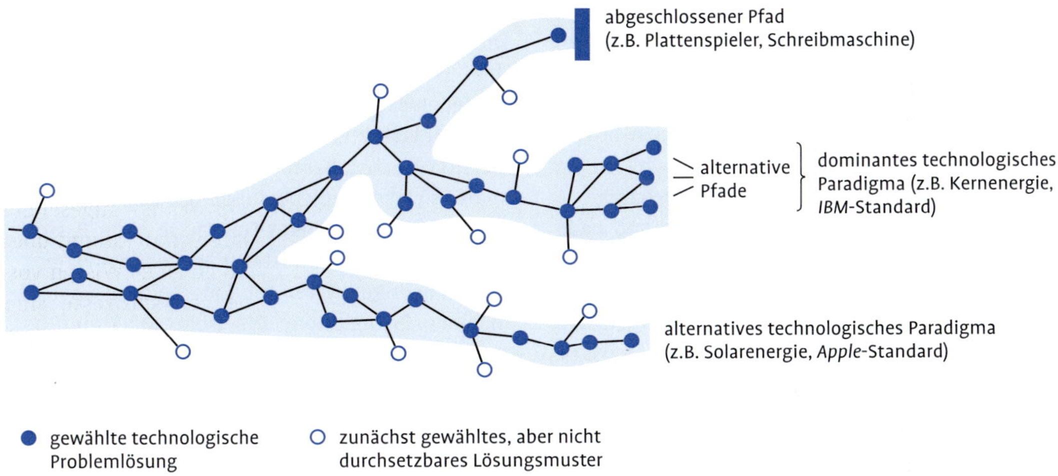

Abb. 14-8: Technologische Entwicklungspfade und Paradigmen

In einem neuen Marktsegment wird zur Befriedigung der Kundenbedürfnisse ein neues Produktdesign entworfen und aus einer Invention ein Prototyp erstellt. Dieser Prototyp wird in ständiger Rückkopplung mit potenziellen Kundenbedürfnissen im Detail auf seine Funktionsweise getestet, woraus zusätzliches Wissen resultiert, das wiederum in ein neues Design und eine verbesserte Produktstruktur umgesetzt wird. In diesen Prozess der schrittweisen Produkt- und Technologieverbesserung fließen auch Erkenntnisse aus systematischen Entwicklungsaktivitäten ein. Wenn schließlich Produkte bis zur Marktreife entwickelt worden sind und in größerer Stückzahl produziert und auf die Märkte verteilt werden, ist der Forschungsprozess aber noch nicht beendet. Erfahrungen der Kunden mit den neuen Produkten bzw. Technologien gehen weiterhin in den FuE-Prozess ein und führen dazu, dass das Produktdesign neu überdacht wird, neue Testreihen stattfinden und die Produktion fortlaufend verbessert wird (Malecki 1991, Kap. 4; Maier und Tödtling 1996, Kap. 7; Tödtling und Kaufmann 1999; Schamp 2000b, Kap. 1.4).

Das interaktive Modell des technologischen Wandels ist insbesondere durch die Arbeit von Nelson und Winter (1982) über eine evolutionä-

Box 14-2: Evolution und *lock-in* der Schreibmaschinentastatur

Die wirtschaftshistorische Studie der Schreibmaschinentastatur (David 1985) wird oft als Beispiel herangezogen, um einen nicht-pfadeffizienten technologischen Entwicklungspfad zu erläutern (z. B. Bathelt und Glückler 2000; Endres 2000, Kap. 4). Wie ist es nämlich zu erklären, dass sich die in arbeitsökonomischer Hinsicht wenig effiziente Buchstabenanordnung Q-W-E-R-T-Y auf englischsprachigen Schreibmaschinentastaturen und *keyboards* mit geringen Variationen zum weltweiten Standard entwickelt hat? Die **QWERTY-Tastatur** wurde 1867 von Sholes nach mehrfacher Modifikation in den USA eingeführt, um den Schreibfluss auf einer mechanischen Schreibmaschine so zu verlangsamen, dass die Buchstabenbügel sich möglichst selten verhakten. Diese Verlangsamung verhinderte das häufige und zeitaufwendige Entzerren verhakter Bügel. Die QWERTY-Kombination erwies sich daher als eine geeignete Anpassung an die vorherrschende Schreibmaschinenmechanik.

Durch verbesserte Anschlagtechniken und neue Maschinenmechaniken war die QWERTY-Anordnung nach einigen Jahren jedoch nicht mehr unbedingt erforderlich. Tastaturanordnungen, die ein schnelleres Schreiben gestatteten, wären effizienter gewesen. So gab es seit den 1880er-Jahren eine Reihe alternativer Tastaturdesigns, die mit der QWERTY-Tastatur konkurrierten. In den USA wurde experimentell nachgewiesen, dass sich die Kosten des Umlernens auf die überlegene ***DSK-(Dvorak Simplified Keyboard-)*Tastatur**, die 1932 patentiert wurde und Weltrekorde im Schnellschreiben ermöglichte, schon nach zehn Arbeitstagen amortisieren würden. Noch in den 1980er-Jahren betonte das Computerunternehmen *Apple* deshalb, dass die *DSK*-Tastatur die Schreibgeschwindigkeit um 20–40 % erhöhen könnte.

Doch weder das *DSK*-Design noch andere Alternativen setzten sich gegen Q-W-E-R-T-Y als Buchstabenfolge durch. Inzwischen hatten sich Schreibtechniken entwickelt und wurden in Schreibmaschinenkursen standardisiert, die eine schnelle Schreibfolge mit der QWERTY-Tastatur ermöglichten. Obwohl das ursprüngliche Anpassungsoptimum der QWERTY-Tastatur nicht mehr existierte, setzte sie sich als technologischer Standard durch. Einerseits wurde die Tastatur unter Schreibkräften am besten beherrscht, andererseits waren die meisten Unternehmen damit bereits ausgerüstet (Granovetter 1992 b). Dies war mit steigenden Skalenerträgen verbunden. Ein Unternehmen konnte beispielsweise Kosteneinsparungen erzielen, wenn es Schreibkräfte einstellte, die bereits die dominante QWERTY-Buchstabenfolge beherrschten und ersparte sich somit die Ausbildungskosten zur Anpassung an ein anderes Design. Je mehr Personen für die QWERTY-Tastatur ausgebildet waren, umso niedriger waren die Einarbeitungskosten in einem Schreibbüro. Die frühe Markteinführung der Tastatur von Sholes erbrachte somit einen Vorsprung in der Verbreitung der Bedienfähigkeit und führte letztendlich zu einem *lock-in* der Technologie. Reinstaller und Hölzl (2009) argumentieren in einer historischen Studie der Adoption von Schreibmaschinen in Frankreich, Deutschland und den USA, dass die Adoption der QWERTY-Tastatur nicht an der Schreibgeschwindigkeit orientiert war, sondern wesentlich durch die **Ko-Evolution von komplementären Technologien** auf administrativer Ebene geprägt war.

re Theorie des ökonomischen Wandels beeinflusst worden. Das Konzept der ökonomischen Evolution wird hier als Pendant zum Prinzip der natürlichen Auslese in der biologischen Entwicklung gebraucht (➔ Kap. 13.1). Nelson und Winter (1982) ordnen die in der biologischen Evolution identifizierten Entwicklungsfaktoren Selektion, Mutation, Variation und Zufall den ökonomischen Prozessen der Wissens- und Technologiegenerierung zu. Sie betonen dabei die Bedeutung von **Routinen** im Sinn von praktizierten Regeln und Gewohnheiten als institutionelle Arrangements, durch die die Produzenten mit ihren Zulieferern und Kunden Kommunikations- und Abstimmungsprozesse überhaupt erst durchführen können. Hierdurch wird der Transfer von Neuerungen und Wissen ermöglicht, wobei sich die Routinen wiederum durch Erfahrungen innerhalb eines Unternehmens und zwischen Unternehmen sukzessive verändern. Routinen haben als informelle Institutionen quasi die Rolle standardisierter Sozialtechnologien (Nelson und Sampat 2001). Selektion, Mutation und Variation in ökonomischen Prozessen führen zu technologischen Innovationen und prägen den ökonomischen und technischen Fortschritt. Welche Neuerungen sich dabei durchsetzen, kann das Ergebnis einer zielgerichteten Suche sein, kann aber auch durch zufällige, zunächst wenig bedeutsam erscheinende Ereignisse geprägt werden (Schamp 2000 b, Kap. 1.4). Im Unterschied zur neoklassischen Theorie stellt die Evolutionsökonomie den endogen erzeugten technologischen Wandel in den Mittelpunkt der Untersuchung ökonomischer Prozesse. Nach Dosi (1982; 1988) wird die Richtung des Innovationsprozesses durch bestehende Technologien vorgeprägt, wenn auch nicht in deterministischer Weise. Bestehende Technologien stecken die Möglichkeiten des Wandels ab und definieren damit einen **technologischen Entwicklungspfad** (→ Abb. 14-8). Variation wird dadurch ermöglicht, dass Unternehmen durch Lern- und Innovationsprozesse spezifisches Wissen über bestimmte Technologien und Organisationsformen erlangen. Prozesse der Imitation und Adaption durch andere Unternehmen führen dazu, dass ein Teil der Variabilität verloren geht und somit eine Selektion stattfindet. Einige Technologien setzen sich somit gegenüber anderen durch und stecken eine Umgebung für zukünftige Entwicklungen ab. Inkrementale Veränderungen führen dabei zu einem kumulativen Wandel entlang eines Entwicklungspfads (Rigby und Essletzbichler 1997). Der technologische Wandel innerhalb eines Unternehmens ist abhängig davon, welche Entscheidungen Unternehmen in der Vergangenheit getroffen haben, welche Erfahrungen dabei gesammelt wurden und in welchen Technologien spezifische Kompetenzen aufgebaut wurden. Der Prozess der Entstehung von Wissen und Technologien ist somit ein kumulativer, evolutionärer Prozess, der auf Lernprozessen und Erfahrungswissen basiert (Nelson und Winter 1982; Rosenberg 1982; Malecki 1991, Kap. 4).

Nach Dosi (1982; 1988) spielt der Begriff des technologischen Paradigmas in diesem Zusammenhang eine zentrale Rolle. Ein **technologisches Paradigma** kann in Anlehnung an Kuhn (1962) als ein Modell bzw. Lösungsschema für ausgewählte technologische Probleme angesehen werden, das auf bestimmten naturwissenschaftlich-technischen Prinzipien basiert (→ Kap. 2.1). Es kennzeichnet ein gemeinsames Verständnis über die Potenziale, Charakteristika und Schwächen einer Technologie (Nelson 1994). Innerhalb eines solchen allgemein anerkannten technisch-ökonomischen Problemlösungsmusters existieren Heuristiken, die vorgeben, in welcher Richtung die Problemlösungssuche fortgesetzt wird und welches Wissen dabei verwendet wird. Unter der Bedingung fundamentaler Ungewissheit der technologischen Entwicklung setzen innerhalb eines technologischen Paradigmas heuristische Suchprozesse ein, um Problemlösungen zu finden und den technologischen Wandel voranzutreiben. **Heuristiken** orientieren den Suchprozess als *mental shortcuts* (Myers 1996, Kap. 3) oder Faustregeln, die sich aus positiven Erfahrungen und früheren Lernprozessen ableiten. Allerdings garantiert die Anbindung an eine Heuristik weder ein wünschenswertes noch das einzig mögliche Ergebnis dieses Prozesses.

Durch ein konkretes Muster von Problemlösungsaktivitäten innerhalb eines technologischen Paradigmas wird eine technologische Trajektorie – d. h. ein Entwicklungspfad technologischen Wandels – abgesteckt, der bestimmten Heuristiken folgt (→ Abb. 14-8). Das bedeutet, dass Unternehmen nicht sämtliche technologischen Optionen in einem Innovationsprozess überprüfen, sondern Problemlösungen in einem begrenzten Bereich mittels bewährter Problemlösungstechniken suchen (Dosi 1988). Dadurch entstehen **unternehmensspezifische Entwicklungspfade** (Cantwell und Fai 1999).

Da unter Umständen zur gleichen Zeit mehrere verschiedene technologische Paradigmen und innerhalb jedes einzelnen Paradigmas eine unbekannte Zahl technologischer Trajektorien existieren, ist der Prozess der Wissens- und Techno-

Box 14-3: Radikale und inkrementale Innovation

In einem zyklischen Modell technologischen Wandels zeigen Anderson und Tushman (1990), dass radikale und inkrementale Neuerungen keineswegs miteinander konkurrierende Modelle der Innovation sind, sondern in verschiedenen Phasen der Evolution einer Industrie oder Technologie eine unterschiedliche Rolle spielen. Das Modell von Anderson und Tushman (1990) unterscheidet vier Phasen der Entwicklung neuer Technologien:

(1) **Phase technologischer Diskontinuitäten.** In der ersten Phase kommt es zur Entwicklung technologischer Diskontinuitäten in Relation zu bestehenden Technologien. Diese können entweder **kompetenzzerstörend** sein, wenn sie nicht auf vorhandenen technologischen Kompetenzen aufbauen, oder aber **kompetenzverstärkend**, wenn sich die neue Technologie aus bestehenden Technologien entwickelt. Im letzteren Fall haben etablierte führende Unternehmen Vorteile im Innovationsprozess.

(2) **Formierungsphase.** In dieser Phase treten unterschiedliche Designs des neuen Technologiefelds in Konkurrenz zueinander. Hierbei kommt es zu Selektionsprozessen zwischen alten und neuen technologischen Designs sowie zwischen verschiedenen neuen Designs.

(3) **Entwicklung eines dominanten Designs**. Es entwickelt sich allmählich ein dominantes Technologiedesign, das sich gegenüber anderen Designs durchsetzt. Es ist dies der Zeitpunkt, an dem Experimente zur Entwicklung neuer Designs zu einem Ende kommen. Durch das Einverständnis über ein *best-practice design* lassen sich großmaßstäbige Produktionsprozesse installieren, die dazu führen, dass Lerneffekte und *economies of scale* erzielt werden. Es handelt sich bei dem dominanten Designs aufgrund vielfältiger Unsicherheiten jedoch nicht prinzipiell um die bestmögliche, effizienteste Lösung.

(4) **Phase inkrementaler Änderungen.** In der letzten Phase des Modells kommt es vor allem zu inkrementalen Verbesserungsinnovationen auf der Basis von andauernden Lernprozessen über das dominante Design. Die Phase setzt sich so lange fort, bis eine neue Phase technologischer Diskontinuitäten einsetzt.

Obwohl dieses dynamische Modell von Innovationsprozessen interessante Verknüpfungen verschiedener Innovationsprozesse herstellt, ist es letztlich sehr stark an der Schumpeter'schen (1911) Theorie langer Wellen orientiert (→ Kap. 15.1) und leidet an einer deterministischen Grundkonzeption technischen Fortschritts. Zudem ist die Schlussfolgerung des Modells zumindest fragwürdig, wonach inkrementale Innovationen eine geringere Bedeutung als radikale Innovationen haben. So lassen Arbeiten von Hippel (1977), Rosenberg (1982), Lundvall (1988) und Gertler (1995) darauf schließen, dass gerade inkrementale Innovationen auf der Basis kontinuierlicher Lernprozesse eine zentrale Rolle spielen.

logiegenerierung in seiner Gesamtheit kein deterministischer Prozess. Er ist individuell, weil er von den spezifischen Erfahrungen der Akteure eines Unternehmens abhängt, und selektiv, insofern als Routinen und Heuristiken Ausgangspunkte für spezielle Lern- und Suchprozesse sind. Technologische Entwicklungen sind dadurch in Strukturen kognitiver Routinen und Skripte (Zukin und DiMaggio 1990; DiMaggio 1997; Nooteboom 2000 b, Kap. 6.4) sowie sozialer Beziehungen eingebettet. Frühere Suchroutinen haben Einfluss auf zukünftiges Forschen und lenken den Innovationsprozess. Die spezifische Geschichte von Entscheidungen, Verhaltensweisen, Denkmustern oder Einstellungen verläuft entlang eines Entwicklungspfads, der durch seine Vergangenheit bedingt ist.

Technischer Fortschritt entsteht entweder durch die Entwicklung entlang einer bekannten technologischen Trajektorie, durch einen Wechsel zu einer anderen technologischen Trajektorie innerhalb eines bewährten Paradigmas oder durch den Wechsel zu einem anderen technologischen Paradigma. Demzufolge kann technologischer Wandel mehr oder weniger revolutionär verlaufen und mit einem unterschiedlichen Grad an Ungewissheit verbunden sein (Bathelt 1991 b, Kap. 2) (→ Box 14-3).

15 Technologischer und gesellschaftlicher Wandel

15.1 Theorie der langen Wellen

Während sich Kapitel 14 mit dem technischen Fortschritt und dessen Verbreitung auf Unternehmensebene beschäftigt, werden in den folgenden Abschnitten neue Technologien und deren Entstehung in einen gesamtwirtschaftlichen Zusammenhang gesetzt. Es wird versucht, den Prozess der Wissens- und Technologiegenerierung in ein umfassendes Konzept der langfristigen wirtschaftlichen und gesellschaftlichen Entwicklung zu integrieren, das es gestattet, die räumliche Organisation sozialer und ökonomischer Prozesse im Gesamtkontext gesellschaftlicher Strukturen und gesellschaftlichen Wandels zu analysieren und in zeitliche Phasen zu gliedern. So zeigen empirische Erfahrungen, dass sich Innovationsprozesse im Zeitablauf strukturell verändern und es notwendig ist, technologischen Wandel in eine Theorie der wirtschaftlich-gesellschaftlichen Entwicklung einzubetten (Bathelt 1992). Um dies zu demonstrieren und unterschiedliche Perspektiven zusammenzubinden, werden im Folgenden zunächst Theorien der langen Wellen, regulationstheoretische Ansätze und in Beziehung dazu territoriale Innovationsmodelle sowie Arbeiten über verschiedene Spielarten kapitalistischer Entwicklung (*varieties of capitalism*) diskutiert.

Die Theorie der langen Wellen bildet den ersten Ansatzpunkt der Diskussion. Sie ist Bestandteil der Konjunkturtheorie und entstand Ende des 19. Jahrhunderts, als man feststellte, dass die wirtschaftliche Entwicklung in kapitalistischen Volkswirtschaften nicht durch stetiges Wachstum, sondern durch oszillierende Abweichungen vom langfristigen Wachstumstrend gekennzeichnet war (Vosgerau 1988; Sternberg 1995b, Kap. 3.2.; Schätzl 1998, Kap. 2.3.9). In empirischen Studien wurden derartige Wellen der wirtschaftlichen Entwicklung mit unterschiedlichen Wellenlängen, Tragweiten und Entstehungsursachen identifiziert (Holtfrerich 1988). Durch die Arbeiten von Schumpeter (1911; 1961) rückten vor allem die sogenannten langen Wellen in den Mittelpunkt des Forschungsinteresses, da diese nicht durch normale marktwirtschaftliche Anpassungsmechanismen erklärt werden konnten. Im Unterschied zur klassischen ökonomischen Theorie wird in der Theorie der langen Wellen der technologische Wandel und das Entstehen technologischer Innovationen nicht als exogen vorgegeben angesehen, sondern als integraler Bestandteil der wirtschaftlichen Entwicklung modellintern erklärt. Die Theorie der langen Wellen ist als übergeordnete Theorie des technologischen Wandels allerdings nicht unumstritten, zumal unterschiedliche und teilweise konträre Ansätze zur Erklärung des Wellenverlaufs existieren (z. B. Mensch 1975; Rostow 1975; Delbeke 1981; Mandel 1981; Rothwell 1982; Läpple 1987).

15.1.1 Schumpeters Theorie der langen Wellen

Die langen Wellen der wirtschaftlichen Entwicklung bezeichnete Schumpeter (1961) zu Ehren des russischen Wissenschaftlers Kondratieff als Kondratieff-Zyklen. Dieser hatte versucht, die Existenz langer Wellen anhand verschiedener Zeitreihen nachzuweisen und zog hierfür z. B. die Roheisenerzeugung und die landwirtschaftlichen Arbeitslöhne in England sowie die Außenhandelsumsätze und den Kohleverbrauch in Frankreich heran (Kondratieff 1926). Er konnte mittels gleitender Durchschnitte lange Wellen in der Entwicklung dieser Zeitreihen mit einer Wellenlänge von 50 bis 60 Jahren identifizieren.

Schumpeter (1911, Kap. 2 und 6) erklärt das Entstehen langer Wellen als einen *„Prozess der schöpferischen Zerstörung durch das scharenweise*

Auftreten von Unternehmern". Gemäß diesem Erklärungsansatz gerät die wirtschaftliche Entwicklung genau dann in eine Abschwungphase, wenn neue Kombinationen – d. h. Basisinnovationen – entstehen und in Konkurrenz zu alten Kombinationen – d. h. etablierten Produkten und Technologien – treten. Sie wirken damit auf die Produktionsbedingungen der alten Kombinationen und entziehen diesen zunehmend Produktionsfaktoren (Schumpeter 1911, Kap. 2). In der Folge kommt es zu einer ökonomischen Krise. Diese kann erst überwunden werden, wenn die neuen Kombinationen eine hinreichende Akzeptanz gefunden haben und ihr Wachstumspotenzial entfalten. Durch Nachahmungseffekte werden nunmehr „schwarmweise" neue Unternehmer mit Verbesserungs- und Folgeinnovationen aktiv. Die Wellenbewegung wird dadurch erklärt, dass sich neue gegen alte Kombinationen im Wettbewerb durchsetzen müssen (Schumpeter 1961, Kap. IV). Infolge des wirtschaftlichen Niedergangs der alten Kombinationen und der noch bestehenden engen Verflechtungen mit anderen Sektoren entsteht zunächst eine Krisentendenz in der gesamten Volkswirtschaft. Erst durch das Wachstum der sich sukzessive durchsetzenden neuen Kombinationen werden Multiplikatoreffekte auf andere Sektoren übertragen. In dieser sekundären Welle manifestiert sich schließlich eine neue Aufschwungphase: die nächste lange Welle.

Das scharen- bzw. schwarmweise Auftreten von Unternehmern begründet Schumpeter (1911, Kap. 2) damit, dass Unternehmerfähigkeiten nicht auf alle Personen gleich verteilt sind, sondern einer Normalverteilung folgen. Deshalb gibt es in der Anfangsphase einer langen Welle nur wenige Personen, die die Fähigkeit haben, die Marktchancen einer Innovation abzuschätzen und die mit ihr verbundenen Risiken zu tragen. Sie werden jedoch im Erfolgsfall zu Vorreitern, weil sie einen Unternehmergewinn als temporäre Monopolrente abschöpfen (→ Kap. 13.2). Dieser Unternehmergewinn bildet einen Anreiz zur Nachahmung (Schumpeter 1911, Kap. 4; 1961, Kap. III). Zudem sinkt das Risiko für Nachfolgeinnovationen, da Routineabläufe der alten Kombinationen bereits durchbrochen sind. Im Zeitablauf verringern sich die Anforderungen an Unternehmerfähigkeiten und es werden immer mehr Innovationshindernisse beseitigt. Es kommt zum scharenweisen Auftreten von Unternehmern, was sich über Rückkopplungseffekte auch auf vor- und nachgelagerte Sektoren ausdehnt.

Basierend auf den Arbeiten von Schumpeter (1911; 1961) und Kondratieff (1926) werden vier **lange Wellen** der wirtschaftlichen Entwicklung seit dem Beginn der industriellen Revolution unterschieden (→ Abb. 15-1). Jede Welle wurde dabei von bestimmten Industriesektoren getragen, in denen wichtige Basisinnovationen eingeführt wurden (Schumpeter 1961, Kap. VI und VII; Dicken 1986, Kap. 2; Holtfrerich 1988; 1998, Kap. 5):

(1) Die **erste lange Welle** von 1790 bis 1840 wurde vor allem durch die Dampfkraft als Basisinnovation geprägt. Zentrale Sektoren dieser Phase waren die Textilverarbeitung und die Eisenindustrie.

(2) Die **zweite lange Welle** von 1840 bis 1890 war durch die weitreichende industrielle Nutzung der Dampfkraft und die Erfindung der Eisenbahn gekennzeichnet. In dieser durch erheblich verbesserte Transportmöglichkeiten gekennzeichneten Phase waren die Eisen- und Stahlverarbeitung die wichtigsten Industriesektoren.

(3) Die **dritte lange Welle** von 1890 bis 1940 wurde vor allem durch die Elektrizität als Basiserfindung getragen. Bedeutende Innovationen fanden in dieser Phase vor allem in der Elektro-, Chemie- und Automobilindustrie statt.

(4) Die um 1940 einsetzende **vierte lange Welle** war durch Erfindungen im Bereich der Elektronik- und Computerindustrie, der Petrochemie und der Verarbeitung synthetischer Materialien geprägt.

(5) Einige Autoren vermuten, dass in den 1970er oder 1980er-Jahren eine **fünfte lange Welle** eingesetzt hat (Mensch 1975; Rostow 1975; Rostow 1977; Hall 1985). Diese Vermutung ist allerdings umstritten, zumal über die zentralen Innovationen dieser Welle bisher keine Einigkeit besteht.

Hinsichtlich eines empirischen Nachweises für die Existenz langer Wellen wurde die Arbeit von Kondratieff (1926) aufgrund der Verwendung

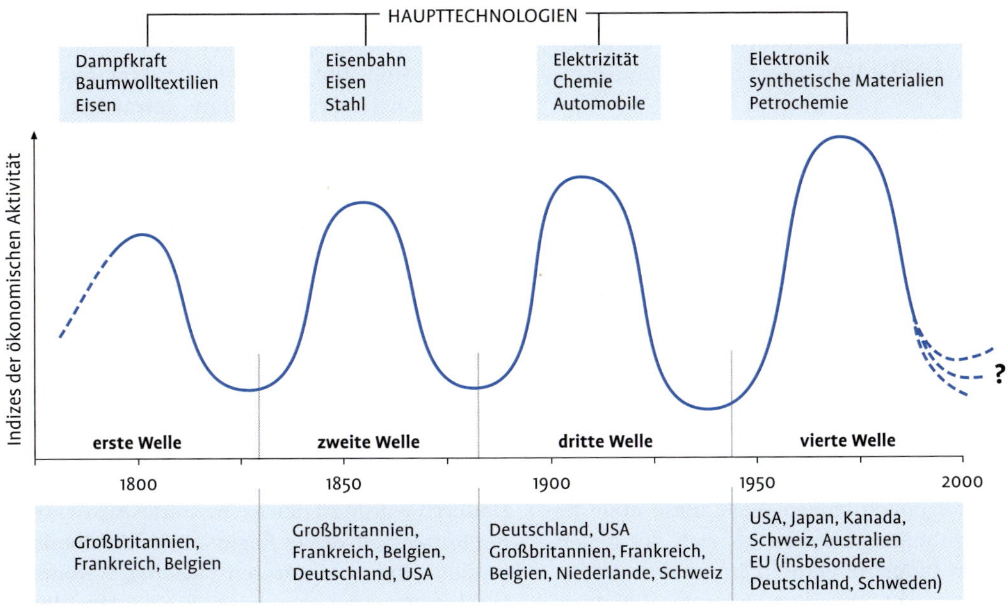

Abb. 15-1: Schematischer Ablauf der Kondratieff-Wellen (nach Dicken 1998, S. 148)

von Preisreihen stark kritisiert. Eine viel beachtete empirische Überprüfung der Theorie der langen Wellen geht auf Mensch (1975) zurück (Delbeke 1981). In einer Untersuchung der Innovationstätigkeit stellte Mensch (1975) fest, dass in den Jahren 1825, 1886 und 1935 jeweils eine Clusterung von Basisinnovationen stattgefunden hatte, die in der Folgezeit zur Entwicklung neuer Industriesektoren führte. Während Basisinnovationen den wirtschaftlichen Aufschwung einleiteten, stützte sich die eigentliche Aufschwungphase, wie von Schumpeter (1911) erwartet, vor allem auf Verbesserungsinnovationen.

15.1.2 Lange Wellen in räumlicher Perspektive

Obwohl die Theorie der langen Wellen keinen expliziten räumlichen Bezug anstrebt, lassen sich aus der historischen Analyse empirische Regelmäßigkeiten über die räumlichen Standortschwerpunkte tragender Industriesektoren und ihre langfristige Dynamik erkennen (Bathelt 1991 b, Kap. 11). So zeigt sich, dass sich in der Aufeinanderfolge von langen Wellen nicht nur die jeweils dominierenden Industriesektoren änderten, sondern auch die tragenden Volkswirtschaften (Hall 1985) (→ Abb. 15-1). Während grundlegende Erfindungen der ersten langen Welle vor allem in England stattfanden, traten in der zweiten Welle neben England auch Deutschland und teilweise die USA hinzu. Die dritte lange Welle mit Erfindungen in der Elektro-, Chemie- und Automobilindustrie konzentrierte sich vor allem auf die USA und Deutschland. Mit der vierten Welle schließlich verlor Deutschland an Bedeutung. Die wichtigen Innovationen der Computer- und Halbleiterindustrie fanden in den USA statt, wobei im Verlauf dieser Welle zusätzlich Japan zu einer tragenden Volkswirtschaft wurde. Parallel zu dieser Abfolge lassen sich auch innerhalb von Volkswirtschaften mit dem Ablauf langer Wellen räumliche Verlagerungen von Standortschwerpunkten der führenden Industriesektoren feststellen (Rostow 1977; Rothwell 1982). So entwickelten sich von Welle zu Welle in Deutschland, England und den USA jeweils neue regionale Standortschwerpunkte mit einer hohen Konzentration der jeweils dominierenden Industriesektoren. Dies war häufig mit der Tendenz zur Entstehung monostrukturierter Industrieballungen verbunden, die durch enge regionale Verflechtungsnetze gekennzeichnet waren.

Empirische Beobachtungen legen die Schlussfolgerung nahe, dass mit der Dynamik langer Wellen auch eine grundlegende Dynamik der industriellen Standortwahl einhergeht, die dazu führt, dass sich internationale und interregionale Standortschwerpunkte mit der Abfolge der tragenden Industriesektoren verändern. Unter dem Einfluss einer langen Welle und der mit ihr verbundenen Innovationen entwickeln sich ausgeprägte industrielle Agglomerationen mit starken Persistenzeffekten (Bathelt 1991 b, Kap. 11). Die Standortschwerpunkte scheinen mit dem Beginn der nachfolgenden langen Welle diese Rolle jedoch einzubüßen, insofern als sich die neuen führenden Industriesektoren in anderen Volkswirtschaften und Regionen ballen als die zuvor dominierenden Branchen. Hierfür gibt es verschiedene Erklärungen:

(1) **Wandel der Standortwahl.** Der traditionellen Standortlehre folgend könnte man argumentieren, dass verschiedene Industriesektoren unterschiedliche Standortanforderungen stellen und dass mit der Abfolge langer Wellen unterschiedliche optimale Standortschwerpunkte resultieren (Hall 1985). So waren die Standortschwerpunkte der Eisen- und Stahlindustrie der zweiten langen Welle aufgrund der Bedeutung von Transportkosten in erster Linie rohstofforientiert in der Nähe der Kohle- und Erzreviere zu finden. Diese Standortfaktoren spielten für die tragenden Industrien der späteren Wellen hingegen keine große Rolle mehr. Für die Unternehmen der Computer- und Halbleiterindustrie der vierten langen Welle waren stattdessen Standorte mit vielfältigen Agglomerationsvorteilen, der Nähe zu Forschungseinrichtungen und Universitäten sowie einem qualitativ hochwertigen Arbeitsmarkt von erheblich größerer Bedeutung (→ Kap. 6.3).

(2) **Nachholende Ausgleichsprozesse.** Diese Erklärung ist allerdings unbefriedigend, weil hierbei die politischen, gesellschaftlichen und institutionellen Rahmenbedingungen nicht berücksichtigt werden, die sich innerhalb der letzten zwei Jahrhunderte grundlegend verändert haben. Mit dem Wandel hat sich das Möglichkeitsspektrum für Unternehmensstrategien und Produktionsstrukturen derart gewandelt, dass die Organisationsformen sozialer und ökonomischer Prozesse und deren Einbettung in lokale Kontexte kaum mehr miteinander vergleichbar sind. Rostow (1977) betrachtet langfristige Verlagerungen von Standortschwerpunkten vor allem als einen wechselseitigen Prozess von Konzentrations- und nachholenden Ausgleichstendenzen. In jedem Fall lässt sich feststellen, dass sich mit dem Ablauf langer Wellen jeweils spezialisierte Industrieballungen mit vielfältigen regionalen Arbeitsmarkt-, Informations- sowie Zuliefer- und Absatzbeziehungen entwickelt haben. Dadurch wurde zugleich eine starke Ausrichtung der Ressourcen dieser Regionen auf die dominierenden Industriesektoren bewirkt, wodurch Wachstumsvoraussetzungen für andere Branchen beeinträchtigt wurden (z. B. Grabher 1989; Storper und Walker 1989, Kap. 3; 1993 c).

15.1.3 Kritische Würdigung der Theorie der langen Wellen

Die Hauptkritikpunkte an der Theorie der langen Wellen beziehen sich auf die in dem Konzept enthaltenen **technologischen Determinismen** (Walker 1987). So ist bisher weder die Wellenlänge von 40 bis 60 Jahren empirisch nachgewiesen, noch existiert eine zwingende theoretische Begründung für eine strenge Zyklizität der wirtschaftlichen Entwicklung in genau dieser Länge. Aus den wenigen bisherigen langen Wellen lässt sich jedenfalls nicht mit hinreichender Sicherheit auf eine deterministische Sequenz schließen. Letztlich bleibt unklar, warum es in einem etwa 50-jährigen Rhythmus zum scharenweisen Auftreten von Basisinnovationen kommen soll. Es erscheint spekulativ anzunehmen, dass sich dieser Rhythmus in Zukunft in gleicher Weise fortsetzt (Bathelt 1991 b, Kap. 11).

Ebenso muss der **monokausale Erklärungszusammenhang** in der von Schumpeter (1911) geprägten und weithin akzeptierten Version der Theorie der langen Wellen abgelehnt werden. So wird zu Recht kritisiert, dass die initialen Marktdurchbrüche in dem Modell von Schumpeter (1911) als exogene Faktoren behandelt werden (Rostow 1975; Walker 1987). Ferner liefert diese Version der Theorie langer Wellen eine rein technisch-ökonomische Erklärung der langfristigen Entwicklungsverläufe und vernachlässigt den institutionellen und gesellschaftlichen Handlungsrahmen. Lässt sich tatsächlich aus der – möglicherweise nur zufälligen – zeitlichen Übereinstimmung von Innovationswellen und wirtschaftlichen Abschwung- und Aufschwungperioden eine monokausale Abhängigkeitsbeziehung herleiten? Es besteht kein zwingender Grund, wirtschaftliche Entwicklungsprozesse ausschließlich auf den technologischen Fortschritt zurückzuführen. Seit Beginn der industriellen Revolution gab es mindestens ebenso fundamentale Veränderungen der institutionellen und gesellschaftlichen Strukturen – z. B. durch Kriege, Revolutionen und gesellschaftlichen Wandel – wie der technologischen und ökonomischen Strukturen. In neoschumpeterianischen Ansätzen über die Entstehung technisch-ökonomischer Paradigmen und in der Regulationstheorie werden demgegenüber die institutionellen und gesellschaftlichen Rahmenbedingungen der wirtschaftlichen Entwicklung als wichtige Ursachen für das Entstehen neuer Wirtschaftsepochen hervorgehoben.

15.1.4 Technisch-ökonomische Paradigmen im neoschumpeterianischen Ansatz

In dem neoschumpeterianischen Erklärungsansatz von Freeman und Perez (1988) wird die langfristige wirtschaftliche Entwicklung als eine Abfolge langer Wellen angesehen, die durch unterschiedliche technisch-ökonomische Paradigmen geprägt sind. Die Aufschwung- und Abschwungphasen entstehen dabei aus dem Zusammenwirken des technisch-ökonomischen Systems mit den sozio-institutionellen Rahmenbedingungen. Der Übergang von einer langen Welle zu der darauffolgenden langen Welle wird durch einen krisenbehafteten Paradigmenwechsel verursacht. Im Unterschied zu Schumpeters (1911; 1961) Theorie der langen Wellen gehen Freeman und Perez (1988) davon aus, dass die Überwindung der mit dem Paradigmenwechsel verbundenen Krise auch soziale und institutionelle Anpassungen erfordert, damit die neuen technisch-ökonomischen Strukturen gesellschaftlich abgesichert werden (Freeman 1990; Benko und Dunford 1991; Nielsen 1991; Elam 1994; Bathelt 1997a, Kap. 2; Hayter 1997, Kap. 2; Schamp 2000b, Kap. 1.1).

Unter einem **technisch-ökonomischen Paradigma** verstehen Freeman und Perez (1988) eine Menge dominanter Produkt-, Prozess-, Management- und Organisationsinnovationen, die miteinander in Beziehung stehen. Sie ermöglichen radikale Produktivitätsanstiege sowie ein breites Spektrum an Investitionsmöglichkeiten in vielen Teilsektoren einer Volkswirtschaft. Innerhalb eines solchen Paradigmas etablieren sich führende Technologien und ein charakteristischer Schlüssel-Input in Verbindung mit spezifischen Input-Strukturen. Es entwickelt sich ein charakteristisches räumliches und sektorales Muster der Investitionen und Unternehmensgründungen und es setzen sich bestimmte Konsummuster und Verhaltensweisen durch. Fortlaufende inkrementale Innovationen entlang bestimmter Entwicklungspfade (Dosi 1982; 1988) führen zu einem kumulativen Wachstumsprozess innerhalb des technisch-ökonomischen Paradigmas.

Wenn die dominanten technologischen Entwicklungspfade eines Paradigmas an ihre Grenzen stoßen, kündigt sich ein Paradigmenwechsel an, der mit einer Hinwendung zu neuen Entwicklungspfaden auf der Basis neuer Produktions-, Organisations- und Managementprinzipien verbunden ist. Während der krisenhaften Umbruchphase sind Anpassungen der technologischen und wirtschaftlichen Strukturen erforderlich. Auf der Seite der Produktionsfaktoren setzt sich ein neuer Input-Faktor als Schlüssel-Input durch, der durch sinkende Stückkosten, praktisch unbegrenzte Verfügbarkeit und breite Anwendungsmöglichkeiten gekennzeichnet ist. Aufgrund seiner Überlegenheit wird der neue Schlüssel-Input in weiten Bereichen der Volkswirtschaft eingesetzt und rückt in den Mittelpunkt der mit dem Paradigmenwechsel verbundenen Innovationsprozesse (Freeman und Perez 1988; Nielsen

1991; Schamp 2000b, Kap. 1.1). Mit der Ausbreitung des technisch-ökonomischen Paradigmas erhöht sich zugleich das Vertrauen der Entscheidungsträger in die zukünftige wirtschaftliche Entwicklung, sodass die allgemeine Investitionstätigkeit ansteigt.

Da das technisch-ökonomische Paradigma anfangs auf sozio-institutionelle Strukturen trifft, die noch durch das alte System geprägt sind, kann das neue Paradigma seine Wachstumsimpulse nicht voll entfalten. Es entspricht dies auf aggregierter Ebene dem Konflikt zwischen neuen Produkten und Technologien (Innovationen) und bestehenden Institutionen, den Hargadon und Douglas (2001) in ihrer Arbeit in den Mittelpunkt stellen. Ein grundlegender Strukturwandel wird demnach erst möglich, wenn Inkonsistenzen zwischen dem technisch-ökonomischen und dem **sozio-institutionellen System** ausgeräumt sind und das neue technisch-ökonomische Paradigma durch veränderte gesellschaftliche Verhaltensweisen, Institutionen und Koordinationsformen unterstützt wird (Freeman und Perez 1988).

Obwohl der neoschumpeterianische Ansatz die Bedeutung des sozio-institutionellen Systems für die langfristige wirtschaftliche Entwicklung hervorhebt, leidet er ähnlich wie andere Versionen der Theorie der langen Wellen an einem technologischen Determinismus und einer Monofunktionalität (Bathelt 1997a, Kap. 2). Dies drückt sich darin aus, dass die wirtschaftliche Entwicklung als durch die technisch-ökonomische Struktur bestimmt angesehen wird. Das sozio-institutionelle System spielt nur eine untergeordnete Rolle, wird in seiner Funktionsweise nicht näher erläutert und erzeugt in dem Ansatz von Freeman und Perez (1988) lediglich Randbedingungen zur Entfaltung des neuen technisch-ökonomischen Paradigmas. Sozio-institutionelle Strukturen sind in dieser Sichtweise durch die Erfordernisse des technisch-ökonomischen Systems weitgehend vorbestimmt (Nielsen 1991; Elam 1994).

Die Vertreter des neoschumpeterianischen Ansatzes gehen davon aus, dass das in der Nachkriegszeit dominierende technisch-ökonomische Paradigma in den 1970er-Jahren seine Grenzen erreicht und einen krisenhaften Umstrukturierungsprozess eingeleitet hat. Es wird erwartet, dass das neue Paradigma informationsintensiv statt energieintensiv ist und dass es durch die Mikroelektronik als Schlüssel-Input und durch Innovationen im Bereich der Informations- und Kommunikationstechnologien gekennzeichnet ist. Ferner wird angenommen, dass sich in weiten Bereichen der Volkswirtschaft flexible Produkt- und Prozessstrukturen durchsetzen, die an die Stelle standardisierter Massenproduktion treten. Eine ähnliche Transformation wird auch von Vertretern der Regulationstheorie angenommen.

15.2 Regulationsansatz

Noch stärker als die neoschumpeterianische Variante der Theorie der langen Wellen zielen regulationstheoretische Forschungsansätze auf eine umfassende integrative Erklärung der langfristigen Entwicklung kapitalistischer Wirtschafts- *und* Gesellschaftsstrukturen ab. Die vereinfacht als Regulationstheorien zusammengefassten Forschungsansätze sind aus der Kritik an deterministischen Interpretationen marxistischer Entwicklungstheorien sowie der unzulänglichen Behandlung des technologischen Wandels in neoklassischen Theorien hervorgegangen (Boyer 1988; 1990, Kap. 1). Es wird ein alternativer Erklärungsansatz dafür gesucht, warum bei langfristiger Betrachtung relativ stabile Phasen des Wachstums durch Phasen der krisenhaften Entwicklung abgelöst werden, ohne dabei wie in der Theorie der langen Wellen eine Zyklizität zu unterstellen. In der in Frankreich von Aglietta (1979), Lipietz (1985; 1987) und Boyer (1988; 1990) entwickelten Regulationstheorie wird der Versuch unternommen, die wirtschaftlich-technischen und gesellschaftlich-institutionellen Strukturen und Prozesse auf konsistente Weise in einen komplexen Erklärungszusammenhang einzubinden (Jessop 1986; Hübner 1989; Hirsch 1990; Tickell und Peck 1992). In der deutschen Geographie wurde der Regulationsansatz insbesondere in den Arbeiten von Fuchs (1992), Danielzyk und Ossenbrügge (1993), Helbrecht (1994), Bathelt

(1994; 1997 a), Krätke (1996; 1999) und Danielzyk (1998) diskutiert.
In der **Regulationstheorie** wird die langfristige wirtschaftlich-gesellschaftliche Entwicklung durch eine nicht-deterministische Abfolge von Entwicklungsphasen und Entwicklungskrisen dargestellt. Entwicklungsphasen sind durch einen **konsistenten wirtschaftlich-gesellschaftlichen Entwicklungszusammenhang** über einen längeren Zeitraum hinweg gekennzeichnet, der ein Akkumulationsregime als Ausdruck der technisch-ökonomischen Struktur und eine Regulationsweise als Ausdruck der gesellschaftlich-institutionellen Struktur zusammenbindet. Der Übergang von einer Entwicklungsphase zur nächsten erfolgt durch eine **strukturelle Krise**. Räumliche Bezugsebene und Ausgangspunkt regulationstheoretischer Erklärungen ist zumeist der Nationalstaat als Territorium einer Volkswirtschaft, auf dessen Ebene die zentralen institutionellen Arrangements geregelt sind (Lipietz 1987, Kap. 4; Boyer 1990, Kap. 2; Hirsch 1990, Kap. 2; Jessop 1992). Akkumulationsregime und Regulationsweise beeinflussen sich wechselseitig, sind aber nicht deterministisch auseinander herleitbar. Dies wird im Folgenden erläutert (Bathelt 1994; 1997 a).

15.2.1 Akkumulationsregime und Regulationsweise

Das Akkumulationsregime definiert vereinfacht die Bedingungen und die Geschwindigkeit, unter denen gesamtwirtschaftliche Wachstumsprozesse ablaufen und das erwirtschaftete gesellschaftliche Produkt verteilt wird (Lipietz 1985). Eine spezifische Produktionsstruktur und ein bestimmtes Konsummuster wirken dabei über marktbedingte und nicht-marktbedingte Austauschprozesse kontinuierlich zusammen (→ Abb. 15-2). Zentraler Bestandteil der **Produktionsstruktur** ist das industrielle oder technologische Paradigma, das durch die vorherrschenden Produkt- und Prozesstechnologien sowie die damit verbundenen Formen der Arbeitsorganisation und Arbeitsteilung charakterisiert ist. Durch die vorherrschenden Technologien und Organisationsmuster entsteht eine bestimmte Industrie- und Produktstruktur, in der die dominierenden Branchen über Verflechtungsbeziehungen mit anderen Branchen in Kontakt stehen und deren Entwicklung beeinflussen. Der Produktionsstruktur steht ein bestimmtes **Konsummuster** gegenüber, das sich durch ein typisches Präferenzsystem, spezifische Konsumtraditionen sowie eine gegebene Haushalts- und Familienstruktur und Einkommensverteilung auszeichnet. Dieses Konsummuster prägt wiederum Höhe und Zusammensetzung der Nachfragestruktur (Hirsch 1990, Kap. 2 und 3).
In der Zeit nach dem Zweiten Weltkrieg entwickelte sich in den Industriestaaten Nordamerikas und Westeuropas eine relativ stabile, in sich konsistente Entwicklungsphase, die in Anlehnung an die Strukturen in der Automobilindustrie als fordistisch bezeichnet wird. Das **fordistische Akkumulationsregime** war gekennzeichnet durch eine Produktionsstruktur mit der Massenproduktion standardisierter Güter und einem durch Massenkonsum und standardisierte Konsumbedürfnisse gekennzeichneten Konsummuster. Die Großserien- und Massenproduktion fand in großmaßstäblichen Produktionsprozessen mit geringer Flexibilität statt, in denen durch Ein-Zweck-Anlagen *economies of scale* abgeschöpft werden konnten. Charakteristisch für die Produktion war eine auf Taylor (1919) und Ford (1923) zurückgehende tayloristisch-fordistische Arbeitsteilung mit strengen hierarchischen Zuständigkeiten (→ Kap. 3.3). Dieser Produktionsstruktur entsprach ein Konsummuster, das durch die Massennachfrage nach langlebigen Verbrauchsgütern, wie z. B. nach Autos, Radios, Fernsehern und Kühlschränken, gekennzeichnet war. Im Zentrum der sich entwickelnden Industriestruktur standen massenproduzierende Konsumgüterindustrien (Hirsch und Roth 1986, Kap. II; Boyer 1988; Leborgne und Lipietz 1990; 1992; Sayer und Walker 1992, Kap. 4).
Nicht alle Wirtschaftszweige und Unternehmen waren allerdings durch eine derartige Struktur der Massenproduktion gekennzeichnet (Piore und Sabel 1984, Kap. 2). Das hing unter anderem damit zusammen, dass einerseits nicht in allen Branchen die technischen und marktlichen Voraussetzungen für eine fordistische Produk-

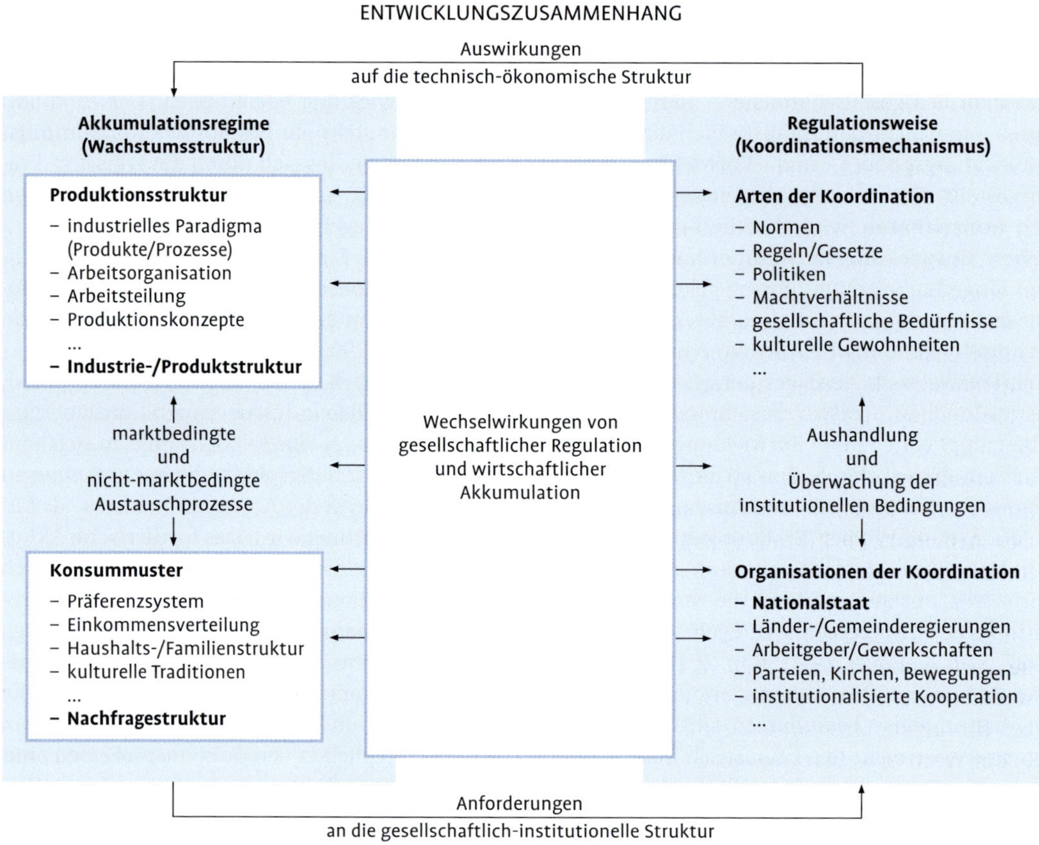

Abb. 15-2: Regulationstheoretische Grundstruktur der wirtschaftlich-gesellschaftlichen Beziehungen (nach Bathelt 1994, S. 66)

tionsstruktur gegeben waren und andererseits für viele Produkte keine ausreichend großen Nachfragemärkte existierten, die zur Einführung einer standardisierten Massenproduktion erforderlich waren. Nicht-fordistische Industriebranchen komplettierten die Gesamtgüterstruktur, indem sie Marktlücken füllten, die von fordistischen Produzenten nicht bedient wurden, oder indem sie Zulieferfunktionen für diese Sektoren übernahmen (Sayer 1989; Hirsch 1990, Kap. 3; Jessop 1992).

Im Unterschied zu traditionellen Erklärungsansätzen wie der Theorie der langen Wellen berücksichtigt die Regulationstheorie neben den technisch-ökonomischen Grundstrukturen im Konzept der Regulationsweise auch die gesellschaftlich-institutionellen Zusammenhänge (Bathelt 1994; 1997 a, Kap. 2). Die **Regulationsweise** umfasst Handlungsstabilisierungen basierend auf Normen, Regeln, Gesetzen, Konventionen, Machtverhältnissen und anderen institutionellen Zusammenhängen, die den wirtschaftlichen und gesellschaftlichen Kontext für das Handeln der Akteure bilden (→ Abb. 15-2). Dadurch werden Handlungsabläufe so geregelt, dass reproduzierbare Austauschbeziehungen zwischen Produktion und Konsum entstehen (Boyer 1988; Hirsch 1990, Kap. 2; Benko 1996). Es werden miteinander vereinbarte Verhaltensweisen im Rahmen des Akkumulationsregimes gesichert (Lipietz 1985). Von besonderer Bedeutung für die Wechselwirkungen von gesellschaftlicher Regulation und wirtschaftlicher Akkumulation sind die institutionellen Akteure bzw. Organisationen, die den wirtschaftlich-gesellschaftlichen Handlungsrahmen aushandeln, durchsetzen und überwachen. In der fordistischen Entwicklungsphase waren dies vor allem der Nationalstaat, der die äußere Grenze des fordistischen Entwicklungszusammenhangs bildete, und seine untergeordneten Gebietskörperschaften sowie die Arbeitgeberverbände, Gewerkschaften und eine Vielzahl weiterer institutioneller Akteure und Interessengruppen (Hirsch 1990, Kap. 2).

Im Mechanismus der Regulationsweise unterscheidet Boyer (1988; 1990, Kap. 2) fünf Arten **institutioneller Formen**, die Konfliktbereiche im Entwicklungszusammenhang regeln und zwischen individuellen Akkumulationsstrategien und gesellschaftlichen Interessen vermitteln (Hübner 1989, Kap. III):

- Der **Arbeits-Lohn-Zusammenhang** definiert die konkreten Beschäftigungsverhältnisse und regelt das Lohnsystem.
- Durch die **Geld- und Kreditform** wird die Höhe der Geldmenge und deren Wirksamkeit gesteuert. Somit entstehen Potenziale und Grenzen für private Investitionsaktivitäten.
- In der **Wettbewerbsform** werden die grundlegenden Bedingungen des Markttauschs und der Beziehungen zwischen ökonomischen Akteuren abgesteckt.
- Die **Staatsform** regelt den Rahmen, in dem der Staat in Märkte eingreifen darf.
- Mit der **Form der internationalen Handelsbeziehungen** werden Austauschprozesse zwischen Nationalstaaten geregelt.

In der fordistischen Entwicklungsphase erfolgte die Regelung der institutionellen Formen vor allem auf nationalstaatlicher Ebene (Lipietz 1985; Jessop 1986). Die Löhne und Arbeitsbedingungen wurden durch *collective bargaining* zwischen den Arbeitgeberverbänden, den Gewerkschaften und dem Nationalstaat ausgehandelt, wobei im Prinzip weitgehende Interessengleichheit zwischen den Akteursgruppen bestand (Hirsch und Roth 1986, Kap. II; Harvey 1990, Kap. 8; 1990; Benko und Dunford 1991; Leborgne und Lipietz 1992). Die Kompatibilität von Produktionsstruktur und Konsummuster war durch die antizipatorische Kopplung der Lohnanstiege an die erwarteten Produktivitäts- und Preisanstiege gewährleistet. Die Beschäftigten partizipierten somit an den Produktivitätsfortschritten der Massenproduktion, was wiederum Massenkonsum ermöglichte (Sayer 1989). Zugleich schuf der sogenannte **keynesianische Wohlfahrtsstaat** durch wohlfahrtsstaatliche und antizyklische Staatsausgaben die Voraussetzungen, dass auch Personen, die aus dem Arbeitsprozess ausgeschlossen waren, am Konsum teilhaben konnten, und dass negative Auswirkungen von Konjunkturschwankungen (z. B. vorübergehende Arbeitslosigkeit) gemindert wurden (Jessop 1986; 1991). In gleicher Richtung wirkte auch die ausgleichsorientierte Raumordnungs- und regionale Wirtschaftspolitik, die darauf abzielte, räumliche Einkommensdisparitäten abzubauen und gleichwertige Lebens- und Arbeitsbedingungen zu schaffen (→ Kap. 12.3).

15.2.2 Entwicklungsphase und -krise in räumlicher Perspektive

Die Regulationsweise ist Ausdruck der sozialen Beziehungen und Verhaltensmuster, die einen Ausgleich zwischen Produktion und Konsum ermöglichen und Konflikte im Akkumulationsprozess lösen. Wenn Akkumulationsregime und Regulationsweise über einen längeren Zeitraum hinweg durch einen konsistenten Entwicklungszusammenhang gekennzeichnet sind, liegt eine **Entwicklungsphase** vor (Lipietz 1985; Hirsch 1990, Kap. 2; Bathelt 1994).

Entwicklungsphasen sind dabei nicht frei von Turbulenzen und Inkonsistenzen. Allerdings sind Konjunkturzyklen im Sinn der Regulationstheorie noch keine strukturbedrohenden (strukturellen) Krisen, denn sie gefährden nicht die Reproduzierbarkeit und Konsistenz der technisch-ökonomischen und sozio-institutionellen Strukturen (Boyer 1988). Eine **strukturelle Krise** entsteht erst dann, wenn die Grundstrukturen von Akkumulationsregime und Regulationsweise nicht mehr miteinander kompatibel sind. Damit wird der Fortbestand des Entwicklungszusammenhangs gefährdet oder sogar verhindert (Lipietz 1985; Tickell und Peck 1992). Ursache einer solchen strukturellen Krise kann sein, dass das vorherrschende industrielle Paradigma an technische Grenzen stößt oder ein radikaler Wandel der gesellschaftlichen Werte und Konsumgewohnheiten einsetzt, der zu Diskrepanzen mit der Produktionsstruktur führt, die mittels der gegebenen Problemlösungsmechanismen der Regulationsweise nicht mehr auflösbar sind. Ebenso können exogene Ereignisse, wie z. B. Kriege, die Konsistenz eines Entwicklungszusammenhangs gefährden (Boyer 1988; 1990, Kap. 2; Bathelt 1994).

Die Überwindung einer strukturellen Krise erfordert die Entwicklung neuer Produktions-, Konsum- und/oder Regulationsmuster. Da prinzipiell unterschiedliche Koordinationsmechanismen mit einem Akkumulationsregime kompatibel sein können, ist der Weg zu einem neuen stabilen Entwicklungszusammenhang prinzipiell unbestimmt und langfristig gesehen nicht prognostizierbar (Lipietz 1985; Boyer 1988). Vielmehr setzen Aushandlungs- und Abstimmungsprozesse zwischen verschiedenen wirtschaftlichen und gesellschaftlichen Interessengruppen ein, an deren Ende neue oder veränderte Institutionen, Konsumgewohnheiten und/oder Technologiestrukturen stehen können. Erst das Ergebnis dieser Aushandlungen und Anpassungen schafft die Voraussetzungen für die Herausbildung eines neuen konsistenten Entwicklungszusammenhangs. In diesem Sinn versteht Lipietz (1985) einen konkreten Entwicklungszusammenhang als eine **„geschichtliche Fundsache"**. Dennoch zeigen sich in der Übergangsphase bereits wichtige Strukturmerkmale und -veränderungen, die gegeneinander konkurrieren und von denen einige den zukünftigen Entwicklungszusammenhang prägen (Hirsch und Roth 1986, Kap. IV; Moulaert und Swyngedouw 1990). Bestimmte Charakteristika zukünftiger Entwicklungsphasen sind somit bereits latent vorhanden, bevor sie Dominanz erlangen (Hirsch 1990, Kap. 8; Jessop 1992).

Die Regulationstheorie vermittelt über die Rolle des Nationalstaats einen territorialen Zusammenhang und schafft durch die Abfolge von Entwicklungsphasen und -krisen ein wichtiges Grundgerüst wirtschaftsgeographischer Studien, um Strukturen der räumlichen Organisation bestimmten historischen Phasen zuzuordnen und deren Wandel zu beschreiben und zu erklären. In der Regulationstheorie wird ein Zusammenhang hergestellt zwischen dem gesellschaftlichen und technologischen Wandel, dem Einfluss von Institutionen, der vorherrschenden unternehmensinternen und -übergreifenden Arbeitsteilung sowie der beobachtbaren Standortstrukturen (Bathelt 1994; 1997 a, Kap. 2). Innerhalb eines konsistenten Entwicklungszusammenhangs entstehen führende Industriezweige, deren unternehmens- und branchenübergreifende Organisationsmuster wesentlichen Einfluss auf die räumliche Wirtschaftsstruktur haben. Es entwickeln sich Kernregionen, die über eine bestimmte Arbeitsteilung zwischen Unternehmen, Branchen und Wertschöpfungsketten mit anderen Regionen verbunden sind. Dies schlägt sich in einer für den Entwicklungszusammenhang typischen räumlichen Arbeitsteilung und einer entsprechenden hierarchischen Standortstruktur nieder (Tickell und Peck 1992; Esser und Hirsch 1994). Die nationalstaatlich variierenden sozioinstitutionellen Arrangements ermöglichen hierbei, dass wirtschaftliche Anpassungs- und Lernprozesse von Land zu Land unterschiedlich verlaufen und verschiedene Krisenlösungsstrategien zur Folge haben können.

Die **Entwicklungskrise** hat auch **in räumlicher Perspektive** Konsequenzen (Moulaert und Swyngedouw 1990). Die vorhandenen Kernregionen sind am stärksten von den Krisenauswirkungen betroffen und werden zum Fokus wirtschaftlicher und gesellschaftlicher Umstrukturierungsprozesse. Umgekehrt erhalten andere Regionen die Chance, durch einen neuen Entwicklungszusammenhang intensiver in die wirtschaftlichen Austauschprozesse einbezogen zu werden (Scott 1988; Storper und Scott 1990). Der Ablauf von Entwicklungsphasen und -krisen wird von der Entstehung neuer Technologien und Industrien begleitet. Die neuen Industriestrukturen und der veränderte technologische, ökonomische und gesellschaftliche Handlungsrahmen führen zu einem Wandel der Standortanforderungen (z. B. der Rohstoffbedürfnisse), der unternehmensübergreifenden Arbeitsteilung und anderer Aspekte der räumlichen Organisation. Es wäre fahrlässig, damit zusammenhängende Standortveränderungen nur über veränderte Standortfaktoren erklären zu wollen. Stattdessen kann eine evolutionäre Perspektive die zugrunde liegenden sozialen und ökonomischen Prozesse erfassen (➔ Kap. 13.1).

Aus evolutionärer Sicht liegt es nahe, den Ablauf von Entwicklungsphasen und -krisen mit dem **Modell regional-industrieller Entwicklungspfade** nach Storper und Walker (1989, Kap. 3) zu verbinden (➔ Kap. 13.3). Am Beginn einer Entwicklungsphase entstehen neue Technologien und neue Industrien, die im Lokalisierungsstadium zunächst eine relativ große räumliche Wahlfreiheit haben. Die Standortwahl wird in dieser Phase oft durch lokale Besonderheiten bestimmt und lässt sich kaum in Form eines allgemeinen Modells darstellen (Walker und Storper 1981). Nachdem jedoch die originären Standortentscheidungen gefallen sind, technologische Reifungsprozesse eingesetzt haben und lokalisierte institutionelle Zusammenhänge entstanden sind, schließen sich die ***windows of locational opportunity*** (Bathelt 1997a, Kap. 2; Storper 1997b, Kap. 3). In einigen Regionen entstehen in der Folge eigendynamische Ballungs- und Spezialisierungsprozesse. Räumliche und kulturelle bzw. institutionelle Nähe spielen hierbei eine zentrale Rolle (➔ Kap. 4.2). Mit der Entwicklungskrise wird diese Standortstruktur durchbrochen. Es kann zu Dispersionstendenzen und schließlich sogar zu einer radikalen Verlagerung industrieller Standortschwerpunkte kommen, wenn die lokal entstandenen sozio-institutionellen Zusammenhänge die notwendigen Erneuerungs- und Umstrukturierungsprozesse behindern (Storper und Walker 1989, Kap. 3).

Allerdings gelingt eine Parallelisierung des Ablaufs von Entwicklungsphasen und -krisen mit industriellen Entwicklungspfaden nur teilweise. Da Entwicklungspfade von Industrien mit dem Einsetzen einer Entwicklungskrise nicht automatisch zu einem Ende kommen, sondern weiterbestehen, überlagern sich verschiedene Entwicklungspfade (Bathelt 1997a, Kap. 2). Es besteht somit kein deterministischer Zusammenhang zwischen der wirtschaftlich-gesellschaftlichen Entwicklung und ihrer räumlichen Ausprägungsform. Standortmuster sind im Gegenteil äußerst komplex und aufgrund der Überlagerung verschiedener Prozesse durch unterschiedliche, teilweise einander entgegengerichtete Entwicklungstendenzen gekennzeichnet. Radikale Veränderungen der Standortstruktur sind bei der Entstehung eines neuen Entwicklungszusammenhangs schon deshalb nicht die Regel, weil parallel zueinander in verschiedenen Industriesektoren abweichende Entwicklungspfade existieren, die einen ungleichen Entwicklungsstand haben und unterschiedliche Impulse auf die Standortstruktur ausstrahlen.

Aus diesem Grund sind die räumlichen Organisationsmerkmale des **Fordismus** weit weniger klar als seine wirtschaftlich-technischen und gesellschaftlich-institutionellen Merkmale. Da sich idealtypische fordistische Akkumulationsregimes und Regulationsweisen nur in relativ wenigen Ländern und dort nur in wenigen Regionen nachweisen lassen (Lipietz 1987, Kap. 4; 1988; Jessop 1992; Peck und Tickell 1994), erweist es sich als ausgesprochen schwierig, fordistische von nicht-fordistischen räumlichen Organisationsstrukturen zu unterscheiden. Hinsichtlich der räumlichen Industriestruktur lassen sich deshalb lediglich grobe Merkmale und Tendenzen aufzeigen. Die fordistische Produktionsstruktur führte beispielsweise auf der Basis von *economies of scale* zu einer starken Konzentration der Massenproduktion in wenigen großen Unternehmen. Diese bildeten mit ihren Zulieferern räumliche Industrieballungen und entwickelten sich zu Kernregionen. Sie verzeichneten hohes Wachstum und anhaltende Agglomerationstendenzen. Fordistische Großunternehmen prägten durch ihre Dominanz die Standortstruktur, die Qualifikationsmuster und die Infrastruktur in diesen Regionen. Durch ihre Bedürfnisse übten sie großen Einfluss auf die Gestaltung des regionalen Umfelds aus (Bathelt 1994; 1997a, Kap. 2).

Zugleich entwickelte sich eine räumlich-funktionale Arbeitsteilung zwischen verschiedenen Regionen, wobei spezialisierte Leitungs-, Forschungs- und Produktionsstandorte entstanden (Moulaert und Swyngedouw 1990). Die räumliche Arbeitsteilung wurde durch unternehmensinterne und -übergreifende Verflechtungsbeziehungen und Machtstrukturen geprägt, wobei zusehends auch ausländische Regionen in den Produktionsprozess einbezogen wurden. Es resultierte eine hierarchische räumliche Arbeitsteilung mit vielfältigen Zentrum-Peripherie-Beziehungen (Tickell und Peck 1992; Esser und Hirsch 1994; Krätke 1999): (a) zwischen industriellen Stadtmetropolen und Satellitenstädten im Umland, (b) zwischen industriellen Kernregionen mit Leitungsfunktionen und Zweigwerksregionen mit Montagefunktionen sowie (c) zwischen Innovationskernländern der industriellen Produktion und Niedriglohn-Montagestandorten in Entwicklungsländern.

Die fordistische Standortstruktur war allerdings durch latente Instabilitäten gekennzeichnet. Zunehmende Internationalisierung der Produktion und der Aufstieg der Schwellenländer verschärften den internationalen Wettbewerb, wodurch die fordistischen Kernregionen allmählich geschwächt wurden (Schoenberger 1988; Moulaert und Swyngedouw 1990).

15.2.3 Aus der Fordismuskrise zu einer neuen Entwicklungsphase?

In den 1970er- und 1980er-Jahren zeichnete sich in den Industriestaaten Westeuropas und Nordamerikas ein krisenhafter Umbruch ab, der weite Bereiche von Wirtschaft und Gesellschaft erfasste und die Periode anhaltenden Wirtschaftswachstums nach dem Zweiten Weltkrieg beendete. In der Regulationstheorie wird diese Krise als strukturelle Krise des fordistischen Entwicklungszusammenhangs bzw. **Fordismuskrise** angesehen (Aglietta 1979; Lipietz 1985; Jessop 1986; Lipietz 1987, Kap. 1; Harvey 1990, Kap. 9; Jessop 1992; Danielzyk 1998, Kap. 2). Zusehends offenbarten sich technische und ökonomische, aber auch ökologische und soziale Grenzen des fordistischen Entwicklungszusammenhangs. Fordistische Arbeitsprozesse stießen aufgrund von Starrheiten in der Produktion an technische Grenzen und führten zu stagnierenden Produktivitätszuwächsen. Durch die fordistische Massenproduktion waren zu große und zu diversifizierte Unternehmen entstanden, die kaum mehr effizient steuerbar waren und deren Produktion nur schwerfällig umgestellt werden konnte (Boyer 1988). Soziale Widerstände, wie z. B. Streiks, Demotivation und sinkende Arbeitsleistungen (Sayer und Walker 1992), sowie die zum Teil dramatischen ökologischen Auswirkungen der Massenproduktion (Hirsch und Roth 1986, Kap. III) verstärkten die Probleme. Zugleich zeichnete sich auf der Konsumseite ein grundlegender Wertewandel verbunden mit einer Individualisierung der Konsumnormen und einer Fragmentierung der Nachfrage ab (Hirsch 1990, Kap. 8; Müller 1992, Teil I, Kap. 2). Dadurch verringerten sich die Absatzchancen für standardisierte Massenkonsumgüter. Parallel dazu führte der Markteintritt von Industrieunternehmen aus Entwicklungs- und Schwellenländern zu einer Verschärfung des Wettbewerbs auf internationaler Ebene (Lipietz 1985; Tickell und Peck 1992). Die Auswirkungen dieses Wandels nahmen krisenhafte Ausmaße an. Fortgesetzte Lohnsteigerungen in den fordistischen Kernstaaten führten dazu, dass sich die Wettbewerbsnachteile gegenüber ausländischen Niedrigkosten-Herstellern vergrößerten. Fordistische Industrieunternehmen reagierten darauf, indem sie versuchten, durch den Abbau von Arbeitsplätzen und durch Verlagerungen in andere Länder Kosten einzusparen. Davon am stärksten betroffen waren die großen Agglomerationen der massenproduzierenden Konsumgüterindustrien und ihrer Zulieferer. In den fordistischen Kernstaaten und Kernregionen kam es zu einer sprunghaften Erhöhung der Arbeitslosigkeit und zu einer Verschärfung regionalwirtschaftlicher Disparitäten. Durch die mit der Arbeitslosigkeit verbundenen sozialen Probleme erhöhte sich zugleich der sozialstaatliche Ausgabenbedarf, während aufgrund von Wachstumsschwächen und Unternehmensverlagerungen die nationalstaatlichen Einnahmen stagnierten bzw. schrumpften (Jessop 1986; Schoenberger 1988; Moulaert und Swyngedouw 1990).

Da die Symptome der Fordismuskrise nicht überall in gleichem Maß auftraten, sondern in bestimmten Regionen wie etwa den Standortschwerpunkten der industriellen Massenproduktion besonders stark konzentriert waren, hatte

der Krisenverlauf eine spezifische räumliche Dimension. Neue Produktionsräume außerhalb der traditionellen Industriereviere mit einer hohen Konzentration von Hightech-Industrien, designintensiven Handwerksbranchen und hochwertigen unternehmensorientierten Dienstleistungen schienen den mit der Krise verbundenen Strukturwandel am erfolgreichsten bewältigen zu können (Scott 1988; Scott und Storper 1990).
Aus regulationstheoretischer Sicht setzt eine Überwindung der Fordismuskrise voraus, dass ein neuer konsistenter Entwicklungszusammenhang mit neuen wirtschaftlich-technologischen und gesellschaftlich-institutionellen Strukturen entsteht, der den technischen, wirtschaftlichen, sozialen und ökologischen Grenzen des Fordismus entgegenwirkt (Jessop 1992). In der Literatur wird die Überwindung der Fordismuskrise meist mit der Entwicklung und Ausbreitung flexibler Technologien, Arbeits- und Produktionsprozesse in Verbindung gebracht, die die Starrheiten der fordistischen Produktionsstruktur aufbrechen sollen. Harvey (1990, Kap. 11) erwartet beispielsweise den Übergang von der Fordismuskrise zu einer Entwicklungsphase der **flexiblen Akkumulation**.
Es wird vielfach davon ausgegangen, dass Unternehmen durch die Einführung flexibler Technologien und flexibler Formen der Arbeitsorganisation ihre Produkt- und Prozessstruktur an veränderte Rahmenbedingungen anpassen und somit die Starrheiten der fordistischen Produktionsstruktur überwinden können. Durch die Integration moderner Computer-, Informations- und Kommunikationstechnologien ergeben sich zahlreiche Flexibilisierungsmöglichkeiten in der Produktion (Gertler 1988; Schoenberger 1988; Coriat 1991; 1992; Bathelt 1995; Sternberg 1995 a): Es entsteht eine erhöhte Mengen-, Varianten-, Produkt-, Prozess- und Fertigungsflexibilität, die zu einer Erweiterung der strategischen Handlungsoptionen der Unternehmen führt und ihre Wettbewerbsfähigkeit erhöht (Kern und Schumann 1990; Schamp und Bertram 1991; Schamp 2000 b, Kap. 3.1). Erfahrungen im Umgang mit flexiblen Technologien zeigen aber, dass ein erfolgreicher Einsatz nicht ausschließlich von technischen Merkmalen abhängig ist. Die effiziente Nutzung flexibler Maschinen und Anlagen ist auch von der Kompetenz und dem Qualifikationsniveau der Beschäftigten, der Akzeptanz innerhalb der Belegschaft, der Arbeitsorganisation sowie von den bisherigen Erfahrungen im Umgang mit neuen Technologien abhängig (Sayer und Walker 1992, Kap. 5; Gertler 1993). Diese bilden den für die Produktion relevanten sozialen Kontext der Unternehmen.
Zudem ist zu beachten, dass die technologische Umrüstung der Produktionsprozesse auf flexible Maschinen und Anlagen auch mit Risiken und Problemen verbunden ist, die im Vorhinein nicht genau abschätzbar sind (Lipietz 1985; Gertler 1988; Sayer und Walker 1992, Kap. 5). Neben den hohen Anschaffungs- und Folgekosten gibt es ein generelles Investitions- und Misserfolgsrisiko. So bedeutet die Entscheidung für eine technologische Grundkonfiguration das Einschlagen eines technologischen Entwicklungspfads, der Einfluss auf die zukünftigen Entwicklungsmöglichkeiten eines Unternehmens hat. Hierbei besteht ein generelles *lock-in*-Risiko, falls ein ineffizienter Entwicklungspfad ausgewählt wird (→ Kap. 14.3). Die Einführung flexibler Technologien scheint vor allem dann erfolgreich zu sein, wenn parallel dazu eine Flexibilisierung der Arbeitsorganisation und Arbeitsteilung im Sinn einer numerischen und funktionalen Flexibilisierung erfolgt (Hirsch und Roth 1986, Kap. IV; Atkinson 1987; Benko und Dunford 1991), die den Bestand an Humankapital stärkt und die starren Arbeitspraktiken der fordistischen Produktionsstruktur aufbricht (Bathelt 1995; 1997 a, Kap. 2).

15.2.4 Nachfordistische Strukturen in räumlicher Perspektive

Aus der wissenschaftlichen Debatte über den mit der Fordismuskrise verbundenen industriellen Strukturwandel sind umfassende Flexibilitätsszenarien hervorgegangen, in denen verschiedene Arten der flexiblen Arbeitskraft- und Technologienutzung miteinander kombiniert werden. Das auf der Studie von Piore und Sabel (1984; 1989) basierende Szenario der flexiblen Spezialisierung begünstigt beispielsweise die Ausbreitung von Unternehmensnetzwerken aus flexibel spezialisierten kleinen und mittleren Unternehmen (Goodman et al. 1989; Pyke et al. 1990), während das Szenario der dynamischen Flexibilität zu großbetrieblichen Organisationsformen mit flexibler Massenproduktion führt (Coriat 1991; 1992):

(1) **Flexible Spezialisierung.** Durch flexible Spezialisierung entstehen räumlich integrierte Industriedistrikte, in denen kleine und mittlere Unternehmen innerhalb einer Wertschöpfungskette eng miteinander verflochten sind (→ Kap. 10.2). Räumliche Nähe erleichtert hierbei die Abstimmungs- und Kommunikationsprozesse, reduziert die Kosten der Informationssuche und verringert die Risiken der unternehmensübergreifenden Arbeitsteilung (Scott 1988; Harrison 1992).

(2) **Dynamische Flexibilität.** Sie fördert räumliche Konzentrationsprozesse in den Standortregionen der führenden Großunternehmen (Coriat 1991; 1992; Weinstein 1992). Über die Zuliefer- und Absatzsysteme dieser Unternehmen lassen sich lokalisierte Problemlösungskompetenzen abbilden und räumliche Persistenzeffekte aufzeigen. Gegenüber fordistischen Industrieregionen findet allerdings eine Ausdünnung der Standortsysteme z. B. durch Verringerung der Fertigungstiefe und Konzentration auf Kernkompetenzen statt. Die Auswirkungen auf räumliche Organisationsmuster variieren dabei (Bertram 1992; Brösse und Spielberg 1992; Schimmelpfeng et al. 2000): So mag die *just-in-time*-Organisation der Produktionsstruktur dazu führen, dass bei der Zulieferung von anspruchsvollen Komponenten und Systemen räumliche Ballungen von Zulieferern an Bedeutung gewinnen, wie beispielsweise im Zulieferpark von *Ford* in Saarlouis (Schamp 2001) oder in der *Toyota*-City bei Nagoya im Süden Japans (Sayer und Walker 1992, Kap. 4). Demgegenüber mögen bei standardisierten Komponenten *global-sourcing*-Strategien an Bedeutung gewinnen (→ Kap. 11.3), die lokalisierten Produktionszusammenhängen entgegenwirken und globale Industriestrukturen ermöglichen (Dicken 1994; Schamp 1996).

Flexible Spezialisierung und dynamische Flexibilität schließen sich allerdings nicht aus. Beide Formen der Flexibilisierung können komplementär zueinander z. B. in verschiedenen Branchen auftreten, sind aufgrund der zugrunde liegenden Annahmen allerdings auch nur begrenzt umsetzbar (Bathelt 1995).

In Untersuchungen über die Rolle von Flexibilisierungsprozessen bei der Überwindung der Fordismuskrise wird nur selten der Versuch unternommen, temporäre Anpassungsstrategien von Unternehmen gegenüber dauerhaften Strukturveränderungen zu unterscheiden (Jessop 1992). Die in den 1990er-Jahren intensiv geführte Flexibilitätsdebatte lieferte letztlich kein klares Bild über die zukünftige Produktionsstruktur in einem neuen Entwicklungszusammenhang. Dies spiegelte sich auch in vielen Arbeiten wider, die die Bedeutung von Flexibilisierungsprozessen infrage stellten und die Selektivität, Widersprüchlichkeit und einseitige Blickrichtung von Flexibilitätsstudien kritisierten (Gertler 1988; Amin und Robins 1990; Lovering 1990; Gertler 1992; Sayer und Walker 1992, Kap. 5).

In der Literatur wurden die Veränderungen von Akkumulationsregime und Regulationsweise oftmals im Hinblick auf eine konkrete **postfordistische Entwicklungsphase** (Hirsch 1990, Kap. 8; 1991) oder eine **neofordistische Formation** (Aglietta 1979, Kap. 2) gedeutet, ohne dass eine konsequente Überprüfung der Dauerhaftigkeit und inneren Kompatibilität der neuen Strukturen durchgeführt wurde (Sayer 1989). Infolgedessen stehen verschiedenartige und zum Teil widersprüchliche Hypothesen über die erwarteten und notwendigen Strukturveränderungen nebeneinander (z. B. Leborgne und Lipietz 1990; Boyer 1991; Nielsen 1991; Leborgne und Lipietz 1992; Bremm und Danielzyk 1993; Danielzyk 1998, Kap. 2). Boyer (2000) und Zeller (2004b) ziehen beispielsweise andere Schlussfolgerungen über die Struktur eines zukünftigen Entwicklungszusammenhangs. Angesichts der zunehmenden Bedeutung und neuer Funktionen des Finanzmarkts (Klagge und Martin 2005; Klagge 2009), in Verbindung mit Globalisierungsprozessen, erkennen sie die Entwicklung zu einem **finanzmarktgetriebenen bzw. -dominierten Akkumulationsregime**, wobei aber die Nachhaltigkeit und Dominanz derartiger Strukturen insbesondere nach der globalen Finanzkrise Ende der 2000er-Jahre offenbleibt.

Während die krisenbedingten Anpassungsprozesse der industriellen Produktionsstruktur immerhin noch relativ leicht messbar sind, gibt es hinsichtlich der zukünftigen Regulationsweise nur begrenzte Erkenntnisse und einen großen Spielraum für Spekulationen. Dies betrifft z. B. die Aufgabenverteilung und das Zusammenspiel zwischen lokal-regionalen, nationalen und supranationalen Institutionen sowie die räumlichen Entwicklungsprozesse und Machtgefüge der verschiedenen Ebenen (Harvey 1990, II. Teil; Peck und Tickell 1994; Danielzyk und Oßenbrügge 1996). So vermochte Jessop (1994) zwar Anzeichen für einen Übergang vom keynesianischen Wohlfahrtsstaat zum sogenannten **schumpeterianischen Wettbewerbsstaat** festzustellen, in dem sich staatliche Eingriffe auf angebotsorientierte Maßnahmen zur Steigerung der Innovationstätigkeit, Arbeitsmarktflexibilität und internationalen Wettbewerbsfähigkeit konzentrieren. Dennoch deutete die Entwicklung in den 1990er- und 2000er-Jahren nicht unbedingt darauf hin, dass die Fordismuskrise in den Industriestaaten Westeuropas und Nordamerikas bereits überwunden war (Zeller 2004 b). Deshalb wird im Folgenden von einem als **nachfordistisch** bezeichneten Entwicklungszusammenhang ausgegangen, der sich erst noch entfalten muss und dessen Strukturen zunächst noch teilweise unbestimmt sind (Lipietz 1993; Bathelt 1994; Peck und Tickell 1994). Diese Debatte zeigt auch ein generelles Problem des Regulationsansatzes, denn die dominanten Strukturen von Akkumulation und Regulation sowie die Entwicklungsphasen lassen sich erst im Nachhinein sicher identifizieren (Bathelt 1997 a).

Die Ergebnisse von Untersuchungen über die deutsche chemische Industrie (Schumann et al. 1994; Bathelt 1997 a) bestätigen, dass zukünftige Produktionsstrukturen nicht eindimensional zu erklären sind (z. B. Bertram und Schamp 1991; Hellmer et al. 1999). Umstrukturierungen der Arbeits- und Produktionsprozesse stellen häufig nur scheinbar einen Bruch mit der fordistischen Produktionsstruktur dar und deuten eher auf eine vollständige Fortführung und Verfeinerung, denn auf eine vollständige Ablösung fordistischer Prinzipien hin. Als Reaktion auf die veränderten wirtschaftlich-gesellschaftlichen Rahmenbedingungen entstehen offenbar immer komplexer werdende Produkt- und Prozesskonfigurationen (Bathelt 1995; 1997 b). In Teilbereichen der Produktion werden weiterhin fordistische Prinzipien verfolgt oder sogar ausgeweitet, während parallel dazu eine begrenzte Flexibilisierung der Arbeitskraft- und Technologienutzung stattfindet. Gleichzeitig gewinnen Finanzmärkte eine immer größere Bedeutung für die raumübergreifenden Organisationsprozesse von Unternehmen und Wertschöpfungsketten. Deshalb den auf die Fordismuskrise folgenden nachfordistischen Entwicklungszusammenhang mit Begriffen wie Flexibilität oder Finanzmarkt festzulegen und damit den Blick für alternative Entwicklungen zu verschließen, scheint jedoch verfrüht.

Auf die Frage, welche räumlichen Standortmuster sich in einem neuen Entwicklungszusammenhang etablieren werden, gibt es in der Literatur widersprüchliche und uneinheitliche Antworten (Amin und Thrift 1992; Storper 1992; Lipietz 1993; 1994 a; Dicken 1994; Peck und Tickell 1994; Krätke 1995 a; Danielzyk und Oßenbrügge 1996; Schamp 1996; Gertler 1997; 1997 c). Im Hinblick auf die räumliche Industriestruktur ist nach wie vor offen, ob sich lokal-regionale Entwicklungszusammenhänge dauerhaft gegen global organisierte Produktionsstrukturen durchsetzen können oder ob es zu kleinräumigen Auflösungsprozessen kommt. Insgesamt zeigt sich, dass territorial organisierte Produktionssysteme nach wie vor einen großen Stellenwert haben, wenngleich eine Ausdünnung der vorhandenen Standortstrukturen stattfindet (→ Kap. 4.5). Parallel dazu schreitet die Internationalisierung der Produktions- und Marktbeziehungen voran, wobei in den wichtigen Weltmarktregionen neue lokalisierte Produktionszusammenhänge entstehen (→ Kap. 11.3).

15.2.5 Kritische Würdigung der Regulationstheorie

Durch den Verzicht auf technologische Determinismen und die Hervorhebung des wirtschaftlich-technologischen und gesellschaftlich-institutionellen Kontexts besitzt die Regulationstheorie gewichtige Vorteile gegenüber alternativen theoretischen Erklärungsansätzen der wirtschaftlichen und gesellschaftlichen Entwicklung. Dennoch gibt es einige Schwachstellen und konzeptionelle Defizite, die eine empirische Überprüfung und Umsetzung erschweren (Boyer 1990, Kap. 3; Hirsch 1990, Kap. 2; Bathelt 1994). Dies mag auch ein Grund sein, warum die Regulationsschule eher ein Makroansatz ist als eine konkrete konzeptionelle Grundlage für wirtschaftsgeographische Untersuchungen auf Mikroebene oder für politisch-wirtschaftliche Entscheidungsprozesse (Jessop 1997). Folgende Kritikansätze lassen sich formulieren:

(1) **Metatheoretischer Charakter.** Die Regulationstheorie hat einen metatheoretischen Charakter und ist auf empirischem Weg nur schwer widerlegbar (Hirsch 1990, Kap. 2). Beziehungen zwischen einzelnen Strukturelementen werden zum Teil eher deskriptiv zu einem Gesamtkonzept zusammengefügt oder sind letztlich ungeklärt (Tickell und Peck 1992).

(2) **Historisierender Charakter.** Aufgrund ihrer starken Verankerung in der fordistischen Entwicklungsphase hat die Regulationstheorie einen historisierenden Charakter (Zeller 2004). So werden die Ursachen für Entwicklungskrisen und neue Entwicklungsphasen vor allem an konkreten historischen Beispielen nachvollzogen (Boyer 1990, Kap. 3; Hirsch 1990, Kap. 2; Tickell und Peck 1992).

(3) **Überbetonung von Struktur und Vernachlässigung von Institutionen.** Ein weiteres Defizit der Regulationsschule besteht darin, dass sie Strukturen gegenüber dem Handeln überbetont (Berndt 1999). Während der Entwicklungszusammenhang eigentlich makroökonomisch konzipiert ist, spielen auf der Ebene der Produktionsstruktur mikroökonomische Aspekte, wie z. B. Technologien und Arbeitsorganisation, und in der Regulationsweise mesoökonomische Aspekte, die etwa die Funktionsweise vermittelnder Institutionen betreffen, eine wichtige Rolle. Die Akteure bleiben jedoch in dem Ansatz weitgehend ausgeblendet und das Institutionenverständnis ist unterbeleuchtet (Hirsch 1990). Auch wenn es inzwischen Versuche gibt, die verschiedenen Ebenen durch Einbeziehung von Institutionenansätzen miteinander zu verknüpfen (Berndt 1999), ist die Einbindung individueller Strategien in den gesamtgesellschaftlichen Entwicklungszusammenhang unklar und erschwert die Ableitung empirischer Forschungsprogramme.

(4) **Hyper-Internalisierung.** Ein anderer Kritikpunkt ist, dass die Regulationstheorie wirtschaftliche und gesellschaftliche Prozesse und Ereignisse zu stark internalisiert und demgegenüber exogene Einflüsse und langfristige Trends in Wirtschaft und Gesellschaft vernachlässigt (z. B. Jessop 1992).

(5) **Unklare räumliche Bezüge.** Aus räumlicher Perspektive ist es problematisch, dass regulationstheoretische Studien weitgehend auf den Nationalstaat fixiert sind. Wenn man davon ausgeht, dass die enge Beziehung zwischen Nationalstaat und Entwicklungszusammenhang in erster Linie eine konkrete historische Ausprägung der fordistischen Entwicklungsphase ist, so können zukünftige Entwicklungszusammenhänge möglicherweise auch eine regionale oder supranationale Dimension haben (Swyngedouw 1997). Dass der Lokalstaat dabei den Nationalstaat in seiner Bedeutung ablöst oder ihn substanziell schwächt (Jessop 1994; Mayer 1996), ist jedoch keineswegs gesichert (Gertler 1992; Storper 1997 c). Versuche, regionale Entwicklungszusammenhänge zu identifizieren und zu konzeptionalisieren (z. B. DiGiovanna 1996; Krätke 1999), sind bisher unbefriedigend geblieben. Dies spiegelt sich auch in der Diskussion über regionale Innovationssysteme im nächsten Abschnitt wieder. Die Tatsache, dass Regulationsweisen lokal angepasst sind und regionale Unterschiede Einfluss auf die konkrete wirtschaftliche und gesellschaftliche Entwicklung haben (Krätke 1995 b, Kap. 3; Danielzyk 1998, Kap. 2), heißt nicht, dass damit automatisch regionale Akkumulations- und Regulationssysteme existie-

ren. In den Regionen des Dritten Italien (→ Kap. 10.2), die teilweise als Beispiel für die Existenz regionaler Entwicklungszusammenhänge angesehen werden, konnten sich eigenständige Produktions- und Koordinationsstrukturen wohl vor allem aufgrund der Schwäche des nationalstaatlichen Entwicklungszusammenhangs herausbilden (Bathelt 1994).
Da traditionelle Ansätze zu Beginn des 21. Jahrhunderts keinen ausreichenden Beitrag zur Erklärung der fundamentalen wirtschaftlichen und gesellschaftlichen Umstrukturierungen zu leisten vermögen, liefert die Regulationstheorie trotz ihrer Grenzen in der empirischen Umsetzung wichtige Impulse, um einen Zusammenhang zwischen dem gesellschaftlichen und technologischen Wandel, der Arbeitsteilung und den wirtschaftlichen Standortmustern herzustellen (Bathelt 1994; 1997a, Kap. 2; Danielzyk 1998, Kap. 2 und 5; Krätke 1999). Sie ermöglicht die Einbeziehung einer evolutionären Perspektive in die Wirtschaftsgeographie, die eine Integration räumlich und zeitlich variierender Bedingungen in wirtschaftliche und gesellschaftliche Strukturen und Prozesse anstrebt. Mit der Regulationstheorie eröffnen sich neue Zugangsmöglichkeiten zu dem Verhältnis von Innovation und räumlicher Organisation von Unternehmen. Die Regulationstheorie ermöglicht zugleich einen Zugang zu der Frage, welche Regionen in einem nachfordistischen Entwicklungszusammenhang zu den Knotenpunkten der Weltwirtschaft werden, welche Beziehungen sich dabei zwischen verschiedenen räumlichen Produktionszusammenhängen entwickeln und wie Institutionen auf unterschiedlichen räumlichen Ebenen die Reproduktion lokal-regionaler und nationaler Zusammenhänge sicherstellen können.

15.3 Innovationssysteme

Ein gegenüber der Regulationstheorie und der Theorie der langen Wellen anderer, systemischer Zusammenhang wird in den Ansätzen über Innovationssysteme formuliert. Statt eine dynamische Perspektive und die Einbindung in kapitalistische Entwicklungsprozesse zu betonen, fokussieren sich Arbeiten über Innovationssysteme darauf, zu untersuchen, welche Systemkomponenten und Beziehungen zwischen Systemkomponenten dazu führen, dass sich in verschiedenen Sektoren oder Wertschöpfungsketten sowie unterschiedlichen nationalen und regionalen Entwicklungskontexten verschiedene Innovationsstrukturen herausbilden.

15.3.1 Typen von Innovationssystemen

Aus dem Verständnis, dass Innovationsprozesse einen sozialen Charakter haben und vielfältige Akteure in arbeitsteilige Prozesse einbinden sowie unter spezifischen kontextuellen Bedingungen stattfinden, haben sich seit den 1990er-Jahren Arbeiten über verschiedene Typen von Innovationssystemen entwickelt, die Eingang in die Wirtschaftsgeographie gefunden haben (Bathelt und Depner 2003):
(1) **Sektorale Produktions- und Innovationssysteme.** Sie beziehen sich nicht auf die traditionelle sektorale Gliederung der Wirtschaft, sondern auf Wertschöpfungsketten (Breschi und Malerba 1997). Malerba (2002, S. 248) betrachtet dabei *„a set of new and established products for specific uses and the set of agents carrying out market and non-market interactions for the creation, production and sale of those products"*. Die Art des spezifischen Wissens, das von den Unternehmen einer Wertschöpfungskette für Innovationsprozesse benötigt und zirkuliert wird, begrenzt einerseits das sektorale System und beeinflusst andererseits die räumliche Struktur und Ausdehnung. Dabei spielt die Kumulierbarkeit von Wissen sowie die Möglichkeit, externe Effekte in der Wissenserzeugung auszuschließen, eine große Rolle dafür, wo und mit welchen Partnern Unternehmen Wissen austauschen bzw. generieren.
Die spezifische Qualität relevanten Wissens führt zur Herausbildung zeitlich variabler räumlicher Wissensgrenzen eines sektoralen Innovationssystems: *„Relevant knowledge may reside within a local area or within national borders, or it may flow across countries or be available only in specific centers of excellence scattered around the world"* (Breschi und Malerba 1997, S. 133). Da-

mit sind unterschiedliche räumliche Konfigurationen für einen Systemzusammenhang denkbar. Breschi und Malerba (1997, S. 136–137) deuten auch auf eine Bedeutungszunahme von lokalen Produktions- und Innovationszusammenhängen hin: „*[T]he more knowledge is ever-changing, tacit, complex, and part of a larger system, the more relevant are informal means of knowledge transmission, like 'face-to-face' talks, personal teaching and training, mobility of personnel, and even the acquisition of entire groups of people … such means of knowledge transmission are extremely sensible to the distance among agents*". Länderübergreifende Untersuchungen zeigen, dass es einerseits auf internationaler Ebene Ähnlichkeiten in den Strukturen und Prozessen von sektoralen Innovationssystemen gibt. Andererseits bestehen Unterschiede zwischen Nationalstaaten in der Fähigkeit, günstige technologische und ökonomische Gelegenheiten für Innovationen zu erzeugen und wahrzunehmen.

(2) **Nationale Innovationssysteme.** Im Ansatz der nationalen Innovationssysteme wird davon ausgegangen, dass die nationalen Produktionsstrukturen und institutionellen Rahmenbedingungen maßgeblichen Einfluss auf die Handlungsmöglichkeiten der Unternehmen und die Struktur von Innovationsprozessen haben. Während eine Schule um Nelson (1993) unter nationalen Innovationssystemen vor allem die für den Forschungs- und Entwicklungsprozess relevanten formellen Institutionen und institutionellen Akteure versteht, wird in dem von Lundvall (1992 b) geprägten Ansatz davon ausgegangen, dass Innovationen durch systematische Feedbacks und Interaktionen zwischen Unternehmen in einer Wertschöpfungskette entstehen und eher inkrementalen Charakter haben (Lundvall 1988; Lundvall 1992 c). Die Innovationsprozesse sind dabei in ein sozio-institutionelles System eingebettet, in dem politische und kulturelle Einflüsse eine große Rolle spielen (Lundvall 1992 a; Freeman 2002; Lundvall et al. 2002).

(3) **Regionale Innovationssysteme.** Die Konzeption regionaler Innovationssysteme basiert auf der empirischen Erkenntnis, dass bestimmte subnationale räumliche Einheiten spezifische Entwicklungspfade einschlagen und Innovationen aus einer regionalen Vernetzung von kleinen und mittleren Unternehmen resultieren (Cooke et al. 1997; Cooke 1998). Eine vertrauensbasierte reziproke Vernetzung der Akteure wird diesem Ansatz folgend durch ein gemeinsames sozio-institutionelles Umfeld begünstigt, das regionsspezifische Lern- und Innovationsprozesse ermöglicht. Aus der Vernetzung der Akteure wird auf einen Systemzusammenhang geschlossen, der durch regionalpolitische Förderung koordiniert werden soll. Koschatzky (2002) sieht in der Untersuchung solcher Innovationssysteme eine zentrale Aufgabe wirtschaftsgeographischen Arbeitens.

(4) **Metropolitane Innovationssysteme.** Sie können als Sonderfälle regionaler Innovationssysteme betrachtet werden. Fischer et al. (2001) gehen davon aus, dass Ballungsgebiete um Großstädte die bedeutendsten Räume für industrielle Innovationen darstellen. Die räumliche, technologische und institutionelle Nähe zwischen Unternehmen sowie die Existenz von Dienstleistungsangeboten und wissenschaftlichen Einrichtungen in Metropolen begünstigen diesem Ansatz folgend die Vernetzung von Akteuren, die Wissensgenerierung und -diffusion und fördern den Systemzusammenhang (Diez 2002).

15.3.2 Nationale Innovationssysteme

Zentrale Aussage der Arbeiten von Freeman (1988), Lundvall (1988; 1992 b), Nelson (1988; 1993) und Edquist (1997) ist, dass sich unter nationalstaatlich geprägten institutionellen Rahmenbedingungen spezifische nationale Innovationssysteme entwickeln. Unterschiede zwischen ihnen bleiben bestehen oder vergrößern sich, da im Zusammenwirken von Wirtschaftsstruktur und der sich auf nationalstaatlicher Ebene konstituierenden Institutionen eine zirkuläre Verknüpfung entsteht, die eine selbstverstärkende Wirkung entfaltet. Dadurch entsteht ein Mechanismus, der die Reproduktivität nationaler Innovationssysteme ermöglicht (Lundvall und Maskell 2000). Unter einem nationalen Innovationssystem ist dabei nicht die Summe aller Strukturen und Prozesse innerhalb eines Landes zu verstehen, sondern primär die charakteristischen nationalen Wirtschaftsstrukturen und die diese unterstützenden Institutionen. Nationale Innovationssysteme sind damit nicht strikt räumlich definiert, sondern sie basieren auf dem Zusammenspiel von sektoralen und funktionalen Systemen (Breschi und Malerba 1997; Kaufmann und Tödtling 2001). So kann man das deutsche Innovationssystem nicht in allen Industriesektoren in gleicher Weise identifizieren, sondern vor allem in den dominierenden Wertschöpfungskontexten der Automobilindustrie, chemischen Industrie und des Maschinenbaus. Das US-amerikanische Innovationssystem zeigt sich entsprechend am deutlichsten im Kontext der Hightech- und Rüstungsindustrie (Bathelt 2003; Bathelt und Depner 2003).

Spezifische nationale Interaktionsmuster und Innovationspfade entwickeln sich, da die vorhandene Spezialisierung der Produktionsstruktur die Art der routinemäßig auftretenden Probleme und Engpässe in den Wirtschaftsabläufen vorstrukturiert (Lundvall und Maskell 2000). Dies führt zur Entstehung spezifischer industrieller Systeme, die das nationale Innovationssystem strukturieren. Gleichzeitig werden durch den institutionellen Rahmen bestimmte Interaktionsmuster ermöglicht bzw. vorgeprägt, die sich auf den wirtschaftlichen Erfolg des Innovationssystems auswirken (Archibugi et al. 1999). Die Interaktionsmuster hängen unter anderem ab von der Art der Arbeits- und Kompetenzverteilung innerhalb und zwischen Unternehmen sowie vom technologischen Verständnis der Beschäftigten. Beide Aspekte werden wiederum durch die vorhandenen Aus- und Weiterbildungsprogramme und die bestehenden Arbeits-Kapital-Beziehungen beeinflusst (Gertler 1993; 1997). Die Folge ist, dass in einem gegebenen Produktionszusammenhang nicht nur spezifische Probleme auftreten, sondern dass zugleich spezielle Such- und Lösungsprozesse einsetzen, die sich im Durchschnitt von denen anderer nationalstaatlicher Zusammenhänge unterscheiden. Dadurch kommt es zu inkrementalen Verbesserungen und Anpassungen von Produkten und Prozessen in ganz bestimmten Technologiebereichen, die sich sukzessive auf die vorhandene Produktionsstruktur auswirken und Spezialisierungsprozesse im Vergleich zu anderen nationalstaatlichen Kontexten auslösen (Lundvall und Maskell 2000).

Die Konsequenz dieser Interdependenzen von Produktionsstruktur und Institutionen ist, dass Unternehmen dazu tendieren, in Innovationsprozessen bewusst oder unbewusst Partner aus ihrem eigenen Innovationssystem zu suchen, denn diese haben ein ähnliches Verständnis für die Lösungssuche, kennen die Spezifika der Technologien und greifen auf ähnliche Erfahrungen bei der Lösung vergleichbarer Probleme in der Vergangenheit zurück. Diese Gemeinsamkeiten erzeugen soziale Nähe, da sie in besonderer Weise problemorientierte, zielgerichtete Kommunikations- und Interaktionsprozesse zwischen ökonomischen Akteuren innerhalb einer Wertschöpfungskette oder eines Technologiefelds ermöglichen. Der nationalstaatliche institutionelle Rahmen bewirkt, dass die Akteure ähnliche Erwartungen und Motivationen haben und dieselben Konventionen und Normen teilen. Dadurch wird aufeinanderfolgende Kommunikation ermöglicht und ein Sinnzusammenhang hergestellt. Auf die Phase der Problemerkennung folgen Analysen und Experimente, die zur Problemlösung führen.

Der Grad an Konsistenz und das Zusammenwirken zwischen Produktionsstruktur und institutionellem Rahmen unterscheidet sich dabei von Land zu Land (Lundvall und Maskell 2000). Widersprüchliche, einander entgegengerichtete Strukturen können dabei sogar dazu führen, dass eine zirkuläre Verknüpfung der verschiedenen Komponenten nicht zustande kommt und kein spezifischer nationaler Pfad der Produktions- und Technologieentwicklung entsteht. So können vorhandene institutionelle Bedingungen notwendige Anpassungen unter Umständen verzögern und Innovationsprozesse behindern. Insofern ist eine deterministische Interpretation des Wirkungszusammenhangs nationaler Innovationssysteme zu vermeiden.

Ein nationalstaatlicher Wirkungszusammenhang wird in anderen Arbeiten seit den 1990er-Jahren aber auch infrage gestellt. Ohmae (1995) beispielsweise sieht Nationalstaaten vor der Auflösung und benennt sogenannte *region-states*

Box 15-1: Nationales Innovationssystem Großbritanniens

Großbritannien – Ursprungsland der industriellen Revolution – verpasste es, in den vorher dominanten Industrien durch Innovationstätigkeit seine Wettbewerbsfähigkeit auszubauen, und verlor deshalb im 20. Jahrhundert die industrielle Führungsrolle (Walker 1993). Dies hing damit zusammen, dass etablierte industrielle Strukturen allmählich veralteten, vorhandene Infrastruktur und Ressourcen übernutzt wurden und Universitäts-Industrie-Verbindungen nur schwach ausgeprägt waren. Da substanzielle Reinvestitionen ausblieben, konnte Großbritannien mit den nachholenden industriellen Innovationen anderer Länder nur schwer mithalten.

Stattdessen spezialisierte sich das Land zusehends auf den internationalen Handel mit Rohstoffen und Gütern. Dies war auf die kolonialen Hegemonial- und Handelsstrukturen zurückzuführen, auf deren Basis sich ein spezifisches Innovationssystem entwickelte. Dies basierte auf Industrien, die mit dem Handel in Beziehung standen, darunter die Nahrungsmittelverarbeitung, Getränke- und Tabakindustrie, Petrochemie sowie der neuartige Finanzsektor. Dagegen waren andere Industrien wie etwa die Farbstoffindustrie relativ schwach entwickelt, weil man natürliche Farbstoffe über koloniale Handelsbeziehungen erwerben und – anders als in Deutschland – nicht selbst herstellen musste. Die Fokussierung auf den Handel führte zur Entwicklung eines Bankentyps, aus dem später das *investment banking* hervorging. Während in der Industrie wiederholte Investitionen mit langer Laufzeit üblich waren, waren Handelsinvestitionen viel riskanter und erforderten sehr hohe Kredite mit kurzer Laufzeit. Aus diesen Erfordernissen heraus entwickelte sich London im 19. Jahrhundert zum führenden Finanzzentrum in Europa.

Managementpraktiken wurden durch die wachsenden Kapitalmärkte geprägt und waren auf kurzfristige handelsbezogene Gewinne ausgerichtet. Große Unternehmen wuchsen nicht organisch durch sukzessive Investitionen und eigene Innovationstätigkeit, sondern vor allem durch Unternehmensakquisitionen und -fusionen. Dagegen stagnierte das traditionelle Industriesegment und litt unter geringer staatlicher Unterstützung: Rüstungsausgaben des Staats lenkten potenzielle Ressourcen weg von anderen Industriesektoren. Das Aus- und Weiterbildungssystem war unterfinanziert, und Wissenschaftsverflechtungen sowie unternehmensübergreifende Netzwerkbeziehungen waren schwach ausgeprägt. Insgesamt entwickelte sich ein Innovationssystem um einen dynamischen Finanzsektor und daran gekoppelte Branchen (Walker 1993).

wie Wales, Baden-Württemberg oder Hongkong als die zentralen zukünftigen politischen und wirtschaftlichen Entitäten. Die Schlussfolgerung, wonach nationale Faktoren für wirtschaftliche und gesellschaftliche Prozesse zusehends an Bedeutung verlieren, während subnationale und supranationale Ebenen umgekehrt einen Bedeutungsgewinn verzeichnen, scheint jedoch verfrüht. So gibt es Studien, die aufzeigen, dass nationalstaatlich konstituierte Strukturen nach wie vor eine wichtige Rolle als Grundlage für wirtschaftliches Handeln spielen (Gertler 1993; 1996; Boyer 2000). Die Untersuchung von Gregersen und Johnson (1997) belegt beispielsweise, dass selbst im europäischen Integrationsprozess neue nationalspezifische Institutionen entstehen und keineswegs durchgängig Konvergenz vorliegt. Der Nationalstaat verschwindet nicht, er reproduziert sich und übernimmt dabei neue Rollen, indem er z. B. neuartige institutionelle Bedingungen zur Integration in die Weltwirtschaft schafft. Die unterschiedliche Struktur nationaler Innovationssysteme lässt sich anschaulich über die Unterschiede des britischen und französischen Innovationssystems (→ Box 15-1 und 15-2) darstellen, die sich deutlich in einer historischen Perspektive erkennen lassen.

Box 15-2: Nationales Innovationssystem Frankreichs

Die Entwicklung des Innovationssystems in Frankreich verlief anders und führte zu anderen Produktionsstrukturen (Chesnais 1993 a). Es basierte auf einem höheren Bildungssystem, in dem es einerseits Elitehochschulen – die unter Napoleon etablierten *grandes écoles* – und andererseits unterfinanzierte Universitäten gab. Die *grandes écoles* waren auf spezifische industrielle Subsysteme ausgerichtet. An ihnen studierten spätere Industriemanager, Bankmanager und Politiker, die in demselben Industriesegment tätig wurden. Sie entwickelten während ihres Studiums ähnliche Visionen über ein industrielles Subsystem und dessen technologische Evolution und bauten persönliche Beziehungsnetzwerke auf, die später mobilisiert werden konnten, wenn die Personen in unterschiedlichen Bereichen des Subsystems tätig waren.

Aufgrund persönlicher Netzwerke und traditioneller Verschachtelungen entstanden enge Staat-Industrie-Beziehungen und die aktive staatliche Einflussnahme wurde als akzeptabel angesehen. Historisch betrachtet waren Investitionen im heimischen Industriesektor aufgrund der relativ geringen Qualität lokalisierter Ressourcen (Kohle und Erz) zunächst nicht besonders profitabel. In dieser Situation waren Investitionen von Staat und Banken in den Industriesektor von großer Bedeutung. Nach dem Zweiten Weltkrieg galt unter de Gaulle ein direkter staatlicher Einfluss in den führenden Industriebereichen als normal. Die Regierung verstaatlichte viele große Industrieunternehmen in strategisch wichtigen Sektoren, um diese zu modernisieren und zu *national champions* mit hoher internationaler Wettbewerbsfähigkeit auszubauen. Die dabei besonders unter staatlichem Einfluss stehenden Branchen und Unternehmen fanden sich in den Bereichen Elektrizität (Atomkraft), Luft- und Raumfahrt (z. B. *Airbus*) (→ Box 11-3), Eisenbahn (*TGV*), Telekommunikation (*Alcatel*), Elektronik (*Schlumberger*) sowie Rüstungsprodukte.

Es entstand ein nationales Innovationssystem, in dem staatlicher Einfluss auf die Industrie nicht nur akzeptiert, sondern teilweise sogar eingefordert wurde, und in dem Großunternehmen als *national champions* dominant waren (Chesnais 1993 a).

15.3.3 Regionale Innovationssysteme

Aus Zweifeln an der Dominanz nationalstaatlicher Zusammenhänge, haben Cooke et al. (1997) ein Verständnis regionaler Innovationssysteme entwickelt, das auf Entwicklungen der 1980er- und 1990er-Jahre basiert. Wichtiger Ausgangspunkt ist hierbei die Feststellung, dass Untersuchungen in unterschiedlichen Kontexten einen Bedeutungsgewinn der regionalen Ebene für Innovationsprozesse belegen. So gibt es eine Vielzahl von Studien, die zeigen, wie Unternehmen durch enge Kooperation und Vernetzung mit anderen lokalen Akteuren derselben Wertschöpfungskette ihre Wettbewerbsfähigkeit steigern können. Beispiele hierfür sind die Arbeiten über Industriedistrikte (Goodman et al. 1989; Pyke et al. 1990) und innovative Milieus (Camagni 1991 b; Ratti et al. 1997) (→ Kap. 10.2). Reziproke, vertrauensbasierte Informations- und Kommunikationsflüsse innerhalb solcher Unternehmensnetzwerke erzeugen eine gemeinsame Wissensbasis und bilden eine Voraussetzung für die Entstehung regionsspezifischer Lern- und Innovationsprozesse.

Cooke (1998) leitet den Ansatz des regionalen Innovationssystems nicht analytisch aus dem nationalen Innovationssystem ab, sondern unterstellt a priori eine regionale Dimension von Innovationsprozessen, die er anschließend versucht, konzeptionell zu begründen. Er sieht in lokalisierten Innovationszusammenhängen eine besonders vorteilhafte Konfiguration der Produktion, da die Unternehmen in ein homogenes soziokulturelles Umfeld eingebettet seien, das den Aufbau von gemeinsamen Einstellungen, Vertrauen und Routinen erleichtert. Der Systembegriff wird hierbei eher pragmatisch und nicht systemtheoretisch verwendet, indem etwa auf die Bedeutung regionaler Forschungs- und Ausbildungseinrichtungen, Technologietransferstellen, Industrieverbände sowie staatlicher Behörden hingewiesen wird. Durch politische Maßnahmen zur Stimulierung von Unternehmenskooperationen und die Schaffung regionaler Institutionen, so die Argumentation, können interaktive Lernprozesse zwischen den Unternehmen einer Region unterstützt und Innovationsprozesse gefördert werden (Cooke et al. 1997).

Obwohl diese Argumentation aus regionalpolitischer Sicht sehr attraktiv ist, besteht ein grundlegendes Problem darin, dass Regionen implizit als eigenständige räumliche Einheiten angesehen werden, in denen sowohl zentrale Planungs- und Steuerungskompetenzen als auch ein bedeutender Teil einer ökonomischen Wertschöpfungskette angesiedelt sind. Beides ist jedoch in der Realität selten der Fall (Bathelt 2003; Bathelt und Depner 2003). Nicht einmal in den meisten föderalistischen Staaten verfügen Regionen über umfassende politische Entscheidungs- und Gestaltungsspielräume, und nur in einer begrenzten Anzahl von Regionen weltweit ist der überwiegende Teil einer Wertschöpfungskette lokalisiert. Noch seltener ist es, dass sich politische Steuerungskompetenzen und Produktionsstrukturen in demselben Territorium genau überlagern. Entgegen der impliziten Annahme eines konsistenten regionalen Industrie-Kultur-Mixes sind Normalregionen (Storper 1997 b; Hellmer et al. 1999) zudem in ihrer wirtschaftlich-gesellschaftlichen Struktur oftmals stark segmentiert.

Viele empirische Untersuchungen regionaler Innovationssysteme konzentrieren sich auf Erfolgsregionen, wie Gertler (1993) zu Recht konstatiert. Folgerichtig stellen Thomi und Werner (2001) die Frage, ob ein regionales Innovationssystem in jeder Region existiert oder ob bestimmte Voraussetzungen erfüllt sein müssen, damit man von einem regionalen System ausgehen kann. Nach Howells (1999) müssen hierzu drei Kriterien erfüllt sein: Erstens muss die Region eine eigene *governance*-Struktur aufweisen. Zweitens muss über einen langen Zeitraum eine regionale Industriespezialisierung stattgefunden haben. Drittens muss ein Zentrum-Peripherie-Gegensatz in der Industriestruktur und der Innovationsleistung vorhanden sein. Howells (1999) verweist auch darauf, dass die Beziehungen innerhalb des Systems stärker sein müssen als die nach außen, damit sich durch die Interaktion der Akteure ein kumulativer Entwicklungsprozess einstellen kann (Bathelt und Depner 2003).

Zumeist sind in regionalen Produktionszusammenhängen die Einflüsse der nationalstaatlichen Institutionen (durch Arbeitsrecht, Tarifverträge, Aus- und Weiterbildungsstrukturen usw.) und der regionsextern angesiedelten Abschnitte der Wertschöpfungskette so stark, dass die Existenz eines eigenständigen, sich im Wesentlichen selbst regulierenden und reproduzierenden regionalen Systems hinterfragt werden muss. Stattdessen ist konzeptionell eher davon auszugehen, dass das nationale Produktions- und Innovationssystem auch auf lokaler bzw. regionaler Ebene besteht und zumeist lediglich Veränderungen und Anpassungen erfährt. Regionale Beziehungen bleiben dabei territorial in einen nationalen Systemzusammenhang eingebettet. Das nationale System ist dementsprechend nicht die Summe der regionalen Zusammenhänge, sondern der Überbau für diese (Freeman 2002). Lokale Anpassungen in Produktion, Innovation und den relevanten Regelungen an die spezifischen Bedingungen vor Ort sind von großer Bedeutung zur Schaffung und Erhaltung der Wettbewerbsfähigkeit der Unternehmen einer Region. Durch die Einbeziehung lokalisierter Fertigkeiten und Kompetenzen entsteht kontextualisiertes explizites und implizites Wissen (Belussi und Pilotti 2002), das nicht ohne Weiteres in andere regionale Kontexte transferierbar ist und sich dem Prozess der Ubiquitifizierung entzieht oder ihn erschwert (Asheim 1999; Maskell und Malmberg 1999 a). Zumeist ist die Außenabhängigkeit allerdings so stark, dass nicht von einem eigenständigen regionalen System ausgegangen werden kann. Die vorstehende Diskussion und die Beispiele regionaler Innovationssysteme in Norwegen (→ Box 15-3) zeigen, dass regionale Systeme konzeptionell nicht unproblematisch sind und nur mit großer Sorgfalt verwendet werden sollten.

Box 15-3: Regionale Innovationssysteme in Norwegen

Asheim und Isaksen (1997) treffen in ihrer Studie der Innovationstätigkeit in Norwegen eine Unterscheidung zwischen **eingebetteten regionalen Innovationssystemen**, die einer *bottom-up*-Logik folgen, und **regionalisierten nationalen Systemen** mit einer *top-down*-Logik und starken übergeordneten, nationalen Institutionen. Sie verwenden das Konzept des regionalen Innovationssystems in normativer Weise, um die strategische Bedeutung von Innovation in kleinräumigen Kontexten zu betonen. Die Unterschiede beider Arten von Innovationssystemen lassen sich sehr gut an zwei Beispielen verdeutlichen:

(1) **Maschinenbau in Jaeren.** In der Region Jaeren entwickelte sich in der Nachkriegszeit ein Maschinenbausektor mit rund 13 000 Beschäftigten Ende der 1990er-Jahre. Für die Entwicklung entscheidend war die Etablierung von TESA – einer Organisation, die 1957 durch die lokale Industrie gegründet wurde und die technische Kooperationen in der Region unterstützte. Ausgehend von TESA entwickelte sich die Region zu einem Zentrum der industriellen Robotertechnologie in Norwegen. TESA war die treibende Kraft beim Aufbau des Technologiezentrums JAERTEK im Jahr 1987, wo neue Technologien etwa im Bereich *computer-integrated manufacturing* entwickelt wurden. Im Jahr 1994 hatte TESA 13 Mitgliedsunternehmen mit 2800 Mitarbeitern, darunter *Laerdal* (medizinische Ausrüstung), *ABB Flexible Automation* (das frühere *Trallfa Robot* im Bereich Lackierroboter) und *Kverneland* (landwirtschaftliche Maschinen). Als *Trallfa Robot* – ein traditionell wichtiges Unternehmen vor Ort – von *ABB* übernommen wurde, wurden keine lokalen Kompetenzen abgebaut, sondern *ABB* investierte in die Anlagen, sodass sich die Beschäftigung innerhalb von zehn Jahren von 200 auf 600 Mitarbeiter verdreifachte.

(2) **Elektronikindustrie in Horton.** In der Region Horton gibt es eine kleine Konzentration von Unternehmen der Elektronikindustrie, darunter drei große und fünf kleine Systemhäuser sowie zwei *OEMs* (*original equipment manufacturers*). Die Systemhäuser erstellen neue Produkte für ihre Kernkunden, bieten ihnen Instandhaltungsleistungen an und haben lokale *subcontracting*-Netzwerke für ihre Produktion aufgebaut. Sie sind jedoch Teil des nationalen Innovationssystems und haben weitreichende nationale und internationale Kundenbeziehungen. Einige Unternehmen befinden sich in ausländischem Besitz und kooperieren mit speziellen Forschungseinrichtungen landesweit.

Während Asheim und Isaksen (1997) Jaeren als Beispiel für ein territorial eingebettetes Innovationssystem betrachten, sehen sie Horton als Fall eines regionalisierten nationalen Innovationssystems. Ein Problem, das in diesen Beispielen recht deutlich wird, ist die extrem geringe Größe beider Produktionskontexte mit jeweils wenigen Beschäftigten und wenigen Unternehmen. Es ist fraglich, ob so kleine Unternehmensnetzwerke überhaupt als regionale Systeme definiert werden können. Zudem kann bereits die Umorientierung, Schließung oder Übernahme eines einzigen führenden Unternehmens zur Folge haben, dass das gesamte regionale Ensemble kippt.

15.3.4 Lernen und Innovation in räumlicher Perspektive

Lernprozesse sind häufig lokalisiert, da sie nur bei bestimmten Technologien, erfahrenen Beschäftigten und unter den Produktionsbedingungen in einem ganz bestimmten Betrieb realisiert werden können. Sie sind somit standortabhängig (Bathelt und Glückler 2000). Komplementäre Produkte und Technologien, die aus einem regionalen Spezialisierungs- und Ballungsprozess resultieren, können interaktive regionale Lernprozesse stimulieren und somit die Entstehung regionsspezifischer Pfade der Wissens- und Technologiegenerierung fördern. Derartige regionale Entwicklungspfade sind wiederum erfahrungsabhängig, kumulativ und in spezifische sozio-institutionelle Zusammenhänge eingebettet. Räumliche Nähe erleichtert hierbei regelmäßige persönliche Treffen, und die Bildung von Konventionen fördert spezifische Kommunikationsvorteile und erleichtert den Informationstransfer zwischen ökonomischen Akteuren. Insofern spielen nicht nur die durch formelle und informelle Institutionen auf nationalstaatlicher Ebene begründeten Innovationssysteme eine Rolle (Lundvall 1992b; Nelson 1993), sondern auch Innovationsprozesse, die durch Lernen und Interaktionen in ihrem regionalen Umfeld mit beeinflusst werden (Storper 1997b, Kap. 3).

Ob man aus regionsspezifischen Innovationsprozessen und Entwicklungspfaden auf die Existenz spezifischer regionaler Innovationssysteme schließen kann (Cooke und Morgan 1998), ist, wie die vorhergehende Diskussion zeigt, zumindest fragwürdig. Es liegt vielmehr nahe, dass hierbei das gleiche Problem auftritt wie bei dem Versuch, die in der Regulationstheorie auf nationalstaatlicher Ebene konzipierten Akkumulationsregimes und Regulationsweisen auf eine regionale Dimension zu transferieren. Durch diese Übertragung wird die übergeordnete Bedeutung nationalstaatlicher Institutionen unterschätzt. Regionale und nationale Institutionen und institutionelle Akteure werden in ihrer Bedeutung und ihrem Einfluss quasi auf dieselbe Stufe gestellt. Ein **regionaler Entwicklungspfad** ist deshalb nicht unbedingt Ausdruck eines eigenen regionalen Systems sondern vielmehr das Ergebnis eines spezifischen Anpassungsprozesses nationalstaatlicher Institutionen an lokale Gegebenheiten und Bedürfnisse (Asheim und Isaksen 1997). Eine solche Anpassung ist eine regionsspezifische Umsetzung des nationalen Systems, die das Gesamtsystem stützt. Aus diesem Grund ist auch die seit den 1990er-Jahren geführte Debatte über sogenannte lernende Regionen (Hassink 1997; Morgan 1997) mit Skepsis zu betrachten.

Seit Mitte der 1990er-Jahre gibt es eine Reihe groß angelegter empirischer Studien, die sich mit der räumlichen Struktur und Variation der Erfindungstätigkeit (Giese et al. 1997; Cantwell und Fai 1999) sowie der Identifikation regionaler Innovationspotenziale, Innovationsnetze und Innovationssysteme befassen (Fritsch et al. 1998; Koschatzky 1998; 1999; Tödtling und Kaufmann 1999; Arndt und Sternberg 2000; Koschatzky und Sternberg 2000). Die zum Teil in mehreren europäischen Regionen mit großem Stichprobenumfang durchgeführten Unternehmensbefragungen weisen dabei auf eine Segmentierung von Innovationsprozessen nach sektoralen und räumlichen Kriterien hin (Pavitt 2005) und gelangen nicht zu einheitlichen Ergebnissen im Hinblick auf regionsspezifische Innovationscharakteristika. Offensichtlich ist es nicht leicht, regionale Innovationstypen zu identifizieren (Blotevogel 1999). Die Ergebnisse deuten darauf hin, dass Innovation vor allem ein unternehmensinterner Prozess ist, der bei verschiedenen Unternehmenstypen unterschiedlich organisiert ist. Abnehmer, Zulieferer und Universitäten werden dabei keineswegs immer bewusst und systematisch in die unternehmensinternen Innovationsprozesse eingebunden (Tödtling und Kaufmann 1999). Dies deckt sich mit evolutionsökonomischen Studien, die nachweisen, dass große Unternehmen mit ihren internen Strukturen und Fertigkeiten eine zentrale Quelle für Innovation und Wachstum bilden (Cantwell und Fai 1999). Demnach finden innerhalb großer Unternehmen wichtige technologische Lernprozesse statt und führen zur Entstehung unternehmensspezifischer Kompetenzen in Innovationsprozessen. Dadurch werden kumulative unternehmensspezifische Entwicklungspfade erzeugt, die sich nur allmählich verändern.

Es lässt sich zwar ein positiver Einfluss von räumlicher Nähe in Innovationsbeziehungen ermitteln (Arndt und Sternberg 2000), allerdings ist das Gewicht dieser Erkenntnis unklar. Insgesamt lassen sich große Unterschiede zwischen den untersuchten europäischen Regionen und Städten sowie zwischen Industrien, aber auch zwischen verschiedenen Studien feststellen. Allgemeine Regelhaftigkeiten über die Existenz regionaler Innovationssysteme vermögen die Studien letztlich nicht zu ermitteln. Dennoch ist die Fokussierung auf regionale Innovationsprozesse und -strukturen aus politischer Sicht ein wichtiger Schritt, denn die Förderung lokaler bzw. regionaler Innovationsaktivitäten und die Mobilisierung dazu notwendiger lokaler und nicht-lokaler Ressourcen ist von zentraler Bedeutung für die regionale Wirtschaftsentwicklung. Insofern hat die Fokussierung auf regionale Innovationsprozesse vor allem strategische und weniger konzeptionelle Bedeutung.

15.4 *Varieties of capitalism*

Hall und Soskice (2001) haben mit dem Ansatz der *varieties of capitalism* eine Konzeption entwickelt (Soskice 1999), die seit Anfang der 2000er-Jahre großen Einfluss auf die vergleichende Untersuchung kapitalistischer Volkswirtschaften in den Politikwissenschaften hat, und auch in die Wirtschaftsgeographie und Ökonomie Einzug gefunden hat. Obwohl der Ansatz auf einer expliziten Kritik an der unzureichenden institutionellen Analyse der Regulationstheorie, staatszentrierter Modernisierungstheorien und der Innovationssystemansätze aufbaut, weist er teilweise Komplementaritäten mit diesen Ansätzen auf. Er führt (wie diese Ansätze) zu dem Ergebnis, dass sich auf nationalstaatlicher Ebene unterschiedliche Kombinationen von Produktionsstrukturen und institutionellen Umfeldern entwickeln, die nicht *a priori* anderen überlegen sind. Das Ziel der Studie von Hall und Soskice (2001) ist es, zu zeigen, wie ökonomisches Handeln auf verschiedenen institutionellen Ebenen zu unterschiedlichen Spielarten des Kapitalismus auf nationaler Ebene führt. Ähnlich wie bei dem Ansatz nationaler Innovationssysteme nach Lundvall (1992b) handelt es sich um einen akteurszentrierten Ansatz, der von einer relationalen Sichtweise von Unternehmen ausgeht. Demnach haben Unternehmen dynamische Fähigkeiten und sind im Rahmen ihrer Produktionstätigkeit grundlegend in unternehmensinterne und -externe Interaktionsprozesse eingebunden (Gibson und Bathelt 2010). Obwohl diese relationale Akteurssicht in empirischen Umsetzungen oftmals nicht eingehalten wird, weil diese auf einer höheren Aggregationsebene argumentieren, ist der relationale Zugang dennoch bemerkenswert und in den Politikwissenschaften ungewöhnlich.

15.4.1 Institutionelle Ebenen und Komplementaritäten

Im Kern des Ansatzes der *varieties of capitalism* stehen strategische Interaktionen zwischen zentralen Akteuren und die betreffenden institutionellen Ebenen. Im Unterschied zu Ansätzen über Innovationssysteme (Lundvall 1992b; Nelson 1993) fokussiert die Konzeption von Hall und Soskice (2001) auf eine systematische Analyse der verschiedenen institutionellen Ebenen und ihres Zusammenspiels. Der Ansatz konzentriert sich vor allem auf die Rolle von Institutionen, die als Mengen von *incentives* und *sanctions* verstanden werden. Unternehmen müssen demzufolge in ihrem Produktionsablauf regelmäßig Koordinationsprobleme lösen, die auf verschiedenen institutionellen Ebenen angesiedelt sind:

(1) **Industrielle Beziehungen.** Diese betreffen die Arbeitsorganisation und die Koordination von Aushandlungsprozessen zwischen Arbeitgebern und Arbeitnehmern. Hierbei sind Lohnniveau und Produktivität zentrale Kenngrößen.

(2) **Berufsaus- und -weiterbildung.** Hauptaspekt dieser Ebene ist die Reproduktion von Qualifikationsniveaus. Arbeitskräfte (oder Unternehmen) treffen Entscheidungen, wie viel in die berufliche Ausbildung investiert werden soll.

(3) **Unternehmensführung und -kontrolle (*corporate governance*).** Die Form der *corporate governance* kann sich stark unterscheiden, was Einfluss auf den Zugang zu Finanzmitteln für Investitionen hat.

(4) **Unternehmenübergreifende Beziehungen.** Sie betreffen die Art und den Grad der Interaktion und Kooperation zwischen Zulieferern, Produzenten und Kunden. Dabei spielen Aspekte wie Vertrauen oder die Gefahr unerwünschter Wissensabflüsse eine große Rolle.

(5) **Interne Beziehungen.** Hier geht es um die konkrete betriebliche Arbeitsteilung, Kompetenzen sowie Wissensflüsse unter den Beschäftigten.

Institutionen werden in diesem Ansatz deshalb als zentral angesehen, weil sie strategische Interaktionen ermöglichen und Gelegenheiten bieten, andere zu beobachten und gegebenenfalls zu sanktionieren. Von besonderer Bedeutung sind sogenannte ***deliberative institutions***, die Anreize bieten, in dauerhaften Austausch zu treten. Beispielsweise haben konkurrierende Unternehmen in Deutschland einen Anreiz im Rahmen der Industrie- und Handelskammern zusammenzuarbeiten, um die Ausbildungs- und Arbeitmarktsituation in ihrer Standortregion zu verbessern. Das zentrale Argument von Hall und Soskice (2001) ist, dass die verschiedenen institutionellen Ebenen sich nicht unabhängig voneinander, sondern in Beziehung zueinander und aufeinander entwickeln, sodass im Zeitablauf **institutionelle Komplementaritäten** entstehen. Dies führt dazu, dass sich in einem Land spezifische Strukturen entwickeln, die sich von denen anderer Länder unterscheiden, wo die institutionellen Bedingungen andere sind.

15.4.2 Liberale und koordinierte Marktwirtschaften in räumlicher Perspektive

In einer idealtypischen Klassifikation unterscheiden Hall und Soskice (2001) zwischen zwei Typen von Marktwirtschaften mit unterschiedlicher Struktur:

(1) **Liberale Marktwirtschaften** oder ***liberal market economies* (*LMEs*).** Hier werden ökonomische Interaktionen meist durch Markt- oder hierarchische Beziehungen abgewickelt, und es entstehen kaum Netzwerke.

(2) **Koordinierte Marktwirtschaften** oder ***coordinated market economies* (*CMEs*).** Hier beruht ein wesentlicher Teil der Koordination auf Nicht-Markt-Beziehungen verbunden mit Kooperationen, unvollständigen Verträgen und enger Interaktion.

Wichtiger Aspekt des Ansatzes ist, dass nicht ein Typ Volkswirtschaft generell dem anderen überlegen ist, sondern dass beide ein zufriedenstellendes Wachstum und ausreichende Beschäftigung erreichen (können), sich aber in unterschiedlicher Weise spezialisieren und ausrichten. Dadurch unterscheiden sich auch die Kapazitäten zur Innovation. Am Beispiel einer idealtypischen *CME* (Deutschland) und einer idealtypischen *LME* (USA) lässt sich zeigen, dass unter den Bedingungen marktlichen Tauschs Strukturen entstehen, die radikale Innovationen begünstigen, während dauerhafte Kooperationsbeziehungen besonders für fortlaufende Verbesserungsinnovationen prädestiniert sind (→ Box 15-4).

Allerdings ist die Realität weltweiter nationaler Spezialisierungen wesentlich komplexer und lässt sich nicht dualistisch in zwei Idealtypen abbilden. Ein sinnvoller Vergleich unterschiedlicher Länder muss deshalb auf einer komplexeren Taxonomie ansetzen und eine größere Vielfalt verschiedener kapitalistischer Spielarten unterscheiden. Bisher gibt es diesbezüglich keine generell akzeptierte Klassifikation. Aus diesem Grund sollte der Ansatz weniger an seiner idealtypischen Klassifikation als vielmehr an seiner Methodik gemessen werden. Diesbezüglich geht er, insbesondere in zwei Aspekten, über die Ansätze nationaler Innovationssysteme hinaus: Erstens benennt er konkrete institutionelle Analyseebenen für einen Vergleich zweier Markwirtschaften und etabliert somit eine wichtige Analysemethodik. Dies wird in Ansätzen nationaler Innovationssysteme oft vernachlässigt (Lorenz und Lundvall 2006). Zweitens bindet er breitere gesellschaftliche Strukturen in die Analyse von Volkswirtschaften ein.

15.4.3 Kritische Würdigung des *varieties-of-capitalism*-Ansatzes

Trotz der Innovativität und breiten Wirkung der *variety-of-capitalism*-Konzeption gibt es inzwischen auch eine Reihe von Kritikansätzen, die Ausgangspunkt für andere Studien sind, abweichende Methoden einzusetzen oder bestimmte Aspekte anders zu betonen als in der ursprünglichen Konzeption:

- Einige Autoren kritisieren die nationalstaatliche Analyseebene in dem Ansatz und betonen innersystemische Diversifität (Crouch 2005).
- Empirische Studien zeigen, dass sich Unternehmenspraktiken stark voneinander unterscheiden und nur schwer in idealtypische nationale Muster pressen lassen (Martin 2005).
- Insgesamt ist der *varieties-of-capitalism*-Ansatz durch einen gewissen institutionellen Determinismus gekennzeichnet und fokussiert zu sehr auf institutionelle Komplementaritäten (Thelen 2003).

Box 15-4: Koordinierte versus liberale Marktwirtschaften – USA versus Deutschland

Die abweichenden Strukturen und Konsequenzen unterschiedlicher kapitalistischer Spielarten lassen sich besonders anschaulich am Beispiel Deutschlands und der USA verdeutlichen. Es zeigt sich, wie institutionelle Komplementaritäten zu verschiedenartigen ökonomischen Koordinationsformen, Wirtschaftsstrukturen und Innovationsprozessen führen (Hall und Soskice 2001).

(1) **Beispiel *CME* Deutschland.** Auf der Ebene der Unternehmensführung und -kontrolle sind Unternehmen in Deutschland traditionell weniger auf Aktienmärkte (sondern stark auf längerfristige Bankenbeziehungen) angewiesen, mit der Konsequenz, dass die Beschäftigung weniger stark von Konjunkturzyklen abhängt. Bei den unternehmensübergreifenden Beziehungen gibt es vielfach lang anhaltende Kooperationen, die von gemeinsamen Standards, Arbeitgeberverbänden und Forschungsinstituten unterstützt werden. In Bezug auf interne Beziehungen müssen Manager ihre Entscheidungen mit Vertretern der Mitarbeiter abstimmen und müssen diese beteiligen. Aus- und Weiterbildung sind dadurch gekennzeichnet, dass Arbeitgeber und Gewerkschaften gemeinsam Standards für professionelles Training und Ausbildungsprogramme festlegen. Auf der Ebene der industriellen Beziehungen entstehen somit Voraussetzungen für eine hoch qualifizierte Arbeiterschaft. Die Mitarbeiter haben langfristige Beschäftigungsverhältnisse und werden zur Triebkraft von Verbesserungsinnovationen. Letztlich entstehen so Voraussetzungen für andauernde inkrementale Innovationen, wodurch Produkte sukzessive optimiert und an Kundenbedürfnisse angepasst werden.

(2) **Beispiel *LME* USA.** In den USA sind Unternehmensführung und -kontrolle demgegenüber stärker von Kapitalmärkten abhängig und reagieren sensibel auf Konjunkturschwankungen. Die Reputation von Unternehmen basiert auf den öffentlichen Unternehmensberichten, und in den Verflechtungen mit anderen Akteuren dominieren Marktbeziehungen. Auf der Ebene der industriellen Beziehungen ist eine *hire-and-fire*-Politik verbreitet, sodass in einer Krise schnell Arbeitskräfte freigesetzt werden können. Managemententscheidungen erfolgen relativ zügig ohne Konsultation der Arbeitnehmer, die auf der Ebene der Aus- und Weiterbildung eher in den Erwerb breiter generischer Qualifikationen investieren. Es sind dies die Bedingungen, unter denen Unternehmen relativ schnell auf Markt- oder Technologieänderungen reagieren und ihre Ressourcen rekombinieren können. Die Bedingungen sind weniger für andauernde Verbesserungsinnovationen und zur Perfektionierung von Technologien, dafür aber für relativ schnelle radikalere Veränderungen wie z. B. die Umstellung auf neue Technologien geeignet.

- Die institutionellen Ebenen des Ansatzes sind unvollständig und berücksichtigen z. B. nicht das soziale Sicherungssystem (Bathelt und Gertler 2005).
- Der Ansatz trifft keine Aussagen über die Beziehungen zwischen Nationalstaaten und den vielfältigen Konvergenz- und Divergenz- sowie Globalisierungsprozessen (Crouch 2005).
- Letztlich ist der Ansatz statisch angelegt und sagt wenig darüber aus, welche Auswirkungen dynamische Veränderungen der Rahmenbedingungen auf die Struktur von verschiedenen Spielformen des Kapitalismus haben können (Gibson und Bathelt 2010).

Gerade die Diskussionen über Entwicklungszusammenhänge, Innovationssysteme und *varieties of capitalism* in diesem Kapitel führen idealtypisch die Argumente der in diesem Buch skizzierten relationalen Grundkonzeption wirtschaftsgeographischer Analyse zusammen und verdeutlichen die Vorzüge des Ansatzes. So zeigen die Diskussionen, dass ein Verständnis des relationalen Ansatzes auf einer integrierten Betrachtung wirtschaftlicher und sozialer Prozesse beruht, die es erst ermöglicht, wirtschaftliche Strukturen und deren Wandel zu verstehen. Eine rein auf rationales Handeln fokussierte Interpretation gestattet es nicht, die vielfältigen Unterschiede zwischen Innovationsprozessen und -systemen zu ergründen. Zudem zeigt die Analyse, dass wirtschaftliche Entwicklung und Innovationsprozesse zu fundamentalen räumlichen Disparitäten und Spezialisierungen führen, die erst durch eine Analyse in räumlicher Perspektive als solche erkennbar sind. Hierbei geht es nicht nur um lokalisierte Konsequenzen z. B. der Organisation von Innovation, sondern auch um die Wechselwirkungen von lokalen und globalen Prozessen und die Interdependenzen sowie systematischen Verknüpfungen zwischen ihnen. Um diese vielfältigen Einflüsse adäquat zu untersuchen und mit Erklärungszusammenhängen zu verbinden, ist es zudem sinnvoll mikro- und makroanalytische Zusammenhänge zu integrieren. So besteht bei einer reinen Makrostudie die Gefahr, die vielfältigen Strategien individuellen und kollektiven Handelns zu übersehen, während reine Mikroanalysen leicht die Bedeutung unerwünschter bzw. ungeplanter Handlungskonsequenzen vergangener Entscheidungen übersehen. Die in diesem Kapitel diskutierten Konzeptionen verbinden in ihrer Gesamtheit unternehmerisches Handeln mit breiten sozialen und wirtschaftlichen Strukturen und gestatten über eine Betonung institutioneller Arrangements, die Wechselwirkung von Mikro- und Makrozusammenhängen einzubinden und zu untersuchen.

Literaturverzeichnis

Abler R, Adams JS, Gould P (1971): Spatial Organization: The Geographer's View of the World. Englewood Cliffs (NJ): Prentice-Hall.

Aglietta M (1979): A Theory of Capitalist Regulation: The US Experience. London, New York: Verso.

Akerlof G (1970): The market for 'lemons': Quality uncertainty and the market mechanism. Quarterly Journal of Economics 84: 488–500.

Akrich M, Callon M, Latour B, Monaghan A (2002): The key to success in innovation part I: The art of interessment. International Journal of Innovation Management 6: 187–206.

Allen J (1997): Economies of power and space. In: Lee R, Wills J (Hrsg): Geographies of Economies. London, New York, Sydney: Arnold, 59–70.

Allen J (2003): Lost Geographies of Power. Malden (MA), Oxford: Blackwell.

Allix A (1922): The geography of fairs: Illustrated by old-world examples. Geographical Review 12: 532–69.

Allkämper D, Bauer J, Dielmann M, Gerber W, Konopka H-P, Mittag W, Neumann J, Nübler W, Oestereich H, Theissen U, Wührl U (1998): Mensch und Raum, Geographie 12/13. Berlin: Cornelsen.

Alonso W (1960): A theory of the urban land market. Papers in Regional Science 6: 149–57.

Alonso W (1964): Location and Land Use: Toward a General Theory of Land Rent. Cambridge (MA): Harvard University Press.

Altenburg T (2003): Welche Chancen haben Entwicklungsländer im globalen Innovationswettbewerb? Zeitschrift für Wirtschaftsgeographie 47: 66–81.

Amecke H-B (1987): Chemiewirtschaft im Überblick: Produkte, Märkte, Strukturen. Weinheim: VCH.

Amin A (1989): A model of small firms in Italy. In: Goodman E, Bamford J, Saynor P (Hrsg): Small Firms and Industrial Districts in Italy. London, New York: Routledge, 111–22.

Amin A (1994): Post-Fordism. Oxford, Cambridge (MA): Blackwell.

Amin A (2004): Regions unbound: Towards a new politics of place. Geografiska Annaler 86B: 33–44.

Amin A, Cohendet P (2004): Architectures of Knowledge: Firms, Capabilities, and Communities. Oxford, New York: Oxford University Press.

Amin A, Robins K (1990): The re-emergence of regional economics? The mythical geography of flexible accumulation. Environment and Planning D 8: 7–34.

Amin A, Robins K (1991): These are not Marshallian times. In: Camagni R (Hrsg): Innovation Networks: Spatial Perspectives. London, New York: Belhaven Press, 105–18.

Amin A, Thrift N (1992): Neo-Marshallian nodes in global networks. International Journal of Urban and Regional Research 16: 571–87.

Amin A, Thrift N (1994 a): Globalization, Institutions, and Regional Development in Europe. Oxford, New York: Oxford University Press.

Amin A, Thrift N (1994 b): Living in the global. In: Amin A, Thrift N (Hrsg): Globalization, Institutions, and Regional Development in Europe. Oxford, New York: Oxford University Press, 1–22.

Amiti M (1998): New trade theories and industrial location in the EU: A survey of evidence. Oxford Review of Economic Policy 14: 45–53.

Anderson P, Tushman ML (1990): Technological discontinuities and dominant designs: A cyclical model of technological change. Administrative Science Quarterly 35: 604–33.

Angel DP (1990): New firm formation in the semiconductor industry: Elements of a flexible manufacturing system. Regional Studies 24: 211–21.

Archer MS (2002): Realism and the problem of agency. Journal of Critical Realism 5: 11–20.

Archer MS, Bhaskar R, Collier A, Lawson T, Norrie A (1998): Critical Realism. Essential Readings. London, New York: Routledge.

Archibugi D, Howells J, Michie J (1999): Innovation systems and policy in a global economy. In: Archibugi D, Howells J, Michie J (Hrsg): Innovation Policy in a Global Economy. Cambridge: Cambridge University Press, 1–17.

Armbrüster T, Glückler J (2007): Organizational change and the economics of management consulting. Organization Studies 28: 1873–85.

Arndt O, Sternberg R (2000): Do manufacturing firms profit from intraregional innovation linkages? An empirical based answer. European Planning Studies 8: 465–85.

Arrow KJ (1962 a): The economic implications of learning by doing. Review of Economic Studies 29: 155–73.

Arrow KJ (1962 b): Economic welfare and the allocation of resources for invention. In: Nelson R (Hrsg): The Rate and Direction of Inventive Activity: Economic and Social Factors. Princeton (NJ): Princeton University Press, 609–25.

Arthur WB (1988): Competing technologies: An overview. In: Dosi G, Freeman C, Nelson RR, Silverberg G, Soete L (Hrsg): Technical Change and Economic Theory. London, New York: Pinter Publishers, 590–607.

Arthur WB (1989): Competing technologies, increasing returns, and lock-in by historical events. The Economic Journal 99: 116–31.

Aschhoff B, Blind K, Ebersberger B, Fraaß B, Rammer C, Schmidt T (2007): Schwerpunktbericht zur Innovationserhebung 2005. ZEW Dokumentation Nr. 07-03. Mannheim: ZEW.

Asheim B (2002): Temporary organisations and spatial embeddedness of learning and knowledge creation. Geografiska Annaler 84: 111–24.

Asheim B, Dunford M (1997): Regional futures. Regional Studies 31: 445–55.

Asheim BT (1999): Interactive learning and localised knowledge in globalising learning economies. GeoJournal 49: 345–52.

Asheim BT, Isaksen A (1997): Location, agglomeration and innovation: Towards regional innovation systems in Norway? European Planning Studies 5: 299–330.

Asmacher C, Schalk HJ, Thoss R (1986): Wirkungsweise der regionalen Strukturpolitik. Informationen zur Raumentwicklung Heft 9/10: 721–33.

Atkinson J (1987): Flexibility or fragmentation? The United Kingdom labour market in the eighties. Labour and Society 12: 87–105.

Auty RM (1984): The product life-cycle and the location of the global petrochemical industry after the second oil shock. Economic Geography 60: 325–38.

Aydalot P, Keeble D (1988): High Technology Industry and Innovative Environments: The European Experience. London, New York: Routledge.

Bachmann R (2001): Trust, power and control in trans-organizational relations. Organization Studies 22: 337–65.

Backhaus H, Zydorek C (1997): Von der Mustermesse zur ubiquitären Messe. In: Meffert H, Necker T, Sihler H (Hrsg): Märkte im Dialog – Die Messen der dritten Generation. Leipzig: Leipziger Verlag.

Backhaus K, Erichson B, Plinke W, Weiber R (1996): Multivariate Analysemethoden: Eine anwendungsorientierte Einführung. Berlin, Heidelberg, New York: Springer.

Bade FJ (1979): Funktionale Aspekte der regionalen Wirtschaftsstruktur. Raumforschung und Raumordnung 37: 253–68.

Bähr J, Jentsch C, Kuls W (1992): Bevölkerungsgeographie. Lehrbuch der Allgemeinen Geographie. Berlin, New York: De Gruyter.

Bähr J, Jürgens U (1993): Die Stadt in der Republik Südafrika: Von der Spät-Apartheid zur Post-Apartheid. Geographische Rundschau 45: 410–19.

Bähr J, Mertins G (1992): The Latin american city. In: Ehlers E (Hrsg): Modelling the City: Cross-Cultural Perspectives. Colloquium Geographicum. Band 22. Bonn: Dümmlers, 65–75.

Bahrenberg G (1972): Räumliche Betrachtungsweise und Forschungsziele der Geographie. Geographische Zeitschrift 60: 8–24.

Bahrenberg G (1979): Anmerkungen zu E. Wirths vergeblichem Versuch einer wissenschaftstheoretischen Begründung der Länderkunde. Geographische Zeitschrift 67: 147–57.

Bahrenberg G (1987): Über die Unmöglichkeit von Geographie als „Raumwissenschaft“. Gemeinsamkeiten in der Konstituierung von Geographie bei A. Hettner und D. Bartels. Geographie des Menschen. Dietrich Bartels zum Gedenken. Bremer Beiträge zur Geographie und Raumplanung, Heft 11, 225–39.

Bahrenberg G (1995): Paradigmenwechsel in der Geographie: Vom Regionalismus über den raumwissenschaftlichen Ansatz wohin? In: Matznetter W (Hrsg): Geographie und Gesellschaftstheorie. Beiträge zur Bevölkerungs- und Sozialgeographie, Band 3. Wien: Institut für Geographie, 25–32.

Bahrenberg G, Giese E, Nipper J (1990): Statistische Methoden in der Geographie. Band 1: Univariate und bivariate Statistik. Stuttgart: Teubner.

Bahrenberg G, Giese E, Nipper J (1992): Statistische Methoden in der Geographie, Band 2: Multivariate Statistik. Stuttgart: Teubner.

Bahrenberg G, Loboda J (1973): Einige raum-zeitliche Aspekte der Diffusion von Innovationen am Beispiel der Ausbreitung des Fernsehens in Polen. Geographische Zeitschrift 61: 165–94.

Baker WE (1983): Floor trading and crowd dynamics. In: Adler PA, Adler P (Hrsg): Social Dynamics of Financial Markets. Greenwich (CT): JAI, 107–28.

Baker WE (1984): The social structure of a national securities market. American Journal of Sociology 89: 775–811.

Baltes BB, Dickson MW, Sherman MP, Bauer CC, LaGanke JS (2002): Computer-mediated communication and group decision making: A meta analysis. Organizational Behavior and Human Decision Process 87(1): 156–79.

Barber B (1983): The Logic and Limits of Trust. New Brunswick (NJ): Rutgers University Press.

Barham N, Dörry S, Schamp EW (2007): Relational governance and regional upgrading in global value chains: The case of package tourism in Jordan. Die Erde 138: 169–86.

Barkley DL (1988): The decentralization of high-technology manufacturing to non-metropolitan areas. Growth and Change 19: 13–30.

Barnes TJ, Gertler MS (1999): The New Industrial Geography: Regions, Regulation and Institutions. London, New York: Routledge.

Bartels D (1968 a): Die Zukunft der Geographie als Problem ihrer Standortbestimmung. Geographische Zeitschrift 56: 124–42.

Bartels D (1968 b): Zur wissenschaftstheoretischen Grundlegung einer Geographie des Menschen. Erdkundliches Wissen, Heft 19.

Bartels D (1970 a): Einleitung. In: Bartels D (Hrsg): Wirtschafts- und Sozialgeographie. Köln, Berlin: Kiepenheuer und Witsch, 13–45.

Bartels D (1970 b): Leitbilder der Raumordnung als quantifizierte Zuordnungsmodelle: Grundzüge eines Entwurfs für den Rhein-Ruhr-Raum. Zeitschrift für Wirtschaftsgeographie 14: 65–79.

Bartels D (1970 c): Zwischen Theorie und Metatheorie. Geographische Rundschau 22: 451–57.

Bartels D (1988): Wirtschafts- und Sozialgeographie. In: Handwörterbuch der Wirtschaftswissenschaft, Vol. 9. Stuttgart, New York: Fischer, 44–54.

Bartlett CA, Goshal S (1987): Managing across borders: New strategic requirements. Sloan Management Review 28, Summer 1987: 7–17.

Bartling K (1926): Handels- und Verkehrsgeographie. Zum Gebrauch in Handels- und Beamtenschulen und verwandten Lehranstalten. Leipzig: List und von Bressensdorf.

Bartsch B (2011): Herr Li erlebt sein blaues Wunder. Frankfurter Rundschau, 23. Februar, S. 20.

BASF (1999): Daten und Fakten – Charts 1998. Ludwigshafen.

BASF (2011): Der Hauptstandort Ludwigshafen in Zahlen (http://www.basf.com/group/corporate/de/careers/career_de/About_BASF_DE/BASF_Headquarters_1_3, abgerufen im April 2011). Ludwigshafen: BASF.

Bastian HG (2000): Musik(erziehung) und ihre Wirkung: Eine Langzeitstudie an Berliner Grundschulen. Mainz: Schott.

Bathelt H (1990): Industrieller Wandel in der Region Boston: Ein Beitrag zum Standortverhalten von Schlüsseltechnologie-Industrien. Geographische Zeitschrift 78: 150–75.

Bathelt H (1991 a): Employment changes and input-output-linkages in key technology industries: A comparative analysis. Regional Studies 25: 31–43.

Bathelt H (1991 b): Schlüsseltechnologie-Industrien: Standortverhalten und Einfluss auf den regionalen Strukturwandel in den USA und in Kanada. Berlin, Heidelberg, New York: Springer.

Bathelt H (1992): Erklärungsansätze industrieller Standortentscheidungen: Eine kritische Bestandsaufnahme und empirische Überprüfung am Beispiel von Schlüsseltechnologie-Industrien. Geographische Zeitschrift 80: 195–213.

Bathelt H (1994): Die Bedeutung der Regulationstheorie in der wirtschaftsgeographischen Forschung. Geographische Zeitschrift 82: 63–90.

Bathelt H (1995): Der Einfluß von Flexibilisierungsprozessen auf industrielle Produktionsstrukturen am Beispiel der Chemischen Industrie. Erdkunde 49: 176–96.

Bathelt H (1997 a): Chemiestandort Deutschland: Technologischer Wandel, Arbeitsteilung und geographische Strukturen in der Chemischen Industrie. Berlin: Edition Sigma.

Bathelt H (1997 b): Chemische Industrie zwischen Kontinuität und Umbruch: Technologischer Wandel, Flexibilisierung und räumliche Nähe. Geographische Zeitschrift 85: 193–212.

Bathelt H (1998): Regionales Wachstum in vernetzten Strukturen: Konzeptioneller Überblick und kritische Bewertung des Phänomens 'Drittes Italien'. Erde 129: 247–71.

Bathelt H (2000): Räumliche Produktions- und Marktbeziehungen zwischen Globalisierung und Regionalisierung. Konzeptioneller Überblick und ausgewählte Beispiele. Berichte zur deutschen Landeskunde 74: 97–124.

Bathelt H (2001): Regional competence and economic recovery: Divergent growth paths in Boston's high technology economy. Entrepreneurship & Regional Development 13: 287–314.

Bathelt H (2002): The re-emergence of a media industry cluster in Leipzig. European Planning Studies 10: 583–611.

Bathelt H (2003): Geographies of production: Growth regimes in spatial perspective 1 – Innovation, institutions and social systems. Progress in Human Geography 27: 763–78.

Bathelt H (2004 a): Toward a multidimensional conception of clusters: The case of the Leipzig media industry, Germany. In: Power D, Scott AJ (Hrsg): Cultural Industries and the Production of Culture. Abingdon, New York: Routledge, 147–68.

Bathelt H (2004b): Vom „Rauschen“ und „Pfeifen“ in Clustern: Reflexive Informations- und Kommunikationsstrukturen im Unternehmensumfeld. Geographica Helvetica 59: 93–105.

Bathelt H (2005a): Cluster relations in the media industry: Exploring the 'distanced neighbour' paradox in Leipzig. Regional Studies 39: 105–27.

Bathelt H (2005b): Geographies of production: Growth regimes in spatial perspective 2 – Knowledge creation and growth in clusters. Progress in Human Geography 29: 204–16.

Bathelt H (2006): Geographies of production: Growth regimes in spatial perspective 3 – Toward a relational view of economic action and policy. Progress in Human Geography 30: 223–36.

Bathelt H (2007): Buzz-and-pipeline dynamics: Toward a knowledge-based multiplier model of clusters. Geography Compass 1: 1282–98.

Bathelt H (2009): Stadtentwicklung und Innovation. In: BMVBS (Hrsg): Nationale Stadtentwicklungspolitik: Positionen. Berlin: Bundesministerium für Verkehr, Bau und Stadtentwicklung, 23–24.

Bathelt H (2011a): Innovation, learning and knowledge creation in co-localized and distant contexts. In: Pike A, Rodriguez-Pose A, Tomaney J (Hrsg): Handbook of Local and Regional Development. London: Routledge, 149–61.

Bathelt H (2011b): International trade fairs and world cities: Temporary vs. permanent clusters. In: Taylor P, Derudder B, Hoyler M, Witlox F (Hrsg): International Handbook of Globalization and World Cities. Cheltenham and Northampton, MA: Edward Elgar.

Bathelt H, Bernuth C von (2008): Leipzig's media cluster. In: Karlsson C (Hrsg): Handbook of Research on Innovation and Clusters: Cases and Policies. Cheltenham, Northampton (MA): Edward Elgar, 270–82.

Bathelt H, Boggs JS (2003): Towards a reconceptualization of regional development paths: Is Leipzig's media cluster a continuation of or a rupture with the past? Economic Geography 79: 265–93.

Bathelt H, Depner H (2003): Innovation, Institution and Region: Zur Diskussion über nationale und regionale Innovationssysteme. Erdkunde 57: 126–43.

Bathelt H, Depner H (2005): Exporting the German model: The establishment of a new automobile industry cluster in Shanghai. Economic Geography 81: 53–81.

Bathelt H, Dewald U (2008): Ansatzpunkte einer relationalen Regionalpolitik und Clusterförderung. Zeitschrift für Wirtschaftsgeographie 52: 163–79.

Bathelt H, Gertler M (2005): The German variety of capitalism: Forces and dynamics of evolutionary change. Economic Geography 81: 1–9.

Bathelt H, Glückler J (2000): Netzwerke, Lernen und evolutionäre Regionalentwicklung. Zeitschrift für Wirtschaftsgeographie 44: 167–82.

Bathelt H, Glückler J (2002): Wirtschaftsgeographie. Ökonomische Beziehungen in räumlicher Perspektive (1. Aufl.). Stuttgart: Ulmer, UTB.

Bathelt H, Glückler J (2003a): Plädoyer für eine relationale Wirtschaftsgeographie. Geographische Revue 5: 66–71.

Bathelt H, Glückler J (2003b): Toward a relational economic geography. Journal of Economic Geography 3: 117–44.

Bathelt H, Glückler J (2011): The Relational Economy. Geographies of Knowing and Learning. Oxford: Oxford University Press.

Bathelt H, Gräf P (2008): Internal and external dynamics of the Munich film and TV industry cluster, and limitations to future growth. Environment and Planning A 40: 1944–65.

Bathelt H, Jentsch C (2002): Die Entstehung eines Medienclusters in Leipzig: Neue Netzwerke und alte Strukturen. In: Gräf P, Rauh J (Hrsg): Networks and Flows: Telekommunikation zwischen Raumstruktur, Verflechtung und Informationsgesellschaft. Hamburg, Münster: Lit, 31–74.

Bathelt H, Jentsch C (2004): Wandel der Projektorganisation am Beispiel der Frankfurter und Leipziger Werbeindustrie. Petermanns Geographische Mitteilungen 148: 44–51.

Bathelt H, Kappes K (2008): Regional deindustrialization and re-bundling: Evidence from the merger of the former German Hoechst and French Rhône-Poulenc groups. European Planning Studies 16: 1329–52.

Bathelt H, Kappes K (2009): Necessary restructuring or globalization failure? Shifts in regional supplier relations after the merger of the former German Hoechst and French Rhône-Poulenc groups. Geoforum 40: 158–70.

Bathelt H, Kogler D, Munro A (2010): A knowledge-based typology of university spin-offs in the context of regional economic development. Technovation 30: 519–32.

Bathelt H, Malmberg A, Maskell P (2004): Clusters and knowledge: Local buzz, global pipelines and the process of knowledge creation. Progress in Human Geography 28: 31–56.

Bathelt H, Schamp EW (Hrsg) (2002): Die Universität in der Region. Ökonomische Wirkungen der Johann

Wolfgang Goethe-Universität in der Rhein-Main-Region. Frankfurt am Main: Institut für Wirtschafts- und Sozialgeographie.

Bathelt H, Schuldt N (2008): Between luminaries and meat grinders: International trade fairs as temporary clusters. Regional Studies 42: 853–68.

Bathelt H, Schuldt N (2010): International trade fairs and global buzz, part I: Ecology of global buzz. European Planning Studies 18: 1957–74.

Bathelt H, Taylor M (2002): Clusters, power and place: Inequality and local growth in time-space. Geografiska Annaler 84B: 93–109.

Bathelt H, Turi P (2011): Local, global and virtual buzz: The importance of face-to-face contact and possibilities to go beyond. Geoforum 42: 520–529.

Bathelt H, Zakrzewski G (2012): Messeveranstaltungen als fokale Schnittstellen der globalen Ökonomie. Zeitschrift für Wirtschaftsgeographie 51: 14–30.

Bathelt H, Zeng G (2012): Strong economic growth in weak networks: Producer-user interaction and knowledge brokers in the Greater Shanghai chemical industry. Applied Geography 32: 158–170.

Baum JA, Calabrese T, Silverman BS (2000): Don't go it alone: Alliance network composition and startups' performance in Canadian biotechnology. Strategic Management Journal 21: 267–94.

Baum JA, Oliver C (1992): Institutional embeddedness and the dynamics of organizational populations. American Sociological Review 57: 540–59.

Baumheier R, Eltges M, Wittmann FT (1995): Regionalisierung raumwirksamer Bundesmittel: Sachstand und Bewertung aus Sicht der Bundesraumordnung. Informationen zur Raumentwicklung Heft 4/5: 241–52.

BBSR (2009): Differenzierte siedlungsstrukturelle Raumtypen (Fortführung der laufenden Raumbeobachtung vom 31.12.2008). www.bbsr.bund.de. Bonn: Bundesinstitut für Bau-, Stadt- und Raumforschung.

BBSR (2011): Kommunale Kooperationen im „FORUM Städtenetze“ (Stand 2000). www.bbsr.bund.de. Bonn: Bundesinstitut für Bau-, Stadt- und Raumforschung.

Bearman P (1997): Generalized exchange. American Journal of Sociology 102: 1383–415.

Bebbington A, Perreault T (1999): Social capital, development, and access to resources in Highland Ecuador. Economic Geography 75: 395–418.

Becattini G (Hrsg) (1966): Aspetti dell'economia industriale lucchese. Lucca: Amministrazione Provinciale.

Becattini G (1990): The Marshallian industrial district as a socio-economic nation. In: Pyke F, Becattini G, Sengenberger W (Hrsg): Industrial Districts and Inter-Firm Co-operation in Italy. Geneva: International Institute for Labour Studies, 37–51.

Becattini G (1991): The industrial district as a creative milieu. In: Benko G, Dunford M (Hrsg): Industrial Change and Regional Development: The Transformation of New Industrial Spaces. London, New York: Belhaven Press, 102–14.

Becattini G, Coltorti F (2006): Areas of large enterprise and industrial districts in the development of post-war Italy: A preliminary study. European Planning Studies 14: 1105–38.

Beck U (1997): Was ist Globalisierung? Frankfurt am Main: Suhrkamp.

Becker M (2000): Auswirkungen von Online Shopping auf den stationären Einzelhandel und die Entwicklung innerstädtischer Geschäftszentren. Gießen: Universität Gießen.

Beckert J (1996): What is sociological about economic sociology? Uncertainty and the embeddedness of economic action. Theory and Society 25: 803–40.

Behrens KC (1971): Allgemeine Standortbestimmungslehre (2. Aufl.). Opladen: Westdeutscher Verlag.

Bell J (1995): The internationalisation of small computer software firms: A further challenge to 'stage' theories. European Journal of Marketing 29: 60–75.

Bell M (1984): 'Learning' and the accumulation of industrial technological capacity in developing countries. In: Fransman M, King K (Hrsg): Technological Capability in the Third World. New York: St. Martin's Press, 187–209.

Bellandi M (1989): The industrial district in Marshall. In: Goodman E, Bamford J, Saynor P (Hrsg): Small Firms and Industrial Districts in Italy. London, New York: Routledge, 136–52.

Belussi F (2003): The Changing Governance of IDs: The Entry of Multinationals in Local Nets. The Case of Montebelluna. Danish Research Unit on Industrial Dynamics Summer Conference 'Creating, Sharing and Transferring Knowledge. The Role of Geography, Institutions and Organizations'. Copenhagen.

Belussi F, Pilotti L (2002): Knowledge creation, learning and innovation in Italian industrial districts. Geografiska Annaler 84: 125–39.

Ben-Porath Y (1980): The F-connection: Families, friends, and firms and the organization of exchange. Population and Development Review 6: 1–30.

Benko G (1996): Wirtschaftsgeographie und Regulationstheorie – aus französischer Sicht. Geographische Zeitschrift 84: 187–204.

Benko G, Dunford M (1991): Structural change and the spatial organization of the productive system. In: Benko G, Dunford M (Hrsg): Industrial change and Regional Development: The Transformation of New Industrial Spaces. London, New York: Belhaven Press, 3–23.

Benner M (2009): What do we know about clusters? In search of effective cluster policies. SPACES online, Vol. 7, 2009-04. Toronto, Heidelberg: www.spaces-online.com.

Bentele G, Liebert T, Polifke M (2003): Medienstandort Leipzig IV: Studie zum Cluster Medien/Kommunikationstechnik/IT 2002. Leipzig: Stadt Leipzig.

Benz A (2004): Governance – Regieren in komplexen Regelsystemen: Eine Einführung. Wiesbaden: Verlag für Sozialwissenschaften.

Berg L van den, Braun E, Winden W van (2001): Growth Clusters in European Metropolitan Cities. A Comparative Analysis of Cluster Dynamics in the Cities of Amsterdam, Eindhoven, Helsinki, Leipzig, Lyons, Manchester, Munich, Rotterdam and Vienna. Aldershot, Burlington, VT: Ashgate.

Berger P, Hradil S (1990): Lebenslagen, Lebensläufe, Lebensstile. Göttingen: Schwartz.

Bergmann F (1997): Die Neue Arbeit: Skizze mit Vorschlag. Gewerkschaftliche Monatshefte, 524–34.

Berndt C (1996): Arbeitsteilung, institutionelle Distanz und Ortsgebundenheit: Strategische Anpassung an veränderte Rahmenbedingungen am Beispiel mittelständischer Unternehmen im Ruhrgebiet. Geographische Zeitschrift 84: 220–37.

Berndt C (1999): Institutionen, Regulation und Geographie. Erdkunde 53: 302–16.

Berndt C, Boeckler M (2007): Kulturelle Geographien der Ökonomie: Zur Performativität von Märkten. In: Berndt C, Pütz R (Hrsg): Kulturelle Geographien. Bielefeld: Transcript, 193–238.

Berndt C, Boeckler M (2009): Geographies of circulation and exchange: Constructions of markets. Progress in Human Geography 33: 535–51.

Berndt C, Glückler J (Hrsg) (2006): Denkanstöße zu einer anderen Geographie der Ökonomie. Bielefeld: transcript.

Bernuth C von, Bathelt H (2007): The organizational paradox in advertising and the reconfiguration of project cooperation. Geoforum 38: 545–57.

Berry BJL (1972): Hierarchical diffusion: The basis of developmental filtering and spread in a system of growth centers. In: Hansen NM (Hrsg): Growth Centers in Regional Economic Development. New York: Free Press, 108–38.

Berry BJL, Conkling EC, Ray DM (1987): Economic Geography: Ressource Use, Locational Choices, and Regional Specilization in the Global Economy. Englewood Cliffs (NJ): Prentice-Hall.

Bertram H (1992): Industrieller Wandel und neue Formen der Kooperation: Ein transaktionskostenanalytischer Ansatz am Beispiel der Automobilindustrie. Geographische Zeitschrift 80: 214–29.

Bertram H, Schamp EW (1991): Flexible production and linkages in the German machine tool industry. In: Smidt Md, Wever E (Hrsg): Complexes, Formations and Networks. Utrecht, Nijmegen, 69–80.

Beyer F (2005): Verflechtungen zwischen Biotechnologie-Unternehmen und Hochschulen in der Rhein-Main-Region. SPACES 2005-07. Fachbereich Geographie, Philipps-Universität Marburg: Marburg: http://www.uni-marburg.de/geographie/spaces.

Bhaskar R (1975): A Realist Theory of Science. London, New York: Verso.

Bhaskar R (1998): Societies. In: Archer M, Bhaskar R, Collier A, Lawson T, Norrie A (Hrsg): Critical Realism. Essential Readings. London, New York: Routledge, 206–57.

Biehl D, Ungar P (1995): Regionale Disparitäten. In: Akademie für Raumforschung und Landesplanung (Hrsg): Handwörterbuch der Raumordnung (2. Aufl.). Hannover: ARL, 185–89.

Biehler H, Genosko J, Sargl M, Sträter D (2003): Standort München – Medienwirtschaft und Fahrzeugbau: Regionale Netzwerke und regionaler Arbeitsmarkt als Erfolgsfaktoren. Marburg: Schüren.

Birch DL (1987): Job Creation in America: How Our Smallest Companies Put the Most People to Work. New York: Free Press.

Birdwhistell RL (1970): Kinetics and Context. Philadelphia: University of Philadelphia.

Black F, Scholes M (1973): The pricing of options and corporate liabilities. The Journal of Political Economy 81: 637–54.

Blaikie PM (1971): Spatial organization of agriculture in some North Indian villages, part 1. Transactions of the Institute of British Geographers 52: 1–40.

Blanc H, Sierra C (1999): The internationalisation of R&D by multinationals: A trade-off between external and internal proximity. Cambridge Journal of Economics 23: 187–206.

Blankenburg Holm D, Eriksson K, Johanson J (1996): Business networks and cooperation in international business relationships. Journal of International Business Studies 5: 1033–53.

Blotevogel HH (1995 a): Raum. In: Akademie für Raumforschung und Landesplanung (Hrsg): Handwörterbuch der Raumordnung. Hannover: ARL, 733–40.

Blotevogel HH (1995 b): Zentrale Orte. In: Akademie für Raumforschung und Landesplanung (Hrsg): Handwörterbuch der Raumordnung. Hannover: ARL, 1117–24.

Blotevogel HH (1996 a): Zentrale Orte: Zur Karriere und Krise eines Konzepts in der Regionalforschung und Raumordnungspraxis. Informationen zur Raumentwicklung 617–29.

Blotevogel HH (1996 b): Zur Kontroverse um den Stellenwert des Zentrale-Orte-Konzepts in der Raumordnungspolitik heute. Informationen zur Raumentwicklung 647–57.

Blotevogel HH (1999): Zur Neubewertung der Region für Regionalentwicklung und Regionalpolitik. In: Akademie für Raumforschung und Landesplanung (Hrsg): Europäische Einflüsse auf die Raum- und Regionalentwicklung am Beispiel des Naturschutzes, Agenda 2000 und des regionalen Milieus. Hannover: ARL, 44–60.

Blotevogel HH (2000): Die Globalisierung der Geographie. Eröffnungsansprache des Präsidenten der Deutschen Gesellschaft für Geographie am 52. Deutschen Geographentag 1999 in Hamburg. In: Blotevogel HH, Ossenbrügge J, Wood G (Hrsg): Lokal verankert – weltweit vernetzt. Tagungsbericht und wissenschaftliche Abhandlungen. 52. Deutscher Geographentag Hamburg. Stuttgart: Steiner, 29–45.

BMVBS (2008): Nationale Stadtentwicklungspolitik: Eine Initiative zur Stärkung der Zukunftsfähigkeit deutscher Städte. Berlin: Bundesministerium für Verkehr, Bau und Stadtentwicklung.

BMVBS (2009): Nationale Stadtentwicklungspolitik: Positionen. Berlin: Bundesministerium für Verkehr, Bau und Stadtentwicklung.

Boal FW, Royle SA (1999): North America: A Geographical Mosaic. London: Arnold.

Bobek H, Schmithüsen J (1949): Die Landschaft im logischen System der Geographie. Erdkunde 3: 112–20.

Boeckler M, Berndt C (2005): Kulturelle Geographien der Ökonomie. Zeitschrift für Wirtschaftsgeographie 49: 67–80.

Boggs JS, Rantisi NM (2003): The 'relational turn' in economic geography. Journal of Economic Geography 3: 109–16.

Bohle HG (1994): Dürrekatastrophen und Hungerkrisen: Sozialwissenschaftliche Perspektiven geographischer Risikoforschung. Geographische Rundschau 46: 400–07.

Bond EW (1982): A direct test of the 'lemons' model: The market for used pickup trucks. American Economic Review 72: 836.

Bontrup H-J (1998): Volkswirtschaftslehre: Grundlagen der Mikro- und Makrotheorie. München, Wien: Oldenbourg.

Borghini S, Golfetto F, Rinallo D (2004): Using Anthropological Methods to Study Industrial Marketing and Purchasing: An Exploration of Professional Trade Shows. Industrial Marketing Purchasing Conference. Copenhagen.

Boschma RA (2004): Competitiveness of regions from evolutionary perspective. Regional Studies 38: 1001–14.

Boschma RA, Martin R (2010 a): The aims and scope of evolutionary economic geography. In: Boschma R, Martin R (Hrsg): Handbook of Evolutionary Economic Geography. Cheltenham: Edward Elgar, 3–39.

Boschma RA, Martin R (Hrsg) (2010 b): Handbook of Evolutionary Economic Geography. Cheltenham: Edward Elgar.

Boschma RA, Wenting R (2007): The spatial evolution of the British automobile industry: Does location matter? Industrial and Corporate Change 16: 213–38.

Boschma RA, Frenken K (2006): Why is economic geography not an evolutionary science? Towards an evolutionary economic geography. Journal of Economic Geography 6: 273–302.

Boschma RA, Frenken KH (2005): Why is economic geography not an evolutionary science? Towards an evolutionary economic geography. Papers in Evolutionary Economic Geography (PEEG): 05-01. Utrecht.

Boschma RA, Lambooy JG (1999): Evolutionary economics and economic geography. Journal of Evolutionary Economics 9: 411–29.

Boudeville J-R (1966): Problems of Regional Economic Planning. Edinburgh: Edinburgh University Press.

Bourdieu P (1986): The forms of capital. In: Richardson JG (Hrsg): Handbook of Theory and Research for the Sociology of Education. New York: Greenwood, 241–58.

Bourdieu P (1987): Die feinen Unterschiede. Frankfurt am Main: Suhrkamp.

Bourdieu P (1995): Sozialer Raum und Klassen. Frankfurt am Main: Suhrkamp.

Boustedt O (1975): Grundriss der empirischen Regionalforschung. Teil IV: Regionalstatistik. Hannover: Schroedel.

Böventer Ev (1962): Theorie des räumlichen Gleichgewichts. Tübingen: Mohr, Siebeck.

Böventer Ev (1995): Raumwirtschaftstheorie. In: Akademie für Raumforschung und Landesplanung (Hrsg): Handwörterbuch der Raumordnung. Hannover: ARL, 788–99.

Boyer R (1988): Technical change and the theory of 'régulation'. In: Dosi G, Freeman C, Nelson RR, Silverberg G, Soete LLG (Hrsg): Technical Change and Economic Theory. London, New York: Pinter, 67–94.

Boyer R (1990): The Regulation School: A Critical Introduction. New York: Columbia University Press.

Boyer R (1991): The eighties: The search for alternatives to Fordism. In: Jessop B, Kastendiek H, Nielsen K, Pedersen OK (Hrsg): The Politics of Flexibility: Restructuring State and Industry in Britain, Germany and Scandinavia. Aldershot, Brookfield: Elgar, 106–32.

Boyer R (1997): The variety and unequal performance of really existing markets: Farewell to Doctor Pangloss? In: Hollingsworth JR, Boyer R (Hrsg): Contemporary Capitalism. The Embeddedness of Institutions. Cambridge, New York: Cambridge University Press, 55–93.

Boyer R (2000): The political in the era of globalization and finance: Focus on some régulation school research. International Journal of Urban and Regional Research 24: 274–322.

Boyer R, Orléan A (1992): How do conventions evolve? Journal of Evolutionary Economics 2: 165–77.

Bradach JL, Eccles RG (1989): Price, authority and trust: From ideal types to plural forms. Annual Review of Sociology 15: 97–118.

Bradach JL, Eccles RG (1991): Price, authority and trust: From ideal types to plural forms. In: Thompson G, Frances J, Levacic R, Mitchell J (Hrsg): Markets, Hierarchies and Networks. London: Sage, 277–92.

Brake K (1996): Städtenetze als Raumordnungsansatz – Vernetzungspotentiale und vernetzungskonzepte. Städtenetze – Raumordnungspolitisches Handlungsinstrument mit Zukunft? 19–26.

Bramanti A, Ratti R (1997): The multi-faced dimensions of local development. In: Ratti R, Bramanti A, Gordon R (Hrsg): The Dynamics of Innovative Regions: The GREMI Approach. Aldershot, Brookfield: Ashgate, 3–44.

Braun B, Dietsche C (2008): Indisches Leder für den Weltmarkt. Umweltprobleme und Standards in globalen Wertschöpfungsketten. Geographische Rundschau 60: 12–19.

Braun B, Schulz C, Soyez D (2003): Konzepte und Leitthemen einer ökologischen Modernisierung der Wirtschaftsgeographie. Zeitschrift für Wirtschaftsgeographie 47: 231–48.

Braune G (2006): Die Ära des Ölsands beginnt. Frankfurter Rundschau 77: 30.

Braunerhjelm P, Feldman MP (2006): Cluster Genesis: Technology-based Industrial Development. Oxford: Oxford University Press.

Brede H (1971): Bestimmungsfaktoren industrieller Standorte: Eine empirische Untersuchung. Berlin, München: Duncker und Humblot.

Bremm H-J, Danielzyk R (1993): Die Modernisierung alter Industrieregionen. In: Müller S, Schmals KM (Hrsg): Die Moderne im Park? Ein Streitbuch zur Internationalen Bauausstellung im Emscherraum. Dortmund: Dortmunder Vertrieb für Bau- und Planungsliteratur, 22–49.

Brenke K (2009): Real wages in Germany: Numerous years of decline. DIW Weekly Report 5: 193–202.

Brenner T (2004): Industrial Clusters: Existence, Emergence, and Evolution. London: Routledge.

Brenner T (2005): Innovation and cooperation during the emergence of local industrial clusters: An empirical study in Germany. European Planning Studies 13: 921–38.

Breschi S, Lissoni F (2009): Mobility of skilled workers and co-invention networks: An anatomy of localized knowledge flows. Journal of Economic Geography 9: 439–68.

Breschi S, Malerba F (1997): Sectoral innovation systems: Technological regimes, Schumpeterian dynamics and spatial boundaries. In: Edquist C (Hrsg): Systems of Innovation. Technologies, Institutions, and Organizations. London, Washington: Pinter, 130–56.

Bresnahan T, Gambardella A, Saxenian A (2001): 'Old economy' inputs for 'new economy' outcomes: Cluster formation in the new Silicon Valleys. Industrial and Corporate Change 10: 835–60.

Britton JNH (1991): Reconsidering innovation policy for small and medium sized enterprises: The Canadian case. Environment and Planning C 9: 189–206.

Brixy U, Hessels J, Hundt C, Sternberg R, Stüber H (2009): Global Entrepreneurship Monitor. Unternehmensgründungen im weltweiten Vergleich. Länderbericht Deutschland 2008. Hannover, Nürnberg: IAB und Universität Hannover.

Brixy U, Hundt C, Sternberg R, Vorderwülbecke A (2011): Global Entrepreneurship Monitor (GEM).

Länderbericht Deutschland 2010. Hannover: Institut für Wirtschafts- und Kulturgeographie, Universität Hannover; Nürnberg: Institut für Arbeitsmarkt- und Berufsforschung der Bundesagentur für Arbeit (IAB).

Brösse U, Spielberg R (1992): Industrielle Zulieferbeziehungen als ein Bestimmungsfaktor der Raumstruktur und der Regionalentwicklung. Hannover: ARL.

Brown JS, Duguid P (2000): Balancing act: How to capture knowledge without killing it. Harvard Business Review 78: 73–80.

Brown LA (1981): Innovation Diffusion. A New Perspective. London, New York: Methuen.

Brücher W (1982): Industriegeographie. Braunschweig: Westermann.

Brugger EA (1984): „Endogene Entwicklung": ein Konzept zwischen Utopie und Realität. Informationen zur Raumentwicklung 1–19.

Brusco S (1982): The Emilian model: Productive decentralisation and social integration. Cambridge Journal of Economics 6: 167–84.

Buchanan JM (1965): An economic theory of clubs. Economica 32: 1–14.

Buckley PJ, Casson MC (1998 a): Analyzing foreign market entry strategies: Extending the internalization approach. Journal of International Business Studies 29: 539–61.

Buckley PJ, Casson MC (1998 b): Models of the Multinational Enterprise. Journal of International Business Studies 29: 21–44.

Buckley PJ, Pass CL, Prescott K (1992): Internationalization of service firms: A comparison with the manufacturing sector. Scandinavian International Business Review 1: 39–56.

Bundesministerium für Wirtschaft und Technologie (2007): Nationaler Strategischer Rahmenplan für den Einsatz der EU-Strukturfonds in der Bundesrepublik Deutschland 2007–2013. Berlin: BMWi.

Burgess EW (1925): The growth of the city: An introduction to a research project. In: Park RE, Burgess EW, McKenzie R (Hrsg): The City. Chicago: University of Chicago Press, 47–62.

Burt R (1992): Structural Holes: The Social Structure of Competition. Cambridge (MA), London: Harvard University Press.

Burt R (1995): Structural Holes: The Social Structure of Competition. Cambridge (MA), London: Harvard University Press.

Burt R (1997): The contingent value of social capital. Administrative Science Quarterly 42: 339–65.

Buttler F, Gerlach K, Liepmann P (1977): Grundlagen der Regionalökonomie. Reinbek: Rohwolt.

Butzin B (1996): Kreative Milieus als Elemente regionaler Entwicklungsstrategien? Eine kritische Wertung. In: Maier J (Hrsg): Bedeutung kreativer Milieus für die Regional- und Landesentwicklung Vol. Heft 153. Bayreuth: Universität Bayreuth, 9–37.

Caeldries F (1996): The institutional embeddedness of strategy. Predation through legislation (or, see you in court). Advances in Strategic Management 13: 215–46.

Cairncross F (1997): The Death of Distance: How the Communications Revolution Will Change Our Lives. London: Orion Business Books.

Callon M (1998 a): Introduction: The embeddedness of economic markets in economics. In: Callon M (Hrsg): The Laws of the Markets. Oxford: Blackwell, 1–57.

Callon M (Hrsg) (1998 b): The Laws of the Markets. Oxford: Blackwell.

Camagni R (Hrsg) (1991 a): Innovation Networks: Spatial Perspectives. London, New York: Belhaven Press.

Camagni R (1991 b): Local 'milieu', uncertainty and innovation networks: Towards a new dynamic theory of economic space. In: Camagni R (Hrsg): Innovation Networks: Spatial Perspectives. London, New York: Belhaven Press, 121–44.

Camagni R, Rabellotti R (1997): Footwear production systems in Italy: A dynamic comparative analysis. In: Ratti R, Bramanti A, Gordon R (Hrsg): The Dynamics of Innovative Regions: The GREMI Approach. Aldershot, Brookfield: Ashgate, 139–63.

Cameron L (1995): Raising the Stakes in the Ultimatum Game: Experimental Evidence from Indonesia. Discussion Paper. Princeton University.

Cannon T, Willis M (1981): The smaller firm in overseas trade. European Small Business Journal 1: 45–55.

Cantwell J (1992): The internationalisation of technological activity and its implications for competitiveness. In: Granstrand O, Håkanson L, Sjolander S (Hrsg): Technology Management and International Business. Chichester: Wiley, 75–95.

Cantwell J, Fai F (1999): Firms as the source of innovation and growth: The evolution of technological competence. Journal of Evolutionary Economics 9: 331–66.

Carroll GR (1984): Organizational ecology. Annual Review of Sociology 10: 71–93.

Carter H (1972): The Study of Urban Geography. London: Arnold.

Casson M, Pearce RD, Singh S (1992): Global integration trough the decentralisation of R&D. In: Casson

M (Hrsg): International Business and Global Integration. Basingstoke: Macmillan, 163–204.

Castells M (1999): The Information Age: Economy, Society and Culture. Massachusetts, Oxford: Blackwell.

Chalmers AF (1976): Wege der Wissenschaft. Berlin, New York: Springer.

Chamberlin EH (1951): Monopolistic competition revisited. Economica 18: 343–62.

Chandler ADJ (1962): Strategy and Structure: Chapters in the History of the Industrial Enterprise. Cambridge (MA): MIT Press.

Chapman K (1991): The International Petrochemical Industry: Evolution and Location. Oxford, Cambridge (MA): Blackwell.

Chapman K, Walker D (1987): Industrial Location: Principles and Policies. Oxford, New York: Basil Blackwell.

Chesnais F (1993 a): The French national innovation system. In: Nelson RR (Hrsg): National Innovation Systems: A Comparative Analysis. Oxford: Oxford University Press, 192–229.

Chesnais F (1993 b): Globalisation, world oligopoly and some of their implications. In: Humbert M (Hrsg): The Impact of Globalisation on Europe's Firms and Industries. London, New York: Pinter, 12–21.

Chetty S, Blankenburg Holm D (2000): Internationalisation of small to medium-sized manufacturing firms: A network approach. International Business Review 9: 77–93.

Chisholm M (1970): Rural Settlement and Land Use: An Essay in Location. Chicago: Aldine.

Christaller W (1933): Die zentralen Orte in Süddeutschland: Eine ökonomisch-geographische Untersuchung über die Gesetzmäßigkeit der Verbreitung und Entwicklung der Siedlungen mit städtischen Funktionen. Jena: Gustav Fischer.

Clark G, Feldman M, Gertler M (Hrsg) (2000): The Oxford Handbook of Economic Geography. Oxford: Oxford University Press.

Clark GL (1994): Strategy and structure: Corporate restructuring and the nature and characteristics of sunk costs. Environment and Planning A 26: 9–32.

Clark GL (1998): Stylized facts and close dialogue: Methodology in economic geography. Annals of the Association of American Geographers 88: 73–87.

Clark GL, Wrigley N (1997): The spatial configuration of the firm and the management of sunk costs. Economic Geography 73: 285–304.

Clark T (1995): Managing Consultants: Consultancy as the Management of Impressions. Buckingham: Open University Press.

Clegg S (1989): Frameworks of Power. London: Sage.

Cliff AD, Haggett P, Ord JK, Versey GR (1981): Spatial Diffusion: A Historical Geography of Epidemics in an Island Community. Cambridge (MA): Cambridge University Press.

Coase R (1937): The nature of the firm. Economica 4: 386–405.

Coe N, Bunnell TG (2003): Spatializing knowledge communities: Towards a conceptualization of transnational innovation networks. Global Networks 3: 437–56.

Coe N, Hess M, Yeung HW-c, Dicken P, Henderson J (2004): 'Globalizing' regional development: A global production networks perspective. Transactions of the Institute of British Geographers 29: 468–84.

Coe NM, Dicken P, Hess M (2008): Global production networks: Realizing the potential. Journal of Economic Geography 8: 271–95.

Cohen WM, Levinthal DA (1990): Absorptive capacity: A new perspective on learning and innovation. Administrative Science Quarterly 35: 128–52.

Coleman JS (1984): Introducing social structure into economic analysis. The American Economic Review 74: 84–88.

Coleman JS (1988): Social capital in the creation of human capital. American Journal of Sociology 94: 95–120.

Collier P (1998): Social Capital and Poverty. Social Capital Initiative Working Paper No. 4. New York: The World Bank.

Cooke P (1998): Introduction: Origins of the concept. In: Braczyk H-J, Cooke P, Heidenreich R (Hrsg): Regional Innovation Systems: The Role of Governances in a Globalized World. London: UCL Press, 2–25.

Cooke P, Morgan K (1998): The Associational Economy: Firms, Regions, and Innovation. Oxford, New York: Oxford University Press.

Cooke P, Uranga MG, Extebarria G (1997): Regional innovation systems: Institutional and organizational dimensions. Research Policy 26: 475–91.

Cooper AC (1971): Spin-offs and technical entrepreneurship. IEEE Transactions on Engineering Management EM-18: 2–6.

Coriat B (1991): Technical flexibility and mass production: Flexible specialisation and dynamic flexibility. In: Benko G, Dunford M (Hrsg): Industrial Change and Regional Development: The Transformation of New Industrial Spaces. London, New York: Belhaven Press, 134–58.

Coriat B (1992): The revitalization of mass production in the computer age. In: Storper M, Scott AJ (Hrsg): Pathways to Industrialization and Regional

Development. London, New York: Routledge, 137–56.

Coviello NE, Martin KAM (1999): Internationalization of service SME's: An integrated perspective from the engineering consulting sector. Journal of International Marketing 7: 42–66.

Coviello NE, Munro H (1997): Network relationships and the internationalisation process of small software firms. International Business Review 6: 361–86.

Cowling K, Sugden R (1998): The essence of the modern corporation: Markets, strategic decision-making and the theory of the firm. The Manchester School 66: 59–86.

Crang P (1994): It's showtime: On the workplace geographies of display in a restaurant in southeast England. Environment and Planning D: Society and Space 12: 675–704.

Crevoisier O (2004): The innovative milieus approach: Toward a territorialized understanding of the economy? Economic Geography 80: 367–79.

Crevoisier O, Maillat D (1991): Milieu, industrial organization and territorial production system: Towards a new theory of spatial development. In: Camagni R (Hrsg): Innovation Networks: Spatial Perspectives. London, New York: Belhaven Press, 13–34.

Cross R, Baird L (2000): Technology is not enough: Improving performance by building organizational memory. Sloan Management Review 69–78.

Crouch C (2005): Capitalist Diversity and Change: Recombinant Governance and Institutional Entrepreneurs. Oxford: Oxford University Press.

Dalton M (1992): Men who manage. In: Granovetter M, Swedberg R (Hrsg): The Sociology of Economic Life. Oxford: Westview Press, 315–44.

Dangschat JS (1988): Gentrification: Der Wandel innenstadtnaher Wohnviertel. Kölner Zeitschrift für Soziologie und Sozialpsychologie 40: 272–92.

Danielzyk R (1998): Zur Neuorientierung der Regionalforschung – ein konzeptioneller Beitrag. Oldenburg: Bibliotheks- und Informationssystem der Universität Oldenburg.

Danielzyk R, Oßenbrügge J (1993): Perspektiven geographischer Regionalforschung: 'Locality Studies' und regulationstheoretische Ansätze. Geographische Rundschau 45: 210–16.

Danielzyk R, Oßenbrügge J (1996): Lokale Handlungsspielräume zur Gestaltung internationalisierter Wirtschaftsräume: Raumentwicklung zwischen Globalisierung und Regionalisierung. Zeitschrift für Wirtschaftsgeographie 40: 101–12.

Danielzyk R, Priebs A (Hrsg) (1996 a): Städtenetze – Raumordnungspolitisches Handlungsinstrument mit Zukunft? Bonn: Kuron.

Danielzyk R, Priebs A (1996 b): Städtenetze als Raumordnunginstrument – Eine Herausforderung für Angewandte Geographie und Raumforschung! In: Danielzyk R, Priebs A (Hrsg): Städtenetze – Raumordnungspolitisches Handlungsinstrument mit Zukunft? Bonn: Kuron.

Darby MR, Karni E (1973): Free competition and the optimal amount of fraud. Journal of Law and Economics 16: 67–88.

Das TK, Teng BS (2001): Trust, control, and risk in strategic alliances: An integrated framework. Organization Studies 22: 251–83.

David PA (1985): Clio and the economics of QWERTY. American Economic Review, Papers and Proceedings 75: 332–37.

Davis L, North DC (1970): Institutional change and American economic growth: A first step towards a theory of institutional change. Journal of Economic History 30: 131–49.

De Jong MW (1987): New Economic Activities and Regional Dynamics. Amsterdam.

Dedrick J, Kraemer KL, Linden G (2010): Who profits from innovation in global value chains? A study of the iPod and notebook PCs. Industrial and Corporate Change 19: 81–116.

Deffeyes KS (2005): Beyond Oil: The View from Hubbert's Peak. New York: Farrar, Straus and Giroux.

DeFillippi RJ, Arthur MB (1998): Paradox in project-based enterprise: The case of film making. California Management Review 40: 125–39.

Deiters J (1996 a): Die Zentrale-Orte-Konzeption auf dem Prüfstand: Wiederbelebung eines klassischen Raumordnungsinstruments? Informationen zur Raumentwicklung, 631–46.

Deiters J (1996 b): Ist das Zentrale-Orte-System als Raumordnungskonzept noch zeitgemäß? Erdkunde 50: 26–34.

Deiters J (1999): Zur Weiterentwicklung der Zentrale-Orte-Konzeption. Rundbrief Geographie 41–43.

Delbeke J (1981): Recent long-wave theories: A critical survey. Futures 13: 246–57.

Demmler H (1990): Einführung in die Volkswirtschaftslehre: Elementare Preistheorie. München, Wien: Oldenbourg.

Denzau AT, North DC (1994): Shared mental models: Ideoligies and institutions. Kyklos 47(1): 3–31.

Denzer V, Grundmann L (1999): Das Graphische Viertel – ein citynahes Mischgebiet der Stadt Leipzig im

Transformationsprozeß: Vom Druckergewerbe zum Bürostandort. Europa Regional 7 (3): 39–50.

Depner H (2006): Transnationale Direktinvestitionen und kulturelle Unterschiede. Lieferanten und Joint Ventures deutscher Automobilzulieferer in China. Bielefeld: transcript.

Depner H, Bathelt H (2005): Exporting the German model: The establishment of a new automobile industry cluster in Shanghai. Economic Geography 81: 53–81.

Deutscher Bundestag (Hrsg) (1991): Zwanzigster Rahmenplan der Gemeinschaftsaufgabe „Verbesserung der regionalen Wirtschaftsstruktur" für den Zeitraum 1991 bis 1994 (1995). Bonn: Bundestagsdrucksache 12/895.

Deutscher Bundestag (Hrsg) (1998): Siebenundzwanzigster Rahmenplan der Gemeinschaftsaufgabe „Verbesserung der regionalen Wirschaftsstruktur" für den Zeitraum 1998 bis 2001 (2002). Bonn: Bundestagsdrucksache 13/9992.

Deutscher Bundestag (2002): Schlussbericht der Enquete-Kommission Globalisierung der Weltwirtschaft – Herausforderungen und Antworten. Drucksache 14/9200. Berlin: Deutscher Bundestag.

Deutscher Bundestag (Hrsg) (2005): Vierunddreißigster Rahmenplan der Gemeinschaftsaufgabe „Verbesserung der regionalen Wirtschaftsstruktur" (GA) für den Zeitraum 2005 bis 2008. Berlin: Bundestagsdrucksache 15/5141.

Deutscher Bundestag (Hrsg) (2009): Koordinierungsrahmen der Gemeinschaftsaufgabe „Verbesserung der regionalen Wirtschaftsstruktur" ab 2009. Berlin: Bundesdrucksache 16/13950.

Dewald U (2006): Clusterpolitik als Instrument der Regionalentwicklung am Beispiel des Bergischen Städtedreiecks. SPACES, Vol. 4, 2006-02. Marburg: Faculty of Geography, Philipps-University of Marburg: http://www.uni-marburg.de/geographie/spaces.

Dibb S (2000): Market segmentation. In: Blois K (Hrsg): The Oxford Textbook of Marketing. Oxford, New York: Oxford University Press, 380–411.

Dicken P (1986): Global Shift: Industrial Change in a Turbulent World. London: Harper and Row.

Dicken P (1994): The Roepke lecture in economic geography: Global-local tensions: Firms and states in the global space-economy. Economic Geography 70: 101–28.

Dicken P (1998): Global Shift: Transforming the World Economy (3. Aufl.). London: Chapman.

Dicken P (2007): Global Shift: Mapping the Changing Contours of the World Economy (5. Aufl.). New York: Guilford.

Dicken P, Forsgren M, Malmberg A (1994): The local embeddedness of transnational corporations. In: Amin A, Thrift N (Hrsg): Globalization, Institutions, and Regional Development in Europe. Oxford: Oxford University Press, 23–45.

Dicken P, Kelly PF, Olds K, Yeung HW-c (2001): Chains and networks, territories and scales: Towards a relational framework for analysing the global economy. Global Networks 1: 89–112.

Dicken P, Lloyd PE (1990): Location in Space. Theoretical Perspectives in Economic Geography (3. Aufl.). New York: Harper Collins.

Dicken P, Lloyd PE (1999): Standort und Raum. Theoretische Perspektiven in der Wirtschaftsgeographie. Stuttgart: Ulmer.

Dicken P, Thrift N (1992): The organization of production and the production of organization: Why business enterprises matter in the study of geographical industrialization. Transactions of the Institute of British Geographers 17: 279–91.

Diez JR (2002): Betrieblicher Innovationserfolg und räumliche Nähe: Zur Bedeutung innovativer Kooperationsverflechtungen in metropolitanen Verdichtungsregionen – Die Beispiele Barcelona, Stockholm und Wien. Münster, Hamburg: Lit.

DiGiovanna S (1996): Industrial districts and regional economic development: A regulation approach. Regional Studies 30: 373–86.

DiGregorio D, Shane S (2003): Why do some universities generate more start-ups than others? Research Policy 32: 209–27.

DiMaggio PJ (1988): Interest and agency in institutional theory. In: Zucker L (Hrsg): Research on Institutional Patterns and Organizations: Culture and Environment. Cambridge (MA): Ballinger, 3–22.

DiMaggio PJ (1992), Nadel's paradox revisited: Relational and cultural aspects of organizational structure. In: Nohria N, Eccles RG (Hrsg.): Networks and Organisations: Structure, Form, and Action. Cambridge, MA: Harvard Business School.

DiMaggio PJ (1997): Culture and cognition. Annual Review of Sociology 23: 263–89.

DiMaggio PJ, Powell WW (1983): The iron cage revisited: Institutional isomorphism and collective rationality in organizational fields. American Sociological Review 48: 147–60.

Dobrev SD, Kim T-Y, Hannan MT (2001): Dynamics of niche width and resource partitioning. The American Journal of Sociology 106: 1299–337.

Dolan C, Humphrey J (2004): Changing governance patterns in the trade in fresh vegetables between

Africa and the United Kingdom A. Environment and Planning A 36: 491–509.
Donaghu MT, Barff R (1990): Nike just did it: Subcontracting and flexibility in athletic footwear production. Regional Studies 24: 537–52.
Dorfman NS (1983): Route 128: The development of a regional high technology economy. Research Policy 12: 299–316.
Dörry S (2008): Globale Wertschöpfungsketten im Tourismus. Ohnmächtige Unternehmen in mächtiger Position? Relationale Governance bei der Organisation deutscher Pauschalreisen nach Jordanien. Münster: LIT.
Dosi G (1982): Technological paradigms and technological trajectories: A suggested reinterpretation of the determinants and directions of technical change. Research Policy 2: 147–62.
Dosi G (1988): The nature of the innovative process. In: Dosi G, Freeman C, Nelson RR, Silverberg G, Soete LLG (Hrsg): Technical Change and Economic Theory. London, New York: Pinter, 221–38.
Dosi G, Marengo L, Bassanini A, Valente M (1999): Norms as emergent properties of adaptive learning: The case of economic routines. Journal of Evolutionary Economics 9: 5–26.
Dubrovsky VJ, Kiesler S, Sethna BN (1991): The equalization phenomenon: Status effects in computer-mediated and face-to-face decision making groups. Human-Computer Interaction 6: 119–46.
Duijn JJ van (1981): Fluctuations in innovations over time. Futures 13: 264–75.
Dunn ES (1960): A statistical and analytical technique for regional analysis. Papers and Proceedings of the Regional Science Association 6: 97–112.
Dunning JH (1977): Trade, location of economic activity and the MNE: A search for an eclectic approach. In: Ohlin B, Hesselborn PO, Wijkman PM (Hrsg): The International Allocation of Economic Activity. London: Macmillan, 395–418.
Dunning JH (1980): Toward an eclectic theory of international production: Some empirical tests. Journal of International Business Studies 11: 9–31.
Dunning JH (1988): The eclectic paradigm of international production: A restatement and some possible extensions. Journal of International Business Studies 18: 1–31.
Dunning JH (1995): Reappraising the eclectic paradigm in an age of alliance capitalism. Journal of International Business Studies 26: 461–91.
Dunning JH (2000): The eclectic paradigm as an envelope for economic and business theories of MNE activity. International Business Review 9: 163–90.
Easterley W (2008): Sieben Milliarden Experten. Kommentar zum Wachstumsbericht der Weltbank 2008. Financial Times Deutschland, 32.
Ebers M, Gotsch W (1999): Institutionenökonomische Theorien der Organisation. In: Kieser A (Hrsg): Organisationstheorien. Stuttgart: Kohlhammer, 199–251.
Eccles RG, White HC (1988): Price and authority in inter-profit center transactions. American Journal of Sociology 94: 17–51.
Eckey H-F (1995): Arbeitsmarktregionen. In: Akademie für Raumforschung und Landesplanung (Hrsg): Handwörterbuch der Raumordnung. Hannover: ARL, 47–49.
Eckey H-F, Klemmer P (1991): Neuabgrenzung von Arbeitsmarktregionen für die Zwecke der regionalen Wirtschaftspolitik. Informationen zur Raumentwicklung Heft 9/10: 569–78.
Eckey H-F, Kosfeld R (2005): Regionaler Wirkungsgrad und räumliche Ausstrahlungseffekte der Investitionsförderung. Jahrbuch für Regionalwissenschaft 25: 149–73.
Eckey H-F, Kosfeld R, Türck M (2006): Abgrenzung deutscher Arbeitsmarktregionen. Raumforschung und Raumordnung 64: 299–309.
Eckey H-F, Kosfeld R, Türck M (2007): Pendelbereitschaft von Arbeitnehmern in Deutschland. Raumforschung und Raumordnung 65: 5–14.
Eckey H-F, Kosfeld R, Türck M (2009): Identifikation von Förderregionen in der „Gemeinschaftsaufgabe". Jahrbuch für Regionalwissenschaft 29: 65–83.
Edquist C (Hrsg) (1997): Systems of Innovation: Technologies, Institutions and Organizations. London: Pinter.
Edquist C, Hommen L, McKelvey MD (2001): Innovation and Employment, Process versus Product Innovation. London: Elgar.
Egan AE, Saxenian A (1999): Becoming digital: Sources of localization in the Bay Area multimedia cluster. In: Braczyk H-J, Fuchs G, Wolf H-G (Hrsg): Multimedia and Regional Economic Restructuring. London, New York: Routledge, 11–29.
Ehlers E (1992): The city of the Islamic Middle East. In: Ehlers E (Hrsg): Modelling the City: Cross-Cultural Perspectives. Colloquium Geographicum – Band 22. Bonn: Dümmlers, 89–107.
Eisenhardt K, Brown SL (1996): Environmental embeddedness and the constancy of corporate strategy. Advances in Strategic Management Vol. 13: 187–214.
Ekinsmyth C (2002): Embeddedness and risk in magazine publishing. Regional Studies 36: 229–43.

Elam M (1994): Puzzling out the Post-Fordist debate: Technology, markets and institutions. In: Amin A (Hrsg): Post-Fordism. Oxford, Cambridge (MA): Blackwell, 43–70.

Ellison G, Glaeser EL (1999): The geographic concentration of industry: Does natural advantage explain agglomeration? The American Economic Review 89: 311–16.

Emirbayer M, Mische A (1998): What is agency? The American Journal of Sociology 103: 962–1023.

Enders A (2000): Moderne Mikroökonomik – erklärt in einer einzigen Nacht. München, Wien: Oldenbourg.

Ernst W (1995): Raumordnung. In: Akademie für Raumforschung und Landesplanung (Hrsg): Handwörterbuch der Raumordnung. Hannover: ARL, 752–58.

Erramilli MK (1991): The experience factor in foreign market entry behavior of service firms. Journal of International Business Studies 22: 479–501.

Eser TW (2005): Europäische Regionalpolitik. In: Akademie für Raumforschung und Landesplanung (Hrsg): Handwörterbuch der Raumordnung (2. Aufl.). Hannover: ARL, 259–66.

Esser H (2000a): Soziologie. Spezielle Grundlagen. Band 3: Soziales Handeln. Frankfurt am Main, New York: Campus.

Esser H (2000b): Soziologie. Spezielle Grundlagen. Band 5: Institutionen. Frankfurt am Main, New York: Campus.

Esser J, Hirsch J (1994): The crisis of Fordism and the dimensions of a 'Post-Fordist' regional and urban structure. In: Amin A (Hrsg): Post-Fordism. Oxford, Cambridge (MA): Blackwell, 71–97.

Essletzbichler J, Rigby D (2007): Exploring evolutionary economic geographies. Journal of Economic Geography 7: 549–71.

Essletzbichler J, Rigby D (2010): Generalized Darwinism and evolutionary economic geography. In: Boschma R, Martin R (Hrsg): Handbook of Evolutionary Economic Geography. Cheltenham: Edward Elgar, 43–61.

Europäische Kommission (1999): Reform der Strukturfonds 2000–2006: Eine vergleichende Analyse. Brüssel: Europäische Kommission.

Europäische Kommission (2004): Regionalpolitik: Im Dienst der Regionen. Luxemburg: Amt für Veröffentlichungen der Europäischen Gemeinschaften.

European Commission (2010): Investing in Europe's Future: Fifth Report on Economic, Social and Territorial Cohesion. Luxembourg: Publications Office of the European Union.

Ewen C (1999): Chemieindustrie: Wohin marschieren die Giganten? Ökonomy (7/99): 7.

Ewers HJ, Wettmann RW (1978): Innovationsorientierte Regionalpolitik – Überlegungen zu einem regionalstrukturellen Politik- und Forschungsprogramm. Informationen zur Raumentwicklung Heft 7: 467–81.

Fagerberg J (2005): What do we know about innovation: A guide to the literature. In: Fagerberg J, Mowery D, Nelson RR (Hrsg): The Oxford Handbook of Innovation. Oxford: Oxford University Press, 1–26.

Fahrmeier L, Hamerle A (1984): Multivariate statistische Verfahren. Berlin, New York: De Gruyter.

Falk A, Fischbacher U (2006): A theory of reciprocity. Games and Economic Behavior 54: 293–315.

Fassmann H, Meusburger P (1997): Arbeitsmarktgeographie: Erwerbstätigkeit und Arbeitslosigkeit im räumlichen Kontext. Stuttgart: Teubner.

Faulconbridge J (2006): Stretching tacit knowledge beyond a local fix? Global spaces of learning in advertising professional service firms. Journal of Economic Geography 6: 517–40.

Faulconbridge J (2008): Managing the transnational law firm: A relational analysis of professional systems, embedded actors, and time-space-sensitive governance. Economic Geography 84: 185–210.

Faulhaber GR, Baumol WJ (1988): Economists as innovators: Practical products of theoretical research. Journal of Economic Literature 26: 577.

Fehr E, Gächter S (1998): Reciprocity and economics: The economic implications of homo reciprocans. European Economic Review 42: 845–59.

Fehr E, Tougareva E (1996): Do High Stakes Remove Reciprocal Fairness? Evidence from Russia, in Discussion Paper. University of Zurich.

Feldman MP, Francis J, Bercovitz J (2005): Creating a cluster while building a firm: Entrepreneurs and the formation of industrial clusters. Regional Studies 39: 129–41.

Ferguson RF, Ladd HF (1986): Economic Performance and Economic Development Policy in Massachusetts. John F. Kennedy School of Government, Discussion Paper – D 86-2. Harvard University, Cambridge (MA).

Ferrary M (2003): The gift exchange in the social networks of Silicon Valley. California Management Review 45: 120–38.

Fischer M, Diez JR, Snickars F (2001): Metropolitan Innovation Systems: Theory and Evidence from Three Metropolitan Regions in Europe. Berlin, Heidelberg: Springer.

Fischer W (1992): Zur Geschichte der Messen in Europa (On the history of trade fairs in Europe). In: Strothamm K-H, Busche M (Hrsg): Handbuch Messemarketing (Handbook of Trade Fair Marketing). Wiesbaden: Gabler, 3–13.

Fischermann T (2000): Giganten ohne Heimat. Die Zeit Nr. 25, 15.06.2000: 25–26.

Fligstein N, Dauter L (2007): The sociology of markets. Annual Review of Sociology 33: 105–28.

Florida R (2002): The Rise of the Creative Class: And How It's Transforming Work, Leisure, Community and Everyday Life. New York: Basic Books.

Florida RL, Kenney M (1988): Venture capital, high technology and regional development. Regional Studies 22: 33–48.

Fombrun C (1996): Reputation. Boston (MA): Harvard Business School Press.

Fombrun C, Shanley M (1990): What's in a name? Reputation building and corporate strategy. Academy of Management Journal 33: 233–58.

Ford GT, Smith DB, Swasy JL (1988): An empirical test of the search, experience and credence attributes framework. Advances in Consumer Research 15: 239–43.

Ford H (1923): Mein Leben, mein Werk. Leipzig: Hesse und Becker.

Fornahl D, Henn S, Menzel M-P (2010): Emerging Clusters: Theoretical, Empirical and Political Perspectives in the Initial Stage of Cluster Evolution. Cheltenham: Edward Elgar.

Fourcade M (2007): Theories of markets and theories of society. American Behavioral Scientist 50: 1015–34.

Frank RH, Gilovich T, Regan DT (1993): The evolution of one-shot cooperation: An experiment. Ethology and Sociobiology 14: 247–56.

Frankel M (1955): Obsolescence and technological change in a maturing economy. American Economic Review 45: 296–319.

Franz M, Hassler M (2008): Globale Produtkionsnetzwerke in der Biobranche: Indischer Pfeffer für schwäbisches Biofleisch. Geographische Rundschau 60: 28–34.

Franzke J (2005): Verwaltungsreform. In: Akademie für Raumforschung und Landesplanung (Hrsg): Handwörterbuch der Raumordnung (2. Aufl.). Hannover: ARL, 1253–61.

Freeman C (1982): The Economics of Industrial Innovation (2. Aufl.). London: Pinter.

Freeman C (1988): Japan: A new national system of innovation? In: Dosi G, Freeman C, Nelson RR, Silverberg G, Soete LLG (Hrsg): Technical Change and Economic Theory. London, New York: Pinter, 330–48.

Freeman C (1990): Technical innovation in the world chemical industry and changes of techno-economic paradigm. In: Freeman C, Soete L (Hrsg): New Exploitations in the Economics of Technical Change. London, New York: Pinter, 74–91.

Freeman C (2002): Continental, national and subnational innovation systems. Complementarity and economic growth. Research Policy 31: 191–211.

Freeman C, Perez C (1988): Structural crisis of adjustment: Business cycles and investment behaviour. In: Dosi G, Freeman C, Nelson RR, Silverberg G, Soete LLG (Hrsg): Technical Change and Economic Theory. London, New York: Pinter, 38–66.

Frenken K, Boschma RA (2007): A theoretical framework for evolutionary economic geography: Industrial dynamics and urban growth as a branching process. Journal of Economic Geography 7: 635–49.

Frenken K, van Oort F, Verburg T (2007): Related variety, unrelated variety and regional economic growth. Regional Studies 41: 685–97.

Friedman TL (2005): The World is Flat: A Brief History of the Twenty-First Century. New York: Farrar, Straus and Giroux.

Friedmann J (1966): Regional Development Policy: A Case Study of Venezuela. Cambridge (MA), London: MIT Press.

Friedrichs J (1995): Stadtsoziologie. Opladen: Leske und Budrich.

Fritsch M, Koschatzky K, Schätzl L, Sternberg R (1998): Regionale Innovationspotentiale und innovative Netzwerke. Raumforschung und Raumordnung 56: 243–54.

Fröbel F, Heinrichs J, Kreye O (1977): Die neue internationale Arbeitsteilung: Strukturelle Arbeitslosigkeit in den Industrieländern und die Industrialisierung der Entwicklungsländer. Reinbek: Rowohlt.

Fromhold-Eisebith M (1995): Das „kreative Milieu" als Motor regionalwirtschaftlicher Entwicklung: Forschungstrends und Erfassungsmöglichkeiten. Geographische Zeitschrift 83: 30–47.

Fromhold-Eisebith M, Eisebith G (2005): How to institutionalize innovative clusters? Comparing explicit top-down and implicit bottom-up approaches. Research Policy 34, 1250–68.

Fuchs M (1992): Standort und Arbeitsprozeß: Arbeitsveränderungen durch CAD in multistandörtlichen Unternehmen. Münster, Hamburg: Lit.

Fujita K, Krugman P, Venables AJ (1999): The Spatial Economy: Cities, Regions, and International Trade. Cambridge (MA): MIT Press.

Gaebe W (1987): Verdichtungsräume. Stuttgart: Teubner.

Gaebe W (1998): Industrie. In: Kulke E (Hrsg): Wirtschaftsgeographie Deutschland. Gotha, Stuttgart: Perthes, 87–155.

Gallup JL, Sachs JD, Mellinger AD (1999): Geography and economic development. International Regional Science Review 22: 179–232.

Galtung J (1978): Eine strukturelle Theorie des strukturellen Imperialismus. In: Senghaas D (Hrsg): Imperialismus und strukturelle Gewalt. Analysen über abhängige Reproduktion. Frankfurt am Main: Suhrkamp, 29–104.

Gambetta D (1988): 'Can we trust trust?'. In: Gambetta D (Hrsg): Trust: Making and Breaking Cooperative Relations. New York: Blackwell, 213–38.

Garud R, Hardy C, Maguire S (2007): Institutional entrepreneurship as embedded agency: An introduction to the special issue. Organization Studies 28: 957–69.

Garvin DA (1983): Spin-offs and the new firm formation process. California Management Review XXV: 3–20.

Gebhardt H (1996): Zentralitätsforschung – ein „alter Hut" für die Regionalforschung und Raumordnung heute? Erdkunde 50: 1–8.

Gebhardt H (2002): Neue Lebens- und Konsumstile, Veränderungen des aktionsräumlichen Verhaltens und Konsequenzen für das zentralörtliche System. In: Blotevogel HH (Hrsg): Fortentwicklung des Zentrale-Orte-Konzepts. Hannover: Akademie für Raumforschung und Landesplanung, 91–103.

Geertz C (1962): The rotating credit association. A 'middle rung' in development. Economic Development and Cultural Change 10: 240–63.

Geertz C (1963): Peddlers and Prices: Social Change and Economic Modernization in Two Indonesian Towns. Chicago: University of Chicago Press.

Gellert PK (2003): Renegotiating a timber commodity chain: Lessons from Indonesia on the political construction of global commodity chains. Sociological Forum 18: 53.

Gereffi G (1994a): The international economy and ecnomic development. In: Smelser NJ, Swedberg R (Hrsg): Handbook of Economic Sociology. Princeton, NJ: Princeton University Press.

Gereffi G (1994b): The organization of buyer-driven global commodity chains: How US retailers shape overseas production networks. In: Gereffi G, Korzeniewicz M (Hrsg): Commodity Chains and Global Capitalism. Westport (CT): Praeger, 95–122.

Gereffi G (1996): Global commodity chains: New forms of coordination and control among nations and firms in international industries. Competition and Change 1: 427–39.

Gereffi G, Humphrey J, Sturgeon T (2005): The governance of global value chains. Review of International Political Economy 12: 78–104.

Gerfin H (1964): Gesamtwirtschaftliches Wachstum und regionale Entwicklung. Kyklos 17: 565–93.

Geroski PA (1995): What do we know about entry? International Journal of Industrial Organization 13: 421–40.

Gertler MS (1988): The limits to flexibility: Comments on the Post-Fordist vision of production and its geography. Transactions of the Institute of British Geographers 13: 419–32.

Gertler MS (1992): Flexibility revisited: Districts, nations-states, and the forces of production. Transactions of the Institute of British Geographers 17: 259–78.

Gertler MS (1993): Implementing advanced manufacturing technologies in mature industrial regions: Towards a social model of technology production. Regional Studies 27: 665–80.

Gertler MS (1995): 'Being there': Proximity, organization, and culture in the development and adoption of advanced manufacturing technologies. Economic Geography 71 (1): 1–26.

Gertler MS (1996): Worlds apart: The changing market geography of the German machinery industry? Small Business Economics 8: 87–106.

Gertler MS (1997): The invention of regional culture. In: Lee R, Wills J (Hrsg): Geographies of Economies. London: Arnold, 47–58.

Gertler MS (2003): Tacit knowledge and the economic geography of context, or the undefinable tacitness of being (there). Journal of Economic Geography 3: 75–99.

Gibson R, Bathelt H (2010): Understanding the Dynamics of Specialization and Diffusion Processes Across Capitalist Varieties: A Conceptual Intervention Regarding the Role of International Trade Fairs. SPACES online, Vol. 8, 2010-04. Toronto and Heidelberg: www.spaces-online.com.

Giddens A (1995): Die Konstitution der Gesellschaft. Frankfurt am Main: Campus.

Giddens A (1997): Konsequenzen der Moderne. Frankfurt: Suhrkamp.

Giese E (1978): Weiterentwicklung und Operationalisierung der Standort- und Landnutzungstheorie von Alonso für städtische Unternehmen. In: Bahrenberg G, Leutze E, Taubmann W (Hrsg): Quantitative Modelle in der Geographie und Raumplanung. Bremen, 63–79.

Giese E (1979): Innerstädtische Landnutzungskonflikte in der Bundesrepublik Deutschland – analysiert am Beispiel des Frankfurter Westends. In: Aberle G, Giese E, Moewes W, Spitzer H, Uhlig H (Hrsg): Konflikte durch Veränderungen in der Raumordnung. Saarbrücken, Fort Lauderdale: Breitenbach, 1–32.

Giese E (1995): Die Bedeutung Johann Heinrich von Thünens für die geographische Forschung. In: Bundesministerium für Ernährung Landwirtschaft und Forsten (Hrsg): Johann Heinrich von Thünen: Seine Erkenntnisse aus wissenschaftlicher Sicht (1783–1850). Band 210. Sonderheft. Münster-Hiltrup: Landwirtschaftsverlag, 30–47.

Giese E (1996): Die Einzelhandelszentralität westdeutscher Städte: Ein Beitrag zur Methodik der Zentralitätsmessung. Erdkunde 50: 46–59.

Giese E (1997 a): Das Gießener Geschäftszentrum: Entwicklung und Entwicklungsperspektiven. In: Berding H (Hrsg): 125 Jahre Industrie- und Handelskammer Gießen: Wirtschaft einer Region Vol. 2. Darmstadt: Hessisches Wirtschaftsarchiv, 235–61.

Giese E (1997 b): Die ökologische Krise der Aralseeregion: Ursachen, Folgen, Lösungsansätze. Geographische Rundschau 49: 293–99.

Giese E (1999): Bedeutungsverlust innerstädtischer Geschäftszentren in Westdeutschland. Berichte zur deutschen Landeskunde 73: 33–66.

Giese E, Greif S, Stoutz R von (1997): Die räumliche Struktur der Erfindungstätigkeit in Westdeutschland 1992. Geographische Zeitschrift 85: 113–28.

Giese E, Nipper J (1984): Die Bedeutung von Innovation und Diffusion neuer Technologien für die Regionalpolitik. Erdkunde 38: 202–15.

Giese E, Sehring J, Trouchine A (2004): Zwischenstaatliche Wassernutzungskonflikte in Mittelasien. Geographische Rundschau 56: 10–16.

Giese E, Seifert V (1989): Die Entwicklung innerstädtischer Geschäftszentren in Mittelhessen unter besonderer Berücksichtigung des Einzelhandels. Geographische Zeitschrift 77: 1–21.

Ginsberg A, Larsen E, Lomi A (1996): Generating strategy from individual behavior. A dynamic model of structural embeddedness. Advances in Strategic Management 13: 121–47.

Giuliani E, Bell M (2005): The micro-determinants of meso-level learning and innovation: Evidence from a Chilean wine cluster. Research Policy 34: 47–68.

Glasmeier A (1991): Technological discontinuities and flexible production networks: The case of Switzerland and the world watch industry. Research Policy 20: 469–85.

Glückler J (1999): Neue Wege geographischen Denkens? Eine Kritik gegenwärtiger Raumkonzepte und ihrer Programme in der Geographie. Frankfurt am Main: verlag neue wissenschaft.

Glückler J (2001): Zur Bedeutung von Embeddedness in der Wirtschaftsgeographie. Geographische Zeitschrift 89: 211–26.

Glückler J (2002): Raum als Gegenstand, Begriff und Perspektive in der Geographie. In: Lippuner R, Werlen B (Hrsg): Texte zur Theorie der Sozialgeographie 1. Jena, 45–65.

Glückler J (2004 a): Reputationsnetze. Zur Internationalisierung von Unternehmensberatern. Eine relationale Theorie. Bielefeld: transcript.

Glückler J (2004 b): Standortkonzentration von Beratungsunternehmen. In: Institut für Länderkunde Leipzig (Hrsg): Nationalatlas Bundesrepublik Deutschland: Unternehmen und Märkte Vol. 8. Leipzig: Institut für Länderkunde Leipzig, 96–97.

Glückler J (2005 a): Digitalisierung und das Paradox informatorischer Reichweite in der Agenturfotografie. Geographische Zeitschrift 93: 100–20.

Glückler J (2005 b): Making embeddedness work: Social practice institutions in foreign consulting markets. Environment and Planning A 37: 1727–50.

Glückler J (2006 a): Eine Geographie transnationaler wirtschaftlicher Vernetzung. In: Gebhardt H, Glaser R, Radtke U, Reuber P (Hrsg): Geographie. Physische Geographie und Humangeographie. Stuttgart: Spektrum, 842–53.

Glückler J (2006 b): Lokale oder globale Reputation? Auf der Suche nach globalen Wettbewerbsvorteilen in der Unternehmensberatung. In: Mense-Petermann U, Wagner G (Hrsg): Transnationale Konzerne. Ein neuer Organisationstyp? Wiesbaden: Verlag für Sozialwissenschaft, 249–79.

Glückler J (2006 c): Rauschen im Netz – Eintritt und Wachstum internationaler Beratungsunternehmen in Frankfurt/Rhein-Main. In: Reihlen M, Rohde A (Hrsg): Internationalisierung professioneller Dienstleistungsunternehmen. Köln: Kölner Wissenschaftsverlag, 227–55.

Glückler J (2006 d): A relational assessment of international market entry in management consulting. Journal of Economic Geography 6: 369–93.

Glückler J (2007 a): Economic geography and the evolution of networks. Journal of Economic Geography 7: 619–34.

Glückler J (2007 b): Geography of reputation: The city as the locus of business opportunity. Regional Studies 41: 949–62.
Glückler J (2008): Die Chancen der Standortspaltung: Wissensnetze im globalen Unternehmen. Geographische Zeitschrift 96: 125–39.
Glückler J (2011 a): Islands of expertise: Global knowledge transfer in a technology service firm. In: Bathelt H, Feldman M, Kogler D-F (Hrsg): Beyond Territory: Dynamic Geographies of Innovation and Knowledge Creation. London: Routledge, 207–26.
Glückler J (2011 b): Wirtschaftsgeographie. In: Gebhardt H, Glaser R, Radtke U, Reuber P (Hrsg): Geographie. Physische Geographie und Humangeographie (2. Aufl.). Stuttgart: Spektrum.
Glückler J, Armbrüster T (2003): Bridging uncertainty in management consulting: The mechanisms of trust and networked reputation. Organization Studies 24: 269–97.
Glückler J, Bathelt H (2003): Zur Bedeutung von Ressourcen in der relationalen Wirtschaftsgeographie. Vom Substanzkonzept zur relationalen Perspektive. Zeitschrift für Wirtschaftsgeographie 47: 249–67.
Glückler J, Berndt C (2005): Globalisierung und die vielfach gebrochene Geographie wirtschaftlicher Grenzziehungen. Berichte zur deutschen Landeskunde 79: 305–16.
Glückler J, Goeke P (2009): Geographie sei was Geographen tun: Ein Blick hinter den Organisationsplan einer Disziplin. Berichte zur deutschen Landeskunde 83: 261–80.
Glückler J, Löffler G (1997): Die Grundversorgung im Einzelhandel – Erreichbarkeit und Kundenmobilität. In: IfL (Hrsg): Nationalatlas Bundesrepublik Deutschland – Pilotband. Leipzig: Institut für Länderkunde Leipzig, 76–79.
Glückler J, Ries M (2012): Why being there is not enough: Organized proximity in place-based philanthropy. Service Industries Journal 32: DOI 10.1080/02642069.2011.596534.
Glückler J, Zademach H-M, Hammer I, Handke M, Frölich F, Latzke P (2008): Dienstleistungsstandort Bayern. Eichstätt und München: Katholische Universität Eichstätt-Ingolstadt und Ludwig-Maximilian-Universität München.
Goldner W (1968): A Model of the Spatial Allocation of Activities and Land Use in a Metropolitan Region. Berkeley: Bay Area Transportation Study Commission.
Goldstein H, Malizia EE (1985): Microelectronics and economic development in North Carolina. In: Whittington D (Hrsg): High Hopes for High Tech: Microelectronics Policy in North Carolina. Chapel Hill, London: University of North Carolina Press, 225–55.
Goodman E, Bamford J, Saynor P (1989): Small Firms and Industrial Districts in Italy. London, New York: Routledge.
Goppel K, Gugisch I, Koch R, Maier J (2000): Regional disparities in Bavaria: Development and extent, philosophy and policy responses. Eureg 8: 1–8.
Gouldner AW (1960): The norm of reciprocity: A preliminary statement. American Sociological Review 25: 161–78.
Grabher G (1989): Regionalpolitik gegen De-Industrialisierung? Der Umbau des Montankomplexes im Ruhrgebiet. Jahrbuch für Regionalwissenschaft 9./10: 94–110.
Grabher G (Hrsg) (1993 a): The Embedded Firm. On the Socioeconomics of Industrial Networks. London, New York: Routledge.
Grabher G (1993 b): Rediscovering the social in the economies of interfirm relations. In: Grabher G (Hrsg): The Embedded Firm. On the Socioeconomics of Industrial Networks. London, New York: Routledge, 1–31.
Grabher G (1993 c): The weakness of strong ties: The lock-in of regional development in the Ruhr area. In: Grabher G (Hrsg): The embedded firm: On the socioeconomics of industrial networks. London: Routledge, 255–77.
Grabher G (1994): Lob der Verschwendung. Redundanz in der Regionalentwicklung: Ein sozioökonomisches Plädoyer. Berlin: Edition Sigma.
Grabher G (2001): Ecologies of creativity: The village, the group, and the heterarchic organisation of the British advertising industry. Environment and Planning A 33: 351–74.
Grabher G (2002 a): Cool projects, boring institutions: Temporary collaboration in social context. Regional Studies 36: 205–14.
Grabher G (2002 b): The project ecology of advertising: Talents, tasks, and teams. Regional Studies 36: 245–62.
Grabher G (2004): The markets are back! Progress in Human Geography 28: 421–23.
Grabher G (2009): Yet another turn? The evolutionary project in economic geography. Economic Geography 85: 119–27.
Grabher G, Ibert O, Flohr S (2008): The neglected king: The customer in the new knowledge ecology of innovation. Economic Geography 84: 253–80.
Grabher G, Stark D (1997): Organizing diversity: Evolutionary theory, network analysis and postsocialism. Regional Studies 31: 533–44.

Grabow B, Henckel D, Hollbach-Grömig B (1995): Weiche Standortfaktoren. Stuttgart: Kohlhammer.

Gräf P (2005): München in der Krise? Projektorganisation und Wachstumsprobleme in der Film- und Fernsehproduktion – eine mehrdimensionale Clusterstudie. SPACES, Vol. 3, 2005-08. Marburg: Faculty of Geography, Philipps-University of Marburg.

Granovetter M (1973): The strength of weak ties. American Journal of Sociology 78: 1360–80.

Granovetter M (1974): Getting a Job. A Study of Contacts and Careers. Chicago: University of Chicago Press.

Granovetter M (1979): The idea of 'advancement' in theories of social evolution and development. American Journal of Sociology 85: 489–515.

Granovetter M (1985): Economic action and economic structure: The problem of embeddedness. American Journal of Sociology 91: 481–510.

Granovetter M (1990): The old and new economic sociology: A history and an agenda. In: Friedland R, Robertson AF (Hrsg): Beyond the Market Place: Rethinking Economy and Society. New York: Aldine de Gruyter, 89–112.

Granovetter M (1992 a): Economic institutions as social constructions: A framework for analysis. Acta Sociologica 35: 3–11.

Granovetter M (1992 b): Problems of explanation in economic sociology. In: Nohria N, Eccles RG (Hrsg): Networks and Organisations: Structure, Form, and Action. Cambridge, MA: Harvard Business School, 25–56.

Granovetter M (1993): The nature of economic relationships. In: Swedberg R (Hrsg): Explorations in Economic Sociology. New York: Russell Sage, 3–41.

Granovetter M (1995): The economic sociology of firms and entrepreneurs. In: Portes A (Hrsg): the Economic Sociology of Immigration. New York: Russel Sage Foundation, 128–65.

Granovetter M, Swedberg R (Hrsg) (1992): The Sociology of Economic Life. Oxford: Westview Press.

Greenhut ML (1956): Plant Location in Theory and Practice. Chapel Hill: University of North Carolina Press.

Gregersen B, Johnson B (1997): Learning economies, innovation systems and European integration. Regional Studies 31: 479–90.

Gregory CA (1987): Gifts. In: Milgate M (Hrsg): The New Palgrave Dictionary of Economics, 524–28.

Greif A (1989): Reputation and coalitions in medieval trade: Evidence on the Maghribi traders. Journal of Economic History 49: 857–82.

Greiving H (2003): Der Raumordnerische Vertrag als Instrument zur Absicherung von Kooperationen im zentralörtlichen System. Raumforschung und Raumordnung 61: 371–78.

Greiving S (2006): Das raumordnerische Konzept der Städteverbünde und seine Umsetzung in der landesplanerischen Praxis. Raumforschung und Raumordnung 64: 5–17.

Griliches Z (1990): Patent statistics as economic indicators: A survey. Journal of Economic Literature 28: 1661–707.

Grofman B, Landa J (1983): The development of trading networks among spatially separated traders as a process of proto-coalition formation: The kula trade. Social Networks 5: 347–65.

Grootaert C, Bastelaer T van (2001): Understanding and measuring social capital. Social Capital Initiative Working Paper No. 24. New York: The World Bank.

Grote M (2003): Die Evolution des Finanzplatzes Frankfurt. Geographische Zeitschrift 91: 200–17.

Grotz R, Braun B (1993): Networks, milieux and individual firm strategies: Empirical evidence of an innovative SME environment. Geografiska Annaler 75 B: 149–62.

Grotz R, Braun B (1997): Limitations of regional network-oriented strategies for manufacturing industries. Erdkunde 51: 43–52.

Gulati R (1995): Does familiarity breed trust? The implications of repeated ties for contractual choice in alliances. Academy of Management Journal 38: 85–112.

Güssefeldt J (1999): Regionalanalyse: Methodenbuch und Programmsystem GraphGeo (2. Aufl.). München, Wien: Oldenbourg.

Haas H-D, Neumair S-M (Hrsg) (2006): Internationale Wirtschaft. München: Oldenbourg.

Hachmann R, Mensing K (1996): Städtekooperation MAI: Ein Beitrag zur Profilierung des Wirtschaftsraumes Südbayern. In: Danielzyk R, Priebs A (Hrsg): Städtenetze – Raumordnungspolitisches Handlungsinstrument mit Zukunft? Bonn: Kuron, 75–82.

Hägerstrand T (1967): Innovation Diffusion as a Spatial Process. Chicago: University of Chicago Press.

Haggett P (1991): Geographie. Eine moderne Synthese. Stuttgart: UTB.

Håkanson L (1979): Towards a theory of location and corporate growth. In: Hamilton FEI, Linge GJR (Hrsg): Spatial Analysis, Industry and the Industrial Environment, Volume 1 – Industrial Systems. New York: Wiley, 115–38.

Häkli J (1994): Territoriality and the rise of the modern state. Fennia 172: 1–82.

Hall P (1985): The geography of the fifth Kondratieff. In: Hall P, Markusen A (Hrsg): Silicon Landshapes. Boston, London, Sydney: Allen und Unwin, 1–19.

Hall PA, Soskice DW (Hrsg) (2001): Varieties of Capitalism: The Institutional Foundations of Comparative Advantage. Oxford, New York: Oxford University Press.

Hall S (2008): Geographies of business education: MBA programmes, reflexive business schools and the cultural circuit of capital. Transactions of the Institute of British Geographers 33: 27–41.

Hamley W (1982): Research Triangle Park: North Carolina. Geography 67: 59–62.

Handke M, Glückler J (2010): Unternehmen und Märkte. In: Hänsgen D, Lentz S, Tzschaschel S (Hrsg): Deutschlandatlas. Unser Land in 200 thematischen Karten. Darmstadt: Wissenschaftliche Buchgesellschaft, 61–84.

Hannan M, Freeman J (1981): The population ecology of organizations. In: Grusky O, Miller G (Hrsg): The Sociology of Organizations: Basic Studies. New York: Free Press, 176–200.

Hannan MT, Freeman J (1984): Structural inertia and organizational change. American Sociological Review 49: 165–82.

Hannan MT, Freeman J (1993): Organizational Ecology. Cambridge (MA): Harvard University Press.

Hansen MT (1999): The search-transfer problem: The role of weak ties in sharing knowledge across organizations subunits. Administrative Science Quarterly 44: 82–111.

Hard G (1969): Die Diffusion der „Idee der Landschaft". Präliminarien zu einer Geschichte der Landschaftsgeographie. Erdkunde 23: 249–64.

Hard G (1972): Ein geographisches Simulationsmodell für die rheinische Sprachgeschichte. In: Ennen E, Wiegelmann G (Hrsg): Festschrift Matthias Zender. Studien zur Volkskultur, Sprache und Landesgeschichte. Bonn: Röhrscheid, 25–58.

Hard G (1973): Die Geographie: Eine wissenschaftstheoretische Einführung. Berlin, New York: de Gruyter.

Hard G (1993): Über Räume reden. Zum Gebrauch des Wortes „Raum" in sozialwissenschaftlichem Zusammenhang. In: Mayer J (Hrsg): Die aufgeräumte Welt. Raumbilder und Raumkonzepte im Zeitalter globaler Marktwirtschaft. Loccumer Protokolle 73/92. Loccum: Evangelische Akademie Loccum, 159–78.

Hardach G (1997): Die Wirtschaft der Region 1947–1997. In: Berding H (Hrsg): 125 Jahre Industrie- und Handelskammer Gießen: Wirtschaft einer Region. Darmstadt: Hessisches Wirtschaftsarchiv, 159–78.

Hargadon AB, Douglas JY (2001): When innovations meet institutions: Edison and the design of electric light. Administrative Science Quarterly 46: 476–501.

Harrington JW, Warf B (1995): Industrial Location: Principles, Pracrice, and Policy. London, New York: Routledge.

Harris CD, Ullman EL (1945): The nature of cities. Annals of the American Academy of Political Science 242: 7–17.

Harrison B (1992): Industrial districts: Old wine in new bottles? Regional Studies 26: 469–83.

Harrison B (1994): The Italian industrial districts and the crisis of the cooperative form. In: Krumbein W (Hrsg): Ökonomische und politische Netzwerke in der Region. Münster, Hamburg: Lit, 77–113.

Harrison B (1997): Lean and Mean: The Changing Landscape of Corporate Power in the Age of Flexibility. New York, London: Guilford.

Harrison B, Kluver J (1989): Reassessing the 'Massachusetts Miracle': Reindustrialization and balanced growth, or convergence to 'Manhattanization'? Environment and Planning A 21: 771–801.

Hartfiel G, Hillmann K-H (1982): Wörterbuch der Soziologie. Stuttgart: Kröner.

Hartke W (1956): Die „Sozialbrache" als Phänomen der geographischen Differenzierung der Landschaft. Erdkunde 10: 257–69.

Harvey D (1969): Explanation in Geography. New York: St.Martin's Press.

Harvey D (1990): The Condition of Postmodernity. An Enquiry into the Origins of Cultural Change. Cambridge (MA), Oxford: Blackwell.

Harvey D (1996): Justice, Nature and the Geography of Differences. Oxford: Blackwell.

Hassink R (1997): Die Bedeutung der lernenden Region für die regionale Innovationsförderung. Geographische Zeitschrift 85: 159–73.

Hassink R (2005): How to unlock regional economies from path dependency? From learning region to learning cluster. European Planning Studies 13: 521–35.

Hassink R, Shin D-H (2005): Guest editorial: The restructuring of old industrial areas in Europe and Asia. Environment and Planning A 37: 571–80.

Hatzfeld U (2008): Stadtentwicklungspolitik – Ein neuer Blick. Planerin 6_08: 5–7.

Hawley A (1968): Ecology. In: Sills D (Hrsg): International Encyclopedia of the Social Sciences. New York: Macmillan, 328–37.

Hayter R (1997): The Dynamics of Industrial Location. The Factory, the Firm and the Production System. Chichester, New York: Wiley.

Hayter R, Patchell J, Rees K (1999): Business segmentation and location revisited: Innovation and the terra incognita of large firms. Regional Studies 33: 425–42.

Healey MJ, Ilvery BW (1990): Location and Change: Perspectives on Economic Geography. Oxford, New York, Toronto: Oxford University Press.

Heilbroner R, Thurow L (2002): Wirtschaft. Frankfurt, New York: Campus.

Heineberg H (1989): Stadtgeographie. Paderborn, München, Wien: Schöningh.

Heinrich H-A (1991): Politische Affinität zwischen geographischer Forschung und dem Faschismus im Siegel der Fachzeitschriften: Ein Beitrag zur Geschichte der Geographie in Deutschland von 1920 bis 1945. Gießen: Selbstverlag Gießener Geographische Schriften.

Heinritz G (1979): Zentralität und zentrale Orte. Stuttgart: Teubner.

Heinritz G (Hrsg) (1985): Standorte und Einzugsbereiche tertiärer Einrichtungen. Beiträge zu einer Geographie des tertiären Sektors. Darmstadt: Wissenschaftliche Buchgesellschaft.

Hekman JS (1980 a): Can New England hold onto its high technology industry? New England Economic Review (March/April): 35–44.

Hekman JS (1980 b): The future of high technology industry in New England: A case study of computers. New England Economic Review (January; February): 5–17.

Hekman JS, Strong JS (1981): The evolution of New England industry. New England Economic Review 35–46.

Helbrecht I (1994): „Stadtmarketing“: Konturen einer kommunikativen Stadtentwicklungspolitik. Basel, Boston, Berlin: Birkhäuser.

Helbrecht I (1998): The Creative Metropolis: Services, Symbols and Spaces. Wolkenkuckucksheim, Cloud-Cuckoo-Land, vozdusnyi zamok – Positionen (1/1998).

Held D, McGrew A, Goldblatt D, Perraton J (1999): Global Transformations. Politics, Economics and Culture. Cambridge: Polity Press.

Hellmer F, Friese C, Kollros H, Krumbein W (1999): Mythos Netzwerke: Regionale Innovationsprozesse zwischen Kontinuität und Wandel. Berlin: Edition Sigma.

Henderson J, Dicken P, Hess M, Coe N, Yeung HW-c (2002): Global production networks and the analysis of economic development. Review of International Political Economy 9: 436–64.

Henkel G (1993): Der ländliche Raum. Stuttgart: Teubner.

Henn S (2005): Regional clusters in nanotechnology: Evolution, development, political options. In: Ingenieure VD (Hrsg): Nanofair 2005: New Ideas for Industry. Düsseldorf: 4th International Nanotechnology Symposium. VDI-Bericht 1920, 281–86.

Henn S (2006): Regionale Cluster in der Nanotechnologie: Entstehung, Eigenschaften, Handlungsempfehlungen. Frankfurt am Main: Lang.

Henneking R (1994): Chemische Industrie und Umwelt. Zeitschrift für Unternehmensgeschichte – Beiheft 86.

Herdzona K (1995): Ländliche Räume – Probleme und Ansatzpunkte der Regionalpolitik. In: Ridinger R, Steinröx M (Hrsg): Regionale Wirtschaftsförderung in der Praxis. Köln: Schmidt, 227–51.

Herrigel GB (1993): Power and the redefinition of industrial districts: The case of Baden-Württemberg. In: Grabher G (Hrsg): The Embedded Firm. On the Socioeconomics of Industrial Networks. London, New York: Routledge, 227–51.

Hess M (1998): Glokalisierung, industrieller Wandel und Standortstruktur. Das Beispiel der EU-Schienenfahrzeugindustrie. München: VVF.

Hess M (2004): ‘Spatial’ relationships? Re-conceptualising embeddedness. Progress in Human Geography 28: 165–86.

Hess M (2008): Governance, value chains and networks: An afterword. Economy and Society 37: 452–59.

Hess M, Coe N (2006): Making connections: Global production networks, standards and embeddedness in the mobile telecommunications industry. Environment and Planning A 38: 1205–27.

Hesse H (1988): Außenhandel I: Determinanten. In: Handwörterbuch der Wirtschaftswissenschaften – Band 1. Stuttgart, New York: Fischer, 364–88.

Hettner A (1927): Die Geographie. Ihre Geschichte, ihr Wesen und ihre Methoden. Breslau: Hirt.

Hippel E von (1977): Has a customer already developed your next product? MIT Sloan Management Review 18(2): 73–74.

Hippel E von (2001): Innovation by user communities: learning from open-source software. MIT Sloan Management Review 42(2): 82–86.

Hirsch J (1990): Kapitalismus ohne Alternative? Hamburg: VSA.

Hirsch J (1991): From the Fordist to the Post-Fordist state. In: Jessop B, Kastendiek H, Nielsen K, Pedersen OK (Hrsg): The Politics of Flexibility: Restructuring State and Industry in Britain, Germany and Scandinavia. Aldershot, Brookfield: Elgar, 67–81.

Hirsch J, Roth R (1986): Das neue Gesicht des Kapitalismus: Vom Fordismus zum Post-Fordismus. Hamburg: VSA.

Hirsch S (1967): Location of Industry and International Competitiveness. Oxford: Clarendon Press.

Hirsch S (1972): The United States electronics industry in international trade. In: Wells Jr LT (Hrsg): The Product Life Cycle and International Trade. Boston: Division of Research, Grdauate School of Business Administration, Harvard University, 37–52.

Hirschman AO (1958): The Strategy of Economic Development. New Haven: Yale University Press.

Hirst P, Thompson G (1996): Globalization in Question. The International Economy and the Possibilities of Governance. Cambridge, Malden (MA): Polity Press.

Hislop D (2002): Mission impossible? Communicating and sharing knowledge via information technology. Journal of Information Technology 17: 165–77.

Hobday M (2000): The project-based organisation: An ideal form for managing complex products and systems. Research Policy 29: 871–93.

Hodgson GM (1988): Economics and Institutions: A Manifesto for a Modern Institutional Economics. Cambridge: Polity.

Hodgson GM (1993): Institutional economics: Surveying the old and the new. Metroeconomica 44: 1–28.

Hodgson GM (1994): The return of institutional economies. In: Smelser NJ, Swedberg R (Hrsg): Handbook of Economic Sociology. Princeton: Princton University Press, 58–76.

Hodgson GM (1997): Economics and the return to Mecca: The recognition of novelty and emergence. Structural Change and Economic Dynamics 8: 399–412.

Hodgson GM (1999): Economics & Utopia. Why the Learning Economy is not the End of History. London, New York: Routledge.

Hodgson GM (2003): The hidden persuaders: Institutions and individuals in economic theory. Cambridge Journal of Economics 27: 159–75.

Hodgson GM (2009): Agency, institutions, and Darwinism in evolutionary economic geography. Economic Geography 85: 167–73.

Hodgson GM, Knudsen T (2006): Why we need a generalized Darwinism, and why generalized Darwinism is not enough. Journal of Economic Behavior & Organization 61: 1–19.

Hoffritz J (2000): Suche nach dem neuen Traum. Die Zeit Nr. 48, 23.11.2000, S. 25–26.

Hofmeister B (1997): Stadtgeographie. Braunschweig: Westermann.

Hofmeister B, Lutz W (1999): Länder der Welt: Australien und Neuseeland. Dortmund: Harenberg Kommunikation.

Hofstede G (2001): Culture's Consequences – Comparing Values, Behaviours, Institutions and Organizations Across Nations (2. Aufl.). London, Neu Delhi: Thousand Oaks.

Höher M (1993): Regionale Arbeitsmärkte. In: Bathelt H, Erb W-D (Hrsg): Industrieatlas Mittelhessen – Ausgabe 1994. Gießen, 85–87.

Höher M (1997): Erfassung und Bewertung regionaler Arbeitsmärkte in Hessen unter besonderer Berücksichtigung qualitativer Merkmale. Münster, Hamburg: Lit.

Hollingshead AB, McGrath JE (1995): Computer-assisted groups: A critical review of the empirical research. In: Guzzo RA, Salas E (Hrsg): Team Effectiveness and Decision Making in Organizations. Francisco: Jossey-Bass/Pfeiffer, 46–78.

Holtfrerich C-L (1988): Wachstum I: Wachstum in Volkswirtschaften. In: Handwörterbuch der Wirtschaftswissenschaft – Band 8. Stuttgart, New York: Fischer.

Hoover EMj (1937): Location Theory and the Shoe and Leather Industries. Cambridge (MA): Harvard University Press.

Horn GA, Logeay C, Stephan S, Zwiener R (2007): Preiswerte Arbeit in Deutschland: Auswertung der Eurostat Arbeitskostenstatistik. IMK Report. Düsseldorf: IMK.

Horstmann J, Hambloch H (1970): Die Auflösung des Christallerschen Modells der zentralen Orte im Nordostpolder (Niederlande). Geographische Rundschau 22: 145–47.

Hösl R (1998): Beziehungsnetzwerke ausländischer High-Tech-Unternehmen – zwei Fallbeispiele aus dem Wirthschaftsraum München. In: Haas HD, Werner T (Hrsg): Ausgewählte Beiträge zur Direktinvestitionsforschung. Heft 13. München: Selbstverlag des Instituts für Wirtschaftsgeographie.

Hotelling H (1929): Stability in competition. The Economic Journal 39: 41–57.

Howells J (1999): Regional systems of innovation? In: Archibugi D, Howells J, Michie J (Hrsg): Innovation

Policy in a Global Economy. Cambridge: Cambridge University Press, 67–93.

Hoyt E (2001): Whale Watching 2001: Worldwide Tourism Numbers, Expenditure, and Expanding Socioeconomic Benefits. International Fund for Animal Welfare, Yarmouth Port (MA) USA.

Hoyt E, Iñíguez M (2008): The State of Whale Watching in Latin America. WDCS, Chippenham, UK; IFAW, Yarmouth Port, USA; and Global Ocean, London.

Hoyt H (1939): The Structures and Growth of Residential Neighborhoods in American Cities. Washington: Federal Housing Administration.

Hsu J, Saxenian AL (2000): The limits of guanxi capitalism: Transnational collaboration between Taiwan and the USA. Environmental Planning A 32: 1991–2005.

Hubbert MK (1956): Nuclear Energy and the Fossil Fuels (verwendet als Nachdruck im Energy Bulletin vom 09.03.2006). Spring Meeting of the Southern District of the American Petroleum Institute. San Antonio, TX.

Hübner K (1989): Theorie der Regulation. Berlin: Edition Sigma.

Hudson R (2004): Conceptualizing economies and their geographies: Spaces, flows and circuits. Progress in Human Geography 28: 447–71.

Hudson R, Schamp EW (1995): Toward New Map of Automobile Manufacturing in Europe? Production Concepts and Spatial Restructuring. Berlin, Heidelberg, New York: Springer.

Hume D (1758): Eine Untersuchung über den menschlichen Verstand. Stuttgart: Reclam.

Humphrey J, Schmitz H (2002): How does insertion in global value chains affect upgrading in industrial clusters? Regional Studies 36: 1017–27.

Hunsdiek D (1987): Unternehmensgründung als Folgeinnovation – Struktur, Hemmnisse und Erfolgsbedingungen der Gründung industrieller innovativer Unternehmen. Stuttgart: Poeschel.

Husman TB (2002): The Existence, Boundaries and Internal Organisation of Project Organisations. Paper prepared for the Danish Research Unit on Industrial Dynamics Winter Conference. Copenhagen.

Hwang K-k (1987): Face and favor: The Chinese power game. American Journal of Sociology 92: 944–74.

Ibert O (2003): Projects and firms as discordant complements: Organisational learning in the Munich software ecology. Research Policy 33: 1529–46.

Ibert O (2007): Towards a geography of knowledge creation: The ambivalences between 'knowledge as an object' and 'knowing in practice'. Regional Studies 41: 103–14.

Illeris S (1991): Location of services in a service society. In: Daniels PW, Moulaert F (Hrsg): The Changing Geography of Advanced Producer Services. London, New York: Belhaven Press, 91–107.

Illeris S (1996): The Service Economy. A Geographical Approach. Chichester: Wiley.

Isard W (1956): Location and Space-Economy. A General Theory Relating to Industrial Location, Market Areas, Land Use, Trade, and Urban Structure. Cambridge: Published jointly by the Technology Press of Massachusetts Institute of Technology and Wiley.

Isard W (1960): Methods of Regional Analysis; An Introduction to Regional Science. Cambridge: Published jointly by the Technology Press of the Massachusetts Institute of Technology and Wiley.

Ivarsson I, Johnsson T (2000): TNC strategies and variations in intra-firm trade: The case of foreign manufacturing affiliates in Sweden. Geografiska Annaler 82 B: 17–34.

Jacobs J (1969): The Economy of Cities. New York: Random House.

Jansen D (1999): Einführung in die Netzwerkanalyse. Opladen: Leske + Budrich.

Jentsch C (2004): Projektorganisation in der Frankfurter Werbeindustrie. SPACES, Vol. 2, 2004-03. Marburg: Faculty of Geography, Philipps-University of Marburg: http//www.uni-marburg.de/geographie/spaces.

Jepperson RL (1991): Institutions, institutional effects, and institutionalism. In: Powell WW, DiMaggio P (Hrsg): The New Institutionalism in Organizational Analysis. Chicago, London: The University of Chicago Press.

Jeppesen LB, Molin JM (2003): Consumers as co-developers: learning and innovation outside the firm. Technology Analysis & Strategic Management 15: 363–83.

Jessop B (1986): Der Wohlfahrtsstaat im Übergang vom Fordismus zum Postfordismus. Prokla 65: 4–33.

Jessop B (1991): The welfare state in the transition from Fordism to Post-Fordism. In: Jessop B, Kastendiek H, Nielsen K, Pedersen OK (Hrsg): The Politics of Flexibility: Restructuring State and Industry in Britain, Germany and Scandinavia. Aldershot, Brookfield: Elgar, 82–105.

Jessop B (1992): Fordism and Post-Fordism: A critical reformulation. In: Storper M, Scott AJ (Hrsg): Pathways to Industrialization and Regional Development. London, New York: Routledge, 46–69.

Jessop B (1994): Post-Fordism and the state. In: Amin A (Hrsg): Post-Fordism. Oxford, Cambridge (MA): Blackwell, 251–79.

Jessop B (1997): Twenty years of the (Parisian) regulation approach: The paradox of success and failure at home and abroad. New Political Economy 2: 503–26.

Jevons WS (1871): The Theory of Political Economy. London, New York: Macmillan.

Johanson J, Mattsson LG (1987): Interorganizational relations in industrial systems: A network approach compared with the transaction-cost approach. International Studies of Management and Organization 17: 34–48.

Johanson J, Mattsson LG (1988): Internationalization in industrial systems: A network approach. In: Hood N, Vahlne JE (Hrsg): Strategies in Global Competition. London: Croom Helm, 287–314.

Johanson J, Mattsson LG (1993): Internationalization in industrial systems – A network approach. In: Buckley PJ, Ghauri PN (Hrsg): The Internationalization of the Firm: A Reader. London: Academic Press, 303–21.

Johanson J, Vahlne JE (1977): The internationalization process of the firm – A model of knowledge development and increasing foreign market commitment. Journal of International Business Studies 8: 23–32.

Johanson J, Vahlne JE (1990): The mechanism of internationalization. International Marketing Review 7: 11–24.

Johanson J, Vahlne JE (1992): Management of foreign market entry. Scandinavian International Business Review 1: 9–27.

Johanson J, Wiedersheim-Paul F (1975): The internationalization of the firm – Four Swedish case studies. Journal of Management Studies 12: 305–22.

Johnson B (1992): Institutional learning. In: Lundvall B-Å (Hrsg): National Systems of Innovation. Towards a Theory of Innovation and Interactive Learning. London: Pinter, 23–44.

Johnson C (1982): MITI and the Japanese Miracle: The Growth of Industrial Policy, 1925–1975. Stanford: Stanford University Press.

Johnston RJ (1991 a): A place for everything and everything in its place. Transactions of the Institute of British Geographers 16: 131–47.

Johnston RJ (1991 b): A Question of Place. Oxford: Blackwell.

Jones AM (2008): Beyond embeddedness: Economic practices and the invisible dimensions to transnational business activity. Progress in Human Geography 32: 71–81.

Jöns H (2003): Von Menschen und Dingen: Konstruktivistisch-kritische Anmerkungen zum (a)symmetrischen Akteurskonzept der Akteursnetzwerktheorie (Humans and non-humans: Critical comments on the (a)symmetrical actor concept in actor-network theory). In: Hasse J, Helbrecht I (Hrsg): Menschenbilder in der Humangeographie (Human Images in Human Geography). Oldenburg: Bibliotheks- und Informationssystem, 109–42.

Karaska GJ (1969): Manufacturing linkages in the Philadelphia economy: Some evidence of external agglomeration forces. Geographical Analysis 1: 354–69.

Karliner J (1997): The Corporate Planet: Ecology and Politics in the Age of Globalization.

Katz E, Levin ML, Hamilton H (1963): Traditions of research on the diffusion of innovation. American Sociological Review 28: 237–52.

Katz ML, Shapiro C (1985): Network externalities, competition, and compatibility. American Economic Review 75: 424–40.

Kaufmann A, Tödtling F (2001): Science-industry interaction in the process of innovation: The importance of boundary-crossing between systems. Research Policy 30: 791–804.

Keil T, Autio E, Robertson P (1997): Embeddedness, power, control and innovation in the telecommunications sector. Technology Analysis and Strategic Management 9: 299–316.

Kenney M, Burg U von (1999): Technology, entrepreneurship and path dependence: Industrial clustering in Silicon Valley and Route 128. Industrial and Corporate Change 8: 67–103.

Kern H (1996): Vertrauensverlust und blindes Vertrauen: Integrationsprobleme im ökonomischen Handeln. SOFI-Mitteilungen Nr. 24/1996: 7–14.

Kern H, Schumann M (1990): Das Ende der Arbeitsteilung? Rationalisierung in der industriellen Produktion (4. Aufl.). München: Beck.

Keune EJ, Nathusius K (1977): Technologische Innovation durch Unternehmensgründungen: Eine Literaturanalyse zum Route 128 Phänomen. BIFOA Forschungsberichte – Nummer 77/4. Köln: Wison.

Kieser A (1999): Management und Taylorismus. In: Kieser A (Hrsg): Organisationstheorien. Stuttgart: Kohlmann, 65–100.

Kieser A, Woywode M (1999): Evolutionstheoretische Ansätze. In: Kieser A (Hrsg): Organisationstheorien. Stuttgart: Kohlhammer, 253–85.

Kirchgeorg M (2003): Funktionen und Erscheinungsformen von Messen. In: Kirchgeorg M, Dornscheidt

WM, Giese W, Stoeck N (Hrsg): Handbuch Messemanagement: Planung, Durchführung und Kontrolle von Messen, Kongressen und Events. Wiesbaden: Gabler, 51–72.

Kirchner P (2000): The German-owned manufacturing sector in the North-east of England. European Planning Studies 18: 601–17.

Kistenmacher H (1982): Elemente und Konzeptionen für großräumige Siedlungsstrukturen. In: Landesplanung AfRu (Hrsg): Grundriss der Raumordnung. Hannover: ARL, 16–24.

Kistenmacher H (1995): Achsenkonzepte. In: Akademie für Raumforschung und Landesplanung (Hrsg): Handwörterbuch der Raumordnung. Hannover: ARL, 16–24.

Kitson M, Martin R, Tyler P (2004): Regional competitiveness: An elusive yet key concept? Regional Studies 38: 991–99.

Klagge B (2009): Finanzmärkte, Unternehmensfinanzierung und die aktuelle Finanzkrise. Zeitschrift für Wirtschaftsgeographie 53, 1–13.

Klagge B, Martin R (2005): Decentralized versus centralized financial systems: is there a case for local capital markets? Journal of Economic Geography 5: 387–421.

Klagge B, Peter C (2009): Wissensmanagement in Netzwerken unterschiedlicher Reichweite. Das Beispiel des Private Equity-Sektors in Deutschland. Zeitschrift für Wirtschaftsgeographie 53, 69–88.

Klein R (2004): Einsatz und Entwicklung regenerativer Energien in Deutschland. In: Institut für Länderkunde (Hrsg): Nationalatlas Bundesrepublik Deutschland. Band 8: Unternehmen und Märkte. Leipzig: Institut für Länderkunde, 152–53.

Kleinknecht A, Wengel JT (1998): The myth of economic globalisation. Cambridge Journal of Economics 22: 637–47.

Klemmer P (1995): Gemeinschaftsaufgabe „Verbesserung der regionalen Wirtschaftsstruktur“. In: Akademie für Raumforschung und Landesplanung (Hrsg): Handwörterbuch der Raumordnung. Hannover: ARL, 395–97.

Klepper S (1997): Industry life cycles. Industrial and Corporate Change 6: 145–82.

Klohn W (1993): Das räumliche Verbundsystem des Hopfenbaus in der Hallertau. Zeitschrift für Wirtschaftsgeographie 37: 200-07.

Klöpper R (1953 a): Der Einzugsbereich einer Kreisstadt. Raumforschung und Raumordnung 11: 73–81.

Klöpper R (1953 b): Methoden zur Bestimmung der Zentralität von Siedlungen. In: Meyen E (Hrsg): Geographisches Tagebuch: Jahresweiser zur deutschen Landdeskunde – 1953. Stuttgart: Reise- und Verkehrsverlag, 512–19.

Klüter H (1987): Wirtschaft und Raum. In: Bahrenberg G, Deiters J, Fischer MM, Gaebe W, Hard G, Löffler G (Hrsg): Geographie des Menschen. Dietrich Bartels zum Gedenken. Bremen, 241–59.

Klüter H (1994): Sozialgeographie. Raum als Objekt menschlicher Wahrnehmung und Raum als Element sozialer Kommunikation: Vergleich zweier humangeographischer Ansätze. Mitteilungen der Österreichischen Geographischen Gesellschaft 136: 143–78.

Knack S (1999): Social capital, growth and poverty: A survey of cross-country evidence. Social Capital Initiative Working Papers 7. Washington, DC: World Bank.

Knickerbocker FT (1973): Oligopolistic Reaction and Multinational Enterprise. Boston: Division of Research, Graduate School of Business Administration, Harvard University.

Kohl JG (1841): Der Verkehr und die Ansiedelungen der Menschen in ihrer Abhängigkeit von der Gestaltung der Erdoberfläche. Dresden, Leipzig: Arnoldi.

Kok JAAM, Pellenbarg PH (1987): Innovation decision-making in small and medium-sized firms: A behavioural approach concerning firms in the Dutch urban system. In: Knaap GAVD, Wever E (Hrsg): New Technology and Regional Development. London, Sydney: Croom Helm, 145–64.

Kollock P (1994): The emergence of exchange structures: An experimental study of uncertainty, commitment, and trust. American Journal of Sociology 100: 313–45.

Kondratieff ND (1926): Die langen Wellen der Konjunktur. Archiv für Sozialwissenschaft und Sozialpolitik 56: 573–609.

Koschatzky K (1998): Firm innovation and region: The role of space in innovation processes. International Journal of Innovation Management 2: 383–408.

Koschatzky K (1999): Innovation networks of industry and business-related services – Relations between innovation intensity of firms and regional inter-firm cooperation. European Planning Studies 7: 737–57.

Koschatzky K (2002): Die „New Economic Geography“: Tatsächlich eine neue Wirtschaftsgeographie? Geographische Zeitschrift 90: 5–19.

Koschatzky K, Sternberg R (2000): R&D cooperation in innovation systems – Some lessons from the European regional innovation survey (ERIS). European Planning Studies 8: 487–501.

Krätke S (1995 a): Globalisierung und Regionalisierung. Geographische Zeitschrift 83: 207–21.

Krätke S (1995 b): Stadt – Raum – Ökonomie: Einführung in aktuelle Problemfelder der Stadtökonomie und Wirtschaftsgeographie. Basel, Boston, Berlin: Birkenhäuser.

Krätke S (1996): Regulationstheoretische Perspektiven in der Wirtschaftsgeographie. Zeitschrift für Wirtschaftsgeographie 40: 6–19.

Krätke S (1999): A regulationist approach to regional studies. Environment and Planning A 31: 683–704.

Krätke S (2002): Medienstadt. Urbane Cluster und globale Zentren der Kulturproduktion. Opladen: Leske + Budrich.

Krauss T (1933): Der Wirtschaftsraum. Gedanken zu seiner geographischen Erforschung. In: Kraus T (Hrsg): Individuale Länderkunde und räumliche Ordnung Vol. Erdkundliches Wissen – Heft 7. Wiesbaden: Steiner, 21–45.

Kreps D, Wilson R (1982): Reputation and imperfect information. Journal of Economic Theory 27: 253–79.

Krietemeyer H (1983): Der Erklärungsgehalt der Exportbasistheorie. Hamburg: Verlag Weltarchiv.

Krippner G (2001): The elusive market: Embeddedness and the paradigm of economic sociology. Theory and Society 30: 775–810.

Kropp P, Schwengler B (2011): Abgrenzung von Arbeitsmarktregionen – ein Methodenvorschlag. Raumforschung und Raumordnung 69: 45–62.

Krugman P (1991): Geography and Trade. Leuven: Leuven University Press; Cambridge (MA): MIT Press.

Krugman P (1993): On the Relationship Between Trade Theory and Location Theory. Review of International Economics 1: 110–22.

Krugman P (1998): What's new about new economic geography? Oxford Review of Economic Policy 14: 7–17.

Krugman P (2000): Where in the world is the 'New Economic Geography'? In: Clark GL, Feldman MP, Gertler MS (Hrsg): The Oxford Handbook of Economic Geography. Oxford: Oxford University Press, 49–60.

Krugman P (2010): The New Geography, Now Middle Aged. Washington, DC: Annual Meeting of the Association of American Geographers.

Krugman P (2011): The new economic geography, now middle-aged. Regional Studies 45: 1–7.

Krumbein W (1994): Ökonomische und politische Netzwerke in der Region. Münster, Hamburg: Lit.

Krumbein W, Friese C, Hellmer F, Kollros H (1994): Industrial districts und „Normalregionen" – Überlegungen zu den Ausgangspunkten einer zeitgemäßen Wirtschaftsförderungspolitik. In: Krumbein W (Hrsg): Ökonomische und politische Netzwerke in der Region. Münster, Hamburg: Lit, 153–86.

Krumme G (1969): Toward a geography of enterprise. Economic Geography 45: 30–40.

Kuhn HW, Kuenne RE (1962): An efficient algorithm for the numerical solution of the generalized Weber problem in spatial economics. Journal of Regional Science 4: 21–33.

Kuhn T (1962): Die Struktur wissenschaftlicher Revolutionen. Frankfurt am Main: Suhrkamp.

Kulke E (1992): Empirische Ergebnisse zur regionalen Produktlebenszyklushypothese – Untersuchung in Niedersachsen. Erde 123: 49–61.

Kulke E (2007): The commodity chain approach in economic geography. Die Erde 138: 117–26.

Kulke E (2008): The technology park Berlin-Adlershof as an example of spatial proximity in regional economic policy. Zeitschrift für Wirtschaftsgeographie 52: 193–208.

Külp B (1988): Lohntheorie. In: Handwörterbuch der Wirtschaftswissenschaften – Band 5. Stuttgart, New York: Fischer.

Lagendijk A (1999): Good Practices in SME Cluster Initiatives. Lessons From the Core Regions and Beyond. Newcastle: CURDS.

Lagendijk A (2006): Learning from conceptual flow in regional studies: Strengthening present debates, unbracketing past debates. Regional Studies 40: 385–99.

Lagendijk A, Cornford J (2000): Regional institutions and knowledge – Tracking new forms of regional development policy. Geoforum 31: 209–18.

Lambkin M (2000): Strategic marketing in a modern economy. In: Blois K (Hrsg): The Oxford Textbook of Marketing. Oxfor, New York: Oxford University Press, 438–51.

Lamping H (1999): Australien. Gotha: Klett-Perthes.

Lamping H (2000): Südafrika. Reiseführer mit Landeskunde. Dreieich: Mai.

Landa JT (1983): The enigma of the Kula ring: Gift-exchanges and primitive law and order. International Review of Law and Economics 3: 137–60.

Landes D (2009): Wohlstand und Armut der Nationen. München: Pantheon.

Lane C, Bachmann R (1996): The social constitution of trust: Supplier relations in Britain and Germany. Organization Studies 17: 365–95.

Läpple D (1987): Zur Diskussion über „Lange Wellen", „Raumzyklen" und gesellschaftliche Restrukturierung. In: Prigge W (Hrsg): Die Materialität des Städtischen. Stadtentwicklung und Urbanität im gesellschaftlichen Umbruch. Stadtforschung aktuell – Band 17. Basel, Boston: Birkhäuser, 59–76.

Larsson S, Malmberg A (1999): Innovations, competitiveness and local embeddedness. A study of machinery producers in Sweden. Geografiska Annaler 81 B: 1–18.

Lasuén JR (1969): On growth poles. Urban Studies 6: 137–61.

Latour B (1986): The powers of association. In: Law J (Hrsg): Power, Action and Belief: A New Sociology of Knowledge? London: Routledge & Kegan Paul, 264–80.

Latour B (2005): Reassembling the Social: An Introduction to Actor-Network-Theory. Oxford: Oxford University Press.

Launhardt W (1882): Die Bestimmung des zweckmäßigsten Standortes einer gewerblichen Anlage. Zeitschrift des Vereins Deutscher Ingenieure 26: 107–16.

Lauschmann E (1976): Grundlagen einer Theorie der Regionalpolitik. Hannover: Schroedel.

Lave J, Wenger E (1991): Situated learning: legitimate peripheral participation. Cambridge (UK): Cambridge University Press.

Lawrence TB, Hardy C, Phillips N (2002): Institutional effects of interorganisational collaboration: The emergence of proto-institutions. Academy of Management Journal 45: 281–90.

Lawrence TB, Phillips N (2004): From Moby Dick to Free Willy: macro-cultural discourse and institutional entrepreneurship in emerging institutional fields. Organization 11: 689–711.

Lawson C (1999): Towards a competence theory of the region. Cambridge Journal of Economics 23: 151–66.

Lawson C, Lorenz E (1999): Collective learning, tacit knowledge and regional innovative capacity. Regional Studies 33: 305–17.

Lazerson M (1993): Factory or putting-out? Knitting networks in Modena. In: Grabher G (Hrsg): The Embedded Firm. On the Socioeconomics of Indutrial Networks. London, New York: Routledge, 203–26.

Leamer E, Storper M (2001): The economic geography of the internet age. Journal of International Business Studies 32: 641–65.

Leborgne D, Lipietz A (1990): Neue Technologien, neue Regulationsweisen: Einige räumliche Implikationen. In: Borst R, Krätke S, Mayer M, Roth R, Schmoll F (Hrsg): Das neue Gesicht der Städte: Theoretische Ansätze und empirische Befunde aus der internationalen Debatte. Basel, Boston, Berlin: Birkhäuser, 109–29.

Leborgne D, Lipietz A (1992): Conceptual fallacies and open questions on Post-Fordism. In: Storper M, Scott AJ (Hrsg): Pathways to Industrialization and Regional Development. London, New York: Routledge, 332–48.

Leca B, Naccache P (2006): A critical realist approach to institutional entrepreneurship. Organization 13: 627–51.

Lee R, Wills J (1997): Geographies of Economies. London, New York, Sydney: Arnold.

Lenz B (1997): Das Filière-Konzept als Analyseinstrument der organisatorischen und räumlichen Anordnung von Produktions- und Distributionsprozessen. Geographische Zeitschrift 85: 20–33.

Lenz K (1988): Kanada: Eine geographische Landeskunde. Darmstadt: Wissenschaftliche Buchgesellschaft.

Leontief W (1956): Factor proportions and the structure of American trade: further theoretical and empirical analysis. Review of Economics and Statistics 38: 386–407.

Leßmann C (2005): Regionale Disparitäten in Deutschland und ausgesuchten OECD-Staaten im Vergleich. Aktuelle Forschungsberichte. Dresden: ifo Dresden.

Levitt T (1981): Marketing intangible products and product intangibles. Harvard Business Review 59: 94–102.

Levy DL (2008): Political contestation in global production networks. Academy of Management Review 33: 943–63.

Lichtenberger E (1986): Stadtgeographie. Band 1: Begriffe, Konzepte, Modelle, Prozesse. Stuttgart: Teubner.

Lie J (1997): Sociology of markets. Annual Review of Sociology 23: 341–60.

Lindahl DP, Beyers WB (1999): The creation of competitive advantage by producer service establishments. Economic Geography 75: 1–20.

Lindlar L, Scheremet W (1999): Arbeitskosten im internationalen Vergleich: Eine Auseinandersetzung mit bestehenden Konzepten. DIW-Wochenbericht 681–88.

Lipietz A (1985): Akkumulation, Krisen und Auswege aus der Krise: Einige methodische Überlegungen zum Begriff „Regulation". Prokla 109–37.

Lipietz A (1987): Mirages and Miracles: The Crises of Global Fordism. London: Verso.

Lipietz A (1988): New tendencies in the international division of labor: Regimes of accumulation and modes of regulation. In: Scott AJ, Storper M (Hrsg): Production, Work, Territory: The Geographical Anatomy of Industrial Capitalism. Boston, London, Sydney: Unwin Hyman, 16–40.

Lipietz A (1993): The local and the global: Regional individuality or interregionalism? Transactions of the Institute of British Geographers 18: 8–18.

Lipsey RG, Courant PN, Purvis DD, Steiner PO (1993): Economics. New York: Harper Collins.

Lo V (2003): Wissensbasierte Netzwerke im Finanzsektor. Das Beispiel des Mergers & Acquisitions-Geschäfts. Wiesbaden: DUV.

Loasby BJ (2000): Market institutions and economic evolution. Journal of Evolutionary Economics 10: 297–309.

Loda M (1989): Das „Dritte Italien": zu den Spezifika der peripheren Entwicklung in Italien. Geographische Zeitschrift 77: 180–94.

Loose A, Sydow J (1994): Vertrauen und Ökonomie in Netzwerkbeziehungen. Strukturationstheoretische Betrachtungen. In: Sydow J, Windeler A (Hrsg): Management interorganisationaler Beziehungen. Opladen: Westdeutscher Verlag, 160–93.

Lorenz E (1999): Trust, contract and economic cooperation. Cambridge Journal of Economics 23: 301–15.

Lorenz E, Lundvall B-Å (2006): How Europe's Economies Learn: Coordinating Competing Models. Oxford: Oxford University Press.

Lösch A (1944): Die räumliche Ordnung der Wirtschaft. Stuttgart: Fischer.

Lovering J (1989): The restructuring debate. In: Peet R, Thrift N (Hrsg): New Models in Geography. London: Hyman, 159–74.

Lovering J (1990): Fordism's unknown successor: A comment on Scott's theory of flexible accumulation and the re-emergence of regional economics. International Journal of Urban and Regional Research 14: 159–74.

Løwendahl B (2000): The globalization of professional business service firms. Fad or genuine source of competitive advantage. In: Aharoni Y, Nachum L (Hrsg): Globalization of Services. Some Implications for Theory and Practice. London, New York: Routledge, 125–41.

Lowey S (1997): Inter-firm co-operation as a regional development potential? Erdkunde 51: 53–66.

Lowey S (1999): Organisation und regionale Wirkungen von Unternehmenskooperationen: Eine empirische Untersuchung im Maschinenbau Unter- und Mittelfrankens. Münster, Hamburg: LIT.

Lüdtke H (1989): Expressive Ungleichheit: Zur Soziologie der Lebensstile. Opladen: Leske + Buderich.

Luger MI, Goldstein HA (1991): Technology in the Garden: Research Parks and Regional Economic Development. Chapel Hill, London: University of North Carolina Press.

Luhmann N (1989): Vertrauen. Ein Mechanismus der Reduktion sozialer Komplexität (3. Aufl.). Stuttgart: Enke.

Lundequist P, Power D (2002): Putting Porter into practice? Practices of regional cluster building: Evidence from Sweden. European Planning Studies 10: 685–704.

Lundin RA, Midler C (1998): Evolution of projects as empirical trend and theoretical focus. In: Lundin RA, Midler C (Hrsg): Projects as Arenas for Renewal and Learning Processes. Norwell: Kluwer Academic, 1–9.

Lundin RA, Söderholm A (1995): A theory of the temporary organization. Scandinavian Journal of Management 11: 437–55.

Lundvall B-Å (1988): Innovation as an interactive process: From producer-user interaction to the national system of innovation. In: Dosi G, Freeman C, Nelson RR, Silverberg G, Soete LLG (Hrsg): Technical Change and Economic Theory. London, New York: Pinter, 349–69.

Lundvall B-Å (1992 a): Introduction. In: Lundvall B-Å (Hrsg): National Systems of Innovation: Towards a Theory of Innovation and Interactive Learning. London: Pinter, 1–19.

Lundvall B-Å (Hrsg) (1992 b): National Systems of Innovation: Towards a Theory of Innovation and Interactive Learning. London: Pinter.

Lundvall B-Å (1992 c): User-producer relationships, national systems of innovation and internationalisation. In: Lundvall B-Å (Hrsg): National Systems of Innovation: Towards a Theory of Innovation and Interactive Learning. London: Pinter, 45–67.

Lundvall B-Å (1993): Explainung interfirm cooperation and innovation: Limits of the transaction-cost approach. In: Grabher G (Hrsg): The Embedded Firm. On the Socioeconomics of Industrial Networks. London, New York: Routledge, 52–64.

Lundvall B-Å (1999): Spatial division of labour and interactive learning. Revue d'Economie Régionale et Urbaine 3: 469–88.

Lundvall B-Å, Johnson B (1994): The learning economy. Journal of Industry Studies 1: 23–42.

Lundvall B-Å, Johnson B, Andersen ES, Dalum B (2002): National systems of production, innovation and competence building. Research Policy 31: 213–31.

Lundvall B-Å, Maskell P (2000): Nation states and economic development: From national systems of production to national systems of knowledge creation and learning. In: Clark GL, Feldman MP, Gertler MS (Hrsg): The Oxford Handbook of Economic Geography. Oxford: Oxford University Press, 353–72.

Lütgens R (1921): Grundzüge der Entwicklung des La Plata-Gebietes. Weltwirtschaftliches Archiv 17: 359–74.

Lutz W (1980): Neuseeland. Reiseführer mit Landeskunde. Frankfurt am Main: Mai's Reiseführer.

Macaulay S (1963): Non-contractual relations in business: A preliminary study. American Sociological Review 28: 55–67.

MacKenzie D, Millo Y (2003): Constructing a market, performing theory: The historical sociology of a financial derivatives exchange. American Journal of Sociology 109: 107–45.

MacKinnon D, Cumbers A, Pike A, Birch K, McMaster R (2009): Evolution in economic geography: Institutions, political economy, and adaptation. Economic Geography 85: 129–50.

Maddison A (2007): Contours of the World Economy, 1-2030 AD. Oxford, UK: Oxford University Press.

Maguire S, Hardy C, Lawrence TB (2004): Instituional entrepreneurship in emerging fields: HIV/AIDS treatment advocacy in Canada. Academy of Management Journal 47: 657–79.

Mahoney J, Pandian JR (1992): The resource-based view within the conversation of strategic management. Strategic Management Journal 13: 363–80.

Maier G, Tödtling F (1992): Regional- und Stadtökonomik. Standorttheorie und Raumstruktur. Wien: Springer.

Maier G, Tödtling F (1996): Regional- und Stadtökonomik 2. Wien: Springer.

Maier J, Weber W (1995): Ländliche Räume. In: Akademie der Raumforschung und Landesplanung (Hrsg): Handwörterbuch der Raumordnung. Hannover: ARL, 589–96.

Maillat D (1998): Vom „Industrial District" zum innovativen Milieu: Ein Beitrag zur Analyse der lokalen Produktionssysteme. Geographische Zeitschrift 86: 1–15.

Maillat D, Léchot G, Lecoq B, Pfister M (1997): Comparative analysis of the structural development of milieux: The watch industry in the Swiss and French Jura arc. In: Ratti R, Bramanti A, Gordon R (Hrsg): The Dynamics of Innovative Regions: The GREMI Approach. Aldershot, Brookfield: Ashgate, 109–37.

Maillat D, Lecoq B, Nemeti F, Pfister M (1995): Technology district and innovation: The case of the Swiss Jura. Regional Studies 29: 251–63.

Malecki EJ (1979): Agglomeration and Intra-Firm linkage in R&D Location in the United States. Tijdschrift voor Economische en Sociale Geografie 70: 322–32.

Malecki EJ (1980): Corporate organization of R&D and the location of technological activities. Regional Studies 14: 219–34.

Malecki EJ (1985): Industrial location and corporate organization in high technology industries. Economic Geography 61: 345–69.

Malecki EJ (1986): Research and development and the geography of high-technology complexes. In: Rees J (Hrsg): Technology, Regions, and Policy. Totowa (NJ): Rowman and Littlefield, 51–74.

Malecki EJ (1991): Technology and Economic Development: The Dynamics of Local, Regional, and National Change. New York: Wiley.

Malecki EJ (2009): Geographical environments for entrepreneurship. International Journal of Entrepreneurship and Small Business 7: 175–190.

Malerba F (2002): Sectoral systems of innovation and production. Research Policy 31: 247–64.

Malerba F (2006): Innovation and the evolution of industries. Journal of Evolutionary Economics 16: 3–23.

Malinowski B (1932): Argonauts of the Western Pacific: An Account of Native Enterprise and Adventure in the Archipelagoes of Melanesian New Guinea. London: Routledge and Kegan Paul.

Malmberg A, Maskell P (2002): The elusive concept of localization economies: Towards a knowledge-based theory of spatial clustering. Environment and Planning A 34: 429–49.

Malmberg A, Power D (2005): (How) do (firms in) clusters create knowledge? Industry and Innovation 12: 409–31.

Mandel E (1981): Explaining long waves of capitalist development. Futures 13: 332–38.

Männer L (1988): Kapital I: Theorie, volkswirtschaftliche. In: Handwörterbuch der Wirtschaftswissenschaften – Band 4. Stuttgart, New York, Tübingen, Göttingen, Zürich: Fischer, Mohr (Siebeck), Vandenhoeck und Ruprecht, 347–59.

Markusen A (1985): Profit Cycles, Oligopoly, and Regional Development. Cambridge (MA), London: MIT University Press.

Markusen A (1996): Sticky places in slippery space: A typology of industrial districts. Economic Geography 72: 293–313.

Markusen A, Hall P, Glasmeier A (1986): High Tech America: The What, How, Where and Why of the Sunrise industries. Boston, London, Sydney: Allen and Unwin.

Marshall A (1920): Principles of Economics (8. Aufl.). Philadelphia: Porcupine Press.
Marshall A (1927): Industry and Trade. A Study of Industrial Technique and Business Organization; and Their Influences on the Conditions of Various Classes and Nations (3. Aufl.). London: Macmillan.
Marshall A (1990 [1920]): Principles of Economics (8. Aufl.). Philadelphia: Porcupine Press.
Marshall JN, Wood PA (1992): The role of services in urban and regional development: Recent debates and new directory. Environment and Planning A 24: 1255–70.
Martin CJ (2005): Corporatism from the firm perspective. British Journal of Political Science 35: 127–48.
Martin R (1994): Economic theory and human geography. In: Gregory D, Martin R, Smith G (Hrsg): Human Geography. Society, Space and Social Science. Houndmills: Macmillan, 21–53.
Martin R (1999 a): The new 'geographical turn' in economics: Some critical reflections. Cambridge Journal of Economics 23: 65–91.
Martin R (1999 b): The 'new economic geography': Challenge or irrelevance? Transactions of the Institute of British Geographers 24: 387–91.
Martin R (2006): Pfadabhängigkeit und die ökonomische Landschaft. In: Berndt C, Glückler J (Hrsg): Denkanstöße zu einer anderen Geographie der Ökonomie. Bielefeld: transcript, 47–76.
Martin R, Sunley P (1996): Paul Krugman's geographical economics and its implications for regional development theory: A critical assessment. Economic Geography 74: 259–92.
Martin R, Sunley P (1998): Slow convergence? The new endogenous growth theory and regional development. Economic Geography 74: 201–27.
Martin R, Sunley P (2003): Deconstructing clusters: Chaotic concept or policy panacea. Journal of Economic Geography 3: 5–35.
Martin R, Sunley P (2006): Path dependence and regional economic evolution. Journal of Economic Geography 6: 395–437.
Martin R, Sunley P (2007): Complexity thinking and evolutionary economic geography. Journal of Economic Geography 7: 573–601.
Martinelli F, Schoenberger E (1991): Oligopoly is alive and well: Notes for a broader discussion of flexible accumulation. In: Benko G, Dunford M (Hrsg): Industrial Change and Regional Development: The Transformation of New Industrial Spaces. London, Belhaven, 117–33.
Marx K (1890): Das Kapital: Kritik der politischen Ökonomie. Buch I: Der Produktionsprozess des Kapitals. Berlin: Dietz.
Marx K, Engels F (1848): Manifest der Kommunistischen Partei. Stuttgart: Reclam.
Maskell P (2001 a): The firm in economic geography. Economic Geography 77: 329–44.
Maskell P (2001 b): Towards a knowledge-based theory of the geographical cluster. Industrial and Corporate Change 10: 921–43.
Maskell P, Bathelt H, Malmberg A (2004): Temporary clusters and knowledge creation: The effects of international trade fairs, conventions and other professional gatherings. SPACES, Vol. 2, 2004-04. Marburg: Faculty of Geography, Philipps-University of Marburg.
Maskell P, Bathelt H, Malmberg A (2006): Building global knowledge pipelines: The role of temporary clusters. European Planning Studies 14: 997–1013.
Maskell P, Eskelinen H, Hannibalsson I, Malberg A, Vatne E (1998): Competitiveness, Localisation, Learning and Regioinal Development: Specialisation and Prosperity in Small Open Economies. London, New York: Routledge.
Maskell P, Lorenzen M (2004): The cluster as market organization. Urban Studies 41: 991–1009.
Maskell P, Malmberg A (1999 a): The competitiveness of firms and regions: Ubiquitification and the importance of localised learning. European Urban and Regional Studies 6: 26.
Maskell P, Malmberg A (1999 b): Localised learning and industrial competitiveness. Cambridge Journal of Economics 23: 167–85.
Maslow AH (1943): A theory of human motivation. Psychological Review 50: 370–96.
Maslow AH (1954): Motivation and personality. New York: Harper.
Massachusetts Division of Employment Security (1985): High Technology Employment Developments: An Employer Perspective. Boston.
Massey D (1985): New directions in space. In: Gregory D, Urry J (Hrsg): Social Relations and Spatial Structures. Basingstoke: Macmillan, 9–19.
Massey D (1994): Space, Place and Gender. London: Polity.
Massey D, Quintas P, Wield D (1992): High-Tech Fantasies: Science Parks in Society, Science and Space. London: Toutledge.
Mauss M (1924): Essair sur le don. Forme et raison de l'échange dans les sociétés archaiques. L'Année Sociologique (Nouvelle Série): 1: 30–186.

Mayer M (1996): Postfordistische Stadtpolitik: Neue Regulationsweisen in der lokalen Politik und Planung. Zeitschrift für Wirtschaftsgeographie 40: 20–27.

McCarthy L (2000): European integration, urban economic change, and public policy responses. Professional Geographer 52: 193–205.

McDermott R (1999): Why information technology inspired but cannot deliver knowledge management. California Management Review 41: 103–17.

McDonald M (2000): Marketing planning. In: Blois K (Hrsg): The Oxford Textbook of Marketing. Oxford, New York: Oxford University Press, 454–72.

McDougall PP, Shane P, Oviatt BM (1994): Explaining the formation of international new ventures: The limits of theories from international business research. Journal of Business Venturing 9: 469–87.

McGrew A (1992): A Global Society? In: Hall S, Held D, McGrew A (Hrsg): Modernity and its Futures. Camebridge: Polity Press, 61–116.

McGuigan JR, Moyer RC (1993): Managerial Economics. Minneapolis, St.Paul, New York: West Publishing.

McGuire TW, Kiesler S, Sproull L, Siegel J (1987): Group and computer-mediated discussion. Personality and Social Psychology 52: 917–30.

McHale J (1969): The Future of the Future. New York: George Braziller.

McKelvey B, Aldrich HE (1983): Population, natural selection, and applied organizational science. Administrative Science Quarterly 28: 101–28.

McKelvey M (1997): Using evolutionary theory to define systems of innovation. In: Edquist C (Hrsg): Systems of Innovation: Technologies, Institutions and Organizations. London: Pinter, 200–22.

McKenzie RD (1925): The ecological approach of the study of human community. In: Park RE, Burgess EW, McKenzie RD (Hrsg): The City. Chicago: University of Chicago Press, 63–79.

McKenzie RD (1926): The scope of human ecology. Publications of the American Sociological Association 20: 141–54.

McNee RB (1960): Toward a more humanistic economic geography: The geography of enterprise. Tijdschrift voor Economische en Sociale Geografie 51: 201–05.

Meadows DL, Meadows D, Zahn E, Milling P (1973): Die Grenzen des Wachstums – Berichte des Club of Rome zur Lage der Menschheit. München: Deutsche Verlags-Anstalt.

Meckelein W, Borcherdt C (1970): Deutscher Geographentag Kiel 1969. Tagungsbericht und wissenschaftliche Abhandlungen. Wiesbaden: Steiner.

Meffert H (1986): Marketing: Grundlagen der Absatzpolitik (7. Aufl.). Wiesbaden: Gabler.

Meffert H (1993): Messen und Ausstellungen als Marketinginstrument. In: Goehrmann KE (Hrsg): Polit-Marketing auf Messen. Düsseldorf: Wirtschaft und Finanzen, 74–96.

Meffert H (2005): Marketing. Grundlagen marktorientierter Unternehmensführung (9. Aufl.). Wiesbaden: Gabler.

Ménard C (1995): Markets as institutions vs. organizations as markets? Disentangling some fundamental concepts. Journal of Economic Behavior and Organization 28: 161–82.

Mensch G (1975): Das technologische Patt: Innovationen überwinden Depressionen. Frankfurt am Main: Umschau.

Menzel M-P, Fornahl D (2010): Cluster life cycles: Dimensions and rationales of cluster evolution. Industrial and Corporate Change 19: 205–38.

Meusburger P (2008): The nexus between knowledge and space. In: Meusburger P, Welker M und Wunder E (Hrsg.): Clashes of Knowledge. Knowledge and Space, Band 1 Dordrecht: Springer, 35–90.

Meusburger P (2009): Spatial mobility of knowledge: A proposal for a more realistic communication model. disP 45 (2), 29–39.

Meusburger P, Funke J, Wunder E (Hrsg) (2009): Milieus of Creativity. An Interdisciplinary Approach to Spatiality of Creativity. Knowledge and Space, Band 2. Dordrecht: Springer.

Mikus W (1978): Industriegeographie. Erträge der Forschung – Band 104. Darmstadt: Wissenschaftliche Buchgesellschaft.

Mitchell JK, Devine Nv, Jaeger K (1989): A contextual model of natural hazard. Geographical Review 79: 391–409.

Mizruchi MS (1994): Social network analysis: Recent achievements and current controversies. Acta Sociologica 37: 329– 43.

Monopolkommission (1989): Zusammenschlussvorhaben der Daimler-Benz AG mit der Messerschmitt-Bölkow-Blohm GmbH, Sondergutachten 18. Baden Baden: Monopolkommission.

Morgan K (1997): The learning region: Institutions, innovation and regional renewal. Regional Studies 31: 491–503.

Moriarty BM (1985): Research Triangle Park: 1956–1985. Chapel Hill: Department of Geography, University of North Carolina.

Morphet CS (1987): Research, development and innovation in the segmented economy: Spatial implications. In: Knaap GA van der, Wever E (Hrsg): New Technology and Regional Development. London, Sydney: Croom Helm, 45–62.

Morrill RL (1968): Waves of spatial diffusion. Journal of Regional Science 8: 1–18.

Mossig I (2000): Räumliche Konzentration der Verpackungsmaschinenbau-Industrie in Westdeutschland: Eine Analyse des Gründungsgeschehens. Wirtschaftsgeographie – Band 17. Münster, Hamburg: Lit.

Mossig I (2002): Konzeptioneller Überblick zur Erklärung der Existenz geographischer Cluster. Evolution, Institutionen und die Bedeutung des Faktors Wissen. Jahrbuch der Regionalwirtschaft 22. Jg. 2: 143–61.

Mossig I (2004): Steuerung lokalisierter Projektnetzwerke am Beispiel der Produktion von TV-Sendungen in den Medienclustern München und Köln. Erdkunde 58: 252–68.

Moulaert F, Sekia F (2003): Territorial innovation models: A critical survey. Regional Studies 37: 289–302.

Moulaert F, Swyngedouw E (1990): Regionalentwicklung und die Geographie flexbiler Produktionssysteme: Theoretische Auseinandersetzung und empirische Belege aus Westeuropa und den USA. In: Borst R, Krätke S, Mayer M, Roth R, Schmoll F (Hrsg): Das neue Gesicht der Städte: Theoretische Ansätze und empirische Befunde aus der internationalen Debatte. Stadtforschung aktuell – Band 29. Basel, Boston, Berlin: Birkhäuser, 89–108.

Mühlbradt FW (2001): Wirtschaftslexikon (7. Aufl.). Berlin: Cornelsen.

Müller-Wille W (1936): Die Ackerfluren im Landesteil Birkenfeld. Bonn.

Müller-Wille W (1952): Westfalen: Landschaft, Ordnung und Bindung eines Landes. Münster: Aschendorff.

Müller H-P (1992): Sozialstruktur und Lebensstile. Der neuere theoretische Diskurs über soziale Ungleichheit. Frankfurt am Main: Suhrkamp.

Müller JH (1976): Methoden zur regionalen Analyse und Prognose. Hannover: Schroedel.

Murdoch J (1995): Actor-networks and the evolution of economic forms: Combining description and explanation in theories of regulation, flexible specialization, and networks. Environment and Planning A 27: 731–57.

Murmann JP, Homburg E (2001): Comparing evolutionary dynamics across different national settings: The case of the synthetic dye industry, 1857–1914. Journal of Evolutionary Economics 11: 177–205.

Musgrave RA, Peacock AT (1958): Classics in the Theory of Public Finance. London, New York: Macmillan.

Mustar P, Renault M, Colombo MG, Piva E, Fontes M, Lockett A, Wright M, Clarysse B, Moray N (2006): Conceptualising the heterogeneity of research-based spin-offs: A multi-dimensional taxonomy. Research Policy 35: 289–308.

MWV (1996): Öl – Rohstoff und Energieträger. Hamburg: Mineralölwirtschaftsverband e. V.

Myers DG (1996): Social Psychology. New York, London: McGraw-Hill.

Myrdal G (1957): Economic Theory and Underdeveloped Regions. London: Duckworth.

Nachum L (1999): The Origin of the International Competitiveness of Firms: The Impact of Location and Ownership in Professional Service Industries. Cheltenham: Edward Elgar.

Nachum L, Keeble D (2002): Why being local just isn't enough. Business Strategy Review 13: 37–42.

Nachum L, Keeble D (2003): Neo-Marshallian clusters and global networks: The linkages of media firms in Central London. Long Range Planning 36: 459–80.

Narr W-D, Schubert A (1994): Weltökonomie. Die Misere der Politik. Frankfurt: Suhrkamp.

Nelson P (1974): Advertising as information. Journal of Political Economy 82: 729–54.

Nelson R (Hrsg) (1993): National Innovation Systems: A Comparative Analysis. Oxford: Oxford University Press.

Nelson R, Nelson K (2002): Technology, institutions, and innovation systems. Research Policy 31: 265–72.

Nelson RR (1988): Institutions supporting technical change in the United States. In: Dosi G, Freeman C, Nelson RR, Silverberg G, Soete LLG (Hrsg): Technical Change and Economic Theory. London, New York: Pinter, 312–29.

Nelson RR (1994): Evolutionary theorizing about economic change. In: Smelser NJ, Swedberg R (Hrsg): Handbook of Economic Sociology. Princeton: Princeton University Press, 108–36.

Nelson RR (1995): Recent evolutionary theorizing about economic change. Journal of Economic Literature 33: 48–90.

Nelson RR, Sampat BN (2001): Making sense of institutions as a factor shaping economic performance. Journal of Economic Behavior and Organization 44: 31–54.

Nelson RR, Winter S (1974): Neoclassical vs. evolutionary theories of economic growth: Critique and prospectus. The Economic Journal 84: 886–905.

Nelson RR, Winter S (1975): Growth theory from an evolutionary perspective: The differential productivity puzzle. American Economic Review 65: 338–44.

Nelson RR, Winter SG (1982): An Evolutionary Theory of Economic Change. Cambridge (MA): Harvard University Press.

Nielsen K (1991): Towards a flexible future: Theories and politics. In: Jessop B, Kastendiek H, Nielsen K, Pedersen OK (Hrsg): The Politics of Flexibility: Restructuring State and Industry in Britain, Germany and Scandinavia. Aldershot, Brookfield: Elgar, 3–30.

Nonaka I (1994): A dynamic theory of organizational knowledge creation. Organization Science 5: 14–37.

Nonaka I, Toyama R, Nagata A (2000): A firm as a knowledge-creating entity: A new perspective on the theory of the firm. Industrial and Corporate Change 9: 1–20.

Nooteboom B (2000 a): Institutions and forms of coordination in innovation systems. Organization Studies 21: 915–39.

Nooteboom B (2000 b): Learning and Innovation in Organizations and Economies. Oxford: Oxford University Press.

Nooteboom B (2002): Trust. Forms, Foundations, Functions, Failures and Figures. Cheltenham; Northampton (MA): Edgar Elgar.

North DC (1977): Markets and other allocation systems in history: The challenge of Karl Polanyi. Journal of European Economic History 6: 703–16.

North DC (1990): Institutions, Institutional Change and Economic Performance. Cambridge: Cambridge University Press.

North DC (1991): Institutions. The Journal of Economic Perspectives 5: 97–112.

North DC (1992): Institutionen, institutioneller Wandel und Wirtschaftsleistung. Tübingen: Mohr (Siebeck).

Norton RD, Rees J (1979): The product cycle and the spatial decentralization of American manufacturing. Regional Studies 13: 141–51.

Nuhn H (1985): Industriegeographie. Geographische Rundschau 37: 187–93.

Nuhn H (1989): Technologische Innovation und industrielle Entwicklung: Silicon Valley – Modell zukünftiger Regionalentwicklung. Geographische Rundschau 41: 258–65.

Nuhn H (1993): Konzepte zur Beschreibung und Analyse des Produktionssystems unter besonderer Berücksichtigung der Nahrungsmittelindustrie. Zeitschrift für Wirtschaftsgeographie 37: 137–42.

Nuhn H (1997): Globalisierung und Regionalisierung im Weltwirtschaftsraum. Geographische Rundschau 49: 136–43.

Nuhn H (1998): Entwicklungen im Weltwirtschaftsraum: Globalisierung und Regionalisierung. In: Flath M, Fuchs G (Hrsg): Globalisierung: Beispiele und Perspektiven für den Geographieunterricht. Gotha, Stuttgart: Klett-Perthes, 50–65.

O'Kelly ME (1983): Multipurpose shopping trips and the size of retail facilities. Annals of the Association of American Geographers 73: 231–39.

O'Connor S, Campbell R, Cortez H, Knowles T (2009): Whale Watching Worldwide: tourism numbers, expenditures and expanding economic benefits. Yarmouth Port (MA), USA: Economists at Large im Auftrag von International Fund for Animal Welfare (IFAW).

O'Farrell PN, Wood P (1998): Internationalisation by business service firms: Towards a new regionally based conceptual framework. Environment and Planning A 30: 109–28.

O'Farrell PN, Wood P, Zheng J (1996): Internationalization of business services: An interregional analysis. Regional Studies 30: 101–18.

Oakey R, Rothwell R, Cooper S (1988): The Management of Innovation in High-Technology Small Firms: Innovation and Regional Development in Britain and the United States. London: Pinter.

Ochs J, Sievers M (1999): Aventis? „Wir sagen weiter Hoechst". Frankfurter Rundschau, 14.07.1999, S. 3.

OECD (1993): Glossary of Industrial Organisation Economics and Competition Law. Paris: Directorate for Financial, Fiscal and Enterprise Affairs, OECD.

OECD (1996): The Knowledge-Based Economy. Paris: OECD.

OECD (1999 a): Benchmarking Knowledge-Based Economies. Paris: OECD.

OECD (1999 b): Boosting Innovation: The Cluster Approach. Paris: OECD.

OECD (2005 a): Measuring Globalisation: OECD Economic Globalisation Indicators. Paris: OECD.

OECD (2005 b): Oslo Manual. Guidelines for Collecting and Interpreting Innovation Data Paris: OECD.

OECD (2010): Measuring Globalisation: OECD Economic Globalisation Indicators 2010. Paris: OECD.

Ofek E, Sarvary M (2001): Leveraging the customer base: Creating competitive advantage through knowledge management. Management Science 47: 1441–56.

Offer A (1997): Between the gift and the market: The economy of regard. Economic History Review 50: 450–76.

Ohmae K (1985): Triad Power: The Coming Shape of Global Competition. New York: Free Press.

Ohmae K (1987): Beyond National Borders. Homewood (IL): Jones-Irwin.

Ohmae K (1990): The Borderless World: Power and Strategy in the Interlinked Economy. New York: Free Press.

Ohmae K (1995): The End of The Nation State. New York: Free Press.

Oinas P (1997): On the socio-spatial embeddedness of business firms. Erdkunde 51: 23–32.

Oinas P (1999): Voices and silences: The problem of access to embeddedness. Geoforum 30: 351–61.

Olive D (2009): Squeezing the last bit of oil from Mother Earth. Toronto Star, 20. September. Toronto.

Olson C, Olson J (2003): Mitigating the effects of distance on collaborative intellectual work. Economics of Innovation and New Technology 12(1): 27–42.

Osmanovic A (2000): 'New Economic Geography', Globalisierungsdebatte und Geographie. Erde 131: 241–57.

Oßenbrügge J (2007): Ressourcenkonflikte ohne Ende? Zur Politischen Ökonomie afrikanischer Gewaltökonomien. Zeitschrift für Wirtschaftsgeographie 51: 150–62.

Ostrom E (1986): An agenda for the study of institutions. Public Choice 48: 3–25.

Otremba E (1969): Der Wirtschaftsraum – seine geographischen Grundlagen und Probleme. Stuttgart: Franckh.

Ottaviano G, Puga D (1998): Agglomeration in the global economy: A survey of the 'new economic geography'. The World Economy 21: 707–31.

Otway H (1992): Public Wisdom, Expert Fallibility: Toward a Contextual Theory of Risk. In: Krimsky S, Golding D (Hrsg): Social Theories of Risk. Westport: Praeger, 215–32.

Owen-Smith J, Powell WW (2004): Knowledge networks as channels and conduits: The effects of spillovers in the Boston biotechnology community. Organization Science 15: 5–21.

Paldam M, Svendsen GT (2000): An essay on social capital: Looking for the fire behind the smoke. European Journal of Political Economy 16: 339–66.

Panzar JC, Willig RD (1981): Economies of scope. American Economic Review 71: 268–72.

Park RE, Burgess EW, McKenzie RD (1925): The City. Chicago: University of Chicago Press.

Park SH, Luo Y (2001): Guanxi and organizational dynamics: Organizational networking in Chinese firms. Strategic Management Journal 22: 455–77.

Park SO (2000): Knowledge-Based Industry and Regional Growth. IWSG Working Papers 02-2000. Frankfurt am Main.

Parsons T (1937): The Structure of Social Action. New York: Macmillan.

Partzsch D (1964): Zum Begriff der Funktionsgesellschaft. Mitteilungen des deutschen Verbands für Wohungswesen, Städtebau und Raumplanung 3–10.

Partzsch D (1970): Daseinsgrundfunktionen. In: Akademie der Raumforschung und Landesplanung (Hrsg): Handwörterbuch für Raumordnung und Raumforschung. Hannover: ARL, 865–68.

Patel P (1995): Localised production of technology for global markets. Cambridge Journal of Economics 19: 141–53.

Patel P, Pavitt K (1992): Large firms in the production of the world's technology: An important case of non-globalisation. In: Granstrand O, Håkanson L, Sjolander S (Hrsg): Technology Management and International Business. Chichester: Wiley, 53–74.

Pavitt K (2005): Innovation process. In: Fagerberg J, Mowery D, Nelson RR (Hrsg): The Oxford Handbook of Innovation. Oxford: Oxford University Press, 86–114.

Peck J (2005): Struggling with the creative class. International Journal of Urban and Regional Research 29: 740–70.

Peck J, Tickell A (1994): Searching a new institutional fix: The After-Fordist crisis and the global-local disorder. In: Amin A (Hrsg): Post-Fordism. Oxford, Cambridge (MA): Blackwell, 280–315.

Peli G, Nooteboom B (1999): Market partitioning and the geometry of the resource space market partitioning and the geometry of the resource space. American Journal of Sociology 104: 1132–53.

Penrose ET (1952): Biological analogies in the theory of the firm. American Economic Review 42: 804–19.

Penrose ET (1959): The Theory of the Growth of the Firm. Oxford: Blackwell.

Penrose ET (1997): The theory of the growth of the firm. In: Foss NJ (Hrsg): Resources, Firms and Strategies: A Reader in the Resource-based Perspective. Oxford, New York: Oxford University Press, 27–39.

Perkmann M, Spicer A (2007): 'Healing the scars of history': Projects, skills and field strategies in institutional entrepreneurship. Organization Studies 28: 1101–22.

Perrin J-C (1991): Technological innovation and territorial development: An approach in terms of networks and millieux. In: Camagni R (Hrsg): Innovation Networks: Spatial Perspectives. London, New York: Belhaven Press, 35–54.

Perroux F (1955): Note sur la notion de pôle de croissance. Économie Appliquée 7: 307–20.

Pfeffer J, Salancik GR (1978): The External Control of Organizations. New York: Harper and Row.

Pfützer S (1995): Strategische Allianzen in der Elektroindustrie: Organisation und Standortstruktur. Münster: Lit.

Philo C (1989): Contextuality. In: Bullock A, Stally-Brass O, Trombly S (Hrsg): The Fontana Dictionary of Modern Thought. London: Fontana Press, 173.

Picot A, Dietl H, Franck E (2005): Organisation – Eine ökonomische Perspektive. Stuttgart: Schäffer-Poeschl.

Picot A, Reichwald R, Wigand RT (2003): Die grenzenlose Unternehmung. Information, Organisation und Management. Wiesbaden: Gabler.

Pinch S, Henry N, Jenkins M, Tallmann S (2003): From 'industrial districts' to 'knowledge clusters': A model of knowledge dissemination and competitive advantage in industrial agglomerations. Journal of Economic Geography 3: 373–88.

Piore MJ, Sabel CF (1984): The Second Industrial Divide: Possibilities for Prosperity. New York: Basic Books.

Piore MJ, Sabel CF (1989): Das Ende der Massenproduktion. Studie über die Requalifizierung der Arbeit und die Rückkehr der Ökonomie in die Gesellschaft. Frankfurt am Main: Fischer.

Pirnay F, Surlemont B, Nlemvo F (2003): Towards a typology of university spin-offs. Small Business Economics 21: 355–69.

Podolny JM, Page KL (1998): Network forms of organization. Annual Review of Sociology 24: 57–76.

Polanyi M (1967): The Tacit Dimension. London: Routledge & Kegan Paul.

Ponte S (2002): The 'latte revolution'? Regulation, markets and consumption in the global coffee chain. World Development 30: 1099–122.

Ponte S, Ewert J (2009): Which way is 'up' in upgrading? Trajectories of change in the value chain for South African wine. World Development 37: 1637–50.

Porter ME (1986): Competition in global industries: A conceptual framework. In: Porter M (Hrsg): Competition in Global Industries. Cambridge (MA): Harvard Business School Press, 15–60.

Porter ME (1990 a): The Competitive Advantage of Nations. New York: Free Press.

Porter ME (1990 b): Wettbewerbsstrategie (Competitive Strategy): Methoden zur Analyse von Branchen und Konkurrenten (6. Aufl.). Frankfurt am Main: Campus.

Porter ME (1993): Nationale Wettbewerbsvorteile: Erfolgreich konkurrieren auf dem Weltmarkt. Wien: Ueberreuter.

Porter ME (1998): Clusters and the new economics of competition. Harvard Business Review 77–90.

Porter ME (2000): Locations, cluster, and company strategy. In: Clark GL, Feldman MP, Gertler MS (Hrsg): The Oxford Handbook of Economic Geography. Oxford: Oxford University Press, 253–74.

Porter ME (2003): The economic performance of regions. Regional Studies 37: 549–78.

Portes A (1998): Social capital: Its origins and applications in modern sociology. Annual Review of Sociology 24: 1–24.

Portes A, Sensenbrenner J (1993): Embeddedness and immigration: Notes on the social determinants of economic action. American Journal of Sociology 98: 1320–50.

Pouder R, St. John C (1996): Hot spots and blind spots: geographical clusters of firms and innovation. The Academy of Management Review 21: 1192–225.

Powell WW (1991): Neither market nor hierarchy: Network forms of organization. In: Thompson G, Frances J, Levacic R, Mitchell J (Hrsg): Markets, Hierarchies and Networks. London: Sage, 265–76.

Powell WW, DiMaggio P (Hrsg) (1991): The New Institutionalism in Organizational Analysis. Chicago, London: The University of Chicago Press.

Powell WW, Koput KW, Bowie JI, Smith-Doerr L (2002): The spatial clustering of science and capital: Accounting for biotech firm-venture capital relationships. Regional Studies 36: 291–306.

Prahalad C, Bettis R (1986): The dominant logic: A new linkage between diversity and performance. Strategic Management Journal 7: 485–501.

Prahalad C, Hamel G (1990): The core competence of the corporation. Harvard Business Review 68, May/June: 79–91.

Prebisch R (1959): Commercial policy in the underdeveloped countries. The American Economic Review 49: 251–73.

Pred AR (1967): Behaviour and Location: Foundations for a Geographic and Dynamic Location Theory: Part 1. Lund.

Pred AR (1975): Diffusion, organizational spatial structure, and city-system development. Economic Geography 51: 252–68.

Preissl B, Solimene L (2003): The Dynamics of Clusters and Innovation. Heidelberg: Springer/Physica.

Priddat BP (2001): Ideen statt Ideologien. Die Zeit Nr. 3: 21.

Priebs A (1996): Städtenetze als raumordnungspolitischer Handlungsansatz – Gefährdung oder Stütze des Zentrale-Orte-Systems. Erdkunde 50: 35–45.

Pries F, Guild P (2007): Commercial exploitation of new technologies arising from university research: Start-ups and markets for technology. R&D Management 37: 319–28.

Prüser S (1997): Messemarketing: Ein netzwerkorientierter Ansatz. Wiesbaden: Deutscher Universitäts-Verlag.

Putnam RD (1993): Making Democracy Work: Civic Traditions in Modern Italy. Princeton: Princeton University Press.

Pütz T, Spangenberg M (2006): Zukünftige Sicherung der Daseinsvorsorge. Wie viele Zentrale Orte sind erforderlich? Informationen zur Raumentwicklung 337–44.

Pyke F, Becattini G, Sengenberger W (Hrsg) (1990): Industrial Districts and Inter-Firm Co-operation in Italy. Geneva: International Institute for Labour Studies.

Rallet A, Torre A (1999): Is geographical proximity necessary in the innovation networks in the era of global economy? Geojournal 49: 373–80.

Ratti R, Bramanti A, Gordon R (Hrsg) (1997): The Dynamics of Innovative Regions: The GREMI Approach. Aldershot: Ashgate.

Recker E (1978): Methode und Ergebnisse einer Erfolgskontrolle der Gemeinschaftsaufgabe „Verbesserung der regionalen Wirtschaftsstruktur“. Raumforschung und Raumordnung 36: 44–52.

Rees J (1979): Technological change and regional shifts in American manufacturing. Professional Geographer 31: 45–54.

Rees J, Stafford HA (1986): Theories of regioinal growth and industrial location: Their relevance for understanding high-technology complexes. In: Rees J (Hrsg): Technology, Regions, and policy. Totowa, NJ: Rowman and Littlefield, 23–50.

Rehle N (1996): Zwischen Tradition und Moderne: Essay zur Zukunft der Gablonzer Industrie. In: Kulturamt der Stadt Kaufbeuren (Hrsg): 1946–1996: 50 Jahre Neugablonz, 45–71.

Reichart T (1999): Bausteine der Wirtschaftsgeographie. Bern, Stuttgart: Haupt – UTB.

Reid D (1983): Firm internationalization, transaction costs and strategic choice. International Marketing Review 1: 45–55.

Reid FJM, Ball L, Morley A, Evans J (1997): Styles of group discussion in computer-mediated decision making. British Journal of Social Psychology 36(3): 241–62.

Reihlen M, Ringberg T (2006): Computer-mediated knowledge systems in consultancy firms: Do they work? Research in the Sociology of Organizations 24: 317–47.

Reinstaller A, Hölzl W (2009): Big causes and small events: QWERTY and the mechanization of office work. Industrial and Corporate Change 18: 999–1031.

Rentmeister B (2001): Lokale Produktionssysteme in der italienischen Schuhindustrie: Das Beispiel des Industriedistrikts „Riviera del Brenta“. Geographische Rundschau 53: 34–39.

Research Triangle Foundation (1999): RTP Companies. Research Triangle Park.

Reuber P (1999): Raumbezogene politische Konflikte. Geographische Konfliktforschung am Beispiel von Gemeindegebietsreformen. Stuttgart: Franz Steiner.

Ricardo D (1996 [1817]): On the Principles of Political Economy and Taxation (3. Aufl.). Kitchener, Ontario: Batoche Books.

Richardson HW (1978): Regional Economics. Urbana, Chicago, London: University of Illinois Press.

Riering B (2002): Werbejahr 2001 in Deutschland. In: Schalk W, Thoma H, Strahlendorf P (Hrsg): Advertising Annual 2002 für den deutschsprachigen Raum. Vol. 39. München: Econ Ullstein List.

Rigby DL, Essletzbichler J (1997): Evolution, process variety, and regional trajectories of technological change in U.S. Manufacturing. Economic Geography 73: 269–84.

Riley RC (1973): Industrial Geography. London: Chatto und Windus.

Rinallo D, Golfetto F (2006): Representing markets: The shaping of fashion trends by French and Italian fabric companies. Industrial Marketing Management 35: 856–69.

Rinallo D, Golfetto F (2011): Exploring the knowledge strategies of temporary cluster organizers: A longitudinal study of the EU fabric industry trade shows (1986–2006). Economic Geography 87.

Rinne (1985): Schätzung der Lebensdauerverteilung von Kraftfahrzeugen aus Gebrauchtwagenpreisen / Das Teissier-Modell. In: Buttler G, Dickmann H, Helten E, Vogel F (Hrsg): Statistik zwischen Theorie und Praxis (Festschrift für K.-A. Schäffer). Göttingen: Vandenhoeck & Ruprecht 172–84.

Ritter W (1991): Allgemeine Wirtschaftsgeographie: Eine systematisch orientierte Einführung. München, Wien: Oldenbourg.

Roberts E, Wainer H (1971): Some characteristics of technical entrepreneurs. IEEE Transactions on Engineering Management EM-18: 100–09.

Roberts EB (1968): Entrepreneurship and technology: A basic study of innovators; How to keep and capitalize on their talents. Research Management 11: 249–66.

Roberts J (2000): From Know-how to show-how? Questioning the role of information and communication technologies in knowledge transfer. Technology Analysis & Strategic Management 12: 429–43.

Rodekamp V (2003): Zur Geschichte der Messen in Deutschland und Europa (On the history of trade fairs in Germany and Europe). In: Kirchgeorg M, Dornscheidt WM, Giese W, Stoeck N (Hrsg): Handbuch Messemanagement: Planung, Durchführung und Kontrolle von Messen, Kongressen und Events (Handbook of Trade Fair Management: Planning, Execution and Control of Trade Fairs, Conventions and Events). Wiesbaden: Gabler, 5–13.

Rogers EM (1995): Diffusion of Innovations (4. Aufl.). New York: Free Press.

Rogers EM, Larsen JK (1983): Silicon Valley Fieber: An der Schwelle zur High-Tech-Zivilisation. Berlin: Siedler.

Romer P (1986): Increasing returns and long-run growth. Journal of Political Economy 94: 1002–37.

Romer P (1990): Endogenous technological change. Journal of Political Economy 98: 71–102.

Romo FP, Schwartz M (1995): The structural embeddedness of business decisions: The migration of manufacturing plants in New York State, 1960–1985. American Sociological Review 60: 874–907.

Roos MWM (2005): How important is geography for agglomeration? Journal of Economic Geography 5: 605–20.

Rosegrant S, Lampe DR (1992): Route 128: Lessons from Boston's High-Tech Community. New York: Basic Books.

Rosenau J (1990): Turbulences in World Politics. A Theory of Change and Continuity. Princeton: Princeton University Press.

Rosenberg N (1982): Inside the Black Box: Tecnologiy and Economics. Cambridge, New York: Cambridge University Press.

Rostow WW (1975): Kondratieff, Schumpeter, and Kuznets: Trend periods revisited. Journal of Economic History 35: 719–53.

Rostow WW (1977): Regional change in the fifth Kondratieff upswing. In: Perry DC, Watkins AJ (Hrsg): The Rise of the Sunbelt Cities. Beverly Hills, London: Sage, 83–103.

Rother K, Tichy F (2000): Italien. Darmstadt: Wissenschaftliche Buchgesellschaft.

Rothwell R (1982): The role of technology in industrial change. Regional Studies 16: 361–69.

Rowley T, Behrens D, Krackhardt D (2000): Redundant governance structures: An analysis of relational and structural embeddedness in the steel and semiconductor industries. Strategic Management Journal 21: 369–86.

Rugman AM (1980): Internalization as a general theory of foreign direct investment: A reappraisal of the literature. Weltwirtschaftliches Archiv 116: 365–79.

Ruigrok W, Tulder R van (1995): The Logic of International Restructuring. London: Routledge.

Ruppert K, Schaffer F (1969): Zur Konzeption der Sozialgeographie. Geographische Rundschau 21: 205–14.

Rywak J (1987): MIL, BNR Spin-Off Companies. Telecommunications and Microelectronics Industry Development Directorate, Summary Paper. Mimeo. Ottawa: Government of Canada.

Sabel CF (1994): Flexible specialisation and re-emergence of regional economics. In: Amin A (Hrsg): Post-Fordism. Oxford, Cambridge, MA: Blackwell, 101–501.

Sachs JD, Warner AM (1999): The big push, natural resource booms and growth. Journal of Development Economics 59: 43–76.

Sächsisches Staatsministerium des Inneren (1994): Landesentwicklungsplan Sachsen 1994. Dresden: Sächsisches Staatsministerium des Inneren.

Sächsisches Staatsministerium des Inneren (2003): Landesentwicklungsplan Sachsen 2003. Dresden: Sächsisches Staatsministerium des Inneren.

Samuelson PA (1954): The pure theory of public expenditure. The Review of Economics and Statistics 36: 387–89.

Samuelson PA (1955): Diagrammatic exposition of a theory of public expenditure. The Review of Economics and Statistics 37: 350–56.

Sandefur RL, Laumann EO (1998): A paradigm for social capital. Rationality and Society 10: 481–501.

Sandmüller M (2008): Globale Netzwerke und regionale Einbettung: Das Fallbeispiel der Behringwerke Marburg (Global networks and regional embeddedness: the case of the Behring Works in Marburg). SPACES online, Vol. 6, 2008-02. Toronto, Heidelberg: www.spaces-online.com.

Sandner G (1988): Recent advances in the history of German geography 1918–1945: A progress report

for the Federal Republic of Germany. Geographische Zeitschrift 76: 120–33.
Sassen S (1996): Metropolen des Weltmarktes. Die neue Rolle der Global Cities. Frankfurt am Main: Campus.
Sauernheimer K (1988): Faktorproportionentheorie. In: Handbuch der Wirtschaftswissenschaften Band 2. Stuttgart, New York, Tübingen, Göttingen, Zürich: Fischer, Mohr (Siebeck), Vandenhoeck und Ruprecht, 567–83.
Saunders P (1989): Space, urbanism and the created environment. In: Held D, Thompson JB (Hrsg): Social Theory of Modern Societies: Anthony Giddens and his Critics. Cambridge: Cambridge University Press, 215–34.
Saxenian A (1981): Silicon Chips and Spatial Structure: The Industrial Use of Urbanization in Santa Clara County, California. Berkeley: University of California.
Saxenian AL (1985): The genesis of Silicon Valley. In: Hall P, Markusen A (Hrsg): Silicon Landscapes. Boston, London, Sydney: Allen and Unwin, 20–34.
Saxenian AL (1987): Silicon Valley and Route 128: Regional prototypes or historic exceptions. In: Castells M (Hrsg): High Technology, Space, and Society (2. Aufl.). Berverly Hills, London: Sage, 81–105.
Saxenian AL (1994): Regional Advantage: Culture and Competition in Silicon Valley and Route 128. Cambridge (MA), London: Harvard University Press.
Sayer A (1985): The difference that space makes. In: Gregory D, Urry J (Hrsg): Social Relations and Spatial Structures. Basingstoke: Macmillan, 49–66.
Sayer A (1989): Postfordism in question. International Journal of Urban and Regional Research 13: 666–95.
Sayer A (1991): Behind the locality debate: Deconstructing geography's dualisms. Environment and Planning A 23: 283–308.
Sayer A (1992): Method in Social Science. London: Routledge.
Sayer A (1995): Radical Political Economy. London, New York: Sage.
Sayer A (2000): Realism and Social Science. London: Sage.
Sayer A (2001): For a critical cultural political economy. Antipode 33: 687–708.
Sayer A, Walker R (1992): The New Social Economy: Reworking the Division of Labor. Cambridge (MA): Blackwell.
Schackmann-Fallis KP (1987): Extern abhängige Betriebe – Ein Problem für die Entwicklung strukturschwacher Regionen. RaumPlanung 37: 58–63.
Schaffer F (1970): Die Konzeption der Sozialgeographie. In: Bartels D (Hrsg): Wirtschafts- und Sozialgeographie. Köln, Berlin: Kiepenheuer und Witsch, 451–55.
Schamp E (2010): On the notion of co-evolution in economic geography. In: Boschma R, Martin R (Hrsg): Handbook of Evolutionary Economic Geography. Cheltenham: Edward Elgar, 432–49.
Schamp EW (1983): Grundansätze der zeitgenössischen Wirtschaftsgeographie. Geographische Rundschau 35: 74–80.
Schamp EW (1995 a): Arbeitsteilung, Neue Technologien und Regionalentwicklung. In: 49. Deutscher Geographentag Bochum 1993 Vol. 1, 71–84.
Schamp EW (1995 b): The geography of advanced producer services in a goods exporting economy: The case of West Germany. Progress in Planning 43: 155–72.
Schamp EW (1996): Globalisierung von Produktionsnetzen und Standortsystemen. Geographische Zeitschrift 84: 205–19.
Schamp EW (2000 a): Decline and renewal in industrial districts: Exit strategies of SMEs in consumer goods industrial districts of Germany. In: Vatne E, Taylor M (Hrsg): The Networked Firm in a Global World: Small Firms in New Environments. Aldershot: Ashgate, 257–81.
Schamp EW (2000 b): Vernetzte Produktion. Industriegeographie aus institutioneller Perspektive. Darmstadt: Wissenschaftliche Buchgesellschaft.
Schamp EW (2001): Der Aufstieg von Frankfurt/Rhein-Main zur europäischen Metropolregion. Geographica Helvetica 56: 169–78.
Schamp EW (2005): Decline of the district, renewal of firms: An evolutionary approach to footwear production in the Pirmasens area, Germany. Environment and Planning A 37: 617–34.
Schamp EW (2007): Wertschöpfungsketten in Pauschalreisen des Ferntourismus: Zum Problem ihrer governance. Erdkunde 61: 147–60.
Schamp EW (2008): Globale Wertschöpfungsketten. Umbau von Nord-Süd-Beziehungen in der Weltwirtschaft. Geographische Rundschau 60: 4–11.
Schamp EW, Bertram H (1991): Flexible production and linkages in the German machine tool industry. Netherlands Geographical Studies 132: 69–80.
Scharbach N (2008): Von Leipzig über Berlin nach Papenburg. Planerin 6_08: 8–11.
Scharrer J (2001): Internationalisierung und Länderselektion. Eine empirische Analyse mittelständischer Unternehmen in Bayern. Wirtschaft und Raum, Band 7. München: Florentz.

Schätzl L (1981): Wirtschaftsgeographie 1: Theorie. Paderborn, München, Wien: UTB – Schöningh.

Schätzl L (1994): Wirtschaftsgeographie 2: Empirie. Paderborn, München, Wien: UTB – Schöningh.

Schätzl L (1998): Wirtschaftsgeographie 1: Theorie (7. Aufl.). Paderborn, München, Wien: UTB – Schöningh.

Schickhoff I (1983): Materialverflechtungen von Industrieunternehmen. Eine empirische Untersuchung am Beispiel von Industrieunternehmen am linken Niederrhein. Duisburg.

Schickhoff I (1988): Standortentscheidungen. In: Gaebe W (Hrsg): Handbuch des Geographieunterrichts. Band 3: Industrie und Raum. Köln: Aulis Deubner, 40–54.

Schilling-Kaletsch I (1980): Wachstumspole und Wachstumszentren: Untersuchung zu einer Theorie sektoral und regional polarisierter Entwicklung. Arbeitsberichte und Ergebnisse zur wirtschafts- und sozialgeographischen Regionalforschung (2. Aufl.). Hamburg: Hirt.

Schimmelpfeng K, Granthien M, Höft J (2000): Industrielle Logistikkonzepte im Rahmen der Globalisierung und Regionalisierung. Industrie Management 16: 33–36.

Schlieper U (1988): Externe Effekte. In: Handwörterbuch der Wirtschaftswissenschaft – Band 2. Stuttgart, New York: Fischer, 524–30.

Schmude J (1994): Geförderte Unternehmensgründungen in Baden-Württemberg: Eine Analyse der regionalen Unterschiede des Existenzgründungsgeschehens am Beispiel des Eigenkapitalhilfe-Programms (1979 bis 1989). Stuttgart: Steiner.

Schmude J (2000): Factory Outlet Center (FOC): – Schreckgespenst des Einzelhandels? In: Schmude J (Hrsg): Factory Outlet Center Vol. 1. Regensburg: Unikopoe, 1–15.

Schmutzler A (1999): The new economic geography. Journal of Economic Surveys 13: 355–79.

Schneeweiß C (1991): Planung I: Systemanalytische und entscheidungstheoretische Grundlagen. Berlin: Springer.

Schneider U (1996): Interkommunale Kooperation im ländlichen Raum. Bericht vom „Städte-Quartett" Dame, Diepholz, Lohne, Vechta. In: Danielzyk R, Priebs A (Hrsg): Städtenetze – Raumordnungspolitisches Handlungsinstrument mit Zukunft? Bonn: Kuron, 65–73.

Schoenberger E (1988): From Fordism to flexible accumulation: Technology, competitive strategies, and international location. Environment and Planning D 6: 245–62.

Schön KP (1993): Struktur und Entwicklung des Städtesystems in Europa. Informationen zur Raumentwicklung, 639–54.

Schott S (1912): Die großstädtischen Agglomerationen des Deutschen Reichs. Breslau: Korn.

Schreyögg G (1984): Unternehmensstrategie: Grundfragen einer Theorie strategischer Unternehmensführung. Berlin, New York: De Gruyter.

Schubert W (2004): Die Reise der Rose. Frankfurter Rundschau, 14. Februar, S. 2 und 4.

Schuldt N, Bathelt H (2011): International trade fairs and global buzz, Part II: Practices of global buzz. European Planning Studies 19: 1–22.

Schultz HD (1987): Pax Geografica: Räumliche Konzepte für Krieg und Frieden in der geographischen Tradition. Geographische Zeitschrift 75: 1–22.

Schulz C (2005): Agenten des Wandels. München: oekom.

Schumann J (1988): Außenhandel III: Wohlfahrtseffekte. In: Handwörterbuch der Wirtschaftswissenschaften. Stuttgart, New York: Teubner, 403–26.

Schumann M, Baethge-Kinsky V, Kuhlmann C, Neumann U (1994): Trendreport Rationalisierung: Automobilindustrie, Werkzeugmaschinenbau, Chemische Industrie. Berlin: Edition Sigma.

Schumpeter JA (1911): Theorie der wirtschaftlichen Entwicklung. Berlin: Duncker und Humblot.

Schumpeter JA (1961): Konjunkturzyklen: eine theoretische, historische und statistische Analyse des kapitalistischen Prozesses. Erster Band. Göttingen: Vandenhoeck und Ruprecht.

Scibbe P (2000): Städtenetzwerke – ein neues Organisationskonzept in Raumordnung und Kommunalpolitik. Würzburg: Geographisches Institut.

Scitovsky T (1954): Two concepts of external economies. The Journal of Political Economy 62: 143–51.

Scott AJ (1970): Location-Allocation Systems: A Review. Geographical Analysis 2: 95–119.

Scott AJ (1983): Industrial organization and the logic of intra-metropolitan location: I. Theoretical considerations. Economic Geography 59: 233–50.

Scott AJ (1986): Industrial organization and location: Division of labor, the firm, and spatial process. Economic Geography 62: 215–32.

Scott AJ (1988): New Industrial Spaces: Flexible Production Organization and Regional Development in North America and Western Europe. London: Pion.

Scott AJ (1996): The craft, fashion, and cultural-products industries of Los Angeles: Competitive dynamics and policy dilemmas in a multisectoral image-producing complex. Annals of the Association of American Geographers 86: 306–23.

Scott AJ (1998): Regions and the World Economy: The Coming Shape of Global Production, Competition, and Political Order. Oxford, New York: Oxford University Press.

Scott AJ (2002): A new map of Hollywood: The production and distribution of American motion pictures. Regional Studies 36: 957–76.

Scott AJ (2006): Creative cities: Conceptual issues and policy questions. Journal of Urban Affair 28: 1–17.

Scott AJ, Storper M (Hrsg) (1988): Production, Work, Territory: The Geographical Anatomy of Industrial Capitalism. Boston, London, Sydney: Unwin Hyman.

Scott AJ, Storper M (1990): Regional Development Reconsidered. Lewis Center for Regional Policy Studies, Working Paper – No. 1. Los Angeles: University of California.

Sedlacek P (1978): Einleitung. In: Sedlacek P (Hrsg): Regionalisierungsverfahren. Darmstadt: Wissenschaftliche Buchgesellschaft, 1–19.

Sedlacek P (1988): Wirtschaftsgeographie: Eine Einführung. Darmstadt: Wissenschaftliche Buchgesellschaft.

Sedlacek P (1998): Wissenschaftliche Regionalisierungsverfahren. In: Sedlacek P, Werlen B (Hrsg): Texte zur handlungstheoretischen Geographie. Jena: Institut für Geographie Universität Jena.

Sedlacek P, Werlen B (1998): Texte zur handlungstheoretischen Geographie. Jena: Institut für Geographie Universität Jena.

Seifert V (1986): Regionalplanung. Braunschweig: Westermann.

Setterfield M (1993): A model of institutional hysteresis. Journal of Economic Issues 27: 755–74.

Sforzi F (1989): The geography of industrial districts in Italy. In: Goodman E, Bamford J, Saynor P (Hrsg): Small Firms and Industrial Districts in Italy. London, New York: Routledge, 153–73.

Shapiro C (1983): Premiums for high quality products as return to reputation. Quarterly Journal of Economics 98: 659–79.

Shapiro PP (1987): The social control of impersonal trust. American Journal of Sociology 93: 623–58.

Sharma DD, Johanson J (1987): Technical consultancy in internationalisation. International Marketing Review 4: 20–29.

Sheppard E, Barnes TJ (2000): A Companion to Economic Geography. Oxford, Malden: Blackwell.

Short J, Williams E, Christie B (1976): The Social Psychology of Telecommunications. New York: Wiley.

Sieverts (1997): Zwischenstadt: Zwischen Ort und Welt, Raum und Zeit, Stadt und Land. Wiesbaden: Vieweg.

Simon H (1997): Models of Bounded Rationality: Empirically Grounded Economic Realism. Cambridge (MA): MIT Press.

Simon HA (1978): Rationality as process and as product of thought. The American Economic Review 68: 1–16.

Sinclair R (1967): Von Thünen and urban sprawl. Annals of the Association of American Geographers 57: 72–87.

Sinz M (1995): Region. In: Akademie für Raumforschung und Landesplanung (Hrsg): Handwörterbuch der Raumordnung. Hannover: ARL, 805–08.

Sklair L (1999): Globalization. In: Taylor S (Hrsg): Sociology: Issues and Debates. London: Macmillan, 321–45.

Slovic P (1987): Perception of risk. Science 236: 280–85.

Smelser NJ, Swedberg R (1994): The sociological perspective on the economy. In: Smelser NJ, Swedberg R (Hrsg): Handbook of Economic Sociology. Princeton: Princeton University Press,.

Smith A (1776): The Wealth of Nations. Books I–III. London, New York: Harmonds, Penguin.

Smith DM (1971): Industrial Location: An Economic Geographical Analysis. New York: Wiley.

Smith N (1979): Toward a theory of gentrification: A back to the city movement by capital, not people. Journal of the American Planners Association 45: 538–48.

Smith N (1993): Gentrification in New York. In: Häusermann H, Siebel W (Hrsg): New York. Strukturen einer Metropole. Frankfurt am Main: Suhrkamp, 182–204.

Song M, Berends H, van der Bij H, Weggeman M (2007): The effects of IT and co-location on knowledge dissemination. The Journal of Product Innovation Management 24(1): 52–68.

Soskice D (1999): Divergent production regimes: Coordinated and uncoordinated market economies in the 1980 s and 1990 s. In: Kitschelt H, Marks G, Lange P (Hrsg): Continuity and Change in Contemporary Capitalism. Cambridge: Cambridge University Press, 101–34.

Soyez D, Schulz C (Hrsg) (2002): Wirtschaftsgeographie und Umweltproblematik. Kölner Geographische Arbeiten, Bd. 76. Köln: Geographisches Institut.

Sproull L, Kiesler S (1991): Connections: New Ways of Working in the Networked Organization. Cambridge (MA): MIT Press.

Staber U (1997): An ecological perspective on entrepreneurship in industrial districts. Entrepreneurship and Regional Development 9: 45–64.

Staber U (2007): The competitive advantage of regional clusters: An organizational evolutionary perspective. Competition & Change 11: 3–18.

Stafford HA (1979): Principles of Industrial Facility Location. Atlanta: Conway Publications.

Stahl W (1992): Risiko- und Chancenanalyse im Marketing: Ansätze zur Identifikation, Untersuchung und Beurteilung von Risiken und Chancen. Frankfurt am Main, Bern, New York: Lang.

Stamer H (1995): Die Thünenschen Kreise aus heutiger Sicht – Erkenntnisse für Politik und Wissenschaft. In: Bundesministerium für Ernährung Landwirtschaft und Forsten (Hrsg): Johann Heinrich von Thünen: Seine Erkenntnisse aus wissenschaftlicher Sicht (1783 – 1850). Band 210. Sonderheft. Münster-Hiltrup: Landwirtschaftsverlag, 48–58.

Stamm A, Morera L, Trivelato M (1995): Die Durchsetzung neuartiger Exportprodukte und die Integration der lokalen Bevölkerung. Zeitschrift für Wirtschaftsgeographie 39: 92–101.

Statistisches Bundesamt (2011): Auszug aus der Außenhandelsstatistik der Bundesrepublik Deutschland, 1990 bis 2010. Wiesbaden: Statistisches Bundesamt.

Steed GPF, DeGenova D (1983): Ottawa's technology-oriented complex. Canadian Geographer 27: 263–78.

Steinke P (2006): Abstieg vom Gipfel. Frankfurter Rundschau 77, 31.03.2006, S. 30–31.

Sternberg R (1988 a): Fünf Jahre Technologie- und Gründerzentren (TGZ): in der Bundesrepublik Deutschland – Erfahrungen, Empfehlungen, Perspektiven. Geographische Zeitschrift 76: 164–79.

Sternberg R (1988 b): Technologie- und Gründerzentren als Instrument kommunaler Wirtschaftsförderung: Bewertung auf der Grundlage von Erhebungen in 31 Zentren und 177 Unternehmen. Dortmund: Dortmunder Vertrieb für Bau- und Planungsliteratur.

Sternberg R (1995 a): Die Konzepte der flexiblen Produktion und der Industriedistrikte als Erklärungsansätze der Regionalentwicklung. Erdkunde 49: 161–75.

Sternberg R (1995 b): Technologiepolitik und High-Tech Regionen – ein internationaler Vergleich. Münster, Hamburg: Lit.

Sternberg R (1997): Weltwirtschaftlicher Strukturwandel und Globalisierung. Geographische Rundschau 49: 680–87.

Sternberg R (2000): Entrepreneurship in Deutschland. Das Gründungsgeschehen im internationalen Vergleich. Berlin: Edition Sigma.

Stiens G (1988): Raumordnung in der Bundesrepublik Deutschland. Geographische Rundschau 40: 54–58.

Stiens G (1995): Die neue raumordnungspolitische Programmatik der Städtevernetzung. Stadt und Gemeinde 50: 174–80.

Stiens G (1997): Der Begriff „regionale Disparitäten" im Wandel raumbezogener Planung und Politik. Informationen zur Raumentwicklung, 11–25.

Stiens G (2004): Aktuelle deutsche Raumentwicklung im Vergleich mit Szenarien aus benachbarten Staaten. Informationen zur Raumentwicklung 77–106.

Stiens G, Pick D (1998): Die Zentrale-Orte-Systeme der Bundesländer. Aktuelle Strukturen und Steuerungsfunktionen. Raumforschung und Raumordnung 56: 421–34.

Stiftung Entwicklung und Frieden (2003): Globale Trends. Fakten, Analysen, Prognosen 2004/2005. Frankfurt am Main: Fischer.

Stigler GJ (1951): The division of labor is limited by the extent of the market. The Journal of Political Economy 59: 185–93.

Stigler GJ (1961): The economics of information. The Journal of Political Economy 69: 213–25.

Stiglitz J (2000): The contributions of the economics of information to twentieth century economics. Quarterly Journal of Economics 115: 1441–78.

Stiglitz J (2002): Information and the change in the paradigm in economics. The American Economic Review 92: 460–501.

Stiglitz J (2006): Die Chancen der Globalisierung. Bonn: Bundeszentrale für politische Bildung (Lizenzausgabe).

Storper M (1985): Oligopoly and the product cycle: Essentialism in the economic geography. Economic Geography 61: 260–82.

Storper M (1992): The limits to globalization: Technology districts and international trade. Economic Geography 68: 60–93.

Storper M (1993): Regional 'worlds' of production: Learning and innovation in the technology districts of France, Italy and the USA. Regional Studies 27: 433–55.

Storper M (1995): The resurgence of regional economics, ten years later. European Urban and Regional Studies 2: 191–221.

Storper M (1997 a): Regional economies as relational assets. In: Lee R, Wills J (Hrsg): Geographies of Economies. London, New York, Sydney: Arnold, 248–58.

Storper M (1997 b): The Regional World: Territorial Development in a Global Economy. New York: Guilford Press.

Storper M (1997 c): Territories, flows, and hierarchies in the global economy. In: Cox KR (Hrsg): Spaces of

Globalization. Reasserting the Power of the Local. New York, London: Guilford, 19–44.

Storper M (1999): Theory in Economic Geography: A Brief Response to Markusen and Krugman. Mimeo. Los Angeles: University of California, Los Angeles.

Storper M, Christopherson S (1987): Flexible specialization and regional industrial agglomerations: The case of the U.S. motion picture industry. Annals of the Association of American Geographers 77: 104–17.

Storper M, Scott AJ (1990): Geographische Grundlagen und gesellschaftliche Regulation flexibler Produktionskomplexe. In: Borst R, Krätke S, Mayer M, Roth R, Schmoll F (Hrsg): Das neue Gesicht der Stadt: Theoretische Ansätze und empirische Befunde aus der internationalen Debatte. Basel, Boston, Berlin: Birkhäuser, 130–49.

Storper M, Scott AJ (1992): Pathways to Industrialization and Regional Development. London, New York: Routledge.

Storper M, Venables AJ (2004): Buzz: Face-to-face contact and the urban economy. Journal of Economic Geography 4: 351–70.

Storper M, Walker R (1989): The Capitalist Imperative: Territory, Technology, and Industrial Growth. New York: Basil Blackwell.

Strambach S (1995): Wissensintensive unternehmensorientierte Dienstleistungen: Netzwerke und Interaktion. Münster: Lit.

Strandskov J (1993): Towards a new approach for studying the internationalization process of firms. In: Buckley PJ, Ghauri PN (Hrsg): The Internationalization of the Firm: A Reader. London: Academic Press, 201–16.

Sturgeon TJ (2002): Modular production networks: A new American model of industrial organization. Industrial and Corporate Change 11: 451–96.

Sturgeon TJ (2003): What really goes on in Silicon Valley? Spatial clustering and dispersal in modular production networks. Journal of Economic Geography 3: 199–225.

Sunley P (1996): Context in economic geography: The relevance of pragmatism. Progress in Human Geography 20: 338–55.

Swain A (2006): Soft capitalism and a hard industry: Virtualism, the 'transition industry' and the restructuring of the Ukrainian coal industry. Transactions of the Institute of British Geographers NS 31: 208–23.

Swann P (2002): Towards a model of clustering in high-technology industries. In: Swann P, Prevezer M, Stout D (Hrsg): The Dynamics of Industrial Clustering: International Comparisons in Computing and Biotechnology. Oxford: Oxford University Press, 52–76.

Swedberg R (1994): Markets as social structures. In: Smelser NJ, Swedberg R (Hrsg): The Handbook of Economic Sociology. Princeton: Princeton University Press, 255–82.

Swedberg R, Granovetter M (1992): Introduction. In: Granovetter M, Swedberg R (Hrsg): The Sociology of Economic Life. Oxford: Westview Press, 1–26.

Swyngedouw E (1997): Neither global nor local: 'Glocalization' and the politics of scale. In: Cox KR (Hrsg): Spaces of Globalization: Reasserting the Power of the Local. New York, London: Guilford, 137–66.

Sydow J (1992): Strategische Netzwerke. Evolution und Organisation. Wiesbaden: Gabler.

Sydow J (1996): Flexible specialization in regional networks. In: Staber U, Schaefer N, Sharma B (Hrsg): Business Networks. Berlin, New York: de Gruyter, 68–90.

Sydow J, Lerch F, Staber U (2010): Planning for path dependence? The case of a network in the Berlin-Brandenburg optics cluster. Economic Geography 86: 173–95.

Sydow J, Staber U (2002): The institutional embeddedness of project networks: The case of content production in German television. Regional Studies 36: 215–27.

Szyperski N, Roth P (Hrsg) (1990): Entrepreneurship: Innovative Unternehmensgründung als Aufgabe. Stuttgart: Poeschel.

Talmud I, Mesch GS (1997): Market embeddedness and corporate instability: The ecology of inter-industrial networks. Social Science Research 26: 419–41.

Taubmann W (1992): The Chinese city. In: Ehlers E (Hrsg): Modelling the City: Cross-Cultural Perspectives. Colloquium Geographicum – Band 22. Bonn: Dümmlers, 108–29.

Taylor FW (1919): Die Grundsätze wissenschaftlicher Betriebsführung. München, Berlin: Oldenbourg.

Taylor M (1986): The product-cycle model: A critique. Environment and Planning A 18: 751–61.

Taylor M (1987): Enterprise and the product-cycle model: Conceptual ambiguities. In: Knaap GA van der, Wever E (Hrsg): New Technology and Regional Development. London, Sydeny: Croom Helm, 75–93.

Taylor M (1995): The business enterprise, power and patterns of geographical industrialisation. In: Conti S, Malecki EJ, Oinas P (Hrsg): The Industrial Enterprise and its Environment: Spatial Perspectives. Aldershot: Ashgate, 99–122.

Taylor M, Thrift N (1982): Industrial linkage and the segmented economy: 1. Some theoretical proposals. Environment and Planning A Vol. 14: 1601–13.

Taylor M, Thrift N (1983): Business organization, segmentation and location. Regional Studies 17: 445–65.

Teece DJ (1985): Multinational enterprise, international governance, and industrial organization. American Economic Review 75: 233–38.

Thelen K (2003): How institutions evolve: Insights from comparative historical analyses. In: Mahoney J, Rueschemeyer D (Hrsg): Comparative Historical Analyses in the Social Sciences. Cambridge Cambridge University Press, 208–40.

Thomi W, Werner R (2001): Regionale Innovationssysteme: Zur territorialen Dimension von Wissen und Innovation. Zeitschrift für Wirtschaftsgeographie 45: 202–18.

Thompson JB (1989): The theory of structuration. In: Held D, Thompson JB (Hrsg): Social Theory of Modern Societies: Anthony Giddens and his Critics. Cambridge, 56–76.

Thrift N (1990): For a new regional geography 1. Progress in Human Geography 14: 272–77.

Thrift N (1996): Spatial Formations. London: Sage.

Thrift N (2000 a): Pandora's box? Cultural geographies of economies. In: Clark G, Feldman M, Gertler M (Hrsg): The Oxford Handbook of Economic Geography. Oxford: Oxford University Press, 689–704.

Thrift N (2000 b): Performing cultures in the new economy. Annals of the Association of American Geographers 90: 674–92.

Thünen JH von (1875): Der isolierte Staat in Beziehung auf Landwirtschaft und Nationalökonomie. Darmstadt: Wissenschaftliche Buchgesellschaft.

Tichy G (1991): The product-cycle revisited: Some extensions and clarifications. Zeitschrift für Wirtschafts- und Sozialwissenschaften 111: 27–54.

Tickell A, Peck JA (1992): Accumulation, regulation and the geography of Post-Fordism: Missing links in regulationist research. Progress in Human Geography 16: 190–218.

Tödtling F (1994 a): Regional networks of high-technology firms – The case of the Greater Boston Region. Technovation 14: 323–43.

Tödtling F (1994 b): The uneven landscape of innovation poles: Local embeddedness and global networks. In: Amin A, Thrift N (Hrsg): Globalization, Institutions, and Regional Development in Europe. Oxford: Oxford University Press, 68–90.

Tödtling F, Kaufmann A (1999): Innovation systems in regions of Europe: A comparative perspective. European Planning Studies 7: 699–717.

Tönnis G (1995): Verdichtungsräume. In: Akademie für Raumforschung und Landesplanung (Hrsg): Handwörtebuch der Raumordnung. Hannover: ARL, 1006–11.

Torre A, Rallet A (2005): Proximity and localization. Regional Studies 39: 47–59.

Toulmin S (1983): Kritik der kollektiven Vernunft. Frankfurt: Suhrkamp.

Townroe PM (1969): Locational choice and the individual firm. Regional Studies 3: 15–24.

Townroe PM (1976): Planning Industrial Location. London: Leonard Hill Books.

Turnbull PW (1993): A challenge to the stages theory of the internationalization process. In: Buckley PJ, Ghauri PN (Hrsg): The Internationalization of the Firm: A Reader. London: Academic Press, 172–85.

Tversky A, Simonson I (1993): Context-dependent preferences. Management Science 39: 1179–89.

U.S. Department of Commerce (1989): County Business Patterns 1987. Massachusetts, Washington (D.C.): U.S. Government Printing Office.

U.S. Department of Commerce (1994): County Business Patterns 1992. Massachusetts, Washington (D.C.): U.S. Government Printing Office.

U.S. Department of Commerce (1995): County Business Patterns 1993. North Carolina, Washington (D.C.): U.S. Government Printing Office.

U.S. Department of Commerce (1999): County Business Patterns 1997. North Carolina, Washington (DC): U.S. Government Printing Office.

Uchatius W (2000): Der Mensch, kein Egoist. Die Zeit Nr. 23, 31.05.2000, S. 31.

Uhlig H (1970): Organisationsplan der Geographie. Geoforum 1: 19–52.

UNCTAD (1995): World Investment Report 1995: Transnational Corporations and Competitiveness. New York, Genf: United Nations.

UNCTAD (1999): World Investment Report 1999: FDI and the Challenge of Development. New York, Genf: United Nations.

UNCTAD (2002): World Investment Report 2002: Transnational Corporations and Export Competitiveness. New York, Genf: United Nations.

UNCTAD (2010): World Investment Report 2010: Investing in a Low-Carbon Economy. New York, Genf: United Nations.

UNDP (2005): Human Development Report 2005. New York: United Nations Development Programme.

Uzzi B (1996): The sources and consequences of embeddedness for the economic performance of organizations: The network effect. American Sociological Review 61: 674–98.

Uzzi B (1997): Social structure and competition in interfirm networks: The paradox of embeddedness. Administrative Science Quarterly 42: 35–67.

Uzzi B, Gillespie JJ (2002): Knowledge spillover in corporate financing networks: embeddedness and the firms's debt performance. Strategic Management Journal 23: 595–618.

Uzzi B, Lancaster R (2003): Relational embeddedness and learning: The case of bank loan managers and their clients. Management Science 49: 383–99.

Uzzi B, Lancaster R (2004): Embeddedness and price formation in the corporate law market. American Sociological Review 69: 319–44.

Valkenburg S van, Held CC (1952): Europe. New York: Wiley.

Vernon R (1966): International investment and international trade in the product cycle. The Quarterly Journal of Economics 80: 190–207.

Vernon R (1979): The product cycle hypothesis in a new international environment. Oxford Bulletin of Economics and Statistics 41: 255–67.

Vogel EF, Larson A (1985): North Carolina's Research Triangle: State modernization. In: Vogel EF (Hrsg): Comeback, Case by Case: Building the Resurgence of American Business. New York: Simon and Schuster, 240–62.

Vogel F (1975): Probleme und Verfahren der numerischen Klassifikation: Unter Berücksichtigung von Alternativmerkmalen. Göttingen: Vandenhoeck und Ruprecht.

Vohora A, Wright M, Lockett A (2004): Critical junctures in the growth in university high-tech spinout companies. Research Policy 33: 147–75.

Volkmann H (1997): Europa: Neuordnung eines Kontinents. Braunschweig: Westermann.

Voppel G (1970): Wirtschaftsgeographie. Stuttgart: Kohlhammer.

Voppel G (1999): Wirtschaftsgeographie: Räumliche Ordnung der Wirtschaft unter marktwirtschaftlichen Bedingungen. Stuttgart, Leipzig: Teubner.

Vorlaufer K (1981): Die Frankfurter City: Entwicklung – Funktion – Stuktur. In: Niemz G (Hrsg): Das Rhein-Main-Gebiet. Vol. 4. Frankfurt am Main: Selbstverlag des Instituts für Didaktik der Geographie, 106–39.

Vosgerau H-J (1988): Konjunkturtheorie. Stuttgart, New York: Fischer/Tübingen.

Wagner H-G (1981): Wirtschaftsgeographie. Braunschweig: Westermann.

Wagner H-G (1998): Wirtschaftsgeographie (3. Aufl.). Braunschweig: Westermann.

Waibel L (1933 a): Das Sytem der Landwirtschaftsgeographie. In: Waibel L (Hrsg): Wirtschaftsgeographische Abhandlungen – Nummer 1. Leipzig: Hirt, 7–12.

Waibel L (1933 b): Das Thünensche Gesetz und seine Bedeutung für die Landwirtschaftsgeographie. In: Waibel L (Hrsg): Probleme der Landwirtschaftsgeographie. Wirtschaftsgeographische Abhandlungen – Nummer 1. Leipzig: Hirt, 47–78.

Wainfan L, Davis PK (2004): Challenges in Virtual Collaboration: Videoconferencing, Audioconferencing, and Computer-Mediated Communications. Santa Monica: RAND Corporation.

Walker A (1987): Technological determination and determinism: industrial growth and location. In: Castells M (Hrsg): High Technology, Space, and Society (2. Aufl.). Beverly Hills, London: Sage, 226–64.

Walker R, Storper M (1981): Capital and industrial location. Progress in Human Geography 5: 473–509.

Walker W (1993): National innovation systems: Britain. In: Nelson R (Hrsg): National Innovation Systems: A Comparative Analysis. Oxford: Oxford University Press, 158–91.

Walther JB, Loh T, Granka L (2005): Let me count the ways: The interchange of verbal and nonverbal cues in computer-mediated and face-to-face affinity. Journal of Language and Social Psychology 24(1): 36–65.

Wang H (2001): Weak State, Strong Networks: The Institutional Dynamics of Foreign Direct Investment in China Oxford: Oxford University Press.

Wardenga U (1989): Wieder einmal: „Geographie heute?". Zur disziplinhistorischen Charakteristik einiger Verlaufsmomente in der Geographiegeschichte. In: Sedlacek P (Hrsg): Programm und Praxis qualitativer Sozialgeographie. Wahrnehmungsgeographische Studien zur Regionalentwicklung, Band 6. Oldenburg: Bibliotheks- und Informationssystem der Universität Oldenburg.

Wardenga U (1995): Geographie als Chorologie. Zur Genese und Struktur von Alfred Hettners Konstrukt der Geographie. Stuttgart: Steiner.

Wardenga U (1996): Geographie als Chorologie. In: Barsch D, Fricke W, Meusburger P (Hrsg): 100 Jahre Geographie an der Ruprecht-Karls-Universität Heidelberg (1895–1995) Heft 100. Heidelberg: Geographisches Institut, 1–17.

Waters M (1995): Globalization. London: Routledge.

Weber A (1909): Über den Standort der Industrien. Erster Teil: Reine Theorie des Standorts. Tübingen: Mohr, Siebeck.

Weber A (1925): Die Krise des modernen Staatsgedankens in Europa. Berlin, Leipzig: Deutsche Verlags Anstalt.

Weber M (1980 [1921]): Wirtschaft und Gesellschaft. Grundrisse der verstehenden Soziologie (5. revidierte. Aufl.). Tübingen: J.C.B. Mohr.

Weichhart P (1986): Das Erkenntnisobjekt der Sozialgeographie aus handlungstheoretischer Sicht. Geographica Helvetica 41: 84–90.

Weick KE (1985): Cosmos vs. chaos: Sense and nonsense in electronic contexts. Organizational Dynamics 14: 50–64.

Weigel O (1999): Qualitative Ausstattungsmerkmale von Funktionalräumen in Ostsachsen. Leipzig: Institut für Länderkunde.

Weigelt K, Camerer C (1988): Reputation and corporate strategy: A review of recent theory and applications. Strategic Management Journal 9: 443–54.

Weigt E (1961): Die Geographie. Braunschweig: Westermann.

Weikl C (1998): Internationalisierung deutscher Klein- und Mittelunternehmen. Eine empirische Analyse unter besonderer Berücksichtigung der Zielländer Großbritannien und Tschechische Republik. Münster: LIT.

Weinstein O (1992): High technology and flexibility. In: Cooke P, Moulaert F, Swyngedouw E, Weinstein O, Wells P (Hrsg): Towards Global Localization: The Computing and Telecommunications Industries in Britain and France. London: UCL Press, 19–38.

Weizsäcker CC von (1984): The costs of substitution. Econometrica 52: 1085–116.

Wells J, L.T. (1972): International trade: The product life cycle approach. In: Wells J, L.T. (Hrsg): The Product Life Cycle and International Trade. Boston: Division of Research, Graduate School of Business Administration, Harvard University, 1–33.

Wenger EC (1998): Communities of Practice: Learning, Meaning, and Identity. Cambridge: Cambridge University Press.

Wenger EC, Snyder WM (2000): Communities of practice: The organizational frontier. Harvard Business Review 78: 139–45.

Werlen B (1987): Gesellschaft, Handlung ud Raum. Grundlagen handlungstheoretischer Sozialgeographie. Stuttgart: Steiner.

Werlen B (1988): Von der Raum- zur Situationswissenschaft. Geographische Zeitschrift 76: 193–208.

Werlen B (1995 a): Konzeption sozialer Wirklichkeit und geographische Sozialforschng. In: Matznetter W (Hrsg): Geographie und Gesellschaftstheorie – Beiträge zur Bevölkerungs- und Sozialgeographie – Band 3. Wien: Institut für Geographie, 33–50.

Werlen B (1995 b): Landschaft, Raum und Gesellschaft. Entstehungs- und Entwicklungsgeschichte wissenschaftlicher Sozialgeographie. Geographische Rundschau 47: 513–22.

Werlen B (1995 c): Sozialgeographie alltäglicher Regionalisierungen. Band 1: Zur Ontologie von Gesellschaft und Raum. Stuttgart: Steiner.

Werlen B (1997): Sozialgeographie alltäglicher Regionalisierungen. Band 2: Globalisierung, Region und Regionalisierung. Stuttgart: Steiner.

Werlen B (1998): Gibt es eine Geographie ohne Raum? Zum Verhältnis von traditioneller Geographie und spätmodernen Gesellschaften. In: Sedlacek P, Werlen B (Hrsg): Texte zur handlungstheoretischen Geographie – Jenaer Geographische Manuskripte – Band 18. Jena: Institut für Geographie Universität Jena, 103–26.

Werlen B (1999): Sozialgeographie alltäglicher Regionalisierungen. Stuttgart: Franz Steiner Verlag.

Werlen B (2000): Sozialgeographie: Eine Einführung. Bern, Stuttgart: UTB – Haupt.

Wernerfelt B (1984): A resource-based view of the firm. Strategic Management Journal 5: 171–80.

Wesolowsky GO (1973): Location in continuous space. Geographical Analysis 5: 95–112.

Westhead P, Wright M, Ucbasaran D (2001): The internationalisation of new and small firms: A resource-based view. Journal of Business Venturing 16: 333–58.

White HC (1981): Where do markets come from? American Journal of Sociology 87: 517–47.

White HC (2002): Markets from Networks. Socioeconomic Models of Production. Princeton, Oxford: Princeton University Press.

Whittington D (1985): Microelectronics policy in North Carolina: An introduction. In: Whittington D (Hrsg): High Hopes for High Tech: Microelectronics Policy in North Carolina. Chapel Hill, London: University of North Carolina Press, 3–31.

Williamson OE (1975): Markets and Anti-Trust Implications. New York: Free Press.

Williamson OE (1979): Transaction-cost economics: The governance of contractual relations. Journal of Law and Economics 22: 233–61.

Williamson OE (1981): The economics of organizations: The transaction cost approach. American Journal of Sociology 87: 548–77.

Williamson OE (1985): The Economic Institutions of Capitalism. Firms, Markets, Relational Contracting. New York: Free Press.

Williamson OE (1990): Industrial Organization. Aldershot, UK: Edward Elgar.

Williamson OE (1991): Comparative economic organization: The analysis of discrete structural alternatives. Administrative Science Quarterly 36: 269–96.

Williamson OE (1994): Visible and invisible governance. American Economic Review 84: 323–26.

Willke H (1998): Systemisches Management. Stuttgart: UTB.

Willke H (2000): Systemtheorie I: Grundlagen. Eine Einführung in die Grundprobleme der Theorie sozialer Systeme. (6. Aufl.). Stuttgart: UTB.

Windhorst H-W (1983): Geographische Innovations- und Diffusionsforschung. Erträge der Forschung Band 189. Darmstadt: Wissenschaftliche Buchgesellschaft.

Winkel R (2001): Vom Zentrale-Orte-Konzept zur Ausweisung zentralörtlicher Funktionsräume und Kooperationen. Raumforschung und Raumordnung 59: 237–40.

Wins P (1995): The location of firms: An analysis of choice processes. In: Cheshire PC, Gordon IR (Hrsg): Territorial Competition in an Integrating Europe. Aldershot: Avebury, 244–66.

Wirth E (1978): Zur wissenschaftstheoretischen Problematik der Länderkunde. Geographische Zeitschrift 66: 241-61.

Wolpert J (1964): The decision process in spatial context. Annals of the Association of American Geographers 54: 537–58.

World Bank (2005): World Development Report 2005: A better Investment Climate for Everyone. Washington: The World Bank.

World Bank (2008): The Growth Report. Strategies for Sustained Growth and Inclusive Development. Commission on Growth and Development. Washington: The World Bank.

World Bank (2009): World Development Report 2009: Reshaping Economic Geography. Washington: The World Bank.

Wrong D (1961): The oversocialized conception of man in modern sociology. American Sociological Review 26: 183–93.

WWF (2004): Walbeobachtung – whale watching. Frankfurt am Main: World Wide Fund For Nature Deutschland.

Yamagishi T, Cook KS (1993): Generalized exchange and social dilemmas. Social Psychology Quarterly 56: 235–48.

Yeates M (1990): The North American City. New York: Harper and Row.

Yeung HW-c (2005): Rethinking relational economic geography. Transactions of the Institute of British Geographers 30: 37–51.

Young RC (1988): Is population ecology a useful paradigm for the study of organizations? American Journal of Sociology 94: 1–24.

Young S (1987): Business strategy and the internationalization of business: recent approaches. Managerial and Decision Economics 8: 31–40.

Zademach H-M, Knogler M, Haas H-D (2006): Zur Inwertsetzung modularer Produktionsnetzwerke: Potentiale, Grenzen und räumliche Implikationen am Beispiel der Halbleiterindustrie. Geographische Zeitschrift 94: 185–208.

Zaheer S (1995): Overcoming the liability of foreignness. Academy of Management Journal 38: 341–63.

Zakrzewski G (1998): Der Vogelsbergkreis als strukturschwacher Wirtschaftsraum. Diplomarbeit. Gießen.

Zanfei A (2000): Transnational firms and the changing organisation of innovative activities. Cambridge Journal of Economics 24: 515–42.

Zelinsky W (1958): A method for measuring change in the distribution of manufacturing activity: The United States, 1939-47. Economic Geography 34: 95–126.

Zeller C (2000): Novartis auf dem Weg zum globalen Konzern? Selektive, weltweite Expansion in der pharmazeutischen Industrie. Dissertation, Hamburg: Universität Hamburg.

Zeller C (2001): Globalisierungsstrategien – Der Weg von Novartis. Berlin, Heidelberg, New York: Springer.

Zeller C (2004a): North Atlantic innovative relations of Swiss pharmaceuticals and the proximities with regional biotech arenas. Economic Geography 80: 83–111.

Zeller C (2004b): Ungleiche Entwicklung, globale Enteignungsökonomie und Hierarchien des Imperialismus. In: Gerlach O, Kalmring S, Kurnitz D (Hrsg): Peripherie und globalisierter Kapitalismus: Zur Kritik der Entwicklungstheorie. Frankfurt am Main: Brandes & Apsel, 324–47.

Zlonicky P (2008): Nationale Stadtentwicklungspolitik – Warum? Planerin 6_08: 15–17.

Zucker LG (1986): Production of trust: Institutional sources of economic structure, 1840–1920. Research in Organizational Behavior 8: 53–111.

Zukin S (1987): Gentrification: Culture and capital in the urban core. Annual Review of Sociology 13: 129–47.

Zukin S, DiMaggio P (1990): Introduction. In: Zukin S, DiMaggio P (Hrsg): Structures of Capital: The Social Organization of the Economy. Cambridge: Cambridge University Press, 1–36.

Zürn M (1997): Was ist Denationalisierung und wieviel gibt es davon? Soziale Welt 48: 337–60.

Sachregister

E

F

P

Q

R

S

T

Verzeichnis der Fallbeispiele